André Suck

Erneuerbare Energien und Wettbewerb
in der Elektrizitätswirtschaft

André Suck

Erneuerbare Energien und Wettbewerb in der Elektrizitätswirtschaft

Staatliche Regulierung
im Vergleich zwischen
Deutschland und Großbritannien

VS VERLAG FÜR SOZIALWISSENSCHAFTEN

Bibliografische Information Der Deutschen Nationalbibliothek
Die Deutsche Nationalbibliothek verzeichnet diese Publikation in der
Deutschen Nationalbibliografie; detaillierte bibliografische Daten sind im Internet über
<http://dnb.d-nb.de> abrufbar.

1. Auflage 2008

Lektorat: Katrin Emmerich / Marianne Schultheis

Der VS Verlag für Sozialwissenschaften ist ein Unternehmen von Springer Science+Business Media.
www.vs-verlag.de

Umschlaggestaltung: KünkelLopka Medienentwicklung, Heidelberg
Druck und buchbinderische Verarbeitung: Krips b.v., Meppel
Gedruckt auf säurefreiem und chlorfrei gebleichtem Papier
Printed in the Netherlands

ISBN 978-3-531-15826-6

Inhaltsverzeichnis

Tabellenverzeichnis

Abbildungsverzeichnis

Abkürzungsverzeichnis

AEP	Association of Electricity Producers
ACORD	Advisory Council for Research and Development for Fuel and Power
ACEC	Advisory Council on Energy Conservation
AGR	Advanced Gas-Cooled Reactor
AGV	Arbeitsgemeinschaft der Verbraucherverbände e.V.
AME	Außenhandelsverband für Mineralöl und Energie e.V.
ARE	Arbeitsgemeinschaft Regionaler Energieversorgungsunternehmen
ASEW	Arbeitsgemeinschaft für sparsame Energie- und Wasserverwendung im VKU
AtG	Gesetz zur geordneten Beendigung der Kernenergienutzung zur gewerblichen Erzeugung von Elektrizität (Atomausstiegsgesetz)
AVBElt	Allgemeine Versorgungsbedingungen Elektrizität
AWZ	Ausschließliche Wirtschaftszone
BBE	Bundesverband BioEnergie
BBG	British BioGen
BCC	British Coal Corporation
BCSEUK	Business Council for Sustainable Energy UK
BDI	Bundesverband der Deutschen Industrie
BDW	Bundesverband Deutscher Wasserkraftwerke e.V.
BE	British Energy
BEE	Bundesverband Erneuerbare Energien e.V.
BfN	Bundesamt für Naturschutz
BGC	British Gas Corporation
BGH	Bundesgerichtshof
BHA	British Hydropower Association
BHKW	Blockheizkraftwerk
BiomasseV	Biomasse-Verordnung
BkartA	Bundeskartellamt
BKV	Bilanzkreisverantwortlicher
BMBW	Bundesministerium für Bildung und Wissenschaft
BMBF	Bundesministerium für Bildung und Forschung
BMELF	Bundesministerium für Ernährung, Landwirtschaft und Forstwirtschaft
BMFT	Bundesministerium für Forschung und Technologie
BMI	Bundesministerium des Innern
BMJ	Bundesministerium für Justiz
BML	Bundesministerium für Landwirtschaft
BMVBW	Bundesministerium für Verkehr, Bau und Wohnungswesen
BMVEL	Bundesministerium für Verbraucherschutz, Ernährung und Landwirtschaft
BMWi	Bundesministerium für Wirtschaft (seit 2002: BMWA)

BMWA	Bundesministerium für Wirtschaft und Arbeit
BMU	Bundesministerium für Umwelt, Naturschutz und Reaktorsicherheit
BN	British Nuclear
BnatschG	Bundesnaturschutzgesetz
BNDC	British Nuclear Design and Construction
bne	Bundesverband Neuer Energieanbieter
BnetzA	Bundesnetzagentur für Elektrizität, Gas, Telekommunikation, Post und Eisenbahnen
BnetzAG	Gesetz über die Bundesnetzagentur für Elektrizität, Gas, Telekommunikation, Post und Eisenbahnen
BSH	Bundesamt für Schifffahrt und Hydrographie
BTOEl	Bundestarifordnung Elektrizität
BUND	Bund für Umwelt und Naturschutz Deutschland e.V.
bvbz	Bundesverband Verbraucherzentralen e.V.
BverfG	Bundesverfassungsgericht
BVS	Bundesverband Solarenergie
BWE	Bundesverband WindEnergie e.V.
BWEA	British Wind Energy Association
CDM	Clean Development Mechanism
CEGB	Central Electricity Generating Board
CCL	Climate Change Levy
CoP	Conference of the Parties (Vertragsstaatenkonferenz des UN-Klimaschutzregimes)
CREA	Confederation of Renewable Energy Associations
CT	Carbon Trust
DB	Deutsche Bahn
DBV	Deutscher Bauernverband
DEFRA	Department for Environment, Food and Rural Affairs
DEn	Department of Energy
DENA	Deutsche Energieagentur GmbH
DETR	Department of the Environment, Transport and the Regions
DEWI	Deutsches Windenergie-Institut, Wilhelmshaven
DFS	Deutscher Fachverband für Solarenergie e.V.
DGS	Deutsche Gesellschaft für Sonnenenergie e.V.
DGW	Deutsche Gesellschaft für Windenergie e.V.
DIHK	Deutsche Industrie- und Handelskammer
DIHT	Deutscher Industrie- und Handelstag
DIW	Deutsches Institut für Wirtschaftsforschung
DLR	Deutsches Zentrum für Luft- und Raumfahrt
DoE	Department of Environment
DoI	Department of Industry
DST	Deutscher Städtetag
DtA	Deutsche Ausgleichsbank
DTI	Department of Trade and Industry
DTLGR	Department for Transport, Local Government and the Regions
EA	Electricity Association

EAGV	Vertrag zur Gründung der Europäischen Atomgemeinschaft (Euratom)
EBP	Europäisches Binnenmarktprogramm
ECCP	European Climate Change Programme (Europäisches Programm zur Klimaänderung)
EEA	Einheitliche Europäische Akte
EEDA	East of England Development Agency
EEG	Gesetz für den Vorrang Erneuerbarer Energien, Erneuerbare-Energien-Gesetz
EE-Rl	Richtlinie 2001/77/EG des Europäischen Parlaments und des Rates zur Förderung der Stromerzeugung aus erneuerbaren Energiequellen im Europäischen Energiebinnenmarkt
EFWA	Energy From Waste Association
EG	Europäische Gemeinschaft
EGKS	Europäische Gemeinschaft für Kohle und Stahl
EGV	Vertrag zur Gründung der Europäischen Gemeinschaft (in der Fassung von Nizza vom 21. Februar 2001)
EH-Rl	Richtlinie 2003/87/EG des Europäischen Parlaments und des Rates vom 13. Oktober 2003 über ein System für den Handel mit Treibhausgasemissionszertifikaten in der Gemeinschaft und zur Änderung der Richtlinie 96/61/EG des Rates
ElC	Electricity Council
Elt-Beschl-Rl	Richtlinie 2003/54/EG des Europäischen Parlaments und des Rates vom 26. Juni 2003 über gemeinsame Vorschriften für den Elektrizitätsbinnenmarkt und zur Aufhebung der Richtlinie 96/92/EG
Elt-Rl	Richtlinie 96/92/EG des Europäischen Parlaments und des Rats vom 19. Dezember 1996 betreffend gemeinsame Vorschriften für den Elektrizitätsbinnenmarkt
EltVU	Elektrizitätsversorgungsunternehmen
EnWG	Energiewirtschaftsgesetz
EP	Europäisches Parlament
EPA	Environmental Protection Agency
ERA	Electrical Research Association
EREF	European Renewable Energy Federation
EST	Energy Saving Trust
ET	Energiewirtschaftliche Tagesfragen
ETS	Emissions Trading System
ETSO	European Transmission System Operators
ETSU	Energy Technology Support Unit
EU	Europäische Union
EuZW	Europäische Zeitschrift für Wirtschaftsrecht
Evertr	Einigungsvertrag
EVU	Energieversorgungsunternehmen
EWEA	European Wind Energy Association
EWGV	Vertrag zur Gründung der Europäischen Wirtschaftsgemeinschaft (hauptsächlich Römische Verträge 1957, Vertrag von Maastricht 1993)

EWI	Energiewirtschaftliches Institut an der Universität zu Köln
FAZ	Frankfurter Allgemeine Zeitung
FCCC	Framework Convention on Climate Change (Klimarahmenkonvention)
FFL	Fossil-Fuel-Levy
FKV	EU-Fusionskontrollverordnung
FR	Frankfurter Rundschau
FT	Financial Times
FTD	Financial Times Deutschland
FV	Fotovoltaik
FVB	Fachverband Biogas e.V.
FV-G	Fotovoltaik-Vorschaltgesetz
GD	Generaldirektion (der EU-Kommission)
GEC	General Electric Company
GG	Grundgesetz für die Bundesrepublik Deutschland
GJ	Gigajoule
GO Breg	Geschäftsordnung der Bundesregierung
GoR	Government Offices of the Regions
GRU	Europäischer Gemeinschaftsrahmen für staatliche Umweltschutzbeihilfen
GWB	Gesetz gegen Wettbewerbsbeschränkungen
GWh	Gigawattstunden
HGB	Handelsgesetzbuch
HTDP	Hundertausend-Dächer-Programm für Fotovoltaik
HWT	Howden Wind Turbines Ltd.
IE	Institut für Energetik und Umwelt, Leipzig
IFIEC	International Federation of Industrial Energy Consumers
IGBCE	Industriegewerkschaft Bergbau, Chemie und Energie
IGM	Industriegewerkschaft Metall
IÖW	Institut für Ökologische Wirtschaftsforschung
IPCC	Intergovernmental Panel on Climate Change
ITDG	Intermediate Technology Development Group
IUE	Institut für Energetik und Umwelt GmbH, Leipzig
IWB	Interessenverband Windkraft Binnenland
IwnB	Interessenverband Windpark nordwestdeutsches Binnenland
IWR	Internationales Wirtschaftsforum Regenerative Energien
IZES	Institut für ZukunftsEnergieSysteme Saarbrücken
JI	Joint Implementation
KfW	Kreditanstalt für Wiederaufbau
KKW	Kernkraftwerk
KstA	Kölner Stadtanzeiger
KVG	Kilowattstunde
KWK	Kraft-Wärme-Kopplung
KWK-G	Kraft-Wärme-Kopplungs-Gesetz
LGA	Landfill Gas Association
MATSU	Marine Technology Support Unit
MinöStG	Mineralölsteuergesetz
MK	Monopolkommission

MMC	Monopolies and Mergers Commission
MW	Megawatt (soweit nicht gesondert vermerkt, beziehen sich die Leistungs-angaben auf die elektrische Leistung)
MWMT	Ministerium für Wirtschaft, Mittelstand und Technologie des Landes Nordrhein-Westfalen
MWMTV	Ministerium für Wirtschaft, Mittelstand, Technologie und Verkehr des Landes Nordrhein-Westfalen
NAO	National Audit Office
NAP	Nationaler Allokationsplan
NCB	National Coal Board
NE	Nuclear Electric
NFFO	Non Fossil Fuel Obligation
NFPA	Non-Fossil Purchasing Agency
NGC	National Grid Company
NNC	National Nuclear Corporation
NOF	National Lottery New Opportunities Fund
NP	National Power
NSE	Nettosubstanzerhaltung
NSEB	North of Scotland Electricity Board
NSHEB	North of Scotland Hydro-Electric Board
NUM	National Union of Mineworkers
NWDA	North West Development Agency
NWP	National Wind Power
NWTC	National Wind Turbine Test Centres
NZZ	Neue Züricher Zeitung
ODPM	Office of the Deputy Prime Minister
Offer	Office of Electricity Regulation (seit 1998 OFGEM)
Ofgas	Office of Gas Regulation
OFGEM	Office of Gas and Electricity Markets
ÖkoStG	Ökosteuergesetz
OLG	Oberlandesgericht
ÖSR	Ökologische Steuerreform
PG	PowerGen
PIU	Performance and Innovation Unit
PJ	Peta-Joule
PWR	Pressurised Water Reactor
RAG	Ruhrkohle AG
RCEP	Royal Commission on Environmental Pollution
RDA	Regional Development Agencies
RdE	Recht der Energiewirtschaft
REAC	Renewable Energy Advisory Council
REM	Referenzertragsmodell (Modell zur Bestimmung kosteneffizienter Vergütungssätze bei der Windenergie)
RKE	Realkapitalerhaltung
RO	Renewables Obligation
ROC	Renewables Obligation Certificate

RPA	Renewable Power Association
RPG	Regional Planning Guidance Notes
RWTH	Rheinisch-Westfälische Technische Hochschule Aachen
SERC	Science and Research Engineering Council
SKE	Steinkohleeinheit
SN	Scottish Nuclear
SP	Scottish Power
SPA	Seapower Association
SSEB	South of Scotland Electricity Board
STA	Solar Trade Association
StromEG	Stromeinspeisungsgesetz
StromNEV	Verordnung über die Entgelte für den Zugang zu Elektrizitätsversorgungsnetzen (Stromnetzentgeltverordnung) vom 25.07.2005
StromNZV	Verordnung über den Zugang zu Elektrizitätsversorgungsnetzen (Stromnetzzugangsverordnung) vom 25.07.2005
StromStG	Stromsteuergesetz
SWDA	South West Development Agency
SZ	Süddeutsche Zeitung
TEHG	Treibhaus-Emissionshandelsgesetz
THA	Treuhandanstalt
TNPG	The Nuclear Power Group
TWh	Terrawattstunden
UBA	Umweltbundesamt
UCPTE	Union pour la Coordination de la Production et du Transport de'l Electricite
ÜNB	Übertragungsnetzbetreiber
UMK	Umweltministerkonferenz der Länder
UNEP	United Nations Environmental Programme
VAWT	Vertical Axis Wind Turbines Ltd.
VdEW	Vereinigung Deutscher Elektrizitätswerke
VDEW	Verband der Elektrizitätswirtschaft (bis zum 13.12.2000 als VdEW)
VDMA	Verband Deutscher Maschinen- und Anlagenbau
VDN	Verband der Netzbetreiber
VEA	Bundesverband der Energieabnehmer e.V.
VIK	Verband der Industriellen Kraftwirtschaft
VKR	Veba Kraftwerke Ruhr AG
VKU	Verband kommunaler Unternehmen
VNB	Verteilnetzbetreiber
VV	Verbändevereinbarung
VV I	Verbändevereinbarung über Kriterien zur Bestimmung von Durchleitungsentgelten vom 22. Mai 1998
VV II	Verbändevereinbarung über Kriterien zur Bestimmung von Nutzungsentgelten für elektrische Energie vom 13. Dezember 1999
WEG	Wind Energy Group
WESC	Wave Energy Steering Committee
WI	Wuppertal Institut für Klima, Umwelt, Energie GmbH

WEA	Windenergieanlage
WMO	World Meteorological Organisation
WMK	Wirtschaftsministerkonferenz der Länder
WMV	Wirtschaftsvereinigung Metalle
WWF	World Wild Life Fund
ZfK	Zeitung für kommunale Wirtschaft
ZNER	Zeitschrift für neues Energierecht
ZSW	Zentrum für Sonnenergie- und Wasserstoffforschung Baden-Württemberg

Vorwort

„Kraft macht keinen Lärm, sie ist da und wirkt" (Albert Schweizer).

Wegen der zuletzt sehr dynamischen Entwicklung der energiewirtschaftlichen Rahmenbedingungen war die Fertigstellung dieser Dissertation mit einem besonderen Zeitaufwand verbunden. Gerade in den letzten Jahren hat sich der politische, rechtliche und institutionelle Kontext für eine Markteinführung erneuerbarer Energien mit der Einführung von Wettbewerb in die nationalen Energiesektoren fortlaufend und grundlegend verändert. Deshalb bin ich sehr vielen Personen zu besonderem Dank verpflichtet.

In chronologischer Reihenfolge ist zuerst Fr. Prof. Héritier zu erwähnen, die mir als frühere Ko-Direktorin der Max-Planck-Projektgruppe „Recht der Gemeinschaftsgüter", Bonn, den Einstieg in dieses Promotionsvorhaben ermöglichte. Aus der Bonner Zeit danke ich auch Hr. Prof. Engel, der mir eine Fortsetzung meines Vorhabens ermöglicht hat. Für die äußerst fruchtbaren Diskussionen zur Strukturierung meines Vorhabens sind schließlich besonders folgende Kolleginnen und Kollegen zu nennen: Dr. Michael Bauer, Dr. Dominik Böllhoff, Dr. Dieter Kerwer, Prof. Dr. Katharina Holzinger, Prof. Dr. Knill, Dr. Arnold und Dr. Raimund Bleischwitz. Ein ganz besonderer Dank gilt schließlich meinem Erstbetreuer Hr. Prof. Benz, der mich bis zuletzt fachlich stets unterstützt und mir durch die spätere Einbindung in die Forschungstätigkeit des Fachbereichs Politikwissenschaft der Fernuniversität in Hagen zu einer kontinuierlichen inhaltlichen Auseinandersetzung meiner Arbeit mit anderen politikwissenschaftlichen Themenstellungen motiviert hat. In diesem Zusammenhang danke ich auch den dortigen Kolleginnen und Kollegen für das stets fruchtbare Diskussionsklima. Ein besonderer Dank gilt Dr. Nathalie Behnke, Dr. Rainer Eising und Anna Meincke. Nicht zu vergessen ist natürlich Thomas Sommerer (Universität Hamburg), mit dem ich entscheidende Grundlagen meiner Dissertation ausführlich diskutieren konnte.

Schließlich sind wichtige Personen meines privaten Umfeldes zu nennen, ohne deren Unterstützung dieses Resultat nicht zustande gekommen. An erster Stelle danke ich von ganz besonderem Herzen Bärbel Aab, die bis zuletzt an das Gelingen meines Projektes geglaubt und mich unendlich unterstützt hat. Dasselbe gilt natürlich für meine Eltern, ohne deren langjährigen Einsatz eine solche Arbeit nicht möglich gewesen wäre. Für energiewirtschaftlichen Rat und Korrekturhinweise meines Manuskripts danke ich schließlich Dierk Bauknecht, Katharina Buschbeck und Jean-Claude Schmiedle.

Die Veröffentlichung meiner Dissertation verbinde ich mit der Hoffnung, einen aufschlussreichen Beitrag zur komplexen Regulierung der Erneuerbaren Energien unter zunehmend liberalisierten Marktbedingungen zu offerieren.

Coburg, 27. Dezember 2007

1 Die Regulierung von Nachhaltigkeit und Innovation in zunehmend liberalisierten Energiemärkten als Forschungsschwerpunkt

Die nationalen energiewirtschaftlichen Sektoren in der Europäischen Union befinden sich in einem grundlegenden Transformationsprozess, der ihre Funktionsweise und Struktur entscheidend verändert. Die Ursachen für diese Transformation rühren von zwei elementaren Herausforderungen, durch die sowohl die privatwirtschaftlichen Akteure der Energiewirtschaft als auch die für ihre Regulierung verantwortlichen staatlichen Akteure unter wachsendem Reform- und Modernisierungsdruck stehen.

Eine Ursache ist die seit dem Ende der 1980er aufkommende Herausforderung der wettbewerblichen Öffnung und Liberalisierung nationaler Energiemärkte zur Herstellung eines Europäischen Binnenmarktes für Energie.[1] In der Zeit vor Beginn der Liberalisierung der elektrizitätswirtschaftlichen Sektoren in Europa verfügten die energiewirtschaftlichen Unternehmen bei der Erzeugung und dem Vertrieb von Energie in der Regel über eine Monopolstellung und waren nicht dem Druck von Wettbewerb ausgesetzt. Die Monopolstellung war entweder wie in Großbritannien durch die verstaatlichte Industrie rechtlich geschützt oder die Regierung unterstützte privatwirtschaftliche Verträge zur Gewährleistung von regionalen Gebietsmonopolen, wie z.B. die Demarkationsverträge in Deutschland. Im Zusammenhang mit der Liberalisierung europäischer Energiemärkte hat die Vergleichende Policyforschung auf die Vielfältigkeit nationaler Regulierungsstrategien zur Einführung von Wettbewerb hinreichend hingewiesen (Glachant 2003, Pollitt 1999). Grundlegende institutionelle Unterschiede zur Schaffung stromwirtschaftlichen Wettbewerbs wurden insbesondere zwischen Großbritannien und Deutschland festgestellt (Bergman u.a. 1999, Coen/Héritier 2000, Coen/Thatcher 2000, Cross 1996, Eberlein 2000, Eising 2000, Eising 2001, Sturm/Wilks 1996). Die Unterschiede haben zum einen die institutionellen Regulierungsansätze betroffen, um den elektrizitätswirtschaftlichen Unternehmen gleiche und diskriminierungsfreie Bedingungen beim Zugang zum natürlichen Monopol der Elektrizitätsnetze zu gewähren, wie z.B. die Schaffung eigener Regulierungsbehörden in Großbritannien versus verhandeltem Netzzugang durch freiwillige Vereinbarungen der Industrie in Deutschland (Thatcher 1998). Zum anderen differieren zwischen den Mitgliedstaaten die Geschwindigkeiten der Marktöffnung und der damit für den Wettbewerb zugelassene Kreis der Kunden.

---

[1] Der Begriff „Europäischer Binnenmarkt für Energie" bezieht sich auf die Liberalisierung der Gas- und Elektrizitätswirtschaft in den Mitgliedstaaten der Europäischen Union. Mit dem Begriff des „Binnenmarktes" ist der Start des „Europäischen Binnenmarktprogramms" im Jahr 1992 verbunden, das in verschiedenen Wirtschaftssektoren auf einen freien Verkehr von Gütern, Dienstleistungen, Investitionen und Personen zielt (Peterson/Bomberg 1999). Die nachfolgende komparative Analyse zur Regulierung von Nachhaltigkeit und Wettbewerb bezieht sich schwerpunktmäßig auf den Stromsektor und streift die Regulierung des Gasmarktes nur am Rande.

Die andere Ursache für die grundlegende Transformation der energiewirtschaftlichen Sektoren in der Europäischen Union besteht in der bereits im vergangenen Jahrzehnt stetig gewachsenen Bedeutung einer effektiven Bekämpfung des globalen Klimawandels, der zu einem bedeutenden Teil durch Treibhausgasemissionen dieses Sektors induziert wird. Damit ist die Herausforderung einer nachhaltigkeitsbezogenen Regulierung der Energiemärkte betroffen, wobei zur Verwirklichung von Klimaschutzzielen zahlreiche politische Instrumente eingesetzt werden (Albrecht 2002, Baentsch 1997, O'Riordan/Jäger 1996, Vrolijk 2002). Die Herausforderung einer Transformation nationaler Energiewirtschaften in Richtung nachhaltiger Erzeugungsstrukturen ist verstärkt in das Zentrum politischer Anstrengungen gerückt. Die vorliegende Forschungsarbeit wird daher in historisch vergleichender Perspektive die unterschiedliche Entwicklung von Nachhaltigkeitsstrategien in den zunehmend liberalisierten Energiemärkten Großbritanniens und Deutschlands vor dem Hintergrund unterschiedlicher wettbewerbspolitischer Rahmenbedingungen untersuchen.

Zu diesem Zweck erscheint es zunächst erforderlich, den Begriff der „Nachhaltigkeit" in seinem energiewirtschaftlichen Bezug zu konkretisieren.[2] In Anlehnung an den Schweizer Ökonom Binswanger ist ein größtmögliches Maß an Nachhaltigkeit in der Energiewirtschaft über zwei Strategien zu erreichen (ECOPOP - Vereinigung Umwelt und Bevölkerung 2004). *Zum einen* ist die möglichst langfristige Nutzung nicht-erneuerbarer fossiler Ressourcen (z.B. Kohle, Uran, Erdöl, Erdgas) für die Energieerzeugung zu gewährleisten. Hieraus folgt das Postulat, dass der Verbrauch der nicht-erneuerbaren Ressourcen kontinuierlich gemindert werden muss, damit diese sich auf lange Sicht nicht erschöpfen und die ökologische Belastung kontinuierlich gemindert wird. Umweltpolitisch resultiert dies in dem Steuerungsziel, den allgemeinen Energieverbrauch zu senken und die *Energieeffizienz* zu erhöhen. Zur Realisierung dieses Ziels ist der Einsatz verschiedenster umweltpolitischer Steuerungsinstrumente vorstellbar (z.B. finanzielle Instrumente einer ökologischen Besteuerung des Energieverbrauchs, Förderinstrumente für energiesparende Techniken, etc.). *Zum anderen* sind für eine nachhaltige Energiewirtschaft die erneuerbaren Ressourcen, die hinsichtlich ihrer energiewirtschaftlichen Nutzungsmöglichkeiten im nachfolgenden Abschnitt genauer definiert werden (s.S. 28ff.), selber nachhaltig zu nutzen, d.h. diese müssen erneuerbar bleiben und ihre Nutzung darf nicht die Erhaltung der Lebensgrundlagen gefährden (ECOPOP - Vereinigung Umwelt und Bevölkerung 2004). Um die Komplexität der Forschungsfrage der Regulierung einer nachhaltigen Energiewirtschaft in den zunehmenden Wettbewerbsmärkten in adäquater Weise zu reduzieren, wird sich diese Forschungsarbeit im Wesentlichen auf die zweite Herausforderung, also die einer Ausweitung der Energieerzeugung auf der Basis erneuerbarer Energien konzentrieren. In vergleichender historisch-institutionalistischer Perspektive wird analysiert, wie es in Großbritannien und Deutschland zu unterschiedlichen Regulierungsstrategien für erneuerbare Energien gekommen ist und welche Auswirkungen auf den Ausbau der innovativen Technologien damit verbunden waren. Die vorliegende Policyanalyse vermag in diesem Zusammenhang die Implementierung sämtlicher, in der umweltpolitischen Instrumentendebatte diskutierter Policyinstru-

---

[2] Dem Begriff der „Nachhaltigkeit" liegt das Leitbild *einer nachhaltigen Entwicklung* zugrunde, wie es durch die Brundlandt-Kommission am Ende der 1980er Jahre definiert wurde. Eine Entwicklung gilt allgemein als nachhaltig, wenn diese „den Bedürfnissen der heutigen Generationen entspricht, ohne die Möglichkeiten künftiger Generationen zu gefährden, ihre eigenen Bedürfnisse zu befriedigen und ihren Lebensstil zu wählen" (Brundtlandt 1987).

mente zur Ausweitung der Energieerzeugung aus erneuerbaren Energien zu berücksichtigen. In der umweltpolitischen Instrumentendiskussion zur Markteinführung erneuerbarer Energien wird hauptsächlich zwischen drei direkten Förderinstrumenten unterschieden: Mindestpreisregelungen für die Einspeisung regenerativ erzeugten Stroms, Ausschreibungsmodellen und Quotenmodellen mit handelbaren Zertifikaten. Neben diesen direkten Förderinstrumenten spielen aber auch steuer- und abgabenpolitische Instrumente (z.B. auf fossile Energieträger), Investitionsbeihilfen sowie die Förderung von Forschungs- und Entwicklungsmaßnahmen eine zentrale Rolle (Albrecht 2002, Cameron/Zillman 2001, Espey 2001, Jasinski/Pfaffenberger 2000, Vrolijk 2002).

1.1 Fragestellung und Untersuchungsdesign

Die vergleichende Analyse der Erneuerbaren-Energien-Politik zwischen Großbritannien und Deutschland als zentraler Strategie zur Verwirklichung von mehr Nachhaltigkeit in der Energiewirtschaft offenbart auffällige Unterschiede. Trotz der Tatsache, dass beide Länder seit den frühen 1990er Jahren eine breitere Markteinführungspolitik für erneuerbare Energien betrieben haben, unterscheidet sich das Ausmaß an ausgebauter Erzeugungskapazität beträchtlich. In Deutschland konnte der Anteil der erneuerbaren Energien an der Gesamtmenge der erzeugten Elektrizität bis zum Jahr 2000 auf mehr als sechs Prozent und bis zum Jahr 2003 sogar auf beinahe acht Prozent gesteigert werden (BMU 2000, BMU 2004c). Insbesondere im Bereich der Windenergie war ein signifikanter Ausbau zu verzeichnen: Gegenwärtig hat die installierte Erzeugungskapazität dieser Technologie die Leistung von 15.000 MW überschritten und zeichnet sich weiterhin durch ein dynamisches Wachstum aus (Stand: Ende 2003). Im Verlauf der 1990er Jahre wurde jedoch auch die Nutzung anderer erneuerbarer Energien signifikant ausgeweitet. Beispielsweise wurde der Anteil der Biomasse in der Elektrizitätserzeugung mehr als verfünffacht (von 2.000 GWh Leistung auf mehr als 10.000 GWh). Auch im Bereich der kleiner dimensionierten Wasserkraftwerke war eine Expansion zu verzeichnen: Hier konnte der Erzeugungsoutput auf 1.000 GWh ausgebaut werden (Staiß 2000).

Trotz relativ ähnlicher natürlicher Voraussetzungen war in Großbritannien im Verlauf der 1990er Jahre kein vergleichbarer Ausbau der erneuerbaren Energien bei der Elektrizitätserzeugung zu verzeichnen. Dabei verfügt Großbritannien bei der Windenergie sogar über wesentlich bessere geografische und ressourcenbezogene Nutzungspotentiale als die Bundesrepublik Deutschland. So betrug am Ende des Jahres 1999 der Anteil der erneuerbaren Energieressourcen an der gesamten Elektrizitätserzeugung nur 2,8 Prozent (DTI 2000b). Der verhältnismäßig geringe Ausbau erneuerbarer Energien in Großbritannien zeigte sich auch darin, dass seit Beginn einer breiteren Markteinführungspolitik im britischen Strommarkt seit 1990 bis zum Jahr 1999 nur weniger als 1.000 MW an neuer Erzeugungskapazität installiert werden konnten (Mitchell 2000a, b). Zwischen 1998 und 2003 wuchs ihr Anteil an der Elektrizitätsversorgung im gesamten britischen Strommarkt nur marginal von 2,2 auf 2,6 Prozent. Besonders anschaulich wird das geringe Wachstum am Beispiel der Windenergie, bei der die installierte Kapazität im Jahreszeitraum von 2002 bis 2003 lediglich von 87 MW auf 103 MW stieg (DTI 2004). Gleichzeitig lag in Deutschland die jährlich installierte Kapazität seit 1999 jeweils weit über 1.000 MW (laut BWE-Homepage: 1999: 1.568 MW, 2000: 1.665 MW, 2001: 2.659 MW, 2002: 3.247 MW, 2003: 2.645 MW). Auch nach der Regierungsübernahme durch die Labour-Partei im Jahr 1997, die von Beginn ihrer Regierungsarbeit an einen besonderen Schwerpunkt auf den Klimaschutz gelegt hat, war zunächst keine auffallende Dynamik für erneuerbare Energien zu verzeichnen. Weil der deutsche Stromsektor im Vergleich zum britischen Sektor fast ein gesamtes Jahrzehnt später liberalisiert wurde (1998 gegenüber 1989) und Monopolstrukturen tendenziell als innovationsfeindlich gelten, überrascht im deutschen Untersuchungsfall die vergleichsweise höhere Innovationsdynamik. Weil ein wesentlicher Anreiz für Forschungs- und Entwicklungsbemühungen die Aussicht eines Wettbewerbsvorteils ist und in monopolistischen Strukturen die Akteure auf Innovationsrenten verzichten können, da ihnen die Monopolstellung hinreichende Einnahmen und Gewinne garantiert, erweisen sich die innovativen Entwicklungen im deutschen Strommarkt als erklärungsbedürftig (Hoffmann-Riem/Schneider 1995, 33).

Zudem erscheint der Erfolg des Ausbaus erneuerbarer Energien und die damit verbundene größere Innovationsfähigkeit in Deutschland unter Bezug auf die in vielen politikwissenschaftlichen Analysen verfolgte institutionalistische Argumentation kontraintuitiv, die bei unitarischen Staaten eine größere Reformfähigkeit gegenüber föderalen Staaten diagnostiziert und diese auf die vergleichsweise geringere Bedeutung des Phänomens der Politikverflechtung zurückführt (Scharpf u.a. 1976, Wachendorfer-Schmidt 2003). Gleichzeitig wird für die größere Reformträgheit verflochtener politischer Systeme die größere Zahl institutioneller Veto-Spieler verantwortlich gemacht, die effiziente Politiklösungen verwässern oder gänzlich blockieren können (Tsebelis 1995). Zieht man in Betracht, dass in der vergleichenden neo-institutionalistischen Policyforschung Regierungssystemen mit einer föderalen Staatsstruktur eine geringere Reformfähigkeit zugesprochen wird, erscheinen die unterschiedlichen Policyergebnisse der Markteinführung erneuerbarer Energien insgesamt erstaunlich. Dabei basiert die Annahme einer größeren Problemlösungsfähigkeit unitarischer Regierungssysteme auf der generalisierenden Annahme, dass durch die geringere Zahl und Bedeutung von Veto-Spielern im politischen Entscheidungsprozess, die größere Konzentration und Zentralisierung exekutiver Macht in Ein-Parteien-Regierungen sowie die Existenz eines Zwei-Parteien-Systems in Verbindung mit dem Mehrheitswahlrecht die Konsenserfordernisse geringer sind und damit ein effizienter Entscheidungsprozes ermöglicht wird (Sturm 2003).

Die komparative Analyse der politischen Entscheidungsprozesse zugunsten erneuerbarer Energien in Großbritannien und Deutschland soll diese generalisierenden Annahmen einer genaueren Prüfung unterziehen, wobei die Auswirkungen der unterschiedlichen institutionellen Strukturen (föderales Regierungssystem versus unitarisches Regierungssystem) auf die Regulierung erneuerbarer Energien untersucht werden. Während politikwissenschaftliche Analysen der Auswirkungen von Staatsstrukturen auf die Entwicklung von Politikprogrammen bisher vertiefend für die Politikfelder der Arbeits- und Sozialpolitik vorliegen (Immergut 1992, Weir/Skocpol 1997), stellen insbesondere vergleichende Fallanalysen der unterschiedlichen Auswirkungen von föderalistischen *und* unitarischen Staatsstrukturen auf umweltpolitische Regulierungen eher eine Seltenheit dar. Bisher existieren vor allem vergleichende Analysen der Auswirkungen föderalistischer Staatsstrukturen auf die jeweilige Umweltpolitik (Braun 2000, Holland u.a. 1996). Der nachfolgende Vergleich der Regulierung erneuerbarer Energien zielt deshalb darauf, das bestehende Forschungsdefizit zu mindern. Die Untersuchung verbindet dabei das Forschungsinteresse verschiedener Politikfelder.

Abbildung 1: Die Politik erneuerbarer Energien im Kontext weiterer Politikfelder

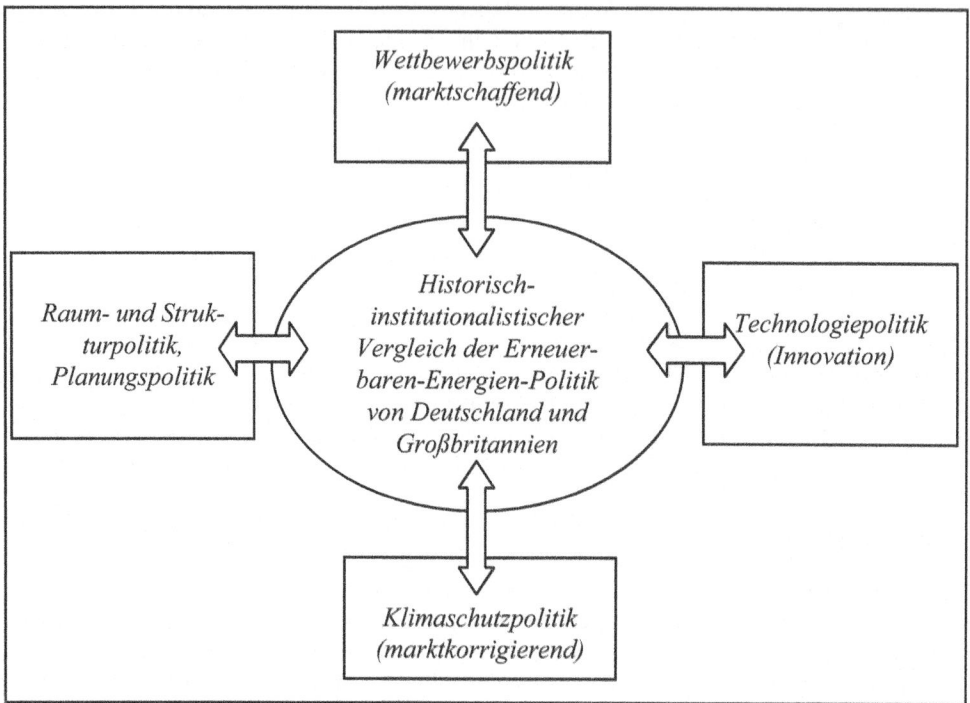

Quelle: eigene Darstellung.

Der nachfolgende historisch-institutionalistische Vergleich der Erneuerbaren-Energien-Politik setzt sich somit zum Ziel, die Ursachen des unterschiedlichen Policyerfolgs zu erklären und dadurch zu einer Differenzierung der institutionalistischen Theorien beizutragen. Im Rahmen der vergleichenden Fallstudie ist etwa zu klären, ob sich das höhere Ausmaß von Politikverflechtung im föderalen System Deutschlands eventuell auch positiv auf die Verwirklichung von Innovationen ausgewirkt hat, und umgekehrt, ob die unitarischen Staatsstrukturen Großbritanniens in ihrer Reform- und Innovationsfähigkeit spezifischen Restriktionen unterlagen.[3] Die Untersuchung soll einen Beitrag zur Analyse der umweltpolitischen Leistungsfähigkeit von Staatsstrukturen bei der Einführung innovativer Umwelttechnologien leisten. Die folgende Abbildung zeigt das Untersuchungsdesign mit den zur Erklärung des unterschiedlichen Policyerfolgs verwendeten Erklärungsfaktoren.

---

[3] Bereits an dieser Stelle ist einschränkend darauf hinzuweisen, dass der historische Vergleich der Entwicklung der Erneuerbaren-Energien-Politik in den beiden Ländern deutlich machen wird, dass die institutionellen Strukturen der Staaten im Zeitverlauf einer eigenen Entwicklungsdynamik unterliegen, die entweder in Richtung einer Zentralisierung oder Dezentralisierung/Föderalisierung der Staatsstruktur verweisen. Eine prozessbezogene Policyanalyse muss deshalb berücksichtigen, dass die institutionelle Staatsstruktur nicht statisch gegeben ist, sondern im Zeitverlauf selber einem Transformationsprozess unterliegen kann (Benz 1985).

Abbildung 2: Untersuchungsdesign

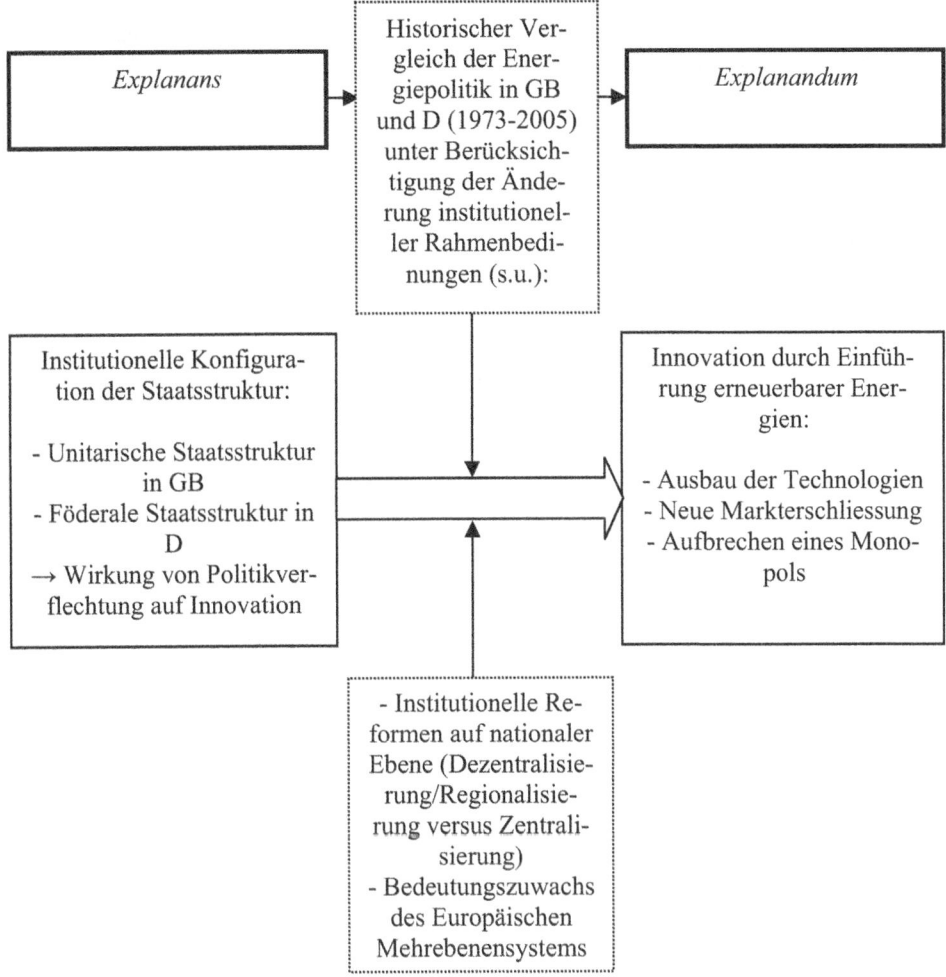

Quelle: Eigene Darstellung.

Zur Darstellung des Untersuchungsdesigns ist eine exaktere Definition des Explanandums, also der *energiepolitischen Innovation* erforderlich. Dem Begriff der *Innovation* soll die Schumpeter'sche Definition zugrundegelegt werden, die folgende fünf Elemente umfasst:

1. Einführung neuer oder Verbesserung bestehender Güter;
2. Einführung neuer Produktionsverfahren;
3. Erschließung eines neuen Marktes;
4. Erschließung einer neuen Angebotsressource;

5.   Durchführung einer Reorganisation, z.B. durch Herstellung oder Aufbrechen eines Monopols (Schumpeter 1964).

In dieser Hinsicht bedeutet Innovation den „Entwicklungsprozess eines technologisch neuen Produktes oder Verfahrens und deren Kommerzialisierung auf dem Markt, einschließlich deren Integration in bestehende Produktionsabläufe" (Meyer-Krahmer 1989). Es ist zu konstatieren, dass die deutsche Politik zur Markteinführung erneuerbarer Energien besonders in den Punkten 1, 3, 4 und 5 von größerem Erfolg als die britische Politik gekennzeichnet ist. Sowohl beim Wachstum der Windenergie als auch beim Ausbau der Biomasse und der Wasserkraft war eine wesentlich umfassendere Dynamik zu verzeichnen. Während die Windenergie gegenüber den konventionellen Formen der Energieerzeugung nahezu konkurrenzfähig ist (s.S. 29f.), ist auch bei den anderen Technologien die Verwirklichung von Nischenmärkten gelungen (z.B. Solarenergie, Biomasse). Auch wird zu zeigen sein, dass mit den gesetzlichen Regelungen zur Markteinführung erneuerbarer Energien in Deutschland der erfolgreiche Versuch unternommen wurde, das bestehende Erzeugermonopol der konventionellen EltVU zugunsten unabhängiger Anlagenbetreiber und Erzeuger aufzubrechen. Demgegenüber wird dargelegt, dass in Großbritannien trotz viel versprechender Anfänge in den 1970er und 1980er Jahren ein erfolgreicher Aufbau einer Anlagenindustrie für Technologien zur Nutzung erneuerbarer Energien weniger gelang (vor allem bei der Windenergie).

1.2   Die Regulierung erneuerbarer Energien als komplexer Forschungsgegenstand

Im folgenden Abschnitt wird die Komplexität der Markteinführung erneuerbarer Energien näher erläutert. Es werden die regulativen Herausforderungen diskutiert, die mit einer Verbreitung dieser Technologien im bestehenden Erzeugungsmarkt verbunden sind und vielfältige Aspekte zur Regulierung eines öffentlichen Gutes betreffen. Die Regulierungsaufgabe der Markteinführung wird in den Zusammenhang mit der Wettbewerbsregulierung gebracht. Damit geht die Forderung einher, in politik- und sozialwissenschaftlichen Forschungsvorhaben die Wechselwirkungen von Wettbewerbs- und Klimaschutzpolitik integriert zu erforschen.

1.2.1   Die vielfältigen Aspekte der Regulierung eines öffentlichen Gutes bei der Markteinführung erneuerbarer Energien

Allgemein werden unter *Technologien zur Nutzung erneuerbarer Energien* technische Anlagen verstanden, die für den Erzeugungsprozess von Wärme und Elektrizität nur erneuerbare Energieressourcen verwenden.[4] Für den Begriff der erneuerbaren Energieressourcen soll die Definition der Europäischen Union Verwendung finden, wie sie in der Richtlinie zur Förderung erneuerbarer Energien im europäischen Elektrizitätsbinnenmarkt (EE-Rl) angewandt wird: „Erneuerbare Energiequellen umfassen die regenerativen nicht-fossilen Energiequellen: Wind, Sonne, Geothermie, Wellen- und Gezeitenenergie, Wasserkraft,

---

[4] Für eine politikwissenschaftlich-staatstheoretische Perspektive zur Analyse der Entwicklung des Technologiebegriffs, s.a. Mayntz 2000. Die nachfolgende Untersuchung fokussiert hauptsächlich auf die Regulierung von Anlagen zur Elektrizitätserzeugung. Die Wärmeerzeugung wird weitgehend vernachlässigt.

Biomasse, Deponiegas, Klär- und Biogase" (Europäisches Parlament/Europäischer Rat 2001). Die Erzeugungstechnologien zur Nutzung erneuerbarer Energien verwenden im Energiegewinnungsprozess also nicht-fossile Energiequellen, die im Prinzip unendlich zur Verfügung stehen. Der Erzeugungsprozess von Elektrizität auf der Basis dieser Energiequellen verursacht in der Perspektive einer langfristigen Ökobilanz keine klimaschädigenden Treibhausgase wie Kohlendioxid, Methan, Flurchlorkohlenstoffe, Stickstoffoxide, etc. und stellt deshalb eine nachhaltige Form der Energieerzeugung dar. Aufgrund der verschiedenen nutzbaren erneuerbaren Energieträger besteht eine sehr große Vielfalt an Technologien. Generell unterscheiden sich die einzelnen Technologien hinsichtlich folgender Merkmale:

- unterschiedlicher Grad von verwirklichter Nachhaltigkeit (abhängig von der eingesetzten Ressource),
- unterschiedlicher Stand der technologischen Entwicklung, sowie
- unterschiedliche Möglichkeiten einer Integration der jeweiligen Technologien in die bestehenden Stromnetze aufgrund ihrer jeweiligen technologischen Eigenschaften.

Die Unterschiede der Erzeugungstechnologien zur Nutzung erneuerbarer Energien konfrontieren die politischen Entscheidungsträger mit der Herausforderung der Entwicklung und Implementierung technologiespezifischer Förder- und Regulierungsprogramme. Die Markteinführung von erneuerbaren Energien weist deshalb in mehrfacher Hinsicht den Charakter der Regulierung eines öffentlichen Gutes auf. Im Fall der Erzeugung von Strom aus erneuerbaren Ressourcen liegt der Fall eines mehrfachen Marktversagens vor, der nur durch staatliche Intervention behoben werden kann.

Ein zentraler Aspekt des Marktversagens betrifft zunächst die Tatsache, dass unter den gegebenen wettbewerbspolitischen Ausgangsbedingungen aufgrund ihrer vergleichsweise noch *hohen Stromgestehungskosten* viele der genannten Technologien *nicht im gleichen Maße wettbewerbsfähig* sind *wie konventionelle Formen der fossilen Stromerzeugung*. Um sie zur Marktreife zu entwickeln, bedürfen die Technologien der Bereitstellung staatlicher und privater Forschungs- und Entwicklungsmaßnahmen. Zur Veranschaulichung des bestehenden kostenbezogenen Wettbewerbsnachteils fasst die folgende Tabelle aus dem Jahr 2000 die Stromgestehungskosten verschiedener Technologien zur Nutzung erneuerbarer Energien in Abhängigkeit der jeweiligen Anlagengröße zusammen und setzt sie zu den konventionellen Stromerzeugungskosten ins Verhältnis.

Tabelle 1: Erzeugungskosten einzelner Erneuerbaren-Energien-Technologien im Vergleich zur konventionellen Stromerzeugung (Braunkohle)

Konventionelle Elektrizitäts-erzeugung auf der Basis von Braunkohle	0,06 €/kWh (Grundlast)	0,09 €/kWh (Mit-tellast)	0,14 €/kWh (Spit-zenlast)
Solarenergie aus Fotovoltaik-zellen	0,87 €/kWh (jährliche Anlagenkapazität: 1.600 kW_{el})	0,56 €/kWh (jährliche Anla-genkapazität: 44.000 kW_{el})	
Blockheizkraftwerk auf der Basis von Biogas	0,15 €/kWh bei kleinen Anlagen (24 kW_{el})	0,12 €/kWh bei großen Anla-gen (279 kW_{el})	
Windenergie	0,09 €/kWh bei Onshore-Anlagen (500-1.500 kW_{el})	0,08 €/kWh bei Offshore-Anlagen (3.000 kW_{el})	
Wasserkraft	0,17 €/kWh bei kleinen Anlagen (70 kW_{el})	0,08 €/kWh bei großen Anla-gen (1.000 kW_{el})	
Geothermie	0,17 €/kWh bei kleinen Anlagen (2.000 kW_{el})	0,08 €/kWh bei großen Anla-gen (10.000 kW_{el})	

Quellen: Allnoch 1998, UBA 2000.

Die Tabelle verweist darauf, dass für einen wirtschaftlichen Betrieb der Anlagen unter Wettbewerbsbedingungen marktkorrigierende Regulierungsmaßnahmen erforderlich sind, um über den Ausbau erneuerbarer Energien einen Beitrag zur Bereitstellung des öffentlichen Gutes „Klimaschutz" zu gewährleisten. Von den Befürwortern eines Ausbaus erneuerbarer Energien wird in diesem Kontext auf das Problem der ungenügenden Berücksichtigung *negativer externer Kosten bei der konventionellen und fossilen Stromerzeugung* und der damit verbundenen *unzureichenden Kosteninternalisierung* als wichtige Restriktion verwiesen, die den Ausbau einer nachhaltigen Energieerzeugung verhindern. Daher wird der Ländervergleich der Erneuerbaren-Energien-Politik zwischen Großbritannien und Deutschland die *finanz- und steuerpolitischen Aspekte einer Kosteninternalisierung fossiler Stromerzeugung* berücksichtigen müssen, soweit sie in den unterschiedlichen Wettbewerbsregimen jeweils relevant waren. Vor allem die Einführung von Energiesteuern auf den Verbrauch fossiler Energieträger und die finanzpolitische Behandlung der erneuerbaren Energieerzeugung ist relevant.

Ein weiterer Aspekt des Marktversagens bei erneuerbaren Energien ist der *dezentrale Charakter ihrer Erzeugung*. Wie aus der obigen Tabelle ersichtlich wird, ist der Betrieb der meisten Anlagen zur Nutzung erneuerbarer Energien im Vergleich zur konventionellen Stromerzeugung in Großkraftwerken durch verhältnismäßig geringe Leistungskapazitäten gekennzeichnet. Zwar können auch bei zunehmendem Kapazitätswachstum von Anlagen zur Nutzung erneuerbarer Energien z.T. beträchtliche Skalenerträge realisiert werden (z.B. Windkraft, Biomasse, Wasserkraft). Auch bei fortschreitender technologischer Entwicklung können die Anlagen aufgrund der unterschiedlichen Betriebsweise und der vergleichsweise geringeren Leistungskapazität im Verhältnis zu konventionellen Kraftwerken aber kaum vergleichbare Skalenerträge erwirtschaften. In einer Kostenperspektive ist daher von großen Diskriminierungspotentialen für erneuerbare Energien gegenüber zentralisierten Großkraftwerken auszugehen, wenn die externen Kosten einer konventionellen Stromerzeugung (z.B. volkswirtschaftliche Schäden durch CO_2-Emissionen der Kraftwerke, Umweltkosten durch Bergbau, Transport der fossilen Ressourcen, etc.) nicht in die Kalkulation einberechnet werden. Gleichzeitig bestehen kaum vergleichbare Ausgangsvoraussetzungen bei der Finanzierung entsprechender Erzeugungskapazitäten zwischen konventionellen Kraftwerken und Anlagen zur Nutzung erneuerbarer Energien, wenn die Kapitalkosten pro installierter Leistungseinheit verglichen werden.

Ein weiterer Aspekt des Marktversagens, der eine staatliche Regulierung erfordert, steht mit den spezifischen Systemeigenschaften erneuerbarer Energien in Zusammenhang. Die Funktionsweise von vielen Technologien zur Nutzung erneuebarer Energieträger kollidiert mit den Funktionsprinzipien einer konventionellen fossilen Stromerzeugung. Eine Herausforderung ist die schwankende Stromerzeugung und geringere Grundlastfähigkeit. Eine wesentliche Regulierungsaufgabe besteht in diesem Zusammenhang in der Regulierung des natürlichen Monopols der Netze. Hier bestehen für den Ausbau erneuerbarer E-nergien vielfältige Diskriminierungsmöglichkeiten, z.B. bei Netzanschluss, -nutzung und der sog. Regelenergie.[5] Mit dem zunehmenden Ausbau erneuerbarer Energien gewinnt das Erfordernis einer zuverlässigen Netzintegration sowie einer innovativen Netzregulierung bzw. eines entsprechenden Netzmanagements an Bedeutung. Die erneuerbaren Energien stellen Projekt- wie Netzbetreiber, aber auch die staatlichen Regulierungsakteure vor gänzlich neue Herausforderungen, die zunächst größere Systemkosten für die konventionellen Energieversorgungsunternehmen und damit potentielle Verteilungskonflikte in der Frage eines Ausbaus erneuerbarer Energien bedeuten. Weil sich die Stromnetze im Eigentum der früheren monopolistischen Netzbetreiber befinden, ist zu analysieren, wie in den institutionell verschiedenen Regulierungsregimen von Großbritannien und Deutschland die Konflikte einer zunehmenden Integration erneuerbarer Energien gelöst wurden. Jedenfalls ist in diesen Fragen von einer sehr hohen Konfliktintensität zwischen den ehemaligen stromwirtschaftlichen Monopolisten und den unabhängigen Stromproduzenten von erneuerbaren Energien auszugehen.

Überhaupt ist in der Perspektive technologischer Pfadabhängigkeit zu betonen, dass viele konventionelle Kraftwerke zu Zeiten einer staatlich monopolistischen Energiewirtschaft errichtet und unter diesen Marktbedingungen größtenteils abgeschrieben wurden. War dies nicht der Fall, besteht unter den zunehmend liberalisierten Marktbedingungen für die konventionellen stromwirtschaftlichen Akteure die Gefahr des Auftretens „versunkener Kosten". In Bezug auf die verhältnismäßig kapitalintensiven Investitionskosten von Anlagen zur konventionellen fossilen Stromerzeugung hat die Stromwirtschaft deshalb ein großes Interesse am Fortbestand vergleichsweise günstiger Wettbewerbsbedingungen einer fossilen Stromerzeugung, das den Interessen erneuerbarer Energien tendenziell entgegensteht. *Gerade unter liberalisierten Marktbedingungen* spielt deshalb der Staat eine zentrale Rolle bei der Setzung der wettbewerbsrelevanten Rahmenbedingungen zur Nutzung der verschiedenen Energieressourcen.

Schließlich ist auf das Erfordernis einer staatlichen Forschungs- und Entwicklungspolitik hinzuweisen, um die Technologien zur Nutzung erneuerbaren Energien zu entwickeln.

---

[5] Regelenergie wird benötigt, um Unterschiede zwischen der Einspeisung von Strom ins Netz und der Stromentnahme kurzfristig auszugleichen und damit die Netzfrequenz aufrechtzuerhalten. Mit einem zunehmenden Anteil dezentral erzeugter erneuerbarer Energien steigt der Bedarf an Regelenergie, der durch die EltVU bereitgestellt werden muss. Weil Regelenergie kurzfristig verfügbar sein muss, sind für die EltVU damit besondere Kosten verbunden. Nach offiziellen Angaben hat z.B. der deutsche Netzbetreiber RWE Net AG allein im Jahr 2000 150 Millionen Euro und für den Zeitraum von Januar bis Juli 2002 bereits mehr als 300 Millionen Euro zur Bereitstellung von Regelenergie ausgeben müssen (FAZ 01.07.2002l).

Weil die Stromgestehungkosten der Anlagen ohne staatliche Eingriffe höher als bei konventionellen Kraftwerken sind, bestanden für die Energieindustrie lange Jahre nur geringe Anreize, für die Anlagenentwicklung zu forschen. Damit ist auch in diesem Punkt von einem Marktversagen auszugehen. Die Umsetzung technologischer Innovationen im Bereich erneuerbarer Energien stellt somit einen komplexen vielstufigen Prozess dar, die für einen Beitrag zum Klimaschutz als eigentlichem kollektivem Handlungsproblem vielfältige Formen des staatlichen Eingriffs zur Voraussetzung hat. Die folgende Abbildung stellt die verschiedenen Stufen des Markteinführungprozesses erneuerbarer Energien zusammenfassend dar. Jede Entwicklungsstufe berührt spezifische Aspekte zur Regulierung der Common Pool Ressource „Klimaschutz", das aufgrund fehlender Profitaussichten unter dem Wirken der freien Marktkräfte nicht realisiert würde.

Abbildung 3:   Der Innovationsprozess von neuen Technologien

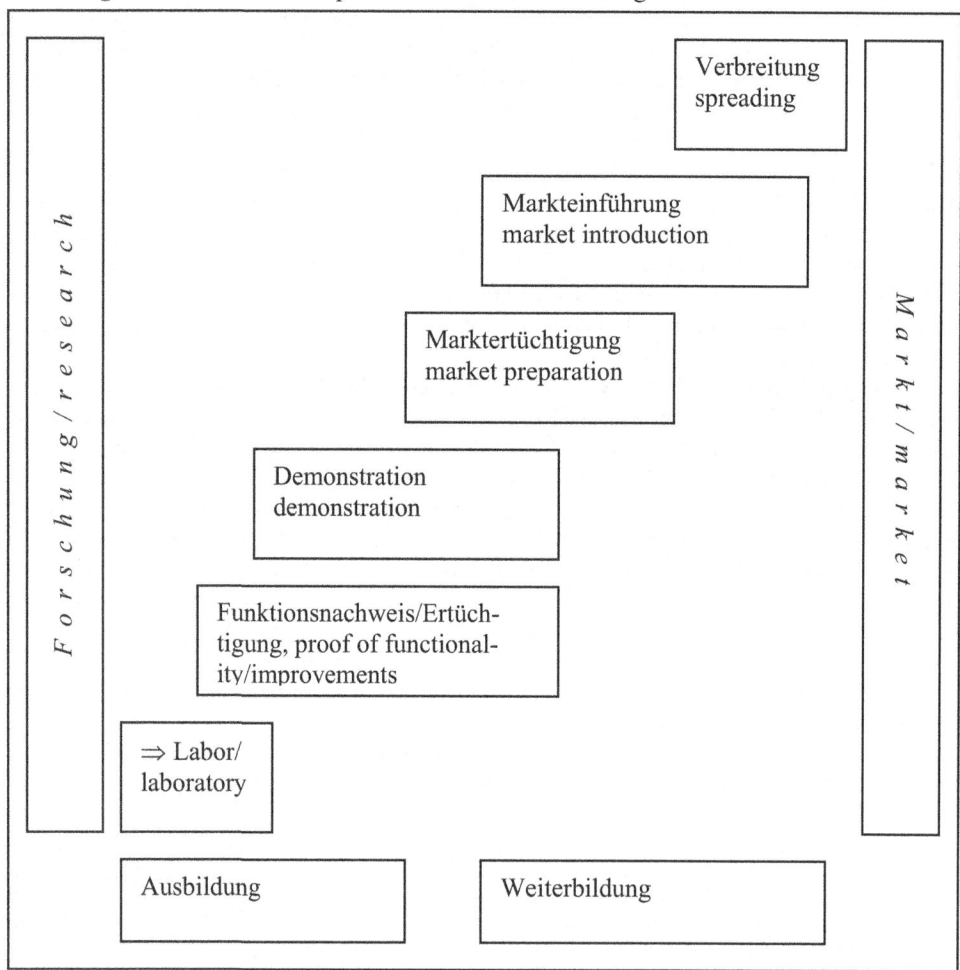

Quelle: Landesinitiative Zukunftsenergien 2001.

1.2.2 Die Regulierung der Energiewirtschaft zwischen Nachhaltigkeit und Wettbewerb

Der sich verschärfende Klimawandel und die Liberalisierung der Energiewirtschaft bedeuten für den Staat neue Regulierungsaufgaben. Besonders die Begrenzung einer drohenden Zunahme von für den Klimawandel ursächlichen und anthropogen verursachten Treibhausgasen stellt eine immer wichtigere Regulierungsaufgabe dar. Die wachsende Bedeutung dieser Aufgabe wird an den zunehmenden volkswirtschaftlichen Kosten deutlich, die durch den Klimawandel verursacht werden. So gehen die weltgrößten Rückversicherer für die nahe Zukunft von weiter steigenden Kosten aufgrund der schädlichen Auswirkungen von Hitze, Hochwasser und Stürmen aus (SZ 21.05.2004o).[6]

Mit der Perspektive auf der Regulierung zur Eindämmung des Klimawandels und der damit verbundenen Regulierung zur Einführung von energiewirtschaftlichen Wettbewerb liegt dieser Untersuchung ein weit gefasster Regulierungsbegriff zugrunde. Regulierung erscheint als eine Vielzahl von Formen staatlicher Steuerung in gesellschafts- und staatsnah umschriebenen Wirtschaftsbereichen (Mayntz/Scharpf 1995). Indem Regulierung als Steuerung von wirtschaftlicher Tätigkeit beschrieben wird (König/Benz 1997, 14), umfasst der zugrunde gelegte Regulierungsbegriff „alle staatlichen Instrumente zur Beeinflussung oder Konstituierung von Märkten, die nicht allein in der Festlegung und Durchsetzung allgemein gültiger Spielregeln der Marktwirtschaft dienen, sondern spezifische öffentliche Bindungen der konkret ausgeübten Tätigkeit vermitteln" (Schneider 1999, 37). Die Instrumente der öffentlichen Einflussnahme reichen dabei von „harten" ökonomischen Anreizen bzw. Sanktionen (z.B. Steuern, finanzielle Fördermittel) und vertraglichen Vereinbarungen bis zu „weichen" Instrumenten in Form der Bereitstellung von Informationen (Baldwin/Cave 1999).

Aufgrund der doppelten Perspektive auf die Klimaschutz- und Wettbewerbsregulierung folgt die vorliegende Analyse der Differenzierung zwischen der „marktschaffenden Regulierung" zur Verwirklichung eines wettbewerbsintensiven Marktes einerseits sowie der „marktkorrigierenden Regulierung" zur Ausweitung einer nachhaltigen Energiewirtschaft andererseits. „Markschaffende Regulierung" bezieht sich auf Regulierung zur Herstellung von Wettbewerb in ehemals monopolistischen Märkten durch die entsprechende Definition von Regeln. Dabei werden den Versorgungsnetzen der Energiewirtschaft auch in liberalisierten Märkten Eigenschaften des natürlichen Monopols zugeschrieben, weil der Aufbau alternativer und konkurrenzfähiger Netze nicht rentabel ist und nur zu prohibitiv hohen Investitionskosten erfolgen kann. Durch die Spezifizierung von Eigentumsrechten, welche die Nutzungsbedingungen des verbleibenden natürlichen Monopols bestimmen, werden in liberalisierten Märkten die Bedingungen für „fairen" Wettbewerb festgelegt (Héritier 2000). Sie umfassen besonders die Gewährleistung der rechtlichen Voraussetzungen für einen fairen und diskriminierungsfreien Zugang neuer Wettbewerber zu den Versorgungsnetzen der Infrastruktur. Der Begriff der „marktschaffenden Regulierung" kann mit dem der „ökonomischen Regulierung" gleichgesetzt werden (Ogus 1994).

---

[6] So schätzt das UN-Expertengremium IPCC, dass auf der Erde das Bruttosozialprodukt durch den Klimawandel bis zum Jahr 2050 um durchschnittlich ein bis vier Prozent gemindert werden könnte. Werden diese Zahlen auf die weltweiten Aktienmärkte heruntergebrochen, könnte dies den gegenwärtigen Marktwert der börsenorientierten Unternehmen zwischen 192 und 915 Mrd. US-$ schmälern (SZ 11.07.2003k).

Die andere Form der Regulierung staatsnaher Sektoren wird mit dem Begriff der „sozialen" bzw. „ökologischen Regulierung" umschrieben und ist vergleichbar mit „marktkorrigierender Regulierung". Durch diese werden im wesentlichen externe Effekte reguliert, die durch das Wirken der freien Kräfte des Marktes entstehen und Individuen betreffen, die an den betreffenden Markttransaktionen selber nicht unmittelbar beteiligt sind. Die Herstellung eines freien Marktes kann „marktkorrigierende" Regulierungsmaßnahmen rechtfertigen, „um soziale oder politische Ziele zu fördern, die typischerweise durch den freien Markt nicht gewährleistet werden und damit die unerwünschten Ergebnisse der ökonomischen Effizienz korrigieren (politische Logik der Korrektur des freien Marktes)" (Eberlein 2000). Eine genaue Analyse der Entwicklung von Regulierungsstrategien zur Förderung erneuerbarer Energien stellt ein illustratives Beispiel für die interdependenten und konfligierenden Logiken zwischen „marktschaffender" und „marktkorrigierender" Regulierung dar (Prosser 1999).

Um eine genaue Analyse des Widerspiels dieser Kräfte geht es im Vergleich der Erneuerbaren-Energien-Politik zwischen Großbritannien und Deutschland. Es wird untersucht, wie unterschiedliche Strategien zur Liberalisierung der Strommärkte die Regulierung zum Ausbau erneuerbarer Energien beeinflusst haben. Dabei wird auch der Funktionswandel zwischen öffentlichen und privaten Akteuren analysiert, der ein Kennzeichen der Transformation von ehemals monopolistischen zu liberalisierten und wettbewerblich organisierten staatsnahen Sektoren ist (Mayntz/Scharpf 1995). Hierbei ist anzunehmen, dass mit der Privatisierung und Liberalisierung solcher Sektoren gleichzeitig eine Ausweitung der staatlichen Regulierungskapazitäten einhergehen muss, indem z.B. neue Regulierungsinstitutionen und –verfahren zur Verwirklichung öffentlicher Aufgaben geschaffen werden (Majone 1994). Am Beispiel der energiebezogenen Klimaschutzpolitik kann analysiert werden, ob sich bei der Regulierung der Energiewirtschaft tatsächlich ein Wandel vom Interventionsstaat zum „ermöglichenden Gewährleistungsstaat" (Schuppert 2001) vollzogen hat, der zur Erfüllung gemeinwohlorientierter Aufgaben und Dienstleistungen nur noch eine Steuerungs- und Auffangverantwortung wahrnimmt und die Finanzierungs- und Vollzugsverantwortung zunehmend auf private Akteure delegiert.

Mit der gleichzeitigen Regulierungsherausforderung einer Schaffung von Wettbewerb in den ehemals monopolistischen energiewirtschaftlichen Sektorstrukturen *und* der Begrenzung klimaschädigender Treibhausgasemissionen steht der moderne Staat vor einer *doppelten Herausforderung*. Die Ziele dieser doppelten Herausforderung stehen in einem konfliktären Verhältnis zueinander, da sie zum einen auf die Kostensenkungspotentiale der konventionellen Energieversorgung zielen, zum anderen für die effektive Einführung emissionsarmer Erzeugungstechnologien aber die Planung und Durchführung von Maßnahmen erfordern, welche die Energieversorgung tendenziell verteuern. Aufgrund dieses konfliktären Zielverhältnisses erscheint der Staat nicht mehr – wie in vielen modernen staatstheoretischen Analysen vereinfachend vorausgesetzt – als einheitlicher Akteur, sondern stellt sich als Arena für den politischen Streit zwischen verschiedenen Institutionen (z.B. Ministerien, Parlament, Parteien, Verbände) dar, wobei über die Gewichtung der widerstreitenden Interessen (hier: Wettbewerbs- und Nachhaltigkeitsziele) die Spitze der Exekutive oder das Parlament entscheidet. Generell bedingt die zunehmende Relevanz des Klimaschutzes einen qualitativen Funktionswandel des Staates, bei der die Risikovorsorge als neue Staatsaufgabe erscheint (Czada 2001) und die Förderung von technologischen Innovationen als staatliche Regulierungsaufgabe wichtiger geworden ist.

Die bisherigen politikwissenschaftlichen Analysen zur energiewirtschaftlichen Regulierung nachhaltiger Erzeugungstechnologien scheinen in diesem Zusammenhang die bestehenden Dynamiken zwischen marktschaffender und –korrigierender Regulierung nur ungenügend zu berücksichtigen (Baentsch 1997, Collier 1994, Hohmeyer/Rennings 1998, Jasinski/Pfaffenberger 2000, MacKerron/P. 2000, Thomson 2001). Weil die Regulierung einer nachhaltigen Energieerzeugung aber von der Ausrichtung der „ökonomischen Regulierung" sowie den damit etablierten Wettbewerbsregimen entscheidend beeinflusst wird, muss eine detaillierte Analyse der Erneuerbaren-Energien-Politik besonders die „marktseitigen" Aspekte energiewirtschaftlicher Regulierung berücksichtigen. Weil Großbritannien und Deutschland bisher unterschiedliche Ansätze zur Schaffung von Wettbewerb und der entsprechenden Netzregulierung verfolgt haben, ist davon auszugehen, dass hiervon wichtige Auswirkungen auf den politischen Entscheidungsprozess zur Regulierung von erneuerbaren Energien ausgegangen sind. Während bestehende Forschungsarbeiten einzelne Regulierungsprogramme zur Förderung von erneuerbaren Energien genauer untersuchen (Espey 2001, Mitchell 1995, Mitchell 1996, Mitchell 2000a, b), wurden ländervergleichende prozessorientierte Analysen über die Regulierung erneuerbarer Energien bisher kaum in den Zusammenhang mit der wettbewerbsseitigen Regulierung der Energiewirschaft gestellt.

2 Der theoretische Rahmen: Ein historisch-institutionalistischer Vergleich der Erneuerbaren-Energien-Politik

Im folgenden Kapitel werden die theoretischen Grundlagen für die Erklärung des unterschiedlichen Policyerfolgs bei erneuerbaren Energien in Großbritannien und Deutschland gelegt. Dabei wird zunächst der mögliche Erklärungsbeitrag einer historisch-institutionalistischen Analyseperspektive zur Erklärung des unterschiedlichen Ausmaßes technologiepolitischer Innovation in der Energiepolitik erläutert. Dieser aus der amerikanischen politikwissenschaftlichen Tradition stammende Forschungsansatz wird mit einer akteursorientierten Untersuchungsperspektive fruchtbar ergänzt. Anschließend wird der mögliche Beitrag der Föderalismusforschung zur Erklärung von Innovationen in unterschiedlichen Staatsstrukturen erläutert. Zu diesem Zweck wird zwischen dem Beitrag der ökonomischen Föderalismustheorien und den politikwissenschaftlich orientierten institutionalistischen Ansätzen in der Föderalismusforschung differenziert. Im Hinblick auf die historische Untersuchungsperspektive ist zusätzlich auf die zunehmende Bedeutung einer Mehrebenenregulierung der erneuerbaren Energien zu verweisen. Das Ende der 1980er Jahre gestartete EU-Binnenmarktprogramm für Energie und die zeitgleich intensivierten Anstrengungen zur Instituionalisierung einer gemeinschaftlichen Klimapolitik haben sich auf die nationale Regulierungspolitik für erneuerbare Energien ausgewirkt. Die Entwicklung eines globalen Klimaschutzregimes und entsprechender globaler Governancestrukturen hat seit der Rio-Konferenz 1992 die nationale Instrumentendiskussion für erneuerbare Energien zunehmend beeinflusst.

2.1 Die historisch-institutionalistische Analyse in akteurszentrierter Perspektive

Aufgrund des großen staatlichen Steuerungseinflusses gegenüber dem staatsnahen Sektor der Elektrizitätswirtschaft ist der institutionell-administrative Kontext, in dem Regulierung vollzogen wird, von zentraler Bedeutung. Die zielführende Hypothese lautet, dass die institutionellen Merkmale der politisch-administrativen Systeme von Deutschland und Großbritannien von maßgeblichem Einfluss für die Entwicklung und Implementierung der jeweiligen sektoriellen Wettbewerbs- und Nachhaltigkeitsstrategien in der Energiewirtschaft waren. Am Beispiel der Regulierung erneuerbarer Energien wird gezeigt, wie sich unterschiedliche institutionelle Kontexte auf die energiewirtschaftliche Regulierung zur Einführung innovativer Technologien ausgewirkt haben. Folgerichtig liegt ein Schwerpunkt der Analyse auf der Wirkung der institutionellen Strukturen, also der "*polity*", d.h. dem institutionellen Kontext, in dem sowohl die zuständigen staatlichen Akteure als auch die korporativen Akteure der nationalen Energiewirtschaft operieren. Diese Forschung steht damit in der politikwissenschaftlichen Tradition von Analysen, welche die institutionelle Struktur des Staates als entscheidenden Erklärungsfaktor für die Entstehung politischer Regulierungsansätze erachten (Almond 1988, Carporaso 1988, Evans u.a. 1997, Rockman 1990).

Neben der besonderen Bedeutung der Staatsstrukturen ist davon auszugehen, dass auch die jeweilige Organisation und Struktur der Elektrizitätswirtschaft von bedeutendem Einfluss für die Wahl des institutionellen Steuerungsarrangements war. Die nationalen Politiklösungen für das Problem des Klimawandels und die Realisierung von sektoralem Wettbewerb wurden somit einerseits durch die Strukturen der nationalen Energiewirtschaften determiniert, die in langwierigen historischen und pfadabhängigen Prozessen entstanden sind. In Bezug darauf ist die europäische Elektrizitätswirtschaft bereits an anderer Stelle als eine „heterogene Landschaft nationaler Elektrizitätswirtschaften" (McGowan 1996a) bezeichnet worden.[7] Andererseits haben die institutionellen Konfigurationen der politisch-administrativen Systeme, also die energiewirtschaftlich zuständigen Regulierungsbehörden, entscheidenden Einfluss auf die Entwicklung und Implementierung von Regulierungslösungen gehabt (O'Riordan/Jordan 1996).

Durch die prozess- und zeitbezogene Analyse wird die institutionalistische mit einer historischen Perspektive verbunden. Dabei wird politischer Wandel im Ansatz des historischen Institutionalismus häufig durch die Verwendung des Konzeptes der "critical junctures" („kritische Augenblicke") erklärt: "Critical junctures" stellen Perioden signifikanten Wandels dar, von denen man annimmt, dass sie bedeutende Entwicklungslinien für die weitere Politikentwicklung generieren (Collier/Collier 1991). Als Ausgangspunkt der Untersuchung wird deshalb die weltweite Ölpreiskrise des Jahres 1973 als gemeinsame "critical juncture" gewählt. Die Ölpreiskrise jenes Jahres zeigte in signifikanter Weise erstmals die Erdöl- und Energieabhängigkeit der importierenden westlichen Industrieländer auf. In historisch-institutionalistischer Perspektive stellen sich die Ölpreiskrisen der 1970er Jahre und 1980er Jahre als externe Schocks und somit als "critical juncture" („kritischer Augenblick") dar, welche beide Untersuchungsländer in gleicher Weise für das Postulat von Energieeffizienz und nachhaltiger Energieerzeugung, also erneuerbaren Energien, sensibilisierten. Ein weiterer externer Schock war in beiden Ländern das Reaktorunglück von Tschernobyl im Jahr 1986, durch das in der zweiten Hälfte der 1980er Jahre die politische und öffentliche Aufmerksamkeit auf energietechnische Alternativen der Elektrizitätserzeugung gelenkt wurde.

Die zweite Analyseperiode der Untersuchung erstreckt sich über den Zeitraum von 1989/90 bis 1997/98. Interessanterweise erfolgte die Verabschiedung erster substantieller Markteinführungsprogramme in beiden Ländern etwa zur gleichen Zeit, nämlich mit Beginn der 1990er Jahre. Die Entwicklung der jeweiligen Programme wurde aber von der unterschiedlichen Bedeutung der energiewirtschaftlichen Wettbewerbspolitik beeinflusst.[8]

---

[7] Historisch kann in der Europäischen Union grundsätzlich zwischen zwei elektrizitätswirtschaftlichen Systemen differenziert werden: Zum einen sind es die aus vertikal integrierten nationalen Monopolen entstandenen Energiewirtschaften (z.B. Großbritannien und Frankreich), zum anderen die dezentralisierten und territorial fragmentierten energiewirtschaflichen Sektoren (z.B. Deutschland), die durch eine komplexe Mischung aus öffentlichen und privaten Unternehmen charakterisiert sind (Cross 1996).

[8] Die Auswirkungen von Liberalisierungspolitiken und ‚belief systems' sind für die Bahnsektoren einiger europäischer Länder untersucht worden (Héritier/Knill 2001). Dabei wird zwischen einer Vor-Liberalisierungs- und der eigentlichen Liberalisierungsphase unterschieden. Vor diesem Hintergrund wird zu analysieren sein, wie unterschiedliche Zeitpunkte der Sektorliberalisierung in Großbritannien (1989) und Deutschland (1998) die Wahl der Regulierungspolitik für erneuerbare Energien beeinflusst haben.

Die historisch-institutionalistische Perspektive ermöglicht es in diesem Kontext, die wechselseitigen Beziehungen zwischen politischen und ökonomischen Entwicklungen im jeweiligen zeitlichen Kontext zu untersuchen und die für die Regulierung des Politikfeldes relevanten nationalen und internationalen Entwicklungen integrierend zu berücksichtigen (Thelen 1999). In Bezug auf die zweite Untersuchungsperiode wird die Implementierung der jeweiligen Markteinführungsinstrumente für erneuerbare Energien vor dem Hintergrund unterschiedlicher Wettbewerbspolitiken analysiert (1990-1997/98).

Die *dritte Analyseperiode* der Forschungsarbeit umfasst den Zeitraum von *1997/1998 bis 2005*. Als gemeinsamer Ausgangspunkt dieser Untersuchungsperiode standen in beiden Ländern erneut grundlegende Reformen zur Einführung bzw. Verstärkung sektoralen Wettbewerbs in der Energiewirtschaft. Während die deutsche Stromwirtschaft unter maßgeblichem Einfluss der Europäischen Union im Jahr 1998 überhaupt erst liberalisiert wurde, zielten die im Jahr 1997 realisierten ökonomischen Regulierungsreformen in Großbritannien auf eine Verschärfung des sektoralen Wettbewerbs. Es ist anzunehmen, dass die instrumentelle Ausgestaltung der Markteinführungsprogramme durch die jeweiligen Wettbewerbsreformen in den Energiesektoren maßgeblich beeinflusst wurde. Deshalb ist zu untersuchen, ob sich Elemente einer *instrumentellen Pfadabhängigkeit* bei den jeweiligen Policies zeigen, die auf die vorangegangenen wettbewerbspolitischen Reformen zurückzuführen sind. Ferner wurde mit der Verabschiedung des Kyoto-Protokolls im Jahr 1997 die internationale Aufmerksamkeit auf die Notwendigkeit eines verstärkten Klimaschutzes gelenkt, der auch über einen Ausbau der erneuerbaren Energien verwirklicht werden soll. Im britischen Untersuchungsfall zeichneten sich mit dem Regierungswechsel zu New Labour außerdem weitreichende staatspolitische Reformen ab, die mit dem Begriff der Devolution, also einer zunehmenden Regionalisierung des Britischen Königreichs, umschrieben werden. Gerade im Hinblick auf die politisch-institutionellen Voraussetzungen eines Ausbaus der erneuerbaren Energien ist anzunehmen, dass die Strukturreformen für die nationale Erneuerbare-Energien-Politik große Auswirkungen hatten.

Durch die geringe Bedeutung des Wettbewerbsprinzips in den vormals monopolistischen Energiesektoren bedingt, waren die technologiepolitischen Handlungs- und Entscheidungskompetenzen der politischen Akteure aus den zuständigen Fachministerien anfangs von umso größerer Bedeutung. Es ist deshalb zu untersuchen, wie unterschiedliche Staatsstrukturen die Wahlmöglichkeiten der politisch-administrativen Akteure für eine Förderung erneuerbarer Energien beeinflusst haben. Dabei ist zu ergründen, wie das politische System in den beiden Ländern die Wahrnehmung der policyentscheidenden Akteure beeinflusst hat, um in den monopolistischen Märkten innovative Maßnahmen zugunsten erneuerbarer Energien durchzusetzen. Um North zu zitieren:

> "But if the markets are incomplete, the information feedback is fragmentary at best, and transaction costs are significant, then the subjective models of actors modified both by very imperfect feedback and by ideology will shape the path. Then, not only can both divergent paths and persistently poor performance prevail, the historically derived perceptions shape the choices that they make"(North 1990, 95).

Als technologiepolitische Analyse muss ein historischer Vergleich der Erneuerbaren-Energien-Politik zwischen Großbritannien und Deutschland in diesem Zusammenhang die Phänomene der *Pfadabhängigkeit* berücksichtigen. Verschiedene wirtschaftswissenschaftliche Forschungsarbeiten haben bereits in den 1980er Jahren auf das Phänomen der Per-

sistenz bestimmter Technologien gegenüber effizienteren technischen Alternativen hingewiesen und die Ursachen ihres Fortbestehens aus ökonomischer Perspektive erforscht
(Arthur 1988, David 1985). Für die Persistenz ineffizienter Technologien wurden im Wesentlichen vier selbstverstärkende Mechanismen ("self-reinforcing mechanisms") bestimmt
(Arthur 1988, 10). Zum *ersten* bestehen hinsichtlich des technologisch innovativen Pro-
dukts *hohe Investitions- und Gründungskosten*, bei denen erst mit zunehmendem/r Out-
put/Erzeugung die Kosten je produzierter Einheit sinken. Zum *zweiten* fehlen *Lerneffekte*,
durch welche die Aussicht auf weitere technologische bzw. produktionsbezogene Verbesserungen bestehen. Zum *dritten* mangelt es an langfristigen *Koordinations- und Koopera-
tionsbeziehungen* zwischen den an der Entwicklung einer Technologie beteiligten Akteuren, durch die eine kontinuierliche Weiterentwicklung von Innovationen begünstigt wird.
Schließlich fehlt es an optimistischen *Zukunftserwartungen* zur Entwicklung der Wettbewerbsfähigkeit des Produktes bzw. der Technologie, durch die ein Festhalten an konventionellen Optionen verstärkt wird. Auf der Basis dieser vier Selbstverstärkungsmechanismen
werden für die Analyse technologischen Wandels in der Energiewirtschaft folgende Phänomene abgeleitet, die innovative Entwicklungen behindern (North 1990, 94):[9]

- Das Auftreten möglicher Ineffizienzen, weil sich wegen der fehlenden Aufmerksamkeit von Marktakteuren effiziente und bessere Technologien nicht durchsetzen.
- Das Auftreten von *Einschlusseffekten ("Lock-In")*: Ist erst einmal eine Lösung zu
einem technischen Problem gefunden, wird an der neuen Technologie aufgrund versunkener Investitionskosten festgehalten.
- Das Auftreten von *Pfadabhängigkeit*: Die bestehenden technischen Lösungen entwickeln sich im zeitlichen Ablauf aufgrund allmählicher Umweltveränderungen inkre-
mentell weiter.

Die regulative Herausforderung einer Ausweitung der erneuerbaren Energieerzeugung stellt
einen typischen Fall technologiebezogener pfadabhängiger Entwicklung dar. Die Auswirkungen von Einschlusseffekten bzw. zunehmender Gewinndynamiken (*"increasing return
dynamics"*) können einen Erfolg der Einführung von technologischen Innovationen behindern. Nach Pierson sind zunehmende Gewinndynamiken durch folgende Elemente gekennzeichnet: Zunächst können die Kosten des Wechsels von einer Alternative zu einer anderen
in bestimmten historisch-sozialen Kontexten merklich ansteigen. Bezogen hierauf richtet
sie die Aufmerksamkeit auf Fragen der zeitlichen Planung und Abfolge, wobei gestaltende
Zeitabschnitte von Perioden der Verfestigung divergierender Pfade unterschieden werden
(Pierson 2000). Das Phänomen zunehmender Gewinndynamiken stellt sich vor allem bei
kapitalintensiven Kraftwerksinvesitionen ein, deren versunkene Kosten nur über lange
Betriebszeiträume amortisiert werden können. Bei gleichzeitig steigendem Wettbewerbsdruck durch die Liberalisierung der Energiewirtschaft können sich die zunehmenden Gewinndynamiken einer konventionell-fossilen Stromerzeugung als entscheidendes Innovati-
onshemmnis für erneuerbare Energien darstellen. Diesbezüglich ist in den beiden Ländern
zu analysieren, ob sich im Zeitverlauf durch eine Änderung des institutionellen Kontextes

---

[9] Im Vergleich zum Begriff der „Innovation" stellt der „technologische Wandel" ein umfassenderes Konzept dar,
„der nicht nur die breitere Nutzung und Anwendung neuer Technologien beinhaltet, sondern auch die grundlegende Transformation von entsprechendem Wissen und Fähigkeiten betrifft" (Weber 1999).

und der materiellen Regelungsinhalte zur Einführung von Wettbewerb in die Energiewirtschaft die Perioden einer Verfestigung der Politik für die konventionelle und regenerative Energieerzeugung mit Phasen abwechselten, in denen die staatlichen Akteure großzügigere Gestaltungsspielräume für positive Rahmenbedingungen eines Ausbaus erneuerbarer Energien besaßen.

Damit rücken zwei weitere Elemente in den Mittelpunkt der Analyse. Zum einen sind dies die *konkreten rechtlichen Normen zur Markteinführung erneuerbarer Energien*, also die materiell relevanten Markteinführungspolicies. *Zum anderen* sind in der technologischen Pfadabhängigkeitsperspektive auch die Entwicklungen der *wettbewerbsrechtlichen Regelungen* im jeweiligen Strommarkt relevant, welche das *Kostenverhältnis einer Stromerzeugung aus erneuerbaren Energien gegenüber der konventionellen Stromerzeugung* (z.B. Kohle- oder Kernenergiepolitik) beeinflusst haben. Der besondere Vorteil der nachfolgenden Untersuchung wird in der ganzheitlichen Analyse der umwelt- bzw. technologiepolitischen *und* der wettbewerbspolitischen Aspekte der Energiemarktregulierung gesehen. Für beide Untersuchungsländer wird die bedeutender gewordene Energiemarktliberalisierung in ihren Auswirkungen auf die Markteinführung erneuerbarer Energien untersucht.[10]

Als Regulierung technologischen Wandels wird der Ausbau erneuerbarer Energien und ihre Systemintegration in die konventionelle Energiewirtschaft durch die genannten Elemente von Pfadabhängigkeit potentiell behindert (Berkhout 2002, Walker 2000). In technisch-evolutiver Perspektive erscheint z.B. die in der Nachkriegszeit erfolgte Entwicklung und Expansion der Kernenergie von herausragender Bedeutung. Ihr staatlich massiv subventionierter Ausbau war in beiden Untersuchungsländern mit dem Auftreten der oben beschriebenen positiven (für erneuerbare Energien negativen) Selbstverstärkungsmechanismen verbunden.

In Bezug auf die Anwendung eines historisch-institutionalistischen Analyserahmens ist zu betonen, dass die Unterschiede der Regulierungansätze mit der spezifischen Wirkung verschiedener Staatsstrukturen nicht hinreichend erklärt werden können. Für eine fundierte Erklärung ist vielmehr zu analysieren, in welcher Weise die nachhaltigkeitsbezogene Idee der erneuerbaren Energien Zugang zu den jeweiligen energiewirtschaftlichen Regulierungsinstitutionen gefunden und eine Präferenzänderung der politischen und administrativen Akteure für innovative energiepolitischer Fördermaßnahmen ausgelöst hat. Für die Erklärung der unterschiedlichen Diffusion des Nachhaltigkeitsparadigmas in die energiewirtschaftliche Regulierung wird daher die *akteurszentrierte Perspektive* nutzbar gemacht (Scharpf 1997), die es ermöglicht, die unterschiedlichen Perzeptionen der policyentscheidenden Akteure zu thematisieren. Es ist zu untersuchen, wie unter unterschiedlichen institutionellen Kontextbedingungen die Interaktionen zwischen den energiewirtschaftlichen Akteuren der konventionellen und der „neuen" Energiewirtschaft (welche die Akteure umfassen, die einen Ausbau erneuerbarer Energien favorisieren) sowie der politisch-administrativen Akteure strukturiert wurden. Die historisch-institutionalistische Perspektive

---

[10] Ein Defizit bestehender Policyanalysen zur „Europäisierung" und „Liberalisierung" ehemals staatsnaher Sektoren wird darin gesehen, dass diese entweder auf wettbewerbspolitische Aspekte (Eberlein 2000, Eising 2000, Schmidt 1998a, b) oder auf umwelt- bzw. klimaschutzpolitische Fragestellungen (Baentsch 1997, Lenschow 1996) fokussieren. Hierdurch werden die entscheidenden policybezogenen Verteilungskonflikte in diesem Politikfeld tendenziell ausgeblendet. Deshalb bemüht sich die vorliegende Arbeit um eine ganzheitliche Perspektive, insbesondere weil *Klimaschutzpolitik* im Bereich der Energiewirtschaft auch als wichtiger Bestandteil der *Wettbewerbspolitik* zu identifizieren ist.

bietet hierfür ein geeignetes Analyseraster, weil die Präferenzen, Interessen, Ziele und Strategien korporativer Akteure im jeweiligen zeitlichen Kontext erklärt werden und die *Präferenzbildung eher als problematisch denn als gegeben* erachtet wird (Thelen/Steinmo 1992).

Somit bedeutet die staatszentrierte Perspektive nicht, dass die Relevanz gesellschaftlicher und wirtschaftlicher Interessengruppen für die Diffusion des Nachhaltigkeitsparadigmas in die energiepolitische Sektorregulierung vernachlässigt wird. Vielmehr bleibt stets zu berücksichtigen, dass unterschiedliche Staatsstrukturen in verschiedener Weise den Weg dafür geebnet haben, „dass Experten und ihre Ideen vor dem jeweiligen zeitlichen Hintergrund Eingang in die Politikgestaltung gefunden haben" (Weir/Skocpol 1997). Es ist also zu untersuchen, ob die unterschiedlichen Regierungssysteme den Interessengruppen von erneuerbaren Energien verschiedene Opportunitätsstrukturen und Zugangsmöglichkeiten zum politischen Entscheidungsprozess geboten haben. Dabei ist auch auf die besondere Bedeutung von Einzelpersonen innerhalb der öffentlichen Verwaltung zu verweisen, die bereits in früheren Arbeiten staatszentrierter Forschung hervorgehoben wurde. Dieser Aspekt betrifft den Staat als Anbieter von *„Orten autonomer öffentlicher Aktion"* (Weir/Skocpol 1997) und verweist auf die mögliche Bedeutung innovativ denkender und handelnder Mitarbeiter innerhalb der öffentlichen Verwaltung, die durch ihre langjährige Tätigkeit den Durchbruch des relevanten Policyparadigmas in der sektorspezifischen Regulierung gefördert haben. Somit soll vergleichend analysiert werden, inwieweit die föderal bedingte Multiplizierung von Arenen zur Politikgestaltung in der bundesdeutschen Energiepolitik durch bestimmte Interessengruppen und Parteien erfolgreich für "rent-seeking" (Olson 1982), z.B. zur Realisierung substantieller Fördermaßnahmen für einen Ausbau erneuerbarer Energien, genutzt werden konnte.

In einer akteursorientierten Perspektive ist in diesem Zusammenhang hervorzuheben, dass die Markteinführung erneuerbarer Energien mit der Institutionalisierung neuartiger interessenpolitischer Akteurskonstellationen verbunden sein kann. Aus diesem Grund wird auch die Entstehung von neuen interessenpolitischen Akteuren aus dem Bereich einer *„neuen Energiewirtschaft"* untersucht. Eine Analyse der Regulierungsregime für eine Ausweitung der regenerativen Energieerzeugung muss hierbei herausarbeiten, wie die korporativen Akteure, welche einen Ausbau erneuerbarer Energien gegenüber der konventionellen Energiewirtschaft favorisieren, an „Handlungskapazität gewinnen, indem sie ihre Ressourcen, Fähigkeiten und Zielsetzung in einer langfristigen Koalition zusammenlegen" (Stone 1989). Insgesamt versucht diese Forschungsarbeit somit die Perspektive einer interaktionsorientierten Policyforschung zu integrieren (Scharpf 1997). Die *institutionellen Eigenschaften der Staatsstrukturen* werden dabei *als* bedeutende *„Faktormenge* erachtet, *welche die Interaktionen zwischen den Policyakteuren beeinflussen und dadurch in einer größeren oder geringeren Kapazität des politikgestaltenden Systems resultieren,* effektive Reaktionen auf Policyprobleme einzuführen und zu implementieren" (Scharpf 2000). Folgerichtig begründen das föderale und das unitarische Regierungssystem in den beiden analysierten Ländern unterschiedliche politische Arenen für die sektorale Steuerung der Energiewirtschaft zugunsten eines Ausbaus erneuerbarer Energien.

Darüber hinaus bietet der historische Institutionalismus aber auch deshalb einen geeigneten Forschungsansatz, weil er die Bedeutung weiterer intermediärer Institutionen wie des Wahl- und Parteiensystems (z.B. Parteienwettbewerb) in die komparative Analyse zu integrieren vermag. In diesem Zusammenhang sind nicht nur für die nationale Ebene, sondern besonders auch für untergeordnete Gebietskörperschaften, wie z.B. die Bundesländer in Deutschland, die Auswirkungen des Parteienwettbewerbs für die erneuerbaren Energien nachzuweisen. Weil außerdem gerade dezentrale Gebietskörperschaften (Kommunen, Regionen) in ihrem Wirkungsraum in besonderer Weise Einfluss auf die Gestaltung der wirtschaftlichen und planungspolitischen Rahmenbedingungen für erneuerbare Energien haben, ist zu untersuchen, ob entsprechende politische und gesellschaftliche Initiativen auch durch dezentrale Körperschaften aufgenommen wurden. Der historisch-institutionalistische Vergleich der Erneuerbaren-Energien-Politik untersucht in diesem Zusammenhang aber auch die *Auswirkungen der Transformation von Staatlichkeit* (besonders von Föderalisierung und Regionalisierung im britischen Fall) auf die Umsetzung politischer Strategien zur Realisierung einer nachhaltigen Energiewirtschaft. Diesbezüglich wird besonders im britischen Fall der Annahme nachgegangen, ob die politischen Ziele für einen Ausbau der dezentralen erneuerbaren Energien von einer Dezentralisierung bzw. Regionalisierung des politischen Systems zu profitieren vermochte.

Insgesamt wird eine streng sektorbezogene Analyse der Regulierung erneuerbarer Energien als entscheidender Vorteil erachtet, um die Auswirkungen der territorialen Variablen auf die Politikentwicklung und –umsetzung eindeutig zu isolieren. Der analytische Fokus auf die Energiepolitik ermöglicht es, sich in den verschiedenen institutionellen Kontexten unitarischer und föderaler Regierungssysteme auf die spezifischen Formen der sektoriellen Regulierung und Politikgestaltung zu konzentrieren (Benz 2001). In Übereinstimmung mit der Annahme, dass ein Vergleich „föderaler und unitarischer Staaten nur unter der Voraussetzung Sinn macht, dass die territoriale Variable eindeutig isoliert werden kann, oder man sich auf die spezifischen territorialen Aspekte und, genauer, auf die territoriale Organisation konzentrieren kann", arbeitet diese Untersuchung die „territoriale Arbeitsstruktur" (Braun 2000a) für die Regulierung erneuerbarer Energien heraus. Diese ist nicht nur zwischen verschiedenen Staatsstrukturen unterschiedlich und komplex, sondern variiert im Zeitverlauf (Benz 1999). Die Fokussierung der historisch-komparativen Policyanalyse auf die Regulierung erneuerbarer Energien an der Schnittstelle zwischen Energie- und Umweltpolitik wird als forschungsstrategischer Vorteil erachtet, weil die unterschiedlichen Funktionslogiken energiepolitischer Regulierung differenziert analysiert werden können.

2.2 Der Beitrag der Föderalismusforschung zur Erklärung von Innovation

Die Auswirkungen institutioneller Staatsstrukturen auf die politische Problemlösungs- und Innovationsfähigkeit wurden in den Politik- und Sozialwissenschaften bereits durch verschiedene Forschungsrichtungen untersucht. Die erzielten Resultate fallen dabei recht heterogen aus. So werden in der Föderalismusforschung, die sich seit langem mit dem Problem einer effizienten Gestaltung von Staatsstrukturen befasst, unterschiedliche Antworten zur Lösung des Problems der Zentralisierung oder Dezentralisierung von Regulierungskompetenzen gegeben. Generell ist hier zwischen ökonomischen und institutionalistischen Ansätzen der Föderalismustheorie zu differenzieren. Ihre Erkenntnisse können für die Analyse der Regulierung erneuerbarer Energien fruchtbar gemacht werden. Deshalb werden zunächst die zentralen Erkenntnisinteressen und Ergebnisse der genannten theoretischen Ansätze über die Wirkungen einer „institutionellen Fragmentierung" (Wälti 2001) von Staatlichkeit auf die politische Problemlösungsfähigkeit erläutert. Anschließend wird beschrieben, wie die Erkenntnisse der jeweiligen Theorien für die komparative Analyse der Regulierung erneuerbarer Energien im unitarischen und föderalen Staat fruchtbar gemacht werden können.

2.2.1 Ökonomische Föderalismustheorien

Ein gemeinsames Anliegen der verschiedenen Ansätze der ökonomischen Theorie des Föderalismus ist die normative Frage der optimalen Ausdehnung und Kompetenzverteilung zwischen den verschiedenen föderalen Territorien eines Staates, also dem optimalen Zentralisierungsgrad zur effizienten Bereitstellung von Gemeinschaftsgütern (Breton 1965, Oates 1972, Olson 1969). Hier sind im Folgenden hauptsächlich die Ansätze des *fiskalischen Föderalismus* und des *kompetitiven Föderalismus* zu diskutieren.

Der *fiskalische Föderalismus* hat die Internalisierung räumlicher Externalitäten als Effizienznorm eingeführt. Zur optimalen Bereitstellung öffentlicher Güter sind die betreffenden Jurisdiktionen flexibel an die geographische Reichweite eines Problems anzupassen (Oates 1972). Darüber hinaus integriert das fiskalische Föderalismusmodell das von Olson entwickelte „*Prinzip der fiskalischen Äquivalenz*" (Olson 1969), nach dem die Bereitstellung eines öffentlichen Gutes dann effizient ist, wenn die Nutzer des Gutes, die Steuerzahler und die Entscheidungsträger identisch sind. Die Bestimmung der optimalen Reichweite einer Jurisdiktion zur effizienten Bereitstellung eines öffentlichen Gutes ist dabei in voraussetzungsvoller Weise an die Erfüllung von drei Annahmen gebunden, die realiter mitunter nur schwierig einzuhalten sind. Diese betreffen die *Annahme homogener Präferenzen der Bevölkerung* für das öffentliche Gut, die *Annahme gleicher Produktionskosten* für das öffentliche Gut sowie die *Möglichkeit einer Bestimmung der geographischen Reichweite* des öffentlichen Gutes. Den Annahmen des Äquivalenzprinzips folgend wird entsprechend den räumlichen Eigenschaften des zu lösenden kollektiven Handlungsproblems eine feste Zuweisung von Kompetenzen an die verschiedenen politischen Handlungsebenen empfohlen: lokale Probleme sollten auf der kommunalen, regionale innerhalb von regionalen Institutionen, gesamtstaatliche auf der nationalen und grenzüberschreitende bzw. globale Probleme auf der supranationalen bzw. internationalen Ebene reguliert werden. Die Aufgabe einer Minimierung von räumlichen Externalitäten, die bei der Bereitstellung von öffentlichen Gütern in anderen Jurisdiktionen unvermeidlich sind, soll nach dem fiskalischen Föderalismuskonzept durch die Zentralregierung übernommen werden, indem diese durch distributive Regulierungsmaßnahmen (z.B. steuerpolitische Maßnahmen) bestehende Ineffizienzen reduziert.

Die Kritik an den anspruchsvollen theoretischen Annahmen des fiskalischen Föderalismusmodells (z.B. begrenzte Informationsverarbeitungskapazität des zentralstaatlichen Akteurs zur Bestimmung der oben genannten Voraussetzungen) führte zu seiner Weiterentwicklung, dem *Ansatz des kompetitiven Föderalismus*. Während Vertreter des fiskalischen Föderalismusmodells im Fall der Existenz räumlicher Externalitäten für die Zentralisierung von Regulierungskompetenzen plädieren (Flatters u.a. 1974), setzt der Ansatz des kompetitiven Föderalismus unter der Annahme territorial differierender Präferenzen der Bürger sowie regional unterschiedlicher Kosten bei der Bereitstellung öffentlicher Güter stärker auf die Ermöglichung dezentraler Kooperationen zwischen den betreffenden Gebietskörperschaften. Gleichzeitig werden die positiven Effekte eines dezentralen Wettbewerbs bei der Bereitstellung der betreffenden öffentlichen Güter betont (Breton 1996, 199ff., Breton/Scott 1978). Ein entscheidender Vorteil des Wettbewerbs zwischen dezentralen Körperschaften wird zum einen in einer besseren, den regionalen Präferenzen genauer angepassten Regulierung von öffentlichen Gütern gesehen. Zum anderen befördere der Wettbewerb auf der dezentralen Ebene die dynamische Effizienz, indem er durch die Suche nach neuen, günstigeren Produktionstechniken für diese Güter zu Innovation führt (Holzinger 2001).

Der Ansatz des kompetitiven Föderalismus postuliert damit, dass die Dezentralisierung von Regulierungskompetenzen eine größere Übereinstimmung zwischen den individuellen umweltbezogenen Präferenzen und der individuellen Zahlungsbereitschaft für die Bereitstellung des öffentlichen Gutes bewirkt. In diesem Zusammenhang sind in der ökonomischen Föderalismustheorie auch die *Konzepte der Responsivität und Subsidiarität* umfassend diskutiert worden. Das *Konzept der Responsivität* geht von der Annahme aus, dass auf den dezentralen gebietskörperschaftlichen Ebenen aufgrund der größeren Nähe der politischen Entscheidungsträger zu den Bürgern deren Präferenzen besser erfasst werden als auf höheren Regierungsebenen. Deshalb wird mit dem Konzept gefordert, dass die Entscheidungskompetenz oder Regulierungsfunktion über die Bereitstellung eines öffentlichen Gutes in der Hierarchie der Gebietskörperschaften nur dann an eine höhere Ebene delegiert werden sollte, wenn die untergeordneten Gebietskörperschaften die Funktion oder Aufgabe organisatorisch oder technisch nicht mehr erfüllen können (Breton 1996, 185f.). Damit ist das Konzept dem *Subsidiaritätsprinzip* ähnlich. Die generelle Kritik an den beiden Konzepten lässt sich darin zusammenfassen, dass es auch auf den dezentralen politischen Entscheidungsebenen eindeutige Präferenzen der Bürger nicht gibt, sondern diese heterogen gestaltet sind. Realiter ist die in der ökonomischen Föderalismustheorie geforderte Interessenhomogenität kaum gegeben. Überhaupt stellt sich für die auf der jeweiligen gebietskörperschaftlichen Ebene entscheidenden politischen Akteure, die in der Frage einer Bereitstellung des betreffenden Gutes eben nicht über ein ganzheitliches und umfassendes Wissen verfügen, das Problem der begrenzten Informationskapazität zur Bestimmung optimaler Regulierungslösungen.

Insgesamt ist zu wiederholen, dass die *Vertreter des kompetitiven Föderalismusansatzes* die von den Anhängern des fiskalischen Föderalismusmodell geforderte Zentralisierung von Regulierungsaufgaben als kritisch erachten, weil diese zum einen die *Gefahr eines ineffizienten Angebots öffentlicher Güter durch die Schaffung entsprechender Regulierungsmonopole*, zum anderen aber auch *hohe Kosten bei der Präferenzfeststellung* in Wiegen der Versorgung mit öffentlichen Gütern in sich birgt. Als Zuweisungsregel für die Kompetenzen in politischen Mehrebenensystemen wird deshalb postuliert, dass eine öffentliche Leistung nur dann durch die Jurisdiktion einer höheren Ebene bereitgestellt werden soll, wenn die räumlichen Externalitäten schwerer wiegen als die Nachteile der zentralen Lösung (Heinemann 1996).

Die Arbeiten der Vertreter eines kompetitiven Föderalismusansatzes zielten im Vergleich zu denen des fiskalischen Förderalismusansatzes weniger auf die Frage einer adäquaten Regulierung der Externalitäten eines Öffentlichen-Gut-Problems, als auf mögliche Lösungsstrategien zur Internalisierung der dabei auftretenden Transaktionskosten. Genau vor diesem Hintergrund gewannen bei den Vertretern eines Wettbewerbsföderalismus die Strategien möglicher kommunaler oder regionaler Kooperationen bzw. von Kooperationen zwischen den dezentralen Gebietskörperschaften und der Zentralregierung an Bedeutung. Von zunehmender Bedeutung war neben der stärkeren Betonung von *horizontalen Kooperationen* gleichzeitig die positiver eingeschätzte Bedeutung von *horizontalem Wettbewerb*.

Im Kontext der hier diskutierten Ansätze der ökonomischen Theorien des Föderalismus wird die nachfolgende Untersuchung die Frage untersuchen, ob die Erzeugung von innovativen Entwicklungen in der Energiepolitik *einerseits* von der Existenz kompetitiver Strukturen zwischen dezentralen Gebietskörperschaften profitiert hat. Dabei ist hervorzuheben, dass Großbritannien auch als unitarisch organisierter Nationalstaat ein komplexes Mehrebenensystem aus verschiedenen Gebietskörperschaften darstellt. Deshalb ist zu analysieren, wie in dem betreffenden Regierungssystem die Kompetenzen und Funktionen zur Regulierung einer nachhaltigen Energiewirtschaft für einen Ausbau erneuerbarer Energien zwischen der Zentralregierung und den untergeordneten Gebietskörperschaften aufgeteilt waren. Aufgrund des dezentralen Charakters der Energieerzeugung aus erneuerbaren Energien wird angenommen, dass das Bestehen kommunaler und insbesondere regionaler Handlungsspielräume im Sinne einer Kongruenz der Reichweite des Externalitätenproblems mit dem zuständigen politischen Entscheidungsraum einen effektiven Ausbau der erneuerbaren Energien befördert hat.

Entsprechend der ökonomischen Föderalismustheorie ist *andererseits* davon auszugehen, dass in unitarischen Regierungssystemen die politischen Entscheidungsträger auftretende interjurisdiktionale Externalitätenprobleme im Vergleich zu Regulierungsakteuren in föderalen Systemen durch eine Neuordnung der Kompetenzen relativ effektiv reformieren können. Aufgrund der verhältnismäßig geringeren Bedeutung von institutionellen Veto-Spielern vermag die Regierung in einem unitarischen Staat im Vergleich zu föderal organisierten Staaten mit stark verflochtenen Entscheidungsprozessen zwischen Bundes- und Gliedstaaten notwendige Reformen zügiger umzusetzen (Tsebelis 1995, Tsebelis 2002).

Für die erneuerbaren Energien ist daher zu untersuchen, wie ihr Ausbau von den jeweiligen Merkmalen des Regierungssystems in Großbritannien und Deutschland beeinflusst wurde. Vor dem Hintergrund des beschriebenen Innovationszyklus von erneuerbaren Energien ist zu analysieren (s.S. 32), ob in den beiden Regierungssystemen geeignete länderbezogene und regionale Governancestrukturen bestanden,[11] durch die sich den Interessenvertretern der dezentralen erneuerbaren Energien eine günstige Opportunitätsstruktur zur politischen Förderung (z.B. Forschungs- und Technologiepolitik, Markteinführungspolitik) bot. Damit in Verbindung steht die bereits erwähnte Frage der akteursbezogenen Zugangsmöglichkeiten (*"access opportunities"*) zu den politischen Entscheidungsträgern.

Im Kontext der diskutierten ökonomischen Ansätze der Föderalismustheorie ist von Bedeutung, ob mit der Existenz dezentraler Entscheidungskompetenzen auf der Länder- und Regionenebene z.B. ein Wettbewerb um die Ansiedlung von Einrichtungen zur Forschung und Entwicklung für erneuerbare Energien bestanden hat. Es wird davon ausgegangen, dass die unterschiedlichen Staatsstrukturen und die damit verbundenen Differenzen in den energiepolitischen Kompetenzen zu einer differierenden Intensität des regionalen und

---

[11] Während der Begriff der „Länder" für die beiden Untersuchungsfälle noch relativ einfach zu definieren ist, fällt die Definition der „Region" ungleich schwerer. Mit den Ländern sind im Fall der Bundesrepublik Deutschland die sechszehn Bundesländer und im Fall Großbritanniens die „Länder" England, Schottland, Wales und Nord-Irland gemeint. Ein einheitlicher Begriff der Region ist ungleich schwerer zu definieren, weil zwischen beiden Staaten die damit gemeinten politischen Körperschaften und ihre Entscheidungsräume unterschiedlich gestaltet waren. Im britischen Untersuchungsfall ist eine einheitliche Definition kaum möglich, weil – wie in der nachfolgenden Untersuchung genauer beschrieben wird – das dortige Regierungssystem seit 1997 einem Prozess der asymmetrischen Föderalisierung und Regionalisierung unterliegt und die Bildung von regionalen Gebietskörperschaften insbesondere in England nicht abgeschlossen ist.

länderbezogenen Standortwettbewerbs geführt hat, durch den die technologische Entwicklung von erneuerbaren Energien und die politische Verabschiedung erster Breitenförder- und Markteinführungsprogramme beeinflusst wurde. Die mit dem Aufbau neuer Wachstums- und Zukunftsindustrien verbundenen positiven arbeits- und strukturpolitischen Effekte können die politische Konkurrenz zwischen dezentralen Körperschaften verschärfen. Deshalb bietet sich für eine ländervergleichende Analyse zwischen Großbritannien und Deutschland auch die Verwendung einer regionalpolitischen Perspektive an, welche in einer Bottom-Up-Perspektive die Rolle von lokalen und regionalen Initiativen für die Entwicklung erneuerbarer Energien untersucht. Dabei ist zu ermitteln, ob die Existenz dezentraler und mit energiepolitischen Kompetenzen und Ressourcen ausgestatteter Gebietskörperschaften als Katalysator für die erfolgreiche Entwicklung und Implementierung erneuerbarer Energien zu erachten ist. Insgesamt wird damit die Annahme übernommen, dass für die Ausprägung des Standortwettbewerbs als Steuerungsmechanismus in der Regionalpolitik die Struktur des politischen Mehrebenensystems (unitarisch versus föderal) grundlegend ist (Benz 2003, 58). Im Kontext einer Bewertung des Ausmaßes des länder- bzw. regionenbezogenen Wettbewerbs kann damit der Frage nachgegangen werden, ob der *Wettbewerb als Verfahren zur Entdeckung optimaler Lösungen* bei der nachhaltigkeitsbezogenen Regulierung der Stromwirtschaft gewirkt hat (Vanberg/Kerber 1994, 201ff.).

Schließlich ist anzumerken, dass eine stärkere Zentralisierung der energiepolitischen Kompetenzen im Sinne der Annahmen des fiskalischen Föderalismusmodells positive Auswirkungen auf die staatlichen Steuerungsmöglichkeiten zugunsten eines effektiven Ausbaus erneuerbarer Energien haben kann. Unter den anzunehmenden Schwierigkeiten einer gerechten und angemessenen Zurechnung der verhältnismäßig höheren Kosten einer Stromgewinnung aus erneuerbaren Energien auf die stromwirtschaftlichen und privaten Akteure kann sich eine Zentralisierung energiepolitischer Regulierungskompetenzen als sinnvoll erweisen, um in der Frage der Anlastung der anfallenden Kosten Verteilungskonflikte auf der dezentralen Ebene zu vermeiden. Mit dem höheren Steuerungspotential unitarischer Regierungssysteme ist somit nichts anderes als die größere Durchgriffskompetenz der politischen Zentrale gegenüber den dezentralen Gebietskörperschaften zugunsten einer reibungslosen Implementierung von politischen Maßnahmen gemeint. Damit können bei der Implementierung der Erneuerbaren-Energien-Politik für das politische System Großbritanniens gegenüber Deutschland erhebliche Vorteile verbunden gewesen sein. Somit müssen die postulierten positiven Effekte eines stärker dezentral organisierten Wettbewerbs um Innovationen bei gleichzeitiger geringerer zentralstaatlicher Handlungskapazität (Untersuchungsfall Deutschland) gegenüber den Vorteilen größerer zentralstaatlicher Handlungskapazität bei gleichzeitig geringerem dezentralem Innovationswettbewerb (Untersuchungsfall Großbritannien) evaluiert werden.

In diesem Kontext haben jedoch nicht nur die ökonomischen Föderalismustheorien wichtige Beiträge geliefert. Vielmehr haben auch zahlreiche politikwissenschaftliche Analysen in institutionalistischer Perspektive mögliche Auswirkungen der Staatsstrukturen auf die Innovations- und Reformfähigkeit einzelner Länder untersucht.

2.2.2 Institutionalistische Ansätze der Föderalismusforschung

Im Gegensatz zu den ökonomischen Föderalismustheorien verweisen institutionalistische Ansätze der Föderalismusforschung darauf, dass die Existenz einer Vielzahl politischer

Entscheidungsebenen in föderalen Regierungssystemen die Möglichkeiten von politischen und ökonomischen Akteuren erhöht, die verschiedenen politischen Ebenen zur Verwirklichung eigener Klientelinteressen zu nutzen (Peterson 1995). In föderalen Staatsstrukturen können die nachgelagerten staatlichen Ebenen die Implementierung von Regulierungsmaßnahmen verzögern oder blockieren. Bereits in den 1970er Jahren haben arbeits- und sozialpolitisch orientierte Studien auf die Restriktionen einer makroökonomischen Planung und Steuerung verwiesen, die aus der spezifischen Funktionsweise des föderalen Regierungssystems in Deutschland erwachsen (Scharpf u.a. 1976). Verschiedene spätere Analysen wohlfahrtstaatlicher Systeme haben auf die besonderen Regulierungsprobleme föderaler Staaten in den Politikfeldern der Sozial- und Gesundheitspolitik hingewiesen, weil föderale Systeme vor allem bei der Realisierung redistributiver Politiken (im Gegensatz zu distributiven Politiken) besonderen Beschränkungen unterliegen (Braun 2000, Lancaster/Hicks 2000, Peterson 1995, Pierson 1995). Die bereits in den 1980er Jahren diagnostizierten staatlichen Steuerungsdefizite der Arbeitsmarkt-, Infrastruktur-, Sozial-, und Umweltpolitik verdeutlichten die Grenzen des modernen Interventions- und Wohlfahrtsstaates. In der Politik- und Verwaltungswissenschaft wurden daraufhin Dezentralisierungsstrategien als probates Gegenmittel zur Steigerung der Problemlösungskapazitäten des Staates diskutiert (Müller-Brandeck-Bocquet 1996).

Generell wurde bisher aber nur in wenigen komparativen Fallanalysen die umweltpolitische Problemlösungsfähigkeit zwischen unitarischen und föderalen Staaten untersucht. Zwar wurde in einer vergleichenden Studie zwischen dem unitarischen Frankreich und dem föderalen Deutschland für den deutschen Fall die besondere Rolle der Bundesländer für das Erzeugen umweltpolitischer Innovationen betont (Müller-Brandeck-Bocquet 1996). Weil die deutschen Bundesländer durch ihre Mitwirkung an der Bundesgesetzgebung über den Bundesrat und ihre wichtige Rolle im Gesetzesvollzug aber auch als Blockierer von Innovationen wirken können, ist eine Generalisierung der positiven Wirkung föderaler Staatsstrukturen als problematisch zu erachten.

Die in der Politikwissenschaft in diesem Kontext vorgenommene Unterscheidung zwischen unitarischen und föderalen Regierungssystemen stellt jedoch eine idealtypische Dichotomisierung zweier staatlicher Ordnungsstrukturen dar, die für die policyorientierte Analyse im Unklaren zu verbleiben droht.[12] Zum einen wurde darauf verwiesen, dass empirisch Mischformen zwischen beiden idealtypischen Strukturen vorherrschen, und das zum anderen die einzelnen Staaten strukturimmanente Entwicklungsdynamiken aufweisen, die entweder in Richtung föderaler oder unitarischer Strukturen tendieren (Benz 2001). In diesem Kontext ist für Deutschland für verschiedene Politikfelder auf Unitarisierungstendenzen innerhalb des föderalen Regierungssystems hingewiesen worden, die auch für die Umweltpolitik gelten (Lehmbruch 2002, Müller-Brandeck-Bocquet 1996, 123).[13]

Gleichzeitig ist in Großbritannien, dessen Regierungssystem lange Zeit als der idealtypische Fall eines unitarischen Staates galt (Westminster-Modell), seit der zweiten Hälfte

---

[12] Lijphart unterscheidet in seinen breiter angelegten quantitativen Studien eindeutig zwischen unitarischen und föderalen Staatsstrukturen (Lijphart 1999). Im Gegensatz zu unitarischen Systemen zeichnen sich föderale Staaten durch die Existenz machtvoller „Zwei-Kammer-Parlamente, eine entsprechend mächtige oberste Gerichtsbarkeit oder Verfassungsgerichte mit der Kompetenz zur gerichtlichen Überprüfung sowie hohen gesetzlichen Barrieren für Verfassungsänderungen" aus (Braun 2000a).

[13] Als zentrales Argument für die umweltpolitische Unitarisierung wird angeführt, dass alleine bundeseinheitliche Regelungen nennenswerte Verbesserungen ohne gravierende regionale Wettbewerbsverzerrungen bringen würden.

der 1990er Jahre eine grundlegende Transformation des Staates zu konstatieren (Bulmer 1998, Henig 2002). Seit dem Jahr 1999 befindet sich Großbritannien in einem bedeutenden Transformationsprozess von einem ehemals unitarischen hin zu einem stärker regionalisierten Staatsgebilde (Bradbury/Mawson 1997, Elcock/Keating 1998, Jefferey/Palmer 2002, Pilkington 2002). Eine Veränderung von Staatlichkeit wird dabei als eine Neuverteilung und –definition von Regulierungsaufgaben, -kompetenzen und –ressourcen zwischen verschiedenen staatlichen Regierungsebenen und –akteuren definiert. In erster Linie ist damit eine Reorganisation staatlicher Aufgabenerfüllung gemeint, die im betreffenden politisch-administrativen System entweder eine Zentralisierung oder Dezentralisierung (analog: Regionalisierung) zwischen der zentralstaatlichen Ebene und den nachgeordneten politischen Einheiten bewirkt.[14] Die für den dritten Untersuchungszeitraum von 1997 bis 2004 zu analysierenden wichtigen politischen Entscheidungen zur Neuorganisation des britischen Staates sind in ihren Auswirkungen für die energiewirtschaftliche Regulierung erneuerbarer Energien zu analysieren. Vor dem Hintergrund der aus der ökonomischen Föderalismustheorie übernommenen Annahme, dass die Umsetzung von Strukturen regionalen Wettbewerbs die Anreize für eine innovative Energiepolitik zugunsten eines Ausbaus erneuerbarer Energien verstärkt, ist deshalb in institutionalistischer Perspektive zu untersuchen, ob die britische Regionalisierung positive Auswirkungen für eine nachhaltige Energiepolitik hat.

Aufgrund der beschriebenen dezentralen Eigenschaften der Stromerzeugung aus erneuerbaren Energien ist für ihren technologischen Ausbau hypothetisch anzunehmen, dass in beiden Ländern politische Institutionen auf kommunaler und regionaler Ebene bestanden haben, die eine innovationsorientierte Infrastruktur im Sinne des oben dargestellten Innovationsprozeses fördern wollten (technologische Forschung und Entwicklung, Anlagenplanung, Betrieb). Weil zur Nutzung erneuerbarer Energien im Wesentlichen die regional vorhandenen Ressourcen (z.B. Biomasse aus Holz, lokale Windpotentiale, etc.) in Anspruch genommen werden, ist zu ihrer effektiven Planung, Erschließung und Nutzung ein umfassender Kreis von Personen und Organisationen (z.B. Projekt- und Anlagenentwickler, Projektbetreiber, Rohstofflieferanten, stromwirtschaftliche Netzbetreiber, entsprechende Verbände als korporative Akteure etc.) in dezentralen Netzwerken zu integrieren. Über ein erfolgreiches lokales und regionales Management der widerstreitenden energiepolitischen und gesellschaftlichen Interessen können bestehende Widerstände und Vorbehalte gegen erneuerbare Energien abgebaut werden. In diesem Kontext ist in der Fachliteratur der Regionalökonomie die Wichtigkeit der Existenz von Regionalinstitutionen (z.B. Bezirksregierungen, Regionale Entwicklungsagenturen, etc.) für eine innovationsfördernde Regulierung hervorgehoben worden (Benz 2003, 78-79). Die vorliegende Analyse wird deshalb auch überprüfen, ob die Existenz regionaler Governancestrukturen den Ausbau erneuerbarer Energien befördert hat.

Allgemein ist die institutionalistische Forschungshypothese zu klären, ob die Einführung dezentraler erneuerbarer Energien von der territorialen Aufteilung energiewirtschaftlicher Regulierungskompetenzen zwischen zentralen und dezentralen Regulierungsebenen

---

[14] In der Föderalismusforschung bedeutet Zentralisierung „im Wesentlichen das Erzielen einheitlicher, für alle Gliedstaaten verbindlicher Lösungen durch (hierarchische) Entscheidungen auf der Ebene der Zentralregierung, während mit den Begriffen „Dezentralisierung" bzw. „Regionalisierung" gemeint ist, „dass die Gliedstaaten autonom, ohne die Beteiligung des Zentralstaats und im Rahmen eigenen Ermessens entscheiden" (Grande 2001, 182-183).

profitiert. Im Sinne des gewählten institutionalistischen Ansatzes ist zu untersuchen, wie die unterschiedlichen institutionellen Strukturen in den beiden Staaten eine Diffusion innovativer Instrumente auf höhere politische Ebenen ermöglicht haben und eine Verbreitung von Policies für den Ausbau erneuerbarer Energien beförderten (Blancke 2003).

In Bezug auf den deutschen Untersuchungsfall betrifft ein Aspekt der diesbezüglichen Analyse die Auswirkungen des Prinzips der konkurrierenden Gesetzgebung, das vermutlich auch bei der energiewirtschaftlichen Regulierung von erneuerbaren Energien von wichtiger Bedeutung war (Kusche 1998, Schneider 1999). Neben einer Analyse der diesbezüglichen energiepolitischen Handlungsspielräume der Bundesländer ist die besondere Bedeutung dezentraler Initiativen im Rahmen der regionalen Wirtschaftspolitik zu untersuchen (z.B. Forschungs- und Technologiepolitik), bei der die jeweilige Landespolitik den relevanten Handlungsrahmen definierte. Die Top-Down-Perspektive einer historischen Analyse des Policyprozesses ist in Abhängigkeit von der entwicklungsgeschichtlichen Relevanz regionaler und lokaler Initiativen sinnvoll mit der Bottom-Up-Perspektive zu kombinieren (Peters 1993).

Demgegenüber ist für den britischen Untersuchungsfall darzustellen, ob sich das Fehlen einer gesonderten Länder- oder Regionalebene auf die Regulierung von erneuerbar Energien ausgewirkt hat. Bis zur energiewirtschaftlichen Liberalisierung entsprach dem zentralisierten staatlichen Regulierungsregime auf der Seite der Erzeugerindustrie eine in ähnlicher Weise zentralisierte Organisationsstruktur, die durch die historische Entwicklung bedingt war (Eising 2000, Schneider 1999). Gesondert ist zu untersuchen, ob sich z.B. die zentralisierte Forschungs- und Entwicklungspolitik in Verbindung mit der frühen Sektorliberalisierung auf die frühen Regulierungsansätze zur Einführung nachhaltiger Formen der Energieerzeugung ausgewirkt hat.

2.3 Die zunehmende Bedeutung der Mehrebenen-Verflechtung für die Regulierung erneuerbarer Energien

Aufgrund der zentralen Bedeutung der Energieversorgung für die Leistungsfähigkeit nationaler Ökonomien ist davon auszugehen, dass die Erneuerbare-Energien-Politik bisher hauptsächlich im Einflussbereich nationaler Politikgestaltung verblieben ist.[15] Tatsächlich gewinnt aber seit Mitte der 1990er Jahre die europäische Ebene mit ihren Initiativen zur Realisierung eines Europäischen Energiebinnenmarktes bei der nationalen Politikgestaltung an Bedeutung (Matláry 1997, Midttun 1997). Deshalb ist der Einfluss der Europäischen Institutionen bei der Policyentwicklung und –implementierung zur Regulierung erneuerbarer Energien in den beiden Untersuchungsländern zu berücksichtigen.[16] In Übereinstim-

---

[15] Der bestimmende Einfluss nationaler Institutionen und Akteure bei der Regulierung und Steuerung der Energiewirtschaft ist durch verschiedene sektorübergreifende Studien zur europäischen Liberalisierung von Netzwerkindustrien bestätigt worden. Dabei wurden neben der Energiewirtschaft im Wesentlichen der Telekommunikations- und der Bahnsektor untersucht. Ein gemeinsames Resultat dieser Studien besteht darin, dass die Europäische Kommission bei der Liberalisierung der Energiewirtschaft in ihren Harmonisierungsbestrebungen für wettbewerbsoffene Infrastruktursektoren auf vergleichsweise mehr Widerstand stieß (Eberlein 2000, Schmidt 1998a, b, Thatcher 2000).

[16] Damit findet ein weiterer zentraler Kritikpunkt an den Policyanalysen früher Prägung Berücksichtigung, nämlich die Vernachlässigung des zunehmenden Einflusses inter- und supranationaler Regime wie der Europäische Union auf die nationalstaatliche Regulierung (Scharpf 1992).

mung mit der gewählten staatszentrierten Untersuchungsperspektive werden zur Bestimmung des Verhältnisses zwischen der Europäischen Ebene und den Mitgliedstaaten zunächst die Annahmen des *liberalen Intergouvernementalismus* zugrundegelegt (Moravcsik 1993). Danach werden die Präferenzen und daraus resultierenden Handlungsstrategien nationaler Regierungen bei internationalen Verhandlungen – wie z.B. zur Fortentwicklung der Europäischen Integration im Politikfeld Energie – vorrangig durch nationale Faktoren bestimmt (Moravcsik 1993, 483).

Für diese Untersuchung ist von grundlegender Bedeutung, dass die Anfangsphase des Europäischen Integrationsprozesses mit Abschluss der Europäischen *Gründungsverträge zur Europäischen Gemeinschaft für Kohle und Stahl* (EGKS) im April 1951 und zur *Europäischen Atomgemeinschaft* (EAGV) im März 1957 in funktionalistischer Interpretation von dem Ziel einer technisch-sektorbasierten Integration geprägt war. Zwei der drei Europäischen Gründungsverträge der Europäischen Gemeinschaft hatten also energiepolitischen Charakter dar. Durch die Einrichtung besonderer Organisationen und Verfahren sollte die Kooperation zwischen den Unterzeichnerstaaten zur gemeinschaftsweiten Förderung der genannten Industrien im Nachkriegs-Europa gewährleistet werden (Cram 2001, 53ff.). Neben dem dritten grundlegenden Gründungsvertrag, dem ebenfalls im März 1957 geschlossenen *EWG-Vertrag* (EWGV in Form der Römischen Verträge), haben diese beiden Vertragswerke den späteren Europäischen Integrationsprozess im Politikfeld Energie in institutionell pfadabhängiger Weise determiniert und waren für das seit Ende der 1980er Jahre aufkommende Binnenmarktprogramm von grundlegender Bedeutung. Dabei wurde die Energiepolitik zunächst weder in den Römischen Verträgen von 1957 noch im Binnenmarktprogramm der Einheitlichen Europäischen Akte von 1986 als gemeinschaftliche Aufgabe benannt. Weil die Europäischen Verträge keine weitreichenden energiepolitischen EG-Kompetenzen gegenüber den Mitgliedstaaten vorsahen, bot sich der EG-Kommission zur Realisierung eines Europäischen Energiebinnenmarktes seit Ende der 1980er Jahre vor allem die Anwendung des Europäischen Wettbewerbsrechts aus dem EWGV, um auf die Energiepolitik in den Mitgliedstaaten Einfluss zu nehmen (Schmidt 1998a, 56-67). Der EWGV in der Fassung von Maastricht (1993) sah folgende wichtige Instrumente des Europäischen Wettbewerbsrechts vor, mit denen die EG-Kommission die nationalen Energiesektoren für zunehmenden Wettbewerb zu öffnen versuchte:

- das Verbot wettbewerbsbeschränkender Vereinbarungen und Verhaltensweisen (Art. 85 EWGV, Art. 81 EGV neu),
- das Verbot des Missbrauchs einer marktbeherrschenden Stellung (Art. 86 EWGV, Art. 82 EGV neu),
- die Möglichkeit der Freistellung von öffentlichen Unternehmen und von „Dienstleistungen im allgemeinen Interesse" von einer Anwendung des europäischen Wettbewerbsrechts (Art. 90, Abs. 1 und 2 EWGV, Art. 86 EGV neu),
- in Bezug auf Art 90 (Art. 86 neu) eine eigene Richtlinienkompetenz der EG-Kommission (Art. 90, Abs. 3 EWGV),
- sowie Kompetenzen bei europäisch relevanten Fusionen im Rahmen der Fusionskontrollverordnung.

Gegenüber dem europäischen Primärrecht stellten die im EGKS und im EAGV enthaltenen Bestimmungen rechtliche Sonderregelungen („lex specialis") dar, welche in den Bereichen der Kohle- und Atompolitik eine Umsetzung des Binnenmarktprinzips durch Anwendung des Europäischen Wettbewerbsrechts (EWGV) restringierten.[17] Wegen der europarechtlichen Sonderstellung der Gemeinschaftlichen Kohle- und Atompolitik zeigte sich, dass die Realisierung des Binnenmarktes, bei dem die Einführung von Wettbewerb in die nationalen Gas- und Elektrizitätsmärkte von dem Ziel einer höheren Produktivität und gemeinschaftsweit günstigeren Energiepreisen dominiert war, ein sehr schwieriges und langwieriges Unterfangen darstellen würde (Glachant 2003).

Dennoch spielten die europäischen Initiativen für einen Energiebinnenmarkt durch die seit der zweiten Hälfte der 1990er Jahre auf nationaler Ebene ausgelösten wettbewerbspolitischen Reformen für den Ausbau erneuerbarer Energien eine zentrale Rolle. So ist für den deutschen Untersuchungsfall darzustellen, wie sich durch verschiedene wettbewerbspolitisch motivierte Initiativen der EU-Kommission der nationale Handlungsdruck zu einer Liberalisierung des Stromsektors stetig erhöhte und in jüngster Zeit neue institutionelle Lösungen zu seiner Regulierung erforderlich macht. Mit der Entwicklung und Implementierung eines neuen Regulierungsregimes für die deutsche Stromwirtschaft wurden auch die Grundlagen für die Gestaltung der Erneuerbaren-Energien-Politik neu gelegt. Gleichzeitig ist von erheblicher Bedeutung, dass der im Entstehen begriffene Europäische Energiebinnenmarkt durch die behauptete Zunahme des internationalen Wettbewerbs im Stromsektor den Anpassungsdruck verstärkte, die unterschiedlichen nationalen Förderansätze für erneuerbarer Energien im Sinne einheitlicher und nicht-marktverzerrender Förderregeln zu harmonisieren. Aufgrund der historisch bedingten Existenz unterschiedlicher nationaler Fördermodelle wurde von der EU-Kommission besonders seit der zweiten Hälfte der 1990er Jahre bei den Makrteinführungspolitiken für erneuerbare Energien eine Harmonisierung gefordert. Vor dem Hintergrund einer stetig wachsenden Bedeutung dieser Energien in der europäischen Stromerzeugung sollte eine diskriminierungsfreie Förderung gewährleistet werden, die den Europäischen Energiebinnenmarkt in geringstmöglicher Weise verzerrt.

Im Kontext des britisch-deutschen Vergleichs der Entstehung und Implementierung eigener Fördermodelle für einen Ausbau erneuerbarer Energien ist zu zeigen, wie die unterschiedlichen nationalen Modelle zugunsten einer europaweiten Harmonisierung miteinander in regulativen Wettbewerb getreten sind. Aufgrund weiterhin fehlender substantieller energiepolitischer Kompetenzen bei den Europäischen Institutionen ist zu analysieren, wie die nationalstaatlichen Akteure in Großbritannien und Deutschland ihre jeweils eigenen Fördermodelle gegenüber den Europäischen Harmonisierungsbestrebungen, die hauptsächlich von der GD Energie der EU-Kommission initiiert wurden, verteidigten und ihr jeweils eigenes Fördermodell als Europäisches Regulierungsmodell europaweit zu verbreiten suchten. In akteursorientierter Perspektive ist der Versuch unterschiedlicher nationaler Interessenvertreter und –organisationen auf die Entwicklung der Harmonisierungsrichtlinie für erneuerbare Energien zu untersuchen. Diese Versuche der Einflussnahme schließen alle drei Europäischen Institutionen ein: Also die Europäische Kommission, das EP und den

---

[17] Mit dem Außerkrafttreten des EGKS am 23. Juli 2002 gingen die Bereiche Kohle und Stahl in den Geltungsbereich des EGV über (Obwexer 2002). Demgegenüber ist der EAGV weiterhin in Kraft. Das rechtliche Verhältnis zwischen EAGV und EGV ist unklar. Z.B. ist umstritten, ob das Beihilfenkontrollregime nach Art. 87 EGV (vormals EWGV) auf den EAGV als europäischem Primärrecht anwendbar ist (z.B. Frage der Rechtmäßigkeit finanzieller Rückstellungen von nationalen Stromkonzernen zur Stilllegung atomarer Anlagen). Während z.B. die GD Wettbewerb der EU-Kommission eine Anwendung des Beihilfekontrollregimes in jüngeren Auseinandersetzungen bejahte, wurde eine solche durch die GD Energie bestritten (Pechstein 2001).

EuGH. Die Europäische Regulierungsebene erscheint dabei nicht nur als „Arena" für die unterschiedlichen nationalen Interessen eines Ausbaus erneuerbarer Energien. Es ist zu zeigen, dass die Europäische Kommission und das Europäische Parlament (EP) als "Policy Entrepreneurs" durchaus unterschiedliche Rollen zur Durchsetzung eines europäischen Fördermodells für erneuerbare Energien wahrnahmen (Sandholtz/Zysman 1989). Letztlich spielte in dem inter-institutionellen Konflikt zur Harmonisierung der Förderregelungen auf Europäischer Ebene, die ihren Abschluss in der Verabschiedung einer ersten Richtlinie zur Förderung der Stromerzeugung aus erneuerbaren Energiequellen im Jahr 2001 fand, in der Frage der Zuständigkeitsklärung zwischen der Europäischen Union und den Mitgliedstaaten einmal mehr der Europäische Gerichtshof (EuGH) die entscheidende Rolle (EE-Rl). In diesem Sinne leistet die nachfolgende Analyse einen Beitrag zu der Frage Europäischen Integrationsforschung, ob das EP und der EuGH für eine stärkere Berücksichtigung von sozialen bzw. ökologischen Regulierungsfragen – im Sinne einer positiven Integration – gegenüber einer auf bloße Wettbewerbsregulierung bezogenen negativen Integration wirken konnten (Héritier 2000).

Die vorliegende Forschungsarbeit untersucht somit in historischer Perspektive die Gewichtung zwischen einer positiven und negativen Integration der Europäischen Union, also zwischen der marktkorrigierenden Regulierung zur Sicherung des Allgemeinwohls (hier besonders von Nachhaltigkeits- und Klimaschutzzielen) und der marktschaffenden Wettbewerbsregulierung zur Realisierung des Binnenmarktes. Die mehrebenenbezogene Analyse des Politikfelds „Erneuerbarer Energien" an der Schnittstelle zwischen der Entwicklung einer Europäischen Energiebinnenmarkt- und einer Europäischen Klimaschutzpolitik bietet den großen Vorteil, die Rolle der europäischen Ebene gegenüber der nationalstaatlichen Ebene neu zu bestimmen. Das besondere Forschungsinteresse besteht darin, ob der zunehmende Einfluss der europäischen Ebene einen Steuerungsverlust der nationalen politischen Ebene zur Verwirklichung eigener energiepolitischer Nachhaltigkeitsstrategien impliziert (Scharpf 1997).

In einer Mehrebenen-Perspektive ist ferner zu betonen, dass die Inhalte der Erneuerbaren-Energien-Politik in den untersuchten Ländern seit Anfang der 1990er Jahre neben der europäischen Ebene zusätzlich durch die Politikvorschläge und –initiativen im Rahmen des globalen UN-Klimaschutzregimes beeinflusst wurden, das bereits gegen Ende der 1980er Jahre institutionalisiert wurde (Oberthür/Ott 1999). Für die Regulierung erneuerbarer Energien erweist sich die im Verlauf der zweiten Hälfte der 1990er Jahre gewachsene *Bedeutung des globalen Klimaschutzregimes* als weitere intervenierende Variable von erheblicher Relevanz (Cameron/Zillman 2001, Davies 2001, Oberthür/Ott 1999). Während der fortlaufenden globalen Klimaschutzverhandlungen zur Umsetzung der Klimarahmenkonvention von 1994 wurde eine Reihe von klimaschutzpolitischen Instrumenten diskutiert, die auch auf nationaler Ebene die Instrumentendiskussion beeinflusste. Spätestens mit der Verabschiedung des Kyoto-Protokolls im Dezember 1997 und seinem abschließenden Inkrafttreten im Februar 2005 wurden innerhalb der Europäischen Kommission im Rahmen der Revision einer Europäischen Klimaschutzstrategie die mit dem Protokoll diskutierten marktorientierten Klimaschutzmaßnahmen aufgegriffen (z.B. Emissionshandel, Umweltzertifikate). Die damit auf Europäischer Ebene ausgelösten Diskussionen wirkten sich in den Untersuchungsländern unmittelbar auf die Frage des möglichen Beitrags erneuerbarer Energien für einen effektiven Klimaschutz aus. Daher ist zu untersuchen, welchen Einfluss die global diskutierten Klimaschutzmaßnahmen auf nationale Strategien für den Ausbau erneuerbarer

Energien hatten. Insgesamt findet die Regulierung erneuerbarer Energien in einem politischen Mehrebenensystem statt, die auch die globale Governance-Ebene betrifft. Die zunehmende Bedeutung der Mehrebenenverflechtung bei der Regulierung der nationalen Energiesektoren verweist auf die generell gestiegene Komplexität, auf die im Rahmen der politikwissenschaftlicher Steuerungstheorie bereits vielfach hingewiesen worden ist (Mayntz 1998).

2.4 Zur Forschungsmethode: Eine vergleichende prozessorientierte Fallstudie der Erneuerbaren-Energien-Politik in Großbritannien und Deutschland

Der vergleichenden Policyanalyse der Erneuerbaren-Energien-Politik über einen Zeitraum der letzten dreißig Jahre liegt das Forschungsdesign einer komparativen Fallanalyse zugrunde, die dem „konfigurativen Ansatz" folgt (Peters 1998). Die Entwicklung der Regulierung erneuerbarer Energien wird vor dem jeweiligen politik-ökonomischen Kontext der beiden Länder nachgezeichnet. Dem analytischen Anspruch der „konfigurativen Analyse" ähnlich ist der „fokussierte Vergleich", der die Besonderheiten und Ähnlichkeiten zwischen verschiedenen Erklärungsfaktoren in ihrer jeweiligen kausalen Wirkung auf den Forschungsgegenstand zu isolieren und erklären versucht. Für eine Erklärung der unterschiedlichen Diffusion des Nachhaltigkeitsparadigmas in die Energiepolitik und ihrer Auswirkung auf die Regulierung erneuerbarer Energien wird der fokussierte Vergleich als geeignete Methode erachtet, weil eine geringe Zahl von Ländern über die Zeit miteinander verglichen und dabei untersucht wird, wie sich ihre Reaktionen auf gleiche Probleme voneinander unterscheiden (Hague u.a. 1998). Das „fallorientierte Forschungsdesign" (Ragin 1994) bezieht sich auf den Umstand, dass zwei Länder in einer zeitlichen Prozessanalyse in ihren Reaktionen auf die politische Regulierungsaufgabe einer Ausweitung der erneuerbaren Stromerzeugung verglichen werden. Der Fokus der Analyse liegt eher auf einer Betrachtung der Ähnlichkeiten und Besonderheiten zwischen den beiden Ländern als auf dem genauen analytischen Zusammenhang zwischen spezifischen Variablen (Landman 2000). Die dabei angewandte prozessbezogene Perspektive vermag die Kritik an der klassischen Policyanalyse zu berücksichtigen, die sich im Wesentlichen auf die Grenzen eines zu statischen Analyserahmens bezog.[18] Die Hauptkritikpunkte waren die in den klassischen Policyanalysen nicht hinterfragten Annahmen der Existenz eindeutiger, konsistenter und im Zeitverlauf konstanter Politikziele, die Unterstellung hinreichender Kausaltheorien mit klaren Ursache-Wirkungs-Zusammenhängen sowie die Behauptung einer konstanten Policyumwelt zur Implementierung der jeweiligen Politik (Héritier 1993). Vielmehr müssen Policies aber als "moving targets" bezeichnet werden, die sich im Zeitverlauf entwickeln und verändern.

Für die Überprüfung der institutionalistischen Untersuchungshypothese wurden verschiedene Methoden in Kombination angewandt. Von hauptsächlicher Bedeutung waren problemzentrierte Interviews und die Dokumentenanalyse von sekundären Daten. *Problemzentrierte Experteninterviews* stellen informelle Befragungen von Einzelpersonen dar, die

---

[18] Das klassische Analysekonzept für die Erklärung der Entstehung von politischen Programmen stellt der Policy-Zyklus dar, der in statischer Weise zwischen den folgenden Phasen des Politikprozesses unterscheidet: Agenda-Setting, Politikformulierung, Politikimplementierung, Politikevaluierung sowie abschließender Reformulierung oder Terminierung der betreffenden Policy.

bei der Entwicklung und Umsetzung des Untersuchungsobjekts, hier also der staatlichen Regulierung für einen Ausbau erneuerbarer Energien, unmittelbar beteiligt waren oder sich wissenschaftlich damit befasst hatten (Flick 1998, 109). Dabei war der Befragte in seiner Eigenschaft als Experte in Fragen einer nachhaltigen Energiewirtschaft von Interesse. Aus den beiden Ländern wurden über dreißig Experten aus verschiedenen energiewirtschaftlichen Institutionen der staatlichen Verwaltung, der Verbände, der Unternehmen und sonstiger wissenschaftlicher Einrichtungen befragt. Die im Rahmen des Forschungsprojektes befragten Experten verteilten sich auf die folgenden Organisationen:

- Großbritannien: acht Interviews mit Experten aus den Ministerien und Regulierungsbehörden (3*DTI, 4*OFGEM, 1*EST), vier Interviews mit Verbandsvertretern (je 1*EA, BWEA, RPA, CLBA), drei Interviews mit Unternehmensvertretern der Energiewirtschaft (je 1*BE, NWP und UKBCSE) und ein Interview mit einer wissenschaftlichen Expertin (University of Warwick);
- Deutschland: neun Interviews mit Experten aus Bundes- und Landesministerien bzw. weiterer Regulierungsinstitutionen (3*BMWi, 5*Landesministerien, 1*BkartA), sechs Interviews mit Verbandsvertretern (1*VKU, 1*BWE, 1*BDW, 1*BEE, 2*Eurosolar), drei Interviews mit industrienahen Vertretern (1*RWE, 1*Plambeck, 1*KfW) und ein Interview mit einem wissenschaftlichen Experten (DEWI).

Es wurde besondere Sorgfalt darauf gelegt, wegen der zeitlichen Relevanz der Fragestellung auch Experten mit der erforderlichen historischen Erfahrung zu gewinnen. Das ist sowohl im britischen als auch im deutschen Untersuchungsfall gelungen (z.B. pensionierte Energieexperten). Die befragten Experten waren als Funktionsträger ihres organisatorischen bzw. institutionellen Kontextes von Interesse. Bei der Auswahl der befragten Akteure im konfliktreichen und hochgradig politisierten Politikfeld wurde auch auf eine größtmögliche Ausgewogenheit geachtet.

Die in den Interviews untersuchte Problemstellung war eine Analyse der institutionalistischen Einflussfaktoren für den Erfolg der Erneuerbaren-Energien-Politik. Auf der Basis halb- bis anfangs nur wenig strukturierter Experteninterviews wurde der Frage nachgegangen, welche Handlungs- und Gestaltungsspielräume die energiepolitischen und zivilgesellschaftlichen Akteure, die sich für einen Ausbau erneuerbarer Energien einsetzten, in dem jeweiligen Regierungssystem zur Umsetzung ihrer Interessen hatten und wie sich diese im historischen Zeitverlauf verändert haben.

Darüber hinaus wurde auf die Analyse von sekundären Daten in energiewirtschaftlichen Fachgutachen zu den politischen und rechtlichen Rahmenbedingungen eines Ausbaus erneuerbarer Energien zurückgegriffen. Schließlich ist in Bezug auf den deutschen Untersuchungsfall auf die Erhebung der Ländermaßnahmen zur Förderung erneuerbarer Energien mittels eines Fragebogens hinzuweisen, in dem die Vertreter der zuständigen Landesministerien Angaben zum historischen Beginn, den inhaltlichen Schwerpunktsetzungen und dem zeitlichen Wandel der Landesförderung von erneuerbaren Energien machen sollten. Von den sechszehn Bundesländern beantworteten dreizehn die betreffenden Fragen (Rücklaufquote: 81 Prozent), deren Datenmaterial zur Evaluation der institutionalistischen Forschungshypothese umfänglich herangezogen werden konnte.

Die folgende Darstellung fasst in einem Überblick die geschilderten theoretischen Komponenten der nachfolgenden komparativen Untersuchung anschaulich zusammen.

Abbildung 4: Elemente der komparativen historisch-institutionalistischen Analyse der Erneuerbaren-Energien-Politik in Großbritannien und Deutschland

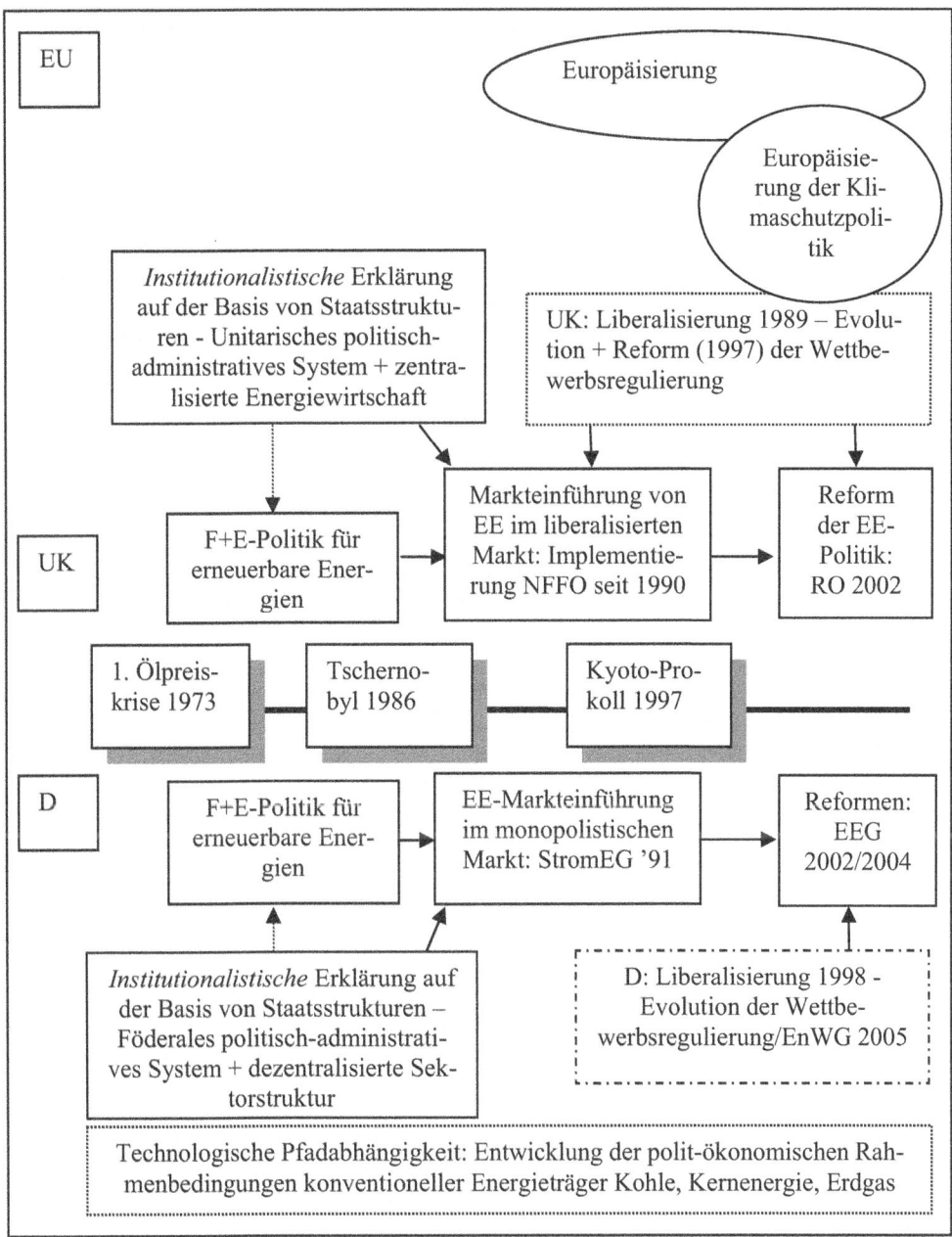

Quelle: Eigene Darstellung.

3 Ein britisch-deutscher Vergleich der Entwicklung der energiepolitischen Rahmenbedingungen und der Forschungspolitik für erneuerbare Energien (1973-1990)

Für die Erklärung der unterschiedlichen Erneuerbaren-Energien-Politik in Großbritannien und in Deutschland sind die nationalen energiepolitischen Rahmenbedingungen im spezifischen historischen Kontext von entscheidender Relevanz. Als zentrales auslösendes Moment eines Einstiegs in die staatliche Förderung erneuerbarer Energien wirkte in beiden Ländern der Ölpreisschock des Jahres 1973. Der rasante Anstieg des Weltmarktpreises für Erdöl hatte in beiden Ländern die große Abhängigkeit vom Erdöl in der nationalen Energieversorgung deutlich gemacht und zur Entwicklung von Strategien zur Verringerung einer Rohstoffabhängigkeit geführt.[19] Im Zusammenwirken mit den energiepolitischen Besonderheiten in den beiden Ländern führte dieser externe Schock zu ersten staatlichen Forschungs- und Technologieprogrammen zur Entwicklung erneuerbarer Energien.

3.1 Das unitarische Regulierungsregime der verstaatlichten Energiewirtschaft in Großbritannien und seine Auswirkungen auf erneuerbare Energien

Um die Ausgangsvoraussetzungen der britischen Regulierung für erneuerbare Energien näher zu erläutern, wird zunächst die Organisationsstruktur der zwischen 1948 und 1990 verstaatlichten britischen Elektrizitätswirtschaft sowie das zugehörige staatliche Regulierungsregime skizziert. Außerdem wird die allmähliche Orientierung der politischen Akteure zugunsten einer Liberalisierung der Elektrizitätswirtschaft herausgearbeitet, die seit der konservativen Regierungsübernahme durch Thatcher im Jahr 1979 durch schwere gesellschaftspolitische Auseinandersetzungen vor allem mit dem verstaatlichten Kohlebergbau begünstigt wurde.

3.1.1 Die sektorielle Steuerung der verstaatlichten britischen Energiewirtschaft

Die sektorielle Koordination der verstaatlichten und monopolistischen britischen Energiewirtschaft erfolgte seit 1947/48 maßgeblich durch eine eigens hierfür eingerichtete Behörde, dem Central Electricity Generating Board (CEGB). Bereits in den Vierziger Jahren des vergangenen Jahrhunderts war infolge des Weltkrieges die gesamte britische Energiewirtschaft verstaatlicht worden. Entsprechend den einzelnen Energieträgern entstanden seit 1947 staatliche Unternehmen in der Kohle-, Erdöl-, Gas-, Kernenergie- und Elektrizitäts-

---

[19] Der Auslöser für den Ölpreisschock war der im Jahr 1973 begonnene Yom-Kippur-Krieg zwischen Ägypten und Syrien auf der einen und Israel auf der anderen Seite. Nach Beginn des Krieges reduzierte Saudi-Arabien seine Erdöl-Fördermenge um 25 Prozent und erließ ein Embargo gegen die Vereinigten Staaten. Durch den internationalen Konflikt stieg der Preis für das Barrel Erdöl von 3,00 US-$ bis auf 11,65 US-$.

wirtschaft. Aufgrund der sich im Zeitverlauf ändernden Anteile an der nationalen Stromerzeugung kam den einzelnen Staatsunternehmen eine unterschiedliche Bedeutung bei der
Stromerzeugung zu. Für die Koordination der gesamten Elektrizitätswirtschaft war das
CEGB von zentraler Bedeutung, das die Stromerzeugung mit den verschiedenen Industrien
(Kohle-, Erdöl-, Kernenergie- und Gaswirtschaft) koordinierte. Aufgrund des großen Anteils der Kohle bei der nationalen Stromerzeugung im Zeitraum von 1973 bis 1990 war
außerdem besonders das National Coal Board (NCB), das den nationalen Stein- und Braunkohlebergbau koordinierte, von Relevanz.

Besonders seit den 1970er Jahren nahm die Bedeutung der Kernenergie in der nationalen Stromerzeugung entscheidend zu. Organisatorisch wurden die Interessen der britischen
Kernenergie durch die United Kingdom Atomic Energy Authority (UKAEA) vertreten, die
im Jahr 1954 gegründet worden war (Pearson 1981).[20] Für die erneuerbaren Energien war
von entscheidender Bedeutung, dass im Zeitraum von 1973 bis 1989 die gesamte staatliche
energietechnologische Forschungs- und Entwicklungspolitik dem Zuständigkeitsbereich der
UKAEA unterstellt war. Auf die genaueren Inhalte dieser Politik wird in einem späteren
Abschnitt genauer eingegangen (s.S. 67ff.). Für die Stromerzeugung von noch untergeordneter Bedeutung waren im gewählten Untersuchungszeitraum die Nutzung von Erdgas und
Erdöl. Von herausragender Bedeutung war in der Zeit von 1945 bis in die 1970er Jahre die
Nutzung der nationalen Stein- und Braunkohle. Während in den 1950er Jahren noch fast 90
Prozent der Stromerzeugung auf der Nutzung dieses Rohstoffes basierte (PIU 2002), ging
dieser Anteil bis zum Jahr 1990, vor allem bedingt durch den Ausbau der Kernenergieerzeugung, auf 65 Prozent zurück (DTI 2000b). Die nachfolgende Tabelle veranschaulicht die
Entwicklung der verschiedenen Energieträger an der Stromerzeugung für den Untersuchungszeitraum von 1973 bis 1989.

---

[20] Die UKAEA wurde mit der Verabschiedung des Atomic Energy Authority Act am 1. August 1954 gegründet.
Bis zum Jahr 1971 war die Behörde sowohl für das zivile als auch das militärischen Nuklearprogramms zuständig.
Im genannten Jahr wechselten die Zuständigkeiten für das militärische Waffenprogramm in das Ministry of De-
fence. Seitdem war das UKAEA nur noch für die zivile Nutzung der Kernenergie zuständig.

Tabelle 2: Ressourcenbezogene Entwicklung der Energieträger an der britischen
Stromerzeugung 1973-1989

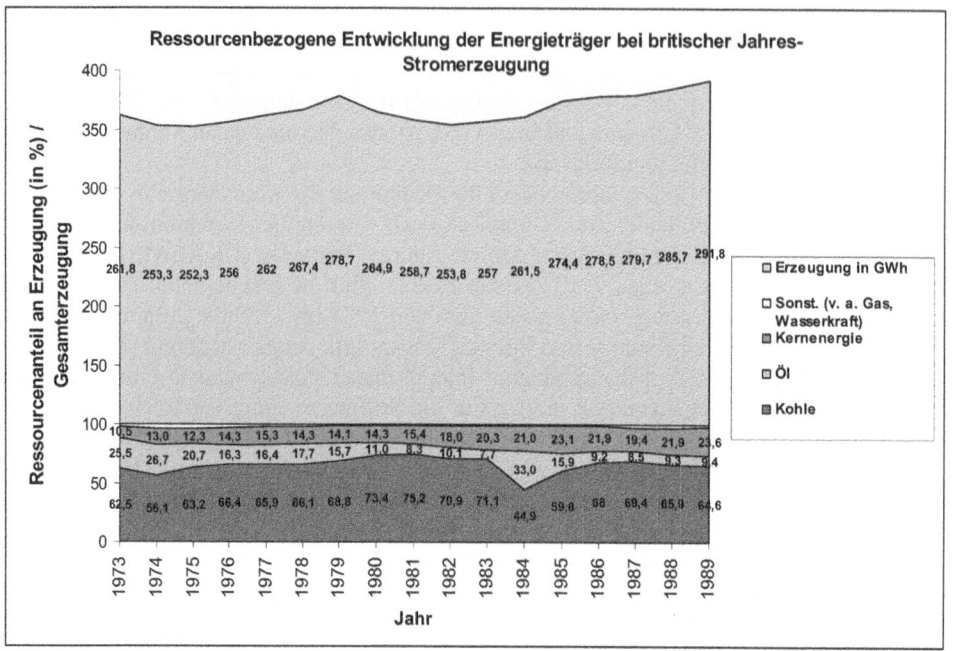

Anmerkung: Die Tabelle wurde auf der Basis von Daten des DTI errechnet. Die Angaben von 1987 bis 1989
beruhen zu einem hohen Anteil auf Schätzungen.
Quelle: DTI 2000b.

Im verstaatlichten und monopolistischen Sektorregime wurden die Inhalte britischer Energiepolitik erheblich durch das CEGB als zentraler Behörde dominiert (Ledger/Sallis 1995).
Das CEGB war mit der Reform des Electricity Act im Jahr 1957 aus zentralistisch organisierten Vorgängerinstitutionen hervorgegangen (bis 1954 British Electricity Authority,
danach Central Electricity Authority), die nach dem Zweiten Weltkrieg die Aufgaben der
Stromerzeugung und überregionalen Stromverteilung in England und Wales übernommen
hatte. Die Erzeugung von Elektrizität erfolgte zu 95 Prozent durch den CEGB. Wichtige
weitere Akteure im verstaatlichen britischen Stromsektor waren die rechtlich eigenständigen zwölf Area Boards, die für die regionale Verteilung und Versorgung der Verbraucher
zuständig waren. Im Gegensatz zur Struktur des deutschen Sektors war die der britischen
Elektrizitätswirtschaft durch ihre Zweistufigkeit charakterisiert. Für die Erfüllung ihres
Versorgungsauftrages waren der BEA, und dem späteren CEGB, durch den Electricity Act
1947 weitreichende wirtschaftliche Entscheidungsspielräume eingeräumt worden. Der
Electricity Act definierte für das CEGB nur sehr allgemeine Steuerungskompetenzen und in
inhaltlichen Regulierungsfragen keine klaren Kriterien zur Verwirklichung des öffentlichen
Interesses (Eising 2000). Auch wurde das Verhältnis zwischen den einzelnen energiewirtschaftlichen Boards (CEGB, NCB, BGC, etc.) und dem für die Energieaufsicht zuständigen
Ministerium (im Zeitverlauf: Ministry for Fuel and Power (bis 1970), DTI (1970-1973), ab
1974 Department of Energy) nur unzureichend geregelt. Generell wurde den energiewirt-

schaftlichen Institutionen im verstaatlichten Regulierungsregime der 1970er und 1980er Jahren eine fehlende Orientierung an Wirtschaftlichkeits- und Rentabilitätszielen vorgeworfen (Foster 1992).[21]

Eine weitere wichtige Strukturreform der britischen Elektrizitätswirtschaft, die bereits im Jahr 1954 erfolgte und aufgrund ihrer späteren Bedeutung für die Regulierung erneuerbarer Energien an dieser Stelle erwähnt werden muss, war die auf der Basis regionalpolitischer Erwägungen realisierte Zusammenlegung von zwei schottischen Area Boards zum *South of Scotland Electricity Board* (SSEB). Außerdem wurde das bereits bestehende *North of Scotland Electricity Board* (NSEB) der Verantwortung des Secretary of State for Scotland unterstellt. Im Gegensatz zur englischen und walisischen Stromwirtschaft war die schottische Versorgungsstruktur damit durch ein größeres Maß an vertikaler Integration und eine frühe schottische Zuständigkeit in der sektoriellen Regulierung gekennzeichnet (s.S. 264ff.).

Um eine effiziente Regulierung der monopolistischen Elektrizitätswirtschaft zu gewährleisten, wurde im Jahr 1957 eine weitere wichtige Institution, nämlich der Electricity Council (ElC) gegründet. Der ElC bestimmte die allgemeinen politischen Richtlinien in der Energiepolitik und hatte gegenüber dem Energieminister politische Beratungsfunktionen. Er setzte sich im Wesentlichen aus den Vorsitzenden der Area Boards und drei Vertretern des CEGB zusammen (Pearson 1981). Dieses Gremium sollte vor allem in Fragen der Finanzierung, Besteuerung und Gestaltung der industriellen Beziehungen zwischen den staatlichen Aufsichtsbehörden und den sektoriellen Akteuren Beratungs- und Koordinierungsfunktionen übernehmen und als Einflusshebel zur politischen Gestaltung der Sektorpolitik dienen. Das Gremium beeinflusste mit seinen energiepolitischen Stellungnahmen u. a. die Ausrichtung der nationalen Forschungs- und Technologiepolitik (Helm 2003). An der zentralen, die inhaltliche Richtung der Politik bestimmenden, Rolle des CEGB änderte dies allerdings nur wenig. Tatsächlich verfügten der ElC und die regionalen EltVU über keine konkreten Kontrollmöglichkeiten gegenüber dem CEGB und konnten letztlich nur geringen Einfluss auf die energiestrategischen Entscheidungen nehmen (Chesshire 1996). Die genaue institutionelle Entwicklung des Sektorregimes in den stromwirtschaftlich relevanten Teilindustrien wird in der nachfolgenden Tabelle anschaulich zusammengefasst.

---

[21] Die unzulängliche Definition von Kompetenzen und Aufgaben der relevanten Akteure im verstaatlichten energiewirtschaftlichen Regime wird zum einen damit erklärt, dass in den ersten beiden Jahrzehnten nach Kriegsende ein Missbrauch der monopolistischen Marktstellung durch den CEGB schlicht für unmöglich gehalten wurde. Zum anderen wird der enge Zeitrahmen für die Nationalisierung sämtlicher Sektoren (unter der Labour-Administration von Attlee: 1946-1949) als weitere Ursache für die unklare inhaltliche Ausgestaltung rechtlicher Kompetenzen und inhaltlicher Zielvorgaben in diesem Sektor gesehen.

Tabelle 3: Entwicklung der Eigentumsstrukturen der britischen Energiewirtschaft

	Vor 1945	Verstaatlichte Energiewirtschaft	Privatisierung
Kohleindustrie	privatwirtschaftlich organisiert	National Coal Board (1947)	RJB Mining and Others (1995)
Elektrizitätswirtschaft	Central Electricity Board, städtische und kommunale Betriebe, private Unternehmen	British Electricity Authority (1948), → Central Electricity Authority (1954), → Central Electricity Generating Board (CEGB, 1957), Area Boards (1957), Electricity Council (1957)	National Power, PowerGen (1990), National Grid Company (1990), Regional Electricity Companies (RECs, 1990), Scottish Power and Scottish Hydro-Electric (1991)
Gasindustrie	Städtische und kommunale Betriebe und private Gasunternehmen	Area Boards und Gas Council (1948), dann British Gas Corporation (1972)	British Gas (Gas Act1986)
Ölindustrie	Anglo-Iranian Oil Company	British Petrol (halbstaatlich), British National Oil Company (1976)	British Petrol (vollständige Privatisierung 1987), Britoil (1982), Enterprise Oil (1984)
Kernenergiewirtschaft	---	United Kingdom Atomic Energy Authority (1954) British Nuclear Fuels (1971) Nuclear Electric (1990), Scottish Nuclear (1990)	British Energy (1996)

Quelle: Helm 2003, 18.

Die materielle Ausrichtung der britischen Energiepolitik der 1970er Jahre findet ihren Ausdruck in der Veröffentlichung verschiedener *White Papers*. In Reaktion auf die besonderen Auswirkungen der ersten Ölpreiskrise des Jahres 1973 war mit dem DEn erstmals ein eigenständiges Ministerium zur Regulierung der verstaatlichten Energiewirtschaft geschaffen worden. Im Verhältnis zu anderen Ministerien handelte es sich dabei von Beginn an um eine relativ kleine Behörde mit einer anfänglichen Mitarbeiterzahl von nur 1.300 (im Vergleich zu etwa 59.000 Mitarbeitern im damaligen Department of Environment). Die Organisationsstruktur des DEn spiegelte die Struktur der bestehenden Erzeugerindustrie wider.[22] Das DEn wurde kurze Zeit nach seiner Gründung im Frühjahr 1974 durch die neue Labour-regierung übernommen. Nach der Regierungsübernahme veröffentlichte das DEn im Jahr 1974 als eines seiner ersten offiziellen Dokumente ein Weißbuch zur britischen Erdöl- und Erdgas-Politik in der Nordsee (DEn 1974). In dem Weißbuch wurde das Ziel formuliert, dass das Eigentum und die Verteilung der fossilen Energiereserven unter staatliche Kontrolle und der Erlös, der durch den Abbau und die Nutzung der fossilen Ressourcen erzielt würde, vor allem den regional strukturschwachen Gebieten (z.B. Schottland) zur Verfügung gestellt werden sollte.[23] Ein Schwerpunkt der nationalen Energiepolitik in Großbritannien in jener Zeit bestand daher in der weiteren Erschließung der in den 1960er Jahren in der Nordsee gefundenen Erdöl- und Gasfelder, die eine autarke Energieversorgung des Landes verhieß. Das nationalisierte Regulierungsregime erwies sich aufgrund der damit verbundenen langfristig versunkenen Investitionskosten und des immensen Planungsaufwands als geeigneter institutioneller Rahmen. Vor allem durch die im Verlauf der Ölpreiskrise des Jahres 1973 gestiegenen OPEC-Preise wurde die Exploration des Nordsee-Erdöls für den britischen Staat zu einem zunehmend rentablen Vorhaben. Die Entwicklung und Implementierung einer Politik zur Exploration der nationalen Erdöl- und Ergasreserven beanspruchte dabei einen Großteil der organisatorischen Ressourcen des neu gegründeten DEn.

Mit der Gründung des DEn hatten auch statistische Prognosemodelle zur zukünftigen Energiebedarfsentwicklung zunehmende Anwendung für die Erarbeitung energiepolitischer Strategien gefunden. So prognostizierte der *Energy Policy Review 1977*, dass bei einem jährlichen Wachstum der Elektrizitätsnachfrage mittel- bis langfristig die bestehenden Erzeugungskapazitäten auf der Basis von Kohle- und Ölkraftwerken zur Gewährleistung der energiebezogenen Versorgungssicherheit nicht ausreichend wären. Frühzeitig stand fest, dass die drohende Versorgungslücke vorrangig durch eine verstärkte Nutzung von Kernenergie gesichert werden sollte. Zusätzlich wurden aber auch verstärkte Anstrengungen zur Erforschung der Leistungsfähigkeit erneuerbarer Energien gefordert (s.S. 67ff.). In dem darauf folgenden *Working Document on Energy Policy* (DEn 1977b), das als Diskussionsgrundlage für ein Green Paper zur Energiepolitik dienen sollte, fanden u.a. Strategien zur Energieeffizienz und –einsparung Berücksichtigung. Insgesamt blieben die energiepolitischen Prognosen in jener Zeit aber durch ein hohes Maß an Unsicherheit gekennzeichnet. Zudem wurde der prognostizierte Energiebedarf bis zum Ende der 1970er Jahre gegenüber den Prognosen früherer Policypapiere stark reduziert. Hierin offenbarte sich die gesamte damalige Unsicherheit bezüglich der Ausbeutung nationaler Erdölvorkommen vor der gleichzeitigen Ungewissheit entsprechender Preisentwicklungen auf dem Weltmarkt. Den

---

[22] Der Leitung des Staatssekretärs unterstanden fünf Abteilungen: eine Grundsatzabteilung (zuständig für Finanzen, allgemeine Energiepolitik, etc.), eine Abteilung für Gas und Erdöl, eine Abteilung für Kohle, Elektrizität und Atomenergie, eine Abteilung für internationale und europäische Angelegenheiten sowie eine Wissenschaftsabteilung.

[23] Ein späteres Weißbuch des DEn aus dem Jahr 1978 wiederholte die regionalpolitische Forderung, die aus den Vergabeverfahren zur Ausbeutung des Nordseegases und -erdöls erzielten Erträge den schottischen, walisischen und nordirischen regionalen Entwicklungsbehörden zur Verfügung zu stellen (DEn 1978a). Insgesamt war die Verwendung der Erdöleinnahmen in den 1970er und 1980er Jahren immer wieder die Ursache regionalpolitischer Auseinandersetzungen zwischen der britischen Zentralregierung und seinen Regionen, wobei besonders die schottischen Akteure eine größere Unabhängigkeit von London forderten. So verband etwa die Scottish National Party ihre Forderungen nach einer alleinigen Verfügungsmacht über die Erdöleinnahmen mit Forderungen nach einer größeren politischen Unabhängigkeit von England.

erneuerbaren Energien wurde zu diesem Zeitpunkt nur ein relativ geringes Entwicklungspotential in der zukünftigen nationalen Energieversorgung eingeräumt. Positive Schätzungen gingen von einem potentiellen Erzeugungsäquivalent von 30 bis 40 Mio. Tonnen Steinkohleeinheiten (SKE) aus, weniger optimistische von weniger als 10 Mio. Tonnen SKE.

Rückblickend sollte die grundlegende Umbruchsituation der Jahre 1973/74 (nationaler Bergarbeiterausstand, Ölpreiskrise) zu einer ersten Neubestimmung der britischen Energiepolitik führen, die 1977 zur Verabschiedung eines *Energy Policy Review* unter dem damaligen sozialistisch orientierten Energieminister Benn führte. In diesem Papier wurde als Hauptziel der britischen Energiepolitik definiert

> "... to secure that the nation's energy needs are met at the lowest costs in real resources, consistently with achieving adequate security and continuity of supply, and consistently with social, environmental and other policy objectives" (DEn 1977a).

Neben dem primären Ziel einer möglichst kostengünstigen Energieversorgung wurden mit diesem Policy Paper erstmals die Auswirkungen der Energiepolitik auf wirtschafts- und umweltpolitische Fragestellungen thematisiert. Für die Regulierung erneuerbarer Energien erwies sich in diesem Kontext als zentral, dass mit dem *Energy Policy Review* des Jahres 1977 ihre Entwicklung als energiepolitische Strategie erstmalig ausdrückliche Erwähnung fand. Dieser Umstand sollte sich in der technologiepolitischen Ausrichtung der energiewirtschaftlichen Förderpolitik der damaligen Labourregierung niederschlagen, wie später genauer dargestellt wird (s.S. 67ff.).

3.1.2 Der Durchbruch des Wettbewerbsparadigmas zur Regulierung staatsnaher Sektoren

Nachdem in der Zeit von 1974 bis 1979 zwei aufeinander folgende Labourregierungen die britische Energiepolitik bestimmten,[24] kam es im Mai 1979 zu dem für die weitere Entwicklung der Energiepolitik entscheidenden konservativen Machtwechsel durch die damalige Premierministerin Thatcher. Die Regulierung des öffentlichen Sektors war dabei bereits zu Beginn der 1970er Jahre durch die zunehmende Diffusion monetaristischer Ideen und die zunehmende Applikation der Marktphilosophie auf den energiewirtschaftlichen Sektor beeinflusst worden. Bis Mitte der 1970er Jahre stieg die volkswirtschaftliche Inflation in Großbritannien dramatisch an und erreichte im Frühjahr 1975 die Rekordmarke von 25 Prozent. Die galoppierende Inflation ging mit einer allgemeinen Stagnation der nationalen Produktion und einer steigenden Zahl von Arbeitslosen einher. Mit der allmählichen Diffusion monetaristischer Ideen wurde die Bekämpfung der Inflation zum zentralen Ziel makroökonomischer Politik,[25] dem mit einer konsolidierenden Geld- und Haushaltspolitik beizukommen versucht wurde. Zentrales makroökonomisches Steuerungsinstrument wurde die Beeinflussung der Geldmenge, wobei die neue Thatcher-Regierung ab 1979 mit der

---

[24] Im Jahr 1974 löste die Labourregierung unter Wilson mit einer knappen Mehrheit die konservative Regierung unter Heath ab. Regierungschef Wilson wurde jedoch bereits 1976 durch den neuen Premier Callaghan abgelöst, dem im Jahr 1979 die erste konservative Regierung unter Thatcher folgte.
[25] Demgegenüber wird als Hauptziel einer keynesianisch orientierten Wirtschaftspolitik die Bekämpfung von Arbeitslosigkeit definiert, das mit einer aktiven Steuerpolitik verfolgt wird.

Tradition einer aktiven Einkommenspolitik brach und die seit 35 Jahren expandierenden staatlichen Ausgaben einfror und schließlich sogar reduzierte (Hall 1992).

Die Folgen der neuen makroökonomischen Politik, die zu Beginn der 1980er Jahre eingeführt wurden, waren dramatisch: Der Wechselkurs des britischen Pfunds stieg unmittelbar nach der Einführung der Reformen gegenüber dem US-Dollar von ungefähr 1.50 US-$ auf 2.40 US-$. Bei gleichbleibend schwacher Binnennachfrage brach die nationale Produktionsleistung um 25 Prozent ein. Gleichzeitig hatte die zweite Ölpreiskrise der Jahre 1980/81 zu einer vorübergehenden Verschärfung der Situation auf den internationalen Energiemärkten geführt, die sich auch auf die britische Energiepolitik erheblich auswirkte. In dieser Zeit verdreifachten sich die Preise für ein Barrel Rohöl von 12 US-$ auf 34 US-$. In der Folge der neu ausgerichteten makroökonomischen Politik stieg die Arbeitslosigkeit in der ersten Hälfte der 1980er kontinuierlich an und erreichte bis 1986 die Zahl von über drei Millionen. Mit dem Anstieg der Kosten der Arbeitslosigkeit stieg der Mittelbedarf des öffentlichen Sektors. Die gestiegenen Nominalzinssätze hatten gleichzeitig schwerwiegende Auswirkungen auf den öffentlichen Mittelbedarf, weil sie die Kosten der öffentlichen Verschuldung zusätzlich erhöhten (Helm 2003).

Die beschriebenen ökonomischen Entwicklungen hatten für die Energiepolitik Großbritanniens wichtige Folgen. Zum einen resultierten sie nach langjährigen Wachstumsphasen in der Stagnation und schließlich einem Rückgang der Nachfrage nach Elektrizität. Wie zu zeigen sein wird, wurden damit auch die massiven Investitionsvorhaben in neue Erzeugungskapazitäten, wie sie seit Mitte der 1970er Jahre mit den damaligen staatlichen Kohle- und Kernenergieprogrammen betrieben wurden, zunehmend obsolet.

Für die Entwicklung der inhaltlichen Zielrichtung bei der Regulierung der britischen Elektrizitätswirtschaft spielte im geschilderten Untersuchungszeitraum der sich zuspitzende Konflikt um den britischen Kohlebergbau eine zentrale Rolle. Weil im Zeitraum von 1973 bis 1990 die nationale Stromerzeugung zwischen 80 und 90 Prozent auf der Nutzung von Kohle und Öl basierte, verfügte die Gewerkschaft der britischen Kohlearbeiter, die National Union of the Mineworkers (NUM), gesellschaftspolitisch über eine besonders machtvolle Position. Mit ihren Arbeitskampfmaßnahmen für bessere Gehälter und Arbeitsbedingungen, mit denen in jener Zeit mehrfach die öffentliche Energieversorgung lahm legte, übten die Gewerkschaftsgruppen großen politischen Druck auf die jeweiligen Regierungen aus. Vor diesem Hintergrund bestimmten die sektoralen Konflikte zwischen den Akteuren des kohlewirtschaftlichen Sektors (NCB, NUM) und den staatlichen Akteuren (CEGB, DEn, DTI, etc.) maßgeblich die Ausrichtung der Energiepolitik.

Die entscheidenden Voraussetzungen für den allmählichen Niedergang der britischen Kohleindustrie wurden während der ersten Amtszeit unter der konservativen Premierministerin Thatcher ab 1981 mit wichtigen personalpolitischen Entscheidungen gelegt (Helm 2003, 81). Im September jenes Jahres ernannte sie den aus dem Finanzministerium kommenden Lawson zu ihrem neuen Energieminister. Als neuer Energieminister sorgte Lawson für die Durchsetzung einer völlig neuen Regulierungsphilosophie im Den, die hauptsächlich auf eine Ablösung der planwirtschaftlich orientierten zugunsten einer wettbewerbsorientierten Energiepolitik zielte. Damit ging auch eine zunehmende Orientierung der sektorbezogenen Politik an den monetaristischen Zielen der allgemeinen Finanzpolitik einher. So erläuterte Lawson in seiner Rede mit dem Titel *"The Market for Energy"* im Juni 1982 sein neues Verständnis des Verhältnisses zwischen staatlichen Aufsichtbehörden und energiewirtschaftlichem Sektor:

"I do not see the government's task as being to try to plan the future shape of energy production and consumption. It is not even primarily to try to balance UK demand and supply for energy. Our task is rather to set a framework which will ensure that the market operates in the energy sector with a minimum of distortion and energy is produced and consumed efficiently" (zitiert nach: Helm 2003, 57-58).

Diese Regulierungsphilsophie sollte im weiteren Verlauf Auswirkungen auf die energiebezogene Forschungs- und Technologiepolitik haben und sich auch auf die Aufmerksamkeit der politisch verantwortlichen Akteure gegenüber den Potentialen zur Nutzung erneuerbarer Energien auswirken (s.S. 72ff.).

Gleich zu Beginn seiner Amtszeit setzte Lawson wichtige personalpolitische Entscheidungen durch, die zum Austausch der bisher korporatistisch orientierten Vorsitzenden Ezra im NCB und England im CEGB durch die monetaristisch und wettbewerbsorientierten Siddall für den NCB-Vorsitz und Sir Marshall für den CEGB-Vorsitz führte. In akteurszentrierter Perspektive implizierte der personelle Wechsel der Führung des CEGB eine Veränderung des Regulierungsverhältnisses zwischen der Gewerkschaft NUM auf der einen und dem NCB bzw. DEn auf der anderen Seite. Letztlich bewirkte er eine verstärkte Orientierung an Wettbewerbs- und Effizienzzielen und resultierte in einer allmählichen Auflösung der Rolle des NCB als konsensorientierter Institution zwischen den wettbewerbspolitischen Forderungen des Finanz- und Energieministeriums und den arbeits- und lohnpolitischen Forderungen der NUM.

Für den weiteren Verlauf der interessenpolitischen Auseinandersetzung zwischen den Gewerkschaften und den energiepolitischen Aufsichtsbehörden war zwischen 1980 und 1984 außerdem die Verabschiedung von Reformen des Arbeits- und Streikrechts von großer Bedeutung, weil diese den späteren Machtniedergang der Bergarbeitergewerkschaft beschleunigten. Nach der überraschenden Wiederwahl der konservativen Regierung im Jahr 1983 unterbreitete der NCB für das Haushaltsjahr 1984/85 Pläne zur Schließung von zwei Kohlegruben. Die NUM reagierte auf die Veröffentlichung der Pläne unter ihrem radikalen Gewerkschaftsführer Scargill mit der Androhung von Streiks. Gegenüber früheren Streikdrohungen erwies sich aber für den Verlauf dieses Konflikts als entscheidend, dass die Gewerkschaft NUM in der Phase der zunehmenden Eskalation keine gesetzlich vorgeschriebene Urabstimmung durchführte, obwohl diese mit den Streikrechtsreformen unter der ersten konservativen Amtsperiode von Thatcher erforderlich geworden war. Vor diesem rechtlichen Hintergrund zerfiel die Arbeiterschaft bei der allmählichen Zunahme wilder Streikaktionen in unterschiedliche Gruppen von Streikbefürwortern und –gegnern. Die zunehmende Spaltung der NUM wurde offenbar. Für den schließlich erfolglosen Ausgang des Streiks war in diesem Kontext auch das verbesserte Energiemanagement des CEGB wesentlich, so dass während des Streiks die Steinkohle erfolgreich durch Erdöl und Kernenergie substituiert werden konnte. Im Gegensatz zu früheren Streiks wurden deshalb die bestehenden Kohlereserven wesentlich langsamer aufgebraucht. Dies führte im Winter 1984 dazu, dass die Stromversorgung nicht in gleichem Maße wie in den 1970er Jahren gefährdet war (Ledger/Sallis 1995). Vor dem Hintergrund des deutlich geringeren Druckpotentials und der sich abzeichnenden gewerkschaftlichen Spaltung wurde der Streik dann im März 1985 endgültig abgebrochen – die Macht der Bergarbeitergewerkschaft NUM war gebrochen.

Insgesamt war die Anfangsphase der ersten konservativen Regierungsperiode unter Thatcher allgemein durch Versuche gekennzeichnet, vor dem Hintergrund der schwierigen wirtschaftlichen Konjunktursituation und der inflationären Entwicklungen die bestehenden staatlichen Einflusspotentiale zu nutzen, um gegen Effizienzprobleme des energiewirtschaftlichen Sektors und den Schwierigkeiten bei der Preisgestaltung vorzugehen.[26] Mit dem *Competition Act 1980* wurde hierfür ein erstes Instrument geschaffen, mit dem die Buchhaltungs- und Managementpraktiken der elektrizitätswirtschaftlichen Industrien einer externen Kontrolle durch die *"Monopolies and Mergers Commission"* (MMC) zugänglich gemacht wurden. In der Zeit von 1981 bis 1986 veröffentlichte die MMC dann zahlreiche Berichte zur Wirtschaftlichkeit der verschiedenen elektrizitätswirtschaftlichen Akteure, so zum CEGB (MMC 1981), den verschiedenen Area Boards (MMC 1983a, MMC 1983c, MMC 1984, MMC 1985a, MMC 1985b, MMC 1986) und zum NCB (MMC 1983b). Die MMC-Berichte vermittelten erstmals einen direkten Eindruck von der Ineffizienz der verstaatlichten Elektrizitätswirtschaft und bildeten später die empirische Legitimation für radikale Reformvorschläge. Besonders einflussreich war der im Jahr 1981 veröffentlichte Bericht über das CEGB (MMC 1981), weil dieser ein Bild von der Intransparenz der politischen Entscheidungsprozesse innerhalb dieser Behörde vermittelte. Ein wesentlicher Kritikpunkt dieses Berichts zielte auf die außerordentliche Ungenauigkeit der früheren und gegenwärtigen Energiebedarfsprognosen, die verfrühte Investitionsentscheidungen zum Bau neuer Kraftwerkskapazitäten begünstigt und die Entstehung von Überkapazitäten befördert hatten (Helm 2003, 50).[27]

Ein erster legislativer Versuch der neuen konservativen Regierung, das Marktprinzip zur Koordination der Elektrizitätswirtschaft in Großbritannien anzuwenden, war in jenem Zeitraum die Verabschiedung des *Energy Act 1983*. Das Gesetz stellte einen ersten Versuch dar, einen diskriminierungsfreien Zugang zum nationalen Stromnetz zu gewährleisten und Wettbewerb in der Erzeugung, Übertragung und Verteilung von Elektrizität einzuführen. In einem ersten Schritt sollte hierzu das Monopol zur Verteilung von Strom durch die Area Boards abgeschafft werden. Außerdem wurden die gesetzlichen Beschränkungen zur Eigenerzeugung von Elektrizität aufgehoben. In einem zweiten Schritt wurden die Area Boards zur Veröffentlichung von privaten Abnahmetarifen (*"private purchase tariffs"*) und zur Abnahme des privat erzeugten Stroms unter der Einschränkung technischer Machbarkeit verpflichtet. Die genannten Regelungen sollten unabhängigen Stromerzeugern erstmals die Stromeinspeisung in das öffentliche Netz ermöglichen.

---

[26] Die konservative Regierung hatte bei ihrer Regierungsübernahme im Jahr 1979 zunächst keine grundlegende Privatisierung der Energiewirtschaft geplant. Vielmehr sah sie sich mit den unmittelbaren Herausforderungen des zweiten Ölpreisschocks (1978/79) konfrontiert. In erster Linie galt es, weitere Konflikte mit dem nationalen Kohlebergbau zu vermeiden, die bereits im Jahr 1974 der konservativen Regierung unter Premier Heath die politische Macht gekostet hatte. Die sich erst in den 1980er Jahren herauskristallisierenden Pläne zur Privatisierung der Energiewirtschaft sind deshalb rückblickend nicht als intentional geplante Politik zur Zerschlagung der Macht gewerkschaftlich organisierter Interessen, sondern vielmehr als inkrementeller Prozess zu beschreiben (Helm 2003).

[27] Weitere zentrale Kritikpunkte waren die finanziellen Rahmenziele staatlicher Regulierung, die zu großzügigen und kostentreibenden Sicherheitsstandards des CEGB geführt hatten. Bemängelt wurde ferner der subventionslastige Zusammenhang zwischen der Verfügbarkeit von Kohle und den hierfür erzielbaren Preisen. Ein späterer MMC-Bericht kritisierte besonders die Finanzschwäche des NCB, weshalb das Board mittelfristig vermutlich nicht imstande sei, ausreichend Kapital für eigene Investitionen zu finanzieren (MMC 1983b).

Die Zielsetzungen des Energy Act 1983 scheiterten jedoch an den mit dem Gesetz nicht beseitigten hohen Zugangsschranken für private Energieerzeuger. Die etablierte Energiewirtschaft verfügte weiterhin über die alles entscheidende Kontrolle der Preise: Besonders die Abnahmetarife für unabhängig erzeugten Strom basierten auf dem „*Prinzip der vermiedenen Kosten*", durch das die Gesamtkosten der unabhängigen Elektrizitätserzeugung nur unzureichend berücksichtigt wurden. Allgemein tendierte das Niveau der Abnahmetarife für unabhängige Erzeuger eher in Richtung der kurzfristigen Grenzkosten als in Richtung der langfristigen Grenzkosten (Hammond 1986). Durch die nur jährlich erfolgende Festlegung der Abnahmetarife seitens der netzbetreibenden Energieversorger bestand für die unabhängigen Erzeuger ein erhebliches Maß an Unsicherheit über die Entwicklung zukünftiger Kapitaleinkünfte. Dadurch wurden Investitionen in kapitalintensive Erzeugungsanlagen verhindert. Zwischen den privaten und etablierten Erzeugern bestanden keine gleichen Wettbewerbsbedingungen, weshalb mit diesem Gesetz die effektive Einführung von Wettbewerb misslang (Helm 2003). Die Herstellung diskriminierungsfreien Wettbewerbs scheiterte somit an der mangelnden Transparenz der genauen Kosten für die Erzeugung, die Übertragung und den Vertrieb von Elektrizität durch die etablierte Stromwirtschaft.

Für die weitere Entwicklung der Liberalisierungsbemühungen in den 1980er Jahre ist von wichtiger Bedeutung, dass nach dem überraschenden Wahlsieg der konservativen Regierung im Jahr 1983 das Energieressort von einem neuen Minister geleitet wurde: Der konservative Politiker Walker übernahm von seinem Vorgänger Lawson dieses Amt und trieb zunächst die Privatisierung der Gasindustrie voran. Während sein Vorgänger Lawson zur Realisierung von Wettbewerb in der Gaswirtschaft für die Zerschlagung der BGC in regionale Unternehmen plädiert hatte, war Walker ein entschiedener Befürworter eines Erhalts der BGC als *"National Champion"*. Um die Privatisierung der BGC als ganzem Unternehmen zu rechtfertigen, wurden Gründe der Versorgungssicherheit und der Effizienz vorgebracht. Zur Umsetzung dieser Privatisierungsstrategie kam es im Juli 1986 zur Verabschiedung des *Gas Act*. Nach dem Vorbild der Privatisierung der Telekommunikation im Jahre 1984 wurde eine Regulierungsbehörde für den Gasmarkt (OFGAS) institutionalisiert, deren genaue Regulierungkompetenzen zunächst aber noch relativ unklar blieben. Als wesentliches Ziel der Behörde wurde statutsgemäß die Förderung von Wettbewerb definiert.

Die geschilderte allmähliche Schwächung der Bergarbeitergewerkschaft war eine wichtige Voraussetzung für die von der konservativen Regierung in der zweiten Hälfte der 1980er Jahre intensivierte Strategie einer Privatisierung sowohl der Strom-, insbesondere aber der Kohleindustrie. Nach ihrer Wiederwahl im Jahr 1987 verstärkte die konservative Regierung ihre Privatisierungsbemühungen. Diese resultierten in der Veröffentlichung eines Weißbuchs zur Privatisierung der Stromwirtschaft (DEn 1988). Für die Pläne einer Privatisierung der Kohleindustrie war entscheidend, dass zur Einleitung entsprechender Reformschritte die britische Regierung den Interessen der Kohlelobby zunächst entgegen kommen musste. Die Pläne zur Privatisierung des NCB, die im Zuge der allgemeinen Planungen einer Privatisierung und Liberalisierung der britischen Stromwirtschaft vorgestellt wurden, sahen über den Zeitraum von 1990 bis 1993 deshalb zunächst den Abschluss wieterer fester Kohlelieferverträge zwischen dem NCB und den ebenfalls zu privatisierenden

Stromerzeuger vor.[28] Somit sind die Streik-Aktivitäten der Gewerkschaften rückblickend als zentraler Impuls für die ab der zweiten Hälfte der 1980er Jahre zunehmend erhobenen Forderungen nach einer grundlegenden Privatisierung und Liberalisierung des britischen Stromsektors zu bewerten. Der gesellschaftspolitische Konflikt um den nationalisierten Kohlebergbau löste in jener Dekade letztlich die energiepolitische Dynamik aus, die in den grundlegenden energiepolitischen Reformen am Ende der 1980er Jahre resultierte (s.S. 127ff.).

3.1.3 Die zentralisierte Organisation der energiebezogenen Forschungs- und Technologiepolitik im verstaatlichten Regulierungsregime

Die Ausrichtung und der Erfolg der energiebezogenen Technologieförderprogramme unter den damaligen Labourregierungen (1974-76, 1976-79) und den konservativen Regierungen (ab 1979) hatten bestimmenden Einfluss auf die Wahrnehmung der administrativen Akteure zu den Optionen einer künftigen Stromerzeugung in Großbritannien. In der Perspektive der technologischen Pfadabhängigkeit wird zunächst die Entwicklung des britischen Kernenergieprogramms in jenem Zeitraum skizziert, das den Großteil der forschungspolitischen Investitionen für sich beanspruchte. Anschließend wird der Einstieg in die Forschung und Entwicklung erneuerbarer Energien analysiert und in den Kontext der energiewirtschaftlichen Reformpolitik gestellt.

3.1.3.1 Die britische Kernenergiepolitik der 1970er und 1980er Jahre

Historisch ist die britische Kernenergiepolitik durch die Verabschiedung verschiedener Kernenergieprogramme gekennzeichnet, die seit 1955 zum Bau von insgesamt 16 Kernkraftwerken mit verschiedenen Reaktortechnologien geführt haben. Bereits seit den 1950er Jahren stand die Entwicklung eines nationalen Reaktortyps im Mittelpunkt der Forschungsbemühungen (Gowing 1974). Wie in anderen Industriestaaten auch erhoffte man sich durch die erfolgreiche Realisierung einer eigenen Reaktortechnologie eine zunehmende Unabhängigkeit von Energieimporten und damit eine weitestgehende Energieautarkie. Die Verabschiedung des ersten Kernenergieprogramms im Jahre 1955 führte bis 1963 zum Bau von neun Kraftwerken mit der Magnox-Reaktortechnologie.[29] Für das erste Kernenergieprogramm war die starke Verzahnung von militärischen und zivilen Interessen bezeichnend: Die gasgekühlten Magnoxanlagen dienten neben der Stromerzeugung hauptsächlich der Produktion von waffenfähigem Plutonium (Baentsch 1997).[30] Mit dem Weißbuch *The Second Nuclear Power Programme"* (Department of State and Official Bodies/Ministry of

---

[28] Zwischen 1990 und 1993 wurden schließlich jährliche Liefermengen zwischen 65 und 70 Mio. Tonnen vereinbart. Als ein wichtiger Grund für die vertragliche Sicherung des Kohleabsatzes wurde neben versorgungspolitischen Gründen u.a. genannt, dass die britische Regierung nicht einseitig gegen die Gewerkschaftsinteressen des Bergbaus vorgehen wollte (Helm 2003, 140).

[29] Bei der im Jahr 1956 fertig gestellten Magnox-Anlage in Calder Hall handelte es sich um das weltweit erste kommerzielle Atomkraftwerk.

[30] Zu Beginn der 1960er Jahren erwartete die britische Regierung keine wirtschaftliche Stromerzeugung durch Kernenergie, sondern ging von zusätzlichen jährlichen Kosten in Höhe von 12 Mrd. Pfund aus (Energy Committee of the House of Commons 1990). Der Betrieb der Magnox-Reaktoren erfüllte hauptsächlich die Funktion zur Herstellung von nuklearwaffenfähigem Spaltmaterial (Patterson 1985).

Power 1964) wurde im Jahr 1964 das zweite britische Kernenergieprogramm in die Wege geleitet, mit dem der Bau von fünf weiteren gasgekühlten Reaktoren (AGR-Technologie: *"advanced-gas-cooled reactor"*) beschlossen wurde, die durch ein britisches Konsortium entwickelt worden waren. Mit dem Programm wurde zwar anerkannt, dass bereits die Entwicklung von Magnoxreaktoren im ersten Kernenergieprogramm entgegen den ursprünglichen Erwartungen nur zu viel höheren Kosten möglich war. Für die zukünftige AGR-Technologie gaben sich die zuständigen Energiebehörden jedoch geradezu euphorisch und planten, im Zeitraum von 1970 bis 1975 bis zu 8.000 MW an zusätzlicher Erzeugungskapazität aus neuen Kernkraftwerken dieses Typs aufzubauen (Ministry of Fuel and Power 1965, paras 69-71).

Die Entscheidung zum Bau von fünf AGR-Reaktoren erwies sich für die Entwicklung der gesamten späteren britischen Energiepolitik aber als desaströs: "It was to prove probably one of the biggest investment mistakes since the Second World War" (Helm 2003, 90). Der bereits im Jahr 1965 in Auftrag gegebene erste AGR-Reaktor (Dungeness B) ging aufgrund von technischen, organisatorischen und finanziellen Problemen erst neunzehn Jahre nach dem ursprünglich geplanten Termin (1967) im Jahr 1986 ans Netz. Drei weitere der insgesamt fünf vom CEGB bestellten Anlagen wurden erst im Jahr 1989 angefahren. Die zusätzlichen Kosten der Fehlplanungen beliefen sich auf ungefähr eine Mrd. Pfund (O'Riordan u.a. 1988). Ein erstes Eingeständnis des Scheiterns des britischen AGR-Programms erfolgte 1973 durch ein CEGB-Gutachten. Danach war die Stromerzeugung in den AGR-Reaktoren im Vergleich zur Erzeugung in Druckwasserreaktoren US-amerikanischer Bauart um ca. 25 Prozent teurer (Pryke 1981). Infolge der genannten Schwierigkeiten entschied der mit der neuen Labourregierung ins Amt berufene Energieminister Varley im Jahr 1974 die Verabschiedung eines dritten Nuklearprogramms, mit dem der Bau von sechs Schwerwasserreaktoren beschlossen wurde. Zuvor war es 1973 zur Fusion zwischen der BNDC und der TNPG in die National Nuclear Corporation (NNC) gekommen, womit dieses Unternehmen als einziges Herstellerkonsortium für die Realisierung des britischen Kernenergieprogramms übrig blieb.[31]

Für die weitere Entwicklung der britischen Kernenergiepolitik gegen Mitte der 1970er Jahre war entscheidend, dass auch die Umsetzung des dritten Ausbauprogramms letztlich scheiterte. Vor dem Hintergrund sich stetig verschlechternder makroökonomischer Rahmenbedingungen, die zu großen Einschnitten in den öffentlichen Haushalten führten, eskalierten bis zum Jahr 1976 die Kosten zur Durchführung des dritten Ausbauprogramms. Im Gegensatz zu Prognosen aus dem Jahr 1973 erklärte der damalige CEGB-Chef im Oktober 1976, dass vor dem Hintergrund der allgemeinen ökonomischen Rezession nur mit einem relativ geringen Wachstum des Stromverbrauchs zu rechnen und aufgrund bestehender Überkapazitäten bis in die 1980er Jahre die Errichtung zusätzlicher Kraftwerkskapazitäten nicht erforderlich wäre. Die Energiebedarfsprognosen des CEGB aus der Zeit von 1973-1976 hatten sich als völlig verfehlt erwiesen: Während noch im Jahr 1973 von einem Bedarf von achtzehn neuen Kernkraftwerken ausgegangen wurde, bestand ab 1976 plötzlich

---

[31] Am Konsortium waren anfangs die amerikanische General Electric Company (GEC), die UKAEA und weitere private Unternehmen beteiligt. Nach der Ankündigung eines Ausstiegs der britischen Regierung aus der Entwicklungsarbeit für einen PWR-Reaktor im dritten Atomenergieprogramm, reduzierte die GEC ihre Beteiligung von bisher 50 auf nur noch 35 Prozent. Die NNC hatte ab dem Jahr 1973 damit innerhalb des britischen Reaktorprogramms eine quasi-monopolistische Stellung.

kein Bedarf an Nachrüstungen mehr (Pearson 1981, 87). Die mangelhafte Prognosefähigkeit des CEGB trug in jener Zeit erheblich zum Verlust der politischen Glaubwürdigkeit dieser Behörde bei (Baentsch 1997, 179). Die Labour-Regierung musste aufgrund dieser Fakten im Januar 1978 nachgeben und verkündete die Aufhebung des Schwerwasserreaktorprogramms. Der damalige CEGB-Chef Hawkin hatte mit seiner Warnung Recht behalten:

> "Governments should involve themselves with the principles, but should be careful not to get into technology and say which particular route we should use to harness nuclear, otherwise they are taking on sometimes a little more than they fully understand" (zitiert nach Hall 1986, 129 aus Helm 2003, 93).

Wie zu zeigen sein wird, sollten die gescheiterten Versuche der technologiepolitischen Steuerung durch das DEn in den 1970er und 1980er Jahren wichtige Auswirkungen auf das ministerielle Entscheidungsverhalten in der Forschungs- und Technologiepolitik für erneuerbare Energien haben. Während das CEGB noch im Jahr 1976 davon ausging, dass aufgrund bestehender Überkapazitäten keine Investitionen in neue Kraftwerke erforderlich wären, zwangen die sich verschärfenden Probleme der Anlagenherstellerindustrie die britische Regierung nur kurze Zeit später erneut zu kernenergiepolitischem Aktivismus.

Gegen Ende der 1970er Jahre spitzte sich in der nationalen Kernenergiepolitik wegen erneut aufkommender Forderungen nach Investitionen in ein neues Kernkraftwerk die Wiege über die zu wählende Reaktortechnologie zu. Grundsätzlich ging es darum, ob man trotz der Probleme an der britischen AGR-Technologie festhalten oder stattdessen in die amerikanische PWR-Technologie (Druckwasserreaktoren) investieren soll. Innerhalb des DEn war die Meinung gespalten: Der damalige Staatssekretär Rampton empfahl zwar den Bau von Druckwasserreaktoren in einem Investitionsvolumen von 20 Millionen Pfund, Energieminister Benn hielt aber gleichzeitig an der britischen AGR-Technologie fest. Die politische Auseinandersetzung um die Fortführung des britischen Kernenergieprogramms resultierte im Jahr 1978 letztlich in einem technologiepolitischen Kompromiss, nach dem der CEGB und der SSEB je einen weiteren AGR-Reaktor neu bauen und die bestehenden Kernenergie-Projekte, also die bereits im Bau befindlichen AGR-Reaktoren, abgeschlossen werden sollten. Schließlich sollte die Option eines PWR-Reaktors zu Beginn der 1980er Jahre entwickelt werden (DEn 1978a). Dieser interessenpolitische Kompromiss ist nach dem Scheitern des dritten Kernenergieprogramms als Sieg der politischen Führung gegenüber der Ministerialbürokratie interpretiert worden (Sedgemore 1980), weil die Administration eigentlich einen umfangreichen Einstieg in das Druckwasserreaktorprogramm befürwortete. Vor dem Hintergrund des späteren „Triumphes" der Druckwasserreaktortechnologie gegenüber der britischen AGR-Technologie ist aber zu betonen, dass sich die zentralistische britische Regierung in ihren technologiepolitischen Entscheidungen in Fragen der kernenergietechnologischen Ausrichtung als besonderes fehleranfällig erwiesen hat.

> "'Picking winners' has been widely viewed as disastrous. But within the planned integrated set of energy monopolies which existed in the 1970s, technological choices did have to be made, and there is no evidence to suggest that their managers were unbiased. (…) A lesson which was not learned from this episode was that the machinery of government needed to be reformed if more sensible 'winners' were to be 'picked'. Interestingly, (…), governments proved similarly inept when it came to renewables two decades later" (Helm 2003, 94/95).

Mit dem Regierungswechsel zur konservativen Regierung unter Thatcher im Mai 1979 erfuhr die Entwicklung der britischen Kernenergie scheinbar eine neue Renaissance. Nur drei Jahre zuvor war der Einstieg in die Forschungs- und Technologieförderung für erneuerbare Energien erfolgt. Die damit verbundenen Technologien wurden jedoch kaum als mögliche Alternative zur Sicherung der nationalen Energieversorgung wahrgenommen (s. S. 72ff.). Demgemäß richtete sich zu Beginn der ersten konservativen Legislaturperiode unter Thatcher die energiepolitische Aufmerksamkeit des neuen Energieminister Howell auf ein überarbeitetes kernenergiepolitisches Expansionsprogramm, das erneut durch die Planungen des CEGB dominiert wurde. Das neue Kernenergieprogramm sollte den Ausbau einer zusätzlichen Erzeugungskapazität von 15 GW (oder zehn weiteren Kernkraftwerken) umfassen. Über den zu wählenden Reaktortyp wurde zunächst noch keine genaue Aussage gemacht. Personalpolitisch war in diesem Zusammenhang von wichtiger Bedeutung, dass der ehemalige Vorsitzende der UKAEA Marshall, der schon als Scientific Adviser unter dem Labour-Energieminister Benn die Einführung der PWR-Technologie befürwortet hatte, unter Thatcher zum CEGB-Vorsitzenden berufen worden war.

Die politischen Planungen für das umfassende Ausbauprogramm lösten im parlamentarischen Raum sofort einen großen Klärungsbedarf zu den genaueren Hintergründen aus. Nach verschiedenen Anhörungen erstattete ein für diese Fragen gesondert befasster parlamentarischer Energie-Sonderausschuss im Februar 1981 Bericht (House of Commons Select Committee on Energy 1981a). Vor dem Hintergrund der rezessionsbedingt gesunkenen Stromnachfrage und der Annahme erheblicher Überkapazitäten besonders im schottischen Stromnetz sowie gleichzeitig explodierenden Baukosten von bereits in Planung befindlichen Kernreaktoren (u.a. zur Erfüllung verschärfter Sicherheitsauflagen) erschienen nicht einmal mehr die ökonomischen Prämissen zur Fertigstellung der bereits im Bau befindlichen AGR-Kraftwerke gegeben. Der parlamentarische Untersuchungsausschuss kritisierte außerdem den Zusammenhang zwischen der mittlerweile fragwürdigen Prognosepraxis des CEGB und den daraus abgeleiteten Planzahlen zum zukünftigen Investitionsbedarf. Der fast zeitgleiche Abschluss eines MMC-Reports, der die Operations- und Planungsverfahren des CEGB einer genaueren Überprüfung unterzog (MMC 1981), erhöhte den politischen Druck gegenüber den nuklearen Ausbaupläne des DEn und des CEGB.

"A large programme of investment in nuclear power stations, which would greatly increase the capital employed for a given level of output, is proposed on the basis of investment appraisals which are seriously defective and liable to mislead. We conclude the Board's course of conduct in this regard operates against the public interest" (MMC 1981).

Vor dem Hintergrund der sich verschärfenden makroökonomischen Situation und infolge des zunehmenden politischen Drucks distanzierte sich die britische Regierung ab 1981 wieder von ihren ursprünglichen nuklearen Expansionsplänen. Das gesamte Ausmaß der Verunsicherung innerhalb der britischen Administration fand ihren Ausdruck ab 1983 in der Durchführung eines über mehr als zwei Jahre (Januar 1983 bis März 1985) andauernden Untersuchungsverfahrens, der sog. *"Sizewell Inquiry"*. Diese Untersuchung wurde im wieteren Verlauf durch ein weiteres Sizewell-B-Verfahren ergänzt. Im Wesentlichen ging es in den Verfahren neben der Klärung der Notwendigkeit von Investitionen in ein neues Kernkraftwerk am Standort Sizewell um die generelle Ausrichtung der künftigen britischen Energiepolitik. Weitere Fragen betrafen die Zukunft des nationalen Kohlebergbaus, die

Entsorgung nuklearer Abfälle, die Stilllegung bestehender Kraftwerke sowie die Methoden der Kostenberechnung durch das CEGB.

In der Sizewell-Inquiry war der CEGB aufgrund seiner monopolistischen Stellung im Energiesektor der zentrale Akteur. Seine Vertreter forderten den Bau eines ersten britischen Druckwasserreaktors und versprachen die zügige Realisierung am Standort Sizewell. Grundsätzlich wurde durch den CEGB für den Ausbau grundlastfähiger Erzeugungskapazitäten nur der Bau von Kohle- oder Kernkraftwerken erwogen. Dabei ging das CEGB bei Druckwasserreaktoren im Vergleich zu Kohlekraftwerken von einer kostengünstigeren Erzeugung aus. Die CEGB-Berechnungen zu den voraussichtlichen Stromgestehungskosten in den Kernkraftwerken waren aufgrund der monopolistischen Stellung der Strombehörde durch politische Institutionen jedoch kaum auf ihre Zuverlässigkeit und Richtigkeit überprüfbar. Als Kalkulationsgrundlage ging der CEGB im Fall der PWR-Technologie aber von einer Bauzeit von nur sechs Jahren aus, obwohl die britische Elektrizitätswirtschaft bisher noch keine Erfahrungen mit diesem Reaktortyp hatte. Gleichzeitig wurde ein Anstieg des Kohlepreises um jährlich real drei Prozent und eine Verdopplung des Uranpreises über die nächsten zwanzig Jahre angenommen (Parker/Surrey 1992). In Anbetracht dieser Kalkulationsannahmen war zuvor schon durch die MMC kritisiert worden, dass sich die Berechnungen statt an prognostizierten Zielgrößen an realistischeren Mittelwerten der gegebenen Investitions- und Betriebskosten orientieren sollten (MMC 1981). Überdies wurde die Möglichkeit weltweit sinkender Erdölpreise oder der effizienten Elektrizitätserzeugung durch die Nutzung von Erdgas in hocheffizienten Gasturbinen durch das CEGB gar nicht erst in Betracht gezogen (Baentsch 1997).

In diesem Zusammenhang ist auf einen zentralen Nachteil des verstaatlichten energiewirtschaftlichen Regulierungsregimes in Großbritannien zu verweisen: Dieser bestand in einer völlig unzulänglichen Trennung von technologischer Politikberatung und den dahinter stehenden eigentlichen industriellen Interessen des CEGB. Die zentralisierte Stellung des CEGB ermöglichte leicht die „regulative Gefangennahme" der britischen Energieadministration. Gleichzeitig ist dem CEGB eine unzulängliche Kostenkontrolle der Elektrizitätserzeugung bei den einzelnen Energieträgern zu unterstellen, so dass eine differenzierte Bewertung unterschiedlicher Erzeugungstechnologien verhindert wurde. Bis zum Ende der 1980er Jahre wurde das CEGB nie gezwungen, Rechenschaft über die genauen Kosten der nuklearen Stromerzeugung abzulegen. Erst mit den sich konkretisierenden Liberalisierungs- und Privatisierungsbemühungen ab der zweiten Hälfte der 1980er Jahre forderte das DEn die staatlichen Stromunternehmen zur Vorlage detaillierter Kostenrechnungen bei der nuklearen Stromerzeugung auf (Baentsch 1997, 191).

Bis zur energiepolitischen Beschlussfassung in der Sizewell-B-Untersuchung im Frühjahr 1987 wirkten sich weitere Änderungen der energiepolitischen Rahmenbedingungen auf die politische Entscheidungsfindung aus. So war es auf dem Weltmarkt für Erdöl und Steinkohle seit 1986 zu einem Preisverfall gekommen. Außerdem war im April 1986 das Unglück im Kernkraftwerk von Tschernobyl geschehen, das zu einer zunehmenden Problematisierung der bisher nur nachrangig beachteten Risikofaktoren und den damit verbundenen externen Kosten der Stromerzeugung aus Kernenergie führte. Trotz der genannten Entwicklungen befürwortete der konservative Energieminister Walker noch im März 1987 den Bau eines Druckwasserreaktors in Sizewell B mit der Begründung fehlender energiepolitischer Alternativen (Walker 1991). Das zu Beginn des Sizewell-Verfahrens vom CEGB ursprünglich geplante umfangreiche 15 GW-Ausbauprogramm war zwischenzeitlich auf den Bau von nur noch vier Druckwasserreaktoren reduziert worden: Neben Sizewell B sollte ein weiterer Reaktor in Sizewell C und je ein Reaktor in Hinkley C und Wylfa B entstehen (Parker/Surrey 1992).

3.1.3.2 Die zentralisierte Koordination der Forschungspolitik bei den erneuerbaren Energien

Im zentralisierten britischen Regulierungregime wurden sämtliche strategische Entscheidungen zur energiebezogenen Forschungs- und Technologiepolitik durch den CEGB dominiert, der als Kraftwerksbetreiber die Geschwindigkeit und Richtung des technologischen-Wandels diktierte (Chesshire 1996). Gegenüber der kraftwerkausrüstenden Industrie verfügte die Behörde faktisch über ein Nachfragemonopol und bestimmte die Entwicklungsrichtung der Erzeugungstechnologien (Thomas 1997). Die Steuerungsstruktur der britischen Energiewirtschaft erwies sich dabei für eine großzügige Förderung jener Technologien als anfällig, deren zentralisierter Strukturcharakter der bestehenden Erzeugungsindustrie entsprach.

Während unter den Labourregierungen der 1970er Jahre die finanzielle Förderung für erneuerbare Energien allmählich anstieg, blieb der unter den konservativen Regierungen durch das DEn vergebene Anteil des Forschungsbudgets von Anfang der 1980er Jahre bis Mitte der 1990er Jahre nominal konstant. So stellte das DEn in den Jahren 1981/82 ungefähr 19,2 Mio. Pfund für die Förderung von erneuerbaren Energien inklusive von Energieeffizienzmaßnahmen bereit. In den Jahren 1994/95 belief sich dieser Betrag auf 19,8 Mio. Pfund (DoE/DTI 1994). Unter Berücksichtigung der hohen Inflation in diesem Zeitraum bedeutete die Entwicklung des Förderbudgets für erneuerbare Energien jedoch einen Rückgang von fast 50 Prozent (Baentsch 1997, Elliott 1994). In der Untersuchungsperiode von 1975 bis 1990 gab das DEn zur Erforschung und Entwicklung erneuerbarer Energien insgesamt etwa 161 Mio. Pfund aus. Über die einzelnen Jahre verteilte sich die Summe der Fördergelder wie folgt:

Tabelle 4: Forschungsausgaben für erneuerbare Energien durch das DEn 1975-1990

Jahr	1975/76	1976/77	1977/78	1978/79	1979/80	1980/81	1981/82	1982/1983
Mio. £	0,5	1,0	2,5	3,6	8,2	11,3	17,3	14,7
Jahr	1983/84	1984/85	1985/86	1986/87	1987/88	1988/89	1989/90	$\sum$ 1975-90
Mio. £	11,7	14,9	13,2	12,0	16,3	16,0	17,9	161,1

Quelle: Elliott 1998.

Im Zeitraum von 1986 bis 1990 beliefen sich die Forschungsausgaben für Kernenergie auf eine Gesamtsumme von 592,9 Mio. Pfund, während die Summe für erneuerbare Energien nur einen Wert von 62,2 Mio. Pfund ergab (DEn 1991). Dieser Anteil verdeutlicht die technologiepolitischen Schwerpunktsetzungen des damaligen DEn. Gegenüber den konventionellen Formen der Energieerzeugung betrug das Forschungsbudget für eine nachhaltige Energiewirtschaft (erneuerbare Energien, Energieeffizienz) z.B. in den Jahren 1985/86 nur etwas mehr als 10 Prozent, das für die Forschung im Bereich der Kernenergie und konventioneller Energien jedoch knapp 90 Prozent (Ince 1986). Die relativ geringe Bedeutung der erneuerbaren Energien innerhalb der energiebezogenen Forschungs- und Technologiepolitik der britischen Ministerialbürokratie zeigte sich institutionell auch darin, dass in den 1970er Jahren im DEn keine eigene Abteilung für die erneuerbaren Energien existierte. Die Realisierung des Kernenergieprogramms unter Verwendung einer eigenen nationalen und grundlastfähigen Reaktortechnologie stand im Mittelpunkt der technologie- und forschungspolitischen Anstrengungen (s.S. 67ff.).

Die für die Entwicklung erneuerbarer Energien entscheidende Abteilung im DEn war in jener Zeit die wissenschaftliche Abteilung (sog. *"Chief Scientist Group"*). Von besonderer Bedeutung für die Ausrichtung der Forschungs- und Technologiepolitik war das große Maß der interessenpolitischen Verflechtung der leitenden Entscheidungsträger der Chief Scientist Group mit den nationalen Kernenergieinteressen. So war z.B. der erste Leiter dieser Abteilung, Sir Marshall, in seiner Funktion als wissenschaftlicher Leiter der Chief Scientist Group nur ehrenamtlich für das DEn tätig, weil er gleichzeitig seinen Posten als Direktor der für die atomwirtschaftliche Forschung zentralen Harwell-Laboratorien behielt, die der Leitung der britischen Atomenergiebehörde (UKAEA) unterstanden (Pearson 1981, 45). Nicht zuletzt aufgrund seiner besonderen Unterstützung der Kernenergie wurde Marshall im Juni 1977 durch den sozialistisch-orientierten Labour-Energieminister Benn entlassen und im August des gleichen Jahres durch Sir Bondi abgelöst, der gegenüber den erneuerbaren Energien als aufgeschlossener galt. Erst unter der Leitung von Bondi wurden die forschungspolitischen Anstrengungen zur Entwicklung erneuerbarer Energien in Großbritannien maßgeblich forciert.

Der Leitung der Wissenschaftsabteilung im DEn unterstanden drei weitere Unterabteilungen. Die erste Unterabteilung war allgemein mit Entwicklungsprogrammen von Technologien zur Elektrizitätserzeugung und ihrem Projektmanagement befasst. Eine weitere Unterabteilung war für die technologische Entwicklung in den Bereichen Kohle, Gas und Energieeinsparung zuständig. Eine dritte Unterabteilung koordinierte die bereichsübergreifenden Verwaltungsaufgaben der Energietechnologieabteilung und fungierte als Sekretariat des *"Advisory Council on Research and Development for Fuel and Power"* (ACORD).

Bei ACORD handelte es sich um ein für die Regulierung erneuerbarer Energien wichtiges Gremium. Diese Institution beriet den amtierenden Energieminister in Fragen des nationalen Forschungs- und Entwicklungsprogramms und sollte für ein möglichst ausgeglichenes Förderprogramm zwischen den einzelnen Technologien sorgen. Als Kooperationsgremium zwischen den einzelnen Erzeugerindustrien, dem DEn und unabhängigen wissenschaftlichen Institutionen/Experten überwachte dieses Gremium seit 1960 die Durchführung der Forschungsprogramme. ACORD beriet das DEn über den technologischen Entwicklungsstand der einzelnen erneuerbaren Energien und versuchte, die technologische Schwerpunktsetzung des DEn in der Ausrichtung der Förderprogramme zu beeinflussen. Das Gremium setzte sich aus Vertretern der Regierung (vor allem des DEn), der Energiewirtschaft (NCB, BGC, CEGB, ElC, UKAEA) sowie Vertretern der Wissenschaft zusammen (Pearson 1981, 134). Tendenziell wurde ACORD durch Vertreter der konventionellen Energiewirtschaft dominiert, was schon damals hinsichtlich der Interessen erneuerbarer Energien zu der folgenden kritischen Einschätzung führte:[32]

---

[32] Die Forderung nach einer Reform der Zusammensetzung von ACORD und der angewandten Evaluierungsverfahren wurde z.B. 1984 durch das Select Committee on Energy gefordert (Elliott 1997, 19).

"[ACORD] is still rather an inappropriate body to examine ideas for national Research and Development Policy; it is composed of establishment producers and users of energy, with no input from interests more directly concerned with alternative energy sources" (Pearson 1981, 46).

Zur Erarbeitung seiner technologiepolitischen Expertise kooperierte ACORD eng mit zwei weiteren zentralen energiewirtschaftlichen Forschungsinstitutionen, die im Zuge der Ölpreiskrise im Jahr 1974 durch das neue DEn gegründet worden waren. Dabei handelte es sich um die Energy Technology Support Unit (ETSU) und die Marine Technology Support Unit (MATSU). Die MATSU war besonders mit der Entwicklung der marinen erneuerbaren Energien befasst (Gezeiten- und Wellenenergie), deren Entwicklung im Mittelpunkt der britischen Forschungsanstrengungen der 1970er und der ersten Hälfte der 1980er Jahre stand.

Die Aufgabe der ETSU bestand zu Beginn der Forschungen vorrangig darin, die unterschiedlichen Entwicklungs- und Nutzungspotentiale der verschiedenen erneuerbaren Energien in Großbritannien zu bewerten. Dabei konzentrierte man sich auf folgende Technologien: Wellen- und Gezeitenenergie, Windenergie sowie Solarenergie. Nach der Ermittlung der Nutzungs- und Entwicklungspotentiale trat die ETSU zunehmend als Projektrealisierer der für eine Förderung gewählten Technologien in Erscheinung. Ein Ausdruck der Zentralisierung bei der Koordination der britischen Forschungs- und Technologiepolitik war die Steuerung der verschiedenen technologiespezifischen Forschergruppen durch Steuerungsausschüsse, den sog. *"Steering Committees"* (z.B. Wind Energy Steering Committee, Wave Energy Steering Committee, etc.). In den Ausschüssen wurden die Forschungsmaßnahmen zwischen den verschiedenen, an der Entwicklung einer Technologie beteiligten wissenschaftlichen Instituten und privaten energiewirtschaftlichen Akteuren koordiniert. Die ETSU berichtete ACORD in regelmäßigen Abständen vom Stand der technologischen Entwicklung und stellte diesem Gremium die notwendigen Informationen zur gesamten Ausrichtung und bisherigen Umsetzung des Forschungsprogramms zur Verfügung. In diesem Kontext ist hervorzuheben, dass beide Forschungsabteilungen, also die ETSU und die MATSU, hierarchisch letztlich der Atomenergiebehörde UKAEA unterstanden und durch den zuständigen Forschungsleiter des Atomic Energy Research Establishment (AERE) in Harewell koordiniert wurden. Die Auswirkungen dieser Struktur einer zentralisierten Forschungspolitik auf die technologische Entwicklung erneuerbarer Energien werden nachfolgend analysiert.

Ein erstes Strategiepapier zum Nutzungspotential erneuerbarer Energien in Großbritannien wurde durch ACORD im Jahr 1976 erstellt, in dem das Potential zur Nutzung der Wellenenergie mit 50 Mio. SKE besonders hervorgehoben wurde (DEn 1976). Ein weiterer wichtiger Bericht, der die Euphorie für erneuerbare Energien beflügelte, folgte im darauf folgenden Jahr durch das House of Commons Select Committee on Science and Technology, kurz SCST (House of Commons Select Committee on Science and Technology 1977). Die Schlussfolgerungen dieses Berichts waren außerordentlich optimistisch:

"We recommend that the investment programme in R&D in renewable sources of energy should be expanded so that those renewable sources which prove to be technically and economically viable are in a position to begin making a worthwhile contribution to the United Kingdom energy requirements by 1990 so that when self-sufficiency in indigenous fossil fuel energy sources is past, they are well established. (...) We have no hesitation in recommending increased expenditure in the present climate of economic restraint since we are of the opinion that it will be fully

74

justified by the medium and long term benefits" (House of Commons Select Committee on Science and Technology 1977 zitiert nach Elliott 1997, 10).

Die Antwort der Regierung auf diesen Bericht folgte im darauf folgenden Jahr mit der Verabschiedung eines Weißbuchs zu erneuerbaren Energien (DEn 1978b). Auf der Basis von weiteren ETSU-Potentialstudien maß das DEn besonders der Entwicklung der Wellen- und Gezeitenenergie, die bereits seit 1975 staatlich gefördert wurden, Wie bei. Gleichzeitig wurde der Solarenergie, der Windenergie und der Geothermie zunächst nur eine nachrangige Bedeutung eingeräumt. Im Rückblick lässt sich der britische Einstieg in die Technologieförderung von erneuerbaren Energien für die meisten Technologien auf den Zeitraum zwischen dem Jahr 1975 (z.B. Wellenenergie) und dem Jahr 1977 (z.B. Windenergie) datieren. Rückblickend bestand unter den Labourregierungen in der zweiten Hälfte der 1970er Jahre eine politische Aufbruchstimmung für erneuerbare Energien.

Wellenenergie

Ab Mitte der 1970er Jahre verfolgte die britische Regierung zusammen mit dem CEGB vorrangig den Ausbau der Wellenenergie. Das staatliche Interesse an dieser Technologie war auf die optimistischen Nutzungspotentiale früherer Studien zurückzuführen. So hob der damalige CEGB-Vorsitzende England das besondere Wellenenergiepotential Großbritanniens für die zukünftige Energieversorgung hervor und ging von einem Nutzungspotential in Höhe von 120 GW aus. Würde ein Drittel dieses Potentials erschlossen, könnte damit die gesamte britische Bevölkerung mit Elektrizität versorgt werden (Ross 1995, 40). Insgesamt wurden im Zeitraum von 1975 bis 1982, dem Jahr einer ersten grundlegenden Prüfung des staatlichen Förderprogramms für erneuerbare Energien, bei einem Gesamtbudget von 32 Mio. Pfund ungefähr 15 Mio. Pfund, also knapp 50 Prozent der gesamten Fördergelder, zur Entwicklung der Wellenenergie ausgegeben (Ross 1995). Allerdings kam die Förderung bis 1982 nicht über die Entwicklung von Labormodellen hinaus, so dass kein erster Prototyp entwickelt werden konnte. Das DEn verfolgte eine pluralistische Förderstrategie und unterstützte mehrere Technologiemodelle, wobei in der Anfangsphase seit 1975 neun Projekte und unter den konservativen Regierungen ab 1980 noch vier Projekte gefördert wurden.[33]
    An der abnehmenden Zahl staatlich geförderter Wellenenergieprojekte offenbaren sich die ab Mai 1979 geänderten politischen Kontextbedingungen nach dem Regierungswechsel zur konservativen Regierung unter Thatcher. Die Auswirkungen des Regierungswechsels für die staatliche Förderpolitik lassen sich damit zusammenfassen, "that economic concerns began to dominate over energy resource concerns" (Elliott 1997, 16). Eine erste wichtige personalpolitische Veränderung durch Thatcher war im Jahr 1980 die Ablösung des bis dahin verantwortlichen Chief Scientist im DEn, Sir Bondi, der seit August 1977 ein wichtiger Unterstützer für das Anliegen der erneuerbaren Energien und besonders der Wellenenergie war. Sir Bondi wurde durch den monetaristisch eingestellten Challis ersetzt. Mit der zunehmend wettbewerbsorientierten Energiepolitik, die sich ab September 1981 im neuen Energieminister Lawson personalisierte, rückte das Wettbewerbsprinzip als zentraler sekt-

---

[33] Einen genaueren Überblick über die Forschungs- und Technologiepolitik der britischen Regierung im Bereich der Wellenenergie gibt Ross (1995).

oraler Koordinationsmechanismus die einzelnen Stromgestehungskosten der Technologien zur Nutzung erneuerbarer Energien in den Vordergrund ihrer politischen Bewertung.

Unmittelbar vor dem Regierungswechsel zu Thatcher hatte das DEn ein Energy Paper veröffentlicht, in dem der Entwicklungsstand der Wellenenergie publik gemacht wurde. Darin ging man davon aus, dass die augenblicklichen Stromgestehungskosten der verschiedenen Anlagentypen je nach unterschiedlichen ökonomischen Annahmen zwischen 20 und 50 p/kWh lagen, wobei für einen konkreten künftigen Prototypen wesentlich günstigere Kostenprognosen vorlagen. Die Stromgestehungskosten wurden in diesem Fall auf nur noch 5 bis 10 p/kWh geschätzt (DEn 1978c). Auffällig war, dass die einzelnen Forschergruppen innerhalb des Wellenenergieprogramms für den Enwticklungszeitraum zwischen 1978 und 1981 von stark sinkenden Stromgestehungskosten ihrer Anlagen ausgingen.[34] Aufgrund der sich weiterhin abzeichnenden mangelnden Wettbewerbsfähigkeit der Wellenenergie wurden im Frühjahr 1981 jedoch erste Pläne des DEn bekannt, sich aus der Förderung der Wellenenergie vollständig zurückzuziehen (Elliott 1997, 19).

Demgegenüber gelangten die ersten Kostenschätzungen der neuen konservativen Energieadministration bei der Windenergie zu günstigeren Einschätzungen. Die prognostizierten Kostenentwicklungen bei der Stromgestehung unterlagen im Zeitverlauf auch nicht den bei der Wellenenergie beobachtbaren Schwankungen. So ging man im Jahr 1981 im Fall einer Massenproduktion von Turbinen im MW-Kapazitätsbereich von realisierbaren Stromgestehungskosten in Höhe von nur 1,5 p/kWh aus, im ungünstigeren Fall bei Offshore-Anlagen von Kosten in Höhe von 2 bis 3 Pence. Demgegenüber wurden die Kosten eines Einsatzes der schwerpunktmäßig im Severn Tidal Barrage-Projekt geförderten Gezeitenenergie auf 3,8 p/kWh geschätzt. Deshalb wurden die Nutzungspotentiale der Gezeitenenergie in einem ersten Energiepapier des neuen konservativ geleiteten DEn aus dem Jahr 1981 gegenüber früheren Schätzungen zurückhaltender definiert. Dabei wurde der Realisierung des Severn Tidal Barrage-Projekts und der damit verbundenen grundlastfähigen Elektrizitätserzeugung politische Wie eingeräumt. Gleichzeitig nahmen die Zweifel innerhalb des DEn über die effizienten Realisierungsmöglichkeiten von Wellenenergie zu. Vor dem Hintergrund der innerhalb von nur drei Jahren durch verschiedene Forscherteams des Wellenenergieprogramms vorgenommenen Reduktionen bei den Stromgestehungskosten wurde ACORD durch das DEn beauftragt, eine erneute Überprüfung des technologischen Entwicklungsstandes der einzelnen Technologien zur Nutzung erneuerbarer Energien vorzunehmen.

Als Ergebnis empfahl der ACORD-Bericht die Vereinbarung grundlegender Richtlinien der Forschungsförderung für erneuerbare Energien. Staatliche Fördermaßnahmen sollten nicht über die Entwicklung eines ersten Prototyps hinausgehen – eine finanzielle Förderung zur breitenwirksamen Markteinführung erneuerbarer Energien durch das DEn war nicht vorgesehen. Vielmehr sollte die breite Markteinführung durch andere Regierungsbehörden bzw. Ministerien oder die Privatwirtschaft erfolgen. Weiter riet ACORD dem DEn, die jährliche Forschungsförderung aufgrund der allgemeinen Rezession für die

---

[34] Noch im Jahr 1978 gingen die drei wichtigsten Forscherteams bei den geplanten Anlagen von Stromgestehungskosten zwischen 20 und 40 p/kWh aus. Im darauf folgenden Jahr waren es nur noch 10-13 p/kWh und in der Zeit von 1980 bis 1981 variierten die von den Forscherteams prognostizierten Stromgestehungskosten sogar nur noch zwischen 4,5 und 11 p/kWh (Elliott 1997, 17). Ob die Kostenreduktionen das Ergebnis wirklichen technologischen Fortschritts waren oder auf die veränderten politischen Rahmenbedingungen zurückzuführen waren, kann an dieser Stelle nicht objektiv beurteilt werden.

folgenden zwei bis drei Jahre auf jeweils 11 Mio. Pfund einzufrieren. Eine staatliche Förderung sollte nur verhältnismäßig marktreifen Technologien zugute kommen. Diese Forderung implizierte eine durch das DEn vorzunehmende Auswahl förderungswürdiger Technologien (*"picking winners"*). Zur Verteilung der begrenzten Forschungsmittel schlug A-CORD eine Kategorisierung der verschiedenen Technologien bezüglich ihrer Förderwürdigkeit vor, die auf den jeweiligen Entwicklungspotentialen und den realisierten Erzeugungskosten basieren sollte. Dabei wurde die Bildung von vier Kategorien entlang der prognostizierten Erfolgswahrscheinlichkeit vorgeschlagen (*"strongly placed"*, *"economically good"*, *"promising"*, *"long-shots"*) (Mitchell 1996). Die durch ACORD vorgeschlagenen Richtlinien zur staatlichen Förderung erneuerbarer Energien sollten schließlich im Jahr 1982 umgesetzt werden. Auf der Basis der vorgeschlagenen Kategorisierung empfahl ACORD dem DEn zu Beginn des Jahres 1982 die finanzielle Mittelverteilung zwischen den einzelnen Technologien. Danach wurde die bereits im Monat zuvor öffentlich gewordene Empfehlung einer weitgehenden Einstellung der Forschungsförderung in den Bereichen der Wellenenergie, der Biomasse und Teilen des Solarenergieprogramms empfohlen.

Aufgrund der Kontroverse um die Effizienz des Wellenenergieprogramms wurde im März 1982 ein nicht-öffentliches ACORD-Treffen einberufen, um über die zukünftige Gestaltung der Förderpolitik von erneuerbaren Energien im Allgemeinen und dem Wellenenergieprogramm im Besonderen zu entscheiden. Dieses Treffen war insofern geheim, weil der damalige Vorsitzende des *Wave Energy Steering Committee* (WESC) und Manager des Wellenenergieprogramms Grove-Palmer, über dessen Forschungsprogramm ACORD entscheiden sollte, bewusst nicht eingeladen worden war.[35] Wesentliches Ergebnis des Treffens war neben einer Forderung nach genaueren Förderrichtlinien für erneuerbare Energien die Empfehlung an das DEn, das Wellenenergieprogramm einzustellen. Zwischen den A-CORD-Mitgliedern blieb diese Empfehlung jedoch heftig umstritten, gerade weil die eigentlichen wissenschaftlichen Experten für die Wellenenergie vom Treffen ausgeschlossen worden waren. Da ACORD gegenüber dem DEn aber nur beratende Funktionen hatte und weder die Art noch die Verbindlichkeit seiner Beschlussfassung formal geregelt waren, konnte es die Entscheidung des DEn letztlich nicht abwenden (Ross 1995). Das DEn setzte sich mit seinem Beschluss zur Einstellung des Wellenenergie-Programms letztlich durch, das in den Folgejahren allmählich auslaufen sollte. Damit würden bisherige Investitionen in Höhe von 15 Mio. Pfund abgeschrieben. Die schrittweise Einstellung des Wellenenergieprogramms wurde in der Folgezeit durch mehrere Untersuchungskommissionen des britischen Unterhauses kritisiert. Vor allem die intransparente und geheime Entscheidungsfindung blieben ein zentraler Kritikpunkt. In einem ersten Untersuchungsbericht des Energieausschusses des britischen Unterhauses wurde auch die Begründung zur Einstellung der Forschungsförderung bemängelt.

"The Department's enthusiasm was apparently beginning to wane in the early 1980s, but the situation changed suddenly in early 1982. As ACORD's deliberations remain secret, we merely point to the fact that there was a new Secretary of State (Lawson) who was known to be eager to reduce public expenditure, that two known supporters of wave energy (Sir Bondi and Dr Clarke)

---

[35] Das ACORD-Gremium bestand vorrangig aus Vertretern folgender Organisationen: UKAEA, CEGB, British Gas, British Coal, Shell, British Petroleum und dem EIC. Es wurde durch den neuen Chief Scientist Dr. Challis geleitet. Außer ein paar wenigen unabhängigen Wissenschaftlern wurde es also vorrangig durch Vertreter der konventionellen Energiewirtschaft dominiert.

had recently left the scene, and that there was a new Chief Scientist (Dr Challis)" (House of Commons Select Committee on Energy 1984).

In der Frage einer Kosteneinschätzung der Stromerzeugung durch Wellenenergie kam der Bericht zu dem Schluss, dass diese durch das DEn schon deshalb nicht in adäquater Weise habe erfolgen können, weil es noch gar nicht zur Entwicklung eines ersten Prototyps gekommen war. Die Erneuerbaren-Energien-Politik des DEn wurde durch den damaligen Energieausschuss des Unterhauses scharf kritisiert:

> "In slashing the wave energy programme, the Department (…) allegedly used the argument that wave energy could not meet a specific cost target, when neither they nor anyone else was in a position to know whether this was the case or not. (…) There is no evidence that the Department has ever assessed the much larger expenditures on the fast breeder reactor and fusion research against a similarly stringent cost criterion – certainly not at such an early stage in their development" (House of Commons Select Committee on Energy 1984).

Auf der Grundlage des ACORD-Berichts setzte das DEn im Juni des Jahres 1982 die vorgeschlagenen Richtlinien zur Forschungsförderung um und gab die neuen Förderschwerpunkte bekannt.[36] Es wurde beschlossen, keine weiteren Entwicklungsarbeiten für die Wellenenergie zu finanzieren und das Programm endgültig auslaufen zu lassen. Das Biomasse- und das Solarprogramm wurden gekürzt. Als neue technologische Forschungsschwerpunkte kristallisierten sich vor allem die Nutzung der Geothermie, der Wind- und der Gezeitenenergie heraus, für die knapp zwei Drittel des neuen Forschungsbudgets in Höhe von 14,2 Mio. Pfund für das Haushaltsjahr 1982/83 vorgesehen waren. Aufgrund des großen Ausmaßes der Zentralisierung bei forschungspolitischen Entscheidungen hatte sich somit eine grundlegende Änderung in der Ausrichtung der Erneuerbaren-Energien-Politik ergeben. Die Forschungsförderung für erneuerbare Energien sollte von nun an vestärkt der Entwicklung der Wind- und Gezeitenenergie sowie der Geothermie zugute kommen.

Windenergie

Historisch geht die britische Technologieforschung zur Windenergie bis auf die 1940er und 1950er Jahre zurück. Bereits damals gab es innerhalb der *Electrical Research Association* (ERA) eine Windforschergruppe (*Wind Power Assessment Unit*), die bis 1960 vor allem die Entwicklung kleiner WEA-Prototypen (100 kW Leistung) betrieb (Golding 1955). Der zunehmend günstige Import von Erdöl und die optimistischen Erwartungen zur Nutzung

---

[36] Im Jahr 1982 veröffentlichte das ETSU zwei weitere wichtige Strategiepapiere zu den Perspektiven erneuerbarer Energien in Großbritannien. In dem ersten Papier stellte das ETSU eine genaue Klassifizierung des Zukunftspotentials der einzelnen Technologien auf: Für die Elektrizitätserzeugung wurde die Nutzung der Binnenwindkraft und der Gezeitenenergie als vielversprechendste Technologien eingestuft, gefolgt von der kleindimensionierten Wasserkraft. Demgegenüber schätzte man die Offshore-Windkraft als nicht wettbewerbsfähig und entwicklungsbedürftig ein. Am ungünstigsten wurden die Chancen für eine effiziente Nutzung der Wellenenergie beurteilt (ETSU 1982a). Ein anderer Bericht untersuchte die mögliche zukünftige Marktdurchdringung durch erneuerbare Energien. Hier gelangte man zu der Einschätzung, dass bis zum Jahr 2025 knapp sechs Prozent des britischen Stromes durch die vorrangige Nutzung von Windkraft, Gezeitenenergie und Geothermie erzeugt werden könnte. Dabei ging man von einer installierten Windkraftkapazität von 7,5 GW im Binnenland und von 4,0 GW im Offshore-Bereich aus (ETSU 1982b).

der Kernenergie verringerte im Verlauf der 1960er Jahre das Interesse an einer Entwicklung der Windenergie. Erst infolge der Ölpreiskrise des Jahres 1973 wurde die wissenschaftliche Aufmerksamkeit wieder auf die Entwicklung dieser Technologie gelenkt.

Infolge der Erdölpreiskrise des Jahres 1973 koordinierten im Windenergiebereich verschiedene wissenschaftliche Akteure zunehmend ihre Kräfte. Neben bestimmten Ingenieurunternehmen, die zusammen ab 1979 die *Wind Energy Group* bildeten,[37] wurde die Technologieentwicklung auch durch technische Hochschuleinrichtungen vorangebracht. Die Aktivitäten der Wind Energy Group wurden bereits seit Beginn der 1970er Jahre durch die *Intermediate Technology Development Group* (ITDG) unterstützt.[38] Innerhalb der ITDG wurde 1974 das *Wind Panel* gegründet, das sich anfänglich vorrangig mit der Entwicklung von kleinen, für den Export in Entwicklungsländer bestimmten WEA befasste. Im Verlauf der zweiten Hälfte der 1970er Jahre entstanden im Kreis der ITDG jedoch zunehmend Ideen zur Entwicklung groß dimensionierter und grundlastfähiger WEA im MW-Bereich, die auch in Großbritannien zum Einsatz gelangen sollten. Für ihre erfolgreiche Entwicklung wurde aber ein viel größeres staatliches Engagement in der Forschungs- und Technologiepolitik für erforderlich erachtet. Um die Fragen der technologischen Entwicklung gegenüber den staatlichen Akteuren effektiver zu koordinieren, wurde durch die ITDG deshalb der Beschluss gefasst, einen eigenen politischen Interessenverband zu gründen. Auf diese Weise kam es im Juni 1978 zur Gründung des ersten Interessenverbandes für erneuerbare Energien in Großbritannien, der *British Wind Energy Association* (Musgrove 1998). Bereits im ersten Jahr zählte dieser Verband etwa achtzig Mitglieder.

Eine Forschungsförderung der Windenergie erfolgte in Großbritannien neben dem damaligen DEn auch durch das DTI, dem *Science and Engineering Research Council* (SERC), dem CEGB und den schottischen Energieversorgern. Um einen Überblick vom britischen Windenergieprogramm der 1970er und 1980er Jahre zu vermitteln, werden im Folgenden akteursbezogen die technologischen Entwicklungsschwerpunkte dargestellt.

Unter Regie des DEn wurde noch zu Zeiten der Labourregierung im Jahr 1977 ein erstes britisches Windenergieprogramm gestartet. Ein besonderer Förderschwerpunkt bestand von Beginn an in der Entwicklung einer großen 3 MW-Anlage, die auf dem Prinzip eines Horizontalachsenkonverters basieren sollte. Weitere DEn-Mittel wurden für die Entwicklung des neuen Prinzips des von Musgrove entwickelten Vertikalachsenkonverters verwendet. Es ist jedoch vorwegzunehmen, dass die Entwicklung einer erfolgreichen 3MW-WEA auf der Insel Orkney in der ersten Hälfte der 1980er Jahre – ähnlich wie in Deutschland – vor allem an Materialproblemen scheiterte. Deshalb richteten sich die forschungspolitischen Anstrengungen des DEn, das in Folge der gewachsenen Skepsis gegenüber der Wellenenergie ab der ersten Hälfte der 1980er Jahre die Förderung der Windenergie intensivierte, seit 1985 auf den schrittweisen Ausbau der Leistungsfähigkeit bewährter WEA mittlerer Leistung.

---

[37] Die ERA nahm zusammen mit den Ingenieurunternehmen Taylor Woodrow Construction, Hawker Siddely Dynamics and the Cleveland Bridge und der Engineering Company ihre Forschungskooperation zur Entwicklung großer Horizontalachsenkonverter auf und veröffentlichte hierzu im März 1979 einen Abschlussbericht. Dieses Entwicklungskonsortium führte im weiteren Verlauf zur Gründung der *Wind Energy Group*, die in den 1980er Jahren für den Bau der 3 MW-Windanlage auf Orkney verantwortlich sein sollte (Musgrove 1988).

[38] Als wichtige Einrichtungen dieser Forschergruppe sind zu nennen: Reading University, Exeter University, Rutherford Laboratory, Imperial College, Cambridge University, Open University, Surrey University, Cranfield und Kingston Polytechnic (Musgrove 1988).

Im Zeitraum von 1977 bis 1986 finanzierte das DEn die Entwicklung der Windenergie mit ungefähr 17 Mio. Pfund (Bedford u.a. 1986). Zur Realisierung der 3 MW-WEA wurde durch die damalige Wind Energy Group, deren führendes Unternehmen Taylor Woodrow Construction war, zunächst eine klein dimensionierte 250 kW-Anlage entwickelt und im Juli 1983 montiert, um mit diesem Prototyp praktische Erfahrungen für die geplante 3 MW-WEA zu sammeln (*Interview NWP*). Die Kosten zur Entwicklung dieser Maschine teilten sich die Wind Energy Group, das DTI und das *North of Scotland Electricity Board* (NSEB). Die Analyse der Windbedingungen sowie die Messung der Leistungslasten der Prototypanlage führte die Wind Energy Group im Auftrag des DEn durch. Die Förderung der 3 MW-WEA erfolgte dagegen gemeinsam durch das DEn und dem schottischen *North of Scotland Hydro-Electric Board* (NSHEB), wobei das NSHEB weniger als 10 Prozent der gesamten Investitionskosten in Höhe von 10,5 Mio. Pfund trug (Bedford u.a. 1986).

Neben der Realisierung eines ersten Prototyps eines Vertikalachsenkonverters mit einer Leistung von 135 kW seit Ende des Jahres 1985 durch das Unternehmen McAlpines verkündete zu Beginn des Jahres 1986 ein anderer wichtiger britischer Windanlagenhersteller, die James Howden Ltd., den Bau eines großen 1 MW-Prototyps auf der Fläche des CEGB-Kraftwerks in Richborough. Dieser Prototyp war auf der Basis älterer WEA des mittleren Kapazitätsbereichs der gleichen Firma entwickelt worden. In den Jahren 1985 und 1986 konnten von diesem Typ fast 100 Anlagen in die USA exportiert werden. Die Finanzierung dieses Prototyps erfolgte durch das DEn, den CEGB, die James Howden Ltd. Und die Europäische Kommission. Insgesamt wird der Entwicklungsstand der britischen Windenergiebranche Mitte der 1980er Jahre in folgendem Zitat erfolgversprechend zusammengefasst:

> "The commercial development of wind energy in the UK has continued to make steady progress; currently about 25 companies have been set up to supply wind turbines covering sizes ranging from about 50 Watts up to about 750 kW" (Bedford u.a. 1986).

Während das DEn vor allem die technologische Entwicklung der WEA unterstützte, war das DTI besonders für den Aufbau des *National Wind Turbine Test Centres* (NWTC) zuständig, das durch das *National Energy Laboratory* betrieben wurde.[39] Dabei wurde es von der für regionalpolitische Belange zuständigen *Scottish Development Agency* unterstützt.[40] In Zusammenarbeit mit dem NWTC war das DTI für die Erarbeitung von Standards bei der Windenergienutzung verantwortlich, wobei es auf der internationalen Ebene eng mit anderen Akteuren kooperierte.[41] Als weitere wichtige Forschungsinstitution ist der SERC zu

---

[39] Neben dem DEn förderte auch das DTI die technologische Entwicklung von WEA. Unter den sog. *"Support for Innovation Schemes"* profitierten die Projektentwickler von WEA bis etwa Mitte der 1980er Jahre von finanziellen Fördermitteln in Höhe von 1 Million Pfund (Bedford u.a. 1986).

[40] Hieran wird erstmals die besondere Bedeutung einer regional ausgerichteten Forschungs- und Wissenschaftsstruktur zur Entwicklung erneuerbarer Energien deutlich. In einem späteren Kapitel werden die Auswirkungen einer zunehmenden Regionalisierung des britischen Staates, die energiepolitisch mit Kompetenzverschiebungen auf dezentrale Regierungsebenen einhergehen, für die Implementierung erneuerbarer Energien näher analysiert (s.S. 264ff.).

[41] In Deutschland kam die Aufgabe der Erarbeitung von Standards der Windenergienutzung im Wesentlichen dem Deutschen Windenergie-Institut (DEWI) zu, das auf Initiative des Bundeslandes Niedersachsen im Jahr 1990 gegründet worden war und ebenso wie das NWTC eigene Testfelder zur technologischen Entwicklung von WEA betrieb (s.S. 112).

nennen, der vor allem die Grundlagenforschung in den Universitäten und technischen Hochschulen förderte. Die Forschungsschwerpunkte waren die Systemintegration von Windenergie sowie elektrotechnische und materialbezogene Forschungsprojekte. Das seit Beginn der 1980er Jahre steigende Interesse an der Windenergie kommt auch in der Erhöhung der Forschungsmittel des SERC zum Ausdruck: Von 1980 bis 1986 verdoppelten sich die jährlich gewährten Mittel von 150.000 Pfund auf 370.000 Pfund.

Für eine genauere Einschätzung der durch den CEGB wahrgenommenen Ausbauchancen der Windenergie erscheint eine genauere Analyse der Forschungsförderung der Behörde aufschlussreich. Der CEGB verfügte über ein eigenes Forschungsbudget für die Windenergie. Die Ausrichtung des Programms wurde mit dem DEn eng abgestimmt. Die Inhalte des Programms fokussierten primär auf eine grundlastbezogene Nutzung der Windkraft im MW-Bereich. Die CEGB-Förderung der Windenergie reduzierte sich zunächst darauf, dass die Behörde im Jahr 1982 eine 200 kW-Maschine amerikanischen Typs kaufte, um die Windtechnologie in einem ersten Schritt kennen zu lernen. Zunächst verharrte das CEGB in einer passiven Haltung und bekundete, die erfolgreiche Entwicklung groß dimensionierter WEA im MW-Bereich abwarten zu wollen, bevor es seine Forschungaktivitäten vertieft. Auch die Option zum Bau von Windparks, die aus einer Vielzahl klein dimensionierter WEA bestehen, wurde durch das CEGB lediglich als langfristige Entwicklungsoption erachtet. Die zurückhaltende Einstellung des CEGB gegenüber der Windenergie spiegelte sich in folgendem Zitat wider:

> "The CEGB wishes to leave open the option of purchasing a multi-megawatt wind turbine *when it is satisfied* that such machines can achieve acceptable reliability. In the meantime, however, the Board is anxious to assist Government and UK industry to demonstrate wind turbines of interest to the CEGB" (Bedford u.a. 1986).

Die entscheidenden Impulse, damit das CEGB die technologische Entwicklung der Windenergie schließlich doch intensivierte, gingen vor allem vom DEn aus. Ab Mitte der 1980er Jahre beteiligte sich das CEGB an der Entwicklung der bereits erwähnten 1 MW-Maschine durch die James Howden Ltd. Am CEGB-Standort Richborough. Damit konzentrierte sich die Förderung der Windtechnologie durch die britische Regierung in der zweiten Hälfte der 1980er Jahre auf drei Hersteller: die *Howden Wind Turbines Ltd.* (HWT), die *Vertical Axis Wind Turbines Ltd.* (VAWT) und die *Wind Energy Group* (WEG). Im März 1988 gaben das DEn und das CEGB die Durchführung eines Gemeinschaftsprojekts zum Bau der ersten drei britischen Windfarmen bekannt, die jeweils aus 25 WEA mit einer Leistung zwischen 300 und 500 kW bestehen sollten. Die drei Windfarmen sollten bis zu Beginn der 1990er Jahre in Cornwall, West Wales und Durham entstehen. Auf einem Testgelände des CEGB wurden hierzu zehn unterschiedliche WEA-Typen getestet, um für die ersten Windfarmen auf britischem Territorium die geeigneten Anlagentypen zu identifizieren (Page u.a. 1989).

Demgegenüber ging von den staatlichen Strombehörden in Schottland, dem NSHEB und dem SSEB, vergleichsweise stärkere Impulse für die Entwicklung und Anwendung vor allem kleiner WEA aus. Das NSHEB unterstützte neben der Forschung von mittel bis groß dimensionierten WEA aktiv die Entwicklung klein dimensionierter Anlagen. Bereits 1980 wurde auf Orkney eine 22 kW-WEA installiert, um Erfahrungen im netzunabhängigen Management von WEA zu gewinnen (z.B. für eine Anwendung auf abgelegenen Inseln). Außerdem finanzierte das schottische Unternehmen zusammen mit dem SERC in einem Drei-Jahres-Projekt die Durchführung einer Potentialstudie zur Nutzung der Windkraft auf

Shetland, wobei auch die Auswirkungen einer Netzintegration dezentraler WEA untersucht wurden. Schließlich unterstützte das Board den Bau einer 55 kW-Maschine auf der Insel Fair Isle. In ähnlicher Weise erwies sich das SSEB bei der Erkundung der Nutzungsmöglichkeiten kleiner WEA als aktiver Akteur und erwarb zwei kleine Maschinen (15 kW und 60 kW), um ihre technische Systemintegration und ihre ökonomischen Betriebsbedingungen zu evaluieren (Bedford u.a. 1986). Für die Erklärung der aktiveren Haltung der schottischen Strombehörden zur Nutzung kleiner WEA sind die besonderen geographischen Unterschiede zwischen England und Schottland hervorzuheben. Das vergleichsweise größere schottische Interesse kann vordergründig mit dem besseren Windenergiepotential und der Existenz der vielen Inseln erklärt werden, für die eine netzentkoppelte Nutzung der Windenergie als ökonomisch attraktive Option erachtet wurde.

Insgesamt ist zu betonen, dass es in der zweiten Hälfte der 1980er Jahre erste Erfolge zu einer erfolgreichen Entwicklung der Windenergie in Großbritannien gab, die sich z.B. im Export einer größeren Anzahl von WEA in die USA durch das britische Windenergieunternehmen James Howden Ltd. Offenbarte. Dabei handelte es sich jedoch um WEA des mittleren Leistungsbereiches, also einer Leistung kleiner als 1 MW, die bis in die erste Hälfte der 1980er Jahre nicht das primäre Ziel staatlicher Förderpolitik war. Dieses bestand vielmehr in der Entwicklung des Prototyps für eine grundlastfähige 3 MW-WEA, die aufgrund der Dimension des Projekts und damit verbundener Materialprobleme jedoch scheiterte. Trotz bestehender Planungen kam es in Großbritannien bis zum Jahr 1991 nicht zu einer Realisierung erster Windparks. Die Gründe hierfür lagen neben der sich seit dem Ende der 1980er Jahre abzeichnenden Marktliberalisierung und der damit verbundenen allgemeinen Unsicherheit über zukünftige Erträge bei neuen Kapitalinvestitionen vor allem in einer kapital- und steuermäßigen Benachteiligung dezentraler Energieerzeugung. Beispielsweise unterlag die unabhängige Stromerzeugung im verstaatlichten Regulierungsregime der Vermögensbesteuerung, wodurch private Stromerzeuger (z.B. unabhängige Betreiber von WEA) gegenüber der konventionellen Stromerzeugung durch den CEGB diskriminiert wurden.

> "There was a property tax system and basically in 1989, under the former CEGB, you would have to pay property taxes, which costed you about 1/10 of a penny per kWh produced. If you were an independent generator, no matter if you had a wind turbine or a CCGT, you paid property taxes that were about 1.5 pence per kWh. And that was totally undermining the economics. That was an issue that had to be addressed when the electricity supply industry was privatised" (*Interview National Wind Power*).

Insofern waren die seit Ende der 1980er Jahre konkreter werdenden Pläne einer Liberalisierung und Privatisierung der britischen Elektrizitätswirtschaft durchaus auch mit Chancen für die Ausweitung einer dezentralen Stromerzeugung auf der Basis erneuerbarer Energien verknüpft. Schließlich implizierten die Reformpläne auch die Schaffung von Wettbewerb zwischen konventionellen und neuen Stromerzeugern, wobei eine Voraussetzung hierfür die Herstellung gleicher Wettbewerbschancen war ("level playing field"). Damit musste auch die steuerliche und kapitalmäßige Benachteiligung der Stromerzeugung durch unabhängige Anbieter ein Ende finden. Ob durch die Liberalisierung des britischen Strommarktes seit 1989 derartige Bedingungen geschaffen wurden, wird später analysiert (s.S. 156ff.).

Geothermie

Mit der Verschärfung der gesamtökonomischen Situation in der ersten Hälfte der 1980er Jahre folgte bei der staatlichen Technologieförderung erneuerbarer Energien ein finanzpolitischer Rückzug. Während die Wissenschaftsabteilung des DEn in den Jahren 1983/84 für die nächste Stufe des nationalen Forschungsprogramms für erneuerbare Energien noch von einem jährlichen Finanzbedarf in Höhe von 100 bis 200 Mio. Pfund ausging, machte es bereits im November 1984 deutlich, dass das Forschungsbudget in den kommenden Jahren auf einer Höhe von jährlich 14 Mio. Pfund eingefroren werden sollte. Nur zwei Monate später, also im Januar 1985, gab das DEn eine erneute Untersuchung des staatlichen Forschungs- und Technologieprogramms durch ACORD bekannt, dessen Ergebnisse im Juni 1985 veröffentlicht wurden (ETSU 1985). Der Inhalt des zweiten ACORD-Berichts ergab wenig neue Resultate: Die Nutzung von Binnenwindkraft, Gezeitenenergie und Geothermie wurden als ökonomisch attraktive, aber unsichere Zukunftstechnologien eingeschätzt, die weiterer Fördermaßnahmen bedurften. Als langfristige Optionen wurden hingegen die thermische Solarnutzung, die Fotovoltaik und die Offshore-Windnutzung eingestuft. Die Entwicklung der Wellenenergie und bestimmter Formen der Nutzung von Geothermie sollten endgültig eingestellt werden (Elliott 1997).

In einer gesonderten Sitzung des Unterhauses zur Erneuerbaren-Energien-Politik im Oktober 1985 wurden die parteipolitischen Unterschiede zur Ausrichtung der staatlichen Förderpolitik deutlich. Der konservative Staatssekretär für Energie, Hunt, wiederholte die zentrale Bedeutung des Wettbewerbsprinzips für die Forschung und Entwicklung erneuerbarer Energien mit den folgenden programmatischen Ausführungen, die auch für das folgende Jahrzehnt bestimmend bleiben sollten:

"... market forces are the best way of discovering exactly what customers want and the best means of finding out whether they can have it at a reasonable price. (...) ... our policy is to get the best possible value for money from our research and development funds and back the winners" (zitiert nach Elliott 1997).

Demgegenüber plädierten Abgeordnete der Labourpartei für einen „technologischen Pluralismus" bei einer gleichzeitig Aufstockung der Fördermittel (Elliott 1997, 44).[42]

In diesem Kontext ist abschließend die Entwicklung der Förderpolitik der Geothermie zu analysieren, die zu Zeiten der Labour-Regierungen der 1970er Jahre ebenfalls als zukunftsweisend bewertet worden war. Eine ETSU-Potentialstudie aus dem Jahr 1976 ging von einem elektrischen Nutzungspotential in Höhe von 20 Prozent des nationalen Verbrauchs ausgegangen. Vor diesem Hintergrund wurde durch das DEn in jenem Jahr ein Technologieprogramm zur Entwicklung geothermischer Anlagen aufgelegt, das bis 1991 lief. Hauptsächliches Programmziel war die technische und ökonomische Evaluierung einer kommerziellen Nutzung der HDR-Technologie, wofür die britische Regierung bis zum Jahr 1991 insgesamt 39 Millionen Pfund ausgab (NAO 1994). Das Programm teilte sich in verschiedene Programmstufen auf. In einer ersten Phase von 1977 bis 1980 wurde am nationalen Projektstandort bei Falmouth in Cornwall der Nachweis erbracht, dass durch die Zirkulation von Wasser in Bohrlöchern die Erdwärme effektiv gesammelt werden konnte.

---

[42] Die Labour-Abgeordneten forderten eine Verzehnfachung der jährlichen Fördermittel auf 150 Millionen Pfund.

In der zweiten, gemeinsam vom DEn und der EU-Kommission finanzierten Projektphase von 1980 bis 1983, wurden die Bohrungen auf zwei Kilometer Tiefe ausgeweitet. Wegen Bohrproblemen gelang es jedoch nicht, eine effektive Bohrverbindung zum Sammeln der Erdwärme herzustellen. Die genannten Schwierigkeiten erforderten ab 1984 eine dritte Bohrung, die bis 1988 andauerte. Jedoch traten auch hier unlösbare technische Probleme auf (NAO 1994, 24-25). Zwischenzeitlich war im Oktober 1986 eine relativ optimistische Studie zur Wirtschaftlichkeit der elektrizitätsbezogenen Nutzung von Geothermie erschienen, welche Stromgestehungskosten von lediglich 4,2 p/kWh prognostizierte. Im Vergleich zur früheren Potentialstudie kam die Studie aber zu der ernüchternden Bewertung, dass das ökonomisch nutzbare Erdwärmepotential in Großbritannien geringer einzuschätzen wäre. Überdies bliebe die Nutzung von Erdwärme aufgrund der technologisch nicht vorhersehbaren Probleme insgesamt eine unsichere Option.

Wegen der genannten Schwierigkeiten führte das DEn im Jahr 1987 eine erweiterte Überprüfung des Nutzungspotentials und Entwicklungsstandes dieser Technologie durch. Seiner Bewertung legte es einen ökonomischen Bericht des Unternehmens Taylor Woodrow zugrunde.[43] Dieser Bericht resultierte – früheren Evaluationen ähnlich – in dem Fazit, dass eine Vielzahl technischer Probleme nach wie vor ungelöst waren, das Ressourcenpotential zur Stromerzeugung in Großbritannien jedoch zwischen 4 und 17 GW läge und die Realisierung von Erzeugungskosten zwischen 3 und 6 p/kWh möglich erschien. Mit diesen Zahlen befürwortete Taylor Woodrow eine Fortführung der Forschungsarbeiten. Deshalb entschied das DEn kurze Zeit später, eine Einstellung des Geothermieprogramms abzulehnen. Wegen fortgesetzter technischer Probleme musste aber noch im Jahr 1987 von der Realisierung der nächsten Programmstufe, welche die Inbetriebnahme eines Prototyps einer HDR-Anlage vorsah, Abstand genommen werden.

Zu Beginn der 1990er Jahre stellte schließlich ein bis dahin noch nicht in Erscheinung getretenes Beratungsunternehmen einen neuen Konzeptentwurf für eine kommerzielle HDR-Anlage vor. Die Stromgestehungskosten dieser Anlage, die durch das Sunderland Polytechnic berechnet worden waren, würden wegen der fortgesetzten technischen Probleme auf absehbare Zeit mit 15 bis 60 p/kWh auf relativ hohem Niveau verbleiben. Die geothermische Stromerzeugung würde vorerst nicht wettbewerbsfähig. Das DEn stufte die HDR-Technologie deshalb als eine langfristige Option ein *("long shot")*. Unter der Annahme, dass diese Technologie im privatisierten Elektrizitätsmarkt für private Akteure auf absehbare Zeit keinen Anreiz zu Investitionen bieten würde, beschloss die britische Regierung im Juli 1993, das HDR-Programm zum März 1994 einzustellen (NAO 1994).[44] Ähnlich wie das Wellenenergieprogramm kam das Geothermieprogramm somit nicht über Vorstudien zum Potential und ersten Feldversuchen der geplanten HDR-Anlagen hinaus. Es wurde kein Prototyp zur kommerziellen Geothermienutzung errichtet. Die Realisierung eines solchen Prototyps wurde durch die zeitgleiche Einführung von Wettbewerb in den britischen Elektrizitätssektor erschwert. Die damit verbundene Wettbewerbsorientierung

---

[43] Wie bereits geschildert, war das Unternehmen Taylor Woodrow auch an der Realisierung des britischen Windenergieprogramms maßgeblich beteiligt.

[44] Nach den Britischen Unterhauswahlen von Anfang April 1992, aus denen die Konservativen unter Major als Wahlsieger hervorgingen, wurde das DEn aufgelöst und die energiewirtschaftlichen Abteilungen in die Behördenstruktur des DTI integriert. Nur ein gutes Jahr später beschloss das DTI nach Beratungen mit dem Renewable Energy Advisory Council (REAC), die Forschungen zur Geothermie im Rahmen eines EU-Forschungsprogramms in viel kleineren Dimensionen fortzusetzen.

bei gleichzeitig höher bewerteten Stromgestehungskosten der Geothermie unterminierte die Realisierung eines solchen Projekts. Generell bleibt damit für die drei wichtigsten Technologien zur Nutzung erneuerbarer Energien (Wellen-, Wind-, Geothermie) in der ersten Untersuchungsperiode festzuhalten, dass ihre Entwicklung aufgrund der Durchsetzung monetaristischer und effizienzorientierter Marktziele unter zunehmenden ökonomischen Legitimationsdruck geriet.

3.2 Die föderale Regulierung der Energiewirtschaft in der Bundesrepublik Deutschland und ihre Auswirkungen auf erneuerbare Energien (1973-1990)

Im folgenden Kapitel werden die im theoretischen Teil postulierten Effekte des föderalen Systems der Bundesrepublik Deutschland auf die Politikentwicklung für erneuerbare Energien herausgearbeitet. Zunächst wird ein Überblick über die Entstehung des Regulierungsregimes der deutschen Energiewirtschaft und den relevanten interessenpolitischen Akteuren gegeben. Außerdem wird die Entwicklung der ökonomischen Regulierung des stromwirtschaftlichen Sektors historisch skizziert. Dabei wird nachgewiesen, dass durch einzelne Bundesländer bereits in den späten 1970er Jahren verschiedene Versuche unternommen wurden, die monopolistische Struktur der Stromwirtschaft zugunsten wettbewerbsorientierter Elemente zu reformieren. In einem darauf folgenden Abschnitt zur Forschungs- und Technologiepolitik rückt wiederum die Perspektive der technologischen Pfadabhängigkeit in den Vordergrund, indem die Auswirkungen der föderalen Staatsstruktur auf den Ausbau der Kernkraft und der technologischen Entwicklung der erneuerbaren Energien untersucht werden. Diese begünstigten auch die Entwicklung eines ersten breiten Markteinführungsinstruments für erneuerbare Energien, dem Stromeinspeisegesetz von 1991.

3.2.1 Die sektorielle Steuerung der deutschen Energiewirtschaft im verflochtenen föderalen System

Die Entstehung der staatlichen Aufsicht und der Wettbewerbsregulierung des deutschen Stromsektors ist eng mit der historischen und technischen Entwicklung der Stromversorgung seit dem Ende des 19. Jahrhunderts verknüpft. In den Anfängen der deutschen Stromwirtschaft fand die Stromversorgung im lokalen Bereich statt (z.B. in den Städten Stuttgart und Berlin als ersten Kommunen mit Stromversorgung) und entwickelte sich bis zur Wende zum 20. Jahrhundert durch technische Innovationen zu einer großräumigen, regionalen Stromversorgung (Gröner 1975). Die ersten Elektrizitätswerke wurden von privaten Unternehmen errichtet. Bereits in den achtziger Jahren des 19. Jahrhunderts wurden für die Errichtung von Stromleitungen zur Endversorgung der Kunden zwischen den privaten Elektrizitätswerken und den Gemeinden sog. „Konzessionsverträge" abgeschlossen. Über die Verträge räumten die Gemeinden einem EltVU das Recht ein, gegen die Zahlung einer Konzessionsabgabe die öffentlichen Gemeindewege zu benutzen.

Zur Jahrhundertwende des 20. Jahrhunderts beteiligten sich dann die Kommunen als öffentliche Akteure zunehmend an der privaten Stromerzeugung. Das kommunale Engagement war durch besondere Eigeninteressen bedingt (z.B. den Bau und Betrieb von öffentlichen Straßenbahnen). Bei kleineren Gebietskörperschaften fand in jenem Zeitraum bereits eine Verlagerung der Zuständigkeit für die Stromversorgung von lokalen Kraftwerken auf Regionalunternehmen statt, die häufig nur für die Stromerzeugung zuständig waren, während die kommunalen Stadtwerke die Stromverteilung übernahmen. Auf diese Weise entstand in Deutschland bis zum Ende des Ersten Weltkriegs eine spezifische „Gemengelage von privaten, gemischtwirtschaftlichen und staatlichen Unternehmungen" sowie „eine Monopolstellung, die sich alle Versorgungsunternehmen in ihrem jeweiligen Versorgungsbereich gesichert hatten" (Evers 1983). Im Gegensatz zu Großbritannien stellt in der deutschen Stromwirtschaft damit die *Institution des gemischtwirtschaftlichen Unternehmens*, bei der in einer privatrechtlichen Unternehmensform sowohl private als auch öffentliche Anteilseigner partizipieren, ein Charakteristikum dar. Diese besondere Unternehmensform verstärkte die kooperativ-konsensuale Koordination zwischen kommunalen öffentlichen Akteuren und privatwirtschaftlichen Unternehmen im elektrizitätswirtschaftlichen Sektor.[45]

Durch den technischen Fortschritt wuchsen in den Zwanziger Jahren des vergangenen Jahrhunderts die Kapazitäten der Erzeugungsanlagen schnell an. Die steigenden Anlageninvestitionen wurden zunehmend durch gemischtwirtschaftliche und staatliche Unternehmen übernommen. Aus diesem Grund nahm auch die Fremdversorgung der kommunalen Unternehmen durch die regional und überregional agierenden Großunternehmen zu. In jener Zeit kam es zum Abschluss von sog. *„Demarkationsverträgen"* zwischen den größeren Stromversorgern, welche ihnen die ausschließliche Versorgung der betreffenden Gebietskörperschaft garantierten.[46] Diese sog. *„horizontalen Demarkationen"*, in denen sich ein Unternehmen der gleichen Produktionsstufe verpflichtete, keinen Strom in das Versorgungsgebiet des angrenzenden Nachbarn oder in andere Versorgungsgebiete zu liefern, wurde später durch sog. *„vertikale Demarkationen"* ergänzt. In diesen vereinbarten „z.B. Unternehmen der Erzeugerstufe mit Unternehmen der Verteilerstufe, keine eigene Versorgung von Verbrauchern in dem entsprechenden Gebiet vorzunehmen" (Schneider 1999, 79). Die drei Ebenen der Elektrizitätswirtschaft in Deutschland (Verbundunternehmen, Regionalunternehmen, kommunale Unternehmen) waren im monopolisierten Markt somit durch ein kompliziertes Geflecht aus Demarkationsverträgen, Unternehmensbeteiligungen und gegenseitigen Bezugsverträgen in vielfältiger Weise verflochten, so dass vom *„Leitbild der vertikal-integrierten Monopolversorgung* gesprochen werden kann" (Schneider 1999, 79).

In der Nachkriegszeit haben die öffentlichen Unternehmen kontinuierlich an Bedeutung verloren. Dabei ist die Existenz öffentlicher Beteiligungen an den EltVU nicht unbedingt gleichbedeutend mit einem entsprechenden Maß staatlicher Einflussmöglichkeiten.

---

[45] Auch das britische Stromnetz entstand zunächst aufgrund kommunaler und städtischer Investitionen, wurde aber von Beginn an zentralstaatlich reguliert: Das Parlament erließ bereits im Jahr 1882 den sog. *"Electric Lighting Act"*, der die Genehmigungstatbestände für die Stromerzeugung und -verteilung sowohl für private als auch gemeindliche Unternehmen regelte. Über die Genehmigungen wurden die Versorgungsgebiete entsprechend der Gemeindegrenzen festgelegt. Hierdurch wurde auch in Großbritannien die Entstehung von kleinteiligen Versorgungsstrukturen begünstigt. Der rigide gesetzliche Rahmen hat in Großbritannien einen zügigen Ausbau des Stromnetzes lange Zeit verhindert, der in Deutschland unter dem kooperativ-konsensualen Regierungsstil effektiv gelang (Schneider 1999, 63-64).

[46] In der zweiten Hälfte der 20er Jahre des vergangenen Jahrhunderts führte besonders die räumliche Expansion der Unternehmen RWE und der Preußischen Elektrowerke (später PreussenElektra) zu Konflikten um die Abgrenzung von Versorgungsgebieten (sog. *„Reichselektrokriege"*). Zur Beilegung der Konflikte über regionale Versorgungsgebieten wurde im Jahr 1927 zwischen den beiden Unternehmen ein *„Elektrofriede"* geschlossen, in dem die jeweiligen Versorgungsgebiete durch eine Demarkationslinie, die von der Nordseeküste entlang der Weser bis zum Main bei Frankfurt reichte, abgrenzt wurden. Die RWE übergab dabei seine Beteiligung an den damaligen Braunschweigischen Kohlenbergwerken je zur Hälfte an die PreussenElektra und den preußischen Staat und erhielt im Gegenzug die im heutigen NRW gelegene Braunkohlenindustrie (Mez/Osnowski 1996).

Beispielsweise wurden die großen gemischtwirtschaftlichen EltVU, an denen der Bund oder die Länder besondere Anteile hielten, häufig in privatrechtliche Aktiengesellschaften überführt, wobei die staatlichen Akteure die politische Steuerung der Unternehmen vornehmlich auf ihre Kontrollfunktionen im Aufsichtsrat beschränkten und kaum direkten Einfluss auf die Unternehmenspolitik ausübten (Eising 2000, 101). Anders verhielt es sich auf der kommunalen Ebene: Hier blieb das öffentliche Eigentum an Stadtwerken ein zentrales Instrument der politischen Steuerung, insbesondere wenn das Energieversorgungsunternehmen als kommunaler Eigenbetrieb geführt wurde (Menold/Herrlinger 2000).

Gegenüber dem britischen Regulierungsregime war die deutsche Elektrizitätswirtschaft somit dreistufig aufgebaut.[47] Die pluralistische Sektorstruktur mit den drei Organisationsstufen spiegelt sich in der Verbändestruktur wider. Bis zum Jahr 2001 wurde die Verbundebene durch die *Deutsche Verbundgesellschaft* (DVG),[48] die der Regionalversorger durch die *Arbeitsgemeinschaft Regionaler Energieversorger* (ARE) und die der kommunalen Unternehmen durch den *Verband Kommunaler Unternehmen* (VKU) vertreten. Als zentraler Dachverband aller drei Organisationsstufen fungiert seit 1950 die *Vereinigung Deutscher Elektrizitätswerke* (VdEW). Die DVG verfügte innerhalb der VdEW über eine besondere Machtposition, weil ihre Mitgliedsunternehmen für den Großteil der nationalen Elektrizitätserzeugung verantwortlich waren. Bereits in den 1970er Jahren wurde die DVG als „Kartell der großen EVU" beschrieben, „das beim Angebot von elektrischer Energie marktbeherrschend ist" (Gröner 1975, 230). Ein wesentliches Ziel der Gründung der DVG im Jahr 1948 bestand im Auf- und Ausbau des deutschen Verbundnetzes, das durch die Kooperation zwischen den Verbundunternehmen erleichtert werden sollte. Eine weitere wichtige Funktion hatte die DVG bei der Koordination des nationalen Stromnetzes auf der Hochspannungsebene.

Zur Interessenvertretung der Regionalunternehmen wurde im Jahr 1950 unter dem Dach der VdEW außerdem die *Arbeitsgemeinschaft Regionaler Energieversorger* (ARE) gegründet, die als Interessenverband bis zum Jahr 2001 bestand (ARE e.V. 2002). Die Regionalversorger erzeugten in der ersten Hälfte der 1990er Jahre noch etwa 9 Prozent des deutschen Stroms. Während im Jahr 1993 noch 56 Regionalversorger in der ARE zusammengeschlossen waren (Eising 2000, 109), ging diese Zahl bis zum Jahr 2002 auf 32 zurück. Von diesen 32 Unternehmen waren 47 Prozent gemischtwirtschaftlich und 41 Prozent privat organisiert. 12 Prozent der regionalen Unternehmen befanden sich in öffentlicher Hand (ARE e.V. 2002).

Von wichtiger Bedeutung ist schließlich der *Verband Kommunaler Unternehmen* (VKU) als Vertreter der kommunalen Versorgungsbetriebe. Gemäß einer Verbandsaufstellung aus dem Jahr 1995 bestand der VKU aus insgesamt 879 Mitgliedsunternehmen, von

---

[47] In Großbritannien wurden mit der Verabschiedung des Electricity Act (1947) alle bis dahin mehrheitlich kommunalen und privaten EltVU verstaatlicht und für die Stromverteilung die zwölf regionalen Area Boards gegründet. In der deutschen Elektrizitätswirtschaft besteht aus historischen Gründen damit ein vergleichsweise größerer Einfluss der kommunalpolitischen Ebene auf die wirtschaftlichen Entscheidungen der Energieversorgung, die auch in der größeren Bedeutung des Prinzips der kommunalen Daseinsvorsorge zum Ausdruck kommt. Dieser Unterschied ist für die Regulierung dezentraler erneuerbaren Energien von großer Relevanz.

[48] Die DVG hatte in den späten 1980er Jahren folgende Mitglieder: Badenwerk AG, Bayernwerk AG, Berliner Kraft und Licht AG (BEWAG), Energie-Versorgung Schwaben (EVS), Hamburgische Electricitäts-Werke AG (HEW), Rheinisch-Westfälische Elektrizitätswerke Energie AG (RWE), Vereinigte Elektrizitätswerke Westfalen AG (VEW) und der Elektrowerke AG. Nach Vollzug der Deutschen Einheit trat noch die ostdeutsche VEAG der DVG bei. In der ersten Hälfte der 1990er Jahre bestand die DVG somit aus neun Mitgliedsunternehmen.

denen 409 als Gesellschaft mit beschränkter Haftung, 357 als kommunale Eigenbetriebe und 64 in anderen Organisationsformen geführt wurden (VKU 1995). Bei der Stromerzeugung waren die kommunalen Unternehmen in der ersten Hälfte der 1990er Jahre für ungefähr 10 Prozent der deutschen Stromerzeugung zuständig. Im Strombezug waren und sind sie jedoch – genauso wie die Regionalunternehmen – stark von den Verbundunternehmen abhängig. Besonders der Einfluss von kleinen Stadtwerken auf die Gestaltung der Bezugsbedingungen muss als gering eingeschätzt werden.[49] Die Einnahmen aus der Stromversorgung sind für die kommunalen EltVU von großer finanzieller Bedeutung. Darüber hinaus haben die Einnahmen aus Konzessionsabgaben im Zeitraum von 1970 bis 1995 eine zunehmende Bedeutung gespielt (Eising 2000, 108-109).

Allgemein war der Elektrifizierungsprozess von den 80er Jahren des 19. Jahrhunderts bis zur Verabschiedung des Energiewirtschaftsgesetzes von 1935 (EnWG) durch das Fehlen eines energiewirtschaftlichen Ordnungsrahmens gekennzeichnet. Statt dessen stellten die beschriebenen Vertragsformen (Konzessions- und Demarkationsverträge) kooperativ-konsensuale Regulierungslösungen für den technischen Ausbau des Stromnetzes dar, die anstelle einer legislativ verwaltungsrechtlichen Regulierung konsensual vereinbarte Vorgaben zwischen der Privatwirtschaft und den Kommunen bzw. Staaten waren. Einerseits haben die konkret-individuellen Vertragslösungen vermutlich die Realisierung lokal und regional angepasster Lösungen beim Ausbau des Stromnetzes erleichtert. Andererseits hat die fragmentierte und regional differenzierte Regulierung der Stromwirtschaft von Beginn an die Entstehung eines einheitlichen rechtlichen Ordnungsrahmens der Energiewirtschaft erschwert. Entsprechend wird darauf verwiesen, dass es in Deutschland von Beginn an keine effektive Preisregulierung gab, wobei auch die erwähnten Beteiligungen des Staates an den EltVU eine zentrale Rolle spielten (Schneider 1999). Von wichtiger Bedeutung für die Entwicklung der Struktur des deutschen Stromsektors und der energiepolitischen Regulierung war ferner, dass auch in der Phase der *Weimarer Republik* und der *nationalsozialistischen Herrschaft* von 1918 bis 1945 an der dezentralen Versorgungsstruktur, in der den Kommunen zentrale Funktionen bei der Stromversorgung zukamen, wenig geändert wurde. So scheiterten entsprechende Zentralisierungs- und Verstaatlichungsversuche bereits in der *Zeit der Weimarer Republik* an den vitalen Interessen der Kommunen, aber auch der Privatunternehmen und der Länder (Ortwein 1996).

Inhaltlich stellte das EnWG, das von 1935 über das Ende des Zweiten Weltkriegs hinaus bis zum Jahr 1998 den ordnungsrechtlichen Rahmen der deutschen Energiewirtschaft bildete, einen „Kompromiss zwischen den beteiligten Ministerien bzw. zwischen den Kommunen und den Interessen des Reiches" dar. Dabei wurde „die Frage nach der zentralen oder dezentralen Struktur der Energieversorgung und nach der privaten, staatlichen oder kommunalen Trägerschaft der Energieversorgung nicht entschieden" (Ortwein 1996). Dabei ist hervorzuheben, dass nach der Gründung der Bundesrepublik Deutschland die lokale Ebene über das grundgesetzlich verbürgte Recht zur kommunalen Selbstverwaltung (Art. 28 GG) immer eine wichtige Rolle in der energiewirtschaftlichen Aufsicht und Regulierung

---

[49] Einschränkend ist darauf zu verweisen, dass dieser Umstand seit der Liberalisierung des deutschen Strommarktes im Jahr 1998 auf die kommunalen und regionalen EltVU nicht mehr zwangsläufig zutrifft. Seitdem bilden verschiedene Akteure dieser Versorgungsebene verstärkt Kooperationen, durch die ihre Handelsmacht gegenüber den Verbundunternehmen bei der Gestaltung der Bezugsbedingungen von Elektrizität gestärkt wird. Über Kooperationen investieren die kommunalen und regionalen Versorger zunehmend in die Erzeugung von Elektrizität (Attig u.a. 2002).

gespielt hat. Besonders in Bezug auf die Regulierung der dezentralen Energieerzeugung und -versorgung, also auch der Regulierung erneuerbarer Energien, kommt den kommunalen Akteuren (Kommunalverwaltungen, kommunalen Parlamenten, Stadtwerken) sowie ihren Interessenverbänden (z.B. VKU, Deutscher Städtetag) eine große Bedeutung zu.

In der Zeit nach dem Zweiten Weltkrieg wurde die verwaltungsbezogene Energieaufsicht per Grundgesetz auf die Bundesländer übertragen (Art. 83 GG). Die wichtigsten aufsichtsbezogenen Instrumente der Länder bestanden in der Investitionsaufsicht beim Bau, der Erneuerung, der Erweiterung oder der Stilllegung von Energieanlagen sowie der Aufsicht über die allgemeine Anschluss- und Versorgungspflicht und der von den EltVU erhobenen allgemeinen Tarifpreise (Kusche 1998).[50] Die wichtigsten Normen zur Regulierung der deutschen Elektrizitätswirtschaft umfassten neben dem EnWG die Bundestarifordnung Elektrizität (BTOElt),[51] seit 1960 das Atomgesetz und seit 1974 das Bundes-Immissionsschutzgesetz.

Der verflochtene Charakter energiepolitischer Regulierung in der Bundesrepublik war somit historisch angelegt und spiegelte sich seit ihrer Gründung inhaltlich und strukturell in den Regelungen des EnWG aus dem Jahr 1935 wider. Entsprechend oblag mit der Gründung der Bundesrepublik die Ausführung des EnWG zwar den Ländern als eigene Angelegenheit, bedingte jedoch aufgrund der länderübergreifenden Struktur der Elektrizitätswirtschaft frühzeitig das Erfordernis von Koordination. Als erforderlich erwies sich sowohl ein horizontaler Abstimmungsbedarf zwischen den einzelnen Bundesländern als auch in vertikaler Perspektive zwischen dem auf der Bundesebene für die Aufsicht der Energiewirtschaft zuständigen Bundeswirtschaftsministerium und den einzelnen Länderministerien. Entsprechend wurden in der Nachkriegsphase regelmäßig stattfindende informale energiepolitische Treffen der Wirtschaftsminister des Bundes und der Länder institutionalisiert (sog. *„Energiepolitische Arbeitskreise der Wirtschaftsminister"*), um divergierende energiepolitische Schwerpunktsetzungen zu koordinieren. Ähnliche Bedeutung hat im Verlauf der 1980er Jahre auch ein *„Energiepolitischer Arbeitskreis der Umweltminister"* erlangt.

Für eine Erklärung unterschiedlicher nachhaltigkeitsbezogener Schwerpunktsetzungen in der energiepolitischen Regulierung zwischen Großbritannien und Deutschland wird für den deutschen Fall somit die konkurrierende Gesetzgebung zwischen den Bundesländern und der Bundesebene als entscheidend erachtet (Schneider 1997). Entsprechend der deutschen Verfassung führten die Länder die energiepolitischen Bundesgesetze als eigene Angelegenheit aus (Art. 74, Nr. 11 und Nr. 11a GG, Art. 83 GG). Die Länder können die Einrichtung von Behörden und Verwaltungsverfahren regeln, soweit nicht Bundesgesetze etwas anderes bestimmen. Weiter obliegen die Auslegung einzelner bundesrechtlicher Vorschriften sowie der Erlass allgemeiner Verwaltungsvorschriften im Grundsatz den Landesbehörden. Unmittelbare Akteure der sich nach den Gesetzen des Bundes vollziehenden Energiepolitik sind also die Behörden der Länder. Damit sind diese grundsätzlich in der Lage, bei der Umsetzung von Bundesenergierecht landeseigene Energiepolitik zu verwirk-

---

[50] Der Bund hatte bis dato im Energiewirtschaftsrecht keine Verwaltungszuständigkeit. Nach Art. 83 GG führten die Länder die Bundesgesetze als eigene Angelegenheit aus, soweit das Grundgesetz nichts anderes bestimmt oder zulässt. Als Gegenstände der bundeseigenen Verwaltung war nach Art. 87 GG lediglich die Erzeugung und Nutzung von Kernenergie von Relevanz.
[51] Die BTOElt schrieb für EltVU eine differenzierte Tarifpreisgestaltung nach verschiedenen Kundengruppen (Haushaltskunden, gewerbliche Kunden) vor. Die EltVU mussten eine Tarifänderung durch die Preisaufsicht der Länderbehörden genehmigen lassen, die in der Regel in den Landeswirtschaftsministerien angesiedelt war.

lichen. Energiepolitische Gestaltungsmöglichkeiten der Bundesländer i.S. einer eigenen Gesetzgebung bestanden jedoch nur solange, wie der Bund von seiner Gesetzgebungszuständigkeit keinen Gebrauch machte (Art. 72, Abs. 1 GG). Legislative Gestaltungsspielräume für eine landesbezogene Klimapolitik im Energiesektor wurden dabei vor allem im Bereich des Bauordnungsrechts, des Kommunalrechts und des Raumordnungs- und Landesplanungsrechts vermutet (Kusche 1998, 262).

Bei den länderbezogenen Gestaltungsspielräume ist generell zwischen einer *Gesetzgebungs-* und einer *Verwaltungskompetenz* zu unterscheiden (Kusche 1998, 82ff.). Für die Entwicklung der Politik erneuerbarer Energien war in diesem Kontext vor allem die Nutzung *länderspezifischer Verwaltungskompetenzen* von Bedeutung. Die diesbezüglichen Handlungsspielräume haben sich bei der die Bundesgesetze vollziehenden Verwaltungstätigkeit, vor allem in der nicht-gesetzesvollziehenden Verwaltungstätigkeit der Länder (der sog. *„gesetzesfreien Verwaltung"*) ergeben. Wichtige länderbezogene Handlungsspielräume zur Initiative innovativer energiewirtschaftlicher Regulierungsmaßnahmen bestanden z.B. in der Kompetenz zur Verabschiedung eigener Förderprogramme zur Markteinführung erneuerbarer Energien.

Die energiewirtschaftlichen Sektoren der beiden untersuchten Länder weisen für den Untersuchungszeitraum von 1970 bis 1990 somit grundlegende Unterschiede auf, welche die staatlichen Steuerungsmöglichkeiten zur Realisierung nachhaltigkeitsbezogener Sektorziele beeinflusst haben. Während die britische Energiewirtschaft eine in hohem Maße zentralisierte und verstaatlichte Industrie darstellte, auf die der britische Staat über nationalisierte Unternehmen Einfluss zu nehmen vermochte, gestalteten sich die Eigentumsverhältnisse in der Bundesrepublik aufgrund andersartiger Strukturen komplexer. In der Zeit nach dem Zweiten Weltkrieg existierten keine „nach strengen funktionalen Kriterien differenzierten verstaatlichten Monopole wie in Großbritannien" (Schneider 1999), weil in der deutschen Elektrizitätswirtschaft keine gesamtstaatlichen Monopole in den einzelnen Erzeugungsbereichen (Kernenergie-, Kohle-, Gassektor etc.) etabliert werden konnten. Die deutsche Energiewirtschaft war zudem durch eine pluralistische Industriestruktur mit einer großen Zahl von EltVU gekennzeichnet, wobei die Kompetenzen zur Planung, dem Betrieb und dem Aufbau von Versorgungsunternehmen und ihrer Erzeugungsanlagen über verschiedene organisatorische Ebenen verteilt waren (lokal/kommunal, regional, Verbundebene).

3.2.2   Die Entwicklung der ökonomischen Wettbewerbsregulierung

Die technischen Eigenschaften der Elektrizitätsversorgung (Netzgebundenheit, hohe Kapitalintensität, Nicht-Speicherbarkeit) hatten in Deutschland die Herausbildung der konstitutiven vertraglichen Ordnungselemente (Demarkations- und Konzessionsverträge) und die frühe Entstehung eines fragmentierten monopolistischen Marktes begünstigt. Dem stand nach der Gründung der Bundesrepublik Deutschland das verfassungsrechtlich garantierte Prinzip der Wettbewerbsfreiheit entgegen. Mit der Verabschiedung des Kartellgesetzes im Jahr 1957 (*Gesetz gegen Wettbewerbsbeschränkungen*, GWB) wurde die Versorgungswirtschaft (Energie, Gas und Wasser) deshalb von den Regelungen des GWB freigestellt und vom Kartell- und Preisbindungsgebot ausgenommen.[52] Als Korrektiv zur Monopolstellung in der Versorgungswirtschaft sah das GWB eine Missbrauchsaufsicht durch die Kartellbehörden vor. Dabei waren und sind entsprechend dem oben geschilderten Prinzip der konkurrierenden Gesetzgebung die Länderkartellbehörden bei den Wirtschaftsministerien in Fragen der Wettbewerbsaufsicht zuständig, wenn die wettbewerbsbeschränkenden Wirkungen auf ein Bundesland beschränkt bleiben. Demgegenüber erstreckt sich die Tätigkeit des Bundeskartellamtes (BkartA), das dem Geschäftsbereich des BMWi zugeordnet ist, auf alle Wettbewerbsbeschränkungen, die sich in Deutschland auswirken (Theobald 1997, Theobald/Zenke 2001).[53]

Somit wird die kartell- und wettbewerbsrechtliche Regulierung der Energiewirtschaft ganz wesentlich durch die Länder vollzogen. Unter monopolistischen Marktverhältnissen verfügten die Bundesländer dabei über einen eigenen Ermessensspielraum bei der Tarif- und Preisaufsicht: Zwar wurde der Ablauf der Genehmigungsverfahren durch eine Rechtsverordnung des Bundes bestimmt (BTOElt). Im Rahmen ihrer Genehmigungspflicht verblieben den Bundesländern allerdings Ermessensspielräume zur Verfolgung eigener Ziele, wie z.B. die tarifpreisliche Bevorzugung der Energieerzeugung auf der Basis erneuerbarer Energien. Außerdem verfügten sie über ein nicht zu vernachlässigendes Entscheidungsermessen bei den Genehmigungsverfahren zum Bau neuer Kraftwerks- und Netzkapazitäten (Lang 1999).

Für manche energiewirtschaftliche Experten stand bereits mit dem GWB 1957 fest, dass die kartellrechtliche Freistellung der Energiewirtschaft nur von vorübergehender Dauer sein sollte. Bereits in der zweiten Hälfte der 1970er Jahre zielten Vorschläge der damaligen sozial-liberalen Bundesregierung darauf, die Missbrauchsaufsicht über die Konzessions- und Demarkationsverträge zu verschärfen. Für eine effektivere Preiskontrolle sollte die Transparenz für die Kartellbehörden verbessert, diesen a priori genauere Informationen für eine Missbrauchsprüfung überlassen und der konkrete Tatbestand des „Preismissbrauchs" gesetzlich definiert werden.[54] Seit einem BGH-Urteil zur Missbräuchlichkeit von Stromtarifen (sog. „Stromtarifentscheidung" von 1972) überprüften die Kartellbehörden die zu genehmigenden Preise auf der Basis des Prinzips eines „fiktiven" Wettbewerbermarktes.

---

[52] Die Sonderbehandlung der Energie- und Wasserwirtschaft innerhalb des GWB wurden damit gerechtfertigt, dass die „Darbietung von Wasser und Energie über feste Leitungswege vorgenommen wird, die einen so hohen Aufwand erfordert, dass in der Regel nur ein Leitungsweg zu jedem Abnehmer wirtschaftlich vertretbar" und die „Speicherfähigkeit der Darbietungen sehr begrenzt" sind. Zudem könne nur die „Gewährleistung einer kontinuierlichen Abnahme der Erzeugung der Energie- und Wasserwerke ein wirtschaftliches Arbeiten im Interesse der öffentlichen Versorgung sichern" (Ortwein 1996, 107).

[53] Das BkartA prüft die Einhaltung der Regelungen des GWB („Grundgesetz der Marktwirtschaft"), wendet aber auch Europäisches Wettbewerbsrecht an, falls die Europäische Kommission nicht tätig wird. Zu den wichtigsten Funktionen gehört die Durchsetzung des Kartellverbots (§ 12 GWB, n. Fass.), die Fusionskontrolle (§ 39ff. GWB, n. Fass.) sowie die Missbrauchsaufsicht (§ 19 Abs.4 Nr. 4 GWB, n. Fass.). Die Behörde ist gegenüber dem Aufsicht führenden BMWi/BMWA selbständig, jedoch kann der Bundeswirtschaftsminister z.B. in Fragen von Fusionen per Ministererlass einen Zusammenschluss mit der Begründung gesamtwirtschaftlicher Vorteile oder der Existenz eines überragenden Interesses der Allgemeinheit rechtfertigen (§ 42 GWB). Organisatorisch bestand das BkartA bis August 2001 aus zehn nicht weisungsgebundenen Beschlussabteilungen, wobei die achte Beschlussabteilung für die wettbewerbsrechtliche Aufsicht über den Energiesektor zuständig war.

[54] Bereits in den 1970er Jahren gab es eine Vielzahl kartellrechtlicher Verfahren gegen EltVU wegen des Verdachts missbräuchlich überhöhter Preise, weshalb der BGH im Mai 1972 in einem seiner Gerichtsurteile (sog. „Stromtarifentscheidung") erstmals Kriterien für die Missbräuchlichkeit von Stromtarifen entwickelte (Ortwein 1996, 111-112).

Weil die Behörden über keine adäquaten Maßstäbe zur sachgerechten Beurteilung von Investitionsvorhaben und hierüber legitimierte Preiserhöhungen der EltVU verfügten, blieben diese Preiskontrollen aber weitgehend wirkungslos. Die Kartell- und Preisaufsicht musste die gegebene Kostenstruktur der Unternehmen als gegeben hinnehmen und beschränkte sich „notgedrungen (...) auf bloße Kostenkontrollen" (Gröner 1975).

Seit ihrer Einsetzung im Jahr 1973 gehörte von wissenschaftlicher Seite die *Monopolkommission* (MK) zu wesentlichen Kritikern der bestehenden wettbewerbsrechtlichen Praxis.[55] Bereits in ihrem ersten Hauptgutachten bemängelte die MK die Ineffektivität der bestehenden Fach- und Preisaufsicht und schlug die Einrichtung einer zentralen Bundesbehörde mit weitreichenden Aufsichtsbefugnissen zur Kontrolle unternehmerischen Verhaltens vor (Monopolkommission 1976). Deshalb sahen Entwürfe zur *Vierten GWB-Novellierung* im Jahr *1980* auch eine Stärkung der kartellrechtlichen Missbrauchsaufsicht vor. Die besondere Bedeutung der föderalen Politikverflechtung offenbarte sich im Verlauf der Beratungsprozesse zur damaligen Novellierung des GWB: Um die Einführung von Wettbewerb in die leitungsgebundene Energiewirtschaft zu forcieren, brachte das Bundesland Niedersachsen im Bundesrat einen Antrag auf Erweiterung des Missbrauchstatbestandes um den Tatbestand einer „*Verweigerung der Durchleitung*" ein.[56] Die Reformvorschläge stießen auf den entschiedenen Widerstand der einflussreichen Interessenverbände der deutschen Energiewirtschaft (VdEW, VKU, ARE und DVG) und der Bundesregierung. Mit der *Vierten Novellierung des GWB* von 1980 wurde deshalb eine Einführung von Wettbewerb um attraktive Industriekunden (*„Rosinenpicken"*) vor allem auf Druck der Verbände der konventionellen Energiewirtschaft verhindert (Ortwein 1996, 115).[57] Allerdings wurden die Laufzeiten der Demarkations- und Konzessionsverträge auf 20 Jahre begrenzt, um das System der Gebietsmonopole nach Ablauf der Genehmigungsfristen über die erforderliche kartellamtliche Neuanmeldung und Überprüfung flexibel zu halten. Als rechtlich problematisch erwies sich in der Folge jedoch, dass durch das zeitlich unterschiedliche Auslaufen von Demarkations- und Konzessionsverträgen (sog. „*Fristenüberlappung*") der theoretisch mögliche Wechsel der Versorgungszuständigkeit für ein Versorgungsgebiet auf ein konkurrierendes EltVU verhindert wurde.

Von Bedeutung war in diesem Kontext, dass noch während der Beratungen zur Novellierung des GWB die energiewirtschaftlichen Verbände (VdEW, VKU, ARE und DVG)

---

[55] Als politisch neutrale und unabhängige Institution, deren Handeln sich seit der Zweiten GWB-Novelle aus §§ 44 GWB (n. Fass.) ableitet, ist die MK für die Beurteilung der wirtschaftlichen Konzentration in der Bundesrepublik Deutschland verantwortlich. Die MK ist haushaltsrechtlich dem BMWi/BMWA zugeordnet (Theobald/Zenke 2001, 260-261).

[56] Wichtiger Initiator für die Reform war der damalige Wettbewerbsrechtler Emmerich, der in einem für das Land Niedersachsen erstellten Rechtsgutachten Vorschläge zur Verschärfung energiewirtschaftlichen Wettbewerbs machte (Emmerich 1978). Hierauf gründeten die Forderungen Niedersachsens, den Gebietsschutz durch die Konzessions- und Demarkationsverträge nur noch für den Tarifabnehmerbereich bestehen zu lassen und begrenzten Wettbewerb im Segment der Großabnehmer und Sonderkunden zuzulassen.

[57] Auf Druck der genannten Verbände wurde eine „*Unbilligkeits-Regel*" eingeführt, nach der die Behinderung eines anderen EltVU durch Verweigerung einer Durchleitung und dem Abschluss entsprechender Verträge unbillig sein sollte. Gleichzeitig wurde aber bestimmt, dass zur Feststellung der Unbilligkeit die Veränderung der Versorgungsbedingungen des ansässigen EltVU berücksichtigt werden müsste (Ortwein 1996, 116). Der Passus zur Beurteilung der Unbilligkeit (§ 103 Abs. 5 Satz 2 Nr. 4 GWB) lautete: „Bei der Beurteilung der Unbilligkeit sind die Auswirkungen der Durchleitung auf die Marktverhältnisse, insbesondere auch auf die Versorgungsbedingungen für die Abnehmer des zur Durchleitung verpflichteten EltVU zu berücksichtigen" (zitiert nach Renz 2001, 105). Damit wurde den EltVU eine rechtliche Grundlage zur Verweigerung der Durchleitung gegeben.

mit den Verbänden der Industrie (vor allem dem BDI und dem VIK) eine *„stromwirtschaft- liche Vereinbarung"* zur *„Stromeinspeisung mit Zweckbestimmung"*, also Regeln für eine „Durchleitung" abschlossen, die der *kooperativ-konsensualen Tradition* energiewirtschaft- licher Regulierung in Deutschland entsprachen. Diese Verbändevereinbarung zur Stromein- speisung (VV) sollte die Ermittlung fairer Preise zur Stromeinspeisung und -durchleitung der industriellen unabhängigen Großerzeuger garantieren und betraf im Wesentlichen nur die Stromerzeugung in KWK-Anlagen. Die VV, die sich eigentlich auf die Einspeisung industriellen Stroms bezog, lieferte auch erste Anhaltspunkte für die spätere Gestaltung der Stromeinspeisung aus erneuerbaren Energien (Kriterien der Preisbestimmung, Netzan- schluss und -nutzung).

In der zweiten Hälfte der 1980er Jahre gewannen unter dem Eindruck zunehmender Wettbewerbsinitiativen der EU-Kommission (s.S. 206ff.) erneut politikberatende Akteure in deutschen Expertenkommissionen an Einfluss, die eine grundlegende Reform des wett- bewerbsrechtlichen Rahmens der Energiewirtschaft forderten. Bereits 1987 und 1991 hatte die von der damaligen christlich-liberalen Koalition eingesetzte *Deregulierungskommission* in zwei Abschlussberichten der Jahre 1990 und 1991 die Durchführung radikaler Reformen verlangt (Ortwein 1996).[58] Vor diesem Hintergrund sind die Reformen zur *Fünften Novel- lierung des GWB* im Jahr *1990* zu sehen, mit der weitere wettbewerbsrechtliche Restriktio- nen beseitigt werden sollten. Deshalb wurde eine Synchronisation der Laufzeiten von De- markations- und Konzessionsverträgen vereinbart *(§ 103a 1 2 GWB 1990)*. Insbesondere den am Rand von Versorgungsgebieten liegenden Kommunen, die über kein eigenes Ver- sorgungsunternehmen verfügten, sollte damit die Möglichkeit der freien Wahl eines neuen Stromversorgers gegeben werden. Mit der Synchronisation der Laufzeiten blieb jedoch das wesentliche Problem bestehen, dass die Prüfungsbefugnis der Kartellbehörden immer auf einen konkret zu verlängernden Vertrag beschränkt blieb. Dabei wurde übersehen, dass die Gebietsmonopole ihre rechtliche Verankerung „meist in einem ganzen Geflecht von De- markations- und Konzessionsverträgen finden und der mögliche Angriff auf einzelne Ver- träge in der Regel zu kurz greift" (Emmerich 1991 zitiert nach Ortwein 1996, 120). Mit den neuen Regelungen des Jahres 1990 sollte zwar ein *„Wettbewerb um Versorgungsgebiete"* institutionalisiert werden, die langen Vertragslaufzeiten und die Vielzahl von Gebiets- schutzverträgen ließen jedoch kaum Wettbewerb zu, weil bei der Berechnung der Über- nahmekosten für ein bereits installiertes Netz unüberwindliche Schwierigkeiten das Interes- se an einem Versorgerwechsel minderten. Auch die *gemischtwirtschaftliche Struktur*, durch die zahlreiche Gemeinden kapitalmäßig an ihrem Versorger beteiligt waren, schränkte die Wechselbereitschaft ein (Schneider 1999).

---

[58] Die wichtigsten Forderungen der Deregulierungskommission bestanden in der Abschaffung der bestehenden Demarkations- und Verbundverträge, einem Verzicht auf Ausschließlichkeitsklauseln in den Konzessionsverträ- gen, der Einführung eines Ausschreibungswettbewerbs um Versorgungsgebiete auf lokaler Ebene und die schritt- weise Abschaffung der Konzessionsabgaben. Darüber hinaus wurde ein gesetzlich garantierter Rechtsanspruch auf diskriminierende Durchleitung, das organisatorische "Unbundling" von Stromerzeugung und -transport und eine Reduzierung der Kohlesubventionen zugunsten einer wettbewerbsorientierten Gleichbehandlung der verschiede- nen Energieträger verlangt (Deregulierungskommission 1991). Mit der Forderung nach einer Abschaffung der Konzessionsverträge wurde ein zentraler Grundpfeiler des prägenden Sektorleitbilds der kommunalen Daseinsvor- sorge in der Energiewirtschaft in Frage gestellt (Forsthoff 1959).

3.2.3 Die föderale Organisation der Forschungs- und Technologiepolitik im Energiesektor und ihre Auswirkungen auf erneuerbare Energien

Das hohe Maß der Politikverflechtung in der bundesrepublikanischen Energiepolitik wird im folgenden Abschnitt am Beispiel der Forschungs- und Technologiepolitik (Kernenergie und erneuerbare Energien) veranschaulicht. Zunächst werden die technologische Förderung der deutschen Kernenergie und ihr Ausbau analysiert. Seit den späten 1970er Jahren und seit dem Reaktorunglück von Tschernobyl wuchs die Kritik einzelner Länderregierungen an der Nuleartechnologie. Die Bedeutung der konkurrierenden energiepolitischen Gesetzgebung im föderalen System der Bundesrepublik Deutschland berücksichtigend, sind in einem Folgekapitel die Auswirkungen einer regional ausgerichteten Wirtschaftspolitik zu untersuchen, bei der die Bundesländer energiepolitischen Gestaltungseinfluss nahmen. Dieser hat die regionale Förderung erneuerbarer Energien begünstigt und sich auf die Entwicklung eines ersten Markteinführungsinstruments für erneuerbare Energien positiv ausgewirkt.

3.2.3.1 Die technologiepolitische Förderung der Kernenergie im zunehmenden Widerstreit: Auswirkungen einer verflochtenen Energiepolitik

Im Zeitraum von 1957 bis 1976 war die Entwicklung der bundesdeutschen Kernenergiepolitik durch die Verabschiedung von vier Atomprogrammen gekennzeichnet.[59] Wie in Großbritannien konzentrierte sich die Forschung am Ziel der Entwicklung einer nationaler Reaktorlinien. Zentraler Akteur in der nuklearen Technologiepolitik war seit 1955 das Bundesministerium für Atomfragen, das im Jahr 1962 durch das Bundesministerium für wissenschaftliche Forschung und unter der großen Koalition aus CDU und SPD ab 1969 durch das Bundesministerium für Bildung und Wissenschaft abgelöst wurde (Kitschelt 1983).

Von erheblicher Bedeutung für die Entwicklung der bundesdeutschen Kernenergiepolitik war die Verabschiedung des *Atomgesetzes*, die erst mit der dritten Legislaturperiode Anfang des Jahres 1960 gelang. Die wesentlichen Konflikte in diesem langwierigen Gesetzgebungsprozess bestanden einerseits in der Definition der Rolle des Staates beim Ausbau der Kernenergie.[60] Andererseits war die Verteilung von Regulierungskompetenzen zwischen dem Bund und den Ländern zum Vollzug des Atomgesetzes umstritten. Hier bestand die entscheidende Konfliktlinie zwischen der national orientierten FDP, welche die Einrichtung einer zentralen Bundesanstalt für Kernenergie als Genehmigungs- und Aufsichtsbehörde forderte, und der CSU, die als föderal-regional ausgerichtete Partei in Fragen der Kernenergienutzung landespolitische Gestaltungsspielräume erhalten wollte. Für die Ausgestaltung der atomrechtlichen Kompetenzordnung war entscheidend, dass der damalige CSU-Politiker Strauß seit 1955 das Atomministerium führte und in dieser Funktion

---

[59] Dem Ersten Atomprogramm des Jahres 1957 zum Bau von 500 MW folgte 1960 das Programm für fortgeschrittene Reaktoren, das Zweite Atomprogramm von 1963 bis 1967, das Dritte Atomprogramm von 1968 bis 1972 und das Vierte Atomprogramm von 1973 bis 1976 (Keck 1993, 172). Das Erste und Zweite Atomprogramm (1957, 1963) wurde durch die Deutsche Atomkommission als Beratungsgremium der Bundesregierung, die aus Vertretern der Wissenschaft, Wirtschaft und dem öffentlichen Leben bestand, entwickelt (Matthes 1999).
[60] Die SPD befürwortete beim Bau von Kernkraftwerken ein direktes Engagement des Staates, während die christlichen und liberalen Parteien vorwiegend auf die privatwirtschaftliche Initiative setzten.

wichtige Gesetzesinitiativen zur Einrichtung einer zentralen Bundesbehörde torpedierte.[61] Ein vom Atomministerium Mitte des Jahres 1957 vorgelegter Gesetzentwurf zur Definition der Kompetenzordnung bei der atomwirtschaftlichen Regulierung konnte wegen einer fehlenden Zwei-Drittel-Mehrheit im Bundestag, die für eine erforderliche Grundgesetzänderung nötig war, nicht umgesetzt werden. Der inhaltliche Grund für die Ablehnung war die im Gesetzesvorschlag nicht erfolgte strikte Beschränkung auf eine friedliche Nutzung der Kernenergie. Nur eine Woche nach dem Scheitern eines bundesweiten Atomgesetzes verabschiedete das Bundesland Bayern ein eigenes Atomgesetz. Der Auslöser für die Länderaktivitäten Bayerns war das Ziel der Errichtung eines eigenen Forschungsreaktors US-amerikanischer Herkunft, den die Bayerischen Staatsregierung bereits im Februar 1956 geplant hatte (Czada 1992).[62] Neben dem Land Bayern erließen auch die Bundesländer Hamburg, Hessen, Nordrhein-Westfalen, Schleswig-Holstein und Berlin im Jahr 1957 eigene Gesetze zur Kernenergieförderung und begannen mit dem Aufbau hierfür zuständiger Fachverwaltungen (Müller 1990).

Als die ersten Kernkraftwerke in Deutschland durch massive staatliche Subventionen errichtet wurden, standen die meisten EltVU den Investitionen noch kritisch gegenüber. Z.B. wollten die RWE die Errichtung eines Kernkraftwerks nur unterstützen, wenn eine solche Anlage am gleichen Standort mit einem Steinkohlekraftwerk konkurrieren könnte. Schon die Errichtung eines ersten Demonstrationskernkraftwerks ab 1962 war „nur nach schwierigen Auseinandersetzungen und unter Zusage umfangreicher staatlicher Förder- und Risikoausgleichsmaßnahmen" (Matthes 1999) möglich. In Anlehnung an die EURATOM-Pläne setzte die Bundesregierung in ihrem ersten Atomprogramm auf die Entwicklung unterschiedlicher Natururan-Reaktoren, wobei Siemens ab 1957 die Entwicklungsarbeiten in Kooperation mit amerikanischen (Westinghouse) und britischen Unternehmen (z.B. English Electric, Babcock&Wilcox) betrieb. Die betreffenden Konsortien sahen die Entwicklung eines gemeinsamen Siedewasserreaktors vor. Industriepolitisch fand in der bundesdeutschen Herstellerindustrie im Zeitraum von 1965 bis 1975 ein ähnlicher Konzentrationsprozess wie in Großbritannien statt.[63] Vor dem Hintergrund des großen Anbieterrisikos bei gleichzeitig rasant zunehmenden Kraftwerksgrößen fusionierten die AEG und Siemens ihr Kraftwerks- und Turbinengeschäft Ende der 1960er Jahre in dem neuen Unternehmen Kraftwerk Union AG (KWU). Die kernenergiepolitische Entscheidungsfindung vollzog sich seit Beginn der 1970er Jahre somit „im Dreieck Staat-EVU-KWU" (Matthes 1999).

Gleichzeitig wurde die Notwendigkeit der Entwicklung einer nationalen Reaktorlinie des Schwerwasserreaktortyps betont. Nach massiven staatlichen Subventionen zur Entwicklung eines solchen Reaktortyps stellte sich im Verlauf der ersten Hälfte der 1970er

---

[61] Das Bundeswirtschaftsministerium hatte innerhalb eines Jahres acht Fassungen für ein Atomgesetz vorgelegt, die vom Atomministerium aber nicht unterstützt wurden (Radkau 1983).
[62] Der bayerische Sonderweg in der Atompolitik wurde mit der Skepsis von Strauß gegenüber der im Aufbau befindlichen Europäischen Atomenergieorganisation EURATOM begründet, „deren befürchtete Monopolstellung man durch Anlehnung an die USA unterlaufen wollte" (Czada 1992, 158). Mit dem Kauf eines US-amerikanischen Reaktors, der mit angereichertem Uranbrennstoff betrieben werden sollte, hatte Strauß gegen den bestehenden Konsens innerhalb der damaligen Deutschen Atomkommission gehandelt, der die Einführung von Natururan-Reaktoren befürwortete.
[63] Bereits Ende der 1960er Jahre konkurrierten nur noch die beiden Konzerne AEG und Siemens um die Errichtung kommerzieller Kernkraftwerke. Wegen der erfolglosen eigenen Technologieentwicklung griffen die beiden Konzerne auf US-amerikanische Lizenzen der Unternehmen Westinghouse (Siemens) und General Electric (AEG) zurück.

Jahre aber heraus, dass der Siemenskonzern sein Interesse an der Entwicklung von Schwerwasserreaktoren verlor und sogar von seiner Verpflichtung der Inbetriebnahme eines bereits fertig gestellten Reaktors in Niederaichbach zurücktrat.[64] Demgegenüber entschied sich die AEG frühzeitig für die Entwicklung eines Siedewasserreaktors mit angereichertem Uran.[65] Nach mehr als zehn Jahren intensiver staatlicher Technologieförderung stellte sich aber auch im Fall der AEG heraus, dass die technischen Grundlagen der eigenen Entwicklungen für eine kommerzielle Nutzung des Siedewasserreaktors nicht ausreichend waren. Deshalb hatte die AEG – ähnlich wie Siemens im Fall des Reaktors Niederaichbach – kein Interesse an der Weiterentwicklung der eigenen Reaktorlinie, so dass die staatlichen Subventionen auch in diesem Bereich wirkungslos verpufften. Die Demonstrationskraftwerke Gundremmingen (RWE/Bayernwerk), Lingen (VEW) und Obrigheim (EVS u.a.) wurden schließlich nach amerikanischen Lizenzen errichtet und gingen zwischen 1967 und 1969 in Betrieb. Im Jahr 1967 erhielt Siemens durch die HEW den Auftrag zum Bau des ersten kommerziellen Kraftwerks in Stade (Keck 1993). Kurze Zeit später beauftragte die damalige PreussenElektra die AEG zum Bau eines Kernkraftwerks im nordrhein-westfälischen Würgassen. Im Jahr 1969 bestellten auch die RWE mit dem Kernkraftwerk Biblis ihren ersten kommerziellen Reaktor. Im weiteren Verlauf gaben die deutschen Energieversorgungsunternehmen bis zum Jahr 1975 Kernkraftwerkskapazitäten mit einer Gesamtleistung von ca. 20.000 MW in Auftrag (Matthes 1999).

Die unterschiedliche technologiepolitische Schwerpunksetzungen zwischen dem Bund und einzelnen Bundesländern bei der Entwicklung der Kernenergie weisen auf die Bedeutung einer vertikalen und horizontalen Politikverflechtung hin, welche später auch bei der Regulierung anderer Energieressourcen, besonders bei erneuerbaren Energien, eine spezifische Dynamik entfachen sollte. So setzte sich NRW seit der Gründung des Forschungszentrums Jülich für die Entwicklung eines Hochtemperaturreaktors ein, weil dieser große Mengen an Prozesswärme verursacht, die den Einstieg in die Kohlevergasung ermöglicht hätte und für die heimische Kohleindustrie von Vorteil gewesen wäre. Diese Entwicklung stand jedoch im Gegensatz zu der vom damaligen Bundesforschungsministerium befürworteten Entwicklung der Schnellen-Brüter-Technologie in Kalkar. Unterschiedliche technologiepolitische Schwerpunkte zwischen Bund und Ländern haben also die Kontinuität staatlicher Technologiepolitik auf der Bundesebene untergraben und die Opportunitäten zur Orientierung an alternativen Erzeugungstechnologien auf Länderebene erleichtert (Czada 1992).

Zusätzlich nahm in den 1970er Jahren der Streit um die zivile Nutzung der Kernenergie in einigen Bundesländern zu. Besonders innerhalb der SPD entstand eine zunehmend

---

[64] Bereits der erste PWR-Demonstrationsreaktor war nur unter massiver staatlicher Unterstützung möglich (Staatliche Investitionssumme: 143,5 Mio. DM). Der erfolglose Demonstrations-PWR im bayerischen Niederaichbach wurde staatlich mit insgesamt 225,9 Mio. DM bezuschusst. Auch die Errichtung des ersten regulären PWR im baden-württembergischen Obrigheim wurde staatlich massiv subventioniert (Staatlich verbürgte Darlehen: 191 Mio. DM, direkter Bundeszuschuss: 40 Mio. DM, Keck 1993, 173-177).

[65] Bereits 1958 erhielt die AEG von der RWE den Auftrag zur Errichtung eines ersten Versuchskraftwerks in Kahl, den es in Kooperation mit dem US-amerikanischen Unternehmen GEC realisierte. Ein weiteres, staatlich bezuschusstes vorkommerzielles Projekt betraf den Bau des Kernkraftwerks im bayerischen Gundremmingen (Gesamtinvestitionssumme 304 Mio. DM, RWE: 75 Mio. DM, Bayernwerk 25 Mio. DM, staatlich verbürgte Bankdarlehen: 172 Mio. DM, EURATOM 32 Mio. DM). Darüber hinaus entwickelte die AEG zwei eigene Typen von Siedewasserreaktoren, wobei die Bundesregierung die Entwicklungskosten für den Prototyp eines Siedewasserreaktor mit nuklearer Überhitzung in Höhe von mehr als 100 Mio. DM fast vollständig übernahm (Keck 1993).

kritische Einstellung gegenüber der zivilen Nutzung der Kenenergie. Mit der Verabschiedung des Energieprogramms aus dem Jahr 1974, das die bundespolitische Reaktion auf die Ölpreiskrisen zu Beginn der 1970er Jahre darstellte, hatten die Sozialdemokraten noch das Ziel eines grundlegenden Ausbaus der nuklearen Stromerzeugung beschlossen.[66] Seit der zweiten Hälfte der 1970er Jahre hatte der zunehmende zivilgesellschaftliche Widerstand gegen die Kernenergie, wie er sich in den Aktivitäten lokaler Bürgerinitiativen in Wyhl (Februar 1974), Brokdorf und Gorleben (beide 1977) artikulierte, zu einer kritischen Haltung bestimmter Teile der SPD (besonders bei den Jungsozialisten) geführt. Seit jener Zeit war der partei- und bundespolitische Konsens zur zivilen Nutzung der Kernenergie in stetiger Auflösung begriffen (Kuhbier 2001).

Allerdings hielt sich die Bundes-SPD in der zweiten Hälfte der 1970er Jahre auf ihren Parteitagen die Option einer weiteren Nutzung der Kernenergie – auch nach dem Atomunfall von Harrisburg im Jahre 1979 – noch offen. Auch wenn in der letzten Legislaturperiode unter Bundeskanzler Schmidt die *Enquete-Kommission „Zukünftige Kernenergiepolitik"* einen Atomausstieg für möglich erachtete, fanden derartige Strategieoptionen in der *Dritten Fortschreibung des Energieprogramms der Bundesregierung* noch keinen Niederschlag. Entsprechend fanden aber auch Vorschläge der Enquete-Kommission zur Energieeinsparung und zur Erschließung erneuerbarer Energiequellen keine Berücksichtigung, was bei der Verabschiedung des Energieprogramms parteiintern zu erheblicher Kritik an der damaligen Bundesregierung führte (Kuhbier 2001). Erst zwei Jahre nach dem Wechsel in die Opposition, also im Jahr 1984, lehnte die SPD auf einem Bundesparteitag den Bau der Wiederaufbereitungsanlage in Wackersdorf ab und forderte die Einstellung der technologischen Forschungen zum Schnellen Brüter im nordrhein-westfälischen Kalkar (Czada 1992, 165). Als es im April 1986 zum Kernenergieunfall in Tschernobyl kam, sprach sich die Partei im darauf folgenden August nahezu einstimmig für den Ausstieg aus der Kernenergie aus, wofür jedoch ein längerer Übergangszeitraum veranschlagt wurde (genannt wurden zunächst zehn Jahre).

Demgegenüber war die Forderung nach einem sofortigen Kernenergieausstieg ein konstituierender Bestandteil der Entstehungsgeschichte der Partei der Grünen seit ihrer Gründung im Jahr 1980.[67] Der sich bundespolitisch allmählich abzeichnende Richtungswechsel der SPD in Fragen einer Nutzung der Kernenergie spiegelte sich auch in den energiepolitischen Strategien derjenigen Länderregierungen nieder, in denen die SPD in den 1980er Jahren die Landesregierung stellte oder an der Regierungsbildung beteiligt war. Weil es in den 1950er Jahren nicht zur Institutionalisierung einer zentralen atomrechtlichen Aufsichtsbehörde des Bundes gekommen war, etablierten die Länderkompetenzen in der atomrechtlichen Aufsicht für einzelne SPD-Länderregierungen einen wichtigen Einflusshebel, um eigene energiepolitische Schwerpunktsetzungen zu verfolgen.

Die länderbezogenen Einflussmöglichkeiten beim Vollzug der Atomaufsicht bezogen sich vor allem auf administrative Zuständigkeiten bei der Errichtung, dem Betrieb und den baulichen Veränderungen von Kernkraftwerken, z.B. bau-, wasser-, gewerbe-, planungs-,

---

[66] Die Atomenergie sollte nach den SPD-Plänen bis 1985 auf rund 50.000 MW ausgebaut werden (seit 1986 liegt ihre Erzeugungskapazität bei konstant 22.000 MW), was einer Steigerung des Anteils an der Primärenergieerzeugung von einem auf 15 Prozent entsprochen hätte (Joppke 1992, Kuhbier 2001).

[67] Nach ihrem erstmaligen Einzug in den Bundestag 1983 brachten die *Grünen* zur Realisierung des Sofortausstiegs aus der Kernenergienutzung im August 1984 einen *Gesetzentwurf für ein Atomsperrgesetz* ein, das unter den damaligen Mehrheitsverhältnissen jedoch keine Chance auf eine Realisierung hatte (Mez 1997, 437).

verkehrs-, katastrophenschutz- und umweltrechtliche Genehmigungsverfahren (Czada 1992). Die ausstiegsorientierten Bundesländer entwickelten vielfältige Initiativen, um der bundesdeutschen Kernenergiepolitik zumindest regional die Unterstützung zu entziehen. Ein wichtiges Beispiel war die Ausstiegspolitik des Bundeslandes Hessen, in dem in der ersten Hälfte der 1980er Jahre die SPD eine Minderheitsregierung bildete, nachdem die Grünen in den Hessischen Landtag gewählt worden waren.

Wie im Folgenden zu verdeutlichen sein wird, hatte die in einzelnen Bundesländern verfolgte Kernenergieausstiegspolitik wichtige Auswirkungen für die Entwicklung einer Politik zur Förderung erneuerbarer Energien. Die Ausstiegsorientierung resultierte in einer frühzeitigen Diffusion des Nachhaltigkeitsparadigmas in die Energiepolitik der einzelnen Bundesländer. Besonders seit dem Reaktorunglück von Tschernobyl 1986 führte der sich zuspitzende politische Streit um die künftige Nutzung der Kernenergie in bestimmten Bundesländern (Hamburg, Hessen, Niedersachsen, Nordrhein-Westfalen, Schleswig-Holstein) in verstärkten Regulierungsbemühungen für einen Ausbau erneuerbarer Energien. Die betreffenden Regulierungsinitiativen waren aber nicht nur atompolitisch, sondern aufgrund des im Verlauf der 1980er Jahre unter wettbewerbspolitischen Druck geratenen deutschen Steinkohlebergbaus auch struktur- bzw. arbeitsmarktpolitisch motiviert.

3.2.3.2 Die Forschungs- und Technologiepolitik für erneuerbare Energien im verflochtenen Regierungssystem

In der Einleitung wurde die Markteinführung erneuerbarer Energien als komplexer und langwieriger Innovationsprozess dargestellt, dessen Erfolg von vielfältigen und umfangreichen staatlichen Interventionen abhängig ist. Im Zusammenhang mit der zentralen Untersuchungshypothese, dass vom föderalen Regierungssystem der Bundesrepublik Deutschland mit seinem Prinzip der konkurrierenden Gesetzgebung und den besonderen energiepolitischen Zuständigkeiten der einzelnen Länderregierungen positive Impulse für den Ausbau erneuerbarer Energien ausgingen, sind im folgenden Abschnitt die postulierten Effekte für die staatliche Forschungs- und Technologiepolitik zu beschreiben. Bevor auf wichtige dezentrale Länderinitiativen zur Forschungsförderung erneuerbarer Energien genauer eingegangen wird, soll im Folgenden die Technologiepolitik des Bundes analysiert werden.

Frühe Schwerpunktsetzungen der Forschungspolitik des Bundes unter Berücksichtigung der entstehenden interessenpolitischen Akteure erneuerbarer Energien

Der Einstieg in die bundespolitische Förderung erneuerbarer Energien ist als Antwort auf die Folgen der ersten Ölpreiskrise zu verstehen. Ähnlich wie in Großbritannien stimulierte das politische Ziel einer Verringerung der fossilen Rohstoffabhängigkeit das private und öffentliche Interesse an ihrer Entwicklung (Kitschelt 1983). Zentraler Akteur in der forschungsbezogenen Technologiepolitik zur Entwicklung erneuerbarer Energien war wie bei der Kernenergie das damalige BMFT. Bei der Gestaltung der Förderprogramme war entscheidend, dass diese wegen erst entstehender und noch relativ machtloser Interessenverbände für erneuerbare Energien im Wesentlichen aus der Administration heraus entwickelt wurden. Institutionalisiert wurde die Förderung von erneuerbaren Energien im BMFT im Jahr 1974 mit der Einrichtung eines allgemeinen „Referats für nicht-nukleare Energietechnologien". Im folgenden Abschnitt wird die Förderpolitik der damaligen Bundesregierungen für die wichtigsten erneuerbaren Energien im ersten Untersuchungszeitraum von 1973 bis 1990 skizziert. Dabei wird auch die Entwicklung der ersten Interessenverbände erneuerbarer Energien beschrieben, die in der Anfangsphase vor allem auf regionaler bzw. länderbezogener Ebene ihre Aktivitäten entfalteten.

Solarenergie

Bei der bundesstaatlichen Förderung der Solarenergie ist im Untersuchungszeitraum von 1974 bis 1990 zwischen zwei Bereichen zu unterscheiden. Für den hier interessierenden Forschungsschwerpunkt der Fotovoltaik betrug die Summe der Fördermittel im Zeitraum der sozial-liberalen Koalition von 1974 bis 1982 knapp 115 Mio. DM (rund 58,8 Mio. Euro). Nachdem es im Jahr 1982 zu einem Regierungswechsel unter der christlich-liberalen Koalition gekommen war, wurde die Förderpolitik neu ausgerichtet. So wurde die grundlagenorientierte Forschungsförderung im Bereich der FV mit dem Jahr 1982 gegenüber dem Vorjahr von 12,3 Mio. DM (ca. 6,3 Mio. Euro) auf 65,7 Mio. DM (ca. 33,6 Mio. Euro) erhöht und im weiteren Verlauf der 1980er Jahre auf viel höherem Niveau fortgesetzt. Eine entsprechende Statistik weist für die Forschungsförderung der FV im Zeitraum von 1983 bis 1990 einen Betrag von mehr als 529 Mio. DM (ca. 270,4 Mio. Euro), also im Jahresdurchschnitt von etwa 70 Mio. DM (ca. 35,8 Mio. Euro) aus (Sandtner u.a. 1997).

In den Zeitraum des Beginns der staatlichen Technologieförderung der Solarenenergie fällt auch die Gründung einer ersten Interessenorganisation zur Förderung dieser Technologien. Im Oktober 1975 wurde die *„Deutsche Gesellschaft für Sonnenenergie"* (DGS) mit dem Ziel gegründet, „den Dialog zwischen allen Solarinteressierten auszubauen und die Bevölkerung sachlich über die Möglichkeiten der Solarenergienutzung aufzuklären" (Goerke/Epp 2001). Ein Schwerpunkt des verbandlichen Handelns wurde auf die solare Haustechnik (also vor allem die Solarthermie, fotovoltaische Stromerzeugung) gelegt. Die DGS organisierte in den Anfangsjahren ihres Bestehens sehr erfolgreich nationale und internationale Konferenzen (z.B. die seit 1977 im Zwei-Jahresrhytmus stattfindenden Internationalen Sonnenforen), über die sie als Multiplikator der Idee einer solaren Energienutzung fungierte. In jener Zeit gelangte das BMFT in einer Systemstudie zu sehr optimistischen Aussagen bezüglich der Zukunftsaussichten einer Nutzung der Solarenergie (BMFT 1976).

Die Entstehung der Solarenenergiebranche war in ihrer Anfangsphase neben der Gründung der DGS, die vor allem die Verbreitung der Solarenenergie durch private Akteure befördern wollte, durch die Entstehung zweier weiterer Verbände charakterisiert. So organisierte sich die Großindustrie, die in die Entwicklung der solaren Energienutzung investierte, im *„Bundesverband Solarenergie"* (BSE). Die im BSE zusammengeschlossenen Unternehmen, welche die wichtigsten großindustriellen deutschen Heizungsfirmen jener Zeit umfassten, stellten bis zum Jahr 1979 mit rund 121 Mio. DM (ca. 61,9 Mio. Euro) einen erheblichen Teil der solarbezogenen Forschungsmittel bereit (im Vergleich zu staatlichen Ausgaben des Bundes in Höhe von knapp 158 Mio. DM (ca. 80,8 Mio. Euro). Als Gegenpol hierzu formierte sich im Spätsommer 1979 der *„Verband mittelständischer Solarindustrie"*, der sich sieben Jahre später, also im Jahr 1986 in den *„Deutschen Fachver-*

band Solarenergie e.V." (DFS) umbenannte. In diesem Verband sollten sich bis zum Jahr 2001 85 Prozent der Firmen der deutschen Solarbranche zusammenschließen.[68]

Insgesamt bestand für die Stromerzeugung aus FV während der 1970er und 1980er Jahre noch kein Markt für eine breitere Einführung der betreffenden Technologien. Bedeutend ist in diesem Kontext, dass es erst mit dem Reaktorunfall von Tschernobyl im Jahr 1986 zur landesbezogenen Gründung verschiedener Forschungsinstitute kam, die sich ab der zweiten Hälfte der 1980er Jahre verstärkt mit der technologischen Entwicklung der FV befassten (s.S. 104ff.). Ab Ende der 1980er Jahre gab es dann, angeregt durch die Advocacy-Koalition um die Interessenorganisation Eurosolar, zunehmende Forderungen nach der bundespolitischen Verabschiedung eines ersten kleinen Markteinführungsprogramms für FV, dem sog. *„Tausend-Dächer-Programm"*. Diese Initiativen wurden durch die wissenschaftlichen Ergebnisse der *Enquete-Kommission für Klimaschutz* befördert, die in der zweiten Hälfte der 1980er Jahre ihre ersten Resultate präsentierte (s.S. 118ff.). Die Empfehlungen resultierten im September 1990 in der Verabschiedung eines ersten kleinen FV-Markteinführungsprogramms für tausend Dächer in Deutschland. Dieses Programm war seinerzeit das weltweit größte zur Markteinführung der FV und gewährte Investoren einen Investitionskostenzuschuss von 70 Prozent (Bund 50 Prozent, Land 20 Prozent). Das Tausend-Dächer-Programm führte mit rund 2.200 Anlagen bis Mitte der 1990er Jahre zu einer installierten FV-Leistung von 4 MW (Staiß 2003, 93). Ein wichtiger Kritikpunkt des Markteinführungsprogramms bestand darin, dass eine Förderung der Solarthermie gegenüber der FV für wesentlich effektiver erachtet wurde. Im Gegensatz zur FV wurde die Solarthermie von verschiedenen Kritikern als mit Abstand sinnvollste Nutzung der Solarenergie erachtet. Außerdem wurde darauf hingewiesen, dass die damaligen Anbieter von FV-Anlagen (z.B. AEG, Nukem und Siemens) massiv von dem Subventionsprogramm profitierten, weil sie die Preise für entsprechende Anlagen kurz vor Verabschiedung des Programms nochmals deutlich erhöht hätten.

Windenergie

Die Forschungsförderung der Windenergie durch das Bundesministerium für Forschung und Technologie (BMBF/BMFT) belief sich im Zeitraum von 1974 bis 1989 auf eine Höhe von ungefähr 250 Mio. DM (ca. 127,8 Mio. Euro) (Eisenbeiß u.a. 1989).[69] Den Einstieg in die bundespolitische Förderung der Windenergie stellte die Durchführung einer BMBF-Programmstudie im Jahr 1974 dar. Das Ergebnis dieser Studie war die Empfehlung zur Entwicklung einer 1 MW-Anlage, der als weiterer Entwicklungsschritt der Bau einer 3 bis 6 MW-Anlage folgen sollte (Heymann 1995). Wie in Großbritannien auch folgte man damit zunächst „den Idealen einer auf Großkraftwerke ausgerichteten Energieversorgung" (Hoppe-Kilpper 2003, 29). Bei der Entwicklung der Anlage setzte das BMBW auf etablierte Unternehmen des Maschinen- und Fahrzeugbaus sowie der Luft- und Raumfahrt (z.B.

---

[68] Aus der Fusion des Deutschen Fachverbands Solarenergie mit dem Bundesverband Solarenergie entstand im November 2003 der Bundesverband Solarindustrie.
[69] Demgegenüber belief sich die Forschungsförderung für die FV auf rd. 329 Mio. Euro. Die Gesamtsumme der technologiebezogenen Windförderung in einer Höhe von rd. 128 Mio. Euro verteilte sich auf folgende Förderschwerpunkte: Große Windkraft-Konverter (über 800 kW): 54,2 Mio. Euro, kleine und mittlere Windkraft-Konverter (bis zu 800 kW): ca. 46,5 Mio. Euro, kleine Windkraft-Konverter für den Export in die Staaten der Dritten Welt: ca. 10,2 Mio. Euro, sonstige Ausgaben: ca. 11,2 Mio. Euro.

MAN, Messerschmitt Bölkow-Blohm und Dornier). Nach einer Expertenanhörung wurde im Jahr 1977 der Auftrag zur Entwicklung eines ersten Prototyps einer großen WEA mit dem Namen GROWIAN erteilt. Der technisch sehr ehrgeizigen BMBF-Konzeption standen die beteiligten EltVU von Beginn an sehr kritisch gegenüber: Weil der Misserfolg des Projekts für sie a priori feststand, partizipierten sie an dem Vorhaben nur aufgrund einer risikofreien Vertragsgestaltung. Wie von den EltVU erwartet, musste nach der Fertigstellung des GROWIAN im Jahr 1987 der Probebetrieb aufgrund erheblicher technischer Probleme nach einer Betriebsdauer von nur 419 Stunden eingestellt werden. Auch nach dem Scheitern des GROWIAN-Projekts hielt das damalige Bundesforschungsministerium aber an der Entwicklung von Groß-WEA fest. Dies kam in den Forschungsprogrammen zur Entwicklung einer zweiten Generation derartiger Anlagen zum Ausdruck, an deren Durchführung dieselben Unternehmen wie beim ersten Forschungsprogramm partizipierten.[70] Allerdings war keiner der in diesem Forschungsprogramm entwickelten Großanlagen ein Erfolg beschieden.

Gleichzeitig hat das BMBF ab 1983 aber auch die Entwicklung *kleindimensionierter WEA* gefördert. Relativ früh wurde ein erstes Testfeld für zwanzig Windturbinen in Schleswig-Holstein errichtet. In diesem ersten Demonstrationsvorhaben, das im Zeitraum von 1983 bis 1986 stattfand, wurde die Errichtung einer Kleinserie von 20 Anlagen mit jeweils 20 kW-Leistung gefördert. In dem Demonstrationsvorhaben wurde der Netzparallelbetrieb zur Eigenversorgung von Betreibern erfolgreich gezeigt und die genehmigungsrechtlichen Belange zur Errichtung von WEA demonstriert. Bis zum Ende des Jahres 1987 liefen weitere Antragsfristen zur Förderung von Demonstrationsvorhaben für von deutschen Unternehmen entwickelten WEA mit einer Leistung bis zu 250 kW. Als Fördervoraussetzung mussten pro Typ mindestens fünf Anlagen betrieben werden, um die anlagenbezogene Optimierung voranzubringen. Unter diesem Programm wurden 13 Demonstrationsanlagen mit einer Erzeugungskapazität von 3,5 MW im Pilotverfahren weiterentwickelt (insgesamt 53 WEA).[71] Ein weiteres Demonstrationsprogramm des damaligen BMFT förderte WEA im Kapazitätsbereich von 8 bis 800 kW. Darüber hinaus wurden Forschungsgelder für kurz vor der Serienfertigung stehende Prototypen im mittleren Leistungsbereich vergeben (640 bis 750 kW).

Durch diese Demonstrationsvorhaben, die in Kooperation mit den betreffenden regionalen EltVU und den Länderregierungen durchgeführt wurden, ist der Grundstein für eine erste Herstellerindustrie kleiner WEA in den drei Bundesländern Niedersachsen, Schleswig-Holstein und Nordrhein-Westfalen gelegt worden. Insgesamt ist im Vergleich zur britischen Windenergieforschung herauszustellen, dass die Technologieentwicklung – bezogen auf die Anlagentypen des niedrigen Leistungsbereichs – frühzeitiger, umfangreicher und in

---

[70] Die Firma MBB konzentrierte sich mit ihren Erfahrungen aus dem Hubschrauberbau auf die Entwicklung hochflexibler einblättriger Anlagen im Leistungsbereich zwischen 200 kW und 1 MW. Die Entwicklungsbemühungen resultierten im Jahr 1989 in der Errichtung eines einblättrigen Prototyps mit 640 kW Leistung (sog. „Monopteros"). Im Jahr 1993 wurde eine Weiterentwicklung dieses Anlagentyps errichtet: Die Aeolus II mit einer Nennleistung von 3 MW. Einen anderen Anlagentyp verfolgte die Firma Dornier (senkrechter Drehachser). Die Entwicklungsarbeit resultierte in Prototypen mit 300 und 500 kW sowie 1 MW Leistung. Schließlich errichtete auch noch die Firma MAN zwei Großanlagen mit 1,2 MW Leistung (Hoppe-Kilpper 2003).

[71] An diesem Förderprogramm waren die folgenden deutschen Windenergie-Unternehmen beteiligt: Köster, Aerodyn, Enercon, Südwind, Windkraftzentrale, Schönball, Renk Tacke, Wenus, Krogmann, Husumer Schiffsweft, Kähler, Flender Werft, AN-Maschinen.

einer größeren Breite gefördert wurde. Die Förderung derartig vieler Anlagenkonzeptionen mag auf den ersten Blick konzeptionslos und ineffektiv erscheinen. Aufgrund der Neuheit der Technologie ist jedoch zu betonen, dass im damaligen Forschungs- und Entwicklungs-stadium nicht klar war, welcher Typ sich letztlich durchsetzen würde. Deshalb erschien es durchaus richtig, zum Anfang einer Entwicklung auf verschiedene Hersteller und Konzepte zu setzen (Hoppe-Kilpper 2003). Im Vergleich zur Forschungsförderung in Großbritannien ist außerdem hervorzuheben, dass in Deutschland bereits zwei von vier Test-Windfarmen in Betrieb waren (Cuxhaven und Dithmarschen),[72] als die britische Regierung überhaupt erst-mals ihre Absichten zum Bau von Test-Windfarmen bekundete (Eisenbeiß u.a. 1989). Der Windpark in Dithmarschen wurde von einer Tochtergesellschaft der Schleswag AG bereits im August 1987 in Betrieb genommen. Auf diesem Windpark sollte das Zusammenspiel unterschiedlicher Anlagentypen optimiert werden.[73] Mit dem Windpark-Projekt bei Cuxha-ven, das durch den Überland-Versorger Hannover Nord realisiert wurde, sollten außerdem die Kapazitätsleistungen, die technischen Verfügbarkeiten sowie die Netzrückwirkungen unterschiedlicher Anlagentypen analysiert werden.[74]

Von entscheidender Bedeutung für die weitere Entwicklung der Windkraft in Deutsch-land waren seit 1988 Pläne des BMFT, unter dem damals laufenden Energieforschungs- und Energietechnologie-Programm ein Förderprogramm zur Markteinführung von 100 MW installierte Windkraftleistung zu verabschieden. Dieses sah für die folgenden fünf Jahre Gesamtausgaben in Höhe von 400 Mio. DM (ca. 204 Mio. Euro) vor und zielte zunächst darauf, zur Zielerreichung 120 Mio. DM (ca. 61 Mio. Euro) an Fördergeldern zur Verfü-gung zu stellen. Im Jahr 1989 entschloss sich das BMFT schließlich zur Verabschiedung dieses Breitenförderprogramms mit dem Titel „100 MW Wind".[75]

Zur Realisierung der 100 MW installierter Erzeugungsleistung setzte das BMFT auch auf bereits bestehende Förderinitiativen der einzelnen Länderregierungen, die für die Betreiber zusätzliche Einnahmemöglichkeiten beim Betrieb von WEA ermöglichten. Neben den regionalen Unternehmen sollten von dem neuen Bundes-Förderprogramm auch Einzel-personen profitieren (z.B. Landwirte):

"Individuals and farmers also have the option of claiming a one-off lump-sum subsidy towards the construction cost of their wind generators. (…) Existing and planned promotion measures, in particular by the northern German Federal States are especially important here" (Eisenbeiß u.a. 1989, 24).

---

[72] Insgesamt sollten auf den vier Windfarmen zehn verschiedene Prototypen getestet werden.

[73] Zum Einsatz kamen fünf 55 kW-Anlagen (E-16) der Firma ENERCON, fünf 25 kW-Anlagen der Windkraft-zentrale, zwanzig Anlagen der Firma MAN (30 kW) sowie zwei Anlagen der Firma Köster (jeweils 175 kW). Auf dem Windpark führte die damalige *Fördergesellschaft Windenergie* messtechnische Untersuchungen durch, mit denen erstmals Vergleichmäßigungseffekte einer größeren Anzahl von WEA im Kurzzeitbereich gezeigt werden konnten (Hoppe-Kilpper 2003).

[74] In diesem Windpark wurden zehn 55kW-Anlagen der Firma ENERCON sowie 15 Monopteros-Anlagen (30kW) der Firma MBB getestet und ein entsprechendes Messprogramm durchgeführt.

[75] In diesem Programm unterstützte die Bundesregierung die Betreiber von WEA entweder mit einer 50-prozentigen Förderung der bestehenden Investitionskosten oder mit einer Preisbeihilfe für die eingespeiste Strom-menge über einen zuvor festgelegten Zeitraum in Höhe von 8 Pf/kWh. Die letztere Regelung bedeutete in gewisser Weise einen Vorgriff auf die Fördersystematik des späteren Stromeinspeisegesetzes, nämlich der Gewährung fixer Einspeisevergütungen. In besonderen Fällen wurden sogar weitere Beihilfen bis zu einer Höhe von 75 Prozent der Investitionskosten gewährt.

An dieser Stelle kann vorweggenommen werden, dass das 100 MW-Windprogramm, das ab Juni 1989 bundesweit lief, aufgrund der großen Nachfrage und der deutschen Wiedervereinigung bereits 1991 auf 250 MW erweitert wurde. Bis zur Beendigung des Förderprogramms Ende 1996 wurden mehr als 1.500 Anlagen mit einer installierten Nennleistung von 390 MW genehmigt. Im Zeitraum von 1989 bis 1993 wurde der Ausbau der Windenergie dabei entscheidend durch die Verabschiedung zusätzlicher Windförderprogramme der Länder ermöglicht. Bis zum Jahr 1992 erhöhte sich die Zahl der installierten WEA bezogen auf das Jahr 1989 „um das Vier- bis Siebenfache mit durchschnittlichen Wachstumsraten von rund 122 Prozent" (Hoppe-Kilpper 2003). Die installierte Windleistung stieg in den dreieinhalb Jahren von 18 auf 122 MW.[76]

Besonders die Länder Niedersachsen und Schleswig-Holstein verabschiedeten bedeutende Förderprogramme.[77] Das Land Niedersachsen förderte die Windenergie seit 1987 mit der „*Richtlinie von Zuwendungen zur verstärkten Anwendung und Nutzung neuer und erneuerbarer Energien*", über die Investitionskostenzuschüsse gewährt wurden. Das niedersächsische Förderprogramm kam unter Einfluss der damaligen Interessenverbände IWB und DGW zustande (*Interview BWE*). In der Zeit von 1987 bis 1990 förderte das Land Niedersachsen die Windenergie mit Mitteln in Höhe von 31 Mio. DM (15,8 Mio. Euro), wobei 5 Mio. DM (2,6 Mio. Euro) auf Forschungs- und Entwicklungsaktivitäten in niedersächsischen Unternehmen entfielen (z.B. ENERCON) und 26 Mio. DM (13,3 Mio. Euro) in die Projektförderung gingen. Das Land Schleswig-Holstein förderte WEA seit 1989 mit dem Programm „*Erneuerbare Energien*", wobei in der Zeit von 1989 bis 1993 Fördermittel in Höhe von 43,6 Mio. DM (22,3 Mio. Euro) bereitgestellt wurden.

Abschließend sollen kurz die wichtigsten Interessenverbände der Windenergienutzung in Deutschland dargestellt werden, die in jenem Untersuchungszeitraum entstanden und zunächst besonders die landespolitischen Entwicklungen beeinflussten. Der erste Interessenverband für die Windenergie war die im Jahr 1974 in Eckernförde gegründete „*Deutsche Gesellschaft für Windenergie*" (DGW). Nach internen Streitigkeiten innerhalb dieses Verbandes gründete sich im Jahr 1985 der „*Interessenverband Windpark nordwestdeutsches Binnenland*" (IwnB), der kurze Zeit später in „*Interessenverband Windkraft Binnenland*" (IWB) umbenannt wurde. Es ist vorwegzunehmen, dass vor dem Hintergrund des rasanten Ausbaus und Bedeutungszuwachses der Windenergie der IWB im Jahr 1996 wieder mit der DGW zum „*Bundesverband WindEnergie*" (BWE) fusionierte und aufgrund der Erfolgsgeschichte der Windenergie in Deutschland weiter an politischer Gestaltungskraft gewann (s.S. 327ff.).

Biomasse

Im Gegensatz zu den bereits genannten Technologien einer Nutzung erneuerbarer Energien wurde die Nutzung von Biomasse zur Energieerzeugung durch die damaligen Bundesregie-

---

[76] Ab 1991 sollte das Stromeinspeisegesetz seine Wirkung als wichtigstes Fördermittel erneuerbarer Energien entfalten und sich bis 1993 zum wesentlichen Element der deutschen Windförderung entwickeln. Entsprechend sank der Anteil der im „100/250 MW Wind" Programm geförderten Anlagen von rund 78 Prozent in 1992 über 45 Prozent in 1993 auf unter 10 Prozent in 1995 (Hoppe-Kilpper 2003).
[77] Ein aller erstes Förderprogramm für Windenergie wurde schon allerdings noch früher durch den „*Interessenverband Windpark nordwestdeutsches Binnenland*" gegenüber der nordrhein-westfälischen Landesregierung durchgesetzt, mit der die Investitionen von zehn Windkraftprojekten gefördert wurden (Paul 2001).

rungen nur in verhältnismäßig geringem Umfang gefördert. In technologischer Perspektive ist zu betonen, dass die energetische Nutzung von Biomasse in der Regel in Blockheizkraftwerken auf der Basis von Kraft-Wärme-Kopplung erfolgt, also gleichzeitig Elektrizität und Wärme erzeugt wird. In der Zeit von 1974 bis 1982 förderte das BMFT die Entwicklung der Biomassenutzung im Rahmen seines Programms *„Biotechnologie und Abfallwirtschaft"* in einem finanziellen Umfang von mehr als 76 Mio. DM (38,8 Mio. Euro). Hinzu kamen Fördermittel verschiedener Landesregierungen. Insbesondere die Bundesländer mit einem bedeutenden Anteil des landwirtschaftlichen Sektors förderten die Biomasse bis Mitte der 1980er Jahre (vor allem Bayern). Die regionalen Schwerpunkte ihrer energetischen Verwertung in BHKW-Anlagen waren die Gegenden, in denen in besonderem Umfang Viehzucht betrieben wurde, also Württembergischer und Bayerischer Allgäu, Nieder- und Oberbayern sowie Hohenlohe und Mittelfranken.

Leider konnten im Rahmen der Länderbefragung keine genaueren Daten zur Förderung der Biomasse im frühen Untersuchungszeitraum ermittelt werden. Generell erscheint jedoch die Bedeutung staatlicher Technologieförderung im Bereich der Biomasse gering gewesen zu sein. Aufschlussreich ist in diesem Zusammenhang eine Aufschlüsselung der Forschungsausgaben des BMBF/BMFT für die einzelnen erneuerbaren Energietechnologien im Zeitraum von 1980 bis 1997. Am Forschungsbudget von 3.985 Mio. DM (2.037 Mio. Euro) betrug der Anteil zur Erforschung der Bioenergie nur 140 Mio. DM (71,6 Mio. Euro), also gerade einmal 3,5 Prozent.[78] Zusätzlich wurde die Biomassenutzung über verschiedene Förderprogramme des damaligen Bundeslandwirtschaftsministeriums in einer Höhe von 77,5 Mio. DM (39,6 Mio. Euro) unterstützt (UBA 2000).

Im Rückblick ist zu betonen, dass mit dem Zerfall des Weltmarktpreises für Erdöl im Jahr 1986 das Interesse an einer Nutzung der Biomasse als erneuerbarer Energie zurückging. Viele staatliche Forschungseinrichtungen stellten in jener Zeit auch ihre Forschung zur Biomasse ein (z.B. Bayerische Landesanstalt für Landtechnik, Universität Hohenheim). Weil der Netzanschluss BHKW-Anlagen an das öffentliche Netz und die Aushandlung der jeweiligen Einspeisetarife aufgrund der rechtlichen Regelungen über eine Verbändevereinbarung von der Kooperationswilligkeit der einzelnen Netzbetreiber abhing (s.S. 118ff.), stagnierte ab Mitte der 1980er Jahre der Ausbau von Biomasseanlagen. Erst mit der Verabschiedung des Stromeinspeisegesetzes (StromEG), das den Anlagebetreibern ca. 14 Pf/kWh brachte, verbesserten sich insbesondere für Akteure aus der Landwirtschaft die Investitionsbedingungen zur Errichtung von Biomasseanlagen. Es ist vorwegzunehmen, dass es deshalb auch erst nach der Verabschiedung des StromEG zur Gründung eines ersten wichtigeren nationalen Biomasseverbandes kam, nämlich dem 1992 gegründeten Fachverband Biogas (Epp 2001).

3.2.3.3   Die länderbezogene Forschungspolitik für erneuerbare Energien

Die positiven Wirkungen des föderalen Regierungssystems der Bundesrepublik Deutschland auf die Politikentwicklung und -implementierung zum Ausbau erneuerbarer Energien werden im Wesentlichen auf *vier grundlegende Wirkungsmechanismen* zurückgeführt. Zum

---

[78] Der größte Anteil ging in die Förderbereiche Wärmepumpen, Technologien für südliche Klimazonen und Großforschungseinrichtungen (knapp 45 Prozent), Fotovoltaik (knapp 30 Prozent), Windenergie (11 Prozent) und Solarthermie (8 Prozent).

ersten ist davon auszugehen, dass durch die föderale Staatsstruktur die interessenpolitischen Akteure für erneuerbare Energien *bessere Zugangsvoraussetzungen zum politisch-administrativen System (1)* hatten und damit ihre Interessen effektiver verfolgen konnten. Mit der Länderebene bestand eine zusätzliche politische Arena, über die Fördermaßnahmen entwickelt und umgesetzt werden konnten. Deshalb ist zu untersuchen, wie sich einzelne Initiativen zum Ausbau erneuerbarer Energien auf den dezentralen politischen Ebenen und hier besonders auf der Länderebene auf die Regulierung auf der Bundesebene ausgewirkt haben. Es ist zu klären, ob durch erfolgreiche dezentrale Politikinnovationen eine innovative Regulierung auf der Bundesebene begünstigt wurde. Damit sind die *Potentiale möglicher Politikinnovationen* und ihrer *Diffusion von dezentralen politischen Ebenen* (kommunale Ebene und Länderebene) *auf die Bundesebene* berührt (Blancke 2003). Hierbei ist zu untersuchen, ob sich das deutsche Regierungssystem im Vergleich zu Großbritannien durch eine größere Offenheit auszeichnet und ob sich diese auf den Ausbau erneuerbarer Energien ausgewirkt hat.

Außerdem ist zu analysieren, inwieweit mit der Länderebene *flexible regulative Arrangements zur politischen Steuerung der politischen Querschnittsaufgabe eines Ausbaus erneuerbarer Energien (2)* ermöglicht wurden, die im stärker zentralisierten britischen Regierungssystem nicht bestanden (bessere, weil dezentralere Anpassung an Regulierungsbedürfnisse der EE). Diese betreffen z.B. flexible Handlungsspielräume der Länder in der Infrastruktur-, Raum- und Planungspolitik.

Es ist zu klären, ob von der eingangs beschriebenen energiewirtschaftlichen Politikverflechtung in Deutschland positive Effekte zum Ausbau erneuerbarer Energien ausgingen. Von besonderer Relevanz ist hier die seit der zweiten Hälfte der 1980er Jahre zunehmende Kritik einzelner, vor allem von der SPD und den Grünen regierten Länderregierungen an der Nutzung der Kernenergie. Damit ist zu berücksichtigen, ob von der *Politikverflechtung in der bundesdeutschen Kernenergieregulierung innovative Impulse für die Förderung erneuerbarer Energien (3)* ausgegangen sind. Darüber hinaus könnten sich positive Wirkungen der Politikverflechtung alleine aufgrund der Doppelstruktur der Förderung erneuerbarer Energien durch Akteure der Länder- und Bundesebene ergeben haben. Hierfür ist zu klären, ob es aufgrund der Politikverflechtung *über multiple Förderpraktiken zu kumulativen Synergien (4)* beim Ausbau erneuerbarer Energien gekommen ist.

Um die Komplexität der Analyse in einem bearbeitbaren Rahmen zu halten, wird für die Darstellung der Länderinitiativen eine Länderauswahl getroffen. Neben den ausstiegsorientierten Bundesländern Hamburg, Hessen und Schleswig-Holstein werden in die Analyse außerdem die Bundesländer Niedersachsen und Nordrhein-Westfalen einbezogen. Das Bundesland Niedersachsen wird in die Analyse integriert, weil von den Förderaktivitäten dieses Bundeslandes wichtige Impulse für den Ausbau der Windenergie ausgingen. Das bevölkerungsreichste Land Nordrhein-Westfalen darf schon vor dem Hintergrund nicht fehlen, weil es in der Energieerzeugung das wichtigste Bundesland überhaupt ist und in Fragen des regionalen Strukturwandels ein frühzeitiges Interesse an der Entwicklung von Zukunftstechnologien hatte.

Hamburg

Bereits seit Mitte der 1970er Jahre gingen vom Senat der Hansestadt Hamburg wichtige Impulse zur Gestaltung einer eigenen Energiepolitik aus, die besonders durch die lokalen

Proteste gegen das im Bau befindliche Kernkraftwerk Brokdorf ausgelöst wurden. Für das besondere Aktivitätsniveau des Hamburgischen Senats war auch bedeutend, dass die Hafenstadt von den Auswirkungen der Klimaerwärmung besonders betroffen sein würde. Innerhalb der regierenden sozial-liberalen Koalition unter Bürgermeister Klose induzierten die Proteste gegen die Errichtung des Kernkraftwerks Brokdorf bereits in der Legislaturperiode von 1974 bis 1978 Initiativen zur Entwicklung einer städtischen Energiepolitik. Gegenüber dem Ausbau der Kernenergie favorisierten der Senat und die städtische Energiebehörde einen Ausbau des Fernwärmenetzes bei gleichzeitiger Förderung der dezentralen Kraft-Wärme-Kopplung. Der Widerstand der Hamburger SPD gegen eine Nutzung der Kernenergie durch die Hamburgischen Electricitätswerke (HEW) spitzte sich gegen Ende der Legislaturperiode zu. Weil der hohe nukleare Anteil bei der Stromerzeugung der HEW den Ausbau von Nachtspeicherheizungen erforderlich machte,[79] wollten Teile des Senats und der Partei die Nutzung von Strom im Wärmemarkt untersagen und die HEW damit zwingen, den Ausbau des Fernwärmenetzes mit Investitionen in Blockheizkraftwerken zu forcieren. Die SPD-Parteiführung um Klose konnte sich aber nicht durchsetzen, sondern trat schließlich sogar zurück, nachdem sich eine vom damaligen Finanzsenator und HEW-Aufsichtsratsvorsitzenden Nölling angeführte Koalition von Brokdorf-Befürwortern mit bundespolitischer Unterstützung für den Bau des Kernkraftwerks durchsetzte (Czada 1992).

Die Senatswahlen im Jahr 1978 bestätigten erneut eine SPD-Mehrheit, dieses Mal unter dem Regierenden Bürgermeister von Dohnanyi. Von Dohnanyi setzte die kernenergiekritische Energiepolitik seines Vorgängers in abgeschwächter Form fort. Der deutlichste Ausdruck hierfür war im Oktober 1979 die Verabschiedung des *„Hamburgischen Programms zur Einsparung von Energie"* (Bürgerschaft der Freien und Hansestadt Hamburg 1979).[80] Dieses Förderprogramm ist eines der ersten deutschen Länderprogramme überhaupt, mit dem die Ziele von mehr Energieeffizienz und -einsparung verwirklicht werden sollten. Es hatte für Konzepte in anderen Städten und Bundesländern Vorbildfunktion (Staatliche Pressestelle der Freien und Hansestadt Hamburg 1986). Mit seiner Verabschiedung gelangten auch erneuerbare Energien in den Fokus staatlicher Förderung. Die Schwerpunkte lagen zunächst auf der Nutzung von Biomasse, nämlich der Klär-, Deponie- und Biogasnutzung in den städtischen Klärwerken, Mülldeponien, landwirtschaftlichen Betrieben und Schlachthöfen. Außerdem wurden erste Versuche zur Nutzung der Sonnenenergie durchgeführt. Hinsichtlich einer Nutzung der Windenergie blieb der Hamburgische Senat aber bis in die zweite Hälfte der 1980er Jahre skeptisch.[81] Zunächst war das *„Ham-*

---

[79] Die HEW waren an vier Kernkraftwerken beteiligt: Stade, Brunsbüttel, Krümmel und Brokdorf. Weil Kernkraftwerke im Lastmanagement nicht flexibel an den sich im Zeitverlauf verändernden Strombedarf angepasst werden können, sondern kontinuierlich grundlastfähigen Strom erzeugen, sollte mit dem Ausbau von Nachtspeicherheizungen auch in den absatzschwächeren Nachtperioden ein kontinuierlicher Absatz gewährleistet werden.

[80] Dieses Energieprogramm umfasste u.a. folgende Ziele: Verringerung des Heizenergiebedarfs in öffentlichen und privaten Gebäuden durch verstärkten Einsatz der Solartechnik; Maßnahmen im Bereich des Individualverkehrs und öffentlichen Personennahverkehrs; Maßnahmen im Bereich der Energieversorgung: Erstellung eines integrierten Versorgungskonzepts, Förderung dezentraler und erneuerbarer Energieerzeugung; Verbraucherberatung und Öffentlichkeitsarbeit; landeseigene Initiativen im Rahmen der WMK und der Beteiligung an der Bundesgesetzgebung durch den Bundesrat (Bürgerschaft der Freien und Hansestadt Hamburg 1979).

[81] In einer Bilanz zur Hamburgischen Energiepolitik aus dem Jahr 1986 hieß es: „Windenergie ist in Hamburg ebenfalls grundsätzlich technisch nutzbar. Die Frage, ob wirtschaftliche Einsatzmöglichkeiten für einzelne WEA auf landwirtschaftlichen Betrieben der Stadt gegeben sind, musste allerdings nach Prüfung verneint werden" (Staatliche Pressestelle der Freien und Hansestadt Hamburg 1986).

burgische Programm zur Einsparung von Energie" mit einem Gesamtvolumen von 40 Mio. DM (ca. 20,4 Mio. Euro) nur für einen Zeitraum von vier Jahren aufgelegt worden. Wegen der stetigen Dringlichkeit von Fragen der Energieeffizienz aufgrund anhaltend hoher Erdölpreise wurde das Programm jedoch verlängert und erreichte bis zum Jahr 1988 einen Finanzumfang von etwa 96 Mio. DM (Bürgerschaft der Freien und Hansestadt Hamburg 1989). Zudem hatte im Jahr 1982 die Wiederwahl der SPD-Regierung unter Bürgermeister Dohnanyi eine Fortsetzung der Förderung erneuerbarer Energien begünstigt. Entsprechend beschloss der Hamburgische Senat in jener Zeit die Gründung eines *„Zentrums für Energie-, Wasser- und Umwelttechnik"* (ZEWU), das in Fragen der Energieeinsparung und Nutzung erneuerbarer Energien als Multiplikator wirken sollte.

Nach dem Reaktorunfall von Tschernobyl im April 1986 verstärkte die Hamburger SPD ihre Initiativen für einen Ausstieg aus der Kernenergie. Im Jahr 1987 resultierte die Wiederholung einer Wahl des Jahres 1986, die keine regierungsfähige Mehrheit ergeben hatte, in einer neuen Regierungskoalition aus SPD und FDP. Unter ihrem wieder gewählten Bürgermeister von Dohnanyi hieß es in der Regierungserklärung vom September 1987:

> „Die Koalitionspartner sind aber gemeinsam der Auffassung, dass die Zeit der Kernenergie auch wegen ihrer Risiken beschränkt sein muss und dass Anstrengungen erforderlich sind, diese Frist möglich kurz zu halten. (...) Um die Übergangsfrist der Kernenergie zu verkürzen, werden wir in dieser Legislaturperiode eine Vielzahl von Maßnahmen ergreifen, die Hamburg von der Kernenergie unabhängiger machen werden" (Bürgerschaft der Freien und Hansestadt Hamburg 1989, 3).

Bereits in der Koalitionsvereinbarung vom August 1987 war beschlossen worden:

> „Hamburg soll einen eigenen Beitrag zur Entwicklung umweltschonender Energienutzung und erneuerbarer Primärenergien, insbesondere solcher mit regionaler Bedeutung in Hamburg und Norddeutschland leisten" (Bürgerschaft der Freien und Hansestadt Hamburg 1989, 3).

Der Reaktorunfall von Tschernobyl wirkte somit als entscheidender Impuls für die Verabschiedung neuer Förderprogramme für erneuerbare Energien. Seit 1988 wurden Projekte zur Entwicklung von neuen Energietechnologien sowie Demonstrationsvorhaben zum rationellen Energieeinsatz und zur Nutzung erneuerbarer Energiequellen gesondert gefördert.[82] Für den Zeitraum von 1988 bis 1994 wurden hierfür Landesmittel in einer Höhe von 8,8 Mio. DM (4,5 Mio. Euro) bereit gestellt (Bürgerschaft der Freien und Hansestadt Hamburg 1989). Die Verbreitung wissenschaftlicher Erkenntnisse zum Klimawandel in der Öffentlichkeit hatte ab der zweiten Hälfte der 1980er Jahre positiven Einfluss auf die Verabschiedung der genannten Initiativen.[83]

---

[82] Eine weitere wichtige Initiative der Hamburgischen Energiepolitik bestand in der Gründung der *„Norddeutschen Energieagentur"*, die als Energiedienstleistungsunternehmen eine rationelle und nachhaltige Energieversorgung gegenüber gewerblichen und kommunalen Akteuren fördern sollte. Die Agentur wurde auf Initiative des Senats durch die Hamburger Gaswerke und die Hamburgische Landesbank gegründet.

[83] Die Enquete-Kommission des Deutschen Bundestages *„Vorsorge zum Schutz der Erdatmosphäre"* hatte im November 1988 in ihrem Zwischenbericht auf die potentiellen Gefahren des Treibhauseffektes und des Ozonlochs hingewiesen. Gleichzeitig fand in Hamburg ein Weltkongress zum Thema *„Klima und Entwicklung"* statt, auf dem der damalige Senatspräsident Hamburgs alle politisch Verantwortlichen zu einer wirksamen Bekämpfung des Treibhauseffektes aufrief (Bürgerschaft der Freien und Hansestadt Hamburg 1990b, 2).

Vor diesem Hintergrund forderte die Bürgerschaft in einer Entschließung vom September 1989 den Senat zu weiteren Schritten für einen Ausbau erneuerbarer Energien auf. Der Senat wurde beauftragt, eine Beteiligung am *„100 MW-Windprogramm"* des BMFT zu prüfen und hierfür die Kooperation mit anderen norddeutschen Bundesländern zu suchen. Die Stadt Hamburg sollte im Bundesrat eigene Initiativen zur Förderung erneuerbarer Energien ergreifen und mit den HEW in Verhandlungen treten, um die Einspeisevergütungen für Strom aus erneuerbaren Energiequellen deutlich zu erhöhen (Bürgerschaft der Freien und Hansestadt Hamburg 1990a).[84] Auf die parlamentarische Anfrage bestätigte der Senat, bereits seit dem Start des *„100 MW-Wind"*-Programms mit den anderen norddeutschen Küstenländern (Bremen, Niedersachsen, Schleswig-Holstein) in Kooperation getreten zu sein, um sich in der Frage der Fördersätze und der Länderanteile horizontal abzustimmen. Angesichts einer sich frühzeitig abzeichnenden erheblichen Überzeichnung des Programms haben die beteiligten norddeutschen Bundesländer den Bund im Mai 1989 dazu aufgefordert, im Anschluss an das 100 MW-Windprogramm ein weiteres mittelfristig angelegtes Programm zur Markteinführung von WEA aufzulegen, um eine Verstetigung der Förderung zu erreichen (Bürgerschaft der Freien und Hansestadt Hamburg 1990a).

Im Ganzen ist die Vorreiterrolle Hamburgs bei der Entwicklung und Umsetzung klimaschutzpolitischer Maßnahmen hervorzuheben, die auch die Verabschiedung besonderer Förderprogramme im Bereich erneuerbarer Energien umfassten. Dieser Umstand kommt auch in einem der ersten länderbezogenen Klimaschutzprogramme zum Ausdruck, nämlich *„Hamburgs Beitrag zur Verminderung der Klimagefahren"* (Bürgerschaft der Freien und Hansestadt Hamburg 1990b). In diesem Papier setzt sich der Senat der Stadt Hamburg zum Ziel, „durch konkrete eigene Schritte und Maßnahmen Vorbildliches zu leisten und zum Nachahmen anzuregen" (Bürgerschaft der Freien und Hansestadt Hamburg 1990b, 2).

Hessen

Neben Hamburg stellte das Bundesland Hessen einen weiteren wichtigen Impulsgeber für die Entwicklung erneuerbarer Energien dar. Eine Ursache hierfür war die erste Beteiligung der Grünen an einer Landesregierung. Im Jahr 1982 ging die SPD eine Koalition mit den grünen ein. Diese rot-grüne Koalition sollte bis 1987 halten und der Energiepolitik des Landes wichtige Impulse geben. Im Jahr 1987 wurde die rot-grüne Landesregierung nicht zuletzt aufgrund eines eskalierenden Streits über die zukünftige Ausrichtung der Energiepolitik durch eine Koalition von CDU und FDP abgelöst. Diese Koalition regierte allerdings nur für eine Legislaturperiode bis 1991, bevor bis zum Ende des Jahrzehnts wieder rot-grüne Regierungen die Hessische Landespolitik bestimmten (bis 1999).

Die Auslöser für die energiepolitischen Initiativen der ersten rot-grünen Landesregierungen standen mit dem besonders hohen Anteil der Kernenergie bei der Stromerzeugung in Zusammenhang, der in Hessen bei 67 Prozent lag (Der Hessische Minister für Wirtschaft und Technik 1985). Außerdem waren in der ersten Hälfte der 1980er Jahre der Bau des Kernkraftwerks Biblis C, einer Wiederaufarbeitungsanlage in Nordhessen (Waldeck-Frankenberg) sowie die Geschehnisse rund um das Brennelementewerk Hanau Brennpunkte landespolitischer Auseinandersetzungen (Czada 1992, 165-168). Vor diesem Hintergrund

---

[84] Zu entsprechenden Verhandlungen kam es aber erst im Jahr 1994, bei denen man sich auf einen Kooperationsvertrag der Umweltbehörde der Stadt Hamburg mit den HEW einigte (s.S. 181).

hat die rot-grüne Landesregierung bereits im Jahr 1982 mit einer Förderung erneuerbarer Energien begonnen, jedoch erst ab 1984 eine offizielle Statistik hierzu eingeführt (*Umfrage Februar 2003*).

Die gesetzliche Grundlage für den Einstieg in die Förderung erneuerbarer Energien war im Juli 1985 die Verabschiedung des „*Gesetzes über sparsame, rationelle, sozial- und energieverträgliche Energienutzung*" durch den Hessischen Landtag. Mit diesem Gesetz zielte die Hessische Landesregierung auf einen landesbezogenen Kernenergieausstieg. Das explizite Ziel des Gesetzes war die Umstrukturierung der „Energieversorgung hin zu ökologisch und sozial verträglichen Formen der Energieeinsparung und -nutzung". Die hessische Energiepolitik sollte „eine Versorgung ohne Kernkraftwerke möglich machen." Von 1984 bis 1990 lag der Schwerpunkt der landespolitischen Förderung auf einer Ausweitung der Klär- und Deponiegasnutzung (23,6 Mio. DM, 12 Mio. Euro), der Wasserkraft (Fördervolumen: 10,8 Mio. DM, 5,5 Mio. Euro) und der Biomassenutzung (2,3 Mio. DM, ca. 1,2 Mio. Euro). Die Förderung von Windkraft und FV wurde erst relativ spät gegen Ende der 1980er Jahre aufgenommen. Infolge des Atom-Ausstiegsbeschlusses der Landesregierung forderte das Umweltministerium in seinem Energiebericht des Jahres 1986 die Bundesregierung dazu auf, die Forschungsmittel für erneuerbare Energiequellen und eine rationelle Energieverwendung aufzustocken. Der Bundesregierung wurde vorgeworfen, dass von 1956 bis 1983 rund 30 Mrd. DM (ca. 15 Mrd. Euro) an öffentlichen Geldern in die nukleare Energieforschung geflossen seien, während die Forschungsförderung für erneuerbare Energien und eine rationelle Energieverwendung nur 1,9 Mrd. DM (knapp 1 Mrd. Euro) betragen hätte (Hessisches Ministerium für Umwelt und Energie 1986).

Der Regierungswechsel von einer rot-grünen Koalition zu einer christlich-liberalen Koalition unter Ministerpräsidenten Wallmann im Jahr 1987 bewirkte interessanter Weise neue Impulse für die Förderung erneuerbarer Energien. Im Gegensatz zur ausstiegsorientierten Vorgängerregierung postulierte die neue Landesregierung zwar, dass auf die Nutzung der Kernenergie aus ökonomischen, ökologischen, industrie- und entwicklungspolitischen Gründen nicht verzichtet werden könnte. Gleichzeitig wurde aber betont, dass die Kernenergie langfristig nicht die Lösung der Energieprobleme sein könne (Hessisches Ministerium für Wirtschaft und Technik 1990). Die christlich-liberale Regierungskoalition war der Auffassung, „dass die Anstrengungen zur Weiterentwicklung erneuerbarer Energiequellen verstärkt werden müssen", wobei neben Gründen der Versorgungssicherheit und des Klimaschutzes auch regionalwirtschaftliche und strukturpolitische Faktoren genannt wurden. Die neue Landesregierung verfolgte zunächst das Ziel einer Novellierung des bestehenden „*Hessischen Energiegesetzes*", weil mit dem rot-grünen Gesetz aus dem Jahr 1985 Zielsetzungen verfolgt würden, die nicht unmittelbar an den Grundsätzen einer sparsamen, rationellen, sozial- und umweltverträglichen Energienutzung orientiert waren. Mit einer erneuten Novellierung wurden deshalb gesellschaftspolitisch motivierte Passagen des Gesetzes beseitigt.[85] Im Mai 1990 resultierte die Reform im „*Gesetz über die Förderung rationeller und umweltfreundlicher Energienutzung in Hessen*". Noch vor der Gesetzesverabschiedung versuchte die Hessische Landesregierung, die Förderung erneuerbarer Energien zu intensivieren. Bereits im Jahr 1988 wurde ein Hessisches Energie-Technologie-

---

[85] Damit waren z.B. Vorschriften gemeint, die auf eine Bevorzugung kommunaler und dezentraler Versorgungsstrukturen abzielten (Stichwort: Kommunalisierung und Dezentralisierung der Energiewirtschaft). Das novellierte Gesetz beseitigte damit die Zielsetzung für eine bestimmte Struktur der Versorgungswirtschaft.

Programm formuliert, das bis zum August des Folgejahres überarbeitet wurde, um die Schwerpunkte der Förderung von Forschung und Entwicklung, Pilot- und Demonstrationsanlagen im Energiebereich für die kommenden Jahre festzulegen (Hessisches Ministerium für Wirtschaft und Technik 1990). In dem Landes-Förderprogramm wurden folgende Schwerpunkte definiert: Rationelle Energieverwendung und -einsparung, Solarenergie/FV, Wasserstofftechnologie, Windenergie und Biomasse. Von 1988 bis 1990 wurden für die genannten Schwerpunkte Finanzmittel in Höhe von 21,5 Mio. DM (11 Mio. Euro) bereitgestellt. Unter den Projekten befand sich der Windenergiepark Vogelsberg (veranschlagte Kosten 6 Mio. DM, etwa 3 Mio. Euro), auf dem unterschiedlicher Anlagentypen mit dem Ziel getestet wurden, die für den Betrieb in Mittelgebirgsregionen geeignetsten zu ermitteln. Weiterer Forschungsschwerpunkt war die FV (ca. 4,2 Mio. DM, 2,1 Mio. Euro). Die technologische Schwerpunktsetzung wurde durch bundespolitische Schwerpunktsetzungen beeinflusst, weil der Bund neben dem Programm *„100 MW-Wind"* im Jahr 1990 das Bund-Länder-Programm *„1000-Dächer-Fotovoltaik"* auflegte (s.S. 99ff.).

Neben verschiedenen hochschulbezogenen Fördermaßnahmen im Bereich der Energieforschung (z.B. durch die Gesamthochschule Kassel: Wärme aus Biomasse, Fachhochschule Gießen-Friedberg/Justus-Liebig-Universität Gießen: Aufbau eines Biogas-Zentrums) ist auch die regionalpolitisch motivierte Gründung des *„Instituts für Solare Energieversorgungstechnik"* (ISET) in Kassel/Nordhessen im Februar 1988 hervorzuheben.[86] Für die Erstellung eines Gründungskonzepts des ISET war der externe Schock von Tschernobyl mit ursächlich, vor allem weil „ohne gezielte zusätzliche Forschungsarbeiten die Umsetzung der erneuerbaren Energien nicht im gewünschten Maße möglich wäre" (Knaupp 2001).[87] Eine Besonderheit der Gründung des ISET ist, dass die Gründungsplanung des Instituts von einer rot-grünen Regierung vorbereitet und durch die spätere CDU-FDP-Regierung unter Ministerpräsident Wallmann und FDP-Wirtschaftsminister Gerhardt umgesetzt wurde. Laut dem Hessischen Energiebericht wurde mit dem ISET eine zukunftsträchtige Infrastruktureinrichtung errichtet, die Zukunftstechnologien in der strukturschwachen nordhessischen Region erforscht. In dieser Funktion begleitete das ISET in den 1990er Jahren verschiedene landesbezogene Förderprojekte. Durch das Institut wurde z.B. die Forschung einer Nutzung von Windenergie unter Mittelgebirgsbedingungen (z.B. mechanische Beanspruchung drehzahlvariabler Anlagen) in Kooperation mit dem Fraunhofer-Institut entscheidend voran gebracht (Hessisches Ministerium für Umwelt 1994). In dieser Funktion begleitete das ISET das langjährige Wissenschaftliche Mess- und Evaluierungsprogramm zum Breitentestprogramm *„250 MW Wind"*, unter dem seit 1991 Betriebsdaten von mehr als 1.500 WEA erfasst wurden. Außerdem entwickelte es im Bereich der FV netzgekoppelte oder hybride Anlagen (Knaupp 2001).

Somit wurde die Kontinuität der Förderung erneuerbarer Energien nach dem hessischen Regierungswechsel im Jahr 1987 nicht negativ beeinflusst. Vielmehr gingen von den bundespolitischen Förderprogrammen zur Nutzung der Wind- und Solarenergie wichtige Impulse für weitere landespolitische Initiativen aus. Zwar hat der länderbezogene Parteien-

---

[86] Der Hauptinitiator zur Gründung des ISET war Prof. Kleinkauf, der bereits seit 1973 im damaligen DFVLR (heutiges DLR) Programmleiter im Forschungsbereich *„Nutzung von Solarenergie"* war.

[87] Die Tätigkeitsfelder des ISET lagen in den folgenden Bereichen: Regelungs-, System- und Anlagentechnik im Bereich der Windenergie und der Solarstrahlungsnutzung; Überwachung und Betriebsweise von Energiespeichern; Auslegung umweltschonender, in bestehende Versorgungsstrukturen integrierbarer Energieversorgungssysteme; solare Energieverwendung für autonome elektrische Versorgungsstationen (Knaupp 2001).

wettbewerb die politische Debatte über eine zukünftige Nutzung der Kernenergie verschärft. Allerdings lässt sich am Beispiel von Hessen zeigen, dass die Interessen erneuerbarer Energien auf Landesebene auch durch CDU und FDP maßgeblich gefördert wurden.

Niedersachsen

Auch die Niedersächsische Landesregierung intensivierte in Folge des Atomreaktorunglücks von Tschernobyl die Förderinitiativen für erneuerbare Energien. Schon seit Ende des Jahres 1985, also noch vor dem Atomreaktorunglück, verfolgten die Professoren Gulbrecht und Pestel die Idee zur Gründung eines *„Instituts für Solarenergieforschung“*.[88] Unmittelbar nach dem Atomunfall folgte der Beschluss der damaligen CDU-geführten Landesregierung unter Ministerpräsident Albrecht, im Juni 1986 ein landeseigenes Institut für Solarenergieforschung zu gründen. Im Januar 1987 wurde das Institut schließlich als gemeinnützige GmbH mit dem Land Niedersachsen als einzigem Gesellschafter gegründet. Es wurde zunächst dem damaligen Niedersächsischen Ministerium für Wirtschaft, Technologie und Verkehr zugeordnet und wechselte im Jahr 1990 unter dem neuen Ministerpräsidenten Schröder unter die Aufsicht des Wissenschafts- und Kulturministeriums. Ein früher Forschungsschwerpunkt des Instituts bestand in der Solarzellenforschung (FV) und der thermischen Solarnutzung. Zur Wahrnehmung seiner Aufgaben wurde es durch die niedersächsische Landesregierung großzügig finanziert (Knaupp 2001).

Eine besondere Initiativwirkung für erneuerbare Energien ging auch von den Förderprogrammen des Landes Niedersachsen aus. Aufgrund seiner windreichen Küstenregionen hat dieses Bundesland frühzeitig mit der Förderung der regional bedeutsamen Windenergie begonnen. Seit dem Jahr 1987 förderte das Land die Windenergie mit der *„Richtlinie von Zuwendungen zur verstärkten Anwendung und Nutzung neuer und erneuerbarer Energien“*. Von besonderer Bedeutung erwiesen sich dabei die Lobbyingaktivitäten des *Interessenverbandes Windpark nordwestdeutsches Binnenland* (IwnB), der gegenüber der damaligen Landesregierung dieses erste Förderprogramm durchsetzte. Dieser Verband war auch von wichtigem Einfluss für die Entwicklung größerer Demonstrationsprogramme auf Bundesebene, wie z.B. dem BMFT-Programm *„100 MW Wind“*. Weil die Fördermittel aus dem Länderprogramm mit dem BMFT-Programm kombiniert werden konnten, war die kumulierte Förderung in Bezug auf die Investitionssumme auf 50 Prozent begrenzt. In der Zeit von 1987 bis 1990 förderte die christlich-liberale Landesregierung die Windenergie mit Fördermitteln in Höhe von 30 Mio. DM (ca. 15,8 Mio. Euro). Davon entfielen 5 Mio. DM (ca. 2,6 Mio. Euro) auf den Bereich Forschung und Entwicklung, wobei in der Regel niedersächsische Unternehmen direkte Zuschüsse erhielten. Die Fördersumme von 26 Mio. DM (ca. 13,3 Mio. Euro), also mehr als 80 Prozent der investiven Fördermaßnahmen, wurde für die direkte Projektförderung verwandt (Hoppe-Kilpper 2003, 77). Weitere landesplanerische Maßnahmen zur Beschleunigung der Markteinführung von WEA wurden im Jahr 1989 mit der Sicherung von Flächen zur Nutzung der Windkraft gewährleistet (Der Minister für Finanzen und Energie des Landes Schleswig-Holstein 1995, 50).

---

[88] Bis zu seiner Emeritierung im Jahr 1985 war Professor Gulbrecht langjähriger Direktor des Instituts für Strahlenbiologie an der Universität Hannover und vier Jahre stellvertretender Direktor der Internationalen Atomenergiebehörde in Wien. Professor Pestel war von 1956 bis 1977 ordentlicher Professor des Instituts für Mechanik an der Universität Hannover und Mitbegründer des im Jahr 1968 etablierten *"Club of Rome"* (Knaupp 2001).

Von besonderer Bedeutung sollte sich außerdem die Gründung des *„Deutschen Wind-energie-Instituts"* (DEWI) in Wilhelmshaven erweisen, dessen Gründungskonzept bereits in den späten 1980er Jahren entwickelt und zu Beginn des Jahres 1990 realisiert wurde. Die damalige christlich-liberale Landesregierung gründete das Forschungsinstitut, das anwendungsorientierte Technologieforschung im Bereich der Windenergienutzung betreiben sollte, mit dem Ziel einer Förderung der regionalen Wirtschaftspolitik: Die Forschungsarbeiten des DEWI sollten den Aufbau und die Ansiedlung einer regionalen Windenergieindustrie in den küstennahen Regionen Niedersachsens unterstützen. Von Bedeutung war in diesem Zusammenhang, dass in jener Zeit erste Anlagenhersteller in Niedersachsen ihre Unternehmensstandorte betrieben (z.B. ENERCON in Aurich) und bestimmte Unternehmen aus anderen Bundesländern aufgrund der günstigeren niedersächsischen Standort- und Entwicklungsbedingungen dorthin übersiedelten (z.B. das zunächst in Nordrhein-Westfalen ansässige Windenergieunternehmen Tacke, die spätere GE Windenergy). In den Anfangsjahren bestanden wichtige Forschungsleistungen des DEWI in der Durchführung von Messungen, welche sich die damals erst entstehende Herstellerindustrie finanziell nicht leisten konnte (z.B. Schallmessungen der Anlagen, Belastungsmessungen der Rotorblätter, Leistungskennlinien- und Windstrukturmessung). Außerdem führte das DEWI für das Land Niedersachsen erste Flächenpotentialstudien zu den regionalen Nutzungsmöglichkeiten von Windkraft durch (*Interview DEWI*). Der Beitrag des DEWI zum Erfolg der Erneuerbaren-Energien-Politik im Allgemeinen und der Nutzung der Windenergie im Besonderen wird im Untersuchungskapitel der Periode von 1990 bis 1998 näher beschrieben (s.S. 184ff.). Von Bedeutung ist an dieser Stelle, dass es für die Bundesländer aufgrund ihrer regionalpolitischen Handlungsspielräume im föderativen Regierungssystem der Bundesrepublik möglich war, die wirtschaftspolitischen Rahmenbedingungen für die Entstehung einer innovativen Windenergieindustrie zu verbessern.

Nordrhein-Westfalen

Die Idee einer stärkeren Ausrichtung der nordrhein-westfälischen Energiepolitik zugunsten einer rationellen Energienutzung und einer verbesserten Angebotsorientierung hatte bereits im Jahr 1980 mit der Amtsübernahme des damaligen Wirtschaftsministeriums durch Minister Jochimsen allmählichen Eingang in die Wirtschaftsverwaltung des Landes gefunden. Mit seiner Amtsübernahme wurden innerhalb des Landeswirtschaftsministeriums wichtige Positionen mit Personen besetzt, welche die Ideen einer nachhaltigen Energieversorgung und damit die Verknüpfung von energie- und umweltpolitischen Zielsetzungen in die damals kohledominierte nordrhein-westfälische Landesadministration hineintrugen. Trotz des Widerstands der dominanten Kohlelobby innerhalb des Ministeriums wurde im Jahr 1984 ein erstes zentrales Positionspapier mit dem Titel *„Energiepolitik in Nordrhein-Westfalen. Positionen und Perspektiven"* lanciert, das auf eine Neuausrichtung der Energiepolitik des Landes zielte. In diesem Papier wurde auf eine verstärkte Förderung der rationellen Energienutzung gedrängt. Der Ausbau der Kraft-Wärme-Kopplung und die Nutzung unerschöpflicher Energiequellen wurden als neue landespolitische Ziele definiert (MWMV des Landes Nordrhein-Westfalen 1984). Erstmalig wurden umweltpolitische Ziele als zentrale Bestandteile von Energiepolitik definiert (neben der Sicherheit der Energieversorgung, der Steigerung der Wettbewerbsfähigkeit und der Wiederherstellung des gesellschaftlichen Grundkonsenses in der Energiepolitik).

Nach der Verabschiedung dieses Strategiepapiers wurde durch den zuständigen Wirtschaftsminister ein eigenes Fachreferat gegründet, das sich speziell mit der Förderung von Innovationen in der Energieversorgung, also auch den erneuerbaren Energien, beschäftigte. Der Widerstand gegen eine entsprechende Neuausrichtung der Energiepolitik (insbesondere die Kohlelobby) war aber noch so groß, dass nur ein Jahr später (1985), die weitere Verbreitung des zitierten Strategiepapiers durch die ministerielle Leitungsebene unterbunden wurde (*Interview MWMT NRW*). Genau zu dem Zeitpunkt, als Nachhaltigkeitsziele der Energieregulierung durch konventionelle Interessen der Energiewirtschaft wieder verdrängt zu werden drohten, veränderte der externe Schock des Reaktorunfalls von Tschernobyl schlagartig die politischen Kontextbedingungen. Im Juli 1986, also unmittelbar nach dem Reaktorunglück, forderte der nordrhein-westfälische Landtag die Landesregierung dazu auf, bis Mitte 1987 dem Landtag darüber zu berichten, wie der Übergang zu einer Energieversorgung ohne Kernkraft vollzogen werden könne.[89] Zum damaligen Zeitpunkt betrug der Anteil der Kernenergie in Nordrhein-Westfalen noch 4,3 Prozent (Jochimsen 1987).

In diesem Kontext ist auf die besondere strukturpolitische Komponente der energiepolitischen Entscheidungen des damaligen nordrhein-westfälischen Wirtschaftsministeriums hinzuweisen. So ist das Ruhrgebiet als das Energiezentrum der Bundesrepublik Deutschland beschrieben worden (Ziegler 1995), in dem 85 Prozent der deutschen Steinkohle, 50 Prozent der deutschen Braunkohle und brutto ein Drittel des deutschen Stroms erzeugt werden (Kusche 1998). Seit dem Jahr 1986 war der deutsche Braun- und Steinkohlebergbau zusätzlich unter wettbewerbspolitischen Druck geraten. So sanken die variablen Kosten der Kohleförderung unter Weltmarktniveau (*Interview MWMT NRW*). Außerdem gerieten die deutschen Kohlesubventionen in den Fokus der damaligen EG-Wettbewerbskommission, die mit ihrer Wettbewerbspolitik auf eine Reduzierung der nationalen Beihilfen mittels der EGKS-Kohlebeihilfentscheidung Nr. 2064/86 zielte (Hessisches Ministerium für Wirtschaft und Technik 1990). Gegen Ende der 1980er Jahre geriet die deutsche Kohlepolitik auf nationaler Ebene zusätzlich kartell- (Stichwort: Jahrhundertvertrag) und subventionsrechtlich (die den Vertrag tragende Ausgleichsabgabe, „*Kohlepfennig*") in Bedrängnis.

Unter diesen Bedingungen beauftragte das nordrhein-westfälische Wirtschaftsministerium das Wirtschaftsinstitut Prognos mit einem Gutachten zu den Möglichkeiten eines bundesweiten Ausstiegs aus der Kernenergie. Im Ergebnis hielt das Gutachten einen Ausstieg bis zur Jahrhundertwende für realisierbar. Der Austieg sollte durch eine verstärkte Nutzung der Kraft-Wärme-Kopplung und der Realisierung technisch-wirtschaftlicher Einsparpotentiale, unter die auch ein verstärkter Einsatz erneuerbarer Energien gefasst wurde, kompensiert werden (Prognos AG 1987). Für einen erfolgreichen Kernenergieausstieg wurde somit ein politisches Umsteuern in Richtung einer *rationellen Energienutzung* für notwendig erachtet. Eine rationelle Energiepolitik sollte hauptsächlich auf den verstärkten Ausbau der KWK-Technologie zielen, bei dem durch die Verstromung von Kohle auch der heimische Kohlebergbau profitieren könnte. Darüber hinaus versprach man sich aber auch

---

[89] Damit wurde auf der nordrhein-westfälischen Landesebene die Frage eines möglichen Ausstiegs aus der Kernenergie thematisiert, die auf der Bundesebene bereits im August 1986 zu einem SPD-Bundesparteitagsbeschluss düe den Kernenergieausstieg führte (Kuhbier 2001, 433).

von den erneuerbaren Energien einen nicht zu unterschätzenden Beitrag in der heimischen Stromerzeugung (MWMT des Landes Nordrhein-Westfalen 1987).[90]

Zur praktischen Umsetzung eines Kernenergieausstieges wurden in der zweiten Hälfte der 1980er Jahre von dem neu eingerichteten Referat für eine rationelle Energiepolitik im nordrhein-westfälischen Wirtschaftsministerium weitere förderpolitische Initiativen gestartet, die für die Entwicklung der erneuerbaren Energien von wichtiger Bedeutung werden sollten. Hauptsächlich handelte es sich dabei um die Entwicklung des Programms *„Rationelle Energieverwendung und Nutzung unerschöpflicher Energiequellen"* (REN). Das Ziel dieses Förderprogramms, das bis zum gegenwärtigen Zeitpunkt noch existiert und im Verlauf der 1990er Jahre aufgrund seines Erfolgs immer wieder überarbeitet und neu aufgelegt wurde, bestand von Beginn an in der Förderung einer effizienten und nachhaltigen Energieerzeugung und -versorgung. Die Idee zu diesem Programm war im Jahr 1987 im Rahmen der Kooperation von Mitarbeitern des Landeswirtschaftsministeriums mit Energieexperten des Fraunhofer-Instituts für Systemtechnik und Innovationsforschung (Karlsruhe) entstanden. Die in dem Programm entwickelten Vorschläge zur Förderung erneuerbarer Energien wurden maßgeblich durch persönliche Netzwerke zwischen dem damaligen Wirtschaftsminister Reimut Jochimsen und seinem Bruder Ulrich Jochimsen, der mit dem in Dänemark ansässigen energiewirtschaftlichen *„Institut für bleibende Energie"* kooperierte, beeinflusst. Der damalige Referatsleiter im nordrhein-westfälischen Wirtschaftsministerium, der das REN-Programm inhaltlich maßgeblich gestaltet hatte, beschreibt den Entstehungsprozess des Förderprogramms folgendermaßen:

> „Ich wurde durch die Ministerialebene im Wirtschaftsministerium beauftragt, dieses REN-Programm zu schreiben, weil klar war, dass wir nicht nur mit dem Strategiepapier *„Rationale Energiepolitik für eine rationelle Energieverwendung"* (MWMT des Landes Nordrhein-Westfalen 1987) bestehen konnten, sondern dem auch praktische Schritte folgen lassen mussten. Es ging einfach darum, etwas für die kleinen Leute und die SPD-Seele auf den Weg zu bringen. Und natürlich ging es auch darum, den politisch stärker werdenden Grünen das Wasser abzugraben." (*Interview MWMT NRW*).

Das REN-Programm wurde durch die nordrhein-westfälische Landesregierung noch im Jahr 1987 verabschiedet. Die Förderung lief mit der Veröffentlichung von Richtlinien im Jahr 1988 an. Ein besonderes Kennzeichen des REN-Programms war der breite Rahmen der Projektförderung. Neben Fördermaßnahmen zur technologischen Entwicklung und für Demonstrationsprojekte schloß es auch die finanzielle Unterstützung von Maßnahmen im Bereich des Energie-Consulting und der energiewirtschaftlichen Fortbildung ein. Bereits im Klimabericht des Landes NRW aus dem Jahr 1992 deutete sich der große Erfolg des REN-Programms an. Von Januar 1988 bis Ende des ersten Halbjahres 1991 wurden allein im Rahmen der Breitenförderung rd. 44 Mio. DM (ca. 22,5 Mio. Euro) bewilligt.[91] Hinzu ka-

---

[90] In dem Kernenergieausstiegs-Szenario wurden die Ergebnisse einer im Jahr 1984 vom damaligen BMWi an das Deutsche Institut für Wirtschaftsforschung (Berlin) sowie das Fraunhofer Institut für Systemtechnik und Innovationsforschung (Karlsruhe) vergebenen Studie zu den Potentialen erneuerbarer Energien in der Bundesrepublik Deutschland zusammengefasst. Danach hätten bis zum Jahr 2000 zusätzlich 2 bis 3 Prozent des bundesweiten Strombedarfs aus unerschöpflichen Energiequellen gedeckt werden können. Der Windenergie wurde das größte technisch-wirtschaftliche Entwicklungspotential eingeräumt (MWMT des Landes Nordrhein-Westfalen 1987).
[91] Bei einer Regelförderquote von 25 Prozent kann von einem Investitionsvolumen in Höhe von rd. 180 Mio. DM (92 Mio. Euro) ausgegangen werden.

men in den dreieinhalb Jahren im Bereich der Demonstrationsförderung Fördermittel in Höhe von 48 Mio. DM (ca. 24,5 Mio. Euro), wobei Demonstrations- und Pilotprojekte durch das Land NRW bereits seit 1985 gefördert wurden. Von der gesamten finanziellen Fördersumme in Höhe von rd. 92 Mio. DM (ca. 47,0 Mio. Euro) entfielen allein auf die Förderung der erneuerbaren Energien Bio-, Deponie- und Klärgas sowie Wasser- und Windkraft und die direkte Sonnenenergienutzung rd. 36 Mio. DM (ca. 18,4 Mio. Euro), die geschätzte Gesamtinvestitionen in Höhe von 158 Mio. DM (ca. 80,8 Mio. Euro) auslösten. Eine Vielzahl von Projekten wurde seit 1990 durch bundespolitische Forschungsförderprogramme des BMFT (z.B. 100 MW-Wind, 1000-Dächer-Programm) additiv gefördert. In der Anfangsphase des REN-Programms (1988 bis Mitte 1991) wurde die energetische Nutzung von Bio- und ähnlichem Gas mit rd. 18 Mio. DM (ca. 9,2 Mio. Euro) am intensivsten gefördert. An zweiter Stelle rangierte die Solarenergienutzung mit rd. 9,4 Mio. DM (ca. 4,8 Mio. Euro), gefolgt von der Wasserkraft mit rd. 8,2 Mio. DM (ca. 4,2 Mio. Euro) und der Windkraft mit etwa 0,8 Mio. DM (MWMT des Landes Nordrhein-Westfalen 1992, 143). Eine weitere wichtige Initiative im Zusammenhang mit dem REN-Programm bestand in der Gründung einer eigenen *„Energieagentur Nordrhein-Westfalen"*, welche die landespolitischen Ziele einer rationellen Energienutzung verbreiten und umsetzen sollte. Hierzu sollte die Agentur in folgenden Bereichen tätig werden:

- Motivation zum rationellen Umgang mit Energie,
- Vermittlung von Information und technischer Beratung,
- Abbau von Hemmnissen der rationellen Energienutzung durch Serviceleistungen und
- Beratung über finanzielle Fördermöglichkeiten.

Die Zielgruppen für diese Tätigkeiten waren kleine und mittlere Unternehmen sowie kleine und mittlere Gebietskörperschaften (MWMT des Landes Nordrhein-Westfalen 1992).

Ein weiterer wichtiger Bestandteil des Landesprogramms rationelle Energieverwendung und Nutzung unerschöpflicher Energiequellen war im Jahr 1990 die Gründung des *„Wuppertal-Instituts für Klima, Umwelt und Energie"*. Durch die von der Bundesregierung in Bonn ausgehende Aufbruchstimmung in der Klimaschutzpolitik wurde der damalige NRW-Ministerpräsident Rau Ende der 1980er Jahre zur Gründung dieses Instituts bewegt.[92] Es stellte das erste größere Institut in Deutschland dar, „das sich systematisch sowohl mit den weltweit ökologischen Herausforderungen und den daraus folgenden Aufgaben des Strukturwandels befasst" (MWMT des Landes Nordrhein-Westfalen 1992). Als einer der Forschungsschwerpunkte des Instituts wurde die Entwicklung von Initiativen für eine klima- und umweltverträglichen Energie- bzw. Verkehrspolitik definiert. Der erste Leiter des Institut, Prof. Ernst Ulrich v. Weizsäcker, begründete die frühe Ausrichtung des Instituts auf Klimaschutzfragen damit, dass es in der damaligen nordrhein-westfälischen Wissenschaftslandschaft und des im Aufbau befindlichen Wissenschaftszentrums NRW kein Institut gab, das sich mit den Fragen eines ökologischen Strukturwandels und der damit verbundenen regionalen Entwicklung von Effizienz- und Klimaschutzstrategien befasste (von Weizsäcker 2001). Als früher Orientierungspunkt der Arbeit des Wuppertal-Instituts fun-

---

[92] Zur gleichen Zeit machte die Enquete-Kommission des Bundestages *„Vorsorge zum Schutz der Erdatmosphäre"* auf die wachsende Bedeutung des Klimawandels öffentlich aufmerksam und verstärkte in Nordrhein-Westfalen die politischen Initiativen zu einer wissenschaftlichen Bearbeitung des Problems.

gierte der von den Energieexperten v. Weizsäcker, Lovins und Lovins herausgegebene damalige neue Bericht an den Club of Rome mit dem Titel *„Doppelter Wohlstand – halber Energieverbrauch"*, der mittelfristig auf eine Vervierfachung der Energieproduktivität bei gleich bleibendem Wohlstand in den Industriestaaten zielte und hierfür verschiedene Handlungsstrategien aufzeigte (von Weizsäcker u.a. 1997). Mit seinen damaligen vier Abteilungen Klima, Energie, Stoffströme und Strukturwandel sowie Verkehr sollte das Institut an der Schnittstelle zwischen wissenschaftlicher Erkenntnissuche und praktischer Umsetzung tätig sein und auch für eine zukünftige Nutzung erneuerbarer Energien wichtige Strategien entwickeln (Fischedick u.a. 2000, Lovins/Hennicke 1999).

Für die Entwicklung der deutschen Erneuerbaren-Energien-Politik hat sich eine weitere landespolitische Innovation in Nordrhein-Westfalen als wegweisend erwiesen, deren Entstehung ebenfalls auf die zweite Hälfte der 1980er Jahre zu datieren ist. Bereits im Jahr 1986 wurde in der Stadt Aachen von Anhängern der Solarenergie der *„Solarenergie-Förderverein Aachen"* gegründet. Zur Umsetzung des Vereinsziels – einer vollständigen Umstellung der Stromerzeugung auf erneuerbare Energien – entstand im Verein in jener Zeit die Idee einer *„kostendeckenden (-gerechten) Vergütung"* (kV). Die kV stellt ein Fördermodell für erneuerbare Energien dar, bei der nicht nur der Bau einer entsprechenden Anlage mit finanziellen Investitionsmitteln unterstützt wird, sondern die Einspeisung von regenerativ erzeugtem Strom in das öffentliche Netz durch das EltVU zu kostendeckenden Bedingungen vergütet wird. Das innovative Element dieses Fördermodells bestand darin, dass die Anlagenbetreiber eine betriebswirtschaftlich kostendeckende Vergütung erhalten, die auch die Kapitalbeschaffungskosten und einen angemessenen Gewinn für die Stromerzeugung umfasst.

Der damalige, von der SPD dominierte Aachener Stadtrat sowie Vertreter des Fördervereins haben nach der Entwicklung der Idee in Zusammenarbeit mit dem nordrhein-westfälischen Wirtschaftsministerium durch Modellberechnungen kalkuliert, in welcher Höhe die hiesigen Stadtwerke einen Preisaufschlag auf die allgemeinen Stromrechnungen vornehmen müssten, um die Erzeuger von Strom aus erneuerbaren Energien durch die Umlagefinanzierung kostendeckend zu vergüten. In den Grundzügen wurde dieser Fördermechanismus wenige Jahre später auf der Bundesebene mit der Entwicklung des StromEG von 1991 übernommen.

> „Für mich war das Aachener Modell ein Demonstrationsprojekt auf kommunaler Ebene, dessen Förderprinzip später durch das StromEG übernommen wurde. Man musste, bevor es auf der nationalen Ebene zum Einsatz kam, herausfinden, ob es funktioniert, was es bringt und was es kostet. Es musste ja letztlich auf die Bundesebene" (*Interview MWMT NRW*).

Die Idee einer kV wurde im Herbst 1989 durch den Solarenergie-Förderverein Aachen dem BMWi unterbreitet, fand aber keine Zustimmung. Die Zustimmung war jedoch erforderlich, weil das Prinzip der kV im Rahmen der tariflichen Preisaufsicht unter der BTOElt als Kostenbestandteil genehmigungspflichtig würde. Vor diesem Hintergrund war eine Bundesratsinitiative des Landes Baden-Württemberg im Dezember 1989 wegweisend, mit der die Möglichkeit der Aufnahme zusätzlicher vertraglicher Vereinbarungen in die Strompreisgenehmigung (z.B. kommunale Regelungen einer kV) gefordert wurde. Die Aufnahme entsprechender Regelungen in § 11 der BTOElt (dam. Fass.) ebnete den Weg zu kommunalen Vergütungslösungen für erneuerbare Energien mittels einer kV.

Mit der neuen Regelung lag die Verantwortlichkeit einer tarifpreislichen Genehmigung der Preisbestandteile aus der kV fortan bei den Preisaufsichtsbehörden der Bundesländer, die in der Regel bei den Landeswirtschaftsministerien angesiedelt waren. In Nordrhein-Westfalen dauerte es jedoch noch bis zum Beginn des Jahres 1992, bevor das Prinzip einer kV durch den Preisreferenten des NRW-Wirtschaftsministeriums genehmigt wurde.

> „Aachen ist ein ganz typisches Beispiel dafür, wie Bürgerdruck in ein Unternehmensangebot der dortigen Stadtwerke umgemünzt worden ist. Das kam in Aachen von außen durch den Solarenergie-Förderverein, der auf das Aachener Umweltamt und die Stadtverwaltung Druck ausgeübt hat. Die Stadtverwaltung hat dann durchaus darauf Einfluss genommen, wie der Unternehmenszweck des Stadtwerks STAWAG definiert wurde. Die STAWAG hat dann die kV als Förderprinzip erneuerbarer Energien aufgenommen" (*Interview VKU*).

Im weiteren Verlauf fungierte der Solarenergie-Förderverein in Deutschland als wichtiger Multiplikator für die Umsetzung einer kV in den Kommunen verschiedener Bundesländer (Solarenergie-Förderverein Aachen 1992). Aufgrund der länderspezifisch verschieden geregelten Tarifpreisaufsicht setzte sich die kV unterschiedlich durch.[93] Bis zum März 1996 beteiligten sich insgesamt 37 Städte und Gemeinden an diesem Fördermodell, wobei die meisten Kommunen in Nordrhein-Westfalen, Baden-Württemberg und Bayern lagen. Das damalige BMWi war in argumentativer Übereinstimmung mit der VdEW ein entschiedener Gegner der kV. Das zuständige Referat des BMWi versuchte mehrfach, die Strompreis- und Kartellaufsichten der Bundesländer auf eine gemeinsame Abwehrfront gegen eine zu großzügige Genehmigung der kV einzuschwören (Solarenergie-Förderverein 1996).

Im Vergleich zur Regulierung der britischen Stromwirtschaft ist hervorzuheben, dass die Voraussetzungen für die Entstehung vergleichbarer energiepolitischer Innovationen wie der kV aufgrund der andersartigen energiepolitischen Versorgungsstruktur kaum gegeben waren: Die britische Versorgungsstruktur war wesentlich stärker zentralisiert und sah keine besonderen kommunalpolitischen und länder- bzw. regionenbezogenen Einflussmöglichkeiten zur Genehmigung der Tarifpreise vor.[94] Vielmehr war die Regulierung der dortigen Energiewirtschaft im gleichen Zeitraum durch die vorzeitige Sektorliberalisierung durch das Ziel einer Effizienzsteigerung und damit zu verwirklichender Kostensenkungen verbunden (s.S. 127ff.). Weil mit der Privatisierung der Energiewirtschaft ein stark zentralisiertes Regulierungsregime geschaffen wurde, waren die institutionellen Voraussetzungen für die Bottom-Up-Diffusion dezentraler energiepolitischer Innovationen nicht gegeben. Deshalb hat sich in Deutschland die kommunalwirtschaftliche Struktur der Energieversorgung mit den Länderkompetenzen in der Tarifpreisaufsicht als innovationsfördernd erwiesen.

---

[93] In der Preisgenehmigungspraxis der kV erwiesen sich die Bundesländer Baden-Württemberg, Niedersachsen, Nordrhein-Westfalen und Schleswig-Holstein als besonders fortschrittlich (genehmigter Erhöhungsspielraum der Strompreise ungefähr bei einem Prozent). Das Land Hessen ließ den Spielraum für Strompreiserhöhungen ausdrücklich offen. Für einen geringeren tariflichen Gestaltungsspielraum optierte das Bundesland Bayern, das eine Umlegung der Mehrkosten bei kV auf die Tarifabnehmer nur bis zu 0,15 Pf/kWh für genehmigungsfähig erklärte. Demgegenüber erklärte Rheinland-Pfalz die kV für nicht genehmigungsfähig, weil sie dem Grundsatz der elektrizitätswirtschaftlich rationellen Betriebsführung widerspreche.

[94] Die Einführung des Prinzips einer kV war jedoch besonders auf den "Good-Will" der Unternehmensführung des jeweiligen kommunalen Betriebs angewiesen. Seine Einführung blieb trotz zahlreicher kommunalpolitischer Beschlüsse vielfach die Ausnahme.

Schleswig-Holstein

Nach Einrichtung der Enquete-Kommission des Bundestags „*Vorsorge zum Schutz der Erdatmosphäre*" im Jahr 1987 kam es im Herbst 1989 auch in Schleswig-Holstein unter SPD-Ministerpräsident Engholm zur Bildung einer Enquete-Kommission „*Zukünftige E-nergieversorgung in Schleswig-Holstein*". Die Kommission sollte u.a. die landesspezifischen Entscheidungsspielräume zur Gestaltung einer eigenen Energiepolitik ausarbeiten. Noch im selben Jahr verabschiedete die SPD-Landesregierung ein Förderprogramm „*Erneuerbare Energien*", das vornehmlich Maßnahmen im Bereich der Windenergie unterstützte. Zwischen 1989 und 1993 wurden Demonstrationsvorhaben mit Investitionszuschüsse von bis zu 30 Prozent gefördert (Euler 1998). Die für Windenergie verausgabten Fördermittel betrugen 22,3 Mio. Euro.

Weil vor allem an der Westküste hervorragende Windstandorte bestehen, wurden besonders Landwirte auf die neue Einnahmequelle durch den Betrieb von WEA aufmerksam. Der erfolgreiche Ausbau der Windenergie in dieser Region wurde dabei durch zwei Faktoren begünstigt. Zum einen war besonders die in Brunsbüttel ansässige Commerzbank neuen Investitionen in die Windkraft gegenüber offen eingestellt, so dass Kredite für den Anlagenkauf leicht bewilligt wurden. Außerdem wirkte in der Landwirtschaftskammer Schleswig-Holstein mit dem Ingenieur Egglersüß ein wichtiger Windenergie-Pioniere, der seine Klientel schon früh kompetent beriet und Investitionen motivierte (Paul 2001). Zunächst standen dem Windenergieausbau jedoch spezifische administrative Restriktionen entgegen, weil sich die Genehmigungsverfahren noch langwierig und bürokratisch gestalteten. Beispielsweise bezweifelten die Genehmigungsbehörden bei importierten dänischen Anlagen die Erfüllung deutscher Sicherheitsnormen, so dass Genehmigungen verzögert wurden.

3.2.4 Die Diffusion umweltpolitischer Regulierungsziele in die stromwirtschaftliche Wettbewerbsregulierung seit der zweiten Hälfte der 1980er Jahre

Das Bestehen eines parteienübergreifenden Konsenses über den Stellenwert der Klimaproblematik und die große Verunsicherung über die auslösenden Faktoren des Klimawandels führten im Herbst 1987 zur Einrichtung der Enquete-Kommission „*Vorsorge zum Schutz der Erdatmosphäre*" (1. Klima-EK) des Deutschen Bundestages. Diese Kommission erhielt den politischen Auftrag, „eine Bestandsaufnahme über die globalen Veränderungen der Erdatmosphäre vorzunehmen und den Stand der Ursachen- und Wirkungsforschung festzustellen sowie mögliche nationale und internationale Vorsorge- und Gegenmaßnahmen zum Schutz von Mensch und Umwelt vorzuschlagen" (Kords 1996, 205). Die 1. Klima-EK sollte das Deutsche Parlament zu den Ursachen, Wirkungen und möglichen Problemlösungsstrategien des Klimawandels wissenschaftlich beraten und damit die Ausrichtung der bundesdeutschen Energiepolitik beeinflussen. Nach einer dreijährigen Amtszeit veröffentlichte die 1. Klima-EK im Jahr 1990 ihren Abschlussbericht.[95] Neben konkreten Handlungsempfehlungen zum Schutz der Ozonschicht wurde für den Energiebereich erstmalig

---

[95] In Bezug auf die Kernenergienutzung kam der Abschlussbericht zu keiner einheitlichen Empfehlung. Jedoch votierte kein Mitglied für den Ausbau der Kernenergie. Die Mehrheit empfahl eine Beibehaltung des bestehenden Kernenergieanteils an der Stromerzeugung. Nur eine Minderheit votierte für einen Atomausstieg (Ganseforth 1996, 218).

das nationale Ziel einer erforderlichen Reduzierung der energiebedingten CO_2-Emissionen um 30 Prozent bis zum Jahr 2005 (Basisjahr 1987) erhoben. Auf internationaler Ebene wurde für die EG ein Reduzierungsziel in Höhe von 20 bis 25 Prozent definiert.

Auf der Grundlage der Handlungsempfehlungen der 1. Klima-EK fasste die damalige christlich-liberale Bundesregierung im Juni 1990 einen Grundsatzbeschluss zur Verminderung der energiebedingten CO_2-Emissionen, mit dem erstmals das Ziel einer 25-prozentigen CO_2-Minderung bis zum Jahr 2005 (Basisjahr 1987) definiert wurde. Mit dem Grundsatzbeschluss wurde die Einsetzung einer Interministeriellen Arbeitsgrupppe „CO_2-Reduktion" (IMA CO_2-Reduktion) beschlossen, mit der die Maßnahmen der Querschnittsaufgabe Klimaschutz interministeriell abgestimmt werden sollten.[96] Vier Wochen vor der Bundestagswahl am 07. November 1990 stimmte die Bundesregierung in einem Kabinettsbeschluss dem Abschlussbericht der IMA CO_2-Reduktion zu und verabschiedete eine Absichtserklärung zum Klimaschutz mit detaillierten Maßnahmen und Instrumenten (Schafhausen 1996):

> Mit ihrem Beschluss vom 07. November 1990 hat die Bundesregierung bewiesen, wie ernst sie die globale Klimagefährdung nimmt. (...) Unser Ziel ist es, die CO_2-Emissionen im bisherigen Bundesgebiet um 25 Prozent und in den neuen Bundesländern um einen deutlich höheren Prozentsatz bis zum Jahr 2005, bezogen auf das Emissionsvolumen 1987, zu verringern (Presseerklärung BMU, November 1990).

Auf der Basis dieser Beschlüsse entwickelte die Bundesregierung seit 1990 ein Klimaschutzprogramm, das auf unterschiedlichen Maßnahmen in verschiedenen Politikfeldern beruhte.[97] Eine der wichtigsten Maßnahmen betraf die Entwicklung und Verabschiedung des StromEG zur Markteinführung erneuerbarer Energien, auf das später näher eingegangen wird. Insgesamt ist hervorzuheben, dass die Arbeit der 1. Klima-EK national wie international große Anerkennung gefunden hat und die Beschlüsse der Bundesregierung zur CO_2-Reduzierung aus dem Jahr 1990 auf ihre Arbeit zurückzuführen waren.

Während es in der 1. Klima-EK vor allem um die Bestimmung von Zielen zur Begrenzung des weltweiten Klimawandels ging, hatte die 2. Klima-Enquetekommission „Schutz der Erdatmosphäre" (2. Klima-EK), die sich Ende Juni 1991 konstituierte, eine ungleich schwierigere Aufgabe. Diese Aufgabe bestand darin, konkrete Maßnahmen und Umsetzungsstrategien für die klimarelevanten Sektoren Landwirtschaft, Energie und Verkehr zu erarbeiten. Die Kommissionsarbeit wurde aber durch zunehmend ungünstige politische Rahmenbedingungen beeinträchtigt: Ab 1992 verschlechterte sich die weltweite wirtschaftliche Konjunktur, wobei in Deutschland die steigenden finanziellen Abgaben für den „Aufbau Ost" die Lage verschärften. Unter diesen Rahmenbedingungen traten ökologische Themen gegenüber ökonomischen und sozialen Themen in den Hintergrund des medialen und politischen Interesses (Schmidt/Spelthahn 1994). Zusätzlich wurde die wissenschaftliche Tätigkeit der 2. Klima-EK durch personelle Polarisierungen erschwert. Aufgrund der zügig näher rückenden Bundestagswahl und dem sich damit verschärfenden Parteienwettbewerb scheiterte ein Kompromiss im Gremium v.a. wegen der grundlegenden Interessen-

---

[96] An der „Interministeriellen Arbeitsgruppe CO_2-Reduktion" waren unter dem Vorsitz des BMU folgende Bundesressorts beteiligt: Wirtschaftsministerium, Verkehrsministerium, Bauministerium, Forschungsministerium und Landwirtschaftsministerium.

[97] Neben der Energieversorgung waren weitere zentrale Politikfelder zur Reduktion von CO_2-Emissionen: Verkehr, Land- und Forstwirtschaft, Abfallwirtschaft sowie die einzelnen Felder übergreifende Maßnahmen.

divergenz zur Zukunft der Kernenergie.[98] Der Abschlussbericht der 2. Klima-EK enthielt deshalb getrennte Handlungsempfehlungen der Regierungs- und Oppositionsparteien, in denen sich ein grundsätzlicher Konflikt über die Rolle des Staates und der marktwirtschaftlichen Ordnungsformen für die Realisierung von Klimaschutzzielen offenbarte.

Im Kontext der Entwicklung eines ersten Klimaschutzprogramms durch die damalige christlich-liberale Bundesregierung sind auch die Anstrengungen zu sehen, die wettbewerbsrechtlichen Bedingungen einer Stromeinspeisung für erneuerbare Energien zu verbessern. Die konkrete Berechnung der vermiedenen Kosten zur Bestimmung der Stromeinspeisevergütung für Wasserkraft war durch die bereits erwähnte *Verbändevereinbarung zur stromwirtschaftlichen Zusammenarbeit* (VV) nicht hinreichend klar geregelt (s.S. 90ff.). Bereits in den 1980er Jahre hatten rechtliche Unklarheiten zwischen bayerischen Betreibern privater Wasserkraftwerke und den aufnehmenden EltVU zu einer Zunahme gerichtlicher Verfahren geführt,[99] weil nach Meinung der Kraftwerksbetreiber die nach den vermiedenen Kosten berechneten Einspeisevergütungen nicht den wirklichen Kosten und damit der Wertigkeit der erzeugten Elektrizität entsprachen. Ab der zweiten Hälfte der 1980er Jahre waren deshalb private Wasserkraftbetreiber in den süddeutschen Bundesländern Baden-Württemberg und Bayern, die im *Bundesverband der Wasserkraftwerke* (BDW) organisiert waren, wichtige interessenpolitische Akteure, welche die bestehenden *„kooperativ-konsensualen Regelungen"* zur Bestimmung der Einspeisevergütung vor die zuständigen Gerichte brachten.

Bereits im Jahr 1987 hatte das BMWi die VdEW dazu aufgefordert, den Interessen der unabhängigen Erzeuger von Strom aus erneuerbaren Energien in Fragen der Stromeinspeisung entgegen zu kommen. Unter dem politischen Druck der Bundesregierung legte die VdEW in jenem Jahr ein neues Vergütungsmodell für die Stromerzeugung aus erneuerbaren Energien, Abfällen und KWK-Anlagen vor, das im Ergebnis zu einer Erhöhung der bestehenden Vergütung um 1 bis 4,3 Pf/kWh führen sollte (Zybell 1989). Die VdEW sagte gegenüber dem BMWi zu, dass die Vergütung für erneuerbare Energien im Durchschnitt um 30 Prozent steigen solle. In die bestehende *„Vereinbarung zur stromwirtschaftlichen Zusammenarbeit"* zwischen den Mitgliedsverbänden der VdEW, dem VIK und dem BDI wurde deshalb ein gesondertes Vergütungsmodell für erneuerbare Energien eingefügt, das eine erfolgreiche Selbststeuerung des Sektors zugunsten einer angemessenen Vergütung erneuerbarer Energien ermöglichen sollte. Es stellte sich aber bald heraus, dass die neuen Regelungen zu keinen einheitlichen Vergütungssätzen führten und die angepeilte Vergütungshöhe nicht erreicht wurde. Weil auch die anschließenden Verhandlungen zwischen der VdEW und dem BDW zu keinem Ergebnis führten, forderte der BDW das BMWi im Jahr 1989 zu einer einheitlichen Regelung des Einspeisungsproblems auf. Dadurch wurde die Gesetzesentwicklung für rechtliche Garantien einer Stromeinspeisung aus erneuerbaren Energien eingeleitet. Auf die Entwicklung eines diesbezüglichen Gesetzes wird später ge-

---

[98] Dabei war entscheidend, dass sich in jenem Zeitraum auf Bundes- und Landesebene die Fronten zwischen der SPD und den Koalitionsparteien CDU/CSU und FDP im Rahmen der Energiekonsensgespräche zunehmend verhärtet hatten und die SPD die Erarbeitung eines energiepolitischen Konsenses schließlich aufkündigte.

[99] Die Wasserkraft stellte in den 1980er Jahren die wichtigste erneuerbare Energieform dar. Ihr Anteil an den übrigen erneuerbaren Energien betrug bei der Stromerzeugung im Jahr 1988 knapp 89 Prozent. Bei einer erzeugten Wasserkraft-Gesamtleistung von 15.726 GWh wurden knapp 976 GWh, also etwas mehr als 6 Prozent in Anlagen privater Betreiber erzeugt (Grawe u.a. 1989). In Bayern wurden mit 2054 von bundesweit 3235 Anlagen die meisten Wasserkraftwerke betrieben (Renz 2001, 97).

nauer eingegangen (s.S. 169ff.). An dieser Stelle werden noch wichtige wettbewerbsrechtliche Reformen des Jahres 1990 erläutert, welche die Diffusion umweltpolitischer Ziele in die ökonomische Wettbewerbsregulierung der Energiewirtschaft implizierten.

Mit der Kartellrechtsnovellierung des Jahres 1990 wurden die energiekartellrechtlichen Sonderregelungen über unbillige Behinderungen von Eigenerzeugern *(§ 103 V 2 Nr. 3 GWB, dam. Fass.)* und Durchleitungswilligen *(§ 103 V 2 Nr. 4 GWB 1990, dam. Fass.)* reformiert, um u.a. die Interessen dezentraler Energieerzeuger zu stärken. Zu diesem Zweck wurde eine neue Sonderregelung über unbillige Behinderung von Eigenerzeugern in das Kartellrecht eingeführt. Es wurde als Missbrauchstatbestand definiert,

> „wenn ein EltVU ein anderes EltVU oder ein sonstiges Unternehmen von der Verwertung von in eigenen Anlagen erzeugter Energie unbillig behinderte" (Schneider 1999).

Ferner wurden Eigenversorgern Ansprüche auf Reserve- und Zusatzversorgung gewährt und Überschussproduzenten ein Recht auf angemessene Vergütung garantiert. Die damalige christlich-liberale Bundesregierung begründete die Reform mit ihrem Interesse an einem sparsamen Umgang mit den endlichen Primärenergiequellen. Vor allem eine aktive Behinderung der Nutzung und des Ausbaus der Kraft-Wärme-Kopplung sollte verhindert werden.

In der ersten Hälfte der 1990er Jahre kam es auf der Basis der kartellrechtlichen Reformen zu verschiedenen Gerichtsprozessen über eine angemessene Vergütung dezentraler Energieerzeugung.[100] Der BGH entschied, dass sich die Vergütungsansprüche an den vermiedenen Kosten des jeweils abnahmeverpflichteten EltVU bestimmen sollten. Die Kalkulation der vermiedenen Kosten sollte sich zwar an der *„Verbändevereinbarung über die Intensivierung der stromwirtschaftlichen Zusammenarbeit zwischen öffentlicher Elektrizitätsversorgung und industrieller Kraftwirtschaft"* orientieren. Wegen des fehlenden Rechtssatzcharakters der VV waren die Gerichte, allen voran der BGH, bei der Interpretation der kartellrechtlichen Maßstäbe aber *nicht* an die dort enthaltenen Regelungen gebunden. Z.B. akzeptierte der BGH den in der VV generalisierten Vergütungsmaßstab nicht, sondern eröffnete den Streitparteien die Möglichkeit des Nachweises der im Einzelfall tatsächlich vermiedenen Kosten (Schneider 1999). Tatsächlich kam der BGH bei den von ihm angewandten Berechnungsmethoden der vermiedenen Kosten auf z.T. erheblich höhere Vergütungssätze als die VdEW, die behauptete, entsprechende Tarife auf der Grundlage der VV berechnet zu haben. Die kartellrechtlichen Reformen zu Beginn der 1990er Jahre spiegelten die zunehmende Bedeutung von umwelt- und klimapolitischen Zielsetzungen im energiewirtschaftlichnen Wettbewerbsrecht wider.

3.3 Zwischenfazit: Vergleichende Bewertung der Forschungspolitik für erneuerbare Energien in verstaatlichten Regulierungsregimen

Die Forschungs- und Technologiepolitik für erneuerbare Energien in Großbritannien und Deutschland wurde maßgeblich von den institutionellen Eigenschaften des politisch-administrativen Systems beeinflusst. Eine Parallele zwischen den beiden Untersuchungsländern wird in der Schwerpunktsetzung beim Ausbau der Kernenergie deutlich, in die der

---

[100] Genaue Regelungen zur Bestimmung der Einspeisetarife gemäß der vermiedenen Kosten der konventionellen Stromerzeugung wurden gesetzlich mit dem StromEG von 1990 bestimmt (s.S. 165ff.).

Großteil der energiepolitischen Forschungsgelder investiert wurde. Nach den ersten Öl-preiskrisen der Jahre 1973/74 stiegen sowohl die damalige sozial-liberale Bundesregierung wie die britische Labour-Regierung in die staatliche Forschungspolitik für erneuerbare Energien ein, wobei sich aber besonders ab Beginn der 1980er Jahre die inhaltlichen Förderschwerpunkte in unterschiedliche Richtungen entwickelten.

Das besondere Ausmaß an Zentralisierung im verstaatlichten britischen Regulierungs-regime implizierte, dass die Programmgestaltung in besonderer Weise durch parteipoliti-sche Zielsetzungen der jeweiligen Regierungen bestimmt wurde. Aus der für das britische Regierungssystem charakteristischen engen Kopplung zwischen parteipolitischen Regie-rungsinteressen und ihrer unmittelbaren administrativen Umsetzung ergaben sich im Kon-text wechselnder Regierungsmehrheiten große Diskontinuitäten bei der Forschungsförde-rung. Der konservative Regierungswechsel im Jahr 1979 bedeutete den Austausch von Führungspersonen innerhalb des DEn und seiner forschungspolitischen Abteilung und die allmähliche Adaption wettbewerbsorientierter und monetaristischer Ziele zur Regulierung der Elektrizitätswirtschaft. Im zeitlichen Verlauf resultierte der personelle Wechsel in pro-grammbezogenen Inkonsistenzen der Technologieförderung für erneuerbare Energien.

Außerdem bestimmte der monopolistische Elektrizitätserzeuger CEGB die For-schungs- und Entwicklungsschwerpunkte bei den erneuerbaren Energien, so dass ein paar wenige Projekte und Programme einen Großteil des gesamten Budgets erhielten. Das Hauptinteresse lag vorrangig auf der Entwicklung von Anlagen zur Energieerzeugung im Bereich der Grund- und Mittellast, z.B. von großen Windturbinen, Wellenkraftwerken und HDR-Reaktoren (Geothermie). Der größte Anteil der gesamten Forschungs- und Entwick-lungsaufwendungen floss in die Entwicklung von Technologien, deren Förderung dann, trotz andersartiger politischer Absichtserklärungen, wieder gekürzt wurde (Wellenkraft-werke und Geothermie), oder bei denen innerhalb einer Technologie (wie beim Windpro-gramm) eine grundsätzlich neue Entwicklungsstrategie eingeschlagen wurde.[101] Zu einem Drittel gingen die sehr kapitalintensiven Forschungs- und Entwicklungsprogramme in das Gezeitenenergieprojekt Severn and Mersey Barrages, der Entwicklung großer Vertikal-Achsen-Windturbinen und der HDR-Technologie. Keine dieser Entwicklungen konnte aber zu einem erfolgreichen Abschluss gebracht werden (Mitchell 1996). Ein Viertel des gesam-ten Windprogramms wurde außerdem zunächst für die Entwicklung der 3 MW-Orkney-Windanlage mit der Perspektive verwendet, im weiteren Verlauf noch größere Turbinen zu entwickeln. Als sich das Projekt wegen technischer Probleme als wirtschaftlich nicht reali-sierbar erwies, musste das Windprogramm auf die Entwicklung kleiner Turbinen inhaltlich neu ausgerichtet werden (Mitchell 1996). Gegenwärtig sind Windturbinen mit einer Erzeu-gungskapazität zwischen 1,5 MW und 2 MW die größten Anlagen, die effizient betrieben und in Massenfertigung produziert werden (SZ 26.01.2002b).

Ein institutionelles Hindernis des britischen Forschungs- und Technologieprogramms bestand zusätzlich darin, dass die staatlichen Forschungsträger vollständig in die atomwirt-schaftliche Behördenstruktur der UKAEA integriert waren. Das Fehlen einer unabhängigen Politikberatung durch die Integration der Forschungsorganisation für erneuerbare Energien

---

[101] Während im Jahre 1978 60 Prozent der F+E-Ausgaben für erneuerbare Energien zur Entwicklung von Wellen-kraftwerken ausgegeben wurde, fiel dieser Anteil bis 1991 aufgrund des mangelhaften Erfolgs auf 10 Prozent. Gleichzeitig wurde für die Windenergie ein stetig wachsender F+E-Anteil verwendet.

(ETSU) in die UKAEA und ihre direkte Unterstellung unter das DEn hat eine kontinuierliche Forschungsförderung erschwert.

> "But it is difficult to see how the ETSU staff, employed by the UKAEA, working at Harwell, often themselves nuclear scientists by training, sharing the same background (and the same canteen), could be different to the argument propounded by their own company and their colleagues that nuclear power was clean and safe and cheap. And if that point of view was valid, one might well wonder why, logically, anyone should seek an alternative to nuclear power" (Ross 1995, 134).

Dennoch gingen vom britischen Technologieprogramm wichtige Impulse für den Einsatz erneuerbarer Energien aus. Zwar wurden im Rahmen des Wellenenergie- und Geothermieprogramm infolge von Mittelkürzungen nicht einmal erste Prototypen und Demonstrationsvorhaben realisiert. Ab der zweiten Hälfte der 1980er Jahre gab es jedoch bei der Windenergie erste Anzeichen von erfolgreichen unternehmerischen Initiativen, die in ersten Exporten britischer Technologie resultierten.

Die energiewirtschaftlichen Koordinationsstrukturen begünstigten aber die Expansion der Nukleartechnologie (Collier 1994). Die staatlichen Regulierungsaktivitäten waren durch eine begrenzte Kontrolle über und einem Mangel an Koordination zwischen den einzelnen elektrizitätswirtschaftlichen Unternehmen charakterisiert (Burgi 1985). Diese Tatsache lässt sich schon mit der verhältnismäßig geringen Größe und der damit verbundenen Ressourcenausstattung des DEn gegenüber anderen britischen Ministerien erklären. Die verstaatlichte Elektrizitätswirtschaft entwickelte ihre jeweils eigenen ressourcenbezogen Policynetzwerke und Verfahrensregeln (z.B. Kohle-, Nuklear- und Gasindustrie). Dieser Umstand implizierte, dass jede Erzeugerindustrie sich gegenüber externen Interventionen schloss (Taylor 1992). Mit der nur schwachen oder fehlenden Existenz von horizontalen Verflechtungen wurde der staatliche Handlungsspielraum in der Energiepolitik eingeschränkt. Es fehlte an einer klar definierten staatlichen Energiepolitik, um sich gegenüber diesen machtvollen vertikalen Policynetzwerken durchzusetzen (Taylor 1996).

Mit dem Aufkommen des Policyparadigmas des Monetarismus wurden die interventionistischen Regulierungsansätze im Verlauf der 1980er Jahre seltener. Während die nationalen Gas- und Ölindustrien bereits Mitte der 1980er Jahre privatisiert wurden, zog sich die Privatisierung der Elektrizitätswirtschaft wegen der gesellschaftlich machtvoll organisierten Gegeninteressen (vor allem Bergbaugewerkschaften) länger hin. Hatten die Gewerkschaften die Ziele staatlicher Wirtschaftspolitik und –lenkung in den 1970er Jahren durch Protestaktionen noch erfolgreich torpediert, kristallisierte sich im Verlauf der 1980er Jahre das politische Ziel einer Schwächung der gewerkschaftlichen Interessen heraus. Die ab der zweiten Hälfte der 1980er Jahre aufkommenden Reformpläne zu einer grundlegenden Privatisierung und Liberalisierung der Stromwirtschaft wurden durch das paradigmatische Ziel einer Wettbewerbssteigerung zugunsten effizienter Sektorstrukturen legitimiert. Die sich zunehmend klarer konturierende Reformorientierung der konservativen Regierungen ist auch auf das unitarische Regierungssystem zurückzuführen, in dem aufgrund einer im Vergleich zu föderalen Systemen geringeren Zahl institutioneller Veto-Spieler andersgerichtete Sektorinteressen den politischen Entscheidungsprozess nicht beeinflussen konnten. In der energiewirtschaftlichen Technologiepolitik nahm mit der monetaristischen Ausrichtung die Orientierung an zeitlich befristeten Entwicklungszielen zu. Die erzielbaren Stromgestehungskosten einzelner Technologien, also ihre „Wettbewerbsfähigkeit" gegenüber konventionellen Formen der Elektrizitätserzeugung, wurden zum dominierenden Entscheidungskriterium über die Förderpolitik. Bei der Beurteilung der einzelnen Energieträger wurden die externen Kosten der konventionellen Erzeugung aber nicht berücksichtigt und flossen kaum in die Gestaltung der Förderpolitik ein. Das Interesse der britischen Regierung an einer Entwicklung der erneuerbaren Energien relativierte sich zusätzlich durch die Existenz nationaler fossiler Energieressourcen (vor allem Nordseeöl und -gas), deren Exploration seit den 1960er eine gewisse Energieautarkie des Landes versprachen.

Gegenüber der unitarischen Regulierung der britischen Energiewirtschaft war das deutsche Sektorregime durch ein viel größeres Ausmaß an Politikverflechtung charakterisiert. Dieser Umstand zeigte sich in erster Linie an den energiepolitischen Eigeninteressen der Bundesländer. So ist beim Aufbau der Erzeugungsinfrastruktur der alten Bundesrepublik zur Stromversorgung zwischen den kohle- (vor allem Saarland, Nordrhein-Westfalen) und den kernenergieorientierten Bundesländern (vor allem Bayern, Baden-Württemberg) zu differenzieren. Ähnlich wie in Großbritannien waren die Steuerungsstrukturen zwischen den staatlichen Aufsichtsbehörden und der Stromwirtschaft unter monopolistischen Marktbedingungen durch kooperativ-konsensuale Beziehungen charakterisiert.

In der Zeit von der sozial-liberalen zur christlich-liberalen Koalition nahm z.B. die grundlagenorientierten Forschungsförderung des Bundes im Bereich der *Fotovoltaik* besonders zu. Vergleichsweise geringer wurde die *Windenergie* gefördert, für die unter den sozial-liberalen Regierungen zwischen 1975 und 1982 knapp 70 Mio. DM (ca. 35 Mio. Euro) und unter der christlich-liberalen Regierung bis 1990 nur noch etwas mehr als 59 Mio. DM (ca. 30 Mio. Euro) ausgegeben wurden. Ein spürbarer bundespolitischer Ausgabenanstieg für die Windenergie war erst nach dem Reaktorunglück von Tschernobyl ab 1987 zu verzeichnen (Hoppe-Kilpper 2003, 75). Während die Entwicklung der *Biomasse* unter der sozial-liberalen Regierung zwischen 1974 und 1982 mit Bundesmitteln in Höhe von 76 Mio. DM gefördert wurde, gingen die jährlichen Fördersummen unter der christlich-liberalen Regierung beständig zurück und stiegen auch nach dem Reaktorunglück von Tschernobyl nicht an. Damit lagen die Forschungsschwerpunkte der Bundesregierung bei den erneuerbaren Energien seit den 1980er Jahren vor allem auf der grundlagenorientierten Entwicklung der Fotovoltaik, gefolgt von der Windenergie und der Biomasse. Auch im deutschen Untersuchungsfall erfolgte die Forschungsförderung auf Bundesebene in den technologischen Schwerpunkten damit keineswegs kontinuierlich. Die hauptsächlichen Unterschiede zum britischen Fall bestanden aber v.a. darin, dass die britischen Labour-Regierungen der 1970er Jahre ihre Schwerpunkte anfangs hauptsächlich auf die Wellen- und Gezeitenenergie legten.[102] Erst mit dem Regierungswechsel zu Thatcher ab 1979 wurden die Schwerpunkte zunehmend auf die Windenergie und Geothermie verschoben. Während unter den Labourregierungen der 1970er Jahre die finanzielle Förderung für erneuerbare Energien allmählich anstieg, ging sie im Verlauf der 1980er Jahre unter den konservativen Regierung und dem Einfluss des monetaristischen Paradigmas inflationsbereinigt wieder zurück. Insgesamt gab das DEn für die Untersuchungsperiode von 1975 bis 1990 zur Erforschung erneuerbarer Energien 161 Mio. Pfund aus (Baentsch 1997, Elliott 1994).

Bedeutende Unterschiede in der energiewirtschaftlichen Regulierung der beiden Länder traten insbesondere nach dem Reaktorunglück von Tschernobyl vom April 1986 auf,

---

[102] Die Förderung der Wellen- und Gezeitenenergie hat Deutschland wegen der verhältnismäßig geringen Nutzungspotentiale zu keinem Zeitpunkt eine hervorgehobene Bedeutung gespielt.

das in Deutschland zu wesentlichen schärferen zivilgesellschaftlichen Protesten gegen eine Nutzung dieser Energieressource führte (z.B. Wyhl, Brokdorf, etc.). In Deutschland resultierte die gesellschaftliche Protestbewegung gegen eine zivile Nutzung der Kernkraft u.a. in der Gründung der Partei der Grünen, die im föderalen Regierungssystem ab 1982 vor allem über die Länderebene Einfluss auf die Gestaltung der Energiepolitik (erstmals in Hessen) nahm (s.S. 108ff.). Erst nach dem Reaktorunglück gewannen die atomkritischen Stimmen auch innerhalb der Bundes-SPD die Mehrheit. Der bundespolitische Energiekonsens der 1970er Jahre, nach dem die zukünftige nationale Energieversorgung im Wesentlichen auf den Säulen der Kernenergie sowie der Braun- und Steinkohle ruhen sollte, erodierte zunehmend auf bundespolitischer Ebene. In diesem Kontext haben einzelne Bundesländer seit den 1980er Jahren (z.B. Hamburg und Hessen) ihre energiepolitischen Entscheidungsspielräume genutzt, um alternative Energiepolitiken umzusetzen und hierbei das Nutzungspotential der erneuerbaren Energien aufzuzeigen.

Zum einen wurden zwischen 1986 und 1990 besonders auf Länderebene wichtige Forschungsinstitutionen gegründet, die sich explizit mit der technologischen Entwicklung erneuerbarer Energien befasst haben (ISET, DEWI, ZSEW, WI etc.). Die Gründung dieser Forschungseinrichtungen war Bestandteil regionalpolitischer Strategien zur Ansiedlung innovativer Industrien und der damit verbundenen Schaffung von Arbeitsplätzen. Dabei spielte auch der regionale Wettbewerb um die Ansiedlung der betreffenden Betriebe eine wichtige Rolle, wie am Beispiel der Windtechnologieförderung zwischen den Bundesländern Niedersachsen und Nordrhein-Westfalen deutlich wurde. Für die Ansiedlung der Industrien und der Etablierung einer grundlagenorientierten Technologieforschung legten die Landesregierungen zusätzliche anwendungsbezogene Investitionsförderprogramme auf, welche die Effekte einer teilweise unsteten bundespolitischen Förderung abmilderten. So hat die mögliche Akkumulation von Bundes- *und* Landesfördermitteln in bestimmten norddeutschen Bundesländern frühe Investitionen in die Errichtung und den Betrieb von WEA profitabel gemacht, so dass dort erste Unternehmen einer noch jungen Windkraftbranche angesiedelt werden konnten. Bereits zu Beginn der 1990er Jahre wurde damit ein wichtiger Wirkungsmechanismus des föderalen Systems deutlich, durch den der spätere Ausbau der erneuerbaren Energien in Deutschland begünstigt wurde: Die Existenz der Länderebene mit eigenen energiepolitischen Handlungsmöglichkeiten hat die Freisetzung kumulativer Synergien durch multiple Fördermaßnahmen ermöglicht. Auch ließ sich die Annahme belegen, dass mit der Länderebene eine im Vergleich zu Großbritannien günstigere Opportunitätsstruktur für die Diffusion dezentraler Innovationen bestand. Vor dem Hintergrund der großen Bedeutung kommunaler Betriebe konnte bereits Ende der 1980er Jahre im Land Nordrhein-Westfalen auf dezentraler Ebene mit dem Fördermodell fester Einspeisevergütungen erfolgreich experimentiert werden, bevor dieses auf der Bundesebene umgesetzt wurde (s.S. 169ff.).

Die historische Darstellung der sektoriellen Entwicklung seit den ersten Ölpreiskrisen verdeutlichte auch, wie aufgrund der Organisations- und Steuerungsstruktur der deutschen Energiewirtschaft der Schwerpunkt frühzeitiger auf die Realisierung einer nachhaltigen Erzeugungsindustrie gerichtet wurde und weniger auf der Verwirklichung eines liberalisierten und wettbewerbsorientierten Energiemarktes lag. Die große Reichweite des gesellschaftspolitischen und ökonomischen Konfliktes zwischen dem britischen Kohlebergbau und der Londoner Regierung, der im Verlauf der 1970er Jahre mit den landesweit angedrohten Stromblockaden volkswirtschaftliche Bedeutung erlangte, hat ab der zweiten Hälfte der 1980er Jahre die Durchsetzung grundlegender Reformen zur Privatisierung und Liberalisierung der britischen Stromwirtschaft begünstigt. Weil diese Konfliktlinien im föderal organisierten deutschen Sektorregime bei einer stärker dezentral-kommunalen und gemischtwirtschaftlichen elektrizitätswirtschaftlichen Struktur nicht bestanden, konnten Forderungen nach grundlegenden Sektorreformen nicht die gleiche Bedeutung erlangen. Insofern hat sich die hiesige Energiepolitik gegen eine grundlegende Transformation als resistent erwiesen.

Hinzu kam im deutschen Untersuchungsfall ab Ende 1989 das sich abzeichnende einmalige Ereignis der Deutschen Vereinigung, das als ein weiterer kritischer Augenblick (*"critical juncture"*) die Aufmerksamkeit der policyrelevanten Akteure auf die Herausforderung der Transformation und vor allem Integration der ostdeutschen Stromwirtschaft lenkte (s.S. 196ff.). Diese einmalige historische Situation hat das Ziel einer Liberalisierung der Energiewirtschaft bald in den Hintergrund treten lassen. Die Resistenz gegen wettbewerbsorientierte Reformen innerhalb der dezentralen Steuerungsstrukturen haben umgekehrt die frühzeitige Diffusion des Nachhaltigkeitsparadigmas in die Sektorregulierung ermöglicht und günstige Ausgangsvoraussetzungen für den Einstieg in eine Regulierung erneuerbarer Energien geschaffen. Entsprechend wurde die kooperativ-konsensuale Regulierungstradition in Deutschland auch nicht durch die große Abhängigkeit von einem energiewirtschaftlichen Teilsektor (Kohlebergbau) und die damit verbundene gesellschaftliche Macht einzelner Interessengruppen in Frage gestellt, sondern durch den eskalierenden Konflikt über die Gefahren einer zivilen Nutzung der Kernenergie. Dabei hat die Existenz der Länderebene eine frühe Thematisierung von Nachhaltigkeitsfragen in der energiewirtschaftlichen Regulierung befördert. Insgesamt resultierten die beschriebenen Entwicklungen zum Ende der 1980er Jahre somit in einer unterschiedlichen Gewichtung von Wettbewerbs- und Nachhaltigkeitsfragen in der Energiepolitik, welche den weiteren Entwicklungspfad zur Regulierung erneuerbarer Energien beeinflusst hat.

126

4 Eine vergleichende Analyse der Markteinführung erneuerbarer Energien (1989-1998)

Nach einer vergleichenden Darstellung der Forschungs- und Technologiepolitik für erneuerbare Energien und der allgemeinen energiepolitischen Rahmenbedingungen in den beiden Untersuchungsländern bis zum Ende der 1980er Jahre befasst sich das folgende Kapitel mit der Entwicklung und Implementierung erster Markteinführungsprogramme dieser innovativen Technologien. Hierfür hat sich die unterschiedliche Entwicklung des wettbewerbsrechtlichen Ordnungsrahmens, die in Großbritannien zu einer umfassenden Privatisierung und Liberalisierung der Stromwirtschaft geführt hat, als entscheidend erwiesen. Nach einer Darstellung der britischen Erneuerbaren-Energien-Politik unter liberalisierten Marktbedingungen wird die Markteinführung erneuerbarer Energien unter den monopolistischen Marktbedingungen in Deutschland analysiert.

4.1 Die Markteinführung erneuerbarer Energien im liberalisierten britischen Energiemarkt (1989-1997)

Als Großbritannien seine Erneuerbaren-Energien-Politik zu Beginn der 1990er Jahre auszuweiten begann, wurde die britische Energiepolitik durch ein anderes grundlegendes Reformprojekt bestimmt. Mit ihrer Wiederwahl im Jahr 1987 konkretisierte die konservative Regierung unter Thatcher ihre Pläne zu einer Reform der Stromwirtschaft und sollte nun, gegen Ende des damaligen Jahrzehnts, konkrete Schritte für das größte Liberalisierungs- und Privatisierungsvorhaben der britischen Geschichte einleiten.[103] Der durch die Reformen ausgelöste Transformationsprozess lenkte das Hauptaugenmerk der britischen Regierung auf die zentrale Herausforderung, im Verlauf des Reformprozesses die Versorgungssicherheit mit Elektrizität aufrechtzuerhalten.

In gesamtbritischer Perspektive ist hervorzuheben, dass mit der Privatisierung der englischen und walisischen Stromwirtschaft auch in Schottland und Nordirland grundlegende Sektorreformen realisiert wurden. Weil die Elektrizitätswirtschaft Schottlands historisch aber anders gewachsen und im Vergleich zur englischen Stromwirtschaft relativ kleinräumig war, entschied man sich für eine Privatisierung unter einer weitestgehenden Beibehaltung der bestehenden integrierten Unternehmensstrukturen. Weil die Gesamtbevölkerungs-

---

[103] Im Verhältnis zur Liberalisierung und Privatisierung anderer industrieller Sektoren war die der britischen Elektrizitätswirtschaft das größte und radikalste Projekt im gesamten britischen Privatisierungsprogramm. Als einziges Privatisierungsprojekt erforderte es grundlegende sektorielle Restrukturierungen. Diese betrafen den Erzeuger-, Übertragungs- und Versorgermarkt und beinhalteten die institutionelle Entflechtung der Übertragungs- von den Erzeugungsfunktionen. Mit einem Kapitalwert von mindestens 42 Mrd. Pfund – auf der damaligen Kostenbasis – stellte die Elektrizitätswirtschaft das „Juwel des gesamten Privatisierungsprogramms" dar (Surrey 1996). Demgegenüber war etwa die Privatisierung der Gaswirtschaft von 1986 mit einem vergleichsweise niedrigeren Wert von 8 Mrd. Pfund veranschlagt worden.

zahl Schottlands nur sieben Millionen betrug, erachtete man die Gründung zweier vertikal integrierter Unternehmen, nämlich von Scottish Hydro-Electric und Scottish Power, als ausreichend. Interessanterweise wurde eine stärkere Wettbewerbsorientierung des schottischen Marktes auch mit dem Argument verworfen, dass die besondere Struktur des dortigen Versorgungsgebietes (Existenz vieler Inseln, abgelegene und dünn besiedelte Siedlungsgebiete) zur Aufrechterhaltung einer landesweiten Stromversorgung die Möglichkeit von Quersubventionierungen erfordere, über die eine flächendeckende landesweite Versorgung erst garantiert werde könne. Überdies hat die besondere Erzeugungsstruktur Schottlands mit seiner großen Abhängigkeit von der Wasser- und Kernkraft die Möglichkeit stärker wettbewerbsorientierter Reform verhindert (Helm 2003, 139).[104]

Im folgenden Abschnitt werden neben einer Beschreibung der Vorbereitung der Sektorreformen im englisch-walisischen Strommarkt die wesentlichen regulierungstheoretischen Elemente dargestellt, die mit der Liberalisierung der dortigen Elektrizitätswirtschaft verbunden waren (s.S. 129ff.). Mit der Liberalisierung wurde ein neuartiges Regulierungsregime institutionalisiert, das seinen zentralen Ausdruck in der Gründung einer sektoriellen Regulierungsbehörde fand, dem sog. *"Office for Electricity Regulation"* (Offer). Anschließend wird die Entwicklung der energiepolitischen Rahmenbedingungen für einen Ausbau erneuerbarer Energien genauer analysiert. Im Vordergrund steht zunächst der gescheiterte Versuch einer Privatisierung der Kernenergie (s.S. 133ff.). Außerdem werden die zuvor diskutierten theoretischen Annahmen einer Wettbewerbsregulierung durch Offer mit den faktischen Entwicklungen verglichen und kritisch reflektiert (s.S. 138ff.). Weil die Struktur der britischen Stromwirtschaft insbesondere ab Mitte der 1990er Jahre auf der Ebene der Regionalversoger von außerordentlich hohen Übernahmeaktivitäten durch internationale Stromkonzerne geprägt war, wird auch die Bedeutung der britischen Fusions- und Wettbewerbspolitik in Bezug auf den Ausbau erneuerbarer Energien thematisiert (s.S. 145ff.). Nach der Beschreibung des Scheiterns der Privatisierung der britischen Kernenergie wird ihre weitere Entwicklung im britischen Elektrizitätssektor analysiert, wobei zwischen den Entwicklungen in England/Wales und Schottland zu differenzieren ist. Eine scheinbar positive Effizienzentwicklung der Elektrizitätserzeugung aus Kernenergie bildete ab Mitte der 1990er Jahre die Grundlage ihrer Privatisierung (s.S. 148ff.). Abschließend werden die Privatisierungsinitiativen gegenüber dem britischen Kohlebergbau dargestellt, die in technologisch pfadabhängiger Weise die Entwicklungsspielräume für erneuerbare Energien beeinflussten (s.S. 153ff.). Insgesamt ist hinsichtlich der Markteinführung erneuerbarer Energien in Großbritannien zu zeigen, dass die bei der Privatisierung der Kernenergie und des Kohlebergbaus auftretenden Schwierigkeiten und die hierfür getroffenen politischen Übergangsregelungen wichtige Auswirkungen für ihren Ausbau hatten. Neben einer Beschreibung der Policyentwicklung und der instrumentellen Ausgestaltung des Markteinführungsinstruments für erneuerbare Energien werden schließlich seine Implementierung im Analysezeitraum von 1990 bis 1997 detailliert analysiert (s.S. 156ff.).

---

[104] Z.B. wurde ein spezieller Hydro-Fonds gegründet, der die Quersubventionierung von der günstigen Stromerzeugung mittels Wasserkraft in den Verteilungs- und Übertragungsbereich ermöglichte, um hierüber die höheren Kosten der Stromversorgung in abgelegenen und dünn besiedelten Bevölkerungsgebieten im schottischen Norden zu finanzieren (Industry Department for Scotland 1988, MMC 1995).

4.1.1 Die wichtigsten Reformelemente der Liberalisierung der englisch-walisischen Elektrizitätswirtschaft

Nach dem die konservativen Wahlsieg unter Thatcher im Jahr 1987 stand der Weg für die Privatisierung und Liberalisierung des elektrizitätswirtschaftlichen Sektors offen. Die Reformen waren von Beginn an durch ein großes Maß an Unsicherheit charakterisiert, die zum einen mit dem finanziellen Ausmaß des Reformprojekts zusammenhing. Hinzu kam, dass eine Privatisierung eine Vielzahl von wichtigen energiewirtschaftlichen Teilindustrien betraf, die für die Funktionsfähigkeit der Volkswirtschaft von zentraler Bedeutung waren. Zwar war die Gasindustrie, die für die Stromerzeugung im Verlauf der 1990er Jahre immer wichtiger werden sollte, bereits im Jahr 1986 privatisiert worden. Der Ausgang der Privatisierungsreformen in der Kohleindustrie und der Kernenergiewirtschaft war jedoch völlig offen. Eine weitere Komplexitätssteigerung ergab sich aus der Entflechtungsvorgabe in die Segmente Stromerzeugung, -übertragung und -verteilung, wobei eine Wettbewerbseinführung in das Segment der Übertragung wegen der Charakteristika eines natürlichen Monopols als nicht möglich erachtet wurde. Überdies war kaum prognostizierbar, ob mit der geplanten Entflechtung die sektoriellen Akteure ihre bisherigen Unternehmensaktivitäten in neue Bereiche ausweiten würden, also z.B. eine Integration der Erzeuger in die Verteilung stattfinden würde oder umgekehrt. Überhaupt gab es für die Liberalisierung der Elektrizitätswirtschaft auf internationaler Ebene keine Vorbilder. Vielmehr bestanden ernst zu nehmende Befürchtungen, dass in wettbewerbsorientierten Märkten die Versorgungssicherheit nur schwierig aufrechtzuerhalten sei.

Erste Schritte zur Privatisierung und Liberalisierung der Stromwirtschaft unternahm Premierministerin Thatcher bereits im Jahr 1987 mit der Ernennung des monetaristisch orientierten Parkinson zum neuen Energieminister (als Nachfolger von Walker). Unter seiner Leitung kam es im Februar 1988 zur Verabschiedung eines Weißbuchs, das die wieteren Ziele einer Privatisierung bestimmte (DEn 1988).[105] Zusammen mit Finanzminister Lawson befürwortete Parkinson das Ziel einer weitreichenden Privatisierung der britischen Elektrizitätswirtschaft, wobei zunächst die *Zerschlagung des CEGB in fünf Erzeugerunternehmen als erstes institutionelles Element der Strukturreform* geplant wurde. Im Gegensatz zu den weitreichenden Bestrebungen der genannten Politiker setzte sich der damalige CEGB-Vorsitzende Sir Marshall frühzeitig für weniger radikale Sektorreformen ein und plädierte für den Erhalt eines *"National Champions"* im Energiemarkt.[106]

Insgesamt stand der CEGB einer Privatisierung jedoch offen gegenüber, weil die Behörde sich dadurch eine größere politische Unabhängigkeit von staatlicher Einflussnahme erhoffte (Eising 2000, 149). Der CEGB befürwortete eine Privatisierung aber nur für den Fall, dass die Behörde als integrierte Einheit im Sinne eines *"National Champions"* erhalten blieb (ähnlich wie bei der Privatisierung der Gaswirtschaft das Unternehmen *British*

---

[105] Dieses Weißbuch legte zunächst nur Rahmenziele einer zukünftigen Sektorreform fest, die sich in erster Linie an den Interessen der Verbraucher orientieren sollte. Die Einführung sektoralen Wettbewerbs wurde als der beste Mechanismus zur Wahrung von Verbraucherinteressen bestimmt. Staatliche Regulierung sollte sich auf den Bereich der allgemeinen Wettbewerbs- und Preispolitik sowie die Regulierung des verbleibenden natürlichen Monopols der Übertragungsnetze konzentrieren (DEn 1988).
[106] Als langjährige Führungspersönlichkeit des CEGB und der UKAEA verkörperte der damalige CEGB-Vorsitzende Sir Marshall die korporatistische Tradition, die den Erhalt staatlicher Großkonzerne forderte (das klassische Vorbild eines *"National Champions"* stellt die EdF mit ihrem Kernenergieprogramm dar).

Gas). Auch die beiden anderen zentralen Akteure der stromwirtschaftlichen Erzeugerindustrie, die UKAEA und das NCB, standen einer Zerschlagung des CEGB und seiner Aufteilung in mehrere Erzeugerunternehmen skeptisch gegenüber, weil sie eine Schwächung ihrer privilegierten Rolle im britischen Stromsektor befürchteten. Im Einklang mit der industriellen Lobby der Kernenergiewirtschaft forderte z.B. die UKAEA einen Erhalt des CEGB, weil ohne die Existenz eines integrierten Unternehmens die Kontinuität des ohnehin krisengeschwächten Kernenergieprogramms gefährdet wäre (Eising 2000, 150). In ähnlicher Weise waren die für die Stromverteilung zuständigen zwölf Area Boards hauptsächlich an Bestandswahrung orientiert und plädierten im Fall der Privatisierung für die Beibehaltung der gegebenen elektrizitätswirtschaftlichen Verteilungsstruktur mit den existierenden Versorgungsgebieten (London Economics 1987).

Ein *zweites institutionelles Element der Strukturreform* sollte die *Organisation und das Management des nationalen Hochspannungsnetzes* bilden. Gemäß den Zielvorgaben des Privatisierungsweißbuchs wurde für dieses Segment im Verbund mit der Einsatzplanung der Kraftwerke als natürlichem Monopol eine Einführung von Wettbewerb als nicht möglich erachtet (DEn 1988). Mit der Verabschiedung des *Electricity Act 1989* beschloss die britische Regierung deshalb, das Management des Hochspannungsnetzes (die Übertragung) aus dem bisherigen Aufgabenbereich der Erzeugung herauszulösen und ein *eigenständiges Netzunternehmen*, die *National Grid Company* (NGC), zu gründen. Die Anteile an der neu gegründeten NGC gingen zunächst an die regionalen Area Boards über, womit deren Bedeutung innerhalb der britischen Elektrizitätswirtschaft entscheidend wuchs. Mit der institutionellen Trennung von Erzeugung und Übertragung hatte die britische Regierung zum damaligen Zeitpunkt eine internationale Pionierrolle übernommen (Energy Committee of the House of Commons 1992).[107] Ihr zentrales Anliegen war die Vermeidung einer allgemeinen Diskriminierung beim Netzzugang durch die marktbeherrschende Stellung der neu zu gründenden und privatisierten Erzeugerunternehmen. Wie später dargestellt wird, hat im britischen Elektrizitätssektor die institutionelle Trennung von Erzeugung und Übertragung einerseits sowie die Stärkung der Rolle regionaler EltVU andererseits eine entscheidende Rolle für die allmähliche Entstehung von Wettbewerb gespielt.

Ein *drittes institutionelles Element der Strukturreform* bestand in der *Einrichtung der bereits erwähnten Regulierungsbehörde Offer*, die für die Wettbewerbs- und Preisregulierung (Erzeuger-, Verteiler-, Tarifpreise) zuständig sein sollte. Die gesetzlichen Aufgaben der neuen Regulierungsbehörde, die von einem *Director General of Electricity Supply* (DGES) geführt wurde,[108] sind im *Electricity Act 1989* wie folgt definiert worden:

- "to secure that all reasonable demands for electricity are satisfied;

---

[107] Die eigentumsrechtliche Trennung von Erzeugung und Übertragung (Gründung einer eigenen Netzgesellschaft) zur Realisierung sektoriellen Wettbewerbs erscheint für den deutschen Elektrizitätssektor nur schwierig vorstellbar, weil sich das deutsche Hochspannungsnetz a priori nicht im Eigentum eines einzelnen staatlichen Betreibers befindet (wie im britischen Regime), sondern im verfassungsrechtlich geschützten Privateigentum der einzelnen Verbundunternehmen.

[108] Der DGES wurde vom zuständigen Energieminister für einen Zeitraum von fünf Jahren ernannt. Als erster DGES wurde Littlechild ernannt, der an der Entwicklung der Idee einer Privatisierung der verstaatlichten Unternehmen bereits in den 1980er Jahren maßgeblich beteiligt war und die Preisregulierungsverfahren mitentwickelte hatte (zur Bedeutung der RPI-X-Regulierung für die Herstellung von sektoriellen Wettbewerb siehe dieser Abschnitt, außerdem Beesley/Littlechild 1996).

- to ensure that license holders are able to finance the carrying of the activities which they are authorised (…);
- (…) to promote competition in the generation and supply of electricity" (Electricity Act 1989, Teil 1, Absatz 3).

Zum Kernbereich der Regulierungsaufgaben des DGES gehörte insbesondere die Tarifpreisregulierung, durch die einheitliche Stromtarife gewährleistet bleiben sollten. Eine weitere Aufgabe bestand in der Überwachung des Electricity Pools. Als neu institutionalisierter Großhandelsmarkt sollte über den Electricity Pool eine größere Effizienz bei der Stromerzeugung und damit günstigere Strompreise realisiert werden. Der DGES unterstand zwar in der Aufsicht direkt dem zuständigen Energieminister, verfügte im Rahmen seiner Regulierungsaufgaben aber über weitreichende Handlungspielräume (*regulation in arm's length*). Diese beinhalteten vor allem umfangreiche Informations- und Auskunftsrechte gegenüber den privatisierten Unternehmen zu den ökonomischen Daten der Elektrizitätserzeugung, -übertragung und -verteilung. Auf ihrer Basis vermochte der DGES weitreichende wettbewerbsrechtliche Weisungen zu treffen. Aufgrund ähnlich ausgerichteter wettbewerbsbezogener Aufgaben des DTI ergab sich zwischen den beiden Institutionen eine gewisse Interessenüberschneidung, die durch das DTI folgendermaßen definiert wurde:

"The broad distinction is that the Government is responsible for preparing the legislation and other instruments which establish the regulatory framework and for appointing the regulator, while the regulator is responsible for carrying on the business of regulation within that framework" (House of Commons Trade and Industry Committee 1997, zitiert nach Eising, 162).

Eine Teilung der Verantwortlichkeiten zwischen dem DTI und Offer setzte die eindeutige Definition politischer Regulierungszuständigkeiten durch die Regierung voraus. Jedoch ist vorwegzunehmen, dass sich mit einer zunehmenden Politisierung sektorbezogener Aufgaben ab der zweiten Hälfte der 1990er Jahre die staatlich vorgegebenen Regulierungsziele durch eine zunehmende Überschneidung der Kompetenzzuständigkeiten auszeichnete, weil politische Regulierungsziele (z.B. Integration von Klimaschutz) in zunehmenden Konflikt mit ökonomischen Regulierungszielen gerieten.

Das Hauptinstrument zur ökonomischen Regulierung von Offer ist die Vergabe, Gestaltung und Kontrolle von Lizenzen für die elektrizitätswirtschaftlichen Akteure in den Geschäftsfeldern Erzeugung, Übertragung und Verteilung.[109] Die *organisatorische Trennung der drei Geschäftsfelder* (sog. *"Unbundling"*) stellte das *vierte institutionelle Element der Liberalisierung der britischen Stromwirtschaft* dar. Durch das Unbundling wurden die sektoriellen Akteure zu einer getrennten Organisation und Offenlegung der bereichsbezogenen Erträge und Kosten ihrer unternehmerischen Aktivitäten gezwungen, durch das die

---

[109] Es existierten folgende zentrale Lizenzen: Eine Erzeugerlizenz für Anlagen über 100 MW und eine Übertragungslizenz für die NGC, welche Preisobergrenzen und sonstige Bedingungen der Netznutzung festlegte (sog. *"Grid Code"*). Außerdem gab es eine allgemeine Lizenz für die regionalen Versorgungsunternehmen (sog. *"public electricity supply licence"*), welche die Bedingungen für die Stromverteilung, diesbezügliche Preisobergrenzen sowie Kriterien zum wirtschaftlichen Stromeinkauf definierte. Die Versorger wurden entweder als direkte (*first-tier supplier* im Monopolmarkt) oder indirekte Versorger (*second-tier supplier* in den bereits privatisierten Marktsegmenten) lizenziert. Mit den Verteilerlizenzen wurden ebenfalls Bestimmungen zur Definition von Preisobergrenzen und allgemeine Nutzungsregeln für die Verteilernetze festgelegt (Helm 2003, 144).

Möglichkeit von Quersubventionen und wettbewerbsdiskriminierenden Praktiken auf ein Mindestmaß reduziert werden sollten. Für den Fall, dass einzelne Akteure gegen die wettbewerbsrechtlichen Auflagen und Lizenzbedingungen verstießen, verfügte Offer über das wichtige Sanktionspotential, entsprechende Fälle vor der *Monopolies Mergers Commission* (MMC) zur abschließenden Entscheidung zu bringen.[110]

Ein weiteres zentrales Element des neuen wettbewerblichen Regulierungsregimes war die *Preisregulierung* derjenigen Geschäftsbereiche, die auch im liberalisierten Markt wieterhin als natürliche Monopole galten, also *der Stromübertragung* (durch die NGC) und *-verteilung* (durch die regionalen Versorgungsunternehmen) und der damit verbundenen monopolistischen Versorgungsmärkte.[111] Die Preisaufsicht und -regulierung der Übertragungs-, Verteilungs- und Versorgungspreise (im letzteren Fall bei den verbliebenen Monopolmärkten) orientierte sich dabei an der Effizienzformel RPI-X (*Retail Price Index*, RPI), die der erste DGES Littlechild Anfang der 1980er Jahre zur Privatisierung und Liberalisierung des Telekommunikationssektors mit entwickelt hatte (Beesley/Littlechild 1996, DoI 1983). Die Genehmigung der Preise orientierte sich damit an der Entwicklung des allgemeinen Lebenshaltungskostenindexes, wobei zur Steigerung der unternehmensbezogenen Effizienz in dem jeweiligen Geschäftsbereich (Stromübertragung u. -verteilung) der Lebenshaltungskostenindex um einen Effizienzfaktor X reduziert wurde. Ein entscheidendes theoretisches Element bei der Entwicklung dieser Preisregulierungsformel zur Förderung von mehr Wettbewerb war, dass nach der Durchführung entsprechender Preiskontrollen in den erwähnten Marktsegmenten die Regulierungsbehörde die neuen Preisobergrenzen für einen längeren Zeitraum definierte (Definition einer *Price Cap* (Preisobergrenze) für vier bis fünf Jahre). Gleichzeitig sollte Offer garantieren, zur Gewährleistung verlässlicher Wettbewerbs- und Investitionsbedingungen im genannten Zeitraum nicht durch die Festlegung neuer Preisobergrenzen interventionistisch einzugreifen.[112]

Neben der institutionellen Trennung von Erzeugung und Übertragung sollte schließlich die Einführung eines marktbezogenen Koordinationsmechanismus als *fünftes institutionelles Element der Strukturreform*, dem sog. *"Electricity Pool"*, zu verstärktem Wettbewerb im Erzeugermarkt und damit sinkenden Strompreisen führen. Der Electricity Pool wurde mit der Marktliberalisierung im Jahr 1990 geschaffen. Er stellt einen sehr komplexen Handelsmechanismus der Erzeugerindustrie dar, durch den man sich die Etablierung eines Großhandelsmarktes und hiermit die Einführung von Wettbewerb in diesem Marktsegment erhoffte. Beim Electricity Pool handelte es sich um einen offenen Warenmarkt, an dem jeder

---

[110] Das Sanktionspotential der MMC besteht darin, dass ihr Urteil (z.B. über wettbewerbschädigende Praktiken oder negative Auswirkungen von Unternehmensfusionen) dem verantwortlichen Wirtschaftminister als Grundlage zur rechtlichen Untersagung oder zur Verabschiedung von Gegenmaßnahmen dient (z.B. Vorschriften zu einer weiteren Unternehmensentflechtung). Die MMC wird jedoch nur auf Initiative der wettbewerbspolitischen Akteure im Regulierungsregime aktiv (z.B. DTI, Offer oder dem Office of Fair Trading).

[111] Für die Erzeugung und indirekte Versorgung (Stromübertragung und -verteilung durch Dritte) war zunächst keine Preisregulierung vorgesehen, weil diese Geschäftsfelder als vollständig wettbewerbsfähig galten.

[112] Die Befürworter einer solchen Regulierung argumentierten, dass die Definition einer fixen Preisobergrenze über einen Zeitraum von fünf Jahren einen Anreizmechanismus institutionalisiert, die unternehmensbezogenen Erträge in den regulierten Bereichen durch eine Senkung der Betriebskosten zu maximieren. Über die Definition von Preisobergrenzen würden sich die Unternehmen aufgrund fehlenden Wettbewerbs an Kostendaten orientieren, anhand derer sie weitere Kosteneinsparungen zu realisieren versuchten. Die in größeren zeitlichen Abständen durchgeführten staatlichen Preiskontrollen würden den noch unzureichenden Wettbewerbsmechanismus imitieren und zu Effizienzsteigerungen motivieren.

Elektrizitätserzeuger, der mehr als 50 MW in das nationale Netz einspeiste, durch den Erwerb einer Erzeugerlizenz zur Teilnahme und dem Handel seiner erzeugten Kapazität verpflichtet war. In diesem Zusammenhang mussten alle Erzeuger, die ihre Kraftwerke betreiben wollten, für jede halbe Stunde des folgenden Tages ein Kapazitätsangebot der von ihm erzeugten Elektrizitätsmenge sowie entsprechende Preisangebote abgeben. Die NGC rief dann die jeweiligen Erzeuger in aufsteigender Ordnung der gebotenen Preise ab. Die teuerste der gebotenen Einheiten, die noch zur Verwirklichung der benötigten Kapazität erforderlich war, bestimmte den marginalen Systempreis (sog. *"Systems Marginal Price"*), welcher dann an alle anderen Erzeuger für die jeweilige halbe Stunde ausgezahlt werden sollte (Electricity Association 1999, Thomas 1996a). Die Herstellung von Wettbewerb im britischen Erzeugersektor erwies sich während des gesamten letzten Jahrzehnts als außerordentlich schwierige regulative Herausforderung, weil dieser durch eine oligopolistische Struktur mit den drei Erzeugerunternehmen National Power (NP), PowerGen (PG) und British Nuclear (BN) gekennzeichnet war (s.S. 138ff.).

4.1.2 Die Entwicklung der energiepolitischen Rahmenbedingungen für erneuerbare Energien

Die Liberalisierung der britischen Elektrizitätswirtschaft war mit dem Ziel einer Privatisierung ihrer Teilindustrien verbunden (z.B. Nuklearindustrie, Kohleindustrie). Im folgenden Abschnitt wird zunächst das Scheitern einer Privatisierung der britischen Nuklearindustrie analysiert. Im Zuge der Liberalisierung der Elektrizitätswirtschaft wurde durch die fehlende „Wettbewerbsfähigkeit" der Elektrizitätserzeugung aus den britischen Kernkraftwerken die Einführung umfassender Subventionsmaßnahmen erforderlich. Anschließend wird die Wettbewerbsregulierung der englisch-walisischen Elektrizitätswirtschaft mit den zuvor beschriebenen theoretischen Konzepten kritisch verglichen und analysiert (s.S. 138ff.). Für den vorliegenden Untersuchungszeitraum von besonderem Interesse sind auch die Folgen der britischen Fusionspolitik für den Ausbau erneuerbarer Energien (s.S. 145ff.). Als wichtige energiepolitische Rahmenbedingungen eines Ausbaus erneuerbarer Energien werden schließlich die abschließende Privatisierung des Kohlebergbaus und Kernenergiewirtschaft im weiteren Verlauf der 1990er Jahre beschrieben (s.S. 148ff.).

4.1.2.1 Die gescheiterte Privatisierung der britischen Kernenergie im Liberalisierungsprozess

Die Nutzung der Kernenergie zeichnet sich durch zwei zentrale Eigenschaften aus, die für eine Privatisierung von maßgeblicher Entscheidung sein sollten. Zum einen ist ihre Nutzung mit extrem hohen und langfristig versunkenen Kosten verbunden, die mit der verwendeten Reaktortechnologie, den spezifischen Bau- und Betriebskosten, dem eingesetzten Brennstoffen sowie den anschließenden Kosten der Wiederaufbereitung bzw. Entsorgung der Brennstäbe zusammenhängen. Außerdem bilden die Kosten der Stilllegung der jeweiligen Reaktoranlagen einen zentralen Kostenfaktor, der bei der Investition in die Technologie besonders berücksichtigt werden muss. Die große Dimension vorzunehmender Investitionen bedeutet, dass für ihren rentablen Betrieb lange Amortisationszeiträume kalkulierbar sein müssen.[113] Zum anderen impliziert die Nukleartechnologie ein in der bisherigen Technologiegeschichte nicht vorhandenes Risikopotential, das seit den 1970er Jahren und besonders nach dem Reaktorunfall von Tschernobyl im April 1986 zu einer andauernden wissenschaftlichen und gesellschaftlichen Auseinandersetzung über die damit verbundenen ökologischen, sozialen und ökonomischen Risiken und Langzeitfolgen geführt hat.[114] Die besonderen Restriktionen einer angemessenen ökonomischen Bewertung der wirklichen Kosten einer Nutzung dieser Technologie lassen sich exemplarisch am gescheiterten Versuch der Privatisierung der britischen Kernenergiewirtschaft illustrieren, bei der unüberwindbare Schwierigkeiten im Hinblick auf die angemessene ökonomische Bewertung möglicher langfristiger Risiken deutlich wurden. Der unlösbare Konflikt über Verantwortlichkeiten im Fall der Entsorgung nuklearen Atommülls und die Anlastung der damit verbundenen volkswirtschaftlichen Folgekosten entlarvte die Entscheidung über einen weiteren Betrieb der Anlagen als rein politische.

Dabei ist zu betonen, dass in Großbritannien überhaupt erst der Versuch einer Privatisierung kalkulatorische Anstrengungen induzierte, um zu einer objektiven Bewertung der Stromerzeugungskosten aus Kernenergie zu gelangen. Erst mit den konservativen Reformplänen wurden die Kosten der nuklearen Stromerzeugung im Verhältnis zu den Kosten anderer Energieträger thematisiert. Das DEn forderte das CEGB erstmals im Zeitraum von 1987 bis 1989 zu detaillierten Kostenberechnungen der nuklearen Stromerzeugung auf. Das Ministerium erhielt vom CEGB jedoch erst im Oktober 1988, also ein halbes Jahr nach der Verabschiedung seines Privatisierungsweißbuchs, die geforderten Informationen. Schon im Jahr 1987 war eine Privatisierung der britischen Nuklearindustrie wegen der ungewissen Kostenentwicklung bei der Entsorgung und Stilllegung von Kritikern als problematisches Vorhaben erachtet worden (Henney 1987). Es wurde darauf verwiesen, dass die Erzeugung von Nuklearstrom im Vergleich zur Gasverstromung in hocheffizienten Gas-Dampfturbinen-Kraftwerken vergleichsweise höhere Kosten verursachen würde.

Während das DEn noch zu Beginn des Jahres 1988 plante, für die Privatisierung der Elektrizitätswirtschaft das CEGB in mehrere Erzeugerunternehmen zu zerschlagen, wurde diese Strategie aufgrund der sich zunehmend ungünstiger entwickelnden Kostenprognose der Kernenergie eine zunehmend unrealistische Option. Deshalb entwickelte das DEn die Alternativstrategie, das CEGB nur noch in zwei Erzeugerunternehmen aufzuteilen. Dabei sollten sämtliche Kernkraftwerke auf einen der beiden zu privatisierenden Stromerzeuger (NP) übertragen werden. In der Frage einer Übernahme der englischen und walisischen Kernkraftwerke durch den zu privatisierenden Stromerzeuger NP kam es im Jahr 1988 zu ersten Verhandlungen zwischen der Regierung, Vertretern von NP und der BNFL. Die BNFL war in der verstaatlichten Stromwirtschaft als monopolistischer Dienstleister für die

---

[113] Der Erzeugung von Atomstrom aus Uran liegt, wie bei allen übrigen Formen der fossilen Energieerzeugung (z.B. Kohle, Öl, Erdgas), eine aufwändige Produktionskette zugrunde, an der zahlreiche Wirtschaftsakteure partizipieren. Mit seiner *Argumentation zu den fossilen Produktionsketten der konventionellen Energiewirtschaft* arbeitet Scheer heraus, dass die zunehmende Abhängigkeit der Industriestaaten von den fossilen Rohstoffen den Globalisierungsprozess verstärkt und die historisch gewachsenen internationalen Abhängigkeiten in der Energieversorgung das Problem der technologischen Pfadabhängigkeit intensiviert haben (Scheer 2000a, 43ff.).

[114] Die Schwierigkeit einer adäquaten ökonomischen Bewertung der mit dieser Technologie verbundenen Risiken wurde mit den Terroranschlägen vom 11. September 2001 erneut offensichtlich. Seit den Anschlägen von New York und Washington liegt auch eine Terrorattacke auf Kernkraftwerke im Bereich des Vorstellbaren – umso mehr werden die Fragen nach einer richtigen Bewertung der volkswirtschaftlichen Risiken ihrer Nutzung neu gestellt.

Wiederaufbereitung und Entsorgung/Endlagerung nuklearer Brennstäbe zuständig. Im Verlauf der Verhandlungen erwiesen sich sowohl die voraussichtlichen Kosten des Brennstoffmanagements als auch die Kosten der Stilllegung von Kernkraftwerken als entscheidendes Hindernis, weil NP ein strategisches Interesse hatte, die einzelnen Kostenbestandteile der Stromerzeugung aus der Kernenergie zur Absicherung gegen spätere unternehmerische Risiken tendenziell überzubewerten. Im Verlauf des Jahres 1988 zeichnete sich deshalb für die britische Regierung ab, dass die Betriebskosten und Risiken, die mit einer Privatisierung der Kernenergie verbunden waren, noch viel kritischer eingeschätzt werden mussten als zunächst angenommen.

Eine besonders große Unsicherheit betraf die Entwicklung der Kosten des Brennstoffmanagements, also der Herstellung, Wiederaufbereitung und Endlagerung von Brennstäben. Zu Zeiten der verstaatlichten britischen Energiewirtschaft unterlag die BNFL in diesen Fragen keinerlei Preistransparenz. Vor diesem Hintergrund stiegen die finanziellen Verpflichtungen, die zur Stilllegung von Wiederaufbereitungsanlagen und Endlagern berechnet wurden, während der Privatisierungsverhandlungen von 438 Mio. Pfund auf 4.605 Mio. Pfund, also ungefähr um das Zehnfache (House of Commons Energy Committee 1989). Für eine adäquate ökonomische Bewertung der mit dem Brennstoffmanagement im privatisierten Markt verbundenen Risiken erhöhten sich die Gesamtkosten um ungefähr 20 Prozent (House of Commons Energy Committee 1990). Zusätzlich verdreifachte NP als vorgesehener künftiger Kernkraftwerksbetreiber allein im Zeitraum von 1988 bis 1989 seine eingestellten Verbindlichkeiten für die Wiederaufbereitung und Lagerung nuklearer Brennstoffe aus den bestehenden Magnox- und AGR-Reaktoren von 2.058 Mio. Pfund auf 6.433 Mio. Pfund (Baentsch 1997).

Aufgrund der sich abzeichnenden Kostenexplosionen sah sich die britische Regierung bereits Ende des Jahres 1988 gezwungen, finanzielle Maßnahmen zur Absicherung des Betriebs der Kernenergie im liberalisierten Strommarkt zu treffen. Sie plante deshalb relativ kurzfristig die Einführung einer Pauschalabgabe auf die Stromrechnungen aller Stromkunden, die sog. *"Fossil-Fuel-Levy"* (FFL), aus deren Einnahmen die sich abzeichnenden Mehrkosten der Stromerzeugung aus nicht-fossilen Energieträgern (vorrangig der Kernenergie, später aber auch aus erneuerbaren Energien!) finanziert werden sollten. Nach ihrer Einführung im Jahr 1990 wurde die FFL bis zum Jahr 1998 auf sämtliche Stromrechnungen erhoben.[115] Die Regionalversorger, welche die FFL über die Stromrechnungen beim Endkunden erhoben, gaben die diesbezüglichen Einnahmen an eine eigens für die Verwaltung dieser Abgabe gegründete Behörde, der sog. *"Fossil-Fuel-Purchasing Agency"* (NFPA), weiter. Aus den Mitteln der FFL sollte diese Behörde dann die Mehrkosten der nuklearen Stromerzeugung ausgleichen, die der Differenz zum gehandelten Poolpreis entsprachen. Die Einführung der FFL wurde mit der Einführung einer Abnahmeverpflichtung von Nuklearstrom für Regionalversorger verbunden. Mit der Einführung dieser Abnahmeverpflichtung, der sog. *"Non Fossil Fuel Obligation"* (NFFO), war ursprünglich geplant, die Abnahme von Nuklearstrom in einer Menge zu garantieren, so dass die Inbetriebnahme von vier weiteren PWR hätte finanziert werden können (Mac Kerron 1996).

Neben der Kostenexplosion im Brennstoffmanagement, die sich im Verlauf der Verhandlungen zwischen NP und BNFL offenbarte, veröffentlichte NP im Mai 1989 überraschend stark gestiegene finanzielle Verbindlichkeiten, die aus dem Betrieb der älteren

---

[115] Zwischen 1990 und 1994 betrug ihr Anteil an einer einzelnen Stromrechnung zwischen 10 und 11 Prozent.

Magnox-Reaktoren resultierten. Während die Höhe der finanziellen Verbindlichkeiten für die Entsorgung und Stilllegung bestehender Magnox-Anlagen bisher auf einen Betrag zwischen 3,5 und 4,5 Mrd. Pfund geschätzt wurde, ging NP nun von künftigen Verbindlichkeiten in Höhe von 10 Mrd. Pfund aus. In diesem Zusammenhang waren die prognostizierten Kosten einer Stilllegung der Magox-Reaktoren von 312 Mio. Pfund auf 600 Mio. Pfund explodiert (Mac Kerron 1996). Zusammen mit der Zunahme der Stilllegungskosten bestehender Kernreaktoren stiegen die jährlichen Verbindlichkeiten des CEGB im Zeitraum von 1987/88 bis 1988/89 von 2.781 Mio. Pfund auf 8.340 Mio. Pfund an (Baentsch 1997, 195). Weil auch beim Brennstoffmanagement der größte Anteil der Preissteigerungen auf die Magnox-Reaktoren zurückzuführen war, bestand eine der letzten Amtshandlungen des damaligen Energieministers Parkinson im Juli 1989 darin, die Magnox-Reaktoren von der Privatisierungsagenda zu nehmen. Vorerst hielt die britische Regierung jedoch noch an ihren Privatisierungsplänen bei den gasgekühlten Reaktoren (AGR) und des im Baustadium befindlichen ersten britischen Druckwasserreaktors Sizewell B fest.

Allerdings wurde im Oktober 1989 bekannt, dass die zu erwartenden Stromerzeugungskosten von Sizewell B ebenfalls eindeutig höher ausfallen würden als bisher geplant. Und auch bei den politischen Planungen zur Errichtung eines zweiten Druckwasserreaktors (Hinkley C) ergaben sich im Verlauf des Privatisierungsprozesses zunehmend widersprüchliche Angaben. Während der CEGB die erwarteten Stromgestehungskosten des Hinkley-C-Reaktors im Jahr 1988 noch mit 2,24 p/kWh angegeben hatte, gab der designierte Vorsitzende des zu privatisierenden Stromerzeugers NP, Sir Marshall, nur ein Jahr später einen unter privatwirtschaftlichen Bedingungen berechneten Strompreis an, der gegenüber dem bisherigen Wert um mehr als das Dreifache gestiegen war (7,34 p/kWh). Und auch bei den gasgekühlten Reaktoren ging man von zukünftigen Stromgestehungskosten in Höhe von mindestens 5 bis 6 p/kWh aus. Im Oktober 1989 berechnete das neu gegründete Erzeugerunternehmen NP für den gesamten britischen Kernkraftwerkspark dann sogar einen durchschnittlichen Stromgestehungspreis von 9,9 p/kWh (Energy Committee of the House of Commons 1990), denen als Erlös aus dem Poolpreis im Jahr 1990 2 p/kWh gegenüber stehen würden (Offer 1995a). Unabhängige Gutachten von externen Experten kamen zu ähnlich hohen Stromgestehungskosten der Kernenergie.[116] Angesichts des hohen Kostendrucks auch bei den AGR und dem Sizewell-B-Druckwasserreaktor musste der neue Energieminister Wakeham nur vier Monate später im November 1989 auch die übrigen Reaktoren von der Privatisierungsagenda nehmen.

Zur Gewährleistung des weiteren Betriebs der Kernreaktoren wurden die Kernenergieunternehmen *Nuclear Electric* (NE) für England und *Scottish Nuclear* (SN) für Schottland gegründet (Helm 2003, 142).[117] Mit der Rücknahme des nuklearen Privatisierungsprogramms wurde außerdem ein Moratorium über den Bau neuer Kernkraftwerke bis zum Jahr 1994 verkündet. In diesem Jahr sollte eine staatliche Überprüfung der Nuklearwirtschaft hinsichtlich ihrer Effizienz im liberalisierten Strommarkt vorgenommen werden. Weil sich

---

[116] MacKerron errechnete für den neuesten britischen Reaktortyp, den PWR Sizewell-B, auf der Basis von im Jahr 1990 kalkulierten Investitionskosten, einer zehnprozentigen Kapitalverzinsung, einer Amortisationsdauer von 40 Jahren und einer Auslastung der Anlage von 75 Prozent einen Stromgestehungskosten von 7,1 p/kWh (MacKerron 1993).

[117] Auch bezüglich der drei in Schottland betriebenen Kernreaktoren (zwei gasgekühlte Reaktoren und einen kurz vor der britischen Strommarktliberalisierung still gelegten Magnox-Reaktor) hatte man sich trotz der größeren Effizienz der betreffenden Anlagen dazu entschieden, von den Plänen einer Privatisierung abzurücken.

die britische Regierung für die Liberalisierung der Elektrizitätswirtschaft einen engen Zeitplan gesetzt hatte und bis zur endgültigen Privatisierung des CEGB nur noch ein knappes halbes Jahr verblieb, hielt sie an ihren strukturellen Planungen fest, den Erzeugermarkt auf zwei große Stromerzeuger, nämlich NP und PG, aufzuteilen. Mit der Verabschiedung des *Electricity Acts 1989* wurde deshalb die gesamte britische Stromerzeugungskapazität in einem Verhältnis von 70 (NP) zu 30 (PG) auf zwei Unternehmen aufgeteilt. NP musste jedoch die zusätzlichen finanziellen Lasten des Betriebs der Kernkraftwerke tragen (Thomas 1996a).

Im Hinblick auf den Versuch einer Privatisierung der Kernenergie in *Schottland* ist kurz auf die dortigen energiepolitischen Besonderheiten hinzuweisen, weil diese für die Förderung erneuerbarer Energien von Bedeutung werden sollten. Die dortigen Liberalisierungsaktivitäten betrafen im Kernenergiesektor nur den Betrieb von zwei gasgekühlten Reaktoren (Hunterston B, Torness), deren elektrizitätsbezogene Erzeugungskapazität im schottischen Energiesektor allerdings 40 Prozent ausmachte – mit wachsender Tendenz. Weil die beiden schottischen Reaktoren relativ effizient und zuverlässig betrieben wurden, zeichnete sich für SN eine positive Zukunft ab. Deshalb erachtete es die britische Regierung als nicht erforderlich, dieses Unternehmen wie im englischen und walisischen Fall mit Einnahmen aus der FFL zu subventionieren. Stattdessen wurde beschlossen, mit der Privatisierung der schottischen Anlagen 1,37 Mrd. Pfund der ausstehenden gesamten Verbindlichkeiten in Höhe 1,6 Mrd. Pfund abzuschreiben.[118] Außerdem wurden SN weitere 716 Mio. Pfund aus einem mit dem Electricity Act 1989 geschaffenen Sonder-Budget bereitgestellt, das für den Fall des Auftretens nicht antizipierter Entsorgungskosten mit einem Etat in Höhe von 2,5 Mrd. Pfund ausgestattet wurde.

Zur Sicherung des Absatzes des in den beiden schottischen Kernkraftwerken produzierten Nuklearstroms wurde zwischen SN und den beiden vertikal integrierten Elektrizitätsunternehmen Scottish Power und Scottish Hydro-Electric eine vertragliche Vereinbarung, das sog. *"Nuclear Energy Agreement"* abgeschlossen. In diesem Abkommen garantierte Scottish Power für den Zeitraum von 1990 bis 2005 eine Abnahme von 74,9 Prozent des durch SN erzeugten Stroms – die übrigen 25,1 Prozent entfielen auf Scottish Hydro-Electric. Für die ersten vier Jahre bis zum Jahr 1994 verpflichteten sich die beiden Versorgungsunternehmen dabei zur Zahlung eines Premiumpreises in Höhe von 3,3 p/kWh. In der Zeit von 1994 bis 1998 sollte dieser Preis schrittweise auf den im britischen Strommarkt gezahlten Strompreis im Grundlastbereich reduziert werden (Scottish Nuclear 1994). Die Abnahmeverpflichtung schottischen Nuklearstroms resultierte im Verlauf der 1990er Jahre in einer beachtlichen Rigidität des dortigen Erzeugermarktes. Weil die Produktion der beiden Kernreaktoren im Zeitraum von 1990/91 bis 1994/95 von 12 TWh auf 16,8 TWh gesteigert werden konnte (und damit zwischenzeitlich 43 Prozent der schottischen Stromerzeugung ausmachte), wirkte diese sich auch auf die von den regionalen energiewirtschaftlichen Akteuren bis 1998 perzipierte Möglichkeit einer Expansion der Stromerzeugung aus erneuerbaren Energieträgern aus. Damit zeigten sich auch bei der Regulierung der schottischen Kernenergie die Effekte technologischer Pfadabhängigkeit, welche die Investititionsentscheidungen zugunsten alternativer Technologien begrenzten.

---

[118] Die verbliebenen Schulden resultierten vor allem aus dem erst kurz vor der Liberalisierung abgeschlossenen Bau des AGR-Kernkraftwerks Torness.

Die generelle Problematik einer Bewertung der Wettbewerbsfähigkeit besonders der Kernenergie spiegelte sich in den Kalkulationsverfahren zur Planung von neuen elektrizitätswirtschaftlichen Investitionen wider, die unter den liberalisierten Sektorverhältnissen zu Beginn der 1990er Jahre zu einer Halbierung der Abschreibungsperioden (von vierzig auf zwanzig Jahre) und einer Verdopplung der erforderlichen Verzinsung führte. Im privatisierten Regime wurde damit die Erwirtschaftung wesentlich höherer Kapitalrenditen innerhalb kürzerer Abschreibungsfristen erforderlich. In diesem Kontext wurde die vom britischen Finanzministerium geforderte interne Verzinsung bei energiewirtschaftlichen Investitionen bereits im Vorfeld der Liberalisierung von fünf auf acht Prozent angehoben. Entsprechend wurde bei den Anhörungen zur Planung eines zweiten PWR, des Hinkley-C-Reaktors, die für privatwirtschaftliche Investitionen übliche Kapitalverzinsung in Höhe von zehn Prozent gefordert und vom Energieausschuss des Unterhauses befürwortet (Energy Committee of the House of Commons 1990).[119] Insgesamt bleibt somit festzuhalten, dass mit der Liberalisierung und Privatisierung der britischen Stromwirtschaft das Ausmaß der Existenz von Risikoexternalitäten bei der Kernenergieerzeugung deutlich wurde, das im verstaatlichten Regulierungsregime bisher verschleiert wurde.

4.1.2.2 Die faktische Regulierung und allmähliche Entstehung von Wettbewerb im britischen Stromsektor

Die Privatisierung der Erzeuger- und Verteilerunternehmen der englisch-walisischen Elektrizitätswirtschaft vollzog sich aufgrund der Dimension des zu privatisierenden Vermögens über mehrere Monate. Im November 1990 wurden zunächst die Anteile der regionalen Verteilerunternehmen inklusive der NGC mit einem Gesamterlös von fast acht Milliarden Pfund verkauft. Bei den Erzeugerunternehmen NP und PG entschied man sich im März 1991 zunächst nur zu einer Privatisierung der Unternehmensanteile von jeweils 60 Prozent, so dass sich der britische Staat goldene Anteile an beiden Unternehmen sicherte. Die endgültige Privatisierung der beiden Energieerzeuger erfolgte erst vier Jahre später, also im März 1995. Die staatlichen Einnahmen aus dem Verkauf der beiden 60-Prozent-Anteile betrugen weniger als drei Milliarden Pfund. Die Einnahmen lagen weit unter dem Wert von 22,6 Milliarden Pfund, den man nur drei Jahre zuvor als Investitionssumme für erforderliche Ersatzinvestitionen des bestehenden Kraftwerksparks der beiden Unternehmen geschätzt hatte (Helm 2003). Die Höhe des erzielten Erlöses wurde auch durch das National Audit Office (NAO) nicht weiter kritisiert (NAO 1992a). Die Privatisierung der schottischen Unternehmen Scottish Power und Scottish Hydro-Electric resultierte in einem Erlös von 3,5 Milliarden Pfund, wobei das NAO auch hier zu einer positiven Einschätzung der Privatisierung gelangte (NAO 1992b).

Die Entstehung von Wettbewerb im britischen Erzeugermarkt erwies sich im weiteren Verlauf als das Ergebnis a priori nicht vorhersehbarer Dynamiken zwischen den beiden privatisierten Erzeugerunternehmen, den regionalen Verteilerunternehmen, ihren Rohstofflieferanten, der Regulierungsbehörde Offer und dem DEn. Im Verlauf der ersten Hälfte der 1990er Jahre kristallisierte sich Offer als zentraler Akteur für die Wettbewerbsregulierung

---

[119] In gleicher Weise wurden die Verzinsungsraten bei Investitionen in Projekte von erneuerbaren Energien angepasst, obwohl sich derartige Investitionen aufgrund ihres dezentralen Erzeugungscharakters von nuklearen Investitionen grundlegend unterscheiden (Ross 1995).

heraus. Als entscheidende Rahmenbedingung für mehr Wettbewerb erwies sich die politische Strategie der britischen Aufsichtsbehörden, den Strommarkt über einen Zeitraum von acht Jahren schrittweise zu öffnen.[120] Die schrittweise Öffnung war insoweit von zentraler Bedeutung, dass die mittelgroßen Stromabnehmer und privaten Haushaltskunden bis 1994 bzw. 1998 gefangene Kunden der regionalen Verteilerunternehmen blieben. Von entscheidender Relevanz waren außerdem die verzögerte Privatisierung der britischen Kohleindustrie und die damit verbundene Kontinuität der vertraglichen Lieferbeziehungen zwischen British Coal und den beiden Erzeugerunternehmen. Die bestehenden Kohleverträge, die im Verlauf des Privatisierungsprozesses unter Druck des DEn zustande gekommen waren, verpflichteten die beiden privatisierten Erzeugerunternehmen im Jahr 1991 und 1992 zur Abnahme von jeweils 70 Mio. t Kohle und im Jahr 1993 von 65 Mio. t Kohle. Gleichzeitig bestanden zwischen NP bzw. PG und den regionalen Verteilerunternehmen längerfristige Strombezugsverträge (sog. *"contracts for differences"*), welche es den Erzeugern ermöglichten, die spezifischen Kosten der Kohleverträge an die Regionalverteiler und die im monopolistischen Markt gefangenen Kunden weiterzugeben. Zusammen mit dem Poolmechanismus und den Regulierungsbemühungen von Offer bildeten diese Akteursbeziehungen den Rahmen für die allmähliche Entstehung sektoralen Wettbewerbs.

Die Regulierungsbehörde Offer sah es in diesem Zusammenhang von Beginn an als ihre zentrale Aufgabe an, die Marktmacht und -anteile der beiden privatisierten Erzeugerunternehmen zugunsten des Zugangs neuer Marktteilnehmer zu reduzieren. Unter ihrem ersten DGES Littlechild kontrollierte die Behörde dabei von Beginn an besonders die Entwicklung der Poolpreise. In Wirklichkeit stellte der Electricity Pool aber nicht den entscheidenden Preisbildungsmechanismus zur Festlegung der Strompreise im Erzeugermarkt dar: Vielmehr bestimmten nach wie vor bilaterale Verträge zwischen den beiden Erzeugern und den regionalen Verteilerunternehmen deren Höhe. Die Existenz der Verträge lässt sich mit den beschriebenen Kohle-Abnahmeverpflichtungen der beiden Stromerzeuger zwischen 1990 und 1993 erklären, durch die den Erzeugern fixe Kosten der Stromerzeugung entstanden, die sie durch die Verträge gegenüber den Verteilerunternehmen absicherten. Der Großteil der Transaktionen zwischen den Erzeugern und den Regionalversorgern wurde also weiter über Verträge (*"contracts for differences"*) und nicht über den Poolmechanismus koordiniert. Allerdings dauerte es noch bis zum Jahr 1994, bevor Offer die Marginalisierung des Electricity Pools als Preisfindungsmechanismus für die Großhandelspreise von Elektrizität zum Thema einer eigenen Untersuchung machte (Offer 1994c). Die folgende Tabelle verdeutlicht für die Jahre von 1991 bis 1993 den Anteil der über Verträge koordinierten Strommengen in Bezug auf die Gesamtmenge der gehandelten Elektrizität und verdeutlicht damit die Marginalisierung des Electricity Pools.

---

[120] Der Markt für industrielle Großabnehmer war bereits mit der Privatisierung im Jahr 1990 geöffnet worden. Für das Jahr 1993 beabsichtigte die britische Regierung die endgültige Liberalisierung der Kohleindustrie, die zu Beginn der 1990er Jahre immer noch die britische Stromerzeugung dominierte. Ab dem Jahr 1994 sollte der Markt schließlich für Kunden mit einem mittleren Verbrauch über 100 kW geöffnet sein, bevor im Jahr 1998 der Strommarkt für alle übrigen privaten Haushaltskunden endgültig liberalisiert würde.

Tabelle 5: Anteil der zwischen Erzeugern und Regionalversorgern über bilaterale
Verträge koordinierten Strompreise (bezogen auf Gesamterzeugung)

	1991	1992	1993
National Power	84,3%	72,7%	72,7%
PowerGen	89,1%	70,6%	70,6%

Quelle: Helm/Powell 1992.

Nachdem die Poolpreise im ersten Jahr stark zurückgegangen waren, stiegen sie im zweiten
Jahr bis zum August 1991 gegenüber dem Vorjahr um 17 Prozent an, obwohl die Bezugs-
kosten von Kohle für die beiden Erzeugungsunternehmen gesunken waren. Diese Entwicklung induzierte ab 1991 zunehmende Regulierungsaktivitäten von Offer. Hinzu kam, dass
die industriellen Großabnehmer in der Anfangsphase der Privatisierung zwar durch besondere Regelungen gegen die Volatilität der Poolpreise geschützt waren, diese Schutzmaß-
nahmen aber zwischenzeitlich abgelaufen waren. Weil für die industriellen Großabnehmer
die Höhe der Strompreise anders als bei den regionalen Verteilerunternehmen über den
Poolpreis bestimmt wurden, initiierte Offer wegen des Verdachts einer Manipulation der
Poolpreise durch die beiden Erzeugerunternehmen im September 1991 ein erstes Preiskontrollverfahren. Die Behörde kam zu dem Ergebnis, dass die beiden Erzeugerunternehmen
gegen entscheidende Poolregeln verstießen, indem sie bestimmte Kraftwerke für nicht verfügbar erklärten, diese im weiteren zeitlichen Verlauf dann aber doch verfügbar waren.
Überdies wurde Missbrauch mit Risikozuschlägen betrieben, so dass die Poolpreise künstlich in die Höhe getrieben wurden. Damit ging Offer vom Missbrauch einer marktbeherrschenden Stellung durch das bestehende Erzeugerduopol aus (Offer 1991).

In den Folgejahren führte Offer weitere Regulierungsverfahren mit dem Ziel durch,
die strukturelle Dominanz der beiden Erzeugerunternehmen zu beschränken. So erfolgte ein
Verfahren zu dem genannten Problem der Risikozuschläge und eine weitere Überprüfung
der Poolpreise (Offer 1992a, Offer 1992c). Weitere wichtige Verfahren bezogen sich auf
die Verteilerpreise. Hierbei standen die Verträge zwischen Regionalversorgern und den im
liberalisierten Markt zunehmend wichtiger werdenden unabhängigen Stromerzeugern im
Mittelpunkt. Offer ging der Frage nach, ob die Regionalversorger, die zu einem möglichst
günstigen Bezug von Strom verpflichtet waren, in den Vertragsbeziehungen mit den Erzeugern diesem Erfordernis auch entsprachen (Offer 1992b, Offer 1992d, Offer 1993a). Nach
weiteren Preiskontrollverfahren und zusätzlichem politischen Druck durch den Wirtschafts-
und Industrieausschuss im britischen Unterhaus publizierte Offer im Juli 1993 außerdem
einen Bericht zur Entwicklung der Poolpreise (Offer 1993b). Wegen des vermuteten Missbrauchs der marktbeherrschenden Stellung durch die Erzeuger drohte die Behörde erstmals
mit einem Verfahren vor der MMC.

Die regulativen Eingriffe zielten jedoch nicht nur auf die Aktivitäten der beiden Großerzeuger, sondern auch auf die Regionalverteiler. Eine entscheidende Voraussetzung für die
Entstehung von Wettbewerb im britischen Strommarkt bestand schließlich darin, dass sich
seit dem Ende der 1980er Jahre die Potentiale zur Erschließung und Nutzung von Erdgas
für die Elektrizitätsversorgung maßgeblich vergrößerten. Während Erdgas noch bis in die
1980er Jahre als knappe Ressource wahrgenommen wurde, die nur zu hochwertigen Zwecken Verwendung finden sollte (z.B. in der chemischen Produktion), resultierte seine zu-

nehmende Verfügbarkeit in jener Zeit in sinkenden Gaspreisen. Damit wurde Erdgas auch für die Erzeugung von Strom wettbewerbsfähig.[121] In diesem Zusammenhang bestand eine wichtige rechtliche Änderung in der absehbaren Aufhebung des auf europäischer Ebene bestehenden Verbots der Gasverstromung in Kraftwerken (Council of the European Communities 1975), die im März 1991 beschlossen wurde.

Für die wettbewerbspolitische Entwicklung in der ersten Hälfte der 1990er Jahre war entscheidend, dass die Bezugspreise, die den Regionalversorgern aus ihren Verträgen mit den beiden dominierenden Erzeugerunternehmen entstanden, im Verhältnis zu den durch Offer gewährten Preisobergrenzen bei der Stromverteilung hinreichende Anreize boten, die eigenen Geschäftsaktivitäten im Bereich der Stromerzeugung mit Gas voranzutreiben. Dabei war maßgeblich, dass den regionalen Verteilerunternehmen über die schrittweise Einführung von Wettbewerb für einen Übergangszeitraum bis 1998 ein großer Stamm „gefangener Kunden" erhalten blieb, der ihnen einen sicheren Stromabsatz garantierte. Somit bestanden bis zur endgültigen Liberalisierung des Elektrizizässektors relativ sichere Rahmenbedingungen, die Investitionskosten in flexible Gas- und Dampfkraftwerke zu finanzieren. Ein wesentlicher Anreiz für die expansive Strategie der regionalen Verteilerunternehmen war darin zu sehen, die Bezugsabhängigkeit gegenüber dem bestehenden Erzeuger-Duopol zu verringern und die eigene Marktmacht zu verbessern.

Die Regulierungsbehörde Offer ermöglichte die zunehmende vertikale Integration der Regionalversorger in die Erzeugung, indem sie im Rahmen ihrer Preisaufsicht die relativ hohen Strompreise dieser Akteursgruppe genehmigte. Über die genehmigten hohen Tarifpreise gelang es den regionalen Verteilerunternehmen, ihre Investitionen in die neuen Gaskraftwerke zügig zu amortisieren. Offer nahm dabei in Kauf, dass mit der Genehmigung der Tarife den Regionalversorgern vorübergehende Monopolrenten ermöglicht wurden, indem die zusätzlichen Kosten der unabhängigen Stromerzeugung auf die im Monopolmarkt gefangenen Endkunden umgelegt wurden. Jedoch war das wesentliche Ziel der Preisregulierung ein langfristiges, nämlich durch die genehmigten Monopolrenten neue Anbieter auf den Markt zu locken und den sektoralen Wettbewerb voranzubringen (Schumpeter 1943).

Die von den Regionalversorgern verfolgte expansive Strategie wurde für Offer im Verlauf der ersten Hälfte der 1990er Jahre aber gleichzeitig zu einem sich zuspitzenden Problem. Dieses betraf die von der Behörde mit dem Zeitpunkt der Liberalisierung des Stromsektors vorgenommene ökonomische und kapitalwertbezogene Bewertung der regionalen Veteilerunternehmen, die auch Grundlage für eine erste Genehmigung der Versorgertarife sein sollte. Die exakte Definition der ersten Preisregulierungsformel für die Stromverteilung gestaltete sich für Offer zu einem grundlegenden Problem, weil die Behörde die

---

[121] Die Nutzung von Erdgas für die Stromerzeugung ist unter Effizienzgesichtspunkten umstritten. Für eine angemessene Bewertung sind die Energieverluste, die bei der Erzeugung und dem Transport der in Kraftwerken erzeugten Elektrizität bis zur Endnutzung entstehen, einer direkten thermischen Nutzung vor Ort gegenüberzustellen (Argumentation der Produktionsketten fossiler Stromerzeugung). Letztlich wird die Frage eines Einsatzes von Erdgas in der Stromerzeugung an der Verfügbarkeit bzw. Knappheit dieser Ressource entschieden. So hatte die britische Regierung unter dem Eindruck zunehmend verfügbarer Kapazitäten zu Beginn der 1990er Jahre einen Einsatz dieser Ressource in der Stromwirtschaft explizit gefordert (UK Government 1990). Die Electricity Association hebt z.B. die umweltpolitischen Vorzüge der Stromerzeugung in Gasturbinen gegenüber der Stromerzeugung in Kohlekraftwerken hervor, weil Gasturbinen je erzeugter Kilowattstunde 27 Prozent weniger Brennstoff benötigen, 58 Prozent weniger Kohlendioxid und 58 Prozent weniger Stickstoffoxide emittieren. Außerdem werden keine Schwefeldioxidemissionen verursacht (Electricity Association 1999, 7).

ökonomischen Kosten der operativen Tätigkeiten dieser Akteursgruppe nicht in geeigneter Weise zu bestimmen vermochte.

Bereits bei der Festlegung der wichtigsten Kostenfaktoren zur Bestimmung einer Preisobergrenze bei der Stromverteilung ging Offer von grundlegend falschen Annahmen aus. Z.B. wurden die von den Regionalversorgern vorzunehmenden Kapitalinvestitionen für den ersten Regulierungszeitraum von April 1990 bis April 1994 auf eine Höhe von fünf Mrd. Pfund geschätzt. Gleichzeitig unterschätzte die Regulierungsbehörde aber die realisierbaren Effizienz- und Einnahmengewinne aus dem operativen Geschäft dieser Akteure. Aufgrund der zum Zeitpunkt der Liberalisierung für notwendig erachteten Kapitalinvestitionen wurden deshalb elf der zwölf Regionalversorger höhere Verteilerpreise genehmigt als vor der Liberalisierung.[122] Das RPI-X-Preisregulierungsmodell wurde bei den meisten Regionalversorgern anfangs somit zu einer RPI+X-Regulierung (MacKerron/Boira-Segarra 1996, 104). Nach Ablauf der ersten Regulierungsperiode stellte sich dann heraus, dass die Kapitalaufwendungen der Regionalversorger für Investitionen im ersten Regulierungszeitraum nur die Hälfte des ursprünglich geschätzten Betrags, also 2,5 Mrd. Pfund betrugen (Helm 2003, 205). Bezüglich der ökonomischen Bewertung der Regionalversorger durch Offer ergab ein NAO-Bericht eine entsprechend kritische Bewertung (NAO 1992c).

Weil die Stromverteilung 85 Prozent der Gewinne der Regionalversorger ausmachte, bot die nachgiebige Preisregulierung den Akteuren beste Voraussetzungen zur Erwirtschaftung massiver Gewinne. In der ersten Regulierungsperiode von 1990/1991 bis 1994/1995 stand die Regulierungsbehörde Offer deshalb vor einem Zielkonflikt: Einerseits bestand ein staatliches Eigentümerinteresse an einer möglichst positiven Profitabilität der noch teilverstaatlichen Regionalversorger, um zu einem späteren Zeitpunkt möglichst hohe Privatisierungserlöse erzielen zu können. Wegen dieses Umstands dürfte die Genehmigung hoher Verteilerpreise begünstigt worden sein. Andererseits bestand aber das staatliche Aufsichtsinteresse an niedrigen Preisen für Endverbraucher. Letztlich dominierte im ersten Regulierungszeitraum, den sog. *"Fat Cat Years"*, das Privatisierungsinteresse der staatlichen Eigentümer, was sich in der Gewährung realer Preiserhöhungen von durchschnittlich 1,2 Prozent pro Jahr artikulierte (Riechmann 2004). Entsprechend stiegen die Dividenden der Regionalversorger vom Zeitpunkt der Privatisierung von rd. 10 p pro Aktie bis zum Jahr 1994 auf rd. 16 p. Bereits im Jahr 1992 wurden deshalb erste Forderungen laut, entgegen den normativ-theoretischen Grundsätzen der RPI-X-Regulierung eine Preisregulierung bereits vor April 1994 vorzunehmen. Diese Forderung wurde von Littlechild unter Verweis auf die theoretischen Funktionsvoraussetzungen der RPI-X-Regulierung jedoch prinzipiell abgelehnt. Erst im Oktober 1993 begann Offer eine Untersuchung der bestehenden Kosten der Stromerzeugung und -verteilung der Regionalversorger und den hieraus abzuleitenden Konsequenzen für die Kalkulation zukünftiger Kapitalaufwendungen. Insgesamt waren die bisherigen Kostenanalysen und -prognosen von Offer im Vergleich zu denen anderer britischer Regulierungsbehörden (z.B. der für die Regulierung der Wasserwirtschaft zuständigen Regulierungsbehörde Ofwat) weniger differenziert und sahen keine expliziten Konsultationen zu wesentlichen Kostenbestandteilen vor (z.B. zu den Kapitalkosten der Regionalversorger und ihrer zugrunde gelegten Vermögenswerte).

---

[122] Bis auf den Regionalversorger in London dürften die anderen Regionalversorger bis zu 2,5 Prozent höhere Preise gegenüber ihren Endkunden verlangen.

Die Ergebnisse des ersten regulären Preisregulierungsverfahrens der Stromverteilung wurden durch Offer im August 1994 bekannt gegeben (Offer 1994a). In den Beschlüssen spiegelten sich die schwerwiegenden Fehleinschätzungen der ökonomischen Ausgangssituation der Regionalversorger zum Zeitpunkt der Liberalisierung wider. In einem ersten Schritt wurde deshalb für einer genauere Anrechnung der Vermögensbasis der Regionalversorger ihr geschätzter kapitalbezogener Gründungswert generell um 50 Prozent erhöht (bezogen auf den Zeitpunkt der Privatisierung). Entsprechend erhöhten sich die Aktien der Anteilseigner. Außerdem wurden die Regionalversorger verpflichtet, ihre Tarife ab April 1995 einmalig um Raten zwischen 11 und 17 Prozent zu reduzieren.[123] Unmittelbar nach Bekanntgabe der neuen Preisobergrenzen zeichnete sich im August 1994 jedoch ab, dass die Regulierungsbehörde mit ihren revidierten Unternehmensbewertungen erneut falsch lag. Trotz der auferlegten restriktiven Preismaßnahmen explodierte der Wert der Regionalversorger-Aktien innerhalb von nur sechs Tagen um fast zehn und bis Ende August um fast zwanzig Prozent gegenüber dem Wert zu Monatsbeginn. Hinzu kam, dass am Ende des Jahres 1994 das finanziell angeschlagene Bauunternehmen Trafalgar House einen feindlichen Übernahmeversuch des Regionalversorgers Northern Electric startete, der durch das Unternehmen im Februar 1995 über finanzielle Auszahlungen an die Anteilseigner in Höhe von 500 Mio. Pfund verhindert werden konnte (MacKerron/Boira-Segarra 1996).

Trotz des zunehmenden Markteintritts neuer unabhängiger Erzeuger durch die vertikale Diversifizierung der Regionalversorger blieb die Marktmacht des Erzeugerduopols von NP und PG in der ersten Hälfte der 1990er Jahre aber dominierend. Dieser Umstand wurde in den stetig steigenden Pooleinkaufspreisen deutlich, die im Jahr 1992 um durchschnittlich 16 Prozent und von April bis Juni 1993 um weitere 15 Prozent anstiegen (Baentsch 1997). Vor dem Hintergrund dieser Entwicklungen drohte Offer den beiden Erzeugern mit einer verschärften Preisregulierung ihrer Absatzverträge mit den Regionalversorgern und einem anschließenden Verfahren vor der MMC. Die Konditionen der Vertragsgestaltung sollten auf den Prüfstand gestellt werden. Alternativ zu dieser Sanktionsdrohung bot Littlechild den beiden Unternehmen jedoch an, freiwillig Kraftwerkskapazitäten zu veräussern, wobei im Gegenzug die bestehenden Verträge aufrechterhalten bleiben sollten. Littlechild forderte die Veräußerung von Kraftwerkskapazitäten in einem Umfang von 6 GW, wobei 4 GW von NP und 2 GW von PG an alternative Wettbewerber abgegeben werden sollten. Weil die beiden Stromerzeuger bei einem Verfahren vor der MMC eine Reduzierung der garantierten Vertragspreise befürchteten, kamen sie den Forderungen nach. Allerdings wurden die Kapazitäten nur in Form einer Leasingvereinbarung an den Regionalversorger Eastern Electricity veräußert, so dass die dominierende Marktmacht der beiden Erzeuger zunächst weiter erhalten blieb. Daran änderte auch die Festlegung einer Preisobergrenze des Poolpreises auf eine Höhe von 2,25 p/kWh für die kommenden zwei Jahre ab April 1994 wenig. Vielmehr hatte die Preisregulierung durch Offer das Vertrauen in den Pool als wesentlichen Preisfindungsmechanismus weiter geschwächt, zumal die Regulierungsbehörde damit zu-

---

[123] Ex post fand somit eine Neujustierung der Preisregulierung der Regionalversorger für den Zeitraum von 1990 bis 1994 statt. Zwischen den einzelnen regionalen Verteilerunternehmen wurde ein Preisvergleich vorgenommen, der folgende differenzierte Preisreduktionen der Verteilerpreise vorsah: Eastern Electricity, East Midlands und Southern Electricity jeweils 11 Prozent; London Electricity, Midlands, NORWEB, SEEBOARD, und Southwestern Electricity jeweils 14 Prozent sowie Manweb, Northern Electric und SWALEC jeweils 17 Prozent. Von 1996 bis 2000 sollte der Effizienzfaktor X dann jährlich 2 Prozent betragen (Offer 1994a).

nehmend ein Segment des Sektors regulierte, für das vor der Liberalisierung kein Regulierungsbedarf vorgesehen war (Thomas 1996b, 83).

Unmittelbar nach Abschluss der Privatisierung der Großerzeuger kündigte Offer nach der geschilderten erfolgreichen Abwehr einer feindlichen Übernahme durch den Regionalversorger Northern Electric im März 1995 völlig überraschend die Wiederaufnahme von Preisregulierungsverfahren bei den Verteilerunternehmen an. Diese Ankündigung traf die britische Elektrizitätswirtschaft völlig unerwartet, weil Offer damit erstmalig vom Prinzip der Nichtintervention abweichen und ein erneutes Preisverfahren unabhängig von den ex ante definierten Regulierungsperioden initiieren würde. Littlechild bestimmte in diesem Verfahren, dass die beschlossenen einmaligen Preisreduktionen in den Tarifen von April 1995 bis März 1996 zwar weiter Bestand haben sollten, die Regulierung der Tarife von April 1996 bis März 2000 aber Gegenstand eines erneuten Preisaufsichtsverfahrens werden sollte.

Dieser Schritt verdeutlichte ein weiteres Mal die ungenaue Regulierungspraxis von Offer: Für eine Neuberechnung der zu genehmigenden Versorgungstarife wandte die Regulierungsbehörde nämlich neue Verfahrensrichtlinien an, welche die MMC im konkreten Fall der Regulierung der schottischen Hydro Electric eingesetzt hatte, um zu einer ökonomisch objektiveren Tarifregulierung zu gelangen.[124] Neue kalkulatorische Methoden zur Berechnung des Anlagevermögens sowie eine geänderte Berücksichtigung zukünftiger Pensionszahlungen führten im revidierten Preisregulierungsverfahren schließlich dazu, dass der Kapitalwert der Regionalversorger insgesamt geringer ausfiel (Offer 1995b). Während dieser noch ein Jahr zuvor durch einen 50-prozentigen Aufschlag gegenüber dem Privatisierungswert von 1990 angehoben worden war, wurde dieser Aufschlag im Jahr 1995 gegenüber dem Wert von 1990 auf nur noch 15 Prozent reduziert. Auf welche Weise diese neue Bewertung zustande kam, wurde von Littlechild aber nicht näher erläutert. Unter der Annahme einer 7-prozentigen Rendite, welche die Regulierungsbehörde für die unternehmensbezogenen Aktivitäten der Regionalversorger als legitim erachtete, gelangte Offer zu dem Ergebnis, dass die verbleibenden Erträge der Versorgungsunternehmen eine weitere Senkung der Verteilertarife zwischen zehn und dreizehn Prozent ab April 1996 ermöglichte. Von April 1997 an sollten die Preise dann um den Effizienzfaktor X = 3 reduziert werden. Insgesamt würden sich die Verteilerpreise der Regionalversorger damit vom März 1995 bis zum Jahr 2001 um 31 Prozent reduzieren (MacKerron/Boira-Segarra 1996).

Insgesamt ist hervorzuheben, dass die durch Offer erfolgte Übernahme der Kalkulationsverfahren der MMC ein indirektes Eingeständnis der Ungenauigkeit der bis dahin praktizierten Preisregulierungsverfahren bedeutete. Mit der zügigen Wiederaufnahme der Verfahren gegenüber den Regionalversorgern verstieß Offer in fundamentaler Weise gegen ihren eigenen, im Rahmen der RPI-X-Regulierung entwickelten Grundsatz der Nicht-Intervention für eine Regulierungsperiode von fünf Jahren. Auf diese Weise verlor Offer viel Glaubwürdigkeit und Reputation bei den sektoriellen Akteuren. Auch die zunehmende Regulierung der Poolpreise, die vor der Liberalisierung in keiner Weise vorgesehen war

---

[124] Die schottische Hydro Electric hatte sich bereits im Jahr 1994 geweigert, die von Offer beschlossenen strengeren Preiskontrollen zu akzeptieren (Offer 1994b). Aus diesem Grund sah sich Offer im November 1994 gezwungen, den Fall an die MMC zu verweisen (Offer 1995a) – es war das erste Mal, dass die MMC mit der Regulierung der Elektrizitätswirtschaft befasst war. Der Abschlussbericht der MMC empfahl nur marginale Änderungen bei den genehmigten Preisen von Hydro Electric. Viel interessanter waren die im Preisregulierungsverfahren durch die MMC verwandten neuen kalkulatorischen Methoden, die durch Offer später übernommen wurden (MMC 1995).

und in einer Festlegung von Preisobergrenzen zur Reduzierung von Preisvolatilitäten kulminierte, verweist auf die regulierungstheoretisch a priori nicht perzipierte Komplexität der Verwirklichung von Wettbewerb im Bereich der Stromerzeugung. Es wurde zunehmend offenbar, dass das Regulierungsregime zur Herstellung von Wettbewerb im englisch-walisischen Stromsektor noch über die Mitte der 1990er Jahre hinaus fehlerhaft und reformbedürftig blieb und die Regulierung einem längerfristigen Entdeckungsverfahren glich.

4.1.2.3 Die Folgen britischer Wettbewerbspolitik für erneuerbare Energien auf der Ebene der Regionalversorger

Die von Offer korrigierte Preisregulierung der Verteilertarife und die Wertsteigerungen der Aktien von regionalen Versorgungsunternehmen hatten verdeutlicht, dass es sich um ökonomisch gesunde, vom Staat und seiner Regulierungsbehörde bisher unterbewertete, also gewinnträchtige Unternehmen handelte. Vor diesem Hintergrund wurde deshalb mit dem Verfall der goldenen Anteile des britischen Staates an den Regionalversorgern zu Beginn des Jahres 1995 eine wettbewerbspolitische Dynamik ausgelöst, in deren Verlauf es zu einer Übernahmewelle britischer Regionalversorger durch US-amerikanische Unternehmen kam. Allerdings gab es seitens der britischen Regierung (DTI) keine klar definierten fusionspolitischen Kriterien bei der Übernahme durch nationale und internationale Akteure. So führte die Übernahme des Regionalversorgers *MANWEB* durch das schottische Unternehmen *Scottish Power* zu Beginn des Jahres 1995 zu keiner Intervention der MMC. Hierfür war entscheidend, dass MANWEB als einziges englisches Verteilerunternehmen seine Unternehmensaktivitäten noch nicht in die Erzeugung ausgeweitet hatte.[125]

Die fehlenden Leitlinien in der britischen Fusionspolitik wurden mit den zunehmenden Übernahmeaktivitäten amerikanischer Unternehmen im englisch-walisischen Verteilermarkt offenbar. So bot noch im Jahr 1995 das amerikanische Unternehmen Southern Electric International für eine Übernahme des umsatzschwächsten britischen Regionalversorgers *South Western Electricity Board* (SWEB). Obwohl damit erstmals ein britisches Versorgungsunternehmen durch ein ausländisches Unternehmen geführt würde, verwies die britische Regierung auch diesen Fall nicht an die MMC. Nach der relativ problemlosen Übernahme des SWEB waren weitere US-amerikanische Unternehmen ermutigt worden, in den britischen Versorgermarkt einzusteigen. Bis zum Jahr 1997 folgte dann eine große Übernahmewelle: Dabei übernahm die *Central&South West Corporation* im Januar 1996 *SEEBOARD*, die *Avon Energy* im August 1996 *Midlands Electricity* und die *Dominion Resources* im Januar 1997 *East Midlands Electricity*. Die letzten US-amerikanischen Übernahmen betrafen im Februar 1997 *London Electricity* durch *Entergy* und *Northern Electric* durch *CE Electric UK* sowie abschließend im April 1997 die Übernahme von *Yorkshire Electricity* durch *American Electric Power/PS Colorado*.

---

[125] Als weitere Ursache für die widerstandslose Unternehmensakquisition wurde die kurz zuvor vollzogene Fusion der beiden Kernenergieunternehmen Englands und Schottlands, Nuclear Electric and Scottish Nuclear, zum gesamtbritischen Nuklearunternehmen British Energy (BE) genannt. Weil die schottische Energieversorgung in hohem Maße von der Kernenergie abhängig war, wurde die Fusion in Schottland als großer Rückschlag für die regionale Unabhängigkeit empfunden. Aufgrund anstehender Wahlen wuchsen die politischen Widerstände für die konservative Partei in Schottland. Vor diesem Hintergrund versuchte man mit der reibungslosen Genehmigung der Fusion zwischen Scottish Power und MANWEB den schottischen Interessen entgegenzukommen (Helm 2003).

Neben US-amerikanischen Unternehmen übernahmen auch Versorgungsunternehmen aus anderen Bereichen (vor allem der Wasserversorgung) britische Stromversorger und führten das Konzept des *"Multi Utility"* in die britische Versorgungswirtschaft ein. So kam es zu einer erfolgreichen Übernahme des Regionalversorgers *NORWEB* durch *North West Water*, das zum Multi-Utility Unternehmen *United Utilities* fusionierte (November 1995). Außerdem schloss sich *Welsh Water* mit dem *South Wales Electricity Board* (SWALEC) zum integrierten Versorger *Hyder* zusammen (Januar 1996). Einen letzten Versuch einer horizontalen Integration stellte in jenem Zeitraum die Unternehmensfusion zwischen *Scottish Power* und *Southern Water* dar. Es ist vorwegzunehmen, dass die Strategie einer horizontalen Integration und das Konzept der Multi-Utilities in Großbritannien, wie sie in den geschilderten Fällen als integriertes Angebot von Netz- und Dienstleistung von verschiedenen Gütern (Wasser, Strom, Gas, etc.) betrieben wurde, nur von vorübergehendem Erfolg waren. Z.B. wurde *Hyder* nach zunehmenden finanziellen Schwierigkeiten kurze Zeit später wieder in seine einzelnen Unternehmenssparten getrennt. Auch *Scottish Power* trennte sich im Jahr 1999 durch den Verkauf von *Southern Water* von seinem Engagement in der Wasserwirtschaft.

Neben den strukturellen Veränderungen auf der Regionalversorgerebene sind abschließend noch die Versuche der beiden Stromerzeuger NP und PG zu erwähnen, Anteile an britischen Regionalversorgern zu erwerben. Vor dem Hintergrund der näher rückenden endgültigen Öffnung des britischen Strommarktes im April 1998 ist der Versuch der beiden reinen Stromerzeuger zu erklären, eine vertikale Integration zur Sicherung eigener Absatzmärkte zu betreiben. Deshalb startete PG im September 1995 einen Übernahmeversuch des Regionalversorgers *Midlands Electricity*. NP folgte bereits im Oktober 1995 mit einem Angebot für *Southern Electric*. Unter Berücksichtigung der strukturellen Dimension dieser beiden Übernahmeversuche und den damit zu vermutenden Auswirkungen auf die Wettbewerbsentwicklung verwies der zuständige Minister Lang im November 1995 beide Fälle an die MMC. In den beiden Fusionsverfahren nahm das DTI eine zunehmend positive Haltung ein, die vorrangig mit der erfolgreichen Entstehung des Wettbewerbs im Erzeugermarkt und der bevorstehenden vollständigen Liberalisierung des Endkundenmarktes im Jahr 1998 begründet wurde. Ein weiteres Argument für die Zustimmung zu den beiden Unternehmensfusionen bestand in der Annahme, dass durch die angestrebte vertikale Integration in den Verteilermarkt die Wettbewerbsposition der beiden Erzeuger im Sinne einer Absicherung der verbliebenen *National Champions NP und PG* betrieben werden könne (MMC 1996a, MMC 1996b). Demgegenüber nahm Offer eine wesentlich kritischere Haltung ein und befürchtete, dass sich durch die geringere Zahl von Akteuren im Verteilermarkt die Wettbewerbsintensität verringern und durch die gestiegene Marktmacht der beiden Oligopolisten neue Akteure am Marktzugang gehindert würden. Diese Entwicklung könnte mittelfristig zu einer zunehmenden Preisdiskriminierung sowie höheren Erzeugerpreisen führen und hätte für den Wettbewerb negative Auswirkungen.

Trotz der kritischen Stimmen der Regulierungsbehörde hielt man innerhalb der MMC aber an einer positiven Bewertung der geplanten Unternehmensfusionen fest. Während die Mehrheit der MMC und auch das DTI die vertikale Integration der beiden Erzeuger in die Versorgungssparte befürworteten, wurde in der Entscheidungsphase der Fusionsverfahren bekannt, dass das US-amerikanische Unternehmen *Southern Electric International* einen Übernahmeversuch von NP vorbereitete. Damit drohte ein beachtlicher Anteil der britischen Stromerzeugung in ausländische Kontrolle zu geraten. Vor diesem Hintergrund verstärkte sich innerhalb der regierenden konservativen Partei der Widerstand gegen die nationalen Fusionen von NP und PG. Während die bisherigen Übernahmen der Regionalversorger durch das DTI und den zuständigen Wirtschaftsminister Lang als unkritisch bewertet wurden, induzierte das Szenario der Übernahme eines der wichtigsten britischen Stromerzeugers (neben der bereits erfolgten Akquisition des Regionalversorgers SWEB) durch ein US-amerikanisches Unternehmen eine nicht erwartete Korrektur der bisherigen Fusionspolitik. Entgegen dem Mehrheitsvotum der MMC und den Empfehlungen des eigenen Ministeriums verweigerte Lang den beiden Fusionsvorhaben seine Zustimmung und begründete die Entscheidung damit, dass eine Fusionsgenehmigung schwerwiegende Folgen für die weitere Wettbewerbsentwicklung hätte. Gleichzeitig gewann der Bestandsschutz der verbliebenen National Champions wieder Wie, weshalb auch die goldenen Anteile des Staates an den beiden Unternehmen NP und PG (in Höhe von noch jeweils 15 Prozent) für weitere zwei Jahre verlängert wurden. Es offenbarte sich eine gewisse Inkonsistenz innerhalb der britischen Wettbewerbspolitik: Während einerseits die Übernahme der Regionalversorger durch inländische und ausländische Unternehmen bedenkenlos hingenommen wurde (in keinem Fusionsfall kam es zu einem Verfahren vor der MMC), wurde die ausländische Übernahme von Teilen der Erzeugerindustrie negativ beurteilt.

Als dezentrale Akteure der britischen Stromversorgung waren die Regionalversorger in der ersten Hälfte der 1990er Jahre aufgrund ihrer positiven ökonomischen Situation durchaus in der Lage, in Projekte zum Ausbau erneuerbarer Energien zu investieren.[126] Überdies waren die britischen Regionalversorger seit Beginn der 1990er Jahre als Akteursgruppe in die staatliche Förderpolitik von erneuerbaren Energien fest eingebunden. Aufgrund der sich vollziehenden schrittweisen Marktliberalisierung bestanden für diese Akteure jedoch kaum ökonomische Anreize zur Auflage eigener Förderprogramme. Vielmehr ist bereits gezeigt worden, dass eine vorrangige Strategie der Versorger in der vertikalen Diversifikation der Erzeugung mittels hocheffizienter Gas- und Dampfturbinen bestand, deren Wettbewerbsfähigkeit durch niedrige Gaspreise garantiert war. Für das fehlende Interesse der Regionalversorger am direkten Ausbau erneuerbarer Energien war neben der negativ bewerteten Wettbewerbsfähigkeit vermutlich aber auch der insgesamt noch fehlende politische Handlungsdruck ursächlich, weil der Klimaschutz zu Beginn der 1990er Jahre als energiepolitisches Thema erst allmählich an Bedeutung gewann. Hinzu kam, dass die britische Regierung durch die zunehmende Ausweitung der in der CO_2-Bilanz günstigen Gasverstromung von einer ausreichenden Verwirklichung ihrer Ziele zur Reduktion von CO_2-Emissionen ausging.

Das geringe Aktivitätsniveau der Regionalversorger für einen Ausbau erneuerbarer Energien offenbart sich in einer vergleichenden Analyse der diesbezüglichen Initiativen von vier Regionalversorgern im Zeitraum 1990 bis 1994 (Collier 1994): So betrieb der Versorger East Midlands Electricity nur eine Müllgasdeponie und besaß Anteile an einer Windfarm in Wales. Auch der Versorger Eastern Electricity hatte nur wenig Interesse an

---

[126] Organisatorisch bestehen auf der Verteilerebene zwischen Deutschland und Großbritannien erhebliche Unterschiede, die für den Ausbau erneuerbarer Energien von großem Einfluss waren. In Deutschland bildeten unterhalb der Regionalversorger die Stadtwerke eine wichtige Akteursgruppe zur Förderung erneuerbarer Energien, die in Großbritannien aufgrund einer anderen historischen Entwicklung völlig fehlte. Dort wurde die endgültige Zentralisierung des Energiesektors nach dem Zweiten Weltkrieg durch die Verabschiedung des *Electricity Acts* (1947) vollzogen. Mit diesem Gesetz wurden Area Boards gegründet und die kommunalen Akteure ihrer Verteilungsaufgaben enthoben (Eising 2000, 57-78).

erneuerbaren Energien und betrieb lediglich zwei Biomasseanlagen. Yorkshire Electricity nahm in jenem Zeitraum zwei Windfarmen mit einer Gesamtleistung von 15 MW in Betrieb. Als Vorreiter in Sachen erneuerbarer Energien erwies sich unter den vier untersuchten Regionalversorgern jedoch NORWEB. Dieser Regionalversorger führte bereits vor der Liberalisierung im Jahr 1989 eine Potentialstudie zur Nutzung erneuerbarer Energien in seinem Versorgungsgebiet durch und gelangte zu dem Ergebnis, dass bis zu 12 Prozent des gesamten regionalen Elektrizitätsbedarfs durch erneuerbare Energien erzeugt werden könnten. Zur Nutzung des Ressourcenpotentials aus erneuerbaren Energien errechnete man günstige Stromgestehungskosten in Höhe von nur 3 p/kWh (ETSU/Norweb 1989). Nach der Privatisierung und Liberalisierung gab NORWEB eine neue Studie bei der ETSU in Auftrag, um die Auswirkungen der veränderten wettbewerbspolitischen Rahmenbedingungen auf den regionalen Ausbau erneuerbarer Energien abzuschätzen. Gleichzeitig setzte NORWEB seine mit der Privatisierung begonnenen Projekte im Bereich erneuerbarer Energien fort. Bis zum Jahr 1994 nahm dieser Regionalversorger mehrere Deponiegas- und Wasserkraftanlagen in Betrieb. Obwohl die ETSU-Studie von positiven Potentialen einer Nutzung der Windenergie ausging, weigerte sich das Unternehmensmanagement aufgrund bestehender Widerstände in der Bevölkerung jedoch, Projekte in diesem Bereich zu entwickeln. Stattdessen wurde nach Alternativen im Bereich Holzverbrennung (Biomasse) und der Gezeitenenergie gesucht, wobei das Unternehmen eigene Machbarkeitsstudien durchführte (Collier 1994, 216-221).

Von den englisch-walisischen Regionalversorgern gingen seit Beginn der Privatisierung somit nur relativ geringe Impulse zum Ausbau erneuerbarer Energien aus. Das geringe Ausmaß nachhaltigkeitsbezogener Aktivität weist auf die Dominanz wettbewerbsbezogener Unternehmensstrategien hin. Außerdem war sicherlich von Bedeutung, dass mit Beginn der ersten Übernahmewelle seit Anfang 1995 die Führungsebenen teilweise ausgetauscht wurden. Zentrales Ziel der US-amerikanischen Übernahmen war die Erwirtschaftung von sicheren Renditen im relativ risikofreien und von Investitionen wenig belasteten englischen Verteilergeschäft. Ob sich die Übernahmewelle der regionalen Verteilerunternehmen auf mögliche Investitionsvorhaben im Bereich erneuerbarer Energien negativ ausgewirkt hat, ist im Rahmen dieser Untersuchung nicht hinreichend zu evaluieren. Es kann jedoch auf Indizien verwiesen werden, nach denen sich die US-amerikanischen Mutterunternehmen nicht durch besondere Investitionsbereitschaft für Projekte einer nachhaltigen Energieerzeugung auszeichneten (Friends of the Earth 1998, Kushler/Witte 2001). Z.B. hat eine Unternehmensuntersuchung von 142 US-Versorgern aus dem Jahr 2001 ergeben, dass nur zwölf Unternehmen (8 Prozent) ein Programm zur Versorgung mit Elektrizität aus erneuerbaren Energien im Dienstleistungsangebot hatten (Kushler/Witte 2001). Außerdem wurde bereits dargestellt, dass sich die US-amerikanischen Investoren schon nach relativ kurzer Zeit wieder aus dem britischen Verteilermarkt zurückzogen. Die jeweiligen Engagements waren nur aufgrund der viel versprechenden Renditemöglichkeiten getätigt worden.

4.1.2.4   Die verspätete Privatisierung der Kernenergie und des Kohlebergbaus

Im folgenden Abschnitt wird die Entwicklung der Kernenergiepolitik und der Politik zum Kohlebergbau im liberalisierten Strommarkt beschrieben, deren Effekte bis zum Ende der 1990er Jahre die Optionen eines Ausbaus erneuerbarer Energien in technologisch pfadabhängiger Weise beeinflussten. Zunächst wird die weitere Entwicklung der Kernenergie nach ihrer missglückten Privatisierung Ende der 1980er Jahre analysiert. Im darauf folgenden Abschnitt wird der Prozess der Privatisierung des Kohlebergbaus beschrieben, der bereits ein wichtiges Ziel der konservativen Regierung unter Premierministerin Thatcher war, aber erst unter ihrem konservativen Nachfolger John Major umgesetzt werden konnte.

Die Entwicklung der britischen Kernenergie im liberalisierten Strommarkt und ihre späte Privatisierung

Das Scheitern der Privatisierung der britischen Kernenergieindustrie in den Jahren 1989/90 hatte die Grenzen der politischen Planbarkeit einer grundlegenden Reform dieses komplexen und mit unwägbaren Zukunftsrisiken behafteten Industriesektors verdeutlicht. Die für eine erfolgreiche Privatisierung erforderliche objektive Bewertung bestehender und zukünftiger finanzieller Verbindlichkeiten misslang wegen der vielfältigen strategischen Interessen der am Privatisierungsprozess beteiligten Akteure. Eine wichtige Folge des Scheiterns dieses Privatisierungsvorhabens war, dass der für ihren nationalen Ausbau in den 1980er Jahren einflussreiche Sir Marshall, der zuletzt Vorsitzender des in Auflösung befindlichen CEGB war, von seinem Führungsamt zurück trat und im liberalisierten Stromsektor keinen einflussreichen Führungsposten mehr übernahm.[127] Aufgrund der gescheiterten Privatisierung erwiesen sich für die weitere Entwicklung die Gründung von zwei regional operierenden Nuklearunternehmen (Nuclear Electric in England und Wales, Scottish Electric in Schottland) und die damit verbundene Einführung verschiedener Subventionsmechanismen zur Aufrechterhaltung der nuklearen Stromerzeugung als maßgeblich.

Die rechtliche Gestaltung des Subventionsinstrumentariums zum Erhalt der Elektrizitätserzeugung aus Kernenergie in England und Wales, die *Non Fossil Fuel Obligation* (NFFO) und die zu ihrer Finanzierung erhobene *Fossil-Fuel-Levy* (FFL), erfolgte wegen des engen Privatisierungszeitplans unter erheblichem Zeitdruck. Weil mit der Einführung dieser Abgabe massiv in den Wettbewerb eingegriffen wurde, geriet die Maßnahme in das Visier der europäischen Wettbewerbsbehörden. Nach Art. 93 des Vertrages von Rom mussten staatliche Beihilfen mit wettbewerbsrelevanten Auswirkungen durch die Europäische Kommission genehmigt werden. Noch im Jahr 1989 legte die britische Regierung der GD Wettbewerb deshalb einen Entwurf zur Genehmigung der FFL vor. Von ganz erheblicher Bedeutung bei den politischen Planungen war, dass aus den FFL-Einnahmen sämtliche nicht-fossile Energieträger gefördert werden sollten, also neben der Kernenergie auch erneuerbare Energien. Die britische Regierung wollte mit der Öffnung der FFL-Förderung für erneuerbare Energien gegenüber der Europäischen Kommission offensichtlich das tatsächliche Subventionsausmaß ihrer Maßnahmen verschleiern.[128] Die Erhebung der FFL sollte

---

[127] "With Marshall gone, the industry lost its champion" (Helm 2003).

[128] Hierzu wurde kommentiert: "... it can only be hypothesized whether similar support (for renewable energy, Verfasser) would have been provided in the absence of privatization. If the NFFO mechanism was used to promote renewables solely in order to reduce embarrassment over the real purpose of the NFFO (to support nuclear power, and in particular to provide for the very large liabilities for fuel reprocessing and decommissioning), it would be reasonable to suppose that comparable assistance for the commercialization of renewables would not have been provided has public ownership continued. But this ignores that government commitments were made in the context of the 1992 Rio Conference which focused particularly on the problem of global warming. Had electricity privatization not taken place and had the NFFO mechanism not been available, the various national commitments made in the context of the Rio Conference might have persuaded the Government to provide some other effective form of support for renewables" (Mitchell 1996, 183).

mindestens für einen Zeitraum von fünfzehn Jahren ermöglicht werden. Das DEn und die GD Wettbewerb einigten sich schließlich auf eine zeitliche Begrenzung von acht Jahren (Mitchell 1996, 170). Weil über die einzelnen Finanzierungsjahre bis zur vollständigen Liberalisierung des Stromkundenmarktes im Jahr 1998 feste FFL-Beträge festgelegt wurden, stellte die NFFO eine sehr rigide Subvention dar. Unabhängig vom tatsächlichen Kapitalbedarf erfolgte eine jährliche Auszahlung der Subventionszahlungen, die lediglich an staatlich definierte jährliche Mindestmengen bei der Nuklearstromerzeugung gebunden waren.[129] In der Perspektive technologischer Pfadabhängigkeit wurden damit erhebliche finanzielle Summen zur Subventionierung der Kernenergie gebunden und nur ein geringer Teil des FFL-Aufkommens zur Förderung erneuerbarer Energien abgezweigt.

Die Implementierung der FFL und der NFFO war von Beginn an intransparent. In den ersten beiden Jahren (1990, 1991) blieb die Höhe der Einnahmen aus der FFL völlig unklar. Zudem wurde die Mittelverwendung aus den Einnahmen dieser „Nuklearsteuer" nicht eindeutig definiert.[130] Viele Akteure gingen irrtümlicherweise davon aus, dass die Subventionen für NE zur Stilllegung von Kernreaktoren und zur Bedienung verbliebener finanzieller Verbindlichkeiten verwendet würden (Mac Kerron 1996). Eine Analyse der Mittelverwendung durch NE in den ersten fünf Jahren ergab jedoch, dass nur ein Prozent der Einkünfte zur Stilllegung alter Kernreaktoren verwendet wurde. Ein erheblich größerer Teil diente der Bedienung verbliebener finanzieller Verbindlichkeiten, die durch Wiederaufbereitungs- und Entsorgungsaufgaben der Magnox-Reaktoren entstanden. Außerdem musste ein Großteil des FFL-Aufkommens für laufende Unternehmensaktivitäten (z.B. laufende Investitionen) verwendet werden. Im Zeitraum von April 1990 bis März 1995 erhielt NE mehr als 6 Mrd. Pfund aus dieser Abgabe. Im ersten Jahr (1990/91) machten die Einnahmen aus dieser Abgabe mehr als 50 Prozent der Erträge von NE aus. Und auch im Haushaltsjahr 1994/1995 entsprach der Zufluss an Subventionen noch 43 Prozent des Gesamtertrags (Mac Kerron 1996). Die folgende Tabelle fasst die in den ersten fünf Jahren erfolgten Einnahmen aus der FFL und ihre anschließende unternehmensbezogene Verwendung zusammen.

---

[129] Im Zeitraum der Gültigkeit des Subventionsregimes von 1990 bis 1998 betrug die jährlich zu erzeugende Menge von Nuklearstrom zwischen 38 und 42 TWh.
[130] Erst im Verlauf der Kohlekrise des Jahres 1992, während der sich der Handels- und Industrieausschuss des House of Commons mit den geplanten Stilllegungen von Kohlezechen und -bergwerken befasste, wurden genauere Informationen über die Höhe der FFL-Einnahmen bekannt (Mac Kerron 1996).

Tabelle 6: Die Einnahmen aus der FFL für NE und ihre unternehmensbezogene
Verwendung (in Mio. Pfund)

	1990/91	1991/92	1992/93	1993/94	1994/95	Gesamt
Einnahmen aus der FFL	1195	1265	1280	1230	1251	6221
Bedienung verbliebener Verbindlichkeiten	485	522	577	605	1097	3286
davon Verbindlichkeiten zur Stilllegung von Reaktoren	9	9	6	17	21	62
Übrige Liquidität für aktuelle Geschäftstätigkeiten	710	743	703	625	154	2935

Quelle: Nuclear Electric, Annual Reports and Accounts (zitiert nach: Mac Kerron 1996, 154).

Die große Restsumme von 2,9 Mrd. Pfund wurde in der Zeit von 1990 bis 1995 zu zwei Zwecken verwendet. Zum einen ermöglichten die FFL-Einnahmen die Fertigstellung des ersten britischen Druckwasser-Reaktors Sizewell B. Zum anderen reduzierten sie mit dem Abschluss des Investitionsprogramms von NE (mit der Fertigstellung von Sizewell B im Jahre 1994) den Bedarf einer schuldenfinanzierten Kreditaufnahme durch die Regierung. Somit gestaltete sich die FFL zu einer wichtigen staatlichen Einnahmequelle für die Kernenergiepolitik des Landes und geriet deshalb in die Kritik der vorrangig wettbewerbsorientierten und an einem möglichst niedrigen Strompreisniveau interessierten Akteure, wie z.B. industrieller Großkunden und der Regulierungsbehörde Offer (Mac Kerron 1996).

Durch die Wiederwahl der konservativen Regierung unter Regierungschef Major im Jahr 1992 blieb das energiepolitische Vorhaben einer Privatisierung der Kernenergie auf der energiepolitischen Agenda. Allerdings verbesserten sich die technische Leistungsfähigkeit und die Produktivität der britischen Kernenergiewirtschaft durch die umfassende staatliche Subventionierung erheblich. Im Zeitraum von 1989 bis 1995 erhöhte sich der durchschnittlich verfügbare Lastfaktor der gasgekühlten Reaktoren von NE von 42 auf 66 Prozent. In ähnlicher Weise stieg die Produktionsleistung der Reaktoren in Schottland. Die schottischen Kernreaktoren hatten sich gegenüber den englisch-walisischen Reaktoren allerdings bereits vor der Liberalisierung durch eine höhere Effizienz ausgezeichnet (so betrug der durchschnittlich verfügbare Lastfaktor im Jahr 1995 dort sogar 80 Prozent). Die in den britischen AGR-Reaktoren insgesamt erzeugte Leistung stieg im genannten Zeitraum aufgrund der gestiegenen technischen Erfahrungen von 36,9 TWh auf 54,1 TWh. Gleichzeitig wurde behauptet, dass sich die durchschnittlichen Stromgestehungskosten für die betreffenden Reaktoren von 5,2 p/kWh auf 2,7 p/kWh reduziert hätten (DTI 1995). Aufgrund der staatlichen Garantie eines gesicherten Absatzmarktes durch die NFFO verbesserten beide Unternehmen ihre Ertragssituation. NE verringerte seinen operativen Verlust von 1.101 Mio. Pfund im Jahr 1991 auf nur noch 35 Mio. Pfund im Jahr 1995. Demgegenüber verwandelte SN seinen operativen Verlust von 32 Mio. Pfund (1991) in einen operativen Gewinn in Höhe von 150 Mio. Pfund (1995).

Für die weitere Entwicklung war ein im Verlauf des Jahres 1994 eingeleitetes Untersuchungsverfahren des DTI entscheidend, das sich mit den folgenden drei Fragenkomplexen auseinandersetzte:

- Gegenwärtige und zukünftige Wettbewerbsfähigkeit der Kernenergie,
- mögliche Privatisierung der beiden Kernenenergieunternehmen und
- Klärung der zukünftigen staatlichen Investitionspolitik.

Die britische Regierung blieb vorrangig an einer Privatisierung des Sektors interessiert (DoE 1995). Demgegenüber konfrontierten die beiden Unternehmen NE und SN die Regierung mit divergierenden politischen Forderungen. Die englisch/walisische NE räumte gemäß der Zielausrichtung des DTI dem Ziel einer Privatisierung gegenüber dem eines möglichen zukünftigen staatlichen Investitionsprogramms Wie ein. Hinsichtlich des Baus eines neuen PWR sah NE die Regierung in der Verantwortung, weil es sich als zu privatisierendes Unternehmen mit den damit verbundenen Investitionen überfordert sah (Nuclear Electric 1994). Demgegenüber präferierte SN eindeuig staatliche Investitionen für einen Reaktorneubau gegenüber dem Ziel einer zügigen Privatisierung.[131] Bis zum Frühsommer des Jahres 1995 folgten weitere intensive Konsultationen, bevor im Mai das *Weißbuch zur Zukunft der britischen Kernenergie* präsentiert wurde (DTI 1995). Die Ergebnisse der Untersuchung sollten sich über die Jahrtausendwende hinaus für die Entwicklung der britischen Energiepolitik als wegweisend entscheiden und die Entwicklungsspielräume erneuerbarer Energien beeinflussen.

Die erste Hälfte des Weißbuchs befasste sich ausführlich mit der Frage zukünftiger staatlicher Investitionen in die Kernenergie. Das erste Mal in der Geschichte der britischen Kernenergie kam die Regierung in einer offiziellen Bewertung zu den ökonomischen Kosten einer Nuklearstromerzeugung zu einer negativen Einschätzung. Aufgrund ihrer extrem hohen Kapitalkosten wären private Investitionen in diese Technologie unter dem bestehenden Wettbewerbsdruck unwahrscheinlich. Staatliche Investitionen blieben für die Zukunft der britischen Kernenergie deshalb eine zentrale Voraussetzung. Allerdings wurden die möglichen Argumente zur Rechtfertigung eines staatlichen Engagements verworfen. Ein neues Investitionsprogramm wäre auch mit dem Argument der Reduzierung von CO_2-Emissionen nicht zu rechtfertigen, weil sich die britische Regierung mit der marktinduzierten Substitution der Kohle durch das klimafreundlichere Erdgas in der Stromerzeugung (sog. *"dash for gas"*) klimapolitisch bereits auf dem richtigen Weg befände. Im Rahmen ihres marktorientierten Ansatzes verwarf die konservative Regierung die Bevorzugung irgendeiner Erzeugerindustrie und schloss künftige Investitionen in die Kernenergie aus. Im Glauben an die alleinige Wirkung der Wettbewerbs- und Marktmechanismen zur Realisierung der versorgungs- und umweltpolitischen Ziele (Diversität und Klimaschutz) verkündete die Regierung ihren Rückzug aus einer aktiv gestaltenden Energiepolitik gegenüber den einzelnen Energieträgern (DTI 1995, Abschnitt 2.8.).

---

[131] Die *"Nuclear Utilities Chairmens Group"* (NUCG), eine Lobbygruppe der verschiedenen Unternehmen der Nuklearindustrie, befürwortete staatliche Investitionen gegenüber einer Privatisierung des Sektors und begründete dies mit den positiven Effekten für die Versorgungssicherheit des Landes. Aufgrund der seit Beginn der 1990er Jahre verstärkt geführten Klimaschutzdebatte wurde außerdem der positive Beitrag der Kernenergie zur Verringerung von CO_2-Emissionen ins Feld geführt (Nuclear Utilities Chairmens Group 1994). Demgegenüber kritisierte Greenpeace die mangelnde Wettbewerbsfähigkeit der britischen Atomkraft (Greenpeace 1994).

Während die Entscheidung gegen ein neues Investitionsprogramm nur die absehbare Sedimentierung des bekannten marktorientierten Regulierungsansatzes der konservativen Regierung verdeutlichte, enthielt der zweite Teil des Weißbuchs die eigentliche Überraschung. Darin schlug die Regierung die zügige Privatisierung der gasgekühlten Reaktoren und des zwischenzeitlich in Betrieb gegangenen Druckwasserreaktors Sizewell-B vor. Aufgrund der hohen Kapitalkosten im Brennstoffmanagement und der ausstehenden finanziellen Verbindlichkeiten sollten die Magnoxreaktoren vom Privatisierungsvorhaben ausgenommen und für ihren Betrieb eine Tochtergesellschaft gegründet werden, die in das halbstaatliche Unternehmen BNFL aufgehen sollte. Die beiden Nuklearunternehmen NE und SN wiederum sollten in eine neuen Holding, der British Energy (BE), integriert werden.[132] Aus pragmatischen Gründen entschied sich die britische Regierung letztlich jedoch für eine Privatisierung der beiden Unternehmen unter einer Holding. Eine solche Lösung war in finanztechnischer Hinsicht einfacher zu vollziehen als die Privatisierung von zwei Unternehmen (Helm 2003, 199). Die Holding BE wurde im Verlauf des Jahres 1995 gegründet. In einer ihrer ersten Pressemitteilungen vom Dezember 1995 gab das neue Unternehmen bekannt, dass es aufgrund der unsicheren Preisentwicklungen im liberalisierten Markt kurzfristig nicht in neue Erzeugungskapazitäten investieren würde. Mehr als ein halbes Jahr später, im Juli 1996, wurde BE schließlich privatisiert.

Mit der Beendigung eines möglichen Wettbewerbs zwischen den beiden britischen Nuklearerzeugern zugunsten der Gründung einer einzigen nuklearen Holdinggesellschaft offenbarten sich ein weiteres Mal die Grenzen einer Einführung von Wettbewerb in die britische Kernenergiewirtschaft. Entgegen dem ursprünglichen Plan der Regierung, die Subventionierung der Kernenergie mittels der FFL und der NFFO zum Zeitpunkt der Privatisierung des Unternehmens einzustellen, womit gegenüber den anderen Stromerzeugern gleiche Wettbewerbsbedingungen geschaffen worden wären, gewährte die Regierung der nuklearen Stromerzeugung noch einen verlängerten Übergangszeitraum bis zur endgültigen Privatisierung des Tarifkundenmarktes. In dieser Zeit wurden die Subventionen an die britische Atomwirtschaft allmählich reduziert. In der zweiten Hälfte der 1990er Jahre würde die Zukunft des neu gegründeten nuklearen Erzeugerunternehmens, das zum drittgrößten im britischen Strommarkt geworden war, vor dem Hintergrund der abschließenden Liberalisierung des Tarifkundenmarktes direkt von der Entwicklung der am Großhandelsmarkt bestimmten Preise abhängig sein (s.S. 279ff.).

4.1.2.4.2 Die späte Privatisierung des britischen Kohlebergbaus

Ähnlich wie bei der Kernenergie wurde eine frühzeitige Privatisierung der verstaatlichten Stein- und Braunkohleindustrie im Jahr 1990 wegen der fehlenden Wettbewerbsfähigkeit verzögert. Schon lange vor der Liberalisierung der britischen Stromwirtschaft war der Preisdruck auf die national geförderte Kohle aufgrund geringer Weltmarktpreise immens. Im Zeitraum von April 1990 bis März 1993 garantierten deshalb staatlich festgelegte Ab-

---

[132] Eine Fusion der beiden Nuklearunternehmen war aber umstritten, weil beide Nuklearerzeuger miteinander im Erzeugerwettbewerb standen. Auch die regionalpolitischen Argumente gegen eine Fusion sind bereits beschrieben worden. Um eine Fusion zu verhindern, plädierte der DGES Littlechild sogar für eine Umstrukturierung der Anlagengüter zwischen den beiden Unternehmen, um zwischen den ungleichen Unternehmen (SN betrieb nur zwei Kernkraftwerke gegenüber vierzehn bei NE) vergleichbare Wettbewerbsbedingungen zu realisieren.

nahmeverträge den Abbau und die anschließende Verstromung national geförderter Kohle in den Kohlekraftwerken von NP und PG. Erst nach ihrer Wiederwahl im Mai 1992 bot sich der konservativen Regierung unter ihrem wiedergewählten Regierungschef Major eine erneute Gelegenheit, den britischen Kohlebergbau mit dem Auslaufen der bestehenden Kohleverträge ab April 1993 endgültig dem Wettbewerb auszusetzen.

Die darauf folgende Episode eines weiteren Versuchs einer „ultimativen Privatisierung" (Parkinson 1992) illustriert beispielhaft die Schwierigkeiten der staatlichen Akteure im britischen Regulierungsregime, sich der historischen Verantwortlichkeit für den unter globalisierten Bedingungen nicht wettbewerbsfähigen Sektor zu entziehen. Zur Vorbereitung der Privatisierung des britischen Kohlebergbaus offenbarte eine Untersuchung zu den möglichen Auswirkungen des Auslaufens der Kohleverträge nach 1993 im Sommer 1992 das gesamte Ausmaß der staatlichen Subventionierung. Ohne eine weitere staatliche Förderung würde sich die zur Verstromung verwendete Kohlemenge im Zeitraum von 1992/93 bis 1996/97 von 70 Mio. t auf 45 bis 50 Mio. t reduzieren (DTI 1993). Nachdem im Zeitraum von 1973 bis 1993 der Markt für Steinkohle bereits um 35 Prozent geschrumpft war (Parker 1994), würde das Auslaufen der Verträge ab April 1993 weitere schwerwiegende Folgen für den heimischen Kohlebergbau haben. Daraufhin veröffentlichte die britische Regierung im Oktober 1992 Pläne für einen radikalen Subventionsabbau.[133] Die rigorosen Pläne lösten schwere Proteste aus, weshalb die Regierung einlenkte und ein Moratorium zur beabsichtigten Schließung von 21 der 31 Gruben bekannt gab. Bezüglich der zehn, vom Moratorium ausgenommenen Bergwerke begann die Regierung eine eigene Untersuchung. Zwischenzeitlich hatte das britische Unterhaus in Anbetracht der strategischen Dimension der energiepolitischen Entscheidungen den eigenen Industrie- und Handelsausschuss mit einer Untersuchung zur Zukunft des britischen Kohlebergbaus beauftragt.

Unter Berücksichtigung des Abschlussberichts des Industrie- und Handelsausschusses veröffentlichte die britische Regierung im Herbst 1993 ihr *Weißbuch zur Zukunft der heimischen Kohle* (DTI 1993). Für den Zeitraum von 1993 bis 1998 wurden darin allerdings weitere Übergangsregelungen für die britische Kohle festgeschrieben, die zum erneuten Abschluss von Lieferverträgen zwischen BC und den nationalen Stromerzeugern führte. Für den Zeitraum von 1994 bis 1998 wurden darin Lieferverträge in einem jährlichen Umfang von 30 Mio. t unterzeichnet. Das Ausmaß staatlicher Intervention in die privatisierte Stromwirtschaft sollte trtotz andersartiger politischer Verlautbarungen also weit über die Mitte der 1990er Jahre hinaus auch im Kohlebergbau groß bleiben. Die Folgen der neu beschlossenen Verträge waren dennoch dramatisch: Im Zeitraum von 1992 bis 1997 halbierte sich die Fördermenge von Steinkohle um mehr als 50 Prozent und offenbarte den Bedeutungsverlust des britischen Kohlebergbaus. Die folgende Tabelle veranschaulicht die Entwicklungen im beschriebenen Untersuchungszeitraum.

Tabelle 7: Förderkapazitäten britischer Kohle von 1990-1997 (in Tsd. T)

	1990	1991	1992	1993	1994	1995	1996	1997
Steinkohle	72.899	73.357	65.800	50.457	31.854	35.150	32.223	30.281
Braunkohle	18.134	18.636	18.187	17.006	16.804	16.369	16.315	16.700

Quelle: DTI 1997, DTI 1998b.

---

[133] Innerhalb von nur sechs Monaten sollten insgesamt 31 von 50 betriebenen Bergwerken geschlossen werden.

Der Abschluss der Verträge stellte vor allem aus zwei Gründen ein politisch schwieriges Unterfangen dar. Zum einen gestattete die Europäische Gemeinschaft eine staatliche Subventionierung der nationalen Stromerzeugung aus beihilferechtlichen Gründen nur bis zu einer Höhe von zwanzig Prozent der Gesamtstromerzeugung. Weil die Kernenergie mit der NFFO aber bereits in entsprechender Höhe gefördert wurde, wurden einer weiteren Subventionierung der britischen Kohle strenge wettbewerbspolitische Restriktionen auferlegt (Baentsch 1997). Von zusätzlicher Bedeutung war, dass eine fortgesetzte Subventionierung der Kohleindustrie unmittelbare Auswirkungen auf die Erzeuger- und Tarifpreise haben würde und damit einem Genehmigungsvorbehalt der Regulierungsbehörde Offer unterlag: Im Rahmen ihrer Preisregulierungskompetenzen musste Offer die Preisbestandteile genehmigen, die aus einer Subventionierung resultierten. Damit zeichnete sich erstmals ab, dass die gesetzlich definierte Unabhängigkeit der Regulierungsaufgaben mit zentralen politischen Interessen kollidierte und damit relativiert wurde. Der damalige DGES Littlechild billigte die zeitlich begrenzte Neuauflage der Absatzverträge schließlich unter wettbewerbspolitischen Gesichtspunkten: In der Existenz höherer Preise für Kohle wurde eine Voraussetzung für den Marktzutritt neuer Erzeugungskapazitäten in Form der Gasverstromung gesehen.

Nach Abschluss der Lieferverträge zwischen der BC und den beiden Stromerzeugern begannen die Vorbereitungen zur endgültigen Privatisierung des britischen Kohlebergbaus, die schließlich im Jahr 1994 mit der Verabschiedung des *Coal Industry Act* abgeschlossen wurde. Für eine erfolgreiche Privatisierung war es erforderlich, die profitablen von den unprofitablen Unternehmensbereichen zu trennen.[134] Zur Übernahme der finanziellen Verpflichtungen aus den Konversions- und Instandhaltungsmaßnahmen der Minen wurde ein eigenes staatliches Auffangunternehmen, die *Coal Authority*, gegründet. Dieser Behörde wurde das Eigentum an den nationalen Kohlereserven übertragen. Die Kosten der Pensions- und Gesundheitsleistungen für die Bergarbeiter wurden auf den Staat überschrieben. Die Zinszahlungen auf die verbliebenen Schulden in Höhe von 120 Mio. Pfund wurden abgeschrieben. Bereits im September 1993 waren die Pläne der britischen Regierung bekannt geworden, die Kohleunternehmen im Rahmen eines staatlichen Bieterverfahrens als regionalisierte Einheiten zu privatisieren. Insgesamt 18 britische Unternehmen gaben um die ausgeschriebenen Bergwerke Angebote ab. Als dominierender Bieter des gesamten Verfahrens stellte sich das Unternehmen *RJB Mining* heraus, das schließlich mit seiner erfolgreichen Ersteigerung der englischen Unternehmen 80 Prozent der gesamten britischen Förderkapazitäten (36 Mio. t aus Stein- und Braunkohlebergbau) zugesprochen bekam.[135] Die staatlichen Gesamteinnahmen aus der Privatisierung des britischen Kohlebergbaus betrugen mehr als eine Milliarde Pfund (NAO 1996).

Die Privatisierung der britischen Kohleindustrie erfolgte entlang der regionalen Strukturen des britischen Staates. Eine derartige Privatisierungslogik hatte sich zunächst auch für

---

[134] Die Bilanz der BC wies kurz vor ihrer endgültigen Privatisierung im Jahr 1993/94 einen operativen Gewinn von 200 Mio. Pfund auf (Einnahmen aus den garantierten Absatzverträgen minus Betriebskosten). Diesem Betrag standen aber folgende finanzielle Verpflichtungen gegenüber: 120 Mio. Pfund für Zinszahlungen, 360 Mio. Pfund für Restrukturierungsmaßnahmen und 2,1 Mrd. Pfund an sonstigen Schulden (Helm 2003, 180).
[135] Während RJB Mining einen Anteil an der britischen Bergbauindustrie im Wert von 815 Mio. Pfund erwarb, gingen die süd-walisischen Bergbauunternehmen mit einem Unternehmenswert von 94,5 Mio. Pfund an das walisische Unternehmen *Celtic Energy* und der größte Anteil der schottischen Bergbauindustrie mit einem Wert von 34,9 Mio. Pfund an die *Mining (Scotland) Ltd.*

die britische Kernenergieindustrie abgezeichnet, bevor aufgrund der Komplexität des Privatisierungsvorhabens die britische Regierung für eine zentralisierte Lösung optierte (die Fusion von NE und SN in der Holding BE). An späterer Stelle wird diese Untersuchung die mit dem Regierungswechsel zu Labour im Jahr 1997 eingeleitete Devolution des britischen Staates in ihren Auswirkungen auf die energiepolitische Regulierung untersuchen. Ein Schwerpunkt der Analyse liegt dabei auf der für einen erfolgreichen Ausbau erneuerbarer Energien für notwendig erachteten Dezentralisierung der regulativen Kompetenzen auf die regionale Ebene.[136] Zusammenfassend ist festzuhalten, dass sich die polit-ökonomischen Rahmenbedingungen der Energieträger Kohle und Kernenergie im liberalisierten englisch-walisischen Strommarkt im Verlauf der 1990er Jahre offensichtlich von massiven staatlichen Interventionen abhängig blieben.

4.1.3 Die Politik zur Markteinführung erneuerbarer Energien

Die frühe (Teil-)Privatisierung und (Teil-)Liberalisierung der britischen Stromwirtschaft bedeutete nicht, dass es zum damaligen Zeitpunkt keine Planungen zum Ausbau erneuerbarer Energien gegeben hätte. Allerdings ist hinsichtlich der zentralisierten Forschungs- und Technologiepolitik bereits auf den geringen Stellenwert der entsprechenden Programme im Verhältnis zum nationalen Kernenergieprogramm und den Steinkohlesubventionen eingegangen worden. Außerdem hat die zentralisierte Ausrichtung der Forschungs- und Technologiepolitik zu häufigen Änderungen in den Schwerpunktsetzungen geführt, so dass eine kontinuierliche Förderung einzelner Technologien kaum zustande kam. Mit den sich konkretisierenden Liberalisierungs- und Privatisierungsplänen hatten sich in der zweiten Hälfte der 1980er Jahre die finanzökonomischen Bedingungen für eine Förderpolitik zusätzlich verschlechtert. Trotz dieser ungünstigen Ausgangsvoraussetzungen entwickelte die britische Regierung im Jahr 1988 neue Initiativen für eine Ausweitung der erneuerbaren Energien. Diese Pläne sollten durch die Ausweitung des bereits bestehenden Subventionsinstrumentariums für die Kernenergie, der *Non Fossil Fuel Obligation* (NFFO), auf die erneuerbaren Energien verwirklicht werden.

4.1.3.1 Die Policyentwicklung eines Markteinführungsinstruments – Die Non Fossil Fuel Obligation (NFFO)

Ursprünglich sollte die NFFO vorrangig das Überleben der britischen Kernenergie in der neuen Wettbewerbsordnung sichern. Allerdings wurde der Anwendungsbereich des Instruments aus beihilferechtlichen Argumentationsgründen gegenüber der EU von Beginn an auf die Markteinführung erneuerbarer Energien ausgeweitet. Eine expansive Anwendung der NFFO wurde vom DEn als die einfachste Strategie erachtet, unter Umgehung der Anforderungen eines langwierigen legislativen Prozesses möglichst zügig ein Förderprogramm für erneuerbare Energien aufzulegen (*Interview DTI*). Zur Implementierung von NFFO musste das DEn, und mit seiner Auflösung ab 1993 das zuständige DTI über einen bestimten Zeit-

---

[136] Neben den bestehenden Erklärungen für die Regionalisierung des britischen States, die auf den Einfluss der Europäischen Regulierungsebene abheben (Bulmer u.a. 2002), wird in dieser Untersuchung in *funktionalistischer Perspektive* das neu aufgekommene Erfordernis einer Förderung von Nachhaltigkeit als Staatsaufgabe als Auslöser für Dezentralisierungsstrategien erachtet.

raum eine aus erneuerbaren Ressourcen zu erzeugende Stromkapazität festlegen, die durch die FFL-Einnahmen unterstützt würde. Die besondere Rolle der Zentralregierung zeigt sich nicht nur in ihrer Kompetenz, die Quantität der umzusetzenden Stromerzeugungskapazitäten aus erneuerbaren Energien über einen bestimmten Zeitraum festzulegen. Vielmehr hatte das verantwortliche Ministerium auch über den Anteil der verschiedenen Technologien am gesamten Förderbudget zu entscheiden, d.h. die Regierung musste die förderwürdigen Technologien selbst auswählen. Die Förderung der erneuerbaren Energien basierte also auf dem Prinzip einer Mengen- oder Quotenregulierung.

Deshalb entschied sich die konservative Regierung im Jahr 1990 zunächst für die Ausschreibung einer Erzeugungskapazität von 1.000 MW, die bis zum Jahr 2000 aus Anlagen zur Erzeugung von Elektrizität aus erneuerbaren Energien im englisch-walisischen Stromsektor installiert werden sollte. Dieses Ziel wurde kurze Zeit später auf 1.500 MW erweitert und entsprach unter den damaligen Annahmen ungefähr 3 Prozent der installierten britischen Elektrizitätserzeugung des Jahres 2000. Die instrumentelle Ausgestaltung der NFFO offenbarte ihre klare Ausrichtung an Effizienzkriterien, um den erneuerbaren Energien einen Platz im liberalisierten Markt zu garantieren. So mussten die Planer der Anlagen, die am NFFO-Fördermechanismus partizipieren wollten, in einem Ausschreibungswettbewerb um eine Teilnahme an den staatlich ausgeschriebenen Förderkapazitäten bieten. A priori wurden von der Regierung weder die genauen Bedingungen des Förderwettbewerbs festgelegt noch die genauen Zeitpunkte der einzelnen Ausschreibungsrunden bekannt gegeben. Im Zeitraum von 1990 bis 1998 kam es zu insgesamt fünf Ausschreibungsrunden (NFFO-1: 1990, NFFO-2: 1991, NFFO-3: 1994, NFFO-4: 1997, NFFO-5: 1998). Schon zwischen dem ersten und dem zweiten Ausschreibungsverfahren änderten sich die Förderbedingungen, indem mit NFFO-2 (1991) nur Projekte innerhalb einzelner Technologien miteinander konkurrierten (z.B. Windenergieprojekte gegen andere Windenenergieprojekte). Überdies gestaltete sich die Geltungsdauer der nach den Ausschreibungsverfahren geschlossenen NFFO-Verträge unterschiedlich, in denen den Anlagenbetreibern feste Zusatzpreise für die Stromerzeugung aus erneuerbaren Energien garantiert wurden. Während die NFFO-Verträge für die ersten beiden Ausschreibungsrunden (NFFO-1 und NFFO-2) durch eine kürzere Förderperiode charakterisiert waren und bis Ende 1998 ausliefen, sollten die Verträge der Runden 3 bis 5 nach Abschluss des Projekts innerhalb einer Entwicklungs- und Bauphase von maximal fünf Jahren eine Laufzeit von weiteren 15 Jahren beinhalten, um eine größere Investitionssicherheit zu bieten (Mitchell 2000b).

Analog zum Preisbestimmungsmechanismus des Electricity Pools gestaltete sich der Ausschreibungswettbewerb bei erneuerbaren Energien in der Weise, dass die verschiedenen Bieter für das einzelne Projekt die über einen Zeitraum lieferbaren Erzeugungskapazitäten und die dabei erzielbaren Erzeugungskosten pro kWh nennen mussten. Nach Abschluss des Bieterverfahrens stellte das DTI eine Rangordnung der Betreiber entsprechend der gebotenen Preise und Mengen auf. Dabei bestimmte der Preis des letzten Bieters, der noch zur Erfüllung der staatlich ausgeschriebenen Elektrizitätskapazität erforderlich war, den Preis für alle übrigen erfolgreichen Bieter. Aus dem Verfahren des Bieterwettbewerbs ergab sich, dass die Betreiber bis zum Abschluss des Ausschreibungsverfahrens nicht mit einem genauen Vergütungssatz der später in ihren Anlagen erzeugten Strommengen kalkulieren konnten. Schließlich waren nur die Unternehmen, die erfolgreich am Ausschreibungsverfahren teilnahmen, zum Bezug einer Subvention in Höhe der Differenz zwischen dem durch das Bieterverfahren festgelegten und dem am Electricity Pool gehandelten Pool-Selling-

Preis berechtigt. Es erhielten somit nur diejenigen Projektantragsteller nach Abschluss der NFFO-Verträge Fördermittel, die innerhalb der staatlich ausgeschriebenen Menge einer bestimmten Technologie die Produktion einer Kilowattstunde Strom am relativ günstigsten anboten. Bis zum Jahr 2000 wurden in den fünf Ausschreibungsrunden zwischen der britischen Verwaltung und den jeweiligen Anlagenbetreibern NFFO-Verträge über die avisierte Kapazität von ungefähr 3 GW abgeschlossen. Dabei ist jedoch zu betonen, dass der bloße Abschluss der Verträge selbstverständlich noch nicht mit der erfolgreichen Realisierung der jeweiligen Projekte gleichzusetzen war, wie die Implementierungsanalyse der NFFO für erneuerbare Energien verdeutlichen wird (s.S. 159ff.).

Gegenüber der Förderung der Kernenergie wurde nur ein marginaler Teil des gesamten NFFO-Budgets für erneuerbare Energien verwendet. Bis zum Jahr 1996 wurden mehr als 90 Prozent der FFL-Einnahmen für Preisstützungsmaßnahmen der Kernenergie eingesetzt. In der Zeit von Ende 1996 bis März 1997 trat allerdings eine signifikante Veränderung auf: Der Verwendungsanteil der Einnahmen für erneuerbare Energien stieg von 10 auf 23 Prozent. Bis Ende 1998 nahm der sogar auf 49 Prozent zu, allerdings bei gleichzeitig stark sinkenden Gesamteinnahmen aus dieser Abgabe.

Ein Grund für die zunehmende Verwendung der Einnahmen zugunsten erneuerbarer Energien war der Einfluss europäischer Wettbewerbspolitik. Die GD Wettbewerb drohte der britischen Regierung, der FFL als wettbewerbsverzerrender Maßnahme die Genehmigung zu entziehen, falls die Förderung der Kernenergie nicht entscheidend zurückgefahren würde. Der entscheidende Auslöser für die verschärfte wettbewerbspolitische Gangart der EU-Kommission ab 1993/94 war die geplante Subventionierung für die hiesige Kohleindustrie (s.S. 153ff.), mit der die zulässigen Gesamtsubventionen aus EU-Perspektive überschritten würden. Weil die FFL gemäß dem europäischen Wettbewerbs- und Beihilferecht und dem damit verbundenen Ziel eines einheitlichen Energiebinnenmarktes nur aus ganz besonderen Gründen gerechtfertigt werden konnten (z.B. wenn ihr Aufkommen dem Schutz der Umwelt dient), wurde eine zunehmende Mittelverwendung für erneuerbare Energien eingeleitet. Ein weiterer Grund für die Verringerung der Förderung der Kernenergie lag in der beschlossenen Privatisierung der Kernenergie im Jahr 1995. Die folgende Tabelle verdeutlicht die Entwicklung der Verwendung der NFFO-Mittel zwischen der Kernenergie und den erneuerbaren Energien im Verlauf der 1990er Jahre.

Tabelle 8:   Die FFL und ihre Verwendung für Kernenergie und EE

Jahr	Gesamte FFL-Einnahmen (Mio. Pfund)	Anteil für die Kernenergie (Mio. Pfund)	Anteil für erneuerbare Energien (Mio. Pfund)	Anteil für erneuerbare Energien in %
1990-91	1.175	1.175	0	0
1991-92	1.324	1.311	13	1
1992-93	1.348	1.322	26	2
1993-94	1.234	1.166	68	5.5
1994-95	1.205	1.109	96	8
1995-96	1.105	1010	95	8.6
1996-97	844	732.5	111.5	13.2
April 1996 – Oktober 1996	633	570	63	10
November 1996-März 1997	211	162.5	48.5	23
1997-98	279	142.3	136.7	49

Quelle: OFFER Press Releases, Annual.

4.1.3.2   Die Implementierung und Evaluierung von NFFO

Im folgenden Abschnitt wird die Implementierung der NFFO-Politik zur Förderung der Stromerzeugung aus erneuerbaren Energien evaluiert. Nach einer Darstellung der Implementierung werden die Ursachen analysiert, welche zum beschriebenen Policyoutcome geführt haben. Für die Analyse des Policyoutcomes wird auf die zentralen Erklärungsfaktoren Bezug genommen, die bereits die ausgeprägte Orientierung der sektoralen Regulierung an den Zielen einer Privatisierung und Liberalisierung seit dem Ende der 1980er Jahre erklären. Demgemäß wirkte sich die unitarische Staatsstruktur mit ihren zentralisierten Formen der Regulierung auch auf die Implementierung der britischen Erneuerbaren-Energien-Politik aus.

Für eine genauere Darstellung des Policyoutcomes der NFFO in den einzelnen Ausschreibungsrunden (NFFO 1-4) enthält die folgende Tabelle genauere Daten. Der Auswertung liegt eine Analyse der Implementierung von Projekten bis Mitte 2001 zugrunde.

Tabelle 9: Umsetzung von NFFO 1-5 (Stand: 30.06.2001)

	Anzahl der Projektverträge		Laufende Projekte		Abgesagte Projekte		Nicht abgeschlossene Projekte		Realisierungsrate in Bezug auf Projektanzahl (%)
	Anzahl	MW	Anzahl	MW	Anzahl	MW	Anzahl	MW	
NFFO 1	75	152.12	61	144.53	14	7.6	0	0	81.3
NFFO 2	122	472.23	82	173.73	40	298.5	0	0	67.2
NFFO 3	141	626.91	78	295.0	--	--	63	331.9	55.3
NFFO 4	195	842.72	65	158	--	--	130	684.6	33.3
NFFO 5	261	1177	45	85.8	--	--	216	1091.3	17.2
Gesamt	794	3270.98	331	857,06	54	306.1	409	2107.8	51.5

Quelle: Hartnell 2001, Mitchell 2000b.

Bei den fünf NFFO-Ausschreibungsrunden wurde zwischen Anlagenbetreibern und der NFPA für die Erzeugung von Strom aus erneuerbaren Energien eine zu installierende Gesamtkapazität in Höhe von rund 3271 MW vertraglich vereinbart. Die Förderschwerpunkte lagen auf den folgenden Technologien: Den größten Anteil an der Förderung durch die NFFO-Verträge hatte mit einer zu installierenden Kapazitätsleistung von knapp 1281 MW (39,2 Prozent der zu installierenden Leistung) die Müllverbrennung aus städtischen und industriellen Abfällen. Unter NFFO wurde damit eine Technologie anteilsmäßig am stärksten gefördert, die in Deutschland definitionsgemäß nicht unter die erneuerbaren Energien fällt. Als zweitwichtigste Technologie rangiert mit einer kontrahierten Kapazität von knapp 972 MW (29,7 Prozent) die Windenergie. An dritter Stelle stand mit einer kontrahierten Menge von 653 MW (20,0 Prozent) die Stromerzeugung aus Deponiegas. Als viertwichtigste Technologie ist die Klärgasverstromung mit 230 MW (7,0 Prozent) zu nennen. Nur einen marginalen Anteil der NFFO-Förderung mit nur knapp 59 MW_{el} an neuen Erzeugungskapazitäten sollte die Wasserkraft erhalten (1,8 Prozent). Die folgende Darstellung fasst die Anteile der unter NFFO für eine Förderung im Zeitraum 1990-1998 vorgesehenen Technologien im Überblick zusammen.

Abbildung 5:   Technologieanteile an unterzeichneten NFFO-Verträgen 1990-1998
               bezogen auf kontrahierte Gesamtkapazität

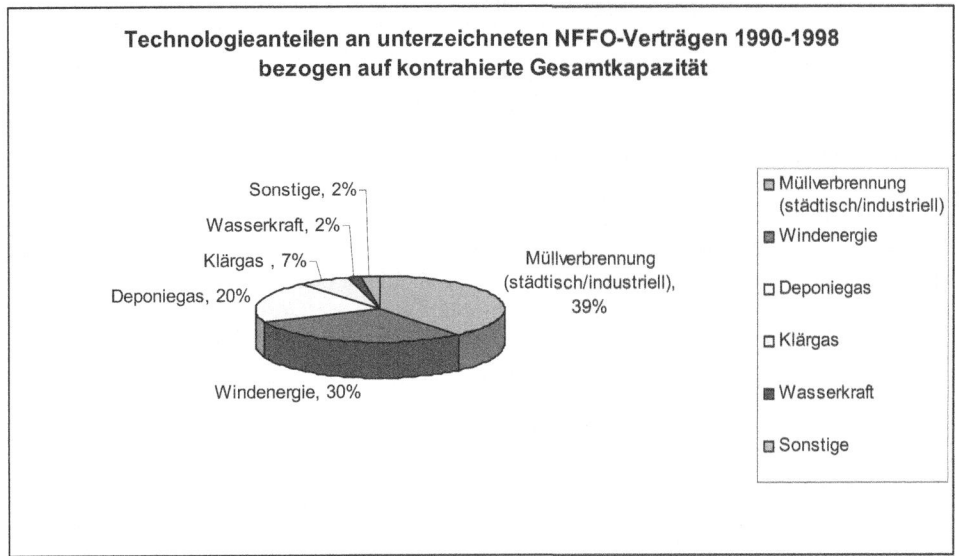

Quelle: Eigene Darstellung.

Die Förderung erneuerbarer Energien im englisch-walisischen Sektor hat sich von der deutschen Förderpolitik bereits bei der Definition förderfähiger Technologien unterschieden,
weil in England/Wales die Müllverbrennung als „erneuerbare Energie" förderfähig war.
     Zwischen den einzelnen Technologien ergaben sich bei der tatsächlichen Implementie-
rung der NFFO-Verträge, also der Inbetriebnahme der gepanten Anlagen, große Unterschiede. Sehr ungünstig war der Implementierungserfolg bei Anlagen zur Müllverbrennung: Von der vertraglich vereinbarten Leistung in Höhe von 1281 MW wurden nur knapp
165 MW (12,8 Prozent der kontrahierten Kapazität) realisiert. Relativ günstig sind die Imp-
lementierungserfolge bei Deponiegas zu bewerten, bei der 379 MW (58 Prozent der kontrahierten Leistung) in Betrieb gingen. Ähnlich verhält es sich bei der Klärgasnutzung mit
einer installierten Leistung von 230 MW (44,6 Prozent). Auch ein Großteil der Wasserkraftprojekte profitiert mit knapp 35 MW (58,5 Prozent) zwischenzeitlich von den NFFO-
Premiumpreisen. Die Umsetzung von Windenergieprojekten war jedoch vergleichsweise
negativ (Hartnell 2001): Nur knapp 214 MW gingen von der kontrahierten Gesamtkapazität
in Höhe von knapp 972 MW bis Mitte 2001 tatsächlich in Betrieb (11,7 Prozent). Die Ursachen hierfür werden nachfolgend genauer analysiert. Weil die Technologien der Fotovoltaik, der Geothermie, besondere Formen der Biomassenutzung sowie die Wellen- und Gezeitenenergie unter den liberalisierten Marktbedingungen am weitesten von einer Wettbewerbsfähigkeit entfernt waren, erhielten sie unter NFFO keine Förderung.

Während die Kosten der Stromerzeugung aus erneuerbaren Energien unter dem NFFO-Regime scheinbar erfolgreich reduziert werden konnten,[137] ist festzustellen, dass besonders in späteren Runden die Realisierung der per Vertrag vereinbarten Vorhaben zunehmend scheiterte (*Interview DTI*). Davon waren vor allem Projekte zur Nutzung der Windenergie, in zunehmendem Maße aber auch Wasserkraftprojekte betroffen. Besonders blieb umstritten, ob die realisierten Preisreduktionen bei den Ausschreibungsrunden die tatsächlichen Kostenreduktionen bei den Stromgestehungskosten erneuerbarer Energien widerspiegelten (zum Problem des strategischen Bieterverhaltens in den NFFO-Ausschreibungsverfahren, s.S. 165ff.). Als wichtigster Schwachpunkt der NFFO-Politik wurde zwischen den verschiedenen Ausschreibungsrunden deshalb die zunehmende Lücke zwischen vertraglich vereinbarter und tatsächlich in Betrieb genommenen Erzeugungskapazitäten gesehen. Die nachfolgende Tabelle veranschaulicht das zunehmend schlechter werdende Verhältnis zwischen den ursprünglich unter NFFO-Verträge genommenen Anlagenvorhaben und die tatsächlich realisierten Projekte. Die nachfolgende Implementierungsanalyse basiert auf etwas weniger aktuellen Zahlen als Tabelle 10.

Tabelle 10: In Betrieb genommene Erzeugungskapazität nach NFFO-Ausschreibungen
(Stand: 31.12.2000)

	NFFO 1 (1990)	NFFO 2 (1991)	NFFO 3 (1997)	NFFO 4 (1997)	NFFO (1998)
Installierte Kapazität (MW)	69	100	204	140	55
Installierte Kapazität (%)	95%	71%	55%	24%	8%

Quelle: Cleirigh 2001.

Im Folgenden werden die wichtigsten Gründe für die negative Implementierung von NFFO-Verträgen für erneuerbare Energien analysiert. Diese lagen vor allem an der zentralisierten britischen Planungspolitik und der wettbewerbsorientierten Ausgestaltung des Förderinstruments. Die Ursachen für die sich stetig verschlechternde Implementierung der NFFO-Politik sind somit in der zentralisierten Struktur des politisch-administrativen Systems Großbritanniens zu finden, die bereits als Ursache für die frühzeitige Orientierung und Umsetzung einer Liberalisierung des britischen Elektrizitätssektors identifiziert wurde.

Die Restriktionen einer Implementierung aufgrund der zentralisierten Planungspolitik

Ein Merkmal britischer Planungspolitik zum Bau von infrastrukturellen Anlagen bestand darin, dass Vorhaben mit einer elektrischen Erzeugungskapazität von weniger als 50 MW durch lokale Planungsbehörden genehmigt werden müssen, während bei Vorhaben über dieser Kapazitätsgrenze das DTI die abschließende Genehmigungsentscheidung traf. Für die Genehmigung dezentraler Anlagen zur Stromerzeugung aus erneuerbaren Energien und

---

[137] Folgende Kostenreduktionen konnten in den verschiedenen Ausschreibungsrunden erzielt werden: NFFO-1 (1990): 7,51 p/kWh, NFFO-2 (1991): 8,78 p/kWh, NFFO-3 (1994): 4,84 p/kWh, NFFO-4 (1997): 3,59 p/kWh, NFFO-5 (1998): 2,71 p/kWh. Die Preise wurden auf der Basis des Preisniveaus von 1989/99 indexiert und sind entsprechend dem projektierten Output des jeweiligen Vertrages gewichtet.

eine effektive Umsetzung der NFFO-Verträge waren deshalb die lokalen Behörden die maßgeblichen Akteure.[138] Die Antragsgenehmigungen entschieden in der Regel die in kommunale Entscheidungsgremien (*District Council, Local Council*) gewählten ehrenamtlichen Vertreter, wobei sie sich aufgrund der Komplexität der Entscheidung an der Empfehlung des für die lokale Bauplanung hauptamtlich verantwortlichen Planungsangestellten orientierten. Von praktischer Bedeutung für die zu Abwägungsentscheidungen erwies sich, dass die Zielkriterien, an denen sich die britische Planungspolitik bei der Anlagengenehmigung ausrichten sollte, zwischen der nationalen und der lokalen Ebene unterschiedlich definiert waren:

"The main problem for the implementation of renewable energy projects was the missing correlation between national energy policy and local level planning" (*Interview BWEA*).

So wurden auf lokaler Ebene häufig die Kriterien des Landschafts- und Naturschutzes (z.B. Beeinträchtigung des Landschaftsbildes bei der Errichtung von WEA) als bedeutender eingestuft als die nationalen Ziele eines Ausbaus erneuerbarer Energien im Interesse eines globalen Klimaschutzes. Damit offenbarten sich die besonderen Schwierigkeiten einer effizienten administrativen Koordination der Querschnittsaufgabe eines Ausbaus erneuerbarer Energien im zentralisierten britischen Regierungssystem. Zwischen 1970 und 1997 war das *Department of Environment* (DoE) für die Regulierung der Planungspolitik auf lokaler Ebene zuständig.[139] Das DoE war nicht nur mit umweltpolitischen Aufgaben betraut (wie der Name im deutschen Begriffsverständnis zunächst suggeriert). Vielmehr lagen die Ressortzuständigkeiten hauptsächlich in der kommunalen Bau- und Verwaltungspolitik (v.a. kommunale Finanz- und Steuerpolitik) sowie der Aufsicht über die Raum- und Landesplanung.[140] Für die lokale Bauplanung war im Verlauf der 1990er Jahre von zentraler Bedeutung, dass das DoE für die Kommunen und Gemeinden keine klaren Entscheidungskriterien definierte, auf deren Grundlage die für planungsrechtliche Verfahren zuständigen Beamten in den Kommunalverwaltungen positive Entscheidungen zur Genehmigung von Projekten mit erneuerbaren Energien erteilen konnten.

"Until 1997 planning policy for local authorities was defined by the DoE. Local planners had to take notice of these policies when they made their decision. The big problem was that although it said some quiet good things about renewables, it didn't really help planners when they had to weight the balance between the different conflicting interests. With wind farms you will get visual change. Sometimes there are assertions of defecting the landscape and the problem of noise pollution. (…) When wind comes to go through planning, the planning officer who is responsible for making a recommendation [to the District Council, Verfasser] has to weight the interests between sustainable energy supply and the expected changes on the local level. The problem was that the Government gave no clear guidance on the weight local planners should give to

---

[138] Die typische Leistung von WEA lag noch zu Beginn der 1990er Jahre zwischen 300 und 500 kW, so dass die meisten Genehmigungsverfahren durch lokale Behörden entschieden wurden.

[139] Das DoE war im Jahr 1970 unter der Regierung von Heath gegründet worden und übernahm die Aufgaben einer Regulierung der kommunalen Verwaltung und der lokalen Planungspolitik. Außerdem war es für die kommunalen Finanzen zuständig (Rydin 1998, 99).

[140] In Bezug auf die Umwelt war die Verantwortlichkeit des Ministeriums daher im Vergleich zum deutschen Begriffsverständnis umfassender definiert: "[The DoE, Verfasser] ... was charged with the responsibility for the whole range of functions which effect people's living environment" (Rydin 1998, 99).

clean energy benefit compared with the perceived disadvantages of local change. That was not helpful" (*Interview NWP*).

Somit ist zu konstatieren, dass das DoE die für eine erfolgreiche Implementierung erneuerbarer Energien erforderlichen Planungsbelange nicht hinreichend in seine Planungsrichtlinien integriert hatte, an denen sich die Entscheidungsträger in den lokalen Planungsbehörden hätten orientieren können. Aufgrund des großen Ausmaßes an Zentralisierung der britischen Planungspolitik wurden die für eine erfolgreiche Umsetzung von Windenergieprojekten erforderlichen planungsrechtlichen Kriterien im DoE aber auch nicht antizipiert. Der große lokale Widerstand schlug sich bei Windparkprojekten deshalb entweder in einer Verzögerung oder sogar in negativen Planungsentscheidungen der District Councils nieder. Weil die NFFO-Verträge als Grundlage einer finanziellen Förderung die Einhaltung konkreter Fristen bis zur Erteilung einer Planungsgenehmigung erforderte, stellten die zeitlichen Verzögerungen bei der Genehmigungserteilung vor allem für die Projektplaner von Windenergievorhaben ein Problem dar. Besonders unter den früheren NFFO-Regelungen erhielt ein Projektbetreiber nur einen NFFO-Vertrag unter der Voraussetzung, dass er sein Projekt exakt nach den Vorgaben des Ausschreibungsverfahrens realisierte. Um die Zahlungen aus den NFFO-Verträgen zu erhalten, war der Projektbetreiber *strikt* an die vereinbarten Angaben aus dem Ausschreibungsverfahren *gebunden*. Kam es zu Schwierigkeiten bei der rechtzeitigen Projektrealisierung (z.B. infolge eines verzögerten Planungsverfahrens) am beschriebenen Ort, räumten die Verträge dem Projektbetreiber keinerlei Flexibilität ein. Unter Berücksichtigung des genau vorgeschriebenen zeitlichen Rahmens, welcher den Planungszeitraum exakt bestimmte, während dem ein Projekt unter NFFO förderfähig war, führten die zeitlichen Planungsverzögerungen zu zunehmenden Rücktrittsraten von geplanten Projektvorhaben. Insgesamt zeigte sich also, dass ein für industrielle Großprojekte entwickeltes Förderinstrumentarium für dezentrale und vergleichsweise kleine Projekte weniger geeignet war.

Mit einer Reform im Jahr 2002 versuchte das DTI, die Vertragsregelungen der NFFO-Ausschreibungen 3-5 zu flexibilisieren, so dass den Betreibern eine Projektrealisierung in baulich und zeitlich veränderter Form ermöglicht werden sollte. Besonders Windenergieprojekten, die im gleichen Untersuchungszeitraum in Deutschland eine enorme Entwicklungsdynamik erfuhren, erwuchsen aus dem zentralisierten Planungssystem ernsthafte Restriktionen. Weil es den dezentralen Planungsakteuren einen relativ großen Ermessensspielraum bei der Genehmigung von Vorhaben einräumte und die nationalen Ausbauziele für erneuerbare Energien in der kommunalen und regionalen Planungspolitik nur unzureichend festgeschrieben waren, kam es häufig zur Verhinderung bzw. Verzögerung der Projekte. Während das DTI die nationalen Ausbauziele für erneuerbare Energien definierte, nahm das DoE seine nationalen Kompetenzen für planerische Vorgaben nur ungenügend wahr (Cleirigh 2001).

Als einem Ergebnis des konstatierten Mangels an politischem Bewusstsein für eine stärker nachhaltige Energieerzeugung auf der lokalen Ebene ist vorwegzunehmen, dass verschiedene Reformen der neuen Labourregierung ab 1997 darauf zielten, im Rahmen der Devolution, d.h. der Dezentralisierung und Regionalisierung des britischen Staates, die nationale Planungspolitik zu reformieren. Bei dieser Reform wurden regulative Planungskompetenzen verstärkt auf nachgeordnete politische Ebenen delegiert (DTLGR 2002, Thomson 2001). Eine Dezentralisierung der betreffenden Kompetenzen sollte aber nur soweit zugelassen werden, wie es für die Umsetzung der zentral vorgegebenen Ziele auf lokaler/regionaler Ebene erforderlich war. Die zentralisierte britische Exekutive behielt gleichzeitig die Entscheidungsprärogative, die Dezentralisierungsreformen wieder rückgängig zu machen. Entsprechend betonte ein Report der *Performance and Innovation Unit* (PIU) des Cabinet Office aus dem Jahr 2002 die Notwendigkeit, der Energieerzeugung auf der Basis erneuerbarer Ressourcen im regionalen und lokalen Planungssystem eine größere Bedeutung beizumessen. Deshalb sollten neu geschaffene regionale Planungsbehörden „den Energiefragen größere Bedeutung in ihrer regionalen Planungsanleitung verleihen" (PIU 2002).[141]

Die Restriktionen einer Implementierung aufgrund der wettbewerbsorientierten Förderung innovativer Technologien

Nicht nur die Restriktionen des zentralisierten britischen Planungssystems verhinderten einen größeren Erfolg der Erneuerbaren-Energien-Politik. Neben diesen Restriktionen hat die starke Fokussierung auf Wettbewerb, welche auf das dominierende Paradigma der Wieralisierung zurückzuführen ist, eine erfolgreiche Ausweitung erneuerbarer Energien eingeschränkt. Inzwischen gilt als sicher, dass die kompetitive Ausgestaltung der NFFO in einem Preisfindungsmechanismus resultierte, welcher die wirklichen Kosten der Stromerzeugung aus erneuerbaren Energien nicht ausreichend widerspiegelte. Das Ausschreibungsverfahren stand außerdem frühzeitig im Verdacht, bei den Projektbetreibern strategisches Bieterverhalten verursacht zu haben, das in Preisgeboten resultierte, die unter den wahren Erzeugungskosten der jeweiligen Anlagen lagen (Cleirigh 2001).

Aus individueller Perspektive ist ein derartiges Bieterverhalten rational: Das mit dem „ersteigerten" Vertrag finanzierte Projekt würde erst fünf Jahre nach Vertragsabschluss in Betrieb gehen (seit NFFO 3-1997) und dann Premiumpreise über eine Laufzeit von fünfzehn Jahren garantieren. Aufgrund der dynamischen technologischen Entwicklungen wurden von den Projektentwicklern bei den einzelnen Technologien bis zu ihrer Inbetriebnahme weitere Effizienzgewinne erwartet, womit die anlagenbezogenen Stromgestehungskosten weiter reduziert würden. Deshalb wurde zum Zeitpunkt der Versteigerung von geringeren als den aktuellen Stromgestehungskosten ausgegangen, d.h. die zukünftigen Stromgestehungskosten wurden auf einer degressiven Basis kalkuliert. Zusätzlich verschärft wurde das Kostenproblem dadurch, dass die Projektträger bei der Kalkulation ihrer Gebote bestimmte zukünftige Risiken unterschätzten, z.B. die infolge verzögernder Genehmigungsverfahren nicht prognostizierbaren steigenden Finanzierungs- und Planungskosten. Weil das NFFO-Regime keine substantiellen Sanktionen bei einer Nicht-Umsetzung von Projekten vorsah, wurde die Möglichkeit von negativen Kostenentwicklungen von den Projektplanern nur ungenügend berücksichtigt. Vor diesem Hintergrund nahm zunehmende Zahl von Projektunternehmen von ihrem NFFO-Vorhaben Abstand (Cleirigh 2001).

Damit werden die Restriktionen eines marktbasierten Ansatzes zur Einführung innovativer und sich dynamisch entwickelnder Technologien in liberalisierten Märkten deutlich, wenn es „begrenzte Rationalität" und „Unsicherheit" bei den Projektplanern über die zu-

---

[141] Eine genauere Analyse der Auswirkungen von Dezentralisierungs- und Föderalisierungsreformen des britischen Staates auf die Regulierung von erneuerbaren Energien erfolgt an späterer Stelle (s.S. 264ff.).

künftigen Implementierungs- und Betriebskosten der einzelnen Technologien gibt.[142] Weil in die Strompreiskalkulation strategische Interessen der bietenden Akteure einflossen, die durch die zukünftige Unsicherheit über die technologische Entwicklung verschärft wurden, entsprachen die gebotenen Preise nicht den wirklichen Kosten erneuerbarer Stromerzeugung. Folglich hat der Versuch der Schaffung eines effizienten Preisfindungsmechanismus, der die zukünftigen Erzeugungs- und Betriebskosten sich dynamisch entwickelnder Technologien angemessen widerspiegelte, für eine erfolgreiche Implementierung der NFFO-Politik ein zentrales Hindernis dargestellt. Außerdem scheint die Gestaltung des Verfahrens zur NFFO-Auschreibung eine erfolgreiche Markteinführung erneuerbarer Energien behindert zu haben. Die zeitlich unregelmäßigen Ausschreibungsrunden haben das Implementierungsdefizit zwischen vertraglich vereinbarter und in Betrieb genommener Kapazität verstärkt, weil die diskontinuierliche Ausschreibung durch das DTI die Etablierung einer stabilen und kontinuierlichen Nachfrage nach Anlagenkomponenten erschwert hat. Hierdurch wurde die Entwicklung einer britischen Herstellerindustrie für Kapitalgüter und Anlagenkomponenten verhindert (Cleirigh 2001).

Das NFFO-Förderregime spiegelte somit den dominierenden Einfluss des Liberalisierungsparadigmas jener Zeit wider. Die Fokussierung auf Effizienzkriterien war tief in der Ideologie der sektorrelevanten Ministerien verwurzelt (vor allem dem DTI). Aufgrund der einheitlichen und zentralisierten Staatsstruktur Großbritanniens wurde diese Anschauung durch andere Behörden kaum in Frage gestellt. Die Implementierungsanalyse der NFFO-Politik verdeutlicht die Restriktionen einer Anwendung des Wettbewerbprinzips auf die Markteinführung innovativer Technologien. Neben den Folgen der zentralisierten Technologiepolitik wurden die Effekte des zentralisierten Regierungssystems auf die Implementierung der Markteinführungspolitik für erneuerbare Energien nachgewiesen. Ein Defizit an zentralisierter Steuerung in Verbindung mit einem geringen Maß an Bewusstheit über die Bedeutung erneuerbarer Energien auf der nachgeordneten lokalen und regionalen Ebene hat die Chancen einer erfolgreichen Umsetzung der NFFO-Politik verschlechtert.

4.1.3.3 Die Auswirkungen der Reformen auf die sektorielle Interessenvermittlung und die Verbändeorganisation für erneuerbare Energien

Im Zwei-Länder-Vergleich der Erneuerbaren-Energien-Politik war auch die Entwicklung der Strukturen sektorieller Interessenvermittlung sowie der Entfaltung der Verbandsstrukturen von erheblicher Bedeutung. Die erheblichen Unterschiede in den Markteinführungsprogrammen bewirkten divergierende Entwicklungspfade in der Struktur der sektorbezogenen Interessenvermittlung. Im britischen Regierungssystem war der politische Entscheidungsprozess zur Liberalisierung der Elektrizitätswirtschaft und der Regulierung erneuerbarer Energien einerseits zwar durch gewisse Partizipationsmöglichkeiten für die von den geplanten Reformmaßnahmen Betroffenen charakterisiert. Im Rahmen von Konsultationsverfahren, welche das jeweilige Fachministerium zur Informationsgewinnung über die voraussichtliche Akzeptanz und die sektorbezogenen Folgen legislativer Maßnahmen initiierte, wurde eine größtmögliche Zahl gesellschaftlicher und wirtschaftlicher Interessengruppen

---

[142] Die Probleme von Unsicherheit und der Gefahr strategischen Verhaltens bilden bei der instrumentellen Ausgestaltung von Markteinführungsinstrumenten für erneuerbare Energien somit eine zentrale Rolle (Mitchell u.a. 2004).

um politische Stellungnahmen gebeten. Andererseits vollzog sich die abschließende Entscheidungsfindung in zentralen Regulierungsfragen in der Regel aber innerhalb eines kleinen Kreises der von den Reformen wichtigsten und machtvollsten Akteure und den zuständigen ministerialen Regierungsvertretern.

> "British government is characterised by highly routinised policy-making processes in which there is a close working relationship between civil servants and interest groups operating within small and relatively closed policy communities. Related to this, consultation often means negotiation, a process in which certain key groups really matter" (Grant 1993, 49).

Für die Entwicklung der stromwirtschaftlichen Regulierung Großbritanniens ist die Bedeutung des Einflusses der drei marktbeherrschenden Großerzeuger hervorzuheben, die auch im liberalisierten Stromsektor eine dominante Stellung hatten. Zu Beginn der 1990er Jahre beeinflussten die großen Unternehmen NP, PG, NE und die NGC als Netzbetreiber in einer klientelistischen Partnerschaft mit dem DTI (vormals DEn) die institutionalisierte Kompromisssuche. Nach der Privatisierung hatten die genannten Unternehmen eigene Government-Affairs-Abteilungen eingerichtet, über die sie ihre korporativen Interessen gegenüber dem DEn (bis 1993) und dem DTI vertraten. Die mit der Liberalisierung des Stromsektors neu gegründete *Electricity Association* (EA) hatte in den ersten Jahren nach der Privatisierung noch keine besondere Bedeutung. Z.B. waren die Regionalversorger aufgrund ihrer vergleichsweise geringeren Ressourcenausstattung für eine Interessenvertretung gegenüber der Regierung auf die politische Lobbyingarbeit der EA angewiesen (Eising 2000).

Erst nach der Liberalisierung des britischen Stromsektors gewannen die elektrizitätswirtschaftlichen Verbände bei der sektoriellen Steuerung allmählich an Bedeutung. Zwar war es bereits im Jahr 1987 zur Verbandsgründung der *Association of Electricity Producers* (AEP) gekommen. Aus deutscher Perspektive offenbart der geschichtliche Hintergrund dieses Verbandes aber eine erstaunliche Auffälligkeit. Während die AEP im Jahr 1987 von unabhängigen, gegenüber den konventionellen Stromerzeugern (vor allem CEGB) benachteiligten Betreibern zur Förderung ihrer unabhängigen Erzeugerinteressen gegründet wurde (diskriminierungsfreier Netzzugang, gerechte Absatzpreise, etc.), erweiterte sich die Mitgliedschaft des Verbandes nach der Sektorliberalisierung des Jahres 1990 schnell um die etablierten Akteure, deren Interessen den unabhängigen Betreiberinteressen ursprünglich eigentlich entgegenstanden. Z.B. traten 1992 die Stromduopolisten NP und PG der AEP bei.

> "They did so because they wanted to be part of an association that represented the generating sector; the AIEP [vormals "Association of Independent Electricity Producers", Verfasser] had required a good reputation and it seemed an obvious choice. The debate about whether to admit those companies led to a great deal of soul searching and once the decision was made, to further growth in membership" (AEP History, www.aepuk.com).

Mittlerweile verfügt dieser Verband über fast 100 Mitglieder, welche in unterschiedlichster Weise in die britische Stromerzeugung involviert sind (von den konventionellen Erzeugerunternehmen über unabhängige Anlagenbetreiber bis zu Finanzierungs- und Beratungsgesellschaften). Als Vertreter der erneuerbaren Energien finden sich neben einzelnen Betreiberunternehmen als Mitglieder nur die Verbände der besonders wettbewerbsfähigen Technologien der Wasserkraft (British Hydro Power Association) und der Windenergie

(BWEA). In ihrer Mitgliedschaft war die AEP im Verlauf der 1990er Jahre somit durch eine abnehmende Interessenhomogenität gekennzeichnet, so dass sich dieser Verband zu keinem machtvollen Akteur der unabhängigen Energieerzeuger entwickeln konnte.

Mit der Liberalisierung hatte die britische Regierung aktiv in die Strukturierung der Verbandslandschaft eingegriffen. Während zum Zeitpunkt der Reform noch keine machtvollen, von den Interessen der staatlichen Administration unabhängigen Verbände existierten, erfolgte zu Beginn der 1990er Jahre die Gründung der EA als größtem elektrizitätswirtschaftlichen Verband. Die Verbandsgründung wurde durch die britische Regierung forciert, um eine direkte Nachfolgeorganisation des EIC zu etablieren (Eising 2000, 178). In den ersten Jahren seines Bestehens besaß die EA aufgrund ihrer Gründungsgeschichte und heterogenen Zusammensetzung aber noch keine klar umrissenen Organisationsziele. Die verschiedenen elektrizitätswirtschaftlichen Akteure (NP und PG, Regionalversorger, Kernenergieunternehmen) mussten sich in der Umbruchphase zum privatisierten Wettbewerbsregime erst an die neuen ökonomischen Rahmenbedingungen anpassen, womit auch ein Wandel ihres Funktions- und Aufgabenverständnisses verbunden war. Entsprechend zeichneten sich die Konfliktlinien zwischen den relevanten Akteuren (z.B. Erzeuger und Versorger) erst im Verlauf der ersten Hälfte der 1990er Jahre ab.

Die Interessen erneuerbarer Energien wurden in den neuen Verbändestrukturen weder durch die privatisierten Stromerzeuger noch durch die EA direkt repräsentiert. In der ersten Hälfte der 1990er Jahre entwickelte sich eine indirekte Interessenrepräsentation lediglich über die genannte AEP und den privatisierten Regionalversorgern, die als Mitglieder der EA ihre unabhängige Stellung zu stärken suchten. Als frühe Verbandsgründungen zur Interessenvertretung erneuerbarer Energien sind die bereits im Jahr 1978 gegründete *Solar Trade Association*, die *BWEA* (s.S. 78ff.) und die ebenfalls in den späten 1970er Jahren gegründete *British Hydropower Association* zu nennen. Die beiden zuletzt genannten Verbände erwiesen sich für die Entwicklung der britischen Erneuerbaren-Energien-Politik noch am einflussreichsten. Weitere wichtige, erst in den 1990er Jahren gegründete Verbände sind die *British Photovoltaic Association* (1992) und die *Landfill Gas Association* (1995). Einen Ausbau der Nutzung von Biomasse und Biogas unterstützt seit 1995 die *British Biogen* (1995) und die *UK Biogas Association*. Für eine Einschätzung der potentiellen Einflussnahme dieser Verbände ist entscheidend, dass diese nur über sehr geringe Ressourcen verfügen, um die energiepolitischen Verhandlungsprozesse gegenüber etablierten Akteuren zu beeinflussen. Für eine Beurteilung der potentiellen Einflussmöglichkeiten der britischen Interessenverbände erneuerbarer Energien wiegt erschwerend, dass diese ihre Ziele innerhalb des bereits etablierten Wettbewerbsregimes formulieren mussten.

4.2 Die Markteinführung erneuerbarer Energien im föderalen Regierungssystem unter monopolistischen Marktbedingungen (1991-1998)

Im folgenden Kapitel wird die Policyentwicklung und -implementierung des deutschen Markteinführungsinstruments für erneuerbare Energien, dem Stromeinspeisegesetzes (StromEG) analysiert. Hierbei wird die Untersuchungshypothese evaluiert, dass vom föderalen System positive Effekte für die Politikimplementierung ausgegangen sind. In Bezug auf die eingangs gewählte staatszentrierte Untersuchungsperspektive wird in der Analyse der Politikimplementierung zwischen der Bundes- und der Länderebene unterschieden (s.S. 172ff.). In chronologischer Perspektive wird das Zusammenwirken zwischen den beiden

Ebenen für einen erfolgreichen Ausbau erneuerbarer Energien vor dem Hintergrund einer zunehmenden Rolle der EU bei der Energieregulierung herausgearbeitet.

Für den Erfolg der deutschen Erneuerbaren-Energien-Politik erweist sich die späte Liberalisierung des deutschen Stromsektors als zentral. Der späte Zeitpunkt der Einführung von Wettbewerb war wiederum eng mit der historisch kontingenten Herausforderung der Deutschen Einheit verbunden, welche die energiepolitische Aufmerksamkeit seit 1990 auf die Transformation der ostdeutschen Stromwirtschaft lenkte. Deshalb befasst sich ein wieterer Abschnitt mit den wichtigen politischen Prozessen zur Integration der ostdeutschen Stromwirtschaft in das westdeutsche Verbundsystem und den dabei getroffenen ressourcen- und energiepolitischen Entscheidungen (s.S. 196ff.). Nach einer Erklärung des Policyerfolgs des deutschen Markteinführungsprogramms für erneuerbare Energien wird abschließend die zunehmende Bedeutung der europäischen Regulierungsebene für die deutsche Energiepolitik untersucht (s.S. 206ff.).

4.2.1 Die Policyentwicklung des Stromeinspeisegesetzes (StromEG) als Markteinführungsinstrument von erneuerbaren Energien

Für die Markteinführung erneuerbarer Energien in Deutschland war die Bildung einer parlamentarischen Advocacy-Koalition entscheidend. Durch das Entstehen einer solchen Koalition konnten die unterschiedlichen Interessen der verschiedenen Technologien einer Nutzung erneuerbarer Energien (z.B. Wasserkraft, Windenergie) erfolgreich zugunsten substantieller gesetzlicher Fördermaßnahmen koordiniert werden. Entsprechend greift die nachfolgende Analyse auf die drei Grundannahmen des *Advocacy-Koalitionsansatzes* zurück (Sabatier 1993). Zum einen wird ein *längerfristiger Prozess des Policywandels* erklärt. In unserem Fall dreht es sich um die Durchsetzung erneuerbarer Energien im deutschen Elektrizitätssektor, der mit der Verabschiedung des StromEG im Jahr 1991 begann und gegenwärtig andauert. Als zweite Grundannahme wird die Analyse des Policyprozesses für den deutschen Fall implizit die *Interaktionen von Akteuren verschiedener Institutionen* beschreiben, die im Verlauf der 1990er Jahre ein zunehmendes Interesse am Ausbau erneucrbarcr Energien gewannen. Als dritte Grundannahme wird untersucht, in welcher Weise sich ein *neues "belief system"* bei der staatlichen Regulierung des Energiesektors durchzusetzen vermochte, nämlich dass einer „nachhaltigen Energieerzeugung".

Ein zentraler Akteur für die Advocacy-Koalition war und ist die *Europäische Vereinigung für erneuerbare Energien*, Eurosolar e.V.,[143] die neben dem BDW für die informelle Entwicklung und Verabschiedung des StromEG maßgeblich war. Für die erfolgreiche Implementierung des StromEG erwies sich Eurosolar ebenfalls von großer Relevanz. Weil sich die Organisation *nicht* explizit als Lobbyverband bestimmter Interessen definiert, koordinierte Eurosolar die Interessen verschiedener Akteure der unterschiedlichen Technologien zur Nutzung erneuerbarer Energien. Viele ihrer individuellen Mitglieder waren besonders in den Anfangsjahren Parlamentarier verschiedener Parteien auf Länder- und Bundesebene, sowie Energieexperten aus Wissenschaft und Administration, welche die „Idee einer Energiewende" (Abkehr von der fossilen und nuklearen Energiewirtschaft) in den politischen Raum trugen und dort umsetzen wollten. Eurosolar koordinierte in unmittelbarer

---

[143] Eurosolar wurde 1988 mit dem Ziel gegründet, die fossile Energieerzeugung durch erneuerbare Energien abzulösen.

Nähe des Deutschen Bundestages auf diese Weise eine einheitliche Interessenvertretung für die unterschiedlichen Akteure von erneuerbaren Energien. Eine wichtige Voraussetzung zur Verabschiedung des StromEG ist bereits in den späten 1980er Jahre erfüllt worden: Auf der Länderebene durchgeführte Technologieprogramme sowie zeitlich etwas verzögerte Förderprogramme auf der Bundesebene belegten besonders in Schleswig-Holstein und Niedersachsen die Potentiale eines Ausbaus der Windenergie.

In jenem Zeitraum war der Anschluss von unabhängigen Energieerzeugern an das Elektrizitätsnetz und die Vergütung ihres eingespeisten Stroms durch eine informelle Verbändevereinbarung (VV) zwischen dem *Bundesverband der Industrie e.V.* (BDI), dem *Verband der Elektrizitätswirtschaft* (VDEW) und dem *Verband der Industriellen Energie- und Kraftwirtschaft e.V.* (VIK) reguliert worden.[144] Bereits im Jahr 1987 hatte die damalige *Arbeitsgemeinschaft Wasserkraftwerke e.V.* und der *BDW* die Bundesregierung darauf gedrängt, die *VdEW* zu veranlassen, auf der Grundlage der geltenden VV für die Stromeinspeisung von Strom aus Wasserkraft höhere Vergütungssätze festschreiben zu lassen (s.S. 118ff.). Weil die bisher gewährten Vergütungen unterhalb der vermiedenen Kosten lagen, drohte besonders in Bayern und Baden-Württemberg die fortgesetzte Stilllegung von Wasserkraftanlagen. Obwohl die konventionelle Stromwirtschaft auf Druck der Bundesregierung gesonderte Regelungen für die Stromeinspeisung aus erneuerbaren Energien in die VV aufnahm und die Vergütungssätze von 4,2-5,5 Pf/kWh auf 8-8,5 Pf/kWh aufbesserte, reichten die Vergütungen nicht aus, um die Wasserkraftanlagen auf Dauer zu erhalten. In der Folge wurden deshalb in den Jahren 1988/89 vom BDW einige Kartellprozesse gegen die konventionelle Stromwirtschaft geführt, in denen die Betreiber der Wasserkraftwerke zumindest Beträge auf einem Niveau durchsetzen konnten, die einem anderweitigen Vorbezug entsprachen. Durch den Erfolg der Gerichtsprozesse bestätigt, gelang es dem BDW, einige Bundestagsabgeordnete der CDU und CSU davon zu überzeugen, dass eine gesetzliche Regelung der Einspeisevergütung, die zunächst nur für Wasserkraftwerke Anwendung finden sollte, kartell- und verfassungsrechtlich durchsetzbar wäre (Lüttke 2004).

Gleichzeitig initiierten die erstmals in den Bundestag gewählten Grünen im Jahr 1989 einen eigenen Antrag für ein Gesetz zur Stromeinspeisung aus erneuerbaren Energien. Die Partei forderte darin eine Einspeisevergütung in der Höhe des Verkaufspreises für Strom aus einem Steinkohlekraftwerk, nämlich in Höhe von ca. 24 Pf/kWh (Daniels 2004). Der Antrag wurde innerhalb der Unionsparteien von den Lobbyisten der Wasserkraft, und hier besonders von den Bundestagsabgeordneten Engelsberger (CSU) und Dörflinger (CDU) aufgegriffen. Bei der weiteren Entwicklung eines Stromeinspeisegesetzes kam es zu einer engen Zusammenarbeit zwischen der CDU/CSU und den Grünen. Auch in der SPD hatte der Begründer der Interessenorganisation Eurosolar Scheer erwogen, innerhalb der SPD-Fraktion eine eigene Gesetzesinitiative zu starten, sah vor dem Hintergrund der Dominanz konventioneller Energieinteressen in der SPD-Arbeitsgruppe Energie aber davon ab.

Der damalige Präsident des BDW Lüttke beschreibt den Fortgang der Gesetzesentwicklung in diesem Zusammenhang wie folgt:

„Nach monatelangem Tauziehen und unendlich vielen Gesprächen mit Abgeordneten in Bonn gelang es, in der Union eine starke Gruppe von Befürwortern zusammenzubringen, die den da-

---

[144] Dies ist ein Beispiel für die damalige Bedeutung von kooperativen Selbstregulierungsmechanismen innerhalb der deutschen Elektrizitätswirtschaft (Böllhoff 2002, Schneider 1999).

maligen relativ einfachen Gesetzentwurf gegen den Widerstand des Wirtschaftsministeriums und gegen den Widerstand der Stromwirtschaft in das Parlament einbrachte. Im Laufe des Ringens um eine gesetzliche Vergütung trat dann verstärkt die damals noch unbedeutende Windenergie mit dazu (...)" (Lüttke 2004).

Für den Agenda-Setting-Prozess des StromEG war die zunehmende Bedeutung einer regionalen Lobby für Windkraft in den nord- und westdeutschen Bundesländern Nordrhein-Westfalen, Niedersachsen und Schleswig-Holstein von großer Relevanz. Deren Interessenvertreter verstärkten ihre Lobbying-Aktivitäten gegen Ende der 1980er Jahre zusammen mit der etablierten süddeutschen Wasserkraft aus Bayern und Baden-Württemberg, um gesetzlich garantierte Mindesteinspeisevergütungen für Strom aus erneuerbaren Energien zu erreichen. Diese Entwicklung war u.a. auch auf die Existenz der frühen Technologie- und Förderprogramme in den norddeutschen Ländern zurückzuführen (s.S. 111ff.). Die erfolgreiche Entwicklung der Windenergietechnologie auf Länderebene kann als wichtiger Verstärkungsfaktor einer zunehmend durchsetzungsfähigen Lobbying-Koalition im Deutschen Bundestag erachtet werden. Die Entwicklungen resultierten im Deutschen Bundestag in einer gemeinsamen parlamentarischen Initiative verschiedener Parlamentarier, um auf Bundesebene ein Einspeisegesetz zu verwirklichen und wurde von einer parteienübergreifenden Allianz aus Vertretern der christlich-liberalen Koalition, der SPD und den Grünen getragen. Während einige Mitglieder dieser Allianz vorrangig die Interessen der Wasserkraftindustrie vertraten (CDU, CSU und FDP), unterstützte eine andere Gruppe überwiegend die Interessen der entstehenden Windenergielobby (SPD, Grüne) (*Interview BWE*).

Im Gesetzgebungsverfahren wurden zügige Fortschritte vor allem aufgrund schwieriger Verhandlungen im Forschungsausschuss um mehrere Monate verzögert. Die FDP setzte schließlich niedrigere Vergütungssätze durch und verhinderte, dass Strom aus KWK-Anlagen in den Anwendungsbereich des StromEG aufgenommen wurde (Daniels 2004). Das BMWi hielt sich in den Diskussionen um die Ausgestaltung des StromEG eher zurück (*Interview Eurosolar*). Der am Politikentwicklungsprozess maßgeblich beteiligte SPD-Politiker Scheer beschreibt, dass die Vorstellungen für feste Vergütungssätze von Strom aus erneuerbaren Energien, nämlich 90 Prozent des durchschnittlichen Kilowattstundenpreises konventionell erzeugter Energie gegenüber dem BMWi relativ widerstandslos durchgesetzt werden konnten (Scheer 2004). Vermutlich haben die Interessenverbände der Energiewirtschaft, vorrangig vertreten durch die VdEW, eine erfolgreiche Implementierung des Gesetzes nicht antizipiert und deshalb keinen nennenswerten Widerstand geleistet.

Für die geringe parlamentarische Beachtung der Gesetzesinitiative war aber wohl noch ein anderes Ereignis maßgeblich: Zur gleichen Zeit der parlamentarischen Beratung fanden die Verhandlungen über den *Vertrag zur Deutschen Einheit* statt, in dem es für die Akteure der konventionellen Stromwirtschaft um die wesentliche Frage einer Übernahme der ostdeutschen Stromwirtschaft ging. Entsprechend beschreibt Scheer:

„Im Windschatten dieses Großereignisses gab die Fraktionsführung der Union schließlich im September 1990 dem Drängen ihrer Protagonisten nach und setzte die Schlussabstimmung [zum damaligen StromEG, Verfasser] auf die Tagesordnung der letzten Plenarsitzung des Deutschen Bundestages der Legislaturperiode, auf der das StromEG auch verabschiedet wurde" (Scheer 2004, 16).

Die energiepolitische Agenda wurde zum damaligen Zeitpunkt also vom Prozess der Deutschen Einheit überschattet und ermöglichte, dass der Deutsche Bundestag am 05. Oktober 1990 das StromEG einstimmig verabschiedete. Das Gesetz enthielt erstmals gesetzlich verankerte Mindestpreise zur Markteinführung erneuerbarer Energien, die den Anlagenbetreibern gegenüber dem jeweiligen Netzbetreiber pro Kilowattstunde eingespeisten Stroms feste Vergütungssätze garantierten. In der Erstfassung vom 7. Dezember 1990 wurde die gesetzliche Einspeisevergütung für Strom aus Wasserkraft, Klär- und Biogas auf einen Betrag in Höhe von 80 Prozent des durchschnittlichen Erlöses je Kilowattstunde festgelegt (§ 3 StromEG).[145] Für Elektrizität aus Sonnen- und Windenergie wurde eine Vergütungshöhe von 90 Prozent des durchschnittlichen Erlöses je Kilowattstunde festgelegt. Der jährliche Durchschnittserlös einer einzelnen Kilowattstunde errechnete sich nach der amtlichen Statistik des Bundes, die für das jeweils vorletzte Kalenderjahr veröffentlicht wurde.

Anders als im britischen Fall wurde mit dem StromEG somit keine Obergrenze der staatlich zu fördernden Kapazität erneuerbarer Energien festgelegt – vielmehr bestand die Vergütungspflicht unabhängig von der eingespeisten Menge. Die Entwicklung der Einspeisetarife war jedoch von den nationalen Elektrizitätspreisen abhängig. Eine weitere wichtige Vorschrift verpflichtete die EltVU, den in ihrem Erzeugungsgebiet erzeugten Strom aus erneuerbaren Energien abzunehmen und nach § 3 StromEG zu vergüten (§ 2 StromEG). Insgesamt handelte es sich somit um eine *gesetzlich definierte Preisregulierung mit festgelegten Mindestpreisen.* Ferner enthielt das StromEG eine Vorschrift für die Netzbetreiber, entsprechende Anlagen an ihr Netz anzuschließen und den erzeugten Output abzunehmen. Der gewährte Fördersatz garantierte Anlagenbetreibern im Voraus ein gewisses Maß an mittel- bis langfristiger Planungssicherheit, da sie über längere Zeiträume mit kalkulierbaren Einnahmen rechnen konnten. Insgesamt war das damalige StromEG ein sehr schlankes Gesetz. Auch nach einer weiteren Reform in der zweiten Hälfte der 1990er Jahre (s.S. 191ff.), umfasste das Gesetz bis zu seiner grundlegenden Reform im Jahr 2000 nicht mehr als sechs Paragrafen.

4.2.2 Die Implementierung und Evaluierung des StromEG

Im folgenden Abschnitt wird der erfolgreiche Ausbau der verschiedenen Technologien zur Nutzung erneuerbarer Energien auf der genannten gesetzlichen Grundlage beschrieben. Weil sich die Vergütungssätze unter dem StromEG zunächst am jährlichen nationalen Durchschnittserlös der Stromerzeuger je verkaufter Kilowattstunde Strom orientierte und die Abnahme des regenerativ erzeugten Stroms durch die Netzbetreiber weiterhin boykottiert werden konnte, blieb der Ausbau der erneuerbaren Energien weiterhin von der Kooperationsbereitschaft der einzelnen Netzbetreiber abhing. Im Hinblick auf die Ertragsrisiken der Projektbetreiber, die z.B. durch die jährlich neu zu kalkulierenden Vergütungssätze bedingt waren (Neuberechnung auf der Basis des jährlichen nationalen Durchschnittserlö-

---

[145] Nach § 1 zum Anwendungsbereich des StromEG wurden von den Regelungen zum einen Wasserkraftwerke, Deponiegas- oder Klärgasanlagen sowie Biomasse-Anlagen, die jeweils eine Generatorleistung von über 5 MW aufwiesen, ausgenommen. Zum anderen fanden die Regelungen bei Anlagen keine Anwendung, die zu über 25 Prozent der Bundesrepublik Deutschland, einem Bundesland, einem öffentlichen EltVU oder einem Unternehmen gehörten, die mit ihnen i.S. des § 15 des Aktiengesetzes verbunden waren.

ses je Kilowattstunde), ist die besondere Bedeutung zusätzlicher Förderprogramme der EU, des Bundes und der Bundesländer für frühe Investitionen in die einzelnen Technologien hervorzuheben. Besonders die weniger wettbewerbsfähigen Technologien (z.B. FV) blieben von Förderprogrammen in besonderem Maße abhängig. In diesem Kontext ist die besondere Bedeutung des politischen Mehrebenensystems und der föderalen Struktur der Bundesrepublik Deutschland für den erfolgreichen Ausbau erneuerbarer Energien im Verlauf der 1990er Jahre herauszuarbeiten.

Als wichtigstes Zugpferd bei den erneuerbaren Energien entwickelte sich im Verlauf der 1990er Jahre die *Windenergie*: Zwischen 1989 und 2004 stieg die bundesweit installierte Leistung von 18,8 MW auf mehr als 15.000 MW. In der zweiten Hälfte der 1990er Jahre wurde ein durchschnittliches Wachstum von 40 Prozent erreicht (Staiß 2003, 69). In einem normalen Windjahr deckt die Windenergie mittlerweile bis zu 8 Prozent des gesamtdeutschen Strombedarfs. Hierbei ist hervorzuheben, dass der sich im Verlauf der 1990er Jahre dynamisierende Windenergieausbau neben der Gewährung der gesetzlichen Einspeisevergütung auch durch umfassende Investitionshilfen der EU, des Bundes und der Bundesländer gefördert wurde (s.S. 175f. u. 177f.)

Der Ausbau der Windtechnologie wurde im gewählten Untersuchungszeitraum von kontinuierlichen Innovationen begleitet. Über die garantierten Preisregelungen bestand ein stetiger Anreiz einer Reduzierung der Stromgestehungskosten, um damit windärmere Regionen zu erschließen: Dieser Druck resultierte in einem stetigen Wachstum der Leistungskapazität von WEA. Während gegen Ende der 1980er Jahre größtenteils Anlagen der Kapazitätsklasse von 20 bis 150 kW gebaut wurden, waren es zu Beginn der 1990er Jahre bereits Anlagen mit Leistungskapazitäten zwischen 100 und 300 kW. Bis Mitte der 1990er Jahre stiegen die Kapazitäten auf Werte zwischen 500 und 800 kW. Die Kapazitätsleistungen der derzeit in Serie gefertigten Anlagen liegen zwischen 1 und 2,5 MW. Insgesamt wuchs der Marktanteil der 1 MW-Anlagen zwischen 1996 und 1999 von 10 auf 40 Prozent und ging in den letzten Jahren zugunsten noch größerer Anlagen kontinuierlich zurück. Eine weitere wichtige technologische Innovation betraf die Entwicklung getriebeloser Anlagen. Die technische Verfügbarkeit der Anlagen wurde stetig erhöht. Durch die erzielten Innovationen kann mit den heute üblichen Anlagen an einem Standort etwa zwanzig mal mehr Strom erzeugt werden als noch vor zehn Jahren (Staiß 2003, 71).

Trotz der Innovationen blieb der Ausbau der Windenergie umstritten. Die wichtigsten Ursachen für den politischen und gesellschaftlichen Widerstand liegen in der *Beeinträchtigung des Landschaftsbildes* und den auftretenden *Belästigungen durch Wurfschatten und Geräuschemissionen* (z.B. Interessenkonflikte mit Naturschutzzielen). Ein wichtiger Schritt zur Verbesserung der Rahmenbedingungen für einen Ausbau der Windenergie wurde deshalb im Jahr 1996 mit der Novelle des Bundesbaurechts erzielt, mit der landesrechtliche Regelungen zur Privilegierung des Baus von WEA (§ 35 BauGB), die z.B. bereits in Niedersachsen und Schleswig-Holstein bestanden, auf das Bundesrecht übertragen wurden. Mit der Reform wurde den Kommunen die Möglichkeit eingeräumt, Vorranggebiete für den Bau von WEA in ihren Flächennutzungsplänen zu definieren. Durch die aktive Definition derartiger Flächen konnten die Gemeinden über lokal bevorzugte Bauflächen für WEA-Projekte entscheiden und die Nutzung anderer gemeindlicher Flächen für derartige Vorhaben ausschließen. Die bundesgesetzlich zugestandene Möglichkeit einer Ausweisung von Konzentrationsflächen für den Bau von WEA gab den lokalen Verwaltungen ein vernünftiges Instrument an die Hand, um die lokale Akzeptanz derartiger Projekte zu fördern. Durch diese Regelung wurden ab 1996 die kommunalen Planungsaktivitäten zur Ausweisung von Vorranggebieten einer Nutzung der Windenergie intensiviert (*Interview BWE*).

Die föderal organisierten Zuständigkeiten im Planungs- und Baurecht haben damit zum Erfolg der deutschen Erneuerbaren-Energien-Politik beigetragen. Weil die Regulierungskompetenzen zwischen den verschiedenen Regierungsebenen funktional aufgeteilt waren, verfügten die Akteure über genügend Flexibilität, um die neuen Herausforderungen einer dezentralen erneuerbaren Energieerzeugung angemessen in die Planungspolitik zu integrieren. Die Existenz regulativer Kompetenzen der Bundesländer zur Definition eigener energiepolitischer Ziele in ihren Regional- und Raumplänen stellte somit einen entscheidenden Erklärungsfaktor für den Erfolg der deutschen Erneuerbaren-Energien-Politik dar. Während z.B. das Land Schleswig-Holstein ein Vorreiter bei der flexiblen Flächenplanung von WEA war (s.S. 188f.), hatte auch das Land Niedersachsen bereits im Jahr 1994 die Ziele einer Ausweitung der regenerativen Energieerzeugung in seiner Raumplanung definiert. Neben Niedersachsen war Nordrhein-Westfalen eines der ersten Bundesländer, das die Förderung erneuerbarer Energieträger als raumplanerisches Ziel festschrieb.

Neben dem erfolgreichen Ausbau der Windenergie hat das StromEG im Untersuchungszeitraum auch zu einer Ausweitung der Stromerzeugung durch *Wasserkraftwerke* geführt. Das Wachstum betraf hauptsächlich Kleinwasserkraftwerke (bis 5 MW$_{el}$). Zwischen 1990 und 2002 stieg die Zahl privater, nicht von EltVU betriebenen Anlagen, die an das öffentliche Stromnetz angeschlossen waren, von 3.700 auf ungefähr 5.000.[146] Das StromEG förderte vor allem die Reaktivierung von Altanlagen in den neuen Bundesländern und in Nordrhein-Westfalen. Zum Zeitpunkt der Deutschen Einheit waren z.B. in Sachsen von den ehemals rund 3.500 Wasserkraftwerken, die unmittelbar nach dem Zweiten Weltkrieg betrieben wurden, nur noch wenige in Betrieb. Bis zum Jahr 1996 stieg die Zahl der Anlagen wieder auf 70, bis zum Jahr 2001 sogar auf 300. Insgesamt erfolgte unter dem StromEG jedoch kein signifikanter Ausbau der Wasserkraft: Der durchschnittliche Anstieg der Stromerzeugung aus Wasserkraft betrug zwischen 1990 und 2001 lediglich zwei Prozent (Staiß 2003, 60-61). Außerdem hatte das StromEG positive Effekte auf die Elektrizitätserzeugung durch *Biomasse*: Im Zeitraum von 1990 bis 2000 hat sich die jährliche Erzeugung von 0,3 TWh auf mehr als 1,7 TWh fast versechsfacht. Die wichtigsten Anlagen stellen hierbei Deponie- und Klärgasanlagen dar (Staiß 2003, 34-36).

Weil die *Fotovoltaik* (FV) von allen erneuerbaren Energien die höchsten Stromgestehungskosten aufweist, setzte das StromEG für eine forcierte Markteinführung in den 1990er Jahre nur unzureichende Anreize. Wegen seiner Orientierung an den vermiedenen Kosten sah das StromEG für Fotovoltaikstrom lediglich Vergütungssätze in einer Höhe von ungefähr 18 Pf/kWh vor. Die Markteinführung blieb deshalb in hohem Maße von zusätzlichen staatlichen Förderprogrammen abhängig, die nachfolgend näher beschrieben werden. Hinsichtlich einer Nutzung der *Geothermie* ist darauf hinzuweisen, dass diese Technologie nicht in den Anwendungsbereich des StromEG fiel. Im gewählten Untersuchungszeitraum hat das Gesetz damit hauptsächlich die finanziellen Rahmenbedingungen für einen Ausbau der Windenergie und der Biomasse verbessert und für die kleine Wasserkraft stabilisiert.

---

[146] Der Ausbau auf 5.000 Anlagen ist vor allem auf die Novellierung des StromEG zum EEG im Jahr 2000 zurückzuführen, das für die Wasserkraft verbesserte Vergütungssätze definierte.

4.2.2.1 Zur Bedeutung der Technologieförderung des Bundes

Neben der Verabschiedung des StromEG hatte die christlich-liberale Bundesregierung, durch die Ergebnisse der *Enquete-Kommission „Vorsorge zum Schutz der Erdatmosphäre"* alarmiert, weitere Begleitmaßnahmen zur Förderung erneuerbarer Energien verabschiedet. Ein Schwerpunkt lag auf Maßnahmen im Rahmen des *3. BMFT-Programms „Energieforschung und Energietechnologien"*, das von *1990 bis 1996* lief. Während dieser sieben Jahre stieg, wie an der folgenden Tabelle verdeutlicht wird, das Förderbudget für erneuerbare Energien zunächst allmählich an, bevor es ab 1993 vor dem Hintergrund der schwierigen ökonomischen Lage im Zuge des Deutschen Einheitsprozesses wieder reduzierte wurde.

Tabelle 11: Die Förderung erneuerbarer Energien im Rahmen des Dritten BMFT-Programms „Energieforschung und Energietechnologie" (in Mio. Euro)[147]

	1990	1991	1992	1993	1994	1995	1996	∑
Finanzbudget ohne Großforschungseinrichtungen	125,1	141,2	146,4	142,1	119,9	127,2	132,6	934,6
Großforschung	23,0	28,0	43,6	34,5	39,8	39,9	39,9	248,7
∑	148,1	169,2	190,0	176,6	159,7	167,2	172,5	1183,3

Quelle: Sandtner u.a. 1997, 260.

Ein Schwerpunkt des Forschungsprogramms bestand in der Förderung von Demonstrationsvorhaben der Windenergie und FV. Nachdem besonders die Länderprogramme für *Windenergie* in Niedersachsen und Schleswig-Holstein frühe Erfolge gezeigt hatten und die Bundesregierung bereits im Jahr 1988 das *„100 MW Wind-Programm"* aufgelegt hatte, die damit verbundenen Förderkapazitäten aber innerhalb kurzer Zeit erneut überzeichnet waren, musste es bereits im Jahr 1991 auf ein *„250 MW Wind-Programm"* ausgeweitet werden.

Ein weiteres wichtiges Technologieprogramm war das im September 1990 in Kraft getretene *„Bund-Länder-1000-Dächer-Fotovoltaik-Programm"*, mit dem das *BMFT zusammen mit den sechzehn Bundesländern* die Installation von mehr als 2.000 netzgekoppelten und dachmontierten FV-Kleinanlagen förderte. Dieses erste Demonstrationsprogramm für *FV* lief bereits im Juni 1993 aus. Bis dahin waren in den Ländern insgesamt etwa 4.000 Anträge zur Teilnahme eingegangen waren. Die Hauptziele dieses Programms bestanden darin, bei der standardisierten Installation von FV-Anlagen und ihrem Betriebsverhalten an Know-How zu gewinnen (Sandtner u.a. 1997). Noch vor Ablauf des 3. Energieforschungsprogramms hatte die SPD-Bundestagsfraktion zu Beginn des Jahres 1996 einen Entwurf für ein *„100.000-Dächer-und-Fassadenprogramm"* (HTDP) vorgelegt. Mit diesem FV-Förderprogramm sollte die Nachfrage nach FV-Anlagen aktiviert und bis zum Jahr 2000 ein neuer Industriezweig mit 30.000 Arbeitsplätzen geschaffen werden (Eurosolar

---

[147] Bei den hier genannten Daten ist zu berücksichtigen, dass im Forschungsprogramm auch Ausgaben für den Forschungsschwerpunkt rationelle Energieverwendung und energiesparende Industrieverfahren, sowie für elektrochemische Verfahren (z.B. Wasserstoff) enthalten sind. Im gesamten oben genannten Zeitraum wurden hierfür Fördermittel in Höhe von 304,6 Mio. Euro verausgabt.

1996a).[148] Entgegen diesen Vorschlägen, die nach Berechnungen des damaligen BMBF mehr als 2,8 Mrd. Euro gekostet hätten, setzte die christlich-liberale Bundesregierung in ihrem *4. Energieforschungsprogramms* ab dem Frühjahr 1996 auf eine kontinuierliche FV-Forschungsförderung in Höhe von ca. 204 Mio. Euro über einen Zeitraum von vier Jahren (bis 2000).[149]

Mit dem *4. Energieforschungsprogramm* (1996 bis 2000) wurden folgende Forschungsschwerpunkte definiert:

- Effizienzsteigerung in der Elektrizitätserzeugung,
- Einsparungen beim Energieverbrauch,
- Einsatz von erneuerbaren Energien und
- Nutzung der Kernenergie.

In dem hier interessierenden Forschungsschwerpunkt *„Einsatz von erneuerbaren Energien"* fokussierte das Programm auf fünf Schwerpunkte: FV (s.o.), Solarthermie, solar optimiertes Bauen, Windenergie und nachwachsende Rohstoffe.

Ein besonderer Schwerpunkt war neben der FV-Förderung die Windenergie. Wegen der zwischenzeitlich nahen Marktreife von kleineren und mittleren Anlagen wurden nur noch größere Anlagen mit mehr als 1 MW Leistung gefördert. Die BMBF-Planzahlen sahen hierfür Fördermittel in Höhe von 99 Mio. Euro vor (1996 bis 2000). Die Biomasse machte am Forschungsprogramm einen verhältnismäßig kleinen Anteil aus: Für die vier Jahre wurden etwas über 24 Mio. Euro eingeplant. Auf die übrigen erneuerbaren Energien entfielen Fördermittel in Höhe von knapp 13 Mio. Euro. Rechnet man die finanzielle Förderung von Exportinitiativen und Maßnahmen im Bereich der Großforschung hinzu, waren für die erneuerbaren Energien im BMBF-Haushalt finanzielle Mittel in Höhe von über 509 Mio. Euro vorgesehen.[150]

Seit 1991 förderte der Bund Investitionen in erneuerbare Energien außerdem über zinsverbilligte Kredite, Zuschüsse, Zulagen und steuerliche Vergünstigungen. Die langfristigen Kredite der Deutschen Ausgleichsbank (DtA) im Rahmen des ERP-Umwelt- und Energieeinsparprogramms und des DtA-Umweltprogramms sind besonders hervorzuheben. Von 1991 bis 1995 wurden mehr als 755 Mio. Euro an zinsverbilligten Krediten zugesagt.

---

[148] Erstmals wurde die Forderung nach einem HTDP von Eurosolar im Rahmen einer von der Europäischen Gemeinschaft vergegebenen Studie erhoben. Wegen des zügigen FV-Ausbaus in den USA und Japan wurde damals vor dem Verlust der europäischen Spitzenstellung bei der FV-Entwicklung gewarnt: „Allein die Kommission der Europäischen Union wäre in der Lage, durch neue eigene Initiativen – also durch eine bewusst administrative und wirtschaftsorganisatorische Schwerpunktsetzung – dem frühen Verlust der technologischen Stellung und damit dem Versäumen künftiger Märkte entgegenzuwirken. Im Sinne dieser notwendigen Schwerpunktsetzung schlagen wir ein 100.000-Dächer und Fassadenprogramm innerhalb der Europäischen Union (...) vor" (Eurosolar 1994, 5).

[149] Die wichtigsten Ziele des BMBF-Forschungsprogramms zur FV waren: Erhöhung des Wirkungsgrades von Solarzellen; Kostensenkung durch verbesserte Fertigungstechnik und Automatisierung von Herstellungsprozessen für Zellen und Module; Wegbereitungen für Anwendungen, in denen die FV gegenüber der leitungsgebundenen Energieversorgung vorteilhaft ist.

[150] Demgegenüber sah das Förderprogramm für den Bereich der Kernenergie (1996-2000) finanzielle Mittel in Höhe von mehr als 483 Mio. Euro vor (Förderung der Sicherheit von Leichtwasserreaktoren, innovative Reaktorkonzepte, Langzeitsicherheit der nuklearen Entsorgung). Darüber hinaus sollten jedoch für die kontrollierte Kernfusion Forschungsmittel in Höhe von mehr als 518 Mio. Euro aufgewendet werden. Mit einem Finanzanteil in Höhe von 50 Prozent gegenüber der Gesamtförderung der Nukleartechnologien offenbart sich die strukturelle Benachteiligung erneuerbarer Energien im damaligen Energieforschungsprogramm der Bundesregierung.

Im Rahmen des DtA-Umweltprogramms belief sich die Mittelbewilligung im gleichen Zeitraum auf mehr als 295 Mio. Euro (Gutermuth 1997).[151] Überdies weitete die DtA im Frühjahr 1996 im Rahmen ihrer *„50.000-Dächer-Solarinitiative"* den Kreis der Förderberechtigten von kleinen und mittleren Unternehmen auf private Haushalte aus. Für Investitionen in WEA-Projekte gewährte die DtA zwischen 1990 und 1998 zinsverbilligte Kredite in Höhe von mehr als 770.000 Euro, die mit Mitteln des Europäischen Umwelt- und Energiesparprogramms (ERP-Programm) in Höhe von mehr als 1,8 Mio. Euro kombiniert wurden. Nach DtA-Angaben wurden zwischen 1990 und 2001 rund 80 bis 90 Prozent der deutschen WEA-Projekte über die beiden Programme mitfinanziert. Zwischen 1999 und 2001 betrugen die Mittelzusagen aus dem ERP-Programm über 2,7 Mio. Euro, die des nationalen DtA-Programms mehr als 1,8 Mio. Euro (Hoppe-Kilpper 2003, 80).

Ferner offerierte das BMWi seit 1994 zusätzliche Investitionszuschüsse in Höhe von zunächst 5,1 Mio. Euro für Solarkollektoren, Wind- und Wasserkraftanlagen sowie geothermische Heizanlagen. Über eine eigene Förderrichtlinie wurde dieses Programm im Jahr 1995 auf ein Investitionszuschussprogramm mit einer Kapitalausstattung von 51,0 Mio. Euro ausgeweitet (Förderzeitraum von 1995 bis 1998). Dabei kamen auch Biomasse- und Biogasanlagen sowie Wärmepumpen und FV-Anlagen in den Genuss der Förderung. Um Mitnahmeeffekte zu vermeiden, wurde eine Kumulation mit anderen öffentlichen Zuschüssen oder Zulagen ausgeschlossen. Von dieser Regelung wurde lediglich die Biomasse ausgenommen (Gutermuth 1997). Die Sonderregelungen waren vor dem Hintergrund des BMWi-Erfahrungsberichts zum StromEG vom Oktober 1995 beschlossen worden. Darin war festgestellt worden, dass die Biomasse und die FV von den bestehenden gesetzlichen Regelungen nur unzureichend profitierten. Im Verlauf der 1990er Jahre konzentrierte sich Förderaktivität des Bundes bei den erneuerbaren Energien somit zunehmend auf technologisch unterförderte Bereiche (z.B. Biomasse, Biogas, FV).

4.2.2.2   Zur Bedeutung der Förderprogramme der Länder

Die Bundesländer haben zwischen 1990 und 1998 zur Förderung erneuerbarer Energien in ländereigenen Programmen etwas mehr als eine Millarde Euro bereitgestellt. Bis zum Jahr 2000 waren darin u.a. 327 Mio. Euro für Forschungs- und Entwicklungsmaßnahmen enthalten (Staiß 2001, 132). Die folgende Tabelle schlüsselt die Finanzsummen für die einzelnen Bundesländer von 1991 bis 1998 auf.

---

[151] Von den beiden Kreditprogrammen profitierten die Windenergie (859,2 Mio. Euro), die Biomasse (103,0 Mio. Euro), die Wasserkraft (80,9 Mio. Euro) und die Solarenergie (3,2 Mio. Euro) am meisten.

Tabelle 12: Förderung erneuerbarer Energien durch Bundesländer (in Mio. Euro), Teil I

Bundesland					∑ `91-`98	%-Anteil an Länderausgaben gesamt
Baden-Württ.	1991	1992	1993	1994		
	2,76	6,91	9,67	8,75		
	1995	1996	1997	1998		
	11,20	5,98	7,57	6,55	59,39	5,8
Bayern	1991	1992	1993	1994		
	2,76	7,77	8,85	18,98		
	1995	1996	1997	1998		
	33,76	31,73	38,52	45,47	187,84	18,3
Brandenburg	1991	1992	1993	1994		
	0,51	6,55	8,95	14,37		
	1995	1996	1997	1998		
	8,34	10,84	4,25	4,94	58,75	5,7
Hessen	1991	1992	1993	1994		
	2,81	3,84	11,71	11,46		
	1995	1996	1997	1998		
	11,36	8,24	7,01	5,22	61,65	6,0
Meckl.-Vorp.	1991	1992	1993	1994		
	2,15	3,68	3,73	3,48		
	1995	1996	1997	1998		
	4,25	5,47	3,32	3,27	29,35	2,9
Niedersachsen	1991	1992	1993	1994		
	5,98	8,54	16,27	10,84		
	1995	1996	1997	1998		
	5,12	1,13	2,76	5,22	55,86	5,4
Nordrhein-Westf.	1991	1992	1993	1994		
	36,42	41,18	57,44	45,01		
	1995	1996	1997	1998		
	36,62	40,51	51,87	25,98	335,03	32,6
Rheinland-Pfalz	1991	1992	1993	1994		
	4,19	3,79	1,28	4,25		
	1995	1996	1997	1998		
	3,32	4,35	2,46	1,84	25,48	2,5
Saarland	1991	1992	1993	1994		
	1,33	2,71	2,20	0,51		
	1995	1996	1997	1998		
	1,79	3,84	4,09	2,25	18,72	1,8

Quelle: Staiß 2000, Tabelle gekürzt und umgerechnet in Euro-Beträge.

Tabellenfortsetzung: Förderung erneuerbarer Energien durch Bundesländer (in Mio. Euro), Teil II

Sachsen	1991	1992	1993	1994		
	0,41	3,89	6,75	9,97		
	1995	1996	1997	1998		
	11,97	10,03	6,19	7,47	56,68	5,5
Sachsen-Anhalt	1991	1992	1993	1994		
	0,26	1,18	5,73	8,59		
	1995	1996	1997	1998		
	8,54	4,55	8,80	7,83	45,48	4,4
Schleswig-H.	1991	1992	1993	1994		
	6,55	3,89	3,17	3,17		
	1995	1996	1997	1998		
	3,38	2,30	2,30	2,53	27,79	2,7
Thüringen	1991	1992	1993	1994		
	0,05	0,97	3,63	3,99		
	1995	1996	1997	1998		
	4,71	5,47	5,73	5,22	29,77	2,9
Stadtstaaten (B, HB, HH)	1991	1992	1993	1994		
	2,72	3,28	2,91	2,29		
	1995	1996	1997	1998		
	3,89	3,48	7,11	11,6	37,28	3,6
					1029,07	

Quelle: Staiß 2000, Tabelle gekürzt und umgerechnet in Euro-Beträge.

In absoluten Beträgen gefördert wurden erneuerbare Energien am intensivsten in Nordrhein-Westfalen (335 Mio. Euro), gefolgt von Bayern (188 Mio. Euro), Hessen (62 Mio. Euro), Baden-Württemberg (59 Mio. Euro), Brandenburg (59 Mio. Euro) und Sachsen (57 Mio. Euro). Gegenüber Nordrhein-Westfalen haben einige Länder erst im Verlauf des vergangenen Jahrzehnts aufgeholt.[152]

Um das Engagement einzelner Landesregierungen für erneuerbare Energien exakter darzustellen, sind die Pro-Kopfausgaben für die Förderung (gemessen an der jeweiligen Bevölkerungszahl) ein genauerer Indikator. Im Zeitraum von 1991 bis 1997 lag Nordrhein-Westfalen (mehr als 15 Euro pro Kopf) vor Brandenburg und Sachsen-Anhalt, während die Flächenländer Niedersachsen, Rheinland-Pfalz und Baden-Württemberg mit etwas über 5 Euro am Ende der Skala rangieren. Auch hinsichtlich der technologischen Schwerpunktsetzungen verlief die Entwicklung zwischen den Bundesländern unterschiedlich. Allgemein ist festzustellen, dass die Förderausgaben bei der Wasserkraft und der Geothermie im Wesent-

---

[152] Z.B. stieg in Bayern das jährliche Budget stetig von 2,76 Mio. (1991) auf 45,47 Mio. Euro (1998). In anderen Bundesländern hat die Förderung im Verlauf des Jahrzehnts auch wieder abgenommen. Diese Entwicklung ist u.a. auf die einseitige Konzentration der Förderpolitik für die Windenergie zurückzuführen, die unter dem StromEG im Verlauf der 1990er Jahre zunehmend wettbewerbsfähig wurde.

lichen konstant blieben, während sie sich bei der FV vervierfacht haben. Außerdem zeichnet sich eine deutliche Verschiebung zugunsten der Biomasse und der Solarthermie ab.
Stark zurückgegangen ist dagegen die Förderung der Windenergie (Staiß 2000, 104).

Insgesamt hat die kumulative Wirkung von Bundes- und Landesfördermitteln besonders die Investitionen in die Windenergie garantiert. Diese Technologie wurde von den 16
Bundesländern zwischen 1990 und 2000 mit folgenden Beträgen gefördert.

Tabelle 13: Länderfördermittel zur Förderung der Windenergie (in Mio. Euro)

Jahr	1990	1991	1992	1993	1994	1995
Betrag	7,7	13,19	16,41	39,98	46,68	39,93
Jahr	1996	1997	1998	1999	2000	
Betrag	27,09	30.98	20,34	14,87	6,4	

Quelle: Hoppe-Kilpper 2003, 79-80.

Die folgende Tabelle verdeutlicht den unterschiedlichen Einfluss der länderbezogenen
Windförderprogramme und listet die Bundesländer nach ihrem Anteil der Stromerzeugung
aus Windkraft (Windausbeute im Jahr 2000) am gesamten Stromverbrauch des Jahres 2000.

Tabelle 14: Windenergieanlagen und Einspeisung nach Bundesländern (Stand: Dezember
2000)

Bundesland	WEA-Anzahl	Installierte Windleis-tung	Einspeisung aus Wind 2000	Nettostrom-verbrauch 2000	Beitrag zur Stromver-sorgung
		[MW]	[GWh]	[GWh]	
Schleswig-H.	2.022	1.128	2.192	12.562	17,45%
Meckl.-Vorp.	656	424	625	5.910	10,57%
Niedersachsen	2.510	1.733	2.725	45.127	6,04%
Brandenburg	645	465	562	13.724	4,10%
Sachsen-Anhalt	556	495	439	13.349	3,29%
Sachsen	417	317	459	18.725	2,45%
Thüringen	230	186	203	9.821	2,07%
Rheinland-Pfalz	395	268	302	26.016	1,16%
Hessen	348	204	246	35.503	0,69%
Nordrhein-Westf.	1.142	638	689	129.214	0,53%
Bremen	29	12	19	5.344	0,35%
Hamburg	48	27	39	12.366	0,32%
Saarland	19	10	12	6.957	0,18%
Bayern	46	60	65	66.078	0,10%
Baden-Württ.	109	70	42	56.036	0,07%
Berlin	--	--	--	13.385	0,00%
Deutschland gesamt	9.222	6.037	8.619	470.116	1,83%

Quelle: Hoppe-Kilpper 2003.

180

Vor diesem Hintergrund schneiden Niedersachsen und das dicht industrialisierte und energieintensive Bundesland Nordrhein-Westfalen gegenüber Schleswig-Holstein und Mecklenburg-Vorpommern verhältnismäßig ungünstig ab. Interessant ist aber auch, dass die Windkraft in Schleswig-Holstein mit 17,45 Prozent zur landesweiten Stromversorgung beigetragen hat.

Im folgenden Abschnitt werden weitere Förderinitiativen der bereits zum ersten Untersuchungszeitraum gewählten Bundesländer für den Zeitraum von 1990 bis 1998 genauer beschrieben. Dabei zeigt sich, dass eine rege Förderaktivität für erneuerbare Energien nicht auf atomkritische Länderregierungen beschränkt war. Vielmehr erscheint für das Niveau der länderbezogenen Förderaktivitäten bedeutend, welche regional- und strukturpolitischen Potentiale den einzelnen Technologien beigemessen wurden. Die Initiativen einzelner Länder wurden dabei entscheidend durch die Förderprogramme des Bundes mitbestimmt (s.S. 175). Über eine Kumulation mit Bundesmitteln konnte die Anreizwirkung zur Teilnahme an den Landesprogrammen verstärkt werden.

Hamburg

Die führende Rolle der Hansestadt Hamburg bei der Förderung von erneuerbaren Energien setzte sich in den 1990er Jahren fort. Für die Förderaktivitäten des Stadtstaates erwies sich im Jahr 1994 der Abschluss eines Kooperationsvertrags zwischen den HEW und der Hamburgischen Umweltbehörde als maßgeblich (Bürgerschaft der Freien und Hansestadt Hamburg 1994). Darin wurde neben weiteren klimaschutzbezogenen Maßnahmen vereinbart, dass die HEW zur Förderung erneuerbarer Energien einen Umweltbonus in Höhe von 10 Pf/kWh gewährt.[153] Dieser Bonus sollte vor allem für den Ausbau der Windenergie verwendet werden. Darüber hinaus wurde in der Vereinbarung eine kV für FV-Anlagen festgelegt. Auch aufgrund der HEW-Vereinbarung stieg in Hamburg die Zahl der installierten WEA von 1994 bis 1995 sprunghaft an. Bis 1998 gelang es, die in Hamburg erzeugte und in das HEW-Netz eingespeiste Strommenge zu verzwanzigfachen (Bürgerschaft der Freien und Hansestadt Hamburg 1999a). Bis zum August 1999 wurden 41 WEA mit einer Nennleistung von mehr als 20 MW installiert.[154]

Auch beim FV-Ausbau zeigten sich die positiven Effekte der Hamburgischen Energie- und Klimapolitik. Die durch den Bund im Rahmen seines *„1000-Dächer-Programms"* garantierten Investitionskostenzuschüssen von bis zu 50 Prozent wurden durch die Stadt Hamburg nochmals um 20 Prozent ergänzt. Weil das Bundesförderprogramm aber im Jahr 1993 auslief und keine Nachfolgeförderung vorgesehen war, drohte ein Fadenriss der FV-Markteinführung. Mit der Verabschiedung eines eigenen Landesprogramms gelang es dem SPD-regierten Senat jedoch,

„die Nachfrage nach FV-Anlagen auch in 1994 aufrechtzuerhalten und später mit dem Hamburger Solar Konzept (HSK) der HEW ab 1995/96 kräftig ansteigen zu lassen. Das HSK sah eine

---

[153] Die HEW verpflichtete sich außerdem, ab 1997 ein Prozent des jährlichen Umsatzerlöses aus den hamburgischen Stromlieferungen für Maßnahmen und Projekte zur rationellen Energieverwendung, Nutzung regenerativer Energiequellen und Energieeinsparung zu verwenden (Bürgerschaft der Freien und Hansestadt Hamburg 1994).
[154] Als Effekt des erfolgreichen Windkraftausbaus wurde bereits im Jahr 1997 davon ausgegangen, dass es in der Hansestadt kaum noch Flächenpotentiale zur weiteren Erschließung der Windenergie gab (Bürgerschaft der Freien und Hansestadt Hamburg 1997).

kostenorientierte Vergütung [kostendeckend, Verfasser] vor, die – bei dann geringeren Vergü-
tungen – mit einem Investitionskostenzuschuss kombiniert werden kann. In der Folge stabilisier-
te sich der Markt spürbar, und es konnten sich sogar neue Fachfirmen in Hamburg gründen. (...)
Seit Beginn des HSK ist Hamburg das einzige Bundesland, welches den Betreibern von FV-
Anlagen annähernd wirtschaftliche Rahmenbedingungen bietet (Bürgerschaft der Freien und
Hansestadt Hamburg 1999a).

Auch an diesem Beispiel lassen sich die positiven Wirkungen der föderalen Staatsorganisation für den Ausbau erneuerbarer Energien illustrieren, weil die Ländermittel erfolgreich
mit Bundesmaßnahmen kombiniert werden konnten oder bei ausfallender Bundesförderung
die Förderung Erfolg versprechend fortgesetzt wurde. Die besonderen klimaschutzpolitischen Initiativen der Hansestadt Hamburg fanden ihren nochmaligen Ausdruck in der Verabschiedung des Hamburgischen Klimaschutzgesetzes vom Sommer 1997, mit dem bereits
bestehende landesgesetzliche Regelungen besonders im Bereich Energieeinsparung zusammengefasst wurden (Bürgerschaft der Freien und Hansestadt Hamburg 1999b).

Hessen

Für die weitere Entwicklung der Hessischen Energiepolitik war von Bedeutung, dass nach
einer christlich-liberalen Regierungskoalition (1987-1990) im Januar 1991 eine rot-grüne
Regierung unter Ministerpräsidenten Eichel die Regierungsgeschäfte übernahm. Diese
Regierung setzte ihre zwischen 1984 und 1987 begonnene Energiepolitik programmatisch
fort, die auf eine umweltschonende, rationelle Energieerzeugung und -nutzung sowie die
Förderung erneuerbarer Energien zielte. Die Energiepolitik wurde als „Teil der umfassenderen Modernisierungspolitik der Volkswirtschaft [definiert], die Ökologie und Ökonomie
gleichermaßen einschließt" (Hessisches Ministerium für Umwelt 1994). Als politisches Ziel
wurde der energiewirtschaftliche Strukturwandel definiert, bei dem durch die Einführung
von mehr Wettbewerb besonders eine Stärkung von Energiedienstleistungen i.S. einer rationellen Energieverwendung (Energieeffizienz und erneuerbare Energien) erwartet wurde.
Dabei wurde der „Alleinvertretungsanspruch" der Versorgungswirtschaft in Energieangele-
genheiten grundlegend in Frage gestellt. Für das neu zu gestaltende Politikfeld einer rationellen Energieverwendung wurde es als Chance gesehen,

> „Arbeitsplätze im ländlichen Raum Hessens zu sichern, die Zahl der qualifizierten Arbeitsplätze
> dort auszubauen und vor allem den kleinen und mittleren Betrieben die notwendigen Qualifika-
> tionen und den Markt für ihren langfristigen Bestand zu schaffen. Die hessische Energiepolitik
> versteht sich deshalb immer auch als gezielte Wirtschaftsförderung" (Hessisches Ministerium
> für Umwelt 1994, 26).

Eine der ersten Vorhaben der neuen rot-grünen Landesregierung war deshalb im Oktober
1991 die Gründung der Energie-Agentur „Hessen-Energie GmbH". Die Energie-Agentur
wurde geschaffen, um neuartige Technologien und neue Organisations- und Finanzierungs-
formen im Rahmen der hessischen Energiepolitik zu entwickeln und zu erproben.
    Die hessische Landesregierung konzentrierte sich in ihrer Förderpolitik auf solche
Technologien, die nahe an der Wirtschaftlichkeitsschwelle standen. Von zentraler Bedeutung war der Ausbau der Windkraft (neben Nordrhein-Westfalen, s.S. 186ff.). Ab 1993
stellte das Bundesland Fördermittel nach dem Hessischen Energiegesetz bereit. Während

die Windenergie bis 1992 lediglich mit Finanmitteln in Höhe von rd. 1,7 Mio. Euro gefördert worden war, betrug die Fördersumme von 1993 bis 1996 ungefähr 22,6 Mio. Euro.[155]
Bis Ende 1998 wurden zur Förderung der Windtechnologie insgesamt rd. 29 Mio. Euro
ausgegeben. Durch die länderbezogene Förderpolitik mit verursacht, rangierte Hessen beim
Ausbau der Binnenwindkraft nach Nordrhein-Westfalen auf Platz zwei.[156]

Überdies nutzte das Bundesland Hessen seine rechtlichen Entscheidungsspielräume zu
einer Verbesserung der Rahmenbedingungen. Bereits in den Jahren 1993 und 1994 wurden
durch die Veröffentlichung zweier Erlasse zum Bauordnungs- sowie zum Planungs- und
Naturschutzrecht verlässliche Rahmenbedingungen für die Baugenehmigungsverfahren von
WEA geschaffen. Für die Realisierung hessischer Windparks wurde durch die Hessische
Energie-Agentur außerdem eine eigene Gesellschaft, die hessenWind GmbH gegründet.
Zusammen mit der *hessenWindenergie* Anlagen GmbH & Co KG plant, errichtet und be-
treibt das Unternehmen seitdem verschiedene Windparks.

Seit 1993 förderte die Hessische Landesregierung außerdem die *Biomasse*. Bis 1996
wurde die Errichtung von sechs Demonstrationsvorhaben zur Nutzung von Biogas mit
mehr als 900.000 Euro gefördert. Zwischen 1997 und 1998 kamen noch einmal vier Demonstrationsvorhaben hinzu. Die Ergebnisse der Demonstratiosvorhaben wurden durch die
Hessische Energieagentur mit quantitativen und qualitativen Analysen dokumentiert. Insgesamt gingen Potentialanalysen von sehr umfangreichen Nutzungspotentialen für *Biogas* in
Hessen aus (710.000 MWh/a). Die Handlungsspielräume des Landes wurden aber noch im
Jahr 1998 nüchtern eingeschätzt:

> „Es ist offenkundig, dass die Mittelausstattung des [Hessischen, Anm. d. Verf.] Energieförder-
> programms nicht annähernd ausreicht, um durch finanzielle Förderangebote die tatsächlich
> weitgehende Ausschöpfung dieses Biogas-Potentials in Hessen zu erreichen" (Hessisches Mi-
> nisterium für Umwelt 1999, 77).

Bei der Nutzung von *Holz als Biomasse* konzentrierte sich die Landesförderung vor allem
auf die Wärmebereitstellung. Allerdings schätzte die Hessische Landesregierung die Nutzungspotentiale für Holzfeuerungsanlagen mit einer potentiell zu installierenden Nennleistung von 250 MW positiv ein (Hessisches Ministerium für Umwelt 1999, 78-79). Auch die
Nutzung der *FV* wurde als wichtige Zukunftstechnologie finanziell unterstützt. Zwischen
1991 und 1998 wurden hierfür knapp 5,6 Mio. Euro bereitgestellt und mehr als 600 FV-
Anlagen gefördert. Auch in Hessen hat sich, wie in Hamburg, die durch einzelne kommunale Energieversorger gewährte kV als wichtiger Erfolgsfaktor für den regionalen Ausbau
der FV erwiesen (Hessisches Ministerium für Umwelt 1999, 79).[157] Zwischen 1991 bis
1996 förderte die Hessische Landesregierung im Bereich der *Wasserkraft* insgesamt 86
Vorhaben mit mehr als 3 Mio. Euro (Hessisches Ministerium für Umwelt 1996). Weil sich

---

[155] Allein 1994/1995 flossen ca. 40 Prozent der Fördermittel für erneuerbare Energien nach dem Hessischen Energiegesetz in den Ausbau der Windkraftnutzung. Nachdem bis 1990 in Hessen lediglich zehn WEA mit einer
installieten Leistung von ca. 1 MW gefördert worden waren, stieg die Zahl geförderter Anlagen bis 1998 auf 290.
[156] Über die länderbezogene Förderung der Windkraft wurden Investitionen in Höhe von mehr als 166 Mio. Euro
ausgelöst. Die Quote der staatlichen Zuschussförderung von WEA konnte in Hessen aufgrund der zunehmenden
Wettbewerbsfähigkeit dieser Technologie von rund 50 Prozent (etwa bis Mitte 1993) auf durchschnittlich 8 Prozent gesenkt werden (Hessisches Ministerium für Umwelt 1999, 71).
[157] Gemäß einer Aufschlüsselung aus dem Jahr 1996 gewährte in Hessen allerdings nur das Stadtwerk in Marburg
für die Stromeinspeisung aus FV eine kV. Im Jahr 1998 kam die HEAG Versorgungs AG Darmstadt hinzu.

die wirtschaftlichen Rahmenbedingungen für die Einspeisung mit dem StromEG seit 1991 jedoch verbessert hatten, wurde die ländereigene Förderung im Jahr 1996 eingestellt.

Niedersachsen

Bereits im Jahr 1987 konnte in Niedersachsen der damalige *Interessenverband Windpark nordwestdeutsches Binnenland* (IwnB), der von den Windenergie-Pionieren Koch und Bartelt im Jahr 1985 gegründet worden war, gegenüber der christlich-liberalen Landesregierung ein erstes Förderprogramm für Windkraft, die Richtlinie zur Förderung der Windenergie (1987-1990), durchsetzen (*Interview BWE*, Paul 2001). Mit dem rot-grünen Regierungswechsel im Jahr 1991 haben umweltpolitische Zielsetzungen in der Niedersächsischen Regierungspolitik neue Impulse erfahren. Unter Ministerpräsident Schröder baute die Landesregierung das Förderprogramm für erneuerbare Energien aus und stellte mit der *„Richtlinie Energie“* zwischen 1991 und 1994 Fördermittel in Höhe von 31,7 Mio. Euro zur Verfügung. Davon entfielen 1,5 Mio. Euro auf F&E-Projekte, 15,6 Mio. Euro waren regionale Wirtschaftsfördermittel für WEA-Hersteller und 14 Mio. Euro Finanzmittel im Bereich der direkten Projektförderung (Hoppe-Kilpper 2003, 78). Zusätzlich verabschiedete die Landesregierung einen Ökologiefonds, mit dem im gleichen Zeitraum ökologisch ausgerichtete Technologien mit rd. 138 Mio. Euro gefördert wurden. Mit dem Programm wurde das Ziel einer möglichst raschen Stilllegung der niedersächsischen Kernkraftwerke und einer kernenergiefreien Elektrizitätsversorgung des Landes verfolgt.[158] Wesentliche Förderschwerpunkte des Fonds waren:

- Blockheizkraftwerke und Anlagen zur Abwärmenutzung,
- Brennwerttechniken und Niedrigenergiehäuser,
- kommunale und regionale Energieversorgungskonzepte und
- erneuerbarer Energien.

Für die Förderung erneuerbarer Energien gab die niedersächsische Landesregierung im Zeitraum von 1991 bis 1998 insgesamt rund 55 Mio. Euro aus (Länderumfrage). Der besondere Förderschwerpunkt lag bei der Windkraft. Bereits im Jahr 1992 setzte der IwnB gegenüber der Niedersächsischen Landesregierung erfolgreich eine Verbesserung der rechtlichen Rahmenbedingungen für den Windenergieausbau durch. Mit der Novellierung des Niedersächsischen Naturschutzgesetzes wurde die Errichtung von WEA als Ausnahmetatbestand definiert und der Bau der Anlagen baurechtlich privilegiert.[159]

Der zunehmend erfolgreiche Ausbau der Windenergie in Niedersachsen, der durch die verschiedenen Förderprogramme und das StromEG möglich wurde, lässt sich auch an der Tätigkeit des *Deutschen Windenergie-Instituts* (DEWI) illustrieren. Während die Aktivitäten des Instituts zu Beginn der 1990er Jahre noch fast vollständig durch Fördermittel des Landes Niedersachsen finanziert wurden, wurde mit dem Niedersächsischen Finanzministe-

---

[158] Der Anteil der Kernenergie am niedersächsischen Primärenergieverbrauch war mit einem Anteil von 25 Prozent mehr als doppelt so hoch wie im Bundesdurchschnitt (12 Prozent in den alten Bundesländern). Bundesweit war Niedersachsen im Jahr 1990 mit einem Nuklearstromanteil von rund 60 Prozent an der Brutto-Stromerzeugung neben Schleswig-Holstein (65 Prozent) führend (Kusche 1998).
[159] Auch in Nordrhein-Westfalen hat dieser Verband ein erfolgreiches Lobbying in dieser Frage betrieben (s.u.).

rium bereits im Jahr 1992 vereinbart, die Grundfinanzierung des Instituts bis 1995 jährlich linear auf 50 Prozent des fiktiven Haushalts zurückzufahren. Weil bis zum Jahr 1995 der Anteil der Drittmittelfinanzierung, der aus Gutachtertätigkeiten sowie Auftrags- und weiteren Forschungsvorhaben bestand, bereits 63 Prozent des realen Haushalts betrug, war der Anteil der staatlichen Wirtschaftsförderung bereits unter die vereinbarten 50 Prozent gesunken, nämlich auf nur noch 37 Prozent (Molly 1995). Im Verlauf der 1990er Jahre haben sich die Forschungsschwerpunkte des DEWI von „einfachen Standort-, Wind- und Schallprognosen hin zu umfangreichen Mess- und Auslegungsarbeiten" verschoben. Einen entscheidenden Beitrag für den Durchbruch der deutschen Windkraftnutzung hat die Entwicklung einer Energieformel zur Bestimmung der Förderfähigkeit einzelner Anlagen *unter Berücksichtigung von Effizienzkriterien, Lautstärke, etc.* geleistet. Diese Energieformel bewirkte die Standardisierung von Leistungskennlinien und Vergleichskriterien von WEA, wodurch die Anlagentypen verschiedener Hersteller erst miteinander vergleichbar wurden. Hierdurch wurde ein zunehmender Wettbewerb zwischen neuen Anlagentypen ermöglicht und die weitere Anlagenoptimierung gefördert. Auf der Basis der vergleichbaren und transparenten Leistungskennlinien vermochte das Land Niedersachsen außerdem seine Förderung effektiver auszurichten, so dass zunehmend effiziente und leise Anlagentypen in den Genuss von Landesfördermitteln gelangten. Den Standardisierungskriterien für die WEA-Bewertung schlossen sich in der ersten Hälfte der 1990er Jahre die nord- bzw. -westdeutschen Bundesländer Schleswig-Holstein, Mecklenburg-Vorpommern und Nordrhein-Westfalen an. Es ist also von einer engen horizontalen Politikverflechtung der an einer Windenergieförderung beteiligten Fachressorts der Länder auszugehen. Der damalige Finanz- und Energieminister von Schleswig-Holstein verwies auf die besondere Bedeutung dieser Länderkooperation:

> „Ein Teil der Rahmenbedingungen wurde in enger Abstimmung mit den Förderstellen in Niedersachsen und Mecklenburg-Vorpommern erarbeitet. Dazu gehörten z.B. die Formulierung der technischen Anforderungen, deren Erfüllung zur Fördervoraussetzung erhoben wurde, sowie die Art und Höhe der jeweiligen Förderung. Die gemeinsam erarbeiteten Rahmenbedingungen haben zu umfangreichen technologischen Innovationen und insbesondere zu einer hohen Verlässlichkeit der Anforderungen der norddeutschen „Windländer" für die Hersteller geführt" (Der Minister für Finanzen und Energie des Landes Schleswig-Holstein 1995, 51).

Mit seinen frühen Erfahrungen im Bereich der WEA-Standardisierung nahm das DEWI auch Einfluss auf die internationale Standardisierung. Zusammenfassend wird der Erfolg des DEWI wie folgt kommentiert:

> „Besonders erfolgreich war die Gründung des DEWI. Seit Jahren erzielt es positive Betriebsergebnisse. Das Institut war immer eng mit der raschen Entwicklung der Windenergie verbunden, sei es bei der Erforschung der Grundlagen, der Entwicklung von Messmethoden, im Bereich der politischen Entscheidungsfindung oder bei den vielfältigen Aufgaben rund um die Realisierung von Windparks. Zunächst auf die Forschung konzentriert, gewann der Bereich der Dienstleistungen des DEWI schnell an Bedeutung und macht heute mehr als 80 Prozent des Unternehmensumsatzes aus. Der Weg in den internationalen Markt führte seit 1998 zu einem schnellen Wachstum des Instituts. Sichtbare Zeichen dieser Entwicklung sind die ersten Auslandsniederlassungen des DEWI in Spanien und weitere Dienstleistungen in mehr als 26 Ländern der Erde. International trägt das DEWI so mittlerweile durch Information und Beratung der Politik und

der Energiewirtschaft zur weltweiten Verbreitung der Windenergie bei" (Länderumfrage, 16.04.2003).

Insgesamt ist damit die besondere Bedeutung des Landes Niedersachsen, das der alleinige Gründer des DEWI war, für die Entwicklung der Windenergie hervorzuheben.

Nordrhein-Westfalen

Unter SPD-Wirtschaftsminister Jochimsen waren in Nordrhein-Westfalen bereits in der 09. Wahlperiode (1985-1990) verschiedene Initiativen zur Förderung erneuerbarer Energien auf den Weg gebracht worden. Hervorzuheben sind die erfolgreiche Implementierung des REN-Programms seit 1988 und die Gründungen der NRW-Energieagentur sowie des Wuppertal Instituts für Klima, Umwelt und Energie im Jahr 1990. In der vierten Amtszeit unter SPD-Ministerpräsident Rau (1990-1995) wurde unter dem neuen Wirtschaftsminister Einert die Förderung der rationellen Energienutzung konsequent fortgesetzt.

Ein Beispiel hierfür ist die Gründung der *„Arbeitsgemeinschaft Solar NRW"* (AG Solar) im Jahr 1991. Bei der AG Solar handelt es sich um einen offenen Forschungs- und Technologieverbund zwischen Hochschulen, Forschungseinrichtungen, Wirtschafts- und Kommunalunternehmen, der durch das ebenfalls im Jahr 1991 gegründete Solar-Institut in Jülich koordiniert wird.[160] Als „Allianz aus Wissenschaft und Forschung" soll die AG Solar bestehende Ansätze zur Erforschung und Entwicklung der Nutzung solarer Energie bündeln (MWMT des Landes Nordrhein-Westfalen 1992). Während sich bis 1992 erst 27 Institutionen diesem Forschungsverbund angeschlossen hatten, waren es bis 1998 mehr als 140 Mitglieder. In diesem Zeitraum hat sich die AG Solar zu einem virtuellen Institut entwickelt, welches das vernetzte Denken und Handeln der in der Solarforschung von NRW tätigen Akteure fördert. Die AG Solar habe sich in ihrer Struktur als flexibles System erwiesen, „von dem neue Impulse für die Energieforschung in NRW ausgegangen sind" (Landesinitiative Zukunftsenergien 2001). Bis zum Jahr 1998 wurden innerhalb der AG Solar mehr als 160 Projekte mit einem finanziellen Gesamtvolumen von über 51 Mio. Euro gefördert.[161]

Neben der Förderung der *Solarenergie* verlief auch die Förderung der anderen erneuerbaren Technologien überaus erfolgreich. Die Nachfrage nach der Demonstrations- und Breitenförderung des REN-Programms war gegen Ende des Jahres 1992 so groß, dass diese vorübergehend eingestellt werden musste.[162] Ein Förderschwerpunkt war die *Windenergie*, in begrenztem Umfang auch die Wasserkraft. Mit dem REN-Programm waren die Investitionsbedingungen für Windenergie in NRW sehr günstig: Das Programm sah Fördermöglichkeiten in einer Größenordnung von 25 Prozent der förderfähigen Kosten vor, die mit Investitions- bzw. Betriebskostenzuschüssen des BMFT auf mehr als 50 Prozent der förderfähigen Kosten akkumuliert werden konnten. Seit 1991 stieg der Zubau an WEA daher

---

[160] Die AG Solar ist in den folgenden Themenfeldern tätig: Solare Energie- und Wärmesysteme, ökologische Bauweise und Solarenergienutzung in Gebäuden, solare Chemie- und Materialforschung, nachhaltiges Stoff- und Energiemanagement.

[161] Bis zum Jahr 2000 stieg die Zahl geförderter Projekte auf über 200. Dabei wurden insgesamt mehr als 61 Mio. Euro in die AG Solar investiert.

[162] Die Förderung war bis dato kaum an Effizienzgesichtspunkten ausgerichtet: Unabhängig von ihrer Marktreife wurden verschiedenste Technologien bis zum Verbrauch des Förderbudgets gefördert.

überproportional, vor allem weil sich die durchschnittliche Nennleistung je errichteter Anlage kontinuierlich erhöhte (Innovation & Energie 2000).

Weil sich die landespolitischen Rahmenbedingungen für den Ausbau der Windenergie ab 1994 weiter verbesserten, nahmen die Investitionen in die Windenergie weiter zu, so dass der Widerstand der EltVU in Fragen des Netzanschlusses einzelner Anlagen wuchs. Im Jahr 1996 entschloss sich die nordrhein-westfälische Landesregierung zur Konfliktlösung von Netzanschlussfragen deshalb zur Einrichtung einer Clearing-Stelle. Hierfür wurde das Institut für Elektrische Anlagen und Energiewirtschaft der RWTH Aachen als neutraler Sachverständiger betraut, die fortan unter Beteiligung aller betroffenen Vertreter (WEA-Betreiber, EltVU, Verbände/Institutionen) Vorschläge zu Problemen des WEA-Netzzugangs erarbeitete. Die Tätigkeit der Clearing-Stelle wurde vom Landeswirtschaftsministerium überaus positiv beurteilt:

> „Die Clearing-Stelle arbeitet seit über drei Jahren mit ausgezeichnetem Erfolg. Aufgrund der großen fachlichen Kompetenz und der Neutralität genießt das Institut für Elektrische Anlagen und Energiewirtschaft bei den Versorgungsunternehmen und den Windanlagenbetreibern hohes Ansehen und große Akzeptanz" (MWMTV des Landes Nordrhein-Westfalen 1999, 76).

Ab Mitte der 1990er Jahre verschlechterte sich schließlich der finanzielle Gestaltungsspielraum für die nordrhein-westfälische Forschungs- und Technologiepolitik. Im Vergleich zur ersten Hälfte der 1990er Jahre, als die energiepolitischen Forschungsprogramme noch mit Budgets zwischen 40 bis 60 Mio. Euro ausgestattet waren, schmolzen die jährlichen Fördergelder bis zum Jahr 2003 auf 20 Mio. Euro ab. Vor diesem Hintergrund kam es im Jahr 1996 unter dem damaligen neuen Wirtschaftsminister Clement zur Gründung der *Landesinitiative Zukunftsenergien*. Als neue Dachorganisation der Energieagentur und der Verbraucherzentralen in NRW sollte mit der Landesinitiative eine bessere Verzahnung zwischen Forschung/Wissenschaft und Wirtschaft geschaffen werden.

> „Man wollte konkreter mit der Wirtschaft sprechen, um deren Bedarf an Forschung und Wissenschaft zu ermitteln. Die Wirtschaft sollte Impulse an die Wissenschaft geben, um ihr klar zu machen, welche Produkte sich überhaupt vermarkten ließen. Und umgekehrt sollte die Wissenschaft der Wirtschaft zeigen, was sie überhaupt für Produkte hat" (*Interview Energieagentur NRW*).

Um sich über die Vermarktungsfähigkeit einzelner Technologien effektiver auszutauschen, wurden 14 fachspezifische Arbeitsgruppen gebildet.[163] Diese Arbeitsgruppen stehen allen Akteuren offen, die realisierbare Ideen im Bereich der rationellen Energienutzung haben und fachkundige Information, Beratung und Kooperationspartner suchen. Mit der Gründung der Landesinitiative Zukunftsenergien intensivierte sich die *Rolle* der Landesregierung *als Mediator bei der Forschungsförderung* von Zukunftstechnologien.

Abschließend ist die Bedeutung des nordrhein-westfälischen REN-Programms nochmals hervorzuheben. Zwischen 1988 und 1999 wurden über 24.000 Projekte gefördert. Mit dem Programm wurde der Bau von mehr als 800 WEA mit einer installierten Kapazität von

---

[163] Diese 14 Facharbeitsgruppen sind: Außenwirtschaft, Bauen und Wohnen, Biomasse, Branchenenergiekonzepte, Brennstoffzelle, Energiedienstleistungen, Energiespeicherung, Kraft-Wärme-Kopplung, Kraftwerkstechnologie, Fotovoltaik, Solarthermie, Wärmepumpe, Wasser und Windkraft.

mehr als 360 MW und von ca. 4.400 FV-Anlagen mit einer Kapazität von mehr als 14 MW gefördert. Für die Förderung der Windenergie und der FV wurden Fördermittel in Höhe von jeweils rd. 56 Mio. Euro bereitgestellt. Die Wasserkraft wurde mit ca. 5 Mio. Euro und die Biomasse (Deponie-, Bio- und Klärgas) in einer Größenordnung von rd. 23 Mio. Euro gefördert (MWMTV des Landes Nordrhein-Westfalen 1999). Die Bedeutung des REN-Programms für die Markteinführung erneuerbarer Energien wird besonders darin gesehen, dass es den Ausbau von Windkraft im Binnenland in Zeiten zurückgehender Bundesförderung sicherstellte (Staiß 2000). Wie am Beispiel der Solarförderung in Hamburg zeigt sich der Vorteil der föderalen Staatsstruktur Deutschlands auch bei der Förderung der Windenergie in Nordrhein-Westfalen: Das Länderprogramm hat den kontinuierlichen Ausbau von Anlagen in Zeiten gesichert, in denen sich der Bund von einer Förderung zurückzog.

Auch das Land Nordrhein-Westfalen nutzte seine rechtlichen Kompetenzspielräume zur Gestaltung günstiger Rahmenbedingungen für erneuerbare Energien. Bereits im Jahr 1993 forderte die Landespartei der Grünen, unterstützt von Initiativen des IwnB, in einem parlamentarischen Antrag den Abbau von planungsrechtlichen Hemmnissen für die Errichtung von WEA. Besonders im Naturschutzrecht sollte eine günstigere Bewertung des landschaftlichen Eingriffs und der Bemessung von Ausgleichsmaßnahmen zugunsten einer stärker gesamtökologischen Betrachtungsweise der Windenergienutzung durchgesetzt werden. In der zweiten Jahreshälfte 1993 erarbeitete das Umweltministerium in Kooperation mit dem Wirtschaftsministerium deshalb die Grundlagen für ein vereinfachtes Genehmigungsverfahren, das nach einer Testphase schließlich 1994 implementiert wurde (Eurosolar 1993).

Schleswig-Holstein

Im Jahr 1989 stieg das Land Schleswig-Holstein unter der SPD-Regierung von Ministerpräsident Engholm mit dem Programm *„Erneuerbare Energien"* in die Breitenförderung ein. Zwischen 1989 und 1993 wurden insgesamt 22,3 Mio. Euro vorrangig zur Förderung der Windenergie ausgegeben. Auf der Basis erster Erkenntnisse der *„Landes-Enquetekommission zur zukünftigen Energieversorgung des Landes Schleswig-Holstein"* stellte die Landesregierung im Jahr 1992 ein eigenes Energiekonzept vor. Darin wurde das Ziel eines landesbezogenen Ausstiegs aus der Kernenergie bekräftigt. Für die Legislaturperiode von 1993 bis 1996 wurde eine rot-grüne Landesregierung unter der SPD-Ministerpräsidentin Simonis gewählt und die nuklearkritische Energiepolitik der Vorgängerregierung fortgesetzt. In einem Energiebericht gelangte die Landesregierung zu dem Ergebnis, dass der Anteil erneuerbarer Energien zur Deckung des schleswig-holsteinischen Energiebedarfs bis zum Jahr 2010 auf 25 Prozent gesteigert werden könne.[164]

Bereits im Jahr 1991 hatte die Landesregierung ihre rechtlichen Handlungsspielräume zum Erlass genauerer Planungsrichtlinien für die Errichtung von WEA genutzt. Mit dem sog. *„Planungserlass"* ergingen Abstandsempfehlungen sowie Empfehlungen zur Freihaltung bestimmter Gebiete, so dass besonders windstarke Landkreise in den Küstenregionen die Ausweisung von Flächen zur Nutzung von Windenergie planerisch intensiver steuerten. Im Sommer 1995 wurde die Standortplanung zum Bau von WEA erneut reformiert, indem die Verantwortung auf Gremien über der Kreisebene delegiert wurde. Die Kreise wurden

---

[164] Dabei stand der Ausbau der Windenergie an erster Stelle, gefolgt von der Nutzung der Biomasse.

aufgerufen, in Abstimmung mit den Gemeinden und den Landesdienststellen sog. „Kreis-konzepte" zur Errichtung von WEA aufzustellen. Die damit verbundene Intensivierung regionaler Steuerungspotentiale sollte unter Berücksichtigung der öffentlichen Belange zu einer optimierten Verteilung von WEA und damit einer [größeren, Verfasser] Verteilungs-gerechtigkeit im Lande führen (Der Minister für Finanzen und Energie des Landes Schles-wig-Holstein 1995, 55). Gleichzeitig ermöglichte die Einführung solcher regionalen Pla-nungsformen eine optimierte Nutzung des vorhandenen Leitungsnetzes.

In Bezug auf das deutsche Fördermodell der Festpreisregelungen des StromEG ist in diesem Kontext auf einen weiteren Erfolgsfaktor zu verweisen. Die gesetzlich garantierten Strompreisregelungen haben die Bildung privater Betreiberstrukturen von WEA und Wind-parks begünstigt, die in dieser Form mit dem in Großbritannien gewählten Fördermodell (Quotenregulierung) nicht möglich waren. Frühzeitig wurden besonders in Schleswig-Holstein Bürgerwindparks umgesetzt. Bereits Mitte der 1990er Jahre wies die Landesregie-rung Schleswig-Holsteins auf die Vielfalt der vorfindbaren Betreiberstrukturen von WEA hin, die von Privatpersonen, über die Strukturen der GbR, der oHG oder der GmbH bis zur GmbH & Co. KG reichten. Zum damaligen Zeitpunkt wurden 90 Prozent der in Schleswig-Holstein betriebenen WEA durch regional ansässige Bürgerinnen und Bürger betrieben. Mit 70 Prozent war der Anteil der Landwirte als Betreiber besonders hoch. Damit ist auch die hohe Akzeptanz der Windkraft in den Regionen zu erklären. Es hat sich gezeigt, dass die Akzeptanz gegenüber WEA und Windparks umso höher ist, „je mehr Bürgerinnen und Bürger der Region als Betreiberinnen und Betreiber beteiligt sind" (Der Minister für Finan-zen und Energie des Landes Schleswig-Holstein 1995).

4.2.2.3 Die negativen Effekte des Föderalismus auf erneuerbare Energien - eine Differenzierung

Die föderative Staatsstruktur der Bundesrepublik Deutschland hat sich auf den Ausbau erneuerbarer Energien nicht nur positiv ausgewirkt. Die kritische Einstellung verschiedener Länderregierungen gegenüber bestimmten Technologien zur Nutzung erneuerbarer Ener-gien ist hierfür ein Beispiel. So ist hervorzuheben, dass eine umfassende Förderung der Windenergie seit der zweiten Hälfte der 1980er Jahre nur durch die mittel- bzw. norddeut-schen Bundesländer Hessen, Niedersachsen, Nordrhein-Westfalen und Schleswig-Holstein erfolgte, während die süddeutschen Bundesländer weitergehende Fördermaßnahmen in der Regel ablehnten.

Die Notwendigkeit einer differenzierten Analyse des Ländereinflusses auf den Ausbau erneuerbarer Energien wird besonders am Beispiel des Landes Baden-Württemberg deut-lich. In der Forschungsförderung war dieses Bundesland im nationalen Vergleich vorbild-lich: Lediglich in Nordrhein-Westfalen wurden bezogen auf die Ausgaben je Einwohner mehr finanzielle Mittel für erneuerbare Energien zur Verfügung gestellt.[165] Auch ist zu betonen, dass es in Baden-Württemberg bereits im Jahr 1981 zur bundesweit ersten Grün-

---

[165] Generell wird in einer Studie des DLR und des ZSW die Forschungspolitik des Landes Baden-Württemberg gelobt: „Das Land hat sich schon sehr früh zu einem international bedeutenden Zentrum der Forschung entwickelt. Obwohl das Thema regenerative Energien inzwischen überall aufgegriffen wird, hat sich an der baden-württembergischen Spitzenposition bis heute nichts geändert. Als besondere Stärke ist dabei auch die Breite und Interdisziplinarität der Arbeiten hervorzuheben" (Nitsch/Staiß 2002, 8).

dung eines landesfinanzierten Forschungsinstituts für erneuerbare Energien gekommen war. Bereits 1979 stimmte die Landesregierung der Finanzierung und Ansiedlung eines auf die Solarforschung spezialisierten Instituts zu. Nach langen und schwierigen Verhandlungen mit dem Bundesforschungsministerium wurde im Frühjahr 1981 der Beschluss gefasst, eine bestehende Forschergruppe im Bereich der Solarenergie in ein *Vollinstitut für Solare Energiesysteme* umzuwandeln (ISE). Das Haupttätigkeitsfeld des ISE bestand in der „Vorbereitung einer breiten Anwendung der Solarenenergie in Mitteleuropa in dezentralen Systemen" (Knaupp 2001). Der Forschungsschwerpunkt lag auf der Entwicklung von Solarzellen.

Als weiteres wichtiges Forschungsinstitut ist das in der zweiten Hälfte der 1980er Jahre gegründete *„Zentrum für Sonnenenergie- und Wasserstoff-Forschung Baden-Württemberg* (ZSW)" zu nennen. Die Grundlagenarbeiten dieses Instituts stellten eine wichtige Basis für die Gründung des anwendungsorientierten außeruniversitären *ZSW* dar. Das *ZSW* wurde im März 1988 als rechtsfähige Stiftung bürgerlichen Rechts mit dem Ziel gegründet,

> „die Forschung und Entwicklung im Bereich der Sonnenenergie und Wasserstofftechnologie durch Umsetzung der erarbeiteten Ergebnisse in die industrielle Praxis zu betreiben und zu fördern und die gewonnenen Erkenntnisse in geeigneter Weise der Öffentlichkeit zugänglich zu machen" (Knaupp 2001).

In seiner Forschung war das Zentrum eng an die Universitäten Ulm und Stuttgart sowie an das DFVLR angebunden. Heute stellt das mit Hilfe des Landes Baden-Württemberg gegründete *ZSW* eines der wichtigsten anwendungsorientierten Forschungsinstitute im Bereich erneuerbarer Energien dar.

Bei der Markteinführung der FV nimmt dieses Bundesland zwischenzeitlich einen Spitzenplatz ein. Außerdem ist das südwestliche Bundesland beim Ausbau landwirtschaftlicher Biogasanlagen besonders erfolgreich. Trotz der vorbildhaften Forschungspolitik und der genannten Ausbauerfolge fand die Breitenförderung erneuerbarer Energien in Baden-Württemberg aber auf einem vergleichsweise niedrigen Niveau statt. Während in der Legislaturperiode zwischen 1992 und 1996 unter einer Großen Koalition von Ministerpräsident Teufel die Finanzmittel zur Breitenförderung zunächst auf jährlich rund 15 Mio. Euro stiegen, wurden sie in der Legislaturperiode zwischen 1996 und 2000, als die CDU eine Regierungskoalition mit der FDP/DVP bildete, auf nur noch 5 Mio. Euro zurückgefahren. Insgesamt betrugen die Landesausgaben für die Breitenförderung zwischen 1991 und 2000 gerade einmal 70 Mio. Euro, also nur ein Fünftel der Förderung in Nordrhein-Westfalen (Nitsch/Staiß 2002). Auffällig ist die besondere Skepsis der CDU-geführten Landesregierungen gegenüber der Windenergienutzung, die bereits zu Beginn der 1990er Jahre kein Bestandteil der technologischen Breitenförderung war. Zwar versuchten z.B. die Grünen im Frühjahr 1993, über den Wirtschaftsausschuss des Landes eine Aufnahme dieser Technologie in das baden-württembergische Förderprogramm *„Erneuerbare Energiequellen"* zu erreichen. Ein SPD-Sprecher lehnte aber eine Förderung unter Hinweis auf die angespannte

Haushaltslage des Landes ab. Außerdem wurde argumentiert, dass durch diese Technologie Elektrizität auf absehbare Zeit nicht wirtschaftlich erzeugt werden könne.[166]

Während der Ausbau der Windenergie aus Landesmitteln zur Mitte der 1990er Jahre vorübergehend gefördert wurde, sind diese Finanzmittel bereits im Jahr 1997 wieder gestrichen worden. Der gerade begonnene Ausbau der Windenergie durch unabhängige Betreiber wurde dadurch wieder unterbrochen (Eurosolar 1998a). Für eine Verbesserung der Rahmenbedingungen der Windenergie wurde in jener Zeit auch eine Reform der sehr restriktiven Genehmigungspraxis von WEA-Projekten gefordert, die durch die sehr skeptische Haltung der baden-württembergischen CDU bedingt war. Der Landesregierung wurde dabei von den Windkraftbefürwortern vorgeworfen, die bestehenden Regelungen des Bundesraumordnungsgesetzes (Privilegierung; Ausweisung von Vorrang- und Eignungsflächen von WEA) landesrechtlich unnötig einzuschränken. Hierin zeigt sich, dass die einzelnen Länderregierungen ihre planerischen Entscheidungsspielräume auch zur Verhinderung bestimmter Technologien verwendet haben. Trotz der erfolgten Reform des Bundesbaurechts hatten nach einer Aufstellung aus dem Jahr 1996 folgende Bundesländer keine gesonderten Regelungen zur privilegierten Errichtung von WEA erlassen: Bayern, Saarland, Sachsen und Thüringen (Auge/Brink 1996).[167]

4.2.2.4 Erfolgsbedingte erste Reformen des StromEG

Ab der zweiten Hälfte der 1990er Jahre machte der stetig wachsende Erfolg des StromEG mit dem dynamischen Ausbau der Windenergie seine Reform erforderlich: Weil die gesetzlichen Einspeisevergütungen diejenigen der zuvor angewandten verbandlichen Selbstverpflichtung überstiegen, wuchs gegenüber den bestehenden Regelungen der politische Widerstand der konventionellen Energiewirtschaft (Eurosolar 1995a). Besonders seit 1995, als sich die installierte Windenergiekapazität gegenüber dem Jahr 1994 von 640 MW auf 1.140 MW nahezu verdoppelte, hat die konventionelle Energiewirtschaft – vertreten durch die VdEW – die Verfassungsmäßigkeit des Gesetzes in Frage gestellt (Renz 2001). Ein zentraler Streitpunkt betraf die Höhe der Vergütungspflichten von Windstrom, die wegen der gesetzesmäßigen Kopplung an die Entwicklung des durchschnittlichen Elektrizitätspreisniveaus zwischen 1992 und 1995 stetig anstiegen (Hemmelskamp 1999).[168]

Die VdEW argumentierte, dass die Vergütungsregelungen nach StromEG eine *verfassungswidrige Sonderabgabe* darstellten, die – ähnlich dem *Kohlepfennig* nach dem Dritten Verstromungsgesetz – nur unter besonderen verfassungsrechtlichen Voraussetzungen gerechtfertigt werden könnten. Diese Voraussetzungen wären jedoch nicht gegeben. Das StromEG stünde deshalb im Widerspruch zu den normativen Vorgaben des Finanzverfassungsrechts. Die Vergütungsverpflichtung widerspräche besonders den Grundrechten der

---

[166] Die Bewertung der Wettbewerbs- und Förderfähigkeit der Windenergie erfolgte somit unabhängig von der Parteienmeinung und abhängig vom jeweiligen Bundesland – also regionenspezifisch.

[167] In der zitierten Übersicht wird für die Länder Saarland und Sachsen lediglich angegeben, dass entsprechende Regelwerke „nicht bekannt" seien, während sie sich aber für Bayern und Thüringen „in Vorbereitung" befänden (Auge/Brink 1996).

[168] Von 1991 bis 1997 waren für Windstrom folgende Beträge zu vergüten: 16,61 Pf/kWh in 1991, 16,53 Pf/kWh in 1992, 16,57 Pf/kWh in 1993, 16,93 Pf/kWh in 1994, 17,28 Pf/kWh in 1995, 17,21 Pf/kWh in 1996 und 17,15 Pf/kWh in 1997 (Bundesministerium für Wirtschaft 1996).

Eigentumsfreiheit (Art. 14 GG), Berufsfreiheit (Art. 12 GG) und dem Gleichheitssatz (Art. 3 GG).[169]

Anfang 1995 empfahl die VdEW ihren Mitgliedsunternehmen – der Mehrheit der deutschen EltVU – die gesetzlichen Vergütungssätze nur unter dem Vorbehalt zu zahlen, dass die Einspeiseregelungen des StromEG einer vorzunehmenden verfassungsrechtlichen Prüfung standhielten. Gleichzeitig sollten die EltVU indirekt drohen, die ausgezahlten Vergütungen für den Fall zurückzufordern, dass das StromEG einer verfassungsrechtlichen Prüfung nicht standhielt. Auf der Basis dieser Empfehlung weigerten sich einige EltVU, die gesetzlich geregelten Preise zu zahlen und vergüteten die eingespeiste Elektrizität wieder in Höhe der vermiedenen Kosten, also zu den in der früheren Selbstverpflichtung getroffenen Regeln. Dieser Schritt löste unter den regenerativen Energieerzeugern und den Kapitalgebern (vor allem Banken) eine große Verunsicherung aus.

Gegen dieses rechtswidrige Verhalten erhoben einige Anlagenbetreiber beim BkartA umgehend Einspruch. Zusammen mit den Landeskartellämtern drohte die Wettbewerbsbehörde zügig mit der Einleitung wettbewerbsrechtlicher Verfahren gegen die betreffenden EltVU und forderte eine zügige Auszahlung der Vergütungssätze gemäß StromEG.[170] Die unter Druck gesetzten Energieversorger kamen der Forderung der Wettbewerbsbehörden relativ zügig nach. Im föderalistischen System der Bundesrepublik hat damit die dezentrale wettbewerbsrechtliche Aufsicht durch das BkartA und die Landeskartellämter als nachgeordneten Behörden zu einer erfolgreichen Implementierung des StromEG beigetragen.

Die unklare Rechtslage zur Verfassungsmäßigkeit des StromEG wurde im Januar 1996 durch einen BverfG-Beschluss vorläufig geklärt. Das höchste deutsche Gericht verwarf einen Aussetzungs- und Vorlagebeschluss des Landgerichts Karlsruhe, in dem die gesetzliche Verpflichtung zur Abnahme und Mindestvergütung für Strom aus erneuerbaren Energien als verfassungswidrige Sonderabgabe bewertet worden war. In seiner Begründung der Zulässigkeitsentscheidung ließ das BverfG erkennen, dass es das Gesetz nicht als verfassungswidrige Sonderabgabe, sondern als Preisregelung einstufte.[171] Mit derselben Argumentation wies der BGH im Mai 1996 eine Klage der konventionellen Stromwirtschaft zurück, indem es ein Verfahren zwischen der Badenwerk AG und dem Betreiber einer kleinen Wasserkraftanlage an das zuständige Landgericht Karlsruhe zurückverwies

---

[169] Weil die Festpreisregelungen nach StromEG z.T. erheblich über dem Marktpreis lägen, wäre das Grundrecht der Berufsfreiheit nach Art. 12 GG betroffen. Der mit dem Gesetz geschaffene Kontrahierungszwang und die Preisregelungen griffen außerdem in die Vertragsfreiheit ein. Auf der Grundlage der Rechtsprechung des BVerfG wäre zu prüfen, ob der bestehende Eingriff in die Vertragsgestaltung die Eigentumsfreiheit gemäß Art. 14 GG oder die Berufsfreiheit gemäß Art. 12 GG betrifft. Außerdem wurde ein Verstoß gegen Art. 3 GG in Erwägung gezogen, weil die Belastungen aus dem StromEG nicht auf alle Netzbetreiber gleich verteilt, sondern vor allem die norddeutschen Netzbetreiber belastet würden. In den Schutzbereich des Art. 3 Abs. 1 GG würde eingegriffen, weil sich das StromEG als Sonderbelastung der EltVU und damit einer spezifizierbaren Gruppe darstelle. Auch wurde mit einer fehlenden Rechtfertigung festgelegter Vergütungstarife argumentiert, „weil das gesetzgeberische Ziel des Umweltschutzes bzw. der Ressourcenschonung eine Gemeinschaftsaufgabe des Staates und keine spezielle Gruppenaufgabe sei" (Nill-Theobald/Theobald 2001, 350-353).

[170] Als „Gesetz ohne Exekution" konnten die Regelungen des StromEG nur per Gerichtsweg erstritten werden. Allerdings hat vor allem das Wirtschaftsministerium des Landes Baden-Württemberg erfolgreich versucht, über das Kartellrecht und dem Instrument einer kartellrechtlichen Missbrauchsverfügung die Regelungen des StromEG gegenüber der monopolistischen Stromwirtschaft durchzusetzen.

[171] Zuvor war bereits durch die damalige christlich-liberale Bundesregierung die Auffassung vertreten worden, dass mit dem StromEG die Regelungen der Finanzverfassung keine Geltung beanspruchten, weil mit dem Gesetz kein Sonderfonds außerhalb des Bundeshaushalts bestand (im Unterschied zum damaligen Kohlepfennig).

(Eurosolar 1996b). Im September 1996 wurde eine weitere Verfassungsbeschwerde durch den norddeutschen Versorger Schleswag AG eingereicht, der sich im Vergleich zu den Konkurrenz-EltVU im Süden Deutschlands durch den regionalen Ausbau von WEA und die hierdurch bedingten Vergütungskosten diskriminiert sah. Erst im Jahr 2002 wurde diese Beschwerde durch das BverfG abgewiesen.[172] Im Januar 1997 wurde ein weiteres Verfahren durch einen süddeutschen Regionalversorger eingeleitet. Schließlich legten die PreussenElektra und die VEAG im Mai und August 1998 Verfassungsbeschwerden ein (Eurosolar 1998b). Bis zum gegenwärtigen Zeitpunkt hat das BverfG die Verfassungswidrigkeit des StromEG jedoch in keinem Urteil bestätigt. Hierzu hat auch eine wichtige Entscheidung des EuGH im Jahr 2001 beigetragen, in dem die Vereinbarkeit der deutschen Regelungen mit dem EU-Beihilferecht geklärt wurde (zur wichtigen Neuausrichtung der europäischen Wettbewerbspolitik in diesem Bereich, s.S. 386ff.).

Neben der VdEW und den Energieversorgern kritisierten auch der *Deutsche Industrie- und Handelstag* (DIHT) und der *Bundesverband der Deutschen Industrie* (BDI) das StromEG immer wieder. Seit Mitte der 1990er Jahre monierte die VdEW die zunehmend ungleichen regionalen Belastungen aus den Vergütungsverpflichtungen (Mengers 1998). Die Bundesparlamentarier der Advocacy-Koalition um Eurosolar plädierten deshalb bereits nach der Vorlage des BMWi-Erfahrungsberichts zum StromEG im Jahr 1995 für die Einführung einer Fonds- bzw. Gemeinschaftslösung durch die Stromwirtschaft, mit der die Lasten aus dem StromEG auf alle EltVU gleichmäßig verteilt würden.[173]

> „Damit könnten die VdEW und ihre Mitgliedsunternehmen ihre Solidarität mit den stärker belasteten EVU unter Beweis stellen. Eine solche freiwillige Vereinbarung sollte der Verbundwirtschaft ausdrücklich nahe gelegt werden" (Eurosolar 1995b, 11).

Von politischer Seite wurde die Frage der ungleichen regionalen Verteilung der Vergütungsverpflichtungen schließlich mit einem Reformvorschlag des Bundesrates aufgegriffen. Um die wettbewerblichen Härten einzelner Stromversorger abzumildern, beschloss der Gesetzgeber schließlich im Frühjahr 1998 zusammen mit der anstehenden Energierechtsreform, mit der auch die Liberalisierung des deutschen Elektrizitätssektors umgesetzt werden sollte (s.S. 285ff.), eine Reform des StromEG. Diese resultierte in der *Einführung einer Härteklausel* in § 4 StromEG. Mit dieser Regelung wurden vorgelagerte Netzbetreiber des aufnehmenden EltVU verpflichtet, die Vergütungskosten für diejenigen eingespeisten Mengen aus erneuerbaren Energien zu übernehmen, die 5 Prozent des von ihm jährlich abgesetzten Gesamtstromabsatzes überstiegen (Prinzip der Kostenwälzung von der lokalen Netzebene (Stadtwerke) über die Regionalebene (Regionalversorger) bis zur Verbundebene (Verbundunternehmen)). Mit der Reform wurde zusätzlich festgelegt, dass die Verpflichtungen aus den §§ 2, 3 StromEG (Abnahme- und Vergütungspflicht) nicht bestehen, soweit ihre Einhaltung für das EltVU eine unbillige Härte darstellt. In diesem Fall wäre dann der vorgelagerte Netzbetreiber abnahme- und vergütungspflichtig. Nach § 4, Abs. 3 StromEG sollte eine unbillige Härte vorliegen, „wenn das EltVU seine Stromabgabepreise spürbar

---

[172] Für die Ablehnung der Beschwerde war u.a. bedeutsam, dass es im Jahr 1998 zu einer Reform des StromEG kam, durch der der Wettbewerbsnachteil einzelner (norddeutscher) EltVU mit besonders hohem Anteil regenerativer Stromerzeugung in ihrem Versorgungsgebiet aufgehoben wurde.
[173] In seinem Erfahrungsbericht kritisierte das BMWi außerdem Mitnahmeeffekte und die Förderhöhe an günstigen Windstandorten, im Wesentlichen also die nach Effizienzgesichtspunkten undifferenzierte Förderpraxis.

über die Preise gleichartiger oder vorgelagerter EltVU hinaus anheben müsste". Schließlich spiegelte sich in § 4 a StromEG erneut die kooperativ-konsensuale Regulierungstradition mit der deutschen Energiewirtschaft wider. In diesem Paragrafen verpflichtete sich die Bundesregierung darauf, die EltVU durch den Abschluss freiwilliger Selbstverpflichtungen zu weiteren Maßnahmen für eine Steigerung des Anteils der Elektrizitätserzeugung aus erneuerbaren Energien und der Kraft-Wärme-Kopplung aufzufordern.

Nur ein Jahr nach dieser Reform gab eines der Verbundunternehmen (Preussen-Elektra) bekannt, dass sein Fünf-Prozent-Höchstsatz innerhalb weniger Monate (voraussichtlich noch im Jahr 1999) erreicht würde. Zudem drohten besonders diejenigen EltVU, die durch die Zahlungsverpflichtung am stärksten betroffen waren, weiterhin mit einem Boykott der Implementierung des StromEG, falls nicht ein gerechteres System zum Kostenausgleich etabliert würde. Kurz nach der StromEG-Reform des Frühjahrs 1998 zeichnete sich damit das Erfordernis weiterer Reformen ab.

4.2.2.5 Die Entwicklung einer einflussreichen Interessenlobby für erneuerbare Energien in Deutschland

Das erfolgreiche Wachstum der erneuerbaren Energien in Deutschland und die damit verbundene Entstehung einer Anlagenindustrie (vor allem bei der Windenergie) war von wichtigem Einfluss für die Entwicklung einer im Vergleich zum britischen Untersuchungsfall relativ einflussreichen politischen Interessenorganisation. Weil die Förderung mengenmäßig nicht begrenzt war (keine Quotenregulierung) und mit dem Gesetz zunächst *kein Wettbewerb* zwischen den verschiedenen Technologien initiiert wurde, entstand anders als in England und Wales keine Konkurrenz zwischen den Interessenorganisationen der einzelnen Erzeugungstechnologien (s.S. 242ff.). Die Entstehung einer schlagkräftigen Interessenlobby in Deutschland ist ein markantes Beispiel dafür, wie durch die materiellen Inhalte staatlicher Regulierung die Entwicklung von Verbandsstrukturen beeinflusst wird. Die Regulierung des StromEG zeitigte direkte Auswirkungen auf die Entwicklung der Verbändestruktur zur Interessenvertretung erneuerbarer Energien.

So wurde im Dezember 1991, also knapp ein Jahr nach Verabschiedung des StromEG, ein Dachverband für erneuerbare Energien, der *Bundesverband Erneuerbarer Energien e.V.* (BEE) gegründet. Die Initiative zur Gründung dieses Verbandes ging vom damals wichtigsten Interessenverband für erneuerbare Energien, dem BDW aus.[174] Die Gründung des BEE geschah in bewusstem Gegensatz zu der durch das BMWi im Jahr 1989 initiierten Gründung des *Forums für Zukunftsenergien*, das ursprünglich als deutsches Sonnenenergie-Forum die wissenschaftlichen und industriellen Akteure der Solarwirtschaft mit den Vertretern der konventionellen Energiewirtschaft zusammenführen sollte. Das Forum für Zukunftsenergien war nicht nur an einer Entwicklung der erneuerbaren Energien interessiert, sondern unterstützte in der Diskussion des zukünftigen Energiemixes auch die Potentiale der Kernenergie sowie der fossilen Energieträger. Der Vorstand des Forums, der mehrheitlich aus Vertretern der konventionellen Energiewirtschaft bestand, warnte im Jahr 1990 in einer öffentlichen Erklärung den Bundestag vor einer Verabschiedung des StromEG (Scheer 1994, 1). Als Reaktion hierauf kam es zur Gründung des BEE, der ab diesem Zeit-

---

[174] Ein wichtiger Initiator zur Gründung des Dachverbandes war der damalige Präsident des BDW und CSU-Bundestagsabgeordnete Engelsberger.

punkt als Dachverband erneuerbarer Energien für verbesserte Rechts- und Wirtschaftsbedingungen der mittelständischen und unabhängigen Betreiber von Erzeugungsanlagen zur Nutzung erneuerbarer Energien eintrat.

Innerhalb des BEE verlagerte sich im Zuge des Ausbaus der Windenergie im Verlauf der 1990er Jahre das politische Gewicht allmählich vom BDW auf die Windkraftverbände. Die wichtigsten Verbände waren hier anfangs der IWB und die DGW, die im Oktober 1996 mit jeweils ungefähr 2.000 Mitgliedern zum *Bundesverband WindEnergie e. V.* (BWE) fusionierten (*Interview BWE*). Bis zum Jahr 1998 stieg die Zahl der Verbandsmitglieder im BWE auf 5.000 an.[175] Der BWE ist als mittlerweile wichtigster Interessenverband erneuerbarer Energien auch Mitglied der *European Wind Energy Association* (EWEA). Ein weiterer wichtiger Windenergieverband ist der *Wirtschaftsverband Windkraftwerke e. V.* (WVW), der vorrangig die Interessen der Projektbetreiber und der Herstellerindustrie vertritt (*Interview Plambeck*). Innerhalb des BEE sind als bedeutende weitere Verbände aus dem Bereich der Solarenergie der *Deutsche Fachverband für Solarenergie e. V.* (DFS), der *Bundesverband Solarenergie* (BVS), die *Deutsche Gesellschaft für Sonnenenergie* (DGS) und der *Solarenergie-Förderverein Aachen* zu nennen. Im Bereich Biomasse war von Beginn an der *Fachverband Biogas* (FVB) von wichtiger Bedeutung, der ebenfalls erst im Jahr 1991 gegründet wurde.[176] Bis zum Jahr 2002 ist die Zahl der Mitgliedsverbände unter dem Dach des BEE auf insgesamt 25 Verbände aus den Bereichen Wasserkraft, Windenergie, Biomasse, Solarenergie und Geothermie mit über 15.000 Mitgliedspersonen und Firmen gewachsen.

Für eine Erklärung der erfolgreichen Implementierung des StromEG, aber auch der stabilen rechtlichen Rahmenbedingungen seit Anfang der 1990er Jahre, ist es wesentlich, auf die informellen Netzwerke und Verflechtungen hinzuweisen, die zwischen dem Bundestag als wichtiger Institution der Gesetzesentwicklung und -verabschiedung und den betreffenden Interessenverbänden bestanden. Zwischen dem BEE und den wichtigen policy-initiierenden Parlamentariern im Bundestag existierten enge Beziehungen in Form eines Parlamentarischen Beirats. Der Beirat konstituierte sich parteiübergreifend aus verschiedenen Mitgliedern des Bundestages. Insgesamt funktionierte die Verbandskoordination zwischen den einzelnen Mitgliedsverbänden des BEE sehr konsensorientiert. Auch wurde in einem Forschungsinterview die Existenz grundlegender Konflikte zwischen den einzelnen Mitgliedsverbänden verneint, weil der BEE ein „Hineinregulieren" in die Angelegenheiten der Mitgliedsverbände vermeidet. Die Verbände haben z.B. bei der Fortentwicklung des StromEG zum EEG jeweils eigene technologiespezifische Vorschläge zur Gestaltung der Einspeisetarife gemacht, die vom Dachverband an die relevanten Entscheidungsträger weitergegeben worden sind (s.S. 327ff.). Die wichtigsten strategischen Partner zur Durchsetzung der Interessen erneuerbarer Energien waren für den BEE der *Verband der Deutschen Maschinen- und Anlagenbauer* (VDMA), der *Bundesverband Bioenergie und Kraft-*

---

[175] Bis zum Jahr 2002 hat sich die Mitgliederzahl sogar auf 14.000 Mitglieder fast verdreifacht (*Interview BEE*).

[176] Die Interessenverbände der FV und Biomasse gewannen im Zuge der Novellierung des StromEG zum EEG im Jahr 2000 an politischem Gewicht. Ähnlich wie bei der Windenergie gab es bei den Interessenverbänden der Solarbranche im Jahr 2002 eine wichtige Fusion: Der DFS schloß sich im November 2002 mit dem BVS zum *Bundesverband Solarindustrie* zusammen.

stoffe sowie *Eurosolar*.[177] Ab der zweiten Hälfte der 1990er Jahre hat mit den Versuchen der EU-Kommission zu einer Harmonisierung der europaweit bestehenden Förderpolitiken für erneuerbare Energien die Bedeutung der europäischen Ebene bei den Lobbyingtätigkeiten des BEE zugenommen (s.S. 374ff.). Deshalb sind sowohl der BEE wie auch sein wichtigster Mitgliedsverband BWE Mitgliedsverbände des Europäischen Dachverbands der *European Renewable Energy Federation* (EREF).

Als wichtigste Interessenverbände erneuerbarer Energien kristallisierten sich im Verlauf der 1990er Jahre somit der *BWE*, der *BDW* und als Dachorganisation aller Verbände für erneuerbare Energien der *BEE* heraus. Nicht zu vergessen ist die Bedeutung der politischen Advocacy-Koalition um Eurosolar, die seit dem Ende der 1980er Jahre den juristischen, ökonomischen und politikwissenschaftlichen Sachverstand zusammenbrachte, mit dem das StromEG im Jahr 1990 verabschiedet und im weiteren Verlauf erfolgreich implementiert wurde. In diesem Zusammenhang ist von besonderer Bedeutung, dass sich innerhalb von Eurosolar ein Netzwerk aus Fachjuristen (*„Arbeitskreis Recht"*) etablierte, dessen gemeinsame Zielsetzung neben einem Ausbau der erneuerbaren Energien auch eine Stärkung der kommunalen Akteure und die Verbesserung der politischen Rahmenbedingungen für dezentrale Versorgungskonzepte (z.B. auch KWK) war. Die Tätigkeiten dieses vorrangig juristischen Netzwerks führten im Jahr 1997 zur Gründung einer neuen energiewirtschaftlichen Fachzeitschrift, der *Zeitschrift für neues Energierecht* (ZNER).[178] Die ZNER bietet Diskussionsbeiträge zu aktuellen Rechtsfragen für unabhängige und neue Anbieter im deutschen Stromsektor und befasst sich intensiv mit den Fragen der Netzregulierung. Die Zeitschrift thematisiert besonders Probleme zur Umsetzung des StromEG und gibt wichtige Anstöße zu seiner weiteren Entwicklung (z.B. zum EEG). Außerdem befasst sie sich immer wieder mit kommunalrechtlichen Fragen der Energieerzeugung und -versorgung. Schließlich werden wichtige Fälle der aktuellen Rechtsprechung dokumentiert und hierdurch über aktuelle Entwicklungen fortwährend informiert. Unter den energiewirtschaftlichen Fachzeitschriften füllte die ZNER vor allem in den ersten Jahren eine wichtige Lücke, weil es in den juristischen Fragen zu erneuerbaren Energien an unabhängigem Rechtswissen mangelte. Insgesamt kommt in der Frage der Erarbeitung juristischer Fachexpertisen Eurosolar eine wichtige begleitende Koordinationsfunktion zu. Über die Veranstaltung von Rechtstagungen werden die unterschiedlichsten Rechtsfragen, die mit dem Ausbau erneuerbarer Energien verbunden sind (Netznutzung und -zugang, wettbewerbsrechtliche Fragen) erörtert und weiterentwickelt.

4.2.3 Die sekundäre Bedeutung einer wettbewerbsorientierten Reformpolitik gegenüber der Herausforderung einer Transformation der ostdeutschen Stromwirtschaft

Mit der Deutschen Vereinigung stand die Herausforderung einer Integration der Energiewirtschaft der ehemaligen DDR in das westdeutsche Sektorregime und ihre damit verbundene Transformation gegenüber wettbewerbsrechtlichen Reformen zugunsten einer Libera-

---

[177] Im VDMA sind verschiedene Unternehmen der deutschen Herstellerindustrie von WEA organisiert. Dabei ist brisant, dass der VDMA gleichzeitig Mitgliedsunternehmen des BDI ist, der einem Ausbau der Windenergie stets kritisch gegenüberstand.
[178] Demgegenüber hatte die juristische Zeitschrift „Recht der Energiewirtschaft" (RdE) die Interessen unabhängiger oder kommunaler Akteure sowie die Interessen erneuerbarer Energien tendenziell vernachlässigt.

lisierung des Sektors im Vordergrund nationaler Energiepolitik. In historisch-institutionalistischer Untersuchungsperspektive ist die *Deutsche Vereinigung als externer Schock* zu beschreiben, der in unabsehbarer Weise die Regulierungsprioritäten der politischen und sektoriellen Akteure auf zentrale Fragen der Transformation kanalisiert hat. Das plötzliche Erfordernis einer Integration der ostdeutschen Energiewirtschaft war mit besonderen Risiken, Unsicherheiten und Kosten verbunden, wodurch die inhaltliche Auseinandersetzung über grundlegende Liberalisierungsreformen von geringer Bedeutung war. Die mit der Integrationsfrage zu klärenden strukturellen Gestaltungsfragen (Beibehaltung der regionalisierten Versorgungsstruktur aus DDR-Zeiten oder Dezentralisierung/Kommunalisierung mit der Bildung von Stadtwerken) implizierte grundlegende eigentumsrechtliche Entscheidungen, die auch die zukünftige Ressourcennutzung bei der Elektrizitätserzeugung in den neuen Bundesländern bestimmen würde.

4.2.3.1   Die langwierige Transformation der ostdeutschen Stromwirtschaft im verflochtenen Regierungssystem: Kommunalisierung oder Monopolisierung der Elektrizitätswirtschaft?

Mit Vollzug der Deutschen Einheit bestimmte die nationale Energiepolitik die grundlegende Strukturfrage, ob die ostdeutsche Stromwirtschaft in ihrer zu DDR-Zeiten entstandenen *regionalisierten Struktur* erhalten bleiben *oder* die historische Umbruchsituation zu einer *Dezentralisierung und Kommunalisierung der Stromversorgung* genutzt werden sollte. Strittig war vor allem, ob das frühere Eigentum der ostdeutschen Kommunen an der energiewirtschaftlichen Infrastruktur, das zu DDR-Zeiten auf verstaatlichte regionale EltVU übertragen worden war, den Städten und Gemeinden rückübertragen werden sollte. Alternativ zeichnete sich die Möglichkeit ab, dass die wichtigsten westdeutschen Verbundunternehmen (Bayernwerk, PreussenElektra, RWE), welche die ostdeutschen Verteilerunternehmen mit der Vereinigung über vorübergehende Besorgungsgesellschaften übernommen hatten, die regionalen EltVU nach einer Privatisierung in ihre Unternehmensstrukturen integrieren. Die *Klärung der damit verbundenen zentralen Eigentums- und Strukturfragen* implizierte durchaus Effekte für eine zukünftige Förderung erneuerbarer Energien. Eine Dezentralisierung und Kommunalisierung der ostdeutschen Stromwirtschaft hätte die Potentiale zur kommunalen Eigenerzeugung verbessert, während eine Beibehaltung der regionalisierten Versorgungsstruktur eine Stärkung der verbundwirtschaftlichen Stromversorgung aus konventionellen Kraftwerken (in den neuen Bundesländern vor allem durch traditionelle Braunkohlekraftwerke) bedeutet hätte.

Für die Analyse des damaligen Entscheidungsprozesses über die künftige Struktur der ostdeutschen Stromwirtschaft ist das gesamte Ausmaß der Umbruchsituation zu vergegenwärtigen. Bis zum Ende des Jahres 1992 lag der Bruttostromverbrauch in den neuen Bundesländern um ca. 40 Prozent unter dem Wert von 1989 (Matthes 1999, 382). Die arbeitspolitischen und sozialen Folgen dieses dramatischen Absatzeinbruchs verdienen ausdrückliche Berücksichtigung, weil hiervon der ostdeutsche Braunkohlebergbau besonders betroffen war. Im *Lausitzer Revier* hatte sich der Personalbestand der im Kohlebergbau Beschäftigten bis Ende 1992 fast halbiert (von 79.000 auf 39.000), während im *mitteldeutschen Revier* der Rückgang sogar über 70 Prozent betrug (von 60.000 auf 17.000). Wegen des eingebrochenen Stromabsatzes war die Zukunft des ostdeutschen Braunkohlebergbaus nur schwer abschätzbar. Vor diesem Hintergrund wird klar, dass es seitens der energiepolitischen Akteure nur ein sehr geringes Interesse an einer weitreichenden Liberalisierungspolitik mit einer gleichzeitigen Öffnung gegenüber dem europäischen Ausland geben konnte.

Die Unsicherheit über den zukünftigen Bedarf einer Förderung und Verstromung ostdeutscher Braunkohle wurde durch die eigentumsrechtlichen Unsicherheiten verstärkt. Mit der Deutschen Einheit intensivierten sich in den neuen Bundesländern schon früh die Initiativen einzelner Städte und Gemeinden zur Wiedergründung eigener Stadtwerke.[179] Gleichzeitig bemühten sich die Regionalversorger und die damit in Verbindung stehenden Besorgungsgesellschaften der westdeutschen Verbundunternehmen bei vielen Kommunen um den Abschluss von Konzessionsverträgen, um bestehende Erzeugungsabhängigkeiten zu zementieren und eine Absatzsicherung der vorrangig durch Braunkohleverstromung erzeugten Elektrizität zu garantieren.

Nachdem konkrete Versuche des *Bundesinnenministeriums* (BMI) und der *Treuhandanstalt* (THA) gescheitert waren, die Restitutionsansprüche der kommunalen Akteure über Entschädigungszahlungen abzugelten, gewann in der ersten Hälfte des Jahres 1991 die politische Debatte zur Frage der Kommunalisierung der ostdeutschen Stromwirtschaft an Dynamik. Bereits im September 1990 wurde die Diskussion durch eine WMK der Bundesländer angeheizt, bei der es zu folgendem Beschluss gekommen war:

> „Die Länder der Bundesrepublik Deutschland werden alle Möglichkeiten der fachlichen und der juristischen Unterstützung in der DDR nutzen, um jedenfalls teilweise die Bildung von Stadtwerken möglich zu machen. Gemeinsam mit dem Deutschen Städtetag, dem Verband kommunaler Unternehmen und dem Städte- und Gemeindebund werden die Länder prüfen, ob die Städte in der DDR, die früher Stadtwerke hatten und durch den DDR-Staat enteignet wurden, einen Rechtsanspruch auf volle Übertragung der Energieanlagen in ihrem Gemeindebereich haben" (Arbeitskreis Energiepolitik der WMK 1998).

Interessanterweise stellte die WMK ihre Unterstützung einer Kommunalisierung der Stromwirtschaft in den neuen Bundesländern in den direkten Zusammenhang einer Verfolgung umwelt- und klimapolitischer Ziele. Neben ihrer Unterstützung einer Kommunalisierungsstrategie äußerte die WMK die Erwartung, dass

> „die in der Präambel der mit der DDR geschlossenen Verträge niedergelegten energiepolitischen Zielsetzungen, insbesondere auch
> - den Aufbau einer sicheren und preisgünstigen Versorgung unter Beachtung der ökologischen Anforderungen,
> - die Entlastung der Umwelt entsprechend den maßgeblichen Rechtsvorschriften,
> - die Erschließung der vorhandenen Potentiale der Kraft-Wärme-Kopplung,
> - die Einbindung dezentraler Energieversorgungskonzepte sowie
> - die Berücksichtigung regionaler und kommunaler Interessen offensiv verfolgen und hierfür bis zum 31.12.1991 ein Gesamtkonzept vorgelegt wird (Arbeitskreis Energiepolitik der WMK 1998, 137).

Mit Abschluss des deutschen Einigungsvertrages im August 1990 erlangten somit Formen der horizontalen Politikverflechtung zwischen den alten und den neuen Bundesländern für

---

[179] Aufgrund der unsicheren Rechtslage war aber nicht sichergestellt, ob die geforderte Rückübertragung des Stromeigentums an die Städte und Kommunen erfolgen oder über eine mögliche alternative Entschädigungszahlung bzw. eine kapitalmäßige Beteiligung an den Regionalversorgern ausgeglichen würde.

die Frage der Transformation der ostdeutschen Stromwirtschaft zunehmende Bedeutung. Hierbei tat sich besonders das SPD-dominierte saarländische Wirtschaftsministerium hervor, das die Ansprüche der ostdeutschen Kommunen auf eine Übertragung der örtlichen Energieanlagen auf gemeindliches Eigentum durch die Beauftragung eines Rechtsgutachtens bei der auf kommunale Verwaltungsrechtsfragen spezialisierten Anwaltskanzlei Becker abzusichern versuchte. Im Ergebnis betonte das Rechtsgutachten die rechtlichen Ansprüche der Kommunen für eine Übernahme der örtlichen Energieanlagen und lief in seinen Empfehlungen darauf hinaus, der THA die Übertragung von ehemaligem kommunalem Eigentum an die westlichen Erwerber-EltVU notfalls gerichtlich zu untersagen. Darüber hinaus wurde in dem Gutachten erstmals der Gang vor das BverfG erwogen, um die Eigentumsfrage mit Bezug auf eine mögliche Einschränkung der durch Art. 28 GG geschützten Selbstverwaltungsrechte der Kommunen höchstrichterlich klären zu lassen (Becker 1990).

Als im Dezember 1990 Pläne der THA publik wurden, die Eigentumsübertragung an die westdeutschen Erwerber-EltVU ab Januar 1991 zu vollziehen, spitzte sich der Konflikt um die Privatisierung der Regionalversorger zu (Matthes 1999, 404). Im März 1991 kam es deshalb zu einem ersten Prozess beim Kreisgericht Magdeburg, in dem die Stadt Stendal die Interessen von fünf Städten aus Sachsen-Anhalt gegen die THA vertrat und auf die Entflechtung des Regionalversorgers Magdeburg AG (EVM) klagte, um die Übertragung der örtlichen Energieversorgungsanlagen zu ermöglichen. Bis Mitte 1991 stieg die Zahl der gerichtlichen Klagen von Stadtwerken auf Herausgabe des örtlichen Stromvermögens auf über 25. Mit der rasanten Zunahme der kreisgerichtlichen Verfahren einzelner Kommunen zeichneten sich die Grenzen einer Konsenslösung ab, die bis dahin vor allem vom VKU präferiert wurde. Mit den Entwicklungen in der ersten Hälfte des Jahres 1991 wurde auch die Einreichung einer Kommunalverfassungsbeschwerde beim BverfG immer wahrscheinlicher.[180] Als im Juli 1991 bekannt wurde, dass die Übertragung von Aktien an die westdeutschen Erwerber-EltVU durch die THA unmittelbar bevorstand, erarbeitete der Verwaltungsrechtler Becker in Abstimmung mit dem Staatsrechtler Rupp in aller Eile eine Verfassungsbeschwerde, die am 11. Juli 1991 für zunächst 123 Kommunen beim BverfG vorgelegt wurde. Bis zum November 1991 stieg die Zahl der sich an der Verfassungsbeschwerde beteiligenden Kommunen auf 165 an. Mit der Entscheidung über die Kommunalverfassungsbeschwerde waren weitreichende Weichenstellungen für die Ausgestaltung der zukünftigen Handlungsspielräume der Kommunen zur Eigenerzeugung von Strom (z.B. Kraft-Wärme-Kopplung, erneuerbare Energien) und einer damit möglichen Dezentralisierung der Energieerzeugung verbunden. Außerdem stand die Zukunft der Absicherung einer Braunkohleverstromung durch die bestehenden Stromverträge zwischen den Regionalversorgern und den ostdeutschen Kraftwerksbetreibern zur Disposition. Der Ausgang der Verfassungsbeschwerde würde die Reichweite des Einflusses klären, den sich die westdeutschen Verbundunternehmen über die Besitznahme der Regionalversorger und damit den ostdeutschen Verteilermarkt sichern würden.

Die Verhandlungen des BverfG begannen im Oktober 1992 und liefen frühzeitig auf eine außergerichtliche Vergleichslösung zwischen Beschwerdeführern und -gegnern hin-

---

[180] Der Weg zu einer kommunalen Verfassungsbeschwerde wurde in jener Zeit maßgeblich durch Abgeordnete der brandenburgischen Fraktion Bündnis90/Grüne und dem Mainzer Staatsrechtler Rupp geebnet, die im März 1991 ein erstes Konzept für eine kommunale Verfassungsbeschwerde erarbeiteten.

aus.[181] Unter den Vermittlungsbemühungen des damaligen Verfassungsrichters Böckenförde kam es ab November 1992 zu umfangreichen Verhandlungen zwischen den Vertretern der Bundesregierung, der westdeutschen Erwerber-EltVU, der THA und der kommunalen Spitzenverbände (VKU, DST) sowie Vertretern aus den kommunalen Unternehmen.

Für eine Verhandlungsrunde am 19. November 1992 legte das BMWi einen eigenen *Kompromissvorschlag* vor, der *im Interesse der westdeutschen Erwerber-EltVU* vorrangig auf eine langfristige Absatzsicherung von Braunkohlestrom zielte. Zu diesem Zweck sollten sich die kommunalen Unternehmen verpflichten, *über einen Zeitraum von zwanzig Jahren 70 Prozent (!) ihres Gesamtstrombedarfs bei den Regionalversorgern zu decken*, wobei *nur* in Ausnahmefällen eine hohe *Eigenstromerzeugung* aus KWK oder erneuerbaren Energien *mit Zustimmung des Regional-EltVU* möglich sein sollte. Ferner sollten die Kommunen eventuell festgeschriebene Rechte aus Öffnungsklauseln in bereits abgeschlossenen Konzessionsverträgen zur Stärkung der kommunalen Eigenversorgung nicht wahrnehmen und auf mögliche Restitutionsansprüche am früheren kommunalen Stromvermögen verzichten (Matthes 1999, 467). In einer Erwiderung auf diesen *Kompromissvorschlag* bestand der *VKU* jedoch auf einem Fortbestand der Wirksamkeit vereinbarter Ausstiegsklauseln in den Konzessionsverträgen. Allerdings erkannte der Verband eine Berücksichtigung des Braunkohlestromanteils von 70 Prozent beim Strombezug als legitimen „Eckpunkt" an. Mit der Anerkennung der 70-prozentigen Bezugsverpflichtung für die einzelnen Stadtwerke hatte der VKU die bundespolitische Prioritätensetzung einer Absicherung der ostdeutschen Braunkohle als wichtigen Kompromisspunkt für eine spätere Konsenslösung akzeptiert – auch weil diese kurz zuvor auf einer Kanzlerrunde durch Bundeskanzler Kohl im September 1992 festgeschrieben worden war.

Bis Anfang Dezember 1992 blieben *zentrale Konfliktpunkte* zwischen den Verfahrensbeteiligten offen. Während die westlichen Erwerber-EltVU auf einer Kauflösung der kommunalen Versorgungsanlagen bestanden und als räumlichen Bezugsrahmen für die 70-prozentige Abnahmeverpflichtung des Braunkohlestroms das Versorgungsgebiet des jeweiligen Regionalversorgers interpretierten, forderten die Kommunen zur Ausgründung ihrer Stadtwerke weiterhin ein Abspaltungsmodell und bezogen die Abnahmeverpflichtung auf die Gesamtheit der neuen Bundesländer, bzw. höchstens auf die Ebene des jeweiligen Bundeslandes. Bis zum 05. Dezember 1992 konnte ein wichtiger *Verhandlungsdurchbruch* erzielt werden: Die westlichen EltVU stimmten in der *Frage der Stromabnahmeverpflichtung* einer Regelung zu, die nicht mehr das Versorgungsgebiet eines einzelnen Regionalversorgers zur Bemessungsgrundlage machte.[182] Auch in der *Frage der Ausstiegsklauseln* der Kommunen konnte man sich auf einen Kompromiss verständigen: Formal sollten die Klauseln grundsätzlich nicht in Anspruch genommen werden. Im Falle einer Genehmigung der Eigenerzeugung nach § 5 EnWG sollten die Regionalversorger gegenüber den betreffenden Kommunen jedoch nicht auf der Bestandskraft von Konzessionsverträgen insistieren. Weil in der *Frage der Vermögensübertragung* keine Einigung erzielt werden konnte

---

[181] Einmalig in der Geschichte der Bundesrepublik Deutschland war, dass das BVerfG auf eigene Initiative einen außergerichtlichen Vergleich zwischen den Streitparteien vorschlug (Nill-Theobald/Theobald 2001, 315).

[182] Für die Lösung dieses Konfliktpunktes waren das Einlenken des Bayernwerks und das Ergebnis eines kommunalen Gutachtens ursächlich, nach dem die gesamte potentielle Eigenerzeugung in den Stadtwerken der neuen Bundesländer die 30-Prozentmarke in keinem Falle überschreiten würde (Matthes 1999, VKU 1993).

(Kauflösung oder Abspaltung), sollte diese Frage zu einem späteren Zeitpunkt durch die Bundesregierung geklärt werden.

Die mit dem vorläufigen Kompromiss offen gebliebenen Fragen zur Ausgestaltung des Verfahrens zur Eigentumsübertragung und die damit betroffene Berücksichtigung der Innenfinanzierung von Investitionen nach dem 31. Dezember 1990 konnten in den Folgewochen geklärt werden, so dass am 22. Dezember 1992 ein von allen Seiten akzeptierter Verhandlungskompromiss als außergerichtlicher Vergleich vorlag. In diesem mussten die Kommunen zwar dem von den westlichen Erwerber-EltVU und dem BMWi vorgeschlagenen Übertragungsverfahren in Form eines Tauschmodells eigener Beteiligungsaktien an die Regionalversorger zur Übertragung der örtlichen Anlagen zustimmen. Andererseits bezog sich die Regelung zur 70-prozentigen Strombezugsverpflichtung nicht mehr nur auf das Versorgungsgebiet eines einzelnen Regionalversorgers. In der Folgezeit stand die Frage im Mittelpunkt, ob alle an der Verfassungsbeschwerde beteiligten Kommunen der erreichten Kompromisslösung zustimmen würden. Aufgrund der teilweise „weich" formulierten Kompromisslösung lehnte in der ersten Jahreshälfte 1993 eine Reihe von Kommunen den erzielten Kompromiss zunächst weiterhin ab. Erst Ende Juli 1993 akzeptierte die letzte Beschwerdeführerin, die Stadt Bad Salzungen, die Verhandlungslösung, so dass die kommunale Verfassungsbeschwerde vor dem BverfG zurückgenommen werden konnte.

Mit dem erzielten *Stromvergleich* war vereinbart worden, dass die Kommunen, die eigene Stadtwerke gründen wollten, zur Genehmigung einer eigenständigen Energieversorgung bis zum 30. September 1993 ihre Antragsunterlagen bei den zuständigen Landesbehörden einreichen mussten. Bis zum August 1993 lagen ungefähr 70 Anträge zu Stadtwerksgründungen vor (Matthes 1999, 476). Bis zum August 1994 verdoppelte sich ihre Zahl auf 147. In jenem Monat hatten 82 Kommunen ihre Genehmigung bereits erhalten und lediglich neun Anträge waren abgelehnt worden (VKU 1994a). Aufgrund der fehlenden Erfahrungen in den Aufsichtsbehörden der neuen Bundesländer zog sich die Gründung von Stadtwerken aber hin. Besonders in den Bundesländern Mecklenburg-Vorpommern und Brandenburg, in denen der RWE-Konzern die Regionalversorger maßgeblich beherrschte, warf der VKU den Genehmigungsbehörden unkooperatives Verhalten und eine verzögernde Blockadepolitik vor (VKU 1994b).[183] Bis Ende 1995 konnte ein Großteil der Genehmigungsverfahren erfolgreich abgeschlossen werden. Allerdings verblieb eine nicht unbeträchtliche Zahl strittiger Verfahren besonders in den Bundesländern Brandenburg, Mecklenburg-Vorpommern und Sachsen, die häufig in Gerichtsverfahren mündeten und in den meisten Fällen durch die Kommunen gewonnen wurden. Bis *Mitte 1998* hatten insgesamt 150 Kommunen die Genehmigung zur Gründung eigener kommunaler Betriebe eingereicht. Von diesen hatten *131 Stadtwerke* eine Genehmigung erhalten, in zehn Fällen war es zu einer Ablehnung gekommen.

Erst mit der Ende Juli 1993 endgültig akzeptierten außergerichtlichen Vergleichslösung war auch der Weg zur *Privatisierung der Regionalversorger* frei geworden, die bis

---

[183] Der VKU kritisierte die Einflussnahme der Regionalversorger an der Genehmigungspraxis. Den Genehmigungsbehörden in Brandenburg, Mecklenburg-Vorpommern und Sachsen-Anhalt wurde vorgeworfen, die Genehmigungsverfahren zur Durchsetzung strukturpolitischer Vorstellungen zu nutzen. Dabei stünden der weitgehende Schutz der Regionalversorger und der Braunkohleverstromung im Vordergrund. Matthes sieht einen möglichen Erklärungsfaktor hierfür in dem Umstand, dass in den drei genannten Bundesländern die Wirtschaftsministerien durch FDP-Politiker geleitet wurden und diese Partei den Konzepten einer möglichst eigenständigen kommunalen Stromversorgung besonders kritisch gegenüberstand (Matthes 1999, 478).

zum Frühjahr 1994 zwischen der THA und den Erwerber-EltVU zügig abgeschlossen werden konnte. Mit der Übernahme wichtiger Regionalversorger in den neuen Bundesländern beherrschten die Erwerber-EltVU PreussenElektra, Bayernwerk und RWE Energie schließlich 72 Prozent des gesamten Stromabsatzes in den neuen Bundesländern. Mit dem Abschluss des Stromvergleichs rückte in der zweiten Hälfte des Jahres 1993 auch die gefundene „weiche" Kompromissformel einer Beschränkung der Eigenerzeugung (30 Prozent) wieder in den Mittelpunkt der Auseinandersetzungen zwischen den im Aufbau befindlichen Stadtwerken und dem neuen ostdeutschen Verbundunternehmen VEAG. Weil auch die Aufsicht führenden Landeswirtschaftsministerien ein struktur- und arbeitsmarktpolitisches Interesse an einer Bestandssicherung der ostdeutschen Braunkohleverstromung hatten, versuchten sie, die Mindestabnahme von Braunkohlestrom zur Voraussetzung einer Genehmigung der kommunalen Eigenversorgung zu machen (§ 5 EnWG), stießen dabei jedoch auf den erbitterten Widerstand der kommunalen Akteure.

Wichtige Auswirkungen hatte auch die Strategie der THA, die Privatisierung der Verbundwirtschaft (VEAG) gemeinsam mit der Braunkohlenindustrie durchzuführen. Während der Verhandlungen über einen außergerichtlichen Vergleich in der Frage der Übertragung des kommunalen Stromvermögens trieb die THA die Privatisierungsbemühungen der VEAG und des ostdeutschen Braunkohlebergbaus voran. Im letzteren Fall ging es um die Zukunft der brandenburgischen *LAUBAG* und der sächsisch-anhaltinischen *MIBRAG*. Der Abschluss der Privatisierungsverhandlungen wurde durch länderpolitische Einflussnahme jedoch bis zum September 1994 verzögert. Der abschließenden Privatisierung der LAUBAG war dabei ähnlich wie bei der in etwa zeitgleich stattfindenden Privatisierung des Kohlebergbaus in Großbritannien eine Aufspaltung des Bergbauunternehmens in seine profitablen und unprofitablen Unternehmensbereiche vorangegangen (s.S. 153ff.). Mit Abschluss des Privatisierungsvertrags übernahm an den profitablen Unternehmensbereichen schließlich die Rheinbraun 39,5 Prozent, die PreussenElektra 30 Prozent, das Bayernwerk 15 Prozent, die RWE Energie 5,5 Prozent sowie BEWAG, VEW, HEW, Badenwerk und EVS jeweils 5 Prozent der Unternehmensanteile (Matthes 1999, 500).

Mit der Privatisierung der LAUBAG wurde ab Februar 1994 auch der Weg zur Privatisierung der VEAG als ostdeutschem Verbundunternehmen frei. Weil aufgrund der ausstehenden Privatisierung der LAUBAG als wichtigstem Kohlelieferanten der VEAG der Abschluss langfristiger Kohlelieferverträge nicht möglich war, konnte ein Unternehmenskonzept, das die Ermittlung eines Unternehmenswertes der VEAG einschloss, lange Zeit nicht abgeschlossen werden. Aufgrund der arbeitspolitischen und sozialen Dimension der angestrebten Privatisierung intervenierte außerdem die Politik massiv in den Privatisierungsprozess: Z.B. wurde von SPD-Landespolitikern wiederholt die Gründung einer ostdeutschen Energie-Holding in die politischen Diskussionen eingebracht, an der sich die ostdeutschen Länder und Kommunen mit mindestens 25 Prozent plus einer Aktie beteiligen sollten. Die immer offener artikulierten Beteiligungsansprüche der Bundesländer Brandenburg und Sachsen an der VEAG stießen jedoch auf den erbitterten Widerstand der an einem Erwerb dieses Unternehmens interessierten westdeutschen Verbundunternehmen.

Im September 1994 kam es schließlich zur Unterzeichnung der Privatisierungsverträ-ge.[184] Der Abschluss der Privatisierung der VEAG zog sich allerdings noch über ein weite-res Jahr hin, weil die Bundesländer Brandenburg, Sachsen und Thüringen vor das Verwal-tungsgericht zogen, um in einer Gesamthöhe von 27,5 Prozent am Kapital der VEAG betei-ligt zu werden. Alle drei Bundesländer machten für ihre Klage frühere, vor der Enteignung durch die sowjetische Besatzungsmacht bestehende Eigentumsbeteiligungen an einzelnen EltVU geltend, die per Einigungsvertrag in das Eigentum der VEAG übergegangen waren. Diese Ansprüche wurden durch das Berliner Verwaltungsgericht erst im August 1995 als unrechtmäßig abgelehnt, weshalb es bis zum Oktober 1995 dauerte, ehe die Aktien an die westdeutschen Erwerber-EltVU übertragen werden konnten (Leuschner 1995a, Leuschner 1995c). Insgesamt hatte sich die Privatisierung des ostdeutschen Verbundunternehmens VEAG damit über einen Zeitraum von fünf Jahren hingezogen.[185]

Im Vergleich zur britischen Energiepolitik hat damit die historisch kontingent aufge-tretene Herausforderung der Deutschen Einheit die Handlungsorientierung der sektoriellen Akteure vorrangig auf die Bewältigung der Integration und Transformation der ostdeut-schen Stromwirtschaft gelenkt. Bis über die Mitte der 1990er Jahre hinaus ging es primär um die Klärung der Frage, ob die bestehende pluralistische und dezentralisierte Sektor-struktur in den alten Bundesländern auf die neuen Bundesländer übertragen würde. Neben der Frage der Reichweite einer Übertragung der westdeutschen Sektorstruktur und einer damit verbundenen Kommunalisierung der Energiewirtschaft traten mit der zu bewältigen-den Privatisierung der ostdeutschen Stromwirtschaft die arbeitsmarkt- und strukturpoliti-schen Komponenten energiepolitischer Regulierung immer deutlicher hervor. Nicht zuletzt aufgrund der damit verbundenen Unsicherheiten stand eine weitreichende Liberalisierung der gesamten deutschen Stromwirtschaft nach britischem Vorbild außerhalb der zentralen politischen Diskussionen.

Aufgrund der Reichweite der ökonomischen Umbruchsituation geriet die ökologische Konfliktlinie scheinbar in den Hintergrund energiepolitischer Regulierung.[186] Schließlich fokussierte der Reformprozess in der ostdeutschen Stromwirtschaft vorrangig auf dem Ziel einer Bestandssicherung der ostdeutschen Braunkohle. Im Abschluss der langfristigen und auf Bestandsschutz zielenden Verträge zur Verstromung erheblicher Absatzmengen ost-deutscher Braunkohle offenbarte sich die geringe Relevanz einer wettbewerbsrechtlichen Orientierung in der deutschen Energiepolitik. Die Intensität des staatlichen Eingriffs in die Regulierung der ostdeutschen Stromwirtschaft wurde durch die energiepolitischen Interes-sen und den energierechtlichen Einfluss einzelner Länder zusätzlich verstärkt, zumal die gemeinsamen Interessen zwischen den Bergbauländern horizontale Kooperationen ermög-lichten (z.B. Saarland). Hierdurch wurde die bestehende Erzeugungsstruktur, welche in der

---

[184] An der VEAG wurden demnach folgende westdeutsche Erwerber-EltVU beteiligt: Bayernwerk 22,5 Prozent, PreussenElektra 26,25 Prozent und RWE Energie 26,25 Prozent. Die übrigen 25 Prozent verteilten sich auf die Unternehmen Badenwerk, BEWAG, EVS, HEW und VEW (Leuschner 1994).

[185] Auf die negative Gerichtsentscheidung durch das Verwaltungsgericht Berlin reagierten die Bundesländer Brandenburg, Sachsen und Thüringen mit einer Verfassungsbeschwerde vor dem BVerfG, die im April 1997 abschließend als unzulässig und nicht begründet zurückgewiesen wurde (Leuschner 1995b, Leuschner 1997).

[186] Für die Politikentwicklung des StromEG wird dieser Umstand aber positiv beurteilt. Durch die plötzliche Option der Deutschen Einheit Ende 1989 rückten die Debatten zur Verabschiedung des StromEG in den Hinter-grund der politischen und öffentlichen Aufmerksamkeit (Kissel/Oeliger 2004).

Stromwirtschaft auf eine klare Bevorzugung der Verstromung ostdeutscher Braunkohle hinauslief, auf Jahre in pfadabhängiger Weise determiniert.

Für die weitere Analyse der Regulierung erneuerbarer Energien bleibt damit festzuhalten: Der Prozess der Deutschen Einheit resultierte in einem Transfer bewährter Muster sektorspezifischer Regulierung in die neuen Bundesländer. Einerseits kann mit der Gründung zahlreicher Stadtwerke in den neuen Bundesländern von einer Stärkung der kommunalwirtschaftlichen Akteure im energiewirtschaftlichen Sektorregime ausgegangen werden. Andererseits erfolgte mit dem Einheitsprozess aber eine umfassende Absicherung bestehender Erzeugungsstrukturen: Über die nächsten Jahrzehnte garantieren die im Verlauf der 1990er Jahre getätigten Investitionen in die ostdeutschen Braunkohlekraftwerke sowie der damit verbundene Abschluss langjähriger Kohleverträge die fossile Elektrizitätserzeugung in diesen Regionen.

4.2.3.2 Wichtige Entwicklungen in der deutschen Kernenergie- und Kohlepolitik (1990-1998)

Während in den Jahren nach der Deutschen Einheit die Frage über die zukünftige Struktur des ostdeutschen Stromsektors entschieden wurde, wurden auf der Bundesebene wichtige Entscheidungen in der Frage der Regulierung der Kernenergie und der Kohlepolitik getroffen. Wegen der besonderen Reichweite der mit dem Einheitsprozess anstehenden energiepolitischen Entscheidungen, welche die zukünftige Rolle der Kernenergie sowie der Stein- und Braunkohle für die nationale Stromversorgung betraf, forderte das damalige BMWi die Neudefinition eines parteienübergreifenden energiepolitischen Konsenses und kündigte hierfür die Einrichtung einer Kommission an (BMWi 1991). Wichtigstes Aufgabenziel der Kommission, die aus Vertretern der Bundes- und Länderministerien, den Parteien des Bundestages sowie der Verbundunternehmen bestehen sollte, war das Ausloten eines möglichen energiepolitischen Konsenses zur langfristigen Sicherstellung einer Energieversorgung. Unter dem Eindruck der seit dem Reaktorunfall von Tschernobyl gestiegenen landespolitischen Widerstände gegen eine zivile Nutzung der Kernenergie ging die deutsche Verbundwirtschaft im Verlauf des Jahres 1992 auf das Gesprächsangebot ein.[187] Nach mehreren Anläufen scheiterten die Gespräche aber vor allem am Widerstand der SPD-Landesvertreter, die bereits nach dem Gesprächsausstieg der Vertreter von Bündnis90/Die Grünen vom Oktober 1993 ebenfalls den Rückzug aus den Verhandlungsrunden beschlossen. Im November 1993 bekräftigte die SPD dann auf dem Wiesbadener Bundesparteitag ihr Festhalten am Ziel eines Kernenergieausstiegs.

Gleichzeitig versuchte die christlich-liberale Bundesregierung erste Ergebnisse der Konsensgespräche, in denen es auch um die Zukunft der deutschen Kohlepolitik gegangen war, durch den Erlass eines *„Gesetzes zur Sicherung des Einsatzes von Steinkohle in der Verstromung und zur Änderung des Atomgesetzes"* festzuschreiben. Ein entsprechender Gesetzentwurf wurde im Februar 1994 aber durch den SPD-dominierten Bundesrat mit der

---

[187] Die zunehmende Konsensorientierung der deutschen Verbundunternehmen war auf die sich zuspitzende nukleare Wiederaufarbeitungs- und Entlagerungsproblematik zurückzuführen. Der zwischenzeitlich erfolgte Baustopp der Wiederaufarbeitungsanlage im bayerischen Wackersdorf und die ungeklärte Frage der Endlagerung radioaktiver Abfälle im niedersächsischen Salzgitter und in Gorleben verstärkten den Handlungsdruck innerhalb der deutschen Atomwirtschaft.

Begründung abgelehnt, dass einerseits für die Steinkohle ein bestimmtes Strommarktvolumen festgelegt würde, andererseits jedoch der zukünftige Einsatz ostdeutscher Braunkohle völlig offen bliebe.[188] Die weiteren Verhandlungen führten bis Sommer 1994 vor allem in der Frage der zukünftigen Subventionierung der westdeutschen Steinkohle zu heftigen Auseinandersetzungen zwischen den bergbauintensiven Bundesländern, der Bundesregierung und den betroffenen Gewerkschaften. Die konventionelle Energiewirtschaft wollte eine Verlängerung des 1995 auslaufenden Jahrhundertvertrages nur akzeptieren, wenn sie die deutsche Steinkohle zu Weltmarktpreisen abnehmen könnte. Eine Neuformulierung des staatlichen Förderrahmens für die Steinkohle war vor allem notwendig, weil der EG-rechtliche Beihilfarahmen bereits Ende 1993 abgelaufen war. Bis zum Juli 1994 gelang mit der Verabschiedung von zwei Gesetzen schließlich die Neuregelung dieses Förderrahmens, der die Steinkohlesubventionierung bis zur Jahrtausendwende sichern sollte.[189] Es wurde eine Umstellung des Förderansatzes von Mengengerüsten auf Subventionsplafonds beschlossen, wobei für das Jahr *1996* zur Förderung der Steinkohle rund *3,8 Mrd. Euro (7,5 Mrd. DM)* und die Folgejahre bis 2000 *jeweils* rund *3,5 Mrd. Euro (7 Mrd. DM)* vorgesehen waren. Außerdem wurden bis zum Jahr 2005 weitere Subventionen in Aussicht gestellt. Im sog. *„Vierten Verstromungsgesetz"* wurde schließlich der Subventionierungsmechanismus für das Jahr 1996 geregelt. Die Finanzierung der Subventionen sollte weiterhin über die Erhebung einer Verstromungsabgabe, dem sog. *„Kohlepfennig"* erfolgen, der im gesamten Gebiet der Bundesrepublik einen Anteil von 8,5 Prozent an den Stromrechnungen ausmachen sollte. Von erheblicher Bedeutung für die weitere Entwicklung war jedoch, dass kurz nach der Verabschiedung des Gesetzes das BverfG im Oktober 1994 die Ausgleichsabgabe nach dem *Dritten Verstromungsgesetz* für verfassungswidrig erklärte. Mit dem Urteil wurde die Geltungsdauer der bestehenden Regelungen bis maximal Ende 1995 befristet (Matthes 1999, 454, Mez 1997, 444). Das BverfG bemängelte, dass mit dem Kohlepfennig ein öffentlich-rechtlicher Sonderfonds geschaffen worden sei, der in seiner Ausgestaltung gegen Art. 3 GG verstoße.

Die *Kohlepfennigentscheidung des BverfG* zwang die Bundesregierung zur zügigen Erarbeitung eines verfassungskonformen Alternativvorschlags, mit dem die Subventionierung des deutschen Steinkohlebergbaus über das Jahr 1995 gesichert würde. Zur Klärung dieser Frage setzte die Bundes-CDU zusammen mit der CDU in Nordrhein-Westfalen den damaligen nordrhein-westfälischen Ministerpräsidenten Rau (SPD) im Vorfeld der anstehenden Landtagswahlen von 1995 unter Druck und forderte ihn auf, an einem parteienübergreifenden Energiekonsens unter Berücksichtigung der Kernenergie mitzuwirken und dadurch die Verabschiedung von Finanzierungsregelungen zugunsten der heimischen Steinkohle zu sichern. Allerdings vertraten auch die Regierungsparteien CDU/CSU und FDP in der Frage der zukünftigen Steinkohlesubventionierung unterschiedliche Ansichten. Deshalb beraumte Bundeskanzler Kohl für Ende März 1995 ein weiteres Energiekonsensgespräch an, an dem auch SPD-Vertreter beteiligt werden sollten. Bei diesem Gespräch sollte die SPD der Lösung von Problemen zur zukünftigen Nutzung der Kernenergie (vor allem dem

---

[188] Der Hintergrund hierfür war die noch nicht vollendete Privatisierung der ostdeutschen Braunkohleindustrie und des Verbundunternehmens VEAG (s.S. 196ff.).

[189] Diese Neuregelung umfasste das „Gesetz zur Sicherung des Einsatzes von Steinkohle in den Jahren 1996 bis 2005 vom 19. Juli 1994 (BGBl. I Nr. 46, S. 1618)" und das „Gesetz zur Steinkohleverstromung im Jahre 1996 vom 19. Juli 1994 (BGBl. I Nr. 46, S.1618-1621)".

Entsorgungsproblem von Nuklearmüll) zustimmen, was sie jedoch weiterhin verweigerte (Mez 1997, 445).

Nachdem die Konsensgespräche erneut gescheitert waren, setzte sich kurze Zeit später die FDP mit ihrem Vorschlag durch, die Steinkohlesubventionen ohne Gegenfinanzierung (z.B. durch eine Energie- oder Stromsteuer) direkt aus dem Bundeshaushalt zu finanzieren. Mit dem damit verabschiedeten Gesetz wurde das Finanzierungssystem für die Steinkohle bis Ende 1995 abschließend reformiert.[190] Mit dem neuen System konnten die deutschen Elektrizitätserzeuger letztlich Lieferverträge für Steinkohle zu einem gleich hohen Preisniveau durchsetzen wie bei importierter Steinkohle. Hierzu wurde der Differenzbetrag zwischen Weltmarkt- und national geförderter Kohle staatlich subventioniert (Mez 1997, 445). Zum Zeitpunkt der Verabschiedung eines ersten Markteinführungsprogramms für erneuerbare Energien wurde die Energiepolitik in der Bundesrepublik Deutschland somit auch durch weitreichende Subventionsentscheidungen des westdeutschen Steinkohlebergbaus beeinflusst. Auch hier waren die Einflüsse horizontaler und vertikaler Politikverflechtung in der föderalen Energiepolitik der Bundesrepublik deutlich.

4.3 Der Europäische Energiebinnenmarkt vor der gleichzeitigen Herausforderung von Wettbewerb und Nachhaltigkeit (1988-1997)

Seit 1996 wirkte sich das Ziel einer Liberalisierung der Stromwirtschaft auch auf die Regulierung des deutschen Stromsektors aus und beeinflusste mittelbar auch die Regulierung erneuerbarer Energien. In jenem Jahr wurde eine erste Europäische Richtlinie zur Liberalisierung des Strommarktes verabschiedet, deren Entwicklung und Regelungsgehalte im folgenden Abschnitt skizziert werden (s.u.). Zeitgleich erwiesen sich für die Regulierung erneuerbarer Energien die Anstrengungen der Europäischen Kommission zur Umsetzung einer ersten Europäischen Klimaschutzstrategie in Folge der UN-Umweltkonferenz von Rio de Janeiro von 1992 als einflussreich (s.S. 214ff.). Mit der Erarbeitung entsprechender Konzepte beeinflusste die Europäische Gemeinschaft allmählich die Rahmenbedingungen für einen nationalen Ausbau erneuerbarer Energien. Für den britisch-deutschen Vergleich ist hervorzuheben, dass sich die europäischen Regulierungsinitiativen aufgrund der bereits ab 1990 erfolgten britischen Sektorliberalisierung besonders auf die deutsche Energiepolitik auswirken. Für die Analyse des zunehmenden EU-Einflusses zur Einführung sektoralen Wettbewerbs in die deutsche Energiewirtschaft wird auf die Ergebnisse bestehender politik- und rechtswissenschaftlicher Analysen zurückgegriffen (Eising 2000, Matláry 1997, Renz 2001, Schmidt 1998a, b, Schneider 1999).

4.3.1 Zur Entstehung der Europäischen Liberalisierungsrichtlinie für die Stromwirtschaft von 1996

Mit der Verabschiedung der *Einheitlichen Europäischen Akte* (EEA) fiel im Jahr 1986 der Startschuss für die Verwirklichung des *Europäischen Binnenmarktprogramms* (EBP), das auf einen freien Waren- und Dienstleistungsverkehrs innerhalb der Europäischen Gemeinschaft zielt. Bereits damals befasste sich die Europäische Kommission mit ersten Plänen für

---

[190] Hierzu wurde das „Gesetz zur Umstellung der Steinkohleverstromung ab 1996 vom 12. Dezember 1995 (BGBl. I Nr. 62, S. 1638-1640)" verabschiedet.

ein Energiebinnenmarktprogramm, obwohl der Energiesektor kein Bestandteil des EBP und der EEA war. Mit der Veröffentlichung eines ersten Arbeitspapiers im Jahr 1988 wurden Pläne der GD Wettbewerb hierzu publik (Europäische Kommission 1988a). Die Kommission forderte darin die Regulierung eines allgemeinen *europaweiten Zugangs zur strom- und gaswirtschaftlichen Netzinfrastruktur.*

Die wichtigsten Instrumente der Europäischen Kommission zur Initialisierung eines Europäischen Energiebinnenmarktes bestanden in der Anwendung der wettbewerbsrechtlichen Grundlagen des EGV in den Bereichen des freien Waren- und Dienstleistungsverkehrs, der Staatsmonopole (z.B. Import/Export) und den Staatsbeihilfen. Zur Klärung der Rechtmäßigkeit nationaler staatlicher Beihilfen im Steinkohlebergbau sowie zur Prüfung von Vertragsverstößen bei ausschließlichen Ein- und Ausfuhrmonopolen wandte die GD Wettbewerb primäres Vertragsrecht an (*Art. 30, 34* und *37 EGV*, dam. Fassung) (Renz 2001).[191] In ihrem Vorgehen gegen die nationalen Staatsmonopole berief sich die Europäische Wettbewerbsbehörde auf die primärrechtlichen Regelungen der damaligen *Art. 85 EGV* (Verbot wettbewerbsbeschränkender Vereinbarungen und Verhaltensweisen) und *Art. 86 EGV* (Missbrauch einer marktbeherrschenden Stellung). Die Anwendbarkeit des primären Vertragsrechts in den Wirtschaftsfeldern der öffentlichen Versorgung (neben Energiewirtschaft z.B. Post, Telekommunikation) war juristisch jedoch keineswegs eindeutig (Schmidt 1998a, 207). Gegenüber den energiewirtschaftlichen Monopolen konnten die *Art. 85 und 86* nur in Verbindung mit *Art. 90, 2 EGV* (dam. Fassung) angewandt werden. Danach ergaben sich die Grenzen einer primärrechtlichen Anwendung der EGV-Wettbewerbsregeln insofern, „soweit die Anwendung dieser Vorschriften nicht die Erfüllung der ihnen übertragenen besonderen Aufgaben rechtlich oder tatsächlich verhindert" *(Art. 90, 2 EGV).* Zur Durchsetzung von mehr Wettbewerb in den Sektoren der öffentlichen Daeinsvorsorge erwog die Kommission außerdem die Verabschiedung einer Richtlinie auf der Basis von *Art. 90, 3 EGV* (dam. Fassung), die ohne Zustimmung des Rates oder vorherige Konsultationen mit dem Europäischen Parlament (EP) hätte erfolgen können. Ein solches Vorgehen hätte im Gegensatz zum *üblichen Verfahren nach Art. 100a EGV* (dam. Fassung) gestanden, bei dem in wichtigen Fragen des Binnenmarktes ein qualifizierter Mehrheitsentscheid im Rat erforderlich war. Allerdings wurde ein solcher Alleingang der Europäischen Kommission durch „aktiven" Druck einzelner Mitgliedstaaten verhindert.

Im Dezember 1991 forderte die Europäische Kommission bei der Vorbereitung des Maastrichter Gipfels eine umfassende Kompetenzausweitung gegenüber den Mitgliedstaaten im Politikfeld Energie. Hierzu sollte ein gesondertes Energiekapitel in den EGV aufgenommen werden. Einen solchen Vorschlag lehnte der Rat während des Maastrichter Gipfels jedoch ab (Schmidt 1998a).[192] Als Reaktion entwickelte die EU-Kommission zügig eine

---

[191] Bereits in der zweiten Hälfte der 1980er Jahre war die GD Wettbewerb auf französische Initiative gegen die deutsche Subventionierung der Steinkohle vor (1988) vorgegangen und untersuchte, ob der sog. *„Jahrhundertvertrag"* gegen Art. 85 EGV (Verbot wettbewerbsbeschränkender Vereinbarungen und Verhaltensweisen) verstieß. Hinter dem Verfahren stand das Interesse der EdF für bessere Stromexportmöglichkeiten (vor dem Hintergrund eigener nuklearer Überkapazitäten).

[192] Die erweiterten Zuständigkeiten für eine Gemeinschaftliche Energiepolitik (*„common energy policy"*) sollten auf der Grundlage der Energieverträge EGKS und EAGV koordiniert werden. Die wichtigsten Ziele einer Europäischen Energiepolitik sollten in der Gewährleistung von Versorgungssicherheit und -stabilität, einer zunehmenden Marktintegration, der Sicherung der Energieversorgung in Krisenfällen und der Gewährleistung eines hohen Umweltschutzniveaus bestehen (Matláry 1997, 62).

neue Strategie für eine Gemeinschaftliche Energiepolitik und legte bereits zu Beginn des Jahres 1992 einen ersten „*Vorschlag für eine Richtlinie des Rates betreffend gemeinsamer Vorschriften für den Elektrizitätsbinnenmarkt*" (Elt-Rl) vor (Europäische Kommission 1991a). Der Richtlinienentwurf spiegelte wesentliche Reformelemente der nur zwei Jahre zuvor erfolgten Liberalisierung des britischen Elektrizitätssektors wider. So war die Abschaffung exklusiver Rechte beim Kraftwerks- und Leitungsbau vorgesehen. Den Mitgliedstaaten sollten aber in Fragen der Anlagengenehmigung zentrale Kompetenzen verbleiben. Darüber hinaus sollten die Mitgliedstaaten ein Recht auf Bevorzugung inländischer Energiequellen (z.B. Kohle) bis zu 20 Prozent des nationalen Gesamtbedarfs behalten. Überdies war die Garantie bestehender Vorrangregelungen für erneuerbare Energien und anderer umweltschonender Technologien vorgesehen. Bestimmte Elemente der nationalen Stromerzeugung sollten somit vom Geltungsbereich des Europäischen Wettbewerbsrechts ausgeschlossen bleiben. Ein zentrales Liberalisierungselement des Elt-Rl-E bestand in der Forderung nach einer *Entflechtung der vertikal integrierten Stromwirtschaft in die Bereiche Erzeugung, Transport und Verteilung (sog. "Unbundling")*. Hierdurch sollte die Transparenz der Rechnungslegung verbessert, die Möglichkeit von Quersubventionierungen unterbunden und die Effizienzorientierung in den einzelnen Unternehmenssparten an Gewicht gewinnen. Ein weiteres zentrales Reformelement war die *Regelung des allgemeinen Netzzugangs (regulierter Netzzugang)*. Hier sollten eine Veröffentlichungspflicht der Bedingungen des Netzzugangs und der Tarife einer Netznutzung vorgeschrieben werden.

Obwohl einer Übertragung weitreichender energiepolitischer Kompetenzen auf die Europäische Kommission mit dem Vertrag von Maastricht nicht zugestimmt wurde, sind dort wichtige Reformen zu den Entscheidungsverfahren der Europäischen Gemeinschaft beschlossen worden. In historischer Perspektive sollten sich die Änderungen auch auf die Entwicklung der Europäischen Energiepolitik auswirken.[193] Mit der Verabschiedung des Maastrichter Vertrages zur Europäischen Union und seinem Inkrafttreten am 1. November 1993 wurde die Entscheidungsregel der qualifizierten Mehrheit im Entscheidungsverfahren des Rates über das bisherige Politikfeld der Binnenmarktpolitik auf die Politikfelder des Umwelt- und Verbraucherschutzes sowie bestimmter Regelungsgebiete der Sozialpolitik ausgeweitet. Darüber hinaus wurde das Mitbestimmungsverfahren erweitert, so dass dem EP im Entscheidungsprozess besondere Vetorechte zugestanden wurden (Mazey 2001, 42). Die Einstimmigkeitsvoraussetzung im Ministerrat blieb lediglich für bestimmte politische Kernbereiche bestehen, wie der Steuerpolitik, der Regionalplanung, der Wasserwirtschaft sowie substantiellen Entscheidungen über die Bedeutung einzelner Energieträger in der Energieversorgung und damit verbundenen energiewirtschaftlichen Fragen. Wie später zu zeigen sein wird, hatte die Ausweitung der Mitbestimmung des EP auch für die Regulierung erneuerbarer Energien wichtige Folgen (s.S. 374ff.).

---

[193] Bereits die Verabschiedung der EEA im Jahr 1986 hatte in den europäischen Entscheidungsverfahren zu einer Stärkung des EP geführt. Seitdem gelangt bei qualifizierten Mehrheitsentscheidungen im Rat das sog. „*Kooperationsverfahren*" zur Anwendung. Dabei kann das EP unter der Voraussetzung eines absoluten Mehrheitsbeschlusses Vorschläge des Ministerrats (z.B. Richtlinienvorschläge) ablehnen und durch eigene Verbesserungsvorschläge ergänzen. Diese Vorschläge können im weiteren Verfahren vom Ministerrat nur mit einer einstimmigen Entscheidung abgelehnt werden, während ihre Verabschiedung eine qualifizierte Mehrheit erfordert. Eine entscheidende Voraussetzung für die Annahme der Änderungsvorschläge des EP und den erfolgreichen Abschluss des Kooperationsverfahrens ist letztlich aber, dass auch die Kommission den EP-Vorschlägen zustimmt.

Darüber hinaus ergaben sich mit dem Maastricht-Vertrag für die Europäische Umweltpolitik zentrale Änderungen. Im EGV wurde der Zielkatalog des *Art. 130 r EGV* um die Ziele einer *„Förderung von Maßnahmen auf internationaler Ebene zur Bewältigung regionaler oder globaler Umweltprobleme"* sowie der Realisierung eines *„hohen Schutzniveaus"* erweitert. Vor allem wurde der Umweltschutz an prominenter Stelle in Art. 2 EGV verankert, wobei als Ziel der Europäischen Gemeinschaft die Verwirklichung eines *„umweltverträglichen Wachstums"* definiert wurde. In Verbindung mit den sich konkretisierenden Initiativen für einen Europäischen Energiebinnenmarkt wurden damit die rechtlichen Grundlagen für seine nachhaltige Regulierung gelegt. Gleichzeitig verstärkte die Europäische Kommission aufgrund internationaler Abkommen ihre Initiativen zur rationellen Verwendung natürlicher Ressourcen bei der Energiegewinnung (s.S. 215ff.). Mit der Reform von Maastricht fanden somit umweltpolitische Zielsetzungen ihre zunehmende rechtliche Verankerung im Europäischen Gemeinschaftsvertrag.[194] Darin spiegelte sich die wachsende Relevanz des Nachhaltigkeitsparadigmas wider.

In den weiteren Ratsverhandlungen für die für die von der EU-Kommission initiierten europaweiten Liberalisierung der Stromwirtschaft erwies sich vor allem die Opposition der *französischen Regierung* mit ihren eng verflochtenen Interessen zur *EdF* als entscheidender Einflussfaktor.[195] Weil die Kommission nach dem Scheitern eines Alleingangs zur Verabschiedung einer Elt-Rl über Art. 90, 3 EGV den kooperativen Verfahrensweg über *Art. 100 EGV* (dam. Fassung) wählen musste, der seit Maastricht eine umfassende Beteiligung des EP beinhaltete, wartete die Kommission eine Bewertung ihrer Vorschläge durch das zum damaligen Zeitpunkt von der sozialistischen Fraktion dominierte EP ab. In der abschließenden Stellungnahme des EP, dem sog. *„Desama-Bericht"*, der mit dem Inkrafttreten des Maastricht-Vertrags im November 1993 erschien, wurde die grundsätzliche Kritik am Kommissionsvorschlag offenbar. Neben einer Betonung der Verantwortlichkeit der Mitgliedstaaten in Fragen der Regulierung von *öffentlichen Dienstleistungen* hob das EP die besondere Bedeutung des *Art. 90, 2 EGV* (Freistellung der *„Dienstleistungen von allgemeinem wirtschaftlichen Interesse"* von den Prinzipien des Wettbewerbs) für den Sektor der leitungsgebundenen Energien hervor und plädierte mehrheitlich für eine Beibehaltung der Lieferungsmonopole der energiewirtschaftlichen Verteilnetzbetreiber (VNB). Die Einführung von Wettbewerb sollte auf die Bereiche Erzeugung und Übertragung beschränkt bleiben.[196] Außerdem hob das EP die Wie weiterer Harmonisierungsmaßnahmen in der

---

[194] Ein wichtiger Impuls für die Stärkung von Nachhaltigkeitsfragen in der Europäischen Politik war von der UNCED-Konferenz des Jahres 1992 in Rio de Janeiro ausgegangen, an der 178 Staaten und 140 Staatschefs teilnahmen. Auf der Konferenz wurden folgende wichtige umweltpolitische Abkommen abgeschlossen: Riodeklaration für eine gemeinsame Umwelt- und Entwicklungspolitik, Klimarahmenkonvention (s.S. 364f.), Konvention zum Schutz der biologischen Vielfalt, Agenda 21 und Walderklärung.

[195] Die EdF sah in den wettbewerbsorientierten EU-Vorschlägen eine Gefährdung ihrer marktbeherrschenden Stellung und ihrer einseitigen Ausrichtung auf die Nuklearerzeugung, mit der die langfristige Investitionssicherheit und Zukunft des nationalen Nuklearprogramms in Frage gestellt würden. Entsprechend motivierter Widerstand gegen die skizzierten Richtlinienvorschläge ging auch von denjenigen europäischen Mitgliedstaaten aus, deren Energiewirtschaft durch einen staatsmonopolistischen Energiekonzerns und somit durch ein hohes Maß an vertikaler Integration charakterisiert waren, also z.B. von Belgien, Italien und Spanien.

[196] Die Freistellung der VNB vom Wettbewerbsprinzip zur Erfüllung öffentlicher Dienstleistungen der Daseinsvorsorge (z.B. Gleichpreisigkeit der Versorgung mit Energie, Wasser, Telekommunikation) entsprach sowohl den französischen Vorstellungen einer Aufrechterhaltung ihrer vertikal integrierten Stromwirtschaft als auch den kommunalwirtschaftlichen Interessen in Deutschland (z.B. VKU) an einer Beibehaltung ihrer wettbewerbsrechtlichen Sonderstellung im nationalen Regulierungsregime.

europäischen Energiepolitik (z.B. steuer- u. umweltpolitische Maßnahmen) vor einer beschleunigten Marktöffnung hervor. Weitere Änderungsvorschläge des EP zum Kommissionsentwurf betrafen die Zulassung neuer Produzenten über öffentliche Ausschreibungen und eine Erweiterung des regulierten Netzzugangs um die Möglichkeit eines verhandelten Netzzugangs.[197] Überdies lehnte das EP die umfassenden Kommissionsvorschläge zum gesellschaftsrechtlichen Unbundling (Erzeugung, Transport, Verteilung) ab und forderte stattdessen, eine verbesserte Kostentransparenz alleine über die Überprüfung interner Rechnungsunterlagen zu erreichen (Palinkas 1996). An dieser Stelle fasst eine frühere Analyse des Policyprozesses auf europäischer Ebene zusammen: „Von den ursprünglichen ehrgeizigen Liberalisierungsplänen der Kommission blieb hiermit nicht viel übrig" (Schmidt 1998a, 224).

Mit Beginn des Jahres 1993 brachte die französische Regierung und kurze Zeit später das EP jeweils eigene Initiativen auf den Weg, um die europarechtliche Sonderstellung von *Art. 90, 2 EGV*, der die *„Dienstleistungen von allgemeinem wirtschaftlichen Interesse"* von einer Anwendung des Wettbewerbsprinzips freistellte, inhaltlich genauer zu bestimmen. Im Wesentlichen sollten die Grenzen einer Einführung von Wettbewerb bei bestimmten staatlichen Infrastrukturaufgaben genauer gezogen werden. Die französische Regierung rief die Europäische Kommission mit dem Entwurf dazu auf, eine *"Public Service Charta"* für die Sektoren Wasser, Gas, Elektrizität, Transport, Post und Telekommunikation auszuarbeiten. Im Frühjahr 1994 verschärfte schließlich das EP seine Initiative, um europaweit gültige Grundsätze einer Gestaltung der öffentlichen Dienste zu definieren.[198] Anstelle der sektorspezifischen Anwendung von Wettbewerbsregeln „sollte eine horizontale Definition einen Grundbestand an öffentlichen Dienstleistungen erhalten" (Schmidt 1998a, 227). Analog zu den französischen Forderungen forderte das EP die EU-Kommission dazu auf, einen Katalog öffentlicher Dienstleistungen (*"Public Service Charta"*) zu erarbeiten, der neben der Sozialcharta und dem Konzept zu den Transeuropäischen Netzen einen weiteren Grundpfeiler der politischen Union bilden sollte. Eine umfassende Anwendung des Wettbewerbsprinzips auf die Sektoren der öffentlichen Daseinsvorsorge wurde in diesem Zusammenhang zusätzlich durch zwei EuGH-Urteile eingeschränkt. Mit den Urteilen in den Fällen *Corbeau* (1993) und *Almelo* (1994) hatte der EuGH die mitgliedstaatlichen Kompetenzen zur souveränen Entscheidung über die Anwendung des Wettbewerbsprinzips im Bereich öffentlicher Dienstleistungen (z.B. Telekommunikation, Post, Energie und Wasser) gestärkt, weil das Gericht die Entscheidung über die inhaltliche Definition und Interpretation der *Dienstleistungen von allgemeinem wirtschaftlichem Interesse* an die nationalen Gerich-

---

[197] Mit der Forderung nach einem verhandelten Netzzugangs setzten sich vor allem die deutschen Parlamentarier durch: Wegen der gemischtwirtschaftlichen Struktur der deutschen Stromwirtschaft hätte die Einführung eines regulierten Netzzugangs einen schwerwiegenden ordnungspolitischen Eingriff bedeutet.

[198] Aufgrund divergierender Rechts- und Staatstraditionen bestehen in den EU-Mitgliedsländern unterschiedliche inhaltliche Konzeptionen zum Begriff der *„Dienstleistungen von allgemeinem wirtschaftlichen Interesse"*. Besonders in den Mitgliedstaaten mit romanischer Rechtstradition herrscht differenziertes Verständnis zum Konzept des *„Service Public"* vor (z.B. Frankreich, Belgien, Italien, Spanien). Vor diesem Hintergrund konnte mit den übrigen Mitgliedsländern eine Übereinkunft über den Inhalt des Begriffs nur schwierig erzielt werden (z.B. mit Deutschland, Großbritannien, Niederlande). Es blieb umstritten, welche Aufgaben von einer Anwendung des Wettbewerbsprinzips freizustellen waren. Zwar existiert z.B. in Deutschland das von Forsthoff entwickelte *„Konzept der Daseinsvorsorge"*, das jedoch wesentlich weniger spezifiziert ist als die Konzepte romanischer Rechtstradition (Ambrosius 2000, Püttner 2000).

te zurückverwies. Mit den Urteilen wurde das bisherige primärrechtliche Vorgehen der Europäischen Kommission gegen einzelne Mitgliedsländer entscheidend geschwächt.

Kurz nach Verabschiedung des Desama-Berichts im November 1993 legte die EU-Kommission bereits im *Dezember 1993* einen *überarbeiteten Richtlinienentwurf* zur Wieralisierung der Stromwirtschaft vor, in dem einige der Kritikpunkte des EP berücksichtigt wurden Bereits im Sommer 1993 hatte die Kommission einer *Erweiterung des Netzregulierungsmodells um den verhandelten Netzzugang* zugestimmt. In ihrem überarbeiteten Entwurf betonte die Kommission das Ziel der Beseitigung monopolistischer Marktstrukturen. Gleichzeitig dürfe, so die Brüsseler Behörde, das Subsidiaritätsprinzip nicht dazu führen, dass ein Staat unter Bezug auf das „öffentliche Interesse" seinen Markt abschotte, während Unternehmen auf seinem Territorium gleichzeitig Marktanteile in anderen Mitgliedsländern eroberten. Deshalb verlange Subsidiarität immer *Reziprozität* im Sinne einer gleichwertigen Marktöffnung gegenüber konkurrierenden Mitgliedstaaten (Palinkas 1996). In der Frage der Einrichtung neuer Erzeugungs- und Übertragungskapazitäten ergänzte die Kommission ihre Vorschläge um die *Möglichkeit der Durchführung öffentlicher Ausschreibungsverfahren.* Beim *Unbundling* begnügte sich die Kommission mit einer getrennten Rechnungslegung, so dass keine organisationsrechtliche Entflechtung mehr erforderlich sein sollte. In zwei wichtigen Punkten kam die Kommission den Forderungen des EP nicht nach. Zum einen fand die Forderung nach einer intensiveren Harmonisierung in den Bereichen des Umweltschutzes und des Steuerwesens als Voraussetzung für weitere Liberalisierungsschritte keine Berücksichtigung. Zum anderen wurde die Forderung nach einer Beibehaltung der Verteilungsmonopole nicht akzeptiert. In den dezentralisierten elektrizitätswirtschaftlichen Regimen mussten also die kommunalen Versorger die Einführung von Wettbewerb fürchten.

In der Folgezeit konzentrierte sich die Entwicklung der Richtlinienvorschläge auf die Ratsverhandlungen der Energieminister. Nachdem die französische Regierung im Frühsommer 1994 ihr eigenes Netzzugangsmodell vorgelegt hatte,[199] spitzten sich die Verhandlungen auf die Fragestellung der Reziprozität, also der gleichgewichtigen Marktöffnung zwischen den nationalen Energiesektoren, zu (Eising 2000, 237-241). Weil die Details der Funktionsweise des SB-Modells unklar blieben, mobilisierte vor allem die deutsche Energiewirtschaft sowie die Mitgliedstaaten, deren Energiewirtschaften nicht durch zentralisierte und staatsmonopolistische Strukturen gekennzeichnet waren, ihren Widerstand gegen das geplante französische Netzzugangsmodell.[200] Die VdEW kritisierte, dass mit dem SB-Modell der Wettbewerb eingeschränkt würde, weil die Wettbewerber auf dem Markt ausgeschlossen und existierende Importmonopole gefestigt würden. Das gleichzeitige Nebeneinander von voller Marktöffnung durch verhandelten Netzzugang einerseits und die Zulas-

---

[199] Die französische Regierung hatte das SB-Modell (oder Alleinkäufersystem) als eigenes Netzzugangsmodell in die Verhandlungen eingebracht. Um das Verteilungsmonopol des französischen Systems und damit die vertikalintegrierte Struktur der EdF aufrechtzuerhalten, sollte dem Netzbetreiber als Alleinabnehmer das Monopol zum Kauf und Verkauf von Strom übertragen werden. Die EdF übernähme damit die Rolle des Alleinkäufers von erzeugtem Strom und wäre durch die Ausschreibung freier Kapazitäten für die Einführung von Wettbewerb in die Erzeugung verantwortlich. In Fragen des Netzzugangs sollten Großverbraucher ab einer bestimmten Größe berechtigt sein, Elektrizität im Ausland zu kontrahieren, wobei sie den Vertrag jedoch an den Alleinkäufer (EdF) abtreten müssten. Viele Details des Vorschlags blieben jedoch unklar, etwa die Kriterien zur Preisberechnung der Großhändler oder die Frage der Exportkonditionen neuer Erzeuger im französischen Markt.
[200] Außer Frankreich befürworteten die Länder Griechenland, Irland, Italien, Portugal und Spanien die Einführung eines SB-Modells und wandten sich damit gegen den regulierten oder verhandelten Netzzugang.

sung eines abschottenden SB-Modells andererseits stünden nicht im Einklang mit dem Grundsatz der Reziprozität.[201]

Erst unter der *deutschen Ratspräsidentschaft* des zweiten Halbjahres 1994 erzielte man ein erstes Einvernehmen über die Grundlinien des weiteren Vorgehens. Dabei wurde das grundsätzliche Ziel vereinbart, durch die verpflichtende Einführung eines Genehmigungs- oder Ausschreibungssystems im Erzeugungsbereich in den europäischen Stromsektoren Wettbewerb einzuführen. Außerdem beauftragte der Ministerrat die Europäische Kommission mit der Klärung der Frage, wie bestimmte Arten der Stromerzeugung in einem liberalisierten Markt zu behandeln wären (z.B. die erneuerbaren Energien). Weiter verständigte man sich erneut darauf, zur Verbesserung der Transparenz eine getrennte Buchführung für die drei Bereiche Erzeugung, Übertragung und Verteilung festzuschreiben (*Unbundling*). In der Frage, ob die Energiesektoren über den Erzeugungsbereich hinaus für den Wettbewerb geöffnet werden sollten, konnte im Ministerrat keine abschließende Einigung erzielt werden. Allerdings wurde die Kommission damit beauftragt, unter Wahrung des Grundsatzes der Reziprozität die Möglichkeit einer Koexistenz von SB-Modell und verhandeltem bzw. reguliertem Netzzugang zu überprüfen. Am Ende des Jahres 1995 beschloss die Kommission zusammen mit dem Energieministerrat in einem *„Gemeinsamen Standpunkt"* dann die Grundlinien der weiteren EU-Liberalisierungspolitik für die Elektrizitätswirtschaft. Wegen der erwähnten EuGH-Urteile zur Freistellung der *„Dienstleistungen von allgemeinem wirtschaftlichen Interesse"* von einer Anwendung des Wettbewerbsprinzips wurde den Mitgliedstaaten zugestanden, entsprechend dem Prinzip der Subsidiarität eigene Dienstleistungspflichten im allgemeinen wirtschaftlichen Interesse festzulegen. Diese sollten gegenüber der EU-Kommission mitgeteilt werden und „genau definiert, transparent, nicht diskriminierend und überprüfbar" sein (Palinkas 1996, 168).

Im Kontext der weiteren intergouvernementalen Verhandlungen zur Verabschiedung der Elt-Rl ist darauf zu verweisen, dass mit dem *EU-Beitritt der skandinavischen Länder Finnland und Schweden* im Jahr 1995 die Staatengruppe der Liberalisierungsbefürworter gestärkt wurde. Beide neuen Mitgliedstaaten wollten ihre Energiesektoren ab 1996 liberalisieren. In der ersten Jahreshälfte 1995 wechselte die Ratspräsidentschaft auf Frankreich. Während der französischen Ratspräsidentschaft unterbreitete die Kommission weitere Kompromissvorschläge, um die Kompatibilität zwischen den unterschiedlichen Netzzugangsmodellen des Single-Buyers und des regulierten bzw. verhandelten Netzzugangs zu verbessern. Insgesamt wertete die EU-Kommission das SB-Modell aber als mengenmäßige Importbeschränkung und forderte vor allem für unabhängige Erzeuger die Gewährleistung eines besseren Netzzugangs. Diese Vorschläge wurden jedoch vor allem von der französischen Regierung abgelehnt (Eising 2000, 240). Im Gegensatz zu den Bemühungen der Europäischen Kommission, das französische SB-Modell im Sinne einer größeren Übereinstimmung mit dem Reziprozitätskriterium zu ändern, nutzte die französische Ratspräsidentschaft ihren Ratsvorsitz, um ihr vorgeschlagenes Netzzugangsmodell politisch abzusichern. Mit dem Ratstreffen im *Juni 1995* gelang es den französischen Regierungsvertretern

---

[201] Das französische SB-Modell stieß in Deutschland jedoch keineswegs auf geschlossene Ablehnung. Besonders die industriellen Großverbraucher, vertreten im *VIK*, signalisierten durchaus Zustimmung. Auch die im *VKU* organisierten Stadtwerke bewerteten das SB-Modell positiv, weil man sich hiervon eine Stärkung der Verhandlungsmacht der kommunalen Unternehmen gegenüber den Verbundunternehmen erhoffte (Schmidt 1998a).

schließlich, die *gleichberechtigte Koexistenz beider Netzzugangsmodelle* festzuschreiben (Renz 2001, 141).

In der zweiten Jahreshälfte des Jahres 1995 wechselte die Ratspräsidentschaft auf Spanien. Aufgrund der mittlerweile festgefahrenen Positionen gelang der spanischen Regierung ein Fortschritt bei den Verhandlungen nur mittels der Strategie einer *„Flexibilisierung der Richtlinieninhalte"* (Eising 2000, 242). Das Ziel einer reziproken Marktöffnung bildete in den Verhandlungen das zentrale Gerechtigkeits- und Orientierungskriterium. Einer Kompromisslösung rückte man allmählich näher, indem den Mitgliedstaaten zum einen ein Wahlrecht in Bezug auf den Kreis der im jeweiligen Stromsektor für den Wettbewerb zugelassenen Abnehmer eingeräumt und zum anderen flexible Übergangszeiträume für die Marktöffnung zugestanden wurden. Schließlich sollten zur Wahrung des Reziprozitätskriteriums diejenigen Mitgliedstaaten, welche die VNB vom Wettbewerb ausnehmen wollten, dazu verpflichtet werden, ihren Stromsektor zumindest für industrielle Abnehmer zu öffnen. An dieser Stelle ist anzumerken, dass seit der französischen Ratspräsidentschaft zunehmend bi- und trilaterale Regierungskonferenzen vor allem zwischen Deutschland, Frankreich und Großbritannien für den Fortschritt der Verhandlungen eine immer wichtigere Rolle spielten. In energiewirtschaftlicher Perspektive ist dabei als kritisch zu erachten, dass dies nur um den Preis einer substantiellen Aushöhlung des Reziprozitätskriteriums gelang.

Weitere Fortschritte wurden schließlich durch die italienische Ratspräsidentschaft in der ersten Jahreshälfte 1996 erzielt. So sollte die *Reziprozität in Form von nationalen Marktöffnungsquoten* definiert werden, „um gleichzeitig dem Veto Frankreichs zur Einbeziehung von Verteilern und dem Kriterium der Reziprozität der Marktöffnung zu entsprechen" (Eising 2000, 243). Zusätzlich sollte ein *„Kriterium negativer Reziprozität"* definiert werden, nach dem der Export von Strom durch Mitgliedstaaten nur in solchen Mengen zugelassen würde, wie die zugelassenen Abnehmer des jeweiligen Landes importieren konnten. Auf der Basis der auf dem italienischen Ratstreffen im Mai 1996 erzielten Verhandlungsfortschritte brachte die Einigung auf das *„Kriterium negativer Reziprozität"* schließlich den endgültigen Verhandlungsdurchbruch. Während des deutsch-französischen Regierungstreffens im Juni 1996 gelang trotz weiterhin bestehender Bedenken der deutschen Stromwirtschaft zur Ausgestaltung des geschilderten Reziprozitätsprinzips eine Verständigung über die abschließenden Grundsätze der Elt-Rl. Der Weg zu einer abschließenden Einigung war nach langjährigen Verhandlungen endgültig geebnet (Europäisches Parlament/Europäischer Rat 1996). Aufgrund weiterhin bestehender nationaler Interessendivergenzen mussten die inhaltlichen Regelungen der Elt-Rl aber relativ weit definiert werden. An der im Dezember 1996 vom EP und dem Rat verabschiedeten Richtlinie zur Wieralisierung der Stromwirtschaft wird der *Charakter einer Rahmenrichtlinie* deutlich, der den Mitgliedstaaten einen breiten Ermessens- und Interpretationsspielraum beließ. Dies wird an den folgenden wichtigsten Regelungen der Elt-Rl deutlich.

In *Art. 3, Abs. 2* Elt-Rl wurde den Mitgliedstaaten dem Prinzip der Subsidiarität gemäß die Möglichkeit zugestanden, ihren EltVU *allgemeinwirtschaftliche Verpflichtungen* aufzuerlegen, die sich auf *die Versorgungssicherheit, die Regelmäßigkeit, die Qualität, den Preis sowie auf den Umweltschutz in der Stromversorgung* beziehen. Derartige nationale Verpflichtungen sollten der Kommission mitgeteilt werden und konnten zur *Rechtfertigung einer Einschränkung von Wettbewerb dienen (Art. 3, Abs. 3)*. Für die Bewilligung neuer Erzeugungsanlagen verankerte die Richtlinie die Wahlmöglichkeit zwischen einem *Ge-*

nehmigungs- und einem Ausschreibungsverfahren (*Art. 4*). In *Art. 6, Abs. 6* wurde bestimmt, dass *unabhängige Erzeuger und Eigenerzeuger in jedem Fall* durch ein Genehmigungsverfahren *zugelassen werden müssen.*

Der *Art. 8* Elt-Rl enthielt die *Vorschriften zur Regulierung erneuerbarer Energien* im liberalisierten Energiebinnenmarkt. Nach *Art. 8, Abs. 3* konnten die Mitgliedstaaten eine Elektrizitätserzeugung auf der Basis erneuerbarer Energien und der Kraft-Wärme-Kopplung bevorzugen, wobei den *Mitgliedstaaten die Wahl des Förderinstruments überlassen* blieb. Nach *Art. 8, Abs. 4* konnten die Mitgliedstaaten aus *Gründen der Versorgungssicherheit Vorrangregelungen für die Stromproduktion aus einheimischen Energieträgern* festlegen, solange ihr Anteil 15 Prozent des nationalen Stromverbrauchs nicht überstieg. Es ist vorwegzunehmen, dass die Europäische Kommission aufgrund der zunehmenden Bedeutung der erneuerbaren Energien in den einzelnen Mitgliedstaaten kurze Zeit nach der Verabschiedung der Elt-Rl konkrete Initiativen zur Verfolgung einer Europäischen Strategie zur Förderung erneuerbarer Energien folgen ließ (s.S. 374ff.).

Weitere wichtige Regelungsinhalte der Elt-Rl betrafen die *Art. 16-18*, in denen die *verschiedenen Netzzugangsregeln* beschrieben wurden, zwischen denen die Mitgliedstaaten wählen konnten. Es wurden die Alternativen des *verhandelten bzw. geregelten (regulierten) Netzzugangs* und dem *SB-Modell* festgeschrieben. Bei einer Entscheidung für das SB-Modell mussten jedoch verschiedene Wettbewerbsvorschriften eingehalten werden, z.B. die Veröffentlichungspflicht für die Netztarife und eine Abnahmepflicht des Alleinabnehmers. In *Art. 19* wurden die *Einzelheiten zur europaweiten Öffnung des Elektrizitätssektors* für die folgenden Jahre festgelegt: Demnach waren allein die Mitgliedstaaten dazu befugt, den Kreis der für den Wettbewerb zugelassenen Abnehmer zu definieren. Vom *Zeitpunkt des Inkrafttretens der Elt-Rl ab Februar 1998* sollten lediglich Endabnehmer mit einem jährlichen Verbrauch von mehr als 100 GWh zwingend zugelassen werden, wobei Verteilerunternehmen keine Endabnehmer im Sinne der Elt-Rl darstellen würden. Die Öffnung der nationalen Elektrizitätssektoren sollte in drei Stufen erfolgen. Die einzelnen Mitgliedsländer hatten Marktöffnungsquoten zu erfüllen, die sich an den prozentualen Anteilen von Endabnehmern bestimmter Größenordnungen am EG-Gesamtverbrauch orientierten (über 40 GWh, über 20 GWh, über 9 GWh). Ab dem 01. Januar 1999 sollten die Elektrizitätssektoren für alle Endabnehmer mit einem Verbrauch von mehr als 40 GWh für den Wettbewerb geöffnet werden, was einer europaweiten Marktöffnung von etwas mehr als 25 Prozent entsprach. Bis zum 01. Januar 2000 würde der Wettbewerb dann für Endabnehmer mit mehr als 20 GWh Verbrauch geöffnet, womit die Marktöffnung 28 Prozent betrug. Die weitere Absenkung der für den Wettbewerb zugelassenen Endabnehmer auf 9 GWh ab 01. Januar 2003 entspräche dann einer Marktöffnung von ca. 33 Prozent.

4.3.2 Die Europäische Klimaschutzstrategie als Beschränkung des Wettbewerbsparadigmas im Europäischen Energiebinnenmarkt

Zeitgleich mit den Initiativen zur Liberalisierung der europäischen Energiesektoren rückte mit dem UN-Weltgipfel von Rio de Janeiro im Jahr 1992 das globale Problem des Klimawandels in den Mittelpunkt der umweltpolitischen Aufmerksamkeit der EU-Kommission. Weil die Entwicklung und der Ausbau erneuerbarer Energien innerhalb des Europäischen Energiebinnenmarktes als wettbewerbspolitische Herausforderung zu interpretieren ist, wird im folgenden Untersuchungsabschnitt die wachsende Bedeutung einer Europäischen

214

Klimaschutzpolitik und die damit verbundenen Anstrengungen der Europäischen Kommission zu einer europäische Regulierung einer nachhaltigen Energiepolitik im Verlauf der 1990er Jahre untersucht.

In einem ersten Schritt wird ein kurzer Abriß über die Entstehung des Politikfelds „Klimaschutz" auf europäischer Ebene gegeben (s.u.). Nach einer genaueren Darstellung der EU-Technologiepolitik gegenüber erneuerbaren Energien im Rahmen der Europäischen Forschungsrahmenprogramme wird anschließend erläutert, wie vor allem auf politischen Druck des EP zunehmende Forderungen nach einer europaweiten Strategie für einen Ausbau der erneuerbaren Energien erhoben wurden. Es wird dargestellt, wie wichtige Akteure der deutschen Stromwirtschaft die Europäische Wettbewerbspolitik zu einer Aushebelung der nationalen Einspeiseregelungen in Deutschland zu nutzen versuchten, um damit die Europäische Strategie eines Ausbaus erneuerbarer Energien zu beeinflussen (s.S. 219ff.). Darüber hinaus werden die frühen Initiativen für eine Europäische Erneuerbare-Energien-Politik beschrieben, die im Jahr 1997 in der Verabschiedung eines Weißbuchs kulminierten.

4.3.2.1 Die Europäische Klimaschutzpolitik bis zur Klimakonferenz von Kyoto 1997 und die Europäische Forschungs- und Technologiepolitik für erneuerbare Energien

Der Beginn europäischer Initiativen im Politikfeld des Klimaschutzes ist auf das Jahr 1988 zu datieren. In jenem Jahr führten die Verhandlungsergebnisse der Klimakonferenz von Toronto (*World Conference on the Changing Atmosphere, Implications for Global Security)* dazu, dass das Problem des Treibhauseffektes auf die politische Agenda der Europäischen Gemeinschaft gesetzt wurde.[202] Noch im selben Jahr legte GD Umwelt der Europäische Kommission ein erstes Strategiepapier vor, das den aktuellen Stand der Klimaforschung zusammenfasste und erste Politikvorschläge für ein gemeinsames Vorgehen enthielt (Europäische Kommission 1988b).[203]

Bis zum UN-Gipfel von Rio de Janeiro 1992 erarbeiteten die GD Umwelt und die GD Energie ein erstes *Klimaschutzmaßnahmenpaket,* in dem zum einen die beiden Energieprogramme *SAVE* und *ALTENER* wichtige Bestandteile einer zukünftigen gemeinschaftlichen Klimaschutzstrategie waren (Lenschow 1996, 92). Das Energieprogramm *SAVE* zielte auf die Förderung von gemeinschaftsweiten Energieeffizienzmaßnahmen (European Commission 1992b), während mit *ALTENER* die Entwicklungspotentiale und der Ausbau erneuerbarer Energien gefördert werden sollte (European Commission 1992a). Auf den Programminhalt von *ALTENER* wird nachfolgend noch genauer eingegangen. Der *zentrale Baustein für eine gemeinschaftliche Klimaschutzstrategie* sollte nach den Vorstellungen der GD Umwelt aber die *Verabschiedung einer CO_2-/Energiesteuer* sein (Jachtenfuchs 1996, 138). Über eine EG-weite Verteuerung des Energieverbrauchs sollten Anreize zum Energiesparen und zur Entwicklung innovativer Umwelttechnologien geschaffen werden. Die Chancen für eine erfolgreiche Verabschiedung einer solchen Steuer verschlechterten sich aber im Vor-

---

[202] Auf der Konferenz von Toronto wurde zur Bekämpfung des Klimawandels erstmalig ein quantitatives Ziel der erforderlichen Begrenzung von CO_2-Emissionen definiert. Global sollten die Emissionen bis zum Jahr 2005 um 20 Prozent reduziert werden (auf der Basis der Werte von 1988).

[203] Zeitlich fallen die Anfänge der Entwicklung einer Europäischen Klimaschutzstrategie mit den ersten Initiativen der Wettbewerbskommission zur Liberalisierung des Europäischen Energiesektors zusammen.

feld der Rio-Konferenz. Ein erster Richtlinienentwurf zur Einführung einer gemeinschafts-weiten CO_2-/Energiesteuer wurde während der kommissionsinternen Abstimmung aufgrund des erheblichen Zeitdrucks vor der anstehenden Rio-Konferenz inhaltlich erheblich verwäs-sert (European Commission 1992c).[204] Nach den Änderungen des Richtlinienvorschlags, die hauptsächlich durch die *GD Finanzen* erwirkt wurden, verweigerte schließlich der Um-weltministerrat seine Zustimmung. Der damals zuständige Umweltkommissar de Meana boykottierte wegen des inhaltlich erheblich reduzierten Entwurfs sogar seine Teilnahme am Rio-Gipfel und trat kurze Zeit später von seinem Posten zurück. Die Einigung auf einen Kommissionsentwurf für eine Richtlinie zur Einführung einer europaweiten CO_2-/Energiesteuer war vorerst gescheitert. Im Verlauf der 1990er Jahre scheiterten verschiede-ne weitere Initiativen zur Verabschiedung harmonisierter Regelungen für eine Europäische Klima- bzw. Energiesteuer am erforderlichen Einstimmigkeitserfordernis des zuständigen Ministerrats.[205] Bis zum Ende der 1990er Jahre wurde deutlich, dass sich die Einführung einer gemeinschaftsweiten Klimasteuer als wichtigstem Element einer Europäischen Kli-maschutzstrategie aufgrund des stetigen Widerstands nationaler Interessen der Mitglied-staaten nicht realisieren ließ.

Das Scheitern der Einführung einer harmonisierten europäischen CO_2-Steuer und die gleichzeitige Einbindung der EU-Kommission in das globale Klimaschutzregime der Ver-einten Nationen lenkte ab Mitte der 1990er Jahre die Aufmerksamkeit der zuständigen Generaldirektionen auf neu diskutierte wettbewerbs- und effizienzorientierte Klimaschutz-instrumente.[206] Vor dem Hintergrund des fortwährenden Scheiterns der Einführung einer europäischen Klimasteuer führte der Abschluss des Kyoto-Protokolls im Dezember 1997 ab 1998 zu einer grundlegenden Neuorientierung in der Europäischen Klimaschutzpolitik (s.S. 364ff.).

Vor diesem Hintergrund ist im Folgenden die Entwicklung einer weiteren Säule der Europäischen Nachhaltigkeitspolitik im Energiesektor, nämlich der Förderpolitik für erneu-erbare Energien genauer zu analysieren (1973-1998). Bereits nach der Zweiten Ölpreiskrise im Jahr 1978 hatte die EG mit der Verabschiedung eines ersten Forschungs- und Entwick-lungsprogramms den Einstieg in die politische Förderung dieser Technologien vollzogen, um durch eine Diversifizierung der Energieträger die europäische Versorgungssicherheit zu erhöhen. Interessanterweise konzentrierte sich die Förderung anfangs auf die Technologien Biomasse, Geothermie, FV und weitere Solarenergien, während die Windkraft und die kleine Wasserkraft als Technologieschwerpunkte erst später hinzukamen (1983 bzw. 1984).[207] In der Zeit *von 1978 bis 1989* wurden für die genannten Technologien folgende EG-Haushaltsmittel bereitgestellt.

---

[204] Z.B. hatte der Europäische Spitzenverband der Industrie *UNICE* seinen ganzen Einfluss gegen die Einführung einer solchen Steuer geltend gemacht. Auch der einflussreiche *BDI* opponierte gegen das Vorhaben: Nach seinen Berechnungen wäre die deutsche Wirtschaft durch die Einführung einer solchen Steuer bei einem EG-weiten Steueraufkommen von rund 54 Mrd. Euro mit ca. 18 Mrd. Euro überdurchschnittlich belastet worden (im Ver-gleich zu etwa nur 7 Mrd. Euro in Frankreich).

[205] Einen Überblick hierüber bietet die Arbeit von Ganghof 1999.

[206] Vorrangig ist hier die Einführung des Instruments des Emissionshandels zu nennen (s.S. 364ff.).

[207] Mit dem EG-Förderprogramm wurden lediglich Demonstrationsvorhaben mit den Zielen gefördert, zu einer Verbreitung der Technologien beizutragen, ihre Wettbewerbsfähigkeit effektiv zu fördern und neue Exportchancen für die Europäische Energiewirtschaft zu eröffnen (Nacfaire/Diamantaras 1989, 1).

Tabelle 15: Die Förderung erneuerbarer Energien durch die Europäische Gemeinschaft im Zeitraum von 1978-1989

Erneuerbare Energie	Gesamtfördersumme in Mio. ECU	Anzahl geförderter Projekte	Finanzieller Anteil der Gesamtförderung in Prozent
Biomasse	87,4	191	32,4
Geothermie	62,4	130	23,1
Kleine Wasserkraft	24,9	111	9,2
Solar + Fotovoltaik	58,0	271	21,5
Windenergie	39,8	139	14,8
Gesamt	269,8	838	

Quelle: Nacfaire/Diamantaras 1989, gekürzt durch Verfasser.

Nach der Klimakonferenz von Toronto im Jahr 1988 wurde die *GD Energie* beauftragt, ein Nachfolgeprogramm für die ablaufenden Technologieförderprogramme für erneuerbare Energien zu entwickeln. Die Initiativen der EU-Kommission resultierten im neuen *THERMIE-Programm*, das dem Rat im März 1989 zur Entscheidung vorgelegt wurde. Das EP hatte die Europäische Kommission in diesem Zusammenhang dazu aufgerufen, den Forschungs- und Entwicklungsetat zur Nutzung erneuerbarer Ressourcen um ein Vielfaches zu erhöhen (Palz 1990). Per Verordnung wurde im Juni 1990 das *THERMIE-Förderprogramm* verabschiedet, das über fünf Jahre (1990-1994) mit einem Mitteleinsatz von 700 Mio. ECU die Förderung umweltfreundlicher und innovativer Umwelttechnologien vorsah. Mit dem *JOULE-Programm* wurde außerdem die Forschung und Entwicklung von FV, Windenergie und Biomasse gefördert. Für die Jahre 1993/94 wurden für diesen Förderbereich zunächst nur 20 Mio. ECU bereitgestellt (Palz 1994). Nach Ablauf des THERMIE-Programms legte die Kommission im Januar 1995 einen Vorschlag für ein Nachfolgeprogramm *THERMIE II* vor (Förderzeitraum 1995-1998). Das EP änderte den Vorschlag, weil es das Förderprogramm in einen direkten Zusammenhang zum *Vierten EG-Rahmenprogramm Forschung, technologische Entwicklung und Demonstration* stellen wollte (Palinkas/Maurer 1997).[208] Hierdurch wurde es zu einem Bestandteil des *EU-Technologieprogramms für nichtnukleare Energie*. Das bisherige THERMIE-Programm wurde mit dem Förderprogramm *JOULE* verschmolzen, das durch die *GD Wissenschaft, Forschung und Technologie* verwaltet wurde. Für den vierjährigen Förderzeitraum wurde das als *Joule-Thermie-Programm* firmierende Förderangebot mit einem Finanzbudget von 1030 Mio. ECU ausgestattet, wobei 566 Mio. ECU für Demonstrationsvorhaben im Rahmen des THERMIE-Programms vorgesehen waren (Ganghof 1999, 35-36).

Die Ausweitung der Fördertätigkeiten der Europäischen Gemeinschaft zum Ausbau erneuerbarer Energien zu Beginn der 1990er Jahre war u.a. auf Initiativen der damaligen Bundesregierung zurückzuführen, die auf der Basis der Resultate der Bundestags-Enquete-

---

[208] Im Rahmen des *Vierten EU-Forschungrahmenprogramms* waren im Verhältnis zur Forschung und Entwicklung an konventionellen Energietechnologien (besonders der Nuklearforschung) aber weniger als 8 Prozent der Gesamtmittel für erneuerbare Energien vorgesehen.

Kommission „*Vorsorge zum Schutz der Erdatmosphäre*" die Europäische Kommission zu einem verstärkten gemeinschaftlichen Vorgehen aufgefordert hatte (Schafhausen 1996, 247). Ein wichtiger Auslöser waren ab 1992 außerdem die Initialwirkungen, die von den Beschlüssen des UN-Gipfels „*Umwelt und Entwicklung*" in Rio de Janeiro ausgingen. Diese führten zwei Jahre später auch zur Verabschiedung der Klimarahmenkonvention (s.S. 364ff.). Um das in der Gemeinschaftsstrategie zur Klimavorsorge anvisierte Ziel einer Reduktion der CO_2-Emissionen um 180 Mio. t bis zum Jahr 2005 zu erreichen, brachte die Europäische Gemeinschaft zusätzlich zum *THERMIE-Programm* das Programm *ALTENER* auf den Weg, mit dem der gemeinschaftsweite Anteil erneuerbarer Energiequellen von 4 Prozent in 1991 auf ca. 8 Prozent bis zum Jahr 2005 gesteigert werden sollte. Der Einsatz erneuerbarer Energien in der Stromerzeugung sollte verdreifacht und der Anteil von Biokraftstoffen auf 5 Prozent erhöht werden. Im ersten Förderzeitraum von Januar 1993 bis Dezember 1997 war das Programm mit einem Förderbudget von 40 Mio. ECU ausgestattet (Palinkas/Maurer 1997).

Aus Gründen der Stringenz soll bereits an dieser Stelle die weitere Entwicklung der europäischen Forschungs- und Entwicklungsprogramme für die energiebezogene Technologiepolitik der späteren Untersuchungszeiräume 1998 bis 2006 erläutert werden. Im Dezember 1998 verabschiedete die EU-Kommission das *Fünfte Rahmenprogramm zur Förderung von Forschung, technologischer Entwicklung und Demonstrationsvorhaben* (1998-2002). Ein Schwerpunkt dieses Programms waren Maßnahmen im Bereich Energie, Umwelt und Nachhaltige Entwicklung. Das Unterprogramm „*Energie*" wurde mit einem Finanzvolumen in Höhe von 1042 Mio. Euro ausgestattet. Davon waren 479 Mio. Euro zur Förderung nachhaltiger Energiesysteme einschließlich erneuerbarer Energien vorgesehen. Das *ALTENER-Programm* wurde für eine Laufzeit von zwei Jahren (1998-2000) neu aufgelegt (Davies 2001). Innerhalb von *ALTENER II* war der größere Teil der Gesamtfördermittel in Höhe von 547 Mio. Euro aber für Maßnahmen zur Förderung der Energieeffizienz eingeplant (z.B. Energieeinsparung). Nur ein geringer Teil des EU-Förderbudgets kam der technologischen Entwicklung erneuerbaren Energien zugute.[209]

Trotz zahlreicher Kritik aus dem EP änderte sich auch mit der Verabschiedung des *Sechsten Rahmenprogramms* (2002 bis 2006) nichts an der finanziellen Bevorzugung der Nuklearforschung gegenüber den Technologien zur Nutzung erneuerbaren Energien. Zur „*Erforschung nachhaltiger Energiesysteme*" war für den genannten Zeitraum ein *indikatives Finanzbudget von 810 Mio. Euro* vorgesehen. Die *Unterprogramme differenzierten zwischen Forschungsmaßnahmen mit kurz- bis mittelfristigen Auswirkungen und solchen mit mittel- bis langfristigen Auswirkungen.* Die indikative Finanzplanung sah für die ersten beiden Förderjahre bis 2004 eine *exakte 50/50-Aufteilung der Finanzmittel* zwischen den beiden Unterprogrammen vor. Im Bereich der *kurz- und mittelfristig* relevanten Projekte förderte die EU zum einen Maßnahmen zur Integration *erneuerbaren Energien* in bestehende Energiesysteme, zum anderen aber auch Maßnahmen im Bereich der *Energieeffizienz* und der Entwicklung *alternativer Kraftstoffe*. Im Bereich der *mittel- bis langfristig* wirkenden Projekte zielten die Fördermaßnahmen zum einen auf die *Entwicklung der Brennstoffzelle und der Wasserstofftechnologie*. Zum anderen wurden *erneuerbare Energien* geför-

---

[209] Im Vergleich hierzu förderte die EU innerhalb des *Fünften Forschungsrahmenprogramms* Projekte der Kernenergienutzung in Höhe von 979 Mio. Euro. Allein 788 Mio. Euro sollten zur Erforschung der kontrollierten thermonuklearen Fusion und 142 Mio. Euro zur Förderung der Kernspaltung ausgegeben werden.

dert, *die noch weit von der Marktreife entfernt sind.* Darüber hinaus stellten die *Entsorgung und Zurückhaltung von CO_2-Emissionen in fossil betriebenen Kraftwerken* sowie die *Entwicklung sozioökonomischer Instrumente zur Förderung einer nachhaltigen Energiewirtschaft* weitere Forschungsschwerpunkte dar (Europäische Kommission 2003a). Letztlich machten die Finanzmittel im Bereich nachhaltiger Energiesysteme (810 Mio. Euro), die zur Technologieförderung erneuerbarer Energien aufgewendet wurden, nur einen kleinen Teil aus. Demgegenüber sollte allein die Kernfusion, deren potentielle Nutzung noch weit in der Zukunft entfernt liegt, im Rahmen des gemeinschaftlichen Reaktorprogramms *ITER* mit einer Finanzsumme in Höhe von 750 Mio. Euro gefördert werden.[210] Die EU-Kommission kam auch mit dem Forschungsrahmenprogramm für den Zeitraum 2002 bis 2006 wiederholten Forderungen des EP zu einer Angleichung der Finanzmittel zwischen Nuklearforschung und der Erforschung erneuerbarer Energien nicht nach. Während es in der ersten Hälfte der 1990er Jahre gegenüber den 1980er Jahren zu einer sichtbaren Ausweitung der Europäischen Technologieförderung der erneuerbaren Energien kam, stagnierte die Förderung in der zweiten Hälfte des vergangenen Jahrzehnts.

4.3.2.2 Die frühen Versuche einer Integration der erneuerbaren Energien in das Europäische Energie-Binnenmarktprogramm

Mit der Verabschiedung des *ALTENER-Programms* im Jahr *1993* hatte die Europäische Kommission als Ziel definiert, den Anteil erneuerbarer Energien an der europäischen Elektrizitätserzeugung bis zum Jahr 2005 auf 8 Prozent auszubauen.[211] Mit der im Jahr *1994* in *Madrid* veranstalteten *Konferenz über „Einen Maßnahmenplan für erneuerbare Energiequellen in Europa"* und der im gleichen Jahr verabschiedeten UN-Klimarahmenkonvention nahm die Relevanz des Politikfelds Erneuerbare Energien weiter zu (s.S. 364ff.).[212] Die erwähnte Konferenz endete mit der Absichtserklärung, bis zum Jahr 2010 15 Prozent des dann zu erwartenden gemeinschaftlichen Primärenergiebedarfs durch erneuerbare Energien zu decken. Zur Erreichung dieses erweiterten Ziels wurden die EU-Institutionen und Mitgliedstaaten aufgerufen, einen gesonderten Maßnahmenplan zu implementieren. In jener Zeit erhöhte das EP den politischen Druck gegenüber der EU-Kommission, um weitergehende Fördermaßnahmen für erneuerbare Energien zu erreichen.

In einer Entschließung vom Juli 1996 forderte das EP die Europäische Kommission zur Verabschiedung eines Aktionsplans für erneuerbare Energien auf. Dabei sollte sich die

---

[210] Neben ITER werden Forschungsprojekte im Bereich der Behandlung nuklearer Abfälle mit 90 Mio. Euro, Projekte zum Schutz vor radioaktiver Strahlung in Höhe von 50 Mio. Euro und weitere Projekte im Bereich nuklearer Technologien und Sicherheit in einer Höhe von weiteren 50 Mio. Euro gefördert. Für die Nuklearforschung wird die Europäische Union bis zum Jahr 2006 somit voraussichtlich 940 Mio. Euro ausgeben.

[211] Die Interessenlobby für erneuerbare Energien in Deutschland ging von wesentlich größeren Ausbaupotentialen in den EU-Mitgliedstaaten aus. Bereits im Jahr 1994 gelangte eine Studie von Eurosolar zu dem Resultat, dass der Anteil erneuerbarer Energien in der EU bis zum Jahr 2020 auf 50 Prozent gesteigert werden könne (Hau u.a. 1994). Hierzu müssten vor allem die Potentiale der Windenergie mobilisiert werden, wofür folgende Maßnahmen gefordert wurden:
- die Einführung einer EU-weiten Einspeiseregelung,
- die Beseitigung landesplanerischer Hemmnisse und die Privilegierung von WEA in Genehmigungsverfahren,
- die Subventionierung des Aufbaus von Produktionsstätten im Rahmen von Strukturförderprogrammen der EU,
- eine Einbeziehung der Windenergie in die Investitionsfördermaßnahmen des Kohäsionsfonds der EU.

[212] Diese Konferenz wurde vom EP und den Generaldirektionen Umwelt, Forschung und Energie organisiert.

EU an dem Ziel orientieren, den Anteil erneuerbarer Energien am gesamten EU-Energiemix bis 2010 von 5 auf 15 Prozent zu steigern. Die Kommission wurde aufgefordert, insgesamt für *mehr Transparenz* über die politischen Aktivitäten der einzelnen Mitgliedstaaten im Bereich der erneuerbaren Energien zu sorgen. Zusätzlich sollte die Koordination zwischen den EU-Förderprogrammen und den Förderprogrammen der Mitgliedstaaten verbessert werden. Überdies sollte die Kommission die Aktivitäten ihrer einzelnen Generaldirektionen auf dem Gebiet der Erneuerbaren Energiequellen mittels einer besonderen Koordinierungseinheit besser bündeln. In der Entschließung wurde außerdem die Einführung europaweiter Regelungen zugunsten fester Einspeisetarife für die Stromerzeugung aus erneuerbaren Energien sowie die Berücksichtigung besonderer kommunaler Einspeiseregelungen (z.B. der kV) gefordert.[213] Außerdem hielt es das EP für erforderlich,

> „die durch die Energiegewinnung aus konventionellen Energien verursachten externen Kosten (...) in die Energiepreise einzubeziehen, um zum einen eine verursachergerechte Kostenanlastung – etwa durch eine CO_2-/Energiesteuer oder ein System handelbarer Kohlendioxid-Emissionszertifikate – zu erreichen und zum anderen eine Kalkulation mit realen Preisen zu ermöglichen, mit der Folge einer verbesserten Wettbewerbsfähigkeit der Erneuerbaren Energiequellen" (Europäisches Parlament 1996).

Ferner wurden die Mitgliedstaaten dazu angehalten, die Interessen erneuerbarer Energien in der Landschafts- und Raumplanung besser zu berücksichtigen. Schließlich wurde ein wiederholtes Mal die Angleichung der EU-Haushaltsmittel zur technologiebezogenen Förderung erneuerbarer Energien an das Niveau der Fördermittel zur Entwicklung der Kernfusion gefordert.

Vor dem Hintergrund sich verstärkender europäischer Initiativen zur Einführung einheitlicher Fördermaßnahmen für erneuerbare Energien ist in Bezug auf den hier verfolgten britisch-deutschen Vergleich auf zunehmende Initiativen deutscher Stromversorger hinzuweisen, zur gleichen Zeit das Europäische Wettbewerbsrecht für eine Aushebelung der deutschen Einspeiseregelungen zu nutzen. Seit Juni 1995 gingen bei der zuständigen GD Wettbewerb mehrere Beschwerden über die deutschen Festpreisregelungen ein, die von der VdEW und dem BDI unterstützt wurden. Dabei behauptete etwa der damalige Netzbetreiber PreussenElektra AG, durch die Zahlungsverpflichtung für erhöhte Einspeisetarife, die deutlich über den vermiedenen Kosten der Stromerzeugung lägen, im innergemeinschaftlichen Handel mit dem verflochtenen schwedischen Unternehmen Sydkraft behindert zu werden. Unter Berufung auf die Europäischen Regelungen zur Warenverkehrsfreiheit und des Verbots einer mengenmäßigen Einfuhrbeschränkung (Art. 30 EGV, dam. Fass.) versuchten die deutschen Verbundunternehmen, die gesetzlichen Festpreisregelungen für erneuerbare Energien zu kippen.

Im Oktober 1996 vertrat deshalb der damals zuständige Wettbewerbskommissar van Miert in einem Schreiben an den Bundeswirtschaftsminister die Auffassung, dass die Förderpraxis des StromEG den geltenden EU-Beihilferegelungen widerspreche und die Tarife gesenkt werden müssten. In einer Antwort sagte der Bundeswirtschaftsminister lediglich zu, im Zuge einer ohnehin anstehenden und erforderlichen StromEG-Novellierung die bei-

---

[213] Die Interessengruppe Eurosolar hatte bereits im Winter des Jahres 1991 das EP, den Ministerrat und die EG-Kommission in einer Entschließung dazu aufgerufen, eine EG-Richtlinie für die Einspeisung erneuerbarer Energien zu verabschieden (Eurosolar 1992, 4-5).

hilferechtlich relevanten Probleme zu lösen (Eurosolar 1996c, 16). Gleichzeitig bestritt die deutsche Interessenlobby für erneuerbare Energien den Tatbestand einer beihilferechtlichen Regelung. Vielmehr habe das StromEG „zum ersten Mal die Monopolstellung der EVU teilweise aufgehoben, indem es den Marktzutritt und einen Mindestpreis für Kleineinspeiser von Strom aus erneuerbaren Energien garantiert" (Eurosolar 1996c, 17). Die Höhe der Vergütung von bis zu 90 Prozent der vermiedenen Kosten wäre voll gerechtfertigt und sei auch durch Urteile der deutschen Kartellgerichte und des BGH bestätigt worden.

Während zur gleichen Zeit die Elt-Rl verabschiedet wurde, sah sich die Kommission aufgrund intensiver EP-Initiativen für eine Gemeinschaftliche Strategie für erneuerbare Energien zu konkreteren Antrengungen in diesem Politikfeld veranlasst. Deshalb legte sie im November 1996 ein *Grünbuch* vor, auf dessen Basis die zukünftigen Ziele, die bestehenden Restriktionen und mögliche Strategien für einen europäischen Ausbau erneuerbarer Energien diskutiert wurden (Europäische Kommission 1996). Darin definierte die Europäische Kommission ein gemeinschaftliches Ausbauziel für erneuerbare Energien in Höhe von 12 Prozent des Bruttoinlandenergieverbrauchs bis zum Jahr 2010, was gegenüber dem bestehenden Erzeugungsniveau einer Verdopplung des Anteils dieser Energieressourcen entsprochen hätte. Zur Verwirklichung dieses Ausbauziels wurden eine Reihe von Fördermaßnahmen im Bereich der steuerlichen Harmonisierung, der staatlichen Beihilferegelungen und der rechtlichen Normung vorgeschlagen. Gesonderte Regelungen zur Stromeinspeisung waren im Grünbuch aber nicht enthalten. Die EP-Anträge hatten somit keine Berücksichtigung gefunden (z.B. Forderung nach europaweiten Einspeisetarifen für die Stromerzeugung aus erneuerbaren Energien). Als Förderinitiativen für den Ausbau erneuerbarer Energien schlug die Kommission neben bereits bestehenden Maßnahmen (z.B. ALTENER-Programm) lediglich eine Ausweitung der Forschungsgelder für erneuerbare Energien (JOULE- und THERMIE-Programm) sowie eine verbesserte Förderung über die Europäische Regional- und Strukturpolitik vor.

In Reaktion auf das Grünbuch wiederholte das EP im Juni 1997 seine bereits im Sommer 1996 vorgetragenen Forderungen. Gegenüber den Kommissionsvorschlägen hielt es besonders am Ausbauziel von 15 Prozent fest und forderte hierfür die Festlegung von detaillierten nationalen Ausbauzielen. Zusätzlich beharrte es auf den bisherigen Forderungen nach einem diskriminierungsfreien Netzzugang verbunden mit garantierten Mindestvergütungen für die Stromeinspeisung aus erneuerbaren Energien (Europäisches Parlament 1997).[214] Noch im gleichen Monat bestätigte der Rat in einer Entschließung den europäischen Handlungsbedarf zur Steigerung der Wettbewerbsfähigkeit und eines hierüber zu verwirklichenden Ausbaus erneuerbarer Energien. Dabei wurden die Notwendigkeit einer weitergehenden Harmonisierung bestehender nationaler Fördernormen und die Verabschiedung gemeinsamer ordnungspolitischer und investiver Maßnahmen besonders betont.

Bis November 1997 erarbeitete die GD Energie auf der Grundlage des Grünbuchs und der hierzu von betroffenen Verbänden und den EU-Gremien geäußerten Kritik eine *Europäische Strategie zur Förderung erneuerbarer Energien*, die im sog. „*Weißbuch der EU-*

---

[214] Weitere wichtige Forderungen des EP, die auch auf die Initiative von Eurosolar zurückzuführen waren (Eurosolar 1997), betrafen Pläne zur Errichtung eines Europäischen Fonds für erneuerbare Energiequellen, Pläne für ein Gemeinschaftsprogramm zur Förderung von 1.000.000 FV-Anlagen (nach Vorbild des 1.000-Dächerprogramms in Deutschland) sowie Förderprogramme zur Installation von 15.000 MW aus Wind und 1.000 MW aus Bioenergie (Europäisches Parlament 1997).

Kommission zu erneuerbaren Energien" resultierte (Europäische Kommission 1997). Die Entwicklung des EU-Weißbuchs ist maßgeblich durch die Verabschiedung des Kyoto-Protokolls beeinflusst worden, das konkrete politische Maßnahmen zur Realisierung der CO_2-Emissionsreduktionsziele forderte. Mit dem Weißbuch wurde das Ziel einer Vergütung der erneuerbaren Energien festgeschrieben, deren Höhe „mindestens den durch den Betreiber des Verteilernetzes eingesparten Kosten für die Stromerzeugung in einem Niederspannungsnetz entsprechen [soll], *zuzüglich* einer Prämie, die den sozialen und ökologischen Nutzen erneuerbarer Energieträger ebenso widerspiegelt wie die Art der Finanzierung: Steuerbefreiungen, etc." (Europäische Kommission 1997, 17-18). Als Prämie schlug das Weißbuch in einer Fußnote einen 20-prozentigen Aufschlag auf die vermiedenen Kosten vor. Die *besondere Bedeutung des Weißbuchs* ist darin zu sehen, dass es für den Europäischen Ausbau erneuerbarer Energien quantitative Zielvorgaben definierte. Bis zum Jahr 2010 soll ihr Anteil am gemeinschaftlichen Bruttoenergieverbrauch gegenüber 6 Prozent im Jahr 1995 auf 12 Prozent gesteigert werden. Das Weißbuch definierte auch konkrete Richtwerte für den Ausbau einzelner Technologien. So erwartete die Kommission, dass der Anteil der Biomasse im genannten Zeitraum am stärksten, und zwar von 3,3 auf 8,5 Prozent steigen würde. Den zweitgrößten Zuwachs sah die Kommission im Bereich der Windenergie: Dabei wurde von einem möglichen Anstieg der installierten Leistung von 2.500 MW (in 1995) auf etwa 40.000 MW bis 2010 ausgegangen. Einen besonderen Wachstumsmarkt vermutete die Kommission bei der thermischen Nutzung von Solarenergie. Geringere absolute Zuwachsraten wurden von der FV und der Geothermie erwartet. In Verbindung mit der Einführung eines eigenen Markteinführungsprogramms der FV-Nutzung sollte diese Technologie jedoch die mit Abstand größten relativen Zuwachsraten aufweisen. Entsprechend zielte die EU-Kommission auf eine Verhundertfachung der installierten elektrischen Leistung von 30 MW_p im Jahr 1995 auf 3.000 MW_p bis zum Jahr 2010.

Eine weitere wichtige EU-Initiative war die in Verbindung mit dem Weißbuch veröffentlichte *„Kampagne für den Durchbruch"*. Hierfür entwickelte die Kommission einen Aktionsplan, mit dem bis zum Jahr 2003 zwischen 15 und 25 Prozent der im Weißbuch bis 2010 niedergelegten Ziele verwirklicht werden sollten. Im Wesentlichen ging es um die Realisierung folgender Nutzungspotentiale von erneuerbaren Energien:

- Biomasseheizkraftwerke mit einer Leistung von 10.000 MW_{th} sowie eine Mio. Biomasseheizungen,
- Biogasanlagen mit einer Leistung von 1.000 MW_{th},
- Erhöhung der Produktion von Biokraftstoffen auf 5 Mio. t,
- WEA mit einer Leistung von 10.000 MW, davon etwa 25 Prozent Offshore-Anlagen,
- Solarkollektoren mit einer Fläche von 15 Mio. m^2,
- Fotovoltaikanlagen mit einer Leistung von 1.000 MW_p.

Die Kampagne sollte ein Investitionsvolumen von 32,5 Mrd. Euro auslösen. Finanziell war der europäische Anteil zum Anschub der Innovationen aber sehr gering, weil etwa drei Viertel der gesamten Investitionen durch Unternehmen und private Investoren und weitere sechs Mrd. Euro aus nationalen Förderprogrammen aufgebracht werden sollten. Der Anteil der EU-Mittel lag nur bei etwa einer Mrd. Euro (etwas über 3 Prozent des Gesamtinvestitionsvolumens) und sollte zur Hälfte aus den Europäischen Strukturfonds und zur anderen Hälfte aus dem *Fünften Forschungsrahmenprogramm* finanziert werden (Staiß 2001, 167).

Zusammen mit der Verabschiedung des Weißbuchs kündigte die EU-Kommission an, die verschiedenen *Fördersysteme der Mitgliedsländer zu prüfen* und zur Verwirklichung des Europäischen Energiebinnenmarktes eine *harmonisierende Richtlinie zur Förderung erneuerbarer Energien* vorzuschlagen. Im *März 1998* legte die GD Energie dann einen *Harmonisierungsbericht* vor, in dem sie über die laufende Prüfung der Fördersysteme der Mitgliedsländer berichtete (European Commission 1998a). In diesem Dokument wurde eine erste Präferenz der Kommission für ein europaweites Zertifikatemodells zur Förderung erneuerbarer Energien gegenüber festen Preisregelungen deutlich (zur instrumentellen Ausgestaltung von Zertifikatemodellen zur Förderung erneuerbarer Energien s.S. 241ff.):

> "It is of course too early to state if a system of periodically review of the support schemes or a system of green certificates are most likely to produce the most rapid reduction in the cost of renewables. However, it does appear at this stage that if the system of green certificates works effectively in practice, it is likely to exercise a constant and important downwards effect on the price for renewables" (European Commission 1998a, 8).

Gegenüber Festpreisregelungen bei degressiver Preisgestaltung blieb die EU-Kommission insgesamt distanziert:

> "The move from a fixed tariff approach towards one based on trade and competition is at some stage inevitable" (European Commission 1998b, 17 zitiert nach Busch 2003, 17).

Schon zum damaligen Zeitpunkt rief der Umstand, dass die Kommission den Vorschlag des EP zur Verabschiedung einer Stromeinspeisungsrichtlinie schlicht ignorierte, Proteste auf Seiten einiger EU-Parlamentarier und derjenigen Interessenverbände erneuerbarer Energien hervor, in deren Ländern gesetzliche Festpreisregelungen garantiert waren (Traube 1999). Im Juli 1998 forderten verschiedene Parlamentarier die EU-Kommission deshalb dazu auf, bis zum 31. Dezember 1998 einen Vorschlag vorzulegen, „der das Recht auf Einspeisung von Strom zu einer staatlich bestimmten Mindestvergütung zur Grundlage hat" (Scheer 1998c, 11).[215] Im November 1998 scheiterte die Verabschiedung eines Entschließungsantrag zur Einführung europaweit garantierter gesetzlicher Festpreisregelungen jedoch an fehlenden politischen Mehrheit im EP (Traube 1999, 8). Die weitere Entwicklung der europäischen Harmonisierungsbestrebungen im Bereich erneuerbare Energien wird im Kapitel zum letzten Untersuchungszeitraum von 1998 bis 2005 behandelt (s.S. 374ff.).

4.4 Zwischenfazit zur Markteinführung erneuerbarer Energien in Großbritannien und Deutschland

Im Untersuchungszeitraum von 1989 bis 1998 waren die energiepolitischen Reformen in beiden untersuchten Ländern von grundlegend unterschiedlichen Zielsetzungen bestimmt.
Innerhalb der zentralisierten Staatsstruktur vermochte die *britische Regierung* die seit der zweiten Hälfte der 1980er Jahre aufkommenden Ideen zu einer Liberalisierung und umfassenden Privatisierung der Stromwirtschaft vergleichsweise reibungslos umzusetzen.

---

[215] Außerdem forderte das EP die Kommission auf, bis Ende Juni 1999 einen erneuten Vorschlag für ein energiebezogenes finanzpolitisches Steuermodell vorzulegen, das den „Grundsatz der Internalisierung externer Kosten konkretisiert und erneuerbare Energiequellen von der Besteuerung freistellt" (Scheer 1998c, 11).

Im Verlauf der 1990er Jahre gelang mit der Institutionalisierung eines neuen stromwirtschaftlichen Regulierungsregimes und der Regulierungsbehörde Offer als wichtigstem Akteur eine allmähliche Einführung von Wettbewerb im Erzeugermarkt. Hierfür waren die zunehmenden Investitionen der regionalen Versorgungsunternehmen in die GuD-Anlagen ursächlich (sog. *"dash for gas"*), die durch eine großzügige Preisregulierung der Verteilerpreise von Offer begünstigt wurde. Gleichwohl blieb die Liberalisierung des englisch/walisischen Stromsektors mit weitreichendem staatlichem Interventionismus verbunden. Dieser Umstand offenbarte sich an den langwierigen Privatisierungsreformen der Kohle- und Nuklearindustrie, die sich bis über die Mitte der 1990er Jahre hinzogen. Der Erfolg der britischen Liberalisierungspolitik wird außerdem durch die Tatsache relativiert, dass der zur Einführung von Wettbewerb im Erzeugermarkt geschaffene institutionelle Mechanismus des Electricity Pools nicht zum zentralen Preisfindungsmechanismus für die Strompreise im Großhandelsmarkt avancierte. Vielmehr wurden die Preise zwischen Erzeugern und Abnehmern weiterhin größtenteils über bilaterale Verträge koordiniert. Es wurde sogar eine Marginalisierung des Electricity Pools deutlich, so dass die Poolmechanismen in der zweiten Hälfte der 1990er Jahre zum Objekt staatlicher Regulierung wurden.

Die Entstehung eines Markteinführungsinstruments für erneuerbare Energien im britischen Elektrizitätssektor wurde in instrumentell pfadabhängiger Weise durch das Scheitern der Privatisierung der Kernenergie im Jahr 1989 determiniert. Im Gegensatz zu Deutschland, wo die Aufmerksamkeit durch Enquete-Kommissionen sowie einzelne Länderinitiativen bereits in der zweiten Hälfte der 1980er Jahre auf die Klimaschutzproblematik gelenkt wurde, verblieb die Koordination der weitreichenden Privatisierungs- und Liberalisierungsreformen im britischen Energiesektor im abgeschlossenen Bereich zentralisierter Regulierung durch das DEn bzw. DTI. Vor diesem Hintergrund wurden die erneuerbaren Energien in den Anwendungsbereich des nuklearen Subventionsinstrument, der NFFO, aufgenommen und der Fördermechanismus in instrumentell pfadabhängiger Weise dem Electricity Pool entlehnt (Bieterwettbewerb). Zur Entwicklung eines Markteinführungsprogramms für erneuerbare Energien hat in diesem Zusammenhang die Tatsache beigetragen, dass die umfangreiche staatliche Subventionierung der Kernenergie unter beihilferechtlichen Aspekten gegenüber der EU-Kommission im nunmehr liberalisierten Markt umweltpolitisch legitimiert werden konnte.

Als entscheidender Unterschied zur Markteinführungspolitik in Deutschland ist für Großbritannien zu Beginn der 1990er Jahre die andersartige Definition der zu fördernden Technologien hervorzuheben. So fiel dort z.B. die Müllverbrennung unter den Anwendungsbereich der erneuerbaren Energien. Zusätzlich ist im Vergleich zum StromEG hervorzuheben, dass auch die FV nicht in den Genuss von Fördermitteln kam, ebenso wie die in der britischen Forschungspolitik der 1970er und 1980er Jahre noch so bedeutende Gezeiten- und Wellenenergie. Die Implementierungsanalyse ergab, dass unter dem NFFO-Regime die Deponie- und Klärgasnutzung sowie die Wasserkraft am stärksten profitierten. Besonders bei den jüngeren Ausschreibungsrunden traten jedoch zunehmende Implementierungsprobleme auf. Weil die Implementierungsrate der vertraglich vereinbarten Kapazität bei keiner Technologie die 60 Prozentmarke überstieg (Wasserkraft: 58,5 Prozent, Deponiegas: 58,0 Prozent, Klärgas 44,6 Prozent), ist der Policyerfolg des Ausschreibungsinstruments NFFO als gering zu bewerten. Kritisch ist außerdem der Ausbau der Windenergie einzuschätzen, bei der von der kontrahierten Kapazität in Höhe von 972 MW$_{el}$ bis Mitte 2001 nur knapp 114 MW$_{el}$ zugebaut wurden (gerade einmal 11,7 Prozent).

Als wichtigster Kritikpunkt an der NFFO-Politik war zum einen die fehlende Planungssicherheit von Bedeutung, die aus der Unregelmäßigkeit der zentralisiert durchgeführten Ausschreibungsrunden erwuchs. Außerdem resultierte das Ausschreibungsverfahren in strategischem Bieterverhalten: Aufgrund erst zukünftig zu realisierender Projekte wurde von geringeren als tatsächlich erreichbaren Investitions- und Betriebskosten ausgegangen. Die in den Ausschreibungsrunden erzielten Premiumpreise für regenerative Stromerzeugung deckten offensichtlich nicht die tatsächlichen Kosten. Für die zurückgehende Umsetzung der NFFO-Verträge haben allerdings auch Probleme beim Abschluss von Planungs- und Genehmigungsverfahren eine Rolle gespielt, welche Projekte verzögerten und die Projektkosten zusätzlich in die Höhe trieben. Dabei wurde festgestellt, dass die britische Regierung ihre Kompetenzen zur Verabschiedung vereinheitlichter Planungsvorgaben im Sinne einer größeren Stringenz nicht nutzte. Auf der Ebene der Kommunen bestanden weitreichende Entscheidungsspielräume gegen die Verwirklichung von Projekten dieser Art bestanden (vor allem Windkraft) fort. Durch die große Wettbewerbsorientierung innerhalb des NFFO-Regimes wurden für englische und walisische Regionalversorger außerdem nur geringe Anreize gesetzt, in erneuerbare Energien zu investieren. Insgesamt ist davon auszugehen, dass die frühe Wettbewerbsorientierung in der britischen Energiepolitik auch die Entstehung einer einflussreichen Interessenlobby zugunsten erneuerbarer Energien verhindert hat (s.S. 242ff.).

In der *Bundesrepublik Deutschland* waren die energiewirtschaftlichen Reformen aufgrund des historischen Ereignisses der Deutschen Einheit demgegenüber auf die Integration und Transformation der ostdeutschen Stromwirtschaft ausgerichtet. Mit dieser Herausforderung wurden grundlegende Fragen zur strukturellen Gestaltung des ostdeutschen Stromsektors virulent (z.B. Kommunalisierung, Zukunft der ostdeutschen Braunkohlestandorte), denen gegenüber die Möglichkeit einer Liberalisierung von untergeordneter Bedeutung erschien. Die vielfältigen vertikalen und horizontalen Verflechtungen der Interessen zwischen Bund, Ländern und Kommunen haben eine abschließende Privatisierung der ostdeutschen Regionalversorger einschließlich ihrer Braunkohleindustrie und die Kommunalisierung der Stromwirtschaft erheblich verzögert. Mit der politischen Aufmerksamkeit auf der strittigen Integrationsfrage der ostdeutschen Stromwirtschaft wurde den potentiell weitreichenden Regelungen des StromEG verhältnismäßig wenig Interesse zuteil.

In Bezug auf die institutionalistische Forschungshypothese ist hervorzuheben, dass die Politikentwicklung für substantielle Festpreisregelungen im StromEG durch die föderalen Zuständigkeiten der Bundesländer begünstigt wurde (s.S. 104ff.). Besonders in den ersten Jahren nach Verabschiedung des StromEG wurde die Markteinführung erneuerbarer Energien weiterhin durch zusätzliche Fördermaßnahmen des Bundes *und* der Länder verstärkt. Bereits ab 1987 haben die Bundesländer Niedersachsen und Nordrhein-Westfalen über eigene Förderprogramme für Windenergie auf die potentiellen Wachstumspotentiale dieser Technologie aufmerksam gemacht. Damit wurde auch die Entwicklung einer bundesweiten Interessenkoalition zur Entwicklung des StromEG gestärkt. Besonders in den Anfangsjahren der Implementierung des StromEG offenbarten sich dann die positiven Auswirkungen der föderalen Politikverflechtung in Deutschland. So konnten für den Ausbau der Wind- und Sonnenenergie verschiedene Förderprogramme des Bundes (100 MW-Wind, 250 MW-Wind, 1000-Dächerprogramm) mit entsprechenden Förderprogrammen der Bundesländer kombiniert werden und haben Investitionen in die Anlagentechnologie ermöglicht. Die frühen Regelungen des StromEG garantierten zusätzlich eine Vergütung erneuerbarer Energien in etwa der Höhe der vermiedenen Kosten, so dass der Technologieausbau infolge kostenbezogener Interpretationsspielräume der Netzbetreiber besonders von Investitionszuschüssen politischer (Länder-)Förderprogramme abhängig war.

Darüber hinaus finanzierten die Bundesländer eigene Forschungsinstitute, durch die eine anwendungsbezogene Entwicklung der einzelnen Technologien betrieben wurde(z.B. das Bundesland Niedersachsen das DEWI). Weitere wichtige Multiplikatoren für die Energieerzeugung aus erneuerbaren Energien waren außerdem die auf Länderinitiative gegründeten Energieagenturen dar (z.B. in Hessen, Nordrhein-Westfalen, Niedersachsen). Schließlich offenbarten sich die Vorteile erweiterter Länderkompetenzen auch aufgrund einer größeren Flexibilität bei den Planungs- und Genehmigungsverfahren (v.a. für WEA). In diesem Kontext war auch von Bedeutung, dass die gesetzlich garantierten Einspeisevergütungen die Entstehung privater Betreiberstrukturen begünstigt haben. Weil die privaten Akteure von der Eigenerzeugung unmittelbar profitierten, fand auch der gesellschaftliche Widerstand gegen die Realisierung derartiger Projekte auf niedrigerem Niveau statt als in Großbritannien.

Das StromEG stellte also nur einen wichtigen Erfolgsfaktor für die Markteinführung erneuerbarer Energien in Deutschland dar. Im Gegensatz zum brtischen Fördersystem waren die garantierten Festpreise nicht an Effizienzkriterien ausgerichtet, sondern vorrangig am Ziel eines kostendeckenden Betriebs von Anlagen zur Nutzung erneuerbarer Energien. Überdies zielten die Normen auf eine Öffnung des monopolistischen Strommarktes für unabhängige Energieerzeuger. Damit nahmen das StromEG die Ziele einer Liberalisierung des deutschen Stromsektors vorweg (Garantie eines Netzzugangs für unabhängige Erzeuger).

Schließlich wurde für die Zeit von 1989/90 bis 1998 die zunehmende Einflussnahme der Europäischen Union für die nationale Energiepolitik herausgearbeitet. Bereits seit Ende der 1980er Jahre versuchte die EU-Kommission mit ihren Plänen für einen Europäischen Binnenmarkt für Energie, auf die nationale Regulierung Einfluss zu nehmen. Erst im Jahr 1996 resultierten die Bemühungen in der Verabschiedung einer *Rahmenrichtlinie zur Wieralisierung des Europäischen Strommarktes*, die nur allerdings nur allgemeine Regelungen zur Einführung von Wettbewerb beinhaltete. Der intergouvernementalistische Charakter der Richtlinie offenbarte sich an den offen gehaltenen Optionen bei der Wahl des Netzzugangsmodells (regulierter Netzzugang, verhandelter Netzzugang, Single-Buyer) und der nur schrittweisen Öffnung der nationalen Stromsektoren. Während sich die EU-Mitgliedstaaten in der Frage der Liberalisierung der Elektrizitätssektoren immerhin auf allgemeine Rahmenregelungen verständigen konnten, waren die Versuche zur Verabschiedung wirkungsvoller Regelungen für den Europäischen Klimaschutz aufgrund des Widerstands verschiedener Mitgliedstaaten kaum möglich. So scheiterten seit dem Jahr 1992 mehrere Anläufe der EU-Kommission zur Verabschiedung einer gemeinschaftsweiten Klima- und Energiesteuer am Einstimmigkeitserfordernis im Finanzministerrat.

Seit Abschluss der globalen UN-Klimarahmenkonvention im Jahr 1994 wurden schließlich die Initiativen für eine Europäische Strategie zum Ausbau erneuerbarer Energien wichtiger. Die bereits seit den 1970er Jahren bestehende EU-Technologieförderung der erneuerbaren Energien (ALTENER, JOULE, THERMIE) machte gegenüber der EU-Forschungsförderung für konventionelle Erzeugungstechnologien (besonders der Nuklearforschung) jedoch nur einen kleinen Teil aus. Auf einer von der Europäischen Kommission im Jahr 1994 einberufenen Konferenz wurde erstmals das politische Ziel formuliert, innerhalb der Gemeinschaft den Anteil der erneuerbaren Energien am Primärenergie-verbrauch bis zum Jahr 2010 auf 15 Prozent zu steigern. Hierfür wurden die Institutionen der EU und der Mitgliedstaaten aufgerufen, einen Maßnahmenplan zu implementieren. In der Folge startete vor allem das EP mehrfach Initiativen für eine gemeinschaftsweite Er-neuerbare-Energien-Politik, wobei auch die Einführung einer EU-Einspeiserichtlinie gefor-dert wurde. Im November 1997 resultierten die stetigen EP-Initiativen in der Verabschie-dung eines Weißbuchs für erneuerbare Energien, in dem konkrete quantitative Ausbauziele und verschiedene Ausbaustrategien festgelegt wurden. Zentrales Element des Weißbuchs war die Definition eines Ausbauziels der erneuerbaren Energien von etwa 6 Prozent am Bruttoenergieverbrauch (in 1995) auf 12 Prozent bis zum Jahr 2010.

5 Die jüngeren Reformen in der Erneuerbaren-Energien-Politik in den beiden Ländern vor dem Hintergrund zunehmender globaler Governance im Klimaschutz (1997/98-2005)

Wenngleich die Initiativen zu einer Harmonisierung der gemeinschaftsweiten Regulierung erneuerbarer Energien auf europäischer Ebene zunahmen, blieb ihr tatsächlicher Ausbau von der nationalen Energiepolitik bestimmt. Im Zeitraum von 1997/98 bis 2005 wurde die Erneuerbare-Energien-Politik in beiden Ländern von weiteren weitreichenden Reformen der stromwirtschaftlichen Wettbewerbspolitik beeinflusst. Entsprechend den vorhergehenden Kapiteln werden zunächst die britischen Reformen analysiert. Dort haben neben den stromwirtschaftlichen Reformen auch die institutionelle Neugestaltung des britischen Regierungssystems, die mit dem Begriff der Devolution umschrieben wird, wichtige Auswirkungen auf den Ausbau erneuerbarer Energien. Die Devolution verändert seit 1997 die politischen Gestaltungsbedingungen für die Energiepolitik in England, Wales und Schottland maßgeblich, wodurch auch Nachhaltigkeitsziele zunehmend Eingang in die staatliche Infrastrukturpolitik finden.[216] Wie zu zeigen sein wird, stützen die erhobenen empirischen Ergebnisse die institutionalistische Ausgangshypothese, nach der dezentralisierte Staatsstrukturen eine an Nachhaltigkeitszielen orientierte Energiepolitik befördern. Nach einer Darstellung der grundlegenden Reformen der Erneuerbaren-Energien-Politik in Deutschland, die mit dem Regierungswechsel zu einer rot-grünen Bundesregierung ab dem Herbst 1998 stattgefunden haben (s.S. 281ff.), werden schließlich die weiteren Harmonisierungsbemühungen für eine Richtlinie für erneuerbare Energien auf europäischer Ebene dargestellt (s.S. 364ff.).

5.1 Die energiepolitische Reformpolitik von New Labour und ihre Auswirkungen auf die Regulierung erneuerbarer Energien (1997-2005)

Für Großbritannien kündigten sich mit dem Wechsel von der konservativen Regierung zur New-Labour-Regierung unter Blair im Mai 1997 wichtige Politikreformen an, die elementare Auswirkungen auf die Regulierung der Stromwirtschaft und die damit verbundene Erneuerbare-Energien-Politik haben sollten. Von zentraler Bedeutung war zum einen die unmittelbar nach der Regierungsübernahme initiierte allgemeine Überprüfung des Regulierungsrahmens für die Versorgungswirtschaft (Gas, Elektrizität, Wasser und Telekommunikation), die bis zum Jahr 2000 zu einer grundlegenden energiepolitischen Reform in Form

---

[216] Gegenüber der Devolution in Schottland, die zur Gründung eines eigenen Parlaments mit umfassenden Gesetzgebungskompetenzen führte, war die Gründung regionaler Parlamente in Nord-Irland und Wales mit einer weniger weitreichenden Kompetenzzuweisung verbunden. Im britischen Fall wird deshalb auch von einer *„asymmetrischen Devolution"* gesprochen (Schwab 2002).

der Verabschiedung des *Utilities Act 2000* führte. Aus dieser Reform ging ein neues Regulierungsinstrument für erneuerbare Energien hervor, dessen Policyentwicklung, inhaltliche Ausgestaltung und Implementierung im folgenden Kapitel näher beschrieben wird.

Eine Neuausrichtung beim Ausbau erneuerbarer Energien ergab sich zusätzlich aus Reformen in anderen, die Implementierung der sektoralen Querschnittsaufgabe erneuerbarer Energien betreffenden Politikfeldern. So verpflichtete sich die EU mit dem Kyoto-Protokoll von 1997 bis zum Jahr 2012 zu einer Reduktion der Treibhausgasmissionen in Höhe von acht Prozent (gegenüber 1990). Im Rahmen des Europäischen Lastenausgleichsabkommens (*"burden-sharing-agreement"*) zur nationalen Umsetzung dieser Kyoto-Ziele definierte die britische Regierung ein verhältnismäßig ehrgeiziges Minderungsziel.[217] Vor diesem globalen Regulierungshintergrund intensivierte die neue Labourregierung ab 1997 ihre Initiativen zur Integration der sektoralen Querschnittsaufgabe Klimaschutz in die verschiedenen Politikfelder und gab der Energiepolitik innovative Impulse zu nachhaltigkeitsorientierten Regulierungsstrategien.

5.1.1 Die Vorbereitung von Reformen der Versorgungswirtschaft durch das DTI und das DETR seit 1997

Bereits vor den Wahlen des Jahres 1997 schlug die Labourpartei in ihrem energiepolitischen Programm weitreichende Reformen für die Stromwirtschaft vor. Die Reformvorschläge zielten hauptsächlich auf eine Fusion der beiden Regulierungsbehörden Offer und Ofgas,[218] eine Ergänzung der primären Regulierungspflichten der Regulierungsbehörde im Bereich der Finanz- und Wettbewerbsregulierung zugunsten sozialer und ökologischer Belange sowie technische Reformen der Preisregulierung des RPI-X-Regimes (McGowan 1996b). Gegenüber der konservativen Partei plädierte die Labour-Partei damit in weit stärkerem Maße für die Anwendung eines interventionistischen Steuerungsansatzes, der die Bedeutung des Marktprinzips in der sektoralen Regulierung der Energiewirtschaft relativierte.

Insgesamt forderte die Labour-Partei eine stärkere Berücksichtigung von sozialen Verteilungsfragen, weil die bisherige Preisregulierung v.a. zugunsten höherer Einkommensschichten gestaltet worden wäre.[219] Somit rückten Ziele der Verteilungsgerechtigkeit gegenüber Zielen der Effizienz in das Zentrum der Reformbemühungen (Currie 1997, Mac Kerron 2003). Während die Regulierung der Versorgungswirtschaft unter der konservativen Regierung einseitig dem Glauben eines positiven Wirkens der freien Marktkräfte zugunsten

---

[217] Das Vereinigte Königreich definierte ein Reduktionsziel seiner Treibhausgase um 12,5 Prozent, während Deutschland sogar ein Ziel von 21 Prozent bestimmte.
[218] Die zunehmende Verstromung von Gas (*"dash for gas"*) hatte zu einer sektoriellen Integration der beiden energiewirtschaftlichen Teilindustrien geführt. Deshalb wurde ein ganzheitlicher Regulierungsansatz für beide Sektoren, deren organisatorischer Ausdruck eine Fusion der beiden Regulierungsbehörde war, als sinnvoll erachtet.
[219] Weil die Preisregulierungsformel RPI-X zur Regulierung der Verbraucherpreise auf Durchschnittspreisen pro Rechnungseinheit basierte, war zu vermuten, dass die Bevölkerung mit verhältnismäßig geringerem Einkommen relativ stärker belastet würde. Außerdem würden regional bestehende Kostenunterschiede der Dienstleistungserfüllung, die mitunter sehr beträchtlich ausfallen könnten, nicht ausreichend berücksichtigt (Young 2001). Mit einer Reform des versorgungswirtschaftlichen Regulierungsrahmens sollte deshalb eine bessere Zuordnung der relevanten Kostenfaktoren ermöglicht und ein ausgeglicheneres Verhältnis zwischen den Interessen der Verbraucher und der Anteilsigner erzielt werden (DTI 1998a).

einer effizienten Ressourcenverteilung zwischen den Marktteilnehmern verhaftet geblieben war (Jones 2000), war in den Jahren der konservativen Regierungsherrschaft wegen zunehmender Defizite bei der Effizienz und Qualität der Dienstleistungen der nicht-interventionistische Regulierungsansatz zum Hauptgegenstand öffentlicher Kritik geworden (Young 2001). Daher sollte mit den energiepolitischen Reformen dem Verbraucherschutz eine wachsende Wie zukommen. Gegenüber den privatisierten EltVU war deshalb nach der Machtübernahme von New Labour eine der ersten Aktionen die Erhebung einer einmaligen Gewinnsteuer (*"Windfall Tax"*). Diese Abgabe wurde mit dem Argument gerechtfertigt, dass besonders die Verteilerunternehmen in den Anfangsjahren der Liberalisierung wegen einer zu nachgiebigen Preisregulierung durch Offer exzessive Gewinne erwirtschaftet hätten. Bei der Privatisierung wären die Unternehmen aus staatlicher Sicht zu günstig veräußert worden. Als weitere Begründung für die Erhebung der Steuer, die dem britischen Staat ungefähr 5,2 Mrd. Pfund einbringen sollte, wurde die erforderliche Finanzierung diverser Wahlversprechen (z.B. arbeitspolitische Maßnahmen) genannt (Helm 2003, 290).

Der zunehmend interventionistische Regulierungsansatz stand auch mit den umweltpolitischen Zielen der Partei in engem Zusammenhang. Bereits im Jahr 1994 hatte die Labour-Partei folgende umweltpolitische Ziele zum Kern ihres Parteiprogramms gemacht:

- the need to place the environment at the heart of all areas of policy;
- recognition that effective environmental protection requires use of the whole range of government action and cannot rely on the free market;
- a belief that high environmental standards drive economic efficiency;
- recognition that environmental progress and social equity go hand in hand" (Labour Party 1994).

Schon in ihrem damaligen umweltpolitischen Programm machte die Labour-Partei Vorschläge für eine nachhaltigere Energiepolitik. So sollten die planungsrechtlichen Kompetenzen auf Stadt- und Bezirksebene durch eine Dezentralisierung gestärkt werden, indem die genannten politischen Ebenen für die Planung von Kraftwerken und Überlandleitungen zuständig werden sollten. Zusätzlich wurde vorgeschlagen, die Berücksichtigung von Energieeffizienzzielen stärker in den Planungskriterien der Struktur- und Raumplanung zu verankern. Insgesamt zielten die Reformvorschläge auf eine Stärkung der energiepolitischen Planungskompetenzen auf lokaler und regionaler Ebene (Rydin 1998, 81). Entsprechend maß die Labour-Partei auch den erneuerbaren Energien eine wichtige Rolle bei:

"We are committed to an energy policy designed to promote cleaner, more efficient energy use and production, including a new and string drive to develop renewable energy resources such as solar and wind energy and combined heat and power. We see no economic case for building any new nuclear power stations" (New Labour 1997, 17).

Der Wahlerfolg New Labour's bedeutete deshalb die Einleitung grundlegender energiewirtschaftlicher Reformen, denen innerhalb des britischen Regierungsapparates wichtige administrative Reformen vorausgingen. Die administrativen Reformen deuteten wiederum eine politische Aufwertung des Nachhaltigkeitsprinzips in der staatlichen Regulierung an. Noch im Juni 1997 wurde deshalb das *Department of the Environment* mit dem *Department for Transport* fusioniert. Zusammen mit den bisher für die Regionalpolitik zuständigen Abteilungen führte diese Fusion zur Gründung eines neuen Superministeriums, dem *Department of the Environment, Transport and the Regions* (DETR). Die zentrale Bedeutung des DETR kam darin zum Ausdruck, dass es als größtes Ministerium der Leitung des neuen Stellvertretenden Premierministers Prescott unterstellt wurde.[220] Im Zuge der versprochenen Devolutions- und Regionalisierungsreformen sollte das DETR eine neue nationale Nachhaltigkeitsstrategie entwickeln und zu deren Umsetzung die britische Planungspolitik reformieren. Hierfür sollten innerhalb der neuen Behörde unterschiedliche Belange staatlicher Planung – Flächennutzung und Raumplanung, Einbindung kommunaler Akteure, ressortübergreifende Koordination: Energie und Verkehr – effektiver integriert werden.

Für die Akteure eines Ausbaus erneuerbarer Energien war entscheidend, dass das DETR neben seiner Zuständigkeit für die Konzeption einer nationalen Nachhaltigkeitsstrategie auch die Kompetenzen zur Entwicklung einer nationalen Klimaschutzstrategie, die Reformen der regionalen und kommunalen Planungspolitik sowie die Regulierung von Energieeffizienzmaßnahmen und der Kraft-Wärme-Kopplung übertragen bekam. Damit war dieses Ministeriums für eine Vielzahl von Regelungsfeldern zuständig, die den Ausbau erneuerbarer Energien betrafen. Für die technologische Förderung und Markteinführung erneuerbarer Energien blieb aber weiterhin das DTI das zuständige Ministerium. Für die Interessenvertreter erneuerbarer Energien war das DTI das wichtigere Ministerium, weil es seit dem Sommer 1997 die Reformen des wettbewerbsrechtlichen Ordnungsrahmens der Energiewirtschaft koordinierte. Damit wurden für die interessenpolitischen Akteure der erneuerbaren Energien gleich zwei Ministerien zu zentralen Akteuren für Lobbyingaktivitäten: Das DTI in Fragen der ökonomischen Regulierung und der politischen Gestaltung des Markteinführungsinstruments für erneuerbare Energien und das DETR in Fragen der Forschungs- und Planungspolitik sowie der energieeffizienten Nutzung erneuerbarer Energien. Zusätzlich sollte auch die Regulierungsbehörde Offer, die im Rahmen der anstehenden Reformen mit der Regulierungsbehörde des Gasmarktes (Ofgas) zu einer Regulierungsbehörde fusioniert werden sollte (OFGEM), eine immer wichtigere Rolle für den Ausbau erneuerbarer Energien übernehmen.[221]

Auch hinsichtlich ihres umweltpolitischen Programms machte sich die neue Regierung zügig an die Umsetzung erster Initiativen.[222] Bereits im Juni 1997 versprach Premierminister Blair bei einem seiner ersten internationalen Auftritte vor den Vereinten Nationen in New York bis zum Jahr 2010 die Verwirklichung eines ehrgeizigen nationalen CO_2-Reduktionsziels von 20 Prozent (gegenüber 1990). Gleichzeitig vertrat die neue Labourregierung mit einer ihrer wichtigsten politischen Führungsfiguren die britische Position bei den Abschlussverhandlungen zum Kyoto-Protokoll. Der leitende Minister des DETR und Vizepremier Prescott führte die britische Regierung bei den internationalen Klimaschutzverhandlungen. In der zweiten Hälfte des Jahres 1997 vermochte das mächtige DETR

---

[220] Das neue Superministerium verfügte über eine Mitarbeiterzahl von mehr als 15.000, während das ebenfalls sehr einflussreiche DTI etwas weniger 10.000 Mitarbeiter hatte (Rydin 1998, 100-102).

[221] Die beschriebenen Entwicklungen evozierten auf Seiten der Akteure, die sich für eine Neuausrichtung der Energiewirtschaft zugunsten umweltschonender und dezentraler Erzeugungsanlagen einsetzten, seit 1997 vermehrt Forderungen nach administrativen Reformen im Sinne eines *"joined-up government"*, d.h. der Institutionalisierung einfacherer Zugangsmöglichkeiten zu den entscheidungsrelevanten administrativen Akteuren.

[222] Neben der Gründung des DETR erweckte die neue Labourregierung das bereits früher bestehende System von „Grünen Ministern" (*"Cabinet Committee on the Environment"*) zu neuem Leben: Innerhalb eines jeden Ressorts wurde ein Minister mit der Aufgabe bestellt, umweltbezogene Fragestellungen in die jeweilige Ressortpolitik zu integrieren. Außerdem wurde innerhalb des House of Commons ein *"Environmental Audit Committee"* gegründet, dessen Aufgabe die Überprüfung und Evaluierung ressortbezogener Umweltprogramme ist.

gleichzeitig, innerhalb der britischen Regierung zunehmenden Einfluss auf den energiewirtschaftlichen Reformprozess zu nehmen, der federführend durch das DTI geleitet wurde. Das Maß der horizontalen Einflussnahme durch das DETR wird in der Definition der allgemeinen Leitlinien deutlich, welche das DTI in Vorbereitung seiner umfassenden Regulierungsreform der Energiewirtschaft in einem Grünbuch festlegte (DTI 1998a):

> "The terms of reference for the review are to consider whether changes are required to the system of regulation of the utility industries in order to ensure open and predictable regulation, fair to all consumers and to shareholders, and which promotes the Government's objectives for the environment and for sustainable development, whilst providing sufficient incentives to managers to innovate, raise standards and improve efficiency" (DTI 1998a, Annex A).

Die Hauptmotivation für die anstehenden Reformen der Energiewirtschaft bestand somit zwar weiterhin in einer Stärkung der Verbraucherinteressen, also der Realisierung einer möglichst günstigen Energieversorgung. Allerdings fanden umweltpolitische Ziele der Sektorregulierung ebenfalls zunehmende Berücksichtigung. Die potentielle Inkonsistenz zwischen dem ökologischen Ziel einer Realisierung von mehr Nachhaltigkeit, das aufgrund der Einhaltung hoher Umweltstandards die Kosten der Versorgung tendenziell erhöht, mit dem Ziel einer möglichst günstigen Versorgung wurde in dem Weißbuch jedoch nicht näher problematisiert.

Zur gleichen Zeit, als durch das DTI die Reform der Energiewirtschaft in Angriff genommen wurde, bereitete das DETR eine Reform der nationalen Nachhaltigkeitsstrategie vor. Im Mai 1999 verabschiedete die britische Regierung eine aktualisierte Version des britischen Nachhaltigkeitskonzepts (DETR 1999), das die Vorgängerversion aus dem Jahr 1994 ablöste (HMSO 1994). Mit der neuen Strategie sollte die Leitidee der Nachhaltigkeit in das Zentrum der Regierungspolitik gerückt werden. Gleich zu Beginn des Dokuments wurde die geplante Verfassungsreform zur Devolution von administrativen und legislativen Kompetenzen in die Regionen Schottland, Wales und Nord-Irland in den Kontext der Nachhaltigkeitsstrategie gerückt.[223] Dabei wurde hervorgehoben, dass die mit der Devolution zu kreierenden englischen Regionen in Zukunft eigene Nachhaltigkeitsstrategien (*Local Agenda 21 Strategies*, *Regional Sustainable Development Frameworks*) entwickeln sollen (DETR 1999).[224] Als weiterer Schwerpunkt zur besseren Umsetzung des Nachhaltigkeitsprinzips nannte das Strategiepapier die *Finanzpolitik*. Die Labour-Regierung machte frühzeitig deutlich, dass das Ziel einer Reform des bestehenden Steuersystems auch die Realisierung von Umweltzielen beinhalten müsse. Demgemäß waren zur Verwirklichung ökologischer Zielsetzungen bereits im Haushalt des Jahres 1999 umfangreiche Reformen des Finanzwesens vorgesehen. Hervorzuheben ist in diesem Zusammenhang, dass die Labourregierung in jenem Zeitraum auch die Einführung einer Klimaschutzabgabe, der sog. *"Climate Change Levy"* (CCL), für das Frühjahr 2001 vorzubereiten begann. Mit dieser

---

[223] Es ist vorwegzunehmen, dass unmittelbar nach dem Beginn der Devolution im Jahre 1999 die neue schottische Regierung noch vor der britischen Regierung eine eigene *Nachhaltigkeitsstrategie* verabschiedete (The Scottish Office 1999). In ähnlicher Weise hatten im gleichen Zeitraum Wales und Nord-Irland erste eigene Vorschläge für eine regionale Nachhaltigkeitsstrategie erarbeitet (HMSO 1998).
[224] Die Auswirkungen der britischen Devolution auf die Regulierung erneuerbarer Energien als einem Teil der regionalen Nachhaltigkeitsstrategien werden ab S. 264ff. analysiert.

Abgabe sollte die Energieverwendung von Unternehmen auf aufkommensneutraler Basis besteuert werden.

5.1.2 Die wettbewerbsorientierten Reformen des britischen Erzeugermarkts und ihre Auswirkungen auf die Erneuerbare-Energien-Politik

Seit der Sektorliberalisierung im Jahr 1989 bestand das grundlegende Ziel energiewirtschaftlicher Regulierung in Großbritanien in der Verwirklichung wettbewerbsfördernder Strukturen, die sich besonders im Erzeugermarkt für Elektrizität als schwieriges Unterfangen erwies (s.S. 138ff.). Unmittelbar nach ihrer Regierungsübernahme begann New Labour deshalb mit Beratungen zu weiteren Reformen der Elektrizitäts- und Gaswirtschaft. Als Kernziel wurde die Schaffung eines transparenteren und effizienteren Großhandelsmarktes für Strom definiert, durch den der Wettbewerb im Erzeugermarkt verstärkt und damit sinkende Erzeugerpreise bewirkt werden sollten. Gleichzeitig sollte aber auch eine spürbare Neuausrichtung der Sektorregulierung erreicht werden, weil aufgrund der neuen Nachhaltigkeitsorientierung der Labour-Regierung soziale und umweltbezogene Ziele effektiver in den ökonomischen Wettbewerbsrahmen integriert werden sollten. Vor diesem Hintergrund nahmen ab dem Frühjahr 1998 die Vertreter verschiedenster Interessenorganisationen aus Industrie, Gesellschaft und öffentlicher Verwaltung an einem umfassenden Beratungsprozess teil, der im Jahr 2000 zur Verabschiedung des *Utilities Act* führte (Graham 2000). Das wichtigste Ziel der Reform, deren Wirkungsbereich im Verlauf des Beratungsprozesses auf den Gas- und Elektrizitätsmarkt eingeschränkt wurde,[225] betraf die Förderung von Wettbewerb unter gleichzeitiger Realisierung möglichst günstiger Energiepreise. Zu diesem Zweck sollten folgende Maßnahmen verwirklicht werden:

- Gesetzliche Maßnahmen zur Einführung neuer Handelsarrangements, um weitere Preissenkungen im Großhandelsmarkt zu erzielen (Ablösung des Electricity Pools und Bestimmung der Großhandelspreise durch bilaterale Handelsverträge (NETA));
- Die Zusammenlegung der beiden früheren Energieregulierungsbehörden (Regulierungsbehörde für Gas – Ofgas und für Elektrizität – Offer) zu einer Regulierungsbehörde für den Sektor der leitungsgebundenen Energiewirtschaft (Regulierungsbehörde für den Gas- und Elektrizitätsmarkt – OFGEM);
- Eine Verpflichtung dieser Behörde, in Ausübung ihrer gesetzlichen Aufgaben die Leitlinien des zuständigen Ministers hinsichtlich sozialer und umweltbezogener Regulierungsfragen im Elektrizitäts- und Gasmarkt zu berücksichtigen;
- Die Zuweisung neuer regulativer Kompetenzen an den zuständigen Minister zur Förderung der Energieeffizienz, der regenerativen Energieerzeugung und der Förderung sozial schwacher Haushalte bei der Energieversorgung.

Das wichtigste Ziel wurde in einer Neugestaltung der Handelsarrangements für Elektrizität gesehen, d.h. der Auflösung des Electricity Pools und der Schaffung neuer Handelsregeln in Form der *New Electricity Trading Arrangements* (NETA). Die deutliche Dominanz wettbewerbsrechtlicher Regulierungsfragen gegenüber einer marktkorrigierenden Politik

---

[225] Ursprünglich sollten neben der Energiewirtschaft auch die anderen Bereiche der öffentlichen Daseinsvorsorge (z.B. Telekommunikation und Wasser) unter das neu zu formulierende Utitilites Act fallen.

233

für erneuerbare Energien, die auch auf die bestehende Kompetenzverteilung zwischen dem DTI und dem DETR zurückzuführen war (das DTI hat die Regulierungskompetenz sowohl für die allgemeine ökonomische Regulierung der Energiewirtschaft als auch die spezifischere Markteinführung erneuerbarer Energien), kommt in der weiteren Chronologie der Reformen zum Ausdruck. Während die NETA als neue Marktregeln für den Großhandel von Elektrizität bereits im März 2001 verabschiedet wurden, konnten die Reformen für ein neues Markteinführungsinstrument von erneuerbaren Energien – die sog. *"Renewables Obligation"* (RO) – erst im April 2002 in Kraft treten. Zwischen den beiden Zeitpunkten der Reformen des wettbewerbsrechtlichen Rahmens und der Erneuerbaren-Energien-Politik mehrten sich die Anzeichen, dass die Betreiber von Anlagen zur Nutzung erneuerbarer Energien sowie andere unabhängige Energieerzeuger (z.B. KWK-Anlagenbetreiber) mit den neuen Handelsregeln unter zunehmenden Wettbewerbs- und Preisdruck gerieten. Weil ein Markteinführungs- und Förderinstrument für erneuerbare Energien nach der Beendigung des NFFO-Regimes mit der letzten Ausschreibungsrunde des Jahres 1998 fehlte,[226] forderten deren Interessenvertreter immer lauter eine Nachfolgeregelung. Im Folgenden werden die Effekte von NETA auf die unabhängigen Energieerzeuger (z.B. Erneuerbaren-Energien-Anlagen) anhand der Funktionsweise der neuen Handelsregeln erläutert.

5.1.2.1 Die jüngsten Handelsreformen in der englisch-walisischen Stromwirtschaft und ihre Auswirkungen auf erneuerbare Energien

Trotz der unbestreitbaren Erfolge des Electricity Pools hatte dieser virtuelle Preismechanismus diverse Nachteile.[227] Ein zentraler Nachteil bestand in der gestiegenen Volatilität der Elektrizitätspreise. Gegen die Preisschwankungen haben sich die Marktteilnehmer deshalb zunehmend durch kurz- und langfristige Verträge (sog. *"contracts for differences"*, also Preisabsicherungsverträge) abgesichert, mit denen die Strompreise kalkulierbarer wurden. Durch den Abschluss solcher Verträge waren die etablierten Erzeuger allerdings nicht mehr zur Abgabe realistischer Preisangebote im Electricity Pool gezwungen, weil der vom Abnehmer an den Erzeuger zu zahlende Preis durch den Vertrag abgesichert worden war. Hierbei war entscheidend, dass die beiden zentralen Erzeugerunternehmen (NP, PG) nach der Liberalisierung über fast alle Kraftwerkskapazitäten im Mittellastbereich (alte kohle- und ölbetriebene Erzeugungsanlagen) verfügten. Weil diese Kraftwerke periodisch flexibel abgerufen werden konnten, übte das Erzeugerduopol großen Einfluss auf die Bestimmung des System Marginal Price (SMP) aus. Faktisch konnten die beiden Unternehmen die marginalen Preisgebote im Poolwettbewerb mit einiger Genauigkeit vorhersagen (Thomas 1996b).

Durch ihre Verfügungsgewalt über die zur Bestimmung des Marginalpreises entscheidenden Erzeugungskapazitäten vermochte das Erzeugerduopol umfassende Gewinne zu erwirtschaften: Mit diesen Anlagen konnten sie den Pool-Preis (Großhandelspreis) durch Gebote, die über ihren wirklichen ökonomischen Kosten lagen, künstlich nach oben treiben.

---

[226] Weitere Ausschreibungsrunden waren nach der abschließenden Privatisierung der Kernenergie nicht geplant.

[227] Der damalige DGES Littlechild listete die Errungenschaften des Electricity Pools wie folgt auf: „Sie haben es den Erzeugerunternehmen erlaubt, miteinander in einen kompetitiven Bieterwettbewerb zu treten und die Einordnung und Planung der Erzeugungskapazitäten entsprechend der erwarteten Nachfrage ermöglicht. Die Qualität und Sicherstellung der Nachfrage war stets gewährleistet. (...) Der Zugang zum Pool hat neue Erzeuger unterstützt, in den Markt einzusteigen und zur Einführung von Wettbewerb im Versorgermarkt geführt" (Offer 1997).

Gleichzeitig waren diese Anlagen aber nicht durch Verträge gebunden (Thomas 1996b). Weitere Kritikpunkte am Handelsmechanismus, die durch das DTI und Offer im Verlauf des Jahres 1998 genannt wurden, bestanden in der Verhinderung einer direkten Pool-Teilnahme der Verbraucher (einseitiger Erzeugermarkt). Außerdem habe die Komplexität und Undurchsichtigkeit des Preisfindungsverfahrens im Großhandelsmarkt die Entwicklung von Derivatmärkten verhindert und die Liquidität der Vertragsmärkte reduziert. Zusammenfassend standen somit der Mangel an Wettbewerb auf der Erzeugerseite (der zu einem vermuteten oder tatsächlichen Missbrauch der marktbeherrschenden Stellung führte), das Bieterverfahren, die Mechanismen zur Preisbestimmung sowie die zwingende Mitgliedschaft am Pool im Mittelpunkt der allgemeinen Kritik (Offer 1998a, Offer 1998b).

Die Entwicklung neuer Handelsarrangements für Elektrizität war ab Herbst 1998 durch einen geschlossenen Konsultationsprozess zwischen den Experten der neuen Regulierungsbehörde OFGEM,[228] dem DTI und den Interessengruppen der Elektrizitätswirtschaft (Erzeugerunternehmen, Interessengruppen der industriellen Erzeuger und unabhängige Erzeuger, etc.) gekennzeichnet (OFGEM 1999).[229] Das Ergebnis der Handelsreformen bestand in einer Anerkennung der durch die zentralen elektrizitätswirtschaftlichen Akteure beim Stromhandel geschaffenen Tatsachen. Es wurde eine Reform und Reorganisation des Großhandels von Elektrizität beschlossen, mit der die Strompreise zunehmend durch bilaterale Verträge in unterschiedlichen Terminmärkten zwischen den Erzeugern, Händlern und Stromversorgern bestimmt werden. Die hierfür entwickelten Handelsarrangements für den Strommarkt (NETA) sehen vor allem die Schaffung von *drei* unterschiedlichen *Handelsmärkten* vor, um den Elektrizitätshandel über unterschiedliche Zeitperspektiven zu koordinieren (kurz-, mittel- und langfristige Märkte).[230]

Erst mit dem Inkrafttreten der neuen Handelsregeln im März 2001 wurde schließlich der Handelsrahmen institutionalisiert, auf dessen Basis der Ausbau erneuerbarer Energien im englisch/walisischen Strommarkt fortgesetzt werden konnte. Dabei war entscheidend, dass mit der endgültigen Liberalisierung des Strommarktes für Endkunden bereits im April 1998 das bisherige Markteinführungsinstrument (NFFO) abgeschafft worden war und für den Übergangszeitraum keine neue Nachfolgeregelung bestand. Erst zwei Jahre nach der Regierungsübernahme durch New Labour – die Reformen zu NETA waren noch in vollem Gang – veröffentlichte das DTI unter dem neuen Industrie- und Energieminister Battle

---

[228] Eine erste zentrale Reform des ökonomischen Regulierungsrahmens bestand im August 1998 in der Fusion der bis dahin getrennt voneinander operierenden Regulierungsbehörden für Gas (Ofgas) und Elektrizität (Offer) zur neuen Energieregulierungsbehörde OFGEM (Office of Gas and Electricity Markets).

[229] Die Interessen der kleinen Erzeuger (z.B. regenerativer Anlagenbetreiber und Betreiber von KWK-Anlagen) fanden bei der Entwicklung der Handelsreformen aufgrund ihrer beschränkten organisatorischen und informationellen Verhandlungsressourcen kaum Berücksichtigung. Eine Integration ihrer Interessen in die komplexen technischen Fragestellungen einer Entwicklung neuer Handelsarrangements erwies sich als schwierig.

[230] Generell umfassen die neuen Handelsarrangements für den Elektrizitätsmarkt (NETA) folgende Elemente:
- Mittel- bis langfristige Vorwärts- und Zukunftsmärkten,
- einen kurzfristiger bilateraler Markt, der jeweils mindestens 24 Stunden vor einer Handelsperiode beginnt, um den Marktteilnehmern die Möglichkeit zur detaillierten Anpassung ihrer Vertragspositionen zu geben,
- einen Ausgleichsmechanismus (*"Balance Mechanism"*), in dem die NGC als nationaler Netzbetreiber Bietergebote zur Ausbalancierung von Angebot und Nachfrage innerhalb des nationalen Netzes annimmt (Regelenergie) und
- ein Schlichtungsverfahren (*"Settlement Mechanism"*), um die (Regelenergie-)Kosten in Rechnung zu stellen, die durch die Marktteilnehmer entstehen, wenn ihre vertraglich festgelegten Verpflichtungen von den wirklichen Leistungen abweichen (sowohl auf Erzeuger- als auch Abnehmerseite).

einen Überblick über den augenblicklichen Stand des Ausbaus erneuerbarer Energien in Großbritannien und die hierfür geplante weitere Strategie (DTI 1999). Mit diesem Report gab das DTI bekannt, im Zeitraum von 1998 bis 2002 die Forschung und Entwicklung von erneuerbaren Energien in einem finanziellen Umfang von insgesamt 43 Millionen Pfund zu fördern.[231] Damit zeigte sich mit der Regierungsübernahme durch New Labour zunächst keine grundlegende Akzentverschiebung in der britischen Energiepolitik in Richtung mehr Nachhaltigkeit ab. Es erwies sich aber als entscheidend, dass wichtige Impulse zu weiteren Reformen durch das DETR ausgingen. Das DETR entwickelte im gleichen Zeitraum die nationale Klimaschutzstrategie und maß den erneuerbaren Energien hierbei eine besondere Rolle bei.

Die NETA wurden am 27. März 2001 der neue Handelsmechanismus des britischen Elektrizitätssektors. Nur einige Monate später wurden durch OFGEM die frühen Auswirkungen der neuen Handelsarrangements u.a. auf die unabhängige und nachhaltige Stromerzeugung überprüft. Hinsichtlich des Hauptziels der Reform, das in einer Verstärkung des Wettbewerbs auf der Erzeugerseite und in einer Realisierung weiterer Preissenkungen bestand, zeichnete sich ein Erfolg der Reformen ab.[232] Infolge dieser Preissenkungen erlitten kleine Energieerzeuger wie Betreiber von Erzeugungsanlagen auf der Basis erneuerbarer Energien oder von KWK-Anlagen substantielle Einnahmeverluste. Im Durchschnitt sanken die Preise für die dezentrale Stromeinspeisung um 17 Prozent. Die Einnahmen von aus Windkraft erzeugtem Strom sanken überdurchschnittlich sogar um 27 Prozent und die sonstiger erneuerbarer Energieressourcen um ungefähr 26 Prozent (OFGEM 2001a, 19). Somit hatte die Einführung von NETA die kleinen und unabhängigen Energieerzeuger, die nicht unter die Förderregelungen der noch laufenden NFFO-Runden fielen,[233] unter zunehmenden Wettbewerbs- und Preisdruck gebracht.

Das Hauptproblem der Betreiber kleiner Anlagen zur Nutzung erneuerbarer Energien unter NETA bestand in ihrer schwachen Verhandlungsposition bei der Aushandlung der Handels- und Abnahmeverträge mit potentiellen Stromhändlern und Verteilerunternehmen. Eine Hauptursache hierfür lag in der mangelnden Prognostizierbarkeit des Erzeugungsoutputs von einigen dieser Technologien (vor allem bei Windenergie). Unter NETA waren diese Technologien dem größeren Risiko ausgesetzt, nach Unterzeichnung der *Balance and Settlement Codes* (BSC) aufgrund ihres nicht vorhersehbaren und abweichenden Outputs bei einer Fahrplanabweichung mit zusätzlichen Sanktionskosten belastet zu werden. Innerhalb von NETA sanktioniert der BSC Abweichungen von der prognostizierten Nachfrage/dem prognostizierten Angebot, um das nationale Stromnetz im Gleichgewicht zu halten. Aufgrund der schwachen Verhandlungsposition hatte die große Mehrheit der kleinen Energieerzeuger (98 Prozent) für die lokale Einspeisung optiert (OFGEM 2001a, 14). Bei dieser

---

[231] Für die einzelnen Jahre wurden folgende Fördersummen festgelegt: 9,6 Mio. Pfund in 1998/99, 11,5 Mio. Pfund in 1999/2000, 14 Mio. Pfund in 2000/2001 und 18 Mio. Pfund in 2001/2002. Der *Engineering and Physical Sciences Research Council*, eine staatliche Einrichtung zur technologischen Grundlagenforschung, sollte für erneuerbare Energien zusätzlich jährlich 3,5 Mio. Pfund erhalten (Renew On Line 1999).

[232] „Die erzielten Preise unter NETA sind wesentlich niedriger als die unter den Poolarrangements. (...) Zusammenfassend glauben wir, dass NETA zu einer Senkung der Großhandelspreise von 20 bis 25 Prozent gegenüber denjenigen des Pools geführt hat" (Brief von Callum McCarthy an seinen Energieminister Brian Wilson MP, vom 31. August 2001). Später ging OFGEM sogar von Preisreduktionen in einer Höhe von bis zu 40 Prozent aus.

[233] Während gegen Ende des Jahres 1997 noch 83 Prozent der in Großbritannien erzeugten Elektrizitätskapazität aus erneuerbaren Energien durch NFFO-Verträge gesichert waren, hatte sich ihr Anteil aufgrund des Ablaufs der ersten Ausschreibungsrunden NFFO-1 und -2 bis zum Juli 1999 auf ca. 30 Prozent reduziert (OFGEM 1999).

Vermarktungsstrategie handeln die dezentralen Stromerzeuger die Vertrags- und Absatzbedingung für den erzeugten Output im Normalfall auf einer Ein-Jahres-Basis mit dem lokalen Energieversorger aus, in dessen Netz sie einspeisen.

Weil diese kurzfristige Verhandlungsstrategie in ökonomischer Perspektive tendenziell ungünstig und längerfristig ungewiß ist, wurde von OFGEM und dem DTI zu einer Stärkung der dezentralen Stromerzeugung eine aktive Beteiligung dieser Erzeugungseinheiten an NETA für erforderlich erachtet (DTI 2001c). Eine aktive Teilnahme sollte es den dezentralen Erzeugern ermöglichen, von den längerfristigen Vertragskonditionen unter NETA zu profitieren. Um diese Teilnahme zu ermöglichen, sollten die Kleinerzeuger zur Konsolidierung ihres erzeugten Outputs verpflichtet werden. Unter Konsolidierung versteht man die Strategie, den nur schwierig prognostizierbaren Erzeugungsoutput einzelner Anlagenbetreiber (z.B. von WEA) zu bündeln (in einigen Fällen in Verbindung mit der entsprechenden Nachfrage), weil die aggregierte Erzeugungsmenge weniger anfällig für eine fehlerhafte Prognose ist als die partiellen Mengen einzelner Erzeuger/Nachfrager. Die Bündelung des erzeugten Outputs soll eine verbesserte Vorhersage des möglichen Gesamtoutputs verschiedener Erzeugungsanlagen ermöglichen und eine Streuung des Teilnahmerisikos der dezentralen Erzeuger bei der Teilnahme am BSC ermöglichen (*Interview OFGEM*). Ein Konsolidierer stellt in diesem Kontext eine Dienstleistungsorganisation dar, welche den BSC unterschrieben hat und den Kleinerzeugern die integrierte Dienstleistung des Bündelns von Erzeugungsoutput und den Handel am Großhandelsmarkt anbietet, um auf diese Weise eine an NETA zu partizipieren (OFGEM 1999, 145, OFGEM 2001a, 40, OFGEM 2001b). Die Realisierung von Konsolidierungsdienstleistungen stellte in den Jahren 2001/02 die zentrale Regulierungsstrategie der Regulierungsbehörde OFGEM und des DTI dar, um die Marktposition kleiner Energieerzeuger zu stärken.

Zu diesem Zweck wurde durch OFGEM eine informelle Arbeitsgruppe *„Konsolidierung"* gegründet, die Maßnahmen zur Entwicklung derartiger Konsolidierungsstrategien entwickeln sollte (OFGEM 2002a). Das Ergebnis dieses Prozesses war eine Änderung der bisherigen NETA-Arrangements: Unabhängige Stromproduzenten wurde ermöglicht, ihren erzeugten Output in zwei Produkte spalten. Den sicher prognostizierbaren Teil ihres Outputs konnten sie normal an ihre Kunden verkaufen, z.B. an einen traditionellen Energieversorger. Der weniger prognostizierbare Teil des Outputs sollte an Energiehändler verkauft werden, die diesen Output der kleinen Erzeuger konsolidieren und dadurch ihr Risiko unter dem BSC minimieren (Bauknecht u.a. 2002). Während die Möglichkeiten zum Einsatz solcher Konsolidierungsstrategien im Kleinen existieren mögen, scheinen die realistischen Möglichkeiten im Allgemeinen überschätzt zu werden, eben weil NETA an der zentralisierten konventionellen (fossilen) Erzeugung von Elektrizität ausgerichtet ist, bei der eine Erzeugungsprognose in der Regel unproblematisch ist (Helm 2002).

Eine allgemeine Kritik an den neuen Handelsarrangements bezieht sich aber auf die Vermutung, dass sich weitere Preisrückgänge im Großhandelsmarkt ungünstig auf das Investitionsklima für neue Erzeugungsanlagen auswirken werden. Dieser Kritikpunkt offenbarte sich exemplarisch bei der weiteren Entwicklung der britischen Kernenergienutzung (s.S. 279f.). Die neuen Handelsarrangements böten gegenüber langfristigen Abnahme- und Lieferverträgen nur einen ungenügenden Sicherheitsspielraum und keine vergleichbaren Einnahmen, die zur langfristigen Finanzierung von versunkenen Kosten der Energieerzeugung dringend erforderlich sind. Unter NETA wachse für die Versorgungsunternehmen vielmehr die Unsicherheit, die langfristig versunkenen Investitionskosten amortisieren zu können, weil ihre Kunden im liberalisierten Markt nicht mehr länger gefangen sind. Theoretisch sollten die Risiken langfristiger Investitionen durch die Entstehung neuer, vor allem langfristiger Handelsmärkte für Strom absorbiert werden, „aber in der Praxis haben sich diese Märkte bisher als extrem schwach erwiesen und bieten auf absehbare Zeit wahrscheinlich keine Absicherung zur Eindämmung von Risiken über Zeiträume von zehn, zwanzig oder dreißig Jahren" (Helm 2002, 186).

Die Regulierung des britischen Stromsektors befindet sich somit in einem Dilemma: Einerseits restringieren die neu geschaffenen Handelsregeln aufgrund ihrer instrumentellen Ausgestaltung den potentiellen Ausbau wichtiger dezentral operierender Erzeugungstechnologien, weil diese aller Wahrscheinlichkeit nach nur in gebündelter Form erfolgreich am Großhandelsmarkt partizipieren können. Gleichzeitig zeichnet sich ab, dass der neue Regulierungsrahmen nur ungenügend Anreize für Investitionen in große Erzeugungstechnologien (z.B. Kernenergie) setzt. Für die Entwicklungsmöglichkeiten der vorrangig dezentral operierenden erneuerbaren Energien hing deshalb viel von der Verabschiedung eines neuen Markteinführungsinstruments ab (s.S. 241ff.). Dabei wird ein besonderes Augenmerk darauf zu richten sein, ob das neue Instrument die Zukunftsrisiken für Kapitalinvestitionen in erneuerbare Energien angemessen beschränkt und ausreichende Investitionsanreize setzt.

Es ist zusammenzufassen, dass während der ersten Regierungsperiode von New Labour (1997 bis 2001) bei den „erneuerbaren Energien" nur die Technologien der Müllverbrennung und der Nutzung von Deponiegas erkennbare Wachstumspotentiale realisierten. Der dargestellte Ausbau beruhte größtenteils auf der Realisierung alter NFFO-Verträge. Die übrigen Technologien (vor allem Windenergie, Biomasse) verzeichneten trotz ehrgeiziger Ausbauziele wegen eines fehlenden Förderinstruments keine Entwicklungsdynamik. In diesem Zusammenhang wies eine Studie der *Confederation of Renewable Energy Associations* (CREA) – einem zeitweiligen Zusammenschluss der Erneuerbaren-Energien-Verbände in Großbritannien – nach, dass die bis zum Jahr 2000 unter dem NFFO-Regime genehmigte Erzeugungskapazität nur 855 MW und damit weniger als 23 Prozent der insgesamt kontrahierten Erzeugungskapazität betrug (insgesamt wurden 3638 MW$_{el}$ vertraglich vereinbart). Bei dieser Berechnung blieben allerdings die Genehmigungen für Deponiegasanlagen, also der Hauptsäule des bisherigen Ausbaus erneuerbarer Energien, unberücksichtigt (Hartnell 2001).

5.1.2.2 Wichtige Wettbewerbsentwicklungen im britischen Erzeugermarkt seit dem Jahr 2000

Wegen des Marktzugangs unabhängiger Energieerzeuger wies der britische Stromsektor zu Beginn der 1990er Jahre eine zunehmend heterogene Struktur auf. Zu Beginn des Jahres 2000 verfügten die beiden Stromerzeuger NP und PG zusammen nur noch über einen Anteil von 29 Prozent an der Stromerzeugung in England/Wales, während der Atomkonzern British Energy und BNFL noch 21 Prozent erzeugten (Electricity Association 2001, 40). Die teilprivatisierten Erzeugerunternehmen NP, PG, BE und BNFL hatten zu Beginn des neuen Jahrtausends immer noch einen Marktanteil von über 50 Prozent.[234] Während sich

---

[234] Zu Beginn des Jahres 2000 verteilte sich die andere Hälfte der installierten Stromerzeugungskapazität in England und Wales im Wesentlichen auf folgende Unternehmen: TXU Europe (6,8 GW), Edison Mission Energy (6,3 GW), AES (4,8 GW), London Electricity (2,8 GW) und NRG (1,0 GW) (Electricity Association 2001).

gegen Ende des Jahres 2000 bei den ehemals verstaatlichen Erzeugern zunächst ein weiterer Rückgang ihrer Marktanteile ankündigte, der auf eine kontinuierliche Einführung von Wettbewerb im britischen Strommarkt schließen ließ, kam es bis zum Jahr 2002 zu zwei überraschenden Übernahmen der beiden wichtigsten britischen Stromerzeuger NP und PG.

Im Juli 2002 übernahm die deutsche *E.ON AG* den Erzeuger *PG*. Nur kurze Zeit später kam es zum Konkurs eines der wichtigsten neuen Erzeugerunternehmen am britischen Markt, nämlich von *TXU Europe*.[235] Für die Übernahme der Handels- und Erzeugungssparte der TXU-Gruppe bot die neue E.ON-Tochter PG im Oktober 2002 erfolgreich und integrierte mehr als die Hälfte der Erzeugungskapazität der früheren TXU Europe in ihre Strukturen. Weil die ehemaligen englischen Regionalversorger Eastern Electricity und Norweb von TXU Europe beliefert wurden, gewann PG und damit E.ON an Einfluss bei den regionalen englischen Versorgern und trieb damit die vertikale Integration im britischen Strommarkt voran. Aber nicht nur die Übernahme des Versorgungsunternehmens TXU Europe wies auf den Trend einer vertikalen Integration und Oligopolisierung des britischen Stromsektors hin. Überdies hatte die deutsche *RWE AG* im März desselben Jahres bekannt gegeben, dass es sich mit der *Innogy Holdings plc*, die *als neues Dach von NP* firmierte, auf ein Übernahmeangebot geeinigt habe.[236] Aus der Perspektive erneuerbarer Energien ist an dieser Übernahme bedeutend, dass mit dem Innogy-Tochterunternehmen *National Wind Power Ltd.* (NWP) das führende englische Windkraftunternehmen in die Struktur des RWE-Konzerns integriert wurde.[237] Seitdem verfügte RWE über zentralen Einfluss bei der Gestaltung des zukunftsträchtigen britischen Windenergiemarktes.

Eine weitere wichtige Übernahme im englisch-walisischen Stromsektor war schließlich im Juni 2002 diejenige des Stromversorgers *SEEBOARD* durch die französische EdF.[238] Der englische und walisische Strommarkt befindet sich seit Sommer 2002 damit weitestegehend unter der Kontrolle deutscher, französischer und schottischer Stromkonzer-

---

[235] Die amerikanische TXU war seit Mitte der 1990er Jahre nach Europa expandiert und beteiligte sich neben seinem britischen Engagement auch in Deutschland an den Stadtwerken Braunschweig und Kiel sowie der Stromvertriebstochter ares-energie-direkt. Im Oktober 2002 verkündete der US-Konzern den Verkauf seines Europageschäfts. Der offiziell von E.ON benannte Kaufpreis für TXU Europe betrug 2,14 Milliarden Euro, wobei nach Informationen der *Financial Times Deutschland* (FTD) E.ON für die Neuerwerbung insgesamt das Zwölffache des EBITDA (Earnings Before Interest, Taxes, Depreciation and Amortization) bezahlte. Wegen der niedrigen Gewinnmargen im wettbewerbsorientierten britischen Markt entzündete sich am Kaufpreis Kritik. Die EON-Tochter PG gab im Zusammenhang mit der Übernahme bekannt, aufgrund stark gesunkener Großhandelspreise und bestehender Überkapazitäten bis zum Frühjahr 2003 zwei der übernommenen britischen Kohlekraftwerke (2 GW) vom Netz zu nehmen und knapp tausend Stellen abzubauen (The Guardian 21.01.03, Handelsblatt, 10.01.03).

[236] Das Übernahmeangebot soll sich auf rund fünf Mrd. Euro belaufen haben. Zuvor hatte RWE bereits das britische Wasserversorgungsunternehmen *Thames Water* für 7,1 Mrd. Euro und den amerikanischen Wasserversorger *American Water* für knapp fünf Mrd. Euro übernommen sowie in die tschechische Gaswirtschaft in Höhe von 4,1 Milliarden Euro investiert. Die Summe der durch RWE im Ausland getätigten Investitionen betrug im damaligen Zeitraum mehr als 20 Mrd. Euro. Im Jahr 2006 hat sich die RWE aber bereits von ihrem Engagement im Wassergeschäft auf der britischen Insel getrennt.

[237] Das Unternehmen NWP war im Jahr 1991 gegründet worden. Bis Ende 2002 war es für den Betrieb von WEA mit einer Erzeugungskapazität von 159 MW (40 Prozent der gesamten nationalen Erzeugungskapazität aus dieser Technologie) zuständig. Im Vergleich hierzu betrieb das Konkurrenzunternehmen PG über sein Tochterunternehmen *Powergen Renewables* WEA mit einer installierten Erzeugungskapazität von ca. 100 MW, ungefähr ein Viertel der gesamten damaligen nationalen Windkraftkapazität. Beide Unternehmen waren seit Beginn des Jahres 2001 mit der Planung großer Offshore-Anlagen befasst (s.S. 247f.).

[238] Die EdF, die bereits im Jahr 1998 durch den Kauf des Regionalversorgers *London Electricity* in die britische Elektrizitätswirtschaft eingestiegen war, erwarb die britische SEEBOARD Group für umgerechnet 2,3 Mrd. Euro.

ne. Eine Besonderheit stellte weiterhin die stark integrierte Struktur der schottischen Energiewirtschaft dar. Die hiesige Energiewirtschaft wird durch rein schottische Unternehmen
geführt (Scottish Power und Scottish and Southern Energy). Nach Angaben der britischen
EA bot die britische Stromwirtschaft auf der Ebene der Verteilnetzbetreiber und der End-
kunden-Lieferanten das auf der folgenden Seite zusammengefasste Bild.

Tabelle 16: Die zunehmende vertikale Integration im britischen Strommarkt seit 2000

Früherer Regionalver-sorger	Netzbetreiber (1.Reihe) und Lieferant (2.Reihe)	Eigentümer
East Midlands Electricity	East Midlands Electricity	PowerGen (E.ON)
	PowerGen UK (E.ON)	PowerGen (E.ON)
Eastern Electricity	EPN Distribution	LE Group (EdF)
	PowerGen UK (E.ON)	PowerGen UK (E.ON)
London Electricity	LPN	LE Group (EdF)
	London Electricity	LE Group (EdF)
MANWEB	SP MANWEB	Scottish Power
	Scottish Power Energy Retail	Scottish Power
Midlands Electricty	Aquila Networks	Aquila
	Npower	Innogy (RWE)
Northern Electric	NEDL	MidAmerican (Berkshire Hathaway)
	npower Northern Supply	Innogy (RWE)
Norweb	United Utilities Electricity	United Utilities
	PowerGen UK (E.ON)	PowerGen UK (E.ON)
Scottish Power	SP Distribution	Scottish Power
	Scottish Power Energy Retail	Scottish Power
Scottish Hydro Electric	S.H.E. Power Distribution	Scottish and Southern Energy
	SSE Energy Supply	Scottish and Southern Energy
South Wales Electricity	Western Power Distribution	Mirant Corp. (49%) / PPL (51%)
	SSE Energy Supply	Scottish and Southern Energy
SEEBOARD	SEEBOARD Power Networks	LE Group (EdF)
	SEEBOARD Energy	LE Group (EdF)
Southern Electric	S.E. Power Distribution	Scottish and Southern Energy
	SSE Energy Supply	Scottish and Southern Energy
South Western Electricity	Western Power Distribution	Mirant Corp. (49%)/PPL (51%)
	London Electricity	LE Group (EdF)
Yorkshire Electricity	Y.E. Distribution	MidAmerican (94,75%)/ Xcel Energy (5,25%)
	npower Yorkshire Supply	Innogy (RWE)

Quelle: Homepage www.udo-leuschner.de/energie-chronik/020602.htm (Stand: Juni 2002) und eigene Aktualisie-
rung

Es ist zu vermuten, dass die zunehmende vertikale Integration des britischen Strommarkts nachhaltigen Einfluss auf die Möglichkeiten eines Ausbaus erneuerbarer Energien in Großbritannien haben wird. Weil die europäischen Stromkonzerne über ihre zunehmenden Beteiligungen an den regionalen Versorgungsnetzen die Stromversorgung auf dezentraler Ebene beeinflussen, verfügen sie in Fragen des Netzzugangs und der -nutzung über erhebliche Einflusspotentiale. Ferner kommt den Konzernen zentrale Bedeutung für zukünftige Netzinfrastrukturinvestitionen zu, durch die erst eine Einspeisung erneuerbarer Energien möglich wird (z.B. Investitionen in den Ausbau der Netzinfrastruktur zur Nutzung der Offshore-Windkraft).

5.1.3 Die Reform der Erneuerbaren-Energien-Politik unter New Labour: Von der Non Fossil Fuel Obligation zur Renewables Oligation (RO)

Der Rückgang der Großhandelspreise für Elektrizität durch die Einführung von NETA verschärfte die Rahmenbedingungen für eine nachhaltige Stromerzeugung beträchtlich. Vor dem Hintergrund, dass zwischenzeitlich keine neue Regulierung zur Markteinführung der erneuerbaren Energien erfolgt war, stieg der Druck gegenüber dem DTI, ein solches Instrument zügig zu verabschieden. Dabei war von Bedeutung, dass infolge der Unterzeichnung des Kyoto-Protokolls vor allem das DETR mit seinem leitenden Minister Prescott auf eine grundsätzliche Verbesserung der politischen Rahmenbedingungen zum Ausbau erneuerbarer Energien drängte.

Zusätzlich trug seit dem Frühjahr 1999 ein stetig steigender Ölpreis zunehmende Züge eines erneuten Ölpreisschocks. Wegen der steigenden Erdölexporte aus Russland erhoffte man sich zwar eine Entspannung der Preissituation. Diese Erwartungen wurden jedoch enttäuscht – vielmehr verschärfte sich im September 2000 die Situation in Großbritannien mit eskalierenden Benzinpreisprotesten. Auch bei den für die britische Stromerzeugung wichtiger gewordenen Gaspreisen deutete sich ein fortdauernd hohes Preisniveau an.[239] Mit den geschilderten Entwicklungen wurde den energiepolitischen Akteuren des DTI die steigende Importabhängigkeit des Landes von fossilen Rohstoffen verdeutlicht. Außerdem erschien in jenem Jahr der Report der *Royal Commission on Environmental Policy* (RCEP) zum Thema des Klimawandels. In diesem Bericht forderte die Kommission die Regierung zu konkreten Initiativen einer Reduzierung der Treibhausgasemissionen um 60 Prozent bis zum Jahr 2050 auf. Nur mit einer solchen radikalen Minderung der Emissionen könne zu einer weltweiten Stabilisierung des Klimas beigetragen werden (RCEP 2000).

Mit den genannten Entwicklungen intensivierten sich die Initiativen des DTI für die zügige Verabschiedung eines neuen Förderinstruments für erneuerbare Energien. Für die intensivierten Bemühungen war sicherlich auch der in anderen europäischen Mitgliedstaaten mittlerweile erfolgreiche Ausbau erneuerbarer Energien ursächlich (besonders in Dänemark, Deutschland und Spanien), hinter denen das Vereinte Königreich eindeutig zurück lag. Für die weitere Policyentwicklung war außerdem entscheidend, dass die internationa-

---

[239] Wegen einer erfolgreich eingeschätzten Gasmarktliberalisierung waren das DTI und OFGEM noch im April 2000 von einer nationalen Entkopplung der Gaspreisentwicklung vom Erdölpreis und damit sinkenden Gaspreisen ausgegangen. Im weiteren Jahresverlauf zeichnete sich jedoch ab, dass mit der Öffnung einer neuen und zentralen Interconnector-Pipeline zum europäischen Festland der britische Erdgasmarkt zunehmend von den Preisen des europäischen Marktes beeinflusst wurde. Die steigenden Erdgaspreise in der Zeit von 2000 bis 2001 resultierten für die britische Stromerzeugung daher in einer zunehmenden Substitution von Erdgas durch Kohle (Helm 2003).

len Entwicklungen (Anschläge des 11. Septembers 2001, Afghanistan- u. Irak-Krieg) in einem kontinuierlich hohen Weltmarktpreis für Erdöl resultierten.[240] Die Weltmarktpreise für Erdöl hielten auch noch das gesamte Jahr 2003 ihr hohes Niveau und eskalierten im Verlauf des Jahres 2004 weiter. Diese Entwicklung begünstigte das Interesse an einem Ausbau erneuerbarer Energien in vielen industrialisierten Ländern der Erde.

5.1.3.1 Die Policyentwicklung der RO

Das DTI orientierte sich nach der Regierungsübernahme durch New Labour bei der Planung eines neuen Förderinstruments für erneuerbare Energien besonders an Entwicklungen der internationalen Instrumentendiskussion. Die Europäische Kommission hatte im Zuge ihrer Harmonisierungsbemühungen für einen Europäischen Binnenmarkt für Energie und einer hierfür erforderlichen Angleichung der verschiedenen Fördermodelle für erneuerbare Energien bereits im Jahr 1998 ihre Präferenz zugunsten von Quotenmodellen mit Zertifikatehandel angedeutet (s.S. 219f.). Zusätzlich hatten die Niederlande in jenem Jahr als erster europäischer Mitgliedstaat ein Quotenmodell mit Zertifikatehandel eingeführt. Ein Jahr später, also im Jahr 1999 folgten mit Dänemark und Spanien zwei weitere europäische Mitgliedstaaten mit einem solchen Modell (Busch 2003). Vor diesem Hintergrund verfolgte auch die britische Regierung die Einführung eines solchen Modells (DTI 2001d), zumal es sich bereits beim ersten britischen Markteinführungsmodell, der NFFO, um ein Quotenmodell, allerdings mit Ausschreibungsverfahren, gehandelt hatte. Die Fortentwicklung eines solchen Quotenmodells über die Einführung eines Zertifikatehandels für erneuerbare Energien würde eine instrumentell pfadabhängige Weiterentwicklung des bisher angewandten wettbewerbsorientierten Förderinstrumentariums darstellen.

Nach dem Beschluss, keine neue Ausschreibung zur NFFO für erneuerbare Energien mehr vorzunehmen, verschärfte sich ab 1998 die zeitliche Förderlücke für Projektinvestoren und Betreibern von Anlagen zur Nutzung erneuerbarer Energien. Deshalb intensivierten die britischen Erneuerbaren-Energien-Verbände ihren politischen Druck auf das DTI für eine zügige Nachfolgeregelung. Dabei kam es zu einer Konzertierung der bisher getrennt agierenden Verbände:

> "When the first Labour Government took over office, the renewables trade associations got together and called for another NFFO-Order to keep the momentum going. They were very worried about the danger of a long stop while Government was consulting about future policies. And so the Confederation of Renewable Energy Associations (CREA) was formed as an umbrella group for the renewable energy industry" (*Interview RPA*).

In jener Zeit wurden somit Tendenzen zur Gründung eines eigenen Dachverbandes für erneuerbare Energien offenbar. Unter dem Dach von CREA versammelten sich folgende Verbände: *British BioGen* (BBG), *British Hydropower Association* (BHA), *British Wind Energy Association* (BWEA), *Energy From Waste Association* (EFWA), *Landfill Gas As-*

---

[240] Dieser lag z.B. fast das gesamte Jahr 2002 im Schnitt über 25 US-$ pro Barrel, hielt sich im Verlauf des Jahres 2003 konstant über 30 US-$ und näherte sich im Verlauf der ersten Jahreshälfte 2004 der 40 US-$-Marke.

sociation (LGA), *Solar Trade Association* (STA), *PV-UK* und die *Seapower Association* (SPA).[241]

Im weiteren Verlauf stellte sich jedoch heraus, dass im Rahmen des vom DTI favorisierten wettbewerbsorientierten Förderansatzes die verschiedenen Verbände, die in ihrer Wettbewerbsfähigkeit divergierende Erzeugungstechnologien vertraten, nur schwierig zugunsten einer einheitlichen Position koordiniert werden konnten. Bereits frühe DTI-Planungen sahen in diesem Zusammenhang vor, die britischen Verteilerunternehmen mit der Verabschiedung einer sog. *"Renewables Obligation"* (RO) zur Abnahme eines bis 2010 prozentual steigenden Anteils aus erneuerbaren Energien zu verpflichten (DTI 2001d). Gleichzeitig sollten die Erzeuger von Elektrizität aus erneuerbaren Energien für ihre erzeugte Strommenge Zertifikate erhalten. Die Quotenverpflichtung sollten die Verteilerunternehmen erfüllen, indem sie entweder durch Eigenerzeugung der erforderlichen Quote aus erneuerbaren Energien entsprachen oder ihre Verpflichtung durch den Kauf von Zertifikaten bei regenerativen Erzeugern bzw. von anderen Energieversorgern mit einem Zertifikateüberschuss (über ihrer Verpflichtungsquote) unterstützten. Eine dritte Option zur Erfüllung der Quote sollte in der Möglichkeit der Zahlung eines Buy-Out-Prices (Strafzahlung) bestehen. Es sollte somit ein Markt für den Handel von regenerativ erzeugtem Strom kreiert werden, bei dem durch die Möglichkeit des freien Zertifikatehandels die Stromerzeugung durch erneuerbare Energien einem eigenen Wettbewerbsmechanismus unterläge.

Im Verlauf der DTI-Konsultationen zur Ausgestaltung dieses wettbewerbsorientierten Instruments wurden die Interessengegensätze zwischen den einzelnen Interessenverbänden erneuerbarer Energien offenbar. Die Verbände der weniger wettbewerbsfähigen Technologien befürchteten, dass der gewählte Fördermechanismus mittel- bis längerfristig zu Zertifikatepreisen führen würde, deren Wert die Kosten der Stromgestehung in ihren Anlagen nicht widerspiegelt. Die Vertreter der negativ betroffenen Verbände (z.B. STA, PV-UK, SPA) forderten deshalb die Verabschiedung einer *„definierten Abnahmeverpflichtung"* (*"banded obligation"*), bei der das DTI festlegen sollte, dass ein bestimmter prozentualer Anteil der durch die Stromversorger abzunehmenden regenerativ erzeugten Strommenge durch weniger wettbewerbsfähige Technologien gedeckt würde (*Interview DTI*). Eine Umsetzung dieses Vorschlags hätte jedoch eine aktive definitorische und evaluierende Rolle des DTI bei der Bestimmung zukünftiger Erzeugungstechnologien erfordert. Eine solche Rolle stand in völligem Widerspruch zur vorherrschenden DTI-Ideologie, nach der alleine die Wirkung von Marktkräften in der effizientesten und umweltfreundlichsten Erzeugungsstruktur resultiert. Das DTI befürchtete außerdem den administrativen Aufwand, den eine Evaluierung der Wettbewerbsfähigkeit und der zu definierenden Anteilsverpflichtungen der einzelnen Technologien hervorgerufen hätte.

> "At the time when the new policy was being developed, some of the trade associations wanted there to be a banding which would cater the need of each technology. But from an administrative perspective, this approach can get very complicated. (…) And the Government does not want to pick winners; they want the market to take the choice of technology" (*Interview RPA*).

---

[241] Innerhalb von CREA organisierten sich bis zum Jahr 2000 mehr als 500 Unternehmen der Erneuerbaren-Energien-Branche Großbritanniens. In einem Policypapier der Organisation kommt der ganzheitliche, sämtliche Technologien der Branche übergreifende Anspruch einer Interessenvertretung zum Ausdruck: "CREA's objective is to represent the renewable energy industry in the growing number of policy areas that demand a unified, non-technology specific focus" (CREA 2000).

Demgegenüber verwies das abschließende Konsultationspapier von CREA zur Policyentwicklung der RO im Dezember 2000 auf das Erfordernis zusätzlicher Fördermittel für die weniger wettbewerbsfähigen Technologien, falls es nicht zur Verabschiedung einer *"banded obligation"* käme.

> "CREA is a broad church and within its membership has strong and polarised views on banding. There remains a need for adequate support for technologies that are not viable without additional support than that afforded under a simple obligation" (CREA 2000).

Sehr interessant ist in diesem Zusammenhang, dass die Vertreter der weniger wettbewerbsfähigen Technologien keine Forderungen zur Einführung von garantierten Einspeisetarifen erhoben, die in anderen europäischen Mitgliedstaaten den Ausbau aus weniger wettbewerbsfähigen Technologien gefördert hatten (neben Deutschland vor allem in Dänemark). Die Forschungsinterviews ergaben vielmehr, dass die britischen Interessenvertreter zu keiner Zeit des Policyprozesses irgendeine realistische Chance zur Umsetzung derartiger Regelungen gegenüber der Regierungsadministration sahen. In Anbetracht der erfolgten Handelsreformen und der hieraus resultierenden Systemzwänge war im Sinne einer wirkungskräftigen instrumentellen Pfadabhängigkeit für die betreffenden Policyakteure vielmehr klar, dass sich ihre Lobbyingstrategien an den DTI-Vorgaben zu orientieren hatten. Deshalb fokussierte die Strategie der Verbände mit den weniger wettbewerbsfähigen Technologien auf der Forderung nach Einführung einer *"banded obligation"*. Weil nach Abschluss des RO-Konsultationsverfahrens die Interessenorganisation CREA wieder auseinanderfiel, hatte der wettbewerbsorientierte Regulierungsansatz schwerwiegende Folgen für die Kohäsion der Interessenverbände erneuerbarer Energien.[242] Dabei hatte es sich auch als folgenreich erwiesen, dass die energetische Verwertung von Abfall (Müllverbrennung), die noch im NFFO-Regime als Nutzung erneuerbarer Energien galt, mit dem neuen Instrument aus der Förderung ausgeschlossen werden sollte. Eine diesbezügliche Regelung war die Folge europäischer Harmonisierungsbemühungen zu einer vereinheitlichten Definition der erneuerbaren Energien (s.S. 374f.). Der sich im Zuge der Policyberatungen zur RO verschärfende Konflikt über die richtige Definition von erneuerbaren Energien trug zur Spaltung der britischen Erneuerbaren-Energien-Lobby zusätzlich bei. Weil es mit der Verabschiedung der RO zu keiner definierten Abnahmeverpflichtung für weniger wettbewerbsfähige Technologien gekommen war (*"banded obligation"*) und die Müllverbrennung schließlich aus der Förderung ausgeschlossen wurde, kam es noch vor dem Inkrafttreten der RO zur Gründung eines neuen Interessenverbandes, der *"Renewables Power Association"* (RPA). Dieser Verband integriert seit dem Jahr 2001 vor allem diejenigen Interessenverbände, die von der Policyentwicklung der RO enttäuscht wurden, also weniger wettbewerbsfähig waren.

Mit der Gründung der RPA wurde die Zerstrittenheit zwischen den verschiedenen Verbänden für erneuerbare Energien in Großbritannien offenbar. So beanspruchte der erste Vorsitzende des neuen Verbands im Dezember 2001, dass die RPA in Fragen der Regulierung erneuerbarer Energien der wichtigste Ansprechpartner für die britische Regierung sei.

---

[242] Als weiterer Grund für das Scheitern der Konzertierung durch CREA wurden die zu demokratisch organisierten Entscheidungsprozesse dieses Verbandes genannt, die eine effektive Willensbildung unmöglich gemacht hatten: "CREA had a very bad constitution in a sense that they were totally democratic. With all the different lobbies and associations it was difficult to agree on a policy" (*Interview University of Warwick*).

Dem setzte die BWEA entgegen, dass 90 Prozent der in Großbritannien tätigen Windenergieunternehmen nicht in der RPA vertreten wären. Ein Führungsanspruch der RPA wäre nicht zu rechtfertigen. Deshalb erkannte die BWEA die RPA auch nicht als legitime Nachfolgeorganisation von CREA an.[243] Insgesamt ist hervorzuheben, dass die durchsetzungsstärksten Verbände erneuerbarer Energien in Großbritannien, wie z.B. die BWEA oder die AEP, weiter durch die großen Elektrizitätserzeuger dominiert wurden. [244] Als marktbeherrschende Unternehmen hatten sie im liberalisierten britischen Elektrizitätssektor kein Interesse an einer Förderung der weniger wettbewerbsfähigen Technologien und konnten über ihre Beteiligung an den wichtigsten Verbänden erneuerbarer Energien die politische Entscheidungsfindung zugunsten eines stark wettbewerbsorientierten Förderansatzes beeinflussen. An der Ausgestaltung des neuen Förderinstrumentariums zeigte sich also, dass die großen britischen Energieerzeuger, wie sie im BWEA vertreten waren, ihre Interessen zur Förderung erneuerbarer Energien durchsetzen konnten.

Der kompetitive Förderansatz in Großbritannien hat somit zu einer Konkurrenz zwischen den verschiedenen Erzeugungstechnologien geführt und wichtigen Einfluss auf die Strukturen der Interessenvermittlung für eine nachhaltige Energiewirtschaft gehabt. Im Vergleich zu Deutschland blieb die Verbändestruktur zur Förderung einer regenerativen Energiewirtschaft entlang der verschiedenen Technologien fragmentiert. Dies hat eine Fokussierung der Ausbaubemühungen auf die verhältnismäßig wettbewerbsfähigen Technologien der Windkraft und der Bioenergie begünstigt. Zudem resultierte der besondere Einfluss der Großerzeuger in einer Fortsetzung des wettbewerbsorientierten Förderansatzes. Die Interessenlobby, die differenzierte und technologiebezogene Förderregeln zugunsten weniger wettbewerbsfähiger Technologien gefordert hat, konnte sich im zentralisierten britischen Regulierungsregime nicht durchsetzen.

5.1.3.2 Die materiellen Regelungen der RO 2002

Die Reformbemühungen zur RO müssen vor dem Hintergrund der wettbewerbsbezogenen Reformen der Elektrizitätswirtschaft analysiert werden. Die britische Regierung hatte mit Teil IV des *Utilities Act 2000* die Ergänzungen des *Electricity Act* von 1989 beschlossen, mit dem das bisherige materielle Recht zur Regulierung der Energiewirtschaft an den neuen gesetzlichen Rahmen angepasst wurde. Mit Paragraph 32 des neuen Elektrizitätsgesetzes wurden die Regelungen zur Verabschiedung der RO beschlossen. Die RO für England und Wales und die RO für Schottland (ROS) verpflichten demnach alle EltVU, einen Nachweis dafür zu erbringen, dass sie entweder einen bestimmten Anteil der an die Endverbraucher

---

[243] "The Board [of the BWEA] rejected the RPA's aspirations to 'lead' on key renewable energy issues including NETA, embedded generation, the Renewables Obligation and so forth. (...) The Board believes that it is not possible for a single body to represent the wide range of renewable energy technology interests. Since the first discussions of the Renewable Obligation, a clear division emerged (first evident in the work of CREA) along crudely combustion and non-combustion lines. It is against this background that the RPA (with a broadly combustion-based constituency) has emerged. CREA was supported as BWEA's preferred route for wider renewable presentation, but the Board recognised that it may not be possible for pan-industry agreement on issues such as, for example, "banding". Bilateral agreements may be more productive (for example with British Biogen on planning)" (BWEA 2002).
[244] Die wichtigsten Mitglieder der BWEA waren bis zum Jahr 2002 die konventionellen Erzeugerunternehmen PG, NP, Scottish Power, TXU Europe, Shell, British Energy, Enron Wind, AMEW, M&N Windpower Ltd., Renewable Energy Systems, etc.

abgegebenen Strommenge auf der Basis von erneuerbaren Energien bezogen haben oder diese Verpflichtung durch ein anderes Versorgungsunternehmen erfüllt wurde.[245] Die Unternehmen müssen die Erfüllung ihrer Verpflichtungen zu einem bestimmten Tag jeden Jahres gegenüber der Regulierungsbehörde OFGEM nachweisen. Als Periode für ein Jahr wurde der Zeitraum vom 1. April bis zum 31. März festgelegt. Dieser Nachweis erfolgt über die Zertifikate (sog. *"Renewables Obligation Certificates"*, kurz: ROCs), welche die Regulierungsbehörde ausgibt und/oder über die Zahlung eines zuvor festgelegten Buyout-Preises (OFGEM 2001d, Edmonds 2001). Bleiben die Energieversorger unter dem geforderten Anteil erneuerbarer Energien, müssen sie den staatlich festgesetzten Buy-Out-Preis als Strafe zahlen, der durch OFGEM jährlich angepasst wird. Mit dem Inkrafttreten der RO im April 2002 wurde als Strafzahlung zunächst eine Sanktion von 30 Pfund pro MWh festgelegt. Die Summe der Strafzahlungen fließt in einen Kapitalfonds, der zu jeder Periode anteilsmäßig an die lizenzierten Erzeuger erneuerbarer Energien ausgezahlt wird und ihre Einnahmen aus dem Verkauf der ROCs zusätzlich erhöht.

Für die Verwirklichung des nationalen Ausbauziels wurden für die Stromversorger bis zum Jahr 2010 die in der folgenden Tabelle genannten jährlichen Wachstumsziele und damit verbundenen Abnahmeverpflichtungen von Elektrizität aus erneuerbaren Energien definiert. Anfangs war nur vorgesehen, dass die Anteilsverpflichtung nach 2010 bis zum 31. März 2027 auf dem konstanten Level von 10,4 Prozent der nationalen Stromabsatzmenge verbleiben sollte. Um die Investitionssicherheit über das Jahr 2010 hinaus zu verbessern, setzten sich die britischen Interessenverbände für erneuerbare Energien im Verlauf des Jahres 2003 gegenüber dem DTI für eine Ausweitung der Quotenverpflichtung ein. Im Dezember 2003 kam die britische Regierung den Forderungen nach und gab eine Ausweitung der Quotenverpflichtung auf 15,4 Prozent bis zum Jahr 2015 bekannt (Jones 2004, 33).

Tabelle 17: Die Quotenverpflichtung aus der Renewables Obligation

Verpflich-tungsjahr	Anteil an der gesamten Stromabgabe (in %)	Gesamtkapazität der Stromerzeugung aus EE in (TWh)	Verpflich-tungsjahr	Anteil an der gesamten Stromabgabe (in %)	Gesamtkapazität der Stromerzeugung aus EE (in TWh)
2002-2003	3,0	9,4	2009-2010	9,7	31,5
2003-2004	4,3	13,5	2010-2011	10,4	33,6
2004-2005	4,9	15,6	2011-2012	11,4	35,7
2005-2006	5,5	17,7	2012-2013	12,4	38,9
2006-2007	6,7	21,5	2013-2014	13,4	42,0
2007-2008	7,9	25,4	2014-2015	14,4	45,1
2008-2009	9,1	29,4	2015-2016	15,4	48,3

Quelle: DTI 2001d, Jones 2004.

---

[245] Aus der Förderung durch die RO ausgeschlossen sind lediglich große Wasserkraftanlagen (mit einer Kapazität über 20 MW) sowie die Müllverbrennung (Ausnahme ist die Verbrennung von organischem Material wie Biomasse, Forstabfällen, etc.). Damit setzt die RO für England/Wales entsprechende Vorgaben der EU-Richtlinie zur Harmonisierung der Förderinstrumente von erneuerbaren Energien um (s.S. 396ff.).

5.1.3.3 Erste Implementierungserfahrungen mit der RO seit 2002

Die Regulierungszuständigkeiten zur Umsetzung der RO verweisen auf den Bedeutungs-zuwachs der Regulierungsbehörde OFGEM für die Verwirklichung der nationalen energie-politischen Umweltziele. OFGEM ist die zentrale Institution zur Implementierung und Überprüfung des RO-Regimes (*Interview OFGEM*).[246] Damit wird auch der Wandel der Sektorregulierung von vorrangig ökonomischen zu weiter definierten sozialen und ökologi-schen Regulierungsaufgaben deutlich. Die neuen Regulierungsaufgaben für erneuerbare Energien spiegeln insgesamt die zunehmende Politisierung der unabhängigen Regulie-rungsbehörde OFGEM wider. Die Tendenz einer Politisierung war bereits im Verlauf des Jahres 2001 deutlich geworden, so dass das DTI zur Abgrenzung der sozialen und ökologi-schen Behördenkompetenzen von OFGEM gegenüber dem aufsichtführenden Ministerium einen organisierten Klärungsprozess durchführte (DTI 2001a, DTI 2001b, OFGEM 2000a). Damit war deutlich geworden, dass die sektorale Liberalisierung mit einer Etablierung von Wettbewerb nicht notwendigerweise zu einem Rückgang staatlicher Regulierung führt (Bauer 2005).[247] Vor diesem Hintergrund basiert die folgende Bewertung der Implementie-rungserfahrungen der RO im Zeitraum 2002 bis 2005 auf Evaluierungsberichten von OF-GEM (OFGEM 2004a) sowie per Interviews erhobenen Informationen.

Im ersten Haushaltsjahr von April 2002 bis März 2003 wurden durch OFGEM mehr als fünfeinhalb Mio. Zertifikate (ROCs) an regenerative Energieerzeuger ausgehändigt. Im ersten Jahr betrug der Wert eines ROC ungefähr 45 Pfund/MWh (genau 46,75 Pfund/MWh) und entsprach einem erzielbaren Erlös der regenerativen Elektrizitätserzeu-gung von 4,5 p/kWh. Insgesamt konnten die Produzenten von Strom aus erneuerbaren E-nergien Einnahmen aus folgenden Aktivitäten erzielen: Zertifikateverkauf (ROC-Erlös), Einnahmen aus dem Zertifikat zur Befreiung von der Klimaschutzabgabe (Levy-Exemption-Certificate) und Einnahmen aus dem jährlichen Kapitalfonds (gespeist aus den Buy-Out-Preis-Zahlungen bei untererfüllter Verpflichtung). Für die Berechnung der mögli-chen Gesamteinnahmen der regenerativen Energieerzeuger im neuen Förderregime ist zu-sätzlich der Erlös aus dem Verkauf des erzeugten Stroms zu normalen Großhandelspreisen zu addieren (im Jahr 2003 zwischen 1,5 und 1,8 p/kWh). Damit ergab sich für das erste Halbjahr seit Inkrafttreten der RO im günstigen Fall ein durchschnittlicher Einnahmepreis in Höhe von 6,5 Pence pro kWh. Die für Erzeuger erzielbaren Preise lagen damit deutlich über denen des NFFO-Systems. Das neue Einnahmeniveau bedeutete z.B. für die Rentabili-tät von Windkraftprojekten, dass nunmehr Standorte mit einer durchschnittlichen Windge-schwindigkeit von 7 m/s ausreichten, während bei NFFO-5-Projekten noch Standorte mit einer durchschnittlichen Windgeschwindigkeit von mindestens 8 m/s erforderlich waren.

---

[246] Zur Umsetzung der RO wurden OFGEM folgende Funktionen übertragen: Zulassung von Erzeugern, die Aus-gabe von Renewables-Obligation-Zertifikaten (ROCs), Beurteilung der Zielerfüllung, jährliche Anpassung des Buy-Out-Preises durch die RPI-X-Preisregulierung (entsprechend der Inflation), Sammlung und Verwaltung der Einnahmen aus den Buy-Out-Preisen, jährliche Berichterstattung zur Zielerfüllung der RO und Überprüfung der Ausgabe der Levy-Exemption-Certificates (LEC) (OFGEM 2001d).
[247] Während im Jahr 2001 in OFGEM nur drei Mitarbeiter für den Zertifikathandel für erneuerbare Energien befasst waren, ist die Mitarbeiterzahl bis Mitte 2004 auf neun gestiegen. Ein ähnlicher staatlicher Aufgabenzu-wachs aufgrund der Klimaschutzregulierung zeigt sich in anderen Regierungsinstitutionen (z.B. Gründung des CT, Reform des EST, Gründung regionaler Erneuerbarer-Energien-Agenturen, s.a.S. 258f., 269f. u. 278f.).

Mit dem neuen Förderinstrument verachtfachte sich in England und Wales die Fläche zur wirtschaftlichen Nutzung von Windenergie (*Interview NWP*).

Seit Verabschiedung der RO im April des Jahres 2002 zeigten sich folgende erste regionale Implementierungsergebnisse in den einzelnen technologischen Schwerpunkten.

Tabelle 18: Anzahl ausgegebener ROCs (pro erzeugter MWh) im ersten Jahr 2002/03 (01.04.2002-31.03.2003)

Technologie	England	Wales	Schottland	Gesamt
Deponiegas	2.575.315	44.896	96.533	2.716.744
Biomasse + fossiler Brennstoff	385.106	---	44.753	429.859
Biomasse	574.828	---	33.266	608.094
Klärgas	178.303	---	---	178.303
On-Shore Wind	305.890	350.504	430.441	1.086.835
Off-Shore Wind	2.347	---	---	2.347
Wasserkraft (<20MW)	20.725	112.464	365.383	498.572
Kleinstwasserkraft	772	379	39.769	40.920
Biomasse + Abfall	173	---	---	173
Gesamt	4.043.459	508.243	1.010.145	5.561.847

Quelle: OFGEM 2003.

Die wichtigsten Ressourcen zur Nutzung erneuerbarer Energien in Großbritannien blieben unter dem neuen Instrument das Deponiegas (mehr als 2.700 GWh), gefolgt von der Biomasse und der Windkraft an Land (jeweils rd. 1.000 GWh). Auffallend ist der besonders hohe Anteil der Windkraft in Schottland und Wales gegenüber England (fast 800 GWh gegenüber 300 GWh), der zum einen mit den unterschiedlichen Windpotentialen erklärt werden kann. Allerdings wird zu zeigen sein, dass die divergierenden Zahlen auch unterschiedliche energiepolitische Einflussnahmemöglichkeiten der Regionalregierungen in Großbritannien widerspiegeln. Vorläufig bleibt festzuhalten, dass die beschriebenen Restriktionen für erneuerbare Energien in England und Wales auch nach der Verabschiedung der RO größtenteils weiter bestanden.

Mit dem Inkrafttreten der RO ist aber auf die besondere Dynamik beim Ausbau der Offshore-Windtechnologie zu verweisen, die von der Labour-Regierung frühzeitig als symbolisches Prestigeprojekt für ihre „neue Energiepolitik" entdeckt wurde Bereits im Oktober 2000 hatte Premierminister Blair angekündigt, dass über das DTI 39 Mio. Pfund zur Förderung groß dimensionierter Offshore-Windparks bereitgestellt würden. Die Offshore-Windkraft war stets auch ein zentrales Anliegen der BWEA und der in diesem Verband vertretenen Windkraftunternehmen (einschließlich der großen Mutterkonzerne). Unter dem alten NFFO-Regime hatte es bis zum Jahr 1997 gedauert, ehe das Betreiberkonsortium Blyth Offshore Wind Ltd. Einen NFFO-4-Vertrag für ein erstes Offshore-Projekt in Blyth

(Northumberland) zugesprochen bekam.[248] Ein erstes Projekt größeren Ausmaßes, das ebenfalls noch unter NFFO-4 einen Vertrag bekam, ist die Gunfleet Sands Offshore Windfarm. Bei diesem Projekt, das zwischenzeitlich von General Electric (GE) übernommen wurde, sollten 30 WEA mit einer Einzelleistung von 3,6 MW installiert werden. Mit einer Gesamtleistung von 108 MW war dies das erste große Offshore-Projekt in Großbritannien.

Um eine koordinierte Planung der Offshore-Projekte zu gewährleisten, versuchte die BWEA die britische Regierung seit 1998 davon zu überzeugen, die Verfahren zur Ausschreibung und Nutzung der Küstengewässer innerhalb der sog. 12-Seemeilenzone (12-sm-Zone), die sich allgemein im Besitz der Königlichen Krone befanden, zu formalisieren. Die Ausschreibungs- und Genehmigungsverfahren für den Bau von Offshore-Windparks waren bis zu diesem Zeitpunkt nicht formal geregelt. Im Jahr 1999 fanden deshalb Verhandlungen zwischen der britischen Krone und der Regierung (DTI) zu den Nutzungsbedingungen und -möglichkeiten innerhalb der 12-sm-Zone statt. Diese Verhandlungen führten zu einer schnellen Einigung. Bereits im Dezember 2000 konnte es deshalb zu einer ersten Ausschreibungsrunde zur Nutzung der küstennahen Gewässer kommen, welche das DTI und die Crown Estate (als Verwalter des königlichen Besitzes) zuvor als planerischen Nutzungsraum definiert hatte (drei Küstenregionen: The Thames Estuary, Greater Wash Area, North West Coast). Im März 2001 verkündete dann Industrieminister Hain, dass die Genehmigungsverfahren für die Offshore-Windparks, für die bis dahin der Abschluss von sieben unterschiedlichen Verfahren erforderlich war, auf ein einziges Verfahren verkürzt würde (*"planning procedure as one-stop-shop"*). Aufgrund der erheblichen Verfahrensvereinfachung und der durch das RO-Regime insgesamt verbesserten politischen Rahmenbedingungen gewannen die Planungen schnell an Fahrt. Im April 2001 gab das DTI die Genehmigung der Verpachtung von Flächen zur Realisierung von 18 Projekten an dreizehn Standorten bekannt. Insgesamt sollten die in der ersten Ausschreibungsrunde initiierten Projekte zum Bau von insgesamt 500 Offshore-WEA mit einer installierten Gesamtleistung von 1.500 MW führen. Bis zum Beginn des Jahres 2003 waren acht der 18 Projekte genehmigt worden, fünf weitere befanden sich im Planungsverfahren. In jenem Zeitraum wurde ebenfalls der Bau von zwei Offshore-Windparks begonnen (North Hoyle and Rhyl, Scroby Sands).[249]

Die besondere Konzentration der britischen Regierung auf einen Ausbau der Offshore-Windkraft verdeutlichte sich ab Juli 2003. Das DTI hatte bereits im Februar 2003 ein Konsultationsverfahren zur weiteren Gestaltung der politischen Rahmenbedingungen der Offs-

---

[248] Bei diesem ersten britischen „Offshore-Windpark" wurden im Dezember 2000 zwei WEA mit einer Kapazität von 4 MW in Betrieb genommen. Hinter dem Betreiberkonsortium standen die Unternehmen Shell, AMEC Border Wind Ltd., PowerGen Renewables und Nuon UK.

[249] Im Dezember 2002 genehmigte das DTI den Offshore-Windpark Rhyl-Flats vor der nord-walisischen Küste, der durch NWP als Tochtergesellschaft der RWE Innogy entwickelt wurde. NWP plante zur gleichen Zeit die Realisierung der North Hoyle Offshore Windfarm, für die im Juli 2002 eine Genehmigung vorlag (installierte Kapazität 60 MW). Die Anlage wurde im November 2003 in Betrieb genommen. Die vor der englischen Ostküste (Norfolk) gelegene Windfarm Scroby Sands (installierte Kapazität 76 MW) wurde durch das Unternehmen PowerGen Renewables Offshore Ltd., mittlerweile eine Tochtergesellschaft der deutschen E.ON AG, und den dänischen Anlagenhersteller Vestas realisiert. Über ihre Beteiligungen an den ehemals marktbeherrschenden britischen Stromerzeugern sammeln die beiden größten deutschen Stromerzeuger erste Erfahrungen in der neuen Offshore-Technologie. Weitere Genehmigungen betrafen im März 2003 das Projekt Kentish Flats (in der Themsemündung), das von der GREP UK Marine Ltd. projektiert wird, sowie die südwestlich der Insel Walney in Cumbria gelegene Windfarm Barrow (Projektentwickler Warwick Energy Ltd).

hore-Windenergienutzung abgeschlossen. Im November 2002 war die britische Krone in diesem Kontext aufgefordert worden, weitere Flächen auszuweisen, wobei mögliche Grundzüge eines zweiten Ausschreibungsverfahrens formuliert wurden (DTI 2002). Nach Verhandlungen zwischen der britischen Krone und dem DTI verkündete die Handelsministerin Hewitt im Juli 2003 den Beginn einer zweiten Ausschreibungsrunde mit dem Ziel, die installierte Gesamterzeugungskapazität aus Offshore-Windkraft von 1.500 MW $_{el}$ auf 6.000 MW$_{el}$ auszubauen. Bis zum November 2003 waren aus der ersten Ausschreibungsrunde insgesamt 12 Projekte mit einer Gesamtleistung von 1.200 MW$_{el}$ genehmigt worden, die bis Ende 2005 in Betrieb gehen sollten.[250]. Mit diesen Entwicklungen zeichnete sich ab, dass Großbritannien bei der symbolträchtigen Offshore-Windenergienutzung eine weltweite Spitzenposition übernehmen würde.

5.1.3.4   Eine kritische Bewertung des RO-Regimes

Auf der Grundlage eines geschätzten nationalen Gesamtstrombedarfs von 313 TWh (in 2002) entsprach die bis Ende März 2004 aus erneuerbaren Energien zu realisierende RO-Verpflichtung eines Anteils von 4,3 Prozent einer zu erzielenden Gesamtproduktion von 13,5 TWh. Weil die Erzeugungsleistung der unter der RO qualifizierten erneuerbaren Energien im englisch/walisischen Strommarkt Ende 2001 ca. 4,9 TWh betrug, hätten zur Verwirklichung des gesetzten Ausbauziels bis Ende März 2004 ca. 8,6 TWh an zusätzlicher Erzeugungsleistung erreicht werden müssen. Weil mit dem der erzielten Ausbau die Stromproduktion aus erneuerbaren Energien bereits im Zeitraum von 1997 bis 2001 jährlich nur um etwa 0,6 TWh gesteigert werden konnte (1997: 2,3 TWh; 2001: 4,9 TWh) und ein Großteil davon durch Deponiegas garantiert wurde, erachten viele der befragten Experten die Realisierung der staatlich gesetzten Ziele bis 2010 für kaum realisierbar (Smith/Watson 2002). Für eine erfolgreiche Realisierung des 10-Prozent-Ziels bis 2010 muss das DTI ab 2004 von einem *erforderlichen jährlichen Ausbau der erzeugten Elektrizität aus erneuerbaren erneuerbaren Energien von 4 TWh* ausgehen. Mit der skeptischen Einschätzung stimmt überein, dass die Labour-Regierung seit Beginn ihrer zweiten Amtszeit relativ einseitig auf die Nutzung der Offshore-Windkraft setzt und der Ausbau von Windkraft zwischen 1997 und 2001 *jährlich nur 0,2 TWh* betrug. Während sich der Einstieg finanzkräftiger Erzeuger in die Realisierung großer Offshore-Windparks immerhin abzeichnete, standen der Realisierung kleiner und dezentraler Projekte im Binnenland weiterhin eine Vielzahl von Restriktionen entgegen, die sich auch auf den Abschluss noch nicht umgesetzter NFFO-Projekte negativ auswirkten (s.S. 162ff.).[251] Eine Verwirklichung der ehrgeizigen

---

[250] Zuletzt waren unter der ersten Ausschreibungsrunde bis November 2003 vier weitere Offshore-Windprojekte vor der Ostküste Englands genehmigt worden. Diese betrafen das Projekt Lynn von AMEC Offshore Windpower (108 MW$_{el}$) und das in unmittelbarer Nachbarschaft gelegene Projekt Inner Dowsing (120 MW$_{el}$) von Offshore Wind Power. Weitere Genehmigungen erhielten die Projektentwickler Norfolk Offshore Wind (Windpark Cromer (120 MW$_{el}$)) und GE Wind Energy mit ihrem Vorhaben Gunfleet Sands (108 MW$_{el}$). Insgesamt umfassen die vier Windparks je 30 WEA und liegen zwischen fünf und sieben Kilometer von der Küste entfernt.

[251] Erst während der Policyentwicklung im Jahr 2001 wurde das alte NFFO-Sytem für die noch nicht umgesetzten NFFO-Verträge (NFFO 3-5) inhaltlich flexibilisiert. Unter den bisherigen NFFO-Regelungen erhielten Projektbetreiber die Zahlungen aus den NFFO-Verträgen nur, wenn die Projekte exakt nach den Vertragsvorgaben realisiert wurden. Kam es am beschriebenen Ort zu Projektschwierigkeiten, wurde den Betreibern keinerlei Flexibilität eingeräumt. Mit der Flexibilisierung wurde den in Genehmigungsverfahren blockierten Projekten ein Ausweichen auf alternative Standorte bei gleichzeitigem Fortbestand der vereinbarten NFFO-Konditionen erlaubt.

Ausbauziele für erneuerbare Energien im englisch-walisischen Erzeugermarkt, der seit Beginn des neuen Jahrzehnts durch zusätzliche Oligopolisierungstendenzen charakterisiert ist, erscheint als unwahrscheinlich. Mit der RO bleibt die Herausforderung zur Umstrukturierung in Richtung einer stärker dezentral organisierten Erzeugung aus erneuerbaren Energien ungelöst. Dieser Wandel zugunsten kleinräumiger und dezentraler Erzeugerstrukturen wird unter dem neuen Regime durch folgende Probleme erschwert.

Zum einen bleiben wegen der ungewissen Entwicklung der Zertifikatepreise die Vergütungen einer erneuerbaren Elektrizitätserzeugung relativ unsicher. Zwar lagen im Sommer des Jahres 2003 die Schätzungen des künftigen ROC-Preises für die zweite Handelsperiode (2003/04) zwischen 47 und 49 Pfund (und bedeuteten damit eine nochmalige Steigerung der erzielbaren Erlöse). Die Tendenz steigender ROC-Preise für das Jahr 2004 bewahrheitete sich schließlich mit Preisen zwischen 46 und 52 Pfund/MWh. Und auch in der dritten Handelsperiode (2004/05) blieben die Zertifikatepreise mit Werten zwischen 46 und 47 Pfund relativ hoch (OFGEM 2005). Zur Verunsicherung trugen aber z.B. im August 2003 Befürchtungen bei, der Nachlassverwalter der in Konkurs gegangenen TXU Europe könne nicht in vollem Umfang für seine RO-Verpflichtungen und der dabei anfallenden Zahlungen in den Buy-Out-Fonds aufkommen. Es bestand die Sorge, dass durch die fehlenden Einzahlungen die Kapitalausstattung des Kapitalfonds gemindert würde (Mitchell u.a. 2004). Zu Beginn des Jahres 2004 wuchsen zusätzlich die Befürchtungen, dass es ab dem Jahr 2006/2007 zu einem Crash der Zertifikatepreise kommen könnte. Das Energieberatungsunternehmen Platts prognostizierte einen Zusammenbruch der ROC-Preise vom damaligen Niveau in Höhe von 48 Pfund/MWh um ein Drittel auf nur noch 33 Pfund/MWh. Die Befürchtungen eines Preiscrashs wurden mit der bis dahin geplanten Inbetriebnahme von Onshore-Windparks mit einer installierten Leistung von 3,4 GW sowie der Erlaubnis für Kohlekraftwerke zur energetischen Verwendung von Biomasse begründet. Allgemein wurde die Kritik laut, dass die Aussicht auf sinkende ROC-Preise viele Betreiber von den erforderlichen Investitionen abschrecken würde (Platts 2004).

> "Although the RO seems to be encouraging a large amount of green plant development, the way it works means that more that comes on-line, the lower the financial reward to the developer. (...) This uncertainty, compounded by the recent cofiring rule change, could paradoxically put off investment in true green generation and ultimately mean that the Government may miss its 2010 renewables target. This surely must raise questions for next year's review over the efficiency of the RO to deliver the Government's aims" (Platts 2004).

Ein weiterer Kritikpunkt der unabhängigen Erzeuger entzündete sich an den vergleichsweise günstigeren Finanzierungsmöglichkeiten für vertikal integrierte Stromversorger. Während es für integrierte Energieunternehmen aufgrund der ihnen gegebenen Möglichkeiten leichter möglich sei, Investitionen in erneuerbare Energien aus ihrer Bilanz heraus zu finanzieren (z.B. durch Quersubventionierung), wären unabhängige Projektentwickler in viel größerem Umfang auf die Projektfinanzierung durch externe Banken und Kapitalgeber angewiesen. Gerade vor dem Hintergrund einer sich allgemein verschlechternden konjunkturellen Lage gestalte sich die Akquisition von Investitionskapital in langfristige Infrastrukturprojekte als zunehmend schwierig. Weil sich Anlagen zur Nutzung erneuerbarer Energien durch eine schwankende Erzeugung auszeichneten (z.B. Wind, FV), die im NETA-Regime durch besondere finanzielle Sanktionen gefährdet würden (Stichwort: BSC-Code), wären mittel- bis langfristige Einnahmen nur sehr unsicher prognostizierbar. Für die Kapitalgeber wäre aber gerade eine kontinuierliche Schuldenabschreibung Voraussetzung für die Gewährung von Finanzierungskrediten. Durch die unsichere Preisentwicklung unter dem RO-Regime und den Sanktionsmöglichkeiten durch NETA würden unabhängige Betreiber im Hinblick auf die künftige Finanzierung von Projekten weiter benachteiligt (Mitchell u.a. 2004). Diese strukturellen Defizite des britischen Fördersystems werden mittlerweile auch von einzelnen Vertretern der in die großen Stromkonzerne integrierten Windunternehmen kritisiert.

> "The main restriction with the British system is that it rather provides support to the vertically integrated incumbent industry and neglects the potentials of smaller operators to contribute to the national renewable energy targets" (*Interview NWP*).

Wegen der Schwierigkeiten privater Investoren, das erforderliche Investitionskapital für dezentrale WEA zu erhalten, bieten mittlerweile einzelne Projektinvestoren den Besitzern von geeigneten Flächen spezifische Finanz- und Sachdienstleistungen an, um Windprojekte zahlreicher zu realisieren. Vor dem Hintergrund des Erfolgs mit dezentralen Windenergieprojekten in Dänemark und Deutschland wurden deshalb von einzelnen Unternehmen Dienstleistungspakete wie z.B. durch NWP das Angebot "Wind Works" initiiert.

> "The initiative for the Wind-Works-Package came from NWP. It was something that we developed in our team. The inspiration for it was our knowledge of the developments in Denmark and Germany. There we became aware of the importance of small projects. Therefore we decided that we should encourage more such projects in the UK" (*Interview NWP*).

Mit Wind Works wird seit August 2001 unabhängigen Personen, die über geeignete Flächen zur Errichtung von WEA verfügen, zunächst die kostenlose Beratung und Unterstützung im kommunalen Planungsverfahren (Planungsantrag, UVP) angeboten. Außerdem bietet NWP Hilfestellung in Fragen der Finanzierung und dem Bau der Anlagen an (Windmessung, Netzanschluss, Turbinenbau). Nach der Inbetriebnahme übernimmt Wind Works auch das weitere Betriebs-, Reparaturen- und Kostenmanagement. Als wichtigste Zielgruppe wird mit dem Wind-Works-Angebot vor allem die Landwirtschaft angesprochen.[252] Über Wind Works soll vor allem die Bereitschaft der EltVU und Stromhändler zum Abschluss von langfristigen Stromlieferverträgen mit den unabhängigen Erzeugern gesteigert und damit der Widerstand der Banken gegen die Bereitstellung von Investitionskrediten reduziert werden. Im englisch-walisischen Markt verlangen die Banken als Voraussetzung für die Bereitstellung von Investitionskrediten in der Regel den Abschluss eines langfristigen Stromliefervertrages zwischen dem unabhängigen Anlagenbetreiber und dem Stromversorger/-händler (meistens mit einer Mindestlaufzeit von fünfzehn Jahren). Ob mit dieser Dienstleistung die fehlende strategische Sicherheit auf der Einnahmenseite der Anlagen-

---

[252] Mit der Wind-Works-Initiative diffundieren die Ideen einer regenerativen Energiewirtschaft zunehmend in den britischen Landwirtschaftssektor (neben den DEFRA-Maßnahmen zur Förderung der Biomassenutzung). Die landwirtschaftlichen Verbände begrüßten dieses Förderkonzept euphorisch: "This is an excellent opportunity for farmers to diversify and increase their incomes, particularly in the light of the recent farming crisis that has led to an average farmer's income dropping to just £ 4,100 a year. However, it is important that the Government continues to assist rural communities in changing planning guidance and that local authorities take wind energy projects on board as a positive way of helping the countryside" (Perdur Hughes, Famer and Vice President of NFU Wales, May 2001; außerdem: *Interview CLA*).

betreiber, die durch die defizitäre Ausgestaltung des politischen Förderinstrumentariums bedingt wird, ausgeglichen werden kann, konnte bis zum Abschuss dieser Unteruschung nicht beurteilt werden. Auch bleibt zu betonen, dass innerhalb der vertikal integrierten Energieunternehmen die Vertriebsunternehmen (im obigen Fall z.B. npower) gegenüber den für erneuerbare Energien zuständigen Tochterunternehmen (z.B. NWP) zunehmend die Bedingungen bestimmen, unter denen der regenerativ erzeugte Strom durch den eigenen Stromhändler bzw. dem Vertriebsunternehmen/VNB abgenommen wird. Es zeichnet sich also ab, dass die vertikal integrierten Energieunternehmen die Konditionen für Investitionen in erneuerbare Energien beeinflussen.

Als weiterer kritischer Faktor für den Ausbau erneuerbarer Energien erwies sich in England/Wales aber auch die Regulierung der Verteilernetze. Bis zum Jahr 2002 existierten keine klaren und differenzierten gesetzlichen Regelungen in der Frage der Übernahme von Anschlusskosten von dezentralen Erzeugungsanlagen an die Verteilernetze. Bisher mussten in der Regel die Anlagenbetreiber vollständig für die Kosten eines Netzanschlusses aufkommen. Darüber hinaus waren sie zur Übernahme zusätzlicher Kosten für erforderliche Systemanpassungen auf der Übertragungsnetzebene verpflichtet. Die ökonomisch positiven Effekte einer dezentralen und flexiblen Stromeinspeisung fanden in der Kostenkalkulation der Netzbetreiber demgegenüber keine Berücksichtigung (z.B. vermiedene Netzentgelte durch dezentrale Erzeugung). Insgesamt offenbarte sich hier das Erbe der zentralisierten Netzinfrastruktur in Großbritannien. Die Regulierung der Verteilernetze durch OFGEM wies somit stark strukturkonservative Elemente auf. Erforderlich wäre jedoch eine detaillierte Regulierung zugunsten *„aktiver Verteilernetze“*, bei denen die Teilnahme einer großen Zahl dezentraler Erzeuger bei einem gleichzeitigen Ausgleich des Stroms in den Verteiler- und Übertragungsnetzen gewährleistet wird. Dies hätte jedoch einen Wandel sowohl in der Regulierungsphilosophie (durch OFGEM) als auch dem Management der Verteilernetze (durch die Versorgungsunternehmen) erfordert:

> "This shift requires substantial investment enabled by a more cost-reflective charging structure for the use of distribution wires. Distribution companies need to be able to make the necessary infrastructure investments – investments that would currently fall foul of OFGEM's rules because they are not seen as 'essential' to current operations. In short, distribution companies currently have little incentive to promote embedded generation from renewables" (Smith/Watson 2002, 4).

Deshalb hat seit dem Jahr 2000 eine gemeinsame Arbeitsgruppe zwischen OFGEM und dem DTI, die sog. *"Embedded Generation Working Group"*, neue Tarifstrukturen für dezentrale Energieerzeuger erarbeitet (OFGEM 2001c).

Für den britisch-deutschen Ländervergleich ist damit auf grundsätzliche Unterschiede bei den Akteursstrukturen zu verweisen, welche insbesondere den Ausbau der Windenergie tragen und durch die unterschiedlichen Förderregime bedingt sind. Während im deutschen Fall die frühzeitige Förderung mit garantierten Mindestpreisen in Verbindung mit der Tradition kommunaler Selbstverwaltung bei der Energieversorgung die Entstehung kommunal und regional operierender Betreibergesellschaften begünstigt hat (Menold/Herrlinger 2000), wurde in Großbritannien die Entwicklung lokaler und regionaler Betreibergesellschaften bereits durch das NFFO-Regime und zwischenzeitlich auch durch das RO-Regime verhindert. Die Auswirkungen des frühen NFFO-Regimes auf die Gründung von privaten Betreibergesellschaften der lokalen Ebene werden im folgenden Zitat zusammengefasst:

"Not only is the process complex [under NFFO, Verfasser], but an inexperienced community is in direct competition with large, experienced, commercial organisations, when bidding for contracts" (Edwards u.a. 1999, 86).

Auch unter der RO bleiben die Möglichkeiten lokal-privater Akteure zu Investitionen von großer Unsicherheit geprägt. Wichtige Restriktionen ergeben sich hier z.B. durch die Unvorhersehbarkeit zukünftiger Zertifikatepreise, verhältnismäßig ungünstige Finanzierungsbedingungen gegenüber den Großerzeugern und besonderen Handelsrisiken unter NETA (Fairly/Ng 2002). Die festen Einspeiseregelungen haben somit eindeutige Vorteile für die regionale Exploration des Nutzungspotentials von erneuerbaren Energien, weil unabhängigen Akteuren eine größere Investitionssicherheit garantiert wird.

5.1.4 Neue Impulse für erneuerbare Energien durch New Labour seit dem Jahr 2000: Das britische Klimaschutzprogramm

Noch vor Ablauf der ersten Amtsperiode von Blair verdeutlichten lang anhaltende Regenfälle von Ende Oktober bis Mitte November 2000, die in weiten Teilen Englands zu katastrophalen weiträumigen Überschwemmungen führten, der britischen Bevölkerung die ernstzunehmenden Gefahren einer globalen Klimaerwärmung.[253] Die britische Regierung wurde in ihren Anstrengungen zu weiteren klimaschutzpolitischen Gegenmaßnahmen bestätigt. Bereits vor der Flutkatastrophe hatte das Finanzministerium im Juli 2000 die Verabschiedung eines umfangreichen staatlichen Investitionsprogramms für den Klimaschutz angekündigt. Im November 2000 beschloss die britische Regierung mit der Verabschiedung des nationalen Klimaschutzprogramms weitere konkrete Maßnahmen, mit denen die Umsetzung der Kyotoziele und ihrer dazugehörigen Mechanismen (z.B. der Emissionshandel) ermöglicht werden sollte (DETR 2000c).[254] Nachdem Blair im Herbst 2000 betont hatte, dass die ökologischen Herausforderungen künftig in das Zentrum der nationalen und internationalen Politik rücken würden, sollten die im Klimaschutzprogramm enthaltenen Bestimmungen die Grundlage einer noch ehrgeizigeren Klimaschutzpolitik werden.

Neben den Überschwemmungskatastrophen war für den Bedeutungszuwachs der Klimaschutzpolitik ein Bericht der RCEP vom Sommer 2000 entscheidend, in dem für das Vereinigte Königreich bis zum Jahr 2050 eine Reduzierung der CO_2-Emissionen um 60 Prozent gefordert wurde (RCEP 2000). Mit der Wiederwahl der New-Labour-Regierung im Frühjahr 2001 waren schließlich die politischen Mehrheiten zur Fortsetzung der begonnenen Klimaschutzpolitik gegeben. Mit Beginn der neuen Amtszeit kam es zu erneuten grundlegenden Reformen des administrativen Regierungsapparats, mit denen das DETR aufgelöst wurde. Das Umweltressort wurde mit den Ressorts der Kommunalpolitik und der

---

[253] Die schlimmsten Überschwemmungen gab es im nordöstlichen England, in North Wales, den Midlands und in Südengland und verursachten einen geschätzten volkswirtschaftlichen Schaden in Höhe von 500 Mio. Pfund (Risk Management Solutions 2000). Nachdem es bereits im Oktober zu schweren Überschwemmungen gekommen war, stellte die Novemberüberschwemmung die Rekordflut des Jahres 1947 sogar in den Schatten.

[254] Das Klimaschutzprogramm (DETR 2000b, DETR 2000c) darf nicht mit der britischen Nachhaltigkeitsstrategie (DETR 1999) verwechselt werden. Gegenüber der Nachhaltigkeitsstrategie stellt es das enger definierte Regierungsprogramm zur Realisierung der nationalen Klimaschutzziele in den für die Verursachung der Treibhausgasemissionen zentralen Politikfeldern (Verkehr, Energie, Landwirtschaft) dar.

Ernährungswirtschaft zum Department for Environment, Food and Rural Affairs (DEFRA) zusammengelegt.[255] Neben den geänderten administrativen Zuständigkeiten für einen Ausbau erneuerbarer Energien werden im Folgenden die wichtigsten Programmpunkte des Klimaschutzprogramms erläutert.

5.1.4.1 Das Emissionshandelssystem (Emissions Trading System)

Als zentrales Element des britischen Klimaschutzprogramms ist die Verwirklichung eines Emissionshandelssystems (*"Emissions Trading System"*, ETS) zu nennen. Ebenso wie die nachfolgend kurz zu beschreibende *"Climate Change Levy"* (CCL) war die Einführung eines ETS als wichtige Säule der britischen Klimaschutzstrategie durch Sir Lord Marshall in seinem *„Bericht zu ökonomischen Instrumenten zum Schutz der Umwelt und dem wirtschaftlichen Umgang mit Energie"* [Übersetzung, Verfasser] bereits im Jahr 1998 empfohlen worden (Lord Marshall 1998). Es ist von zentraler Bedeutung, dass die Einführung eines ETS bereits seit 1994 von verschiedenen britischen Unternehmen und der AEP als angeblich effizientestes Instrument für die Reduktion von Emissionen gegenüber direkten Abgaben befürwortet wurde. Vor diesem Hintergrund war es bereits im Juni 1999 zur Gründung der sog. *"Emissions Trading Group"* (ETG) gekommen, die sich aus Mitgliedern der Confederation of British Industry und des Advisory Committee on Business and Environment zusammensetzte. Die ETG erarbeitete bis März 2000 ein Konzept für ein ETS. Die Entwicklung des ETS wurde eindeutig von den Interessen der Industrie bestimmt, was in der Ausgestaltung des Instruments zum Ausdruck kam. Durch die frühe nationale Etablierung eines Handelssystems mit Treibhausgaszertifikaten wollte die britische Industrie die Implementierung der Kyoto-Maßnahmen aktiv begleiten und den europäischen Policyprozess zur EU-weiten Umsetzung eines Emissionshandels beeinflussen. Deshalb legte DEFRA bereits im August 2001 in Anlehnung an die Vorschläge der ETG sein Konzept für ein ETS vor. Nach zeitlich verzögerten Konsultationen verschob sich die Einführung des ETS dann bis April 2002 (SZ 02.04.2002j). Die Einführung des ETS fiel zeitlich also mit der Verabschiedung der RO zusammen. Es ist im zeitlichen Kontext von wichtiger Bedeutung, dass die Europäische Kommission nur zwei Monate später im Oktober 2001 ihren Richtlinienvorschlag für ein EU-weites System zum Handel mit Emissionsrechten vorlegte, das aber in zentralen Punkten von den britischen Vorgaben abwich (s.S. 370ff.).

Der nachhaltige Einfluss der britischen Industrie auf die Ausgestaltung dieses Instruments zeigt sich in folgenden Regelungen. Zunächst ist die *Teilnahme* am britischen ETS *grundsätzlich freiwillig*. Dabei wird zwischen zwei Teilnahmeoptionen unterschieden: Der direkten Teilnahme (*"direct entrants"*) und der Teilnahme im Rahmen des Abschlusses von freiwilligen Klimaschutzvereinbarungen (CCLA). Für eine Teilnahme am ETS setzt die britische Regierung bei der jeweiligen Wahloption auf unterschiedliche finanzielle Anreizmechanismen: Direkte Teilnehmer können unmittelbare Subventionen der britischen Regierung zur Durchführung von Energieeffizienzmaßnahmen erhalten, während CCLA-

---

[255] Die Gründung von DEFRA war die Antwort auf die Maul- und Klauenseuche und einer damit einhergehenden Neubewertung der Landwirtschaftpolitik. Außerdem hatte der ressortspezifische Zuschnitt des Superministeriums DETR nicht zur erhofften Integration der verschiedenen, in ihren jeweiligen Zielsetzungen konflikthaft ausgerichteten Politikfelder geführt. Das Verkehrsministerium wurde als eigenständiges Ressort, dem neuen Department for Transport, ausgegliedert.

Parteien eine 80-prozentige Ermäßigung von der neu eingeführten CCL zugesprochen wird. Für die Untersuchungsfrage eines Ausbaus erneuerbarer Energien ist von zentraler Bedeutung, dass die *Stromerzeuger* a priori *von einer direkten Teilnahme am ETS ausgeschlossen* wurden. Den Akteuren dieser Industrie entstehen durch die Einführung des ETS somit keinerlei finanzielle Lasten. An diesem Aspekt wird ein weiteres Mal das zentrale energiepolitische Ziel der britischen Regierung deutlich, die Strompreise möglichst gering zu halten und die Stromwirtschaft von den Kosten des Klimaschutzes zu entlasten.

Im Rahmen der *direkten Teilnahmeoption* wird den Unternehmen ein großes Maß an Flexibilität eingeräumt: Unternehmen, die in mehreren Branchen tätig sind, können sowohl über die Sektoren, in denen mit Emissionen gehandelt werden soll als auch über die zu berücksichtigenden Emissionssubstanzen (entsprechend dem Kyoto-Protokoll) frei entscheiden. Schließlich obliegt ihnen auch die Definition der Reduktionsziele. Für die Gruppe der direkten Teilnehmer beabsichtigte die britische Regierung im Zeitraum von 2002 bis 2006 die Bereitstellung von Subventionen in Höhe von insgesamt 215 Mio. Pfund (jährlich 43 Mio. Pfund), wobei die Zahlungen durch die Unternehmen in Ausschreibungsrunden ersteigert werden mussten (Giesberts/Hilf 2002, 77).

Einer effektiven Umsetzung des britischen ETS zur wirksamen Reduktion von Treibhausgasemissionen dürften wichtige Restriktionen entgegenstehen. Als zentrale Voraussetzung für das Funktionieren des britischen ETS ist anerkannt, dass die beteiligten Unternehmen zur Ersteigerung der gebotenen staatlichen Subventionen untereinander in wirklichem Wettbewerb stehen und die Gebote auf der Basis tatsächlich zu erwartender Emissionseinsparungskosten erfolgen müssen (Giesberts/Hilf 2002, 78). Vor diesem Hintergrund dürfte – wie bereits bei NFFO – ein großes Problem in strategischem oder opportunistischem Bieterverhalten bestehen, weil die mit der erfolgreichen Ersteigerung von Subventionen verbundenen Reduktionsverpflichtungen für Emissionen erst in der Zukunft zu realisieren sind. Ein erster Evaluierungsbericht zur Umsetzung des britischen ETS gelangte deshalb bei den direkten Teilnehmern zu relativ ernüchternden Ergebnissen. Die erste Versteigerung der Subventionen durch DEFRA im Februar 2002 hat nur zu vereinbarten CO_2-Emissionsreduktionen in Höhe von etwas über 4 Mio. t geführt. Insgesamt war der Markt direkter Teilnehmer mit nur 34 Parteien relativ klein. Dabei wog erschwerend, dass acht Unternehmen für 85 Prozent der Emissionen verantwortlich waren (Roeser/Jackson 2002, 46).

Außerdem beteiligten sich die größten Emittenten von CO_2-Emissionen, wie z.B. die Unternehmen der energieintensiven Zement-, Eisen- und Stahlindustrie entgegen ihren ursprünglichen Absichten nur über den Abschluss von freiwilligen CCLA. An diesem freiwilligen „Markt" partizipierten gegenüber den 34 direkten Teilnehmern knapp 6.000 Unternehmen. Die Summe der zwischenzeitlich in den CLA zugesagten Reduktionen von Kohlenstoffemissionen beläuft sich bis zum Jahr 2010 auf 2,5 Mio. t SKE.[256] In diesen Vereinbarungen haben sich die jeweiligen Branchen auf Reduktions- und Effizienzziele im Zweijahresrhytmus verpflichtet. Bei Nichterfüllung kann die britische Regierung die gewährten Steuernachlässe bei der Erhebung der CCL reduzieren. Diejenigen Akteure, die ihre Verpflichtungen übererfüllen, erhalten hierfür Gutschriften (*"Credits"*), die sie inner-

---

[256] Innerhalb relativ kurzer Zeit kam es zum Abschluss von mehr als vierzig branchenbezogenen freiwilligen Vereinbarungen. Insgesamt zeigt sich damit in der britischen Klimaschutzpolitik – ähnlich wie in Deutschland - die große Bedeutung freiwilliger Kooperationslösungen.

halb des ETS verkaufen können. Gleichzeitig können Akteure bei einer Untererfüllung der Vorgaben ihre negative Bilanz durch den Kauf von Zertifikaten ausgleichen (Richardson/Chanwai 2003, 47). In Bezug auf die beschriebenen Befürchtungen des Auftretens strategischen Bieterverhaltens gelangte ein erster Evaluierungsbericht zu der Vermutung, dass es beim ersten Versteigerungsverfahren vielfach nur zu scheinbarem Handel mit Emissionsreduktionen kam. Besonders bei den Chemieunternehmen waren die vereinbarten Reduktionen als business-as-usual-Investitionen zu werten, die auch ohne das ETS-System realisiert worden wären. Insgesamt wurde in einem Untersuchungsbericht des Environmental Data Services davon ausgegangen, dass mindestens 50 Prozent der eingegangen Verpflichtungen Fälle eines sog. *"hot air trading"* darstellten (ENDS 2002).

Die Kritik am britischen ETS fällt damit eindeutig aus. Z.B. hat die *Sustainable Development Commission* darauf hingewiesen, dass mit dem Handelssystem und der damit verbundenen Bereitstellung von Subventionen das Verursacherprinzip in ein absurdes Gegenteil verkehrt würde. Der Verursacher erhält für seine klimaschädigenden Aktivitäten zunächst zusätzliche Subventionen, deren Umsetzung in Effizienzmaßnahmen aber in keiner Weise kontrolliert bzw. sanktioniert wird. Roeser und Jackson wiesen vor allem auf die grundlegenden Mängel bei der Transparenz und dem Monitoring klimaschutzrelevanter Emissionsdaten hin, so dass eine erfolgreiche Implementierung des Handelssystems kaum gewährleistet sein dürfte (Roeser/Jackson 2002, 48ff.). Die negative Kritik am britischen ETS wird im folgenden Zitat zusammengefasst:

> "Overall it becomes clear that (...) the UK ETS fails to internalise the social and environmental cost of emitting carbon. Participating companies do not have to pay for emissions allowances; the reduction targets offered by companies in the scheme are both voluntary and relatively low; and there is a high risk that many such targets are essentially 'free-riders' on the incentive scheme. (…) In addition, the scheme fails to include the majority of emissions resources in the UK, such as the transport sector, the domestic sector and, most importantly, electricity generation – sectors that hold the key to a low-carbon economy" (Roeser/Jackson 2002, 47).

An den Unterschieden bei der Ausgestaltung des britischen ETS gegenüber den zeitgleichen EU-Vorschlägen für ein europaweites Emissionshandelssystem wird die geringe Bedeutung der Europäischen Ebene gegenüber der nationalen Klimaschutzpolitik deutlich. Gegenüber den britischen Planungen *favorisierte* die *EU* mit ihren Vorschlägen die Einführung eines *"Cap-and-Trade-Systems"*, bei dem durch die *Vorab-Festlegung einer Gesamtemissionsmenge*, die zu einem späteren Zeitpunkt durch ein Unternehmen emittiert werden darf, die Umweltwirksamkeit des Instruments *a priori* feststeht. Unter einem *Cap-and-Trade-System* können die Unternehmen über ihre Verpflichtungen hinausgehende Reduktionsleistungen in Form von Handelsrechten an einem Zertifikatemarkt veräußern. Demgegenüber hängt der Umweltnutzen des britischen ETS aufgrund der Bedeutung des *Prinzips der Freiwilligkeit* von den betriebswirtschaftlichen Entscheidungen einer Vielzahl von Unternehmen ab, die sich im Rahmen der Versteigerung von Subventionen schließlich zu betreffenden Reduktionszielen verpflichten. Damit steht die *Umweltwirksamkeit des Systems nicht a priori fest*. Mit der Einführung des britischen ETS war klar, dass bei einer Umsetzung der Europäischen Richtlinie für den Emissionshandel weiterer Anpassungsbedarf entstünde. In Bezug auf die Ausgangsfragestellung eines Ausbaus erneuerbarer Energien ist festzuhalten, dass mit der Einführung eines Emissionshandels in Großbritannien ein weiteres Politikinstrument geschaffen worden war, das zumindest symbolisch auf Regulierungsaktivitäten für mehr Klimaschutz nach den Beschlüssen von Kyoto schließen lassen konnte.

5.1.4.2 Die Climate Change Levy (CCL) und der Carbon Trust (CT)

Als eine weitere wichtige Säule des britischen Klimaschutzprogramms ist die Einführung einer Klimasteuer, der sog. CCL, zu nennen. Bereits seit dem Frühjahr 1998 wurde die Einführung dieser Abgabe durch den britischen Finanzminister erwogen und von Vizepremier Prescott (DETR) stets befürwortet. Bereits in den frühen Planungen war vorgesehen, die CCL auf der Basis des Energieverbrauchs statt des Kohlenstoffgehalts der Kraft- und Brennstoffe zu erheben (Richardson/Chanwai 2003, 55). Das Ziel einer CCL bestand wie bei der deutschen Ökosteuer darin, Anreize für ein stärker effizienzorientiertes Verhalten im Umgang mit Energie zu setzen. Im Gegensatz zur deutschen Ökosteuer sollte die Abgabe aber nur gegenüber gewerblichen und industriellen Verbrauchern erhoben werden (zur deutschen ÖSR, s.S. 345ff.).[257] Mit ihrer Einführung im *Finance Act 2000* wurde der Verbrauch von Energie bei industriellen, gewerblichen und öffentlichen Akteuren direkt besteuert.

Das Abgabenniveau der CCL soll jährlich steigen und hat bei Unternehmen nach ersten Erfahrungen zu einem Anstieg der Energiekosten in Höhe von 15 Prozent geführt. Bei diesem Wert wurden allerdings die möglichen Befreiungen von energieintensiven Unternehmen bei der CCL-Erhebung (s.u.) sowie die Entlastungseffekte durch geringere Sozialversicherungsbeiträge nicht mit eingerechnet. Die Einführung der CCL stellt die schwache Form einer ÖSR dar, die nur zu einer geringfügigen Verringerung der Sozialversicherungsbeiträge der britischen Arbeitnehmer in Höhe von 0,3 Prozent geführt hat.[258] Auch wurden nach aggressivem Lobbying umfangreiche Ausnahmeregelungen für energieintensive Unternehmen und Branchen zugestanden (Pocklington 2001). So gestand die Regierung den betreffenden Unternehmen eine Reduktion ihrer Abgabepflicht aus der CCL auf bis zu 80 Prozent der normalen Abgabe zu, wenn diese sich zur Unterzeichnung von freiwilligen CCLA bereit erklärten (s.o.). In Bezug auf die ökologischen Steuerungseffekte für einen Ausbau *erneuerbarer Energien* ist bedeutend, dass die britischen Unternehmen, die aus erneuerbaren Ressourcen erzeugte Energie selber nutzen oder abgeben, für die entsprechenden Energiemengen *von der CCL befreit* werden.[259] Hierfür erhalten sie in der Höhe der CO_2-neutral produzierten oder gehandelten Menge durch OFGEM sog. *"Levy Exemption Certificates"* (LECs), die für die Erzeuger von Energie aus erneuerbaren Ressourcen beim Handel ihrer Elektrizität eine zusätzliche Einnahmequelle darstellen.

Ein kleiner Teil der Einnahmen aus der CCL wird durch die britische Regierung – ähnlich wie in Deutschland – direkt in die Förderung klimafreundlicher Technologien und anderer Effizienzmaßnahmen reinvestiert. Z.B. werden mit den Einnahmen die Aktivitäten

---

[257] Nicht in den Anwendungsbereich der Steuer fielen Privathaushalte, der Verkehrssektor und eingetragene Wohlfahrts- und Sozialorganisationen. Außerdem blieben kleine gewerbliche Betriebe mit einem Energieverbrauch auf dem Niveau von Privathaushalten ausgenommen (Richardson/Chanwai 2003, 46). Im Jahr 2002 betrug die Höhe der Abgabe 0,43 p/kWh bei Strom, 0,15 p/kWh bei Kohle und Gas und 0,07 p/kWh bei LPG.

[258] Auch in Großbritannien wird ein erheblicher Teil der Einnahmen aus der CCL „zweckentfremdet" zur Senkung der Sozialbeiträge genutzt, um damit die Kosten des Faktors Arbeit zu reduzieren.

[259] Die einzige Ausnahme hiervon ist der Verbrauch von Energie aus großer Wasserkraft (größer 10MW). Außerdem wird der Verbrauch von Energie, der durch KWK-Anlagen erzeugt wurde, von der CCL befreit.

des *Carbon Trust* (CT) finanziert. Die Gründung des CT im April 2001 stellt ein weiteres wichtiges Element der britischen Klimaschutzstrategie dar. Als nicht gewinnorientiertes Unternehmen besteht die Aufgabe des CT darin, die Vergabe von finanziellen Fördermitteln für klimafreundliche Technologien zu koordinieren und als Multiplikator von Fachexpertise für neue Technologien zu wirken. Den Technologien zur Nutzung erneuerbarer Energien kommt dabei eine maßgebliche Rolle zu. In den ersten drei Jahren bis März 2004 verfügte der CT in diesem Bereich über ein Budget von ungefähr 150 Mio. Pfund (Wie/Vrolijk 2002). Allgemein bleibt festzuhalten, dass DEFRA mit der Verabschiedung der CCL bis zum Jahr 2010 mit jährlichen Einsparungen bei den Kohlenstoffemissionen in Höhe von 5 Mio. Tonnen kalkuliert.

5.1.4.3   Weitere technologiepolitische Initiativen der britischen Regierung

Zur weiteren Verbesserung der ökonomischen Rahmenbedingungen erneuerbarer Energien weitete die Labourregierung kurz vor ihrer Wiederwahl im Frühjahr 2001 das Förderprogramm aus. Neben einem Sonderprogramm in Höhe von 130 Mio. Pfund, das zur Investitionsförderung von CO_2-freundlichen Technologien (davon 100 Mio. Pfund für erneuerbare Energien), für Effizienzprogramme innerhalb der nächsten drei Jahre (bis Anfang 2004) sowie zur Gründung des CT vorgesehen war, verkündete Premierminister Blair im März 2001, dass weitere 100 Mio. Pfund für den Ausbau erneuerbarer Energien bereit gestellt würden. Außerdem gab Industrieminister Hain bekannt, dass die F&E-Ausgaben für erneuerbare Energien, die in den Legislaturperioden unter den konservativen Regierungen jährlich nur bei 11 Mio. Pfund gelegen hatten, insgesamt auf 55 Mio. Pfund verfünffacht würden (Renew On Line 2001). Damit sollten erneuerbare Energien im Zeitraum von 2001 bis 2004 von staatlichen Zuschüssen in einer Höhe von mehr als 250 Mio. Pfund profitieren.

Für eine effektive Koordination der Verteilung der Fördergelder und der an Bedeutung gewinnenden Erneuerbaren-Energien-Industrie gründete der aus Schottland stammende Energieminister Wilson im gleichen Zeitraum in Aberdeen die Organisation *Renewables UK*. Weil Aberdeen die bedeutendste Stadt für die britische Erdölindustrie ist, war die Standortentscheidung kein Zufall und wurde vor dem Hintergrund getroffen, dass sich Großbritannien wegen des erwarteten Rückgangs nationaler Erdölreserven bis zum Jahr 2010 erstmals zum Netto-Importeur entwickeln würde (PIU 2002, 203).[260] Die Ansiedlung einer Fachagentur für erneuerbare Energien ist als regional- und strukturpolitische Initiative zu interpretieren, die technologische Expertise bei der Erdölförderung auf hoher See zur anstehenden Entwicklung der Offshore-Windtechnologie zu nutzen. Vom *Renewable Energy Industry Directorate*, der innerhalb des DTI ausgelagerten Stabsstelle zur Koordination der Förderpolitik, wurden die Aufgaben von Renewables UK wie folgt beschrieben:

> "Renewables UK's [...] role is to help secure maximum benefits for UK industry from the rapidly growing worldwide renewables market and to assist in overcoming barriers to renewables projects [...]. This means optimising the benefits of renewable energy to the UK in order to maximise opportunities in manufacturing, services, exporting and jobs. Renewables UK is

---

[260] Während im Jahr 2000 noch ein Exportüberschuss von 52 Mio. t Erdöl bestand, wurde für das Jahr 2010 ein erstmaliger Netto-Importbedarf in Höhe von 27 Mio. t prognostiziert, der bis zum Jahr 2020 sogar auf 87 Mio. t steigen würde. Gleichzeitig wurde davon ausgegangen, dass die nationale Erdölförderung von 138 Mio. t in 2000, bis 2010 auf 70 Mio. t und bis 2020 sogar auf nur noch 20 Mio. t zurückgehen wird (PIU 2002, 203).

working closely with individual companies, regional support agencies, other government departments, trade associations and the devolved administrations to:
- maximise UK content in projects in the UK and overseas;
- communicate opportunities;
- overcome barriers to developments;
- disseminate information;
- co-ordinate the continued development of and support of the UK supply chain" (Renewables UK-Homepage).

Renewables UK berät interessierte Unternehmen über das Investitions- und Förderprogramm der britischen Regierung, zu dem das DTI im Mai 2002, also nach der Wiederwahl Blairs, die unterschiedlichen Förderschwerpunkte für die kommenden Jahre bekannt gab (DTI/Renewables UK 2002). Ein Schwerpunkt lag auf der Entwicklung der *Offshore-Windenergienutzung*, für die in den kommenden Jahren eine Gesamtsumme von 74 Mio. Pfund zur Verfügung gestellt werden sollte (64 Mio. Pfund an Finanzzuschüssen aus dem DTI, 10 Mio. Pfund aus dem National Lottery New Opportunities Fund (NOF)).

Einen weiteren Schwerpunkt bildete die *Biomasse*, bei der die Fördergelder durch das DTI, dem NOF und DEFRA bereitgestellt wurden. Hierfür förderte DEFRA den Anbau von Pflanzenkulturen zur energetischen Nutzung bis zum Jahr 2006 in Höhe von 29 Mio. Pfund.[261] Für die Regionen Schottland, Wales und Nord-Irland wurde in Kooperation mit den dort für die Landwirtschaftspolitik zuständigen Ressorts ein eigenes Biomasse-Förderprogramm, das sog. *"Energy Crops Infrastructure Support Scheme"*, entwickelt. Das Programm wurde mit einer Mittelausstattung von 3,5 Mio. Pfund untergelegt. Für die Förderung der technologischen Infrastruktur zur Nutzung der Biomasse wurden durch das DTI weitere 30 Mio. Pfund und durch den NOF 36 Mio. Pfund zur Verfügung gestellt.[262] Interessanterweise entdeckte die britische Regierung auch die Potentiale der FV neu und verabschiedete – ähnlich der deutschen Bundesregierung – ein eigenes Dächer-Programm:[263] Über einen Zeitraum von drei Jahren sollten zusätzliche 10 Mio. Pfund die Installation von 70.000 FV-Dächern ermöglichen (Renew On Line 2001), wobei der *Energy Saving Trust* (EST) für die Koordination des Programms zuständig sein sollte. Bezogen auf die geringere Bevölkerungszahl in Großbritannien ist das 70.000-Dächerprogramm in seiner Dimensionierung mit dem deutschen Hundert-Tausend-Dächerprogramm (HTDP) durchaus vergleichbar. Das Gesamtvolumen der im Zeitraum von 2002 bis 2005 für FV zur Verfügung gestellten Mittel betrug insgesamt ca. 120 Mio. Pfund (*Interview EST*). Das DTI nahm schließlich auch die Forschungsförderung der früher hoffnungsvollsten Technologien zur Nutzung erneuerbarer Energien wieder auf: Insgesamt 5 Mio. Pfund wurden zur Förderung der Wellen- und Gezeitenenergie bereitgestellt, um für diese Technologien Nischenmärkte zu kreieren. Dabei liegt der regionale Förderschwerpunkt in Schottland (s.S. 267ff.).

Im Mai 2002, also ein Jahr nach der ersten Wiederwahl von Blair, kam es zur Gründung des *Office of the Deputy Prime Minister* (ODPM), das unter die Leitung von Vize-

---

[261] DEFRA war seit 2001 für die Förderung des Pflanzenanbaus zur bioenergetischen Nutzung zuständig.

[262] Diese Mittel waren Bestandteil des strukturpolitischen *"Transforming Communities Programme"*, das zur Modernisierung des kommunalen Lebensraumes aufgelegt worden war.

[263] Die britische Regierung hatte schon zuvor einen Nachholbedarf bei der Entwicklung der FV erkannt: "We need to ensure that the UK is at the forefront of renewable energy technology. Photovoltaics [...] is a renewable energy source with enormous potential. Yet at present we lag behind Germany, the USA and Japan in developing photovoltaic energy and the supply industries that support it" (DTI 2000a).

premier Prescott gestellt wurde.[264] Mit der Behörde erhielt Prescott zentrale Kompetenzen zur Koordination der Reform einer Devolution des britischen Königreichs. Das ODPM übernahm außerdem wichtige Kompetenzen für die strategische Ausrichtung der Bau-, Struktur- und Planungspolitik sowie der englischen Kommunal- und Regionalpolitik. Ab Mai 2002 übte das ODPM damit zentralen Einfluss auf die Planung infrastruktureller Investitionsvorhaben aus. Mit seinen umweltpolitischen Erfahrungen aus dem DETR vermochte Prescott, die Devolutionsreform mit den Zielen einer stärker an Nachhaltigkeitszielen orientierten Regierungspolitik zu koppeln (s.S. 264f.).

5.1.5 Die Auswirkungen der Verfassungsreformen in Großbritannien auf einen Ausbau erneuerbarer Energien in England/Schottland seit 1997

Während die Probleme des Ausbaus der Windenergie besonders in England offenkundig wurden, gestalteten sich die energiepolitischen Rahmenbedingungen für eine nachhaltige Energiepolitik besonders in Schottland zunehmend günstiger. Wie im folgenden Kapitel genauer analysiert wird, spielte hierfür in historisch-institutionalistischer Perspektive die unter New Labour in Angriff genommene Verfassungsreform einer Devolution eine zentrale Rolle. Großbritannien zeichnete sich bis zur Wahl von New Labour im Jahr 1997 durch sein zentralistisch organisiertes Regierungssystem aus, bei dem eine durch eindeutige parlamentarische Mehrheiten gebildete Regierung die Richtlinien der Politik bestimmt (Bulpitt 1983). Mit dem Regierungswechsel zu New Labour wurde jedoch eine grundlegende Verfassungsreform eingeleitet, die in Richtung einer Föderalisierung des Staatsgebildes zielt (Bildung eines unabhängigen Parlaments in Schottland und einer nationalen Versammlung in Wales). Innerhalb Englands wurde zudem eine zunehmende Regionalisierung der Struktur- und Wirtschaftspolitik eingeleitet. Die Devolution war auch für die Energiepolitik und den Ausbau erneuerbarer Energien von großer Bedeutung.

5.1.5.1 Der historische Hintergrund der Devolution in Großbritannien

Die Devolution des Vereinigten Königreichs stellt einen historischen Prozess dar, dessen Wurzeln bis zum Unabhängigkeitsstreben der Republik Irland in das vorletzte Jahrhundert zurückreichen.[265] Weil das Vereinigte Königreich aus vier verschiedenen Nationen besteht (neben den Engländern aus protestantischen Nord-Iren, Schotten und Walisern), die bereits im vergangenen Jahrhundert eigene politische und rechtliche Kompetenzen für ihre Regionen forderten, wurde verfassungsrechtlich die *Doktrin der Devolution* entwickelt. Die Doktrin der Devolution soll *unter Einhaltung des Grundsatzes der uneingeschränkten Parlamentssouveränität eine begrenzte Verlagerung von Kompetenzen an eine untergeordnete politische Ebene* ermöglichen (Hutchcroft 2001). Während beim Organisationsprinzip des Föderalismus die „Regierungsfunktionen in einer Weise aufgeteilt [werden, bei dem] das Verhältnis zwischen dem für das gesamte Territorium kompetenten Gesetzgeber und den

---

[264] Prescott hatte in der ersten Amtszeit von Blair als Minister des DETR maßgeblichen Einfluss auf die Diffusion des Nachhaltigkeitsprinzips in das staatliche Regulierungsprogramm (s.S. 229f.).
[265] Eine detaillierte Analyse des Devolutionsprozesses in England, Schottland, Wales und Nord-Irland, bei dem es zu einer ungleichen, d.h. *asymmetrischen Dezentralisierung* von politischen und rechtlichen Kompetenzen in den genannten Regionen kam, bieten folgende Autoren: Elcock/Keating 1998, Pilkington 2002, Schwab 2002.

nur für Teile des Territoriums kompetenten Gesetzgebern" kein hierarchisches Verhältnis, sondern „ein Verhältnis von gleich geordneten Partnern im Regierungsprozess ist" (Wheare 1943), sind in einem devolutionierten System die Regionalparlamente dem Zentralparlament untergeordnet. Die Zentralregierung kann die Regionalparlamente in ihrem Kompetenzbereich einschränken, überstimmen oder letztlich sogar abschaffen.

> „Im Unterschied zur Dezentralisierung handelt es sich [bei der Devolution, Verfasser] aber nicht um einen landesweiten und einheitlichen Kompetenztransfer, sondern um die Schaffung regional unterschiedlicher, teilweise mit umfangreichen Gesetzgebungskompetenzen ausgestatteten Einrichtungen" (Schwab 2002, 39).

Die Wirkungen des britischen Wahlsystems begünstigten im Verlauf der 1990er Jahre das Aufkommen der Frage struktureller Verfassungsreformen. Während die Konservative Partei aufgrund des britischen Mehrheitswahlrechts bei den Wahlen von 1979 bis 1997 über komfortable und sogar absolute Mehrheiten verfügte, verlor sie an der *„keltischen Peripherie"* (Schottland, Wales, Nord-Irland) über die beiden Jahrzehnte zunehmend an parteipolitischem Einfluss und ihre bisherige Rolle als *„Partei der nationalen Integration"* (Jefferey/Palmer 2002). Deshalb verstand sich die Labour-Partei bereits seit Mitte der 1980er Jahre als Anwalt von Dezentralisierungsinteressen in Schottland und Wales und trat für die Einrichtung von Regionalversammlungen ein. Im Verlauf der 1990er Jahre versuchte die Labour-Partei mit ihrem zunehmend genauer definierten Devolutionskonzept, die regionalen Interessen an der „keltischen Peripherie" abzudecken und das damit verbundene Stimmenpotential abzuschöpfen.

Mit dem Devolutionskonzept vermochte sich *"New Labour"* auch gegenüber *"Old Labour"* zu emanzipieren. Auf der Suche nach einer neuen ideologischen Profilierung, die im Gegensatz zu Old Labour nicht auf staatliche Intervention setzte, aber auch nicht zu sehr dem Marktindividualismus der Konservativen folgte, profilierte sich Labour als Partei der *"community"* (Bradbury/Mawson 1997). Soziale und wirtschaftliche Probleme sollten dadurch gelöst werden, dass Verantwortung nicht an das einzelne Individuum delegiert, sondern auf kleinere gesellschaftliche Einheiten übertragen würde. Im Hinblick auf die Devolution bedeutete dies, dass die Nationen und Regionen als „offene und dynamische Diskussionseinrichtungen der Demokratie" (Blair 1998) fungieren sollten (Schwab 2002, 86). Hinzu kam, dass die politischen Akteure, die sich für eine Devolution innerhalb der britischen Staatsstruktur einsetzten, von der Wissenschaft die theoretischen Argumente geliefert bekamen, um ihren Forderungen Substanz zu verleihen. So war die politische Ökonomie des Regionalismus zu dem Ergebnis gekommen, dass die ökonomische Effektivität dezentralisierter Staaten deutlich höher und deshalb eine regional ausgerichtete Verwaltungsorganisation vorteilhafter sei (Keating 1997, Murphy/Caborn 1996).[266] Im Wahlprogramm von 1997 behauptete Labour sogar, dass durch die Überzentralisierung die Demokratie des gesamten Landes gefährdet sei und nur die Devolution die Union vor ihrem Auseinanderbrechen bewahre (New Labour 1997). Damit wurden die Unterhauswahlen im Jahr 1997 auch zu einer Grundentscheidung über die zukünftige Staatsorganisation.

---

[266] Erste regionalpolitische Ansätze hatte es in Großbritannien bereits in den 1960er und 1970er Jahren gegeben, als die damaligen Labourregierungen aufgrund sich verschärfender ökonomischer Probleme regionale Planungsbehörden zur Wirtschaftssteuerung einrichteten. Nach dem konservativen Regierungswechsel zu Thatcher im Jahr 1979 wurden diese aber wieder aufgelöst (Tomaney 2002).

Nur drei Monate nach ihrer Wahl machte sich die neue Labour-Regierung an die politische Umsetzung ihres Wahlversprechens und veröffentlichte im Juli 1997 ein Weißbuch mit Vorschlägen zur Devolution in Schottland und Wales (Secretary of State for Scotland 1997, Secretary of State for Wales 1997). Weil man sich kurz vor den Wahlen außerdem dazu entschlossen hatte, beide regionalen Devolutionsvorhaben von Referenden abhängig zu machen, verabschiedete die neue Labour-Regierung noch im gleichen Jahr ein Gesetz zur Durchführung von Volksbefragungen in Schottland und Wales (*Referendums (Scotlands and Wales) Bill*).[267] Die Volksabstimmung zur schottischen Devolution fand bereits am 11. September 1997 statt: Eine überwältigende Mehrheit von 74,3 Prozent der teilnehmenden Stimmberechtigten votierte für mehr schottische Autonomie durch die Einrichtung eines eigenen Parlaments. Gleichzeitig wurde von 63,5 Prozent der Stimmberechtigten auch eine zukünftige Steuererhebungskompetenz des schottischen Parlaments befürwortet. Bereits im darauf folgenden Jahr passierte der *Scotland Act 1998* zügig und ohne größere Widerstände das Westminster Parliament.

Mit dem *Scotland Act 1998* wurde das *„Konzept einer legislativen Devolution"* verfolgt: Es wurde die Gründung eines schottischen Parlaments beschlossen, dessen Mitglieder erstmalig durch das für die britische Insel als Innovation zu bezeichnende Verhältniswahlrecht bestimmt würden. Mit diesem Konzept wurden für das schottische Parlament weitreichende Gesetzgebungskompetenzen eingeführt. Der Anhang des Schottlandgesetzes definierte explizit einen Zuständigkeitskatalog der dem Westminster-Parlament vorbehaltenen Regelungszuständigkeiten (negatives Enumerationsprinzip). In den nicht aufgelisteten Politikbereichen wird somit eine grundsätzliche Zuständigkeit des schottischen Parlaments angenommen.[268] Von wichtiger Bedeutung war in diesem Zusammenhang, dass sich auch die *Energiepolitik als ein dem Westminster-Parlament vorbehaltener Regelungsbereich* wieder findet. Als wichtigste Zuständigkeitsbereiche des Schottischen Parlaments sind zu nennen: Zivil- und Strafrecht, Inneres, Verkehr, Umwelt, Landwirtschaft, Gesundheitswesen, Bildungswesen, Sozialwesen, Kommunalverwaltung, Wohnungswesen, Raumordnung und Landesplanung, wirtschaftliche Entwicklung, Kultur und Sport. Außerdem ist das Schottische Parlament in den genannten Bereichen berechtigt, bestehende Gesetze, die vom britischen Unterhaus beschlossen worden sind, zu ändern.

Der *Bereich der erneuerbaren Energien* ist damit nicht *Bestandteil* legislativer, sondern lediglich von *„administrativer Devolution"*. Das bedeutet, dass die Förderpolitik an die in England und Wales (RO) zwar instrumentell angelehnt ist, die neue schottische Exekutive jedoch bedeutende administrative Handlungsspielräume für eine erfolgreiche Umsetzung der Erneuerbaren-Energien-Politik zugewiesen bekam. Aufgrund des geschilderten Querschnittscharakters der Aufgabe eines Ausbaus erneuerbarer Energien wurden der devolvierten schottischen Exekutive somit neue Optionen eröffnet, eigene Akzente zu setzen.

---

[267] Die Durchführung von Referenden, die mit dem Grundsatz der uneingeschränkten Parlamentssouveränität nur schwer in Einklang zu bringen ist, war in der Geschichte des Vereinigten Königreichs überhaupt erst zwei Mal erfolgt: In der Frage des EG-Beitritts Großbritanniens im Jahr 1973 und beim Versuch einer ersten Devolution in Schottland und Wales im Jahr 1978.

[268] Die Regelungsbereiche, die dem Westminsterparlament vorbehalten blieben, umfassten die folgenden Politikfelder: Verfassungspolitik des Vereinigten Königreichs, Familienrecht, Parteienrecht, Außen- und Verteidigungspolitik, Europa- und Binnenmarktpolitik, Bereiche der inneren Sicherheit und des öffentlichen Dienstes, Staatsbürgerschaftsrecht und Einwanderungspolitik, Finanz- und Währungspolitik, Arbeitsmarktpolitik und Betriebsverfassungsrecht, Sozialpolitik und Teile der Gesundheitspolitik (Schwab 2002, 190).

Sehr wichtige Kompetenzbereiche betrafen in diesem Zusammenhang die *Kommunal- und Regionalpolitik sowie die Raumordnung und Landesplanung*. Allgemein wurde die schottische Devolution als einmalige Gelegenheit für eine Neudefinition des Verhältnisses zwischen kommunaler, regionaler und nationaler Ebene interpretiert (Mc Ateer/Bennett 1999).

5.1.5.2 Die Folgen der britischen Devolution für die schottische Energiepolitik und die Regulierung erneuerbarer Energien

Anders als der englisch/walisische war der schottische Energiesektor in den 1990er Jahren kein Bestandteil des umfassenden britischen Liberalisierungsprogramms. Bis zur Jahrtausendwende blieb die schottische Energiewirtschaft mit ihren zwei Versorgungsunternehmen Scottish Hydro Electric (ab 2000: Scottish and Southern Energy) und Scottish Power (SP) vertikal stark integriert. Traditionell ist in Schottland außerdem der große Anteil der Nuklearstromerzeugung (Erzeugungsanteil: 50 Prozent).[269] Die beiden Kernkraftwerke verkaufen ihren Strom an die dortigen EltVU unter den bereits beschriebenen Nuclear Energy Agreements (s.S. 133ff.).

Die schottische Regulierung erneuerbarer Energien vor der Devolution

Die Förderung erneuerbarer Energien in Schottland folgte seit 1994 jedoch nach dem gleichen Wettbewerbsmechanismus wie im englischen Stromsektor, also durch NFFO-Ausschreibungsrunden. Die im Vergleich zu England und Wales um vier Jahre verzögerte Einführung einer Förderung erneuerbarer Energien mag darauf zurückzuführen sein, dass zum damaligen Zeitpunkt auf schottischer Ebene noch keine regionalen Institutionen existierten, um Strategien zur Nutzung erneuerbarer Energien zu fordern. Vielmehr bedurfte es eines zentralistischen Impulses aus London – ausgelöst durch die internationalen umweltpolitischen Entwicklungen –, dass erste schottische Fördermaßnahmen initiiert wurden.[270]
Der im Schottlandministerium verantwortliche Minister (*Scottish Office*) entschied deshalb im Jahr 1994 die Durchführung einer ersten öffentlichen Ausschreibung, der sog. „*Scottish Renewables Obligation*" (SRO), in der die beiden schottischen Erzeugerunternehmen SP und Hydro-Electric verpflichtet wurden, einen steigenden Anteil erneuerbarer Energien in ihr Netz aufzunehmen. Nach Abschluss der ersten Ausschreibung erhielten

---

[269] Wegen des reichhaltigen Ressourcenpotentials an erneuerbaren Energien (z.B. Wind- und Wasserressourcen) kann ihre politische Förderung in Schottland in direkten Zusammenhang mit den Zielen einer größeren Unabhängigkeit von England gebracht werden. Hierbei sind die Folgen der gescheiterten Privatisierung der britischen Nuklearwirtschaft und die Fusion der schottischen mit der englisch-walisischen Atomindustrie unter dem neuen Betreiber BE seit 1996 besonders zu beachten. Die übrige schottische Stromerzeugung verteilte sich 2001 auf folgende Energieträger: Kohle 19 Prozent, Gas 17 Prozent, Wasserkraft 11 Prozent und sonstige erneuerbare Energien knapp 3 Prozent (UNISON Scotland 2002). Der Anteil der Wasserkraft betrug bei der Stromerzeugung von Scottish and Southern Energy plc z.B. 48 Prozent (The UK Parliament 2002). Neben den drei zentralen Erzeugern (SP, SSE und BE) bestanden ungefähr 25 kleinere unabhängige Wasserkraftwerke (DTI 2003).
[270] Ein Auslöser war die infolge des Rio-Prozesses ausgelöste Nachhaltigkeitsdebatte gewesen, die im Jahr 1994 zur Verabschiedung einer ersten nationalen Nachhaltigkeitsstrategie (HMSO 1994) und in der Energiepolitik zur Verabschiedung des Energy Papers 62 führte (DoE/DTI 1994). Darin wurden konkrete politische Zielsetzungen für eine Ausweitung erneuerbarer Energien in Schottland definiert.

dreißig Projekte Förderverträge.[271] Um eine möglichst große Diversität der partizipierenden Technologien zu ermöglichen, durften an der Ausschreibung nur Projekte mit einer maximalen Bruttoerzeugungskapazität von 15 MW teilnehmen. Von Beginn an gelangten damit auch kleinere Projekte in den Genuss einer staatlichen Förderung. Zu einer zweiten Ausschreibung kam es im Jahr 1997, bei der es nur noch bei 26 Projekten zum Abschluss von Verträgen kam, allerdings bei einer insgesamt größeren Erzeugungskapazität der zu installierenden Leistung (114 MW). Die letzte Ausschreibung unter dem SRO-Förderregime fand im Jahr 1999 statt. Dabei wurden Verträge für 53 Projekte mit einer zu installierenden Leistung von 145 MW abgeschlossen. In allen drei Ausschreibungsrunden wurde eine Leistungskapazität von 335 MW kontrahiert (Electricity Association 2000). Bis zum 31. Dezember des Jahres 2002 wurden davon folgende Kapazitäten in Betrieb genommen.

Tabelle 19: Umsetzung der schottischen Renewables Obligation (Stand: 31.12.2002)

		Kontrahierte Projekte		In Betrieb gegangene Projekte (Stand: 31.12.2002)	
	Technologie	Anzahl	Kapazität (MW)	Anzahl	Kapazität (MW)
SRO-1 (1994)	Biomasse	1	9,80	1	9,80
	Wasserkraft	15	17,25	8	7,82
	Müll	2	3,78	2	3,78
	Wind	12	45,60	7	25,13
	Gesamt	30	76,43	18	46,53
SRO-2 (1997)	Biomasse	1	2,00	--	--
	Wasserkraft	9	12,36	2	1,46
	Müll	9	56,05	4	15,00
	Wind	7	43,63	5	31,29
	Gesamt	26	114,04	11	47,75
SRO-3 (1999)	Biomasse	1	12,90	--	--
	Wasser	5	3,90	--	--
	Müll	16	49,11	4	10,30
	Wellenenergie	3	2,00	1	0,20
	Wind (groß)	11	63,43	1	8,29
	Wind (klein)	17	14,06	3	2,47
	Gesamt	53	145,40	9	21,26
SRO Gesamt		109	335,87	38 (35%)	115,54 (34%)

Quelle: DTI 2003.

---

[271] Die erste Förderrunde sollte die Inbetriebnahme einer installierten Kapazität von 76 MW aus erneuerbaren Energien ermöglichen (45,6 MW Windkraft, 17,3 MW Wasserkraft, 3,8 MW Müllverbrennung und 9,8 MW aus Biomasse).

In der Zeit von 1994 bis zur Devolution wurden in Schottland insgesamt etwas mehr als 200 MW an neuer Kapazität aus erneuerbaren Energien installiert (Scottish Executive 2003b). Die Zahlen spiegeln auch für die schottische Region die sich schwieriger gestaltenden Implementierungsbedingungen wider. Im Vergleich zu England und Wales zeichnete sich für Schottland gleichwohl ein günstigeres Gesamtergebnis ab. So weist die SRO im Verhältnis zwischen kontrahierter und in Betrieb genommener Erzeugungskapazität bei den ersten beiden Ausschreibungsrunden (SRO-1 und -2) einen Implementierungserfolg von 60 und 42 Prozent auf. Bei den zeitlich vergleichbaren NFFO-Runden in England und Wales (NFFO-3 und -4) lag die entsprechende Erfolgsquote nur bei 55 und 33 Prozent. Der vergleichsweise größere Erfolg der schottischen Erneuerbaren-Energien-Politik zeigt sich besonders bei der Windenergie. Bei dieser Technologie entsprach das Verhältnis der bis Ende 2002 unter allen drei Ausschreibungsrunden verwirklichten Windenergieprojekte im Verhältnis zur vertraglich kontrahierten Projektanzahl 16 zu 47, also einer Realisierungsquote von 34 Prozent. Demgegenüber konnte in England und Wales während der fünf Ausschreibungsrunden nur eine Erfolgsquote von 23 Prozent (55 zu 239) erzielt werden. Zieht man zusätzlich in Betracht, dass die letzte Ausschreibung in Schottland erst 1999 stattfand und in den beiden vorherigen Ausschreibungsrunden bei der Windkraft ein bisheriger Implementierungserfolg von 58 Prozent (7 von 12 Projekten) und 71 Prozent (fünf von sieben Projekten) realisiert wurde, dann scheint das Regulierungsumfeld in Schottland bereits vor der Devolution günstiger gewesen zu sein.

Zu berücksichtigen bleibt aber, dass die Regulierung des schottischen Erzeugermarktes und der hiesigen Energienetze über den Zeitpunkt der Devolution hinaus durch die Londoner Ministerien dominiert blieb. Ein Ausdruck hierfür waren seit Ende der 1990er Jahre die sich konkretisierenden Pläne des DTI, die englisch/walisischen Handelsregeln für den Strommarkt (NETA) auf Schottland auszuweiten (OFGEM 2000b, OFGEM 2002b, IPA Energy Consulting 2002).[272] Gleichzeitig erwies sich mit dem Beginn des neuen Jahrtausends die Zukunft von BE als ungewisser denn je: Wegen der Einführung von NETA (2001) sanken die Großhandelspreise so stark, dass der britische Nuklearstromerzeuger kurz vor dem Konkurs stand und nur mittels massiver staatlicher Eingriffe, die einer Rückverstaatlichung gleich kamen, gerettet werden konnte (s.S. 279ff.). Verschärfend wirkte, dass die beiden schottischen Energieunternehmen bei der Privatisierung der Kernkraftwerke im Jahr 1996 bis 2005 zu einer Abnahme des in den Anlagen von BE erzeugten Nuklearstroms verpflichtet wurden. Die in den *Nuclear Energy Agreements* getroffenen rigiden Vereinbarungen wurden zwischenzeitlich sogar zum Gegenstand rechtlicher Auseinandersetzungen zwischen SP und BE. Die große schottische Abhängigkeit von der Nuklearstromerzeugung (50 Prozent) trug in diesem Kontext wohl dazu bei, dass sich die schottische Exekutive seit der Devolution einem regionalen Ausbau erneuerbarer Energien verstärkt widmete. Es ist somit ein regionalstrategisches Interesse der schottischen Politik an einer Verringerung der Abhängigkeit von der Nuklearstromerzeugung anzunehmen, das wettbewerbsbezogene Elemente aufweist und die Aufmerksamkeit auf die regionalen Potentiale von erneuerbaren Energien lenkte.

---

[272] Die politische Dezentralisierung des britischen Königreiches in bestimmten Politikfeldern ging mit einer zunehmenden Zentralisierung der Regulierung der Energienetze und des -handels einher.

Schottische Akzentsetzungen für erneuerbare Energien nach der Devolution

Die ersten Wahlen zum schottischen Parlament am 06. Mai 1999 resultierten in einer Regierungskoalition zwischen der Labour-Partei und den Liberalen, die den ehemaligen Schottlandminister Dewar (Labour) zum ersten Regierungschef (First Minister) wählte.[273] Die ersten Jahre der schottischen Exekutive blieben von relativ großer Instabilität gekennzeichnet. Schon nach einem Jahr musste ein neuer Regierungschef gewählt werden, weil Regierungschef Dewar plötzlich verstarb. Sein ebenfalls aus der Labour-Partei stammender Nachfolger musste nur wenige Monate nach seinem Amtsantritt wegen einer Spendenaffäre zurücktreten. Im November 2001 trat dann der Labour-Politiker McConnell das Amt des Ersten Ministers an und gewann im Mai 2003 die Wahlen. Innerhalb der schottischen Parteien war von einem allgemeinen Interesse einer Förderung erneuerbarer Energien auszugehen, weil mit ihrem Ausbau strukturpolitisch wichtige endogene regionale Entwicklungspotentiale verbunden sind. Die Offenheit der neuen schottischen Regierungsinstitutionen für eine Förderung erneuerbarer Energien war als hoch zu bewerten.

Mit der Devolution bekamen die neu geschaffenen Institutionen im schottischen Regierungssystem (Parlament und Regierung) wichtige Kompetenzen für den Ausbau erneuerbarer Energien. Diese beinhalteten neben Kompetenzen zur inhaltlichen Ausgestaltung des Förderinstrumentariums wichtige Spielräume zur Gestaltung der regulativen Rahmenbedingungen. Diese betrafen *Planungskompetenzen in der Kommunal- und Regionalpolitik (z.B. die Gestaltung der Planungs- und Genehmigungsverfahren)* sowie *strukturpolitische Handlungsspielräume (z.B. die Energieberatung)*. Außerdem verfügte die schottische Exekutive über größere Entscheidungsspielräume in der regionalen Schwerpunktsetzung bei der *Forschungs- und Entwicklungspolitik*.

In diesem Zusammenhang beschrieb der Vorsitzende der wichtigsten industriellen Interessengruppe für erneuerbare Energien in Schottland, dem sog. *"Scottish Renewables Forum"*,[274] Forrest die im Vergleich zur Londoner Bürokratie günstigen Voraussetzungen für interessenpolitisches Lobbying in dem noch jungen schottischen Regierungssystem:

"Firstly we have a very accessible political system in contrast to Westminster. There is a strong relationship between politicians, business and environmental advocates built on willingness to listen to new ideas and solve problems. Ministers here aren't insulated from reality by civil servants and the sheer heavy workload which precludes them from getting to grip from their brief" (Boyle 2002).

Während es in den komplexen und verkrusteten Strukturen der britischen Zentraladministration (DTI, DEFRA und OFGEM) bis zur Herbeiführung angemessener Problemlösungen längere Zeit dauere, ermögliche in Schottland der regelmäßige und direkte Dialog zwischen den Betroffenen die unbürokratische und flexible Erarbeitung von Lösungsvorschlägen.

---

[273] Das neu eingeführte Verhältniswahlrecht resultierte in folgendem Wahlergebnis: Labour 43,4, SNP 27,1, Konservative 14 und Liberale 13 Prozent. Erstmals konnte auch die Grüne Partei einen Sitz im Parlament erringen.
[274] Das *"Scottish Renewables Forum"* wurde bereits vor der Devolution im Jahr 1996 gegründet. Sein Vorstand setzt sich aus Vertretern der verschiedenen, in Schottland genutzten erneuerbaren Energien zusammen. Im Gegensatz zur englisch-walisischen Interessenrepräsentation besteht in Schottland eine *einheitliche Interessenrepräsentanz für die verschiedenen Technologien zur Nutzung erneuerbare Energien*. Nach seiner Gründung beteiligte sich das schottische Parlament im Jahr 1999 an der Einrichtung einer parlamentarischen Arbeitsgruppe, deren alleiniges Ziel der Ausbau erneuerbarer Energien ist (*"Scottish Parliamentary Renewable Energy Group"*, SPREG).

Mit der Verabschiedung des Kyoto-Protokolls im Jahr 1997 und seiner Ratifizierung durch die EU-Mitgliedstaaten im Mai 2002 war die neue schottische Regierung im Rahmen der ihr übertragenen Kompetenzen schon bald mit der Entwicklung eines eigenen Klimaschutzprogramms befasst. Hierfür war das neu geschaffene schottische *Department for Transport and the Environment* zuständig, das bereits im März 2000 einen ersten Konsultationsentwurf für ein solches Programm vorlegte (Scottish Executive 2000a). Die endgültige Version dieses Programms wurde im November desselben Jahres unter dem dann verantwortlichen *Department for Environment, Sport and Culture* veröffentlicht (Scottish Executive 2000b). Bis zum Jahr 2010 wurde im Klimaschutzprogramm eine Steigerung des Anteils erneuerbarer Energien an der schottischen Stromerzeugung auf 17 bis 18 Prozent definiert. Zur Erreichung dieses Ziels wurden frühzeitig umfassende Reformen für erforderlich gehalten. Bereits im Februar 2000 kündigte die Verkehrs- und Umweltministerin Boyack auf Druck der britischen Verbände erneuerbarer Energien, allen voran der BWEA, eine Reform der Planungspolitik an und wies für einen erfolgreichen schottischen Ausbau erneuerbarer Energien auf den Bedarf von Netzinfrastrukturinvestitionen hin.

"The purpose of this review [Reform der Planungspolitik, Verfasser] is to help planning authorities find the balance between national policy on climate change and renewable energy, national policy on landscape and nature conservation and the local impact of particular schemes. In addition, I plan to review with the electricity companies in Scotland the capacity of the Scottish electricity grid to connect more renewables projects" (The Scottish Parliament 2000).

In Schottland wurde frühzeitig eine umfassende *Reform der Planungspolitik* eingeleitet, die noch im November 2000 zur Verabschiedung einer überarbeiteten Planungsrichtlinie führte (Scottish Executive 2000c). Diese Richtlinie definierte genaue Kriterien zur Bewertung von Projekten zur Nutzung erneuerbarer Energien in der von der Ministerialverwaltung zu erstellenden Strukturplanung und den auf dieser Ebene zu entscheidenden Genehmigungsverfahren. Außerdem enthielt sie genaue Kriterien, welche die lokalen Planungs- und Genehmigungsbehörden bei der Entwicklung von Struktur- und lokalen Entwicklungsplänen und in Genehmigungsverfahren berücksichtigen müssen. Den Planungsbehörden wurde bei Genehmigungsverfahren ein klarer Orientierungsrahmen bei der Berücksichtigung und Abwägung bestehender Vorschriften gegeben. Nach ihrer zügigen Verabschiedung wurde diese Planungsrichtlinie bereits im Jahr 2002 nachgebessert.

Infolge der Devolution wurde die Planungspolitik für erneuerbare Energien in Schottland wesentlich effektiver gestaltet als in England und Wales. Während z.B. in den englischen Genehmigungsverfahren bei der Windkraft die Erfolgsquote nur bei etwa 25 Prozent lag, betrug diese in Schottland mittlerweile mehr als 70 Prozent (Boyle 2002). Die Verbesserung der planungsrechtlichen Rahmenbedingungen resultierte bis zum Jahr 2004 in einer beschleunigten Projektrealisierung. Dieser Umstand fand seinen Ausdruck in der verhältnismäßig starken Zunahme an schottischen ROCs (im Vergleich zu England und Wales), die OFGEM in der zweiten RO-Handelsperiode (April 2003 bis März 2004) aufgrund des dynamisch wachsenden Erzeugungsoutputs für diese Region ausgeben musste. Gegenüber der ersten Handelsperiode stieg die schottische Stromerzeugung aus erneuerbaren Energien um etwa 47 Prozent auf 882 GWh. Demgegenüber wurden in England ROCs nur in Höhe eines Erzeugungsäquivalents von 810 GWh herausgegeben (OFGEM 2004b).

Von den Interessenverbänden erneuerbarer Energien wurde die Vorreiterrolle Schottlands gegenüber England bei den Planungsreformen einhellig begrüßt. In diesem Kontext wurden die erneuerbaren Energien in Schottland durch die kommunalen Behörden wesentlich positiver wahrgenommen werden als in England und Wales. In Schottland sehen viele lokale Behörden die neuen Technologien als einen Motor zur Schaffung qualifizierter Arbeitsplätze. Vermutlich fanden bisher deshalb auch Kampagnen gegen die Windkraftnutzung in Schottland auf verhältnismäßig geringerem Niveau statt als in England.

"Anti-wind groups have tried their hands in Scotland but neither the media nor the local population have been swayed by their NIMBY'ism [Not In My Backyard]" (Boyle 2002).

Weitere Unterschiede der regionalen Handlungsspielräume für eine nachhaltige Energieversorgung zwischen England und Schottland offenbaren sich bei der energiebezogenen Beratung kommunaler und privater Akteure. In Großbritannien hat der *Energy Saving Trust* (EST) seit 1992 die Funktion eines Multiplikators wahrgenommen. In den ersten Jahren war der Trust vorrangig für die Implementierung nationaler Energieeffizienzprogramme zuständig.[275] Mit der nachhaltigkeitspolitischen Schwerpunktssetzung der New Labour-Regierung kam dem EST eine neue Bedeutung zu. Während bis Herbst 2000 weniger als 50 Mitarbeiter im EST mit der Entwicklung und Koordination von Initiativen zur Förderung der Energieeffizienz beschäftigt waren, stieg die Zahl bis zum Frühjahr 2003 auf mehr als das Doppelte (ungefähr 120). Außerdem nahm die Zahl der für erneuerbare Energien zuständigen Mitarbeiter im genannten Zeitraum von einer halben Stelle auf sieben zu (*Interview EST*). Für die Ausweitung der Multiplikatorenrolle des EST im Bereich erneuerbarer Energien war entscheidend, dass das DTI im Jahr 2001 ein Programm zur Einrichtung gesonderter Beratungszentren für erneuerbare Energien, der sog. *"Renewables Advice Centre"* (REAC) beschloss. Auf der Grundlage der bestehenden Multiplikatorenstruktur der EEACs sollte der EST zwischen 2002 und 2004 ein Beratersystem für erneuerbare Energien aufbauen, das sich speziell an private Haushalte richtet. Wegen finanzieller Schwierigkeiten bei der erforderlichen kommunalen Kofinanzierung wurden in England und Wales bis Mitte 2002 insgesamt aber nur fünf derartige Beratungsstellen in Form von Pilotprojekten eingerichtet (vier in England, eine in Wales). Deshalb unterstützte das DTI außerdem die *"Community Renewables Initiative"* in zehn Gebieten Englands, die zusätzlich lokale Partnerschaften für erneuerbare Energien ermöglichen soll. Bis Ende des Jahres 2003 war der Aufbau eines flächendeckenden Beratungsstellennetzes für erneuerbare Energien nicht gelungen.

Im Vergleich dazu errichtete die schottische Exekutive im Januar 2003 ein eigenes *flächendeckendes Beratungsnetz*, das durch die neuen regionalen und kommunalen Zuständigkeiten erst ermöglicht wurde. Dabei handelt es sich um die *"Scottish Community and Householder Renewable Initiative"* (SCHRI).[276] Das Programm wurde vom schottischen

---

[275] Der EST wurde 1992 durch das damalige Umweltministerium gegründet, um die nationalen Energieeffizienzprogramme auf kommunaler Ebene umzusetzen. Der EST war für den Aufbau eines landesweiten Netzes an Energieeffizienzagenturen zuständig, den sog. *"Energy Efficiency Advice Centres"* (kurz: EEACs), die in Kooperation mit den kommunalen Körperschaften private Haushalte in Energieeffizienzfragen berieten.

[276] Die Aufgaben von SCHRI werden wie folgt zusammengefasst: "The SCHRI is a one-stop shop offering communities help at every stage of developing a renewable energy project. We give advice on project management and we provide or source expertise on renewable technologies. And, we provide financial support to contribute to part or all of the installation costs and the necessary supporting infrastructure" (http://www.est.org.uk/schri/community/).

Minister für Umwelt und ländliche Entwicklung mit Finanmitteln in Höhe von 3,7 Mio. Pfund ausgestattet. Damit existierte in Schottland seit Beginn des Jahres 2003 ein flächendeckendes Beraternetzwerk aus zehn lokal operierenden SCHRI Development Officers. Dieses flächendeckende Netz an dezentralen Beratungsstellen trägt zur bereits erwähnten größeren Akzeptanz erneuerbarer Energien in Schottland bei. Die Devolution hatte auch Auswirkungen auf die organisatorische Struktur des EST, der sein Regionalbüro in Schottland mittlerweile von einem auf sechs Mitarbeiter aufgestockt hat (*Interview EST*).

Die zielorientierte regionalpolitische Koordination der Belange erneuerbarer Energien in Schottland findet einen weiteren organisatorischen Ausdruck im *"Scottish Energy Efficiency Office"* (SEEO), das der schottischen Exekutive angegliedert ist. Im Gegensatz zu den vorherigen Initiativen zielt die Einrichtung dieser Behörde auf die Beratung des öffentlichen Sektors und der privaten Unternehmen. Die SEEO koordiniert die Abwicklung der Förderprogramme des EST und des CT. Als eigene regionale Behörde zur Förderung einer nachhaltigen Energiewirtschaft verfügt sie über ein dichtes Netzwerk zu Energieversorgungsunternehmen, Beratungsfirmen, Handelsorganisationen, wissenschaftlichen Einrichtungen und Unternehmerverbänden (Scottish Executive 2003a).

Die Devolution in Schottland begünstigte darüber hinaus verschiedene *forschungs- und technologiepolitische Initiativen*, um die erneuerbaren Energien als regionale strukturpolitische Alternative zu fördern. Z.B. wurde im März 2000 die *"Scottish Energy Environment Foundation"* gegründet, eine im industriellen Auftrag tätige universitäre Forschungseinrichtung, die durch drei schottische Energieversorger und die Universitäten Strathclyde und Edinburgh finanziert wird. Ihre Aufgabe besteht darin, sich zu einem international bekannten Wissenschaftszentrum für Umwelttechnologien zu entwickeln, das vor allem im Bereich der erneuerbaren Energien Forschungsentwicklung betreibt. Darüber hinaus sollte bis zum Herbst 2003 das *"Energy Intermediary Technology Institute"* (EITI) seinen Forschungsbetrieb zur Entwicklung erneuerbarer Energien aufnehmen. Zur finanziellen Unterstützung stellte die schottische Exekutive dem Institut für die nächsten zehn Jahre 150 Mio. Pfund bereit. Von regionaler Bedeutung ist in diesem Zusammenhang besonders die Förderung der Wellen- und Gezeitentechnologie. Der ursprünglich größte Hoffnungsträger in der britischen Technologiepolitik für erneuerbare Energien (s.S. 75ff.) erlangte in jüngster Zeit neue Aufmerksamkeit. Bereits im Jahr 2002 hatte das DTI bekannt gegeben, im Rahmen seiner Innovationsoffensive insgesamt 5 Mio. Pfund für diese beiden Technologien bereitzustellen. Mit DTI-Fördermitteln in Höhe von 1,1 Mio. Pfund wird zum einen der Bau und Betrieb eines ersten Gezeitenenergiekraftwerks auf den Shetland-Inseln (Stingray) gefördert. Über die DTI-Forschungsförderung hinaus hat die schottische Exekutive eine Intensivierung der finanziellen Förderung des auf den schottischen Orkney-Inseln gelegenen *"Scottish Marine Energy Test Centre"* angekündigt. In diesem Zusammenhang gehen 1,6 Mio. Pfund an DTI-Fördermitteln an das schottische Unternehmen Wavegen, das einen neuen Prototyp zur Nutzung der Wellenenergie erprobt. An der Forschungs- und Entwicklungspolitik zeigt sich aber, dass die schottische Exekutive finanziell nach wie vor stark von London abhängig ist (Heald 2001, Heald/McLeod 2002). Es ist aber davon auszugehen, dass die schottische Regierung sowohl bei der Gestaltung der institutionellen Rahmenbedingungen als auch der Verteilung der von London zugeteilten finanziellen Mittel mittlerweile größere und passgenauere regionalpolitische Akzente zu setzen vermag.

Die Effekte der Devolution offenbaren sich am deutlichsten bei der Windenergie, bei der sich eine Vorreiterrolle Schottlands gegenüber England abzeichnet. So engagieren sich seit Ende der 1990er Jahre die beiden großen schottischen Versorgungsunternehmen vor dem Hintergrund der großen regionalen Abhängigkeit von der Nuklearstromerzeugung intensiv für eine zunehmende Nutzung der regional reich vorhandenen Windenergiepotentiale. SP entwickelt sich neben Innogy zum führenden britischen Anlagenbetreiber dieser Technologie. Im Jahr 2002 gab das Unternehmen bekannt, bis zum Jahr 2010 für eine Installation von 800 MW-Windenergiekapazität insgesamt 500 Mio. Pfund zu investieren. Davon befanden sich bereits Ende 2002 mehr als 500 MW in der Planungsphase, mehr als bei jedem anderen Windenergieentwickler in Großbritannien.[277] Allein die Realisierung der von SP geplanten Projekte wird in Großbritannien zu einem Anstieg der installierten Erzeugungsleistung von Windkraft um 60 Prozent führen. Zu Beginn des Jahres 2003 lagen der schottischen Exekutive Genehmigungsanträge zur Errichtung einer Erzeugungskapazität von mehr als 1.000 MW vor. Der Großteil der geplanten Anlagen bezog sich auf den Ausbau der Binnenwindkraft. Die folgende Darstellung gibt eine Übersicht über die bis November 2003 in Schottland geplanten Projekte.

Tabelle 20: Genehmigungsverfahren der schottischen Exekutive für Windenergieprojekte (Stand: November 2003)

Projekt	Lokale Zuständigkeit	Geplante Kapazität (MW)
Whitelee Windfarm	South Lanarkshire, East Ayrshire, East Renfrewshire	322
Black Law Windfarm	South Lanarkshire, North Lanarkshire, West Lothian	134
Paul's Hill Windfarm	Moray	56
Windy Standard Wind (Farm extension)	Dumfries & Galloway	90
Farr Wind Farm	Highland	112,5
Braes O' Doune Wind Farm	Stirling	100
Chrystal Rig Extension	Scottish Borders	62,5
	Summe Binnenwindkraft	877
Solway Firth Offshore Wind Farm	Dumfries & Galloway	180-200
	Summe Offshore-Windkraft	180-200
	Summe Wasserkraft	12,41
	Gesamtsumme	1069,41-1089,41

Quelle: Scottish Executive 2003.

---

[277] Unter den Vorhaben befand sich auch das Projekt für einen der größten Binnenwindparke der Welt, den südlich von Glasgow gelegenen Windpark Whitelee mit einer installierten Erzeugungskapazität von 322 MW.

Die Tabelle verdeutlicht die besondere Dynamik eines Ausbaus der Binnenwindkraft in Schottland. Demgegenüber zeigt sich bei der Wasserkraft bisher nur eine geringe Expansion. Zusätzlich zeichnen sich auch erste hoffnungsvolle Initiativen zur Ausweitung der Biomassenutzung ab: Neben Projekten der energetischen Verwertung von Tierabfällen investiert SP auch in die Anlagen zur Nutzung von Biomasse. Die Entwicklung vollzieht sich in diesem Bereich aber noch auf verhältnismäßig niedrigem Niveau.

Zusammenfassend ist hervorzuheben, dass alleine die Genehmigungen der oben angeführten schottischen Projekte energiewirtschaftliche Gesamtinvestitionen auslösen, wie sie in Großbritannien seit dem Bau des Kernreaktors Sizewell B nicht mehr vorgenommen wurden. Der auffälligste Unterschied zwischen England/Wales und Schottland betrifft in diesem Zusammenhang den sich abzeichnenden intensiveren Ausbau der Binnenwindkraft, der durch die administrative Devolution planungsrechtlicher Kompetenzen an die schottische Exekutive ermöglicht wurde.

5.1.5.3 Die Folgen der Regionalisierung in England für die Regulierung erneuerbarer Energien

Neben den Reformen in den Regionen der „keltischen Peripherie" begann die Labour-Partei nach dem Regierungswechsel auch mit Reformen zu einer Regionalisierung Englands. Im folgenden Abschnitt werden die institutionellen Veränderungen der seit 1997 umgesetzten Reformen dargestellt und analog zum schottischen Fall ihre Auswirkungen auf einen Ausbau erneuerbarer Energien analysiert.

Die Regionalisierung Englands durch New Labour seit 1997

Weil sich die Labour-Partei bereits im Wahlkampf 1997 für die Gründung unabhängiger parlamentarischer Versammlungen in Schottland und Wales stark gemacht hatte, wurde wegen der Stärkung der Parlamente und Regierungen in den *„keltischen Regionen"* in der englischen Region eine geringere Flexibilität und Effizienz bei der Planung und Umsetzung der Wirtschafts- und Strukturpolitik befürchtet. Die zunehmende Asymmetrie verfassungspolitischer Zuständigkeiten zwischen England, Schottland, Wales und Nord-Irland drohte, aufgrund einer unterschiedlichen Koordination regionaler Wirtschaftspolitik mit einer Verschärfung des innerstaatlichen Ungleichgewichts einherzugehen.[278] Deshalb sah das Wahlkampfprogramm von New Labour auch eine schrittweise Regionalisierung Englands vor, so dass zur Umsetzung der strukturpolitischen Strategie neben den bereits bestehenden *Government Offices egeben Regions* (GoR) sog. *„Regionalentwicklungsagenturen"* (*"Regional Development Agencies"*, RDA) etabliert werden sollten.[279]

Nach der Regierungsübernahme machte sich die neue Labourregierung deshalb an Reformen für eine weitergehende Regionalisierung in England. Im Dezember 1997 erschien ein Weißbuch zur Reformen der Struktur- und Regionalpolitik Englands, in dem die beson-

---

[278] Unter legitimationsbezogenen Gesichtspunkten hing der Erfolg des gesamten Devolutionsprojekts dabei ganz wesentlich von der Zustimmung der englischen Bevölkerung ab, die 85 Prozent an der britischen Gesamtbevölkerung ausmacht.

[279] Die konservative Regierung unter Major hatte mit den GoR bereits 1993 eine neue regionale Ebene in England eingeführt, um damit einen besseren Zugang zu den EU-Strukturhilfeprogrammen zu erreichen.

dere Orientierung an den Zielen der Nachhaltigkeit, der Wettbewerbsfähigkeit und der Sicherung von Beschäftigung bereits am Titel *("Building Partnerships for Prosperity – Sustainable Growth, Competitiveness, and Employment in the English Regions")* deutlich wurde (HMSO 1997). Im Rahmen ihrer Regionalisierungsstrategie bemühte sich die Labour-Regierung, das Nachhaltigkeitsprinzip effektiver in die politischen Planungsprozesse zu integrieren. Bei der Reform der allgemeinen Richtlinien zur Gestaltung der Regionalplanung, der sog. *"Regional Planning Guidance"*, sollten Nachhaltigkeitsziele einen zentralen Raum einnehmen. Allerdings sollte ihre Festschreibung in die englische Regionalplanung aufgrund des verfolgten Ansatzes einer *„schwachen Regionalisierung"* zunächst keinen gesetzlich verbindlichen Charakter haben, sondern den neu entstehenden regionalen Institutionen eher als Richtlinie für die Ausrichtung ihrer Regionalplanung dienen (DETR 1999).

In diesem Zusammenhang hatte das DETR im Oktober 1998 ein Weißbuch verabschiedet, das den lokalen Behörden Richtlinien für die Integration von Nachhaltigkeitszielen in die Entwicklungsplanung und bei Planungsentscheidungen (z.B. Genehmigungsverfahren) definierte (DETR 1998). Darin wurden die Kommunen z.B. aufgefordert, bei lokalen Planungsverfahren den Zielen einer verbesserten Energieeffizienz besser Rechnung zu tragen (z.B. Berücksichtigung von Potentialen zur Nutzung von KWK). Im November 1998 wurde durch das britische Unterhaus auf der Grundlage des Weißbuches die Einrichtung von RDA in den neu gegründeten englischen Regionen beschlossen. Mit dem *Regional Development Agencies Act 1998* wurde England in die folgenden zehn Regionen aufgeteilt: Eastern, London, South East, South West, West Midlands, Yorkshire and the Humber, North East and North West. Die RDA nahmen ihre Arbeit am 01. April 1999 auf. Die *Hauptaufgabe der RDA* besteht in der Koordination der regionalen wirtschaftlichen Entwicklung, der *Förderung von kleinen und mittleren Unternehmen* sowie der *Unterstützung von Investitionen* in der Region. Hierfür stellt das jeweilige RDA eine regionale Wirtschaftsstrategie auf, in deren Zusammenhang der zuständige Fachminister Weisungen (*"guidance"*) und Richtlinien (*"directions"*) erlassen kann. Die Definition des Finanzbudgets und der inhaltlichen Aufgaben der RDA bleibt aber weitgehend zentralisiert und wird von den Londoner Fachministerien bestimmt. Die RDA erhalten ein einheitliches Budget, das nur der Kontrolle des DTI unterliegt. Somit kommen den RDA wichtige Kompetenzen in der Koordinierung der regionalen Wirtschaftsförderung zu. Die Regionalagenturen unterstützen auch energiewirtschaftliche Investitionen. Der EST und der CT haben beispielsweise regionale Pilotprojekte zur Förderung erneuerbarer Energien aufgelegt, in denen die RDA mit den größeren Kommunen zusammenarbeiten. Hierzu wurden die RDA durch das DTI mit umfassenden finanziellen Fördergeldern ausgestattet (s.u.).

Der Regionalisierungsprozess in England weist weiterhin eine große politische Dynamik auf. So wurde mit dem RDA-Gesetz die Möglichkeit der Einrichtung von *Regionalkammern* als Beratungsorganen der RDA geschaffen. Für die britische Regierung war es sehr überraschend, dass es durch die Initiative kommunaler Verbände seit 1998 in ganz England zur zügigen Gründung entsprechender Kammern gekommen war. Bei den Regionalkammern handelt es sich um freiwillige Zusammenschlüsse, die mehrheitlich aus Vertretern der Gemeindeebene sowie kommunalen Vertretern der ansässigen Unternehmen, Gewerkschaften und anderen Verbänden bestehen. Problematisch erscheint, dass sich diese Regionalkammern ohne jeden rechtlichen Rahmen entwickeln und über keinen eigenen rechtlichen Status verfügen.[280] Die Regionalkammern besitzen daher keine rechtlichen Kompetenzen oder formalen Aufsichtsrechte gegenüber den RDA, sondern haben lediglich Konsultationsaufgaben. Bemerkenswert ist in diesem Kontext, dass mehrere Regionalkammern mittlerweile versucht haben, durch den Abschluss von Verwaltungskonkordaten ein formales Verhältnis zu den RDA und den GoR zu entwickeln. Hinsichtlich einer effektiveren Umsetzung der Erneuerbaren-Energien-Politik in England bilden die neu geschaffenen Regionalkammern eine wichtige institutionelle Ebene zur verbesserten Implementierung der entsprechenden Politik. So wurden die Regionalkammern von der Regierung ermuntert, in der Planungspolitik die Festlegung der Regionalplanungsrichtlinien zu übernehmen und damit auf die planungsrechtlichen Rahmenbedingungen für den regionalen Ausbau erneuerbarer Energien Einfluss zu nehmen (Sandford 2001, 6).[281] Im nachfolgenden Abschnitt ist zu zeigen, dass die Regionalplanung für den erfolgreichen Ausbau erneuerbarer Energien in England von zunehmender Bedeutung ist und die Regionalkammern hier wichtige Funktionen übernehmen können.

Die Auswirkungen der englischen Regionalisierung auf erneuerbare Energien

Die zunehmende Bedeutung nachhaltigkeitsorientierter Ziele im politischen Programm von New Labour schlug sich in der anstehenden Reform der britischen Planungs- und Strukturpolitik nieder. Mit dem Beginn der Regionalisierung Englands wurde die Gestaltung neuer Richtlinien für die Regionalplanung beschlossen, mit denen die lokalen Planungs- und Genehmigungsbehörden über die Ausrichtung der regionalspezifischen Wirtschafts- und Strukturpolitik informiert werden sollten. Zur inhaltlichen Gestaltung der genannten Richtlinien, den sog. *"Regional Planning Guidance Notes"* (RPG),[282] verpflichtete die britische Regierung die neu geschaffenen englischen Regionen seit Ende des Jahres 1999, in verschiedenen Aufgabenfeldern regionalpolitische Strategien zu entwickeln (z.B. in der Transportpolitik, Wirtschaftsentwicklung, etc.). Sie forderte die RDA auf, regionale Rahmenpläne zur Förderung einer nachhaltigen Entwicklung aufzustellen (DETR 2000a).[283]

---

[280] Der äußerst schwache Status der Regionalkammern kommt darin zum Ausdruck, dass diese nur ein einziges Mal im *Regional Development Act 1998* erwähnt werden: "If the Secretary of State is of the opinion that there is a body which is representative of those in a regional development agency's area with an interest in its work, and that the body is suitable to be given the role of regional chamber for the agency, he may by directions to the agency designate the body as the regional body for the agency" (zitiert nach Sandford 2001, 6).

[281] Vor der Regionalisierung Englands lag diese Aufgabe, die von demokratisch gewählten Vertretern wahrgenommen werden soll, in der Zuständigkeit der Kommunen. Weil nicht alle Mitglieder der Regionalkammern demokratisch gewählt werden, birgt ein zunehmender Kompetenztransfer auf die sich erst noch entwickelnde Regionalebene ein gewisses Legitimationsdefizit.

[282] Die Bedeutung der Planungsrichtlinien für die britische Planungspolitik wird wie folgt beschrieben: "The purpose of regional guidance (...) is to provide a broad development framework for the next twenty years or more (fifteen years in the case of housing). While the guidance is issued from the DETR, it is devised by the Government Offices for the Regions and takes account of advice given to the Secretary of State by regional conferences of local authorities. (...) The Labour Government does not propose to give regional planning powers to the RDAs. However they are considering the possibility of regional conferences of local authorities themselves preparing draft regional guidance" (Rydin 1998, 215).

[283] An der Erstellung der regionalen Nachhaltigkeitspläne sollten verschiedene Akteure beteiligt werden. Häufig vollzog sich dieser Entscheidungsprozess an Runden Tischen, an denen Akteure aus den Regionalkammern, den GoR, den RDA sowie Experten verschiedener gesellschaftlicher und wirtschaftlicher Verbände teilnahmen.

Während der Vorbereitung der regionalpolitischen Reformen hatten wichtige britische Interessenverbände erneuerbarer Energien unter Verweis auf die negativen planungsbezogenen Erfahrungen zur Umsetzung von Erneuerbaren-Energien-Projekten eine Berücksichtigung ihrer Interessen bei den anstehenden Strukturreformen gefordert. Bereits im September 1999 wurde durch Vertreter der britischen Windenergiebranche gefordert:

"The clear objective is for renewables, including wind, to become an accepted and integral part of UK economic and land use planning, so that it can take its proper place in a sustainable future" (Ainslie 1999, 23).

In diesem Sinne boten sich die Regionalisierung und die anstehenden Reformen der Planungspolitik in England als günstige Gelegenheit, die Interessen erneuerbarer Energien effektiver in die Regionalplanung zu integrieren und den nationalen Ausbauzielen erneuerbarer Energien regional größeres Gewicht zu verleihen. Hierzu sollte vor allem eine günstigere Beurteilung der erneuerbaren Energien in den planungsbezogenen Abwägungsprozessen gegenüber anderen Interessen erfolgen (z.B. bei der Abwägung gegenüber Interessen des Landschaftsschutzes im Planungs- und Genehmigungsverfahren). Dabei stand die bisherige Gestaltung der Entwicklungspläne, bei denen auf lokaler Ebene über den Bau von Projekten entschieden wird, im Mittelpunkt der Kritik:

"Development plans have a strong democratic input, being the output of the local or strategic planning authority process, and they are (at least in principle) enforceable by being of considerable weight in the determination of planning applications and appeals. However, for the purpose of guiding wind energy development, they suffer from two weaknesses:
-    They do not provide for the achievement of any particular renewables or wind objective (ie the planning policies are not tested against any requirement to actually achieve any given amount of wind capacity – or indeed any wind capacity at all), and
-    They are rarely sufficiently detailed in their guidance to give clear, implementable guidance on siting. This is particularly true on landscape and visual matters, where much is left to the subjective judgement of the assessor" (Ainslie 1999, 25-26).

Damit die nationalen Ausbauziele für erneuerbare Energien in der kommunalen und regionalen Planungspolitik besser berücksichtigt würden, regten die Interessenverbände erneuerbarer Energien gegenüber dem DTI und DETR (DEFRA) in der Phase der Vorbereitung der Regionalisierungsreformen die Durchführung von regionalen Potentialstudien für eine Nutzung erneuerbarer Energien mit der Definition erreichbarer Ausbauziele in den englischen Regionen an.

"Within each region, it would be up to planning authorities working with statutory consultees, the wind energy industry and special interest groups to determine the most appropriate way of achieving the target in their region. This would then need to be enshrined in guidance at the regional level (possibly within RPG's or supplementary guidance) which had force at the local authority level when determining planning applications, and may be reflected in policies within local development plans. (...) The link between such guidance and the achievement of national targets could be forged through the establishment of regional wind energy targets, taking account on the one hand of the national objective and on the other hand of the resource potential and any special planning or technical constraints applying in each region" (Ainslie 1999, 26-28).

Auf der Grundlage des Reformvorschlags der Interessenverbände erneuerbarer Energien, eine stärkere Fundierung der Erneuerbaren-Energien-Politik in der Regionalpolitik zu suchen, versuchte die britische Regierung, innerhalb der bestehenden regionalen Regulierungsstrukturen (GoR, Regionalkammern, RDA) einen Konsens über die Ziele eines Ausbaus erneuerbarer Energien zu erreichen (Ainslie 2000). Zu Beginn des Jahres 2000 gab der zuständige Planungsminister bekannt, dass das regionale Planungssystem im Sinne einer Förderung der nachhaltigen Energieerzeugung zu stärken sei:

"A positive, strategic approach to planning for renewable energy is essential to help to deliver the Government's targets and goals for renewable energy and climate change, which are central to achieving sustainable development, whilst continuing to protect landscape" (Oxera Environmental 2002, 5).

In einer parlamentarischen Anhörung zur Reform der Planungspolitik wurde außerdem gefordert, dass besonders bei Windenergieprojekten gesonderte Flächen in den lokalen Bauplänen ausgewiesen werden sollten (Oxera Environmental 2002, 5). Um eine Definition regionaler Ziele für erneuerbare Energien anzustoßen, gab das DETR schließlich die Durchführung von Potentialstudien bei den GoR in Auftrag, deren Ergebnisse später in der breit angelegten, zentralstaatlich administrierten Regionalisierungsreform und den für die einzelnen Regionen zu erlassenden RPG ihren Niederschlag finden sollten:

"The results of the studies will be considered for inclusion in Regional Sustainable Development Frameworks, currently being prepared for each region, and the targets themselves together with planning policy guidance are to be considered for inclusion in formal Regional Planning Guidance (RPG) and thence cascaded down into development plans against which future planning applications for renewables projects will be judged" (Ainslie 2000, 98).

Die Studie zur Ermittlung des Ausbaupotentials erneuerbarer Energien in den englischen Regionen wurde von Oktober bis Dezember 2001 durchgeführt. Ihre Ergebnisse werden für die einzelnen Regionen in der folgenden Tabelle wiedergegeben.[284]

---

[284] Endgültige Fassungen der Berichte lagen zum damaligen Zeitpunkt lediglich für die Regionen West Midlands, Yorkshire and the Humber und Schottland noch nicht vor. In Bezug auf Schottland ist anzumerken, dass die schottische Exekutive bereits im Jahr 2000 ihr bestehendes Ausbauziel überdachte und einen ehrgeizigeren Ausbau anstrebte (18 Prozent bis 2010).

Tabelle 21: Die regionalen Potentiale erneuerbarer Energien in Großbritannien bis 2010

	Minimal-Szenario (in TWh)	Anteil am nationalen Gesamtziel (in %)	Maximal-Szenario (in TWh)	Anteil am Gesamtziel
East of England	4,3	13,3	4,3	13,3
East Midlands	1,8	5,6	2,0	6,1
London	0,2	0,7	0,6	1,9
North East	0,9	2,7	2,0	6,3
North West	2,8	8,6	3,2	9,7
South East	1,4	4,4	3,3	10,1
South West	1,2	3,7	2,5	7,8
West Midlands	2,5	7,7	2,9	8,9
Yorkshire and the Humber	1,2	3,8	3,6	11,0
Scotland	3,6	11,1	3,6	11,1
Wales	1,3	4,2	4,4	13,4
Total RO	21,3	66	32,3	100
Scotland Offshore*			3,5	10,8

*Anmerkung: Die regionalen Potentialstudien enthalten nicht das Potential einer Nutzung von Offshore-Kapazitäten in Schottland.
Quelle: Oxera Environmental 2002.

Die weiteren Reformen der regionalen Planungspolitik sahen vor, dass in den für die einzelnen Regionen zu erlassenden RPG folgende Kriterien berücksichtigt werden sollten:

- Festlegung von sub-regionalen Ausbauzielen für erneuerbare Energien – diese Ziele sollten in den nachgeordneten Strukturplänen Berücksichtigung finden;
- Definition regionaler Schwerpunkte für die Entwicklung erneuerbarer Energien;
- Bestimmung geeigneter Kriterien für die Wahl von Standorten in den Entwicklungsplänen (Oxera Environmental 2002, 5-6).

Die bisherigen Reformen der RPG hatten zum Zeitpunkt der Verabschiedung des Reports jedoch nur in einer einzigen Vorreiter-Region zur Verabschiedung eines an den regionalen Potentialstudien orientierten Ausbauziels geführt, nämlich in South West, wo ein Ausbauziel von 11 bis 15 Prozent bis zum Jahr 2010 definiert wurde. Zwei weitere Regionen hatten nur in einem Anhangtext eigene Ziele definiert (East Midlands: 400 MW bis 2005, North East: 5 bis 9 Prozent). Damit zeichnete sich ab, dass die Definition regionaler Ausbauziele einen relativ zeitaufwändigen und konfliktbeladenen Prozess darstellte. Insgesamt ist jedoch festzustellen, dass die planungsrechtlichen Entwicklungen den politischen Forderungen nachkamen, aufgrund eines Mangels an politischem Bewusstsein für die Ziele einer nachhaltigen Energieerzeugung auf der lokalen Ebene regulative Kompetenzen verstärkt zu regionalisieren (DTLGR 2002, Thomson 2001). In diesem Sinne betonte auch ein im Jahr 2002 erschienener Report der PIU die Notwendigkeit, der Energieerzeugung auf der Basis erneuerbarer Ressourcen im lokalen und regionalen Planungssystem eine größere Bedeutung beizumessen (PIU 2002).[285]

Es war von großer Bedeutung, dass es mit Beginn der zweiten Amtszeit der Labour-Partei in drei englischen Regionen zur *Gründung eigener Agenturen* zur Umsetzung der regionalen Ausbaustrategie *für erneuerbare Energien* gekommen ist. Unter der Aufsicht der betreffenden RDA in North West (NWDA), South West (SWDA) und der East of England Development Agency (EEDA) wurden seit 2002 drei regionale Agenturen für erneuerbare Energien gegründet: Die *Renewables Northwest*, die *Regen SW* sowie die *Renewables East*.[286] Seit 2002 finanziert beispielsweise die NWDA die *Renewables Northwest* mit einem jährlichen Budget von 75.000 Pfund, während die andere Hälfte der Finanzierung in einem Public-Private-Partnership-Modell durch den Energieversorger United Utilities übernommen wird (EEDA 2004). Von hervorgehobener regionaler Bedeutung sind die erneuerbaren Energien auch für die Region South West. Um das regionale Ausbauziel zwischen 11 und 15 Prozent zu erreichen, wurde *Regen SW* gegründet. Wesentliche Arbeitsschwerpunkte der *Regen SW* bestehen in Projekten zur Entwicklung der Wellen- und Gezeitenenergie sowie der regionalen Förderung von Windenergie und Biomasse (EEDA 2004, Regen SW 2003). Der Versuch, die regionalen Potentiale der Windenergie effektiver zu realisieren, wurde in der Region North East durch eine Ausweitung der Fördermittel für das *National Renewable Energy Centre* offenbar. In dieser Region finanziert die EEDA z.B. den Ausbau des *Offshore Wind Centres* mit 1,8 Mio. Pfund (EEDA 2003, EEDA 2004).

Als wichtigste Aufgaben der Agenturen sind die Öffentlichkeitsarbeit für erneuerbare Energien, die Unterstützung von Projektentwicklern (z.B. in Planungs- und Finanzierungsfragen) und die Moderation zwischen verschiedenen regionalen und kommunalen Akteuren zu nennen. Die Gründung dieser Agenturen verweist auf das bisherige Fehlen regionaler Institutionen für eine erfolgreiche Planung und Umsetzung innovativer dezentraler Energieprojekte. Im Zusammenhang mit der eingangs postulierten Hypothese der Vorzüge möglichst regionalisierter Strukturen zur Exploration erneuerbarer Energieressourcen, die auch den Wettbewerb zwischen den Regionen verstärken, weisen Vertreter der RDA besonders bei der Forschungs- und Entwicklungspolitik auf die Vorteile der Regionalstrukturen hin:

> "Before RDAs were set up, the national research agenda lacked a regional dimension and the scientific economic bases of the English regions had no structured inter-relationship. As a result, research-based universities had not been linked to regional economic priorities, and Government-funded research had been over-concentrated in the South East of England. With the advent of the RDAs and their Regional Economic Strategies, the economic role of science was clearly recognised" (Mr. Burrows, NWDA's Director of Business Development, 11 February 2003).

Mit der Regionalisierung zeigen sich somit positive Effekte für die Ausrichtung einer nachhaltigkeitsorientierten Forschungspolitik. Es zeichnet sich ab, dass sich mit der Devolution die Rahmenbedingungen für den Ausbau erneuerbarer Energien im Zuge der Stärkung regionaler Steuerungsstrukturen allmählich verbessern.

---

[285] Der PIU-Report gab ebenfalls die Empfehlung, die RDA zu regionalen Ausbauzielen für erneuerbare Energien in den regionalen Rahmenplänen zur nachhaltigen Entwicklung zu verpflichten. Außerdem sollte ein größerer regionalpolitischer Schwerpunkt auf eine pro-aktive Planung der Energiepolitik gelegt werden (PIU 2002).
[286] Ein weiteres Beispiel für die Stärkung einer regional ausgerichteten Energiepolitik ist die Gründung der *East of England Energy Group* im Herbst 2000 (www.eeer.com).

5.1.6 Die Auswirkungen der Liberalisierung auf die energiepolitischen Rahmenbedingungen von erneuerbaren Energien im britischen Strommarkt

Im Zeitraum von 1990 bis 1998 haben weitere wichtige energiepolitische Entwicklungen die Rahmenbedingungen für erneuerbare Energien beeinflusst. Besonders ab 2002 verschärften sich die wirtschaftlichen Schwierigkeiten des Betreibers der britischen Kernkraftwerke BE, so dass sich erneut die Frage nach dem Sinn einer Privatisierung dieser Industrie und der mit ihr verbundenen Risikotechnologie stellte.

Mit der abschließenden Liberalisierung des britischen Stromsektors im Jahr 1998 und die damit verbundene Beendigung des NFFO-Subventionsmechanismus waren die Einnahmen der privatisierten BE in erster Linie von der Entwicklung der Großhandels-Strompreise abhängig.[287] Weil infolge der NETA-Reform die Strompreise von April 2001 bis April 2002 um bis zu 25 Prozent fielen, gab es für das Unternehmen zunehmende Einnahmeverluste. Während sich BE noch zu Beginn des Jahres 2002 mit der BNFL in Verhandlungen über eine mögliche Übernahme der älteren Magnoxreaktoren befand,[288] gab das Unternehmen im April 2002 bekannt, dass die Handelspreise für Elektrizität unter die Erzeugungskosten für britischen Nuklearstrom gesunken wären und es deshalb zu zunehmenden Unternehmensverlusten käme. Im Sommer desselben Jahres wurde ein Streit zwischen BE und der Regierung bekannt, bei dem es um die finanzielle Steuer- und Abgabenlast des Konzerns ging. In diesem Konflikt behauptete BE, dass ihre staatliche Abgabenlast um ein Drittel höher läge als die von SP, Innogy und PG.[289] Während der Konzern noch im August 2002 gegenüber seinen Aktionären die Existenz einer Finanzkrise abstritt, verkündete das Unternehmen Anfang September plötzlich seine Zahlungsunfähigkeit, die u.a. auf zwischenzeitlich gestiegene Nettoverbindlichkeiten in Höhe von 859 Mio. Pfund (1,3 Milliarden Euro) zurückzuführen war (FAZ 28.08.2002o).[290]

Die Ursachen für den plötzlich drohenden Konkurs wurden neben den NETA-Reformen auch auf unternehmensbezogene Fehler zurückgeführt. So stiegen die Belastungen des Konzerns aus seinem Auslandsgeschäft in Kanada, nachdem die kanadischen Aufsichtsbehörden höhere Sicherheiten für den Fall verlangten, dass BE seine dortigen Reakto-

---

[287] Im Jahr 2002 betrieb BE insgesamt acht Kernkraftwerke und ein Kohlekraftwerk. Das Unternehmen deckte mit seiner Erzeugung rund ein Viertel des britischen Strombedarfs.

[288] BNFL betrieb bis zum Jahr 2002 an den folgenden Standorten alte Magnox-Reaktoren: Sizewell A, Oldbury, Wylfa, Dungeness A, Calder Hall und Chapel Cross. Eine Übernahme durch BE wurde erwogen, weil es für das Unternehmen aufgrund der verschärften Wettbewerbssituation schwieriger wurde, die Konditionen aus den Verträgen mit der BNFL zur Wiederaufarbeitung nuklearer Brennstäbe einzuhalten. Um sich aus diesen Verpflichtungen zu lösen, sollte BE den Betrieb der Magnox-Reaktoren in Eigenregie übernehmen (FT 06.05.2002b, 16).

[289] Ein besonderer Kritikpunkt war, dass die Erzeugung von Nuklearstrom unter die CCL fiel, obwohl bei der Kernenergieerzeugung kaum klimaschädigende Gase freigesetzt würden. Die Belastungen aus dieser Abgabe betrugen nach Angaben der BE jährlich ungefähr 80 Mio. Pfund. Während die Erzeugung von einer Megawattstunde Nuklearstrom mit 14.000 Pfund staatlich belastet sei, würden Gas- und Kohleerzeuger im Durchschnitt nur 9.500 Pfund und Windenergieerzeuger sogar nur 5.000 Pfund zahlen (FT 12.08.2002c). Außerdem hätte die britische Regierung auch maßgeblich am Abschluss der Verträge zur Wiederaufbereitung und Entsorgung der Kernbrennstäbe mitgewirkt, deren Verbindlichkeiten sich jährlich auf 300 Mio. Pfund beliefen.

[290] Nach Bekanntgabe der wahren Finanzprobleme stufte die Rating-Agentur Moody's, welche die Finanzsituation des Unternehmens bewertete, die Bonitätsnote von BE um vier Stufen herunter. Außerdem begann die Financial Services Authority mit Ermittlungen wegen des Verdachts der Verschleierung kursrelevanter Informationen (FAZ 10.09.2002p, Zitzelsberger 2002al).

ren herunterfahren müsse. Aufgrund technischer Probleme mussten außerdem zwei der sonst so zuverlässigen schottischen Reaktoren kurzzeitig abgeschaltet werden, was zu zusätzlichen Umsatzeinbußen führte. Um die drohende Zwangsverwaltung zu vermeiden, stellte die britische Regierung dem Konzern bis zum November 2002 einen Kredit in Höhe von 650 Mio. Pfund zur Verfügung (FAZ 10.09.2002p), wofür von der Konzernführung die Vorlage eines schlüssigen Sanierungskonzepts verlangt wurde. Es herrschte jedoch Skepsis vor, ob BE die Sanierung aus eigener Kraft gelangen kann. Gegen Ende des Jahres 2002 wurde deutlich, dass die britische Regierung unter Federführung des DTI die Rettung von BE übernehmen musste (FAZ 15.10.2002q). Die britische Regierung plante deshalb die Übernahme der finanziellen Verpflichtungen von BE gegenüber der verstaatlichten BNFL aus den Verträgen zum Brennstoffmanagement. Außerdem verlängerte die Regierung einen Kredit über umgerechnet eine Milliarde Euro (SZ 30.11./01.12.2002x). Im Dezember 2002 wurde das gesamte finanzielle Desaster der Privatisierung der britischen Kernenergie offenbar. Im ersten Halbjahr des laufenden Geschäftsjahres (zum 30. September 2002) wies der Konzern einen Verlust vor Steuern in Höhe von 337 Mio. Pfund auf (522 Mio. Euro). Dieser Wert entsprach mehr als dem Zwanzigfachen des Verlustes, den der Konzern im Vergleichszeitraum vom 01. April bis zum 30. September 2001 angegeben hatte (SZ 13.12.2002y).[291] Auch mehr als zehn Jahre nach der Sektorliberalisierung beeinflusste somit die britische Regierung entscheidend die ökonomischen Rahmenbedingungen zur Aufrechterhaltung der Kernenergieerzeugung (FT 07./08.09.2002d).

In der zweiten Hälfte des Jahres 2003 warnten Vertreter des britischen Nuklearkonzerns, dass bei einem britischen Nuklearstromanteil von 23 Prozent mit einer finanziellen Pleite von BE im Winter 2003 in England/Wales „die Lichter ausgehen würden" – also die Stromversorgung des Landes gefährdet sei. Vor diesem Hintergrund erklärte sich die britische Regierung gegen Ende des Jahres 2003 sogar dazu bereit, die finanziellen Verpflichtungen des Konzerns zur Stilllegung seiner Anlagen in einer Gesamthöhe von 3,9 Mrd. Pfund (ca. 6 Mrd. Euro) zu übernehmen. Im Gegenzug musste BE einen Großteil seines „Gewinns" an die britische Regierung abtreten – das Rettungskonzept kam somit einer „Rückverstaatlichung" des britischen Kernenergieerzeugers gleich. Mit der Übernahme der Verpflichtungen sollte der britische Staat ab sofort wieder über 65 Prozent des Cash Flows der BE verfügen. Der Sanierungsplan der britischen Regierung fand im September 2004 die Zustimmung der EU-Kommission, welche die massiven staatlichen Stützungen unter Berufung auf den EAGV und die dadurch gesicherte Vorrangstellung der Nuklearindustrie gegen eine umfassende Anwendung des EU-Beihilfenrechts immunisierte.

Das gesamte finanzielle Desaster der Privatisierung der britischen Nuklearindustrie findet seinen monetären Ausdruck in dem Wertverlust des Unternehmens: Der Wert der BE-Aktie sank von 730 Pence im Jahr 1999 auf knapp über 5 Pence nach der Ankündigung einer Rückverstaatlichung zu Beginn des Jahres 2004. Der Gesamtwert des Unternehmens reduzierte sich damit von 5 Mrd. Pfund auf gerade einmal noch 33 Mio. Pfund. Alleine im Zeitraum von April bis Ende September 2003 fiel wegen der stark gesunkenen Preise am Großhandelsmarkt angeblich ein – allerdings nicht offiziell belegter – operativer Betriebsverlust in Höhe von 40 Mio. Pfund an. Das DTI ging davon aus, dass die staatlichen Kosten zur Stützung der BE in den kommenden zehn Jahren zwischen 150 und 200 Mio. Pfund

---

[291] Der drastische Anstieg des Verlustes wurde durch besondere Abschreibungen in Höhe von 213 Mio. Pfund verursacht (SZ 30.11./01.12.2002x).

liegen würden. Bereits im Jahr 2004 musste die britische Regierung ihre gewährten Kredite jedoch von 200 Mio. Pfund auf 275 Mio. Pfund ausweiten.

Vor diesem Hintergrund ist die weitere Zukunft der britischen Kernenergie sehr ungewiss. Aufgrund der unsicheren Rahmenbedingungen für Zukunftsinvestitionen unter liberalisierten Marktbedingungen wird auch in Großbritannien über eine Verlängerung der Kraftwerkslaufzeiten um mindestens fünf Jahre diskutiert. Andernfalls würden die ersten der acht Kernkraftwerke bereits ab 2008 stillgelegt und das letzte (Sizewell B) voraussichtlich im Jahr 2023 vom Netz genommen (Renew On Line 2004). Ohne die Aussicht auf weitere staatliche Investitionen scheint sich Großbritannien mit seiner Privatisierungs- und Liberalisierungspolitik auf dem *Weg eines ökonomisch erzwungenen Kernenergieausstiegs* zu befinden. Der kontinuierliche Rückzug der britischen Regierung als Investitionsgarant für die Nukleartechnologie sowie die sich gleichzeitig abzeichnende geringe Wahrscheinlichkeit privater Investitionen in diese Risikotechnologie könnten auf der Britischen Insel ihr endgültiges Ende bedeuten. Dabei zeichnete sich ab, dass zunächst die alten und nur unrentablen Magnox-Reaktoren still gelegt werden. Mit der Stilllegung von Kernkraftwerken ist gleichzeitig die Chance verbunden, dass die politische Aufmerksamkeit auf die Nutzung erneuerbarer Energien gelenkt wird (PIU 2002, The Royal Society 1999).

Nach wie vor ist der britische Erzeugermarkt für Elektrizität aber durch erhebliche Überkapazitäten charakterisiert (im Jahr 2002 betrug diese 120 Prozent). Für die bestehenden Erzeuger, die Gas und Kohle verstromen, üben diese Überkapazitäten einen großen Preis- und Wettbewerbsdruck aus. Wie sich die Preisentwicklungen am Markt auf eventuelle Stilllegungen von Anlagen auswirken werden, ist schwierig zu prognostizieren. Seit Einführung von NETA wurden besonders ältere Kohlekraftwerke still gelegt. Während die effizienten und neueren Kohlekraftwerke aufgrund europäischer Emissionsrechtsbestimmungen derzeit mit neuesten Filteranlagen ausgerüstet werden, ist davon auszugehen, dass nach 2008 ein Großteil der bis dahin mehr als vierzig Jahre alten Kohlekraftwerke stillgelegt wird (IPA Energy Consulting 2002). In welcher Form die still gelegten Anlagen durch neue Erzeugungskapazitäten ersetzt werden, wird von der Entwicklung des Strombedarfs, der Gestaltung der politischen Rahmenbedingungen und der damit vorzunehmenden Zurechnung der ökonomischen Kosten der einzelnen Energieträger abhängen. In diesem Kontext zeichnet sich unter den gegebenen politischen Rahmenbedingungen ab, dass in Großbritannien vor allem die Windkraft wichtige Wachstumspotentiale realisieren kann.

5.2 Die Regulierung der Stromwirtschaft und der erneuerbaren Energien nach dem rot-grünen Regierungswechsel in Deutschland (1998-2004)

Knapp eineinhalb Jahre nach dem Regierungswechsel zu New Labour in Großbritannien standen im September 1998 auch in Deutschland Bundestagswahlen an. Nach dieser Wahl kam es auf der Bundesebene erstmals zur Bildung einer rot-grünen Bundesregierung unter SPD-Bundeskanzler Schröder.[292] In der neuen Bundesregierung übernahm der frühere Manager aus der Energiewirtschaft (Veba) und keiner Partei zugehörige Müller als Bundeswirtschaftsminister das BMWi. Das für die Regulierung der erneuerbaren Energien wichtige Umweltressort wurde an Bündnis 90/Die Grünen und ihrem Kandidaten Trittin vergeben

---

[292] Bei dieser Bundestagswahl erreichte die SPD 40,9 Prozent, die CDU/CSU 35,2 Prozent, Bündnis90/Die Grünen 6,7 Prozent, die FDP 6,2 Prozent und die PDS 5,1 Prozent der Wahlstimmen.

– gleichwohl war wichtig, dass die Regulierung der erneuerbaren Energien in der ersten rot-grünen Legislaturperiode im Zuständigkeitsbereich des BMWi lag.

Bevor die weitreichenden wettbewerbspolitischen Veränderungen im deutschen Energiesektor seit dem Jahr 2000 genauer analysiert werden, wird zunächst die Umsetzung der Elt-Rl durch die Novelle des EnWG im Jahr 1998 beschrieben. Es wird dargestellt, wie es seit der Vorlage eines EnWG-Entwurfs durch das BMWi im Oktober 1996 zur Entwicklung des verhandelten Netzzugangs im deutschen Stromsektor unter der kooperativ-konsensualen Beteiligung der stromwirtschaftlich relevanten Verbände gekommen ist. Die abschließende EnWG-Novelle des Jahres 1998 wird beschrieben und die Kritik der verschiedenen Verbände sowie der Monopolkommission (MK) am verhandelten Netzzugangsregime analysiert (s.S. 285ff.).

Im anschließenden Untersuchungskapitel werden die wettbewerbspolitischen Entwicklungen seit dem Jahr 2000 beschrieben. Neben der zunehmenden Oligopolisierung der Sektorstrukturen (s.S. 290ff.) wird die Entwicklung des Wettbewerbs im verhandelten Netzregime untersucht (s.S. 301ff.). Anschließend werden die grundlegenden Reformen zur Markteinführung erneuerbarer Energien analysiert, die im Jahr 2000 zur Verabschiedung des Erneuerbaren-Energien-Gesetzes (EEG) führten (s.S. 327ff.). Das EEG markierte neben weiteren wichtigen Regulierungsinitiativen des Bundes (z.B. EEG-begleitende Rechts-VO zur Biomasse, Marktanreizprogramm (MAP), institutionelle Reformen: z.B. DENA, etc.) wichtige Weichenstellungen zu einer Fortsetzung des Ausbaus erneuerbarer Energien in Deutschland. Abschließend werden die ersten Implementierungserfahrungen mit dem EEG analysiert (s.S. 348ff.).

5.2.1 Die Umsetzung der Europäischen Strommarktrichtlinie durch die Reform des Energiewirtschaftsgesetzes (EnWG) 1998

Die EnWG-Novellierung zur Umsetzung der Elt-Rl zugunsten einer größeren Wettbewerbsorientierung zog sich mehrere Jahre hin. Im folgenden Abschnitt wird zunächst die Umsetzung der Richtlinienvorschläge in ersten Gesetzesentwürfen der Bundesregierung ab Mitte der 1990er Jahre beschrieben. Anschließend werden die weiteren energiewirtschaftlichen Reformbestrebungen bis zum Jahr 1998 dargestellt, bei denen durch eine abschließende EnWG-Novellierung die Vorgaben der Elt-Rl umgesetzt wurden.

5.2.1.1 Der Weg zu einem ersten EnWG-Novellierungsentwurf des BMWi von 1996

Die von der EU-Kommission mit einem ersten Richtlinien-Entwurf entwickelten und von Expertengremien (z.B. Deregulierungskommission, Monopolkommission) und einzelnen Industrieverbänden (z.B. BDI, VIK) befürworteten wettbewerbsorientierten Reformen der leitungsgebundenen Energiewirtschaft wurden noch zu Beginn der 1990er Jahre durch das von FDP-Minister Rexrodt geführte BMWi sehr verhalten aufgenommen. Besonders hervorgehoben wurde die Bedeutung einer in internationaler Perspektive gleichgewichtigen Einführung von Wettbewerb im Sinne von Reziprozität (BMWi 1991). Unter Betonung der strukturellen Besonderheiten des deutschen Energiesektors (z.B. Bedeutung der kommunalen Daseinsvorsorge, Rolle gemischtwirtschaftlicher Akteure, Eigentümerstruktur der Netze) wurde eine Liberalisierung zwar generell befürwortet, eine Umsetzung nach britischem Vorbild (Einrichtung einer unabhängigen Netzgesellschaft, Pool-Modell) jedoch abgelehnt.

In ähnlicher Weise argumentierte der Bundesrat und die WMK des Bundes und der Länder zwar für wettbewerbsorientierte Reformen, beide Institutionen betonten aber die Heterogenität der europäischen Energiemärkte und die Besonderheiten des deutschen Energiesektors. Besonders der Bundesrat wies auf die Gefahren für die kommunale Energieversorgung hin, die mit einer Liberalisierung verbunden wären (Eising 2000, 269).[293]

Allerdings änderte die Einbindung von Akteuren des BMWi in die europäischen Verhandlungen zur Elt-Rl zunehmend deren Einstellung gegenüber einer Einführung von Wettbewerb in die leitungsgebundene Energiewirtschaft. Die seit Ende der 1980er Jahre regelmäßige Teilnahme von Mitgliedern der Energieabteilung des BMWi an den europäischen Verhandlungen führte zu einer allmählichen Neubewertung des sektoriellen Leitbildes (Eising 2000, 271), die durch die gleich gerichtete Wirkung der Expertengutachten der Deregulierungskommission und der Monopolkommission aus den Jahren 1993 und 1994 verstärkt wurde (Monopolkommission 1994). Bereits in den Jahren 1993 und 1994 hatte das BMWi erste Referentenentwürfe zur Liberalisierung der leitungsgebundenen Energiewirtschaft vorgelegt, die aufgrund der andauernden Europäischen Verhandlungen, aber auch wegen der bestehenden Unsicherheiten zur Privatisierung der ostdeutschen Stromwirtschaft (s.S. 196ff.), wieder zurückgezogen wurden (Eising 2000, 277). Erst nachdem sich auf europäischer Ebene die Anzeichen eines unmittelbar bevorstehenden Kompromisses zur Verabschiedung einer Elt-Rl verdichteten, legte das damalige FDP-geführte BMWi einen überarbeiteten Referentenentwurf zur Novellierung des EnWG vor, der den aktuellen Stand der europäischen Verhandlungen berücksichtigte. Mit der im Juni 1996 erfolgten europäischen Einigung wurde bis Oktober 1996 ein bestehender Referentenentwurf überarbeitet, durch das Bundeskabinett verabschiedet und dem Bundesrat als Gesetzesvorschlag zugeleitet. Die wichtigen Details dieses Gesetzentwurfs werden im Folgenden genauer erläutert.

Im Gegensatz zu früheren Gesetzesvorschlägen des BMWi enthielt dieser Entwurf *keine gesonderten Durchleitungsregeln* mehr, sondern vertraute zur Liberalisierung der Stromwirtschaft auf die schlichte Aufhebung der kartellrechtlichen Gebietsschutzvereinbarungen (*§§ 103, 103 a* GWB) und der Anwendung der allgemeinen kartellrechtlichen Missbrauchsregeln (Schneider 1999, 441). Das geplante kartellrechtliche Verbot der Demarkationsverträge sollte bestehende Konzessionsverträge unberührt lassen und entsprach damit den besonderen Interessen der kommunalen Energiewirtschaft.[294]

Die Vorgaben der Elt-Rl umsetzend, sollten die vertikal integrierten Stromversorger zunächst dazu verpflichtet werden, *getrennte Bilanzen sowie Gewinn- und Verlustrechnungen für die Sparten Erzeugung, Übertragung und Verteilung* zu erstellen. Für die *organisatorische Entflechtung der Netzaktivitäten* von anderen Geschäftsfeldern war lediglich die Bildung einer eigenen Abteilung für die Stromübertragung vorgesehen (*Art. 1 § 4* EnWG-E). In dem Regierungsentwurf war außerdem die *Regulierung des Netzzugangs nach dem Modell des verhandelten Netzzugangs* geplant (*Art. 1, §§ 5, 6* EnWG-E). Für den Fall einer Verweigerung des Netzzugangs sollte das Prinzip der Beweislastumkehr gelten, nach dem ein Netzbetreiber die Verweigerung einer Durchleitung schriftlich begründen muss. In der

---

[293] Die Auswirkungen der rechtlichen Unsicherheiten zur Zukunft der ostdeutschen Stromwirtschaft sind dabei besonders zu berücksichtigen (s.S. 197f.).
[294] Allerdings sollten Ausschließlichkeitsklauseln in den Konzessionsverträgen nichtig werden, wodurch das kommunale Konzessionsrecht geschwächt würde. Kommunale Wegerechte würden auf diese Weise mehreren Nutzern diskriminierungsfrei eingeräumt, so dass der Charakter der Konzessionsverträge wesentlich verändert würde (Kumkar 1998, 30).

Frage der *Netznutzung* sollten die Netzbetreiber dazu verpflichtet werden, objektive Kriterien für Einspeisungen aus Kraftwerken und Durchleitungen festzulegen. Der Novellierungsentwurf orientierte sich jedoch nur an den vagen Mindestanforderungen der Elt-Rl.[295] Die Netzbetreiber sollten ferner zur Veröffentlichung jährlicher Richtwerte über die Spannbreite der Durchleitungsentgelte verpflichtet werden. Für den Fall des Scheiterns der verhandelten Netzzugangsregelungen sollte der Bundeswirtschaftsminister dazu ermächtigt werden, eine eigene Durchleitungsverordnung zur detaillierten Regelung des Netzzugangs und der -nutzung zu erlassen. Allerdings ließ die christlich-liberale Regierungskoalition keinen Zweifel daran aufkommen, die konkrete Gestaltung des verhandelten Netzzugangs auf die stromwirtschaftlichen Verbände zu delegieren. Im Rahmen *„freiwilliger Verbändevereinbarungen"* (VV) sollten die Verbände die Details des Netzzugangs und der -nutzung regeln. Damit wurde ein weiteres Mal die Präferenz für kooperativ-konsensuale Regulierungslösungen im deutschen Sektorregime deutlich. Noch vor Abschluss des Gesetzgebungsverfahrens machten sich der BDI, der VIK und die VdEW deshalb an die Entwicklung erster Eckpunkte für eine später zu verabschiedende *„Verbändevereinbarung über Kriterien zur Bestimmung von Durchleitungsentgelten"*.

Mit der Energierechtsnovelle vom Oktober 1996 wurde außerdem das Ziel verfolgt, die *Genehmigungsverfahren* zum Bau der Erzeugungsanlagen und der Netzinfrastruktur zu *erleichtern* (BMWi 1997). Die Einführung eines Ausschreibungsverfahrens gemäß Elt-Rl war zwar nicht vorgesehen. Allerdings sollte die energiewirtschaftliche Investitionsaufsicht bei Kraftwerken und Netzleitungen abgeschafft werden. Eine Besonderheit des deutschen Gesetzesvorschlags bestand außerdem in der formal vollständigen *sofortigen Öffnung des Stromsektors* für Wettbewerb, so dass die auf europäischer Ebene geschaffene rechtliche Figur des *Kreises zugelassener Kunden*, mit der eine stufenweise Öffnung der Strommärkte realisiert werden sollte, keine Anwendung fände. Ein zentraler Reformvorschlag bestand außerdem darin, dass die *Umweltverträglichkeit* der Energieversorgung als *grundsätzliches Ziel staatlicher Energiepolitik* neben den Zielen der Versorgungssicherheit und der Preiswürdigkeit in den energiepolitischen Zielkatalog des EnWG aufgenommen werden sollte.[296] Bei der *Definition der Umweltverträglichkeit* wurde die besondere Bedeutung der Kraft-Wärme-Kopplung und der erneuerbaren Energien hervorgehoben (*Art. 1 § 4 Abs. 4 EnWG-E*). In *Art. 1 § 7 Abs. 5 EnWG-E* wurde klar gestellt, dass sich die Einspeisung und Vergütung für Elektrizität aus erneuerbaren Energien nach dem StromEG orientieren sollte. Nach den Vorstellungen der Bundesregierung sollte zur Ausgestaltung des verhandelten Netzzugangs schließlich in *Art. 1 § 6 Abs. 3 EnWG-E* festgelegt werden, dass die Kartellaufsicht und die Gerichte in Rechtsfällen, in denen eine Entscheidung über die Billigkeit von Durchleitungsverweigerungen zu treffen war, eine Interessenabwägung mit dem Ziel

---

[295] Noch im BMWi-Entwurf von 1994 war die Definition eines Durchleitungstatbestands in einem neu gefassten *§ 103 GWB* geplant, der im Entwurf vom Oktober 1996 jedoch ersatzlos fallen gelassen wurde. Vielmehr plante das BMWi in seinem Entwurf zur sechsten Kartellrechtsnovelle die Einfügung eines Tatbestands der Verweigerung des Zugangs zu „wesentlichen Einrichtungen", der als Ausgleich für die nicht berücksichtigte Durchleitungsregelung erachtet wurde (Kumkar 1998, 30).

[296] Anders als das Ziel der Umweltverträglichkeit wurde das Ziel der Wettbewerbsorientierung *nicht* in den Zielkanon des *§ 1 EnWG* aufgenommen: „Das BMWi hat die *Gewährleistung eines wirksamen Wettbewerbs lediglich neben den Zielen des § 1 EnWG* bei der Entscheidung über die Erforderlichkeit und Gestaltung einer Rechtsverordnung über Netzzugangsverträge und Kriterien für Durchleitungsentgelte zu berücksichtigen" (*§ 6 Abs. 2 EnWG*) (Schneider 1999, 444).

der Umweltverträglichkeit vornehmen sollte. Es sollte berücksichtigt werden, „inwieweit dadurch Elektrizität aus fernwärmeorientierten, umwelt- und ressourcenschonenden sowie technisch-wirtschaftlich sinnvollen Kraft-Wärme-Kopplungsanlagen oder aus Anlagen zur Nutzung erneuerbarer Energien verdrängt und ein wirtschaftlicher Betrieb dieser Anlagen verhindert würde (...)".

In *Art. 4 § 2* EnWG-E des Regierungsentwurfs fand sich schließlich die Umsetzung der auf europäischer Ebene hart umkämpften *Reziprozitätsklausel*. Danach sollte es einem Netzbetreiber erlaubt werden, den Netzzugang eines Petenten abzulehnen, wenn „der zu beliefernde Abnehmer dort [im Ausland, Verfasser] nicht ebenfalls durch Dritte beliefert werden könnte". Außerdem enthielt der Entwurf nationale Bestimmungen zur Sicherstellung gemeinwirtschaftlicher Interessen in der Stromversorgung. *Art. 1, §§ 10, 11* EnWG-E definierte in diesem Zusammenhang die Bestimmungen zur Beibehaltung der Preisaufsicht und der Anschluss- und Versorgungspflicht gegenüber denjenigen Kunden im liberalisierten Stromsektor, die noch nicht umworben werden könnten. Hierbei wurde an dem Ziel der Gleichpreisigkeit der Stromversorgung festgehalten.

5.2.1.2 Der schwierige und strittige Konsens zur EnWG-Novelle von 1998

Der skizzierte Gesetzentwurf der Bundesregierung vom Oktober 1996 bedurfte der Zustimmung des Bundesrates. Die Bundesratsmehrheit von SPD und Grünen verweigerte im Dezember 1996 ihre Zustimmung und legte einen eigenen Gegenentwurf vor. Die wichtigsten Kritikpunkte bestanden zum einen in der Aufhebung des ausschließlichen Konzessionierungsrechts der Gemeinden und die damit verbundene Vereinfachung des freien Leitungsbaus. Es wurde befürchtet, dass durch das Verbot der Demarkationsverträge und eine Schwächung des kommunalen Konzessionsrechts die Kommunen lukrative Stromabnehmer vor allem gegenüber den Verbundunternehmen verlieren könnten (sog. *„Rosinenpicken"*).[297] Hieraus entstünden auf Dauer auch Gefahren für die Aufrechterhaltung des Prinzips der Gleichpreisigkeit der Stromversorgung. Weil aus der Schwächung des Konzessionsrechts sinkende Einnahmen der Städte und Gemeinden befürchtet wurden, kritisierten die Länder und die kommunalen Spitzenverbände das Gesetzesvorhaben bereits seit Mitte des Jahres 1996. Das BMWi reagierte auf die Kritik im August 1996 und versprach den Kommunen, dass die Konzessionsabgaben in der damaligen Höhe für zwanzig Jahre garantiert werden sollten. Kritiker bemängelten aber weiterhin, dass es für eine solche Garantie keine rechtliche Grundlage gäbe und die Kommunen zu deren Gewährleistung mit langwierigen und kostenträchtigen Rechtsstreitigkeiten mit den örtlichen EltVU rechnen müssten (Leonhardt 1996).[298]

Darüber hinaus bemängelten die Vertreter der Oppositionsparteien die unzureichende Umsetzung der EU-rechtlichen Vorschriften zur Entflechtung von Erzeugung, Transport

---

[297] Dabei wöge erschwerend, dass es den Stadtwerken aufgrund kommunalrechtlicher Restriktionen verwehrt bliebe, außerhalb ihres Versorgungsgebiets wirtschaftlich tätig zu werden.

[298] „Die vom BMWi beabsichtigte Festschreibung der Konzessionsabgabe in der jetzigen Höhe für fast 20 Jahre entzieht den EltVU ohne eine rechtlich tragfähige Begründung einseitig Rechtspositionen aus laufenden privatrechtlichen Verträgen und verstößt daher eindeutig gegen die Eigentumsgarantie des Art. 14 GG. (...) Viele EltVU haben ihren Kommunen bereits angedroht, im Falle einer Durchlöcherung des Wegerechtes die Konzessionsabgabe zu kürzen und notfalls jahrelange Gerichtsstreitigkeiten abzuwarten. Das finanzielle Chaos der Gemeinden ist damit vorprogrammiert" (Leonhardt 1996, 39).

und Verteilung sowie zur Netzdurchleitung. Während der parlamentarischen Beratungen zur Überarbeitung des Regierungsentwurfs legten einige SPD-regierte Bundesländer (Schleswig-Holstein, Berlin, Brandenburg, Bremen, Hessen und Saarland) neben den Reformvorschlägen der Opposition einen eigenen Entwurf für eine Verordnung über den Netzzugang und die Netznutzung vor.[299] In der zügigen Erstellung dieses Verordnungsentwurfs kam die Präferenz der SPD-Länder für einen regulierten Netzzugang gemäß *Art. 17 Abs. 4* Elt-Rl zum Ausdruck, durch den von Beginn an eine effektivere Regulierung des natürlichen Monopols der Netze zugunsten von mehr Wettbewerb erreicht werden sollte.

In den öffentlichen Anhörungen zur geplanten Gesetzesnovellierung fanden die von der Bundesregierung geplanten Regelungen zum verhandelten Netzzugang dagegen die weitgehende Zustimmung der EltVU (Mitgliedsunternehmen der VdEW), des VIK, des BDI und des DIHT. Diese Akteure wollten die bereits lange praktizierte kooperativ-konsensuale Regulierungstradition auch bei der Definition der Bedingungen des Netzzugangs und der -nutzung fortsetzen. Allgemein wurde von diesen Akteuren eine Senkung der Strompreise für industrielle und gewerbliche Abnehmer als das wichtigste Ziel der anstehenden Reformen gesehen. Deshalb sollten auch Vorrangregelungen zur Energieerzeugung auf der Basis der KWK und der erneuerbaren Energien weitgehend vermieden werden (Deutscher Bundestag 1997). Demgegenüber forderten vor allem die kleinen und mittleren Energieabnehmer, die im *Bundesverband der Energieabnehmer* (VEA) und im DIHT organisiert waren, die Verabschiedung gesetzlicher Normen zur Netznutzung. Diese Akteure fürchteten zur Realisierung ihrer Ansprüche gegenüber den monopolistischen Netzbetreibern im Fall eines verhandelten Netzzugangs aufwändige gerichtliche Einigungs- und Durchsetzungskosten (Eising 2000, 284).

In diesem Zusammenhang ist auf weitere wichtige Verbände zu verweisen, deren Lobbyingaktivitäten im Rahmen der hier analysierten Fragestellung eines Ausbaus erneuerbarer Energien bei der Novellierung des EnWG besondere Bedeutung zukamen. So forderten die AGV, der BUND, der BEE und der BWE die Definition klarer gesetzlicher Regelungen für den Netzzugang und die Netznutzung. Auf besondere Kritik stieß bei diesen Verbänden der sich abzeichnende Umstand, dass sie erst gar nicht an der Aushandlung der VV, bei der die Bedingungen des Netzzuganges festgelegt würden, beteiligt würden.

> „An diesen Verbändeverhandlungen sind weder Verbraucher- noch Umweltverbände beteiligt. Die von Verbraucher- und Umweltverbänden vertretenen Interessen werden bei der derzeit auszuhandelnden Vereinbarung nicht berücksichtigt. Nach Ansicht der Verbraucherverbände ist daher eine Regelung des Gesetzgebers, die alle Interessen abzuwägen hat, unverzichtbar" (Deutscher Bundestag 1997).

Besonders die Verbände Erneuerbarer Energien begriffen die Liberalisierung des Strommarktes aber auch als Chance, dass Erzeuger regenerativen Stroms und auf den Vertrieb von Ökostrom spezialisierte Energiehändler über eine diskriminierungsfreie Netznutzung neue Kundenmärkte erschließen könnten. Frühzeitig wurde jedoch die Gefahr erkannt, dass es aufgrund der Bestimmung der Durchleitungsentgelte zwischen der konventionellen

---

[299] Dieser Entwurf basierte auf einem von der BET GmbH Aachen und der Kanzlei Becker, Büttner, Held (Berlin) erstellten Gutachten „Regelungs- und Tarifierungsvorschläge zur Öffnung des Elektrizitätsmarktes für Wettbewerber unter Sicherung von Umweltstandards; Teil A: Nutzung elektrischer Netze durch Dritte auf Basis einer wettbewerbsgerechten Tarifierung" (Aachen/Berlin/Frankfurt, 05.11.1997).

Stromwirtschaft und der Industrie mittels der VV zu diskriminierendem Verhalten gegenüber unabhängigen Anbietern kommen könnte. Es wurde befürchtet, dass die staatlich nicht regulierte Erstellung von Bemessungskriterien für Durchleitungsentgelte sowie die Berechnung von Leistungspreisen bei der Netznutzung hinreichende Gelegenheit zu diskriminierendem Verhalten geben könnte (Scheer 1998a).

In ähnlicher Weise sprachen sich deshalb auch die Umweltverbände (BUND, Greenpeace) und die Verbände Erneuerbarer Energien (z.B. BEE, BWE) in den öffentlichen Anhörungen eindeutig für einen regulierten Netzzugang aus. Diese Verbände forderten im Rahmen der Energierechtsreform außerdem die Weiterentwicklung und Novellierung des bestehenden StromEG. Interessanterweise wurden diese Forderungen in jener Zeit auch durch den VDMA, den Deutschen Bauernverband (DBV) und die Industriegewerkschaft Metall (IGM) unterstützt. Bemerkenswert ist, dass der VDMA, der ein wichtiger Mitgliedsverband des gegenüber den Einspeiseregelungen kritischen BDI ist, aufgrund der zwischenzeitlich erreichten Bedeutung der Windenergie ein ähnliches Interesse an Weiterentwicklung bestehender Förderregelungen hatte wie die IGM. Der DBV wiederum unterstützte neben dem Ausbau der Windenergie vor allem den der Biomasse, weil hiervon die Landwirte in den strukturschwachen Regionen profitierten.

Als Reaktion auf die Ablehnung des EnWG-Entwurfs im Bundesrat und der hier skizzierten Verbesserungsvorschläge von Opposition und einzelnen Bundesländern beschloss das Kabinett im März 1997 eine Gegenäußerung, die erneut den Widerstand vor allem der kommunalen Unternehmen hervorrief. In den weiteren Verhandlungen bis zum Herbst des Jahres 1997 machte die Regierung auf Druck kommunalwirtschaftlicher Interessenvertreter in der eigenen Regierungsfraktion weitere Zugeständnisse. Zum einen sollte in § 6 EnWG eine *explizite Durchleitungsregelung* aufgenommen werden.[300] Weiterhin sollte der *Grundsatz der Gleichpreisigkeit* explizit in das Gesetz aufgenommen werden. Darüber sollte in § 7 EnWG (Netzzugangsalternative) die Möglichkeit der Einrichtung des *Alleinabnehmermodells* verankert werden. Danach könnten kommunale EltVU bei ihrer zuständigen Energieaufsichtbehörde den Alleinabnehmerstatus beantragen und gegenüber ihren Kunden ihre örtliche Monopolstellung aufrechterhalten (Nill-Theobald/Theobald 2001, 178-182).

Eine weitere wichtige Neuerung des Gesetzentwurfs bestand in der Aufnahme einer Schutzklausel, die eine spezielle Rechtfertigung für Durchleitungsverweigerungen in den neuen Bundesländern vorsah. Nach Art. 4 § 3 EnWG-E sollte eine Durchleitung verweigert werden dürfen, um „die Notwendigkeit einer ausreichend hohen Verstromung von Braunkohle aus diesen Ländern besonders zu berücksichtigen" (BMWi 1997).[301] Begründet wurde die Klausel zum einen mit der Sicherstellung der Versorgungssicherheit. Zum anderen ging es um die Absicherung der vom ostdeutschen Stromerzeuger VEAG seit der Wiedervereinigung getätigten umfangreichen Nachrüstung- und Neuinvestitionen im dortigen

---

[300] In *§ 6 Abs. 3* EnWG-E sollten die ÜNB zur Veröffentlichung objektiver und diskriminierungsfreier Kriterien zur Stromeinspeisung aus Erzeugungsanlagen und der Benutzung von Verbindungsleitungen verpflichtet werden. Die abschließende Ausgestaltung der Durchleitungsnorm war letztlich jedoch weit weniger substantiell, weil sie den Netzbetreiber von einer Durchleitungsverpflichtung freistellte, sobald dieser den Nachweis erbrachte, „dass ihm die Durchleitung aus betriebsbedingten oder sonstigen Gründen unter Berücksichtigung der Ziele des *§ 1* nicht möglich oder nicht zumutbar ist" (*§ 6, Abs. 1* EnWG). *§ 1* EnWG hob in diesem Kontext auf die Sicherheit, Preisgünstigkeit und Umweltverträglichkeit der Strom- und Gasversorgung ab.
[301] Die Gültigkeit der sog. *„Braunkohleklausel"* sollte zunächst bis zum 31. Dezember 2003 befristet werden. Eine Verlängerung der Schutzklausel bis zum 31. Dezember 2005 war im Novellierungsentwurf angelegt.

Braunkohle-Kraftwerkspark. Weil die Aufnahme einer derartigen Schutzregelung der Genehmigung durch die Europäische Kommission bedurfte,[302] wurde sie mit der Verabschiedung des novellierten EnWG durch den Bundestag im November 1997 zunächst noch nicht übernommen.[303] Im Februar 1998 beantragte das BMWi die Genehmigung der Braunkohleklausel bei der EU-Kommission. Im weiteren Jahresverlauf kam es dann zu direkten Verhandlungen zwischen Vertretern der EU-Kommission, der Bundesregierung und dem ostdeutschen Stromkonzern VEAG (Europäische Kommission 1999).

Im November 1997 wurden die oben aufgeführten Regelungen außer der erwähnten Braunkohleklausel per Bundestagsbeschluss zur Novelle des EnWG weitestgehend realisiert. Zwar versuchten die Oppositionsparteien vor der entscheidenden Bundestagssitzung zur Verabschiedung der Novelle noch, für eigene EnWG-Entwürfe die erforderliche Mehrheit zu erlangen. Dieser Versuch misslang jedoch. In der Frage des Netzzugangs und der Netznutzung setzten sich die Regierungsparteien und die Wirtschaftsverbände (BDI, VIK, VdEW) mit dem Regime eines verhandelten Netzzugangs gegen die Interessen der Bundes-SPD, einiger SPD-Länder sowie der Umwelt- und Verbraucherverbände durch. Auch die Entflechtungsregelung wurde in der abgeschwächten Version des Regierungsentwurfs duchgesetzt. Vor diesem Hintergrund verschärfte sich nach der EnWG-Verabschiedung der politische Konflikt nochmals: Die christlich-liberale Bundestagsmehrheit war der Auffassung, durch eine Veränderung der Regelungen über die Planfeststellung bei Höchstspannungsfreileitungen die Zustimmungspflichtigkeit durch den Bundesrat zur EnWG-Novelle aufgehoben zu haben (Schneider 1999, 442). Weil die SPD-Oppositin anderer Auffassung war, bereitete sie bis Ende Juni 1998 in Kooperation mit den Ländern Hamburg, Hessen und Saarland die Einreichung einer Normenkontrollklage gegen die Energierechtsnovelle vor dem BverfG vor, die mit den missachteten Beteiligungsrechten der Bundesländer und der fehlenden Gesetzgebungskompetenz des Bundes für die Wegerechte der Kommunen begründet wurde (Wieland 1998).

In ihrem 12. Hauptgutachten vom Juli 1998 kritisierte schließlich die Monopolkommission (MK) die beschriebenen Reformen und plädierte erneut für eine Abschaffung des Energiekartellrechts in den *§§ 103, 103a* GWB (Monopolkommission 1998). Anders als der Gesetzgeber war die MK der Auffassung, dass der mit der Sechsten GWB-Novelle von 1998 eingeführte Missbrauchstatbestand in *§ 19 Abs. 4 Nr. 4* GWB nicht gleichrangig neben *§ 6* EnWG (verhandelter Netzzugang) anzuwenden wäre, sondern bei Durchleitungsstreitigkeiten die GWB-Regelung die vorrangige Vorschrift sei (Monopolkommission

---

[302] Die Bundesregierung rechtfertigte die Braunkohleschutzklausel zunächst mit *Art. 8, Abs. 4* Elt-Rl, der die Zulässigkeit von Schutzregelungen in den EU-Mitgliedstaaten garantierte, solange der hiermit geschützte Stromanteil nicht die 15-Prozentgrenze des nationalen Stromverbrauchs überstieg. Die Bundesregierung verwies auf das Erfordernis, die mit der Deutschen Einheit getätigten Investitionen zur Modernisierung und den Neubau von Kraftwerken und Netzen zu schützen (Vermeidung von *"stranded investments"*). Bereits im Juni 1997 bezweifelte die EU-Kommission die Richtlinienkonformität der entsprechenden Bestimmungen. Statt auf *Art. 8* Elt-Rl müsse sich die Schutzklausel auf *Art. 24* Elt-Rl (Genehmigung von Übergangsregelungen bei auferlegten Verpflichtungen oder erteilten Betriebsgarantien vor der Liberalisierung) stützen, der ein explizites Genehmigungserfordernis durch die EU-Kommission vorsah (Kumkar 1998, 32).

[303] Wegen der später erforderlichen Aufnahme der Braunkohleklausel in das EnWG kem es bereits ab der zweiten Hälfte des Jahres 1999 zu einer frühzeitigen Überarbeitung des gerade erst novellierten und in Kraft getretenen EnWG. In diesem Neuregelungsgesetz wurden die Verweigerungsgründe zur Versagung einer Durchleitung konkretisiert.

1998, 18).[304] Mit der Einführung dieses Missbrauchstatbestandes hatte die aus dem US-amerikanischen Wettbewerbsrecht bekannte *"Essential-Facilities-Doktrin"* Eingang in das deutsche Wettbewerbsrecht gefunden. Über den Versuch der Definition eines konkreten Missbrauchtatbestandes sollte mehr Rechtsklarheit in der Frage geschaffen werden, unter welchen Umständen der Besitzer einer Infrastruktur verpflichtet war, diese bestehenden Netzzugangspetenten zur Verfügung zu stellen (Theobald/Zenke 2001, 16). Mit dieser Regelung wurde das *Prinzip der Beweislastumkehr* etabliert, so dass der Netzbetreiber die Unzumutbarkeit der Gewährung eines Netzzugangs nachweisen muss. Eine weitere wichtige kartellrechtliche Änderung ergab sich durch diese Regelung aber auch deshalb, weil hiermit eine Verbotsnorm begründet wurde, deren Missachtung durch die Kartellämter unmittelbar mit Bußgeldern belegt werden konnte (Theobald/Zenke 2001, 24). Dieser Umstand verweist auf die besondere Rolle, die dem BkartA und den Landeskartellämtern bei der Durchsetzung der Regelung des verhandelten Netzzugangs und der -durchleitung von Beginn an zugedacht war. Kritisch erachtete die MK schließlich das Alleinabnehmersystem nach § 7 EnWG, weil dieses nicht auf eine pluralistische Versorgungsstruktur ausgerichtet war. Auch offenbarte die MK ein anderes Grundverständnis zu den Durchleitungsregeln in den §§ 6, 7 EnWG.

5.2.2 Die Entwicklung der Wettbewerbssituation unter dem verhandelten Netzzugangsregime

Während der ersten rot-grünen Legislaturperiode änderten sich die Rahmenbedingungen für stromwirtschaftlichen Wettbewerb aufgrund umfassender Änderungen der Marktstruktur. Im Hinblick auf den Ausbau erneuerbarer Energien ist eine Darstellung der Entwicklungen, die durch eine zunehmende Konzentration und Oligopolisierung gekennzeichnet waren, unausweichlich. Mit der wettbewerbpolitisch tolerierten Restrukturierung des Strom- und Gassektors wurde die marktbeherrschende Stellung einzelner Verbundunternehmen in erheblicher Weise verstärkt. Wegen der bis dato fehlenden staatlichen Netzregulierung ergab sich für die konventionelle Stromwirtschaft ein Machtpotential, diskriminierungsfreie Netzzugangs- und -nutzungsbedingungen zu verhindern. Mit der zurückhaltenden staatlichen Regulierung bei der Regulierung der natürlichen Monopole stieg zusätzlich die Gefahr, dass es weiterhin zur Obstruktion der erfolgreich eingesetzten Klimaschutzinstrumente, wie z.B. dem StromEG kommen würde. Neben einer Beschreibung der sich ändernden wettbewerbspolitischen Rahmenbedingungen wird im folgenden Abschnitt die Implementierung des novellierten, auf eine kooperativ-konsensuale Netzregulierung bauenden EnWGs evaluiert.

---

[304] Die konkrete Vorschrift des *§ 19 Abs. 4 Nr. 4* GWB lautete: „Ein Missbrauch liegt insbesondere vor, wenn ein marktbeherrschendes Unternehmen als Anbieter oder Nachfrager einer bestimmten Art von Waren oder gewerblichen Leistungen (...) 4. sich weigert, einem anderen Unternehmen gegen angemessenes Entgelt Zugang zu den eigenen Netzen oder anderen Infrastruktureinrichtungen zu gewähren, wenn es dem anderen Unternehmen aus rechtlichen oder tatsächlichen Gründen ohne die Mitbenutzung nicht möglich ist, auf dem vor- oder nachgelagerten Markt als Wettbewerber des marktbeherrschenden Unternehmen tätig zu werden; dies gilt nicht, wenn das marktbeherrschende Unternehmen nachweist, dass die Mitbenutzung aus betriebsbedingten oder sonstigen Gründen nicht möglich oder nicht zumutbar ist".

5.2.2.1 Die zunehmende Konzentration und Oligopolisierung in der deutschen Elektrizitätswirtschaft seit 1998

Während der ersten rot-grünen Legislaturperiode ist der Erzeugermarkt in der deutschen Elektrizitätswirtschaft aufgrund zahlreicher Fusionen von neun auf mittlerweile noch vier Verbundunternehmen zusammengeschmolzen. Den Anfang der Fusionswelle machten die Konzerne RWE und VEW, deren Fusion zu einem neu strukturierten *RWE-Konzern* im Juni 2000 bzw. Juli 2000 durch die Europäische Kommission und das BkartA genehmigt wurde. Die zweite wichtige Fusion war die des VEBA- und VIAG-Konzerns mit den Stromtöchtern PreussenElektra und Bayernwerk zur E.ON AG.[305] Bei der RWE-Fusion setzte das BkartA als wichtige *Auflagen* durch, dass sich der Konzern neben einem Rückzug aus den ostdeutschen Unternehmen VEAG und LAUBAG von seinen Unternehmensanteilen am neuen E.ON-Konzern trennen müsse. Weitere Forderungen betrafen den Verzicht auf das bei der Durchleitung von Strom auf der Verbundebene praktizierte Zwei-Zonen-Modell sowie die Trennung von einer 63-prozentigen RWE-Beteiligung am ostdeutschen Regionalversorger Envia Energie Sachsen Brandenburg AG, die ein Jahr zuvor aus den ostdeutschen Regionaltöchtern des RWE-Konzerns gebildet worden war (Leuschner 2000b).

Für die Fusion des VEBA- und des VIAG-Konzerns mit den Stromtöchtern PreussenElektra und Bayernwerk zur *E.ON AG* setzte das BkartA als Auflagen durch, dass beide Konzerne bedeutende Anteile am ostdeutschen Stromkonzern VEAG und seinem Braunkohlelieferanten LAUBAG abgeben mussten. Weitere *Auflagen* bestanden in der Abtretung von Beteiligungen an den Unternehmen VEW, BEWAG und HEW sowie auf der Zustimmung zur Abschaffung des genannten Zwei-Zonen-Modells bei der Erhebung von Transportentgelten bei der in Verhandlung stehenden VV II (s.S. 312ff.). Außerdem sollte der VEBA-Konzern einen Teil seiner Stromleitungskapazitäten nach Dänemark für Konkurrenten öffnen, um Stromimporte aus Skandinavien zu erleichtern. Ende Juni 2000 stimmten schließlich die Aktionäre von VEW und RWE der geplanten Fusion unter den genannten Auflagen zu. Mitte Juli 2000 vollzogen auch PreussenElektra und das Bayernwerk ihre Verschmelzung zur E.ON AG.

Mit den beiden Unternehmensfusionen kündigte sich auf der Verbundebene der Einstieg eines weiteren großen europäischen Stromkonzerns in den nord- und ostdeutschen Energiesektor an. Bereits im April 2000 hatte der größte skandinavische Stromversorger *Vattenfall* eine Mehrheit von 71 Prozent an den Hamburgischen Electricitätswerken (HEW) erworben. Kurz darauf kündigten die HEW im August 2000 an, die Mehrheit an der Berliner BEWAG übernehmen zu wollen. Der geplanten Fusion mit der BEWAG stimmte das BkartA Mitte Dezember 2000 zu. Gleichzeitig übernahmen die HEW im Dezember 2000 bedeutende Anteile an dem ostdeutschen Stromversorgern VEAG und dem Braunkohleunternehmen LAUBAG, die durch die Entflechtungsvorgaben für den neuen E.ON- und den RWE-Konzern zur Disposition standen. Über den Erwerb der HEW schickte sich das skan-

---

[305] Sowohl EU-Wettbewerbskommissar Monti wie auch BkartA-Präsident Böge trugen Mitte April 2000 fast gleichlautende Vorbehalte gegen beide Großfusionen vor: Mit seiner Gründung würde die E.ON AG über mehr als 100 Beteiligungen an kommunal geprägten Regionalversorgern und Stadtwerken erhalten. Im Großkundengeschäft würde das neue Erzeugerduopol aus RWE und E.ON einen Marktanteil von über 70 Prozent und im Kleinkundengeschäft von über 55 Prozent erlangen. Beim Stromhandel würde der Marktanteil des Duopols sogar bei 85 Prozent liegen. Außerdem kontrolliere das Duopol mehr als 80 Prozent der inländischen Erzeugungskapazitäten und den Großteil der Netzverbindungen zum Ausland und damit der Importmöglichkeiten (Leuschner 2000a).

dinavische Energieunternehmen an, in Deutschland nach der RWE AG und der E.ON AG das drittgrößte Verbundunternehmen zu werden. Anfang Mai 2001 gab der Berliner Senat seine politische Zustimmung für die Übernahme der BEWAG durch die HEW (FT 04.05.2001b). Zur gleichen Zeit, also Anfang Mai 2001, erteilte die für die Treuhandverwaltung der VEAG und LAUBAG zuständige BvS als Nachfolgeorganisation der THA ihre Erlaubnis zum Verkauf von gut 85 Prozent der VEAG- und ca. 90 Prozent der LAUBAG-Anteile an die HEW. Für ihre Einwilligung zu dieser Transaktion hatte die Bundesregierung gegenüber den HEW auf einer Arbeitsplatzgarantie für die ostdeutsche Stromwirtschaft und die Abnahme von jährlich 50 Mrd. kWh Strom bis Ende 2008, der in ostdeutschen Braunkohle-Kraftwerken produziert würde, bestanden (FR 05.05.2001a). Außerdem wurde zwischen der BvS und Vattenfall vereinbart, dass der schwedische Konzern als Abfindung 412 Mio. Euro an den Bund zahlen sollte.

Nach der Zustimmung der Bundesregierung erfolgte Mitte Mai 2001 die Übertragung der ehemaligen VEAG-Anteile des E.ON- und RWE-Konzerns an den neuen Eigner HEW. Ab Mitte 2001 sollte die BEWAG in einem nächsten Schritt bis zu 43 Prozent der VEAG übernehmen. Im weiteren Verlauf konkretisierten sich die Planungen zum Aufbau einer „Neuen Kraft" im deutschen Elektrizitätssektor. Die vier Unternehmen VEAG, LAUBAG, BEWAG und HEW wollten zügig eine gemeinsame Vertriebsstrategie festlegen, um als starker Konzern gegen die Konkurrenz des Duopols aus RWE und E.ON anzutreten (FR 07.06.2001c).[306] Ende September 2001 drohten die Pläne zur Fusion aber an zunehmenden Streitigkeiten zwischen den Vorständen des Vattenfall-Konzerns und des US-amerikanischen Unternehmens Mirant zu scheitern. Der Mirant-Konzern war zum damaligen Zeitpunkt noch zu 45 Prozent an der BEWAG beteiligt. Dabei ging es vor allem um die Vormachtstellung und Mehrheit beim Berliner Energieversorger BEWAG.[307] Anfang Dezember 2001 verkündete Mirant aber seinen überraschenden Rückzug vom ostdeutschen Stromsektor und verkaufte seine BEWAG-Anteile zu einem Verkaufspreis von mehr als 1,6 Mrd. US-$ an den Vattenfall-Konzern (SZ 04.12.2001o). Der Weg zur Gründung der „Neuen Kraft" war endgültig frei. Der Vattenfall-Konzern war seinem Ziel, zu einem europäischen Player im Energiesektor aufzusteigen, ein ganzes Stück näher gerückt. In einer Pressekonferenz begrüßte Bundeskanzler Schröder Ende Februar 2002 gemeinsam mit dem Vorstandsvorsitzenden des Vattenfall-Konzerns Joseffson die Anfang 2003 bevorstehende Gründung des neuen ostdeutschen Stromunternehmens, die kurz zuvor vom BkartA genehmigt worden waren (FAZ 20.02.2002d, SZ 20.02.2002e).

Schließlich ist in der Frage des Konzentrationsprozesses in der deutschen Stromwirtschaft noch auf den Einstieg des französischen Stromriesen EdF zu Beginn des Jahres 2001 beim baden-württembergischen Verbundunternehmen EnBW zu verweisen. Anfang Februar 2001 genehmigte die Europäische Kommission den Einstieg der Franzosen bei der EnBW zu 25 Prozent unter der Auflage, dass die EdF ihren Wettbewerbern im heimischen

---

[306] Nach Schätzungen des VDEW würde sich nach einem Zusammenschluss der vier früheren ÜNB zu Vattenfall der Anteil der vier Verbundunternehmen an der inländischen Stromerzeugung wie folgt aufteilen: RWE 32 Prozent, E.ON 30 Prozent, Vattenfall 12 Prozent, EnBW 7 Prozent, Sonstige (Stromimporte und industrielle Stromerzeugung) 19 Prozent (BMWA 2003, 12).

[307] Die wichtigsten Streitpunkte zwischen dem Mirant- und dem Vattenfall-Konzern betrafen laut Presseberichten zum einen vorzeitige Personalentscheidungen bei der Besetzung des künftigen HEW-Vorstands. Außerdem befürchtete Mirant, dass der Vattenfall-Konzern bei der Gründung der „Neuen Kraft" vor allem der BEWAG die Fusionslasten aufbürden wollte (SZ 11.09.2001j, SZ 27.09.2001k).

Markt Erzeugungskapazitäten von 6.000 MW zur Verfügung stellt und gleichzeitig etwa 30 Prozent des französischen Industriekundensektors für Konkurrenten öffnet.

Auch mit der Bildung des Vattenfall-Konzerns ging das BkartA von einer oligopolistischen, ja sogar duopolistischen Marktstruktur in der deutschen Elektrizitätswirtschaft aus. Die beiden Konzerne RWE und E.ON würden ihre Wettbewerber in sämtlichen bedeutsamen Marktstrukturdaten auf allen sachlich relevanten Strommärkten weit überragen. Die Angebotsstruktur in der Erzeugung wäre hochkonzentriert und das Wettbewerbspotential durch zahlreiche Faktoren eingeschränkt. Das Höchstspannungsübertragungsnetz würde zu 80 Prozent von den vier Verbundunternehmen kontrolliert. Weil weiterhin starke Importbeschränkungen herrschten, wäre auch die EnBW trotz ihrer Verflechtung mit der EdF nicht in der Lage, die Verhaltensspielräume des Duopols RWE/E.ON zu begrenzen (Becker 2001). Erschwerend kam das BkartA zu der Einschätzung, dass die beiden Stromkonzerne Wettbewerbshandlungen ihrer untergeordneten Beteiligungsunternehmen wirksam unterdrückten.[308] Besonders die zahlreichen Beteiligungen der Verbundunternehmen an den Regionalversorgern und den Stadtwerken sowie Verflechtungen zwischen den großen Stromkonzernen würden sich negativ auswirken.[309]

Ab der zweiten Jahreshälfte 2001 mehrten sich die Anzeichen, dass die E.ON AG mit der Übernahme des bedeutendsten deutschen Gasimporteurs und -verteilers, der Ruhrgas AG, die bisher weitreichendste Unternehmensakquisition im deutschen Energiesektor mit dem Ziel anstrebte, das Unternehmen zu einem *"Global Player"* zu gestalten. Zu diesem Zweck versuchte der E.ON-Konzern seit Juli 2001, die auf verschiedene deutsche Konzerne verstreuten Aktienbeteiligungen an der Ruhrgas AG aufzukaufen. Die politischen Reaktionen auf die Fusionspläne fielen seitens der Bundesregierung – also von Bundeskanzler Schröder und Bundeswirtschaftminister Müller – von Beginn an positiv aus. Bundeskanzler Schröder hatte bereits im Herbst 2001 zugesagt, die Fusionspläne wohlwollend zu begleiten. Kurz darauf verwies Anfang November Bundeswirtschaftsminister Müller auf dem Steinkohletag in Essen vor dem Hintergrund der Expansionsbesetrebungen anderer europäischer Energiekonzerne (EdF, Vattenfall) auf die Bedeutung starker deutscher Energieunternehmen im globalen Wettbewerb (FAZ 19./20.01.2002a, SZ 19./20.01.2002a).

Im November 2001 kündigte E.ON an, in der Frage einer Übernahme der Ruhrgas-Aktien der Bergemann-Gruppe (RWE, ThyssenKrupp, Vodafone) einig geworden zu sein, so dass eine Mehrheitsübernahme des Gaskonzerns vollzogen werden könnte. Allerdings erhob noch Ende November 2001 das BkartA schwere wettbewerbsrechtliche Bedenken gegen eine Übernahme der BP-Tochter und Ruhrgas-Beteiligungsholding Gelsenberg AG und erteilte einem geplanten Tauschgeschäft zwischen E.ON und BP, bei dem der E.ON-Konzern seine Tochtergesellschaft Veba Oel an BP abgeben wollte, Anfang Dezember eine

---

[308] Wegen ihres geringen Nachfragevolumens vermochten weder die regionalen Versorgungsunternehmen noch die Stadtwerke, die Verhaltensspielräume der marktbeherrschenden Anbietergruppe zu relativieren. Eventuelle Bestrebungen, den Stromlieferanten zu wechseln, würden durch Androhung einer Direktbelieferung von Sondervertragskunde sanktioniert, die bisher durch das lokale oder regionale Versorgungsunternehmen versorgt wurden.

[309] Die E.ON AG beherrschte über Tochtergesellschaften z.B. die Regionalversorgung in vier Bundesländern fast autonom, wobei in Bayern alle Regionalversorger fusioniert waren. Auch die E.ON-Beteiligungen an den Thüringer Regionalversorgern ENAG, SEAG und OTEV waren schon früh zur TEAG fusioniert worden. In Schleswig-Holstein dominierte die E.ON-Tochter Schleswag und in Niedersachsen die E.ON-Tochter Avacon den regionalen Markt. In Südniedersachsen und im nördlichen Hessen versorgten die E.ON-Tochter EAM und im Harz die zum Bayernwerk gehörenden Contigas- bzw. Thügatochter Licht- und Kraftwerke Harz (LKH) den regionalen Markt.

Abmahnung. Der Hauptkritikpunkt war, dass mit der Fusion die marktbeherrschende Stellung von E.ON weiter verstärkt würde. Ein durch die Übernahme der Ruhrgas AG voll integrierter E.ON-Konzern könne im Gasgeschäft seinen übrigen Tochtergesellschaften die Bezugsbedingungen oktroyieren. Den Argwohn des BkartA löste in diesem Zusammenhang vor allem die umfangreiche E.ON-Beteiligung am Münchner Thüga-Konzern mit 57,3 Prozent aus. Die Thüga hielt zum damaligen Zeitpunkt bundesweit Beteiligungen an rund 100 Stadtwerken, die alle potentielle Kunden für das künftige E.ON-Gasgeschäft darstellten (SZ 19./20.01.2002a). Vor dem Hintergrund der internationalen Erfahrung, dass in den liberalisierten Märkten die Gasverstromung potentiell an Bedeutung gewinnt, wurden besonders für die kommunalen Unternehmen Wettbewerbsverzerrungen bei der internationalen Gasbeschaffung befürchtet. Am 19. Januar 2002 untersagte die oberste deutsche Wettbewerbsbehörde die geplante Übernahme des 25,5-prozentigen Ruhrgasanteils der Deutschen BP durch E.ON endgültig.

Für die Beurteilung der Wirkung einer derartigen Fusion erwies sich in diesem Kontext das *Problem der sachlichen und räumlichen Abgrenzung des relevanten Marktes* als maßgeblich. Bei seiner wettbewerbs- und fusionsrechtlichen Prüfung zielte das BkartA vorrangig auf den deutschen Markt ab. Aufgrund des fehlenden Wettbewerbs beim Gas und den vielfach kritisierten fehlenden Durchleitungsregeln argumentierte das BkartA sogar, dass für eine Bewertung der Wettbewerbseffekte der Fusion nicht der gesamte deutsche Markt zugrunde gelegt werden könne. Durch eine Fusion würde der E.ON-Konzern seine beherrschende Stellung bei der Belieferung von Gasgroßkunden und Stadtwerken regional besonders im norddeutschen Verbundgebiet weiter verstärken. Als Erstbelieferer von Gas-Weiterverteilern verfüge die Ruhrgas eindeutig über eine marktbeherrschende Stellung, und zwar sowohl innerhalb des eigenen Netzgebietes mit rund 88 Prozent Marktanteil als auch auf dem gesamten nationalen Markt mit rund 58 Prozent. Demgegenüber fasste der E.ON-Konzern die zu berücksichtigenden Marktgrenzen sehr viel weiter und argumentierte mit einem angeblichen europäischen und globalen Wettbewerbsmarkt. Das BkartA vernachlässige, so der E.ON-Vorwurf, dass die Liberalisierung auf internationalen Märkten zu starkem Wettbewerb geführt habe und sich die Ruhrgas bereits heute in direkter Konkurrenz mit der niederländischen Gasunie, BP, Shell, Exxon und der Gaz de France befinde (FAZ 21.01.2002b).[310]

In einer Gegenstellungnahme wies BkartA-Präsident Böge die Kritik des E.ON-Vorstands zurück, bei der Bewertung der Wettbewerbseffekte nur die regionalen Dimensionen zu berücksichtigen. Schon die Genehmigungen Veba/Viag und RWE/VEW widerlegten diese Kritik. Allerdings ändere der internationale Wettbewerb nichts an der nationalen marktbeherrschenden Stellung des Unternehmens, die für den Verbraucher letztlich entscheidend sei. Dieses Argument wöge umso schwerer, weil bereits im deutschen Markt die Gasdurchleitung durch fremde Netze, die ebenso wie beim Strommarkt über freiwillige Verbändevereinbarungen reguliert wurde, nur unzureichend funktioniere. Darüber hinaus wäre ein europäischer Gasmarkt noch nicht relevant (FAZ 22.01.2002c).

---

[310] Auf europäischer Ebene rangierte die niederländische Gasunie auf Platz eins (Marktanteil 19 Prozent), wobei die beiden Ölmultis Exxon und Shell jeweils ein Viertel der Anteile hielten. Rang zwei nahm die italienische ENI mit ihrer Gastochter SNAM ein. Auf Platz drei folgte der deutsche Ruhrgas-Konzern (13 Prozent). Der Ruhrgas AG fehlten im Jahr 2001 aber die finanziellen Mittel zu einer weiteren Expansion, so dass das Unternehmen bei der Übernahme der tschechischen Gasversorgung dem Konkurrenten RWE unterlag, der damit auf Platz fünf der Europäischen Player aufstieg. Vor diesem lag auf Platz vier die Gaz de France.

Bereits vor einer möglichen Kartellamtsuntersagung der E.ON-Ruhrgas-Fusion hatten sich beim E.ON-Konzern Überlegungen durchgesetzt, zur Fusionsgenehmigung eine Ministererlaubnis nach § 42 GWB zu beantragen.[311] Danach muss der Bundeswirtschaftsminister prüfen, ob „im Einzelfall die Wettbewerbsbeschränkung von gesamtwirtschaftlichen Vorteilen des Zusammenschlusses aufgewogen wird oder der Zusammenschluss durch ein überragendes Interesse der Allgemeinheit gerechtfertigt ist" (§ 42 GWB). Vor seiner Entscheidung hat der Bundeswirtschaftsminister eine Stellungnahme der MK einzuholen. In seiner abschließenden Entscheidung ist der Minister nicht an diese Empfehlung gebunden, sondern kann nach persönlicher Abwägung entscheiden.[312] Über dieses Verfahren kann der Bundeswirtschaftsminister Fusionen nachträglich durchsetzen und vorherige Entscheidungen des BkartA nivellieren.

Am 19. Februar 2002 beantragte E.ON deshalb die Ministererlaubnis beim BMWi und begründete diesen Schritt damit, dass sich mit einem Einstieg bei Ruhrgas die Wettbewerbsfähigkeit des Unternehmens entscheidend verbessern würde. Es läge im nationalen Interesse, dass Deutschland bei der Versorgung mit Erdgas nicht nur am Ende der Versorgungskette stünde, sondern stärker in der Erschließung und Exploration von Gasfeldern tätig würde. Der Ruhrgas AG fehle derzeit die Kapitalkraft für die erforderlichen Investitionen im Fördergeschäft (SZ 20.02.2002d). Bereits zu Beginn wurde das Ministererlaubnisverfahren grundlegend kritisiert, weil das Prinzip größtmöglicher Objektivität in diesem Verfahren a priori verletzt wäre.[313] Am 28. Februar 2002 untersagte das BkartA der E.ON AG nach dem Verbot einer Übernahme der Beteiligungsholding Gelsenberg AG auch die Übernahme der weiteren Ruhrgas-Beteiligungsholding Bergemann GmbH. Die negativen Folgen für den Wettbewerb wären qualitativ und quantitativ noch gravierender als bei dem Erwerb der Gelsenberg AG. Daraufhin beantragte E.ON Anfang März 2002 für diese Untersagung die zweite Ministererlaubnis.

Mitte März ruderte dann der Europäische Wettbewerbskommissar Monti mit seiner vorherigen Kritik am Verfahren der deutschen Ministererlaubnis zurück und gab bekannt, keine grundlegenden Einwände gegen eine Anwendung dieses Instruments mehr zu haben. Auf nationaler Ebene sollten die Mitgliedstaaten ihr Wettbewerbsrecht selber gestalten können (SZ 13.03.2002h). Am 21. Mai 2002 legte die MK schließlich ihr Gutachten zur beantragten E.ON-Ruhrgas-Fusion vor (Monopolkommission 2002a). Darin gelangten die vier Sachverständigen mit einem Mehrheitsvotum von drei zu eins zu dem Ergebnis, dass

---

[311] Nach der negativen BkartA-Entscheidung zur Übernahme der Minderheitsbeteiligung von 25,5 Prozent der Beteiligungsholding Gelsenberg AG musste der E.ON-Konzern davon ausgehen, dass auch die im November 2000 angemeldete Übernahme der zweiten Beteiligungsholding Bergemann GmbH nicht freigegeben würde.

[312] Das Instrument der Ministererlaubnis wurde 1973 in das deutsche Wettbewerbsrecht eingeführt. Seitdem wurden sechzehn Anträge zur Gewährung einer solchen Erlaubnis gestellt, von denen jedoch nur sechs im Sinne der Unternehmen entschieden wurden. In insgesamt drei Fällen setzte sich dabei der Wirtschaftsminister über die Empfehlung der MK hinweg (Zusammenschlüsse Veba/Gelsenberg 1974, BP/Veba 1975 sowie Babcock/Artos 1976). Vor der E.ON/Ruhrgas-Entscheidung lag die letzte Ministererlaubnis bereits dreizehn Jahre zurück: Im Jahr 1989 entschied der damalige Wirtschaftsminister Hausmann (FDP) zugunsten einer Fusion von MBB durch Daimler-Benz (FAZ 22.05.2002i).

[313] Der entscheidungsverantwortliche Bundeswirtschaftsminister Dr. Müller war vor seinem Wechsel in die Politik lange Jahre Manager im E.ON-Konzern aufgegangenen Veba-Konzerns. Von europäischer Seite kritisierte auch Wettbewerbskommissar Monti das Ministererlaubnisverfahren: „Wenn wir [die EU-Kommission, der Verfasser] eine Fusion verbieten würden, und die Unternehmen dann zum Ministerrat gehen könnten, um sie doch erlaubt zu bekommen, dann wäre das schlecht für die Glaubwürdigkeit der Wettbewerbspolitik" (SZ 25.02.2002g).

die Ministererlaubnis nicht erteilt werden sollte. Auch eine Genehmigung unter Auflagen käme nicht in Betracht. Gegen die Fusion sprächen *„besonders schwerwiegende Wettbewerbsbeeinträchtigungen"*, weil durch die geplante Übernahme das Auftreten von Marktschließungseffekten zu befürchten wäre und die gerade erst begonnene Öffnung des Gassektors gefährdet würde. Zusätzlich würden die bereits bestehenden marktbeherrschenden Stellungen auf dem Strom- und Gasmarkt verknüpft und dadurch zusätzlich verstärkt. Durch die Fusion würde E.ON in die Lage versetzt, Verträge für Strom- und Gaslieferungen zu koppeln und unabhängige Stromerzeuger, die auf Gaslieferungen angewiesen sind, durch eine entsprechende Preisgestaltung zu behindern. Diese Bedenken wögen umso schwerer, weil die Wettbewerbsintensität im deutschen Stromsektor bereits abnehme und auf dem Gassektor eine *„nahezu wettbewerbslose Struktur"* vorherrsche (FAZ 22.05.2002i). Die MK folgte auch nicht der E.ON-Argumentation nach der geforderten Ausweitung der Beurteilungsmaßstäbe auf die internationalen Beschaffungsmärkte und das damit verbundene Argument zusätzlicher Versorgungssicherheit. Auch das Argument zunehmenden europäischen und globalen Wettbewerbs ließ die Kommission nicht gelten, weil der Wettbewerb nur innerhalb der Landesgrenzen statt fände und von einer Konkurrenz zwischen den Stromproduzenten der EU allenfalls in Ansätzen die Rede sein könne.[314] Entsprechend bewerteten die Sachverständigen auch die vom E.ON-Konzern hervorgehobenen Vorteile einer vertikalen Integration als *„durchweg zweifelhaft"*. Während das Argument der steigenden Versorgungssicherheit nicht hinreichend belegt würde, könne eine Steigerung der Wettbewerbsfähigkeit auf den internationalen Beschaffungs- und Absatzmärkten in Anbetracht der ohnehin schon sehr starken internationalen Position der betreffenden Unternehmen kein kartellrechtlich hinreichender Grund für die Zustimmung zu einer Ministererlaubnis sein (FAZ 22.05.2002i).

Für rechtliche Unsicherheit sorgte im MK-Gutachten die Empfehlung, dass eine Ministererlaubnis durch das BMWi erst dann getroffen werden solle, wenn die Europäische Kommission die geplante Fusion vom Kartellverbot des EG-Vertrags freigestellt habe. Allerdings war fraglich, ob das europarechtliche Kartellverbot (Art. 81 EG: Kartellverbot, Art. 82 EG: Verbot des Missbrauchs einer marktbeherrschenden Stellung) im Fall der E.ON-Ruhrgas-Fusion anwendbar war. Zwar kam ein Rechtsgutachten der Kartellrechtler Wieland und Hermes zu dem Ergebnis, dass bei einer Ministererlaubnis für die E.ON-Ruhrgas-Fusion hinreichende Anhaltspunkte dafür vorlägen, dass die Fusion sowohl gegen Art. 81 EG als auch Art. 82 EG verstoße (Hermes/Wieland 2002a).[315] Überdies hatte der EuGH in früheren Urteilen entschieden, dass die Regelungen des EG-Vertrags für Unter-

---

[314] Der E.ON-Vorstand hatte noch kurz zuvor die *„enge Sicht des Bundeskartellamtes"* kritisiert, mit der die energiewirtschaftlichen Realitäten des Wettbewerbs in Europa verkannt würden. Vielmehr stünde die Vollendung des einheitlichen Europäischen Binnenmarktes für Energie kurz bevor (FAZ 21.05.2002h). Dass der E.ON-Vorstand an dieser Stelle ein verzerrtes Bild des Europäischen Binnenmarktes für Energie zeichnete, ist mit den Benchmarkingberichten der EU-Kommission zum Stand der Energiemarkt-Liberalisierung, die gerade ein halbes Jahr zuvor veröffentlicht worden waren, zu belegen (Europäische Kommission 2001c, s.S. 408).

[315] Weil bei einer Fusion von E.ON und Ruhrgas der Fall eines Marktstrukturmissbrauchs eintrete, argumentierten die Gutachter für einen Verstoß gegen Art. 82 EG (*Missbrauch einer marktbeherrschenden Stellung*). Danach sei es marktbeherrschenden Unternehmen untersagt, ihre Stellung derart zu verstärken, dass auf dem Markt nur noch von ihnen abhängige Unternehmen verbleiben. Gleiches gilt, wenn das betreffende Unternehmen seinen Vertrieb derart organisiert, dass Wettbewerber keine selbständigen Unternehmen für den eigenen Vertrieb finden können. Da im konkreten Fall außerdem von einer Beeinträchtigung des zwischenstaatlichen Handels auszugehen wäre, lägen zusätzlich Anhaltspunkte für einen Verstoß gegen Art. 82 EG vor (Hermes/Wieland 2002a, 162).

nehmenszusammenschlüsse gelten würden. Weil entsprechende Vorschriften im EG-Vertrag jedoch nicht ausdrücklich geregelt waren, hatten die Mitgliedstaaten im Jahr 1989 eine Fusionskontrollverordnung (FKV) erlassen, durch die wettbewerbsschädigende Zusammenschlüsse verhindert werden sollten. Für die Beurteilung der „Gemeinschaftsrelevanz" einer Fusion wurden in der FKV Schwellenwerte festgelegt, nach denen eine Fusion zum einen dann als „europäisch relevant" einzustufen ist, wenn die Umsätze der beteiligten Unternehmen eine bestimmte Größenordnung erreichen. Zum anderen muss sich die Marktbeherrschung des Unternehmens auf mehrere Mitgliedstaaten verteilen. Dies sei nicht der Fall, wenn das Unternehmen zwei Drittel seines gemeinschaftsweiten Umsatzes im Inland erzielt. Weil Letzteres bei der E.ON-Ruhrgas-Fusion nicht zutraf, ging die Europäische Kommission (GD Wettbewerb) im Gegensatz zu den genannten Gutachtern davon aus, dass die Voraussetzungen für eine Anwendung der FKV nicht erfüllt waren.

In der Ende Mai 2002 zum Ministererlaubnisverfahren durchgeführten öffentlichen mündlichen Verhandlung bekundeten die BMWi-Vertreter ihre Absicht, die Erlaubnis für die E.ON-Ruhrgas-Fusion unter Auflagen zu gewähren. Als Voraussetzung hierzu sollten sich die beiden Unternehmen von ihrer zusammen gut 40-prozentigen Beteiligung an der ostdeutschen Verbundnetz Gas AG und E.ON von seiner Beteiligung an der Gelsenwasser AG trennen. Weitere Auflagen betrafen die Änderung und Stornierung langfristiger Gaslieferveräge der Ruhrgas AG sowie Zugeständnisse an Wettbewerber für einen leichteren Zugang zum Erdgasleitungsnetz. Allerdings konnte das BMWi gegenüber E.ON seine Forderung nicht durchsetzen, die Stadtwerkeholding Thüga mit rund 130 Beteiligungen zu verkaufen (FAZ 2002k). Kurz nach der mündlichen Verhandlung wurden dem BMWi schwerwiegende Verfahrensfehler vorgeworfen. Trotzdem erteilte die Bundesregierung am 05. Juli 2002 die Ministererlaubnis, die aber bereits am 11. Juli 2002 durch eine vorläufige Anordnung des Kartellsenats des OLG Düsseldorf in ihrer Wirkung aufgeschoben wurde. Bereits im Verlauf der mündlichen Verhandlung vor dem OLG Düsseldorf am 29. Mai 2002 waren grundlegende verfassungsrechtliche Bedenken laut geworden. So erhob der Verwaltungsrechtler Becker wegen der Delegation der Entscheidungsbefugnis für die Ministererlaubnis auf Staatssekretär Tacke eine Zuständigkeitsrüge mit der Begründung,

> „dass an Stelle des Bundeswirtschaftsministers der in gleicher Weise in politischer Verantwortung stehende und nach der Geschäftsordnung der Bundesregierung in Vertretung zuständige Bundesfinanzminister [im Verfahren der Ministererlaubnis, Verfasser] zu entscheiden habe. Auch wird hinsichtlich des Staatssekretärs Dr. Tacke die Besorgnis der Befangenheit gesehen" (Hermes/Wieland 2002b, 268).

Diese Einschätzung wurde kurze Zeit später durch ein Rechtsgutachten der Verfassungs- und Verwaltungsrechtler Hermes und Wieland untermauert (Hermes/Wieland 2002b). Im Wesentlichen ging es dabei um die Frage, ob ein beamteter Staatssekretär überhaupt eine Ministererlaubnis erteilen dürfe. Aus der Historie der deutschen Fusionskontrolle leiteten die Autoren der Studie ab, dass sich der Gesetzgeber in den 1970er Jahren in der Frage der Kompetenzabgrenzung bei Fusionsentscheidungen zwischen MK, BkartA und Bundeswirtschaftsminister bewusst gegen eine anfangs intendierte Alleinzuständigkeit einer unabhängigen MK entschieden habe, weil die mit einer Ministererlaubnis verbundenen Aufgaben *nicht einer Institution ohne politischer Verantwortung* übertragen werden sollten. Sowohl der damalige Wirtschaftsausschuss des Bundestages wie auch der Bundesrat schlugen damals vor, die Kompetenzen zur politischen Entscheidung über Ausnahmeerlaubnisse von

Fusionsfällen dem Bundeswirtschaftsminister zu übertragen, *weil dieser* anders als z.B. das BkartA *unmittelbar parlamentarisch kontrolliert werde*. Entsprechend hatte der Bundestag im Verfahren der Ministererlaubnis die Entscheidungsbefugnis von der Bundesregierung als Kollegialorgan auf den *„parlamentarisch unmittelbar verantwortlichen"* Bundeswirtschaftsminister verlagert, um so über das Instrument der Ministerverantwortlichkeit hinreichende parlamentarische Kontrolle ausüben zu können (Hermes/Wieland 2002b, 267-268).

In Anlehnung an die historische Entwicklung des Fusionsrechts argumentierten die beiden Gutachter, dass der Gesetzgeber in § 42 GWB unmissverständlich zum Ausdruck gebracht habe, dass der Minister selbst und nicht das unter seiner Leitung stehende Ministerium über den Antrag auf Ministererlaubnis entscheiden muss. Träfe dagegen ein beamteter Staatssekretär wie Tacke die Entscheidung,

> „kann diese Entscheidung vom Bundesminister für Wirtschaft Dr. Müller nicht in seiner Eigenschaft als selbständiges Regierungsorgan gegenüber dem Parlament verantwortet werden" (Hermes/Wieland 2002b, 274).

Gerade weil eine parlamentarische Kontrolle beamteter Staatssekretäre ins Leere liefe, müsse bei der Ministererlaubnis die Verantwortlichkeit auf eine, der parlamentarischen Verantwortlichkeit fähige, andere Person übertragen werden, die nach § 14 Abs. 1 GO Breg nur der zur Vertretung berufene Bundesminister sein könne. Die Übertragung der Verantwortlichkeit auf den beamteten Staatssekretär würde eine unzulässige Schwächung der Ministerverantwortlichkeit bedeuten, die in unübersehbarem Widerspruch zu der in § 42 GWB manifestierten Intention des Parlaments stünde, die politische Entscheidung zur Ministererlaubnis bewusst dem Minister und nicht seinem Ministerium zuzuordnen. Die Gutachter gelangten deshalb zu der abschließenden Bewertung:

> „Im Ergebnis muss folglich der Bundesminister der Finanzen den wegen Besorgnis der Befangenheit an einem Tätigwerden gehinderten Bundesminister für Wirtschaft vertreten. Eine Vertretung des Ministers durch den beamteten Staatssekretär Dr. Tacke genügt hingegen nicht den sich aus § 42 GWB und § 14 Abs.1 GO Breg ergebenden Anforderungen, weil der beamtete Staatssekretär nicht in der rechtlich zwingend gebotenen Verantwortlichkeit gegenüber dem Parlament steht" (Hermes/Wieland 2002b, 275).

Vor diesem Hintergrund mehrten sich die Stimmen der Fusionsgegner, gegen die Ministererlaubnisentscheidung des BMWi beim OLG Düsseldorf Beschwerde zu erheben.[316] Dabei wurde auch kritisiert, dass sowohl der Bundeswirtschaftsminister als auch sein Staatssekretär bei der öffentlichen Anhörung nicht anwesend waren, obwohl § 56 Abs. 3 GWB eine Anwesenheitspflicht des Ministers bzw. seines Stellvertreters bei der mündlichen Verhandlung vorschreibt. Überdies hätten die politisch Verantwortlichen im BMWi gegen das Gebot auf rechtliches Gehör verstoßen, weil es offenbar noch kurz vor Erteilung der Ministererlaubnis, genauer am 03. Juli 2002, zu neuen Auflagen und finanziellen Zugeständnissen gekommen war, die Staatssekretär Tacke den Vorständen von E.ON und Ruhrgas abgerungen hatte. Zu diesen Änderungen hätten die Wettbewerber vor der Fusionsentscheidung gehört werden müssen.

---

[316] Weitere Kritiker der Ministererlaubnis zur E.ON-Ruhrgas-Fusion waren neben den unmittelbar betroffenen deutschen Gasunternehmen (s.u.) der Bund der Energieverbraucher, das DIW und der DIHT.

Die Energiehandelsunternehmen Ampere und Trianel, die Stadtwerke Aachen und Rosenheim, der amerikanische Energiekonzern TXU und die EnBW mit ihrer Beteiligungsgesellschaft Concorde legten deshalb gegen die Ministererlaubnis beim zuständigen Kartellsenat des OLG Düsseldorf Beschwerde ein. Wegen formaler Fehler im mündlichen Verfahren verfügte der Kartellsenat eine einstweilige Anordnung und untersagte am 02. August 2002 den Vollzug der Fusion (SZ 05.08.2002o). Im Verlauf des Augusts 2002 schien die Entwicklung auf eine Revision des gesamten Verfahrens hinauszulaufen. Mitte August setzte das zuständige BMWi eine erneute mündliche Verhandlung für den 05. September an, mit der nach den Bestimmungen des Verwaltungsverfahrensgesetzes die Fehler der ersten Anhörung geheilt werden sollten (FAZ 17./18.08.2002n). Bereits mit Beginn der mündlichen Anhörung am 05. September 2002 wurde aber deutlich, dass es keine schnelle Einigung geben würde. Die Fusionsgegner forderten für eine Belebung des Wettbewerbs in der deutschen Gaswirtschaft tiefgreifende Auflagen gegenüber E.ON und Ruhrgas. Nur eine Woche später unterbreitete Staatssekretär Tacke einen aktualisierten Auflagenkatalog, der von den Fusionsgegnern aber als völlig unzureichend kritisiert wurden. Außerdem wurde bemängelt, dass den Fusionsgegnern erneut eine unzumutbar kurze Frist von drei Tagen gewährt worden war, um gegen die neuen Auflagen Einwände vorzubringen.

Mit der Neuauflage des Verfahrens wurde auch der MK Gelegenheit gegeben, erneut Stellung zum geplanten Fusionsvorhaben zu beziehen. Dieser Möglichkeit kam das Wettbewerbsgremium nach (Monopolkommission 2002b). In ihrem Gutachten sprach sich die Kommission erneut gegen die Fusion aus und hob hervor, dass sie die in der Begründung der Ministererlaubnis vollzogene Mindergewichtung der vom BkartA festgestellten Wettbewerbsbeschränkungen gegenüber dem nationalen Interesse für rechtlich und inhaltlich problematisch erachte. Ferner wären die in der ersten Ministererlaubnis definierten Auflagen halbherzig und würden allenfalls geringe Wettbewerbswirkungen haben (Monopolkommission 2002b).

Kurz vor der zweiten Ministererlaubnis-Entscheidung wurde am 16. September 2002 bekannt, dass das BMWi seine ursprünglichen Auflagen wieder entschärft hatte. Innerhalb von sechs Jahren sollte der Ruhrgas-Konzern aus seinen Gasimportverträgen nur noch 200 Mrd. kWh auf dem freien Markt anbieten, wobei der Preis bei 95 Prozent des Importpreises liegen sollte (SZ 17.09.2002r). Die Fusionsgegner machten vor der abschließenden Entscheidung klar, dass sie die Fusionsauflagen als völlig unzureichend einstuften. Am 18. September 2002 bestätigte Staatssekretär Tacke die Ministererlaubnis unter den neuen Auflagen. Die abschließende Einigung sah vor, dass der Konzern neben seiner Trennung von der Bayerngas und den Stadtwerken Bremen insgesamt 200 Mrd. kWh Erdgas an Konkurrenten preisgünstig versteigern sollte – und zwar in sechs Tranchen, die jeweils über drei Jahre verteilt würden. Auf die erneute Erteilung der Ministererlaubnis, mit der das BMWi von einer Heilung der früheren Verfahrensfehler ausging, kündigten die Fusionsgegner an, ihre Klagen beim OLG Düsseldorf aufrechtzuerhalten (SZ 20.09.2002s).

Eine Woche vor Weihnachten 2002 gab das OLG Düsseldorf bekannt, dass die einstweilige Anordnung gegen den Vollzug der Ruhrgas-Übernahme bestehen bliebe. Die zweite mündliche Anhörung des BMWi hatte nicht zu einer Heilung der Verfahrensfehler geführt. Damit war endgültig klar, dass das Fusionsverhaben erst im sog. „Hauptsacheverfahren" abschließend entschieden würde, das spätestens zu Beginn des Frühjahrs 2003 abgeschlossen werden sollte (FAZ 18.12.2002r). In seiner Begründung wehrte sich der Kartellsenat des OLG Düsseldorf gegen den Vorwurf, er blockiere die Fusion nur aufgrund formalrechtlicher Beanstandungen. Vielmehr könnte den Aufhebungsanträgen des BMWi auch aus materiell-rechtlichen Gründen nicht stattgegeben werden. Diese Aussage wurde als Hinweis interpretiert, dass das Gericht die Ministererlaubnis auch im anstehenden Hauptsacheverfahren negativ entscheiden würde. Im Wesentlichen wurde die Entscheidung mit drei Argumenten begründet. Zum einen wäre eine nachträgliche Heilung der Verfahrensfehler aus verfahrensrechtlichen Gründen nicht möglich. Selbst wenn eine solche Möglichkeit bestünde, bliebe die bestätigte Ministererlaubnis verfahrensrechtlich fehlerhaft, weil während der zweiten Anhörung von Anfang September verfahrensrechtliche Fehler wiederholt wurden. Zum anderen erhob das Gericht erhebliche materiell-rechtliche Bedenken, weil die mit der Ministererlaubnis verküpften Auflagen gegen das GWB verstießen. Alleine die materiell-rechtlichen Bedenken wären ausreichend, die Zurückweisung der Aufhebungsanträge zu rechtfertigen (FAZ 19.12.2002s).

Mit der erneuten Bestätigung der Anordnungsverfügung durch das OLG Düsseldorf und die sich abzeichnende Verzögerung bis zu einer Entscheidung über die Ministererlaubnis nahmen deshalb die Aktivitäten des E.ON-Konzerns zu, sich mit den Beschwerdeführern außergerichtlich zu einigen (Handelsblatt 19.12.2002e). Am 29. Januar 2003 wurde berichtet, dass eine außergerichtliche Einigung unmittelbar bevorstünde, Der E.ON-Konzern wolle sich eine Einigung mit den Beschwerdeführern zwischen 300 und 500 Mio. Euro kosten lassen (SZ 29.01.2003b). Mit dem außergerichtlichen Vergleich wollten sich die Beschwerdeführer die größtmöglichen wirtschaftlichen Vorteile gegenüber dem künftigen monopolistischen Großkonzern verschaffen. Am 31. Januar 2003 gab der E.ON-Konzern bekannt, sich mit den Klägern auf eine *außergerichtliche Einigung zugunsten eines Ausgleichs* geeinigt zu haben. Damit war der Weg für die Fusion der Energieriesen E.ON und Ruhrgas endgültig frei. In den Presse- und Medienberichten wurde betont, dass sich ein Gesamtvolumen der von E.ON gemachten finanziellen Zugeständnisse nur schwer berechnen ließ. Der E.ON-Konzern bezifferte die Einigungskosten mit den Beschwerdeführern auf lediglich 90 Mio. Euro (ZfK-Tagesticker 30.01.2003a). Realiter ist aber wohl von höheren finanziellen Beträgen auszugehen. In der SZ wurde betont, dass alleine an die kleineren Kläger Sach- und Barwertleistungen im Wert von 90 Mio. Euro gezahlt würden. Entsprechend wurden mit den Beschwerdeführern *Ampere, ares energie, Gruppen-Gas- und Elektrizitätswerk Bergstraße, Stadtwerke Aachen, Stadtwerke Rosenheim* und *Trianel* Vereinbarungen getroffen, welche die Abgabe von Anlagen und Beteiligungen, Marketingzuschüsse und sonstige Geldzuschüsse umfassten.[317] Demgegenüber wurde über die Vereinbarungen mit dem wichtigsten Kläger *EnBW* Stillschweigen vereinbart. Der Preis für die Zustimmung des zähesten Verhandlungsgegners, des finnischen *Fortum-Konzerns*, der sich erst zu einem späten Zeitpunkt dem Klageverfahren angeschlossen hatte, war ein umfangreicher Aktien- und Unternehmenstausch, durch den der skandinavische Konzern eine wesentliche Verbesserung seiner Marktposition besonders in Norwegen erreichen konnte. So musste die schwedische E.ON-Tochter Sydkraft verschiedene, z.T. erst kurz zuvor erworbene Beteiligungen wieder abgeben. Der Wert der damit verbundenen Transaktionen wurde auf insgesamt 800 Mio. Euro beziffert (ZfK-Tagesticker 31.01.2003b).

Mit der E.ON-Ruhrgas-Fusion entstand Anfang Februar 2003 einer der größten privaten Industriekonzerne der westlichen Welt. Im Rückblick bleibt die Intransparenz des abge-

---

[317] Mit der Zustimmung wurden umfangreiche Konzessionen des E.ON-Konzerns zugunsten eines verbesserten Netzzugangs bei Gas erreicht (ZfK-Tagesticker 31.01.2003c).

laufenen Verfahrens der Ministererlaubnis zu kritisieren. Bereits im Sommer 2002 kritisierten Bundestagsabgeordnete von Bündnis90/Die Grünen, dass weder Kabinettsmitglieder noch das Parlament aufgrund der verfassungsrechtlich höchst umstrittenen Vertretungsregelung Einfluss auf den Verfahrensablauf gehabt hätten (SZ 06./07.07.2002n). Im Hinblick auf die Tragweite dieser wettbewerbsrechtlichen Entscheidung wurde gefordert, den dezisionistischen Charakter dieses Verfahrens durch Elemente der demokratischen Kontrolle einzuschränken.[318]

Vor allem offenbarte die E.ON-Ruhrgas-Fusion ein grundsätzliches wettbewerbstheoretisches und -rechtliches Problem. Dieses besteht in der Definition der für eine adequate Wettbewerbsbeurteilung vorzunehmenden Abgrenzung des sachlich und räumlich relevanten Marktes. Anders ausgedrückt: Ist für die Beurteilung einer marktbeherrschenden Stellung eines Unternehmens bereits der Europäische Binnenmarkt für Energie sachlich und räumlich relevant oder – wie aufgrund der geringen internationalen Aktivitäten z.B. deutscher Gasunternehmen im europäischen Ausland – der deutsche Energiesektor? Gerade vor dem Hintergrund einer fehlenden Europäischen Kartellbehörde besteht hier ein großes legitimatives Defizit, mit dem in Deutschland politische Entscheidungsträger nur unter unzureichender demokratischer Kontrolle wettbewerbsrechtliche Entscheidungen entgegen bestehenden Wettbewerbs- und Verbraucherinteressen zu treffen vermögen. Gerade im Zuge der behaupteten *„Europäisierung und Globalisierung der Energiemärkte"*, die von den Energiekonzernen in Deutschland offenbar zur Ausschaltung von nationalem Wettbewerb genutzt werden, scheint zunehmend aus dem Blick zu geraten, dass letztlich die Verbraucher – sowohl der industrielle als auch der private Kunde – im jeweiligen Mitgliedstaat vom Wettbewerb profitieren soll.

Wie begründet die Skepsis in der Frage einer möglichen Befangenheit und regulativen Gefangennahme der am Ministererlaubnisverfahren beteiligten BMWi-Akteure war, offenbarte sich nur zwei Monate später. Anfang April 2003 wurde der frühere Bundeswirtschaftsminister Müller, der mit der Wiederwahl der rot-grünen Bundesregierung vom Herbst 2002 von seinem Ministeramt zurückgetreten war, zum Vorstandsvorsitzenden des Essener RAG-Konzerns berufen. Der RAG-Konzern hatte von der E.ON-Ruhrgas-Fusion maßgeblich profitiert. Die RAG, die zum Zeitpunkt der Berufung Müllers noch zu 40 Prozent dem E.ON-Konzern gehörte, bekam im Zuge der E.ON-Ruhrgas-Fusion die erfolgreiche E.ON-Chemietochter Degussa, um sich stärker in Richtung eines Chemiekonzerns auszurichten. Entsprechend groß war die politische Empörung gegen diese personelle Besetzung. Der wirtschaftspolitische Sprecher der FDP sprach von einem „Skandal ohnegleichen" und der Präsident des Bundesverbands mittelständische Wirtschaft von einer „politischen Schmierenkomödie" (SZ 05./06.04.2003g). Es wurde darauf hingewiesen, dass der RAG-Konzern mit seiner Ruhrkohle-Sparte in hohem Maße von staatlichen Fördergeldern abhängig sei und die Berufung des Ex-Wirtschaftsministers deshalb problematisch wäre (SZ 05./06.04.2003f). Das gesamte Dilemma einer ungenügenden Unabhängigkeit der deutschen Wettbewerbspolitik gegenüber den Interessen der Stromwirtschaft wurde Anfang

---

[318] Umso kritischer waren in diesem Zusammenhang Pläne der Bundesregierung zu bewerten, im Rahmen der 7. GWB-Novelle die Rechte von nachteilig Betroffenen im Ministererlaubnisverfahren weiter einzuschränken (s.S. 318f.). Zur Stärkung der Unabhängigkeit der deutschen Wettbewerbspolitik wurde von verschiedenen Bundestagsabgeordneten außerdem vorgeschlagen, einen Ehrenkodex für Politiker zu verabschieden, in dem genau geregelt werden sollte, unter welchen Voraussetzungen ein Stellenwechsel von politisch leitenden Beamten auf privatwirtschaftliche Spitzenpositionen legitim ist (SZ 10.09.2004z).

September 2004 nochmals bestätigt, als bekannt wurde, dass der die Ministererlaubnis entscheidende Staatssekretär Tacke zu Beginn des Jahres 2005 auf den Posten des Vorstandsvorsitzenden der STEAG AG, einer hundertpozentige Tochter der Ruhrkohle AG wechseln würde (SZ 10.09.2004aa).[319] Sämtliche im Vorfeld des Ministererlaubnisverfahrens geäußerten Befangenheitsvorwürfe schienen sich zu bestätigen.

Die E.ON-Ruhrgas-Fusion wurde letztlich durch hohe finanzielle Abfindungen der Beschwerdeführer aus der *Kriegskasse* des E.ON-Konzerns ermöglicht. Es ist absehbar, dass die Erteilung der Ministererlaubnis, die unter verfassungsrechtlich höchst bedenklichen Umständen zustande gekommen ist, die Monopolstellung des integrierten E.ON-Ruhrgas-Konzerns weiter stärkt. Unter Bezugnahme auf die Gründe eines vermeintlich europäisierten und globalisierten Energiemarktes haben die politisch Verantwortlichen die Fusion durchzusetzen versucht, ohne für eine derart weitreichende wettbewerbspolitische Entscheidung hinreichend unbefangen zu sein. Besonders bedenklich stimmt die *völlige Vernachlässigung von Verbraucherinteressen*.

5.2.2.2   Zur Entwicklung des stromwirtschaftlichen Wettbewerbs

Der deutsche Stromsektor sollte seit Mai 1998 über ein Regime des verhandelten Netzzugangs für den Wettbewerb geöffnet werden. Seitdem kam es aufgrund unzureichender Regelungen der Netzzugangs- und Nutzungsbedingungen in den hierzu gehörigen Verbändevereinbarungen zu wiederholten Nachbesserungen des Regulierungsregimes. Das nachfolgende Kapitel beschreibt die Evolution des Verbänderegimes von der VV I über die VV II bis zur VV II plus und analysiert den Erfolg zur Einführung diskriminierungsfreien stromwirtschaftlichen Wettbewerbs.

Die Kontinuität kooperativ-konsensualer Netzregulierung – Von der VV I zur VV II

Für die Regulierung der deutschen Stromwirtschaft waren die veränderten bundespolitischen Mehrheitsverhältnisse seit Herbst 1998 zunächst von geringer Auswirkung.[320] Bereits im August 1997 hatten sich die drei Verbände BDI, VdEW und VIK zur Umsetzung des verhandelten Netzzugangs auf eine erste *Grundsatzvereinbarung über Kriterien zur Bestimmung von Durchleitungsentgelten in den Stromnetzen* verständigt. Kurz nach dem Inkrafttreten der Energierechtsnovelle konnten sich die Verbände im Mai 1998, also einem Vierteljahr vor den Bundestagswahlen, auf die Verabschiedung einer *„VV I über Kriterien zur Bestimmung von Durchleitungsentgelten"* (VV I) einigen. Das BkartA teilte am 28. Mai 1998 zeitgleich in einem sog. *"comfort letter"* mit, dass es keinen Anlass sähe, die Durch-

---

[319] An der Ruhrkohle AG hielt zum damaligen Zeitpunkt der neu geschaffene E.ON-Ruhrgas-Konzern mit 39,2 Prozent die größte Beteiligung (SZ 10.09.2004aa). Durch ein Mitglied der MK wurde der berufliche Wechsel des Staatssekretärs in Verbindung mit der Ministererlaubnisentscheidung in die Nähe *„bananenrepublikanischer Zustände"* gerückt (FAZ 06.11.2004c).

[320] Unter der neuen rot-grünen Regierungsfraktion verfolgte das BMWi unter Wirtschaftsminister Müller weiterhin die Strategie einer Wettbewerbsöffnung mittels eines verhandelten Netzzugangs. Man verzichtete also auf die Anwendung der noch zu Oppositionszeiten durch die SPD-Bundestagsfraktion und einigen SPD-regierten Bundesländern erarbeiteten Netzzugangsverordnung.

führung der VV I nach deutschem Kartellrecht zu beanstanden.[321] Hiermit schien der formale Weg für eine erfolgreiche Anwendung von Verbändevereinbarungen zur wettbewerbsorientierten Öffnung der Stromnetze geebnet.

Die Berechnungsmodalitäten der VV I zur Bestimmung der Netznutzungsentgelte kam jedoch kein rechtlicher Geltungsanspruch gegenüber den Vertragspartnern der einzelnen Netznutzungsverträge zu, sondern hatte bloßen Empfehlungscharakter (Nill-Theobald/Theobald 2001, 183-184). Neben einem allgemeinen Tarif für den Netzzugang hatten sich die Verbände in der *VV I* auf einen *entfernungsabhängigen Entgeltanteil für das Höchstspannungsnetz* geeinigt.[322] Für die Nutzung der Übertragungsnetze auf Hochspannungsebene wurde die Zahlung eines entfernungsunabhängigen Struktur-Jahresleistungspreises und eines zusätzlichen Entfernungs-Jahresleistungspreises (EJP) erforderlich. Die vom Netzbetreiber im Netznutzungsvertrag zu bestimmenden und gegenüber dem Abnehmer umlagefähigen Kosten sollten dem *Aspekt der Substanzerhaltung* entsprechen und nach Netzebenen differenziert auf der Basis von Neuwerten mit linearen Abschreibungen angesetzt werden. Die Berechnung der Durchleitungsentgelte sollte von den in Anspruch genommenen Netzebenen sowie den erforderlichen Umspannungen und Netzdienstleistungen abhängig sein. Während *für die Verteilernetze* das Durchleitungsentgelt als *entfernungsunabhängiger Pauschalpreis* oder *Briefmarkentarif* berechnet würde, sollte bei der Nutzung weiterer Netzspannungsebenen ab gewissen Entfernungsgrenzen die Zahlung von Zusatzbriefmarken erforderlich werden. Weiter mussten die Vertragsbeteiligten in den Netznutzungsverträgen die Entgelte für Systemleistungen individuell vereinbaren. Dem Netzbetreiber wurde zugestanden, die im Zuge einer Stromlieferung auftretenden hypothetischen Netzverluste gegenüber dem Abnehmer pauschaliert nach prozentualen durchschnittlichen Verlusten je Spannungsebene und Umspannung in Rechnung zu stellen (Schneider 1999, 461). Weil somit wichtige Kriterien zur Gestaltung der Netznutzungsverträge alleine den Netzbetreibern bekannt waren, war abzusehen, dass es zu Auseinandersetzungen über die Angemessenheit der spezifischen kalkulatorischen Kosten und Grenzwerte bei Durchleitungsentfernungen kommen würde. Zur Vermeidung gerichtlicher Verfahren sah die VV I deshalb die Einrichtung einer Clearingstelle durch die Verbände vor, die beim BMWi angesiedelt wurde. Außerdem wurde die Gültigkeit der VV I bis zum 31. Dezember 1999 befristet, um sie dann zwischenzeitlich auftretenden Problemen anzupassen.

Bereits im ersten Jahr zeigte sich der *sehr begrenzte Erfolg* des verhandelten Netzzugangs nach *der VV I*. Von etwa 1.500 Durchleitungsbegehren wurden nach Angaben der VdEW im ersten Jahr seit Inkrafttreten des EnWG (April 1998) etwa in 50 Fällen, also in etwas mehr als 3 Prozent aller Fälle, Netznutzungsverträge abgeschlossen und praktiziert

---

[321] Kritische Stimmen sahen im Abschluss der VV I einen kartellrechtlichen Verstoß gegen das Empfehlungsverbot des § 38 I Nr. 11 GWB 1990 und gegen das Abstimmungsverbot gemäß § 25 I GWB 1990 (Klaue 1998).

[322] Die beteiligten Verbände hatten zu Beginn der Verhandlungen über die VV I recht unterschiedliche Vorstellungen zur Bestimmung der Durchleitungsentgelte. Strittig war, ob es zur Einführung eines entfernungsabhängigen oder -unabhängigen Tarifs (sog. „Briefmarke") kommen sollte. Die Wahl der Kalkulationsmethode würde entscheidenden Einfluss auf die Chancen unabhängiger Anbieter und kommunaler Versorger haben, im Wettbewerb erfolgreich tätig zu werden. Während die VdEW und die Bundestagsfraktion Bündnis90/Die Grünen die Einführung entfernungsabhängiger Entgelte präferierten, sah der von der SPD-Bundestagsfraktion und einzelnen SPD-Bundesländern eingebrachte Entwurf einer Netz-Verordnung entfernungsunabhängige Tarife vor. Kritiker warfen dem VdEW-Modell vor, dass die Einführung entfernungsabhängiger Durchleitungsentgelte den vertikal integrierten Verbundunternehmen aufgrund der relativen Streuung ihres Kraftwerkparks und der Nutzung eigener Übertragungsleitungen erhebliche Vorteile bieten würde (Schneider 1999, 465).

(Nill-Theobald/Theobald 2001, 184). Weil mit der VV I nicht angemessen berücksichtigt wurde, ob die von einer Übertragung betroffenen Netzabschnitte be- oder entlastet wurden, wurden tendenziell *überhöhte Netznutzungsentgelten* kalkuliert. Außerdem favorisierte die VV I große Liefertransaktionen über einen längeren Zeitraum. Der Bereich der Tarifkunden blieb von einer Anwendung dieses Modells generell ausgenommen. Stattdessen erfolgte mit der VV I die Lieferung von Haushaltskunden über sog. *„Beistellungen"*, d.h. der Lieferung von Strom durch den bisherigen Versorger an den abgeworbenen Kunden auf Rechnung des Lieferanten, aber ohne verhandelten Netzzugang.[323]

Bereits mit der Umsetzung der VV I gab es auf Seiten der partizipierenden Verbände Überlegungen zu ihrer Weiterentwicklung. Aufgrund der zähen Entwicklung von Durchleitungswettbewerb übte vor allem das BMWi stetigen politischen Druck aus.[324] Bis zum 13. Dezember 1999 wurde eine neue VV erarbeitet, die zum 01. Januar 2000 in Kraft treten sollte. Die *Umsetzung* der sog. *„VV II"* verzögerte sich aber aufgrund technischer Probleme, die den Einsatz neuer Software betraf, bis zum *August 2000*. Die VV II zielte im Wesentlichen auf eine Konkretisierung der für die Netznutzung abzuschließenden Vertragsverhältnisse. Hierfür legte die Vereinbarung bestimmte Kriterien zur Ausgestaltung der Netznutzungsverträge fest, vernachlässigte dabei jedoch einige wichtige Aspekte. Ein anderer Kritikpunkt blieb die fehlende Definition von Gestaltungselementen in weiteren Vertragsverhältnissen, die im VV I-Regimes zwischen den Vertragspartnern ebenfalls abzuschließen und für eine erfolgreiche Durchleitung von wichtiger Bedeutung waren.

Die *VV II* legte fest, dass innerhalb der Regelzonen der Höchstspannungsnetze der Handel und die Lieferung von Strom mit sog. *„Bilanzkreisen"* abgewickelt werden.[325] Mit der VV II wurde außerdem das transaktionsabhängige Durchleitungsentgelt durch das *Prinzip des transaktionsunabhängigen Netzpunkttarifs* ersetzt. Aufgrund dieses Tarifprinzips kaufte jeder Netznutzer die von ihm benötigte Gesamtleistung auf der Ebene, auf der er angeschlossen ist, *sowie für alle vorgelagerten Netzebenen bis zum Handelspunkt im*

---

[323] Weil die Stromkunden unter dem neuen VV-Regime zwar zu einem neuen Lieferanten wechseln konnten, letzterer aber seiner vertraglichen Lieferverpflichtung aufgrund der ungeklärten Durchleitungs- und Netznutzungssituation *nicht unmittelbar* nachkommen konnte, wurden als Übergangslösung bis zum Abschluss eines Netznutzungsvertrages zwischen dem neuen Lieferanten und dem bisherigen Versorger als örtlichem VNB sog. *„Beistellungsvereinbarungen"* abgeschlossen. Durch diese Vereinbarung entrichtete nicht der Kunde, sondern der neue Stromlieferant den Strompreis mit allen Bestandteilen (Steuern, Konzessionsabgaben, Messungskosten, Zählermiete, Rechnungslegung) an den bisherigen Versorger. Solange die Beistellungsvereinbarung nicht durch Abschluss eines Netznutzungsvertrags zwischen dem neuen Lieferanten und dem örtlichen VNB abgelöst wurde, kaufte der neue Lieferant über die Beistellung den für die Belieferung erforderlichen Strom beim bisherigen Netzbetreiber, der diesen zum Endkunden lieferte. Faktisch bedeutete die Beistellungsregelung ein vorübergehendes Verlustgeschäft für den neuen Lieferanten, weil er für einen zügigen Abschlusses eines Netznutzungsvertrages in der Regel die Preise des bisherigen Versorgers akzeptieren musste (Nill-Theobald/Theobald 2001, 233-234).
[324] Dabei machte das BMWi von der in *§ 6 II EnWG* enthaltenen Verordnungsermächtigung Gebrauch und drohte den Verbänden wiederholt mit der Verabschiedung einer eigenen Rechtsverordnung, in der die Kriterien zur Bestimmung von Durchleitungsentgelten gesetzlich definiert werden sollten (*Interview BMWi*).
[325] Nill-Theobald/Theobald definieren Bilanzkreise wie folgt: „Bilanzkreise sind virtuelle Gebilde, für die ein Ausgleich zwischen Einspeisung und Entnahme gegenüber dem jeweiligen Übertragungsnetzbetreiber durchzuführen ist". Sie stellen Kontierungssysteme dar, „in denen für jeden einzelnen Bilanzkreisverantwortlichen (BKV) die Bilanzierung für die zugeordnete Entnahmestelle und das Bilanzkreisportfolio stattfindet. Dabei können Bilanzkreise aus einem Netzkunden bestehen; meistens werden jedoch mehrere Netzkunden von einem BKV zusammengefasst. (...) Soweit trotz des Bilanzausgleichs Ungleichgewichte von Einspeisung und Entnahme innerhalb der Regelzonen bestehen bleiben, hat dies nach der Anlage 2 der VV II der Höchstspannungsnetzbetreiber der entsprechenden Regelzone als Bilanzkoordinator auszugleichen" (Nill-Theobald/Theobald 2001, 186-187).

Höchstspannungsnetz mit ein. Die Netznutzer mussten *nur noch ein Netzentgelt* zahlen, „das den Ausgleich der Übertragungsverluste, die Systemdienstleistungen wie Frequenzhaltung, Spannungshaltung, Versorgungswiederaufbau und Betriebsführung sowie den Bilanzausgleich innerhalb von Standardtoleranzbändern enthält". Die VV II realisierte damit das sog. *„Marktplatzmodell"*, bei dem das Höchstspannungsnetz als der Marktplatz funktioniert, „von dem der Netznutzer seine Energie bezieht, ohne das dies Auswirkungen auf das Netznutzungsentgelt hat" (Nill-Theobald/Theobald 2001, 186). Mit der VV II wurde außerdem die Schwächung des transaktionsunabhängigen Punktmodells durch die ursprüngliche Teilung zwischen einer nördlichen und einer südlichen Handelszone innerhalb des deutschen Verbundnetzes wieder aufgegeben.[326] Durch die neuen Regelungen der VV II wurde jeder Netznutzer einer Handelszone und einer Regelzone zugeordnet, wobei die Regelzonen die sechs, bzw. vier Verbundnetze (aufgrund der Fusionen) sind.

Mit der VV II wurde außerdem das im Kartellrecht bekannte *Vergleichsmarktkonzept* eingeführt, mit dem ein Vergleich zwischen den Netzzugangs- und -nutzungsbedingungen und den Kostenstrukturen strukturell vergleichbarer Netzbetreiber vorgenommen würde. Die Anwendung dieses Konzepts soll Hinweise auf eine *elektrizitätswirtschaftlich rationelle Betriebsführung* liefern. Anfangs blieb unklar, nach welchen Kriterien die Vergleiche erfolgen sollten, welche Sanktionen bei Abweichungen ausgelöst würden und welche Organisation die Vergleiche durchführen sollte.

Durch die neuen Regelungen wurde die rechtliche Trennung zwischen der Leistung *Netznutzung* einerseits und der Leistung *Stromlieferung* andererseits konsequent realisiert und eine getrennte (entbündelte) Bewertung von gelieferter Ware (elektrische Energie und Leistung) und Transportweg (Netz) möglich. Die Regelungen der VV II erforderten deshalb zwischen dem Kunden (Stromabnehmer oder Einspeiser) und dem Netzbetreiber den *Abschluss verschiedener Vertragstypen*,[327] deren inhaltliche Gestaltung zwischen den Vertragsteilnehmern aber vielfältige Anreize zu opportunistischem Verhalten gab und auf diese Weise einen diskriminierungsfreien Netzzugang zu verhindern vermochte. Eine erste Opportunität zu diskriminierendem Verhalten wurde durch den Umstand geschaffen, dass im Fall einer plötzlichen Beendigung des neuen Lieferverhältnisses durch die Etablierung eines Ersatzbelieferungsverhältnisses der alte Versorger wieder als Stromlieferant einspringen sollte. Die von dem Kunden in diesem Ersatzbelieferungsverhältnis zu entrichtenden Tarife richteten sich nicht nach den tariflichen Entgelten, sondern nach den Markt- und Einkaufskonditionen des Netzbetreibers für kurzfristige und ungeplante Beschaffungen. Becker postulierte in diesem Zusammenhang, dass zwar Preisfindungsprinzipien in der VV II (Anlage 3) vorhanden und auch das Vergleichsmarktkonzept Hinweise über die Existenz einer elektrizitätswirtschaftlichen rationellen Betriebsführung leisten sollte. Weil jedoch die

---

[326] Bei Stromtransaktionen zwischen den beiden Regelzonen berechnete der vorgelagerte Netzbetreiber eine zusätzliche Transaktionskomponente, bei der es sich um eine „Art Zoll- und/oder Handelsbeschränkung im Sinne von Art. 28 EGV" (Becker 2000, 117) handelte. Das BkartA nutzte zur Suspendierung des Zwei-Regelzonen-Modells seine fusionsrechtlichen Auflagemöglichkeiten, indem es die Fusionsgenehmigung von RWE/VEW und VEBA/VIAG davon abhängig machte, dass diese „Zollgebühr" nicht mehr erhoben wird (Böge 2001, 254).

[327] Die *Komplexität des neuen Regulierungsregimes* wird anhand der folgenden abzuschliessenden Vertragstypen deutlich: Netzanschlussvertrag, Netznutzungsvertrag zwischen Netzbetreiber und Netzkunde, Netznutzungsvertrag zwischen Netzbetreibern verschiedener Netzebenen, Bilanzausgleichsvertrag zwischen Netzbetreiber und BKV, Rahmenvertrag zwischen Netzbetreiber und Lieferant über die Lieferung von Kunden im Netz des Netzbetreibers (Becker 2000, 115).

neuen Regelungen zur Umsetzung und Kontrolle der neuen Konzepte institutionell noch nicht verankert waren und gleichzeitig das bestehende Kontrollregime zur Tarifpreisregulierung erodierte,[328] kritisierte Becker, „dass ein Kontrollinstrumentarium für die Angemessenheit von Netznutzungskonditionen und -entgelten gelten muss" (Becker 2000, 116).

Dies gelte vor allem auch vor dem Hintergrund des mit der VV II zu realisierenden *Prinzips der Kostenwälzung*, das eine weitere Opportunität zu diskriminierendem Verhalten bot. Weil der Kunde im neuen Regulierungsregime nur noch einen Netznutzungsvertrag mit dem für ihn zuständigen Netzbetreiber abschloss, fanden sich in seinem Netznutzungsvertrag auch die ‚weitergewälzten' Nutzungskosten der vorgelagerten Netzebenen. Aufgrund fehlender Transparenz und mangelnder Fachkenntnisse konnte der Kunde diese Kostenbestandteile des Netznutzungsvertrages aber kaum nachprüfen. Noch schwerwiegender wog, dass ihm das rechtliche Instrumentarium für eine solche Prüfung fehlte, weil er mit dem vorgelagerten Netzbetreiber in keinerlei rechtlichem Vertragsverhältnis stand. Vielmehr musste er darauf vertrauen, dass die Netzbetreiber die Belange des Verbraucherschutzes in ihren Vereinbarungen hinreichend berücksichtigten. In diesem Kontext postulierte Becker:

> „Mit diesem Vertrauen wird es anhand der bisherigen schlechten Erfahrungen mit den monopolistischen Versorgern nicht weit her sein. Also ist eine Kontrollinstanz auch für die vorgelagerten Netzebenen unumgänglich" (Becker 2000, 116).

Unter der VV II war nicht nur für Endkunden eine Diskriminierung zu befürchten, sondern auch für Verteilerunternehmen. Becker wies darauf hin, dass in der VV II zwischen den VNB und den vorgelagerten Regionalversorgern oder Verbundunternehmen die wichtigen Fragen über

- Verfahren und Konditionen der Kostenwälzung,
- den Handelspunkt, also die Stelle, wo die Bilanzkoordination stattfindet, sowie
- den Bilanzausgleich über die Bereitstellung und Bepreisung von Differenzmengen zwischen Einspeisung und Entnahme

nur sehr rudimentär reguliert wurden. Damit war die inhaltliche Gestaltung der Verträge zwischen VNB und vorgelagerten Netzbetreibern keineswegs frei von den Einflüssen marktbeherrschender Stellungen der letzteren Akteure. Z.B. betreibt etwa die RWE Energie AG in großem Umfang gleichzeitig Kraftwerke, Höchstspannungsnetze sowie Regional- und Verteilernetze und hält Finanzbeteiligungen an kommunalen und regionalen Unternehmen. Diese Interessenverflechtungen haben während der Verhandlungen zur VV II dazu geführt, dass RWE frühzeitig ein *"Benchmarking"* für die Netznutzungsentgelte ankündigte. Dabei ging der Konzern offensichtlich davon aus, aufgrund seiner vertikal integrierten Konzernstruktur besonders niedrige Netznutzungsentgelte auf der VNB-Ebene realisieren zu können. Weil im Wettbewerb der Mischpreis aus Stromlieferung und Netznutzung die

---

[328] Die Erosion des bestehenden Systems der Tarifpreisregulierung wurde mit einem Bundesratsantrag des Landes Rheinland-Pfalz deutlich, die BTOElt abzuschaffen. Mit der Liberalisierung des deutschen Stromsektors hatten bereits die Länder Baden-Württemberg und Hessen damit begonnen, ihre Preisaufsichtsbehörden aufzulösen (*Interview VKU*). Im Hinblick auf den Vorwurf eines unzureichenden Kontrollregimes unter der VV II ging es auch um die Frage der Zuständigkeit für eine Anwendung des Vergleichsmarktkonzepts, die später durch das BkartA übernommen wurde.

entscheidende Größe darstellt, bestand besonders für die Verbundunternehmen ein großer Anreiz, Wettbewerbsvorteile gegenüber reinen Verteilerunternehmen durch besonders geringe Netznutzungsgebühren zu verwirklichen. Während bei reinen VNB das Netznutzungsentgelt beim Strompreis wahrscheinlich die wichtigste Größe ist, mit der diese Akteure noch angemessene Eigenkapitalverzinsungen verwirklichen können, ist die Situation bei diversifizierten Verbundunternehmen anders.

„RWE Energie dürfte es angesichts völlig fehlender wettbewerblicher und aufsichtlicher Kontrolle leicht fallen, Durchleitungsentgelte im Verteilnetz abzusenken, da die gewünschten Kapitalrenditen in den vorgelagerten Ebenen erwirtschaftet werden und niemand die Anteilquoten der Netzebenen kontrolliert. Die Schlüsselungsfrage entscheidet über Marktchancen" (Becker 2000, 116-117).

Innerhalb des VV II-Regimes bestanden weitere Wettbewerbsvorteile der vorgelagerten Netzbetreiber in ihrer alleinigen Verantwortung für den Ausgleich der Bilanzabweichungen. Weil die Preise für die Ausgleichs- bzw. Regelenergie aufgrund der bestehenden Netzmonopole nicht durch Wettbewerb, sondern durch die Übertragungsnetzbetreiber (ÜNB) bestimmt würden, blieben diese sehr hoch. Es wurde die Behauptung vertreten,

„dass die gesamte Regelung der Bilanzkreisverantwortlichkeit in der VV II ein verbotenes Kartell darstellt, weil sie einseitig die alten Monopolunternehmen begünstigt, die beim Bilanzkreismanagement und bei den Entgeltfestsetzungen praktisch autonom handeln können. Wie effektiv kontrolliert werden kann, ist jedoch nicht ersichtlich" (Becker 2000, 117).

Weiter wurde bemängelt, dass in der VV II *keine Regelungen zur Frage des Engpass-Managements* vorgesehen waren. Engpässe bei den Netzen stellen laut EnWG einen wichtigen Rechtfertigungsgrund zur Verweigerung der Netznutzung dar. Hier wirkte sich problematisch aus, dass viele der früheren Monopolisten bereits vor Jahren langfristige Nutzungsverträge abgeschlossen haben, die z.T. eine dauerhafte Blockade des Stromhandels bewirken konnten (s.a. Problematik des ostdeutschen Stromvertrags, s.S. 197ff.). Zwar war nach den Regelungen der VV II ein Handling-System für Netzengpässe vorgesehen. Danach sollten zumindest die voraussichtliche Dauer des Engpasses, die Maßnahmen zur Engpassbehebung bzw. die Methode eines diskriminierungsfreien Engpassmanagements angegeben werden. Es fehlte jedoch an Hinweisen, nach welchen praktischen Verfahren veröffentlichte Engpässe beseitigt werden sollten. Das Problem fehlender Regulierungsvorgaben beim Engpassmanagement stellte sich besonders für den Ausbau erneuerbarer Energien in der norddeutschen Regelzone als zunehmendes Problem dar, weil Netzbetreiber eine Stromeinspeisung unter Hinweis bestehender Netzengpässe zunehmend verweigerten.

Schließlich wurde das Fehlen konkreter Regelungen zur Gestaltung der Lieferantenverträge kritisiert. Aufgrund der Heterogenität des deutschen Stromsektors und der Vielzahl von Akteuren existiere eine unübersehbare Vielfalt von Vertragsmustern: Lieferanten müssten über unterschiedlichste Verfahren zur Datenübertragung und zur Handhabung von Lastprofilen verhandeln, wodurch ein extrem hoher bürokratischer Aufwand erzeugt würde. Deshalb solle man sich auf Eckpunkte für einen Rahmenvertrag verständigen, in dem die Lieferanten mit allen VNB Mindestregelungen für die Lieferungen vereinbaren (Becker 2000, 118). Die VV II würde ferner die vertraglichen Beziehungen am Einspeise- und Entnahmepunkt und die Verfahren zur Bestimmung der Netznutzungsentgelte nur ungenügend regeln (Becker 2000, 115). Der Verwaltungsrechtler Becker beschloss seine Kritik an dem bestehenden VV II-Regime folgendermaßen:

> „Allein das Handling dieser Vielzahl von (Lieferanten-)Verträgen wird sich so schwierig gestalten, dass der Wettbewerb nicht nur in einer Übergangszeit extrem behindert wird und vor allem die beteiligten Interessen nicht zu einem verträglichen Ausgleich kommen. Vielmehr werden die großen und marktmächtigen Verbund-EltVU für ihre Vertragskonditionen eine weit größere Durchsetzungskraft haben als Newcomer unter den Lieferanten und die vielen kleinen Netzbetreiber. Mithin bestehen Disparitäten, die der Gesetzgeber nicht nur kommentarlos zur Kenntnis nehmen kann. Er muss vielmehr für den notwendigen Interessenausgleich sorgen. Das geht nur mit gesetzlichen Vorgaben" (Becker 2000, 118).

In den ersten Jahren seines Bestehens offenbarte der verhandelte Netzzugang deshalb auch ernüchternde Ergebnisse. Bereits im Jahr 2000 stellte der RWE-Konzern eine der entscheidenden Geschäftsgrundlagen der VV II in Frage. Dabei ging es um die Streitfrage, ob im Falle eines Versorgerwechsels der Netznutzungsvertrag als zentraler VV II-Vertrag zwischen dem Abnehmer als Netzkunden und dem örtlichen Netzbetreiber geschlossen werden müsse und der Abnehmer hierdurch die Rechte einer vorgelagerten Netznutzung erwerben würde.[329] Abweichend hiervon vertrat die RWE die Auffassung, Beteiligte der Netznutzung wären lediglich der örtliche Netzbetreiber und der jeweilige Stromhändler. Im konkreten Fall, bei dem es um Streitigkeiten zwischen den Stadtwerken Münster als Endverteiler und der RWE als Lieferanten ging, riefen die Stadtwerke die beim BMWi eingerichtete Clearingstelle zur Streitschlichtung an. Die Stelle bestätigte die Auffassung der Stadtwerke, dass die Beziehungen zwischen örtlichem Netzbetreiber und Netzkunden ein Netznutzungsverhältnis begründen, das *auch* die vorgelagerte Netznutzung betrifft. Die RWE beharrten aber auf ihrer abweichenden Meinung und zwangen die Stadtwerke Münster, die gemäß VV II bereits geschlossenen Netznutzungsverträge sowie die dort vereinbarten Zahlungsverpflichtungen ruhen zu lassen (Theobald/Zenke 2001, 183). Die Weigerung einer Anerkennung von grundlegenden Prämissen des VV-II-Regimes durch den RWE-Konzern kam einer frühzeitigen Aufkündigung der Vereinbarung gleich.

In ihrem Widerstand noch weiter ging die ostdeutsche VEAG. Mit Inkrafttreten des novellierten EnWG hatte sich der ÜNB bei Anträgen auf Netzzugang und -nutzung unter Berufung auf die sog. *„Braunkohleklausel"* auf die Unzumutbarkeit des Netzzugangs innerhalb der eigenen Regelzone berufen.[330] Nach der Braunkohleklausel ist

> „bei der Beurteilung, ob die Ablehnung des Netzzugangs zur Belieferung von Abnehmern in den neuen Bundesländern missbräuchlich, diskriminierend oder unbillig behindernd ist, die Notwendigkeit einer ausreichend hohen Verstromung von Braunkohle aus diesen Ländern besonders zu berücksichtigen...."

---

[329] Es wurde als ein die VV II tragendes Prinzip erachtet, dass der Abnehmer durch Zahlung des Netznutzungsentgeltes das Recht erwirbt, alle Netzebenen zu nutzen und von beliebiger Stelle Strom zu beziehen.
[330] Die Braunkohleklausel wurde durch die EU-Kommission in der zweiten Jahreshälfte 1999 unter Auflagen genehmigt. Die Klausel erlangte ihre rechtliche Wirkung über Art. 4 des Neuregelungsgesetz des Energiewirtschaftsrechts vom 20. Dezember 2000, mit dem der Bundesgesetzgeber den EU-Forderungen nach einer bis dato nicht erfolgten Umsetzung der Gasliberalisierungsrichtlinie nachkommen wollte (Neveling/Theobald 2001).

Unter Berufung auf die Klausel lehnte die VEAG die Anwendung der VV II für ihr Netzgebiet ab und schloss – wenn überhaupt – etwaige Netznutzungsverträge nur transaktionsbezogen auf der Grundlage der VV I. Vor diesem Hintergrund verklagte die Fortum Energie AG die VEAG vor dem Landgericht Berlin auf Durchleitung. Weil die Braunkohleklausel nach Ansicht der Kartellkammer des Landgerichts im Sinne eines Regel-Ausnahmeverhältnisses restriktiv auszulegen war und die VEAG der hierfür erforderlichen Darlegungs- und Beweislast nicht genügte, wurde der ostdeutsche ÜNB im Juni 2000 im Rahmen eines Präjudizverfahrens zur Durchleitung verurteilt (Theobald/Zenke 2001, 94). In seiner Urteilsbegründung zweifelte das Landgericht Berlin sogar die Verfassungsmäßigkeit der Braunkohleklausel an, weil hiermit der Wettbewerb für ostdeutsche Stromverbraucher einseitig eingeschränkt werde (Theobald/Zenke 2001, 104-106).[331]

Damit nutzten die Verbundunternehmen die in der VV II und dem EnWG gegebenen rechtlichen Spielräume, um die Netznutzungsbedingungen zu ihrem Vorteil zu bestimmen. Wegen der zahlreichen Verträge, die im VV-II-Regime für einen Versorgerwechsel abgeschlossen werden mussten, ist es nicht verwunderlich, dass der Wettbewerb kaum Fortschritte zeigte. Bis Ende 2000 hatten nur 2,1 Prozent der Haushaltskunden ihren Versorger gewechselt. Bis Ende 2001 waren es gerade einmal 3,7 Prozent, wobei ein Viertel der Wechselkunden nicht den Versorger, sondern nur den Tarif mit ihrem bisherigen Versorger gewechselt hatten (Arbeitskreis Energiepolitik der WMK 2002).

Um auf bestehende Wettbewerbshindernisse aufmerksam zu machen, schlossen sich deshalb bereits im September 2000 die drei neuen Energiehandelsunternehmen best energy GmbH, Lichtblick GmbH und Yello Strom GmbH zur *„Initiative pro Wettbewerb"* zusammen. Aus der Initiative ging Mitte 2002 der *„Bundesverband Neuer Energieanbieter"* (bne) hervor (Lücking 2004). Mit Verweis auf die institutionelle Regulierungspraxis in den anderen EU-Mitgliedstaaten forderten die neuen Anbieter die Einrichtung einer nationalen Regulierungsbehörde mit umfassenden Kompetenzen u.a. zur Ex-Ante-Genehmigung von Netznutzungsentgelten. Um die Rechtssicherheit zu erhöhen, wurde die Verabschiedung einer Netzzugangsverordnung gefordert, in der verbindliche Kriterien zur Bestimmung der Netznutzungsentgelte festgelegt werden sollten. Bisherige Untersuchungen zur Gebührenpraxis der Netzbetreiber hatten nämlich zu dem Ergebnis geführt, dass das aus den Kriterien der VV II errechnete durchschnittliche Netznutzungsentgelt von einigen (ex-) monopolistischen Betreibern um bis zu 170 Prozent überschritten wurde.[332] So wurde gezeigt, dass auf der gleichen Spannungsebene der teuerste Netzbetreiber (e.dis Energie Nord im Netzbereich der VEAG) um 221 Prozent teurer war als der preiswerteste Anbieter. Deshalb forderte die Initiative die Einführung verbindlicher Kriterien zur Bestimmung von Netznutzungsentgelten, die auf die Verwirklichung eines strengen Benchmarking-Prinzips auszurichten

---

[331] Das Landgericht Berlin zog eine Analogie zur Kohlepfennig-Entscheidung des BVerfG von 1994. Demnach sei der Schutz der ostdeutschen Braunkohle ähnlich der in den alten Bundesländern geförderten Steinkohle eine gesamtdeutsche Staatsaufgabe. Die Finanzierungsverantwortung obliege weder den konkurrierenden EltVU noch den durch erhöhte Strompreise belasteten Verbrauchern. Weil nicht davon ausgegangen werden könne, dass die ostdeutschen Verbraucher ein größeres Interesse an der Verweigerung des Netzzugangs zugunsten der Braunkohle hätten als die bundesdeutsche Allgemeinheit, beschränke die Braunkohleklausel die unternehmerische Tätigkeit der Konkurrenten. Zur Wahrung des Gemeinwohlinteresses wäre deshalb eine steuerliche Finanzierung der Braunkohleindustrie in Ostdeutschland erforderlich (Theobald/Zenke 2001, 104-106).
[332] Dabei ist davon auszugehen, dass die mit den Verbändevereinbarungen regulierten Netznutzungs- und -durchleitungsgebühren mehr als ein Drittel des Endpreises von Elektrizität ausmachen.

wären (Initiative pro Wettbewerb 2001).[333] Für einen Vergleich der Netzentgeltunterschiede hatte der „*Bundesverband der Energieabnehmer e.V.*" (VEA) zeitgleich eine umfangreiche Datenbank aufgebaut. In seiner Erhebung vom Juni 2001 kam der Verband zu dem Ergebnis, dass bei den erfassten 700 Netzbetreibern die Höhe der Netznutzungsentgelte um bis zu 300 Prozent differierte (VEA 2001).

Auch die Umweltorganisation Greenpeace hatte bereits Anfang 2000 das Verbänderegime kritisiert. Zwar hätten sich durch die VV II erste Verbesserungen ergeben, weil mit den neuen Regelungen neben industriellen Kunden nun auch Privatkunden der Versorgerwechsel ermöglicht würde. Positiv wäre auch die Abschaffung der entfernungsabhängigen Netznutzungsentgelte zu bewerten. Nach wie vor bestünden aber vor allem für Ökostromhändler prohibitive Restriktionen. Z.B. würden einige EltVU die Belieferung von Kunden mit sauberem Strom ablehnen, weil sie angeblich noch immer nicht über die Höhe ihrer eigenen Netzkosten Bescheid wüssten. Außerdem würden Stromhändler von umweltfreundlichem Strom gegenüber sog. „*Billigstromanbietern*" dadurch benachteiligt, dass sie Stromlieferungen nicht über Beistellungen vollziehen konnten. Greenpeace bemängelte außerdem die diskriminierende Erhebung von Wechselgebühren im Fall eines Versorgerwechsels. Der Umweltverband schloss sich der Forderung nach der Einführung einer unabhängigen Regulierungsbehörde sowie eine die Details der Netznutzung regelnden Netzzugangverordnung an. Außerdem forderte der Verband die Einführung einer Vorrangregelung für erneuerbare Energien bei der Berechnung der Stromnetzgebühr (Greenpeace 2000).

Im Verlauf des Jahres 2001 nahmen die Hinweise auf diskriminierendes Verhalten beim Netzzugang zu. Die Vertreter der Landeskartellämter wiesen frühzeitig darauf hin, dass ihre personellen und sachlichen Ressourcen zu einer flächendeckenden Überprüfung der Stromnetzbetreiber nur sehr begrenzt wären. Ohne personelle Verstärkungen müssten die Aktivitäten der Behörden zwangsläufig auf Musterverfahren beschränkt bleiben (SZ 25.04.2001c). Außerdem wären die bestehenden kartellrechtlichen Missbrauchsverfahren mit erheblichen Umsetzungsproblemen verbunden, weil die Preisaufsicht als Vergleichsbasis der Netzzugangsentgelte die früheren Monopolpreise zugrundelegen musste. Der Vergleich dieser Preise bliebe aufgrund einer weiter enthaltenen Monopolrendite fragwürdig. Weil zusätzlich der Verdacht bestünde, dass das inländische Preisniveau bei der Netznutzung insgesamt überhöht wäre, käme nur ein Vergleich mit ausländischen Unternehmen in Betracht. Vor diesem Hintergrund entwickelte das BkartA die Konzepte der Missbrauchsaufsicht im Energiesektor weiter. Z.B. wurde das räumliche Vergleichsmarktkonzept, bei dem das BkartA einen externen Vergleich von erzielten Preisen der Netznutzung in regional ähnlichen Märkten unternimmt, um das Konzept des Erlösvergleichs pro km Leitungslänge erweitert.[334] Dieses neue Konzept des Preismissbrauchsverfahrens wurde

---

[333] Weitere Forderungen der Initiative betrafen die Einführung eines Verbots jeglicher Wechselgebühren, die Einführung einheitlicher Formate für den Datenaustausch zwischen Netzbetreiber und neuem Anbieter und die Verabschiedung einer Rückmeldepflicht des Netzbetreibers im Falle der Kündigung durch einen Kunden (Initiative pro Wettbewerb 2001).

[334] Dabei werden die Gesamterlöse aus der Netznutzung zu dem maßgeblichen Kostentreiber für die Netze – auf der Niederspannungs- und der Mittelspannungsebene die Stromkreislänge – in Beziehung gesetzt. Für eine Erweiterung des räumlichen Vergleichsmarktkonzeptes um den Indikator „Netznutzungserlöse pro km Leitungslänge" sprach, dass damit die gesamte Abnahmestruktur des betroffenen Netzgebiets erfasst (z.B. Verhältnis der Länge des Niederspannungs- zum Mittelspannungsnetz) und eine Gegenüberstellung von Unternehmen mit unterschiedlichen Versorgungsgebieten ermöglicht wurde. Zudem wurde mit der Bezugsgröße „km Leitungslänge" unstreitig der wesentliche Kostentreiber eines Netzes erfasst (Engelsing 2003, 113).

durch das Bkart seit August 2002 angewandt und wurde in einer Entscheidung im Fall der Stadtwerke Mainz im April 2003 erstmals umgesetzt (Engelsing 2003).

Eine weitere Initiative für einen diskriminierungsfreien Netzzugang war im April 2001 die Einrichtung einer *„Task Force Netzzugang"* beim BMWi (Schultz 2002). Die wesentliche Zielsetzung der Task Force wurde in der Optimierung des verhandelten Netzzugangs gesehen, für die drei Kernaufgaben definiert wurden:

- Überprüfung der Struktur und der Höhe der Netznutzungsentgelte,
- Aufbau und Steuerung einer effizienten privaten Streitschlichtung,
- Entwicklung eines Best-Practice-Katalogs zum Lieferantenwechsel.

Die Task Force sollte nicht die Kompetenzen einer spezifischen Regulierungsbehörde haben, sondern die Selbstregulierung der Verbände in einem gewissen Umfang steuern. Die Steuerungsinstrumente sollten die der Moderation und Mediation sein, aber auch Mittel der Druckausübung beinhalten. Von Beginn an wurde aber als problematisch erachtet, dass ein Großteil der Mitarbeiter der Task Force aus der Energiewirtschaft rekrutiert wurde (Netzbetreiber, Energiehändler, Verbände).[335] Die Einrichtung der Task Force geriet allerdings zu einer Farce. Ein auf Initiative der Task Force eingerichtetes Beschwerdetelefon für Kunden wurde schon bald wieder abgeschaltet. Die bedeutendste Leistung bestand wohl in der Ausarbeitung von Best-Practice-Empfehlungen zur Vereinfachung des Lieferantenwechsels, die jedoch keine bindende Wirkung entfalteten. Wegen ihrer fehlenden Unabhängigkeit löste der neue Bundeswirtschaftsminister Clement die „Task Force Netzzugang" im September 2003 wieder auf (Leuschner 2003).

Eine weitere wichtige organisatorische Reform war Anfang August 2001 die Gründung der *11. Beschlussabteilung „Elektrizitätswirtschaft"*. Mit der Gründung der Abteilung, die zunächst mit sechs neuen weiteren Mitarbeitern aufgestockt wurde, sollten die folgenden Aufgaben umgesetzt werden: Durchsetzung des Missbrauchs-, Behinderungs- und Diskriminierungsverbots; Gewährleistung des Netzzugangs und Überprüfung der Netznutzungsentgelte. Mit der personellen Stärkung des BkartA, das für die länderübergreifenden Missbrauchsfälle bei der Netznutzung zuständig ist, intensivierten sich auch auf Länderebene die Aktivitäten der Landeskartellbehörden gegenüber regionalen und kommunalen Netzbetreibern. Ab September 2001 wurden umfangreiche Untersuchungen wegen des Verdachts missbräuchlich überhöhter Netznutzungsentgelte eingeleitet.[336] Ab Ende

---

[335] Entsprechend kommentierte die Wochenzeitung Fokus die Einrichtung der Task Force als *„Task Farce"*. Allein drei ihrer insgesamt zehn Mitglieder würden von den großen Energieversorgern ausgeliehen und bezahlt. So kontrollierten sich aber die zu kontrollierenden schließlich selbst (Becker 2001, 123). Das BMWi begründete die personelle Zusammensetzung damit, dass die Haushaltslage nur wenige neue Personalstellen zulasse.

[336] Den Anfang machte die bayerische Landeskartellbehörde, die gegen zwanzig vor allem kommunale Stromnetzbetreiber Verfahren einleitete. Dabei handelte es sich nur um eine kleine Zahl überhaupt auffällig gewordener Unternehmen – und zwar denjenigen mit den höchsten Netznutzungsentgelten (SZ 07.09.2001i). Gegen Ende September 2001 gab die Landeskartellbehörde von Mecklenburg-Vorpommern die Einleitung von sieben Verfahren gegen kommunale Stromnetzbetreiber bekannt (Handelsblatt 26.09.2001b). Gleichzeitig wurden Verfahren vor den Landeskartellämtern Hessen, Niedersachsen und Baden-Württemberg bekannt, wobei im letzteren Fall sogar bei 86 Stromnetzbetreibern Preisverfahren eingeleitet wurden. In den Verfahren um überhöhte Netznutzungsentgelte ging es nur um eine Form der durch die Kartellbehörden verfolgten Missbrauchsvermutungen. Darüber hinaus gingen die Kartellbehörden auch einer Flut von Klagen gegen Behinderungen in Form von Wechselgebühren, Eintrittsgeldern oder überkomplizierten Vertragsklauseln nach (SZ 28.09.2001l).

September führte das BkartA im Fall von 22 länderübergreifend tätigen Netzbetreibern Missbrauchsverfahren durch. Die Auslöser waren Netznutzungsentgelte, die in ihrem Niveau zehn Prozent über denen der günstigsten Netzbetreiber RWE und EnBW lagen (SZ 28.09.2001l). Wegen des Verdachts *unangemessen hoher Kosten für* die Bereitstellung von *Regelenergie* wurden durch das BkartA Ende Oktober 2001 vier *weitere Missbrauchsverfahren* gegen die Verbundunternehmen BEWAG, EnBW Transportnetze AG, HEW und VEAG eingeleitet. Über die hierbei erhobenen Kosten hatten zuvor die neuen Stromanbieter geklagt. Das BkartA begründete die Verfahren damit, dass kein nachvollziehbarer Bezug zwischen den tatsächlichen Beschaffungskosten für die Regelenergie und den hierfür verlangten Preisen erkennbar wäre (Handelsblatt 30.10.2001c). Die Anzeichen, dass die Verbundunternehmen die angeblich hohen Kosten der Regelenergie auch zur Verhinderung von Stromwettbewerb nutzten, sind besonders im Hinblick auf einen Ausbau erneuerbarer Energien zu problematisieren. Denn die zunehmenden Regelenergiekosten werden von den ÜNB mit dem steigenden Anteil diskontinuierlich produzierter Elektrizität aus erneuerbaren Energien (vor allem Windstrom) in Rechnung gestellt. Aufgrund der schwachen Preisaufsicht im deutschen Energiesektor war bisher aber kaum überprüfbar, welche Kostenanteile den Verbundunternehmen hier tatsächlich entstehen.

In der zweiten Jahreshälfte 2001 opponierte außerdem die Akteursgruppe der Stadtwerke – organisiert im VKU – zunehmend gegen das bestehende Regime des verhandelten Netzzugangs. In einem Interview räumte der VKU-Hauptgeschäftsführer im November 2001 ein, dass von den insgesamt tausend deutschen Stadtwerken annähernd die Hälfte den verhandelten Netzzugang in Frage stellt. Weil sich besonders die ostdeutschen Stadtwerke durch die Preisaufsichtspraxis der Kartellbehörden benachteiligt fühlten, gäbe es gegenüber den Landesregierungen in den neuen Bundesländern zahlreiche Forderungen nach Einrichtung von Landesregulierungsbehörden. Von den Kartellbehörden würde nur ungenügend berücksichtigt, dass die Stromversorgung in dünn besiedelten ländlichen Räumen teurer als in Ballungsräumen wäre und sich dies in den Netznutzungsentgelten widerspiegeln müsse (SZ 23.11.2001n). Es sei nicht hinnehmbar, dass die Netznutzungsgebühren von Stadtwerken mit einem kleinen Niederspannungsnetz auf eine Stufe mit den Entgelten großer integrierter Verbundunternehmen gestellt würden, weil letztere die Kosten ihres Netzbetriebs auf alle Spannungsstufen verteilen könnten. Innerhalb der konventionellen Stromwirtschaft löste sich somit die einheitliche Front für den verhandelten Netzzugang auf.

Im Januar 2002 leitete das BkartA zehn weitere Missbrauchsverfahren wegen des Verdachts überhöhter Netznutzungsentgelte gegen verschiedene Regionalversorger der Energiekonzerne E.ON und RWE ein. Gleichzeitig zeigten die seit Ende September 2001 laufenden Vorverfahren gegen die 22 Stromversorger erste Wirkung. Einige Unternehmen hatten ihre Netznutzungsentgelte zwischenzeitlich um bis zu 20 Prozent gesenkt (Handelsblatt 29.01.2002a). Ende Februar 2002 kündigte das BkartA an, dass Missbrauchsverfahren gegen die EnBW wegen überhöhter Regelenergie einzustellen, nachdem sich das Unternehmen dazu bereit erklärt hatte, künftig ein wettbewerbskonformes Ausschreibungsverfahren für Regelenergie zu praktizieren.

Ende April 2002 meldete die FAZ, dass in Deutschland wegen des Verdachts überhöhter Netznutzungsentgelte für Strom zwischenzeitlich mehr als 200 Verfahren vor den nationalen Kartellämtern anhängig wären. Das BkartA ging besonders dem Verdacht nach, dass mehrere Netzbetreiber unangemessene und fiktive Kosten für Regelenergie in Rechnung stellten. Zwar hatten neben der EnBW AG zwischenzeitlich auch die E.ON AG und die

RWE AG einer wettbewerbsorientierten Ausschreibung von Regelenergie zugestimmt. Dennoch legte der VIK in der ersten Jahreshälfte 2002 beim BkartA Beschwerde ein, weil die beiden Konzerne ihre Netznutzungsentgelte unter Berufung auf gestiegene Beschaffungskosten für Regelenergie, die in einer Größenordnung von 90 bis 150 Prozent angefallen waren, erhöht hatten (FAZ 25.04.2002g).[337] Der Streit spitzte sich also um die angemessene Berechnung der Kosten derjenigen Energieform zu, deren Bedarf durch den steigenden Anteil erneuerbarer Energien gleichsam anstieg.

Gleichzeitig versuchten die Unternehmen der konventionellen Stromwirtschaft, die Weiterentwicklung der Preisaufsichtsverfahren des BkartA gerichtlich zu verhindern. Dies betraf vor allem den Ansatz des *BkartA*, die bestehenden Methoden der Preismissbrauchsverfahren, die *bisher* im wesentlichen auf den *Konzepten des räumlichen Vergleichsmarktkonzeptes* beruhten (Monopolpreisvergleich, Erlösvergleich pro km Leitungslänge), *auf Verfahren der internen Kostenkontrolle auszuweiten*. Gegen die hierfür vom BkartA geforderte Offenlegung genauerer Kalkulationsgrundlagen legten vier EltVU im Frühjahr 2002 Beschwerde beim zuständigen OLG Düsseldorf ein. Das Gericht entschied jedoch Anfang Mai 2002 zugunsten des BkartA. Danach wurde die RWE-Tochter Envia dazu verpflichtet, ihre Unterlagen gegenüber dem BkartA offen zu legen. Das Gericht stellte klar, dass die Kartellbehörden das Vergleichsmarktkonzept *und* die interne Kostenkontrolle zur Feststellung von Preismissbräuchen gleichrangig anwenden könnten (Handelsblatt 02.05.2002c).

Vom Laborieren an den Symptomen zur symbolischen Politik: Die VV II plus und ihre Verrechtlichung im EnWG

Aufgrund der offensichtlichen Diskriminierung von Netznutzungspetenten übte das BMWi mit seiner Androhung einer Netzzugangsverordnung im Verlauf des Jahres 2001 beständigen Druck auf die Verbände aus, die bestehende VV II weiterzuentwickeln. Nach langwierigen Verhandlungen einigten sich die Verbände am 13. Dezember 2001 auf die Verabschiedung einer neuen *„Verbändevereinbarung über Kriterien zur Bestimmung von Netznutzungsentgelten für elektrische Energie und über Prinzipien der Netznutzung"* (VV II plus).[338] Eine wichtige Änderung der VV II plus bestand in einer Vereinfachung der für einen Versorgerwechsels abzuschließenden Verträge. Mit der VV II plus wurde das sog. *„Doppelvertragsmodells"* abgeschafft, dass auch von der Task Force bemängelt worden war (Schultz 2002). Unter diesem Modell war der Abschluss eines Stromliefervertrags *und* eines Netznutzungsvertrags erforderlich, so dass der Kunde zwei Rechnungen bezahlen musste – und zwar als Schuldner des Netznutzungsentgeltes gegenüber dem Netzbetreiber und als Schuldner der eigentlichen Stromlieferung gegenüber dem Lieferanten. Dieses *Doppelvertragsmodell*, bei dem der bisherige Versorger vom wechselwilligen Kunden den Abschluss eines „ruhenden" Netznutzungsvertrages verlangte, war von den Kartellbehörden

---

[337] Die beschriebenen Auseinandersetzungen verdeutlichten die dringende *Notwendigkeit eines strikten rechtlichen und organisatorischen Unbundlings* innerhalb der stromwirtschaftlichen Unternehmen in den Bereichen Erzeugung, Netz und Vertrieb. Nur in einem solchen Fall ist es den EltVU nicht mehr möglich, Kosten der Beschaffung von Regelenergie durch Kosten des Netzmanagements zu rechtfertigen.

[338] Diese Verbändevereinbarung wurde wiederum von den folgenden Verbänden unterzeichnet: BDI, VIK, VDEW (VDN, ARE und VKU). Wichtig war außerdem, dass die VV II plus gegenüber der VV II unter maßgeblicher Mitwirkung des Bundesverbandes der Verbraucherzentralen (bvbz) zustande kam.

bereits im Oktober 2001 als kartellrechtswidrig eingestuft worden.[339] Mit der VV II plus und dem gleichzeitigen Inkrafttreten der AVBEltNetz würden im Niederspannungsbereich die für einen Versorgerwechsel abzuschliessenden Vertragsverhältnisse vereinfacht, weil der Netzanschluss- und der Anschlussnutzungsvertrag für Niederspannungskunden „automatisch" mit dem Netzanschluss bzw. seiner Nuzung zu Stande kämen und die AVBElt-Netz kraft Gesetz Bestandteil der genannten Verträge würde (Genten/Rossel 2003, 421).

Ein weiterer wichtiger *Bestandteil der VV II plus* bestand in den *Preisfindungsprinzipien* (Anlage 3) zur Berechnung der Netznutzungsentgelte für die Stromdurchleitung. Die *BkartA-Arbeitsgruppe Netznutzung Strom* hatte die bestehenden Preisfindungsmechanismen bereits im April 2001 kritisiert, über die auch die Maßstäbe zur Prüfung missbräuchlichen Verhaltens bei der Netznutzung bestimmt wurden (Bundeskartellamt 2001). Vor diesem Hintergrund wurde der zur Diskussion stehende Kalkulationsfaden erst nach weiteren Verhandlungen im Verlauf des Frühjahrs 2002 in die neue Verbändevereinbarung integriert. Zur Überprüfung der Angemessenheit von Netznutzungsentgelten führte die VV II plus *Elemente eines Vergleichsmarktverfahrens* ein. Für eine angemessene Berücksichtigung der strukturellen Unterschiede zwischen Netzgebieten wurden auf der Basis von drei Strukturkriterien (Einwohner- bzw. Abnehmerdichte, Verkabelungsgrad und Lage des Netzes (Ost/West)) für die drei Spannungsebenen (hoch, mittel, niedrig) jeweils achtzehn Strukturklassen gebildet. Neben den genannten Netzkennziffern sollten die Netzbetreiber dem VDN die Entgelte für sechs typisierte Abnahmefälle in der Mittel- und in der Hochspannung nennen. Würde der ungewichtete Durchschnitt der Netzentgelte in den Abnahmefällen einer Ebene im Bereich der obersten 30 Prozent der Spanne zwischen Minimum- und Maximumwert einer Strukturklasse liegen, sollte er dazu verpflichtet werden, sich auf Antrag eines Netznutzers einem Rechtfertigungsverfahren zu unterziehen und vor einer neutralen Schiedsstelle seine Kostenkalkulation offenlegen (BMWA 2003, 23).

Bis Mitte März 2003 war unter dem neuen Regime der VV II plus erst die Hälfte aller Netzbetreiber erfasst und noch kein Rechtfertigungsverfahren eingeleitet worden. Bis Juli 2003 konnte der Anteil der erfassten Netzbetreiber aber auf 73 Prozent (insgesamt 629 Netzbetreiber) erhöht werden. Nach Aussagen des VDN waren seit dem Inkrafttreten des neuen Regulierungsregimes die allgemeinen Netznutzungsentgelte um durchschnittlich 0,4 bis 1,6 Prozent gefallen. Eine deutlichere Senkung um bis zu 20 Prozent wäre durch erheblich gestiegene Übertragungsnetzentgelte verhindert worden. Die Erhöhung der Übertragungsnetzentgelte war nach Angaben des VDN auf gestiegene Kosten für Regelenergie zurückzuführen. Würde man diesen Faktor herausrechnen, hätten sich bei den Netznutzungsentgelten Reduzierungspotentiale zwischen vier und acht Prozent ergeben. In den genannten Preisreduktionen spiegele sich, so der VDN, auch die Anwendung des neuen Kalkulationsleitfadens wider (BMWA 2003, 24). Diese Angaben wurden jedoch von Energieexperten der BET Aachen in Zweifel gezogen:

---

[339] Der Zwang zum Abschluss eines ruhenden Netznutzungsvertrages als Voraussetzung eines Lieferantenwechsels wurde angestrebt, um auf diese Weise eine Kundenbindung aufrechtzuerhalten, obwohl durch den Netznutzungsvertrag mit dem neuen Lieferanten bereits eine Netznutzungsvereinbarung bestand. Faktisch kam es deshalb zunehmend zum Abschluss sog. „All-Inclusive-Verträge", bei denen der Kunde nur mit dem Lieferanten die Stromlieferung vertraglich vereinbarte und sich der Lieferant verpflichtete, die Netznutzung mit dem Netzbetreiber zu regeln.

„Für diese Interpretation [der vom VDN behaupteten unmittelbaren Auswirkungen des neuen Kalkulationsleitfadens, Verfasser] fehlt allerdings eine belastbare empirische Basis. Die Erhöhung der Übertragungsnetzentgelte aufgrund höherer Regelenergiekosten hat unbestreitbar ein höheres Absinken der Netznutzungsentgelte verhindert. Das quantitative Ausmaß dieses Effekts lässt sich allerdings nicht verlässlich angeben, da ein erheblicher Teil der Preiserhöhungen der ÜNB bereits im ersten Halbjahr 2002 vollzogen wurde und somit möglicherweise schon in den Netznutzungsentgelten vom Oktober enthalten war" (BMWA 2003, 24-25).

Kritisch bemängelt wurde von den Gutachtern außerdem, dass ein Grundproblem des bei der VV II plus angewandten Vergleichsmarktverfahrens darin bestünde,

„dass die Angaben über die Netznutzungsentgelte für einzelne Abnahmefälle keinen Rückschluss auf die Summe der Erlöse aus den Netznutzungsentgelten des einzelnen Netzbetreibers erlauben, da die jeweilige Abnahmestruktur nicht bekannt ist. Problematisch ist außerdem, dass eine Reihe der insgesamt 54 Strukturklassen so schwach besetzt sind, dass das Vergleichsverfahren nicht sinnvoll erscheint oder schon rein rechnerisch gar nicht möglich ist" (BMWA 2003, 25).

Zusätzlich stellten die Gutachter die Definition der Strukturkriterien in Frage. Nur bei dem Kriterium der Lage des Netzes (Ost oder West) sei ein eindeutiger Zusammenhang zwischen dem Kriterium und dem Preisniveau nachweisbar. Ein kausaler Effekt des Kalkulationsleitfaden der VV II plus auf die Entwicklung des Niveaus der Netznutzungsentgelte wäre nur sehr schwer nachweisbar (BMWA 2003, 25).

Wegen der zähen Öffnung des Stromsektors versuchte die Bundesregierung, eine im Frühjahr 2002 geplante EnWG-Novellierung, die zur Umsetzung der EU-Richtlinie zur Liberalisierung des Gasmarktes erforderlich geworden war, zur Verschärfung der wettbewerbsrechtlichen Missbrauchsaufsicht zu nutzen. Die Reform wurde vom Gesetzgeber *zum einen* dazu genutzt, die normativen Anforderungen an die Netzzugangsbedingungen in *§ 6 Abs. 1 S. 1 EnWG* zu präzisieren. *Zum anderen* sollte die kartellrechtliche Schlagkraft in Preismissbrauchsverfahren effektiviert werden, indem das BkartA über eine Novellierung des GWB zum *sofortigen Vollzug von Missbrauchsverfügungen* berechtigt würde.

In der Frage der Konkretisierung der normativen Anforderungen an die Netzzugangsbedingungen wurde *§ 6 Abs. 1 S. 1* EnWG um den Zusatz ergänzt, dass die Bedingungen des Netzzugangs nicht nur frei von Diskriminierungen sein müssen, sondern zusätzlich auch *„guter fachlicher Praxis"* entsprechen sollen. Dabei wurde vom Gesetzgeber unterstellt, dass die bestehenden materiellen Regelungen der Verbändevereinbarungen einer *„guten fachlichen Praxis"* entsprächen. Die Änderung der genannten Norm zielte somit auf eine *„Verrechtlichung des Selbstregulierungsregimes"* innerhalb des EnWG.[340] Im Kern

---

[340] Das Ziel einer Verrechtlichung der Verbändervereinbarungen über ihre Qualifizierung als *„gute fachliche Praxis"* wurde von verschiedener Seite kritisiert. Z.B. wiesen Säcker/Böscher (2002) darauf hin, dass zur Erarbeitung von Leitlinien der guten fachlichen Praxis die Zusammensetzung der privaten Normgeber repräsentativ sein muss. Die Konstitution der betreffenden Gremien dürfe „sich nicht auf Fachleute der Wirtschaft, wie z.B. der stromerzeugenden Industrie und der kommunalen Energiewirtschaft beschränken, vielmehr müssen an der Erarbeitung objektiver Standards auch Repräsentanten der Strom- und Gasabnehmer unter Heranziehung der fachlich mit den Problemen vertrauten Behörden und unter Auswertung vorliegender wissenschaftlicher Erkenntnisse angemessen beteiligt werden". Wegen des jungen Datums der VV II plus (Veröffentlichung im Bundesanzeiger erst am 08. Mai 2002) lägen wissenschaftliche Erkenntnisse oder praktische Erfahrungen aber noch nicht vor (Säcker/Boesche 2002, 185).

der Diskussionen stand die Frage, ob es durch die gewählte Neuregelung zu einer weitgehenden Verdrängung des Kartellrechts (§ 19, 20 GWB) und damit zu einer *Aushebelung der kartellrechtlichen Missbrauchsaufsicht* käme. Parteipolitisch war eine Beschränkung der Kompetenzen des BkartA bei der Verfolgung von Missbräuchen weder durch die Regierung noch durch die Opposition intendiert. Vielmehr bestand das Ziel der Bundesregierung darin, mit der Novellierung dem Vorwurf der EU-Kommission zu begegnen, dass der verhandelte Netzzugang mangels ausreichender behördlicher Kontrolle kein effizientes Instrument zur wettbewerblichen Öffnung des energiewirtschaftlichen Sektors wäre. Mit der Gesetzesnovelle wollte die Bundesregierung deshalb die Verbindlichkeit der Verbändevereinbarungen stärken.

Weitere Ziele der EnWG-Reform bestanden in der verbesserten personellen Ausstattung des BkartA sowie einer Verschärfung der kartellrechtlichen Missbrauchsaufsicht durch eine Reform des *§ 64 GWB*. Nach bisher geltendem Recht hatte die Beschwerde eines Netzbetreibers gegen Missbrauchsverfügungen der Kartellämter grundsätzlich aufschiebende Wirkung mit der Folge, dass die bemängelten Entgelte bis zum Abschluss der langwierigen gerichtlichen Verfahren vorerst weiter erhoben werden konnten. Mit der Novellierung des EnWG, die am 24. Mai 2003 schließlich in Kraft trat, wurde die Möglichkeit eines sofortigen Vollzugs der Untersagungsverfügungen gesetzlich verankert, so dass gegen die Erhebung gerügter Entgelte mit Zwangsmitteln unmittelbar vorgegangen werden konnte (Ende/Kaiser 2003, 119-120).

Im Verlauf des Jahres 2002 wurde die EnWG-Novellierung zur *Verrechtlichung der Verbändevereinbarungen* durch den Einspruch des Bundesrates immer wieder hinausgezögert. Die Länderkammer forderte, die in *§ 6a Abs. 2 S. 5* EnWG-E ausgesprochene Vermutung, dass es sich bei den Verbändevereinbarungen mit den Bestimmungen zur Öffnung der Erdgasnetze um *„Bedingungen guter fachlicher Praxis"* handelte, ersatzlos zu streichen. Außerdem entsprächen die in der *VV II plus* definierten Preisfindungsmechanismen nicht den Bedingungen einer guten fachlichen Praxis. Durch den Widerstand des Bundesrats im Vermittlungsausschuss wurde die Reichweite der Vermutungswirkung guter fachlicher Praxis schließlich entscheidend eingeschränkt. Danach wurde in den neuen *§ 6 Abs. 1 S. 5* EnWG ein einschränkender Halbsatz eingefügt, nach dem die Vermutungsregel nicht gelten sollte, wenn die Anwendung der VV II plus insgesamt oder die Anwendung einzelner Regelungen nicht geeignet wären, wirksamen Wettbewerb zu gewährleisten. Darüber hinaus stellt *§ 6 Abs. 1 S. 6* EnWG gesondert klar, dass *§ 19 Abs. 4* und *§ 20 Abs. 1 und 2* GWB in ihrer Wirkung unberührt bleiben. Damit setzte der Bundesrat erfolgreich durch, dass die rechtliche Verankerung des Verbänderegimes im EnWG zu keiner Schwächung der kartellrechtlichen Aufsicht führte.

Mit der versuchten Verrechtlichung der Verbändevereinbarungen wurde zunehmend kritisiert, dass das *System der Vereinbarungen als ein Kartell* einzustufen sei, welches den kartellrechtlichen Regelungen von *§ 1 GWB* und *Art. 81 Abs. 1 EG* (Verbot wettbewerbsbeschränkender Vereinbarungen und Verhaltensweisen) widerspräche. Die Verbändevereinbarungen würden die Marktverhältnisse und den zwischenstaatlichen Handel in der EU spürbar beeinflussen, weil sie aufgrund hoher Durchleitungsentgelte und ihrer kollektiven Anwendung (*„Bündeltheorie"*) ausländischen Energieanbietern den Energieimport erschwerten. Ihre Verrechtlichung wurde als äußerst problematisch bewertet, weil durch die Festschreibung der gesetzlichen Vermutung „guter fachlicher Praxis" der Abschluss von Kartellvereinbarungen über Durchleitungsentgelte zwischen Unternehmen bzw. ihren Verbänden gefördert würde. Weil der Bundesgesetzgeber eine Kartellvereinbarung für pro-kompetitiv erkläre, schaffe er einen indirekten Zwang für Kartellaußenseiter, den bestehen-den Regelungen beizutreten. Hierdurch würden die negativen Wirkungen der getroffenen Kartellabsprache verstärkt (Säcker/Boesche 2002, 192).

In diesem Kontext ist hervorzuheben, dass die von den Verbänden überarbeiteten Preisfindungsprinzipien vom BkartA bis zuletzt nicht anerkannt wurden. Dieser Umstand resultierte am 14. Februar 2003 in einem BkartA-Beschluss, der Thüringer Energie AG (TEAG) die von ihr nach den Kriterien der *VV II plus* kalkulierten Netznutzungsentgelte teilweise zu untersagen. Damit wurde es zum ersten Mal in der Geschichte der deutschen Stromwirtschaft einem Netzbetreiber untersagt, über einen bestimmten Betrag hinausge-hende Erlöse im Netzbetrieb zu erzielen. Bei seiner Missbrauchskontrolle gemäß *§ 19, 20* GWB gelangte das BkartA zu dem Schluss, dass diejenigen Ansätze der *VV II plus* als missbräuchlich einzustufen wären, die zu höheren Netzkosten führten als der Kostenansatz nach den Kriterien des Berichts der eigenen Arbeitsgruppe Netznutzung. Erhebliche Unter-schiede zwischen dem Kostenansatz des BkartA und dem Kalkulationsleitfaden der *VV II plus* ergaben sich in den Methoden zur Abschreibung und Verzinsung des Eigenkapitals und der Wahrung des damit in Verbindung stehenden *Grundsatzes der Nettosubstanzerhal-tung,* kurz NSE (Pohlmann/Cambas 2003, 8).[341] Unter kalkulatorischen Aspekten war die Bewertung von Altanlagen umstritten. Über die Anrechnung von realiter nicht vorgenom-menen Umweltinvestitionen hatte die TEAG einen höheren als den tatsächlichen Ver-kehrswert angenommen (Ende/Kaiser 2003, 123). Außerdem bemängelte das BkartA die Anrechnung von Gewerbeertragssteuern und Steuern auf Scheingewinne als Kostenpositi-on. Schließlich lehnte das BkartA den Wagniszuschlag in Höhe von 1,7 Prozent und die vorgenommene Zuschlüsselung der Kosten auf den Netzbereich und die einzelnen Netz-ebenen ab. Ferner lehnte das BkartA die mit der *VV II plus* neu veranschlagte Höhe der kalkulatorischen Eigenkapitalverzinsung ab, mit der eine Bewertung der kalkulatorischen Restwerte in Höhe der Eigenkapitalquote zu Tagesneuwerten (anstelle des tatsächlichen Verkehrswertes) möglichen werden sollte. Außerdem wurde der Zinssatz zur Abgeltung der realen Verzinsung inkl. eines Wagniszuschlages in Höhe von 6,5 Prozent nicht akzeptiert. Statt dessen forderte das BkartA eine Bewertung des eigen- und fremdfinanzierten Anla-genvermögens auf der Basis der Anschaffungskosten/Herstellungskosten, weil das Prinzip der NSE bereits durch die Abschreibungen eigenfinanzierter Anlagen auf der Basis der Tagesneuwerte gewährleistet sei. Weil spezielle Wagnisse für Stromnetzbetreiber nicht erkennbar wären, sei ein Wagniszuschlag in Höhe von 1,7 Prozent kaum zu rechtfertigen und der Zinssatz daher auf 4,8 Prozent zu reduzieren (Ende/Kaiser 2003, 124).

Demgegenüber behaupteten die ÜNB, dass sich das BkartA mit seinen Kalkulations-verfahren nicht nur gegen die einhellige Auffassung von Betriebswirtschaft- und Steuerleh-re stelle, sondern auch gegen die Theorie und Praxis der öffentlichen Strompreisaufsicht verstieße. Aus diversen Arbeitsanleitungen für Preisgenehmigungsbehörden sowie Erhe-bungsbögen für die Strompreisgenehmigung ginge hervor, dass die Gewerbesteuer – anders als durch das BkartA geschehen – als Kostenfaktor grundsätzlich berücksichtigt werden könne (Pohlmann/Cambas 2003, 8). Außerdem wäre zur Kalkulation des Wagniszuschlages der Nachweis einer konkreten Gefährdung nicht erforderlich. Vielmehr käme es darauf an,

---

[341] Der *Grundsatz der Substanzerhaltung* besagt, dass bis zum Zeitpunkt der Ersatzinvestition die Finanzmittel aus dem Anlagenbetrieb erwirtschaft sein müssen, die für eine Reinvestition erforderlich sind.

dass ein solches Risiko an den Kapitalmärkten von den potentiellen Eigenkapitalgebern gesehen und mit höheren Renditen belegt würde (Pohlmann/Cambas 2003, 8).[342]

Nach der TEAG-Verfügung vom Februar 2003 folgte im April 2003 eine weitere BkartA-Verfügung wegen überhöhter Netznutzungsentgelte gegen die Stadtwerke Mainz.[343] Von entscheidender Bedeutung für die Erfolgsaussichten des deutschen Ansatzes, diskriminierungsfreie Netznutzungsentgelte auf dem Weg der ex-post-orientierten kartellrechtlichen Missbrauchsaufsicht durchzusetzen, waren im Sommer 2003 die abschließenden *Entscheidungen des OLG Düsseldorf über den Widerspruch der beiden Netzbetreiber zur Anordnung der kartellrechtlich sofort zu vollziehenden Missbrauchsverfügungen.*[344] Das OLG Düsseldorf hob den angeordneten Sofortvollzug der Missbrauchsverfügungen in beiden Fällen auf. Das Gericht kritisierte die preisaufsichtlichen Verfahren des BkartA, die zu den beiden Missbrauchsverfügungen geführt hatten. Zum einen wandte sich das Gericht gegen die *Definition einer Erlösobergrenze,* die auf eine *kartellrechtlich nicht gedeckte präventive Preiskontrolle* hinausliefe. Zum anderen wurde bemängelt, dass sich das BkartA beim Nachweis des Preismissbrauchs nicht auf eine Prüfung der Gesamterlöse aus dem Netzbetrieb beschränken dürfe, sondern auch eine Kontrolle der Einzelpreise vornehmen müsse, weil von unverhältnismäßig hohen Gesamterlösen nicht zwingend auf eine missbräuchliche Preissetzung geschlossen werden dürfe. Zusätzlich machte das OLG Düsseldorf geltend, dass das BkartA die Vermutung „guter fachlicher Praxis" in den Kalkulationsprinzipien der *VV II plus* bei ihrer Begründung der Missbrauchsverfügungen nicht hinreichend widerlegt habe. Damit zeigten sich erstmals *negative Auswirkungen der zwischenzeitlich erfolgten Verrechtlichung der Verbändevereinbarungen.*

Die indirekte Bestätigung der „guten fachlichen Praxis" des Verbändevereinbarungsregimes durch das OLG Düsseldorf evozierte im folgenden Jahr die Kritik der MK. In wie rem Hauptgutachten bezweifelte die Kommission die Vermutungswirkung „guter fachlicher Praxis" für die Preisfindungsprinzipien der VV II plus. Die Kommission *kritisierte* die durch die OLG-Entscheidung intendierte *nachrangige Anwendung der kartellrechtlichen*

---

[342] Die ÜNB verwiesen in der Frage der erforderlichen Eigenkapitalverzinsung zur Wahrung des Grundsatzes der Nettosubstanzerhaltung auf ein Gutachten des Finanzwissenschaftlichen Instituts in Nürnberg-Erlangen. Danach wäre bei der Eigenkapitalverzinsung ein Realzinssatz zwischen 6,44 Prozent und 9,84 Prozent nach Steuern zugrunde zu legen. Außerdem habe eine europäisch vergleichende Studie bei den Netzbetreibern einen Korridor der Höhe des Risikozuschlags von 1,8 bis 5,9 Prozent ergeben. Demnach wäre eine reale Eigenkapitalverzinsung der VV II plus in Höhe von 6,5 Prozent und der darin enthaltene Risikozuschlag in Höhe von 1,7 Prozent gerechtfertigt (Pohlmann/Cambas 2003, 8).

[343] Im Gegensatz zur TEAG-Entscheidung, bei der das Konzept der Kostenkontrolle zugrundegelegt wurde, erfolgte die Stadtwerke-Mainz-Entscheidung auf Basis des Vergleichsmarktkonzepts, bei dem die Gesamterlöse je Leitungskilometer mit den Werten der relativ günstigen RWE Net AG verglichen wurden.

[344] Das OLG Düsseldorf hatte bereits am 30. April 2003 die aufschiebende Wirkung der Anfechtungsklage wieder hergestellt und einen sofortigen Vollzug der kartellrechtlichen Missbrauchsverfügung verhindert. Zur Begründung wurde angeführt, dass auch mit einem sofortigen Vollzug der Verfügung die Konditionen zur Nutzung der Leitungsnetze weiterhin unter dem Vorbehalt einer späteren rechtlichen Einigung blieben und die Stromhändler aus kaufmännischen Erwägungen heraus Rückstellungen bilden würden. Eine sofortige Liquiditätsentlastung träte nicht ein. Weil das Ziel einer unmittelbaren finanziellen Entlastung durch Sofortvollzug verfehlt würde, stelle dieser eine unbillige, durch überwiegende öffentliche Interessen nicht zu rechtfertigende Härte dar. Ferner bezweifelte das OLG, ob die verfügte Senkung der Netznutzungsentgelte überhaupt geeignet sei, den allgemeinen stromwirtschaftlichen Wettbewerb zu fördern (Pohlmann/Cambas 2003, 9). Damit erwies sich die Einführung des Sofortvollzugs letztlich als stumpfe Waffe.

Vorschriften aufgrund dieser Vermutungswirkung, die mit dem Wortlaut des neu gefassten *§ 6 Abs. 1 Satz 5* EnWG unvereinbar wäre.[345] Weiter kritisierte die MK:

> „Das Gericht [OLG Düsseldorf, Verfasser] lässt außerdem offen, auf welche Weise die gesetzlich vorgesehene Entkräftung der Vermutungswirkung erbracht werden kann. Nach Ansicht der MK wird die Missbrauchsaufsicht über Netznutzungsentgelte durch diese Rechtsauffassung des OLG nahezu gänzlich unmöglich gemacht. Nicht nachzuvollziehen ist von der MK der vom Gericht angeführte fehlende Zusammenhang zwischen missbräuchlich überhöhten Gesamtnetzerlösen und missbräuchlich überhöhten Einzelentgelten. Das Gericht verkennt hierbei, dass missbräuchliche Gesamterlöse letztlich immer auf missbräuchlichen Einzelentgelten beruhen" (Monopolkommission 2004, 54).

Mit seinen Entscheidungen zur TEAG und den Stadtwerken Mainz hatte das BkartA die auf der Grundlage der VV II plus kalkulierten Netznutzungsentgelte im Sinne des *§ 19* GWB als missbräuchlich eingestuft. Gleichzeitig zeichnete sich ab, dass der Versuch einer Stärkung der ex-post bezogenen Missbrauchsaufsicht der Kartellbehörden wirkungslos blieb, weil das OLG Düsseldorf die beiden Missbrauchsverfügungen im Widerspruchsverfahren kassierte. Die Kritik der MK an den Entscheidungen des OLG Düsseldorf legte in diesem Zusammenhang die Vermutung nahe, dass die deutsche Gerichtsbarkeit mit den weitreichenden ökonomischen Implikationen der Bestimmung angemessener Netznutzungsentgelte überfordert war. Dieser Umstand wird an der durch das OLG Düsseldorf nicht kritisch hinterfragten „guten fachlichen Praxis" zur Kalkulation der Netznutzungsentgelte gemäß VV II plus deutlich. Insgesamt ist zu konstatieren, dass durch eine Aneinanderreihung politischer Fehlentwicklungen (*„Verrechtlichung der Verbändevereinbarungen"*) – die auch durch die Bundesländer nicht verhindert werden konnten – in Verbindung mit einem hohen Maß der regulativen Gefangennahme des für diese Entwicklung hauptsächlich verantwortlichen BMWi/BMWA der deutsche Weg einer Preisaufsicht über kartellrechtliche Ex-Post-Verfahren endgültig in eine Sackgasse geraten war. Vor diesem Hintergrund erschienen die europäischen Entwicklungen zur beschleunigten Realisierung des Binnenmarktes für Energie, welche in Deutschland die Einsetzung einer unabhängigen Regulierungsbehörde erforderlich machen sollten (s.S. 403ff.), wie ein Lichtstreif am sich wettbewerbspolitisch verdüsternden Horizont.

5.2.2.3 Die wettbewerbspolitische Kritik der deutschen Energiemarktliberalisierung durch die Monopolkommission und das BMWA

Im Kontext der geschilderten Reformen ist abschließend auf die *zwei Hauptgutachten der Monopolkommission* (MK) der Jahre 2002 und 2004 einzugehen (Monopolkommision 2002c, Monopolkommission 2004), die u.a. die Wettbewerbsentwicklung im deutschen Energiesektor analysierten. Die Gutachten waren in dieser Frage durchweg von einem kritischen Grundton getragen. Gegenüber früheren Stellungnahmen vollzog die MK in ihrem Hauptgutachten von 2002 eine Kehrtwende: Erstmals wurden explizit sowohl eine Stärkung der ex-post-orientierten Missbrauchsaufsicht wie auch die freiwillige Selbstregulierung in Form der Verbändevereinbarungen als ungeeignete Strategien für mehr Wettbewerb in der

---

[345] Der neu gefasste § 6 Abs. 1 Satz 5 EnWG legt fest, dass die kartellrechtlichen Kompetenzen der §§ 19 Abs. 4 und 20 Abs. 1 und 2 GWB unberührt bleiben.

netzgebundenen Energiewirtschaft erachtet.[346] Vor diesem Hintergrund zog die MK eine Ex-Ante-Regulierung, also die Vorab-Definition von Kriterien der Netznutzung und der Berechnung von Nutzungsentgelten gegenüber einer (egebenenfalls modifizierten) Miss-brauchsaufsicht vor. Weil die MK die Möglichkeiten einer effizienten Missbrauchsaufsicht durch Methoden der internen Kostenkontrolle skeptisch einschätzte (Problem der Zurverfü-gungstellung relevanter Kostendaten aus den Unternehmen), betonte sie den Vorteil, dass eine Ex-Ante-Regulierung weniger Raum für Verzögerungs- und Obstruktionstaktiken bieten würde. Bei der Ausgestaltung der Ex-Ante-Regulierung plädierte die MK entweder für eine *kostenorientierte Preisregulierung*, die auf die Kosten einer effizienten Leistungs-bereitstellung abzielt, oder für eine weniger regulierungsintensive *Anreizregulierung*, die den Unternehmen unter Zurechnung von Fix- und Gemeinkosten größere Flexibilitätsspiel-räume einräumt. Für die organisatorische Umsetzung der Ex-Ante-Regulierung empfahl die MK eine Betrauung der Regulierungsbehörde für Telekommunikation und Post, RegTP.[347]

Die MK ging in ihrem Gutachten auch auf die Vertretungsregelung im Ministererlaub-nisverfahren bei der E.ON-Ruhrgas-Fusion ein und empfahl für die nächste GWB-Novelle die Aufnahme einer klarstellenden Vertretungsregelung (*§ 42* GWB). Schließlich gelangte die MK auch zu einer sehr kritischen Einschätzung der Wettbewerbsituation im deutschen Energiesektor nach den Zusammenschlüssen von RWE/VEW und VEBA/VIAG (E.ON AG). Mit der Genehmigung des damit entstandenen „marktbeherrschenden Duopols" und die damit verbundenen Auflagen betreibe das BkartA eine Art Industriepolitik,

> „die nach Auffassung der Monopolkommission vom GWB nicht gedeckt ist. Das GWB wendet sich gegen Wettbewerbsverschlechterungen, hat aber nicht die Aufgabe, Wettbewerb durch die Schaffung oder Begünstigung zusätzlicher Konkurrenten zu erzeugen oder zu verstärken (...)" (Monopolkommision 2002c, 27).

Die MK bemängelte besonders die zunehmende vertikale Integration der Verbundunter-nehmen auf die regionale und kommunale Ebene. Die zahlreichen vertikalen Beteiligungen wären als Gesamtstrategie kritisch zu überprüfen, potentielle Wettbewerber vom Marktzu-tritt abzuschrecken (Monopolkommision 2002c, 27-28).

In ihrem Fünfzehnten Hauptgutachten vom Juli 2004 verschärfte die MK ihre Kritik an der energiewirtschaftlichen Wettbewerbspolitik (Monopolkommission 2004). Gleich in der Einleitung wurde die gestiegene Bedeutung hervorgehoben, welche die Bundesregie-rung mittlerweile einer aktiv gestaltenden Industriepolitik *gegenüber* einer effektiven Wett-bewerbspolitik einräumt. Dabei setze sie zunehmend auf die Förderung von *„Nationalen*

---

[346] Die MK kritisierte an den ex-post-orientierten kartellrechtlichen Missbrauchsverfahren vor allem die Beteili-gung der Gerichte, weil diese wegen der Komplexität der Entscheidungsproblematik tendenziell überfordert und überlastet wären (Monopolkommission 2002c, 47). Ferner wären die Missbrauchsverfahren nur wenig geeignet, angemessene Netznutzungsentgelte zu identifizieren: Dies zeige sich in der begrenzten Reichweite des Ver-gleichsmarktkonzeptes. Erschwerend käme hinzu, dass beim internationalen bzw. interregionalen Vergleich nicht Wettbewerbs-, sondern bestenfalls regulierte Preise für verschiedene Netzstrukturen verglichen würden. Darüber hinaus führe die Festlegung von Branchentarifen über Verbändevereinbarungen nicht zu wettbewerbskonformen Lösungen, weil die beteiligten Verbände große Anreize hätten, sich zu Lasten Dritter und nicht verbandszugehöri-ger Unternehmen (z.B. aus dem Ausland) zu einigen (Monopolkommission 2002c, 48).
[347] Eine Ansiedlung betreffender Kompetenzen beim BkartA wurde verworfen, weil die Aufgaben der Ex-Ante-Regulierung aufgrund ihres interventionistischen und personalintensiven Charakters eine unzulässige Vermi-schung mit den traditionellen Regulierungsaufgaben der ex-post-orientierten Wettbewerbsaufsicht erwarten ließen.

Champions", von denen man sich erhoffe, dass sie in der *„ Weltliga"* der *„ Global Player"* mitspielen könnten. Die Kritik der MK an dieser Politik war kaum eindeutiger zu formulieren:

> „Die Belange der Wettbewerbspolitik werden dabei gegenüber industriepolitischen Anliegen hintan gestellt. Mit der 2003 trotz Warnungen der MK vorgenommenen Verrechtlichung der Verbändevereinbarungen für die Durchleitung der Energiewirtschaft haben Bundesregierung und Gesetzgeber die Missbrauchsaufsicht des BkartA untergraben, dies zu einem Zeitpunkt, da die Energiewirtschaft mit überhöhten Durchleitungsgebühren den nach der Liberalisierung 1998 entstandenen Wettbewerb in der Stromwirtschaft wieder erstickte. Die „Stärkung" der Unternehmen der Energiewirtschaft hatte für die Bundesregierung ein größeres Gewicht als die Förderung des Wettbewerbs bei Stromerzeugung und Vertrieb" (Monopolkommission 2004, 1).

Außerdem konkretisierte die MK ihre Kritik an der Ministererlaubnis zur Fusion von E.ON und Ruhrgas. Zuvorderst wurde die Auflagenpolitik des BMWA bemängelte.[348] Überdies wurde Kritik in den Fragen des Rechtsschutzes Dritter formuliert. Die Erfahrungen mit dieser Fusion, bei der sich die Einspruch erhebenden Unternehmen ihre Beschwerderechte von der E.ON AG faktisch abkaufen ließen, hatten zwischenzeitlich zu einem Novellierungsentwurf für eine 7. GWB-Novelle geführt. Gegenüber dem bisherigen Recht bedeutete der Entwurf eine Umkehr der Beweislast zu Ungunsten potentiell benachteiligter Dritter in Fusionsverfahren. Die MK sprach sich in dieser Frage klar gegen die geplante Einschränkung des Drittrechtsschutzes aus. Sollte der Gesetzesvorschlag umgesetzt werden, wären vielmehr wichtige Vorkehrungen für den Drittrechtsschutz zu treffen. Eine Möglichkeit wäre die Einführung einer Verbandsklage, die unabhängig von einer subjektiven Rechtsverletzung geltend gemacht werden sollte. Außerdem regte die MK ein Recht der Verbraucherschutzorganisationen auf Beiladung zu kartellrechtlichen Verfahren an und bestätigte damit die im E.ON-Ruhrgas-Verfahren geäußerte Kritik einer ungenügenden Berücksichtigung von Verbraucherinteressen (Monopolkommission 2004, 22).

Entsprechend wurde die Entwicklung der Marktstrukturen im MK-Gutachten von 2004 mit großer Sorge betrachtet. Auf der *Großhandelsebene* hätten die horizontalen Konzentrationsprozesse zu einem *wettbewerbslosen Oligopol* geführt. Die Verbundunternehmen würden ihren Absatz durch vertikale Beteiligungen an den Stadtwerken absichern. Mittlerweile hätten diese Beteiligungen die im monopolistischen Markt charakteristischen langfristigen Lieferverträge substituiert. Die Stadtwerke fielen als unabhängige Nachfrager auf den Großhandelsmärkten aus. Auch die Belebung des Wettbewerbs durch neue Anbieter habe sich nicht erfüllt. *Explizit erwähnte* die MK, dass *lediglich im Bereich der Stromerzeugung kleinere dezentrale Erzeugungsanlagen auf der Basis erneuerbarer Energien und der KWK erfolgreich das bestehende Erzeugerduopol aufbrechen konnten* (Monopolkommission 2004, 77). Wettbewerbspolitische Impulse wurden von der MK lediglich durch zunehmende Importe ausländischer Anbieter erwartet. Übertriebene Hoffnun-

---

[348] Weil die MK nur Veräußerungsauflagen als kartellrechtlich zulässig erachtete, stufte sie die in der Fusion erfolgten Auflagen zur Einflussbegrenzung wie auch die Öffnungsauflagen als rechtlich problematisch ein. Für rechtlich unzulässig hielt die Kommission Organisationsauflagen und Auflagen mit gesellschaftsrechtlicher Einflussnahme bei unveränderter Inhaberschaft der Kapitalbeteiligung.

gen auf steigende Importe wurden aufgrund begrenzter Kapazitäten an den Kuppelstellen ins Ausland aber relativiert.[349]

Im Abschnitt zur *Regulierung des Netzzugangs* wiederholte die MK ihre Forderung aus dem Hauptgutachten von 2002 nach der Einführung einer staatlichen Preisregulierung der Netzzugangsentgelte. Unter Verweis auf das besondere Informationsproblem bei einer Kostenregulierung (Principal-Agent-Problem), bei dem die Netzkosten durch den Netzbetreiber gegenüber der Aufsichtbehörde manipuliert und keine Anreize für eine effiziente Leistungsbereitstellung gesetzt würden, plädierte die MK unter Hinweis auf die Erfahrungen bei der Liberalisierung im britischen Stromsektor für die Einführung einer Erlösobergrenzenregulierung (Revenue-Cap-Regulierung) (Monopolkommission 2004, 78-79).

In Bezug auf die britischen Erfahrungen scheint die Beurteilung jedoch etwas zu positiv auszufallen. Die Übertragbarkeit auf die deutsche Energiewirtschaft ist wohl keinesfalls derart einfach, wie es in der Kürze des Hauptgutachtens der MK bisweilen suggeriert wird. So ist daran zu erinnern, dass Offer zum Zeitpunkt der Liberalisierung insbesondere die Kapital- und Bilanzsituation der regionalen Verteilerunternehmen stark unterschätzt hatte (s.S. 138ff.). Dieser Umstand resultierte in einer sehr großzügigen Preisgenehmigungspraxis gegenüber den Verteilerunternehmen, welche diesen die Erwirtschaftung massiver Gewinne ermöglichte. Diese Preisregulierung hatte wettbewerbspolitisch zwar den gewollten Effekt, dass die regionalen Verteilerunternehmen ihre Unternehmensaktivitäten zunehmend in die Erzeugung diversifizierten und damit den Wettbewerb im Erzeugermarkt forcierten. Allerdings blieb auch in Großbritannien unklar, wie die Preisregulierung der Netze im Hinblick auf die erforderliche Eigenkapitalverzinsung auszugestalten war, um ausreichende Reinvestitionen für eine langfristige Versorgungssicherheit zu gewährleisten. Auch ist zu berücksichtigen, dass aufgrund weitreichender Fehlkalkulationen die damalige Regulierungsbehörde Offer ab 1994 von dem im RPI-X-Verfahren versprochenen Prinzip der Nichtintervention abwich und die Preisgestaltung der Unternehmen massiv beeinflusste. Die staatliche Regulierung wurde zu einem unkalkulierbaren Einflussfaktor privatwirtschaftlich organisierter Aktivität. Denn mit den kurzfristigen Interventionen der Regulierungsbehörde wurden schließlich auch die unternehmensbezogenen Investitionsbedingungen grundlegend verändert. Deshalb ist darauf hinzuweisen, dass die Einführung einer Erlösobergrenzenregulierung das Informationsproblem des Regulierers für eine angemessene Netzentgeltregulierung nicht abschließend löst. Besonders erschwerend wirkt, dass die hiesige Stromwirtschaft beim Kraftwerkspark vor dem umfangreichsten Investitionsprogramm der Nachkriegsgeschichte steht (40.000 MW bis 2020) und deshalb berechtigter Weise nach kalkulierbaren Rahmenbedingungen verlangt.

Für den Vergleich ist auch von Bedeutung, dass die englisch/walisischen Höchstspannungsnetze aufgrund des vormaligen staatlichen Eigentums verhältnismäßig einfach und widerstandslos auf ein einzelnes privatisiertes Netzbetreiberunternehmen, die NGC, übertragen werden konnten. Weil Offer auf der Übertragungsebene nur einem einzelnen Akteur gegenüber stand, stellte die Umsetzung eines Ex-Ante-Regulierungsansatzes eine vergleichsweise leichte Übung dar. Demgegenüber befinden sich die Übertragungsnetze in Deutschland im Besitz von derzeit vier Unternehmen. Die einzelnen Netzgebiete unterscheiden sich hinsichtlich der geographischen Begebenheiten bisweilen grundlegend und

---

[349] Der Anteil der Stromimporte an der inländischen Bruttostromerzeugung betrug zum damaligen Zeitpunkt gerade einmal 8 Prozent.

erfordern deshalb unterschiedliche Regulierungslösungen. Hinzu kommt die dezentralere Struktur Verteilnetzebene (mehr als 700 Netzbetreibern im Gegensatz zu zwölf regionalen EltVU in England/Wales).

Innovativ war das Hauptgutachten der MK von 2004 dahingehend, dass es erstmals auf die *Wettbewerbsprobleme auf den Großhandelsmärkten* für Elektrizität zu sprechen kam und damit eine wichtige Zukunftsfrage für die erneuerbaren Energien berührte. Besonders bei der Beschaffung von *Regelenergie* wären zunehmende Wettbewerbsprobleme festzustellen. Zwar würde die wettbewerbliche Öffnung der Regelenergiemärkte durch die Auflagenpolitik des BkartA, welche die Verbundunternehmen zu Ausschreibungsverfahren der in der jeweiligen Verbundzone benötigten Regelenergie verpflichtete, in gewisser Weise vorangebracht. Die MK bemängelte aber, dass die Regelenergiekosten mit einem Anteil von über 40 Prozent an den gesamten Übertragungsnetzentgelten weiterhin einen bedeutenden Kostenblock für die Nutzung des Höchstspannungsnetzes darstellten:

> „Die wettbewerbliche Entwicklung auf den Regelenergiemärkten verläuft bisher wenig zufriedenstellend. Die Regelenergiekosten sind in den letzten Jahren beträchtlich gestiegen und waren nach Angaben der Verbundunternehmen die Ursache für die mehrfach signifikant angehobenen Netznutzungsentgelte auf der Höchstspannungsebene. Einen Hinweis auf die bisher wenig effiziente Funktionsweise der Regelenergiemärkte liefern die deutlich höheren Preise für Regelenergie im Vergleich mit den Preisen des auf dem Spotmarkt am Tag zuvor gehandelten Stroms. (...) Längerfristig bestehende Preisdifferenzen lassen sich nur mit Marktzutrittsbarrieren auf den Regelenergiemärkten erklären" (Monopolkommission 2004, 81).

Als zentrales Hindernis für mehr Wettbewerb in den Regelenergiemärkten sah die MK, dass die Verbundunternehmen die Marktregeln auf diesen Märkten bestimmten. Weiterhin wirke die geringe Zahl an Marktteilnehmern bei den Ausschreibungsverfahren für Regelenergie wettbewerbsbehindernd. Zudem entfiele ein Großteil der Gebote in einer Regelzone auf Kraftwerksgesellschaften, die mit dem jeweiligen ÜNB im Konzern verflochten sind. Deshalb plädierte die MK für eine *Zusammenfassung der vier Regelzonen zu einem bundeseinheitlichen Regelenergiemarkt*, durch die sich die Zahl der am Ausschreibungsprozess teilnehmenden Anbieter konzentrieren würde. Hierdurch würde koordiniertes Verhalten der vier Verbundnetzbetreiber und eine stillschweigende Aufteilung des Gesamtmarktes erschwert. Auch ging die MK davon aus, dass durch einen einheitlichen Regelenergiemarkt der allgemeine Regelenergiebedarf gesenkt würde, weil positive und negative Bilanzabweichungen regelzonenübergreifend ausgeglichen würden (Monopolkommission 2004, 81).

Als besonders kritisch erachtete die MK auch das inzwischen erreichte Ausmaß an vertikaler Integration der ÜNB in die Bereiche Stromerzeugung und -handel. Die zentrale Position der Verbundunternehmen verschaffe diesen Zugang zu einer Fülle

> „wettbewerbsrelevanter Informationen über die aktuelle Netzlast, Netzengpässe, die Verfügbarkeit von Erzeugungskapazitäten sowie die Angebotspreise der einzelnen Kraftwerksblöcke, die ihnen erhebliche strategische Vorteile gegenüber ihren Wettbewerbern im Erzeugungsbereich und im Stromhandel verschaffen" (Monopolkommission 2004, 81).

Zur Durchbrechung dieses Informationsmonopols und die damit verbundene Verhinderung möglicher Diskriminierungen empfahl die MK die *Institutionalisierung eines unabhängigen Systembetreibers*, der weder direkt noch über konzernverbundene Gesellschaften in der Erzeugung oder im Handel tätig ist. Damit wäre keine verfassungsrechtlich problematische

Eigentumsübertragung verbunden, weil mit einer solchen Lösung das Netzeigentum bei den Verbundunternehmen verbliebe.

Das Missbrauchspotential der Verbundunternehmen schien sich nur wenige Tage nach der Veröffentlichung des 15. MK-Hauptgutachtens zu bestätigen. Mitte Juli 2004 kündigte der Vattenfall-Konzern an, seine Durchleitungsentgelte für die Stromnetze um bis zu 28 Prozent anheben zu wollen. Die beabsichtigte Preissteigerung wurde damit begründet, dass im Netzgebiet der Vattenfall 38 Prozent der deutschen WEA stünden und im Jahr 2003 etwa 80 Mio. Euro für die Bereitstellung von Regelenergie und damit verbundene Stabilitätsleistungen des Stromnetzes aufgewendet werden mussten. Für das Jahr 2004 rechnete der Konzern mit Regelenergiekosten in Höhe von 100 Mio. Euro (SZ 13.07.2004s). Die Missbrauchsvermutung gegenüber dem Vattenfall-Konzern artikulierten neben dem BMU auch die deutschen Verbraucherverbände. Der bvbz wies darauf hin, dass Vattenfall seinen Gewinn im Jahr 2003 vor allem dank hoher Strompreise um 14,5 Prozent gesteigert hätte. Hinzu käme, dass die Kosten für Regelenergie mittlerweile durch verbesserte Prognosen reduziert würden. Die Fragwürdigkeit der Angaben des Vattenfall-Konzerns zu den Regelenergiekosten schien auch deshalb gegeben, weil der BWE bereits Anfang 2004 darauf hingewiesen hatte, dass das Jahr 2003 gegenüber dem Vorjahr verhältnismäßig windschwach war. Insgesamt lag die vom VDN prognostizierte Menge an Strom aus Windenergie um 15 Prozent unter dem erwarteten Wert (VDN-Prognose: 21,5 TWh, reale Produktion: 18,6 TWh). Vor dem Hintergrund der damit zu vermutenden geringeren Regelenergiekosten wiesen sowohl der bvbz als auch der BWE daraufhin, dass das EEG einen Ausgleich der Kosten aus den Einspeisungen aus erneuerbaren Energien vorsieht, falls diese geringer ausfielen als prognostiziert. Nach Angaben des BWE wären die ÜNB eigentlich verpflichtet gewesen, den im Voraus gegenüber den Verbrauchern zu hoch veranschlagten EEG-Beitrag in den Kundenrechnungen zurückzuzahlen (BWE 2004a). Die extreme Preissteigerung für Netznutzungsentgelte von mehr als 20 Prozent wäre nicht nachzuvollziehen.

Bis zum August 2004 kündigten dann auch die Stromkonzerne RWE und EnBW eine Erhöhung der Netznutzungsentgelte um jeweils 10 Prozent an (SZ 10.08.2004v). Die Erhöhung der Netzentgelte durch die Verbundunternehmen machte aber nur einen geringen Teil der von den Stromkonzernen seit Sommer 2004 insgesamt angekündigten Strompreiserhöhungen aus. So kündigte der RWE-Konzern an, seine Strompreise im Tarifkundenbereich zum 01. Januar 2005 um fünf Prozent anheben zu wollen. Ende August 2004 verkündete auch die regionale Versorgungstochter der E.ON Bayern Strompreiserhöhungen um bis zu 7 Prozent. Die Preiserhöhungen wurden mit gestiegenen Beschaffungskosten begründet. Innerhalb von eineinhalb Jahren wäre der Strompreis an der Leipziger Strombörse um ca. 36 Prozent gestiegen. Eine weitere Ursache wären die hohen staatlichen Belastungen aufgrund umweltpolitische Regulierungsvorgaben, wie z.B. EEG, KWK-G, Ökosteuer (SZ 01.09.2004w).

Vor dem Hintergrund der duopolistischen Erzeugerstruktur hat die MK in ihrem Gutachten von 2004 auf weitere zentrale Probleme des Stromhandels hingewiesen. Die Allokations- und Risikomanagementfunktion von Stromgroßhandelsmärkten und -börsen würde beeinträchtigt, wenn die Großhandelspreise durch marktmächtige Handelsteilnehmer manipuliert werden könnten. Dabei wären Stromgroßhandelsmärkte

„aufgrund der unelastischen Nachfrage sowie der in Spitzenlastzeiten ebenfalls geringen Angebotselastizität in besonderem Maß anfällig für strategisches Angebotsverhalten marktmächtiger Erzeugungsunternehmen" (Monopolkommission 2004, 82).

Die MK deutete damit an, dass es auch im deutschen Stromgroßhandelsmarkt erste Hinwei-se auf Marktmachtprobleme und strategische Preismanipulationen gäbe, die sich an der deutschen Strombörse in den vereinzelt auftretenden Preisspitzen zeigten. Die MK äußerte zusätzlich die Befürchtung, dass sich die Wettbewerbsprobleme auf den Stromgroßhan-delsmärkten durch den angekündigten Abbau von Erzeugungskapazitäten in Zukunft noch erheblich verschärfen könnten. Um derartige Marktmachtprobleme zu verhindern, empfahl sie eine Intensivierung der wettbewerblichen Aufsicht über die Stromgroßhandelsmärkte, die durch eine zukünftige Regulierungsbehörde übernommen werden sollte (Monopolkommission 2004, 82). Zunehmende Marktmachteffekte befürchtete die MK auch wegen der Einführung des Europäischen Emissionszertifikatehandels ab Januar 2005 (s.S. 442ff.). Entsprechende Erfahrungen mit dem SO_2-Handel in Kalifornien hätten gezeigt, dass vom Umweltzertifikatemarkt unmittelbare Auswirkungen auf die Entwicklung der Großhandelspreise für Strom ausgingen.[350] Daher warnte die MK davor, dass in Spitzen-lastzeiten hohe Zertifikatepreise den Marktzutritt neuer Anbieter zusätzlich verhindern könnten. Weil es nicht sein dürfe, dass marktmächtige EltVU den Zertifikatehandel als Hebel zu Vergrößerung von Verhaltensspielräumen nutzen, sollte für die Zertifikatemärkte ein flexibles staatliches Interventionssystem in Form einer Offen-Markt-Politik für Emissi-onsrechte eingeführt werden, durch das unvorhergesehene Preissteigerungen auf den Zerti-fikatsmärkten über den Verkauf zusätzlicher Zertifikate nivelliert würden (Monopolkommission 2004, 83). Hiermit wurde deutlich, dass die MK die Einrichtung einer schlagkräftigen Regulierungsbehörde nicht nur zur Regulierung eines diskriminie-rungsfreien Netzzugangs für erforderlich erachtete. Vielmehr war aufgrund der duopolisti-schen Sektorstruktur auch im Bereich der Klimaschutzpolitik von massiven Missbrauchs-potentialen auf den deutschen Stromgroßhandelsmärkten auszugehen, die durch die Einfüh-rung neuer Instrumente zusätzlich verschärft werden könnte.

Neben den beiden MK-Gutachten gelangte der *Monitoring-Bericht des BMWA* über die wettbewerbsbezogenen Wirkungen der Verbändevereinbarungen im August 2003 eben-falls zu einer kritischen Bewertung (BMWA 2003). Der Geschäftserfolg *neuer Anbieter* im liberalisierten deutschen Energiesektor wäre hinter den Erwartungen zurückgeblieben. Im *Haushaltskundenbereich* wären seit 2000/2001 ein großer Rückgang der Geschäftsaktivitä-ten und einige Insolvenzen von Anbietern zu verzeichnen. Auch im Bereich der *Industrie- und Gewerbekunden* gäbe es deutliche Indizien für eine nachlassende Wettbewerbsintensi-tät, weil weit weniger konkurrenzfähige Stromangebote am Markt erhältlich waren als zu Beginn des neuen Jahrtausends. Gegenüber den Wertungen der MK zeichnete der Bericht beim *grenzüberschreitenden Stromaustausch* ein deutlich positiveres Bild. Seit 1998 wäre dieser kontinuierlich um 19,4 Prozent gewachsen. An einzelnen Verbundkuppelstellen, an denen Engpässe bestünden, würden seit geraumer Zeit Auktionen als marktbasierte Alloka-tionsverfahren erfolgreich durchgeführt. Die Zahl der am grenzüberschreitenden Handel teilnehmenden Unternehmen habe deutlich zugenommen (BMWA 2003, 13-14).

---

[350] So hatte der wetterbedingte Ausfall von Wasserkraftwerken während der kalifornischen Stromkrise des Jahres 2001 zu einem plötzlichen Nachfrageschub nach SO_2-Zertifikaten geführt, weil eine gesteigerte Nachfrage nach fossiler Stromerzeugung zu verzeichnen war. Hierdurch wurde ein erheblicher Anstieg der Preise für SO_2-Zertifikate verursacht, der den Marktzutritt neuer Anbieter zur Deckung des Nachfrageüberhangs erschwerte.

Differenzierter wurde die Situation an der Leipziger Strombörse (EEX) analysiert, die seit Anfang 2002 mit der früheren Frankfurter Strombörse fusioniert war. Sowohl die Preisentwicklung am *Spotmarkt* wie auch die Preisentwicklung am *Terminmarkt* wiesen steigende Tendenzen auf.[351] Besonders die *Preisentwicklung auf dem Spotmarkt* wäre durch extreme Volatilitäten gekennzeichnet, die u.a. auf nicht prognostizierbare Engpasssituationen z.B. infolge des Hitzesommers 2003 zurückgeführt wurden. Der BMWA-Monitoringbericht unterstützte außerdem Forderungen von Marktteilnehmern und der EEX nach einer verbesserten Markttransparenz (z.B. Informationen über geplante Kraftwerksrevisionen und andere kursbeeinflussende Faktoren). Zur Entwicklung der Strompreise blieb das Gutachten unklar. Während zwischen 1998 und 2000 einerseits ein Rückgang der Industriestrompreise von durchschnittlich 27 Prozent verzeichnet wurde, wären die Industriestrompreise aufgrund gestiegener Großhandelspreise und steigender staatlicher Belastungen ab 2001 wieder gestiegen. Während das Gutachten die genauen Ursachen für die jüngsten Strompreissteigerungen nicht spezifizierte, wurde betont, dass das Niveau der Industriestrompreise im europäischen Vergleich zwischenzeitlich wieder im oberen Bereich läge. Demgegenüber hätten die Haushaltskunden nur in geringem Ausmaß von der Liberalisierung profitiert, weil seit 2001 ebenfalls steigende Tarife festzustellen waren.

In der Frage des Niveaus der Netznutzungsentgelte zitierte der Monitoring-Bericht die Ergebnisse der im BMWA-Auftrag durchgeführten *Haubrich-Studie*, welche die methodischen Voraussetzungen für einen internationalen Vergleich von Netznutzungsentgelten herausgearbeitet hatte. Diese Studie war zu dem Ergebnis gelangt, dass die Netznutzungsentgelte in der Mittel- und Niederspannung in Deutschland und Österreich tendenziell über denen von England/Wales, Schweden und Finnland lagen. Die Studie hatte jedoch die begrenzte Vergleichbarkeit von Netznutzungsentgelten betont, die mit unterschiedlichen Kostenstrukturen und Unterschieden in der technischen Ausstattung der Netze begründet wurde. Außerdem wäre es nicht möglich, aus Angaben zu einzelnen Netznutzungsentgelten auf die Summe der Erlöse des Netzbetreibers zu schließen, weil diese letztlich von der Abnehmerstruktur des einzelnen Netzbetreibers abhinge (BMWA 2003, 21-22). Während der BMWA-Bericht bei den Netznutzungsentgelten vor allem den VNB Diskriminierungspraktiken vorwarf, wurden die ÜNB in Fragen der Bereitstellung von Regelenergie kritisiert. Bei den Ausschreibungen für Regelenergie wäre die Zahl der Anbieter gering geblieben und die wichtigsten Anbieter eng mit den ÜNB verflochten.

Die Gutachten der MK und des BMWA wiesen somit auf die Mängel des verhandelten Netzzugangsregimes zur Umsetzung der Liberalisierung in der deutschen Energiewirtschaft hin. Zentrale Defizite bestanden in der erforderlichen Aushandlung einer Vielzahl von Verträgen zur Belieferung von Neukunden und die damit verbundene rechtliche Unsicher-

---

[351] Auf dem Spotmarkt werden kurzfristige Stromlieferungen für den kommenden Tag gehandelt. Die dort gehandelten Strommengen lagen zum damaligen Zeitpunkt zwischen 7 und 8 Prozent des gesamten täglichen Stromabsatzes. Auf dem Terminmarkt werden Stromlieferungen für einen Zeitraum zwischen einem Monat und bis zu drei Jahren als Monats-, Quartals- oder Jahresbänder gehandelt. Für die *steigende Preisentwicklung am Terminmarkt* wurde als ursächlich erachtet, dass sich die Preise der Erzeuger unmittelbar nach der Liberalisierung zu einseitig an den kurzfristigen Grenzkosten orientierten und damit die langfristigen Kosten nicht mehr deckten. Vor dem Hintergrund der anstehenden Investitionen in den deutschen Kraftwerkspark war eine solche Kalkulation nicht länger aufrechtzuerhalten. Als besonderes Problem des Terminmarktes wurde seine schwache Liquidität hervorgehoben. An manchen Tagen wurden in diesem Markt keine Geschäfte getätigt (BMWA 2003, 16-17). Dieser Umstand sei als eindeutiges Indiz fehlenden Wettbewerbs zu werten.

heit für den Durchleitungspetenten gegenüber dem Netzbetreiber. Weil es sich bei den Regelungen zur Netznutzung in der Stromversorgung um Massengeschäfte des täglichen Lebens handelt, die ein unerlässliches Element normativer Regulierung erfordern, um den Kriterien der Ausgewogenheit, Handhabbarkeit und Transparenz zu entsprechen, wurden die Defizite der Verbändevereinbarungen deutlich (Becker 2001, 128). Als Instrumente zur Förderung von Wettbewerb wurden die Vereinbarungen von den Verbänden nur allmählich weiterentwickelt. In grundlegenden Anwendungsfragen bestand Dissens (z.B. Frage der vertragsschließenden Parteien beim Netznutzungsvertrag).

Das komplexe Vertragsregime resultierte in einem umfassenden Normierungszwang zahlloser Detailfragen und stellte besonders die Stadtwerke als eigentliche VNB vor wachsende Probleme. Als Verantwortliche stellten die Stadtwerke dem Endkunden die Kosten der vorgelagerten Netznutzung in Rechnung (sog. *„Kostenwälzung"*). Im Fall des Auftretens von Rechtsstreitigkeiten blieb die Verantwortlichkeit im Verhältnis zum Netzendkunden jedoch ungeklärt. Dieser Spielraum wurde von den vorgelagerten Netzbetreibern genutzt, die Netznutzungsentgelte für die Hoch- und Höchstspannungsebene heraufzusetzen, während *ihre* Verteilerebenen niedrig ausgepreist wurden. Damit wurde ein technisches Konstruktionsprinzip der VV II für ungerechtfertigte Profite und als Hebel für das Ausspielen von Marktmacht durch die Verbundunternehmen genutzt. Mit dieser Entwicklung erklärt sich die wachsende Kritik der kommunalen Unternehmen und des VKU am Konzept des verhandelten Netzzugangs.

Auch die Weiterentwicklung der VV II zur VV II plus hat die Frage nach angemessenen Verfahren für eine Kalkulation der Netznutzungsentgelte nicht zufriedenstellend beantwortet. Mit den neuen Kalkulationsprinzipien blieb weiterhin unklar, wie die kalkulatorische Verzinsung an die Kapitalmarktentwicklung angepasst und die Berechnung des Tagesneuwertes für Anlagengüter transparent und nachvollziehbar vorgenommen werden kann. Außerdem wurde kritisiert, dass das Vergleichsverfahren der VV II plus nicht geeignet sei, Effizienzanreize zu setzen und eine flächendeckende Orientierung der Netzbetreiber an den Kosten einer elektrizitätswirtschaftlich rationellen Betriebsführung zu gewährleisten (BMWA 2003, 33).

Für den weiteren Ausbau erneuerbarer Energien in Deutschland ist an dieser Stelle auf die Bedeutung zweier Regulierungsaufgaben hinzuweisen, die durch eine künftige Regulierungsbehörde zu erfüllen wären. Die eine Frage betrifft die Schaffung eines *diskriminierungsfreien Marktes für Regelenergie*. In der Vergangenheit haben die ÜNB die Erhöhung ihrer Netznutzungsentgelte mit dem steigenden Kostenfaktor der Regelenergie begründet. Eine wichtige Rahmenbedingung für den weiteren erfolgreichen Ausbau der erneuerbaren Energien ist daher die Etablierung und der Vollzug transparenter Verfahren zur Bestimmung der tatsächlichen Bereitstellungskosten von Regelenergie. Darüber hinaus bestehen bisher keine normativen Vorgaben zum *Netzausbau*. Die Entscheidung über Investitionen in eine langfristig zukunftsfähige Netzinfrastruktur verbleibt bisher in der Verantwortung der Netzeigentümer. Formale Ausbaupflichten zugunsten von Wettbewerbern oder formale Koordinierungsverfahren, wie sie auch in Großbritannien existieren, sind nach bisherigem deutschem Recht nicht vorgesehen (Schneider 1999, 468). Zieht man die umfangreichen Ausbaupläne der Bundesregierung im Bereich der Offshore-Windnutzung und die hierfür erforderlichen Investitionen in Netzinfrastrukturen in Betracht (s.S. 355ff.), so besteht in diesem Bereich *bisher ein rechtliches Regelungsdefizit*.

Im Resultat ist festzuhalten, dass während der ersten sechs Jahre der Liberalisierung der deutschen Elektrizitätswirtschaft die grundlegenden Restriktionen eines schlanken Regulierungsansatzes mit dem damit verbundenen verhandelten Netzzugang für die Realisierung von mehr Wettbewerb und Nachhaltigkeit deutlich wurden. Mit den erfolgten Novellen des Energie- und Kartellrechts wurden keine effektiven Durchsetzungsmechanismen für Durchleitungspetenten geschaffen. Viel zu lange setzte der Gesetzgeber alleine auf die kartellrechtliche Missbrauchsaufsicht, schwächte diese aber trotz gegenteiliger Intention über die vorgenommene Verrechtlichung der Verbändevereinbarungen.

5.2.3 Die Reform der Erneuerbaren-Energien-Politik unter der rot-grünen Bundesregierung: Vom Stromeinspeisegesetz zum Erneuerbaren-Energien-Gesetz (EEG)

In den Wahlprogrammen von SPD und Bündnis90/Die Grünen zur Bundestagswahl 1998 offenbaren sich in der Frage des Ausbaus erneuerbarer Energien unterschiedliche Prioritäten. Während die *SPD* die Absicherung des StromEG durch die Gestaltung von *„fairen Preisen"* bei der Stromeinspeisung von erneuerbaren Energien verlangte, gingen die *Grünen* mit ihrer Forderung nach einer *„Vorrangregelung"* für erneuerbare Energien und KWK-Strom weiter (Solarzeitalter 1998, 8). Nach dem Wahlsieg der neuen rot-grünen Bundesregierung fand der Ausbau erneuerbarer Energien in der Koalitionsvereinbarung unter der Überschrift *„Zukunftsfähige Energieversorgung sicherstellen"* explizite Erwähnung. Die Bundesregierung äußerte die Überzeugung,

> „dass der Einstieg in neue Energiestrukturen von wachsender wirtschaftlicher Dynamik gekennzeichnet sein wird, die durch eine Neugestaltung des Energierechts noch befördert wird. Dabei geht es insbesondere um einen diskriminierungsfreien Netzzugang durch eine klare rechtliche Regelung und die Schaffung und Sicherung fairer Marktchancen für regenerative und heimische Energien und eine gerechte Verteilung der Kosten dieser zukunftsfähigen Energien" (SPD 1998).

In der Koalitionsvereinbarung fanden sich außerdem die Emissionsreduktionsziele der vorherigen Bundesregierung (25 Prozent bis zum Jahr 2005 gegenüber 1990) und die im SPD-Wahlprogramm versprochene Realisierung eines 100.000-Dächer-Programms (HTDP) zum Ausbau der FV. Das HTDP wurde als eines der ersten Reformprojekte der neuen Regierung bereits im Herbst 1998 verabschiedet und trat zum 01. Januar 1999 in Kraft. Das zentrale Reformprojekt der neuen rot-grünen Bundesregierung bestand aber in einer grundlegenden Novellierung des StromEG, um dem vielfältigen Anpassungsbedarf an die neuen Rahmenbedingungen und dem Erfordernis eines forcierten Ausbaus bestimmter Technologien zur Nutzung erneuerbarer Energien gerecht zu werden. Im folgenden Abschnitt wird daher die Reform des StromEG in akteursorientierter Perspektive untersucht und das Ergebnis des Reformprozesses, das *Erneuerbaren-Energien-Gesetz* (EEG), dargestellt (s.u.).[352] Ein weiteres wichtiges Ziel der Koalitionsvereinbarung war die Umsetzung einer ÖSR, die in ihren Auswirkungen auf den Ausbau erneuerbarer Energien dargestellt wird (s.S. 345ff.). Anschließend werden die Auswirkungen des EEG auf die wichtigsten

---

[352] Die Analyse des Politikprozesses zur Reform des StromEG greift auf die Forschungsergebnisse von Bechberger und Dokumentationen der Zeitschrift für neues Energierecht (ZNER) zurück (Bechberger 2000).

Technologien zur Stromerzeugung aus erneuerbaren Energien detailliert beschrieben (s.S. 348).

5.2.3.1 Von der Entwicklung differenzierter Novellierungsvorschläge zur Unüberwindbarkeit der Interessengegensätze zwischen dem BMWi und der Regierungskoalition

Trotz des außerordentlichen Erfolgs des StromEG beim Ausbau der Windenergie, Biomasse und kleinen Wasserkraft war es genau dieser Erfolg, der eine Gesetzesreform erforderlich machte. Weil mit der Liberalisierung der deutschen Energiewirtschaft im April 1998 das bestehende StromEG die Investitionssicherheit für erneuerbare Energien nicht mehr ausreichend garantierte, waren grundlegende Reformen notwendig geworden. Weil die Marktliberalisierung ein sinkendes Strompreisniveau bewirkte und von weiteren Preisrückgängen auszugehen war, mussten die Anlagenbetreiber aufgrund der Kopplung der Einspeisevergütungen an das nationale Strompreisniveau mit *sinkenden Vergütungssätzen* rechnen.

Ein weiterer Reformauslöser waren die bestehenden Wettbewerbsverzerrungen aufgrund regional unterschiedlicher Belastungen der Netzbetreiber. Die *Diskriminierung einzelner regionaler Netzbetreiber*, die mit der Härtefallregelung von 1998 nur unzureichend gelöst worden war, verschärfte sich in bestimmten norddeutschen Regionen aufgrund des fortgesetzten dynamischen Ausbaus der Windenergie. Darüber hinaus hatte das bisherige StromEG offenbart, dass unter seinen Förderbestimmungen nur bestimmte Technologien einen erfolgreichen Ausbau verzeichneten (Wind, Biomasse, kleine Wasserkraft). Weil bei den weniger wettbewerbsfähigen Technologien ebenfalls von weitreichenden Kostensenkungs- und Ausbaupotentiale auszugehen war, wurde eine Überarbeitung der Fördersätze v.a. für kleine Biomasseanlagen, die Geothermie und die FV für erforderlich erachtet.

Vor diesem Hintergrund begannen im Herbst 1998 die Arbeiten zu einer grundlegenden Reform des StromEG. Bereits im September 1998 ergriff das BMU die Initiative, um mit dem UBA eine *Arbeitsgemeinschaft* (AG) aus verschiedenen Forschungsinstituten einzurichten,[353] die eine *Studie* zu möglichen wettbewerbsorientierten Förderstrategien für erneuerbare Energien erstellen sollte. Mit ihren Handlungsempfehlungen wies die in Auftrag gegebene Studie nach, dass das von der Bundesregierung verfolgte Ausbauziel bis zum Jahr 2010 (Anteil erneuerbarer Energien an der Nettostromerzeugung: 10 Prozent) erreichbar sei (UBA 2000). Zur Realisierung dieses Ziels gab die AG folgende Handlungsempfehlungen:

- Weiterentwicklung und Definition der bestehenden Festpreisregelungen für die einzelnen Technologien, um die Vergütungssätze von der allgemeinen Strompreisentwicklung zu entkoppeln,
- Einbeziehung der Geothermie in die zu fördernden Technologien,
- Einführung eines wesentlich höheren Vergütungstarifs für FV in Höhe von 85 Pf/kWh,

---

[353] Die AG setzte sich aus den folgenden Forschungseinrichtungen zusammen: Deutsches Zentrum für Luft- und Raumfahrt (DLR), Wuppertal Institut für Klima, Umwelt und Energie (WI), Zentrum für Sonnenenergie- und Wasserstoffforschung Baden-Württemberg (ZSW), Internationales Wirtschaftsforum Regenerative Energien (IWR) und Forum für Zukunftsenergien. Mit dem WI und dem ZSW wurden Forschungsinstitute berufen, die durch innovationsorientierte Länderregierungen gegründet worden waren.

- regelmäßige Überprüfung der Vergütungsregelungen bei FV und Windenergie (alle drei Jahre), um Mitnahmeeffekte zu vermeiden,
- zeitliche Begrenzung der Gültigkeit der Vergütungssätze auf einen Zeitraum von 15 Jahren, um nach diesem Zeitraum eine Anpassung an die technologische Entwicklung vorzunehmen,
- Einführung regionaler Ausgleichsregeln zur Verwirklichung eines möglichst diskriminierungsfreien bundesweiten Ausgleichsmechanismus (Bechberger 2000, 16-17).

Interessanterweise schloss die Studie die spätere Einführung von Quotenregelungen oder Mischsystemen zwischen festen Vergütungsregelungen und Quotensystemen nicht aus. Der Auftrag für eine weitere wichtige Studie, die den Novellierungsprozess zum EEG beeinflusste, wurde im Frühjahr 1999 vom BWE an das *DEWI* vergeben. In dem Gutachten, dessen Ergebnisse im August 1999 veröffentlicht wurden, ging es darum, die aktuellen Stromgestehungskosten der Windenergie unter Berücksichtigung der längerfristig anfallenden Ersatzinvestitions- und Betriebskosten zu bestimmen. Während z.B. die Anlagenkosten für WEA (500/600kW) im Zeitraum von 1991 bis 1999 beinahe um die Hälfte reduziert werden konnten, gelangte das DEWI-Gutachten zu dem Resultat, dass die Stromgestehungskosten wegen gestiegener Investitionskosten (z.B. Kosten der Planung, Kosten für Ausgleichszahlungen nach Naturschutzgesetz, Kosten der Netzinfrastruktur und Pacht) tendenziell gestiegen wären. Entgegen früheren Annahmen kam man auch bei der Einschätzung der Wartungs- und Instandhaltungskosten von WEA zu ungünstigeren Bewertungen. Im Hinblick auf die politische Forderung nach stärker standortdifferenzierten Vergütungssätzen, mit denen eine Überförderung von Anlagen an windgünstigen Standorten vermieden werden sollte, befürwortete das DEWI die Einführung eines *Referenzertragsmodells* (REM). Das REM bestimmt für einen Referenzstandort mit einer nach internationalen Standards vermessenen Leistungskurve einen bestimmten Jahresenergieertrag. Das REM wurde entwickelt, um eine an der Qualität des Standortes orientierte Vergütung zu bestimmen (Hoppe-Kilpper 2003, 22). Dabei handelte es sich um ein technikneutrales Modell, bei dem über die Bestimmung einer zertifizierten Leistungskurve für die WEA die Vergütung abgeleitet wird (DEWI 1999).

Wegen der im DEWI-Gutachten behaupteten ungünstigeren Kostensituation der Windenergie gab das BMWi ein Alternativgutachten in Auftrag, um durch die Berücksichtigung von steuerlichen Gesichtspunken zu einer genaueren Einschätzung der Kostensituation zu gelangen. Ein wichtiges Ergebnis des BMWi-Gutachtens war, dass die Stromgestehungskosten bei neuen WEA je nach Jahresertrag und Rotorfläche stark variierten. Von einer Kostendeckung könne ab einem Ertrag von 675 kWh pro Quadratmeter Rotorfläche ausgegangen werden. Die gesetzliche Vergütung sollte sich deshalb am jeweiligen Jahresertrag ausrichten und rückwirkend festgelegt werden. Dabei waren Vergütungssätze zwischen 16,1 Pf/kWh (700 kWh Jahresertrag pro Quadratmeter Rotorfläche) und 9,5 Pf/kWh (1.500 kWh Jahresertrag pro Quadratmeter Rotorfläche) vorgesehen. Gegenüber der DEWI-Studie ging die BMWi-Studie von deutlich geringeren Investitionsneben- und Betriebskosten aus (Bechberger 2000, 19).

Zur Jahreshälfte 1999 schalteten sich die Bundestagsparteien in die Reformdiskussion ein. Ende Juni 1999 legten Bündnis90/Die Grünen ihren Entwurf eines *Eckpunktepapiers* vor, das den konkreten Handlungsbedarf für zügige Reformen erläuterte und weitere Vorschläge präsetierte. In dem Papier mit dem Titel *„Die Fortsetzung einer Erfolgsgeschichte"* wurde vor dem Hintergrund der zwischenzeitlich gesunkenen allgemeinen Strompreise auf die *kaum noch ausreichende Kapitaldienstfähigkeit und Eigenkapitalverzinsung für die Windenergie* infolge gesunkener Einspeisevergütungen verwiesen. Die Grünen machten auch auf die *unzureichende Förderung von Neuanlagen der kleinen Wasserkraft, der Windkraft im Binnenland sowie der FV und der Biomasse* aufmerksam. Außerdem wurde auf die *unzureichende Regulierung der Netzanschluss- und Versorgungskosten* bei Anlagen erneuerbarer Energien verwiesen. Die *Grünen* forderten deshalb *kostenorientierte Vergütungsregeln für die einzelnen Technologien*, wobei für küstennahe WEA zunächst ein Einspeisetarif zwischen 16 und 17 Pf/kWh vorgeschlagen wurde. Zur *Berechnung der Vergütungssätze von WEA* wurde die Einführung des REM unterstützt. Von herausgehobener Bedeutung war die Forderung nach degressiv gestalteten Vergütungssätzen für Neuanlagen, um die Effizienz in der Technologieentwicklung zu stimulieren. Neben differenzierten Vergütungsregeln für die Energieträger Biomasse, FV und Wasserkraft forderten die Grünen auch die *Aufnahme der Geothermie* in den Anwendungsbereich eines novellierten StromEG. Ein weiterer wichtiger Vorschlag betraf die *Berücksichtigung von EltVU-Anlagen in den Kreis förderberechtigter Anlagen*. Ferner sollte durch *konkrete Regelungen zum Netzanschluss* zwischen Netz- und Anlagenbetreiber die Investitionssicherheit erhöht werden. Die Vorschläge der Grünen sahen vor, dass die Netzanschlusskosten von den Anlagenbetreibern und die Investitionen zur Netzerweiterung durch den Netzbetreiber übernommen werden sollten. Schließlich enthielt das Positionspapier zur Beseitigung der regionalen Diskriminierung einzelner besonders belasteter EltVU die Forderung nach einem *bundesweiten Belastungsausgleich* (Bechberger 2000, 20-22).

Aufgrund der Ergebnisse des DEWI-Gutachtens revidierte die Arbeitsgruppe Energie der bündnisgrünen Regierungsfraktion in ihrem Eckpunktepapier von Ende August 1999 ihre Vorschläge zur Windförderung und forderte für Neuanlagen eine zeitlich befristete höhere Anfangsvergütung in Höhe von 19 Pf/kWh. Zur stärkeren Effizienzorientierung sollte der Vergütungssatz nach der Produktion einer zehnfachen Jahresreferenzstrommenge (nach REM) auf 14 Pf/kWh abgesenkt werden. Für den Ausbau der Biomasse forderte die Partei einen Vergütungssatz in Höhe von 17 Pf/kWh. Für die FV wurde zunächst kein Wert bestimmt, weil deren Stromgestehungskosten sehr hoch zu veranschlagen waren und mit dem HTDP bereits ein umfangreiches Markteinführungsprogramm verabschiedet worden war (s.S. 354ff.).[354] Die Vergütung von Wasserkraft sollte sich an den bisherigen StromEG-Sätzen orientieren. Die übrigen Vorschläge aus dem Entwurf des Eckpunktepapiers (Netzregelungen, Belastungsausgleich) fanden sich auch im abschließenden Eckpunktepapier wider.

Zeitgleich mit dem grünen Eckpunktepapier stellte auch die *SPD* ihre Vorschläge zu einer Reform der Erneuerbaren-Energien-Politik vor. Diese basierten auf den SPD-Vorschlägen zur EnWG-Reform vom Frühjahr 1998. Insgesamt blieben die Vorschläge zunächst zwiespältig. Beispielsweise legte sich die SPD in der Frage der Instrumentenwahl nicht fest. Während die Partei zur Förderung der Windenergie einerseits eine Fortführung der Festpreisregelungen erwog, bei der Windstrom an ungünstigen Windstandorten mit

---

[354] Sowohl die energiepolitische Sprecherin der Bündnis90/Grünen Hustedt als auch SPD-Vordenker Scheer warnten bei der Definition des FV-Vergütungssatzes vor einer gesetzlichen Einführung einer kV, weil damit der Novellierungsprozess erheblich verzögert würde (Solarzeitalter 1999a). Außerdem wäre in einem solchen Fall Mitnahmeeffekte zu erwarten, die aus verantwortungsethischen Gründen abzulehnen wären (Scheer 2000b).

einem Mindestsatz von 17 Pf/kWh vergütet werden sollte, spielten auch Überlegungen zur Einführung eines Quotensystems eine Rolle. Allerdings gerieten derartige Vorschläge bald in die Kritik von Eurosolar, so dass entsprechende Forderungen innerhalb der SPD verstummten. Der weitere Novellierungsprozess vollzog sich in einem engen issuebezogenen Netzwerk zwischen den wichtigsten Policyakteuren zur Regulierung erneuerbarer Energien. Diese waren zum einen das federführende BMWi, das BMU, die wichtigsten Verbände erneuerbarer Energien (vor allem Bundesverband Erneuerbarer Energien e.V., BEE) und einzelne Mitglieder der Regierungsfraktionen.

Nach dem Eckpunktepapier von Bündnis90/Die Grünen, reagierte der BEE zu Beginn des Septembers 1999 mit einem eigenen Konzeptpapier.[355] Die Mitgliedsverbände des BEE hatten sich für eine gemeinsame Position bereits abgestimmt und waren über die Vorschläge von Bündnis90/Grünen informiert, so dass von einer gut funktionierenden Kooperation zwischen den Akteuren der Regierungsfraktion und den Verbänden auszugehen war. Der BEE unterstützte in seinem Positionspapier zunächst die Einführung eines bundesweiten Belastungsausgleichs, für den der Verband einen Selbstbehalt in Höhe von fünf Prozent forderte.[356] In mehreren Punkten gingen die BEE-Forderungen aber über die bisherigen Vorschläge hinaus. Neben der Berücksichtigung einer Mengenkomponente bei der Ausgestaltung des Belastungsausgleichs bezogen sich die Forderungen vor allem auf eine differenziertere und expansiver gestaltete Regelung der Vergütungssätze einzelner erneuerbarer Energien. Z.B. sollte die bisherige leistungsbezogene Begrenzung der *Biomasseförderung auf Anlagen* bis zu 5MW$_{el}$ auf Anlagen *bis zu 10 MW$_{el}$ ausgeweitet* werden. Bis zu dieser Größe sollten auch Geothermie-Anlagen in den Anwendungsbereich des novellierten Gesetzes fallen. Im Gegensatz zum Bündnis90/Die Grünen-Papier plädierte der *BEE* zunächst nicht für die Einführung fester Vergütungssätze, sondern wollte *an der bisherigen Systematik einer prozentualen Kopplung der einzelnen Preisregelungen an die allgemeine Strompreisentwicklung festhalten.* Allerdings sollte die Kopplungsregel für den Fall ausgesetzt werden, dass der durchschnittliche jährliche Tarifabnehmerpreis unter den Wert des Jahres 1998 fiele, der vom Statistischen Bundesamt mit einem Niveau von 24,84 Pf/kWh errechnet worden war. Auf der Basis dieses Mindesttarifs plädierte der BEE für folgende Mindestvergütungen:

- Bioenergie und Geothermie: 17,39 Pf/kWh (70 Prozent des genannten Mindesttarifs)
- Wasserkraft (< 500 kW), Deponie- und Klärgasanlagen: 14,90 Pf/kWh (60 Prozent)
- Wasserkraft (500 kW bis 5 MW): 12,42 Pf/kWh (50 Prozent).

Bei der *Windenergie* befürwortete der BEE die Einführung eines REM. Bis zum Erreichen eines zwölffachen Referenzertrages sollten zunächst 18,63 Pf/kWh (75 Prozent des genann-

---

[355] Als wichtigste Mitgliedsverbände des damaligen BEE sind zu nennen: Bundesinitiative BioEnergie (im Jahr 2003 zum Bundesverband BioEnergie (BBE) reformiert), Bundesverband Deutscher Wasserkraftwerke e.V. (BDW), Bundesverband Solarindustrie e.V. (BSi), Bundesverband WindEnergie e.V. (BWE), Deutsche Gesellschaft für Sonnenenergie e.V. (DGS), Fachverband Biogas e.V. (FVB), Geothermische Vereinigung e.V., Unternehmensvereinigung Solarwirtschaft e.V. (UVS), Wirtschaftsverband Windkraftwerke e.V. (WVW).
[356] Ein Selbstbehalt von fünf Prozent würde bedeuten, dass der Netzbetreiber für die Vergütungszahlungen aus erneuerbaren Energien in einer Menge von fünf Prozent der gesamten Strommenge aufzukommen hat, die er im jeweiligen Jahr an unmittelbar an sein Netz angeschlossene Letztverbraucher abgesetzt hat.

ten Mindesttarifs) und danach 13,66 Pf/kWh (55 Prozent) gezahlt werden.[357] Bei der FV nahm auch der BEE eine zurückhaltende Position ein und plädierte in Ergänzung des bereits verabschiedeten HTDP für die Verabschiedung einer gesonderten gesetzlichen Regelung, die einen kostendeckenden Betrieb ermöglichen sollte (Bechberger 2000, 24-25).

Ende September 1999 stimmte das *BMU* dem bündnisgrünen Eckpunktepapier in den wesentlichen Punkten zu: Das Ministerium befürwortete sowohl eine *Aufhebung der kapazitätsbezogenen Obergrenze zur Förderung der Biomasse von 5 MW$_{el}$* als auch eine *Einführung fester Vergütungssätze*, wodurch die Kopplung an die Strompreisentwicklung aufgehoben würde. Bei der *Windkraft* setzte sich das BMU aus Akzeptanzgründen für eine geringere Vergütung in Höhe von *17 Pf/kWh* ein. Gleichzeitig sollte die Vergütung aber über einen längeren Zeitraum (15 bis 20 Jahre) garantiert werden. Das Bundesministerium befürwortete auch den von den Grünen in die Diskussion eingebrachten *Biomassetarif* in Höhe von *17 Pf/kWh*. Allerdings sollte vor dem Hintergrund weiterer Förderprogramme der Bundesregierung (z.B. Marktanreizprogramm) eine *zeitliche Befristung der Förderung* erwogen werden. Bei der *Geothermie* übernahm das BMU die BEE-Forderung nach einem Tarif in Höhe von ebenfalls *17 Pf/kWh*. Von herausgehobener Bedeutung war schließlich der *BMU-Vorschlag*, für die *FV* einen *festen Vergütungssatz von 85 Pf/kWh* festzuschreiben. Mit diesem Vorschlag folgte das Ministerium den Forderungen aus dem Fachgutachten des DLR (UBA 1999, 33). Schließlich befürwortete auch das BMU die Einführung einer überregionalen Ausgleichsregelung. In den Fragen der Netzregulierung schlug das Umweltministerium vor, dass die Netzbetreiber erforderliche Netzverstärkungsinvestitionen finanzieren sollten, während die Netzanschlusskosten hälftig aufgeteilt werden sollten (Bechberger 2000, 26-27).

Aufgrund der zunehmenden Effizienzorientierung des BMU sah sich die Windkraftbranche mit ihren wichtigsten Interessenverbänden (BWE, Fördergesellschaft Windenergie, WVW, VDMA) veranlasst, in einer gemeinsamen Stellungnahme die Interessen der WEA-Betreiber deutlicher zu artikulieren. Zur Berechnung der Vergütungssätze stimmten die Verbände zwar der Einführung eines REM zu, forderten aber gleichzeitig einen Bestandsschutz für Altanlagen. Vor dem Hintergrund sich auch auf Bundesebene konkretisierender Planungen zum Ausbau der *Offshore-Technologie* wurde für solche Anlagen aufgrund der besonderen Investitionsrisiken ein längerer Geltungszeitraum des höheren Einspeisetarifs gefordert (s.S. 355ff.). Weitere Vorschläge bezogen sich auf eine Neuregelung der Netzkosten und der Ausgestaltung des Belastungsausgleichs (Bechberger 2000, 29).

Auffallend am bisherigen Policyprozess war, dass sich das eigentlich ressortverantwortliche BMWi weitgehend zurückhielt. Weil das BMWi noch in der vorherigen Legislaturperiode eine Studie beim Forschungsinstitut Prognos in Auftrag gegeben hatte, das die Fortentwicklung des StromEG als erfolgreichem Instrument zur Markteinführung erneuerbarer Energien empfahl, bestanden nach dem Regierungswechsel gute Chancen zu einer zügigen Novellierung des Gesetzes. Noch im Oktober 1999 stimmte der damalige Wirtschaftsminister Müller den genannten Vorschlägen in zentralen Punkten zu. Neben einer *Entkopplung der Vergütungssätze von der Strompreisentwicklung* und der *differenzierten Definition von Vergütungssätzen für die einzelnen Technologien* sah das Wirtschaftsminis-

---

[357] Nach Aussagen des DEWI ließen sich mit diesen Vergütungssätzen an durchschnittlich windgünstigen Standorten WEA zwar kaum wirtschaftlich betreiben. Mit diesen Forderungen wollte man aber der Kritik an Mitnahmeeffekten begegnen und Anreize zur weiteren Kostensenkung setzen.

terium auch eine Ausweitung des Anwendungsbereichs des Gesetzes auf die *Geothermie* vor. Es dauerte schließlich bis *Anfang November 1999*, bis das *BMWi* einen eigenen *Entwurf zur Novellierung des StromEG* vorlegte. Dieser Vorschlag fiel im Vergleich zu den Entwürfen der vorgenannten Akteure in der Perspektive eines forcierten Ausbaus erneuerbarer Energien aber ungünstiger aus. Das BMWi wollte folgende Vergütungssätze festschreiben:

- Biomasse und Geothermie: 16,5 Pf/kWh
- Kleine Wasserkraft, Deponie- und Klärgas (< 500 kW): 14,7 Pf/kWh, bei größeren Anlagen (> 500 kW): 12 Pf/kWh
- FV: 25 Pf/kWh.[358]

In der Frage der Tarifkalkulation der Windenergie präferierte der BMWi-Entwurf die Einführung eines sog. *„Rotorkreisflächenmodells"*. Nach diesem Berechnungsmodell sollte sich der Vergütungssatz für eine WEA reduzieren, wenn nach einem einfachen Multiplikationsschema während eines Jahreszeitraums eine bestimmte kWh-Zahl pro Quadratmeter überstrichener Rotorfläche überschritten würde. Für die Windenergie enthielt der erste BMWi-Entwurf lediglich den Vergütungssatz, der bis zum Erreichen des erwähnten kWh-Grenzwertes zu zahlen wäre, nämlich 16,5 Pf/kWh. Nur vier Tage nach der ersten Entwurfsvorlage präsentierte das *BMWi* bereits am *12. November 1999* eine *aktualisierte Fassung*, die erstmals *konkrete Bestimmungen zur Ausgestaltung des Belastungsausgleichs* enthielt. Neben einem Absinken des Selbstbehalts gegenüber der alten Härteklausel von fünf auf zwei Prozent sollten alle ÜNB verpflichtet werden, den unterschiedlichen Umfang ihrer Abnahme- und Vergütungsverpflichtungen untereinander auszugleichen.[359] Hierzu sollte zuerst die allgemein angefallene Strommenge, für die Zahlungen zu leisten waren, ermittelt werden. Außerdem sollte der Anteil dieser Strommenge an der gesamten mittelbaren und unmittelbaren Stromabgabe über die Verbundnetze an die Letztverbraucher errechnet werden. Würden Netzbetreiber verhältnismäßig mehr für Vergütungszahlungen aufwenden, als es diesem Anteil entspräche, sollten sie gegenüber den anderen Netzbetreibern einen Anspruch auf Belastungsausgleich haben.

Außerdem wurden mit dem zweiten Entwurf vor allem in den Förderbereichen Wind und Biomasse Änderungen vorgenommen. Zur Berechnung der Vergütungssätze erwähnte das BMWi bei der Windenergie erstmals das REM, ohne genauere Vergütungssätze zu nennen. In der Ausgestaltung des REM übernahm das Ministerium die Vorschläge des BEE, nach der als Referenzertragsmenge das Zwölffache der Jahresstrommenge definiert

---

[358] Bei der der FV-Förderung offenbarten sich die unterschiedlichen Prioritätensetzungen zwischen dem BMWi und den anderen Akteuren des issuebezogenen Policy-Netzwerks. Zeitgleich mit dem ersten BMWi-Entwurf veröffentlichten die Solarverbände BVS, DFS, DGS und der Unternehmensverband Solarwirtschaft ein Positionspapier, um den BMU-Vorschlägen nach einer Mindestvergütung in Höhe von 85 Pf/kWh Nachdruck zu verleihen. Weil dieser Preis immer noch weit unter der erforderlichen Vergütung für einen kostendeckenden Betrieb von FV-Anlagen läge, forderten sie sogar einen Vergütungssatz in Höhe von 99 Pf/kWh. Erst ab einem Vergütungssatz von 129 Pf/kWh wäre ein wirtschaftlicher Betrieb der Anlagen möglich (Bechberger 2000, 30-31).

[359] Ein höherer Selbstbehalt in Höhe von 5 Prozent wäre vor allem zu Lasten der Verteilerunternehmen, also der Stadtwerke gegangen, die sich im zunehmend liberalisierten Elektrizitätssektor ohnehin in einer vergleichsweise schwierigeren Wettbewerbssituation befanden. Mit einem geringeren Selbstbehalt von nur zwei Prozent würde ein größerer Teil der finanziellen Lasten aus der Stromeinspeisung von erneuerbarer Energien auf die höhere Netzbetreiberebene weitergewälzt.

wurde. Schließlich bestimmte das BMWi auch den Zeitraum für eine reduzierte Vergütung nach Erreichen der Referenzertragsmenge als die Hälfte der bis zum 01. Januar 2000 zurückgelegten Betriebszeit einer WEA. Darüber hinaus kam das BMWi den Forderungen des BEE und des BMU nach einer Ausweitung des gesetzlichen Anwendungsbereichs bei der Biomasse auf Anlagen mit einer installierten Leistung zwischen 15 und 20 MW entgegen.

Seinen ursprünglichen *Vorschlag für eine FV-Vergütung* in Höhe von 25 Pf/kWh nahm das *BMWi* wieder *zurück*. Außerdem strich es die *Geothermie aus dem Anwendungsbereich der Gesetzesnovelle heraus*. Dieser Rückschritt war auf die zeitgleichen Verhandlungen zwischen der Regierungskoalition, den kommunalen Spitzenverbänden und der Gewerkschaften über die Zukunft der vor allem auf kommunaler Ebene eingesetzten KWK zurückzuführen. Die KWK erlitt im gerade liberalisierten Markt einen dramatischen Einbruch.[360] Während Vertreter der rot-grünen Regierungskoalition damals die Einführung einer Quote zur Bestandssicherung der KWK forderten, war insbesondere das BMWi gegen die Einführung einer solchen „wettbewerbsverzerrenden" Regelung (Töller 2002, 5-6). Im Oktober 1999 zeichnete sich eine Verständigung zwischen Vertretern der Regierungskoalition, den kommunalen Interessenverbänden (VKU, DST), den Gewerkschaften und dem BMU zur Verabschiedung eines KWK-Vorschaltgesetzes ab. Unter einem solchen Gesetz sollten die Netzbetreiber unter bestimmten Konditionen zur Abnahme von Strom aus KWK-Anlagen verpflichtet werden. Weil sich die kommunalen Akteure mit ihren Interessen gegenüber dem BMWi durchsetzen würden, versuchte das Wirtschaftsressort im Gegenzug restriktivere Regelungen bei der Novellierung des StromEG durchzusetzen.[361] Mit seinen Änderungsvorschlägen (Streichung der Geothermie und der FV-Vergütung in Höhe von 25 Pf/kWh) setzte sich das BMWi über bereits getroffene interministerielle Absprachen mit dem BMU, dem BMELF und dem BMJ hinweg. Dieser Umstand induzierte auf der Seite der Regierungskoalition von SPD und Bündnis90/Die Grünen Überlegungen, einen eigenen Gesetzesvorschlag zur Förderung erneuerbarer Energien in den Bundestag einzubringen.

Im weiteren Verlauf offenbarten sich die postulierten besonderen Effekte der vertikalen Politikverflechtung im föderativen System der Bundesrepublik. Denn Anfang November 1999 stand auch die Verabschiedung der zweiten Stufe der Ökosteuerreform (ÖSR) an, die innerhalb der SPD umstritten blieb. Mit dem Inkrafttreten dieser Stufe sahen die rot-grünen Koalitionspartner eine befristete Befreiung von Erdgas von der Mineralölsteuer vor, wenn dieses bei der Energieerzeugung zum Betrieb von hocheffizienten Gas- und Dampfkraftwerken eingesetzt würde. Dabei sollte eine zehnjährige Steuerbefreiung für Erdgas in Kraft treten, wenn mit den Erzeugungsanlagen ein elektrischer Wirkungsgrad von 55 Prozent erzielt würde. Mit der Umsetzung dieses Steuervorschlags wäre auch der Ausbau bzw.

---

[360] Wegen der sinkenden Strompreise kam es bis Mitte 1999 zu einer teilweise massiven Abschaltung von KWK-Anlagen (alleine in der Industrie wurden monatlich Kapazitäten zwischen 150 bis 200 MW vom Netz genommen).
[361] Hierbei spielten auch die begonnenen Verhandlungen der Bundesregierung zu einem Atomausstieg eine wichtige Rolle. Der damalige Wirtschaftsminister Müller signalisierte gegenüber der Verbundwirtschaft seine Bereitschaft, zugunsten einer einvernehmlichen Lösung beim Atomausstieg auf die Einführung von Quotenlösungen für dezentrale Erzeuger zu verzichten. Ein erster Entwurf einer Vereinbarung zum Atomausstieg vom Juni 1999 sah gegenüber den Verbundunternehmen folgendes Entgegenkommen vor: „Sollte aus übergeordneten Gründen die Zwangseinspeisung (z.B. durch sog. „Quotenregelungen") besonderer Stromerzeugungen *unabweisbar notwendig* gesetzlich geregelt werden müssen (z.B. um den Zweck des StromEG als gesamtstaatliche Aufgabe zu sichern), so wird die Summe aller Quoten auf maximal 10 Prozent der jährlichen Nettostromerzeugung in der Bundesrepublik beschränkt" (zitiert aus Traube 2000).

Bestand von KWK-Anlagen gesichert worden. Besonders der SPD-Landesverband Nord-rhein-Westfalen fürchtete mit dieser Regelung aber um den Bestand des heimischen Kohle-bergbaus. Weil zeitgleich Landtagswahlen in NRW anstanden, drohte der damalige NRW-Ministerpräsident Clement im Bundesrat mit der Verweigerung seiner Zustimmung zur Umsetzung der zweiten Stufe der ÖSR und setzte in der Frage der Steuerbefreiung von Erdgas eine Erhöhung des Wirkungsgraderfordernisses auf 57,5 Prozent durch. Zusätzlich forderte Clement eine Befristung des Inbetriebnahmezeitraums von steuerlich begünstigten GuD-Anlagen, indem die zehnjährige Mineralölsteuerbefreiung nur für Anlagen gewährt werden sollte, die zwischen dem 31. Dezember 1999 und dem 31. März 2003 in Betrieb gehen würden. Auf einem Spitzentreffen mit Bundeskanzler Schröder, Bundesaußenminis-ter Fischer, Bundeswirtschaftsminister Müller, Bundesumweltminister Trittin und den Frak-tionsvorsitzenden Müntefering und Schlauch konnte SPD-Ministerpräsident Clement am 22. November 1999 diese Forderungen durchsetzen. Für den Novellierungsprozess der Erneuerbaren-Energien-Politik war bedeutsam, dass Bündnis90/Die Grünen für ihre Zu-stimmung zu den kohlebestimmten SPD-Forderungen als Kompensations- und Koppelge-schäft im Gegenzug eigene Forderungen für die erneuerbaren Energien durchsetzen konn-ten. Während man bei der KWK übereinkam, den gegenwärtigen Anlagenbestand zu si-chern und den Anteil der KWK-Stromerzeugung bis zum Jahr 2010 mit neuen Fördermaß-nahmen zu verdoppeln, sagten die SPD-Vertreter die Einführung einer FV-Vergütung in Höhe von 99 Pf/kWh zu (Bechberger 2000, 33-34).

Nur drei Tage nach diesem energiepolitischen Gesamtkompromiss legte das BMWi einen *dritten Entwurf zur StromEG-Novelle* vor, in dem sich erste Regelungen fanden, die Stromeinspeisung erneuerbarer Energien gegenüber europarechtliche Wettbewerbsvor-schriften, also besonders dem EU-Beihilfenrecht, abzusichern.[362] Zu diesem Zweck sollte die Gültigkeit der *festen Vergütungssätze* für die einzelnen Technologien *auf einen Zeit-raum von zwanzig Jahren befristet* werden, bei älteren Anlagen mindestens bis 2009. Zu-sätzlich wurden die Vorschläge von Bündnis90/Die Grünen zu einer degressiven Gestal-tung der *Vergütungssätze für Neuanlagen* übernommen. Pauschal setzte das BMWi hier eine *jährliche Degression von 5 Prozent* an, also unabhängig von der spezifischen Entwick-lung einzelner Technologien. Schließlich konkretisierte das BMWi seine Vorstellungen zum Belastungsausgleich dahingehend, dass der Selbstbehalt eines jeden Netzbetreibers von zwei auf ein Prozent der jährlich an die Letztverbraucher abgesetzten Strommenge abgesenkt werden sollte.

Als besonderer politischer Affront gegenüber den anderen Akteuren des issuebezoge-nen Policynetzwerks war aber zu werten, dass der dritte BMWi-Entwurf trotz des drei Tage zuvor getroffenen politischen Kompromisses für die *FV* weiterhin an dem früheren Vor-schlag eines Vergütungssatzes in Höhe von 25 Pf/kWh festhielt. Der erzielte Kompromiss einer Vergütung in Höhe von 99 Pf/kWh war nicht berücksichtigt worden. Zur Berechnung der Vergütungssätze für *Windkraft* konkretisierte das BMWi das REM, wobei bei einer Produktion der jährlichen Referenzertragsmenge ein Vergütungssatz von 16,5 Pf/kWh vorgesehen war und bei Überschreiten dieser Menge degressiv gestaltet werden sollte. Bei

---

[362] Zur gleichen Zeit war die GD Transport und Energie der Europäischen Kommission dabei, einen ersten Ent-wurf zur Harmonisierung der europäischen Fördersysteme für erneuerbare Energien zu erarbeiten. Erste Details dieses Entwurfs gelangten im März 2000 an die Öffentlichkeit, der Entwurf einer ersten Richtlinie wurde im Mai 2000 publiziert (s.S. 378ff.).

der Vergütung von *Biomasse* kam das BMWi den Forderungen des BMELF nach und erweiterte den Anwendungsbereich des Gesetzes auf *Anlagen mit einer Leistung bis 20 MW.* Die Vorschläge des BMWi sahen hier *differenzierte Vergütungssätze nach der jeweiligen Anlagengröße* vor, wobei zunächst ein *allgemeiner Vergütungssatz in Höhe von 16,5 Pf/kWh* gezahlt werden sollte. Bei Anlagen mit einer *Erzeugungsleistung von mehr als 5 MW* sollte die *über diesen Grenzwert hinausgehende Leistung mit mindestens 12 Pf/kWh* vergütet werden. Bei Anlagen mit einer Kapazität von mehr als 5 MW blieb man somit hinter den vom BMU und dem BEE erhobenen Forderungen zurück. Bei der Wasserkraft, dem Deponie- und Klärgas blieb es bei den bisherigen Entwürfen. Auch die Geothermie blieb unberücksichtigt (Bechberger 2000, 34-36).

5.2.3.2 Von der negativen administrativen Koordination zur politischen Lösung: Die abschließende Entwicklung des EEG

Aufgrund der weiterhin unzureichenden Förderbedingungen für einzelne erneuerbare Energien (Windenergie, Biomasse, FV, Geothermie) entschlossen sich die Koalitionsfraktionen von SPD und Bündnis90/Die Grünen dazu, einen eigenen Gesetzentwurf mit dem Titel *„Gesetz zur Förderung der Stromerzeugung aus erneuerbaren Energien (Erneuerbaren-Energien-Gesetz, EEG)"* in das parlamentarische Verfahren einzubringen. Bis zum 13. Dezember 1999 erarbeiteten die Koalitionsfraktionen einen Entwurf, der sich in vielen Details vom letzten BMWi-Entwurf unterschied.

Neben einer Ausweitung des Normbereichs auf die Technologien Grubengas und Geothermie betrafen zentrale Veränderungen die Definition der einzelnen Vergütungtarife (Oschmann 2000a). Anlagen der Wasserkraft sowie Deponie- und Klärgasanlagen sollten nach diesem Entwurf nicht gefördert werden, wenn ihre installierte Erzeugungskapazität 5 MW_{el} überschritt. In *§ 3* des Entwurfs war vorgesehen, den Strom aus *Wasserkraft, Deponie-, Gruben- und Klärgas* bei Anlagen mit einer Leistung bis zu 500 kW_{el} mit mindestens 15 Pf/kWh zu vergüten (BMWi-Entwurf: 14,7 Pf/kWh). Bei einer höheren Erzeugungsleistung sollten die Preise geringer ausfallen (13 Pf/kWh bei Neuanlagen, 12 Pf/kWh bei Altanlagen). Auch bei der *Biomasse* besserten die Vertreter der Regierungskoalition entscheidend nach (*§ 4* EEG-Entwurf): Bis zu einer installierten Leistung von 500 kW_{el} sollte der Vergütungssatz mindestens 20 Pf/kWh, bis zu 5 MW_{el} mindestens 18 Pf/kWh und zwischen 5 MW_{el} und 20 MW_{el} 17 Pf/kWh betragen. Weil mit der Erschließung der *geothermischen Potentiale* zur Stromerzeugung erstmals Neuland betreten würde, sah *§ 5* bei dieser Technologie keine leistungsbezogene Differenzierung der Fördersätze vor: Bis zu einer installierten Leistung von 20 MW_{el} sollte der Strom zu 17,5 Pf/kWh und ab dieser Leistungsgrenze mit 14 Pf/kWh gefördert werden (Oschmann 2000a, 10).

Grundlegende Differenzen zum BMWi-Entwurf offenbarten die Bestimmungen zur *Windenergie* (*§ 6* EEG-Entwurf). Zum einen griff die Regierungskoalition bei ihrer Definition der Vergütungssätze auf die DEWI-Studie zurück, die im Gegensatz zur BMWi-Studie zu ungünstigeren Investitionsneben-, Betriebs- und Ersatzinvestitionskosten gekommen war. Deshalb sah der Koalitionsentwurf für die ersten fünf Betriebsjahre eine höhere Anfangsvergütung in Höhe von 17,8 Pf/kWh vor (BMWi-Entwurf: 16,5 Pf/kWh). Ab dem sechsten Jahr sollte die Vergütung auf 13,8 Pf/kWh bei Anlagen reduziert werden, die in den ersten fünf Jahren 150 Prozent des Referenzertrages erwirtschaften. Für die übrigen WEA sollte sich die zeitliche Befristung der Anfangsvergütung für jedes Prozent, das die

Anlage in Bezug auf die 150-Prozentmarke unterschritt, um zwei Monate verlängern. Mit dem gewählten Modell sollte eine Standortdifferenzierung der Vergütungssätze verwirklicht werden, um möglichen Einwänden der EU-Kommission wegen einer Überforderung von WEA an ertragsstarken Standorten vorzubeugen. Bei einer zwanzigjährigen Betriebszeit würden nach diesem Berechnungsverfahren die Vergütungen für sehr ertragreiche WEA auf 14,8 Pf/kWh abgesenkt, für WEA an durchschnittlichen Standorten auf 16,46 Pf/kWh und an Binnenlandstandorten auf 17,39 Pf/kWh (Bechberger 2000, 38).[363]

In *§ 7* wurde die Vergütung aus *solarer Strahlungsenergie* auf 99 Pf/kWh festgelegt. Bei Neuanlagen war eine jährliche Dehression von 5 Prozent geplant. Die Förderdauer dieses Vergütungsniveaus sollte bis zum 30. Juni desjenigen Jahres begrenzt werden, in dem ein Jahr zuvor die in der gesamten Bundesrepublik installierte Leistung von FV die 350 MW-Grenze erreicht hätte.[364] In *§ 9* des Koalitionsentwurfs zum EEG wurden die Wiegen der *Netzkosten* geregelt. Nach *Abs. 1* sollten die Kosten des Netzanschlusses allein vom Anlagenbetreiber getragen werden. Im Falle eines erforderlichen Netzausbaus sollten sich nach *Abs. 2* die Anlagen- und die Netzbetreiber entstehende Kosten je zur Hälfte teilen. Nach *Abs. 3* war zur Klärung von Streitigkeiten in Fragen des Netzanschlusses bzw. von Netzerweiterungen die Einrichtung einer Clearingstelle beim BMWi vorgesehen (Oschmann 2000a, 12). Der *§ 10* enthielt die Regelungen zum *Belastungsausgleich*. Nach *Abs. 1* sollte der aufnehmende Netzbetreiber gegenüber dem vorgelagerten Netzbetreiber einen Belastungsausgleich für die Zahlungen verlangen dürfen, die einen Prozent der Strommenge übersteigen, die er im jeweiligen Jahr an unmittelbar an sein Netz angeschlossene Letztverbraucher abgesetzt hat (Selbstbehalt von einem Prozent). Der Ausgleich sollte für Zahlungen von Strom aus Windkraft 80 Prozent pro kWh und für den sonstigen Strom aus erneuerbaren Energien 65 Prozent pro kWh betragen. Nach *Abs. 2* wurden die ÜNB dazu verpflichtet, den unterschiedlichen Umfang ihrer Abnahme- und Zahlungsverpflichtungen untereinander auszugleichen. Die näheren Details hierzu wurden in den *Abs. 3 bis 5* bestimmt. Abschließend sah die Regierungskoalition in *§ 11* die Einführung eines *Erfahrungsberichts* vor, in dem das BMWi im Einvernehmen mit dem BMU und dem BMELF über den Stand der Markteinführung und der Kostenentwicklung bei den einzelnen Technologien berichten und Vorschläge zu einer Anpassung der einzelnen Vergütungssätze unterbreiten sollte (Oschmann 2000a, 13-14).

Die Reaktionen der Oppositionsparteien auf diesen Gesetzentwurf waren weitgehend kritisch. Bereits im November 1999 hatte die Energiekommission des CDU-Wirtschaftsrates bekannt gegeben, dass es nicht Aufgabe der Politik sein könne, Klimaschutzziele festzulegen und dem Markt bestimmte Anteile von erneuerbaren Energien an der Strom- und Wärmeerzeugung vorzuschreiben. In neo-liberaler Lesart kritisierte der wirtschaftspolitische Sprecher der CDU/CSU-Bundestagsfraktion Uldall die geplante Einführung fester Vergütungssätze als potentielle Dauersubventionen. Die differenzierte Regu-

---

[363] Für Altanlagen sollte als Zeitpunkt der Inbetriebnahme der 01. Januar 2000 gelten und sich die fünfjährige Anfangsvergütung um die Hälfte der bis zum 01. Januar 2000 zurückgelegten Betriebszeit verringern, höchstens jedoch bis zum 30. Juni 2001 (Oschmann 2000a, 11).

[364] Die Aufnahme eines kapazitätsbezogenen Förderdeckels stellte einen wichtigen Bestandteil des Konsenses zwischen den Vertretern der SPD- und der Grünen-Fraktion im Konflikt zur Mineralölsteuerbefreiung der GuD-Kraftwerke dar. Verschiedene SPD-Vertreter hätten einen Kompromiss zu einer Ausweitung der Vergütungsregeln für FV auf 99 Pf/kWh nicht mitgetragen, wenn die Förderung mengenbezogen nicht begrenzt worden wäre (Bechberger 2000, 38).

lierung von Preisen bestimmter Technologien und Anlagengrößen sei zu kompliziert gestaltet. Darüber hinaus stünden einer Einführung des geplanten Belastungsausgleichs erhebliche europa- und verfassungsrechtliche Bedenken entgegen. Die Förderung der Windenergie wurde besonders kritisiert, weil mit den Regelungen ein weiterer Ausbau im Binnenland befürchtet wurde (Bechberger 2000, 39). Etwas gemäßigter fiel die Kritik des umweltpolitischen Sprechers der CSU Ruck aus. Dieser bekannte sich zwar zum Ziel einer Verdopplung des Anteils erneuerbarer Energien bei der Stromerzeugung bis zum Jahr 2010, erachtete hierfür aber eine Fortführung der bisherigen StromEG-Regelungen als ausreichend. Die Parteidifferenzen waren jedoch nicht derart verschieden, wie bei anderen politischen Reformvorhaben. In einer gemeinsamen Presseerklärung von Parlamentariern verschiedener Parteien wurde für die Erneuerbare-Energien-Politik Anfang Dezember 1999 ein parteienübergreifender Konsens gefordert. Hierbei betonten die Abgeordneten Austermann, Maaß (beide CDU), Ramsauer (CSU), Scheer, Schütz (beide SPD), Hirche (FDP) und Hustedt (Bündnis90/Grüne), dass die Politik den Investoren die erforderliche Investorensicherheit für einen weiteren Ausbau bieten müsse (Bechberger 2000, 40).

Bereits am 15. Dezember 1999 passierte der von der Regierungskoalition in das parlamentarische Verfahren eingebrachte Entwurf das Kabinett. Der Entwurf wurde zügig zu weiteren Beratungen an die zuständigen Ausschüsse verwiesen (Bundestagsausschuss für Wirtschaft und Technologie 2000). Vor der abschließenden Sitzung des Ausschusses für Wirtschaft und Technologie war Mitte Februar 2000 eine öffentliche Anhörung angesetzt, bis zu der das BMWi zwei wichtige Änderungsvorschläge durchsetzte. Um den beihilferechtlichen Kriterien des Europäischen Wettbewerbsrechts zu entsprechen, sollte die Gültigkeit der Vergütungssätze zum einen auf eine Dauer von 20 Jahren begrenzt werden. Zum anderen forderte das BMWi vor dem Inkrafttreten des EEG den Abschluss des beihilferechtlichen Genehmigungsverfahrens einschließlich einer Notifizierung (Genehmigung) des EEG durch die Europäische Kommission. Diese Forderung wurde heftig kritisiert, weil hieraus eine mehrmonatige Verzögerung der Verabschiedung des EEG resultieren könnte. Weil die juristische Prüfung durch das BMJ außerdem ergeben hatte, dass sich die Neugestaltung des Belastungsausgleichs als verfassungsrechtlich problematisch erwies,[365] wurde die öffentliche Expertenanhörung vor dem Wirtschaftsausschuss am 14. Februar 2000, zu der fünfzehn Sachverständige geladen waren, mit Spannung erwartet.[366] Die strittigsten Punkte der Anhörung bestanden in der Höhe und Ausgestaltung der einzelnen Vergütungssätze, in der Frage der Verfassungs- und Europarechtskonformität der Abnahme- und Vergütungspflichten und der Rechtmäßigkeit des Belastungsausgleichs.

In der Frage der *Vergütungssätze* bezeichneten die Experten des BEE, des DBV und des DEWI die vorgeschlagenen Tarife bei der Biomasse und der Windenergie als sachge-

---

[365] Ein wichtiger Kritikpunkt betraf die mögliche Verletzung des Gleichbehandlungsgrundsatzes und des Diskriminierungsverbots, da in der bisherigen Fassung des EEG-Entwurfs vorrangig die Verbundunternehmen die Kostenträger für die finanziellen Lasten aus den Einspeisevergütungen waren.

[366] Von den fünfzehn Sachverständigen wurden sieben von der SPD, fünf von der CDU/CSU sowie je einer von Bündnis90/Die Grünen, FDP und PDS berufen. Aufschlussreich ist die Zusammensetzung der berufenen Experten. Die SPD berief Vertreter folgender Organisationen: BUND, BEE, Eurosolar, VDMA, IG Metall, PreussenElektra und Universität Hamburg. Die CDU/CSU suchte Expertise beim DBV, den Universitäten Bonn, Oldenburg und Stuttgart (jeweils Juristen bzw. Energiewirtschaftler) sowie der RWE Energie AG. Durch die die Grünen nahm ein Vertreter des DEWI, für die FDP ein Vertreter des VDEW und für die PDS ein Repräsentant des FVB teil (Pontenagel 2000, 16).

recht. Allerdings traten sowohl der DBV als auch der FVB für eine Gleichstellung von alten und neuen Biomasseanlagen ein. Der VDMA-Vertreter stimmte den Vorschlägen ebenfalls zu und bezweifelte bei der Windenergie wegen der vorgesehenen standortabhängigen Berechnung der Vergütungssätze die Gefahr von Mitnahmeeffekten. Eine stärker volkswirtschaftliche und langfristige Bewertung der Vergütungssätze für erneuerbare Energien forderten die Vertreter des BUND und von Eurosolar: Für eine gerechte Einschätzung müssten auch die Wettbewerbskonditionen und Beihilfen der anderen fossilen Energieträger in die Bewertung einfließen (z.B. Kernenergie). Demgegenüber bezeichnete der VDEW die Vergütungsregelungen bereits im Ansatz als verfehlt und forderte über eine degressive Gestaltung der Tarife eine stärkere Effizienzorientierung. Hinsichtlich der Höhe der gewählten Tarife für die Windenergie bezweifelte der Vertreter der PreussenElektra die Korrektheit der zugrunde gelegten Kalkulationsgrundlagen, also das DEWI-Gutachten, das insgesamt von höheren Ersatzinvestitions- und Reparaturkosten für WEA ausgegangen war (Bechberger 2000, 43-44).

In der Frage eines möglichen Beihilfecharakters des Gesetzes, der den europarechtlichen Tatbestand des damaligen Art. 87 EGV erfüllte, kamen die juristischen Experten zu einer relativ einstimmigen Bewertung. Eine eindeutige Klärung dieser Frage war von besonderer Bedeutung, weil das BMWi das EEG vor seinem Inkrafttreten durch die EU-Kommission notifizieren lassen wollte. Die Existenz eines beihilferechtlich relevanten Tatbestands wurde von den Rechtsexperten bezweifelt, weil mit den Förderregelungen kein unmittelbarer Ressourcenzufluss vom Staat hin zum begünstigten Unternehmen vorläge.

Weiteren Änderungsbedarf sahen die juristischen Sachverständigen jedoch bei der inhaltlichen Gestaltung des *Belastungsausgleichs (§ 10 des EEG-E)*. Der Entwurf sah über das Prinzip der Kostenwälzung nur einen rein finanziellen Ausgleich der Vergütungskosten zwischen dem aufnehmenden Netzbetreiber und dem Übertragungsnetzbetreiber sowie zwischen den ÜNB vor. Der BEE gab zu bedenken, dass eine rein finanzielle Ausgleichsregelung mit einer Abgaberegelung identifiziert werden könne. Deshalb solle man auch eine Verpflichtung zur Mengenwälzung in das Gesetz integrieren, um über die direkte Verknüpfung von Vergütung und Strommenge keinen Mehrwert regenerativ erzeugten Stroms gegenüber konventionell erzeugten Strom definieren zu müssen. Durch die enge Kopplung eines Finanz- mit einem Mengenausgleich entginge man dem Problem, komplexe und angreifbare Bewertungsfragen lösen zu müssen. Dieser Forderung stimmten der VDMA und Eurosolar zu. Die Gestaltung des Belastungsausgleichs wurde vom Vertreter der RWE Energie AG grundsätzlich kritisiert, weil mit der Regelung einseitig die ÜNB als Kostenträger des EEG adressiert würden. Dieser Umstand stelle eine klare Wettbewerbsverzerrung gegenüber der dezentralen und industriellen Stromerzeugung dar. Deshalb sollten die Mittel zum Ausbau erneuerbarer Energien aus dem Steueraufkommen aufgebracht werden.[367] Bei der Gestaltung des Belastungsausgleichs sprachen die Verbundunternehmen aber nicht mit einer Stimme. Aufgrund des steigenden Anteils der Windenergie im eigenen Verbundgebiet und der hieraus resultierenden finanziellen Belastungen befürwortete der Vertreter der Preussen-Elektra klar die Einführung eines solchen Ausgleichs und trat für einen möglichst

---

[367] Außerdem kritisierte der RWE-Vertreter die Festlegung der Weiterverrechnungssätze bei der finanziellen Kostenwälzung, die für Wind 80 Prozent und für die sonstigen erneuerbaren Energien 65 Prozent der Kosten betragen sollte. Als Alternative schlug er für alle erneuerbare Energien einen gleichen Weiterwälzungsanteil an den erfolgten Einspeisevergütungen in Höhe von 50 Prozent vor.

geringen Selbstbehalt ein, um die Belastungen in der eigenen Verbundregion möglichst gering zu halten und die Verteilungsgerechtigkeit zu erhöhen.[368] Auch der VDMA-Vertreter bezeichnete im Gegensatz zum BDI die Einführung eines Belastungsausgleichs als zwingend notwendig.[369] Damit offenbarte sich zehn Jahre nach Verabschiedung des StromEG, dass innerhalb der Industrieverbände besonders die Windenergie eine so große Bedeutung erlangt hatte, dass die konventionelle Stromwirtschaft nicht mehr auf eine einheitliche Allianz gegen eine Ausweitung und Fortentwicklung der bestehenden Regelungen spekulieren konnte. Sogar PreussenElektra befürwortete Teile der Reformvorschläge und stellte sich damit den übrigen Interessen der Verbundunternehmen (VDEW und DVG) entgegen.

Bis zur Abschlußberatung im Bundestagsauschuss für Wirtschaft und Technologie am 23. Februar 2000 brachten die SPD und Bündnis90/Die Grünen aufgrund der in der Anhörung geäußerten Kritik noch einige Gesetzesänderungen ein. Die Änderungsanträge waren von dem Interesse geleitet, die Regelungen zur Stromeinspeisung besser an europa- und verfassungsrechtliche Erfordernisse anzupassen. Zwischenzeitlich hatte die GD Wettbewerb ihre Ansicht zum Ausdruck gebracht, dass es sich beim geplanten EEG um eine Beihilfe handele, die nach dem damaligen Art. 88 Abs. 3 EGV angezeigt und genehmigt werden müsse (Nagel 2000, 5).

Eine erste Änderung bezog sich auf den Titel des Reformvorhabens. Das novellierte StromEG sollte in „Gesetz für den Vorrang erneuerbarer Energien" umbenannt werden, womit zum einen der von den Grünen geforderten Vorrangregelung Rechnung getragen und zum anderen ein direkter Bezug zur Elt-Rl hergestellt wurde, nach der gemäß Art. 8 Abs. 3 und Art. 11 Abs. 2 Vorrangregelungen für heimische Energieträger möglich waren. Darüber hinaus sollte das EEG eine eigene Zielnorm enthalten. Als Ziel des Gesetzes sollte definiert werden, „im Interesse des Klima- und Umweltschutzes eine nachhaltige Entwicklung der Energieversorgung zu ermöglichen und den Beitrag erneuerbarer Energien an der Stromversorgung deutlich zu erhöhen, um entsprechend den Zielen der Europäischen Union und der Bundesrepublik Deutschland den Anteil erneuerbarer Energien am gesamten Energieverbrauch bis zum Jahr 2010 mindestens zu verdoppeln" (Oschmann 2000b, 25).

Um den möglichen Beihilfecharakter des Gesetzentwurfs abzuschwächen, sah ein wieterer Änderungspunkt vor, die EltVU als vergütungsberechtigte Anlagenbetreiber in den Normbereich des EEG aufzunehmen (§ 2 Abs. 1 EEG-E).[370] Aufgrund bestehender verfassungsrechtlicher Bedenken versuchte man auch, über eine Neuregelung des Belastungsausgleichs den Gleichbehandlungsgrundsatz effektiver zu verwirklichen. Der Änderungsantrag der Regierungskoalition sah neben dem bereits bestehenden finanziellen Kostenausgleich die Aufnahme eines Mengenausgleichs vor. Danach sollten die ÜNB dazu verpflichtet wer-

---

[368] Demgegenüber traten sowohl der BEE als auch die RWE für einen Selbstbehalt von 5 Prozent ein. Derartige regionale Unterschiede in der finanziellen Belastung aus Einspeisevergütungen wären wirtschaftlich zumutbar.

[369] An dieser Stelle weist Bechberger auf die besonderen Interessen der Wachstumsbranche Windenergie hin, die der VDMA als eigene Verbandsmitglieder im Gesetzgebungsverfahren repräsentierte: „Trotz des geringen Umsatzanteils der Windkraftbranche (1,36 Prozent = 3,4 Mrd. DM) am Gesamtumsatz der 3.000 Mitgliedsunternehmen des VDMA von etwa 250 Mrd. DM und trotz der Tatsache, dass die Mehrheit seiner Mitglieder nur billigen Strom wollten, vertrete der VDMA die Position, die Markteinführung von erneuerbaren Energien über das StromEG zu erreichen" (Bechberger 2000, 45).

[370] Um dem Gleichbehandlungsgrundsatz besser zu entsprechen, sollten auch Anlagen unter den Anwendungsbereich des EEG fallen, solange die Bundesrepublik Deutschland oder das Bundesland nur einen Anteil bis zu 25 Prozent daran hält (§ 2 Abs. 2 Nr. 2 EEG).

den, den unterschiedlichen Umfang der aufgenommenen Energiemengen *und* Vergütungs-zahlungen zu erfassen und untereinander auszugleichen (*§ 11 Abs. 1* EEG-E). Außerdem sollten die ÜNB zum 31. März eines jeden Jahres zum einen diejenige Energiemenge ermit-teln, die sie im Vorjahr aus vergütungsberechtigten Anlagen abgenommen haben. Zum anderen sollten sie den Anteil dieser Menge an der gesamten Energiemenge berechnen, die sie unmittelbar oder mittelbar über nachgelagerte Netze an Letztverbraucher abgegeben haben (*§ 11 Abs. 2* EEG-E). Diejenigen ÜNB, die größere Mengen abzunehmen hätten, als es diesem Anteil entspricht, sollten gegenüber den anderen ÜNB einen Anspruch auf Ab-nahme und Vergütung nach *§§ 3 bis 8* EEG haben, bis auch diese Netzbetreiber eine Ener-giemenge abnähmen, die dem Durchschnittswert entspräche (Oschmann 2000a, 13-14).

In Verbindung zum bundesweiten Belastungsausgleich ist auf die vorgeschlagene *Ein-führung eines Mengenausgleichs* zu verweisen (*§ 3* EEG-E), durch den die Kosten aus dem EEG zwischen den verschiedenen Netzbetreibern gerechter verteilt und damit dem wettbe-werbsrechtlichen Diskriminierungsverbot besser entsprochen werden sollte. Eine neu ge-fasste Regelung zur *Abnahme- und Vergütungspflicht von erneuerbaren Energien* sollte deshalb den vorgelagerten Netzbetreiber dazu verpflichten, nicht nur die finanzielle Vergü-tungslast abzunehmen, sondern auch die entsprechende Strommenge (*Mengenwälzung* nach *§3 Abs 2 S. 1* EEG-E). Weil aber die Mengenwälzung die stromaufnehmenden EltVU zur vollständigen Weitergabe des Stroms verpflichtet, würde nach den neuen Vorstellungen der Regierungsfraktionen auch der Selbstbehalt dieser Unternehmen entfallen. Man käme damit den Forderungen der durch Stromeinspeisungen besonders belasteten EltVU entgegen (z.B. PreussenElektra). Mit der vollständigen Mengenwälzung bis zu den ÜNB würde die Mög-lichkeit entfallen, nicht vermeidbare Mehraufwendungen infolge der Abnahme- und Vergü-tungspflicht auf das Netznutzungsentgelt umzulegen. Ferner sollten alle EltVU dazu ver-pflichtet werden, den von ihrem verantwortlichen ÜNB insgesamt abgenommenen Strom aus erneuerbaren Energien wiederum anteilig abzunehmen und gegenüber dem ÜNB zu vergüten (*§ 11 Abs. 4* EEG-E). Damit würden die *Kosten aus den EEG-Vergütungen auf alle Verteiler-EltVU zu gleichen Teilen weitergewälzt* und dem Diskriminierungsverbot zwischen den einzelnen Netzbetreibern bei der Finanzierung der Vergütungszahlungen besser entsprochen (Nill-Theobald/Theobald 2001, 340). Die genannten Änderungsvor-schläge, die mit dem EEG umgesetzt wurden, stellten gegenüber dem bisherigen StromEG einen wichtigen *Systemwechsel* dar, mit dem die Parteien den verfassungs- und europa-rechtlichen Anforderungen in Bezug auf den Gleichbehandlungsgrundsatz und dem wett-bewerbsrechtlichen Diskriminierungsverbot nachkamen.

Neben diesen systembezogenen Veränderungsvorschlägen nahmen die Regierungspar-teien in ihren Anträgen auch bei den Förderbedingungen Änderungen vor. Die ursprünglich vorgesehene Differenzierung zwischen Alt- und Neuanlagen bei der Vergütung von Was-serkraft-, Biomasse- und Biogasanlagen (Deponie-, Gruben- und Klärgasanlagen) wurde fallen gelassen und nur noch eine Differenzierung der Vergütungssätze nach der Anlagen-größe vorgesehen.[371] Die *Vergütung von Strom aus Wasserkraft, Deponie-, Gruben- und Klärgas* sollte nach den bisherigen Entwürfen geregelt werden (*§ 4* EEG-E). Bis zu einer Anlagengröße von 500 kW sollte die Vergütung weiterhin mindestens 15 Pf/kWh betragen. Auch die Regelungen zur Vergütung der *Biomasse* blieben unverändert (*§5* EEG-E). Eine

---

[371]Als Neuanlagen sollten solche gelten, die nach dem Tag des Inkrafttretens des Gesetzes in Betrieb gingen (§ 2 Abs. 3 EEG-E).

neue Regelung war lediglich, dass die Fördersätze bei Anlagen, die ab dem 01. Januar 2002 in Betrieb genommen würden, jährlich *um einen Prozent* reduziert werden sollten. Somit sollte auch für die Biomasse eine *degressive Preisgestaltung* eingeführt werden. Ferner blieben auch die Fördersätze für *Geothermie* gleich (*§ 6 EEG-E*).

Demgegenüber wurden die Vergütungssätze für *Windenergie* neu gestaltet (*§ 7 EEG-E*). Während der Anfangsvergütungssatz für die ersten fünf Betriebsjahre mit 17,8 Pf/kWh gleich blieb, wurde die Degression ab dem sechsten Betriebsjahr verschärft: Der Vergütungssatz sollte statt auf 13,8 Pf/kWh nun auf 12,1 Pf/kWh sinken, wenn die betreffenden Anlagen in den ersten fünf Betriebsjahren einen Referenzertrag von 150 Prozent erwirtschaften. Bei Anlagen, die einen solchen Referenzertrag nicht erreichen, sollte sich die Frist zur Gewährung der höheren Anfangsvergütung „für jedes 0,75 vom Hundert des Referenzertrages, in dem ihr Ertrag 150 vom Hundert des Referenzertrages unterschreitet, um zwei Monate" verlängern. Im Gesetzentwurf der Regierungsfraktionen war bis dahin eine jeweils zweimonatige Verlängerung bei einer Abweichung vom Referenzertrag um jeweils einen Prozent vorgesehen (Oschmann 2000a, 10). Durch den niedrigeren Satz von 0,75 Prozent würde sich bei WEA, die Strom unter dem ermittelten Referenzertrag produzierten, der Zeitraum für eine Gewährung der höheren Anfangsvergütung verlängern. Es wurde befürchtet, dass mit der alten Regelung vor allem für die Windkraft im Binnenland die Preisdegression zu früh erfolgen würde und die Anlagen nicht rentabel betrieben werden könnten. Um den verfassungsrechtlich zu garantierenden Bestandsschutz zu gewährleisten, sahen die Änderungen außerdem vor, dass Altanlagen für mindestens weitere vier Jahre ein gegenüber den novellierten Vergütungssätzen erhöhter Tarif gewährt werden sollte. Schließlich sah der Entwurf bei Neuanlagen ab dem 01. Januar 2002 eine jährliche Degression der Windvergütungen von 1,5 Prozent vor. Eine weitere Änderung betraf die *gesonderte Berücksichtigung der Offshore-Windnutzung*, deren politische und wirtschaftliche Planung zwischenzeitlich auf Hochtouren lief (s.S. 355ff.). Für Anlagen, die drei Seemeilen vor der Küste liegen und bis zum 31. Dezember 2006 in Betrieb gehen würden, sollte für einen Zeitraum von neun Jahren eine höhere Anfangsvergütung gewährt werden.

Bei der *FV* sollte es nur geringfügige Modifikationen geben: Aufgrund einer drohenden Unterbrechung der Markteinführung von FV, die durch das zwischenzeitliche Auslaufen des HTDP bei gleichzeitigem Fehlen eines Anschlussprogramms und die sich hinauszögernde Novellierung des StromEG verursacht wurde, sollte die geplante jährliche Degressionsregelung für Neuanlagen erst ab dem 01. Januar 2000 in Kraft treten. Außerdem wurde der bisherige Gesetzentwurf dahingehend geändert, dass die Anschlussregelungen nach Erreichen des 350 MW-Deckels präzisiert wurde: Eine durch den Deutschen Bundestag zu verabschiedende Anschlussvergütung sollte eine wirtschaftliche Betriebsführung unter Berücksichtigung der inzwischen erreichten Kostendegression sicherstellen. Eine weitere Übergangsregelung bestand darin, dass die bestehende Vergütungsregelung erst ein Jahr nach Überschreiten des 350 MW-Deckels entfallen sollte (und nicht mehr bereits nach sechs Monaten).

Die Regelungen zu den „Gemeinsamen Vorschriften" sollten das Fördergesetz für erneuerbare Energien an das Europäische Wettbewerbs- u. Beihilfenrecht anpassen (*§ 9 EEG-E*). Nach dieser Norm sollte die Gültigkeit sämtlicher Einspeiseregelungen bei Neuanlagen ohne Berücksichtigung des Inbetriebnahmejahres auf eine Dauer von 20 Jahren befristet werden.[372] Für Altanlagen sollte als Jahr der Inbetriebnahme das Jahr 2000 gelten. Auch in den Vorschriften zu den *Netzkosten* gab es noch marginale Änderungsvorschläge (*§ 10 EEG*): Während die Netzanschlusskosten weiterhin vom Anlagenbetreiber getragen werden sollten, wurde ihm nun ein Wahlrecht zugestanden, nach dem er den Netzanschluss vom Netzbetreiber oder einem Dritten vornehmen lassen konnte. Bei erforderlichen Netzerweiterungen sollte alleine der Netzbetreiber für die Investitionen verantwortlich sein.

Der abgeänderte Gesetzentwurf erhielt in den verschiedenen Bundestagsausschüssen eine mehrheitliche Zustimmung und wurde am 25. Februar 2000 im Deutschen Bundestag in zweiter und dritter Lesung behandelt.[373] In der abschließenden Abstimmung fand der vorliegende Gesetzentwurf eine parlamentarische Mehrheit: 328 Parlamentarier stimmten der Gesetzesreform zu, 217 lehnten ihn ab, fünf Abgeordnete enthielten sich. Das weitere Schicksal des Gesetzes entwickelte sich jedoch „noch recht dramatisch, weil wegen einer Art ‚Schiedsklausel' mit Zuständigkeit des OLG-Präsidenten (*§ 9 Abs. 5 S. 3* EEG) die Bundesländer das Vorliegen eines Zustimmungsgesetzes (mehrheitlich) bejahten, um dann auf der Sitzung des Bundesrates am 17. März 2000 mit knapper Mehrheit zuzustimmen" (Salje 2000, 125). Das EEG wurde dabei mit einer Mehrheit von 41 Stimmen bei 69 Stimmberechtigten verabschiedet, wobei von Bedeutung war, dass auch das CDU-regierte Thüringen für die Annahme votierte (Bechberger 2000, 50).

Mit der Reform wurde ein Systemwechsel vollzogen, weil mit dem EEG ein bundesweiter Ausgleichsmechanismus institutionalisiert wurde, der eine gerechtere Kostenverteilung der Einspeisevergütungen zwischen sämtlichen deutschen EltVU ermöglicht. Der Ausgleichsmechanismus stellt einen interessanten Fall gesetzlich induzierter Selbstregulierung dar, bei der die Elektrizitätswirtschaft ein Berechnungssystems zum gerechten Kostenausgleich aus den Einspeisevergütungen zwischen den verschiedenen Ebenen der Netzbetreiber (von der Verbund-, über die regional bis zur lokalen Ebene) etabliert. Diese technisch aufwändige Aufgabe sollte durch den neu gegründeten *Verband der Deutschen Netzbetreiber* (VDN) bewerkstelligt werden.[374] Mit den degressiv gestalteten Einspeisevergütungen enthielt das EEG erstmals auch konkrete Anreize zur Senkung der Kosten der erneuerbaren Energieerzeugung und trug damit der im liberalisierten Markt erhobenen Forderung einer nach kompetitiven Grundsätzen gestalteten Förderpolitik zunehmend Rechnung. In diesem Kontext wurde das BMWi dazu verpflichtet, alle zwei Jahre einen Bericht über die Fortschritte bei der Umsetzung des Gesetzes zu liefern, um darin den Stand der Markteinführung der einzelnen Technologien sowie ihrer Kostenentwicklung zu erfassen und eine gesetzliche Anpassung der Vergütungsätze zu ermöglichen. Schließlich wurden mit dem EEG die Preisregelungen gerade für die Technologien verbessert, die bisher nicht in gleicher Weise wie z.B. die Wind- und die Wasserkraft privilegiert waren. Die folgende Grafik fasst die wichtigsten Vergütungsregelungen bezogen auf die Jahre 2002 und 2003 im Überblick zusammen.

---

[372] Von dieser Regelung ausgenommen wurde alleine die Wasserkraft, weil hier von längeren Amortisationszeiträumen auszugehen war.

[373] Zuvor hatte die CDU/CSU-Fraktion am 24. Februar 2000 noch einen eigenen Änderungsantrag eingebracht, der jedoch von der Mehrheit der Regierungsfraktion abgelehnt wurde.

[374] Dieser Verband, in dem zum damaligen Zeitpunkt alle deutschen Verbundunternehmen, 38 Regionalversorger und 226 Stadtwerke organisiert waren, vertritt 87 Prozent der Eigentümer des deutschen Elektrizitätsnetzes und verfügt als einziger korporativer Akteur, über umfassende Informationen des elektrizitätswirtschaftlichen Netzbetriebes.

Tabelle 22: Vergütungssätze des EEG 2000 (für Neuanlagen errichtet in 2002/2003)

Technologie	Leistungs-bereich	Vergütung (ct/kwH)	Degression	Bemerkung
Wasserkraft, Deponie-, Klär- u. Grubengas	bis 500 kW	7,67	keine	
	500 kW – 5 MW	6,65	keine	Leistungsgrenze von 5 MW gilt nicht für Grubengas
Biomasse	bis 500 kW	2002: 10,1 2003: 10,0	Jew. 1,0 % jährl. Bei Neuanlagen ab dem 01.Januar	
	500 kW – 5 MW	2002: 9,1 2003: 9,0	Jew. 1,0 % jährl. Bei Neuanlagen ab dem 01.Januar	
	5 – 20 MW	2002: 8,6 2003: 8,5	Jew. 1,0 % jährl. Bei Neuanlagen ab dem 01.Januar	
Geothermie	bis 20 MW	8,95	keine	
	über 20 MW	7,16	keine	
Windener-gie		2002: 9,0 2003: 8,8 — Endvergütung für Inbetrieb-nahmejahr 2002: 6,1 2003: 6,0	Absenkung der Vergütungs-sätze für Neuanlagen ab dem 01.Januar um jeweils 1,5 %	Anfangsvergü-tung für min-destens 5 Jahre (Offshore: 9 Jahre) ab Inbe-triebnahme, danach Degres-sion
Sonnen-energie	Anlagen auf Freiflächen bis 100 kW$_p$, Ge-bäudemontierte Anlagen bis 5 MW$_p$	jeweils: 2002: 48,1 2003: 45,7	Absenkung der Vergütungs-sätze für Neuanlagen ab 01.Januar um jeweils 5,0 %	Vergütungs-pflicht endet für Neuanlagen bei kum. in-stall. Leistung von 1.000 MW$_p$

Quelle: Staiß 2003, 139.

Zusammenfassend stellte das EEG damit eine systematische Fortentwicklung des früheren StromEG dar. Während es einerseits nach der bewährten Systematik fester Einspeisevergü-tungen die Unterstützung für bestimmte Technologien ausweitete, differenzierte es anderer-seits zunehmend zwischen den technischen Spezifika einzelner Technologien und ihrem entwicklungsbezogenen Förderbedarf.

5.2.3.3 Die Einführung einer Öko-Steuer und weitere wichtige institutionelle Reformen für den Ausbau erneuerbarer Energien

Mit dem Regierungswechsel vom September 1998 konnten die früheren Pläne von SPD und Bündnis90/Die Grünen für einen Einstieg in eine Ökologische Steuerreform (ÖSR) in die Praxis umgesetzt werden.[375] Weil der Einstieg in den ökologischen Umbau des deutschen Finanz- und Steuersystems auch für die Erneuerbare-Energien-Politik von Bedeutung war, werden die wichtigsten Grundzüge der Reform skizziert und in ihren Wirkungen auf die erneuerbaren Energien analysiert. Kurz nach der Bundestagswahl 1998 einigten sich der damalige Finanzminister Lafontaine und Umweltminister Trittin auf ein *„Konzept zur ökologischen Steuer- und Abgabenreform"*. Für die Regulierung erneuerbarer Energien war in diesem Zusammenhang das sog. *„Öko-Steuer-Gesetz"* (ÖkoStG) von wichtiger Bedeutung, weil ein bestimmter Anteil des Steueraufkommens zur Förderung erneuerbarer Energien verwendet werden sollte. Ein wichtiger Bestandteil des ÖkoStG war das neu erlassene *„Stromsteuergesetz"* (StromStG). Nach dem StromStG sollte der Steuerschuldner das letztversorgende EltVU sein, wobei die Steuerschuld mit der Entnahme des Stroms aus dem Versorgungsnetz entsteht. Die zentrale Norm für die umweltrechtliche Steuerung war eine eine 100-prozentige Steuerbefreiung für erneuerbare Energien von der Stromsteuer (§9 StromStG).[376] Dabei wurde auch die Stromquelle selbst, also die Anlage zur Erzeugung von Strom aus erneuerbaren Energien begünstigt. Von der Steuerbefreiung profitieren seit ihrer Einführung zwei Gruppen von Akteuren: Zum einen Eigenerzeuger, die als Letztverbraucher Strom aus erneuerbaren Energien entnehmen, zum anderen Letztverbraucher, die von einem Dritten Strom aus erneuerbaren Energien beziehen. Dabei fallen die EltVU jedoch nicht unter den Begriff des Letztverbrauchers (Ganghof 1999, 97).

In einer ersten Stufe sah das ÖkoStG bis zum Jahr 2001 eine Besteuerung von Strom, Heizöl, Gas und Kraftstoffen vor. Im Gegenzug wurden die Beitragssätze zur Rentenversicherung um 0,8 Prozentpunkte gesenkt. Noch im Jahr 1999 wurde das Gesetz zur Fortführung der ÖSR beschlossen, das weitere Steuerreformen für die Zeit vom Jahr 2000 bis 2003 regelte. Darin wurde die Erhöhung folgender verbrauchsbezogener Steuersätze beschlossen:

- *MinöStG*: Anhebung der Steuersätze für Kraftstoffe um 3,07 ct/l zum jeweiligen Jahresbeginn von 2000 bis 2003, zusätzliche Besteuerung von nicht schwefelarmen Kraftstoffen mit 1,57 ct/l; einmalige Steuererhöhung auf schweres Heizöl um 0,26 ct/kg zum 01.01.2000,
- *StromStG*: Anhebung des Steuersatzes um 0,26 ct/kWh zum jeweiligen Jahresbeginn von 2000 bis 2003 (BMU 2004b).

---

[375] Das verteilungspolitische Ziel einer ÖSR besteht darin, durch eine höhere Besteuerung des Faktors Energie eine Entlastung der Kosten des Faktors Arbeit (z.B. Kosten der Sozial- und Rentenversicherung) zu bewirken. Die zusätzlichen finanziellen Einnahmen, die sich aus einem ökologischen Umbau des Steuersystems ergeben, sollen u.a. direkt klimaschutzpolitischen Maßnahmen wie z.B. der Förderung erneuerbarer Energien zugute kommen. (Binswanger u.a. 1979).

[376] Dabei fiel unter die Befreiung von der Stromsteuer „Strom, der ausschließlich aus Wasserkraft, Windkraft, Sonnenenergie, Erdwärme, Deponiegas, Klärgas oder aus Biomasse erzeugt wird, ausgenommen Strom aus Wasserkraftwerken mit einer installierten Generatorleistung über zehn Megawatt." (§ 2 Nr. 7 StromStG).

Zur Vermeidung von Härtefällen und einer Verstärkung der ökologischen Steuerwirkung wurden zusätzliche Sonderregelungen eingeführt, mit denen gegenüber dem Produzierenden Gewerbe das Ziel der Aufkommensneutralität der ÖSR gewahrt bleiben sollte.

In der zweiten Legislaturperiode der rot-grünen Bundesregierung ist am 01. Januar 2003 ein weiteres Gesetz zur Fortentwicklung der ÖSR in Kraft getreten, mit dem u.a. folgende umweltschädliche Steuerermäßigungen weiter abgebaut wurden:

- Reduzierung der ermäßigten Ökosteuersätze für das Produzierende Gewerbe sowie die Land- und Forstwirtschaft auf Strom, Heizöl und Erdgas auf 60 Prozent der Regelsätze (bisher: 20 Prozent),
- Modifikation des Spitzenausgleichs für energieintensive Unternehmen: Rückerstattung der Steuer zu nur noch 95 Prozent (zuvor 100 Prozent), wenn die Belastung durch die Ökosteuer die 1,2-fache Entlastung durch die Rentenversicherungsbeiträge übersteigt,
- *Mineralölsteuergesetz* (MinöStG): Anhebung der Regelsteuersätze für Erdgas (als Heizstoff) auf 0,55 ct/kWh (bisher: 0,35 ct/kWh), für Flüssiggas auf 60,60 Euro/t (bisher 38,34 Euro/t) und für schweres Heizöl auf 25 Euro t (bisher 17,89 Euro/t).

Durch die Verringerung der Steuerermäßigungen wurden im Jahr 2003 zusätzliche Einnahmen in Höhe von 1,4 Mrd. Euro erzielt (BMU 2004b, 8).

Zum 01. Januar 2004 trat nach langwierigen Verhandlungen zwischen Bundestag und Bundesrat das sog. „*Steuervergünstigungsgesetz*" in Kraft, mit dem umweltschädliche Subventionen weiter abgebaut wurden. Neben einer Kürzung der Eigenheimzulage (um 30 Prozent für Alt- und Neubauten) und der Entfernungspauschale (einheitliche Reduktion auf 30 ct/Entfernungskilometer) kam es zu folgenden Modifikationen:

- *MinöStG*: Anhebung des Steuersatzes für Erdgas als Kraftstoff um 12 Prozent auf 1,39 ct/kWh – (bisher 1,24 ct/kWh), bei Flüssiggas um 12 Prozent auf 18,03 ct/kg (bisher 16,1 ct/kg);
- *StromStG*: Anhebung des ermäßigten Stromsteuersatzes für den öffentlichen Personennah- und Schienenverkehr von 50 auf 56 Prozent.

Im Vergleich zu Großbritannien kam es in Deutschland somit zu einer früheren und weitreichenderen Umsetzung eines ÖSR-Konzepts. Das britische Klimasteuerkonzept zeichnete sich durch den eingegrenzten Anwendungsbereich auf das Produzierende Gewerbe und die Industrie aus, wobei umfangreiche Ausnahmetatbestände zugestanden wurden, so dass nach Abschluss freiwilliger Klimaschutzvereinbarungen (CCLA) Steuerermäßigungen von bis zu 80 Prozent von der CCL ermöglicht wurden. Überdies betonte das britische Ökosteuerkonzept viel stärker das Prinzip der Freiwilligkeit. Durch die vergleichsweise späte Einführung der Klimasteuer in Großbritannien konnte diese auch mit neueren klimaschutzpolitischen Instrumenten, wie z.B. dem Emissionshandel, verzahnt werden. In dem Umstand, dass die britische Klimasteuer nicht bei den Privathaushalten erhoben wird, kommt die traditionelle Bedeutung des Regulierungsziels niedriger Strompreise für die Endverbraucher zum Ausdruck, das die britische Regulierung seit Ende der 1980er Jahre dominiert. Ähnlich wie in Deutschland trug ein Teil der CCL-Einnahmen aber auch zur Finanzierung von Förderprogrammen für erneuerbare Energien bei.

Für den Ausbau erneuerbarer Energien sind die positiven Effekte der ÖSR hervorzuheben. Mit dem Einstieg in eine ÖSR wurde zum einen ein wichtiger umweltpolitischer Gestaltungsparameter geschaffen, um den Verbrauch von fossilen Energien (Kohle, Öl, Gas) mit dem Ziel einer Internalisierung der externen Kosten ihres Verbrauchs gegenüber den erneuerbaren Energien finanziell zu belasten. Zum anderen wurde ein wachsender Teil der Einnahmen aus der ÖSR direkt zur Förderung erneuerbarer Energien verwendet. Während aus dem Ökosteueraufkommen in den Jahren 1999 und 2000 jeweils 102 Mio. Euro zu diesem Zweck eingesetzt wurden, stieg dieser Anteil von 2001 bis 2002 von 153 Mio. bis auf 190 Mio. Euro (BMU 2002a). Im Jahr 2003 diente der größte Teil der Einnahmen (90 Prozent) in einer Höhe von 18,6 Mrd. Euro allerdings zur Stabilisierung der Rentenversicherungsbeiträge. In jüngeren Berechnungen ging das BMU aber davon aus, dass die für den Ausbau erneuerbarer Energien jährlich aufgebrachten Ökosteuereinnahmen von 2003 bis 2006 von 190 Mio € auf 230 Mio € steigen (BMU 2004b, 15). Die Einnahmen wurden bisher für Förderprogramme wie z.B. dem *„Marktanreizprogramm zur Förderung der Nutzung erneuerbarer Energien"* (MAP) und Programmen der *Kreditanstalt für Wiederaufbau* (KfW) eingesetzt.

Das Inkrafttreten des MAP am 01. September 1999 stand in engem Zusammenhang mit der Einführung einer ÖSR. Weil es im Rahmen der ÖSR aus verschiedenen Gründen nicht möglich war, Strom aus erneuerbaren Energien bei allen Akteuren von der Stromsteuer zu befreien, sollte mit dem Steuereinnahmenüberschuss das MAP finanziert werden. Für die Jahre 2000 bis 2002 stellte sich aber heraus, dass das Volumen des MAP nicht direkt an die steigenden Steuereinnahmen aus der Stromsteuer gebunden war, sondern nur von 102 Mio. Euro in 2000 über 153 Mio. Euro in 2001 auf ca. 200 Mio. Euro in 2002 anstieg. Im Jahr 2003 betrug das Volumen des MAP dann 190 Mio. Euro, wovon 30 Mio. Euro für die Exportinitiative der DENA (s.u.), 7,5 Mio. Euro für Maßnahmen zur Energieberatung und 2,5 Mio. Euro zur rationellen Energieverwendung vorgesehen waren. Das MAP stellt ein wichtiges Förderinstrument der Erneuerbaren-Energien-Politik dar, auch wenn mit diesem größtenteils die Wärme- und nicht die im Rahmen dieser Untersuchung interessierende Stromerzeugung gefördert wird (Staiß 2003, 144).[377] Neben Biogasanlagen wurden mit dem MAP im Bereich der Stromerzeugung folgende Technologien gefördert: Biomasseanlagen mit KWK-Technologie, Wasserkraftanlagen bis 500 kW, Tiefengeothermie und netzgekoppelte FV-Anlagen (bis 1 kW). In den vergangenen Jahren variierten die Förderkonditionen des MAP relativ stark. Während im ersten Förderjahr 2000 das Programm außerordentlich gut angenommen wurde, verschärfte das BMWi ab Mitte 2001 die Förderbedingungen. Z.B. wurde bei der Förderung kleiner Biogasanlagen der Teilschulderlass von max. 30 Prozent der Investitionskosten bzw. max. 300.000 DM gestrichen. Auf öffentlichen Druck wurden im Frühjahr 2002 die Förderrichtlinien des Programms erneut geändert, so dass für die oberflächenferne Geothermie sowie für Biomasse- und -gasanlagen der Teilschulderlass teilweise wieder eingeführt wurde. Dieser entsprach bei Biogasanlagen bis zu 70 kW aber nur noch etwa 5 Prozent der Investitionskosten (Staiß 2003, 148-150).

Eine Auswertung der *Zuschüsse* bis Mai 2002 ergab, dass die wärmebezogene Solarthermie am meisten von der MAP-Förderung profitierte. Im Bereich der Stromerzeugung haben vor allem Biogasanlagen von der Gewährung der *Darlehen* profitiert, auf die zwei

---

[377] Förderberechtigte des MAP sind Privatpersonen, freiberuflich Tätige, Schulen sowie kleine und mittlere Unternehmen. Die Förderung erfolgt durch nicht rückzahlbare *Zuschüsse* oder die Gewährung von *Darlehen*.

Drittel aller bewilligten Anträge fielen. Hier gewährte die KfW zinsvergünstigte Kredite in einer Höhe von ca. 211 Mio. Euro. Im Dezember 2003 hat das BMU die Förderkonditionen des MAP nochmals nachgebessert. Ab 2004 galten neue Richtlinien, wobei der Kreis der Antragsberechtigten auf Kommunen, kommunale Einrichtungen und Kirchen erweitert wurde. Die neuen Richtlinien wurden bis 2006 befristet. Im Jahr 2004 wurden für das MAP 200 Mio. Euro an Fördergeldern bereitgestellt (BMU 2003a).

Eine weitere wichtige organisatorische Reform der Bundesregierung zum Ausbau erneuerbarer Energien bestand am 29. September 2000 in der Gründung der *Deutschen Energie-Agentur GmbH* (DENA). Die DENA ist eine Gesellschaft der Bundesrepublik Deutschland (Gesellschafter: BMWA, BMU und BMVBW) und der KfW. Mit mehr als vierzig Mitarbeiterinnen und Mitarbeitern entwickelt die Agentur zahlreiche nationale und internationale Kampagnen und Projekte in den Bereichen rationeller Energiegewinnung und erneuerbarer Energien (Solarzeitalter 2003b). Zentrale Aktivitäten im Jahr 2003 waren zum einen die Unterstützung des Entwicklungsprozesses für Offshore-Windparks. Bei der Planung der betreffenden Projekte hat die DENA die horizontale und vertikale Abstimmung zwischen den Küstenländern und der Bundesregierung organisiert und bei Netzanbindungsfragen als Vermittlerin zwischen den Windpark- und Netzbetreibern gewirkt. In diesem Kontext führte sie auch eine energiewirtschaftliche Studie zur Integration von Windkraftwerken in das deutsche Verbundsystem durch (s.S. 536ff.). Einen weiteren Schwerpunkt bildete zum anderen die Entwicklung branchenbezogener Konzepte zur Projektfinanzierung. Außerdem ist die Agentur mit den Fachverbänden und dem BMU mit der Umsetzung von Informations- und Akzeptanzkampagnen für erneuerbare Energien befasst.

Ein zentraler neuer Aufgabenbereich der DENA ist ferner die Umsetzung der *„Exportinitiative Erneuerbare Energien"*, mit der eine konsistente Strategie zur internationalen Verbreitung deutscher EE-Technologien und eine damit verbundene Erschließung potentieller Exportmärkte erreicht werden soll. Hierzu bereitet die DENA z.B. im Internet Informationen zu den globalen Exportmärkten und den jeweiligen nationalen Förderbedingungen auf und aktualisiert diese fortlaufend. Außerdem fördert die Agentur die Kontaktaufnahme und den Dialog zu wichtigen Institutionen in potentiellen Auslandsmärkten. Schließlich ist die DENA der Partner der EU-Kampagne für den Durchbruch erneuerbarer Energien. Somit erscheint die DENA als das Gegenstück zur britischen Renewables UK, die mit ähnlichen Zielsetzungen eineinhalb Jahre nach der DENA gegründet wurde (s.S. 259ff.).

5.2.3.4 Die Implementierung des EEG und die Verabschiedung technologiebezogener Konkretisierungsnormen

Bald nach dem Inkrafttreten des EEG im April 2000 zeichnete sich aufgrund der dynamischen Entwicklungen beim Ausbau erneuerbarer Energien erneuter Reformbedarf ab, der bis zum Jahr 2004 zu einer erneuten Novellierung des Gesetzes führte. Außerdem gestaltete der Bundesgesetzgeber mit der Verabschiedung des Fotovoltaik-Vorschaltgesetzes (FV-G) und der Biomasseverordnung (BiomasseV) die rechtlichen Rahmenbedingungen für einen fortgesetzten Ausbau der damit verbundenen Technologien. Den Ausgangspunkt hierfür bildete der erste Erfahrungsbericht zum EEG, den das zuständige BMWi im Juni 2002 veröffentlichte.

Der erste Erfahrungsbericht des BMWi zum EEG und erste Widerstände der Industrie

Am 28. Juni 2002 legte das BMWi auf der Grundlage des *§ 12* EEG seinen ersten Erfahrungsbericht zum Stand der Markteinführung und Kostenentwicklung von erneuerbaren Energien vor (BMWi 2002). Das Ministerium stellte darin fest, dass der Anteil der erneuerbaren Energien an der Stromerzeugung im Zeitraum von 1998 bis 2001 von 5,2 Prozent auf knapp 7,5 Prozent gestiegen war. Das Ziel einer Verdopplung des Anteils erneuerbarer Energien bis zum Jahr 2010 schien erreichbar (Anteil von 12 Prozent an der Stromerzeugung). Das EEG habe erfolgreich zur Sicherung bestehender und der Schaffung neuer Arbeitsplätze beigetragen. Auf der Basis der getroffenen Erhebungen wäre eine gesamtwirtschaftliche Bewertung der Arbeitsplatzeffekte aber nicht möglich. In der Windenergiebranche wären mittlerweile ca. 35.000 Personen beschäftigt, wobei laut Angaben des IWR 4.700 direkte Arbeitsplätze geschaffen wurden. In der Biomassebranche waren bis zu 40.000 direkte und indirekte Arbeitsplätze zu verzeichnen. In der FV-Branche waren es ungefähr 5.000 und in der Wasserkraft-Branche ca. 2.000 direkt und indirekt Beschäftigte. Aktuelle Schätzungen für den gesamten Bereich der erneuerbaren Energien beliefen sich für das Jahr 2001 auf bis zu 120.000 Arbeitsplätze. In Verbindung mit den anderen staatlichen Fördermaßnahmen (MAP, HTDP) hätte das EEG im Jahr 2001 zu einem *Umsatzvolumen* von mehr als 6 Mrd. Euro geführt. Positiv zu bewerten wären die mit dem Ausbau erneuerbarer Energien erzielten *Emissionseinsparungen*. Allerdings lasse sich der genaue Beitrag des EEG nicht quantifizieren. Es wurde aber geschätzt, dass im Jahr 2001 rund 35 Mio. t CO_2-Äquivalente vermieden wurden. Darüber hinaus wurden Schadstoffe reduziert, die für die bodennahe Ozonbildung (8.000 t) und für die Versäuerung der Böden (37.000 t) ursächlich sind (BMWi 2002, 5).

Die aus erneuerbaren Energien im Jahr 2001 in das öffentliche Stromnetz eingespeiste elektrische Leistung betrug rund 17,8 TWh und wurde von den Netzbetreibern mit rund 1,5 Mrd. Euro vergütet (BMWi 2002).[378] Abhängig vom Strompreis aus konventionellen Energieträgern ergaben sich für das Jahr 2001 durch das EEG induzierte zusätzliche Kosten zwischen 0,18 und 0,26 ct je erzeugter Kilowattstunde. Hierbei betonte das Gutachten, dass dieser Betrag die finanziellen Wirkungen des EEG überzeichne, da der durch die Abnahmeverpflichtung verdrängte alternative Strombezug bei den letztbeliefernden EltVU und den Stromhändlern kostenmäßig berücksichtigt werden müsse. Diese Angaben entsprachen Informationen der bei den Bundesländern ansässigen Strompreisaufsicht und der kartellrechtlichen Missbrauchsaufsicht, die für das Jahr 2001 von anerkannten Kosten durch das EEG in Höhe von rd. 0,25 ct/kWh ausgingen. Im Hinblick auf die *erzielten technologischen Fortschritte* kam der Erfahrungsbericht bei den einzelnen Technologien zu unterschiedlichen Bewertungen. In seiner Analyse stützte sich der Bericht dabei auf die Ergebnisse von Gutachten des IÖW.

---

[378] Im Rumpfjahr 2000, das aufgrund des Inkrafttretens des EEG zum 01. April 2000 nur neun Monate dauerte, betrug die laut VDN eingespeiste Strommenge knapp 9,9 TWh und die Höhe der gezahlten Einspeisevergütungen etwas mehr als 845 Mio. Euro. Die von den EltVU abzunehmende EE-Quote betrug 2,9 Prozent und der bundesweit einheitliche Vergütungssatz 8,54 ct/kWh (Verband der Netzbetreiber 2002).

Fotovoltaik (FV)

Zur Situation der FV wurde angemerkt, dass diese Technologie zur Stromversorgung in Deutschland zwar nur einen marginalen Beitrag leiste (Anteil an der nationalen Stromversorgung im Jahr 2001 weniger als 0,05 Prozent), gleichzeitig aber die höchsten Wachstumsraten aufweise. Von 2001 bis 2003 habe sich die installierte Leistung von 180 MW auf rund 350 MW annähernd verdoppelt.[379] Gegenüber 1999 habe sich der Branchenumsatz im Jahr 2001 mit rund 500 Mio. Euro knapp verfünffacht. Während zu Beginn der 1990er Jahre der Bedarf nach Solarmodulen nur zu 10 Prozent durch die inländische Produktion gedeckt wurde, ging man zwischenzeitlich davon aus, dass der nationale Bedarf nach FV-Anlagen bis 2005 vollständig durch die heimische Produktion abgedeckt würde. Von den mittlerweile 30 deutschen Herstellerunternehmen rechneten die meisten mit einer mittelfristigen Ausweitung ihrer Produktionskapazitäten (Staiß 2003, 100). Durch die erfolgreiche Schaffung von Nischenmärkten konnten die Systemkosten von FV-Anlagen im Verlauf der 1990er Jahre von ca. 15.000 Euro/kW bis Ende der 1990er Jahre halbiert werden. Bis zum Jahr 2000 wurden die Nettokosten um weitere 8 Prozent auf ca. 6.000 Euro/kW$_p$ reduziert. Dabei lagen die Kosten von kleinen über denen von großen Leistungsklassen. Die Stromgestehungskosten von FV-Anlagen lagen im Jahr 2000 zwar über den EEG-Vergütungssätzen. Bei größeren Anlagen (>10 kW) wurde im Jahr 2001 mit 53 ct/kWh aber erstmals der Bereich der gesetzlichen Einspeisevergütung erreicht, während sie bei Kleinstanlagen (<2 kW) noch bei ca. 62 ct/kWh lagen.

Die Verbesserung der polit-ökonomischen Rahmenbedingungen einer Markteinführung der FV seit 1999 hatte gleichzeitig erste industriepolitische Folgen. Ein deutlicher Indikator für die wachsende Bedeutung der FV-Industrie war im November 1999 die Eröffnung der Solarzellenfabrik von Shell AG/Pilkington Solar International in Gelsenkirchen. In dieser Fabrik wurden weltweit erstmals Solarzellen vollautomatisiert produziert. Mit der Eröffnung der Produktionsstätte gab der damalige Shell-Vorsitzende Vahrenholt bekannt, dass mit Inkrafttreten der EEG-Regelungen und einem Vergütungssatz von 49,6 ct/kWh die Produktion der Solarfabrik von 10 MW auf 25 MW ausgeweitet würde (Solarzeitalter 1999b). Neben Shell stieg im Jahr 2002 die RWE Solar, ein Tochterunternehmen des RWE-Konzerns, in die Produktion der Solarzellentechnologie ein.[380] Zu Beginn des Jahres 2002 entstand mit einer Investitionssumme von rund 77 Mio. Euro (150 Mio. DM) im unterfränkischen Alzenau die damals größte Solarzellenfabrik Europas. Mit der vor Ort bereits bestehenden Produktionsanlage sollten jährlich Solarzellen mit einer Kapazität von 80 MW produziert werden (Solarzeitalter 2002c).

Als weiterhin am nicht-konkurrenzfähige Technologie der erneuerbaren Energien blieb die FV in hohem Maße von der Setzung der politischen Rahmenbedingungen abhängig. Dabei ist der Innovationserfolg der politischen Förderprogramme seit Beginn der

---

[379] Europaweit lag Deutschland damit an erster Stelle und weltweit auf Rang zwei hinter Japan.

[380] Zu diesem Zweck bildete die RWE-Tochter ein Joint Venture mit dem Technologiekonzern Schott, um die Entwicklung und Produktion von Solarzellen sowie den weltweiten Vertrieb von kompletten FV-Systemen zu bündeln (SZ 26.03.2002i). Im Zuge seiner Konzernstrategie einer Konzentration auf das Kerngeschäft hat der RWE-Konzen sein Schott-Engagement zwischenzeitlich aber wieder aufgegeben. [380] Der damalige RWE-Vorstand betonte bereits im August 2003, dass er die Förderpolitik der Bundesregierung im Bereich erneuerbarer Energien als fiskalpolitisch verfehlt und ineffizient erachte. Die FV würde im Vergleich zu konventionellen Energieträgern nie wirtschaftlich (Solarzeitalter 2003f).

1990er Jahre hervorzuheben. Diese haben durch Lerneffekte und erhebliche technische Fortschritte zu einer Halbierung der Systemkosten bei der FV-Nutzung geführt. Zwischen 1999 und 2002 gingen z.B. die Kosten für die Installation von Anlagen um 45 Prozent, bei den Wechselrichtern um 31 Prozent und bei weiteren Bauteilen um 25 Prozent zurück (Solarzeitalter 2003d).

Windenergie

Noch dynamischer stellte sich die Entwicklung bei der *Windenergie* dar. Mit knapp 60 Prozent trug diese Technologie den größten Anteil der durch das EEG unterstützten Strommenge. Im Jahr 2001 erzielte die Windenergiebranche einen Umsatz zwischen 3 und 3,5 Mrd. Euro. Aufgrund der zunehmenden Knappheit an Bebauungsflächen und der damit verbundenen Inlandssättigung nahm der Exportmarkt an Bedeutung zu. Bei der Begutachtung der Marktentwicklung von WEA kam das ISET zu dem Ergebnis, dass die Durchschnittspreise der Anlagen seit 1996 nicht mehr wesentlich gesunken sind. Dabei wurde nicht ausgeschlossen, „dass die hohe Nachfrage nach Anlagen zusammen mit den gewählten Einspeisevergütungen keine weiteren Preissenkungen bzw. -optimierungen nach sich gezogen hat" (BMWi 2002, 18). Weitere Preisreduktionen wurden aber durch eine verschärfte degressive Gestaltung der Vergütungssätze als möglich erachtet. Gleichzeitig war das DEWI in einer neuen Studie zu dem Resultat gekommen, dass die Kosten je installiertem kW Windleistung in den letzten Jahren etwa gleich geblieben waren, während die anlagenbezogenen Kosten pro kWh erzeugten Stroms seit 1998 um 9 Prozent gesunken wären. Als zentraler Erklärungsfaktor für die jüngeren technologischen Entwicklungsfortschritte wurde der Druck erachtet, die begrenzt zur Verfügung stehenden Standorte in Deutschland effektiver zu nutzen. Dieses Ziel wurde durch höhere Anlagenleistungen und größere Rotorflächen erreicht, so dass die spezifischen Erträge je installiertem kW Leistung gesteigert werden konnten.

Wegen der Vorwürfe einer ungerechtfertigten Subventionierung war besonders die Entwicklung der Stromgestehungskosten von zentralem Interesse. Das ISET kam zu dem Ergebnis, dass unter der Annahme niedriger Betriebs- (z.B. Versicherungen, Wartungsverträge) und Investitionsnebenkosten (z.B. Planungs- und Genehmigungskosten) bei den bestehenden Vergütungssätzen Windkraftprojekte bereits an Standorten mit relativ geringen Winderträgen (z.B. 1.500 Volllaststunden/Jahr) realisiert würden. Damit deutete das ISET Spielräume zu weiteren Preisdegressionen an. Gleichzeitig gelangte aber das DEWI für die zweite Dekade des Betriebs von WEA bei einem erheblich höher eingeschätzten Ersatzinvestitionsbedarf (mehr als 50 Prozent der ursprünglichen Investitionskosten) zu einer skeptischeren Einschätzung. An einem mäßig guten Standort lägen die Stromgestehungskosten mit jährlich 2.000 Volllaststunden und einer WEA-Abschreibungsdauer von 16 Jahren zwischen 9 und 10 ct/kWh (bei 1.500 Volllaststunden bei knapp 13 ct/kWh, an relativ guten Standorten mit 2.500 Volllaststunden zwischen 7 und 8 ct/kWh und an sehr guten Standorten mit 3.000 Volllaststunden bei etwas über 6 ct /kWh).[381] Weil durch die degressive Preisgestaltung des EEG die Vergütung für Windkraft bei Neuanlagen von 9 ct/kWh in 2002 bis 2010 auf etwas über 8 ct/kWh absinken würde, rentierte sich nach den DEWI-

---

[381] In seinen Berechnungen ging das DEWI von WEA-Kosten in Höhe von 895 €/kW, Investitionsnebenkosten von 30 Prozent und einem Kalkulationszins von 7,45 Prozent aus.

Berechnungen der Neubau von WEA zunehmend nur noch an guten bis sehr guten Standorten. Ob aufgrund der unterschiedlichen Einschätzung der Betriebskosten von WEA noch Degressionsspielräume bei den Vergütungssätzen bestehen, blieb im Erfahrungsbericht unbeantwortet (BMWi 2002, 22).

Biomasse/Biogas

Wie bei der FV wurde bei der *Biomasse* mit einem stark wachsenden Marktpotential gerechnet. Mit der Verabschiedung der neuen *Biomasseverordnung* (BiomasseV) würden verlässliche Rahmenbedingungen zu Investitionen in diese Technologie geschaffen (s.S. 360ff.). Generell ist bei der Nutzung von Biomasse zwischen fester und gasförmiger Biomasse zu differenzieren. Auf der Basis eines ersten Überprüfungsberichts des *Instituts für Energetik und Umwelt* (IEU) zur Umsetzung der BiomasseV kam der Erfahrungsbericht zu dem Resultat, dass im Bereich der *festen Biomasse* Planungen für bis zu 80 Vorhaben ausgelöst wurden, die gegenüber der bestehenden Kapazität von 150 MW einen installierten Leistungszuwachs von 500 bis 700 MW erbringen würden. Auch Biogasanlagen (*gasförmige Biomasse*) hätten von der Einführung des EEG und des MAP erheblich profitiert. Nach IÖW-Angaben waren im Juni 2002 1.600 Anlagen mit einer Kapazität von 140 MW installiert. Allein im Jahr 2001 waren 600 Anlagen mit 85 MW neu hinzugekommen.

In der Frage der *Entwicklung* der Stromgestehungskosten bestand bei der *festen Biomasse* eine deutliche Abhängigkeit vom eingesetzten Brennstoff. Zum damaligen Zeitpunkt wurden z.B. fast ausschließlich Holzheizkraftwerke auf der Basis von Alt- und Industrierestholz geplant, weil diese Holzarten im Verhältnis zu Waldrestholz im Preis vergleichsweise günstig waren. Weil auch für Alt- und Industrieholz Preissteigerungen realistisch erschienen (in 2002 auf bis zu 45 Euro/t), waren die Wachstumspotentiale der festen Biomassenutzung nur schwer einzuschätzen. Auch Anlagen zur Industrierestholzverbrennung erreichten unter den damaligen Rahmenbedingungen erst bei einer installierten Kapazität von 5 MW die Wirtschaftlichkeitsgrenze, während Kleinanlagen (≤ 1 MW) mit Stromgestehungskosten zwischen 10 und 13 ct/kWh deutlich oberhalb der EEG-Vergütung von 9,6 ct/kWh lagen (BMWi 2002, 25-26).

Bei der Stromerzeugung auf der Basis *gasförmiger Biomasse* stellte sich die Kostensituation ebenfalls nicht eindeutig dar. Mit der zunehmenden Professionalisierung und den wachsenden Anforderungen in den Genehmigungsverfahren wären zum einen die Investitionskosten gestiegen. Zum anderen zeige sich eine deutliche Abhängigkeit von der Anlagengröße und den Einsatzstoffen, so dass z.B. Anlagen im kleinen Leistungsbereich nicht wirtschaftlich betrieben werden könnten. Erst ab einer Anlagengröße von 200 kW würden Stromgestehungskosten im Bereich der EEG-Vergütung erreicht. Wegen ihrer schwierigen Prognostizierbarkeit wurden im Erfahrungsbericht zu möglichen Kostendegressionspotentialen keine näheren Angaben gemacht. Allerdings bestünden aufgrund einer höheren Prozesseffizienz und Fortschritten in Anlagenbau und -planung durchaus positive Potentiale. Andererseits wären Kostensteigerungen wegen zunehmender Anforderungen an die Sicherheit und Zuverlässigkeit (z.B. neue Servicekonzepte) zu erwarten. Damit zeigte sich die noch relativ junge Entwicklungsphase der Biogastechnologien. Für den Regelfall hält der Erfahrungsbericht fest,

„dass bei der Stromerzeugung aus kleineren Anlagen, die mit Industrierestholz und Waldholz befeuert werden, sowie bei Biogasanlagen unter 200 kW, insbesondere wenn nachwachsende

Rohstoffe für die Kofermentation eingesetzt werden, die gegenwärtigen Vergütungssätze nicht für einen wirtschaftlichen Betrieb der Anlagen ausreichen. Insgesamt ist die Marktentwicklung bei Biomasse durch die ungewisse Preisentwicklung bei den Brenn- und Einsatzstoffen geprägt" (BMWi 2002, 29).

Der Gesetzgeber wurde zur Prüfung aufgefordert, ob eine stärkere Differenzierung der Vergütungsregelungen besonders bei Kleinanlagen erstrebenswert sei oder man sich auf eine Förderung von Großanlagen konzentrieren solle. Zusätzlicher Klärungsbedarf bestand in der Frage, wie über das EEG das Problem der ungewissen Preisentwicklung bei den Biomassebrennstoffen berücksichtigt werden könne (BMWi 2002, 29).

Wasserkraft

Mit einem Deckungsbeitrag von 4,4 Prozent des heimischen Strombedarfs war die *Wasserkraft* im Jahr 2001 weiterhin der bedeutendste erneuerbare Energieträger. Entgegen der häufig vertretenen Ansicht, dass in Deutschland keine Ausbaupotentiale für Wasserkraft bestünden, wurde im Erfahrungsbericht mit einem moderaten Zubau von Anlagen von jährlich 20 bis 25 MW gerechnet. Innerhalb der nächsten zehn bis fünfzehn Jahre wurde mit einem Gesamtausbau zwischen 200 bis 300 MW gerechnet. Eine besondere Bedeutung käme der Modernisierung kleiner und mittlerer Anlagen zu.[382] Bei der Kostenentwicklung wurde eine ISET-Studie zitiert, nach der mit der bestehenden EEG-Vergütung neu gebaute Anlagen ab einer Leistungsgröße von 200 kW nur bei sehr guter Auslastung (6.500 Volllaststunden) rentabel betrieben werden könnten. Ab einer installierten Leistung von 5 MW wäre dies bereits bei 5.000 Volllaststunden der Fall. Revitalisierte Anlagen mit einer installierten Leistung von 250 kW wären unter den geltenden Vergütungssätzen bereits ab ca. 4.500 Volllaststunden rentabel, 1 MW-Anlagen sogar bereits ab 2.500 Volllaststunden. Zum genauen Ausbaupotential kleiner Wasserkraftwerke fanden sich im Erfahrungsbericht keine Angaben (BMWi 2002, 31-32).

Klär-, Deponie- und Grubengas sowie Geothermie

Schließlich ging der Erfahrungsbericht auf die Situation einer Nutzung von Klär-, Deponie- und Grubengas sowie der Geothermie ein. Das Nutzungspotential von Klär- und Deponiegasanlagen wäre erst zu 70 Prozent erschlossen. Allerdings habe das EEG bisher kaum zu Investitionen in neue Anlagen beigetragen. Das EEG habe lediglich geholfen, den Anlagenbestand zu sichern, der sich überwiegend in kommunalem Besitz befände (Solarzeitalter 2002b). Im Jahr 2001 waren in Deutschland Deponiegasanlagen mit einer Leistung von ca. 400 MW installiert. Zur Stromerzeugung aus Grubengas lägen nur sehr unzureichende Daten vor. Die Ausbaupotentiale wären regional stark begrenzt. Bei der Geothermie waren bis Mitte 2002 noch keine Anlagen in Betrieb gegangen, bundesweit allerdings acht Anlagen geplant.[383] Erste Schätzungen hätten gezeigt, dass die bestehenden Vergütungssätze für Geothermie keinen wirtschaftlichen Anlagenbetrieb ermöglichten (Solarzeitalter 2002b).

---

[382] Von knapp 6.000 Wasserkraftanlagen in Deutschland zählen knapp 3.200 zur Größenklasse der Kleinanlagen (< 50 kW), die jährlich etwa 200 Mio. kWh liefern.
[383] Im mecklenburgischen Neustadt-Kleve wurde erst im November 2003 das erste Erdwärmekraftwerk mit einer geschätzten Jahresleistung von 1,4 Mio. kWh eröffnet (SZ 13.11.2003x).

Die Förderung der solaren Strahlungsenergie: Der Erfolg des Hunderttausend-Dächer-Programms und hieraus resultierende Reformen des EEG

Mit dem Inkrafttreten des EEG im April 2000 waren die wirtschaftlichen Rahmenbedingungen für den Ausbau der FV entscheidend verbessert worden: Die Vergütungssätze wurden von etwa 8,25 ct/kWh auf 50,6 ct/kWh versechsfacht. Mit geschätzten Stromgestehungskosten von deutlich über einem Euro pro kWh (Ende der 1990er Jahre) blieb der Ausbau dieser Technologie von weiteren Förderprogrammen abhängig.[384] Für die Markteinführung der FV war in diesem Kontext das bereits erwähnte HTDP von zentraler Bedeutung. Über einen Zeitraum von sechs Jahren sollte mit dem HTDP ab dem 01. Januar 1999 eine FV-Kapazität von 300 MW installiert werden. Der Förderschwerpunkt lag auf kleinen Anlagen mit einer Leistung bis zu 5 kW.[385] Weil die FV-Einspeisevergütung unter dem früheren StromEG nur unzureichend ausgestaltet war, hatte Eurosolarbegründer Scheer die Idee für ein solches Programm bereits im Jahr 1993 entwickelt und eine Umsetzung im Bundestagswahlkampf 1994 gefordert (Eurosolar 1994; Scheer 1998b).

In den ersten beiden Jahren lief das HTDP nur zögerlich an. Die Markteinführung der FV zog aber nach dem Inkrafttreten des EEG im April 2000 spürbar an, wofür die höheren Vergütungssätze für FV-Strom ursächlich waren (Staiß 2003, 94). Weil die genauen Förderbedingungen unter dem HTDP bis Ende 2000 relativ unklar blieben, wurde eine reibungslose Programmimplementierung verhindert.[386] Ab Ende 2000 stieg die Nachfrage nach einer Finanzierung über das HTDP jedoh an. Zwischen 1998 und 2001 verfünffachte sich die jährlich installierte FV-Leistung zunächst von 12 MW auf 67 MW. Während der Zubau im Jahr 2000 gegenüber dem Vorjahr 44 MW betrug, stieg er im Jahr 2001 auf 67 MW, um im Jahr 2003 sogar die 100 MW-Grenze zu überschreiten (Pontenagel 2003, Staiß 2003, 93). Die erfolgreiche Implementierung des HTDP besonders seit Beginn des Jahres 2001 hatte zur Folge, dass das Programmziel einer Gesamtinstallation von 300 MW bereits im Sommer 2003 erreicht wurde.

Deshalb zeichnete sich bereits in der ersten Hälfte des Jahres 2002 ab, dass der kapazitätsbezogene Deckel von 350 MW, bei dessen Erreichen im darauf folgenden Jahr die Vergütung von FV eingestellt werden sollte, bereits im Verlauf des Jahres 2003 erreicht würde. Vor diesem Hintergrund veranstalteten Eurosolar und der BEE in Zusammenarbeit mit dem

---

[384] Bei Betriebskosten in Höhe von 1,5 Prozent der jährlichen Investitionskosten und einem jährlichen Kapitalmarktzins von 6 Prozent ergaben sich bei Kleinanlagen bei einem jährlichen Stromertrag von 800 kWh/kW Stromgestehungskosten in Höhe von 75 ct/kWh. Diese konnten bei größeren Anlagen mit einem jährlichen Stromertrag zwischen 850 und 900 kWh/kW sogar nur 55 ct/kWh betragen (Staiß 2003, 99).

[385] Über die Beauftragung der KfW als kreditgewährendem Institut sollte der bisherige bürokratische Aufwand bei der FV-Förderung minimiert werden. Die Haushaltsvolumina früherer Förderprogramme waren stets zu niedrig und kurzfristig angelegt, so dass für die Solarindustrie keine Vorhersehbarkeit bei langfristigen Investitionsvorhaben bestand. Schließlich stand der große zeitliche Abstand zwischen der Ankündigung von Förderprogrammen und ihrer Umsetzung im Zentrum der Kritik (Scheer 1998b, 2). Bei der Umsetzung des MAP konnte die ursprüngliche Eurosolar-Forderung nach einer Förderung über zinsfreie Darlehen aber nicht umgesetzt werden. Vielmehr sollte der Zinssatz am Tag der Zusage durch die KfW für die gesamte Kreditlaufzeit festgelegt werden und unterhalb der aktuellen Kapitalmarkt-Konditionen liegen (Scheer 1998b, 5).

[386] Bis Ende 2000 wurden die Förderbedingungen des HTDP vier Mal geändert. Ein kritischer Punkt blieb bis Anfang 2001 z. B. die Frage, ob Gewerbetreibende und Selbständige eine Kreditförderung in vollem Umfang oder nur zu 50 Prozent der Anlagekosten erhalten sollten. Erst nachdem diese Frage zugunsten einer vollständigen Förderung der genannten Akteursgruppe geklärt wurde, waren die Voraussetzungen für eine zügige Bearbeitung der Kreditanträge gegeben (Solarzeitalter 2001a).

Eurosolar-Arbeitskreis Recht bereits Mitte Februar 2002 eine Tagung, auf der eine neue Entwurfsvorlage für das EEG beraten wurde, die zuvor in einer gemeinsamen Arbeitsgruppe von SPD und Bündnis90/Die Grünen entwickelt worden war. Die wichtigsten Reformvorschläge waren folgende:

- Aufhebung des 350MW-Deckels für die FV-Vergütung,
- höhere Vergütungssätze für Strom aus kleinen Biomasseanlagen,
- größere Spreizung der Vergütung im Windbereich zwischen Schwach- und Starkwindorten,
- Verlängerung der Fristen für eine höhere Anfangsvergütung für Offshore-WEA.

Über weitere Gesetzesmodifikationen sollten eventuelle Doppelverrechnungen und -vergütungen von EEG-Strom vermieden werden. Die Umsetzung dieser Novellierungsvorschläge scheiterten jedoch zunächst am Widerstand des Bundeswirtschaftsministers, der den Anfang Juli 2002 vorzulegenden ersten Erfahrungsberichts zum EEG (s.o.) abwarten wollte (Scheer 2002a).

Anfang Juni 2002 brachten die Regierungsfraktionen von SPD und Bündnis90/Die Grünen deshalb einen reduzierten Antrag auf Gesetzesänderung des EEG ein, der im Zuge einer erforderlichen Änderung des MinÖStG bereits am 07. Juni 2002 beschlossen wurde. Gegenüber den bisherigen Vorschlägen sollte danach lediglich der Deckel zur Förderung der FV auf 1.000 MW angehoben werden, um die rechtlichen Rahmenbedingungen für den FV-Ausbau über das Jahr 2003 hinaus zu sichern. Mit der Gesetzesänderung würde ein Investitionshemmnis für die heimische FV-Industrie beseitigt, nachdem verschiedene Banken unter Berufung auf den Deckel die Finanzierung von Investitionen für FV-Fertigungsanlagen bereits verweigert hatten (Oschmann 2002, 201-202). Noch vor dem Beschluss einer Änderung des EEG brachte die CDU/CSU-Fraktion einen eigenen Antrag in den Bundestag ein, mit dem die Erhöhung des mengenbezogenen Deckels verhindert werden sollte. Auch die FDP unterstützte diesen Antrag, der letztlich aber mit den Stimmen der PDS zurückgewiesen werden konnte. Nur zwei Wochen später stimmte der Bundesrat am 21. Juni 2002 der Gesetzesänderung für das EEG zu. Zwar hatte das Bundesland Bayern im Bundesrat noch einen Antrag auf Anrufung des Vermittlungsausschusses gestellt und hierfür im Bundesrats-Wirtschaftsausschuss eine Mehrheit gefunden. Bei der informellen Probeabstimmung vor der eigentlichen Plenarsitzung fanden sich aber keine politischen Mehrheiten mehr (nur die unionsregierten Länder Bayern, Baden-Württemberg, Hamburg, Hessen, Saarland und Sachsen stimmten dafür). Somit konnte die EEG-Reform erfolgreich verabschiedet werden, so dass die Begrenzung der FV-Förderung auf 350 MW aufgehoben wurde (Oschmann 2002).

Die Wirkungen des EEG für die On- und Offshore-Windkraft

Mit dem Inkrafttreten des EEG hatte die Bundesregierung deutlich gemacht, dass neben dem weiteren Ausbau der Binnenwindkraft an guten Standorten besonders der Einstieg in die Offshore-Windkraftnutzung gefördert werden sollte. In einer gemeinsamen Arbeitsgruppe mit dem untergeordneten *Umweltbundesamt* (UBA) und dem *Bundesamt für Naturschutz* (BfN) hatte sich das BMU mit den Möglichkeiten der Offshore-Nutzung befasst. Ende Mai 2001 legte die Arbeitsgruppe ein Positionspapier vor, das als Grundlage für eine nationale Offshore-Strategie und zur Abstimmung mit den betroffenen Bundesressorts und Bundes- bzw. Küstenländern diente (BMU 2001).[387] Wegen der besonderen geographischen Voraussetzungen für eine Nutzung von Offshore-Windkraft, die in Deutschland durch ein geringes Raumangebot wegen weiträumiger Schutzgebiete (z.B. Nationalpark Wattenmeer) und konkurrierende Nutzungsinteressen gekennzeichnet ist, zeichnete sich früh ab, dass vor allem küstenferne und wassertiefe Standorte in Frage kämen. Weil Erfahrungen an solchen Standorten bisher nicht vorlagen und die staatlichen Behörden bei den Planungs- und Genehmigungsverfahren vor völlig neue Herausforderungen stellten, musste das BMU zur Planung derartiger Infrastrukturgroßprojekte komplettes Neuland betreten.

Im Hinblick auf die erforderlichen Genehmigungsverfahren ist zu berücksichtigen, dass für die Genehmigung von Windparks die Kompetenzen anders als in Großbritannien geregelt sind. *Innerhalb der sog. „12-Seemeilen-Zone"* (12-sm-Zone) ist für die Genehmigung grundsätzlich das betreffende Bundesland zuständig. Zur Errichtung von WEA gelten die auf dem Festland gültigen Planungs- und Genehmigungsvorschriften. So sind die Länder in der Regel für die Raumordnungsverfahren mit Umweltverträglichkeitsprüfungen zuständig.[388] Andere rechtliche Voraussetzungen ergeben sich hingegen in der sog. *„Ausschließlichen Wirtschaftszone"* (AWZ), einem bis zu 200 Seemeilen breiten, seewärts der 12-sm-Zone gelegenen Gebiet.[389] Dort ist die gesetzliche Genehmigungsgrundlage die sog. *„Seeanlagenverordnung"*. Für die Genehmigungsverfahren nach dieser Verordnung ist das *Bundesamt für Seeschifffahrt und Hydrografie* (BSH) zuständig (Mertens 2001).

Vor diesem planungsrechtlichen Hintergrund veranstaltete das BMU Mitte Juni 2001 in Berlin eine Impulskonferenz zur Offshore-Nutzung, auf der die wichtigsten politischen und gesellschaftlichen Akteure eingeladen und zur Diskussion der Strategie aufgefordert wurden. In dem zur Konferenz vorgestellten Positionspapier hob das BMU hervor, dass zur Verwirklichung des Verdopplungsziels erneuerbarer Energien an der Stromerzeugung bis 2010 15.000 MW an Windenergiekapazität installiert werden müssten. Wegen des zu erwartenden Rückgangs an neu installierten Anlagen im Binnenland müssten zum Erreichen des Ausbauziels ungefähr 3.000 MW durch Offshore-Anlagen verwirklicht werden. Unter optimistischen Annahmen könnten bis zum Jahr 2030 insgesamt rd. 42.000 MW an Windenergieleistung installiert werden, von denen etwa 25.000 MW durch Offshore-Anlagen beigesteuert würden. Ein weniger optimistisches Szenario ging bis 2030 von ungefähr

---

[387] Auch in diesem Fall ging die Initiative für einen Ausbau der Offshore-Windkraft nicht vom eigentlich für innovative Technologien zuständigen BMWi, sondern vom BMU aus.

[388] Außerdem greifen bei den Genehmigungsverfahren innerhalb der 12-sm-Zone die Regelungen der Landesnaturschutzgesetze sowie rechtliche Bestimmungen zu Nationalparks, Naturschutzgebieten und geschützten Biotopen. Hier sind die Europäischen Rechtsvorschriften der Vogelschutzrichtlinie und der Flora-Fauna-Habitat-Richtlinie (FFH) zu berücksichtigen.

[389] Die rechtliche Grundlage zur Errichtung von WEA in der AWZ ist das Seerechtsübereinkommen (SRÜ) vom 10. Dezember 1982. Der Abschluss dieses völkerrechtlichen Wirtschaftsabkommens diente der Kodifikation völkerrechtlicher Bestimmungen zur Nutzung der Meere und ihrer Ressourcen. Es wurde von 157 Staaten unterzeichnet und mittlerweile von 135 Staaten und der EU ratifiziert. Das SRÜ trat am 16. November 1994 in Kraft und verleiht den Vertragsstaaten das Recht, eine AWZ auszuweisen. Bei der AWZ handelt es sich um ein Gebiet, in dem der Küstenstaat bestimmte näher bezeichnete Kompetenzen wahrnehmen kann, wobei aber die Rechte und Freiheiten, die andere Staaten in der AWZ haben, gebührend zu berücksichtigen sind. Insofern handelt es sich bei der AWZ um kein staatliches Hoheitsgebiet. Besondere Rechte des Küstenstaats in der AWZ betreffen aber souveräne Rechte zum Zweck der Erforschung und Ausbeutung, Erhaltung und Bewirtschaftung der natürlichen Ressourcen der Gewässer, des Meeresbodens und seines Untergrundes sowie der Energieerzeugung aus Wasser, Strömung und Wind. (Mertens 2001).

36.000 MW installierter Leistung aus, von der etwa 20.000 MW durch Offshore-Anlagen realisiert würden (BMU 2001).[390]

Weil die Reichweite des deutschen Planungs- und Anlagenzulassungsrecht in der AWZ unklar war, stand die Gestaltung des Genehmigungsverfahrens in dieser Zone im Mittelpunkt der Diskussionen. Weil die AWZ z.B. keinem kommunalen Träger zugeordnet war, fehlte es an einem konkreten Planungsträger. Ähnliche Schwierigkeiten ergaben sich bei der Raumplanung: Während die Durchführung von Raumordnungs- und Regionalplänen an Land und innerhalb der 12-sm-Zone eine klare Länderzuständigkeit beinhaltete, war im Fall der AWZ unklar, welcher Akteur in dieser Frage die Verwaltungskompetenz besaß. Zwar ging man davon aus, dass die Durchführung raumplanerischer Maßnahmen in der AWZ nach der Kompetenzordnung des Grundgesetzes in die Verwaltungszuständigkeit der Länder fiel. Allgemein wurde für die AWZ aber ein erhebliches planungsrechtliches Regelungsdefizit festgestellt. Solange es an einem rechtlich geregelten Planungsverfahren in dieser Zone mangele, müssten „die vorhandenen rechtlichen Defizite durch Einsatz informeller Instrumente im Konsens der Beteiligten ausgeglichen werden" (Sangenstedt 2001).

Vor diesem Hintergrund bestand rechtliche Unsicherheit, wie z.B. naturschutzrechtliche Regelungen der Bundesländer im Gebiet der AWZ Anwendung fänden. In der Entwurfsphase zur Novellierung des Bundesnaturschutzgesetzes (BnatschG) wurde durch die Bundesregierung der Plan verfolgt, den Ländern naturschutzfachliche Aufgaben in der AWZ zu übertragen. Hierzu merkte die Staatssekretärin im Niedersächsischen Umweltministerium auf der Offshore-Konferenz an, dass es keine Grundlage für eine marine Grenzziehung zwischen den einzelnen Küstenanliegerländern gäbe, weil die AWZ kein Staatsgebiet wäre und sich die bundesstaatliche Kompetenzordnung nicht ohne weiteres auf dieses Gebiet übertragen lasse. Zusätzliche Naturschutzzuständigkeiten der Länder in der AWZ würden die Genehmigungsverfahren nur unnötig verkomplizieren (Witte 2001).

Ohne sich mit dem für die Planungen außerhalb der 12-sm-Zone zuständigen BSH genauer abzustimmen, hatte das BMU in einem Positionspapier vom Mai 2001 künftige Offshore-Projekte hauptsächlich in der AWZ vorgeschlagen.[391] Das BMU betonte die Notwendigkeit, ein rechtssicheres, auf die spezifischen Bedürfnisse der Windenergienutzung auf See zugeschnittenes Zulassungsverfahren, insbesondere in der AWZ, zu entwickeln. Außerdem wurde für Planung und Realisierung ein schrittweises Vorgehen als sinnvoll erachtet.[392] Bis zum Sommer 2001 war eine erste Genehmigung eines deutschen Offshore-

---

[390] Nach dem optmistischen DEWI-Szenario würden im Jahr 2030 jährlich 110 TWh aus Windstrom generiert, nach dem pessimistischen Szenario 95 TWh. Der zur Realisierung der Offshore-Kapazitäten anfallende Flächenbedarf würde im ersten Fall einer quadratischen Fläche von 2.500 Quadratkilometern (50 mal 50 km) und im zweiten Fall einer Fläche von 2025 Quadratkilometern (45 mal 45 km) entsprechen (BMU 2001, 5).

[391] Für die Nordsee wurden AWZ-Flächen nordwestlich von Borkum und westlich von Sylt vorgeschlagen. Für die Ostsee fanden sich keine vergleichbaren Flächen. Lediglich kleinere Flächen westlich des Adlergrundes und in der Mecklenburger Bucht (teils AWZ, teils 12-sm-Zone) wären untersuchungswürdig (BMU 2001, 6-7).

[392] In einer Vorbereitungsphase (2001 bis 2003) sollten neben der Identifikation geeigneter Flächen standortbezogene Untersuchungen durchgeführt werden, um die umwelt- und naturschutzbezogenen Auswirkungen von Windenergieprojekten zu ermitteln (z.B. auf Fische, Vögel, Meeressäuger, etc.). In der Startphase (2004 bis 2007) sollten erste kleine Pilotwindparks in einer Größenordnung von bis zu vierzig WEA in Betrieb gehen (bis 500 MW bei 1,5 TWh p. a.). In einer ersten Ausbauphase (2007 bis 2010) würden die bestehenden Kapazitäten auf 2.000 bis 3.000 MW erweitert (bei 7 bis 10 TWh pro Jahr). Auf der Basis der gewonnenen Erfahrungen sollte es ab 2011 zur Ausweisung weiterer Flächen in noch größerer Küstenentfernung kommen, um bis zum Jahr 2030 eine installierte Kapazität zwischen 20.000 und 25.000 MW zu realisieren (70 bis 85 TWh Erzeugungsleistung pro Jahr).

Windparks allerdings nicht absehbar. Im Mai 2000 hatte beim BSH die erste Antragskonferenz für den ersten Windpark der Welt außerhalb der 12-sm-Zone stattgefunden, den Windpark Borkum West. Es dauerte allerdings bis November 2001, bis das Energieunternehmen Prokon Nord für die Pilotphase dieses Projekts die Genehmigung zur Errichtung der ersten zwölf WEA erhielt. Der Windpark Borkum West soll auf 208 WEA mit einer installierten Leistung von 1.000 MW ausgebaut werden. Bis Mai 2003 konnte mit den zuständigen Behörden des Landes Niedersachsen das landesplanerische Raumordnungsverfahren abgeschlossen werden. Die Genehmigung der Landanbindung gestaltete sich als aufwändig, weil für die Pilotprojektphase und die spätere Ausbauphase unterschiedliche Varianten und jeweils eigene Umweltverträglichkeitsprüfungen erforderlich waren. Weil außerdem die 12-sm-Zone sowie der Nationalpark Wattenmeer für die Landanbindung gequert werden müssen, waren verschiedene Genehmigungsverfahren abzuschliessen (Prokon Nord 2004).

Bis zum Mai 2002 lagen dem BSH für die AWZ insgesamt 29 Genehmigungsanträge für Offshore-Windparks vor. 23 Offshore-Projekte sollten in der Nordsee und sechs in der Ostsee realisiert werden. Nach einer Zusammenstellung des IWR kämen die in der AWZ geplanten Projekte im Endausbau auf eine installierte Gesamtleistung von mehr als 17.700 MW. Bei einer Realisierung der Windparkprojekte in der AWZ der Ostsee würden 4.100 MW Windkraftkapazität installiert (IWR 2004b). Demgegenüber kommen die Windparks innerhalb der 12-sm-Zone in der Nordsee auf mindestens 1.350 MW und in der Ostsee auf 140 MW. Bis zu Beginn des Jahres 2004 waren damit Offshore-Projekte mit einer Kapazität von mehr als 23.000 MW in der Planung. Eine aktualisierte Erhebung des IWR und des Beratungsunternehmens elexyr kam bis Herbst 2004 auf geplante Offshore-Kapazitäten mit einer Gesamtleistung von 28.000 MW. Demgegenüber umfassten die in Großbritannien vorgesehenen Projekte eine installierte Leistung von 10.000 MW (ZfK, 06.11.2004w).

Wegen schwierigen Genehmigungsvoraussetzungen zog sich die Genehmigung weiterer Offshore-Windparks in der AWZ bis Dezember 2002 hin. In jenem Monat erteilte das BSH die Genehmigung zur Errichtung des Bürger-Windpark-Butendiek GmbH, der 34 Kilometer westlich von Sylt errichtet werden soll.[393] Die Genehmigung für zwei weitere Offshore-Windparks in der AWZ erteilte das BSH erst im Februar 2004. Eines der beiden Projekte betraf das Offshore-Projekt „Borkum Riffgrund West" der Bremer „Energiekontor".[394] Eine weitere Genehmigung wurde für das Offshore-Projekt „Borkum Riffgrund" erteilt.[395] Anfang Juni 2004 genehmigte das BSH zwei weitere Windparks. Dabei handelte es sich zum einen um einen Windpark, der 30 Kilometer westlich der Insel Amrum durch die Winkra Offshore Nordsee Planungs- und Betriebsgesellschaft errichtet werden soll.[396]

---

[393] Im Endausbau soll der Windpark über eine installierte Kapazität von 240 MW verfügen. Der Errichtungsbeginn hing jedoch noch von zahlreichen weiteren Teilgenehmigungen ab (z.B. Kabeltrasse und Landanbindung durch Land Schleswig-Holstein, Querung des Nationalparks „Schleswig-Holsteinisches Wattenmeer").

[394] Die Genehmigung wurde zunächst für die Pilotphase mit 80 WEA (400 MW installierter Leistung) erteilt. In der Endphase ist der Ausbau mit bis zu 378 WEA und einer installierten Leistung von 1.800 MW geplant.

[395] Im Endausbau sind 180 WEA mit einer installierten Leistung von 720 MW geplant.

[396] In der Pilotphase war die Errichtung von 80 WEA mit einer Leistung von 400 MW geplant. In der späteren Ausbauphase sollten weitere 170 Windturbinen mit einer zusätzlichen Nennleistung von 750 MW errichtet werden. Hinter dem Unternehmen Winkra steht als Muttergesellschaft die Deutsche Essent GmbH, die wiederum zum größten niederländischen EltVU, der Essent N.V. Arnheim, gehört.

Zu anderen stimmte das BSH einem Offshore-Vorhaben der „Amrumbank West GmbH".[397] Eine siebte Genehmigung betraf schließlich die Ende August 2004 erfolgte Teilgenehmigung für ein Windparkprojekt der „Sandbank 24 GmbH&Co. KG".[398]

Während das BSH für die Genehmigungsverfahren dieser Projekte in der AWZ zuständig war, haben die Küstenländer eigene Planungs- und Genehmigungsverfahren für Offshore-Projekte innerhalb der 12-sm-Zone durchgeführt. Aufgrund naturschutzrechtlicher Restriktionen sind die Flächen in der 12-sm-Zone sehr begrenzt. Das Land Schleswig-Holstein hatte sich in diesem Kontext frühzeitig dazu entschlossen, für die Realisierung von Windparks in der Nord- und Ostsee eigene Raumordnungsverfahren durchzuführen. Für das Projekt „Sky 2000", das mit einer Kapazität von 100 MW 15 bis 20 Kilometer südöstlich von Fehmarn realisiert werden soll, lagen bereits im Herbst 2001 erste Anträge zur Einleitung eines Raumordnungsverfahrens vor (Müller 2001). Der Umweltminister des Landes Mecklenburg-Vorpommern gab auf der BMU-Offshorekonferenz außerdem bekannt, dass die Landesregierung, die bereits im Jahr 1999 eine eigene Studie zu „Raumbedeutsamen Nutzungen im Offshore-Bereich vor der Küste Mecklenburg-Vorpommerns" durchgeführt hatte (Methling 2001), den Bau eines Windparks nördlich von Darß mit einer installierten Leistung von 40 MW plane.

Für die Nordsee sind die meisten Anträge für Offshore-Windkraftprojekte innerhalb der 12-sm-Zone bei den niedersächsischen Landesbehörden gestellt worden. Nach den Plänen eines *eigenen Aktionsprogramms zum Ausbau der Offshore-Technologie* schlug die niedersächsische Landesregierung im Mai 2002 vor, bis zum Ende desselben Jahres geeignete Standorte innerhalb der 12-sm-Zone öffentlich zur Diskussion zu stellen. Dabei sollte auch geprüft werden, ob die Flächen als Eignungsgebiete im Rahmen der Landes- bzw. Regionalplanung ausgewiesen werden und ob sich Kommunen und Bürger noch stärker an Betreibergesellschaften beteiligen können. Bis Mitte 2002 lagen bei der niedersächsischen Landesregierung Genehmigungsanträge zur Errichtung von vier küstennahen Offshore-Windparks mit einer zu installierenden Gesamtkapazität von mehr als 500 MW vor (Niedersächsisches Umweltministerium 2002, 6). Generell ist für die bundesdeutsche Offshore-Strategie zu betonen, dass zwischen den betroffenen Küstenländern und den beteiligten Bundesministerien eine enge Koordination stattgefunden hat. Bereits Ende Juni 2000 wurde auf einer *Ministerpräsidentenkonferenz der norddeutschen Bundesländer* auf Initiative des Landes Schleswig-Holstein ein intensiver Informationsaustausch zwischen den Küstenländern vereinbart. Genau ein Jahr später fand die erste gemeinsame Fachkonferenz mit den betroffenen Bundesministerien in Lübeck statt. Dabei wurde ein *ständiger Ausschuss* eingerichtet, der *von der DENA koordiniert* wird und die aktuellen Probleme bei der Umsetzung der Offshore-Strategie diskutiert (Niedersächsisches Umweltministerium 2002).

Im Vergleich zu Großbritannien wird der Ausbau der Offshore-Windtechnologie in deutschland wesentlich intensiver durch die Charakteristika der Politikverflechtung beeinflusst. Weil im britischen Untersuchungsfall ein Großteil der Projektstandorte in größerer

---

[397] Bei diesem Projekt sollten in der Pilotphase ebenfalls zunächst 80 WEA mit einer Nennleistung von 400 MW errichtet werden Auch hier war ein späterer Ausbau auf ca. 750 MW geplant (Bardeleben 2004). Die Amrumbank West GmbH war ein Gemeinschaftsvorhaben der Rennert Energieprojekte und der E.ON Projects GmbH.

[398] Die Teilgenehmigung betraf die Errichtung der ersten 80 WEA am neunzig Kilometer westlich von Sylt gelegenen Standort Sandbank 24. Im Endausbau soll dieser Windpark mit mehr als 4.900 MW die bisher größte Offshore-Anlage in der deutschen AWZ werden.

Küstennähe liegt (innerhalb der 12-sm-Zone) und vergleichsweise geringere Wassertiefen aufweist, erscheint eine erfolgreiche Umsetzung der Offshore-Strategie leichter. Besonders begünstigend wirkt aber, dass die Britische Krone Eignerin der betreffenden Flächen innerhalb der 12-sm-Zone ist. So gelang im Jahr 2001 eine zügige Reform der Planungs- und Genehmigungsverfahren, so dass in Großbritannien bereits eine größere Zahl von Anlagengenehmigungen für Offshore-Projekte vorliegt (s.S. 247ff).

Die Genehmigungsvoraussetzungen im verflochtenen Regierungssystem der Bundesrepublik Deutschland, bei dem die jeweiligen Bundesländer umfassende Planungs- und Genehmigungskompetenzen für solche Projekte haben, stellen sich im Vergleich hierzu komplex dar (ZfK 07.02.2004e). Hierzulande können bis zu zwei Dutzend Behörden in die Genehmigungsverfahren von Offshore-Projekten involviert sein. Während das BSH als Bundesbehörde für die Standortgenehmigung in der AWZ zuständig ist, sind innerhalb der 12-sm-Zone weitere Behörden zu beteiligen. Zum Beispiel wird die Frage der Landanbindung der Stromkabel durch die obersten Wasserbehörden der jeweiligen Bezirksregierung entschieden, den Deichdurchstoß regelt der zuständige Landkreis. Bei der Nationalparkverwaltung muss gegebenenfalls eine Befreiung von den Verboten des jeweiligen Nationalparkgesetzes beantragt werden. Quert das Kabel eine Landes- oder Bundesstraße, sind die Landes- und Bundesstraßenverwaltungen einzuschalten (Die Zeit 20/2004a). Vor dem Hintergrund des hohen Koordinationsbedarfs wird deutlich, weshalb in Deutschland bisher weniger derartige Projekte abschließend genehmigt wurden. Gleichzeitig ist aber auch zu berücksichtigen, dass aufgrund der großen Entfernungen der geplanten Anlagen zur Küste diese eine vergleichsweise größere technologische Herausforderung darstellen. Die Dauer der Genehmigungsverfahren sollte daher nicht einer voreiligen Kritik unterzogen werden.

Zur Entwicklung bei der Stromerzeugung aus Biomasse

Neben der Windenergie werden besonders der Stromerzeugung aus Biomasse große Entwicklungs- und Ausbaupotentiale eingeräumt. Deshalb wurden die Vergütungssätze zur energetischen Nutzung dieser Ressourcen mit dem EEG maßgeblich aufgebessert und im Juni 2001 zusätzlich die *Biomasseverordnung* (BiomasseV) verabschiedet. Die BiomasseV regelt als Rechtsvorschrift, welche Stoffe und technischen Verfahren in den Anwendungsbereich des EEG fallen und welche Umweltanforderungen einzuhalten sind.[399] Die Verabschiedung der BiomasseV sollte zu einer größeren Rechtssicherheit bei der Planung von Anlagen zur Verstromung von Biomasse beitragen und zu vermehrter Transparenz bei der Entwicklung und Anwendung der Biomassetechnologien führen. Mit dem Erlass der BiomasseV beauftragten das BMU und das UBA das in Leipzig ansässige *Institut für Energetik und Umwelt* (IEU), die BiomasseV in ihrer Lenkungswirkung über eine Projektlaufzeit von

---

[399] Die Biomassen werden allgemein als „Energieträger aus Phyto- und Zoomasse, daraus resultierenden Folge- und Nebenprodukten sowie Rückstände und Abfälle" definiert (§ 2 Abs. 1 BiomasseV). Nach EEG vergütungsfähig sind demnach: Pflanzen und Pflanzenbestandteile, aus Pflanzen hergestellte Energieträger, Abfälle und Nebenprodukte pflanzlicher und tierischer Herkunft aus Land-, Forst- und Fischwirtschaft, Bioabfälle, aus Biomasse oder Pyrolyse erzeugtes Gas, aus Biomasse erzeugte Alkohole, Altholz, Pflanzenölmethylester, Treibes aus Gewässerpflege und durch anaerobe Vergärung erzeugtes Biogas. Als Biomasse ausgeschlossen werden explizit (§3 BiomasseV): Fossile Brennstoffe, Torf, gemischte Siedlungsabfälle, belastetes Altholz bei Überschreiten bestimmter Schadstoffgrenzwerte (z.B. PCB, PCT, Quecksilber), Papier, Pappe, Karton, Klärschlamm, Hafenschlick, Textilien, Tierkörper und -teile sowie Deponie- und Klärgase.

knapp zweieinhalb Jahren (August 2001 bis Dezember 2003) zu untersuchen. Der abschließende Monitoring-Bericht erschien im Dezember 2003 und bot erstmals einen Überblick über das Stromerzeugungspotential von Biomasse und über den technologischen Entwicklungsstand der betreffenden Anlagen (IEU 2003).

Eingangs analysierten die Autoren das energiewirtschaftlich relevante Stromerzeugungspotential aus Biomasse (IEU 2003, 26-29). Als entscheidende Randbedingung wurde angenommen, dass das in Deutschland verfügbare Brennstoffpotential vollständig für die Stromerzeugung genutzt wird (alternative Nutzungsformen z.B. der Wärmeerzeugung blieben unberücksichtigt). Das energiewirtschaftlich größte Potential zur Stromerzeugung aus Biomasse böte die Nutzung biogener Festbrennstoffe (z.B. Altholz, halmgutartige Rückstände, Energiepflanzen, etc.), während die Biogaserzeugung nur von sekundärer Bedeutung erschien. Das *maximale Stromerzeugungspotential aus Biomasse* würde insgesamt 100 bis 130 TWh/a (gegenwärtige Bruttostromerzeugung in Deutschland 579 TWh/a) betragen. Annähernd ein Viertel der Bruttostromerzeugung in Deutschland (knapp unter 23 Prozent) könnte demnach aus der Nutzung von Biomasse generiert werden.

Die Studie hob die positiven Wirkungen des EEG und der BiomasseV für die Planung und den Betrieb von Biomasseheizkraftwerken zur Nutzung fester Bioenergieträger hervor. Bis zum November 2003 wurde die Existenz von 80 Biomasseheizkraftwerken nachgewiesen. Seit Anfang 2001 wäre vor allem ein Neubau von Anlagen im größeren Leistungsbereich erfolgt. Die installierte Leistung sei auf 380 MW gestiegen. Aufgrund der positiven Förderbedingungen prognostizierten die Autoren in einem konservativen Szenario bis zum Jahr 2005 einen Kapazitätsausbau von Biomasseheizkraftwerken zur Nutzung fester Bioenergieträger auf über 500 MW. Die jährliche Stromerzeugung würde dann 2,6 TWh betragen (IEU 2003, 46). Die konservative Implementierungsrate wurde zugrunde gelegt, weil 2003 zunehmende Schwierigkeiten bei der Realisierung geplanter Biomasseheizkraftwerke auftraten. Diese waren auf folgende Ursachen zurückzuführen:

- Abnehmendes Angebot mit kostengünstigem Brennstoff, vor allem beim Altholzaufkommen (mit einem Anteil von 85 Prozent der wichtigste feste Bioenergieträger);
- Verhaltene Unterstützung bei der Finanzierung durch potentielle Geldgeber;
- Verzögerte Genehmigungsverfahren aufgrund von Akzeptanzproblemen in der Öffentlichkeit, außerdem ständige Veränderung von Rechtsvorschriften.

Als sich verschärfende Restriktion für einen Ausbau der *Biomasseanlagen zur Nutzung fester Bioenergieträger* erwies sich das knapper werdende Altholz. Bereits im Jahr 2003 wurden ca. 50 Prozent der energetisch nutzbaren Altholzmengen in Biomasseheizkraftwerken eingesetzt. Würden alle in Planung befindlichen Anlagen in Betrieb gehen, würde kurzfristig ein Brennstoffbedarf von ca. 12 Mio. t/a anfallen, der vom Altholzaufkommen alleine nicht gedeckt werden könnte (derzeit 6 Mio. t/a). Weil davon auszugehen war, dass bis zum Jahr 2006 keine signifikanten Mengen am Altholzmarkt frei würden, bestand die Gefahr einer Fehlplanung bei Biomasseanlagen, die durch eine politische Überförderung induziert würde. Umso wichtiger erschien deshalb eine zügige Verbesserung der Förderbedingungen für alternative feste Bioenergieträger (z.B. halmgutartige Rohstoffe wie Stroh und Gras, Energiepflanzen).

Bei der Bewertung des Stands der Technik gelangte die Studie zu dem Resultat, dass bei *Biomasseheizkraftwerken zur Nutzung fester Bioenergieträger* kaum technologische

Innovationen zu verzeichnen waren. Die Wirkungsgrade blieben gering (durchschnittlicher elektrischer Bruttowirkungsgrad ca. 16 Prozent, durchschnittlicher Bruttogesamtnutzungsgrad bezogen auf Jahresstromerzeugung ca. 46 Prozent). Unter den derzeitigen ökonomischen Rahmenbedingungen könnten Biomasseheizkraftwerke selbst bis zu einer Leistung von 10 MW nicht wirtschaftlich betrieben werden. Aufgrund gesunkener spezifischer Anlagenkosten wäre ein wirtschaftlicher Betrieb von Anlagen mit einer Leistung über 10 MW, bei denen gewerblich oder industriell anfallende biogene Rest- oder Abfallprodukte verwertet würden, durchaus möglich. Das Problem nicht erreichbarer Wirtschaftlichkeit stellte sich bei einem steigenden Einsatz naturbelassener Biomasse (aufgrund zu hoher Brennstoffpreise von nachwachsenden Rohstoffen) und bei sehr kleinen Biomasseheizkraftwerken. Im Zuge einer sich abzeichnenden EEG-Novellierung plädierte das IEU deshalb für eine moderate Erhöhung der Vergütungssätze für kleine Biomasseanlagen. Vor dem Hintergrund der sehr begrenzten Verfügbarkeit von Alt- und Gebrauchtholz zogen die Autoren das *Fazit, dass* die *Wirkung des EEG im Bereich der festen Biomasse unter den derzeitigen rechtlichen Rahmenbedingungen weitgehend ausgeschöpft sein dürfte*. Deshalb wurde die Forderung nach stärker differenzierten Vergütungssätzen für den Einsatz anderer Biomasse-Brennstoffe (z.B. Waldfrischholz, Stroh, Energiepflanzen) erhoben (IEU 2003, 64-65).

Besonders positive Auswirkungen der gesetzlichen und förderbezogenen Rahmenbedingungen wurden für die *Stromerzeugung aus gasförmiger Biomasse* nachgewiesen. Vor allem das MAP habe zwischen September 1999 und August 2003 zu einer Verdopplung der Zahl der Biogasanlagen von 850 auf insgesamt 1.700 Anlagen beigetragen. Regional konzentriere sich der Zubau an Biogasanlagen auf vier Bundesländer. Bezogen auf die absolute Anlagenzahl führte Bayern (45,6 Prozent) eindeutig vor den Ländern Baden-Württemberg (17,2 Prozent), Niedersachsen (14,9 Prozent) und Nordrhein-Westfalen (8,0 Prozent). Alle übrigen Bundesländer wiesen einen Anteil von etwa 2 Prozent auf.[400] Die regionalen Unterschiede verwiesen auf die Bedeutung landesspezifischer/regionaler Förderprogramme.

Bei der technologischen Entwicklung war der Bereich der *Biogasanlagen* von einer vergleichsweise größeren Dynamik gekennzeichnet als *Anlagen zur Nutzung fester Bioenergieträger*. Auch bei Biogasanlagen ging der Trend zu größeren Leistungsbereichen. Seit 1999 habe sich die elektrizitätsbezogene Anlagenleistung im Durchschnitt fast verdreifacht (von 53 kW auf 150 kW). Gegenüber Anlagen zur Nutzung fester Biomasse wären außerdem die elektrischen Wirkungsgrade mit 30 bis 35 Prozent deutlich günstiger. Durch die genannten Förderprogramme und das EEG wurden bei Biogasanlagen in folgenden Bereichen Innovationen ausgelöst:

- Beschleunigung der biologischen Verfahren zur Biogasfreisetzung, Entwicklung von automatischen Prozesssteuerungen für den Fermentationsprozess, Innovationen im Bereich Gesamtprozessautomatisierung und Anlagenstandardisierung;
- Erhöhung des Wirkungsgrades der in den Biogasanlagen eingesetzten BHKW, technologische Innovationen im Bereich des Einsatzes von Mikrogasturbinen und Stirlingmotoren;
- Innovationen bei der Reinigung von Biogas auf Erdgasqualität (IEU 2003, 72-73).

---

[400] Zusätzlich verstärkt wurde das Süd-Nordgefälle durch den Umstand, dass in Bayern und Baden-Württemberg eine größere Anzahl vornehmlich sehr kleiner Anlagen existierte (ungefähr einhundert).

In diesem Kontext wurden die Möglichkeiten einer Einspeisung von Biogas in die herkömmlichen Erdgasnetze im Jahr 2001 durch den FVB in die politischen Diskussionen eingebracht. Die rechtliche Möglichkeit einer solchen Einspeisung war bereits in der EU-Gasrichtlinie 98/30/EG explizit vorgesehen und durch das EnWG-Neuregelungsgesetz umgesetzt worden. Deshalb legte der FVB im April 2001 einen eigenen Vorschlag für ein Gaseinspeise-Gesetz (kurz: GEG) vor, dass in seiner Systematik an das EEG angelehnt wurde (Fachverband Biogas 2001).[401] Es ist jedoch vorwegzunehmen, dass sich der FVB mit seiner Forderung nach einem solchen Gesetz bisher nicht durchsetzen konnte.

Zur Wirtschaftlichkeit von *Biogasanlagen* wurde festgestellt, dass die spezifischen Investitionskosten in den einzelnen Leistungsklassen bis zum Jahr 2002 stetig anstiegen. Die Ursachen hierfür wurden im zunehmenden Einsatz optimierter Anlagentechnik (teure Regel- und Messtechnik, Automatisierung von Teilabläufen) und einem zurückgehenden Anteil der Eigenleistungen bei der Anlagenerrichtung gesehen. Erst seit 2002 war bei den Investitionskosten wieder ein Kostenrückgang festzustellen. Diese Entwicklung verweist auf die hohe Entwicklungs- u. Innovationsdynamik bei Biogasanlagen. Weiterhin wurde festgestellt, dass bei zunehmender Anlagenleistung eine Kostendegression bei den Investitionskosten besonders im kleinen Anlagenbereich (bis 350 kW) feststellbar war (IEU 2003, 78).

In der Frage einer möglichen Verbesserung der rechtlichen Rahmenbedingungen für Biomasse- und Biogasanlagen wurde auf bestehende Schwierigkeiten beim Netzzugang hingewiesen. Generell bestünde eine große Abhängigkeit von der Kooperationsbereitschaft der jeweiligen Netzbetreiber. In verschiedenen Fällen hätten langwierige Streitigkeiten über Detailfragen des Netzzugangs zu einer erheblichen Behinderung geplanter Vorhaben geführt. Deshalb wurde die *Forderung nach klaren rechtlichen Regelungen zum Netzanschluss* sowie zur *Definition des Einspeisepunktes* (Ort, technische Ausführung, Abgrenzung der Kostenübernahme) erhoben. Als problematisch habe sich auch der nach EEG vorgeschriebene Nachweis erwiesen, dass in den Kraftwerken nur Stoffe gemäß der BiomasseV eingesetzt werden dürfen. Regional würden die Nachweisverfahren hierzu sehr unterschiedlich gehandhabt.[402] Auch differierten die Vorschriften zum zeitlichen Rahmen, nach dem ein erneuter Nachweis vorgelegt werden muss. In den genannten Bereichen wurde eine stärkere *Standardisierung zum Ablauf der Genehmigungs- und Nachweisverfahren sowie zum zeitlichen Ablauf des Monitorings von Biomasseanlagen* gefordert (IEU 2003, 62). Wegen unterschiedlicher länderspezifischer Vorschriften wurden damit auch die Nachteile der föderativen Kompetenzteilung für einen Ausbau der Biomassenutzung deutlich. Mit der geforderten Stadarisierung der Genehmigungsverfahren wurde im Übrigen die Forderung der Biogasverbände verbunden, auch Biogasanlagen im Außenbereich nach *BauGB* baurechtlich zu privilegieren.

Als Fazit ist festzuhalten, dass sowohl das EEG als auch die BiomasseV wichtige Grundlagen für den erfolgreichen Ausbau der Stromerzeugung aus Biomasse waren. Für die energetische Biomassenutzung bestehen noch umfangreiche Ausbaupotentiale. Techno-

---

[401] Nach den Vorstellungen des Arbeitskreises Gaseinspeisung des FVB sollte das Gaseinspeisegesetz mit dem weiteren Titel *„Gesetz über den Vorrang für Gas aus erneuerbaren Energien"* in Form eines eigenen Artikels 4 in das Neuregelungsgesetz zum EnWG aufgenommen werden.

[402] Die Nachweisverfahren würden z.B. durch Genehmigungsbehörden, Technische Überwachungsvereine oder Steuerberater durchgeführt.

logische Innovationen wurden vor allem bei Biogastechnologien erzielt. Insgesamt wäre in den kommenden Jahren vor allem im Biogassegment von einer größeren Wachstumsdynamik auszugehen. Der Gesetzgeber wurde aufgefordert, das komplexe technische Regelwerk zur Biogasnutzung zu standardisiern und überflüssige Regelungen abzuschaffen. Um ein kontinuierliches Wachstum in der Biomassebranche zu ermöglichen, sollten außerdem die bestehenden Instrumente (EEG, BiomasseV) fortentwickelt werden. Besondere Bedeutung käme den Vergütungsregelungen für kleine Biomasseanlagen und alternativen Brennstoffen zu.

5.3 Die Post-Kyoto-Strategie der EU in ihren Auswirkungen auf erneuerbare Energien und weitere Initiativen zur EU-Strommarktliberalisierung (1998-2003)

Vom Abschluss der Welt-Klimakonferenz in Kyoto im Dezember 1997 gingen wichtige Impulse zur Überarbeitung der Europäischen Klimaschutzstrategie aus, die im weiteren Verlauf die Regulierung erneuerbarer Energien in den EU-Mitgliedstaaten beeinflusste. Im folgenden Kapitel wird die Neuausrichtung dieser Strategie seit Anfang 1998 beschrieben, die sich an den Gestaltungsprinzipien des globalen Klimaschutzregimes anlehnte (s.u.). In diesem Kontext intensivierten sich seit dem Jahr 2000 die Bemühungen zur Einführung eines Europäischen Emissionshandels als zentralem Ansatz für eine EU-Klimaschutzstrategie (s.S. 370ff.). Vor dem Hintergrund der Bemühungen um die Realisierung eines Europäischen Energiebinnenmarktes unternahm die Europäische Kommission gleichzeitig erste Schritte zur Harmonisierung der Regelungen für einen Ausbau erneuerbarer Energien, die in einem darauf folgenden Kapitel analysiert werden (s.S. 374ff.). Abschließend werden die jüngsten EU-Initiativen zur Beschleunigung einer Liberalisierung der Energiemärkte seit dem EU-Gipfel von Barcelona (2002) in ihrer Bedeutung für die Regulierung erneuerbarer Energien analysiert (s.S. 403ff.).

5.3.1 Die Dritte Vertragsstaatenkonferenz von Kyoto (1997): Zu den Auswirkungen der Globalen Governance auf die Europäische Klimaschutzpolitik

Den rechtlichen Ausgangspunkt für die Fortentwicklung des UN-Klimaschutzregimes in den 1990er Jahren bildet die *Klimarahmenkonvention* (FCCC), die am 21. März 1994 in Kraft trat. Die FCCC stellt einen völkerrechtlichen Rahmenvertrag dar, der für ein globales Vorgehen gegen das Klimaschutzproblem internationale Verhandlungen (sog. *„Vertragsstaatenkonferenzen"*, CoP) institutionalisiert. Als letztliches Ziel der FCCC ist gemäß Art. 2 *„die Stabilisierung der Treibhausgaskonzentrationen in der Atmosphäre auf einem Niveau zu erreichen, auf dem eine gefährliche, vom Menschen verursachte Störung des Klimasystems verhindert wird"* (Ott 1996, 68). Über jährliche Vertragsstaatenkonferenzen folgt die Konvention dem „Weg einer dynamischen Vertragsanpassung", der bereits mit dem Abkommen zum Schutz der Ozonschicht (Wiener Abkommen von 1985, Montrealer Protokoll von 1987) erfolgreich verfolgt worden war (Giesberts/Hilf 2002, 25). Besonders ab der zweiten Hälfte der 1990er Jahre präsentierte sich die EU für das internationale Klimaschutzregime als „treibende Kraft" (Oberthür/Ott 1999). Auf der *Dritten Vertragsstaatenkonferenz in Kyoto* konnte man sich mit dem Kyoto-Protokoll erstmals auf völkerrechtlich verbindliche Ziele zur Begrenzung von Treibhausgasemissionen verständigen.

Mit dem Kyoto-Protokoll verpflichteten sich die *ANNEX-I-Staaten* (Industriestaaten), die Gesamtemissionen von Treibhausgasen im Zeitraum von 2008 bis 2012 gegenüber 1990 um mindestens fünf Prozent zu reduzieren.[403] Hierfür wurden in einer Anlage B des Protokolls für die einzelnen Staaten spezifische Emissionsbegrenzungs- und Reduktionsverpflichtungen definiert. Für die ANNEX-I-Staaten sah das Protokoll auch die Option vor, die Reduktionsverpflichtungen gemeinsam zu erfüllen. Von dieser Option machte die EU Gebrauch, die in den Klimaschutzverhandlungen die Interessen ihrer Mitgliedstaaten als einzelner Verhandlungsakteur vertrat und im Kyoto-Protokoll einer gemeinschaftsweiten Reduzierung der Treibhausgasemissionen von acht Prozent zustimmte (sog. *„EU-Bubble"*). Zur Erfüllung des Ziels traten die EU-Mitgliedstaaten nach der Verabschiedung des Protokolls zur Erzielung eines Lastenausgleichsabkommens, dem sog. *„Burden-Sharing-Agreement"*, in gegenseitige Verhandlungen. Nach der Überprüfung eines ersten Kompromisses zur Verwirklichung des EU-Gesamtziels vom März 1997 wurden im Juni 1998 die Reduktionsziele für die einzelnen Mitgliedstaaten überarbeitet. In einer neuen Vereinbarung verpflichtete sich Großbritannien für den Zeitraum von 2008 bis 2012 zu einer Reduktion der Treibhausgase um 12,5 Prozent. Die deutsche Bundesregierung definierte ein Reduktionsziel von 21 Prozent (Oberthür/Ott 1999).[404] Falls die EU das durchschnittliche Reduktionsziel von acht Prozent im genannten Zeitraum verfehlen würde, sollten nur diejenigen Länder rechtlich zur Verantwortung gezogen werden, die ihre Ziele nicht erreichen (Davies 2001, 28-29).

Das Protokoll überlässt es den Vertragsstaaten, welche rechtlich-administrativen Maßnahmen sie zur Verwirklichung ihrer Verpflichtungen ergreifen. In *Art. 2, Abs. 1 (a)* des Protokolls werden als nationale Optionen allgemein die Verbesserung der Energieeffizienz, die Förderung nachhaltiger landwirtschaftlicher Bewirtschaftungsformen und die Förderung erneuerbarer Energien genannt. Allerdings enthält das *Kyoto-Protokoll keine genaueren Handlungsempfehlungen für den Ausbau erneuerbarer Energien.* Zur Realisierung der Reduktionsziele sah das Kyoto-Protokoll drei sog. „flexible Mechanismen" vor. Einer der zentralen flexiblen Mechanismen ist gemäß *Art. 17* des Protokolls der Emissionshandel. Die Idee eines Zertifikatehandels zur volkswirtschaftlich effizienten Reduzierung der Treibhausgasemissionen ist während der Vertragsstaatenkonferenzen besonders von den Vereinigten Staaten propagiert worden (Tietenberg 1998, 20).[405] Hierdurch gelangten auch

---

[403] Zu den vom Kyoto-Protokoll erfassten Treibhausgasen gehören: Kohlendioxid (CO_2), Methan (CH_4), Distickstoffoxid (N_2O), teilhalogenierte Fluorkohlenwasserstoffe (H-FKW/HFC), perfluorierte Kohlenwasserstoffe (FKW/PFC) und Schwefelhexafluorid (SF_6).

[404] Für die übrigen Mitgliedstaaten wurden folgende Emissionsziele vereinbart: Belgien: -7,5 Prozent; Dänemark: -21 Prozent; Griechenland: +25 Prozent; Spanien: +15 Prozent, Frankreich: 0 Prozent; Irland: +13 Prozent; Italien: -6,5 Prozent; Luxemburg: -28 Prozent, Niederlande: -6 Prozent; Österreich: -13 Prozent; Portugal: +27 Prozent; Finnland 0 Prozent; Schweden: +4 Prozent.

[405] Bereits in der zweiten Hälfte der 1970er Jahre hatte die US-amerikanische *Environmental Protection Agency* (EPA) das sog. *"Emissions Trading Programm"* (ETP) eingeführt, mit dem im Vergleich zum klassischen "command-and-control-Ansatz" den Anlagen-Betreibern zur Realisierung von Emissionsreduktionszielen mehr Flexibilität zugestanden werden sollte. Im Fall des Unterschreitens von Emissionsstandards wurden sog. *"Emissions Reductions Credits"* erworben, welche die Anlagenbetreiber entweder an anderen Akteuren verkaufen oder mit denen sie das Überschreiten entsprechender Standards an anderen Eigenanlagen „bezahlen" konnten, deren technische Umrüstung verhältnismäßig teurer gekommen wäre. Auf diese Weise ermöglichte das ETP ökonomisch effizientere Lösungen zur Verwirklichung allgemein definierter Emissionsziele (Tietenberg 1998, 12-15).

in der Frage der Regulierung erneuerbarer Energien Zertifikatemodelle als mögliche umweltpolitische Förderinstrumente zunehmend in den Blickpunkt.

Neben dem Emissionshandel sieht das Kyoto-Protokoll zur Verwirklichung der globalen Klimaschutzziele zwei weitere flexible Mechanismen vor: Die Mechanismen der *"Joint Implementation"* (JI) und die *"Clean Development Mechanism"* (CDM). Mit dem Mechanismus der JI wird es den *ANNEX-I-Ländern* ermöglicht, untereinander sog. *"Emissions Reduction Units"* (ERUs) zu handeln, die aus Projekten resultieren, mit denen anthropogen verursachte Emissionen reduziert werden. Diese Projekte können sowohl Maßnahmen zur quellenorientierten Reduzierung von Schadstoffen als auch Maßnahmen zur Erhöhung der Regenerationsfähigkeit des Klimas durch den Ausbau von Klimasenken (z.B. durch Wiederaufforstung, etc.) umfassen. Allerdings müssen solche Maßnahmen einen *zusätzlichen Beitrag* zur Reduktion der Treibhausgasemissionen liefern (Cameron 2001a, 11). Mit dem CDM sollen Klimaschutzmaßnahmen in denjenigen Staaten gefördert werden, die nicht Mitglieder der ANNEX-I-Liste sind, also vorrangig in den Schwellen- und Entwicklungsländern. Mit dem CDM können sich ANNEX-I-Länder die Förderung von Klimaschutzprojekten in diesen Ländern (z.B. Maßnahmen des Technologietransfers) anrechnen lassen. Für die hierdurch realisierten Emissionsreduktionen erhalten sie eine Gutschrift oder sog. *"Certified Emissions Reductions"* (CERs) (Cameron 2001a, 11-12).[406]

In Bezug auf die hier nur vermuteten Restriktionen für einen global administrierten Klimaschutz ist hervorzuheben, dass die Vertragsparteien der FCCC in verschiedenen Beschlüssen auf die begrenzte Effektivität des weltweiten Klimaregimes zur Reduktion der Treibhausgasemissionen hingewiesen haben. Bereits aus dem Wortlaut des Kyoto-Protokolls ergibt sich, dass die *flexiblen Mechanismen zur Emissionsreduktion lediglich ergänzend zu nationalen Maßnahmen* herangezogen werden sollen. Auf der Sechsten Vertragsstaatenkonferenz in Bonn (1999) wurde außerdem beschlossen, dass in erster Linie „die Maßnahmen im eigenen Land einen signifikanten Beitrag zur Erfüllung des Klimaschutzziels ausmachen sollen und die flexiblen Mechanismen lediglich ergänzend zu nutzen sind" (Giesberts/Hilf 2002, 29). Auf der Grundlage des Kyoto-Protokolls begann die Europäische Kommission in der ersten Jahreshälfte 1998, eine Revision ihrer Klimaschutzpolitik vorzunehmen. Die folgende Analyse dieser Revision berücksichtigt wegen der Forschungsfrage eines nationalen Ausbaus erneuerbarer Energien in erster Linie die energiewirtschaftlich relevanten Maßnahmen.

Nachdem der EU-Umweltministerrat im März 1998 das Erfordernis eines stärker gemeinschaftlichen Vorgehens in der Klimaschutzpolitik betont hatte, hob kurze Zeit später auch der EU-Energieministerrat im Mai 1998 die Notwendigkeit einer verstärkten gemeinschaftlichen Koordination hervor. Im hier relevanten klimapolitischen Handlungsfeld Energie verwies der Energieministerrat auf folgende prioritäre Handlungsfelder:

---

[406] Es kann hier keine umfassende Kritik der Mechanismen des Kyoto-Protokolls für einen effektiven Klimaschutz vorgenommen werden. Aber sowohl die Mechanismen der JI als auch der CDM implizieren eine Vielzahl weiterer, bisher ungelöster rechtlicher Detail- und Folgeprobleme, die Diskussionsgegenstand verschiedener Vertragsstaatenkonferenzen waren (CoP 4: Buenos Aires 1998, CoP 5: Bonn 1999, CoP 6: Den Haag 2000, CoP 7: Marrakesch 2001, CoP 8: Bonn 2002). Eine zentrale Voraussetzung für die Funktions- und Problemlösungsfähigkeit der einzelnen Mechanismen ist eine effizient administrierte Kontrolle, die zwischen sämtlichen UN-Mitgliedsländern im *globalen Maßstab* eine hinreichende Transparenz bei den klimarelevanten Transfers gewährleisten muss. Damit ist ein großer bürokratischer Aufwand verbunden, der einer der Hauptkritikpunkte am Kyoto-Protokoll ist (Cooper 2001, Scheer 2001).

- die Verdopplung der Nutzung erneuerbarer Energien bis zum Jahr 2010 auf 12 Prozent der Bruttostromerzeugung innerhalb der EU gemäß den Vorgaben des Kommissions-Weißbuchs zum Ausbau erneuerbarer Energien (Europäische Kommission 1997),
- Förderung der rationellen Energienutzung, wobei auch Beihilfe- und Steuerregelungen schrittweise reduziert werden sollten, die einer effizienten Nutzung von Energie entgegenstehen,
- Verdopplung des KWK-Anteils innerhalb der EU auf 18 Prozent bis zum Jahr 2010.

Im März 1998 hatte die Europäische Kommission unter Bezug auf die Elt-Rl und das Weißbuch für erneuerbare Energien erstmals Harmonisierungsbedarf bei den nationalen Fördersystemen zum Ausbau erneuerbarer Energien angemeldet und ihre Präferenz für einen wettbewerbsorientierten Zertifikatemarkt betont (European Commission 1998a). Vor dem Hintergrund dieser Entwicklungen legte die Europäische Kommission nach Vorarbeiten der GD Umwelt dem Rat und dem EP am 03. Juni 1998 in einer Mitteilung erste Eckpunkte für eine Revision der Europäischen Klimaschutzstrategie vor (Europäische Kommission 1998). Unter expliziten Bezug auf die bisherigen Bestimmungen des Kyoto-Protokolls sollten für die Strategie folgende Schwerpunkte definiert werden:

- Definition und Umsetzung der flexiblen Mechanismen des Kyoto-Protokolls,
- EG-weites Konzept zum Handel mit Emissionsrechten.

Im Verhältnis hierzu wurde ein Ausbau erneuerbarer Energien zunächst nur als untergeordnete Maßnahme im Bereich „*Energie*" berücksichtigt. Von viel wichtigerer Bedeutung war für die Europäische Kommission in diesem Politikbereich, eine europaweite Harmonisierung der bestehenden Fördersysteme zu erreichen. In der Mitteilung forderte die Europäische Kommission den Rat außerdem dazu auf, zu den verschiedenen Eckpunkten der ersten Vorschläge für eine Europäische Klimaschutzstrategie bis zum Ende des Jahres 1998 Stellung zu nehmen. Besonders folgende Punkte wurden zur Diskussion gestellt:

- Ob zur Verwirklichung der Klimaschutzziele ein sektoraler Ansatz gewählt werden soll, nach dem für einzelne wirtschaftliche Sektoren spezifische Emissionsrichtwerte als Klimaschutzziele definiert würden,
- Bestätigung der von der Kommission benannten prioritären Handlungsbereiche in den Sektoren Energie, Verkehr, Landwirtschaft, Industrie sowie den sektorübergreifenden Maßnahmen,
- Maßnahmen zur Förderung einer deutlich verstärkten Nutzung erneuerbarer Energieträger mit dem Ziel, ihren Anteil an der Energiebilanz der Gemeinschaft bis 2010 auf 12 Prozent zu verdoppeln, darunter ein Vorschlag für einen harmonisierten Gemeinschaftsrahmen für einen fairen Netzzugang von Strom aus erneuerbaren Energieträgern, eine verstärkte Unterstützung für Biomasse innerhalb der Gemeinsamen Agrarpolitik und eine stärkere Betonung der erneuerbaren Energien bei der Revision der Strukturfonds,
- schrittweise Reduktion von Beihilfe- und Steuerregelungen, die einer effizienten Nutzung von erneuerbaren Energien entgegenstünden (Europäische Kommission 1998).

Neben den hier nicht erwähnten Maßnahmen in weiteren klimaschutzrelevanten Wirtschaftssektoren (z.B. Verkehr, Landwirtschaft, etc.) stand die Entwicklung der flexiblen Mechanismen des Kyoto-Protokolls im Zentrum der Kommissionsmitteilung. Für die Umsetzung des *Handels mit Emissionsrechten* forderte die EU-Kommission eine Harmonisierung, um der Gefahr einer Unterminierung des Binnenmarktes zu begegnen.

Die weitere Entwicklung einer Post-Kyoto-Strategie der EU vollzog sich nur zögerlich. Erst im Oktober 1999, kurz vor der 5. Vertragsstaatenkonferenz in Bonn (November 1999), forderte der Umweltrat die EU-Kommission auf, bis Anfang 2000 eine Liste vorrangiger Politiken und Maßnahmen zur Reduzierung der Treibhausgasemissionen zu unterbreiten.[407] Dieser Forderung kam die Europäische Kommission bis zum März 2000 nach, als sie ein von der zuständigen GD Umwelt erarbeitetes *Grünbuch zur Einführung eines europaweiten Emissionshandels* vorlegte. Zusammen mit der Vorstellung des Grünbuches präsentierte die Europäische Kommission außerdem die Grundzüge für ein *Europäisches Programm zum Klimawandel*, kurz ECCP (Europäische Kommission 2000a). Mit diesem Programmentwurf wurden auf Europäischer Ebene neue Institutionen eingerichtet, um eine effektivere Koordination von Klimaschutzfragen sowohl innerhalb der Kommission (zwischen den Generaldirektionen) als auch zu den betroffenen Akteursgruppen (z.B. Unternehmerverbände, zivilgesellschaftliche und umweltpolitische Verbände) zu ermöglichen.[408] Das wichtigste Ziel des ECCP bestand darin, „alle Elemente einer Europäischen Strategie zum Klimawandel zu entwickeln und zu ermitteln, die zur Umsetzung des Kyoto-Protokolls erforderlich sind" (Europäische Kommission 2000a, 9).

Auf der Basis der Ergebnisse dieser Arbeitsgruppen veröffentlichte die Europäische Kommission im Juni 2001 ihren Abschlussbericht für ein *Europäisches Programm zur Klimaänderung* (European Commission 2001). Der Abschlussbericht identifizierte mehr als 40 Maßnahmen, mit denen die Reduktionsverpflichtungen des Kyoto-Protokolls kosteneffizient realisierbar erschienen (Giesberts/Hilf 2002, 42). Neben einer Analyse des besorgniserregenden Trends eines Treibhausgasanstiegs in einzelnen Mitgliedstaaten hob die EU-Kommission in den Einleitungskapiteln des Programms die bestehenden Europäischen Maßnahmen für den Klimaschutz hervor, kritisierte in verschiedenen Punkten aber auch die fehlende Unterstützung der verantwortlichen Ministerräte.[409] Die Arbeitsgruppe „*Flexible Instrumente*" kam im Abschlussbericht zu dem Ergebnis, dass der Emissionshandel eine kosteneffiziente Möglichkeit zur Realisierung der Reduktionsziele wäre und empfahl, die-

---

[407] Die Europäische Kommission wurde im Dezember 1999 vom Europäischen Rat in Helsinki außerdem aufgerufen, konkrete Vorschläge für eine langfristige Klimastrategie auszuarbeiten, welche die verschiedenen Politikbereiche zugunsten einer wirtschaftlich, sozial und ökologisch nachhaltigen Entwicklung aufeinander abstimmt.

[408] Zur ressortübergreifenden Ausarbeitung eines solchen Programms wurden sieben Arbeitsgruppen (working groups - WG) gebildet, die sich mit folgenden Themen befassten: Flexible Instrumente (WG 1 "Flexible Mechanisms"), Energieversorgung (WG 2 "Energy Supply"), Energieverbrauch (WG 3 "Energy Consumption"), Transportwesen (WG 4 "Transport"), Industrie (WG 5 "Industry"), Forschung (WG 6 "Research") und Landwirtschaft (WG 7 "Agriculture") sowie ein allgemeiner Lenkungsausschuss ("ECCP Steering Committee").

[409] Neben ihrer Initiative für eine Richtlinie über die Förderung erneuerbarer Energieträger (s.S. 219ff.) hob die EU-Kommission ihre Strategie für die Sicherheit der Energieversorgung einschließlich der Bewertung der Umweltauswirkungen aller Energieträger sowie ihre Aktionspläne zur Steigerung der Energieeffizienz und der erneuerbaren Energieträger hervor. Die EU-Kommission äußerte die Kritik, dass die Fortschritte im Klimaschutz deutlicher wären, wenn der Rat einige der wichtigsten Kommissionsvorschläge, wie z.B. zur europaweiten Energiesteuer unterstützt hätte (Europäische Kommission 2000a, 4).

ses Instrument schnellstmöglich und unabhängig von den Verhandlungsfortschritten auf den UN-Vertragsstaatenkonferenzen auf europäischer Ebene zu implementieren.

Die für die Regulierung erneuerbarer Energien wichtigere Arbeitsgruppe „Energieversorgung" kam in der Frage der zukünftigen Rolle dieser Energieträger zu widersprüchlichen Ergebnissen. Im Abschlussbericht betonte die AG zunächst, dass sich politische Maßnahmen zur Verwirklichung der Reduktionsziele an den Prinzipien größtmöglicher Kosteneffizienz und Verteilungsgerechtigkeit orientieren sollten. Marktorientierten Instrumenten Wie käme zu. Die Kyoto-Ziele wären deshalb vorrangig durch die Einführung eines Emissionshandelssystems zu erreichen. Während den erneuerbaren Energien im Bereich der Energieversorgung bis zum Jahr 2010 zwar das größte Potential zur Einsparung von CO_2-Emissionen eingeräumt wurde,[410] nahmen diese Technologien bei den empfohlenen Handlungsfeldern widersprüchlicherweise nur Platz vier ein. Sie wurden erst nach Maßnahmen zum Ausbau der KWK-Technologie, der beschriebenen Brennstoffsubstitutionen bei der Elektrizitätserzeugung und Effizienzmaßnahmen in der Erzeugungssparte genannt. Im Abschlussbericht wurden neben der Verabschiedung einer Richtlinie zur Förderung der KWK die Ziele einer Weiterentwicklung des Europäischen Energiebinnenmarktes und der Abschluss freiwilliger Vereinbarungen der Industrie zur Reduzierung von Treibhausgasemissionen noch vor der Umsetzung von harmonisierten Maßnahmen für einen Ausbau erneuerbarer Energien genannt (European Commission 2001, 14-16). Hieran wurde die Widersprüchlichkeit der Europäischen Klimaschutzpolitik offenbar, die angesichts des dominierenden neoliberalen Wettbewerbsparadigmas und der damit verbundenen Umsetzung wettbewerbspolitischer Binnenmarktziele die ehrgeizigen Klimaschutzziele vorrangig mit marktorientierten Instrumenten (vor allem dem Emissionshandel) verwirklichen wollte.

Auf der Grundlage des ECCP entwickelte die Europäische Kommission ab dem Sommer 2001 drei weitere Initiativen, um die Reduktionsziele zu verwirklichen. Hierzu gehörte die Vorstellung eines Aktionsplans, in dem die prioritären klimaschutzpolitischen Handlungsfelder für die Jahre 2002 und 2003 definiert wurden. Außerdem unterbreitete die Kommission dem Ministerrat einen Vorschlag zur Ratifizierung des Kyoto-Protokolls, für die der Weg per Ministerratsentscheidung vom April 2002 freigemacht wurde: *Am 31. Mai 2002 ratifizierte* die Europäische Gemeinschaft und ihre Mitgliedstaaten das *Kyoto-Protokoll*. Weil für das Inkrafttreten des Protokolls zum einen die Ratifizierung von mindestens 55 Vertragsparteien erfordertlich war und die ratifizierenden *ANNEX-I-Staaten* (Industriestaaten) zum anderen mindestens 55 Prozent der gesamten CO_2-Emissionen (Stand 1990) auf sich vereinigen mussten, waren bis zum abschließenden Inkrafttreten noch langwierige Verhandlungen auf weiteren Vertragsstaatenkonferenzen erforderlich. Erst am 18. November 2004 wurden mit der Ratifizierung Russlands schließlich die völkerrechtlichen Voraussetzungen erfüllt. Mit Russland hatten insgesamt 128 Länder das Protokoll ratifiziert, die 61,6 Prozent der Emissionen der Industrieländer auf sich vereinigten.[411] Mit

---

[410] Bei der Energieerzeugung wurde das CO_2-Reduktionspotential im Fall des Ausbaus erneuerbarer Energien auf 101 Mio. t CO_2 gegenüber 88 Mio. t durch eine Umstellung auf CO_2-ärmere Brennstoffe und einer Mio. t CO_2 durch den Ausbau von KWK quantifiziert.

[411] Ursprünglich sollte das Protokoll bereits mit dem Weltgipfel für Nachhaltigkeit 2002 in Johannesburg in Kraft treten. Die neue US-Regierung unter George W. Bush hatte Anfang 2001 einen Beitritt zum Kyoto-Protokoll jedoch verweigert. Die Verweigerungshaltung der Vereinigten Staaten brachte das gesamte globale Klimaschutzregime in eine Krise, waren doch alleine die USA im Jahr 1990 für einen Anteil von 36,1 Prozent an den weltweiten CO_2-Emissionen verantwortlich.

der Unterzeichnung Russlands konnte das Kyoto-Protokoll am 16. Februar 2005 in Kraft treten.

5.3.2 Die Einführung eines Europäischen Emissionshandels

Die Europäische Kommission hatte in ihrem *Grünbuch* vom März 2000 ihre Vorstellungen für einen Europäischen Emissionshandel vorgelegt (European Commission 2000a). Darin wurde das Ziel formuliert, bis zum Jahr 2005 mit der Einführung eines Handelssystems zu beginnen, um noch vor Beginn der eigentlichen Kyoto-Verpflichtungsperiode (2008 bis 2012) hinreichende Erfahrungen mit diesem neuen klimaschutzpolitischen Instrument zu sammeln.[412] Für eine zügige Implementierung eines EU-Emissionshandels bestünden günstige Voraussetzungen, weil die Emissionen der industriellen Anlagen über die Großfeuerungsanlagen-Rl und die IVU-Rl bereits zu 45 Prozent erfasst wären (Vrolijk 2002a, 66). Außerdem bereiteten z.B. Großbritannien und die Niederlande bereits in jener Zeit die Einführung eigener Emissionshandelssysteme vor und beeinflussten mit ihren Entwürfen die Richtlinienentwicklung (s.S. 255ff.). Nachdem die Europäische Kommission, und hier die GD Umwelt, bereits im Mai 2001 einen ersten Entwurf für eine EH-Rl nach umfassender Kritik aus den Reihen der Europäischen Wirtschaftsverbände zurückziehen musste (Pocklington 2002), stellte sie im Oktober 2001 einen überarbeiteten Entwurf vor. Diesem Entwurf waren intensive Konsultationen mit den betroffenen Unternehmen, ihren Verbänden sowie einzelnen Mitgliedstaaten vorangegangen (Europäische Kommission 2001b).

Der *Entwurf der EU-Kommission* enthielt *folgende Gestaltungsvorschläge* (Corino u.a. 2002): In der ersten Phase *von 2005 bis 2008* sollten *nur CO$_2$-Emissionen gehandelt* und erst ab 2008 die fünf übrigen Kyoto-Gase einbezogen werden (*Art. 26* und *Anhang 2* EH-Rl-E). Der Entwurf sah eine *verpflichtende Teilnahme* einer Reihe industrieller Sektoren vor, die faktisch knapp die Hälfte der CO$_2$-Emissionen der EU emittierten (*Art. 2 Abs. 1, Anhang I* EH-Rl-E). Über den Anwendungsbereich der Richtlinie hinaus sollten Anlagen zur Energie- und Wärmeerzeugung mit einer installierten Leistung zwischen 20 und 50 MW in den Emissionshandel eingebunden werden, während Anlagen der chemischen Industrie (soweit es sich nicht um Anlagen zur Energie- und Wärmeerzeugung handelte) und Anlagen zur Abfallverbrennung nicht berücksichtigt würden. Im Entwurf der EH-Rl wurde zwischen der *Genehmigung* (*"permit"*) für die abstrakte, nicht quantifizierte Emission von Treibhausgasen und der *Berechtigung* (*"allowance"*) zur Emission der konkret emittierten Menge von Treibhausgasen unterschieden (*Art. 2 lit. A und d* EH-Rl-E). Die Mitgliedstaaten sollten die „*Genehmigungen*" für die Emissionen erteilen (*Art. 4 bis 8* EH-Rl-E). Die *Treibhausgasgenehmigung*, die durch eine vom Mitgliedstaat zu benennende Behörde erfolgen würde, sollte Voraussetzung für den Betrieb der Anlagen sein.[413] Für die Genehmigung sollten die Anlagenbetreiber der Genehmigungsbehörde eine Reihe an Informationen mitteilen. Um die Emissionen der Anlage fortlaufend einschätzen zu können, sollte die

---

[412] Das Ziel eines europaweiten Emissionshandels wurde mit dem Argument begründet, dass die Einführung unterschiedlicher Emissionshandelssysteme in den EU-Mitgliedstaaten Marktverzerrungen zwischen den einzelnen Handelssystemen begünstigen und damit den Europäischen Binnenmarkt behindern würde. Eine Vielzahl nationaler Handelssysteme würde zu erhöhter Intransparenz führen und aus nationaler Perspektive eine Beteiligung ausländischer Unternehmen erschweren. (Vrolijk 2002a, 66).
[413] In *Anhang I* des Rl-Vorschlags wurden die Anlagen aus folgenden Branchen benannt: Energiewirtschaft, Eisenmetallerzeugung und -verarbeitung, mineralverarbeitende Industrie und Papierindustrie.

Behörde ferner über anstehende Änderungen oder Erweiterungen der Anlage unterrichtet werden. Wäre es dem Betreiber nicht möglich, seinen Informationspflichten über die Emissionssituation seiner Anlage(n) nachzukommen, sollte ihm die Genehmigung nicht erteilt werden. Die Genehmigung sollte im Gegensatz zu den Berechtigungen nicht handelbar und an eine bestimmte(n) Anlage oder Standort gebunden sein (Giesberts/Hilf 2002, 46-47).

Im Hinblick auf die *„Berechtigung"*, welche das eigentliche Emissionszertifikat darstellt und innerhalb eines festgelegten Zeitraums zur Emission von einer Tonne CO_2 berechtigen sollte, würden die Mitgliedstaaten verpflichtet, für den anfänglichen Drei-Jahres-Zeitraum und die folgenden Fünf-Jahres-Zeiträume nationale Zuteilungspläne (*„Nationale Allokationspläne"*, NAP) über den Gesamtumfang und die detaillierte Zuteilung von Emissionsrechten aufzustellen. Die NAP sollten der Europäischen Kommission zur Genehmigung vorgelegt werden (*Art. 9* EH-Rl-E). Im ersten Drei-Jahres-Zeitraum würde die EU-Mitgliedstaaten die Berechtigungen kostenlos zuteilen (*Art. 10 Abs. 1* EH-Rl-E). Für den Zeitraum ab 2008 sollte die EU-Kommission gemäß *Art. 10 Abs. 2* EH-Rl-E eine harmonisierte Zuteilungsmethode festlegen (Corino u.a. 2002, 166-167).

Zwischen den EU-Mitgliedstaaten waren für den Handel mit Emissionszertifikaten im Hinblick auf das *Burden-Sharing-Agreement* folgende Regelungen geplant (Corino u.a. 2002, 167): Durch den Verkauf eines Emissionszertifikats durch ein Unternehmen oder eine sonstige juristische Person verlöre dessen Herkunftsland seine Berechtigung zum Ausstoß der entsprechenden Tonne CO_2-Äquivalent, während der Einfuhrmitgliedsstaat die Berechtigung hierzu erwerben würde. Die Emissionszertifikate sollten zwischen beliebigen Personen innerhalb der Gemeinschaft übertragbar sein, so dass auch Händler ohne eigene Genehmigungen im Markt tätig werden könnten (*Art. 12 Abs. 1* EH-Rl-E). Mit dieser Regelung sollten neben den emittierenden Unternehmen sowohl Börsen als auch Makler in Wettbewerb treten und die Liquidität des Marktes erhöhen. Außerdem war die Möglichkeit vorgesehen, die Zertifikate über den Kauf zu löschen und auf diese Weise künstlich zu verknappen (*Art. 12 Abs. 4* EH-Rl-E).

Der Handel mit den Zertifikaten sollte über ein *elektronisches Verzeichnis* abgewickelt werden (*Art. 19* EH-Rl-E), wobei für jeden Inhaber eines Zertifikats oder mehrerer Zertifikate ein eigenes Konto eingerichtet würde. Der Richtlinienentwurf sah vor, dass mit Beginn einer Handelsperiode die auf der Basis des NAP zugewiesenen Zertifikate auf den jeweiligen Konten verbucht und alle Transaktionen über das nationale Verzeichnis abgewickelt werden. Damit verfügten die Mitgliedstaaten über einen Überblick der Vergabe, den Besitz, die Übertragung und die Löschung der Emissionszertifikate. Mit den nationalen Verzeichnissen würde die gegenseitige Anerkennung der Zertifikate sichergestellt und die Übertragbarkeit gewährleistet. Spätestens zum 31. März eines jeden Jahres würde jeder Genehmigungsinhaber genau die Anzahl von Zertifikaten abgeben und löschen, die seinen Gesamtemissionen des Vorjahres entsprächen. Außerdem sollte der Anlagenbetreiber zu dem besagten Termin einen Bericht zur Emissionssituation seiner Anlage auf den bezogenen Emissionszeitraum abgeben (Giesberts/Hilf 2002, 51).

Entsprechend der Dauer der NAP sollten die Zertifikate eine Gültigkeit von drei (2005 bis 2008) bzw. fünf Jahren (2008 bis 2012) haben und nach Maßgabe des Allokationsplans jährlich in Teilmengen zugeteilt werden. Die jährlich zugeteilten Zertifikate sollten innerhalb der Laufzeit zur Bildung einer Reserve genutzt werden können. Der EH-Rl-Entwurf sah die Möglichkeit der *Übertragbarkeit der Zertifikate* auf die zweite Handelsperiode (2008 bis 2012) vor (sog. *"banking"*), die von der ersten auf die zweite Handelsperiode in das Ermessen der Mitgliedstaaten gestellt werden sollte (*Art. 13* EH-Rl-E). Eine zentrale Voraussetzung für das Funktionieren des Handelssystems besteht darin, dass die Anzahl der Zertifikate, die im NAP vorgesehen sind, sowie die Anzahl derer, die jährlich als verbraucht gelöscht würden, den tatsächlichen Emissionen entsprechen. Deshalb enthielt der Richtlinienentwurf *wichtige Leitlinien zur Überwachung und Berichterstattung* (*Art. 14* EH-Rl-E*, Anhang IV*) sowie zur *Prüfung der von den Betreibern vorzulegenden Berichte* (*Art. 15* EH-Rl-E*, Anhang V*). Mit dem Berichts- und Kontrollwesen sollte die europaweite Einheitlichkeit und Kompatibilität der Handelssysteme gewährleistet werden. Darüber hinaus wurden die nationalen Behörden gegenüber der Europäischen Kommission zur jährlichen Vorlage eines Berichts verpflichtet, in dem die Regeln über die Zuteilung der Zertifikate, das Funktionieren der Verzeichnisse sowie die Anwendung der Leitlinien für die Überwachung und Berichterstattung aufgeführt werden sollten (*Art. 21* EH-Rl-E).

Eine besonders wichtige Bedeutung für die Funktionsfähigkeit des Emissionshandels kommt den Regelungen über die *Sanktionen bei Verstößen gegen die bestehenden Vorschriften* zu (*Art. 16* EH-Rl-E). Der Richtlinienentwurf sah für den Fall von Überschreitungen der Emissionsrechte ein Bußgeld für jede von der Anlage zu viel ausgestoßenen Tonne CO_2-Äquivalent in Höhe von 100 Euro bzw. dem Doppelten des durchschnittlichen Marktpreises für ein Zertifikat zwischen dem 01. Januar und dem 31. März des jeweiligen Jahres vor, wobei zwischen diesen beiden Alternativen der höhere Betrag maßgeblich sein sollte. Außerdem sollten die Namen von Betreibern öffentlich gemacht werden, welche die Vorschriften nicht einhalten. Schließlich wurden Vorkehrungen für eine hohe *Transparenz des Handelssystems getroffen* (*Art. 17* EH-Rl-E), indem die öffentliche Zugänglichkeit zu den Emissionsberichten der Betreiber vorgeschrieben wurde (Giesberts/Hilf 2002, 54).

Im Zeitraum von Anfang 2000 bis Dezember 2002 wurde die weitere Beratung der EH-Rl von intensiven Konsultationen und der Lobbyingarbeit verschiedener europäischer und nationaler Wirtschaftsverbände begleitet (Pocklington 2002). Die Inhalte der betroffenen EH-Rl hätten besonders die energieintensiven Branchen beeinflusst, weshalb die betroffenen Verbände bei der EU-Kommission massiv intervenierten (z.B. UNICE, Eurelectric, etc.). Beispielsweise bemängelte *UNICE* an dem EH-Rl-Entwurf die unzureichende Kompatibilität mit den Mechanismen des Kyoto-Protokolls (UNICE 2002). Der Emissionshandel bliebe nur auf EU-Mitgliedstaaten beschränkt und beinhalte zunächst nur den Handel mit CO_2, während die Kyotoziele sechs Treibhausgase umfassten.[414] Die *UNICE* forderte außerdem, dass eine Teilnahme an der ersten Periode des Emissionshandels (2005 bis 2008) freiwillig bleiben müsse. Eine verpflichtende Einführung eines Emissionshandelssystems bereits ab 2005 gäbe den Mitgliedstaaten, die im Rahmen ihrer nationalen Klimaschutzstrategie bereits einen eigenen Emissionshandel eingeführt hätten, nur ungenügend Gelegenheit, ihr System an die neuen Vorgaben anzupassen. Aufgrund der eingegangenen nationalen Selbstverpflichtung zum Klimaschutz forderte auch der *BDI* die Möglichkeit einer freiwilligen Teilnahme am Emissionshandel (BDI u.a. 2002).

Ein weiterer Streitpunkt war die Frage der gerechten Anrechnung sog. *"Early Actions"*, also von anlagenbezogenen Klimaschutzinvestitionen, die bereits vor dem Inkrafttreten

---

[414] Eine Verrechnung von klimaschutzbezogenen Aktivitäten aus den anderen flexiblen Mechanismen des Kyoto-Protokolls (Emission Reduction Units (ERU) aus den JI-Projekten, Certified Emission Reductions (CER) aus den CDM-Projekten, Anrechnung von Klimasenken) mit den Emissionszertifikaten wäre nicht möglich.

eines Handelssystems getätigt wurden.[415] Ferner blieb *umstritten, ob Stromerzeuger am Emissionshandel partizipieren sollten.* Während die britischen und niederländischen Pläne zum Emissionshandel vorsahen, die Stromerzeuger vom Emissionsrechtehandel auszunehmen, wollte die deutsche Bundesregierung diese Akteursgruppe in den Handel integrieren. Schließlich war strittig, ob bei der Erfassung von Anlagen eine Verknüpfung mit der IVU-Rl sinnvoll sei. Der Verband *Enterprises pour l'Environnement* kritisierte den Kommissionsentwurf, weil über die individuelle Erfassung von Anlagen ein sehr aufwändiger und bürokratischer Ansatz gewählt würde. Auch *Eurelectric* forderte, dass die Verrechnung von Emissionen nicht bei den einzelnen Anlagen, sondern auf der Unternehmens- oder Sektorebene ansetzen sollte (Pocklington 2002).

Nach der Vorlage des Kommissionsentwurfs zur EH-Rl stand im Frühjahr und Sommer 2002 das parlamentarische Mitentscheidungsverfahren an. Mitte April legte der zuständige Berichterstatter des EP-Umweltausschusses seinen ersten Berichtsentwurf vor, über den im Juli 2002 auf einer EP-Plenarsitzung abschließend abgestimmt werden sollte. Die hauptsächlichen Kritiker des EH-Rl-Entwurfs waren die Länder Finnland, Großbritannien und Deutschland. Der Widerstand Großbritanniens gründete sich auf dem Umstand, dass die britische Regierung bereits im April 2001 einen eigenen Emissionshandel gestartet hatte (s.S. 255f.). Die Funktionsmechanismen des nationalen Handels waren aufgrund der stärkeren Betonung des Freiwilligkeitsprinzip und der steuerlichen Anreize mit dem Entwurf der Kommission nicht kompatibel (Froning 2002).

In der am 10. Dezember 2002 vom Umweltministerrat schließlich beschlossenen EH-Rl setzte sich die GD Umwelt aber mit ihren Vorstellungen weitestgehend gegen die spezifischen Industrieinteressen aus den einzelnen Mitgliedstaaten durch. Mit seinem *Gemeinsamen Standpunkt zur Einführung eines Europäischen Emissionshandels* bestätigte der Ministerrat die wichtigsten der genannten Regelungen. Von der EU-Kommission war weder die vor allem aus Großbritannien erhobene Forderung nach einem Ausschluß der Stromwirtschaft vom Emissionshandel noch die vor allem von deutschen Industrieverbänden geforderte freiwillige Teilnahme für den ersten Handelszeitraum von 2005 bis 2007 berücksichtigt worden. Die Teilnahme am Emissionshandel sollte vielmehr bereits ab dem Jahr 2005 verbindlichen Charakter haben und Feuerungsanlagen mit einer Leistung >20 MW$_{therm}$ und Produktionsanlagen in der Mineralöl-, Stahl-, Zement-, Glas-, Keramik-, Zellstoff- und Papierindustrie betreffen. Die EH-Rl setzte die beschriebenen harmonisierten Regeln für die Zuweisung von Emissionsrechten sowie adequate Kontroll- und Berichtspflichten um (BMU 2003b).

Die abschließende EH-Rl sah jedoch vor, den Mitgliedstaaten bis zum Jahr 2007 die Möglichkeit einzuräumen, bei der EU-Kommission bestimmte Ausnahmen für bestimmte Anlagen und Tätigkeiten zu beantragen (opt-out). Gleichzeitig sollte es den Mitgliedstaaten freigestellt bleiben, im Rahmen flexibler Lösungen auch andere als die genannten Branchen und geringere Leistungskapazitäten unter 20 MW in den Emissionshandel einzubeziehen. Während in der ersten Phase von 2005 bis 2007 die Zuteilung von Emissionsrechten kostenfrei erfolgen sollte, war in der zweiten Phase (2008 bis 2012) die Möglichkeit vorgese-

---

[415] Die deutsche Industrie verwies mit ihren Verbänden darauf, dass sie bis zum Jahr 2000 gegenüber 1990 die CO$_2$-Emissionen bereits um 19 Prozent reduziert habe. Darin eingerechnet sind aber die Sondereffekte des Deutschen Einheitsprozesses, bei dem durch den Zusammenbruch der ostdeutschen Wirtschaft besondere Emissionsreduktionen zu verzeichnen waren (s.S. 197ff.).

hen, 10 Prozent der Emissionsrechte auf andere Weise kostenpflichtig zuzuweisen (z.B. durch Versteigerung). In der ersten Handelsperiode (2005 bis 2008) waren bei einem Überschreiten der zugewiesenen Emissionsberechtigung Strafzahlungen in Höhe von 40 Euro je Tonne CO_2 vorgesehen, die in der zweiten Handelsperiode auf 100 Euro für jede zusätzliche Tonne gesteigert werden sollen. Um den bürokratischen Aufwand der Emissionsmessungen zu reduzieren und flexiblere Gestaltungsspielräume zur Verwirklichung der Reduktionsziele zu erhalten, hatte die Bundesregierung bei den abschließenden Ratsverhandlungen außerdem erfolgreich darauf gedrungen, dass Anlagenbetreiber ihre Anlagen freiwillig in einem Pool zusammenfassen können (Froning 2003a). Eine weitere wichtige Regelung, auf die man sich innerhalb des Rates einigen konnte, war die Anerkennung frühzeitig erbrachter Reduktionsleistungen (*"early actions"*) ab dem Jahr 1990 bei der Erstzuteilung von Emissionsrechten (BMU 2003b).

Im April und Mai 2003 befasste sich das EP im Rahmen des Mitentscheidungsverfahrens mit dem genannten Gemeinsamen Standpunkt des Rates. Das Parlament konnte zum einen durchsetzen, dass die Mitgliedstaaten bereits ab 2005 fünf Prozent der Anfangsausstattung an Emissionsrechten per Versteigerung ausgeben dürfen. Zum anderen sollten in der ersten Handelsperiode bis 2007 nicht ganzen Branchen die Option offen stehen, aus dem Emissionshandel auszusteigen, sondern diese nur für einzelne Anlagen beantragt werden können (Bündnis90/Die Grünen 2003). Eine weitere kritische Forderung betraf bessere Anrechnungsmöglichkeiten von Emissionsreduktionen in Drittstaaten aus den JI- und CDM-Projekten. Die von der Kommission in die EH-Rl letztlich übernommene Regelung sah vor, dass bis zu acht Prozent der handelbaren Emissionsrechte aus Investitionsgutschriften in Drittstaaten stammen dürfen. Nach Berechnungen von Klimaschutzexperten könnten die Europäischen Mitgliedstaaten damit bis zu einem Drittel ihrer klimapolitischen Zusagen durch Projekte im Ausland abgelten. Die abschließenden Vorschläge der EU-Kommission wurden deshalb von Umweltverbänden wie z.B. Greenpeace als „Verwässerung der Klimapolitik" kritisiert (SZ 24.07.2003n).

Am 02. Juli 2003 stimmte das EP schließlich der EH-Rl in der Fassung des genannten Gemeinsamen Standpunktes zu und machte den Weg zu ihrer Verabschiedung frei. Nach der Verabschiedung durch das EP beschloss der Rat am 22. Juli 2003 die Annahme der *Richtlinie über ein System für den Handel mit Treibhausgasemissionszertifikaten*, die mit ihrer Veröffentlichung am 13. Oktober 2003 in Kraft trat (Europäisches Parlament/Europäischer Rat 2003b).

5.3.3 Der Versuch einer Harmonisierung der Förderung erneuerbarer Energien auf Europäischer Ebene: Die Erneuerbare-Energien-Richtlinie von 2001

Mit der Entwicklung der Post-Kyoto-Strategie durch die Europäische Kommission ab 1998 war auch die europäische Politikentwicklung für erneuerbare Energien von zunehmender Dynamik gekennzeichnet. Hierbei war bezeichnend, dass sich die Entwicklungen in diesem Politikfeld vorrangig am Ziel harmonisierter europäischer Regelungen und weniger an einer effektiven Regulierungsstrategie zugunsten eines zügigen Ausbaus dieser Technologien und damit ihres potentiellen Beitrags zur Europäischen Klimaschutzstrategie orientierten.

5.3.3.1   Die frühen Harmonisierungsversuche der EU-Kommission seit 1998 – die EU-
Kommission als Förderer eines Zertifikatehandels für erneuerbare Energien

Mit der Vorlage eines ersten Harmonisierungsberichts für die Förderung erneuerbarer Energien im März 1998 war die Präferenz der GD Energie zur Einführung eines wettbewerbsorientierten Quotenmodells mit Zertifikatehandel deutlich geworden (European Commission 1998a).[416] Zur Umsetzung der Ausbauziele des *Weißbuchs für Erneuerbare Energien*
von 1997 legte aber der im EP zuständige Ausschuss für Forschung, technologische Entwicklung und Energie Ende Mai 1998 einen Bericht zu den Einspeiseregelungen innerhalb
der EU und einen Entwurf für eine Stromeinspeiserichtlinie vor (Europäisches Parlament
1998). Mit dieser Vorlage befasste sich das EP im Juni 1998. Der nach dem Berichterstatter
des Ausschusses benannte *Linkohr-Bericht* blieb inhaltlich jedoch relativ vage: Nach den
Vorstellungen des Ausschusses sollten die beiden bestehenden europäischen Fördersysteme, also das britische Ausschreibungsmodell und das dänische bzw. deutsche Festpreismodell zu einem Fördermodell verbunden werden. Dabei blieb unklar, wie eine solche Kombination realisiert werden könnte. Gleichwohl sah der Entwurf gesetzliche Einspeiseregelungen mit garantierten Vergütungssätzen bei einer für private Betreiber kostengerechten
Vergütung vor. Der Vorschlag zur Verabschiedung einer solchen Richtlinie wurde in der
Plenarsitzung des EP jedoch von der konservativen Mehrheit abgelehnt (Traube 1999, 8).

Weitere frühe Kommissionsentwürfe für eine Harmonisierungsrichtlinie, welche im
Verlauf des Jahres 1998 bekannt wurden, sahen vor, dass der Anteil erneuerbarer Energien
in jedem Mitgliedsland mindestens fünf Prozent betragen sollte. Die Definition eines solchen Mengenziels hätte die Einführung eines Quotenmodells zur Förderung erneuerbarer
Energien impliziert. Jegliche Vergünstigungen in Form von Subventionen oder Mindestpreisregelungen sollten nach den Plänen der Kommission bis zum Jahr 2010 abgebaut und
gleichzeitig ein freier Markt für erneuerbare Energien geschaffen werden, der über einen
Zertifikatehandel koordiniert würde. Die Vorschläge stießen jedoch vor allem auf die Kritik
der Erneuerbaren-Energien-Verbände in Spanien und Deutschland. Vor dem Hintergrund
der Festpreisregelungen in diesen beiden Ländern wurde der Dachverband der Windenergieverbände in Europa, die *European Wind Energy Association* (EWEA), gegenüber dem
Kommissionsentwurf zu einer kritischen Gegenäußerung veranlasst.[417] Aufgrund der Proteste zog die GD Energie unter ihrem damaligen griechischen Energiekommissar Papoutsis
den Richtlinienentwurf für ein Quotenmodell Anfang Februar 1999 zurück (Hinsch 1999b).

Im Verlauf des Jahres 1999 gerieten die Festpreisregelungen in den drei Mitgliedstaaten Dänemark, Deutschland und Spanien aus einer weiteren Richtung unter politischen
Druck. Die EU-Kommission war im Zuge der Verabschiedung des Vertrages von Amsterdam im Jahr 1998 durch das EP aufgefordert worden, die wettbewerbsrechtlichen Kriterien

---

[416] In diesem Harmonisierungbericht überging die Europäische Kommission die ursprünglich geplante und auch
vom EP geforderte Verabschiedung einer Einspeiserichtlinie, wie sie noch im Weißbuch für einen Ausbau erneuerbarer Energien von 1997 erwogen worden war (Traube 1999).
[417] Noch im Jahr 1998 verfügte die EWEA über keine eigene Niederlassung bei der EU-Kommission, sondern
koordinierte ihre Aktivitäten von London aus. Zum Jahreswechsel 1998/1999 bauten die Europäischen Erneuerbaren-Energien-Verbände, und hier vor allem die Windenergieverbände, ihre Interessenlobby in Brüssel aus (Hinsch
1999a). Die EWEA tat sich schwer, in der Frage der Ausgestaltung eines Europäischen Förderrahmens mit einer
Stimme zu sprechen. Der damalige britische EWEA-Präsident Mays befürwortete die Einführung eines Quotenmodells mit Zertifikatehandel und widersprach den Forderungen deutscher Windenergieverbände (Hinsch 1999b).

zur Genehmigung staatlicher Umweltbeihilfen neu zu definieren, weil der bestehende Rechtsrahmen, der sog. *„Gemeinschaftsrahmen für staatliche Umweltschutzbeihilfen"* (GRU), Ende 1999 auslief. Zunächst hatte zwar ein weiterer bedeutender Zusammenschluss verschiedener europäischer Erneuerbarer-Energien-Verbände, die *European Renewable Energy Federation* (EREF), eine Verlängerung der bestehenden Beihilferegelungen, die eine günstige Bewertung von Mindestpreisregelungen ermöglichten, bis zum Juni 2000 durchsetzen können. Die zwischenzeitlich bekannt gewordenen Pläne der GD Wettbewerb zur Neuregelung des Beihilfe-Gemeinschaftsrahmens bedeuteten für die Festpreisregelungen aber ein neues Gefahrenpotential, weil erste Entwürfe ein grundsätzliches Verbot von Betriebsbeihilfen vorsahen. Weil in dem Entwurf für Anlagenbetreiber zur Nutzung erneuerbarer Energien lediglich eine fünfjährige Ausnahmeregelung vom Beihilfenverbot getroffen werden sollte, wäre die Existenz von Festpreisregelungen im Falle ihrer Einstufung als Beihilfe zeitlich beschränkt worden (Hinsch 2000a).

Im September 1999 kam es bei der Europäischen Kommission zu wichtigen Personal- und Ressortveränderungen. Die spanische Politikerin de Palacio übernahm als Energie-Kommissarin die Leitung der GD Energie, wobei dem Ressort auch noch die Zuständigkeit für Transportfragen zugeschlagen wurde.[418] In der Frage einer künftigen Harmonisierung der Fördersysteme für erneuerbare Energien war mit dem personellen Führungswechsel ein allmählicher Meinungsumschwung verbunden. Zu Beginn des Jahres 2000 wurden neue Pläne der GD Energie bekannt, nach denen den Mitgliedstaaten ein Übergangszeitraum gewährt werden sollte, während dem sie über ihr Fördersystem zum Ausbau erneuerbarer Energien frei entscheiden können sollten. Der EU-Kommission wurde klar, dass eine grundlegende Harmonisierung der Fördersysteme aufgrund des Widerstandes im Minister-rat und im EP vorerst nicht realisierbar war. Der im EP befasste Ausschuss für Industrie, Außenhandel und Energie forderte Ende März 2000 im sog. *„Turmes-Bericht"* das Subsi-diaritätsprinzip ein, weil jeder Mitgliedstaat sein eigenes Fördersystem für erneuerbare Energieträger entwickelt habe und der EG-Vertrag kein Energiekapitel mit entsprechenden Regulierungskompetenzen für die EU-Kommission enthalte (Hinsch 2000a). Gleichzeitig hob der Ausschuss in seinem Bericht den Vorteil von Einspeise- bzw. Festpreisregelungen gegenüber Quoten- und Ausschreibungssystemen hervor und sprach sich für die Europäi-sche Einführung eines solchen Fördersystems aus.

Während die Kritik des EP gegenüber den Kommissionsplänen zu Beginn des Jahres 2000 zunahm, verbesserte sich auf europäischer Ebene die Kooperation zwischen den Er-neuerbaren-Energien- und Umweltverbänden. Bei der EWEA hatte der Direktor der schleswig-holsteinischen Investitionsbank den Posten des Präsidenten übernommen. In der Folge stimmten sich die beiden wichtigsten Europäischen Erneuerbaren-Energien-Verbänden EREF und EWEA besser ab, so dass beide Verbände ein Fortbestehen von Mindestpreisregelungen befürworteten (Hinsch 2000a).

In der Frage einer Harmonisierung der Förderregelungen ist auf eine seit Ende des Jah-res 1998 wichtiger gewordene Regulierungsinitiative einzelner nationaler Stromversorger zu verweisen. Verschiedene EltVU versuchten, ihre nationalen Modelle eines Zertifikate-handels durch ein europaweites Demonstrationsprojekt zu verbinden und auf ein internatio-nales Handelssystem auszuweiten. Im Dezember 1998 förderte die EU-Kommission hierzu einen internationalen Workshop, auf dem der niederländische Stromversorger EnergieNed

---

[418] Die spanische Politikerin wurde außerdem Vize-Präsidentin der EU-Kommission.

das nationale Zertifikatesystem („*Groenlabelsysteem*") zum freiwilligen Handel mit Strom aus erneuerbaren Energien vorstellte. Dabei wurde die Frage aufgeworfen, ob das niederländische Konzept auf ganz Europa ausgedehnt werden könnte. Unter Beteiligung der EU-Kommission fanden weitere Konferenzen in London und Kopenhagen statt, wobei die politische Unterstützung für handelbare grüne Zertifikate wuchs. Im März 1999 wurde auf einem weiteren Treffen im niederländischen Arnhem die Bildung der sog. „*RECS-Gruppe*" (Renewable Energy Certificate System Group) formell beschlossen. Die Gründungsakteure dieser Gruppe waren aus den EU-Staaten, die neben den Niederlanden mittlerweile ebenfalls ein Zertifikatesystem für den Handel von Strom aus erneuerbaren Energien eingeführt hatten. Neben Österreich (2000) und Belgien (2001) waren dies Großbritannien, Dänemark und Italien (jeweils 2002) sowie Schweden (2003).

Die RECS-Gruppe wurde mit dem Ziel gegründet, die unterschiedlichen nationalen Fördersysteme und Zertifizierungsverfahren zwischen den EU-Mitgliedstaaten abzustimmen, ohne eine vorherige Harmonisierung auf europäischer Ebene abwarten zu müssen (Busch 2003, 20). Eine verstärkte internationale Koordination erschien erforderlich, um für einen gemeinschaftsweiten Handel einheitliche Regeln zu schaffen. Die wichtigsten Unterschiede zwischen den nationalen Zertifikatesystemen betrafen folgende Aspekte:

- Existenz unterschiedlicher Zertifikatetypen, um der Wettbewerbsfähigkeit der einzelnen erneuerbaren Energien zu entsprechen;
- Differenzen beim Handel mit Zertifikaten, z.B. bilateral oder über einen Börsenplatz;
- National verschiedene Niveaus der Ziele und Quotenverpflichtung; [419]
- Unterschiedliche Sanktionen bei Nichterfüllung von Zielquoten;
- Differierende Bestimmungen zum *Banking* (Übertragbarkeit von Zertifikaten auf eine spätere Handelsperiode) und *Borrowing* (Möglichkeit der Überschreitung einer Verpflichtung durch Mengenübertragung einer späteren Handelsperiode);
- Verbindlichkeit einer Teilnahme am Zertifikatehandel (verpflichtend oder freiwillig);
- Unterschiede des Ausgabeverfahrens von Zertifikaten (Knutsson 2002).

Um die Voraussetzungen einer gegenseitigen Anerkennung der Zertifikate zum Handel mit grünem Strom zu schaffen, wurden die Aktivitäten der RECS-Gruppe zunehmend formalisiert. Im September 1999 wurde ein eigenes Präsidium und im Dezember 1999 ein gemeinsamer Verband der nationalen zertifikateausgebenden Körperschaften (*Association of Issuing Bodies and Trade Group*) gebildet. Im Februar 2000 wurde eine gesonderte Gruppe von Regierungsvertretern gebildet (*Government Group*), um den Wissenstransfer zu den staatlichen Institutionen der partizipierenden Länder zu verbessern. Im September 2001 fand ein größeres RECS-Treffen statt, das außer für die mittlerweile partizipierenden Länder (Österreich, Dänemark, Finnland, Frankreich, Großbritannien, Deutschland, Italien, Niederlande, Norwegen und Schweden) auch weiteren Interessenten offen stand und mit ungefähr 140 Teilnehmern das wachsende Interesse an dem Instrument des Zertifikatehandels verdeut-

---

[419] Die Quote in den verschiedenen Systemen bezog sich auf unterschiedliche Bezugsgrößen und Zeiträume. Während in Dänemark und Österreich eine Quote in Relation zum nationalen Stromverbrauch definiert wurde, war dies in den übrigen Ländern die Stromproduktion. Außer beim dänischen Modell, das die Quotenverpflichtung den Verbrauchern auferlegte, waren in allen anderen Modellen die EltVU die Quotenverpflichteten (Busch 2003, 13).

lichte. Bis zum Sommer 2002 traten der RECS-Gruppe weitere Organisationen aus den Ländern Belgien, Spanien und Schweiz bei.

Von Januar 2001 bis Dezember 2002 war ein sehr wichtiges Vorhaben der RECS-Gruppe die Durchführung eines Modellprojektes zum grenzüberschreitenden Handel mit Erneuerbaren-Energien-Zertifikaten. Das Projekt fand unter realen Konditionen statt, d.h. die Besitzer von Zertifikaten sollten ihr Handelspapier zu realen Preisen verkaufen und die neuen Eigentümer hierfür die jeweiligen Quotengutschriften erhalten. Bis Ende 2002 hatten fast 100 Unternehmen aus vierzehn Ländern eigene Handelsregister bei den zertifikateaus-gebenden Körperschaften eröffnet. Ursprünglich sollte mit dem Modellprojekt ein Handelsvolumen von 1.000 GWh erreicht werden – tatsächlich umfasste aber die Menge der mit den Zertifikaten gehandelten Elektrizität aus erneuerbaren Energien mehr als den siebzehnfachen Wert. Dieser Umstand verdeutlichte den Erfolg und die Akzeptanz dieses Modellprojekts. Die gewachsene Bedeutung dieses EU-geförderten Projekts spiegelte sich auch in der Zusammensetzung des Präsidiums von RECS wider, in dem Repräsentanten wichtiger europäischer Verbundunternehmen vertreten sind.[420] Aus Deutschland nehmen mittlerweile alle wichtigen Verbundunternehmen (E.ON, EnBW, RWE) teil. Zusätzlich haben sich die deutschen RECS-Mitglieder Anfang 2003 zu einem eigenen Verein, der *RECS e.V.*, zusammengeschlossen (Kaiser 2003).

Neben dem RECS-Modell förderte die EU-Kommission noch zwei weitere wichtige Forschungsvorhaben zur Harmonisierung der Förderregelungen von erneuerbaren Energien. Zum einen wurde mit dem RECert-Programm (*European Renewable Certificate Trading*) das Verständnis von Quotenmodellen und den damit verbundenen Zertifikatehandel allgemein erweitert. Zum anderen wurde mit dem InTraCert-Programm (*Integrated Tradable Green Certificate System in a Liberalising Market*) eine mögliche Integration von Wärme und Gas in einen solchen Handel sowie die Kompatibilität des Zertifikatehandels mit anderen ökonomischen Instrumenten der Europäischen Union untersucht (Busch 2003, 22).

Es bleibt festzuhalten, dass die Europäische Kommission die Planungen zur Gestaltung einer Europäischen Richtlinie zum Ausbau erneuerbarer Energien durch einzelne Forschungsprojekte zugunsten einer Einführung von Quotenmodellen mit einem Zertifikatehandel zu beeinflussen versuchte. Aus Sicht der Europäischen Kommission würde die Einführung eines solchen Handels die Einrichtung eines Emissionshandels sinnvoll ergänzen und die Möglichkeit einer Anrechnung von Erneuerbaren-Energien-Zertifikaten in einem solchen Handelssystem ermöglichen.

5.3.3.2   Der Kommissionsentwurf für eine Richtlinie zur Stromerzeugung aus erneuerbaren Energiequellen im Europäischen Elektrizitätsbinnenmarkt (EE-Rl) vom 10. Mai 2000

Am 10. Mai 2000 legte die GD Energie einen überarbeiteten Entwurf einer *„Richtlinie zur Förderung der Stromerzeugung aus erneuerbaren Energiequellen im Elektrizitätsbinnenmarkt"* (EE-Rl) vor (European Commission 2000b). Im folgenden Abschnitt werden die

---

[420] Bis zum Jahr 2003 waren folgende Unternehmen im RECS-Präsidium vertreten: Verbund (Österreich), Electrabel (Belgien und Luxemburg), Dansk Energie (Dänemark), Fortum Oyj (Finnland), EdF (Frankreich), HEW (Deutschland), Assoelettrica (Italien), Nuon (Niederlande), EBL (Norwegen), Endesa (Spanien), Vattenfall (Schweden), Schweizer Wasserwirtschaftsverband (Schweiz) und Cinergy (United Kingdom und Irland).

wichtigsten Bestimmungen des Kommissionsentwurfs erläutert. Weil das Richtlinienverfahren gemäß dem Mitentscheidungsverfahren nach Art. 251 EGV erfolgte, wurde der EE-Rl-Entwurf vor allem durch die Mitbestimmung des EP, aber auch des Rates der Energieminister weiter verändert. Die diesbezüglichen inhaltlichen Änderungen der EE-Rl werden akteursbezogen analysiert.

Im *begründenden Einleitungskapitel* des zitierten Entwurfs wurde unter Verweis auf das gemeinschaftliche Ziel eines Ausbaus erneuerbarer Energien von 6 auf 12 Prozent am Bruttoenergieverbrauch bis zum Jahr 2010 (Zielsetzung des Weißbuches für Erneuerbare Energien) hervorgehoben, dass zur Erschließung der vorhandenen Potentiale erneuerbarer Energien zusätzliche Maßnahmen erforderlich wären. Im Gegensatz zu den Vorschlägen des Weißbuchs ging die EU-Kommission davon aus, dass für die Umsetzung eines 12-prozentigen Ausbauziels ein Anteil von 22,1 Prozent der erneuerbaren Energien am Bruttostromverbrauch ausreichend wäre (Weißbuch: 23,5 Prozent).

Als *förderfähige erneuerbare Energien* schlug die EU-Kommission folgende Technologien mit einer installierten Leistung bis 10 MW$_{el}$ vor: Wind, Solarenergie, Geothermie, Wellenenergie, Gezeitenenergie und Wasserkraft (*Art. 2, Abs. 1* EE-Rl-E). Unter die förderfähige Biomasse sollten Anlagen fallen, die Produkte und Abfälle aus der Land- und Forstwirtschaft sowie Abfälle aus der Nahrungsmittelindustrie und unbehandelte Holz- und Korkabfälle energetisch verwerten.

Die Mitgliedstaaten sollten dazu verpflichtet werden, ein Jahr nach Inkrafttreten der Richtlinie und dann alle fünf Jahre einen *Bericht* zu veröffentlichen, in dem sie sich für einen Zeitraum der folgenden zehn Jahre auf jährliche nationale Ausbauziele für erneuerbare Energien verpflichten (*Art. 3, Abs. 2* EE-Rl-E). Diese Ziele sollten in Übereinstimmung mit dem Europäischen Ausbauziel und den nationalen Reduktionszielen im Rahmen der Kyoto-Verpflichtungen stehen. Auf der Basis der Berichte sollte die Kommission bestimmen, ob die nationalen Ziele zur Verwirklichung des Europäischen Ausbauziels ausreichend sind (*Art. 3, Abs. 3* EE-Rl-E). Wäre dies nicht der Fall, sollte die EU-Kommission dem EP und dem Rat neue Vorschläge unterbreiten, die gegenüber einzelnen Mitgliedstaaten auch verpflichtende Maßnahmen enthalten könnten (*Art. 3, Abs. 4* EE-Rl-E).

Außerdem enthielt der Richtlinienentwurf die zentralen Bestimmungen zu den zukünftigen *Fördersystemen* (*Art.4* EE-Rl-E). Nach großem Druck einzelner Erneuerbarer-Energien-Verbände, die von Festpreisregelungen in den nationalen Förderregimen profitierten (z.B. BEE, BWE, spanische Erneuerbare-Energien-Verbände) und der betreffenden Regierungen sah der Entwurf *keine harmonisierende Einführung eines Quotensystems mit Zertifikatehandel* mehr vor. Vielmehr legte die EU-Kommission fest, dass die bestehenden nationalen Fördersysteme vorerst weiter bestehen bleiben sollten. Fünf Jahre nach Inkrafttreten der EE-Rl sollte die Kommission einen Bericht zu den Erfahrungen bei der Umsetzung der einzelnen Fördersysteme und ihrer gegenseitigen Kompatibilität veröffentlichen. Falls es die EU-Kommission auf der Grundlage dieses Berichts für erforderlich erachten würde, sollte sie Vorschläge zu stärker harmonisierten Förderregelungen unterbreiten, die folgenden Prinzipien genügen sollten:

- Kompatibilität mit den Prinzipien des Binnenmarktes für Elektrizität,
- Berücksichtigung der unterschiedlichen technologischen Eigenschaften bei Anlagen zur Nutzung erneuerbarer Energien,
- Effizienz und Klarheit,

- Berücksichtigung ausreichender Übergangsregelungen in den Mitgliedstaaten zur Erhaltung der Investitionssicherheit.

Die Mitgliedstaaten sollten ferner dazu verpflichtet werden, innerhalb von zwei Jahren nach Inkrafttreten der EE-Rl einen *Herkunftsnachweis* für Strom aus erneuerbaren Energien einzuführen (*Art. 5, Abs. 1* EE-Rl-E). Von zentraler Bedeutung war, dass der Kommissionsentwurf die Ausgabe sog. *„Garantiezertifikate"* vorsah. Diese Zertifikate, die bezeichnenderweise auch für Strom aus großen Wasserkraftanlagen mit einer installierten Erzeugungskapazität über 10 MW ausgestellt werden sollten, würden detaillierte Angaben über die zur Stromerzeugung genutzten Energieressourcen enthalten. Die Zertifizierung sollte sicherstellen, dass die erzeugte Elektrizität den Vorgaben der EE-Rl entspricht und zwischen den Mitgliedstaaten gegenseitig anerkannt werden kann (*Art. 5, Abs. 2* EE-Rl-E). Außerdem wurde bestimmt, dass die Mitgliedstaaten innerhalb eines Jahres nach Inkrafttreten der EE-Rl eine unabhängige Stelle benennen, die für die Ausstellung der Herkunftsnachweise zuständig ist (*Art. 5, Abs. 3* EE-Rl-E).[421] Die EU-Kommission sollte in ihrem Bericht die Form und die Modalitäten der Zertifizierung in den Mitgliedstaaten berücksichtigen und hierfür gegebenenfalls gemeinsame Vorschriften verabschieden (*Art. 5, Abs. 5* EE-Rl-E). Unschwer war hinter dem gesamten Richtlinienartikel das Ziel der Europäischen Kommission zu erkennen, mittelfristig einen Europäischen Zertifikatehandel für erneuerbare Energien durchzusetzen.

Darüber hinaus sollten alle Mitgliedstaaten dazu verpflichtet werden, die *Genehmigungsverfahren* zur Errichtung von Anlagen zur Stromerzeugung aus erneuerbaren Energien zu beschleunigen und diese auf der hierfür geeigneten Verwaltungsebene anzusiedeln (*Art. 6, Abs. 1* EE-Rl-E). Der Richtlinienentwurf enthielt auch Vorschläge zur Regulierung von Netzanschlussfragen (*Art. 7* EE-Rl-E). Die Mitgliedstaaten wurden dazu aufgefordert, durch geeignete Maßnahmen sicherzustellen, „dass die Betreiber der Übertragungs- und Verteilungsnetze auf ihrem Hoheitsgebiet der Übertragung und Verteilung von Elektrizität aus erneuerbaren Energiequellen *vorrangig Zugang gewähren* (*Art. 7, Abs. 1* EE-Rl-E).[422] Außerdem wurden die ÜNB und VNB dazu verpflichtet, Grundregeln zur Anlastung der Kosten technischer Anpassungen wie Netzanschluss und -ausbau zu veröffentlichen (*Art. 7, Abs. 2* EE-Rl-E). Neben einer Verpflichtung der Netzbetreiber zur Aufstellung eines Kostenvoranschlags gegenüber dem anschlusswilligen Anlagenbetreiber (*Art. 7, Abs. 3* EE-Rl-E), wurden die Mitgliedstaaten dazu verpflichtet, von den Netzbetreibern die Aufstellung und Veröffentlichung von Grundregeln zur Aufteilung der Kosten bei Netzanschlüssen und -erweiterungen zu verlangen (*Art. 7, Abs. 4* EE-Rl-E).

Zwei Jahre nach Inkrafttreten der Richtlinie, spätestens jedoch zum 31. Dezember 2004 sollte die Europäische Kommission, einen *Zwischenbericht* zur Umsetzung der EE-Rl vorlegen (*Art. 8* EE-Rl-E). In dem Bericht sollte auch auf die Umsetzung der Elt-Rl und die Fortschritte der Mitgliedstaaten beim Klimaschutz Bezug genommen werden. Spätestens

---

[421] Während die Benennung einer solchen Stelle in den Mitgliedstaaten mit einer Regulierungsbehörde für den Energiesektor problemlos erfolgen dürfte, würde ihre Einrichtung das bundesdeutsche Regulierungsregime wegen des bisherigen Fehlens einer solchen Behörde und der föderalen Regulierungsstrukturen zweifelsohne vor größere Probleme stellen.

[422] Die Aufnahme einer Vorrangregelung für Strom aus erneuerbaren Energien geschah vor dem Hintergrund der zeitgleichen Novellierung des StromEG zum EEG in Deutschland, bei der eine entsprechende Vorschrift in das reformierte Gesetz integriert worden war (s.S. 327ff.).

zum 01. Januar 2009 sollte die Kommission dann einen *Abschlussbericht* vorlegen. Schließlich wurde festgelegt (*Art. 9* EE-R1-E), dass die *EE-Rl* durch die Mitgliedstaaten *bis spätestens zum 31. Mai 2001* durch die Verabschiedung von Rechts- und Verwaltungsvorschriften *umgesetzt* wird (European Commission 2000b).

Die Reaktionen auf den Kommissionsentwurf waren überwiegend positiv. Kritik wurde nur im Detail geübt. Diese Tatsache ist sicherlich darauf zurückzuführen, dass die nationalen Regelungen zunächst keinem grundlegenden Veränderungs- und Anpassungsdruck ausgesetzt würden. Die EWEA lobte die Gewährung eines Bestandsschutzes nationaler Förderregelungen für einen Ausbau erneuerbarer Energien. Der Verband kritisierte aber das Fehlen verbindlicher Zielvorgaben und die besondere Betonung, die im Wortlaut auf die Beihilfevorschriften des EGV gelegt wurde. Außerdem wurde eine unzureichende Berücksichtigung der umweltrechtlichen Querschnittsklausel (Art. 6 EGV) und des Verursacherprinzips bemängelt. Die Konkurrenz der fossilen Energieträger, bei denen das Verursacherprinzip kaum angewendet wird, würde gleichzeitig mit umfangreichen Beihilfen bedacht, die in der politischen Diskussion aber ausgeblendet blieben. Der *BWE* kritisierte darüber hinaus die Vorschrift zur Errichtung eines Zertifizierungssystems als Verstoß gegen das Subsidiaritätsprinzip und hielt die geplanten Netzregelungen für ungenügend. Analog zu den zeitgleich geplanten EEG-Regelungen schlug der deutsche Windenenergieverband die Überwälzung der Netzverstärkungskosten auf die Netzbetreiber und die Betrauung unabhängiger Stellen für die Festlegung von Netzanschlussregeln vor (Oschmann 2000a, 10). Auch die *Europäische Photovoltaik Industrie Vereinigung* (EPIA) begrüßte den Richtlinienentwurf, erachtete aber den garantierten Rahmen für bestehende nationale Förderregelungen von mindestens fünf Jahren als zu kurz (Photon 2000).

5.3.3.3 Die Kritik des Europäischen Parlaments: Der Rothe-Bericht

Nach der Vorlage des Kommisionsentwurfs wurden die Beratungen im EP fortgesetzt. Innerhalb des EP war eine Parlamentariergruppe um EUFORES sehr einflussreich,[423] deren Mitglieder sich für den Ausbau erneuerbarer Energien engagierten. Die Gruppe um EUFORES traf sich unmittelbar nach Veröffentlichung der Kommissionspläne auf der Insel Madeira. Ihr damaliger Präsident Piquer, der gleichzeitig auch ein enger Berater der spanischen EU-Kommissarin de Palacio war, begrüßte in der *„Erklärung von Madeira"* die im Vergleich zur früheren Version vorgenommenen Änderungen. Mit dem neuen Entwurf wäre die EU-Kommission wichtigen EP-Forderungen nach einem Fortbestand der Festpreisregelungen nachgekommen. Allerdings äußerten verschiedene EUFORES-Vertreter ihre Besorgnis wegen der geplanten Reform des Gemeinschaftsrahmens für Umweltbeihilfen, durch den Festpreisregelungen über das Beihilfenrecht mittelfristig ausgehebelt werden könnten (Hinsch 2000b).

Ende Mai 2000 befasste sich der Energieministerrat erstmalig mit dem Richtlinienentwurf. Dabei wurde vor allem Widerstand gegen geplante Definition verbindlicher jährlicher Ausbauziele für die einzelnen Mitgliedstaaten laut. Gleichzeitig wiederholten die Energieminister ihren Widerstand gegen stärker harmonisierte Regelungen. Der zuständige Staatssekretär im BMWi betonte, dass es im Sinne der Subsidiarität die Zielsetzung der EE-Rl sein müsse, „die nationalen Handlungsspielräume zu stärken" (Hinsch 2000c).

---

[423] Die Abkürzung EUFORES steht für "European Forum for Renewable Energy Sources" (www.eufores.org).

Ab Juni 2000 befassten sich verschiedene EP-Ausschüsse mit dem Kommissionsentwurf. Der Ausschuss für Industrie, Außenhandel, Forschung und Energiepolitik war dabei von zentraler Bedeutung. In seiner Sitzung vom 06. Juni 2000 beauftragte der Industrieausschuss die deutsche sozialdemokratische Abgeordnete Rothe mit der federführenden Berichterstattung.[424] Am 30. Oktober 2000 wurde durch den Industrieausschuss der sog. *„Rothe-Bericht"* verabschiedet (European Parliament 2000), mit dem die Energie-Experten des EP dem Richtlinienentwurf zwar grundsätzlich zustimmten, gleichzeitig aber zahlreiche Änderungsvorschläge unterbreiteten. Diese Vorschläge wurden in der ersten Lesung des EP vom 16. November 2000 in den Standpunkt zur EE-Rl aufgenommen und waren von der EU-Kommission und dem Rat im weiteren Verfahren zu berücksichtigen (Europäisches Parlament 2000). Das Richtlinienverfahren stellte damit ein anschauliches Beispiel für die Einflussnahme dar, welche das EP über das Mitentscheidungsverfahren mittlerweile auch in energiepolitischen Fragen ausübt. Neben einer stärkeren Betonung der vielfältigen positiven Effekte eines Ausbaus dieser Technologien stellte das EP klar, dass eine EE-Rl in Ergänzung zur Elt-Rl erforderlich sei, weil die *Umweltbelange des EG-Vertrags über den Wettbewerb mit gleicher Gewichtung zu berücksichtigen* sind. Darüber wäre der Europäische Rat am 10. und 11. Dezember 1999 in Helsinki übereingekommen. In Bezug auf die Wettbewerbssituation der erneuerbaren Energien ergänzte das EP den EE-Rl-Entwurf in der Begründung um den folgenden wichtigen Punkt:

> „5. Da die Mitgliedstaaten die nuklearen und fossilen Brennstoffe direkt wie indirekt fördern und dabei die externen Folgekosten nicht berücksichtigen, ist der Elektrizitätsmarkt zugunsten dieser Energieträger verzerrt. Eine angemessene Unterstützung erneuerbarer Energiequellen kann daher nicht als wettbewerbswidrig, sondern muss als ausgleichend betrachtet werden" (Europäisches Parlament 2000).

Zusätzlich korrigierte das EP in seinem Standpunkt das *Ausbauziel für erneuerbare Energien bis zum Jahr 2010* wieder auf den ursprünglichen Wert des EU-Weißbuchs, also *auf 23,5 Prozent des EU-Bruttostromverbrauchs* (EU-Kommissionsentwurf: 22,1 Prozent). Mit dem Ausbau der erneuerbaren Energien wäre außerdem eine *Reduktion der Abhängigkeit der EU von Energieimporten* verbunden.[425]

Ferner forderte das EP, die Mitgliedstaaten über quantitative Zielvorgaben zu einem verbindlichen Ausbau erneuerbarer Energien zu verpflichten. Um die erneuerbaren Energien gegenüber konventionellen Energieträgern zügiger wettbewerbsfähig zu machen, müssten die *Rahmenbedingungen für den Handel von Strom aus erneuerbaren Energien*

---

[424] Seit Mai 2000 war die SPE-Abgeordnete Rothe auch Vizepräsidentin bei Eurosolar, so dass die deutsche Advocacy-Koalition für erneuerbare Energien bei der Ausgestaltung der EE-Rl auch im EP über gute Einflussmöglichkeiten verfügte.

[425] Zeitgleich verabschiedete die GD Energie Ende Oktober 2000 ein *Grünbuch über die Versorgungssicherheit* in der Europäischen Union, mit dem die Mitgliedstaaten bis November 2001 zu Stellungnahmen über eine Europäische Versorgungsstrategie aufgefordert wurden (Europäische Kommission 2000b). Die EU-Kommission prognostizierte darin eine wachsende EU-Abhängigkeit von Energierohstoffimporten von 50 Prozent in 2000 auf 70 Prozent bis 2030. Gleichzeitig wurden ein Erreichen der Kyoto-Zielverpflichtungen und das Verdopplungsziel für erneuerbare Energien als kaum realisierbar erachtet. Die EU-Kommision stellte für das Ziel der Versorgungsicherheit deshalb zur Diskussion, verstärkt auf einen Ausbau der Kernenergie zu setzen und über die Garantie eines Kohlesockels 15 Prozent der Stromerzeugung sicherzustellen. Die sich damit abzeichnende konservative Energiestrategie, die in alter Tradition auf die Nutzung fossiler Ressourcen setzt, wurde von der Europäischen Erneuerbaren-Energien-Lobby kritisiert, s. Bartelt 2001.

verbessert werden. Zu diesem Zweck sollte der *Herkunftsnachweis* nicht nur, wie im Kommissionsentwurf vorgeschlagen, auf erneuerbare Energien, sondern *auf alle Energieträger ausgeweitet werden.* Das EP griff auch den Vorschlag der EU-Kommission auf, nach einer Übergangsfrist den *Gemeinschaftsrahmen gegebenenfalls für stärker harmonisierte Regelungen* zu überarbeiten. Im Gegensatz zum Kommissionsvorschlag sollte eine solche Reform jedoch *ab dem Zeitpunkt des Inkrafttretens der EE-Rl nicht vor Ablauf von zehn Jahren* umgesetzt werden (Europäisches Parlament 2000). Damit wollte das EP einen längeren Bestandsschutz der nationalen Fördersysteme sicherstellen.

Bei den *materiellen Regelungsinhalten* sah der EP-Beschluss weiteren Differenzierungsbedarf, so dass die große parlamentarische Sachkenntis der Regelungsmaterie gegenüber der GD Energie offenkundig wurde. Neben einer differenzierteren Definition der Technologien (*Art. 2* EE-Rl-E) fand sich auch die Verpflichtung der Mitgliedstaaten zur verbindlichen Definition nationaler Mindestziele für den Verbrauch von Elektrizität aus erneuerbaren Energien wieder.[426] Die nationalen Ausbauziele sollten jährlich als Prozentsatz des Stromverbrauchs bestimmt werden und mit den EU-Ausbauzielen kompatibel sein (*Art. 3* EE-Rl-E). Ferner sollte zwischen den Mitgliedstaaten ein *Lasten- und Chancenausgleich* eingeführt werden, für dessen gemeinschaftsweite Gestaltung eine Erweiterung der Zuständigkeiten der EU-Kommission im Rahmen einer Gemeinschaftlichen Erneuerbaren-Energien-Politik vorzusehen war. Der EP-Standpunkt enthielt hierfür die Forderung, dass die EU-Kommission über einen beratenden Ausschuss an der Ausarbeitung und Festlegung der jährlichen nationalen Ausbauziele beteiligt werden sollte (*Art. 3* EE-Rl-E). Dem Ausschuss wurden offenbar weitreichende Kompetenzen zugedacht, weil er bei der Erarbeitung eines fairen, transparenten und verbindlichen Zielkatalogs nach dem Prinzip der Lastenteilung zwischen den Mitgliedstaaten vorgehen sollte.

Der EP-Standpunkt erkannte zwar die generelle Möglichkeit eines Handels mit Elektrizität aus erneuerbaren Energien an. Eine Änderung sah aber vor, dass die über nationale Grenzen hinweg gehandelte Elektrizität aus erneuerbaren Energien für eine Anrechnung der Ausbauziele nur in dem Mitgliedstaat berücksichtigt werden sollte, in dem die Energie verbraucht würde. Als Voraussetzung für eine gegenseitige Anrechnung wäre zuvor aber die Verabschiedung weiterer harmonisierender Bestimmungen durch die EU erforderlich, die sicherstellen, dass

- beim grenzüberschreitenden Handel bezüglich Preisen und Abnahmeverpflichtungen Vorkehrungen getroffen werden, dass einzelstaatliche Kompensationsregelungen nicht in Konkurrenz zueinander treten,
- eine EU-weite Zertifizierung jedweder Elektrizität sowie Kennzeichnungsregelungen ermöglicht wird,
- einheitliche Bestimmungen zur Anwendung von Vorschriften betreffend einheimischen Energiequellen gemäß Art. 8 Abs. 4 der Richtlinie 96/92/EG, sofern es erneuerbare Energiequellen betrifft (Europäisches Parlament 2000), getroffen werden.

---

[426] Anstelle der vereinfachten Nennung von *„Sonnenenergie"* schlug das EP den Begriff der *„solaren Strahlungsenergie"* vor (analog zu den Begrifflichkeiten im EEG). Neben der Gezeiten-und der Wellenenergie sollte außerdem die energetische Nutzung der Meeresströmung zusätzlich aufgeführt werden. Schließlich sollte die Biomasse nicht generell in den Anwendungsbereich der EE-Rl fallen, sondern nur, wenn diese *„unbedeutend verunreinigt"* (biologisch abbaubar) ist.

Das EP wollte in diesem Zusammenhang auch die wettbewerbsrechtlichen Kontrollbefugnisse der EU-Kommission gegenüber anderen Energieträgern erweitern. Das Parlament legte in seinem Standpunkt fest, dass die Kommission im Rahmen ihrer Berichtstätigkeit prüfen solle, in welchem Maße in den Mitgliedstaaten andere Formen der Energie gefördert würden (Europäisches Parlament 2000).

Im Hinblick auf den fünf Jahre nach Inkrafttreten der EE-Rl vorzulegenden *Kommissionsbericht* über die bestehenden Förderregelungen und ihren wechselseitigen Auswirkungen (*Art. 4* EE-Rl-E) forderte das EP die Berücksichtigung der folgenden zusätzlichen Punkte:

- Eine Evaluierung des Erfolgs der individuellen Förderregelungen zur Verwirklichung der Richtlinienziele,
- eine Bewertung der Wettbewerbsfähigkeit erneuerbarer Energiequellen sowie der Fortschritte einer Internalisierung der externen Kosten bei anderen Energieträgern einschließlich einer Schätzung ihrer staatlichen Förderung,
- Vorschläge für ein harmonisiertes Fördersystem, das zu einem hohen Nutzungsgrad erneuerbarer Energien, niedrigeren Preisen für die Bevölkerung und gleichen Wettbewerbsbedingungen für die europäischen Betriebe führt und sich in einen integrierten Elektrizitätsmarkt einfügt.

Das EP hob in seinem Standpunkt weiter hervor, dass die besondere Bedeutung der Umweltziele aus Art. 6 EGV besser berücksichtigt werden müsste.[427] Neben den bereits im Kommissionsentwurf enthaltenen Kriterien für ein harmonisiertes Fördersystem (Kompatibilität mit den Prinzipien des Elektrizitätsbinnenmarktes, Einfachheit und Effektivität sowie Sicherheit und Vertrauen für Investoren) sollte die EE-Rl bei einer künftigen Harmonisierung folgende Aspekte berücksichtigen:

- Erfordernis der Internalisierung externer Kosten bei herkömmlichen Energieträgern und Ausmaß ihrer staatlichen Förderung;
- Unterschiedliche Anlagengrößen und geografische Bedingungen bei der Stromerzeugung aus erneuerbaren Energien;
- Erforderliche Amortisationszeiten bei innovativen Technologien zur Nutzung erneuerbarer Energien (Europäisches Parlament 2000).

Besonders die beiden zuletzt genannten Punkte sind in Bezug auf mögliche Vorteile differenzierter Festpreisregelungen zu reflektieren. Über garantierte Festpreise ist eine auf Dauer gestellte, technologiebezogene Feinjustierung der Förderung für weniger effiziente Technologien besser möglich. Demgegenüber kann die Förderung über einen Zertifikatehandel nicht exakt den technologiebezogenen Entwicklungsbedürfnissen angepasst werden, weil sich die Förderprämie über nicht prognostizierbare Zertifikatepreise ergibt.

---

[427] Der Artikel 6 EGV, der durch den Vertrag von Amsterdam im Jahr 1998 an prominenter Stelle des Europäischen Vertrages aufgenommen wurde, bestimmt: „Die Erfordernisse des Umweltschutzes müssen bei der Festlegung und Durchführung der in Artikel 3 genannten Gemeinschaftspolitiken und -maßnahmen [zu denen auch der Binnenmarkt gehört, Verfasser] insbesondere zur Förderung einer nachhaltigen Entwicklung einbezogen werden."

Während im Kommissionsentwurf explizit hervorgehoben wurde, dass die Art. 87 und 88 EGV (Unzulässigkeit von Beihilfen; Maßnahmen gegen unstatthafte Beihilfen) auf die nationalen Förderregelungen zum Ausbau erneuerbarer Energien angewendet würden, ergänzte das EP in seinem Standpunkt, dass Art. 89 EGV Ausnahmeregelungen vom Beihilfenverbot erlaube. Die Kommission solle deshalb so rasch wie möglich einen Vorschlag vorlegen,

> „der die Erzeugung von Elektrizität aus erneuerbaren Energiequellen für einen Übergangszeitraum bis zur Herstellung eines fairen Marktes vorbehaltlos von den Bestimmungen der Artikel 87 und 88 ausnimmt" (Europäisches Parlament 2000).

Bis zu einer vollständigen Harmonisierung, Kosteninternalisierung, Abschaffung von Beihilfen und Verwirklichung fairer Bedingungen im Elektrizitätsbinnenmarkt sollten die Mitgliedstaaten auch handelsbeschränkende Förderregelungen anwenden können, sofern diese zur Realisierung der in Art. 6 und 174 EGV festgelegten umweltpolitischen Ziele beitragen. Die Freistellung der Fördersysteme von den Beihilferegelungen des EGV wurde vor dem Hintergrund angestrebt, dass seit Oktober 1998 ein Verfahren vor dem EuGH lief, in dem die Frage geklärt werden sollte, ob das deutsche StromEG gegen Europäisches Beihilfenrecht verstieß (s.S. 386ff.). Mit der verfolgten Freistellung sämtlicher Förderregime versuchten besonders deutsche Parlamentarier des EP, der anstehenden EuGH-Entscheidung vorzugreifen und eine Aushebelung nationaler Festpreisregelungen über das EU-Beihilfenrecht zu verhindern.

Das EP forderte zusätzlich eine Ausweitung des Herkunftsnachweises bei der Energieerzeugung auf jegliche Form der Energiegewinnung (*Art. 5* EE-Rl-E) und betonte, dass die EU-Kommission die *Entwicklung eines Marktes für den Handel mit zertifizierter Elektrizität aus erneuerbaren Energien* in Kooperation mit den Mitgliedstaaten *fördern* müsse. Weitere wichtige Ergänzungen betrafen folgende *Regelungen des Netzanschlusses (Art. 7* EE-Rl-E):

- Übernahme der Netzanschlusskosten durch den Anlagenbetreiber am technisch und wirtschaftlich günstigsten Verknüpfungspunkt;
- Übernahme der Kosten der Netzerweiterung bei Neuanlagen durch den Netzbetreiber, bei dem der Ausbau erforderlich wird; dieser muss die konkret erforderlichen Investitionen unter Angabe ihrer Kosten im Einzelnen darlegen, kann aber den auf ihn entfallenden Kostenanteil bei der Ermittlung des Netznutzungsentgeltes in Ansatz bringen;
- Gewähr durch die Mitgliedstaaten, dass Elektrizität aus erneuerbaren Energiequellen bei der Erhebung von Durchleitungsentgelten nicht benachteiligt oder durch technische Auflagen behindert wird;
- Berücksichtigung der Kostenvorteile einer dezentralen Energieerzeugung bei der Entgeltbestimmung;
- Anwendung spannungspegelabhängiger Durchleitungstarife zur Gewährleistung fairer Wettbewerbsbedingungen für erneuerbare Energiequellen;
- Einrichtung nationaler Clearingstellen zur Klärung von Streitigkeiten.

Schließlich forderte das EP die Kommission zu weiteren Richtlinienvorschlägen zur Förderung der Stromerzeugung aus Beiprodukten von Verarbeitungs- und Entsorgungsprozessen (Restmüll im Sinne der Abfallrichtlinie) und energieeffizienten Technologien wie der

KWK auf.[428] Schließlich wies das EP auf das Erfordernis einer den Inhalten der EE-Rl angepassten Reform des GRU hin.

Das EP drängte also auf wesentlich detailliertere und substantiellere Regelungen zur Förderung der Elektrizitätserzeugung aus erneuerbaren Energien. Mit den Änderungsvorschlägen sollten die bestehenden Festpreisregelungen für einen Übergangszeitraum gegen wettbewerbsrechtliche Angriffe der EU-Kommission abgesichert werden. Ein erheblicher Teil der Forderungen ist auch auf Initiativen der deutschen Erneuerbaren-Energien-Lobby (Fachverbände) sowie der Advocacy-Koalition um Eurosolar zurückzuführen. In der Chronologie der Ereignisse war von zentraler Bedeutung, dass bereits vor der ersten Lesung des EE-Rl-Entwurfs und der Beratung des Rothe-Berichts im EP der Generalanwalt des EuGH Jacobs in den Schlussanträgen zu einem zeitgleich anhängigen Verfahren über die Europarechtskonformität des StromEG (s.u.) andeutete, dass es sich beim StromEG um keine staatliche Beihilfe handele. Im folgenden Abschnitt wird erläutert, wie der EuGH mit seinem Urteil zum StromEG vom März 2001 nach früheren Entscheidungen (Almelo 1993, Corbeau 1994) die nationalstaatlichen Kompetenzen im scheinbar liberalisierten Europäischen Energiemarkt ein weiteres Mal spürbar stärkte.

5.3.3.4 Die Bedeutung des EuGH-Urteils zum StromEG vom 13. März 2001 für die Europäische Erneuerbaren-Energien-Politik

Zeitgleich mit den Auseinandersetzungen über einen Europäischen Förderrahmen für erneuerbare Energien gewann ab dem Jahr 2000 ein seit Oktober 1998 dauernder Rechtsstreit an Bedeutung, in dem das deutsche Verbundunternehmen PreussenElektra AG gegen die eigene Stromtochter Schleswag AG auf Rückzahlung von Mehrkosten aus der Abnahmeverpflichtung und -vergütung von Windstrom klagte.[429] Das für den Streitfall erstinstanzlich zuständige Landgericht Kiel zweifelte an, ob das StromEG wegen seiner Festpreisregelung und anderer Bestimmungen in der novellierten Fassung des Jahres 1998 mit dem EU-Beihilfenrecht und dem Europäischen Recht zur Warenverkehrsfreiheit vereinbar war. Die zu klärenden Fragen legte das Gericht deshalb dem EuGH zur Vorabentscheidung vor (Nagel 2001, 3). Im weiteren Verlauf versuchte die GD Wettbewerb, den Rechtsstreit um das StromEG dafür zu nutzen, die energiepolitischen Kompetenzen gegenüber den Mitgliedstaaten durch eine eigenmächtig vorgenommene weite Interpretation des Beihilfenbegriffs auszuweiten. Bereits im Januar 1999 machte die GD Wettbewerb deutlich, die Klage der PreussenElektra AG zu unterstützen und in dem EuGH-Verfahren die bisherige Rechtsprechung zur Auslegung des Beihilfenbegriffs grundsätzlich in Frage zu stellen.

Die wesentlichen Streitpunkte betrafen zum einen die mit der StromEG-Novellierung von 1998 vorgenommene Einführung einer *Erstattungsregelung* gemäß *§ 4 Abs. 1 Strom-EG*. Nach dieser Norm wurde der vorgelagerte Netzbetreiber gegenüber dem aufnehmenden EltVU verpflichtet, diejenigen Mehrkosten aus den Einspeisevergütungen zu erstatten, die über eine mengenbezogene Grenze von 5 Prozent des Gesamtabsatzes des aufnehmen-

---

[428] Ein politischer Hintergrund für diese Aufforderung war die strittige Frage, ob die Müllverbrennung als Anwendungsfall erneuerbarer Energien zu werten sei. Eine Aufnahme in den Regelungsbereich der EE-Rl wurde z.B. von Großbritannien gefordert.

[429] Das norddeutsche Verbundunternehmen war an der Schleswag AG zu 65,3 Prozent mehrheitlich beteiligt. Die übrigen 34,7 Prozent wurden von schleswig-holsteinischen Landkreisen gehalten.

den EltVU hinausgingen. Die PreussenElektra klagte in dem Verfahren, dass mit der Einführung der beschriebenen Regelung eine *bestehende Beihilfe* umgestaltet worden sei und das novellierte Gesetz daher gemäß *Art. 93 Abs. 3 S. 1 u. 3 EGV* bei der Europäischen Kommission *notifizierungspflichtig* gewesen wäre. Eine Notifizierung durch die EU-Kommission sei jedoch nicht erfolgt.[430] Zum anderen wurde als Streitpunkt aufgeworfen, ob mit der gesetzlichen Verpflichtung der Netzbetreiber zur Abnahme von Strom aus erneuerbaren Energien gegen zentrale Regelungen zur *Warenverkehrsfreiheit (Art. 30 EGV zum Verbot mengenmäßiger Einfuhrbeschränkungen)* verstoßen wurde. In einem Vorlagebeschluss hatte das Landgericht Kiel ausgeführt, dass die PreussenElektra als vorgelagerter Netzbetreiber gegenüber der Schleswag einen Rückzahlungsanspruch der bereits gezahlten Wälzungsbeträge aus den Einspeisevergütungen hätte,

„wenn der deutsche Gesetzgeber mit dem Erlass des Gesetzes [StromEG von 1998, Verfasser] gegen seine Verpflichtungen aus Art. 93 Abs. 3 EGV hinsichtlich der Umgestaltung bestehender Beihilfen oder gegen das Verbot von Maßnahmen gleicher Wirkung wie mengenmäßige Beschränkungen gemäß Art. 30 EGV verstoßen hätte" (EuGH 2000).

Weil zeitgleich mit den EuGH-Verhandlungen zur Europarechtskonformität des StromEG die grundlegende Reform zum Gesetz für den Vorrang erneuerbarer Energien (EEG) vorbereitet wurde (s.S. 336ff.), teilte die GD Wettbewerb noch im April 2000 mit, dass sie eine Notifizierung und beihilferechtliche Prüfung des geplanten Gesetzes für den Vorrang Erneuerbarer Energien (EEG) für unerlässlich halte. Insbesondere müsse untersucht werden, ob die neuen Förderregelungen mit dem GRU vereinbar wären (Fouquet 2000).[431] Vor diesem Hintergrund hatte der EuGH zu entscheiden, ob mit der Novellierung des StromEG 1998 EU-beihilferelevante Regelungen getroffen wurden und das Gesetz somit notifizierungspflichtig gewesen wäre.

Die Regelungen des StromEG von 1998 als Fall einer staatlichen Beihilfe?

---

[430] Bereits am 13. März 1998 hatte sich die PreussenElektra während der Novellierung des StromEG an die GD Wettbewerb gewandt und auf die ihres Erachtens erforderliche EU-Notifizierung verwiesen. In ihrer Antwort vom 21. April 1998 bezweifelte die EU-Kommission aber, ob die Bundesrepublik zur Notifizierung verpflichtet sei. In ihrer Begründung bezog sich die Kommission kommentarlos auf die von der Bundesregierung vorgebrachten Argumente, wonach die Gesetzesänderung nicht beihilferelevant wäre. Wegen des forcierten Windenergieausbaus in Deutschland kündigte die GD Wettbewerb aber an, die bestehenden Festpreisregelungen beihilferechtlich zu prüfen. In einem Schreiben vom 29. Juli 1998 wiederholte die GD Wettbewerb ihre bereits im Oktober 1996 vorgebrachte Kritik, dass das StromEG stärker an den Gestaltungskriterien des EU-Beihilferechts auszurichten sei (z.B. zeitlich befristete und degressive Ausgestaltung). Wegen der zeitgleichen Verhandlungen zu einer Europäischen Richtlinie über die Förderung erneuerbarer Energien verzichtete die Kommission aber auf die Einleitung konkreter Schritte gegen die Bundesregierung (EuGH 2000).

[431] Hier sei nur am Rande erwähnt, dass aus Sicht der deutschen Erneuerbaren-Energien-Verbände die angedrohte Beihilfeprüfung gegen das kurz vor der Verabschiedung stehende EEG einen Ermessensmissbrauch der EU-Kommission darstellte. Danach habe die GD Wettbewerb einen schwerwiegenden Verfahrensfehler begangen, indem sie versäumt habe, vor der Ankündigung einer Einleitung des beihilferechtlichen Prüfungsverfahrens überhaupt zu prüfen, ob es sich beim EEG um eine Beihilfe handele. Die schlichte Verweigerung eines solchen Prüfungsschritts sei umso missbräuchlicher, als die Kommission seit langem über alle notwendigen Informationen zu den Reformen der in Frage stehenden Regelungen verfügte (Fouquet 2000).

Um für das novellierte StromEG von 1998 eine Notifizierungspflicht bei der EU-Kommission vorauszusetzen, musste der EuGH in einem ersten Schritt klären, ob es sich bei den Vergütungs- und Erstattungsregelungen der §§ 2 bis 4 StromEG überhaupt um Regelungen im Sinne einer staatlichen Beihilfe gemäß Artikel 92 EGV (alte Fassung, neuerdings: Art. 87 Abs. 1 EG) handelte. Nach der gängigen EuGH-Rechtsprechung sind Beihilfen „unmittelbar vom Staat gewährte Vorteile sowie diejenigen, die über eine vom Staat benannte oder errichtete öffentliche oder private Einrichtung gewährt werden" (Nill-Theobald/Theobald 2001, 344-345). Die Existenz eines Beihilfetatbestands nach Art. 92 EGV verlangte darüber hinaus die Existenz folgender Tatbestandsmerkmale:

- einen wirtschaftlichen Vorteil eines bestimmten Adressatenkreises,
- eine Wettbewerbsverfälschung,
- eine Handelsbeschränkung zwischen den Mitgliedstaaten (Nill-Theobald/Theobald 2001, 345).

Nach Art. 92 Abs. 3 EGV verfügte die Europäische Kommission über einen eigenen Ermessensspielraum, ob sie Ausnahmen vom Beihilfenverbot zulassen möchte. Darüber hinaus bestand für den Bereich der Umweltbeihilfen der bereits erwähnte GRU. Danach erkannte die Europäische Kommission eine umweltorientierte Beihilfe an, wenn

- die Beihilfe eine Anreizwirkung für Umweltschutzmaßnahmen bedeutet,
- die Beihilfe degressiv ausgestaltet ist,
- die Beihilfe befristet ist (Wieberneit 1997).

Zu Beginn des Verfahrens im April 1999 legte das Landgericht Kiel dem EuGH einen Beschluss vor, nach dem neben den Hauptakteuren des Vorabentscheidungsverfahrens (PreussenElektra, Schleswag) sowie der deutschen und der finnischen Regierung auch das Land Schleswig-Holstein und die Windparkgesellschaft Reussenköge III GmbH dem Verfahren beigetreten waren. Die PreussenElektra machte daraufhin vor dem EuGH geltend, dass ihrer Auffassung nach die beiden zuletzt genannten Akteure nicht zur Abgabe von Erklärungen berechtigt wären, weil sie keine Parteien im Sinne des Verfahrens wären.[432] Dieser Widerspruch wurde vom EuGH jedoch abgelehnt, weil in Vorabentscheidungsverfahren gemäß Art. 177 EGV keine strittigen Verfahren mit prozessualem Charakter geführt würden, sondern denjenigen Akteuren eine Möglichkeit zur Stellungnahme gegeben werden müsste, die von der Vorabentscheidung des Gerichtshofs potentiell betroffen wären.[433]

---

[432] Schließlich hatte die PreussenElektra ausschließlich gegen ihre eigene Stromtochter auf Rückerstattung der gezahlten Beträge aus den eingeführten Kostenwälzungen geklagt. Eine Außenwirkung der in Frage stehenden Rechtsstreitigkeit wurde bestritten.

[433] Die Verfahrensbeteiligung der genannten Akteure war für eine objektive Beurteilung des Beihilfencharakters des StromEG von 1998 von erheblicher Bedeutung. Die PreussenElektra und die Schleswag behaupteten, dass es ihnen weder rechtlich noch tatsächlich möglich wäre, die durch das StromEG verursachten Mehrkosten an die Kunden weiterzugeben. Das Land Schleswig-Holstein habe es im Rahmen seiner Tarifpreisaufsicht abgelehnt, die betreffenden Preisbestandteile bei den Verbraucherpreisen zu genehmigen. Diese Angaben wurden vom Land Schleswig-Holstein und der Windparkgesellschaft im Verfahren jedoch widerlegt. Hierdurch gelangte der Generalanwalt zu dem Schluss, dass „in der Tat ernsthafte Zweifel" daran bestünden, „ob PreussenElektra und Schleswag an einer Weitergabe der Mehrkosten an die Endverbraucher gehindert sind" (EuGH 2000).

In seinen Schlussanträgen erörterte der Generalanwalt zur Klärung der Frage, ob das StromEG von 1998 der beihilferechtlichen Aufsicht der EU unterläge, vier Fragen:

- Stellt die Finanzierung aus staatlichen Mitteln nach der Rechtsprechung des Gerichtshofes eine grundlegende Voraussetzung des Beihilfebegriffs dar?
- Sollte der Gerichtshof diese Rechtsprechung überdenken?
- Können die durch das StromEG 1998 gewährten Vergünstigungen als aus staatlichen Mitteln finanziert angesehen werden?
- Stellt das StromEG 1998 eine durch Art. 5 Abs. 2 EGV verbotene Maßnahme mit gleicher Wirkung wie eine staatliche Beihilfe dar?

Bei der Beurteilung der *ersten Frage* ging es im Kern darum, ob dem Beihilfenbegriff aus Art. 92 Abs. 1 EGV eine weite oder enge Interpretation zugrunde gelegt werden sollte.[434] Bei einer *weiten Interpretation* würde man annehmen, dass gemäß dem Wortlaut aus Art. 92, Abs. 1 EGV nur die *„aus staatlichen Mitteln gewährten Beihilfen"* die aus öffentlichen Mitteln finanzierten Maßnahmen betreffen, während die *„staatlichen... Beihilfen"* als erste Tatbestandsalternative alle anderen, nicht aus staatlichen Mitteln finanzierten Maßnahmen erfassen. Entsprechend dieser Interpretation wäre

> „jede Maßnahme, die bestimmten Unternehmen wirtschaftliche Vorteile verschafft und auf einem dem Staat zuzurechnenden Verhalten beruht, unabhängig davon, ob sie zu einer finanziellen Belastung des Staates führt, eine staatliche Beihilfe" (EuGH 2000).

Dieser weiten Interpretation des Beihilfenbegriffs folgten in ihrer Argumentation die Vertreter des vorlegenden Landgerichts Kiel, PreussenElektra, Schleswag, die finnische Regierung sowie die GD Wettbewerb. In der Frage der korrekten Auslegung des Beihilfenbegriffs griff der zuständige Generalanwalt auf die bisherige Rechtsprechung zurück. Er hob hervor, dass sich in der Rechtsprechung die zweite, also enge Auslegung des Beihilfenbegriffs durchgesetzt hätte, nach der nur Vorteile, die unmittelbar oder mittelbar aus staatlichen Mitteln gewährt werden, als staatliche Beihilfen im Sinne von Art. 92, Abs. 1 EGV anzusehen sind.[435] Damit wäre „die Finanzierung aus staatlichen Mitteln nach dem derzeitigen Stand der Rechtsprechung eine grundlegende Voraussetzung des Beihilfebegriffs" (EuGH 2000).

Zur Beantwortung der *zweiten Frage*, ob der EuGH seine Rechtsprechung im Sinne einer weiten Interpretation des Beihilfenbegriffs überdenken solle, wurden folgende Positionen vorgetragen. Zugunsten einer solchen Auslegung wiesen die Befürworter, in diesem Fall also die Kläger, *erstens* darauf hin, dass der Wortlaut des Art. 92 Abs. 1 EGV „staatli-

---

[434] Der genaue Wortlaut von Art. 92 Abs. 1 EGV lautete: „Soweit in diesem Vertrag nichts anderes bestimmt ist, sind *staatliche* oder *aus staatlichen Mitteln gewährte Beihilfen* gleich welcher Art, die durch die Begünstigung bestimmter Unternehmen oder Produktionszweige den Wettbewerb verfälschen oder zu verfälschen drohen, mit dem Gemeinsamen Markt unvereinbar, soweit sie den Handel zwischen Mitgliedstaaten beeinträchtigen."

[435] Die derzeitige Rechtsprechung wurde durch den Fall *Sloman Neptun* aus dem Jahr 1993 begründet. In der Verhandlung dieses Falls hatte sich der zuständige Generalanwalt gegenüber dem EuGH ebenfalls für eine weite Interpretation des Beihilfenbegriffs ausgesprochen. Für eine Qualifizierung als Beihilfe sei ausreichend, dass die Maßnahme alleine auf einem dem Mitgliedstaat zuzurechnenden Verhalten beruhe. Unter Verweis auf ein früheres Urteil (*Van Tiggele 1977*) entschied der EuGH jedoch entgegen der Auffassung des Generalanwalts und gemäß der bisherigen Rechtsprechung zugunsten eines engen Beihilfebegriffs.

che oder aus staatlichen Mitteln gewährte Beihilfen *gleich welcher Art* ... mit dem Gemeinsamen Markt [für] unvereinbar" erklärte. Die Formel *„gleich welcher Art"* spräche für eine weite Auslegung des Beihilfebegriffs. *Zweitens* folge aus Art. 3 lit. G EGV,[436] dass die Bestimmungen über staatliche Beihilfen das tragende Element eines Systems sind, das den Wettbewerb innerhalb des Binnenmarktes vor Verfälschungen schützen soll. Aus einer teleologischen Perspektive sei es irrelevant, ob wettbewerbsverzerrende Beihilfen aus privaten oder staatlichen Mitteln finanziert würden. Die Vertreter eines weiten Beihilfebegriffs argumentierten für den konkreten Fall, dass das StromEG die schädlichste Form einer Beihilfe, nämlich die einer Betriebsbeihilfe darstelle, bei der die Erzeuger von Strom aus erneuerbaren Energien die Beihilfeleistungen sogar einseitig erhöhen könnten, indem sie die Produktion steigerten und die Erzeugungskosten senkten. Außerdem müssten die einspeisenden Erzeuger die üblichen Risiken von Überkapazitäten und Preisschwankungen nicht tragen, die in einem zunehmend liberalisierten Markt immer bedeutender würden.

Drittens sei eine weite Interpretation des Beihilfebegriffs deshalb zu befürworten, weil die Finanzierung wirtschaftlicher Vorteile für bestimmte Unternehmen durch den Staat die einzelnen Wirtschaftsteilnehmer belaste. Es sei formalistisch, wenn man den Tatbestand der Beihilfe nur in den Fällen anerkenne, „in denen bestimmte Unternehmen Gelder in ein staatliches Sondervermögen einzahlen müssten, die dann an Wettbewerber verteilt würden, und in Konstellationen wie der vorliegenden, in denen die betroffenen Unternehmen direkte Zahlungen an ihre Wettbewerber zu leisten hätten, diese Bestimmungen unangewendet lasse" (EuGH 2000).

In diesem Zusammenhang betonte die GD Wettbewerb nochmals, dass trotz fehlender Belastung des Staates durch das StromEG, also des fehlenden Verzichts auf unmittelbare oder mittelbare Einnahmen und dem Fehlen entsprechender öffentlicher Ausgaben, den Bestimmungen des StromEG beihilferechtliche Relevanz zukomme. Dies wäre der Fall, weil „auch Umgehungstatbestände unter das Beihilfeverbot fallen sollen, die wie Beihilfen wirken: Maßgeblich sei nicht ein Vermögensopfer der öffentlichen Hand, sondern der Zufluss von Mitteln bei den zu begünstigenden Unternehmen" (Nill-Theobald/Theobald 2001, 345). Indem der Staat die Netzbetreiber zur Zahlung der Einspeisevergütungen gesetzlich verpflichtet habe, leiste er, so die Kommission, *mittelbar Beihilfe*. Die GD Wettbewerb forderte den EuGH deshalb auf, die bisherige Rechtsprechung im Lichte der neuen Entwicklungen des Gemeinschaftsrechts zu überdenken. Selektive Beihilfemaßnahmen stellten das letzte den Mitgliedstaaten verbliebene Instrument dar, um inländischen Unternehmen Wettbewerbsvorteile zu verschaffen. Die Europäische Kommission könnte jedoch im Rahmen ihrer Beihilfenkontrolle die Vereinbarkeit derartiger Maßnahmen mit den Vorschriften des Gemeinsamen Marktes feststellen. Mit der Beantwortung dieser Frage waren also sehr weitreichende Konsequenzen verbunden – schließlich würden bei einer umfassenden Interpretation des Beihilfenbegriffs die wettbewerbsrechtlichen und auch energiepolitischen Kompetenzen der EU-Kommission gegenüber den Mitgliedstaaten erheblich ausgeweitet.

In den Schlussanträgen des Verfahrens erklärte der zuständige Generalanwalt Jacobs zwar sein Verständnis für die von der Europäischen Kommission vorgebrachten Argumente, blieb aber letztlich bei der bisherigen Rechtsauffassung, dass die Finanzierung aus staat-

---

[436] Der Art. 3 EGV, lit. g (dam. Fassung) legte fest: Die Tätigkeit der Gemeinschaft im Sinne des Art. 2 EGV [Aufgabe der Gemeinschaft] umfasst nach Maßgabe und der darin vorgesehenen Zeitfolge „(...) g) ein System, das den Wettbewerb innerhalb des Binnenmarktes vor Verfälschungen schützt".

lichen Mitteln eine grundlegende Voraussetzung des Beihilfenbegriffs darstelle. Die *Entscheidung gegen eine Ausweitung der wettbewerbsrechtlichen Kompetenzen der EU-Kommission* wurde mit den folgenden Argumenten begründet (EuGH 2000):

- *Erstens* komme die bisherige Auslegung des Begriffs der „staatlichen oder aus staatlichen Mitteln gewährten Beihilfen" dem natürlichen Begriffsverständnis am nächsten und verursache weniger Folgeprobleme. Eine weite Auslegung des Art. 92 Abs. 1 EGV, bei der unter staatlichen Beihilfen alle Maßnahmen gefasst würden, die nicht aus staatlichen Mitteln finanziert werden, würde voraussetzen, dass die Verfasser des EGV einen Begriff, der sich auf eine Auffangkategorie (nämlich die der nicht aus staatlichen Mitteln finanzierten Beihilfen) bezieht, vor den Begriff gesetzt hätten, der die Regelfälle erfasst. Das entspräche bei der Gesetzgebung weder einer nahe liegenden noch einer üblichen Vorgehensweise.
- *Zweitens* liefen die Vertreter einer weiten Auslegung bei ihrer teleologischen Argumentation Gefahr, „bei der Bestimmung des Zwecks der Vorschriften über staatliche Beihilfen das vorauszusetzen, was sie zu beweisen hätten, nämlich dass diese Vorschrift auf alle staatlichen Maßnahmen Anwendung finden soll". Genauso gut lässt sich jedoch vertreten, „dass die Vorschriften über staatliche Beihilfen nur dazu dienen sollen, den Wettbewerb vor aus öffentlichen Mitteln finanzierten staatlichen Maßnahmen und nicht jeder Art von staatlichen Maßnahmen zu schützen. Wenn das aber das Ziel der Art. 92ff. EGV ist, dann kann der Begriff der staatliche(n) oder aus staatlichen Mitteln gewährte(n) Beihilfen nicht so weit ausgelegt werden, wie das gefordert wird" (EuGH 2000).
- *Drittens* ließe sich gegen eine weite Interpretation von Art. 92 Abs. 1 EGV ein systematisches Argument im Zusammenhang mit den Verfahrensvorschriften des Art. 93 EGV anführen: „Wenn Art. 92 Abs. 1 EGV aus privaten Mitteln finanzierte Maßnahmen systematisch erfassen würde, dann würde man in Art. 93 EGV Regelungen zu den entsprechenden Rechten und Pflichten erwarten" (EuGH 2000). Dieser Artikel enthält jedoch kein Element, das auf die besonderen Belange von Unternehmen eingeht, die Beihilfen für andere Unternehmen zu finanzieren haben.
- *Viertens* sei zu betonen, dass durch die bisherige Rechtsprechung mit dem engen Beihilfenbegriff Rechtsvorschriften über die Beziehungen zwischen privaten Wirtschaftsteilnehmern aus dem Anwendungsbereich der Bestimmungen über staatliche Beihilfen grundsätzlich herausgehalten worden sind und dadurch eine größere Rechtssicherheit garantiert würde.

Insgesamt stelle die Finanzierung aus staatlichen Mitteln deshalb eine grundlegende Voraussetzung des Beihilfenbegriffs dar.

Weil sich die Europäische Kommission im Voraus bewusst war, dass das StromEG bei unverändertem Interpretationsspielraum durch den herkömmlichen Beihilfebegriff nicht gedeckt würde, bat sie den EuGH um die Klärung weiterer Fragen. Dabei ging es darum, ob *drittens* die durch das Gesetz gewährten Vergünstigungen als aus staatlichen Mitteln finanziert angesehen werden könnten und ob dadurch *viertens* das Gesetz eine durch Art. 5 Abs. 2 EGV verbotene *Maßnahme mit gleicher Wirkung wie eine staatliche Beihilfe* darstelle.[437]

Die Frage, ob die durch das StromEG gewährten Vergünstigungen aus staatlichen Mitteln finanziert seien, hatten das vorlegende Landgericht Kiel, die PreussenElektra und die Europäische Kommission positiv beantwortet. Zum einen vertrat das Landgericht Kiel die Auffassung, das StromEG schmälere die Gewinne der Unternehmen, die der Abnahmepflicht des Gesetzes unterlägen. Dieser Umstand führe letztlich zu einer Einbuße an Steuererträgen. Generalanwalt Jacobs widersprach jedoch dieser Behauptung: Die Mittel zur Finanzierung der Einspeisevergütungen stammten nicht aus angeblichen Einbußen aus Steuererträgen, sondern von aufnahmeverpflichteten Unternehmen, deren Finanzierung letztlich wahrscheinlich auf den Verbraucher umgelegt würde. Zum anderen hatten die Europäische Kommission und die PreussenElektra angeführt, dass die Regelungen des StromEG 1998 eine Umwandlung privater in staatliche Mittel bewirke, die insoweit einer Steuer vergleichbar wäre, weil sie der privaten Sphäre Mittel entziehe und einem im Allgemeininteresse liegenden Zweck zuführe. Diese Kritik entschärfte Generalanwalt Jacobs mit dem Hinweis, dass staatliche Beihilfen zwar häufig durch parafiskalische Abgaben finanziert würden. Eine beihilferechtliche Relevanz bestehe aber nur dann, wenn der Staat in irgendeiner Form die Kontrolle über die staatlichen Mittel ausübe. Dies wäre jedoch bei den Regelungen zum StromEG nicht der Fall. Der Generalanwalt Jacobs kam deshalb zu dem Schluss:

> „Staatliche Mittel im Sinne von Art. 92 Abs. 1 EGV sind daher nur solche Mittel, die staatlichen Behörden *zur Verfügung stehen*. Im vorliegenden Fall standen die nach dem StromEG 1998 zu zahlenden Beträge den deutschen Behörden weder zur Verfügung noch werden sie ihnen jemals zur Verfügung stehen. (...) Die privaten Mittel, die nach dem StromEG zu übertragen sind, stellen daher zu keinem Zeitpunkt staatliche Mittel im Sinne von Art. 92 Abs. 1 EGV dar" (EuGH 2000).

Für die beihilferechtliche Relevanz des StromEG von 1998 ging es abschließend um die Klärung der *vierten Frage*, ob es sich bei den Regelungen *um eine durch Art. 5 Abs. 2 EGV verbotene Maßnahme mit gleicher Wirkung wie die einer staatlichen Beihilfe handele.* Unter Verweis auf das EuGH-Urteil im Fall *Caisse nationale de crédit agricole* von 1985, bei dem die EU-Kommission in ähnlicher Weise eine teleologische Ausweitung des Beihilfenbegriffs vornehmen wollte und ein solches Vorgehen durch den EuGH als unzulässig erklärt wurde, lehnte der EuGH auch im vorliegenden Fall eine derartige Interpretation als unzulässig ab. Der Generalanwalt führte zur Begründung an, dass im Falle einer Zustimmung Art. 5 EGV in Zukunft von der EU-Kommission beliebig dazu benutzt werden könnte, den Anwendungsbereich des Vertrages im Sinne einer eigenen Kompetenzausweitung auszudehnen. Damit stellte sich der EuGH einer eigenmächtigen Ausweitung der wettbewerbsrechtlichen Befugnisse der EU-Kommission ohne rechtliche Grundlage, die erst durch den Ministerrat beschlossen werden müsste, klar entgegen. Damit kam der Generalanwalt Jacobs zu dem Ergebnis,

---

[437] Nach Art. 5 Abs. 1 EGV treffen die Mitgliedstaaten „alle geeigneten Maßnahmen allgemeiner oder besonderer Art zur Erfüllung der Verpflichtungen, die sich aus diesem Vertrag oder aus Handlungen der Organe der Gemeinschaft ergeben. Sie erleichtern dieser die Erfüllung dieser Aufgaben." Nach Abs. 2 unterlassen die Mitgliedstaaten „alle Maßnahmen, welche die Verwirklichung der Ziele dieses Vertrages gefährden können."

„dass die Regelung des StromEG keine staatliche Beihilfe im Sinne von Art. 92 Abs. 1 EGV darstellt" (EuGH 2000).

Ein Verstoß des StromEG gegen das Recht der Warenverkehrsfreiheit in Art. 28 EG (Art. 30 EGV)?

Ein weiterer wichtiger Kritikpunkt der Kläger gegen das StromEG bestand darin, dass die Regelungen die Gefahr der Wettbewerbsverfälschung förderten, „weil deutsche EltVU im Gegensatz zu ausländischen EltVU größere Einspeisevolumina abzunehmen hätten und dafür höhere Einspeisevergütungen zahlen müssten, ohne dass ein Kompensationssystem bestehe" (Nill-Theobald/Theobald 2001, 345). Die Abnahmepflicht der Netzbetreiber von Strom aus erneuerbaren Energien würde einen Rückgang der Nachfrage für Strom aus anderen Mitgliedstaaten bewirken und sei als Maßnahme gleicher Wirkung wie eine mengenmäßige Einfuhrbeschränkung zu bewerten. Das StromEG 1998 sei deshalb mit Art. 30 EGV unvereinbar.[438]

Generalanwalt Jacobs hob zunächst hervor, dass die Frage der Auswirkungen des StromEG auf den grenzüberschreitenden Stromhandel bisher vernachlässigt worden sei. Auch wäre nicht klar,

„ob und in welchem Ausmaß Stromeinfuhren aus anderen Mitgliedstaaten in der Praxis durch das StromEG 1998 beeinträchtigt werden, und insbesondere, ob etwa Einfuhren von Strom aus erneuerbaren Energien technisch überhaupt möglich sind und ob sich dieser Strom von aus herkömmlichen Energien erzeugten Strom unterscheiden lässt" (EuGH 2000).

Aufgrund der ungenügenden Informationslage wären deshalb nur vorläufige Aussagen möglich. Der Generalanwalt kam dabei schnell zu dem Ergebnis, dass die im StromEG 1998 festgelegte Abnahmeverpflichtung als Maßnahme gleicher Wirkung wie eine mengenmäßige Einfuhrbeschränkung anzusehen wäre und das StromEG den innergemeinschaftlichen Handel „zumindest potenziell" behindere.[439]

Im folgenden Prüfungsschritt ging der Generalanwalt den möglichen Rechtfertigungstatbeständen für eine derartige Handelsbeschränkung aus Gründen der *Versorgungssicherheit* und aus *Umweltschutzgründen* nach. Eine Rechtfertigung aus Gründen der *Versorgungssicherheit* könne unter Bezug auf *Art. 8, Abs. 4* Elt-Rl erwogen werden, nach der ein Mitgliedstaat bis zu 15 Prozent des jährlichen Elektrizitätsverbrauchs in Erzeugungsanlagen abrufen darf, die bevorzugt einheimische Primärenergieträger als Rohstoffe einsetzen. Der genannte Artikel wäre jedoch nicht anwendbar, weil die Windenergie weder ein Brennstoff

---

[438] Der damalige Art. 30 EGV (Art. 28 EG) definierte das Verbot mengenmäßiger Einfuhrbeschränkungen im Europäischen Binnenmarkt wie folgt: „Mengenmäßige Einfuhrbeschränkungen sowie alle Maßnahmen gleicher Wirkung sind unbeschadet der nachstehenden Bestimmungen zwischen den Mitgliedstaaten verboten."

[439] Die PreussenElektra und Schleswag machten geltend, dass sie durch das StromEG 1998 in zweifacher Hinsicht im Stromhandel behindert würden. Zum einen würde durch die Abnahmeverpflichtung ihre Möglichkeit der günstigeren Strombeschaffung im Ausland (z.B. Skandinavien) eingeschränkt. Zum anderen wies die PreussenElektra als ÜNB darauf hin, dass durch die Förderung des StromEG die Übertragungskapazitäten für die Ein- und Ausfuhr von Strom besonders in Norddeutschland eingeschränkt würden.

noch ein einheimischer Rohstoff sei.[440] Die Windenergie würde zur Sicherstellung der Versorgungssicherheit innerhalb der EU außerdem noch nicht die Bedeutung wie andere Energieträger haben, so dass für die Versorgungssicherheit nur von positiven Nebeneffekten auszugehen wäre.

Vom zuständigen Generalanwalt wurde zudem angezweifelt, ob die Gesichtspunkte des Umweltschutzes als Rechtfertigung einer Beschränkung der Warenverkehrsfreiheit hinreichend sind. Gerechtfertigt wurde diese Position mit dem Argument, dass das StromEG nicht unterschiedslos Gültigkeit für einheimische wie für eingeführte Erzeugnisse gleicher Art beansprucht und die damit verbundene Diskriminierung ausländischer Stromerzeugung aus erneuerbaren Energien schwerer wiegt als der positive Umweltnutzen des Gesetzes. Aufgrund der durch den Vertrag von Amsterdam gewachsenen Bedeutung von Umweltschutzbelangen innerhalb des EGV sei deshalb abschließend zu prüfen, ob das StromEG dem Verhältnismäßigkeitsgrundsatz gerecht würde. In diesem Punkt kam der Generalanwalt zu dem Ergebnis, dass eine Maßnahme wie das StromEG nicht verhältnismäßig sei. Als zentrales Argument führte er an, dass nicht erkennbar wäre, „warum in anderen Mitgliedstaaten erzeugter Strom aus erneuerbaren Energien nicht in gleichem Ausmaß zur Verringerung des Abgasausstoßes beitragen würde wie in Deutschland erzeugter Strom aus erneuerbaren Energien" (EuGH 2000). Damit wurde in der Abwägung die mögliche Diskriminierung ausländischer Erzeuger von Strom aus erneuerbaren Energien als schwerwiegender erachtet als die positiven Umweltfolgen der deutschen Regelungen. In der Frage der Begründung der Verhältnismäßigkeit bestehender Regelungen aufgrund der Vorteile einer dezentralen und damit effizienteren Stromerzeugung war der Generalanwalt der Meinung, dass die nationalen Gerichte entscheiden müssten, ob es erforderlich sei, Erzeuger von Strom aus erneuerbaren Energien aus anderen Mitgliedstaaten aus dem Anwendungsbereich des StromEG 1998 auszuschließen. Abschließend kam Generalanwalt Jacobs zu dem Ergebnis,

> „dass eine Regelung wie die des StromEG 1998 als Maßnahme gleicher Wirkung wie eine mengenmäßige Einfuhrbeschränkung im Sinne von Art. 30 EGV anzusehen und demnach verboten ist, sofern sie nicht dem Sachverhalt nach durch Gründe des Umweltschutzes gerechtfertigt werden kann" (EuGH 2000).

An dieser Stelle ist auf die auffällige Tatsache zu verweisen, dass der Generalanwalt in seinen Schlussanträgen mit keinem Wort auf die Bedeutung der klimaschutzpolitischen Ziele der Gemeinschaft eingegangen war. Nach Einreichung der Schlussanträge wurde im Urteil des EuGH daher eher mit einer Zurückverweisung an das Landgericht Kiel gerechnet.[441]

---

[440] Während die erneuerbaren Energien im EU-Weißbuch zur Sicherstellung der energiepolitischen Versorgungssicherheit zwar eine explizite Rolle spielten, wurden diese Energieträger bei der wettbewerbsbezogenen Ausgestaltung der Regelungen zur Elt-Rl offensichtlich nicht in gleicher Weise berücksichtigt.

[441] Letztlich würde der Generalanwalt durch eine Zurückverweisung das Landgericht Kiel entscheiden lassen, ob eine Beschränkung des Anwendungsbereichs des StromEG auf Stromerzeuger innerhalb des deutschen Territoriums zulässig wäre. Eine Zurückverweisung hätte für das StromEG beachtliche Risiken impliziert, weil eine auf das deutsche Territorium begrenzte Abnahme- und Vergütungspflicht rechtswidrig wäre, wenn es nicht durch hinreichende Umweltschutzgründe gerechtfertigt werden könnte (Gebauer u.a. 2001).

Am 13. März 2001 erging schließlich das Urteil des EuGH zur Klärung der Europa-rechtskonformität der deutschen Ökostromförderung (EuGH-Urteil vom 13. März 2001, Rs. C-379/98). Der EuGH entschied gemäß den Anträgen des Generalanwalts zunächst, dass die Abnahmeverpflichtung für Strom aus erneuerbaren Energien und die gesetzlichen Min-destpreise nach dem StromEG 1998 keine staatliche Beihilfe darstellten. Beide Regelungen würden weder eine mittelbare noch eine unmittelbare Übertragung von staatlichen Mitteln bedeuten (SZ 14.03.2001a).[442]

Große Überraschung löste das Urteil aber in seiner Begründung zur Abwägung zwischen den Interessen des Umweltschutzes und der Warenverkehrsfreiheit (Art. 30 EGV) aus. Allgemein war erwartet worden, dass das Gericht gemäß den Anträgen des General-anwalts einen Widerspruch des StromEG zu den europarechtlichen Bestimmungen zur Warenverkehrsfreiheit feststellen würde. Bislang war die europarechtliche Rechtfertigung einer Einschränkung der Warenverkehrsfreiheit aufgrund von Umweltschutzbelangen nur bei nationalen Maßnahmen möglich, die unterschiedslos einheimische und importierte Erzeugnisse betrafen. Weil das StromEG nur auf deutsche Energieunternehmen anwendbar war, war davon auszugehen, dass eine Rechtfertigung an diesem Umstand scheitern würde. Im EuGH-Urteil wurden die in Frage stehenden Regelungen hinsichtlich ihrer Auswirkun-gen auf die Warenverkehrsfreiheit jedoch unter Verweis auf Ziele des Umweltschutzes explizit gerechtfertigt. Es ist festzustellen, dass der EuGH in seiner Entscheidung nicht bei einem traditionell weiten Verständnis vom Anwendungsbereich der Warenverkehrsfreiheit stehen geblieben ist,

„sondern sich deutlich über die Grenzen seiner bisherigen Rechtsprechung hinaus bewegt [hat]. Die mit dem StromEG verbundenen Einschränkungen der Warenverkehrsfreiheit müssen nach Ansicht des Gerichtshofs hingenommen werden, weil das StromEG dem Umwelt- und Klima-schutz und damit einem übergeordneten Zweck dient, der seinen Niederschlag in Art. 6 des Amsterdamer Vertrages gefunden hat. Ohne eine gesetzliche Förderung der erneuerbaren Ener-gien sei den Mitgliedstaaten die Erfüllung ihrer Verpflichtungen aus dem Kyoto-Protokoll nicht möglich" (Gebauer u.a. 2001, 13).

Die explizite Nennung der Kyoto-Klimaschutzverpflichtungen in der Urteilsbegründung stelle, so eine Behauptung der eben zitierten Autoren, eine kleine Sensation dar und erlange damit eine Rechtsverbindlichkeit, von der andere völkerrechtliche Instrumente nur träumen könnten. Allerdings ist einschränkend hervorzuheben, dass der EuGH seine Entscheidung als besonderen Einzelfall erachtete, was bereits im Leitsatz seiner Entscheidung zum Aus-druck kommt:

„Eine Regelung wie das StromEG verstößt *beim gegenwärtigen Stand des Gemeinschaftsrechts* [kursive Hervorhebung, Verfasser] auf dem Gebiet des Elektrizitätsmarktes nicht gegen Art. 30 EGV".

---

[442] Diese Entscheidung stieß auf Kritik: Mit der Entscheidung wäre es den nationalen Gesetzgebern bei konsequen-ter Anwendung des Urteils fortan freigestellt, per Gesetz Festpreise und Abnahmezwang jeglicher Art und Höhe festzulegen. Eine wettbewerbsrechtliche Überprüfung durch die EU-Kommission könne nur noch schwierig erfol-gen. Der EuGH habe den Tatbestand der Beihilfe an die Einschaltung einer staatlichen Behörde als Mittelvertei-ler und somit an ein rein formales Kriterium geknüpft. Es sei ein neues Kapitel in der Beihilfe- und Subventions-politik aufgeschlagen worden und der systematischen und sprachlichen Auslegung der EG-Verträge der Vorzug vor der teleologischen Auslegung eingeräumt worden (Witthohn/Smeddinck 2001).

Damit hat der EuGH bestätigt, dass die deutsche Regelung zur Ökostromförderung den innergemeinschaftlichen Handel zwar einschränkt. Die deutschen Förderregelungen können aber gerechtfertigt werden, weil der europäische Elektrizitätssektor derzeit noch nicht vollständig liberalisiert und harmonisiert ist. Innerhalb der EU gäbe es noch Hemmnisse für den Elektrizitätshandel und auch die Herkunft von Elektrizität lasse sich kaum bestimmen. Aus diesen Gründen wären die deutschen Regelungen nach derzeitigem Stand mit EU-Recht vereinbar (SZ 14.03.2001a). Die Annahme der gewagten These einer rechtlichen Gleichstellung von Binnenmarkt- mit Umweltzielen, wie sie seit dem EuGH-Urteil von manchen Autoren angenommen wird (Gebauer u.a. 2001, 15-16), erscheint vor diesem Hintergrund verfrüht. Allerdings ist der Aussage zuzustimmen, dass der EuGH mit seiner Entscheidung zum deutschen StromEG den Umwelt- und Klimaschutzgedanken im Gemeinschaftsrecht erheblich gestärkt hat.

5.3.3.5   Die Verabschiedung der EE-Rl

Mit dem EuGH-Urteil vom März 2001 war zur inhaltlichen Ausgestaltung einer Europäischen Richtlinie für erneuerbare Energien (EE-Rl) rechtliche Klarheit geschaffen worden. Die weiteren Verhandlungen zwischen EP, Rat und Kommission konnten zügig fortgesetzt werden. Bereits am 29. Dezember 2000 hatte die Europäische Kommission in Reaktion auf den Rothe-Bericht eine überarbeitete Fassung des EE-Rl-Entwurfs vorgelegt (Europäische Kommission 2000c).

Der Entwurf berücksichtigte wichtige Verbesserungsvorschläge des EP. So fand sich im *einleitenden Teil* eine exaktere Begründung der Notwendigkeit eines Ausbaus erneuerbarer Energien unter Nennung der vielfältigen positiven Nebeneffekte (arbeits- und strukturpolitische Effekte, Versorgungssicherheit, Friedenssicherung) und der Zielsetzungen des Kyoto-Protokolls. Es wurde explizit aufgeführt, dass nukleare und fossile Energien durch die Mitgliedstaaten direkt wie indirekt gefördert und bei ihrer Nutzung die externen Folgekosten nicht berücksichtigt würden. Der Elektrizitätsmarkt wäre zugunsten dieser Energieträger verzerrt. Für den Ausbau erneuerbarer Energien in der EU wäre ein eigener Markt für diese Form der Stromerzeugung erforderlich. Hierdurch würde der Strom aus den betreffenden Technologien wettbewerbsfähig, die Kosten für den Verbraucher begrenzt und die öffentliche Förderung mittelfristig verringert. Die Kommission übernahm auch die Forderung, durch Übergangsbestimmungen bestehenden nationalen Fördersystemen einen Bestandsschutz von zehn Jahren zu gewähren, um hierdurch das Investorenvertrauen zu sichern und die Entstehung von "Stranded Costs" zu vermeiden (Europäische Kommission 2000c).

Außerdem befürwortete die Kommission die differenziertere Definition der verschiedenen erneuerbaren Energiequellen (*Art. 2 EE-Rl-E*). Bei der Definition der Biomasse folgte sie ebenfalls den EP-Vorschlägen. *Keine Berücksichtigung* fand aber der EP-Vorschlag, die Mitgliedstaaten auf die verbindliche Definition von jährlichen Mindestzielen und Anteilen der einzelnen Technologien für den Verbrauch von Strom aus erneuerbaren Energien zu verpflichten (*Art. 3 EE-Rl-E*). Die Kommission beließ es außerdem bei einem gemeinschaftlichen Ausbauziel bis 2010 in Höhe von 22,1 Prozent am Gesamtelektrizitätsverbrauch (statt 23,5 Prozent). Verschiedene Vorschläge des EP, den Handel mit Elektrizität aus erneuerbaren Energien zu beschleunigen, fanden ebenso keine Berücksichtigung wie der Vorschlag zur Einrichtung eines Ausschusses, der die EU-Kommission bei der Ausarbeitung und Festlegung der jährlichen nationalen Ziele beraten sollte.

Allerdings nahm die Europäische Kommission die Vorschläge des EP nach zusätzlichen Kriterien auf (*Art. 4* EE-R1-E), die bei der künftigen Entwicklung eines Gemeinschaftsrahmens für erneuerbare Energien beachtet werden sollten (z.B. Vereinbarkeit mit den Prinzipien des Elektrizitätsbinnenmarktes und den Umweltzielen nach Art. 6 EGV, Berücksichtigung der geografischen Besonderheiten bei einer Nutzung der verschiedenen EE-Technologien). Nicht übernommen wurde die explizite Bestimmung, nach der so rasch wie möglich ein Vorschlag vorgelegt werden sollte, „der die Erzeugung von Elektrizität aus erneuerbaren Energiequellen für einen Übergangszeitraum bis zur Herstellung eines fairen Marktes vorbehaltlos von den Art. 87 und 88 EGV ausnimmt" (Europäisches Parlament 2000).

Die weiteren Bestimmungen (*Art. 5* EE-R1-E *Herkunftsnachweis für Strom aus erneuerbaren Energiequellen, 6 Verwaltungsverfahren und 7 Netzanschluss*) blieben unverändert. Damit überging die EU-Kommission weitere wichtige Änderungsvorschläge des EP. Zum einen wurde eine Bestimmung nicht übernommen, derzufolge die Kommission in Zusammenarbeit mit den betreffenden Mitgliedstaaten die Entwicklung eines Marktes für den Handel mit zertifizierter Elektrizität aus erneuerbaren Energiequellen fördern und durch eine Überwachung sicherstellen sollte (*Art. 5* EE-R1-E). Auch das Bemühen nach Aufnahme des Prüfungskriteriums der Durchleitungstarife und -bestimmungen zum Abbau der regulatorischen Hemmnisse in die nationalen Berichte, das besonders deutsche Interessenvertreter gefordert hatten, wurde nicht berücksichtigt (*Art. 6* EE-R1-E). Schließlich scheiterten die deutschen Parlamentarier im EP damit, wichtige Bestimmungen zu Fragen des Netzanschlusses (*Art. 7* EE-R1-E) in die Richtlinie zu übertragen (Übertragung der Netzanschlusskosten auf den Anlagenbetreiber sowie der Netzerweiterungskosten auf den Netzbetreiber). Der Vorschlag zur Einrichtung einer Clearingstelle fand ebenso keine Berücksichtigung, wie die geforderten Änderungen der *Schlussbestimmungen* (*Art. 8* EE-R1-E), in denen Richtlinienermächtigungen zur Förderung der Stromerzeugung aus Beiprodukten von Verarbeitungs- und Entsorgungsprozessen (Restmüll im Sinne der Abfallrichtlinie) und energieeffizienten Technologien (z.B. KWK) festgeschrieben werden sollten.

Nach der Überarbeitung des Richtlinienentwurfs durch die Europäische Kommission legte der *Rat* am 23. Mai 2001 *seinen Gemeinsamen Standpunkt* vor. Eine weitreichende Änderung betraf zum einen die *Definition der Biomasse*. Nach den Vorschlägen des Rates sollte die Definition von „Biomasse" gegenüber den bisherigen Entwürfen allgemeiner gehalten werden und folgende Bestandteile umfassen: Biologisch abbaubare Anteile „von Erzeugnissen, Abfällen und Rückständen der Landwirtschaft (einschl. pflanzlicher und tierischer Stoffe), der Forstwirtschaft und damit verbundener Industriezweige sowie der biologisch abbaubare Anteil von Abfällen aus Industrie und Haushalten" (Europäisches Parlament 2001a). Die Änderung war auf Druck der Regierungen von Großbritannien, Belgien und den Niederlanden auf die Agenda des Richtlinienverfahrens gesetzt worden, weil diese Länder die Müllverbrennung als „erneuerbare Energiequelle" definierten.

Darüber hinaus verwies der Rat in der Frage des Herkunftsnachweises darauf (*Art.5* EE-R1-E), dass die Mitgliedstaaten nicht dazu verpflichtet werden sollten, „den Ankauf eines Herkunftsnachweises von anderen Mitgliedstaaten oder die entsprechende Abnahme von Strom als Beitrag zur Verwirklichung einer einzelstaatlichen Quotenverpflichtung anzuerkennen" (Europäisches Parlament 2001a). Damit wurde deutlich, dass der Rat weiterreichende Initiativen zur Schaffung eines Europäischen Zertifikatemarktes für Strom aus erneuerbaren Energien ablehnte. Stattdessen wurde die Einführung eines sog. *„Herkunfts- nachweises"* für Strom aus erneuerbaren Energien gefordert, durch den der Handel und die Transparenz bezüglich des Stromprodukts für den Kunden verbessert werden sollte. In der Frage der Ausgestaltung eines Handels mit Strom aus erneuerbaren Energien blieben die Vorschläge des Rates aber unklar, weil er getrennt von den „Herkunftsnachweisen" auch die Einführung „handelbarer grüner Zertifikate" forderte. Eine weitere wichtige Änderung betraf die Dauer der angemessenen Übergangszeiträume bis zur Reform eines Europäischen Gemeinschaftsrahmens zur Förderung erneuerbarer Energien: Dieser wurde durch den Rat im Gemeinsamen Standpunkt von bisher zehn auf nur noch sieben Jahre verkürzt (Europäisches Parlament 2001a).

Aufgrund der weiterhin bestehenden Interessengegensätze zwischen den Vorstellun- gen des Rates und des EP fanden am 12. Juni 2001 weitere Sondierungsgespräche für eine mögliche Kompromisslösung statt. Aus Sicht des EP bestanden in den folgenden Punkten die wichtigsten Meinungsdifferenzen:

- Ungeklärte Definition der Biomasse,
- Fehlen *verbindlicher* nationaler Ausbauziele für erneuerbare Energien,
- Fragen der Verteilung von Netzanschluss- und -erweiterungskosten und die damit in Verbindung stehenden Regelungen für einen Vorrang von erneuerbaren Energien.

In diesen strittigen Punkten konnte man sich schließlich auf eine Kompromisslösung ver- ständigen. In der Frage der *Definition der Biomasse* kam das EP den Vorstellungen des Rates weitestgehend entgegen. Letztlich einigte man sich darauf, dass die Müllverbrennung in die Definition der förderfähigen erneuerbaren Energiequellen einbezogen werden sollte. Als Ausgleich dafür sollte eine Erklärung in die EE-Rl aufgenommen werden, dass es *nicht Ziel* der EE-Rl sei, die Müllverbrennung zu fördern. Auch in der Frage der *Verbindlichkeit der Ziele* eines Ausbaus erneuerbarer Energien konnte sich der Rat mit seinen Vorstellun- gen durchsetzen. Hier wurde vereinbart, dass in der EE-Rl *keine verbindlichen nationalen Ziele* vorgegeben werden sollten. Die EU-Kommission sollte aber für den Fall, dass die Mitgliedstaaten vier Jahre nach einer Umsetzung der EE-Rl nur unzureichende Fortschritte beim nationalen Ausbau erneuerbarer Energien erzielen, das Recht erhalten, dem Rat und dem EP verbindliche Ziele vorzuschlagen. Das EP konnte sich dafür mit seiner Forderung nach der Festlegung von *Vorrangregelungen für Strom aus erneuerbaren Energien bei der Netznutzung* durchsetzen. Mit der erzielten Kompromisslösung wurden zwar die Kosten des Netzausbaus nicht generell den Netzbetreibern zugeordnet. Allerdings gestand der Rat im Rahmen einer Kann-Regel zu, dass ein vorrangiger Zugang zum Netz gemäß den techni- schen Möglichkeiten zugestanden werden kann.

Bis zur Zweiten Lesung des EE-Rl-Entwurfs vor dem EP, die am 04. Juli 2001 statt- fand, brachten die Mitglieder des EP-Ausschusses für Außenhandel, Industrie, Forschung und Energie weitere Änderungsanträge ein, mit denen sie den Gemeinsamen Standpunkt des Rates und der Kommission nochmals ändern wollten. Eine Vielzahl der hier gemachten Änderungsvorschläge waren Wiederholungen früherer Änderungsanträge, wie z.B.:

- Nennung *weiterer Erwägungsgründe* für die Verabschiedung der Richtlinie: Z.B. Bedeutung erneuerbarer Energien als friedensschaffender Faktor, Beitrag zur Verminderung weiterer schädlicher Emissionen (z.B. SO_2, NO_x, etc.);
- Bestandsschutz nationaler Förderregelungen von mindestens zehn Jahren;
- Beibehaltung des eng gefassten Begriffs der Biomasse; Ausschluss der Stromerzeugung aus Wasserkraftanlagen, bei denen Strom zu ortsüblichen Marktpreisen produziert würde;
- Verpflichtung der Mitgliedstaaten zu verbindlichen Mindestzielen für den Ausbau erneuerbarer Energien;
- Verpflichtung der Mitgliedstaaten, eine Benachteiligung der erneuerbaren Energien bei der Erhebung von *Durchleitungsentgelten* oder durch *technische Auflagen* zu verhindern;
- *Ausweitung des Herkunftsnachweises auf alle möglichen Energieträger* (Europäisches Parlament 2001a).

Innerhalb des EP-Ausschusses blieb die Frage der Gestaltung eines künftigen Gemeinschaftsrahmens umstritten. Einerseits bestanden vor allem die liberalen Parlamentsvertreter darauf, die Herkunftsnachweise für Strom aus erneuerbaren Energien als handelbare Zertifikate anzuerkennen. Demgegenüber verteidigten vor allem die Grünen die Ansicht, dass zur Einführung eines grenzüberschreitenden Handels die EU-Kommission erst weitere Harmonisierungsmaßnahmen erlassen müsste. Ein zu früh geöffneter Handel würde einen Wettbewerb zwischen den Fördersystemen auslösen und könnte die wirksameren Fördersysteme beeinträchtigen. Bis zur Festsetzung genauer Bestimmungen zur gegenseitigen Anerkennung sollte der grenzüberschreitend gehandelte Strom (etwa zwischen Mitgliedstaaten, die bereits ein Zertifikatesystem eingeführt hatten) deshalb nicht für das Erreichen der nationalen Ziele angerechnet werden können (Europäisches Parlament 2001a).

Gemäß dem Verfahren der Mitentscheidung nahm das EP in der Zweiten Lesung am 04. Juli 2001 die EE-Rl in der Form des erzielten Kompromisses an. Insgesamt gelangte das EP aber zu der ernüchternden Feststellung, dass der Gemeinsame Standpunkt des Rates trotz der Übernahme von 15 der 69 Änderungsvorschläge des EP in wesentlichen Punkten von den parlamentarischen Forderungen abwich. Besonders die fehlende Verbindlichkeit der nationalen Ausbauziele vermochte das EP nicht zu akzeptieren. Trotz der Annahme der EE-Rl wiederholte das Parlament deshalb in einer legislativen Entschließung seine Forderung, dass die Kommission dem Rat und dem EP Vorschläge für verbindliche Ziele eines Ausbaus erneuerbarer Energien unterbreiten solle (Europäisches Parlament 2001b). Ferner wurde die weit gefasste Definition der Biomasse kritisiert. Einen weiteren schwer zu akzeptierenden Kompromiss gingen die EP-Vertreter mit der abschließenden Annahme eines Bestandsschutzes von nationalen Regelungen für eine Dauer von sieben Jahren ein. Weil eine Beurteilung der einzelnen nationalen Förderregelungen erst drei Jahre nach Inkrafttreten der EE-Rl erfolgen sollte, bestünde aber bis zur Verabschiedung eines vereinheitlichenden Gemeinschaftsrahmens für erneuerbare Energien – so die Argumentation – immer noch ein ausreichender Übergangszeitraum von zehn Jahren (Europäisches Parlament 2001b). Die im Entschliessungsantrag geforderten Änderungen wurden durch die Europäische Kommission nicht mehr berücksichtigt. Vielmehr nahm der Rat am 27. September 2001 die EE-Rl an, die mit ihrer Veröffentlichung im EU-Amtsblatt am 27. Oktober 2001 in Kraft trat (Europäisches Parlament/Europäischer Rat 2001).

Die wichtigsten Bestimmungen der EE-Rl lassen sich wie folgt zusammenfassen: Zunächst setzt die EE-Rl nur nationale Richtwerte für den Ausbau erneuerbarer Energien fest und verzichtet auf die Definition verbindlicher Ziele. Allerdings kann der Kommission zu einem späteren Zeitpunkt das Recht eingeräumt werden, verpflichtende Ziele vorzuschlagen. Hinsichtlich der langwierigen Auseinandersetzungen um die Auslegung des Begriffs der Biomasse wurde lediglich in einer Soll-Bestimmung festgelegt, dass die Verbrennung von nicht getrennten Siedlungsabfällen nicht in den künftigen Anwendungsbereich der Fördersysteme fallen sollte. Den Mitgliedstaaten wird zugestanden, eine andere Definition von Biomasse zu verwenden. Weiterhin sind die Mitgliedstaaten zum Erreichen der eigenen Ausbauziele *nicht* dazu verpflichtet, Herkunftsnachweise für Strom aus erneuerbaren Energien aus anderen Mitgliedstaaten anzuerkennen. Dabei wird auf den wichtigen Unterschied zwischen Herkunftsnachweisen und handelbaren *„Grünen Zertifikaten"* verwiesen und betont, dass für ein EU-weites Handelssystem zunächst die Etablierung eines legislativen Rahmens für einen Markt von erneuerbaren Energien erforderlich sei. Im Einleitungsteil der EE-Rl wird festgestellt, dass es für die Einführung eines gemeinschaftlichen Förderrahmens noch zu früh sei, weil bisher nur begrenzte Erfahrungen mit Markteinführungsinstrumenten bestünden und der Anteil der aus erneuerbaren Energien produzierten Energie zu gering wäre. Allerdings wird angekündigt, dass nach einer ausreichenden Übergangsperiode die Fördersysteme harmonisiert werden sollen. Die Kommission soll hierfür die Entwicklung der nationalen Fördersysteme und die im Zuge ihrer Umsetzung gemachten Erfahrungen beobachten. Falls erforderlich, soll die Kommission Vorschläge für einen gemeinschaftlichen Förderrahmen unterbreiten, die sich an bestimmten Kriterien orientieren müssen. Insgesamt bestimmt die EE-Rl bis zur Umsetzung eines solchen Förderrahmens einen Übergangszeitraum von sieben Jahren (Europäisches Parlament/Europäischer Rat 2001).

Bis auf weiteres wird die Kompetenz zur Regulierung erneuerbarer Energien damit bei den Mitgliedstaaten verbleiben. Mit der EE-Rl wird das Konzept einer unverbindlichen Koordination und Beobachtung der verschiedenen nationalen Förderprogramme umgesetzt. Die EE-Rl ist ein Beispiel der offenen Koordinierung, in dem die Institutionen der EU zunächst die Erfahrungen in den Mitgliedstaaten bei der Implementierung von Policyinstrumenten nutzen, bevor sie konkrete Schritte zur weiteren Harmonisierung einleiten. Das Verhandlungsergebnis trägt deutlich intergouvernementalistische Züge, bei dem die differierenden nationalen Interessen zu keinem substantiellen Ausgleich gebracht werden konnten. Bei der Policyentwicklung der EE-Rl hat sich einmal mehr die zentrale Rolle des EuGH bei der Bestimmung und Abgrenzung der energiepolitischen Kompetenzen der Europäischen Kommission gegenüber den nationalstaatlichen Interessen bestätigt. Wegen des Fehlens eines energierechtlichen Kompetenztitels im EGV hatte die Europäische Kommission (GD Wettbewerb) zwar über ihre wettbewerbsrechtlichen Kompetenzen versucht, die mitgliedstaatliche Souveränität zur Regulierung der erneuerbaren Energien zu beschneiden. Der EuGH hat mit seinem Urteil zum StromEG die mitgliedstaatliche Souveränität aber entscheidend gestärkt, sodass die Mitgliedstaaten ihre nationale Förderung erneuerbarer Energien für einen weiteren Übergangszeitraum fortsetzen können.

5.3.3.6 Die Reform des Europäischen Gemeinschaftsrahmens für staatliche
Umweltschutzbeihilfen

Zeitgleich mit der Verabschiedung der EE-Rl beeinflusste eine weitere Reform die klimapolitischen Diskussionen auf europäischer Ebene. Die EU-Kommission war nach Abschluss der Kyoto-Verhandlungen durch den Europäischen Rat von Helsinki im Dezember
1999 damit beauftragt worden, den aus dem Jahr 1994 stammenden *Gemeinschaftsrahmen
für staatliche Umweltschutzbeihilfen* (GRU) im Rahmen ihrer Nachhaltigkeitsstrategie zu
reformieren und die Grundsätze des Europäischen Wettbewerbsrechts zu überdenken. Der
GRU enthielt die Kriterien, nach denen auf nationaler Ebene staatliche Beihilfen aus Umweltschutzgründen gewährt werden können. Über den GRU, der im EG-Vertrag nicht als
politisches Handlungsinstrument vorgesehen ist und rechtlich lediglich eine Selbstbindung
der EU-Kommission darstellt, wird gewährleistet, dass die GD Wettbewerb die Beihilfevorschriften auf die von den Mitgliedstaaten verwendeten Umweltschutzbeihilfen in transparenter und gleicher Weise anwendet (Sánchez Rydelski 2001).

Am 03. Februar 2001 hat die Europäische Kommission einen neuen GRU verabschiedet, der sich in wesentlichen Punkten von den früheren Rahmenregelungen unterscheidet
und wichtige Bestimmungen zu den Fördermöglichkeiten für erneuerbare Energien enthält
(Europäische Kommission 2001a). Die Verabschiedung dieses GRU stellte einen Versuch
der GD Wettbewerb dar, die wettbewerbsrechtlichen Eingriffskompetenzen der EU-
Kommission vor dem Hintergrund gleichzeitig zunehmender mitgliedsstaatlicher Eingriffe
zur Umsetzung von Nachhaltigkeits- und Klimaschutzzielen differenzierter zu gestalten und
gleichzeitig auszubauen.[443]

Der GRU teilt die Beihilfen in drei Kategorien ein: Investitionsbeihilfen, horizontale
Unterstützungsmaßnahmen und Betriebsbeihilfen. Die Reformen des Jahres 2001 betrafen
vor allem neue Regelungen zu Investitions- und Betriebsbeihilfen. Nach dem alten Gemeinschaftsrahmen konnten Investitionsbeihilfen genehmigt werden, wenn sie lediglich
darauf zielten, bestehende oder neue Gemeinschaftsnormen zu erfüllen. Mit der GRU-
Reform wurden die Rechtfertigungsgründe für staatliche Investitionsbeihilfen dahingehend
verschärft, dass diese nur noch in differenzierten und genau definierten Fällen gerechtfertigt
werden können. Danach sind staatliche *Investitionsbeihilfen nur statthaft, wenn* sie

- gegenüber den Gemeinschaftsnormen zur Umsetzung strengerer nationaler Normen
dienen,
- Maßnahmen zur Energieeinsparung und der Nutzung erneuerbarer Energien betreffen
(dabei darf die staatliche Investitionsförderung *bei den erneuerbaren Energien höchstens bis zu 40 Prozent der beihilfefähigen Kosten* betragen),
- besondere regionalpolitische Zielsetzungen erfüllen,

---

[443] Die GRU-Reform begründete die EU-Kommission wie folgt: „Seit Annahme des Gemeinschaftsrahmens im
Jahre 1994 sind immer mehr Umweltmaßnahmen auf Initiative der Mitgliedstaaten, der Gemeinschaft und auf
internationaler Ebene - insbesondere seit Abschluss des Kyoto-Protokolls - ergriffen worden. Es sind zahlreiche
Interventionen der Mitgliedstaaen im Energiesektor festzustellen, die bisher selten verwendete Formen annehmen,
insbesondere Steuerermäßigungen oder -befreiungen. Im gleichen Zuge entwickeln sich neue Arten von Betriebsbeihilfen. Deswegen ist die Annahme eines neuen Gemeinschaftsrahmens notwendig, damit die Mitgliedstaaten
und Unternehmen wissen, nach welchen Kriterien die Kommission die Vereinbarkeit der von den Mitgliedstaaten
geplanten Beihilfen mit dem Gemeinsamen Markt beurteilen wird“ (Europäische Kommission 2001a).

- die Sanierung verschmutzter Industriestandorte fördern,
- die aus Umweltschutzgründen verursachte Standortverlagerung von Unternehmen unterstützen (Europäische Kommission 2001a).

Erstmals finden in einem EU-Beihilfenrahmen damit die begünstigten Projekte (z.B. Energieeinsparung, erneuerbare Energien) ausdrücklich Erwähnung.

Auch bei den *Betriebsbeihilfen* haben sich grundlegende Veränderungen ergeben. Nach dem bisherigen GRU wurden Betriebsbeihilfen nur genehmigt, wenn diese die Produktionskosten im Vergleich zu den üblichen Kosten lediglich ausglichen, zeitlich befristet und grundsätzlich degressiv ausgestaltet waren. Es bestanden weder maximale Geltungsdauern noch Beihilfehöchstgrenzen, so dass eine Förderhöchstgrenze von bis zu 100 Prozent erreicht werden konnten. Der neue GRU setzt hingegen Fristen und Beihilfehöchstgrenzen für die Förderbereiche Abfallbewirtschaftung, Energieeinsparung, erneuerbare Energien und kombinierte Kraft-Wärme-Erzeugung fest. Vor allem aber wird die Genehmigung staatlicher Betriebsbeihilfen für erneuerbare Energien jetzt an vier zentrale Bedingungen verknüpft:

- Die Betriebsbeihilfen dürfen nur gewährt werden, um die Amortisierung der Anlage zu gewährleisten, jede zusätzlich von der Anlage erzeugte Energie ist nicht förderfähig.
- Eine Genehmigung von Beihilfen in Form *„Grüner Zertifikate"* oder der Durchführung von Ausschreibungen kann nur erfolgen, wenn die Mitgliedstaaten nachweisen, dass die Förderung zur Sicherung der Rentabilität der Anlagen erforderlich ist, keine überhöhte Förderung erneuerbarer Energien stattfindet und die angewandten Instrumente den Wettbewerb befördern.
- Eine Genehmigung von Betriebsbeihilfen bei Neuanlagen ist an die Voraussetzung geknüpft, dass der genehmigungsfähige Beihilfensatz auf der Grundlage der vermiedenen externen Kosten berechnet wird und auf jeden Fall nicht 5 ct übersteigt (Sánchez Rydelski 2001, 462-263).

Im Fall der Betriebsbeihilfen zielt der neue Rahmen v.a. darauf, die umweltpolitischen Handlungsspielräume der europäischen Mitgliedstaaten bei der Gewährung von Beihilfen für erneuerbare Energien über eine Ausweitung des Wettbewerbsrechts einzuschränken. Aus umweltpolitischer Perspektive wurden die neuen beihilferechtlichen Initiativen der Europäischen Kommission kritisiert. Der Präsident von Eurosolar Scheer bemängelte die neuen Beihilferichtlinien als „eindeutige und politisch unakzeptable Kompetenzüberschreitung der Europäischen Kommission", mit der „praktisch die gesamte Umweltpolitik der Mitgliedstaaten, Länder, bzw. Regionen und Kommunen unter den Vorbehalt eines Prüfungsrechts des Wettbewerbskommissars" gerate. Mit den Reformen würde der Vorrang der Wettbewerbspolitik vor allen anderen Politikzielen festgeschrieben und die EU-Politik ideologisch verengt. Damit würde auch das klare Votum der Regierungskonferenz von Nizza vom Dezember 2000 nach einer eindeutigen Kompetenzabgrenzung nicht beachtet (Solarzeitalter 2001b). Das UBA kritisierte die erlassenen Regelungen im Rahmen einer durch das Finanzwissenschaftliche Institut Köln durchgeführten Studie. Der entwickelte Beihilferahmen würde den Mitgliedstaaten kaum Anreize bieten, über die umweltpolitischen Standards hinauszugehen, die auf europäischer Ebene vorgesehen sind. Ähnlich wie

Scheer bemängelte der Autor des Forschungsberichts Ewringmann, dass die EU-Kommission in nicht gerechtfertigter Weise in die umweltpolitischen Kompetenzen der Mitgliedstaaten eingreife (SZ 25.02.2002f).

Abschließend bleibt festzuhalten, dass die Europäische Kommission nicht nur über wiere Initiativen für eine Harmonisierung der Europäischen Fördersysteme von erneuerbaren Energien, sondern auch über ihre wettbewerbsrechtlichen Kompetenzen bei der Genehmigung staatlicher Beihilfen die nationale Förderpolitik entscheidend beeinflusst. Zwar hat der EuGH mit seinem Urteil zum StromEG nur einen Monat später, also im März 2001, die mitgliedstaatlichen Kompetenzen für den Erlass eigener Förderregelungen gestärkt, weil Festpreisregelungen nicht als Beihilfen gewertet wurden. Es bleibt abzuwarten, wie sich die geschilderten Reformen des Beihilfenrechts auf die nationalen Förderregelungen zum Ausbau erneuerbarer Energien auswirken werden.

5.3.4 Die wettbewerbsrechtlichen Kommissionsinitiativen zur Beschleunigung des Energiebinnenmarktes

Weil die Elt-Rl des Jahres 1996 den rechtlichen Rahmen zur Öffnung der Energiesektoren relativ weit zog, folgten zur Beschleunigung des Wettbewerbs im Europäischen Energiebinnenmarkt ab dem Jahr 2000 neue Kommissionsinitiativen. In den folgenden Abschnitten werden die Initiativen der EU-Kommission zu einer Beschleunigung einer Liberalisierung der Energiesektoren dargestellt, hinsichtlich ihrer Effekte auf den deutschen Energiesektor analysiert und in den Zusammenhang des Ausbaus erneuerbarer Energien gestellt.

5.3.4.1 Von der Lissabon-Strategie zu ersten Kommissionsvorschlägen für eine Beschleunigung der Strommarktliberalisierung

Nach dem Inkrafttreten der Elt-Rl im Juli 1996 wurden die nationalen Energiesektoren in sehr unterschiedlicher Weise und Schnelligkeit für den Wettbewerb geöffnet. Als zentrale Hemmnisse für einen Europäischen Energiebinnenmarkt stellten sich bald die geringe Entwicklung des grenzüberschreitenden Handels und die mitgliedsstaatlichen Disparitäten bei der Regulierung des Netzzugangs heraus. Weil ein wichtiger Pfeiler der Europäischen Strategie für stromwirtschaftlichen Wettbewerb im Ausbau des transeuropäischen Netzes bestand (Art. 129b EGV), forderte die EU-Kommission die nationalen ÜNB bereits im Jahr 1998 auf, ein grenzüberschreitendes Tarifierungs- und Abrechnungssystem zu entwickeln. Im Juli 1999 resultierte der Druck der EU-Kommission in der Gründung des Dachverbands der *European Transmission System Operators* (ETSO), unter dem die bisherigen vier regionalen europäischen Übertragungsnetzverbünde fusioniert wurden (Schwintowski 2000).[444]

---

[444] Die Gründung der ETSO im Jahr 1999 wurde durch die regelmäßigen Treffen im Rahmen des *European Electricity Regulatory Forum* begünstigt, auf dem sich in Florenz halbjährlich Vertreter der Kommission, der Mitgliedstaaten und der nationalen Regulierungsbehörden sowie der ÜNB, Produzenten, Verbraucher und Stromhändler trafen, um Fragen des grenzübergreifenden Stromhandels zu koordinieren. In diesem Kontext wurde eine europäische Konzertierung der Interessen der Energiehändler vorangetrieben und die *European Federation of Energy Traders* (EFET) gegründet. Darüber hinaus konstituierte sich im Frühjahr 2000 der Rat der europäischen Regulierungsbehörden (*Council of European Energy Regulators* - CEER), der Positionen der unabhängigen Regulierungsbehörden der Mitgliedstaaten bündelte. Aufgrund des Fehlens einer eigenen Regulierungsbehörde entsandte die Bundesrepublik Vertreter des BMWi/BMWA und des BkartA in dieses Gremium (*Interview BkartA*).

Ein wichtiger Impuls zur Beschleunigung der Energiemarktliberalisierung ging im März 2000 vom Europäischen Rat in Lissabon aus, auf dem beschlossen wurde, die EU zur wettbewerbsfähigsten Region der Erde zu gestalten (sog. *„Lissabon-Strategie"*). Zur Realisierung dieses Ziels wurden umfangreiche Fortschritte bei der Liberalisierung in den Sektoren Transport, Verkehr, Telekommunikation und Energie für erforderlich erachtet. Die Liberalisierung des Europäischen Energiebinnenmarktes sollte durch weitere Harmonisierungsmaßnahmen beschleunigt werden. In den Mitgliedstaaten bestünden weiterhin divergierende Regelungen, z.B. zu den Geschwindigkeiten einer Marktöffnung (European Commission 1999) und die z.T. nur schwach regulierte Trennung von Netzbetrieb und Erzeugung.[445] Das Ziel weiterer Harmonisierungsschritte wurde durch eine Entschließung des EP im Juni 2000 bestätigt. Im März 2000 wurde die Europäische Kommission durch den Europäischen Rat außerdem damit beauftragt, bis zum Jahr 2002 die Entwicklung der Liberalisierung im Europäischen Strom- und Gasmarkt zu evaluieren.

Nach dem Europäischen Gipfel von Barcelona legte die Europäische Kommission im *März 2001* neue *Richtlinienentwürfe für eine Beschleunigung der Energiemarktliberalisierung (Strom und Gas)* vor. Die Vorschläge zielten im Kern darauf, die Fragen des Netzzugangs und der Geschwindigkeit der Marktöffnung zu harmonisieren: Trotz des deutschen Sonderweges (verhandelter Netzzugang) befürwortete die Europäische Kommission weiterhin die *Harmonisierungslösung eines regulierten Netzzugangs*, der durch nationale Regulierungsbehörden reguliert und kontrolliert werden sollte. In der Frage der Geschwindigkeit einer weiteren Liberalisierung der Europäischen Elektrizitätswirtschaft trat die Kommission für eine *vollständige Liberalisierung bis zum Jahr 2005* ein. Ab 2003 sollten alle Unternehmenskunden ihren Elektrizitätsversorger und ab 2004 ihre Gaslieferanten frei wählen können. Das Ziel einer vollständigen Öffnung der Energiesektoren ab 2005 wurde damit begründet, dass viele Mitgliedstaaten bereits über die Mindestöffnungsgrenzen der Elt-Rl hinausgegangen wären und durch die unterschiedlichen Liberalisierungsgeschwindigkeiten für Unternehmen ungleiche Wettbewerbspositionen entstünden. Die für einen begrenzten Zeitraum konzipierte Reziprozitätsregelung habe sich in der Praxis als nicht zweckmäßig erwiesen (Neveling/Theobald 2002).

Die neu amtierende Energiekommissarin de Palacio zeigte sich außerdem mit den seit 1998 erzielten Fortschritten für einheitliche *Regelungen des grenzüberschreitenden Handels* sehr unzufrieden. Deshalb kündigte sie über die Beschleunigungsrichtlinien hinaus die Entwicklung EU-weiter Regelungen zur *Harmonisierung grenzüberschreitender Tarife und des Interkonnektoren-Managements* an (FT 30.01.2001a). In einem Verordnungsvorschlag regte die GD Energie die Bildung eines Netzwerks zwischen den bereits bestehenden nationalen elektrizitätswirtschaftlichen Regulierungsbehörden und der Kommission an.

Wie schon bei den Vorgängerrichtlinien stützte die Europäische Kommission ihr Vorgehen auf *Art. 95 EGV*, welcher zur Angleichung von mitgliedstaatlichen Rechts- und

---

[445] Zwei Jahre nach Inkrafttreten der Elt-Rl fasste Pollitt die divergierenden nationalen Strategien zur Strommarktliberalisierung in verschiedenen Klassen zusammen. Dabei bezeichnete er mit dem Begriff *„Restrukturierung"* im Wesentlichen die erfolgte organisatorische Trennung von Erzeugung und Übertragung im Sinne eines effektiven *"Unbundling"*: *Restrukturierung bei gleichzeitiger Privatisierung*: England & Wales, Nord-Irland; *Restrukturierung*: Norwegen, Finnland, Schweden, Niederlande; *Privatisierung*: Schottland, Spanien; *Schrittweise Entwicklung*: Deutschland, Italien, Österreich; *Geringe Fortschritte*: Griechenland, Irland, Belgien, Portugal und Frankreich (Pollitt 1999). Einen umfassenden Überblick über die verschiedenen Ansätze zur Strommarktliberalisierung in der EU gibt außerdem Glachant (2003).

Verwaltungsvorschriften den Erlass von Maßnahmen durch den Rat gemäß *Art. 251 EGV* zum Gegenstand hat. Demnach war für den Fall einer späteren Verabschiedung des Liberalisierungspakets lediglich eine qualifizierte Mehrheit im Rat bzw. Parlament ausreichend, so dass die Richtlinien auch gegen die Stimmen Frankreichs und Deutschlands verabschiedet werden könnten (Neveling/Theobald 2002). Aufgrund des Fehlens eines europarechtlichen Kompetenztitels für Energie im EGV blieb aber umstritten, ob sich die Europäische Kommission überhaupt auf diese Rechtsgrundlage berufen konnte. Eine Bewertung der rechtlichen Handlungsgrundlage muss die mit den geplanten Richtlinien getroffenen materiellen Regelungen berücksichtigen. In diesem Kontext gingen *Neveling/Theobald* davon aus, dass *Art. 95 EGV* eine ausreichende rechtliche Grundlage bietet, weil mit der Umsetzung der Richtlinienentwürfe Wettbewerbsverfälschungen beseitigt werden sollten, welche die Freiheit des Warenverkehrs im Europäischen Binnenmarkt beeinträchtigen:

> „Da es sich bei Elektrizität und Gas europarechtlich um Waren i.S. von Art. 28 EGV handelt, deren Verkehr durch die unterschiedlichen Wettbewerbsbedingungen und Marktöffnungsgrade in den einzelnen Mitgliedstaaten zur Zeit erheblich eingeschränkt wird, ist unzweifelhaft die Harmonisierungskompetenz des Art. 95 EGV betroffen. Qualitativ betreffen die vorgeschlagenen Maßnahmen auch keine Neugestaltung der mitgliedstaatlichen Energiepolitik, sondern insbesondere in den Bereichen Tarifgenehmigung, der Einrichtung von Regulierungsbehörden und des Unbundling eine Angleichung an die Regulierungsbedingungen anderer Mitgliedstaaten" (Neveling/Theobald 2002).

Die Bewertung, ob mit den Kommissionsvorschlägen eine Neugestaltung der Energiepolitik vorgenommen würde, markierte die Trennungslinie zwischen Befürwortern und Gegnern einer Anwendung des *Art. 95 EGV* als Rechtsgrundlage. Im Gegensatz zu den Vorgenannten argumentierte Schmidt-Preuß, dass es der EU an einer konkreten Ermächtigungsgrundlage fehle. Mit dem genannten Vorgehen würde der Grundsatz der begrenzten Einzelermächtigung verletzt. Der *Art. 95 EGV* trüge nicht als Rechtsgrundlage, weil mit den Richtlinienentwürfen eine strategische Neuausrichtung der Energiepolitik in Angriff genommen würde (z.B. durch die Einrichtung nationaler Regulierungsbehörden). Weil sich nicht bestimmen ließ, ob für einen effektiven Energiebinnenmarkt die Einrichtung solcher Behörden zwingend notwendig ist, sei auch das Kriterium der Erforderlichkeit nicht erfüllt. Schließlich würden die Richtlinienvorschläge gegen den Grundsatz der Subsidiarität (*Art. 5 EGV*) verstoßen, weil die Aufgabe einer effektiven Marktöffnung am Besten auf der Ebene des Mitgliedstaates zu erreichen sei (FAZ 27.03.2002f).

Die Richtlinienvorschläge der GD Energie wurden noch in der ersten Hälfte des Jahres 2001 von der Europäischen Kommission befürwortet und im März 2001 dem Europäischen Rat von Stockholm zur Beschlussfassung vorgelegt. Auf diesem EU-Gipfel scheiterte die Verabschiedung des Richtlinienpakets aber am Widerstand Frankreichs, das sich v.a. den Zielen einer vorzeitigen vollständigen Marktöffnung bis 2005 und einer konsequenteren Umsetzung des gesellschaftsrechtlichen Unbundling widersetzte. Zur Begründung ihrer Ablehnung verwies die französische Regierung erneut auf die Bedeutung des *„Service Public"*-Konzepts. Die französische Regierung fürchtete wegen der erheblichen vertikalen Integration der Stromwirtschaft mit der zentralistischen EdF, dass eine weit reichende Entflechtung die zentralen Prämissen des *Service-Public-Konzepts* (z.B. Gleichpreisigkeit der

Versorgung, schwieriger zu gestaltende Subventionierung der Nuklearstromerzeugung) gefährden würde.[446]

Während die Bundesregierung im Vorfeld des Stockholmer Gipfels die Vorschläge der Kommission noch generell unterstützt hatte, schloss sie sich kurz vor der Verabschiedung des Beschleunigungspakets dem französischen Standpunkt an.[447] Für diesen Standpunktwechsel hat wohl auch das deutsche Interesse an der Beibehaltung des verhandelten Netzzugangs eine zentrale Rolle gespielt, der nur über eine Ablehnung der Beschleunigungsrichtlinien aufrechterhalten werden konnte.[448] Das BMWi zeigte sich weiterhin von der Überlegenheit des verhandelten Netzzugangs überzeugt und wollte eine umfassende Modifikation der Regelungen zum Netzzugang verhindern.[449]

Nach dem Scheitern eines Kompromisses auf dem Stockholmer EU-Gipfel im März 2001 hielt die GD Energie zunächst an ihrem Zeitplan einer vollständigen Liberalisierung der Energiesektoren bis zum Jahr 2005 fest. Bereits im April 2001 forderte die Energiekommissarin de Palacio die Abgeordneten des EP dazu auf, im Rahmen des parlamentarischen Verfahrens (Art. 251 EGV) konstruktiv an der neuen Richtliniengebung der EU-Kommission mitzuarbeiten. Die EU-Parlamentarier signalisierten ihre weitgehende Kooperationsbereitschaft (FTD 04.04.2001).

Während die GD Energie im Sommer 2001 ihren Richtlinienvorschlag überarbeitete, spitzte sich der wettbewerbspolitische Streit zwischen Frankreich und anderen Mitgliedstaaten aufgrund des Gebahrens des französischen Strommonopolisten EdF und der nicht den Grundsätzen einer Reziprozität entsprechenden Marktöffnung zu. Nachdem die EdF bereits zu Beginn des Jahres 2001 beim wichtigen deutschen Verbundunternehmen EnBW eingestiegen war, wurden im weiteren Jahresverlauf Übernahmepläne des französischen Stromriesen bekannt, bedeutende Anteile des spanischen Energieversorgers Hidrocantabrico zu übernehmen. Mit dem Hinweis auf eine Verletzung der gemeinschaftlichen Reziprozitätsbestimmungen untersagte die spanische Regierung der deutschen EdF-Tochter EnBW im Mai 2001 aber, für eine Übernahme durch EdF ihre Stimmrechte bei der Hidrocantabrico wahrzunehmen. Kurze Zeit später schränkte auch die italienische Regierung den zunehmenden Expansionsdrang der EdF beim heimischen Mischkonzern Montedison durch eine Einschränkung der Stimmrechte ein. Im Juni 2001 drohte die Bundesregierung, in der an-

---

[446] In Frankreich beruhen 82 Prozent der Stromerzeugung der EdF auf der Nutzung der Kernenergie. Anders als die meisten anderen EU-Mitgliedstaaten hat Frankreich auch in der zweiten Hälfte der 1990er Jahre noch intensiv in den Ausbau der Kernenergie investiert. Im Jahr 1998 gingen die beiden Atomreaktoren Chooz und Civaux mit einer installierten Leistung von 2.900 MW ans Netz (Régibeau 1999).

[447] Kurz zuvor war es auf dem deutsch-französischen Gipfeltreffen zwischen Frankreichs Staatspräsident Chirac und dem deutschen Bundeskanzler Schröder im pfälzischen Herxheim-Hayna zu einem Interessenabgleich gekommen (SZ 23.03.2001b).

[448] Zuvor hatte der VDEW vor den verfassungsrechtlichen Schwierigkeiten einer direkten staatlichen Regulierung des Netzzugangs gewarnt. Mit dem geplanten Verordnungsvorschlag für eine Intensivierung des grenzüberschreitenden Stromhandels drohe eine „Destabilisierung der Netze". Die Einsetzung einer Regulierungsbehörde wäre an sich keine Garantie für Wettbewerb. Außerdem hätten föderal verfasste Mitgliedstaaten verfassungsrechtliche Schwierigkeiten, entsprechende Behörden auf Bundesebene anzusiedeln (Die Welt online 08.02.2001).

[449] Die Leiterin der Abteilung Energie im damaligen BMWi argumentierte auf einer stromwirtschaftlichen Fachtagung im September 2001: „Der Bundeswirtschaftsminister ist überzeugt, dass das deutsche System der Regulierung mit seiner Mischung aus staatlichen Vorgaben, nachträglicher Missbrauchskontrolle [durch die Kartellämter, Verfasser] und ausgehandelten Spielregeln zwischen Anbietern und Verbrauchern von Energie dem Modell der EU-Kommission überlegen ist. Jedenfalls dann, wenn man energiepolitische Anforderungen zugrunde legt und Energiepolitik nicht auf eine Wettbewerbspolitik der kurzfristigen Durchleitungsfälle reduziert" (Möller 2001).

stehenden Gesetzesnovelle des EnWG ein Importverbot von ausländischem Strom festzu-schreiben (SZ 15.06.2001e).[450]

Innerhalb der EU-Kommission stieß die Kritik der verschiedenen Regierungen an dem Vorgehen der EdF auf ein unterschiedliches Echo: Während Binnenmarktkommissar Bol-kestein nationale gesellschaftsrechtliche Abwehrmaßnahmen (z.B. Rückgriff auf *„Goldene Aktien"*, Stimmrechtsbeschränkungen) gemeinschaftsrechtlich für illegal hielt und mit der Einleitung rechtlicher Verfahren drohte, zeigten sich Wettbewerbskommissar Monti und Energiekommissarin de Palacio gegenüber den ergriffenen nationalen Blockademaßnahmen aufgeschlossener. In einer gemeinsamen Stellungnahme verwiesen beide Kommissare auf das Risiko *„ernsthafter und zunehmender Wettbewerbsverzerrungen"* aufgrund des *„Un-gleichgewichts"* bei der Liberalisierung des EU-Energiesektors. Sie kündigten an, unter Zuhilfenahme des EU-Beihilfenrechts genau prüfen zu wollen, ob die Gewährung von Subventionen an öffentliche Unternehmen für die Gewährleistung von *„Dienstleistungen von allgemeinem wirtschaftlichem Interesse"* wirklich gerechtfertigt wäre.

Kommissionsintern war für das weitere wettbewerbspolitische Vorgehen folgender Aspekt von besonderer Relevanz. Im Zuge der Streitigkeiten um die Verletzung der Re-ziprozitätskriterien durch EdF gestand Wettbewerbskommissar Monti der Energiekommis-sarin de Palacio zu, im Falle substantieller Verletzungen des Reziprozitätsprinzips die ge-schilderten Beschränkungen der Niederlassungsfreiheit in Form von Stimmrechtsbeschrän-kungen hinzunehmen. Dieses Zugeständnis des Wettbewerbskommissariats erfolgte aber im Rahmen eines wichtigen politischen Tausches. Im Gegenzug nämlich gestand die Ener-giekommissarin zu, in künftigen wettbewerbs- und beihilferechtlichen Verfahren die staat-lichen Beihilfen für die Kernenergie stärker zu berücksichtigen (FR 20.06.2001e). Von solchen Beihilfen profitierte die französische EdF offensichtlich in hohem Maße. Eine stärkere Berücksichtigung beihilferechtlicher Aspekte wurde als Einflusshebel zur Be-schränkung der marktbeherrschenden Stellung des französischen Staatskonzerns gesehen. Der Streit um die Verletzung der Reziprozitätskriterien durch den französischen Stromrie-sen EdF resultierte letztlich in einer zunehmenden Thematisierung der beihilferechtlichen Aspekte einer Förderung der Kernenergie.

5.3.4.2 Von der Konkretisierung der Richtlinienvorschläge der EU-Kommission zur abschließenden Einigung

Nachdem Belgien in der zweiten Hälfte des Jahres 2001 die Ratspräsidentschaft übernom-men hatte, wurde von der GD Energie ein weiterer Richtlinienvorschlag erarbeitet, der die

---

[450] Bis zum Juli 2001 hatte die EdF, Unternehmensbeteiligungen in neunzehn Ländern übernommen. Auch in Großbritannien fürchtete man den ungehinderten Expansionsdrang des französischen Stromriesen, der in jener Zeit die Übernahme des südenglischen Verteilerunternehmen SEEBOARD in Angriff nahm. Die britische Regierung erhob ebenfalls scharfe Kritik: "The government fears the French group is subsidising overseas acquisitions with illegal state aid in the form of targeted tax breaks, preferential loan guarantees and cash for building nuclear plants" (FT 24.07.2001c). Die Londoner Regierung thematisierte damit öffentlich die Frage einer Subventionie-rung der französischen Atomwirtschaft und ihrer beihilferechtlichen Bewertung. In ähnlicher Weise kritisierte sie jedoch auch das deutsche System des verhandelten Netzzugangs. Der damalige britische Energieminister Hain formulierte: "But British companies ... are not able to go into France and Germany and form joint ventures, joint partnerships and make acquisitions. There is no reciprocity and I don't think it's acceptable for Germany and France to hold up energy liberalisation and block it, and think their companies can have a free ride into the British market" (FT 24.07.2001c).

unterschiedlichen Positionen zur Geschwindigkeit der Marktöffnung und der Regulierung des Netzzugangs in Übereinstimmung zu bringen versuchte. Auf einer Tagung des Energierates konnte zwischen den Mitgliedstaaten im Dezember 2001 hierüber ein erstes Einvernehmen erzielt werden. Im gleichen Monat hatte die EU-Kommission einen Benchmarking-Bericht zur Entwicklung des Wettbewerbs in den EU-Energiesektoren vorgelegt, der zu sehr ernüchternden Ergebnissen gelangte (Europäische Kommission 2001c).[451] Die im ersten Benchmarking-Bericht deutlich gewordenen Unterschiede der nationalen Strategien zu einer Liberalisierung der Energiesektoren bestätigten die Kommission in ihren Überlegungen zur Beschleunigung der Wettbewerbspolitik.

Zu Beginn des Jahres 2002 übernahm Spanien die Ratspräsidentschaft. Zu diesem Zeitpunkt kam durch ein Positionspapier der Bundesregierung, das für den im März stattfindenden EU-Gipfel in Barcelona publiziert wurde, erneut Bewegung in die Liberalisierungsdebatte. Wegen der schlagartig erfolgten Marktöffnung im eigenen Land betonte die Bundesregierung das Ziel einer zügigen Öffnung der übrigen europäischen Strom- und Gassektoren bis zum Jahr 2004.[452] Frankreich machte aber von Beginn an klar, einer vollständigen Öffnung der heimischen Strom- und Gasmärkte zu einem derart frühen Zeitpunkt nicht zuzustimmen. Vielmehr zeichnete sich ab, dass Frankreich höchstens einem Kompromissvorschlag der Energiekommissarin de Palacio akzeptieren würde, nach dem eine Marktöffnung bis zum Jahr 2004 nur für industrielle Großkunden erfolgen sollte (Handelsblatt 24.02.2002b). Weil bereits im Mai 2002 französische Parlaments- und Präsidentschaftswahlen angesetzt waren, blieb die Zustimmung der französischen Regierung zu einer umfassenden Marktöffnung unwahrscheinlich. Kurz vor dem EU-Gipfel stellte die französische Regierung auf einem Finanzministerratstreffen (Ecofin) klar, eine vollständige Liberalisierung des heimischen Energiesektors für Privatkunden weiterhin abzulehnen und eine kontrollierte Öffnung des Marktes unter gleichzeitiger Wahrung eines starken Schutzes des „Service Public" zu verfolgen.

Demgegenüber unterstützte auch das EP die EU-Kommission, in dem es eine Woche vor dem EU-Gipfel in Barcelona dem Anfang 2001 vorgeschlagenen Liberalisierungspaket mehrheitlich zustimmte. Im Rahmen des Mitentscheidungsverfahrens änderte das EP dieses Paket aber in einigen wichtigen Punkten: Zum einen sollten die großen Energieversorgungsunternehmen in Zukunft stärker auf ihre unternehmensbezogene Verwendung und den möglichen beihilferechtlichen Missbrauch von Rückstellungen, die sie zur Stilllegung und Entsorgung von Kernkraftwerken bildeten, kontrolliert werden (FT 14.03.2002a). Auf Initiative der Grünen konnte zum anderen durchgesetzt werden, dass die Nuklearstromerzeuger ihre Stilllegungsfonds nicht mehr zweckentfremdet für die Akquisition anderer

<hr>

[451] Die wichtigsten Ergebnisse dieses Berichts waren folgende Kritikpunkte: Überhöhte Netzentgelte als Wettbewerbshindernis für Neueinsteiger; vorab nicht veröffentlichte oder genehmigte Netzentgeltstrukturen, die aufgrund verflochtener Eigentumsverhältnisse zu teuren und langwierigen Rechtsstreitigkeiten führen; Quersubventionierung verbundener Geschäftstätigkeiten im wettbewerbsorientierten Markt; große Marktmacht bestehender Erzeugungsunternehmen in Verbindung mit mangelnder Liquidität an Großhandels- und Ausgleichsmärkten; unzureichende Entflechtung, wodurch diskriminierende Gebührenstrukturen und Quersubventionierungen verschleiert würden (Europäische Kommission 2001c).
[452] Dabei drohte auf der europäischen Ebene allzu leicht in den Hintergrund zu geraten, dass der deutsche Elektrizitätssektor formal zwar komplett für den Wettbewerb um alle angeschlossenen Kunden geöffnet war, die Marktöffnung per verhandeltem Netzzugang einem effektiven Wettbewerb jedoch sehr große Restriktionen auferlegte (zur Bewertung der bisherigen Liberalisierung im deutschen Strommarkt, s.S. 301ff.).

Elektrizitätsgesellschaften einsetzen sollten.[453] Eine weitere wichtige Änderung der Strommarktrichtlinie betraf die Durchsetzung einer Kennzeichnungspflicht, mit der die Stromversorger dazu verpflichtet werden sollten, vollständige Transparenz über die Qualität der Stromerzeugung sicherzustellen (z.B. Anteile der unterschiedlichen Ressourcen an der Stromerzeugung). In Bezug auf die Gasrichtlinie gelang es, dass die Mitgliedstaaten den Zugang von Biogas und Gas aus Biomasse zu den Netzen rechtlich gewährleisten müssen und eine Diskriminierung des Netzzugangs dieser Energieträger ausschliessen (Kronberger 2002).

Das abgeänderte Liberalisierungspaket bildete die Diskussionsgrundlage des Europäischen Rates von Barcelona, der im März 2002 stattfand. Auf diesem Gipfeltreffen kam zwischen den Regierungsvertretern jedoch erneut kein Kompromiss zustande. Eine vollständige Liberalisierung der Energiesektoren stand nach französischer Auffassung weiter den Grundsätzen des *"Service Public"* entgegen, weshalb Frankreich einer Liberalisierung für gewerbliche Kunden erst ab 2004 zustimmte. Die französische Blockade in der Frage der endgültigen Marktöffnung war im Gegenzug jedoch durch ein Entgegenkommen gegenüber der deutschen Position in der Frage der Beihilfen für den Bergbau gekennzeichnet (s.S. 528ff.). Demzufolge kann auch hier von einem politischen Koppelgeschäft im Sinne einer Verhinderungskoalition gegen grundlegende Liberalisierungsreformen gesprochen werden. Zusätzlich ermöglichte der Kompromiss eine Beibehaltung des verhandelten Netzzugangs, so dass dieser Bestandteil des Richtlinienpakets blieb. Ein wichtiges Ergebnis des Gipfels bestand in dem Auftrag an die Europäische Kommission, bis zum Jahresende 2002 zu klären, wie sich die unterschiedlichen Auffassungen für das Verhältnis von freiem Wettbewerb und öffentlicher Daseinsvorsorge miteinander vereinbaren lassen. Der Europäische Rat verfolgte damit das Ziel, eine verbindliche Definition der Dienstleistungen von allgemeinem wirtschaftlichem Interesse zu erreichen.[454] Seit dem Terroranschlag vom 11. September 2001 wurden die geschilderten Initiativen zur Beschleunigung der Liberalisierung auf europäischer Ebene zunehmend durch die Frage der energiebezogenen Versorgungssicherheit verdrängt.[455] Deshalb regte die Europäische Kommission mit der Vorlage eines eigenen *Grünbuchs zur Versorgungssicherheit* zeitgleich die Diskussion zwischen den

---

[453] Die Höhe der in der deutschen Energiewirtschaft gebildeten Rückstellungen wurde auf bis zu 35 Mrd. Euro geschätzt (Solarzeitalter 2003a). Die Frage ihrer beihilferechtlichen Bewertung wurde im November 1999 durch eine Klage mehrerer deutscher Stadtwerke vor der GD Wettbewerb aufgeworfen. Darauf hin forderte Wettbewerbskommisar Monti von der Bundesregierung im Juli 2000 eine Stellungnahme zu dem Vorwurf, die steuermindernden Rückstellungen der Kernkraftwerksbetreiber stellten gegenüber anderen Wettbewerbern eine unzulässige Beihilfe dar. Im Februar 2001 verteidigte die Bundesregierung die nationale Rückstellungspraxis, die in ihren Augen keine Vergünstigung im Sinne einer staatlichen Beihilfe gemäß Art. 87 Abs. 1 EGV (alte Fass.) wäre. Die Bundesregierung begründete ihre Ansicht damit, dass die Rückstellungen aus handels- und steuerrechtlichen Gründen zwingend gebildet werden müssten. Die rot-grüne Bundesregierung stimmte aber mit der EU-Kommission darin überein, dass zwischen den EU-Mitgliedsländern hinsichtlich der unterschiedlichen Höhe der Vorsorge und den verschiedenen Finanzierungsinstrumenten für Stilllegung, Rückbau und Entsorgung Harmonisierungsbedarf bestünde (Wuppertal Institut für Klima 2001).
[454] Mit den Beschlüssen von Barcelona machte sich die Europäische Kommission an die Erarbeitung von Grundsätzen für die öffentliche Daseinsvorsorge, die im Mai des Jahres 2003 im *Grünbuch zu Dienstleistungen von allgemeinem Interesse* resultierten. Das Grünbuch diente als weitere Diskussionsgrundlage für eine genauere Definition der betreffenden Dienstleistungen (Europäische Kommission 2003b).
[455] Zur gleichen Zeit verschärfte sich der Konflikt zwischen dem Irak und den westlichen Verbündeten und führte ab März 2003 zum Zweiten Golfkrieg. Hierdurch wurde ein steigendes Weltpreisniveau für Erdöl verursacht.

Mitgliedstaaten für eine gemeinschaftliche Strategie für eine verbesserte Versorgungssicherheit in der Europäischen Union an.

Zur Mitte des Jahres 2002 wechselte die EU-Ratspräsidentschaft auf Dänemark. Bereits im Vorfeld eines Ministerratstreffens vom November 2002 war man einem abschließenden Kompromiss zur Beschleunigung der Energiemarktliberalisierung näher gekommen. Als Kern der Diskussionen hatte sich der Streit um die *„quantitative"* und die *„qualitative"* Verbesserung der Marktöffnung herauskristallisiert. Das Problem der *quantitativen* Marktöffnung betraf die Festlegung der für den Wettbewerb zuzulassenden Kunden und die Geschwindigkeit der weiteren Liberalisierung. Zur *qualitativen Verbesserung des Wettbewerbs* hatte die Europäische Kommission *vier Schwerpunkte* vorgeschlagen: Zum einen hatte Frankreich für den überarbeiteten Richtlinienvorschlag seine Forderungen nach *Regelungen für gemeinwirtschaftliche Verpflichtungen zum Schutz der Verbraucher* durchsetzen können. Eine weitere qualitative Verbesserung erhoffte man sich durch eine *effiziente und vereinheitlichende Regulierung des Netzzugangs* sowie der ausstehenden Lösung des *"Unbundling-Problems"*. Sowohl Frankreich als auch Deutschland opponierten im Ministerrat allerdings gegen eine weitreichende eigentumsrechtliche Entflechtung des Netzbetriebs von den übrigen Geschäftsfeldern der Energieversorger.

Auf einem Ministerratstreffen vom 25. November 2002 einigte man sich schließlich auf wesentliche Eckpunkte der künftigen Beschleunigungsrichtlinien für den Strom- und Gasmarkt. Die Eckpunkte wurden im darauf folgenden Monat in eigenen Richtlinienentwürfen umgesetzt. Zur Vollendung des Energie-Binnenmarktes sah das Richtlinienpaket (Richtlinie 2003/54/EG für den Strommarkt und Richtlinie 2003/55/EG für den Gasmarkt) aufgrund der zunehmenden Bedeutung von Fragen der Versorgungssicherheit in den *Art. 4* (RL 2003/54/EG) bzw. *5* (RL 2003/55/EG) harmonisierende Vorschriften zum Monitoring der nationalen Energiesektoren vor.[456] Ferner waren bei Investitionen in die Netzinfrastruktur Ausnahmen von den wettbewerbsrechtlichen Vorschriften des Netzzugangs geplant (s.S. 412ff.). Für die Elektrizitätswirtschaft sollte ab dem 01. Juli 2004 allein das Modell des geregelten Netzzugangs (*Art. 20*) Bestand haben, nach dem der Zugang auf der Grundlage veröffentlichter und genehmigter Tarife zu erfolgen hätte. Diese Regelung war für Deutschland von entscheidender Bedeutung, weil mit ihr die Pflicht zur *Einrichtung einer nationalen Regulierungsbehörde* verbunden war, die bei der Genehmigung und Kontrolle der Tarife zur Netznutzung zentrale Funktionen übernehmen sollte. Für ihr Zugeständnis zu diesem Kompromiss betonte die Bundesregierung allerdings, dass die geplante Regelung nicht zwangsläufig das Ende des verhandelten Netzzugangs bedeuten müsse. Vielmehr sollten die geplanten Vorschriften *lediglich* bestimmen, dass Regulierungsbehörden die Methoden zur Berechnung der Netzentgelte genehmigen sollten. Damit erschien eine weitere Anwendung des Systems der Verbändevereinbarungen zur Bestimmung der Netztarife zunächst ohne weiteres möglich.

Nach der abschließenden Einigung im EU-Energieministerrat vom November 2002 ging der Entwurf des Richtlinienpakets im Frühjahr 2003 zur weiteren Abstimmung in das EP. Um eine möglichst rasche Verabschiedung zu ermöglichen, fand Anfang März 2003 ein direkter Trilog zwischen Vertretern von Kommission, Rat und EP statt, auf dem man sich auf einen Zeitplan zum weiteren Verfahren verständigte. Die Konsultationen hatten

---

[456] Weitere Initiativen der EU-Kommission zur Verbesserung der Versorgungssicherheit betrafen den Vorschlag von Richtlinien zur Sicherung der Versorgung mit Erdölerzeugnissen und Erdgas (Lecheler/Gundel 2003).

zum Ziel, bereits im Vorfeld zur zweiten Lesung der Richtlinienentwürfe im EP weitere Streitigkeiten auszuräumen. In den Ausschussarbeiten des EP wurden folgende wichtigste Konfliktpunkte identifiziert:

- Frage der Unabhängigkeit der für den Energiesektor national einzurichtenden Regulierungsbehörden,
- genaue Ausgestaltung ihrer grenzüberschreitenden Zusammenarbeit,
- Vorschriften zur Auszeichnung von Strom (Labelling zum Verbraucherschutz) und
- Schwellenwert, der für ein rechtliches Unbundling von vertikal integrierten Unternehmen (bisher ab 100.000 Kunden) maßgeblich wäre.

Außerdem wurde von den Liberalen des EP die mühsam errungene Einigung zur endgültigen Marktöffnung für Haushaltskunden im Jahr 2007 wieder in Frage gestellt und eine zügigere Marktöffnung verlangt (Froning 2003b).

Im Verlauf des April 2003 zeigte sich, dass die direkten Verhandlungen zwischen den parlamentarischen Berichterstattern Rapkay (zuständig für Beschleunigungsrichtlinie des Erdgasmarktes) und Turmes (zuständig für den Elektrizitätsmarkt) sowie den Vertretern der Kommission und des Rates nur sehr schleppend vorankamen. Der für die Beschleunigungsrichtlinien zuständige Parlamentsausschuss für Industrie, Handel, Energie und Forschung kritisierte per Beschluss die unzureichenden Informationspflichten zur Offenlegung des Brennstoffmixes von Elektrizität und forderte schärfere Regelungen in der Frage der Verwendung von Rückstellungen der Nuklearwirtschaft. Im zuletzt genannten Bereich forderte der Grünen-Politiker Turmes die Aufnahme einer Verpflichtung zur separaten Buchführung von Rückstellungen, um die Potentiale des Auftretens von Wettbewerbsverzerrungen zu reduzieren. Die Parlamentsforderungen nach mehr Transparenz bei den nationalen Subventionsregeln für Kernenergie stießen auf den besonderen Widerstand des Energie-Ministerrates, der sich in dieser Frage nur zur Verabschiedung einer unverbindlichen „*interinstitutionellen Erklärung*" außerhalb des Richtlinienpakets bereit erklärte, nach der die Mitgliedstaaten eine „*sachgerechte Verwendung*" der Rückstellungen gewährleisten sollten (Froning 2003c).

Nachdem zuvor in weiteren Verhandlungen zwischen Vertretern des EP, der Kommission und des Rates die wichtigen Streitpunkte aus dem Weg geräumt werden konnten, kam es am 04. Juni 2003 im EP zur zweiten und abschließenden Lesung des Liberalisierungspakets. Der zustande gekommene Kompromiss ermöglichte die Verabschiedung des neuen Richtlinienpakets zum 26. Juni 2003. Neben einer Konkretisierung von Vorschriften für eine beschleunigte Liberalisierung des Europäischen Gassektors (Direktive 2003/55/EG) wurde für den Bereich der Stromwirtschaft die bisherige Richtlinie (Direktive 96/92/EG) zum 01. Juli 2004 aufgehoben und durch die neue Beschleunigungsrichtlinie für die Elektrizitätswirtschaft (Direktive 2003/54/EG) ersetzt. Das neue Richtlinienpaket (Strom- u. Gasrichtlinie) war durch die Europäischen Mitgliedstaaten bis zum 01. Juli 2004 umzusetzen.[457]

---

[457] Mit der Elt-Beschl-Rl wurde außerdem die Verordnung (EG) Nr. 1228/2003 über die Netzzugangsbestimmungen für den grenzüberschreitenden Stromhandel verabschiedet. Zum 01. Juli 2004 löste diese Verordnung die bis dahin bestehende EU-Richtlinie 90/547/EWG über den Transit von Elektrizitätslieferungen über große Netze ab.

5.3.4.3   Die EU-Beschleunigungsrichtlinie für die Elektrizitätswirtschaft

Im Folgenden werden die wichtigsten Regelungen der Beschleunigungsrichtlinie für den Strommarkt (Elt-Beschl-Rl) zusammenfassend dargestellt. Die wichtigen Neuerungen der Elt-Beschl-Rl beginnen mit *Kapitel II*, in dem *Allgemeine Vorschriften für die Organisation des Stromsektors* definiert werden. Die Forderungen der französischen Regierung zur *Berücksichtigung gemeinwirtschaftlicher Verpflichtungen* bei der weiteren Liberalisierung der Energieversorgung kommen in *Art. 3* zum Ausdruck (Europäisches Parlament/Europäischer Rat 2003a). Dort wird festgelegt, dass die EltVU bei der weiteren Liberalisierung nach den Grundsätzen eines wettbewerbsorientierten, sicheren und unter ökologischen Gesichtspunkten nachhaltigen Strommarktes betrieben werden (*Art. 3 Abs. 1* Elt-Beschl-Rl). Unter uneingeschränkter Beachtung des Art. 86 EG wird den Mitgliedstaaten die Möglichkeit eingeräumt, *den EltVU im allgemeinem wirtschaftlichen Interesse Verpflichtungen aufzuerlegen*, die sich auf die Versorgungssicherheit, Regelmäßigkeit, Qualität und Preis der Versorgung *sowie Umweltschutz, einschließlich Energieeffizienz und Klimaschutz*, beziehen können (*Art. 3 Abs. 2* Elt-Beschl-Rl). Derartige Verpflichtungen müssen klar festgelegt, transparent, nicht-diskriminierend und überprüfbar sein und den gleichberechtigten Zugang von EltVU zu den nationalen Verbrauchern gewährleisten. Ferner werden alle Mitgliedstaaten verpflichtet, für Haushaltskunden und Kleinunternehmen einen *Grundversorger* zu bestimmen, der die Versorgung mit Elektrizität einer bestimmten Qualität zu angemessenen, leicht und eindeutig vergleichbaren und transparenten Preisen garantiert (*Art. 3 Abs.3* Elt-Beschl-Rl).[458] Wichtige verbraucherschutzorientierte Regelungen werden dahingehend getroffen, dass die EU-Mitgliedstaaten sicherstellen müssen, dass die im liberalisierten Markt zugelassenen Kunden tatsächlich zu einem neuen Lieferanten wechseln können (*Art. 3 Abs. 5* Elt-Beschl-Rl). In diesem Zusammenhang wird auf das Erfordernis einer Umsetzung von Maßnahmen hingewiesen, die in einem *gesonderten Anhang A* der Elt-Beschl-Rl definiert sind und dem Schutz der Verbraucherinteressen dienen sollen (z.B. verbraucherschutzorientierte Kriterien zur genauen Ausgestaltung der Kundenverträge, gesonderte Regelungen wie beispielsweise Verbot der Erhebung von Wechselgebühren, etc.). Schließlich finden sich die Bestimmungen zum Labelling des Stroms wieder, auf die besonders die Grünen im EP hingewirkt hatten (*Art. 5 Abs. 6* Elt-Beschl-Rl). Danach werden die EltVU bei der Versendung bzw. Veröffentlichung der Kundenrechnungen sowie in allgemeinen Werbeunterlagen dazu verpflichtet, den Anteil der erneuerbaren Energien am Gesamtenergieträgermix zu veröffentlichen, den der Lieferant im vorangegangenen Jahr verwendet hat.

Bei den Vorschriften zum Monitoring der Versorgungssicherheit wird der Versuch der Europäischen Kommission deutlich, ihren Einfluss auf die nationale Energiepolitik zu verstetigen (*Art. 4* Elt-Beschl.-Rl). Demnach werden die Mitgliedstaaten dazu verpflichtet, ein geeignetes *Monitoringsystem zur Versorgungssicherheit* einzuführen und diese Aufgabe auf die Regulierungsbehörden zu übertragen. Für das Monitoring sollen die Regulierungsbehörden zum 31. Juli jedes zweiten Jahres einen Bericht über die aktuelle Lage der Versorgungssicherheit veröffentlichen und die dabei gewonnenen Erkenntnisse unverzüglich der Europäischen Kommission mitteilen.

---

[458] Im deutschen Regulierungsregime sollte eine Umsetzung der Vorgaben zur Einrichtung eines Grundversorgers zu besonderen Umsetzungsschwierigkeiten führen (s.S. 466ff.).

Das anschließende *Kapitel III* der Elt-Beschl-Rl enthält die Bestimmungen zur *Organisation der Erzeugung* im Europäischen Elektrizitätsbinnenmarkt. Zum einen wird eine stärkere Harmonisierung der Genehmigungsverfahren von neuen Erzeugungsanlagen vorgesehen (*Art. 6* Elt-Beschl-Rl). Zum anderen wird bei der Errichtung neuer Erzeugungskapazitäten bzw. von Energieeffizienz- oder Nachfragesteuerungsmaßnahmen die *Einführung von Ausschreibungsverfahren* verlangt, die nach Möglichkeit durch die Regulierungsbehörden zu überwachen sind (*Art. 7* Elt-Beschl-Rl).

In den *Kapiteln IV* und *V* werden die Pflichten für die ÜNB (*IV*) und VNB (*V*) geregelt. Zunächst werden die EU-Mitgliedstaaten dazu verpflichtet, für ihr Hoheitsgebiet zuständige ÜNB bzw. VNB zu definieren (*Art. 8* bzw. *13* Elt-Beschl-Rl). Zur Sicherstellung der Versorgungssicherheit und der zu gewährleistenden Zuverlässigkeit der Netze werden die genauen Aufgaben der ÜNB/VNB bestimmt (*Art. 9* bzw. *Art. 14* Elt-Beschl-Rl). In der Frage der *„gesellschaftsrechtlichen Entflechtung"* (*"legal unbundling"*) zwischen Produktion, Transport und Verteilung und den getroffenen Entflechtungsregelungen konnten sich die Mitgliedstaaten Frankreich und Deutschland gegenüber denjenigen Ländern behaupten, die sich für eine weitreichende Entflechtung in Form eines *„eigentumsrechtlichen Unbundlings"* (*"Ownership Unbundling"*) eingesetzt hatten (*Art. 10* (ÜNB) bzw. *15* (VNB) Elt-Beschl-Rl).[459] Dieses Modell hätte die Gründung rechtlich vollständig unabhängiger Netzgesellschaften erfordert und war aufgrund des Widerstands von Frankreich und Deutschland sowie von Spanien und Italien bereits seit längerer Zeit nicht mehr Gegenstand der europäischen Verhandlungen. Letztlich sieht die Elt-Beschl-Rl die *gesellschaftsrechtliche Entflechtung* des Netzbetriebs der ÜNB von den übrigen Unternehmensbereichen bis zum 01. Juli 2004 vor (*Art. 10 Abs. 1* Elt-Beschl-Rl), während den VNB ein Übergangszeitraum bis zum 01. Juli 2007 eingeräumt wird (*Art. 30 Abs. 2* Elt-Beschl-Rl). Die damit verbundenen weitreichenden personellen Entflechtungsvorschriften stießen vor allem in Deutschland auf die Vorbehalte der kommunalen EltVU. Gegenüber den vertikal integrierten ÜNB befürchteten die kommunalen EltVU, in gleicher Weise wie die ÜNB zur Aufstellung eines *Gleichbehandlungsprogramms* aufgefordert zu werden (*Art. 15 Abs. 2 lit. C* Elt-Beschl-Rl). Aus diesen Programmen muss z.B. hervorgehen, welche Maßnahmen zum Ausschluss diskriminierenden Verhaltens zwischen den einzelnen Unternehmensbereichen getroffen werden. Allerdings wurden kleine VNB mit weniger als 100.000 Kunden über die sog. *„De-Minimis-Regel"* von den weitreichenden Entflechtungsvorschriften freigestellt (*Art. 15 Abs. 2 lit. D* Elt-Beschl-Rl).

Aus Sicht der erneuerbaren Energien wichtige Bestimmungen räumen den Mitgliedstaaten die Möglichkeit ein, es einem ÜNB/VNB zur Auflage zu machen, „dass er bei der Inanspruchnahme von Erzeugungsanlagen solchen den *Vorrang* gibt, in denen erneuerbare Energieträger oder Abfälle eingesetzt werden oder die nach dem Prinzip der Kraft-Wärme-Kopplung arbeiten" (*Art. 11 Abs. 3.* bzw. *Art. 14 Abs.4* Elt-Beschl-Rl). Die Aufnahme der *Vorrangregelung* ist vor allem auf die Lobbyingaktivitäten der deutschen EU-Parlamentarier zurückzuführen, welche die aus dem deutschen EEG bekannten Vorrangregelungen erfolgreich in Europäisches Recht inkorporierten. Neben einer Regelung des Vor-

---

[459] Für weitreichende Entflechtungsregeln hatten sich die skandinavischen Mitgliedsländer, Großbritannien und die Niederlande eingesetzt. Demgegenüber hatte die erste Elt-Rl von 1996 nur die Pflicht zum verwaltungsmäßigen "Unbundling" vorgesehen, mit dem die EltVU zu einer getrennten Buchführung zwischen Netzbetrieb und sonstigen Aktivitäten verpflichtet wurden.

rangs erneuerbarer Energien wird bestimmt, dass ein Mitgliedstaat aus Gründen der Versorgungssicherheit Elektrizität in einer Größenordnung von bis zu 15 Prozent der in einem Kalenderjahr zur Deckung des Stromverbrauchs notwendigen Primärenergie aus Erzeugungsanlagen abrufen darf, die einheimische Primärenergieträger als Brennstoffe einsetzen (*Art. 11 Abs. 4* Elt-Beschl-Rl). Eine weitere, den Ausbau erneuerbarer Energien unmittelbar betreffende Regelung wird an die ÜNB adressiert, nach der die Ausgleichsregeln für das Elektrizitätsnetz (Stichwort *Regelenergie*) objektiv, transparent und nicht-diskriminierend sein müssen (*Art. 12 Abs. 7* Elt-Beschl-Rl). Die Bedingungen zur Erbringung der Regelenergie durch die ÜNB sollen in einem durch die nationalen Regulierungsbehörden zu vereinbarenden Verfahren in nicht-diskriminierender Weise und kostenorientiert festgelegt und veröffentlicht werden.

In *Kapitel VI* werden die genaueren Bestimmungen zur *Entflechtung und Transparenz der Rechnungslegung* getroffen. Danach wird den Mitgliedstaaten bzw. ihren Regulierungsbehörden ein allgemeines Recht auf Einsichtnahme in die Rechnungslegung der Elt-VU gestattet (*Art. 18 Abs. 1* Elt-Besch-Rl). Ferner werden die EltVU zur Verabschiedung einheitlicher Jahresabschlüsse verpflichtet (*Art. 19 Abs. 2* Elt-Beschl-Rl). Zur Vermeidung von Diskriminierung, Quersubventionen und Wettbewerbsverzerrungen müssen getrennte Konten für die Übertragungs- und Verteiltätigkeiten geführt werden (*Art. 19 Abs. 3* Elt-Beschl-Rl). Bis zum 01. Juli 2007 bestand zudem die Pflicht, getrennte Konten für zugelassene und nicht zugelassene Kunden einzuführen. Außerdem müssen Einnahmen aus dem Eigentum von Übertragungs- und Verteilernetzen getrennt ausgewiesen werden.

Den inhaltlichen Kern der Elt-Beschl-Rl bildet *Kapitel VII* zur Organisation des Netzzugangs. Zunächst wird der *Zugang Dritter zu den Netzen* geregelt. Es wird bestimmt, dass die Mitgliedstaaten die Einführung eines Systems für den *Netzzugang Dritter auf der Grundlage veröffentlichter Tarife* gewährleisten (*Art. 20 Abs. 1* Elt-Beschl-Rl). Die Zugangsregelungen sollen nach objektiven Kriterien diskriminierungsfrei zwischen allen Netznutzern angewandt werden. Die Mitgliedstaaten haben sicherzustellen, dass die Tarife bzw. Methoden zur Kalkulation der Netzzugangsentgelte vor ihrem Inkrafttreten durch die Regulierungsbehörden gemäß *Art. 23* genehmigt werden (*Art. 20 Abs. 1 S. 2 Art. 23* Elt-Beschl-Rl). Den ÜNB und VNB wird die Möglichkeit der Verweigerung eines Netzzugangs eingeräumt, wenn die erforderlichen Kapazitäten nicht vorhanden sind (*Art. 20 Abs. 2* Elt-Beschl-Rl). Eine derartige Verweigerung ist jedoch substantiiert zu begründen. Gleichzeitig haben die Mitgliedstaaten sicherzustellen, dass die Netzbetreiber geeignete Informationen darüber bereitstellen, welche Maßnahmen zur Verstärkung des Netzes erforderlich sind.[460]

Im Zentrum der Richtlinie steht die Vorschrift, dass der Stromsektor für Nicht-Haushaltskunden bis zum 01. Juli 2004 und für alle übrigen Kunden bis zum 01. Juli 2007 für den Wettbewerb geöffnet werden muss (*Art. 21 Abs. 1* Elt-Beschl-Rl). Damit hatte sich die französische Regierung mit zentralen Forderungen durchgesetzt. Für die Regulierung der deutschen Energiewirtschaft bestand die wichtigste Auswirkung aber in den Regeleungen zu den *nationalen Regulierungsbehörden* (*Art. 23 Abs. 1 und 7* Elt-Beschl-Rl). Danach müssen die Behörden zur Regulierung der Netze von der Energiewirtschaft vollkommen

---

[460] Im Falle des Vorliegens von Netzengpässen besteht damit für die Netzbetreiber keine Verpflichtung, zur Beseitigung des konkreten Mangels investiv tätig zu werden.

unabhängig sein (*Art. 23 Abs. 1* Elt-Beschl-Rl). Als wichtigste Aufgaben der nationalen Regulierungsbehörden wurden definiert:

- Festlegen von Regeln für das Management und die Zuweisung von Verbindungskapazitäten mit den Regulierungsbehörden anderer Mitgliedstaaten;
- Monitoring in Bezug auf Mechanismen zur Behebung von nationalen Kapazitätsengpässen;
- Überwachung der von den Netzbetreibern benötigten Zeit für die Herstellung von Anschlüssen und Reparaturen;
- Herstellung von Transparenz zu den Verbindungsleitungen, der Netznutzung und der Kapazitätszuweisung für interessierte Parteien;
- Gewährleistung einer tatsächlichen Entflechtung der in Art. 19 bestimmten getrennten Rechnungslegung;
- Festlegung von objektiven, transparenten und nicht-diskriminierenden Bedingungen und Tarifen für den Anschluss neuer Elektrizitätserzeuger unter besonderer Berücksichtigung der Kosten und Vorteile einer Erzeugung aus erneuerbaren Energien und der KWK;
- Beschreibung des erreichten Ausmaßes von Transparenz und Wettbewerb.

Darüber hinaus wurde verbindlich bestimmt, dass die Regulierungsbehörden auch die Methoden der Netzentgeltberechnung genehmigen (*Art. 23 Abs. 2 lit a* Elt-Beschl-Rl) und die Bedingungen zur Erbringung der Ausgleichsleistungen (Regelenergie) festlegen (*Art. 23 Abs. 2 lit b* Elt-Beschl-Rl). Den Behörden wurde weiter die *Befugnis* eingeräumt, von den Netzbetreibern eine *Änderung oder Anpassung der Bedingungen der Netzentgeltkalkulation zu verlangen* (*Art. 23, Abs. 4* Elt-Beschl-Rl). Darüber hinaus soll der Behörde im Falle auftretender Beschwerden die *Funktion einer Streitbeilegungsstelle* gegen Netzbetreiber zukommen, wobei sie innerhalb von zwei Monaten eine verbindliche Entscheidung treffen muss. In bestimmten Fällen kann die Frist für weitere zwei Monate verlängert werden (*Art. 23, Abs. 5* Elt-Beschl-Rl).

Der Versuch der Europäischen Kommission, ihre Kompetenzen bei der wettbewerbsrechtlichen Aufsicht über die nationalen Energiesektoren mittelfristig zu erweitern, fand seinen deutlichen Ausdruck ferner in der Regelung, nach der die nationalen Regulierungsbehörden der EU-Kommission bis zum Jahr 2010 jährlich zum 31. Juli einen *Bericht* über Marktbeherrschung, Verdrängungspraktiken und wettbewerbsfeindliches Verhalten erstatten müssen (*Art. 23 Abs. 8* Elt-Beschl-Rl). In dem Bericht sollen die Veränderungen der Eigentumsverhältnisse eingehend untersucht und die national ergriffenen Maßnahmen zur Förderung des Wettbewerbs beschrieben werden. Außerdem sollen die nationalen Regulierungsbehörden sowohl untereinander als auch mit der Europäischen Kommission zusammenarbeiten (*Art. 23 Abs. 12* Elt-Beschl-Rl). Schließlich wurde bestimmt, dass bei grenzüberschreitenden Streitigkeiten diejenige nationale Regulierungsbehörde entscheidungsbefugt ist, die für den Netzbetreiber zuständig ist, der die Netznutzung oder den Netzzugang verweigert (*Art. 23 Abs. 10* Elt-Beschl-Rl).

In den *Schlussbestimmungen* des *Kapitels VIII* wurde die Europäische Kommission dazu verpflichtet, dem EP und dem Rat *jährlich über die erzielten Fortschritte* bei der Umsetzung der Richtlinie zu berichten (*Art. 28* Elt-Beschl-Rl). In einem Abstand von zwei Jahren sollen in dem Report außerdem die nationalen Maßnahmen zur Erfüllung gemeinwirtschaftlicher Verpflichtungen analysiert und ihre Auswirkungen auf den Wettbewerb untersucht werden (*Art. 28 Abs. 2* Elt-Beschl-Rl).

Die engen Gestaltungsspielräume, die der Europäischen Kommission aufgrund fehlender energierechtlicher Kompetenzen in den Europäischen Verträgen weiterhin gesetzt waren, zeigten sich in den relativ schwachen Zuständigkeiten zur Kontrolle der atomwirtschaftlichen Rückstellungen nationaler EltVU. In dieser Frage konnten sich die Vertreter des EP mit ihrer Forderung nach umfangreichen Aufsichts- und Kontrollkompetenzen für die nationalen Regulierungsbehörden gegenüber dem Energie-Ministerrat nicht durchsetzen. Anstatt die erforderlichen Kompetenzen detailliert in der Elt-Beschl-Rl zu regeln, kam es „nur" zur Verabschiedung einer *„Interinstitutionellen Erklärung"* von Parlament, Rat und Kommission, in der hervorgehoben wird,

> „dass die Mitgliedstaaten sicherstellen müssen, dass angemessene, in den Mitgliedstaaten überprüfte finanzielle Mittel für Stilllegungen und Abfallbewirtschaftungsmaßnahmen tatsächlich gemäß ihrer Zweckbestimmung verfügbar sind und transparent verwaltet werden, so dass sie den fairen Wettbewerb auf den Energiemarkt nicht behindern" (Europäisches Parlament/Europäischer Rat 2003a, 29).

Die Europäische Kommission betonte in diesem Zusammenhang nochmals die Bedeutung einer transparenten Verwaltung der Nuklearrückstellungen und gab die Absicht bekannt, im Rahmen der ihr durch den EAGV übertragenen Befugnisse einen jährlichen Bericht über die Verwendung der Mittel für Stilllegungen und Abfallbewirtschaftungsmaßnahmen zu veröffentlichen (Europäisches Parlament/Europäischer Rat 2003a, 29).

Mit den beiden Beschleunigungsrichtlinien für die Strom- und Gaswirtschaft hat die Europäische Kommission gleichzeitig die *Verordnung zum grenzüberschreitenden Stromhandel (Verordnung (EG) Nr. 1228/2003)* verabschiedet. Die Verordnung setzte einen verbindlichen Rahmen für Probleme, die zuvor im Rahmen des *"Electricity Regulatory Forum"* verhandelt wurden. Diese betrafen die Restriktionen bei der Einführung eines grenzüberschreitenden Wettbewerbs und der dabei auftretenden rechtlichen und technischen Probleme. Weil sich dieses Regulierungsforum aufgrund seiner Konsensorientierung in zentralen Fragen häufig als entscheidungsunfähig erwies (z.B. in der Frage der Berechnung der Ausgleichszahlungen zwischen ÜNB), entschloss sich die Kommission zur Verabschiedung der genannten Verordnung (Lecheler/Gundel 2003). Die Verordnung traf besonders zu folgenden Bereichen Regelungen:

- Festsetzung von Ausgleichszahlungen zwischen den ÜNB für die Kosten grenzüberschreitender Stromflüsse (*Art. 3*);
- Grundsätze für die Bemessung der Netzzugangsentgelte (*Art. 4*) und
- Regelungen zum Engpassmanagement an den Grenzkuppelstellen (Interkonnektoren).

Für diese Regelungsbereiche sah die Verordnung den Erlass von verbindlichen Leitlinien durch die Kommission vor (*Art. 8*), welche die nationalen Regulierungsbehörden dann zu beachten haben (*Art. 9*). Die EU-Kommission kann bei den nationalen Unternehmen die für eine Erstellung der erwähnten Leitlinien erforderlichen Informationen anfordern (*Art. 10* der Verordnung) und im Fall der Missachtung der Auskunftspflicht Geldbußen verhängen (*Art. 12 II* der Verordnung).

Den wachsenden Einfluss, den die Kommission über das Europäische Netzwerk der Regulierungsbehörden auszuüben versuchte, offenbarte sich unmittelbar nach Verabschiedung des hier beschrieben Richtlinienpakets. Das *"Electricity Regulatory Forum"* setzte durch, dass für grenzüberschreitende Stromtransaktionen ab dem 01. Januar 2004 keine zusätzlichen Entgelte mehr erhoben werden sollten (Froning 2003d). Anfang November 2003 unternahm die GD Energie dann einen weiteren Versuch, die Beziehungen zwischen den Europäischen Regulierungsbehörden stärker zu formalisieren, indem ein ständiges Beratungsgremium aus Vertretern der nationalen Regulierungsbehörden eingesetzt wurde, das die Generaldirektionen bei der Koordinierung des Europäischen Energiebinnenmarktes unterstützen soll (Froning 2003e). Mit ihren Initiativen für einen intensivierten grenzüberschreitenden Handel beschränkte sich die Kommission auf die Erarbeitung von Leitlinien als abstrakten Regulierungsvorgaben.[461] Ein Vetorecht gegenüber nationalen Regulierungsentscheidungen war nicht vorgesehen. Weiterhin bestand damit kein „hierarchisches Verhältnis" zwischen der EU-Kommission und den nationalen Regulierungsbehörden. Mit den jüngsten Reformen wurden aber „die Grundlagen für ein Netz der Europäischen Regulierungsbehörden geschaffen" (Lecheler/Gundel 2003).

5.4 Die Erneuerbare-Energien-Politik in Deutschland vor dem Hintergrund grundlegender energiewirtschaftlicher Reformen (2002-2005)

Mit der Bundestagswahl vom September 2002 wurde über die weitere Strategie eines Ausbaus erneuerbarer Energien entschieden. Daher sind zunächst die Veränderungen der politischen und administrativen Rahmenbedingungen zur Regulierung dieser Technologien nach den Bundestagswahlen darzustellen (s.u.). Diese haben zu einer Novellierung des EEG im Jahr 2004 geführt (s.S. 422ff.). Von erheblichem Einfluss erwiesen sich während der Novellierung die Diskussionen um die Einführung eines nationalen Emissionshandels, die durch die globalen Klimaschutzverhandlungen und durch die EU-Richtliniengebung induziert wurden. Eine kurze Zielanalyse der zeitgleich mit der EEG-Novelle erfolgten Einführung eines Emissionshandels wird in diesem Kontext zeigen, dass aufgrund bisher wenig ambitionierter CO_2-Reduktionsziele bei der Umsetzung eines solchen Handelssystems – ähnlich wie in Großbritannien – ein forcierter Ausbau der erneuerbaren Energien dringend erforderlich bleibt (s.S. 442f.). Darüber hinaus werden die Umsetzung der Elt-Beschl-Rl und die damit verbundene grundlegende Reform des EnWG ausführlich dargestellt, weil diese für die Erneuerbare-Energien-Politik von erheblicher Bedeutung ist (s.S. 450ff.). In den beiden abschließenden Abschnitten wird deutlich gemacht, dass sich die Herausforderung eines forcierten Ausbaus erneuerbarer Energien auch aufgrund geänderter politischer und rechtlicher Rahmenbedingungen zur Nutzung der Steinkohle und der Kernenergie stellt (s.S. 528ff.).

---

[461] In der Verordnung zum grenzüberschreitenden Stromhandel war die einzige konkrete Regelungsbefugnis der Europäischen Kommission die Festsetzung der Ausgleichszahlungen zwischen ÜNB.

5.4.1 Die Veränderung der politischen Kontextbedingungen für die Erneuerbare-Energien-Politik nach den Bundestagswahlen 2002

Die investitionspolitischen Rahmenbedingungen für erneuerbare Energien waren vor der *am 22. September anstehenden Bundestagswahl* von großer Unsicherheit geprägt. Wegen eines ertragsschwachen Windjahres 2001 war in der Windenergiebranche die Verunsicherung sehr groß.[462] In der Windbranche ging die Angst um, dass durch einen Regierungswechsel die Förderung erneuerbarer Energien reduziert werden könnte. Es war bekannt, dass sich die Unionsparteien für einen stärker wettbewerbsorientierten Förderansatz einsetzten (CDU/CSU 2002). In ihrem Wahlprogramm hob die CDU/CSU für die Forschungspolitik das Erfordernis einer fortgesetzten Forschungsförderung der Biomasse und einer Erhöhung der Forschungsförderung im Bereich der fossilen Kraftwerkstechnologien, der Atomfusion und der kerntechnischen Sicherheit hervor (Solarzeitalter 2002a, 8). Der Ausstieg aus der Kernenergie wurde vom wirtschaftspolitischen Sprecher der CDU/CSU-Bundestagsfraktion Wissmann als „dirigistischer und damit nicht marktkonformer Eingriff in den liberalisierten Markt" bezeichnet, der technologie- wie sicherheitspolitisch eine völlig falsche Weichenstellung bedeute. In Fragen der Wettbewerbsregulierung offenbarte die CDU/CSU eine ausgeprägt marktliberale Orientierung und behauptete, dass sich der verhandelte Netzzugang als eigenständiger Weg bewährt habe. Die Einsetzung einer Regulierungsbehörde wäre kontraproduktiv (ET 2002, 451).

Die *FDP* stellte in ihrem Wahlprogramm 2002 das EEG grundsätzlich in Frage (FDP 2002) und forderte eine Förderung erneuerbarer Energien aus Haushaltsmitteln. Für eine möglichst effiziente Förderung sollten die Fördermittel über wettbewerbsorientierte Ausschreibungsverfahren in transparenter Weise bereitgestellt werden.[463] Zur Verwirklichung der Klimaschutzziele setzte sich die FDP neben einer Beendigung des Kernenergieausstiegs für eine zügige Umsetzung des Europäischen Emissionshandels ein, der „auch als Ersatz für die derzeitige Förderung erneuerbarer Energien" zu sehen wäre (ET 2002, 453). Die Einführung energiewirtschaftlichen Wettbewerbs bezeichnete die Partei als verbesserungswürdig: Die von der Bundesregierung zum damaligen Zeitpunkt geplante gesetzliche Verankerung der VV II plus wurde sehr kritisch bewertet, weil damit eine Einschränkung der Missbrauchsaufsicht des BkartA befürchtet wurde (ET 2002, 453).

Demgegenüber bekannte sich die *PDS* in ihrem Wahlprogramm ohne Einschränkungen zum bestehenden EEG und brachte sogar eine Ausweitung der Förderung durch kostendeckende Vergütungen ins Spiel (PDS 2002). Zur Einführung eines Emissionshandels äußerte sich die Partei kritisch, weil damit nur 46 Prozent des EU-weiten CO_2-Ausstoßes erfasst würden. Wettbewerbspolitisch mahnte die PDS die Einrichtung einer Regulierungs-

---

[462] Das Jahr 2001 war seit Beginn der modernen Windenergienutzung nach Auskunft des BWE das ertragsschwächste Jahr überhaupt. Die windstarken Regionen im Norden und Osten Deutschlands mussten Ertragseinbußen von bis zu 30 Prozent hinnehmen. Bei einigen Windparks wurden Liquiditätsengpässe befürchtet (SZ 12.02.2002c).

[463] Bereits Ende Februar 2002 hatte die FDP-Bundestagsfraktion mit einem Antrag unter der Überschrift „*Marktwirtschaftliche Orientierung statt staatlicher Preislenkung im Stromsektor* (Bundestagsdrucksache 14/8279)" eine Abschaffung der staatlichen Preisregelungen durchzusetzen versucht. Die hierfür erforderlichen finanziellen Mittel sollten in den Bundeshaushalt eingestellt werden. Der SPD-Politiker Scheer bezeichnete es als naiv zu glauben, „dass es je möglich wäre, heute umlagefinanzierte Mehrbelastungen durch das EEG aus einem dementsprechend zu erhöhenden Bundeshaushalt zu bezahlen" (Scheer 2002b, 6), zumal die FDP in ihrem Wahlprogramm 2002 gleichzeitig die Abschaffung der Ökosteuer forderte.

behörde an. Das bestehende System der Verbändevereinbarung wurde kritisiert, „weil es zu fehlender Transparenz und Überprüfbarkeit sowie einer Vielzahl von Behinderungen von Versorgern und Kunden geführt hat". Die Energienetze würden von den EltVU zur Sicherung ihrer faktisch weiter bestehenden Versorgungsmonopole genutzt (ET 2002, 453-454).

Die *SPD* forderte in ihrem Wahlprogramm 2002 die Weiterentwicklung des EEG (SPD 2002). Der Vorsitzende der SPD-Arbeitsgruppe Energie Jung betonte, dass die im Rahmen des Kernenergieausstiegs abzuschaltenden Kraftwerkskapazitäten durch einen Mix aus modernen und effizienten fossilen Kraftwerken, erneuerbaren Energien sowie Energieeffizienzmaßnahmen ersetzt werden sollten. Vor allem die Technologien Offshore-Windkraft, Biomasse und Geothermie würden künftig einen wesentlichen Beitrag für eine umwelt- und klimaverträgliche Energieversorgung liefern (ET 2002, 448). Im Instrument eines europaweiten Emissionshandels sah Jung eine erhebliche Chance, auch wenn noch eine Reihe wichtiger Fragen zu klären wäre. In der Frage der Wettbewerbsregulierung deutete sich die Zustimmung zur Einrichtung einer nationalen Regulierungsbehörde an:

„Die erheblichen vertikalen und horizontalen Konzentrationsentwicklungen [im Energiesektor, Verfasser] lassen die Stärkung der Wettbewerbsaufsicht und der Verbraucherrechte in einem anderen Licht erscheinen als noch vor wenigen Jahren" (Vorsitzender der SPD-Arbeitsgruppe Energie, in: ET 2002, 448).

Die Fortentwicklung des EEG war auch bei *Bündnis90/Die Grünen* ein wichtiges Element des Bundestagswahlkampfs (Bündnis90/Die Grünen 2002). Vorrangig wurden Verbesserungen der Rahmenbedingungen zum Ausbau der Biomasse und der Offshore-Windtechnologie gefordert. Während die SPD für den Ausbau erneuerbarer Energien lediglich eine Verdopplung bis zum Jahr 2010 erreichen wollte, forderten Bündnis90/Die Grünen dieses Ziel bereits für 2006. Darüber hinaus betonte die Umweltpartei, für eine Verbesserung der Wettbewerbsbedingungen erneuerbarer Energien steuerliche Privilegien der nuklearen und fossilen Stromerzeugung abbauen zu wollen.[464] Bis zum Jahr 2010 sollten die Kohlesubventionen reduziert werden, während die SPD diese Frage bewusst offen ließ. Sowohl SPD als auch Bündnis90/Die Grünen versprachen eine Stärkung des Exports von Technologien zur Nutzung erneuerbarer Energien. Bündnis90/Die Grünen begrüßten auch das Ziel der EU-Kommission, einen Emissionshandel einzuführen. Außerdem wurden die jüngsten Vorschläge zur weiteren Liberalisierung der Europäischen Energiemärkte befürwortet, die als Kernelemente ein weiterreichendes gesellschaftsrechtliches Unbundling und

---

[464] Bereits im Mai 2002 hatten die Regierungsfraktionen von SPD und Bündnis90/Die Grünen im Bundestag einen Antrag verabschiedet, in dem der Europäische Verfassungskonvent dazu aufgerufen wurde, die privilegierte Förderung der Kernenergie durch den EAGV auslaufen zu lassen. Die für die zukünftige gemeinschaftsweite Nutzung der Kernenergie erforderlichen Regelungen (z.B. kerntechnische Sicherheit, Transport und Entsorgung von spaltbarem Material, Rückbau von Kernkraftwerken) sollten gesondert in die Europäische Verfassung übertragen werden. Weil durch den EAGV die beihilferelevanten Regelungen einer wettbewerbsrechtlichen Überprüfung durch die GD Wettbewerb entzogen würden, sichere der Vertrag die Privilegien der Kernenergiewirtschaft. Daher sollten diese Regelungen einer intensiveren demokratischen Kontrolle des EP zugänglich gemacht werden. Eurosolar forderte in Ergänzung die Verabschiedung eines Europäischen Vertrags über Erneuerbare Energien (EURENEW), mit dem die gemeinschaftsweite Forschung und Entwicklung von erneuerbaren Energien effektiver koordiniert, die Öffentlichkeit über die einzelnen Technologien und ihre Potentiale besser informiert und ihre Investitionsbedingungen insgesamt verbessert werden sollten (Fell 2002).

die verpflichtende Einführung eines regulierten Netzzugangs mit nationalen Regulierungs-behörden vorsahen (ET 2002, 451).

Auf den Ausgang der Bundestagswahl sollte sich, ähnlich wie in Großbritannien ein Jahr zuvor, ein Naturereignis, nämlich die Jahrhundertflut vom August 2002 günstig auf die Wiederwahl der rot-grünen Bundesregierung auswirken. Besonders in den neuen Bundesländern richtete die Flut an Elbe und Oder volkswirtschaftliche Schäden in einer Größenordnung von ca. 9,4 Mrd. Euro an und wurde direkt mit dem Klimawandel in Verbindung gebracht (Troge 2005, 74). Mit ihren klimaschutzprogrammatischen Wahlinhalten schienen die Regierungsparteien über die geeigneteren Konzepte zu verfügen. Nicht zuletzt deshalb wurde die rot-grüne Bundesregierung für eine zweite Legislaturperiode bestätigt. Bei der Bundestagswahl vom 22.September 2002 erhielten die großen Parteien SPD und CDU/CSU jeweils 38,5 Prozent der Stimmen. Drittstärkste Partei wurden Bündnis90/Die Grünen mit 8,6 Prozent, gefolgt von der FDP mit 7,4 Prozent. Die PDS erhielt lediglich 4,0 Prozent. Mit 306 Mandaten erzielten SPD und Bündnis90/Die Grünen eine Mehrheit von 11 Mandaten gegenüber einer potentiellen Koalition aus CDU/CSU und FDP (insgesamt 295 Mandate).

Nach Abschluss der rot-grünen Koalitionsverhandlungen wurden die Regierungsresorts umgebildet. Durch die Zusammenlegung des Bundesministeriums für Arbeit und Soziales mit dem Bundesministerium für Wirtschaft entstand das Superministerium für Wirtschaft und Arbeit (BMWA). Als neuer Wirtschaftsminister übernahm der ehemalige Ministerpräsident von Nordrhein-Westfalen Clement das neue Superressort.[465] Als Ausgleich für den Machtzuwachs des BMWA setzte der grüne Koalitionspartner durch, dass in der neuen Legislaturperiode zwei ehemalige BMWi-Referate unter die Zuständigkeit des BMU fallen sollten, nämlich die Referate für erneuerbare Energien und Energieforschung (Klein 2002).

Kurz vor den Bundestagswahlen hatte in Johannesburg außerdem der *„UN-Weltgipfel für Nachhaltigen Entwicklung"* stattgefunden. Beim energiepolitischen Teil der Koalitionsverhandlungen spielte deshalb das Leitbild der Nachhaltigkeit eine wichtige Rolle.[466] Zeitgleich erstellte die 1998 eingerichtete Bundestags-Enquete-Kommission *„Nachhaltige Energieversorgung unter den Bedingungen der Globalisierung und der Liberalisierung"* ihren Abschlussbericht und lenkte die Aufmerksamkeit der nationalen Energiepolitik auf klimaschutzpolitische Fragestellungen. Ein Ziel der Enquete-Kommission bestand darin,

---

[465] Nach der umstrittenen Ministererlaubnis zur E.ON-Ruhrgas-Fusion wechselte der vorherige Bundeswirtschaftsminister Müller kurze Zeit später als Vorstandsvorsitzender an die Spitze der Ruhrkohle AG, um mit seinem politischen Einfluss in die Berliner Wirtschaftsadministration die Transformation des einst auf den Bergbausektor konzentrierten rheinischen Großkonzerns zu gestalten. Weil die Ruhrkohle AG mit dem E.ON-Konzern verflochten war, schienen sich alle Befürchtungen einer möglichen Befangenheit des Politikers zu bestätigen.

[466] Beim UN-Weltgipfel, mit dem der Rio-Prozess fortgesetzt wurde, stand die Bekämpfung der weltweiten Armut im Vordergrund. Bereits im Vorfeld des Gipfels hatten die USA, Japan, Australien sowie die G77-Staaten ihren Widerstand gegen quantifizierte Ziele und klare Zeitrahmen zum Themenbereich *„Nachhaltige Energieversorgung"* offen artikuliert. Die EU-Vertreter scheiterten mit ihrer Initiative, als globales Handlungsziel bis 2010 den weltweiten Anteil der erneuerbaren Energien am Primärenergieverbrauch auf 15 Prozent zu erhöhen. Die EU initiierte deshalb eine eigene Erklärung zum Ausbau erneuerbarer Energien, der sich weitere 100 Länder anschlossen (Schafhausen 2002). In der UN-Deklaration von Johannesburg einigte man sich zur Armutsbekämpfung lediglich auf die Formel, dass der Zugang zu Energie, von dem derzeit 2 Mrd. Menschen ausgeschlossen wären, ein wesentliches Mittel der Armutsbekämpfung sein müsse. Als allgemeine Ziele wurden eine Stärkung der internationalen Zusammenarbeit und ein verbesserter Zugang zu modernen Biomasse-Technologien festgelegt (Lamprecht 2002, Schafhausen 2002).

erstmals für ein Industrieland wissenschaftlich zu untersuchen, ob und gegebenenfalls mit welchen makroökonomischen Implikationen und welchem Policy-Instrumentenmix ein nachhaltiges Energiesystem zur Realisierung ambitionierter CO_2-Reduktionsziele (80 Prozent bis zum Jahr 2050) erreicht werden kann. Wie frühere Enquete-Kommissionen auch, war die Arbeit dieser Kommission mit der näher rückenden Bundestagswahl durch eine zunehmende Polarisierung geprägt. Im Abschlussbericht kam es deshalb zu zahlreichen Minderheitsvoten der einzelnen Kommissionsmitglieder (Deutscher Bundestag 2002). Mit dem Abschlussbericht wurde aber immerhin die prinzipielle Erreichbarkeit des definierten ambitionierten Klimaschutzziels mit mehreren technischen Optionen demonstriert (Wuppertal Institut für Klima 2003).[467]

Nach ihrem Erfolg bei den Bundestagswahlen bekannte sich die rot-grüne Bundesregierung im *Koalitionsvertrag* im Hinblick auf die genannten Entwicklungen zu dem Ziel, ihre Vorreiterrolle beim internationalen Klimaschutz weiter offensiv wahrzunehmen. Hierzu wollte die Regierung die EU darauf verpflichten, sich für die zweite Verpflichtungsperiode des Kyoto-Protokolls bis zum Jahr 2020 zu einer Treibhausgasreduktion um 30 Prozent (gegenüber dem Basisjahr 1990) bereit zu erklären. Eine derartige EU-Verpflichtung vorausgesetzt, solle Deutschland einen Beitrag zur Verminderung von Treibhausgasemissionen in Höhe von 40 Prozent anstreben. Darüber hinaus hob die Bundesregierung im Koalitionsvertrag hervor, auf der Grundlage der Deklaration von Johannesburg den Entwicklungsländern zur Steigerung der Energieeffizienz und zum Ausbau erneuerbarer Energien über die bereits bestehende Entwicklungshilfe hinaus in den kommenden fünf Jahren je 500 Mio. Euro zur Verfügung zu stellen (Schafhausen 2002).[468]

In der Legislaturperiode von 2002 bis 2006 standen weitere wichtige Entscheidungen zur Realisierung einer nachhaltigen Energiepolitik an. Von ganz erheblicher Tragweite waren die neuen wettbewerbsrechtlichen EU-Vorgaben zur Beschleunigung der Energiemarktliberalisierung. Außerdem musste das BMWA eine Entscheidung über die Zukunft der deutschen Steinkohle fällen. Im Koalitionsvertrag fand sich nur die Kompromissformel, dass die Umstrukturierung des deutschen Steinkohlebergbaus mit dem Ziel weitergeführt werden soll, ihre Finanzierung bis zum Jahr 2010 zu sichern. Ein weiteres zentrales Anliegen der rot-grünen Koalition bestand darin, den Ausstieg aus der Kernkraft fortzusetzen.

Schließlich enthielt der Koalitionsvertrag die Vereinbarung, dass EEG und die übrige Förderpolitik für erneuerbare Energien mit dem Ziel weiterzuentwickeln, ihren Anteil an der Elektrizitätserzeugung und am Primärenergieverbrauch bis zum Jahr 2010 (gegenüber dem Basisjahr 2000) zu verdoppeln. Hierzu sollte bei der Offshore-Windkraftnutzung bis 2006 eine Kapazität von mindestens 500 MW und bis 2010 von 3.000 MW installiert und der zeitliche Rahmen zur Förderung von Offshore-WEA ausgedehnt werden (Witt 2002).

---

[467] Der mehr als 1.200 Seiten umfassende Abschlussbericht der Enquete-Kommission enthielt in Abschnitt 6 das interessante Kapitel zu den Strategien und Instrumenten einer nachhaltigen Energiewirtschaft (Deutscher Bundestag 2002). Allgemein ist festzuhalten, dass die Enquete-Kommission eine Realisierung des 80-prozentigen CO_2-Reduktionsziels unter dem Szenario einer sog. „robusten Strategie" für möglich erachtete. Diese Strategie baut auf den Säulen „*Vorrang für rationelle Energienutzung*", „*Ausbau der Kraft-Wärme-/Kälte-Kopplung*", „*mittelfristige Substitution von Kohle durch Erdgas*" (langfristig auch Wasserstoff) sowie der „*forcierten Markteinführung von erneuerbaren Energien*" auf (Wuppertal Institut für Klima 2003).
[468] Zur Stärkung des Exports und der Entwicklungshilfe bei erneuerbaren Energien hatte Bundeskanzler Schröder auf dem Weltgipfel in Johannesburg für das Jahr 2003 bzw. 2004 zudem die Veranstaltung einer Weltkonferenz für erneuerbare Energien angekündigt.

Außerdem wurde als Ziel definiert, die Fläche an Sonnenkollektoren bis zum Jahr 2006 zu verdoppeln. Das EEG sollte überprüft und die Fördersätze im Rahmen einer Gesetzesnovelle technologiebezogen degressiv angepasst werden (Klein 2002). Eine weitere wichtige Koalitionsvereinbarung betraf schließlich die Aufstockung des MAP für erneuerbare Energien bis zum Jahr 2006 um jährlich durchschnittlich 20 Mio. Euro (Witt 2002, 2).

5.4.2 Die EEG-Novelle 2004

Im folgenden Kapitel wird die Novelle des EEG bis zum Juli 2004 analysiert, das wegen wettbewerbspolitischer Änderungen bereits davor in wichtigen Punkten modifiziert werden musste. Die komplexe Aushandlung der Förderregelungen zu den einzelnen Technologien wird beschrieben, die vor allem zwischen dem BMU und dem BMWA zu schwerwiegenden Konflikten führte und in einer Koalitionskrise resultierte. Nach einem schwierigen Kompromiss zwischen den beiden Ressorts wird beschrieben, wie der Deutsche Bundestag und die Parlamentariergruppe um die Erneuerbaren-Energien-Verbände wichtige Nachbesserungen durchzusetzen versuchten. Letztlich erwiesen sich für die abschließende Fassung des EEG von 2004 weitere Verhandlungen im Bundesrat als maßgeblich.

5.4.2.1 Die ersten Novellierungsentwürfe für das EEG unter der neuen Zuständigkeit des BMU

Das verantwortliche BMU begann unmittelbar nach der Bundestagswahl mit der Ausarbeitung eines Novellierungsentwurfs für das EEG. Erste Eckpunkte des Entwurfs wurden Ende Januar 2003 von Umweltminister Trittin vorgestellt und betrafen folgende Punkte (Solarzeitalter 2003e, SZ 29.01.2003a):[469]

- *Offshore-Windenergie*: Ausweitung der Sonderregelung höherer Anfangsvergütungen für Anlagen, die bis 2010 in Betrieb gehen (bisher nur für Anlagen, die bis 2006 in Betrieb gehen);
- *Sonstige Windenergie: Prüfung* einer stärkeren Degression von Vergütungen für neu gebaute *WEA* an ertragreichen Standorten;
- *Biomasse*: Verbesserte Vergütungssätze für Strom aus kleinen Anlagen, besondere Berücksichtigung nachwachsender Rohstoffe;
- *Wasserkraft*: Aufnahme der großen Wasserkraft in den Anwendungsbereich des EEG, wenn die vorgenommenen Investitionen der Modernisierung dienen;[470]
- *FV*: Anhebung der Vergütungssätze nach Auslaufen des HTDP, Öffnung des EEG für Freiflächenanlagen oberhalb einer Leistung von 100 kW;

---

[469] Zeitgleich gab das BMU ein Soforthilfeprogramm für den weiteren Ausbau der FV bekannt, mit dem die Investitionshilfen pro Quadratmeter Kollektorfläche von 92 auf 125 Euro angehoben wurden. Die Soforthilfe war wegen des vorzeitigen Auslaufens des HTDP eine Maßnahme zur Stützung der FV-Branche und wurde aus Mitteln der Ökosteuer finanziert (SZ 01./02.02.2003c).

[470] Diese Forderung war aufgrund einer anstehenden Modernisierung des Wasserkraftwerks Rheinfelden (Betreiber: EnBW und Tochtergesellschaft NaturEnergie) auf eine Bundesratsinitiative des Landes Baden-Württemberg zurückzuführen (*Interview EnBW*). Wegen des anstehenden Ausbaus der Offshore-Windtechnologie wurde die Forderung besonders unter Gerechtigkeitsaspekten und eines zu erfüllenden Nord-Süd-Ausgleichs begründet (Solarthemen 2002).

- *Geothermie*: Im Einführungszeitraum höhere Vergütungssätze für kleine Anlagen, dafür stärker degressive Preisgestaltung bei Großanlagen;
- *Sonstige Regelungen*: Im Bereich der Bioenergie bei besonders innovativen Entwicklungen mit hohem Kostensenkungspotential Einführung eines Vergütungsbonus, Aufnahme des Ziels der technologischen Innovation in den Zielkanon des EEG.

Die Reaktion der Oppositionsparteien auf die Eckpunkte einer Novellierung fiel überraschend positiv aus. So deckten sich die Vorschläge der CSU weitgehend mit denen des BMU. Den Forderungen der energieintensiven Branchen nach Einführung einer Härtefallregelung wurde auch von Teilen der CSU unterstützt. Der Unionsfraktionsvize Lippold (CDU) forderte sogar weitere Verbesserungen der Vergütungsregelungen für Biomasseanlagen (SZ 01./02.02.2003c).

Bereits im Jahr 2002 hatte der Druck der Industrie gegen das EEG jedoch stetig zugenommen. Der VDEW beklagte die gestiegenen staatlichen Abgaben, die der deutschen Energiewirtschaft über die Ökosteuer sowie die Gesetze zu den erneuerbaren Energien und der KWK auferlegt würden. Allein im Jahr 2001 hätten diese gut fünf Milliarden Euro betragen. Der Staat nähme den Kunden auf diese Weise 80 Prozent der Strompreissenkungen, die nach der Einführung von Wettbewerb erzielt worden wären, wieder ab (SZ 06.06.2002l).[471] Besonders die deutsche Aluminiumindustrie drohte wegen steigender Energiekosten und damit wachsender Risiken für die internationale Wettbewerbsfähigkeit mit dem Abbau von 3.000 Arbeitsplätze (Lindenberger/Schulz 2003, Mock 2003). Der BDI und der DIHT schlossen sich Anfang 2003 Forderungen der Aluminiumbranche und der Wirtschaftvereinigung Metalle an und verkündeten, neben der Forderung nach einer Ausnahmeregelung für energieintensive Unternehmen in einem zweiten Schritt die Abschaffung des EEG zum Ziel zu haben. Im Widerstand gegen das noch relativ neue EEG hatte der VDEW damit wichtige Verbündete gefunden. Viele EEG-Befürworter (z.B. Umweltverbände, BEE) befürchteten durch die Aufnahme einer Härtefallregelung eine Aufweichung des Verursacherprinzips, so dass die Finanzierungslasten eines Ausbaus erneuerbarer Energien zunehmend auf Privathaushalte und mittelständische Unternehmen verschoben würden. Diese Entwicklung würde sich in steigenden Energiepreisen für diese Kundengruppen auswirken (BEE 2003).

Aufgrund der hohen Arbeitslosenzahlen konnte das BMU dem politischen Druck zur Einführung einer Härtefallregelung noch vor der eigentlichen EEG-Novelle nicht mehr widerstehen. In direkten Verhandlungen auf Staatssekretärsebene zwischen dem BMU und dem BMWA unter Beteiligung führender Umweltpolitiker der Regierungsfraktionen ging es Anfang März 2003 um die inhaltliche Ausgestaltung einer solchen Regelung. Das BMU machte weitergehende Zugeständnisse von der Zustimmung des BMWA zur Einrichtung einer nationalen Regulierungsbehörde abhängig (SZ 06.03.2003d), die zur gleichen Zeit in einem überarbeiteten Entwurf für eine Elt-Beschl-Rl von der GD Energie auf die politische Agenda gesetzt worden war. Im Konflikt um die Belastungen aus dem EEG spiegelte sich

---

[471] Die Wirtschaftsvereinigung Metalle (WMV), in der rd. 670 vorwiegend mittelständische Unternehmen der Nichteisenmetallindustrie organisiert sind, sah die internationale Wettbewerbsfähigkeit ihrer energieintensiven Industrien gefährdet. Durch die Förderung erneuerbarer Energien und der KWK würden die Unternehmen jährlich mit knapp 90 Mio. Euro belastet. Es wurde behauptet, dass durch das EEG jeder einzelne Arbeitsplatz der Branche jährlich mit über 10.000 Euro belastet würde (SZ 26.03.2003e).

somit die gesamte Auseinandersetzung zur Ausgestaltung der Wettbewerbsregulierung mit dem verhandelten Netzzugang in Deutschland wider.[472]

Noch in der letzten Märzwoche 2003 einigten sich die beiden Ressorts in der Frage der Härtefallregelung auf einen Interessenausgleich. Gleichzeitig verständigte man sich auf grobe Eckpunkte zur Einrichtung einer Regulierungsbehörde und eine Reform der sektorbezogenen Regulierungsmethoden. In der Frage der Ausgestaltung der Härtefallregelung für stromintensive Unternehmen im EEG kam das BMU dem BMWA entgegen. Die gefundene Vereinbarung zur Härtefallregelung sollte zügig in den Bundestag eingebracht, zeitlich befristet und im Rahmen der anstehenden großen EEG-Novelle auf ihre Wirksamkeit überprüft werden (SPD/Bündnis90/Die Grünen 2003).[473] Anfang Juni 2003 beschloss der Deutsche Bundestag ihre Aufnahme in das EEG (*§ 11a „Besondere Ausgleichsregelung" EEG*). Als genehmigende Behörde wurde das Bundesamt für Wirtschaft und Ausfuhrkontrolle vorgesehen (*§11 Abs. 4 Satz 1 EEG*). Die Voraussetzung für eine Freistellung von der EEG-Umlage waren im Wesentlichen folgende:

- Der Stromverbrauch des Unternehmens aus dem Netz für die allgemeine Versorgung musste in den letzten zwölf abgeschlossenen Kalendermonaten mehr als 100 GWh betragen.
- Das Verhältnis der Stromkosten zur Bruttowertschöpfung des Unternehmens musste 20 Prozent überschreiten.
- Die sich aus den zu zahlenden Vergütungen und den durchschnittlichen Strombezugskosten der letzten zwölf Kalendermonate ergebenden Differenzkosten mussten die Wettbewerbsfähigkeit des Unternehmens erheblich beeinträchtigen.

Die Überprüfung der anfallenden Kosten sollte durch einen Wirtschaftsprüfer oder einen vereidigten Buchprüfer im Auftrag des EltVU erfolgen. Die Entscheidung über eine Freistellung war innerhalb einer Frist von vier Wochen zu treffen und sollte für ein Jahr gelten. Bis zum August 2003 hatten neunzehn Unternehmen beim zuständigen Bundesamt eine Freistellung von der EEG-Umlage beantragt (Die Zeit 14.08.2003).

Nach der Umsetzung der Härtefallklausel dauerte es bis zum 14. August 2003, bis das BMU einen ersten *weiterreichenden Novellierungsvorschlag für das EEG* in die politische Debatte einbrachte. Weil sich die öffentliche Kritik am Ausbau der *Windenergie* verschärfte, schlug das BMU für diese Technologie eine Differenzierung der Vergütungssätze vor.[474]

---

[472] Im weiteren Verlauf der politischen Auseinandersetzungen um das EEG wurde wegen sich anbahnender Strompreiserhöhungen der großen Verbundunternehmen von vielen Wissenschaftlern, Verbraucherschützern und Umweltpolitikern der Verdacht geäußert, die Netzbetreiber schöben bewusst das EEG als Begründung für Preiserhöhungen vor. In diesem Zusammenhang wurde das System der Verbändevereinbarungen kritisiert, das diskriminierendem Verhalten der Netzbetreiber einen zu großen Spielraum gewähre.

[473] Mit der getroffenen Regelung, so die am Kompromiss beteiligten SPD-Abgeordneten Müller und Hempelmann sowie die Abgeordneten der Grünen Hustedt und Loske, solle punktgenau den wirklich betroffenen Unternehmen geholfen und Mitnahmeeffekte durch weitere Industriebranchen und Unternehmen ausgeschlossen werden (SPD/Bündnis90/Die Grünen 2003).

[474] In diesem Zusammenhang forderte der nordrhein-westfälische SPD-Energieminister Horstmann im Mai 2003, die Förderung des EEG bei der Windtechnologie zu begrenzen (SZ 28./29.05.2003h). In der zweiten Julihälfte 2003 verlangten der saarländische Ministerpräsident Müller (CDU) und der nordrhein-westfälische CDU-Landeschef Rüttgers eine Streichung der Windenergieförderung und brachten ihre Forderungen in den Zusammenhang zur Finanzierung eigener Steuerreformpläne (SZ 24.07.2003m).

Das BMU schlug für die Vergütung der *Binnenwindkraft* eine Reduzierung des Basis-Vergütungssatzes um 0,5 ct/kWh vor. Darüber hinaus sollte der Zeitraum für die Verlängerung der hohen Anfangsvergütung auf maximal zehn Jahre begrenzt werden, wenn nach dem REM weniger als 60 Prozent des durchschnittlichen Windertrags erzielt würden. Durch diese Änderungen sollten die Anreize zur Errichtung von WEA in ungünstigen Lagen verringert werden. Während die Vorgaben für die Binnenwindkraft damit verschärft würden, war für den Ausbau der *Offshore-Technologie* eine Verbesserung der gesetzlichen Rahmenbedingungen vorgesehen. Die bisher vorgesehenen hohen Anfangsvergütungen sollten für mindestens zwölf Jahre gewährt werden, wenn diese bis 2010 in Betrieb gingen (bisher 2006). Noch längere Förderzeiträume waren für Anlagen außerhalb der 12-sm-Zone vorgesehen. Für Anlagen, die außerhalb dieser Zone und in mehr als 20 Metern Wassertiefe installiert würden, sollte die Förderdauer je zusätzlicher Seemeile um 1,7 Monate verlängert werden (FAZ 15.08.2003c). Außerdem war vorgesehen, für Offshore-Anlagen bis 2008 keine degressive Gestaltung der Vergütungssätze vorzunehmen.

Weitere Änderungsvorschläge betrafen die *Wasserkraft*. Das BMU war dem Druck des Landes Baden-Württemberg nachgekommen und wollte den Anwendungsbereich des EEG auf Anlagen mit einer installierten Kapazität über 5 MW ausweiten. Voraussetzung hierfür sollte aber sein, dass die Anlagen bis zum Jahr 2012 modernisiert würden und eine installierte Leistung von 150 MW nicht übersteigen. Außerdem sollte nur derjenige produzierte Stromanteil gefördert werden, der durch die Modernisierung zusätzlich erzeugt würde. Als Kompensation sollten erhebliche Einschränkungen der Vergütungs- und Abnahmepflichten bei kleinen Wasserkraftanlagen (bis 500 kW) vorgenommen werden.

Die Vorschläge zum Ausbau der *FV* sahen eine Anhebung der Vergütungssätze für Anlagen vor, die an oder auf einem Gebäude angebracht waren: Bei Anlagen bis 30 kW Nennleistung sollten die Vergütungssätze um 15,6 ct/kWh, bei leistungsstärkeren um 11,6 ct/kWh angehoben werden. Eine Vergütung von Anlagen auf Freiflächen war nur vorgesehen, wenn diese auf versiegeltem Boden oder auf zu Grünland umgewidmetem Ackerland stünden (FAZ 2003a).[475] Außerdem kam das BMU den Forderungen verschiedener CDU-Länderregierungen nach einer Anhebung der Fördersätze für *Biomasse-* und *Biogasanlagen* nach.

Um die Wettbewerbsfähigkeit erneuerbarer Energien bis zum Jahr 2010 zu erhöhen, sollte außerdem eine generelle jährliche Degression der verschiedenen Vergütungssätze um 1,5 Prozent eingeführt werden. Die Bedeutung der Netz- und Wettbewerbsregulierung wurde in dem Vorschlag deutlich, die im Zuge der EEG-Kostenwälzungen zwischen den VNB und ÜNB zu berücksichtigenden vermiedenen Netznutzungsentgelte gerechter in Ansatz zubringen (ZfK 10.01.2004b). Schließlich forderte das BMU die Aufnahme einer gesetzlichen Bestimmung, den Anteil erneuerbarer Energien an der Stromerzeugung bis 2010 auf 12,5 Prozent zu verdoppeln und bis 2020 ein Anteil von 20 Prozent zu erreichen (SZ 14./15.08.2003o).

Die Reaktionen auf den BMU-Entwurf waren teilweise sehr kritisch. Der BWE warnte davor, dass der geplante Ausbau der Windenergie durch die diskutierte degressive Gestaltung der Preisregelungen, die sich bis 2010 auf rund 30 Prozent kumulieren würde, gefährdet und die weitere Entwicklung der Branche als unsicher einzustufen sei. Darüber hinaus

---

[475] Das BMU sah eine Beschränkung vor, um eine großflächige Versiegelung von Landschaftsräumen und damit eine Zunahme von Akzeptanzproblemen bei der FV-Nutzung zu verhindern.

verschärfte das BMWA seine politische Gangart gegen die geplanten Festpreisregelungen und veröffentlichte Ende August 2003 ein Positionspapier, in dem die generelle Abschaffung der EEG-Festpreisregelungen und zur Förderung der Windenergie die Einführung eines Ausschreibungssystems gefordert wurde. Falls sich ein solches System nicht durchsetzen ließ, sollten zumindest die Fördersätze degressiver gestaltet werden (FTD 01.09.2003).[476]

Die BMU-Vorschläge stießen auch in der SPD-Arbeitsgruppe Energie auf Kritik. Dort wurde gefordert, dass EEG insgesamt stärker an Effizienzgesichtspunkten auszurichten und in den Bereichen große Wasserkraft, Biomasse und FV nachzubessern (ET 2003). Außerdem riefen die vorgesehenen Regelungen zur Förderung der kleinen Wasserkraft offenen Widerstand hervor. Sowohl der BDW als auch Eurosolar werteten die geplanten Einschränkungen zur Förderung der kleinen Wasserkraftanlagen als Verstoß gegen den verfassungsrechtlichen Gleichheitssatz.[477] Weil ein vernünftiger Grund für die nachteilige Behandlung derartiger Anlagen im Entwurf nicht genannt werde, läge eine unverhältnismäßige Beschränkung dieser Technologien vor.

Anfang September 2003 spitzte sich der politische Streit um die Förderung der Windenergie zu. Vor dem Hintergrund gleichzeitiger Verhandlungen zur Zukunft der deutschen Kohlesubventionen kritisierte Bundeswirtschaftsminister Clement die bestehende Förderpolitik und versuchte, die in seinem Ministerium entwickelten Kürzungspläne durchzusetzen (s.S. 528ff.). Während die SPD-Bundestagsfraktion und Bundesumweltminister Trittin Anfang September 2003 bemüht waren, ein Spitzengespräch zwischen den beiden widerstreitenden Ressorts anzuberaumen, erlitt Wirtschaftsminister Clement auf einer Klausurtagung der SPD-Fraktion für seine drastischen Kürzungspläne der Windkraft und der Einführung eines Ausschreibungsmodells jedoch eine deutliche Niederlage (SZ 04.09.2003r).[478]

Weil sich Umweltminister Trittin und Wirtschaftsminister Clement auch nach der fraktionsinternen Klärung innerhalb der SPD zur Zukunft der Erneuerbaren-Energien-Politik inhaltlich nicht näher gekommen waren, mehrten sich ab der zweiten Septemberwoche 2003 in der Regierungsfraktion die Stimmen, einen eigenen parlamentarischen Gesetzentwurf zu erarbeiten. Wegen der offenkundigen Defizite des BMU-Entwurfs wurde mit dem bestehenden parlamentarischen Sachverstand eine erneute Gesetzesinitiative erwogen (SZ 08.09.2003s). Auf die Ankündigung verschiedener Bundestagsabgeordneter zu einer solchen parlamentarischen Initiative betonte Umweltminister Trittin, an seinem bisherigen Gesetzentwurf festhalten zu wollen. Im September 2003 fand dann auf höchster politischer Ebene ein weiteres Spitzentreffen zwischen Bundeskanzler Schröder, Bundeswirtschaftsminister Clement und den Vorstandsvorsitzenden der vier deutschen Verbundunternehmen statt, an dem erstmals auch Bundesumweltminister Trittin teilnehmen durfte. In den Ener-

---

[476] Das BMWA forderte ab 2005 eine einmalige Degression bei neugebauten WEA um 15 Prozent und danach jährlich um 5 Prozent. Auch in den Bereichen Biomasse und FV sollten die Fördersätze jährlich um 5 Prozent sinken. Für Neuanlagen sollte der Förderzeitraum generell auf zehn Jahre halbiert werden (FTD 01.09.2003).

[477] Eurosolar kritisierte das vom BMU für eine Förderbeschränkung kleiner Wasserkraftanlagen vorgebrachte Argument, die bundesweiten Ausbaupotentiale wären weitestgehend ausgeschöpft. Ein wesentlicher Grund für den geringen Ausbau im Leistungsbereich unter 500 kW läge vielmehr in der „restriktiven Genehmigungspraxis der administrativen Ebene in den Bundesländern". Unabhängig von bestehenden Ausbaupotentialen müssten auch kleine Wasserkraftanlagen von den Förderregelungen des EEG profitieren (Fouquet 2003).

[478] Der SPD-Energiepolitiker Scheer bezifferte den Widerstand auf 80 bis 90 Prozent der Abgeordneten und warf Clement gleichzeitig vor, dass das von ihm in der Klausur mitgetragene Ziel einer Verdopplung des Anteils erneuerbarer Energien bis 2010 nur ein „Lippenbekenntnis" sei.

giegesprächen ging es um die künftigen energiepolitischen Rahmenbedingungen für die zu tätigenden Ersatzinvestitionen in den deutschen Kraftwerkspark und die gleichzeitige Herausforderung einer Verwirklichung der Klimaschutzziele. Erschwert wurden die Gespräche vor allem durch die anstehende Umsetzung der Europäischen Richtlinie zum Emissionshandel, für die noch eine Vielzahl von Gestaltungsfragen zu klären waren (s.S. 442ff.).

Während sich im Streit über die zukünftige Ausgestaltung des EEG zwischen dem BMWA und dem BMU bis Oktober 2003 keine Fortschritte abzeichneten, veröffentlichte ein *„Aktionsbündnis Erneuerbare Energien"*, das aus den Verbänden IGM, dem Bundesverband mittelständische Wirtschaft, der Dienstleistungsgewerkschaft ver.di, dem DBV, dem BEE und Eurosolar bestand, einen gemeinsamen Aufruf zur Weiterentwicklung des EEG. Gleichzeitig rief das Bündnis zu einer großen Kundgebung am 05. November 2003 in Berlin auf.[479] Damit sollte der Druck auf die politischen Entscheidungsträger zur Durchsetzung einer Verhandlungslösung erhöht werden. Nach einer weiteren Aufforderung der Koalitionsfraktionen gegenüber der Bundesregierung, sich bis Ende Oktober 2003 auf einen abschließenden EEG-Entwurf zu verständigen, kam es Anfang November 2003 zu zwei Spitzengesprächen zwischen den Staatssekretären des Umwelt- und Wirtschaftsministeriums sowie den Umwelt- bzw. Energieexperten der Koalitionsfraktionen. Erst am gleichen Tag der Protestkundgebung, also am 05. November 2003, gelang unter der Vermittlung von Kanzleramtsminister Steinmeier ein Verhandlungskompromiss für ein künftiges EEG.

Das wichtigste Resultat des erzielten Kompromisses war, dass an den bisherigen Regelungen zur Förderung erneuerbarer Energien in Form garantierter Einspeisevergütungen festgehalten werden sollte. Damit konnten die Pläne des BMWA zur Einführung eines Ausschreibungsmodells abgewehrt werden. Weil sich in der zweiten Jahreshälfte 2003 abgezeichnet hatte, dass sich die EEG-Novellierung aufgrund fortlaufender Unstimmigkeiten zwischen den beteiligten Ressorts (Umwelt und Wirtschaft) weit in das Jahr 2004 verzögern würde, drohte wegen des Ende 2003 auslaufenden HTDP eine Unterbrechung der Technologie- und Markteinführung von FV (Scheer 2003). Um einen Fadenriss bei der Markteinführung von FV zu vermeiden, hatten verschiedene Abgeordnete im Wirkungskreis um Eurosolar deshalb bereits im Juli 2003 die Forderung nach einer Vorschaltregelung für FV erhoben (als vorzeitige Regelung vor der Verabschiedung eines novellierten EEG), die bereits zum 01. Januar 2004 in Kraft treten sollte (Pontenagel 2003, 5).[480] Im Spitzengespräch vom 05. November 2003 einigte man sich in diesem Zusammenhang auf die zügige Verabschiedung einer Anschlussregelung zum Ausbau der *FV* (s.S. 354ff.). Hierbei negierte Umweltminister Trittin aber noch das Erfordernis einer FV-Vorschaltregelung und wollte statt dessen nach Inkrafttreten der geplanten EEG-Novelle die FV-Regelungen rückwirkend anwenden (FR 06.11.2003, SZ 06.11.2003v).

Nur einen Tag nach der Verkündung des ministeriellen Kompromisses einigte sich die Regierungskoalition auf die zügige Verabschiedung eines FV-Vorschaltgesetzes (FV-G). Von besonderer Bedeutung war dabei, dass sich auch Mitglieder der Unionsfraktion der Initiative nach einer solchen Regelung angeschlossen hatten. Die Unterstützung hierfür ist

---

[479] Der Aufruf zur Kundgebung wurde außerdem von den Umweltverbänden Greenpeace, Robin Wood, dem BUND und dem Bund der Energieverbraucher unterstützt.
[480] Die Forderung nach einem FV-Vorschaltgesetz wurde im Juli 2003 von den folgenden Parlamentariern erhoben: Hermann Scheer, Marco Bülow, Ulrich Kelber (jeweils SPD), Michaele Hustedt und Hans-Josef Fell (beide Bündnis90/Grüne).

auf die besondere regionalpolitische Bedeutung des FV-Ausbaus in den Bundesländern Baden-Württemberg und Bayern zurückzuführen (s.u.). So hat eine Auswertungsstudie des HTDP ergeben, die durch die KfW durchgeführt wurde, dass in den beiden genannten Bundesländern deutlich mehr in den Ausbau der FV investiert wurde als etwa in Niedersachsen, Bremen, Hamburg und Schleswig-Holstein. Bezogen auf die absolute Zahl von Antragstellung stammten mehr als zwei Drittel aller Anträge aus den beiden südlichen Bundesländern.[481] Die regionale Verteilung der mittelstandsorientierten HTDP-Investitionen erklärt die bundespolitische Unterstützung durch die CDU/CSU.

Das FV-G wurde schließlich noch im Jahr 2003 im Bundestag und dem Bundesrat mit den Stimmen von SPD, Bündnis90/Grüne und Union beschlossen. Die wichtigsten Regelungen des Gesetzes waren:

- Die Grundvergütung für freistehende Anlagen wird auf der Vergütungshöhe des Jahres 2003 gehalten und beträgt 45,7 ct/kWh.
- Der Vergütungssatz für Anlagen auf Gebäuden oder Lärmschutzwänden bis zu einer Anlagengröße von 30 kW ist 57,4 ct/kWh.
- Anlagen über 100 kW erhalten für den Teil der Anlage, der über 100 kW liegt, je erzeugter kWh 54 ct (Solarzeitalter 2003c).

Außerdem wurde mit dem FV-G die Mengenbegrenzung zur FV-Förderung abgeschafft, die zuletzt 1.000 MW betrug. In einem parteiübergreifenden Kompromiss konnten auf diese Weise die Investitionsbedingungen für eine Fortsetzung der erfolgreichen Markteinführung von FV gesichert werden.

Im Kompromiss mit dem BMU vom November 2003 zur künftigen Ausgestaltung des EEG konnte das BMWA wichtige Forderungen zu einer größeren Effizienzorientierung durchsetzen. Im Folgenden werden die wichtigsten geplanten Änderungen dargestellt, die vom Bundeskabinett kurz vor der Weihnachtspause 2003 beschlossen wurden. Das EEG-E war mit den Novellierungsvorschlägen in seinem Umfang weiter gewachsen – und zwar von 13 auf 21 Paragrafen. Allerdings enthielten nur wenige Paragrafen materiell neue Regelungen. Diese Regelungen waren z.T. auf den Anpassungsbedarf an die Vorgaben der EE-Rl zurückzuführen. Ein Großteil der Reformen betraf Klarstellungen von bisherigen Vorschriften (Oschmann/Müller 2004, 25).

Neu wurde in das EEG-E ein *mittelfristiges Ausbauziel für erneuerbare Energien aufgenommen*. Bis zum Jahr 2020 sollte ein Mindestanteil von erneuerbaren Energien am Elektrizitätsverbrauch in Höhe mindestens 20 Prozent realisiert werden. Mit der Aufnahme dieses Mittelfristziels wurde die Nachhaltigkeitsstrategie der Bundesregierung konkretisiert, bis zum Jahr 2050 einen Anteil der erneuerbaren Energien am Gesamtenergieverbrauch von 50 Prozent anzustreben.

---

[481] Die über das HTDP bis Ende 2003 installierten Kapazitäten von FV mit einer Gesamtsumme von 345,5 MW$_p$ verteilten sich auf die Bundesländer wie folgt: Bayern: 163,87 MW$_p$ (47,4 Prozent der gesamten installierten Kapazität), Baden-Württemberg 88,88 MW$_p$ (25,7 Prozent), Nordrhein-Westfalen 38,36 MW$_p$ (11,1 Prozent), Niedersachsen 17,29 MW$_p$ (5,0 Prozent), Hessen 12,94 MW$_p$ (3,7 Prozent), Rheinland-Pfalz 9,3 MW$_p$ (2,7 Prozent), Schleswig-Holstein 2,74 MW$_p$ (0,8 Prozent), Thüringen 2,08 MW$_p$ (0,6 Prozent), Brandenburg 1,96 MW$_p$ (0,6 Prozent), Sachsen 1,83 MW$_p$ (0,5 Prozent), Mecklenburg-Vorpommern 1,54 MW$_p$ (0,4 Prozent), Saarland 1,51 MW$_p$ (0,4 Prozent), Berlin 1,05 MW$_p$ (0,3 Prozent), Sachsen-Anhalt 1,17 MW$_p$ (0,3 Prozent), Hamburg 0,57 MW$_p$ (0,2 Prozent) und Bremen 0,42 MW$_p$ (0,1 Prozent) (Solarboulevard 2004, 6).

Eine strukturelle Neuordnung des Gesetzes ergab sich lediglich im Hinblick auf den Netzanschluss von Anlagen sowie den Abnahme- und Vergütungpflichten. Nach der EEG-Reform sollte gesetzlich einerseits zwischen den Netzanschluss-, Abnahme- und Übertragungspflichten (*§ 4* EEG-E) und anderseits den Vergütungspflichten (*§ 5* EEG-E) unterschieden werden. Während die Netzanschluss-, Abnahme- u. Übertragungspflichten für sämtliche Anlagen zur Stromerzeugung aus erneuerbaren Energien gelten sollten, orientierte sich die Vergütungsverpflichtung weiterhin am sog. *Ausschließlichkeitsprinzip*, wonach nur solcher Strom vergütet werden muss, der in Anlagen gewonnen wird, die *ausschließlich* erneuerbare Energien einsetzen (*§ 5 Abs. 1* EEG-E). Diese Änderung war eine Folge der erforderlich gewordenen EU-rechtlichen Anpassung an die Definition des Begriffs der erneuerbaren Energien der EE-Rl (*§ 3 Abs. 1* EEG-E). Danach sollte die Definition nunmehr auch den biologisch abbaubaren Anteil von Abfällen einschließen. Das EEG sollte damit auch bei Stromerzeugungsanlagen gelten, die z.B. einen biogenen Anteil von Hausmüll mit anderen Ressourcen (z.B. konventionellen Ressourcen wie Kohle, etc.) verstromen. Dabei würde der biogene Ressourcenanteil der Abnahme- und Übertragungspflicht unterliegen, während der konventionell erzeugte Teil des Stroms von den Vergütungsregelungen ausgeschlossen bleibt. Eine weitere grundsätzliche Neuerung zielte darauf, grundsätzlich alle Anlagen unabhängig von ihrer Größe unter den Anwendungsbereich des Gesetzes fallen zu lassen (Oschmann/Müller 2004, 25).

Schließlich wurden einige wichtige *Detailregelungen zur Anwendung des EEG klargestellt*, um die Rechtsanwendung zu erleichtern. Z.B. wurde explizit definiert, dass der Netzbetreiber die Anlagen *unverzüglich anschließen*, den angebotenen Strom *vorrangig abnehmen* und ebenso *vorrangig übertragen muss* (*§ 4 Abs. 1 S. 1* EEG-E). Andernfalls mache er sich nach BGB schadensersatzpflichtig. Ferner sollte geregelt werden, dass ein unmittelbarer Anspruch des Anlagenbetreibers gegenüber dem *Netzbetreiber* auf Anschluss, Abnahme und ggf. Vergütung besteht und dieser die *Erfüllung seiner Pflicht nicht vom Abschluss eines Vertrages abhängig* machen dürfe (*§ 12 Abs. 1* EEG-E). In der Vergangenheit hatten hierzu bisher fehlende Bestimmungen den Abschluss eines Einspeisevertrages verhindert und zu zahlreichen Rechtsstreitigkeiten. Schließlich sollte die Aufrechnung von bestrittenen oder nicht rechtskräftig festgestellten Forderungen des Netzbetreibers mit den Vergütungsansprüchen des Anlagenbetreibers verboten werden (*§ 12 Abs. 4* EEG-E). Damit sollte verhindert werden, dass die Netzbetreiber durch ihr Informationsmonopol über die Netze unbillig hohe Mess-, Abrechnungs-, Blindstrom- und Versorgungskosten von den Anlagenbetreibern verlangen und das Prozessrisiko hierfür auf die Anlagenbetreiber abwälzen.

Weitere Nachbesserungen betrafen eine klare Kostenregelung bei Netzausbau- u. -anschlussmaßnahmen (*§ 4 Abs. 2* EEG-E). Zusätzlich war eine gesonderte Regelung geplant, nach der künftig auch *Arealnetzbetreiber* zur Abnahme von Strom aus erneuerbaren Energien verpflichtet würden (*§ 4 Abs. 4* EEG-E). Schließlich wurden die Pflichten des Netzbetreibers zum Netzausbau konkretisiert (*§ 4 Abs. 2 S. 3* EEG-E). Auch hierüber hatte es häufig Rechtsstreitigkeiten zwischen Anlagen- und Netzbetreiber gegeben. Ferner war geplant, dass Anlagen- und Netzbetreiber von den Verpflichtungen einer vorrangigen Stromabnahme (ohne Abschluss eines eigenen Stromeinspeisevertrags) abweichen könnten (*§ 12 Abs. 1* EEG-E), um eine bessere Integration der Anlage in das Netz zu gewährleisten (*§5 Abs. 1 S. 2* EEG-E). Dies könnte besonders dann der Fall sein, wenn Investitionen in den Netzausbau durch eine befristete Drosselung der Einspeisungsleistung (z.B. in Gegenden mit hohem Windenergieaufkommen) vermieden werden können (Oschmann/Müller 2004, 27-28).

Außerdem wurde *der bundesweite Belastungsausgleich* (*§ 14* EEG-E) dahingehend präzisiert, dass der Ausgleich zwischen den einzelnen ÜNB nicht mehr nur im Nachhinein vorzunehmen, sondern *unverzüglich* zu erfolgen hat. Eine wichtige technische Detailänderung betraf die den ÜNB auferlegte Verpflichtung, die Weitergabe der Belastungen aus dem EEG-Strom an die VNB künftig nach Maßgabe eines Profils vorzunehmen, das der tatsächlichen Einspeisung des berücksichtigungsfähigen Stroms aus erneuerbaren Energien entspricht. Nach bisheriger Praxis wurde der vergütungsfähige Strom von den ÜNB in ein gleichmäßiges Lastband transformiert, das nicht der tatsächlichen Einspeisung entsprach. Die Praxis der sog. *„Bandlieferung"* der ÜNB führte dazu, dass bei den VNB in Niedriglastzeiten (nachts) billiger Grundlaststrom verdrängt und in Hochtarifzeiten (morgens und abends) teurer Spitzenlaststrom, der durch die erneuerbaren Energien genau zu jenen Tageszeiten am meisten produziert wird, nicht im möglichen Umfang ersetzt werden konnte. Die bisherige Bandregelung resultierte für die ÜNB in Mitnahmeeffekten, die durch eine vorgeschriebene Profilwälzung verringert werden sollten (Oschmann/Müller 2004, 28).

Auf eine weitere wichtige Änderung einigte man sich bei der *Ausgestaltung der Härtefallregelung* (*§ 16* EEG-E): Der Kreis der Unternehmen, der zukünftig eine Befreiung von der EEG-Umlage beantragen könnte, sollte erheblich erweitert werden. Unternehmen sollten bereits dann in den Genuss einer möglichen Befreiung kommen, wenn ihr jährlicher Stromverbrauch nur 10 GWh betrug (bisher 100 GWh) und das Verhältnis der Stromkosten zur Bruttowertschöpfung 15 Prozent (bisher 20 Prozent) überschreitet. Als Gegenleistung erreichte das BMU aber, dass die Befreiung in der Summe gedeckelt werden sollte: Die allgemeine EEG-Umlage sollte durch die Befreiung maximal um 10 Prozent steigen dürfen.

Ein weiteres EEG-Reformziel bestand darin, im Interesse des Verbraucherschutzes die *Transparenz der EEG-Kosten* zu erhöhen. Weil eine nationale bislang fehlte und die Verbundunternehmen Preiserhöhungen sowohl bei der allgemeinen Stromversorgung wie auch bei den Netznutzungsentgelten (wachsender Regelenergieanteil) mit den gestiegenen Kosten aus der Gesetzgebung für erneuerbare Energien begründeten, waren entsprechende Anstrengungen von zentraler Bedeutung. Um eine verbesserte Vergleichbarkeit der Kostenbelastungen von Netzbetreibern und letztverteilenden EltVU zu erreichen, sollten zum einen die Methoden zur Berechnung der durch das EEG bedingten Kosten vereinheitlicht werden (*§ 15 Abs. 1* EEG-E). Zusätzlich sollten besonders die Regelenergie- und Netzausbaukosten nicht mehr gesondert als EEG-Kosten in Ansatz gebracht werden können, weil diese bereits bei den Netznutzungsentgelten in Rechnung gestellt würden (*§ 15 Abs. 2* EEG-E). Ferner sollten die Netzbetreiber dazu verpflichtet werden, die eingespeisten Strommengen und Vergütungsvolumina zu veröffentlichen.

Eine weitere wichtige Neuregelung zum Schutz der Verbraucherinteressen betraf das sog. *„Doppelvermarktungsverbot"* (*§ 18* EEG-E), mit dem generell untersagt würde, Strom aus erneuerbaren Energien mehrfach zu vermarkten. Es sollte verboten werden, jede Art von Nachweisen, die Anlagenbetreiber für die Erzeugung von Strom aus erneuerbaren Energien erhalten (einschl. sog. *„CO_2-Zertifikate"*) gewinnbringend weiterzugeben, wenn bereits die EEG-Vergütung in Anspruch genommen würde (Oschmann/Müller 2004, 29).

Bei den Vergütungssätzen erreichte das BMWA eine jährliche Absenkung der Fördersätze von neu installierten WEA um 2 statt bisher um 1,5 Prozent. Die im ursprünglichen BMU-Entwurf enthaltene Senkung der Basisvergütung für Windkraft um 0,4 auf 5,5 ct/kWh blieb aber erhalten (Oschmann/Müller 2004). Für neu in Betrieb gehende *WEA im Binnenland* war eine Anfangsvergütung von 8,7 ct/kWh vorgesehen. Allerdings setzte das BMWA eine *stärkere Standortdifferenzierung* durch, so dass WEA an windschwächeren Standorten im Binnenland nur noch dann gefördert würden, wenn sie mindestens 65 Prozent des durchschnittlichen Referenzertrages erbringen. Für *Offshore-WEA* sollte über einen Zeitraum von zwölf Jahren eine erhöhte Anfangsvergütung von 9,1 ct/kWh gezahlt werden (ZfK 10.01.2004b). Eine Zahlung der erhöhten Anfangsvergütung sollte weiterhin von den beiden Kostenfaktoren der Gründungstiefe und der Küstenentfernung abhängig bleiben. Außerdem sollte bei neuen Offshore-Anlagen bis zum Jahr 2008 eine Degression der Vergütungssätze möglich sein (Oschmann/Müller 2004, 26).

Bei der *Biomasse* sah der Kompromissentwurf stärker differenzierte Fördersätze vor, von denen besonders Kleinanlagen profitieren sollten. Während bis zu einer installierten Leistung von 150 kW die Vergütung von 10,23 ct/kWh (bisheriger BMU-Entwurf) auf 11,5 ct/kWh steigen würde, sollten die Tarife bis 500 kW auf 9,9 ct/kWh und bis 5 MW leicht auf 8,9 ct/kWh gesenkt werden. Außerdem sollten *Biogasanlagen* mit einer Leistung über 5 MW gefördert werden, wobei die Vergütung bei einer mittleren Anlagenleistung (500 kW bis 5MW) 6,65 ct/kWh betragen sollte. Für Kleinanlagen bis 500 kW sollten 7,67 ct/kWh gezahlt werden. Bei den Vergütungssätzen war zunächst eine jährliche Preisdegression von 2 Prozent vorgesehen. Darüber hinaus war die Einführung einer Bonusregelung für Strom geplant, der ausschließlich aus nachwachsenden Rohstoffen und/oder Gülle gewonnen wird. Hiermit sollte den Forderungen nach einer verbesserten Förderung der Bioenergie bei der Nutzung von nachwachsenden Rohstoffen Rechnung getragen werden (s.S. 360ff.). Für besonders effiziente Biomasse-Anlagen (z.B. Brennstoffzellentechnologie, KWK) war die Einführung einer weiteren Bonusregelung vorgesehen. Eine Verschlechterung der Förderbedingungen für die Biomasse betraf allerdings die vorgesehene Verkürzung des garantierten Förderzeitraums auf 15 Jahre (Oschmann/Müller 2004, 26).

Der Kompromissentwurf sah außerdem eine deutlich höhere Vergütung für die *Geothermie* vor: Waren bisher 8,95 ct/kWh (bis 20 MW) bzw. 7,16 kWh (ab 20 MW) geplant, sollten besonders im unteren Leistungsbereich die Vergütungssätze steigen. Für Anlagen bis 5 MW sollten 15 ct/kWh, im Bereich 5 bis 10 MW 14 ct/kWh, bis 20 MW 8,95 ct/kWh und im Leistungsbereich über 20 MW 7,16 ct/kWh gezahlt werden (ZfK 10.01.2004b). Die Anhebung der Fördersätze wurde damit begründet, dass die Geothermie für die Grundlaststromerzeugung prädestiniert sei. Laut eines Berichts des Büros für Technikfolgenabschätzung des Deutschen Bundestages könnte mit den geothermischen Potentialen in der Bundesrepublik die gesamte Grundlaststromerzeugung ersetzt werden.[482]

Schließlich fanden sich im neuen Entwurf auch die Änderungen zur *Wasserkraft* wider, nach der auch große Wasserkraftwerke (5 bis 150 MW$_{el}$) nach EEG vergütet werden

---

[482] Bei einer jährlichen nationalen Grundlasterzeugung von ca. 290 Mrd kWh betrug das technische Angebotspotential für die geothermische Stromerzeugung ca. 300 Mrd. kWh. Weil dieses Potential aber nur in KWK-Anlagen effizient erschlossen werden kann, wäre ein erheblicher Ausbau dieser Anlagen erforderlich. Mit den bestehenden KWK-Anlagen ließe sich mittelfristig ein jährliches geothermisches Erzeugungspotential für Elektrizität in Höhe von ca. 10 Mrd. kWh erschließen (zwei Prozent der deutschen Bruttostromerzeugung). Einen erheblichen Ausbau der Wärmeverteilnetze vorausgesetzt, könnte in Deutschland eine jährliche geothermische Stromproduktion in Höhe von 66 Mrd. kWh realisiert werden (ZfK 10.01.2004b). Die praktischen Erfahrungen zur Nutzung der Geothermie waren jedoch gering, weil erst im November 2003 im mecklenburgischen Neustadt-Kleve das erste Erdwärmekraftwerk mit einer geschätzten Jahresleistung von 1,4 Mio. kWh in Betrieb ging (SZ 13.11.2003x).

sollten. Hierfür waren allerdings einige Kriterien zu erfüllen. Einschränkend sollte nur der durch eine vorgenommene Modernisierung zusätzlich erzielte Stromertrag vergütungsfähig sein. Als weitere Auflage wurde formuliert, dass die Modernisierung der neuen Wasserkraftwerke bis zum 31. Dezember 2012 erfolgen und zu einer Erhöhung des elektrischen Arbeitsvermögens in Höhe von mindestens 15 Prozent führen muss. Im Gegenzug zu einer Verbesserung der Förderung bei großen Wasserkraftanlagen sollten kleine Anlagen bis zu einer Leistung von 500 kW nur noch dann nach EEG vergütet werden, wenn die Anlage bis zum 31. Dezember 2005 genehmigt oder an einer bestehenden Staustufe oder einem bereits existierenden Wehr errichtet wird (Oschmann/Müller 2004, 26).

Der EEG-Entwurf wurde am 17. Dezember 2003 durch das Bundeskabinett beschlossen.[483] Bereits kurz nach Weihnachten 2003 regte sich aus den Reihen der Koalitionsfraktionen erneuter Widerstand an der geplanten Novelle. Die zentralen Kritikpunkte bestanden in den reduzierten Regelungen zur Förderung der kleinen Wasser- und der Binnenwindkraft. Bezüglich der Binnenwindkraft versuchten die Energieexperten Scheer (SPD) und Hustedt (Bündnis90/Grüne) den Nachweis zu führen, dass es noch viele ertragreiche Standorte im Binnenland gäbe.[484] Der EEG-Entwurf wurde außer von den Verbänden der Windenergie und der Biomasse auch durch den Branchenverband VDEW kritisiert. Im Mittelpunkt der VDEW-Kritik stand die als zu gering erachtete Effizienzorientierung, die trotz einiger positiver Ansätze den Anforderungen des Wirtschafts- und Energiestandortes nur unzureichend Rechnung trüge. Außerdem lasse die Novelle den notwendigen Ausbau der Stromnetze (besonders bei der Offshore-Windkraft) unberücksichtigt. Mit Sorge sähe man die weitere Komplizierung des Gesetzes durch zahlreiche Spezialregelungen, mit denen die praktische Umsetzung erschwert und die Abwicklungskosten für die Netzbetreiber in die Höhe getrieben würden (ZfK 08.05.2004m). Zudem wäre die Novelle widersprüchlich gestaltet, weil die EltVU aus Gründen der Rechtssicherheit weiterhin auf den Abschluss vertraglicher Regelungen mit den einspeisenden Akteuren angewiesen wären, der *§ 12 Abs. 1 EEG-Entwurf* dies jedoch ausdrücklich nicht verlangt (ZfK 10.01.2004b). Der VDEW würdigte aber positiv, dass die vorgesehene Berücksichtigung der vermiedenen Netznutzungsentgelte beim Belastungsausgleich fallen gelassen worden war.

5.4.2.2 Die Nachbesserungen der BMU-Novelle für das EEG durch den Deutschen Bundestag

Nachdem der EEG-Entwurf am 13. Februar 2004 den Bundesrat bereits im ersten Durchgang problemlos passiert hatte, kam es am 08. März 2004 zur Öffentlichen Anhörung im Deutschen Bundestag. Weil die Zuständigkeit für die erneuerbaren Energien mit den Bundestagswahlen 2002 auf das BMU übergegangen war, fand diese Anhörung vor dem Aus-

---

[483] Zeitgleich erging der Beschluss zum Treibhaus-Emissionshandelsgesetz zur Umsetzung der EH-Rl (SZ 18.12.2003y).

[484] Zahlreiche weitere Standorte existierten z.B. entlang von Autobahnen oder Schienenstrecken. Hier wären die Interessen des Landschaftsschutzes weniger zu berücksichtigen. Für eine zügigere Standortplanung von Binnen-WEA forderte Scheer, die planungsrechtlichen Kompetenzen auf den Bund zu übertragen, um damit die Gefahren einer Länderzuständigkeit zu umgehen. Im Hinblick auf den geplanten Ausbau der Offshore-WEA wäre kritisch zu fragen, ob die höhere Leistungsfähigkeit der Anlagen auf See die höheren Kosten wettmachten, die durch Materialaufwand und Wartung der Anlagen entstünden (SZ 27./28.12.2003z).

schuss für Umwelt, Naturschutz und Reaktorsicherheit statt.[485] Inhaltlich war die Anhörung nach den einzelnen technologischen Förderbereichen (Wind, Biomasse und Wasserkraft) und den sonstigen allgemeinen Regelungen (z.B. Kosten der Netze, Regelenergie, Härtefallregelung, etc.) des EEG-Entwurfs strukturiert (Deutscher Bundestag 2004a).[486]

In der Anhörung wurde zunächst die Förderung der *Windenergie* kontrovers diskutiert. Die geplante *Einführung eines 65 Prozentkriteriums bezogen auf den Referenzertrag einer Binnenwindkraftanlage* mache nach Angaben des *VDMA*-Vertreters wenig Sinn, weil die Banken einer Finanzierung unrentabler Projekte mit einem Referenzertrag unterhalb der 65-Prozentgrenze ohnehin kaum zustimmten. Die Einführung einer solchen Regelung würde vielmehr dazu führen, dass vermutlich ein Anteil von 15 bis 25 Prozent der bisher geplanten Anlagen nicht realisiert würde. Die Klärung der Rentabilität von Projekten solle der Finanzwirtschaft überlassen bleiben. Die Vertreter der deutschen Windenergie (Windguard GmbH und BWE) bewerteten die Einführung der 65-Prozentregelung kritischer, weil damit ein Anteil von 17 Prozent der bis 2006 geplanten Anlagenkapazität möglicherweise nicht gebaut würde. Überdies kämen mit der geplanten Förderbegrenzung große Teile der südlichen Bundesländer als Ausbaugebiete für die Windkraft nicht mehr in Frage und der Druck auf höher gelegene und exponiertere Lagen würde wachsen. Für den weiteren Windkraftausbau wurde ein Fadenriss befürchtet, weil die Ertragsbegrenzung in Verbindung mit der jährlichen Degression die wirtschaftlichen Rahmenbedingungen über Gebühr verschärfen würden. Der BWE erachtete die bestehende Abstufung der Anfangsvergütungen und die Degression zur Förderung effizienter Anlagen als ausreichend. Auch der *BEE* bemängelte die Einführung der 65-Prozentregel, weil damit keine Erhöhung der Anlageneffizienz, sondern die Verhinderung der Windenergie in bestimmten Gegenden Süddeutschlands bewirkt würde. Der kostengünstige Binnenland-Windkraftausbau würde gegenüber dem verhältnismäßig teuren Offshore-Ausbau diskriminiert. Dabei plädierte der *BEE* nicht explizit gegen die Offshore-Nutzung, sondern forderte für den zukünftigen Ausbau der Windenergie eine genauere Berücksichtigung der gesamten Systemkosten.

In der Frage der Fördereffizienz des EEG wies der *BEE*-Vertreter darauf hin, dass die von unabhängigen Betreibern im britischen Zertifikatemarkt erzielbaren Preise derzeit teilweise über den Festpreisen für Windenergie im deutschen Stromsektor lägen.[487] *Aufgrund der unterschiedlichen Zusammensetzung des erzielbaren Gesamtpreises wäre* ein *direkter Vergleich der beiden Fördersysteme aber schwierig.* Der britische Kunde würde über die

---

[485] Im Vergleich zur Öffentlichen Anhörung des Jahres 2000 hatte sich das politische Gewicht zu Ungunsten der konventionellen Stromwirtschaft verschoben. In der Anhörung vom Frühjahr 2004 wurde diese Interessengruppe nur noch durch fünf Vertreter (RWI, EWI Köln, VDEW, VIK, BDI) repräsentiert. Als Ausschussmitglieder, die sich explizit für eine Fortentwicklung des EEG einsetzten, fanden sich folgende Verbände wieder: BUND, BEE, Deutsche Windguard GmbH, VDMA, IEU, IZES, TU Berlin, ZSEW, DBV, BDW und BWE. Als Vertreter der konventionellen Energiewirtschaft bzw. weitere Sachverständige sind zu nennen: RWI Essen, EWI Köln, UBA, VDEW, VIK, BDI und Dienstleistungsgewerkschaft ver.di.

[486] Die Förderpolitik für einen Ausbau der FV und der Geothermie wurde nicht erörtert. Für die FV waren die Förderbedingungen bereits mit dem Inkrafttreten des FV-G zu Beginn des Jahres 2004 neu geregelt worden. Die Politik für Geothermie war weitgehend unstrittig, weil sich diese Form erneuerbarer Energien erst in einer sehr frühen Entwicklungsphase befand.

[487] Die aus dem ROC-Handel im Jahr 2003 erzielbaren Förderpreise lagen bei ca. 4,5 p/kWh. Bei einem damaligen Umrechnungskurs des Euro zum britischen Pfund von 1,4493 (1 Euro = 0,69 Pfund) entsprach dies einem Wert von ca. 6,5 ct/kWh. Durch die zusätzlichen Einnahmen aus dem Handelsmarkt (2,2 bis 2,6 ct/kWh) ließen sich für den regenerativ erzeugten Strom somit Einnahmen zwischen 6 und 6,3p/kWh (8,7 bis 9,1 ct/kWh) erzielen.

gehandelten ROC durch die Verteilerunternehmen derzeit indirekt mit Zusatzkosten in Höhe von 6,5 ct/kWh belastet. Allerdings wäre die weitere Entwicklung der Zertifikatepreise ungewiss. Demgegenüber wurde der Endkunde in der deutschen Elektrizitätswirtschaft z.B. zur Förderung der Windkraft bei Neuanlagen im Jahr 2003 mit 8,8 ct/kWh belastet, wobei für das aufnehmende EltVU die bei der Stromerzeugung vermiedenen Kosten noch nicht in Ansatz gebracht wären. Werden diese im günstigen Fall in Höhe von ca. 2,2 ct/kWh kalkuliert, dann entspräche das Niveau der Förderung von Windkraft-Neuanlagen in Deutschland im Jahr 2003 ungefähr dem des Zertifikatemodells in Großbritannien (6,6 ct zu 6,5 ct/kWh). Gleichzeitig waren aber die deutschen Fördertarife degressiv ausgestaltet (z.B. bei neu installierten WEA in 2002 und 2003 1,5 Prozent p.a.). Für den *BEE* war die Fördereffizienz des EEG deshalb gegeben. Demgegenüber erfülle das britische Zertifikatsmodell einzelne Erfolgsvoraussetzungen für eine Markteinführung erneuerbarer Energien nicht, wie z.B. die Gewährleistung der Investitionssicherheit aufgrund der ungewissen Entwicklung der Zertikatepreise. Die Marktkonformität des EEG äußere sich auch darin, dass die einzelnen Technologien gezielt gefördert würden, was unter dem Einheitspreis eines Zertifikatemodells nicht möglich wäre. Das alle technologischen Unterschiede pauschalisierende Zertifikatemodell wäre in dieser Perspektive deutlich ineffizienter.

Im Gegensatz hierzu forderte der *VDEW*, die Förderpolitik nicht über die Umlage bei den Stromkunden, sondern als haushaltsfinanzierte Technologiepolitik zu betreiben. Außerdem wurde behauptet, mit dem Ausbau von EEG-Strom würde der ökonomisch und ökologisch effizientere KWK-Strom verdrängt.[488] Deshalb forderte der *VDEW* größere Kompetenzen der Netzbetreiber, über ein Erzeugungsmanagement die Stromeinspeisung selbst zu regulieren und damit den Vorrang für erneuerbare Energien zu schwächen. Auch der *BDI* forderte eine größere Degression der Einspeisetarife und eine Verschärfung des Monitorings zu den Kosten und dem Nutzen des EEG.

In einem nächsten Block wurden die vorgesehenen Regelungen zu *Biomasse* und *Biogas* diskutiert. Der *BUND* äußerte seine weitestgehende Zustimmung zu der geplanten Einführung von Boni-Regelungen bei der Verstromung von Bioenergie. Eine *Bonus-Regelung* war bei der *Verstromung von nachwachsenden Rohstoffe* vorgesehen, während *eine andere Regelung* ein *doppeltes Boni-System* vorsah, bei dem entweder *ein Technologiebonus für neue, noch nicht marktreife Stromerzeugungssysteme zur Nutzung von Biomasse* in Höhe von 1 ct/kWh *oder ein Bonus bei der Nutzung der KWK-Technologie* vorgesehen war. Die Gewährung des zuletzt genannten Bonus zielte vor allem auf einen verbesserten Wärmeabsatz von Bioenergie. Allerding kritisierte der *BUND* die Begrenzung des doppelten Boni-Systems auf eine Anlagenleistung von 5 MW$_{el}$, weil vor allem für Anlagen oberhalb dieser Kapazitätsgröße besondere Ausbaupotentiale bestünden. Weiter wurde kritisiert, dass der Technologiebonus mit 1 ct/kWh zu niedrig angesetzt wäre und auf 2 ct/kWh verdoppelt werden sollte. Der *BBE* kritisierte ebenfalls den bei der Verstromung von nachwachsenden Rohstoffen in Höhe von 2,5 ct/kWh zu niedrig angesetzten Bonus. Dieser würde keine Mobilisierung der Potentiale bei Waldholz und Energiepflanzen auslösen. Stattdessen plädierte der *BBE* für ein differenziertes Bonussystem, um den unterschiedlichen Anlagengrößen und Brennstoff- bzw. Beschaffungskosten zu entsprechen. Für Biogasanlagen bis 2 MW$_{el}$ wurde eine Anhebung des Bonus auf 6 ct/kWh vorgeschlagen. Bei

---

[488] Diese Behauptung wurde vom IZES jedoch als empirisch nicht belegbare These bezeichnet.

Waldholz sollte der Bonus in Abhängigkeit von der Anlagengröße gestaltet werden (bis 2 MW: 8 ct/kWh, bis 5 MW: 6 ct/kWh, bis 10 MW: 4 ct/kWh, bis 20 MW: 2 ct/kWh).

Ein weiterer Kritikpunkt des *BBE* bildete das *Ausschließlichkeitsprinzip* zur Gewährung des Bonus. Der Zuschuss sollte nur gewährt werden, wenn die Anlagen zur Energiegewinnung ausschließlich nachwachsende Rohstoffe einsetzen. Besonders für Biomasseheizkraftwerke wurde die Aufhebung des Ausschließlichkeitsprinzips gefordert, um neben Waldhölzern auch andere Holzsorten nutzen zu können. Damit sollten die regionalen Ressourcenpotentiale besser exploriert und lange Transportwege vermieden werden, die besonders bei sog. *„Monofraktionskraftwerken"* anfallen. Der Technologiebonus sollte außerdem auch für Altanlagen gelten. Der *BBE* stimmte den *BUND*-Forderungen zu, die Beschränkungen des Bonus bei Biogas auf Anlagen bis 500 kW und bei Biomasseheizkraftwerken auf bis zu 5 MW aufzuheben. Die *Boni-Systeme* sollten somit *für alle Anlagengröße* gelten. Ferner wurde die beabsichtigte Verkürzung des Förderzeitraums von 20 auf 15 Jahre und die Verdopplung der Degression von bisher 1 auf 2 Prozent in Frage gestellt, weil damit die Zielwirkung der genannten Boni-Systeme konterkariert würde.[489]

Der *BBE* forderte ferner eine Ausweitung der baurechtlichen Privilegierung, die bisher auf WEA und Biogasanlagen beschränkt war (§ 35 BauGB), auf sonstige Biomasseanlagen. Weitere gesetzliche Regelwerke zur Nutzung von Biomasse (z.B. TA Luft, BimSchV) sollten besser aufeinander abgestimmt werden. Außerdem sollte der *KWK-Bonus additiv zum Innovationsbonus* gezahlt werden können. Wegen eines jährlich ungenutzten Waldholzpotentials von 20 Mio. Kubikmetern erachteten es schließlich der *BEE*, der *BUND* und das *IEU* für erforderlich, den KWK-Bonus additiv zum Innovationsbonus zu gewähren. Wiederholt wurde gefordert, die Bioenergie als drittwichtigste erneuerbare Ressource in Deutschland (nach Wasser und Wind) verstärkt auszubauen (*BEE, BBE, IZES*). Der *VDMA* kritisierte in diesem Zusammenhang ebenso wie die Biomasseverbände die geplante Erhöhung der Degression bei den Vergütungssätzen auf zwei Prozent. Die Vertreter der konventionellen Energiewirtschaft (z.B. *VDEW*) unterbreiteten keine eigenen Vorschläge zur Förderung der Bioenergie. Zu betonen ist lediglich die generell positivere Bewertung der Bioenergie gegenüber der Windenergie (z.B. wegen Stetigkeit der Elektrizitätserzeugung).

Schließlich wurden die Reformvorschläge zur *Wasserkraft* diskutiert. Die Hauptstreitpunkte lagen in der Aufnahme großer Wasserkraftwerke (größer 5 MW) in den Anwendungsbereich des EEG, den dabei zu erfüllenden Voraussetzungen und den im Gegenzug vorgenommenen Abstrichen der Förderung von kleinen Wasserkraftwerken. Als Verband der großen Anlagenbauer begrüßte der *VDMA* die Öffnung des EEG für die große Wasserkraft und forderte weitere Verbesserungen. Es sollten bereits solche Anlagen gefördert werden, bei denen die Modernisierung nur zu einer Steigerung der Arbeitsleistung von 5 Prozent führt.[490] Als Vertreter der unabhängigen und privaten Wasserkraftbetreiber erachte-

---

[489] Rechnete man die Inflationsrate ein, müsste für einen wirtschaftlichen Betrieb der Anlagen bei einem Amortisationszeitraum von zehn Jahren eine reale Degression von 3,5 bis 4 Prozent erreicht werden. Derartige Kostensenkungspotentiale gäbe aber die technologische Entwicklung bei Biomasseanlagen nicht her.

[490] In die gleiche Richtung zielten Forderungen des Bundesrates, den Schwellenwert bei der Modernisierung von Wasserkraftwerken auf lediglich 10 Prozent festzulegen. Nach Angaben der VDMA lohne sich mit einer Umsetzung des Kriteriums von 15 Prozent eine Modernisierung lediglich bei 14 Prozent des Anlagenbestands. Würde das Kriterium auf 10 Prozent herabgesetzt, ergebe sich bereits ein Repoweringpotential von 40 Prozent. Würde die VDMA-Forderung nach einem Schwellenwert von 5 Prozent realisiert, dann lohne sich ein Repowering sogar bei 70 Prozent aller Anlagen.

te der *BDW* eine Ausweitung des EEG-Anwendungsbereichs auf die große Wasserkraft als nicht erforderlich. Große Wasserkraftanlagen, die vor allem in den Händen der verbundenen Stromkonzerne lägen, könnten durch die Unternehmen über konzerninterne Maßnahmen hinreichend gefördert werden (z.B. über eigene Grünstromangebote). Der BDW begrüßte aber die geplante Aufnahme einer Übergangsbestimmung, nachdem ein Bestandsschutz der Förderregeln für Anlagen gelten sollte, die bis zum Inkrafttreten des Gesetzes in Betrieb genommen würden (*§ 21* EEG-E). Allerdings forderte der Verband eine Möglichkeit der Fortsetzung zur Förderung kleiner Wasserkraftanlagen (7,67 ct/kWh) auch nach erfolgten Modernisierungen oder Erweiterungen, weil nach Verbandsschätzungen bei kleineren Anlagen noch ein Modernisierungspotential in einer Größenordnung von 500 Mio. bis zu einer Mrd. kWh bestehe. Für die kleine Wasserkraft sah der *BDW* die Gefahr, dass die Anlagen bei einer Genehmigung nach dem 31. Dezember 2005 keine neue EEG-Förderung mehr erhalten würden. Für einen rentablen Betrieb schlug der *BDW* im Leistungsbereich von 1 bis 50 kW deshalb einen Vergütungssatz von 10,23 ct/kWh und im Bereich von 50 bis 100 kW von ca. 9 ct/kWh vor. Diese Vergütungssätze sollten für denjenigen Leistungsteil der Anlage vergütet werden, der auf die Erweiterung bzw. Modernisierung zurückzuführen war. Die Vergütungssätze wurden vom *BDW* für erforderlich erachtet, weil mit der Gesetzesnovelle eine Verschärfung der Degression und eine Verkürzung der Vergütungslaufzeiten geplant waren. Ein weiterer kritischer Punkt war die Leistungsbemessung der Wasserkraftanlagen, die zur Kalkulation der Vergütungssätze zugrunde gelegt werden sollte. Weil mit der neuen Regelung die maximal mögliche Leistung eines Kraftwerks – und nicht mehr die Jahresdurchschnittsleistung einer Anlage – als Berechnungsgrundlage angesetzt werden sollte, befürchteten der *BDW* und der *BEE* wegen der jahreszeitlichen Erzeugungsschwankungen der Anlagen eine durchschnittliche Minderung der Vergütungszahlungen von 10 bis 15 Prozent. Der *BUND* kritisierte außerdem, dass bei den kleinen Wasserkraftwerken die Gewährung erhöhter Vergütungssätze von dem zusätzlichen Nachweis abhängig gemacht werden sollte, dass durch die Anlagenmodernisierung ein Beitrag zu einem guten ökologischen Zustand des Gewässers erbracht würde. Derartige naturschutzrechtliche Bestimmungen gehörten nicht in das EEG, sondern wären bereits im Wasserhaushaltsgesetz hinreichend geregelt. Eine Verknüpfung der Förderung an naturschutzrechtliche Belange würde bei Modernisierungsvorhaben zu mehr Bürokratie führen.

Weitere Diskussionspunkte betrafen die *allgemeinen Regelungen des EEG*. Der *VIK* merkte zur *Härtefallregelung* kritisch an, dass diese ihren Namen nicht verdiene, weil die Voraussetzung zur Freistellung von der EEG-Umlage nur von extrem wenigen Unternehmen erreicht werde.[491] Diesem Eindruck trat der Sachverständige des *IZES* entgegen. Von den Ausnahmeregelungen würden zum damaligen Zeitpunkt bereits 20 Prozent des industriellen Stromverbrauchs begünstigt. Deshalb handele es sich bei den Ausnahmeregelungen um keine Marginalie. Der VIK skizzierte aufgrund des fortgesetzten Ausbaus erneuerbarer Energien das Szenario explodierender Kosten und forderte neben der Abschaffung der Festpreisregeln die Einführung eines Ausschreibungssystems. Im Kontext der Einführung eines Emissionshandels vertrat der VIK zudem die Auffassung, dass mit diesem klimaschutzpolitischen Instrument die CO_2-Reduktionsziele am effizientesten zu realisieren wä-

---

[491] Die entscheidende Voraussetzung zur Befreiuung von der EEG-Umlage bestand darin, dass der Stromkostenanteil eines Unternehmens an der Bruttowertschöpfung mindestens 15 Prozent beträgt.

ren und das EEG deshalb nicht mehr nötig wäre.[492] Damit orientierte sich der VIK an den Aussagen eines umstrittenen BMWA-Gutachtens, das mit der Novelle des EEG lanciert wurde (s.S. 442ff.).

Der *VDEW* stimmte bei den allgemeinen Regelungen vor allem den Bestimmungen für einen bundesweiten Ausgleich bei der Beschaffung von Regelenergie zu, durch den die Lasten zwischen den Netzbetreibern gleichmäßig verteilt würden. Wegen des geplanten zügigen Ausbaus der Offshore-Windenergie forderte der VDEW von der Bundesregierung auch zügige Reformen zugunsten beschleunigter Planungs- und Genehmigungsverfahren bei Netzinfrastrukturmaßnahmen.

Allgemein wurden von den Vertretern der deutschen Industrie ein weiteres Mal die hohen Kosten aus der EEG-Umlage beklagt. Nach *BDI*-Angaben würden die Umlagekosten die Industrie ab dem Jahr 2004 jährlich in Höhe von etwa einer Mrd. Euro belasten. Bei einem weiteren Ausbau der erneuerbaren Energien würde sich dieser Betrag bis zum Jahr 2010 sogar noch verdoppeln. Auch die Auswirkungen des EEG auf die Schaffung von Arbeitsplätzen wurden vertiefend diskutiert, weil zur gleichen Zeit durch das Bremer Energieinstitut ein Gutachten lanciert worden war, nach dem das EEG für den Arbeitsmarkt mittel- bis langfristig negative Auswirkungen haben würde. Die Dienstleistungsgewerkschaft *ver.di* hob in der Anhörung in diesem Zusammenhang die positiven Arbeitsplatzeffekt des EEG hervor. Im Bereich der erneuerbaren Energien wären in den letzten Jahren ungefähr 60.000 Arbeitsplätze geschaffen worden, denen 80.000 verlorene Arbeitsplätze in der leitungsgebundenen Energiewirtschaft gegenüber stünden. Zudem operiere auch die Studie des Bremer Energieinstituts mit kritisch zu hinterfragenden Annahmen.

Gegen Ende der Anhörung wurde das mit dem EEG zwischenzeitlich Erreichte vom ZSEW-Vertreter nochmals gewürdigt und auf mögliche Folgen der geplanten Verschärfungen der Förderbedingungen hingewiesen. Unter Annahme einer jährlichen Inflation von eineinhalb bis zwei Prozent bedeute die Einführung einer 5-Prozent-Degression bei der FV, dass die Stromgestehungskosten der FV-Anlagen innerhalb von zehn Jahren um weitere 50 Prozent gesenkt werden müssten. Ähnliches gelte für die Windenergie, bei der aufgrund eines reiferen Entwicklungsstadiums und damit anderer Degressionssätze in den nächsten zehn Jahren die Kosten nochmals um 35 Prozent zu reduzieren wären, um gegenüber der konventionellen Stromerzeugung einen rentablen Anlagenbetrieb zu gewährleisten. Schließlich verwies das *IZES* darauf, dass nicht nur die EEG-Reform, sondern auch die anstehende EnWG-Reform für einen fortgesetzten Ausbau erneuerbarer Energien zu gestalten wäre. Mit dieser Reform würden folgende Regelungsinhalte und damit verbundene Aufgaben der Regulierungsbehörde bestimmt, die für die erneuerbaren Energien von zentraler Bedeutung sind:

---

[492] Eine Studie des EWI Köln hatte beim Emissionshandel CO_2-Vermeidungskosten in Höhe von 15 Euro/t CO_2 berechnet, denen bei einem fortgesetzten Ausbau der erneuerbaren Energien 150 Euro/t CO_2 gegenüberstünden. Die im Gutachten zugrunde gelegten Annahmen wurden vom ZSEW aber in Frage gestellt, weil davon ausgegangen wurde, dass der Strom größtenteils in hocheffizenten Erdgaskraftwerken produziert würde. Dabei blieben sowohl die langfristigen geopolitischen Faktoren der Unsicherheit eines kostengünstigen Erdgasbezugs wie auch der bisher nicht ersichtliche zügige Ausbau der KWK unberücksichtigt. Der BEE wies darauf hin, dass ein weiteres Gutachten des Instituts für Energiewirtschaft und Rationelle Energieanwendung an der Universität Stuttgart in der Frage der Kosten des Emissionshandels bei einem 40-prozentigen CO_2-Minderungsziel zu Vermeidungskosten zwischen 60 und 200 Euro/t CO_2 gekommen sei.

- Festlegung fairer und diskriminierungsfreier Netzanschlussbedingungen,
- Organisation des Regelenergiemarktes,
- Sicherung von Transparenz bei der EEG-Wälzung,
- Ermittlung der Netzanschlussgebühren für EEG-Anlagen und
- Regulierung der Netznutzungsentgelte (z.B. Anreizregulierung zugunsten der Eigenerzeugung).

Bis Ende März 2004 wurde das EEG im Umweltausschuss des Bundestages beraten und auf der Basis der Ergebnisse der Öffentlichen Anhörung weitere Änderungen vorgenommen. Am 31. März 2004 beschloss der Umweltausschuss das neue Gesetz, so dass der Entwurf nur wenige Tage später im Bundestag in der zweiten und dritten Lesung debattiert wurde. Besonders für die Nutzung der *Bioenergie* wurden die Rahmenbedingungen nochmals nachgebessert (IWR 2004a):

- Anhebung und weitere Differenzierung der Vergütungssätze in den Boni-Systemen (nachwachsende Rohstoffe, KWK, innovative Technologien): Z.B. Bonus für nachwachsende Rohstoffe bei Anlagen bis 500 kW 6 ct/kWh, für Holz bis 5 MW 2,5 ct/kWh und sonstige nachwachsende Rohstoffe 4 ct/kWh; Innovationsbonus bei der Nutzung von KWK 2 ct/kWh,
- Aufnahme von Biogas in die Förderung des Technologiebonus,
- Beibehaltung des garantierten Vergütungszeitraums von 20 Jahren (keine Senkung auf 15 Jahre),
- Kumulative Nutzung sämtlicher Boni (keine alternative Wahl zwischen KWK- und Innovationsbonus).

Die Verbände erneuerbarer Energien hatten sich außerdem erfolgreich gegen einer Verschlechterung der Förderbedingungen bei *kleinen Wasserkraftanlagen* gewandt. Hier setzten die Parlamentarier eine Verbesserung der Vergütungssätze bei kleinen Wasserkraftanlagen (bis 500 kW) um zwei Cent je kWh auf 9,67 Cent durch. Der vom Kabinett verabschiedete Entwurf wurde auch dahingehend abgeändert, dass der gesetzlich garantierte Vergütungszeitraum für kleine Wasserkraftanlagen auf 30 Jahre (statt bisher 20 Jahre) verlängert und die bislang vorgesehene Degression wieder gestrichen wurde (IWR 2004a).

Der Umweltausschuss des Bundestages setzte zur Förderung der *Windenergie* außerdem seine Forderung nach Abschaffung des 65-Prozentdeckels durch und kam damit den zentralen Forderungen der Windenergieverbände nach. Stattdessen sollte der Förderzeitraum von WEA, während dem bisher ein Vergütungsaufschlag auf die Basisvergütung gezahlt wurde, verkürzt werden. Gleichzeitig sollte die Degression von 1,5 auf 2 Prozent angehoben und die Vergütung für Spitzenstandorte leicht gesenkt werden. An den Förderregeln zum Ausbau der *Geothermie* (bis 5 MW: 15 ct/kWh, bis 10 MW: 14 ct/kWh, bis 20 MW: 8,95 ct/kWh) wurden keine Änderungen vorgenommen. Schließlich war für die *FV* bei Freiflächenanlagen ab 2006 eine höhere jährliche Degression vorgesehen, um den Anreiz zur Errichtung von großen Freiflächenanlagen zu vermindern (IWR 2004a). Die vorgenommenen Änderungen verdeutlichten ein weiteres Mal den großen Einfluss einer funktionierenden parlamentarischen Advocacy-Koalition für einen Ausbau erneuerbarer Energien.

Am 02. April 2004 kam es im Deutschen Bundestag schließlich zur dritten Lesung des EEG-Entwurfs. In dieser Sitzung wurde das EEG mit der Stimmenmehrheit der rot-grünen

Koalition verabschiedet. In der Bundestagsdebatte erhob vor allem die CSU die Forderung, das EEG bis zum Jahr 2007 zu befristen, bis dahin kostengünstigere Förderinstrumente zu entwickeln und die Ergebnisse der bis dahin erfolgten Einführung des Emissionshandels zu bewerten (SZ 03./04.04.2004n). Bereits am 29. März 2004 hatte der Umwelt- und Wirtschaftsausschuss des Bundesrates jedoch empfohlen, den Vermittlungsausschuss anzurufen, weil v.a. die christlich-liberalen Länderregierungen zentrale Bestimmungen der sich abzeichnenden EEG-Fassung nicht mittragen wollten (z.B. zur Windenergie). Am 14. Mai 2004 wurde das EEG in seiner abschließenden Fassung im Bundesrat behandelt. Mit der Mehrheit der christlich-liberalen Länderregierungen und der damit verbundenen Forderung der CSU nach einem Auslaufen des EEG ab dem Jahr 2007 wurde das EEG im Bundesrat abgelehnt und in den Vermittlungsausschuss verwiesen.[493] Damit waren die Pläne der Bundesregierung, das neue EEG bereits zum 01. Juni 2004 in Kraft treten zu lassen, gescheitert.

Es dauerte schließlich noch bis zum 17. Juni 2004, ehe sich in einer weiteren Sitzung des Vermittlungsausschusses die Vertreter aus Bundestag und Bundesrat auf einen Kompromiss einigen konnten. Darin setzte die Opposition von CDU/CSU und FDP ihre Forderung nach Wiedereinführung eines Referenzertragsmodells bei der Windenergie erfolgreich durch. Entgegen dem ursprünglichen BMU-Entwurf sollte der erforderliche Referenzertrag aber nur noch 60 Prozent betragen und damit die Rahmenbedingungen für eine Nutzung der Binnenwindkraft verschärfen. Die übrigen Regelungen des EEG blieben von den Verhandlungen unberührt. Am 09. Juli 2004 billigte der Bundesrat schließlich die EEG-Novelle, die in der beschriebenen Form zum 01. August 2004 in Kraft trat (ZfK 01.08.2004p). Die folgende Tabelle fasst die einzelnen Förderregelungen im Überblick zusammen.

---

[493] Die Entscheidung des Bundesrates stieß v.a. bei den landwirtschaftlich dominierten Fachverbänden (FVB, BBE) auf Unverständnis, weil damit für die Land- und Forstwirtschaft wichtige Investitionsentscheidungen zur Errichtung von Biogas- und Biomasseanlagen auf Eis gelegt wurden.

Tabelle 23: Die Vergütungssätze des EEG 2004 im Überblick (Für Neuanlagen: Ab 01.08.2004 in Betrieb)

Techno-logie	Anlagen-leistung	Leistungs-bereich	Vergütung (ct/kwH)	Degres-sion[1]	Bemerkung
Wasser-kraft	bis 5 MW	bis 500 kW 500 kW-5 MW	9,67 6,65	-	ab 2008 best. Standortbe-schränkungen
	5 MW-150 MW	bis 500 kW 500 kW-10 MW 10-20 MW 20-50 MW 50-150 MW	7,67 6,65 6,10 4,56 3,70	1 %	nur bei Erneue-rungen und nur Vergütung der Leistungserhö-hung
Deponie-, Klär-, Gruben-gas	unbegrenzt	Bis 500 kW 500 kW-5 MW Grubengas ab 5 MW	7,67 6,65 6,65	1,5 %	Deponie- und Klärgas: > 5 MW-Leistung Vergütung nach Marktpreis
	unbegrenzt	bis 500 kW 500 kW-5 MW Grubengas ab 5 MW	7,67 8,65 8,65	1,5 %	Beim Einsatz bestimmter innovativer Technologien
Bio-masse[2]	bis 20 MW	bis 150 kW 150 kW-500 kW 500 kW-5 MW 5-20 MW	11,50 9,90 8,90 8,40	1,5 %	
	bis 20 MW	bis 20 MW	3,90	1,5 %	Einsatz von Altholz best. Kategorien
	bis 20 MW	bis 150 kW 150-500 kW 500 kW – 5 MW	17,50 15,90 12,90	1,5 %[3]	Einsatz von nachwachsen-den Rohstoffen
	bis 20 MW	bis 150 kW 150-500 kW 500 kW-5 MW	17,50 15,90 11,40	1,5 %[3]	bei Verbren-nung von Holz i.S.v. Satz 1
	bis 20 MW	bis 150 kW 150-500 kW 500 kW-5 MW 5-20 MW	13,50 11,90 10,90 10,40	1,5 %[3]	bei Strom aus KWK-Anlagen
	bis 20 MW	bis 150 kW 150-500 kW 500 kW-5 MW	13,50 11,90 10,90	1,5 %[3]	bei Strom aus KWK-Anlagen + innovative Techn.

(Fortsetzung nächste Seite)

Tabelle 23 (Fortsetzung): Die Vergütungssätze des EEG 2004 im Überblick (Für Neuanlagen: Ab 01.08.2004 in Betrieb)

Geother-mie	unbegrenzt	bis 5 MW 5-10 MW 10-20 MW ab 20 MW	15,00 14,00 8,95 7,16	1,0 % ab 2010	
Wind-energie Onshore			$8,7^4$ bzw. $5,5^5$	2,0 %	erhöhte Vergü-tung in Abhän-gigkeit von Referenzertrag
Wind-energie Offshore			$9,10^4$ bzw. $6,19^5$	2,0 % ab 2008	erhöhte Vergü-tung bei Inbe-triebnahme vor 2011, abhängig vom Standort
Solare Strah-lungs-energie	auf/an Ge-bäuden, Lärm-schutzwän-de	bis 30 kW 30 – 100 kW ab 100 kW	57,4 54,6 54,0	5,0 %	
	in Fassaden integrierte Anlagen	bis 30 kW 30-100 kW ab 100 kW	62,4 59,6 59,0	5,0 %	
	sonstige Anlagen		45,7	5,0 % ab 2005 6,5 % ab 2006	Es sind best. Standortkrite-rien zu erfüllen

[1]   Die Höhe der Vergütung ist auch abhängig vom Jahr der Inbetriebnahme. Sie wird für neu in Betrieb ge-nommene Anlagen jährlich gesenkt (Degression).
[2]   Bei Biomasse weitere Kombinationen möglich, die hier nicht gesondert dargestellt werden.
[3]   Die Degression bezieht sich nur auf die Grundvergütung.
[4]   Anfangsvergütung
[5]   Endvergütung

Mit der EEG-Reform 2004 wurden die technologiebezogenen Förderregelungen weiter differenziert. Im Ergebnis nimmt der administrative Aufwand bei der Kalkulation der Ein-speisevergütungen für die Netzbetreiber weiter zu. Mit den jüngsten Reformen zeigt sich zusätzlich, dass sich der Förderwettbewerb zwischen großen bzw. zentralen Erzeugungs-technologien und kleinen bzw. dezentralen Technologien verschärft. Beispielhaft zu nennen sind die Auseinandersetzungen um die Offshore- und Binnenwindkraft sowie um die kleine und große Wasserkraft. Hinter dem Konflikt stehen die divergierenden Interessen der kon-ventionellen EltVU und der unabhängigen Anlagenbetreiber. Die konventionellen Ver-bundunternehmen nutzen das EEG zunehmend für den rentablen Betrieb eigener Anlagen. Eine Verschärfung der Förderbedingungen ist mit der Reform nur für die Binnenwindkraft gelungen. Hier werden nur noch Standorte gefördert, an denen die Anlagen mehr als 60 Prozent des Referenzertrages erwirtschaften. Eine Verschärfung der Wind-Förderkonditionen ist auf das verflochtene politische Entscheidungsverfahren zurückzuführen. Über den Bundesrat konnten die Unionsparteien und die FDP ihre Interessen an einer Verschärfung der Förderbedingungen zur Windenergie durchsetzen. Im Übrigen vermochten die Erneuerbaren-Energien-Verbände und die Advocacy-Koalition um Eurosolar über ihren parlamentarischen Einfluss eine Verschlechterung der Förderbedingungen für die kleine Wasserkraft abzuwenden und die Förderkonditionen für die Biomasse und die Geothermie entscheidend zu verbessern.

Bei der Reform wurde außerdem deutlich, dass z.B. die CSU aufgrund der regionalen Bedeutung der Agrarwirtschaft im eigenen Bundesland die EEG-Reform nicht für eine Verschlechterung der Förderkonditionen der Biomasse nutzen wollte.[494] In den Konflikten um die Ausgestaltung der Förderung der einzelnen Technologien spiegelte sich vielmehr der regionale Wettbewerb um bestmögliche Rahmenbedingungen im jeweiligen Bundesland wieder.

Während des Novellierungsprozesses wurde außerdem deutlich, dass die Verbände der konventionellen Energiewirtschaft und der industriellen Verbraucher das Instrument des Emissionshandels, das über das globale Klimaschutzregime Eingang in die nationale Debatte gefunden hatte, ins Spiel brachten, um die Festpreisregelungen für erneuerbare Energien in Frage zu stellen. Weil unter volkswirtschaftlichen Kostengesichtspunkten die Reduzierung von Treibhausgasemissionen über einen europäischen Emissionshandel theoretisch effizienter verwirklicht werden kann als über einen Ausbau erneuerbarer Energien, sind im folgenden Abschnitt die politischen Auseinandersetzungen zur Umsetzung dieses Instruments in Deutschland zu skizzieren, die zeitgleich mit der EEG-Novellierung stattgefunden haben.[495] Dabei ist eine kritische Bewertung des Emissionshandels als klimaschutzpolitische Alternative zu einem forcierten Ausbau der erneuerbaren Energien vorzunehmen.

5.4.2.3 Zur bisherigen Entwicklung und Implementierung des Emissionshandels in Deutschland und möglichen Auswirkungen auf die Regulierung erneuerbarer Energien

Bereits im September 2003, also noch vor dem eigentlichen Inkrafttreten der EH-Rl, legte das federführende BMU einen ersten Gesetzentwurf für einen Emissionsrechtehandel vor, das sog. *„Treibhaus-Emissionshandelsgesetz"* (TEHG) (SZ 19.09.2003t). Zeitgleich präsentierte der VDEW ein Positionspapier, an dem die zentralen Konfliktlinien zwischen dem federführenden BMU und dem BMWA deutlich wurden (VDEW 2003). Der VDEW plädierte beim Emissionshandel für möglichst flexible Umsetzungsregeln:

- *Kostenlose* und bedarfsorientierte *Erstzuteilung der Emissionsrechte* auf der Grundlage einer zeitnahen Referenzperiode (1998 bis 2002), dabei sollten nur vier Jahre der genannten Fünf-Jahresperiode in die Bilanzierung einfließen, „um etwaige *außergewöhnliche[n] Betriebszustände* oder eine *nicht repräsentative Anlagenauslastung* bei

---

[494] EU-Abgeordnete und Vertreter der Jungen Union entwickelten im Jahr 2004 ihre Vision von *„Bayern als Land der Biomasse"* (SZ 11./12.09.2004ab).

[495] Eine objektive Abwägung der Vor- und Nachteile zwischen dem Emissionsrechtehandel und Instrumenten zum Ausbau erneuerbarer Energien erscheint allerdings aus einer Ressourcenperspektive (Endlichkeit fossiler Energieressourcen) und den damit verbundenen geopolitischen Implikationen kaum möglich.

der Ermittlung des Bedarfs an Emissionsberechtigungen *berücksichtigen* zu können" (VDEW 2003);

- Unbefristete Übertragung ungenutzter Emissionsberechtigungen auf nachfolgende Handelsperioden (banking), auch über den zweiten Handelszeitraum von 2008 bis 2012 hinaus;
- Uneingeschränkte Übertragbarkeit von Emissionszertifikaten stillgelegter Anlagen auf neu errichtete Ersatzanlagen oder auf den neuen, erweiterten Teil einer bestehenden Anlage;
- Kostenlose Zuteilung von Zertifikaten bei Anlageninvestitionen, die dem Ersatz von Erzeugungskapazität aufgrund des staatlich beschlossenen Kernenergieausstiegs dienen;
- Generelle Anerkennung von JI-/CDM-Zertifikaten im Emissionshandelssystem;
- Vermeidung von Bürokratie durch *Abwicklung des Emissionshandels* über private Stellen (VDEW 2003).

Nachdem die EH-Rl am 13. Oktober 2003 in Kraft trat, war die Bundesregierung bis Ende März 2004 verpflichtet, den NAP zu verabschieden, mit dem für die erste Handelsperiode von 2005 bis 2007 die erlaubte CO_2-Emissionsmenge für die einzelnen Branchen festgelegt würde. Die Verhandlungen über den NAP und einem hierzu zu verabschiedenden Gesetz (NAP-G, später Zuteilungsgesetz) entwickelten sich ab Jahresbeginn 2004 – also zeitgleich mit der EEG-Novellierung – zum zentralen Konfliktpunkt. Nachdem sich Mitte Januar 2004 der Deutsche Bundestag erstmals mit dem BMU-Entwurf zum Emissionshandel befasst hatte, spitzte sich der Konflikt zu. Zwar war das BMU mit seinen Gesetzentwürfen für ein TEHG zunächst den Forderungen der wichtigsten Wirtschaftsverbände in einigen Punkten nachgekommen. Folgende allgemeine Regelungen waren vorgesehen:

- Kostenlose Zuteilung der Emissionszertifikate auf der Basis der Ist-Emissionen der betreffenden Unternehmen im Zeitraum von 2000 bis 2002 mit einem moderaten Erfüllungsfaktor;
- Möglichkeit der vollen Übertragung der bisherigen (alten) Emissionsrechte auf eine neue Anlage im Fall realisierter Emissionsreduktionen;
- Kostenlose Zuteilung von Zertifikaten bei Neuanlagen, auch wenn diese keine Altanlagen ersetzen; Entscheidende Einschränkung: Neuanlage muss den hohen Wirkungsgrad eines modernen Gas- und Dampfkraftwerks haben (BMU 2004a).

Zur Definition der branchenbezogenen Emissionsziele hatte das BMU bereits Mitte Dezember 2003 eine erste Liste mit über 2.600 vom Emissionshandel betroffenen Anlagen veröffentlicht. In der Auseinandersetzung um die Zuteilung von Emissionsrechten erklärte sich die deutsche Industrie schon bald nicht mehr an ihre Selbstverpflichtung aus dem Jahr 2001 gebunden, nach der sie ihre Emissionen zwischen 1998 und 2010 um 45 Mio. t CO_2 reduzieren wollte. Gleichzeitig wurde der erste NAP-Entwurf des BMU bekannt, nachdem die deutsche Industrie ihre Emissionen entsprechend den Zusagen der gegebenen Selbstverpflichtung im ersten Handelszeitraum von 2005 bis 2007 um 7,5 Prozent reduzieren sollte.[496]

Die Vorlage des NAP auf einem Staatssekretärstreffen zwischen BMU und BMWA endete Ende Januar 2004 schließlich mit einem Eklat, so dass die BMWA-Vertreter die Verhandlungen abbrachen. Aus ihrer Sicht war der NAP-Entwurf nicht hinreichend abgestimmt und sah unabhängig vom Ergebnis der noch nicht abgeschlossenen Ist-Erhebung der Emissionen vorab fixierte Minderungsverpflichtungen vor (ZfK 07.02.2004c).[497] Besonders heftig umstritten war die Frage einer Berücksichtigung des staatlich beschlossenen Kernenergieausstiegs (s.S. 532ff.). Bei der Zuteilung von Emissionszertifikaten verlangten die Betreiber von Kernkraftwerken einen Ausgleich, wenn die abgeschalteten AKW durch neue Gas- und Kohlekraftwerke ersetzt würden. In dieser Frage erklärte sich Umweltminister Trittin lediglich dazu bereit, der Industrie in der zweiten Verpflichtungsperiode (2008 bis 2012) mit Zertifikaten über jährlich 7 Mio. t entgegen zu kommen.[498] Dies war der Stromwirtschaft allerdings zu wenig (SZ 31.01./01.02.2004b).

Ein weiterer zentraler Streitpunkt betraf die kostenlose Zuteilung von Emissionszertifikaten für Antragsteller, die eine neue Anlage bauen wollten, ohne eine alte hierfür stillzulegen. Weil eine kostenlose Zuteilung an die Voraussetzung des hohen Wirkungsgrades der Anlage gebunden werden sollte, hätte eine Umsetzung dieser Regelung eine technische und finanzielle Hürde für künftige Investitionen in Kohlekraftwerke bedeutet (SZ 29.01.2004a). Nach den Vorstellungen des BMU sollte der Emissionshandel aber Investitionen in klimaschonende Technologien begünstigen. Deshalb sollte bei Inbetriebnahme von neuen Kohlekraftwerken der erforderliche Erwerb einer vergleichsweise größeren Zertifikatemenge gegenüber effizienten GuD-Kraftwerken eine Kohleverstromung verhältnismäßig stärker verteuern. Gegen die Einführung einer solchen als „Produkt-Benchmark" bezeichneten Regelung opponierte nicht nur das BMWA, sondern auch die SPD-geführte Landesregierung in Nordrhein-Westfalen. Bei den CO_2-Emissionen aus Kohle- und Gaskraftwerken ging man davon aus, dass sich bei einem unterstellten Zertifikatepreis von 10 Euro/t CO_2 durch den Zertifikatehandel die Grenzkosten bei der Stromerzeugung zwischen 4 Euro MWh bei Erdgas und 8 Euro/MWh bei Steinkohle erhöhen würden (ZfK 07.02.2004f). Im Hinblick hierauf wurde der Sinn eines Emissionshandels durch BMWA-Minister Clement auf einer Jahrestagung der Energiewirtschaft im Januar 2004 generell bestritten. Bei der Umsetzung des Emissionshandels wären v.a. drei Dinge zu verhindern: Neue ehrgeizige Klimaziele *im nationalen Alleingang*, neue Belastungen für die Wirtschaft und eine Verdrängung der heimischen Kohle. Clement forderte in diesem Zusammenhang – die Mög-

---

[496] Eine vom BMU durchgeführte Emissionserhebung hatte für den Zeitraum von 2000 bis 2002 eine Emissionsmenge von jährlich insgesamt 505 Mio. t CO_2 ergeben. Mit dem 7,5%-Reduktionsziel würden die möglichen Emissionen bis 2007 jährlich nur noch bei 488 Mio. t liegen. Bis zum Jahr 2012 sah das BMU vor, die Emissionen auf 480 Mio. t zu reduzieren (SZ 31.01./01.02.2004b).

[497] Die Ursache für die eilige Vorgehensweise des BMU dürfte jedoch auf die Verpflichtung der Bundesregierung zurückzuführen sein, bis Ende März 2004, also gerade einmal acht Wochen später, den NAP bei der Europäischen Kommission zur Notifizierung vorzulegen.

[498] Eine Befürchtung des BMU war, dass die Verbundunternehmen mit der Stilllegung wirtschaftlich unrentabler Reaktoren in den Genuss von Emissionszertifikaten gelangen würden, die es ihnen ermöglichten, andere klimaschädliche Kraftwerke länger zu betreiben.

lichkeiten der Europäischen EH-Rl ignorierend – eine kostenlose Zuteilung von Zertifikaten über den Zeitraum ab 2008 hinaus (ZfK 07.02.2004c).[499]

Weil die Vorleistungen bei der Modernisierung der Braunkohlekraftwerke vor allem in den neuen Bundesländern bisher nicht angemessen berücksichtigt wären, drohte der damalige Vattenfall-Vorstandsvorsitzende Rauschert außerdem mit der Einleitung eines Gerichtsverfahrens, falls die BMU-Pläne in der beschriebenen Form verabschiedet würden (ZfK 07.02.2004c). Neben den kohleverstromenden Verbundunternehmen (vor allem RWE, Vattenfall) intensivierten auch die energieintensiven Branchen (Stahl-, Aluminium- und Betonindustrie) ihren politischen Widerstand. Anfang Februar 2004 kündigten die Industrieverbände (z.B. BDI, Wirtschaftsvereinigung Stahl) an, erst wieder an den Verhandlungstisch zur Ausgestaltung des Emissionshandels zurückzukehren, wenn sich das BMU mit dem BMWA auf einen gemeinsamen Entwurf zur Zuteilung der Zertifikate geeinigt habe. Zwischenzeitlich waren die Befürchtungen der Stahl- und Betonindustrie gestiegen, aufgrund der befürchteten großen Nachfrage der Stromversorger nach Zertifikaten bei der Zuteilung „zu kurz" zu kommen. Deshalb forderte der BDI eine Erhöhung der Gesamtzuteilung an Emissionszertifikaten um insgesamt 30 bis 50 Mio. t CO_2, womit die Emissionsgenehmigungen bis 2007 gegenüber dem Ausgangsszenario aber um etwa 20 Mio. t CO_2 zunehmen würden (SZ 11.02.2004c).[500]

Anfang Februar 2004 stellte das BMU die neuesten Daten zur Emissionsentwicklung der deutschen Industrie vor. Danach waren die CO_2-Emissionen zwischen 2000 und 2002 von jährlich 491 Mio. t CO_2 auf 506 Mio. t CO_2 gestiegen. Besonders bei der Energieerzeugung war ein Emissionsanstieg zu verzeichnen.[501] Deshalb lautete ein zentraler Vorwurf des BMU, dass die Industrie ihre im Jahr 2001 gegebene Selbstverpflichtung nicht einhalten werde (SZ 13.02.2004d). Weil es bis zur letzten Februarwoche des Jahres 2004 immer noch keinen abgestimmten Entwurf zur Zuteilung der Emissionsrechte gab, schaltete sich schließlich das Bundeskanzleramt in den Konflikt ein und lud einmal mehr zu einem „Konsensgespräch" (SZ 21./22.02.2004e). Das Spitzentreffen brachte aber zunächst keinen Durchbruch, weshalb weitere Treffen Anfang März geplant waren.

Für die Analyse zur Regulierung erneuerbarer Energien in Deutschland ist von größter Brisanz, dass Anfang 2004 zwei energiewirtschaftliche Gutachten lanciert wurden, die den Erfolg des EEG in Frage stellten. Bereits im Januar 2004 war ein von der Hans-Böckler-Stiftung beim Bremer Energie-Institut in Auftrag gegebenes Arbeitsplatzgutachten zu dem Ergebnis gekommen, dass durch die EEG-Vergütungssätze volkswirtschaftliches Kapital

---

[499] Auf der Tagung kritisierte der Bundeswirtschaftsminister ferner die Orientierung von Benchmarks am Kohlenstoffgehalt und eine gezielte Förderung des Brennstoffwechsels durch Übertragung von Zertifikaten von Kohle- auf Erdgaskraftwerke (ZfK 07.02.2004c).

[500] Besonders das Erfordernis einer zusätzlichen Zuteilung von Zertifikaten für prozessbedingte Emissionen war umstritten. Für diesen Bereich wollte das BMU Zertifikate in Höhe von jährlich 35 Mio. t CO_2 zuteilen. Allerdings verwies die Stahlindustrie darauf, dass sie alleine prozessbedingte Emissionen in Höhe von jährlich 44 Mio. t CO_2 verursache. Zusammen mit den prozessbedingten Emissionen in den anderen energieintensiven Branchen (z.B. Zement-, Glasindustrie) sei deshalb, so der Präsident der Wirtschaftsvereinigung Stahl, eine Erhöhung der Emissionsrechte für prozessbedingten Emissionen auf insgesamt 65 Mio. t CO_2 erforderlich (SZ 26.02.2004g). Auch die Betreiber vor allem kommunaler KWK-Anlagen warnten davor, die Ausgleichsregelungen für die bestehenden Anlagen zu streichen oder zu kürzen. Der damalige VKU-Präsident Widder forderte sogar eine Nachbesserung der bisher geplanten Zuteilung von 10 Mio. t Zertifikate für *„Early Actions"* und 2 Mio. t für die KWK-Betreiber (ZfK 03.04.2004j).

[501] Der Anstieg war v.a. auf eine zunehmende Kohleverstromung zurückzuführen (s.S. 528ff.).

gebunden würde, das die Konsumkraft der Bürger erheblich verringern würde. Über einen Zeitraum von zwanzig Jahren würden die kurzfristigen positiven Arbeitsplatzeffekte durch negative Effekte überwogen. Damit stellte die Studie die vom BMU immer wieder hervorgehobenen positiven Arbeitsplatzeffekte des EEG in Höhe von 130.000 Arbeitsplätzen grundsätzlich in Frage (ZfK 07.02.2004d).[502]

In der heißesten Phase der Auseinandersetzungen zur Ausgestaltung des NAP lancierte das BMWA schließlich ein sehr umstrittenes Gutachten seines Wissenschaftlichen Beirats zu den voraussichtlichen Auswirkungen der Einführung eines Emissionshandels auf die bestehende Förderpolitik für erneuerbare Energien (BMWA 2004a). Ohne das faktische Resultat der politischen Aushandlungen zum NAP abzuwarten, kam der Beirat darin zu dem Ergebnis, dass das EEG bei einem funktionierenden Emissionshandel ein volkswirtschaftlich zu teures Instrument wäre, das keine zusätzlichen Emissionsreduktionen erwarten lasse:

„Bewusst zu machen ist, dass der Beitrag des EEG zur Verminderung der CO_2-Emissionen auf Null absinkt, sobald der Markt für CO_2-Emissionen funktioniert" (BMWA 2004a, 6).

Das für das Gutachten federführend zuständige Energiewirtschaftliche Institut an der Universität zu Köln (EWI) behauptete, dass ein über das EEG forcierter Ausbau der erneuerbaren Energien bei fixem CO_2-Minderungsziel dazu führe, dass aus dem deutschen Strommarkt Normalstrom verdrängt und damit zusätzliche Zertifikate frei würden, wodurch die Zertifikatepreise sinken würden. Durch die sinkenden Zertifikatepreise würden die Betreiber der Industrieanlagen zusätzliche Emissionsberechtigungen kaufen und hierdurch schließlich mehr emittieren können. Außerdem würde durch die sinkenden Zertifikatepreise ein wachsender Anteil an Emissionsberechtigungen ins Ausland exportiert. Zugespitzt:

„Das EEG dient der Subventionierung von CO_2-Emissionen außerhalb des deutschen Kraftwerksektors. Der Netto-Effekt des EEG auf die europäischen CO_2-Emissionen ist Null (BMWA 2004a, 8).

Während man diese theoretischen Annahmen in Bezug auf einen funktionierenden Europäischen Emissionshandel noch nachvollziehen konnte, ging das Gutachten im weiteren Verlauf von zunehmend fragwürdigen Annahmen aus. In der Kritik am EWI-Gutachten ist stets zu vergegenwärtigen, dass die klimaschutzbezogene Funktionsfähigkeit und Wirksamkeit eines Europäischen Emissionshandelssystems von den politischen Zielsetzungen und der letztlichen nationalen Implementierung dieses Instruments bestimmt sein wird. Die Annahmen des zitierten Gutachtens sind auch deshalb kritisch zu hinterfragen, weil es bei einem Erneuerbaren-Energien-Anteil von 12,5 Prozent an der gesamten Stromerzeugung im

---

[502] Das Bremer Energie-Institut kritisierte, dass die vom BMU genannte Zahl auch indirekt Beschäftigte beinhalte – in Wirklichkeit sei der Beschäftigungseffekt des EEG aber nur auf rund 60.000 Beschäftigte zu beziffern. Würden die EE-Investitionen zurückgehen, würde auch der anfänglich hohe Beschäftigungseffekt jährlich reduziert. Unter Annahme degressiver EEG-Vergütungen würde sich innerhalb der nächsten 20 Jahre ein negativer Arbeitsplatzeffekt von minus 4000 ergeben (ZfK 07.02.2004d). An dem Bremer Arbeitsplatzgutachten kritisierte der BEE, dass darin der Wert von Windstrom mit 1 ct/kWh künstlich klein gerechnet worden wäre, während der reale Strompreis zum damaligen Zeitpunkt bei 3 ct/kWh gelegen habe. Hätten die Gutachter mit dem Strompreis an der Leipziger Strombörse gerechnet, wären sie zu positiven Beschäftigungseffekten gekommen (ZfK 03.04.2004k).

Jahr 2010 von einer jährlichen Belastung der Stromwirtschaft in Höhe von 5 Mrd. Euro ausging. Für den im Jahr 2010 geschätzten Stromverbrauch (Zukunftsprognose) kalkulierten die Autoren, dass die zusätzliche Belastung durch erneuerbare Energien pro kWh 0,8 ct betragen würde. Gleichzeitig rechneten die Experten für das Jahr 2010 mit einem durchschnittlichen Stromgestehungspreis in konventionellen Kraftwerken in Höhe von 2,5 ct/kWh. Weil die Autoren die zukünftigen Belastungen der Stromwirtschaft auf der Basis eines prognostizierten Stromverbrauchs berechneten, gleichzeitig aber vom gegenwärtigen Strompreisniveau ausgingen, war zunächst die grundlegende Behauptung zu bezweifeln, nach der die Belastung aus dem EEG bis zum Jahr 2010 zu einer Verteuerung der *gesamten* Stromerzeugung um fast dreißig Prozent führen würde.[503] Gleichzeitig wurde in dem Gutachten von weiter steigenden Vergütungssätzen im EEG ausgegangen und ignoriert, dass zwischenzeitlich degressive Vergütungsregelungen eingeführt worden waren. Auch findet sich die durch die konventionelle Stromwirtschaft immer wieder geäußerte Aussage wider, mit den EEG-Vergütungssätzen würde die Stromwirtschaft in zunehmendem Maße belastet, obwohl die EltVU die Vergütungspreise in einem durch die staatliche Preisaufsicht nur schwach regulierten Sektor an die Endverbraucher weitergeben. Generell ist also auch dieses Gutachten von dem Grundproblem einer angemessenen Bewertung des Stroms aus erneuerbaren Energien geprägt. So stellt der Beirat polemisch fest, dass insbesondere der Strom aus Wind- und FV-Kraftwerken nicht bedarfsgerecht zur Verfügung gestellt werden kann und deshalb weniger wert wäre als der billigste Strom, den die Elektrizitätswerke für die Grundlast erzeugen.

Ohne dass der Wissenschaftliche Beirat auch nur mit einer einzigen kritischen Gegenanalyse die Aussagen des EEG-Erfahrungsberichts des eigenen Auftraggebers vom Juni 2002 zu widerlegen versucht (s.S. 349ff.), geschweige denn überhaupt erwähnt, stellt er in äußerst oberflächlicher und lapidarer Art und Weise auch die industrie- und technologiepolitischen Argumente zugunsten des EEG in Frage. Die Erfahrungen, die man mit der Industriepolitik in Form einer Technologieförderung durch Bereitstellung geschützter Märkte gemacht habe, wären wenig ermutigend. Auch der Hinweis, dass es Lernkurveneffekte gäbe, die zu Kostensenkungen beitrügen, reichte für eine Förderung jenseits einer reinen staatlichen Forschungs- und Entwicklungspolitik nicht aus. Eine Rechtfertigung der Förderung erneuerbarer Energien mit dem ökologischen Nutzen und den möglichen Exportmärkten verfinge in diesem Zusammenhang nicht. Vielmehr würden zahlreiche andere Strategien existieren, um eine CO_2-Minderung effizienter und schneller zu realisieren. Über eine Modernisierung von Steinkohlekraftwerken könnten z.B. CO_2-Reduktionen realisiert werden, die dreißig bis fünfzig Mal günstiger wären als die Einspareffekte des EEG (ZfK 03.04.2004l). Das Gutachten war bisweilen von einem polemischen Grundton getragen, der im folgenden Zitat zum Ausdruck kommt:

„Sobald ein funktionierender CO_2-Emissionshandel etabliert ist, wird das EEG ein höchst ineffizienter und letztlich wirkungsloser Versuch, das Weltklima zu retten. Es sollte dann im Interesse

---

[503] Im Gutachten wurde an keiner Stelle ausgeführt, wie die Autoren für das Jahr 2010 beim Erzeugungspreis für konventionellen Strom auf den Wert von 2,5 ct/kWh gelangten. Eine besondere Belastung der konventionellen Stromerzeuger aus dem Emissionshandel, den anstehenden umfassenden Kraftwerksinvestitionen und den Folgen des Atomausstiegs scheint sich in diesem Wert jedenfalls nicht widerzuspiegeln. Hieran wird die allgemeine Erwartungshaltung der konventionellen Stromwirtschaft offenbar, Klimaschutz dürfe nichts kosten.

von ökonomischer Rationalität und ökologischer Vernunft abgeschafft werden" (BMWA 2004a).

Entsprechend heftig wurde das Gutachten durch die Interessenverbände erneuerbarer Energien und den betroffenen Wissenschaftsinstitutionen kritisiert. Die Expertise würde auf gerade einmal siebzehn ausgearbeiteten Seiten die Abschaffung des EEG zu begründen versuchen und käme dabei – mit Ausnahme einer Auflistung von EEG-Vergütungssätzen – vollständig ohne Tabellen, Grafiken und andere wissenschaftlich nachprüfbare Zahlen- und Datenbasis aus. Sogar der Auftraggeber, das BMWA, ging auf Distanz, weil es nach seiner Ansicht wünschenswert gewesen wäre, dass der Beirat bei seiner EEG-Kritik zumindest die Aspekte der Ressourcenschonung und der Sicherheit der Energieversorgung durch die Diversifikation von Energiequellen hätte berücksichtigen müssen. Umstritten blieb außerdem die Annahme, dass durch eine vermehrte Stromproduktion aus erneuerbaren Energien der Marktpreis der Lizenzen im Emissionshandel gedrückt und dadurch der Anreiz zu Effizienzinvestitionen zugunsten einer CO_2-Minderung gesenkt würde. Hierzu wurde kritisiert, dass das im EEG vorgesehene Doppelvermarktungsverbot und der Umstand unberücksichtigt blieben, dass nicht ganze Sektoren, sondern nur einzelne Anlagen am Emissionshandel teilnähmen (Siemer 2004). Der BEE verwies in einer Stellungnahme auf den Veröffentlichungszeitpunkt des Gutachtens im Zuge der mit der Einführung des Emissionshandels zeitgleich anstehenden EEG-Novellierung.

Während eine Vermittlung der unterschiedlichen Positionen zum Emissionshandel im März 2004 zwischen dem BMU und dem BMWA weiterhin scheiterte, gelang im Bundestag Mitte April mit der rot-grünen Stimmenmehrheit die erfolgreiche Verabschiedung des Rahmengesetzes zum Handel mit Emissionsrechten (TEHG). Im TEHG wurden die rechtlichen und organisatorischen Voraussetzungen für das Handelssystem geregelt. Der zentrale Streit um die genaue Zuteilung der Emissionsrechte blieb vorerst jedoch ungelöst. Aufgrund der erforderlichen Meldung des NAP nach Brüssel eskalierte der Streit zwischen BMU und BMWA Ende März zu einer handfesten Koalitionskrise. Hierbei traten die *wesentlichen Forderungen des BMWA*, die einen Kompromiss zwischen den beiden Ressorts bisher verhindert hatten, an das Licht der Öffentlichkeit:

- Bildung eines Reservepools an Zuteilungszertifikaten, auf den man bei einem kräftigeren Wirtschaftswachstum zurückgreifen wollte;
- Keine Minderungsverpflichtung für den Abgasausstoß der Stahlindustrie, weil diese aus produktionstechnischen Gründen ihre Emissionen nicht weiter reduzieren könne;
- Ausgleich an Zertifikaten für die Energiekonzerne wegen des Kernenergieausstiegs;
- Ablehnung einer Bevorzugung von Gaskraftwerken beim Neubau von Kraftwerken (SZ 20./21.03.2004h).

Aus dem BMU hieß es zu den Forderungen des Wirtschaftsressorts, dass die Umsetzung der Forderungen bis zum Jahr 2007 auf einen Anstieg der CO_2-Emissionen auf 520 Mio. t hinausliefe, während ein zuvor auf Staatssekretärsebene vereinbartes Kompromisspapier eigentlich eine Reduktion der jährlichen Emissionen auf 499 Mio. t vorsah (SZ 20./21.03.2004h).

Kurz darauf sorgte der Bundeswirtschaftsminister für weiteren Streit, weil er mit Verweis auf das wissenschaftlich wenig fundierte BMWA-Gutachten die Grundlagen der rot-grünen Energiepolitik in Frage stellte. Nicht nur das EEG, sondern auch die Instrumente der ÖSR und das KWK-G müssten darauf überprüft werden, ob sie erforderlich wären, wenn der Emissionshandel funktioniere (SZ 22.03.2004i). Wegen des Konflikts schaltete sich Bundeskanzler Schröder ein, um im Rahmen eines Energiegipfels eine Lösung zu erzielen. Ende März 2004 fand eine energiepolitische Krisensitzung unter Beteiligung von Bundeskanzler Schröder, Wirtschaftsminister Clement, Vizekanzler Fischer, Umweltminister Trittin und Kanzleramtsminister Steinmeier statt, in dem ein hart umkämpfter Kompromiss zur Ausgestaltung des Emissionshandels in Deutschland erzielt wurde (SZ 30.03.2004k).

Im Interesse des Klimaschutzes kam dabei nur ein sehr mageres Verhandlungsergebnis heraus. Für die erste Handelsperiode von 2005 bis 2007 einigte man sich auf eine geringfügige Reduktion der jährlichen CO_2-Emissionen von 505 Mio. t. auf 503 Mio. t. Bis 2012 sollten die jährlichen Emissionen um weitere zwei Prozent auf 495 Mio. t reduziert werden. Während Umweltminister Trittin für den Zeitraum von 2007 bis 2012 ursprünglich noch Reduktionsleistungen von 25 Mio. t gefordert hatte (auf nur noch 480 Mio. t CO_2), wurden letztlich nur 10 Mio. t vereinbart. Für die Stahl-, Glas-, Zement- und Keramikindustrie wurden umfangreiche Sonderregelungen ausgehandelt, so dass diese Branchen ihren CO_2-Ausstoß nicht senken müssen (SZ 31.03.2004m). Mit diesem Verhandlungsergebnis wurde klar, dass sich die deutsche Industrie und die Energiewirtschaft von ihrer eigenen klimaschutzbezogenen Selbstverpflichtung, mit der sie bis zum Jahr 2010 eine Reduktion der jährlichen Treibhausgasemissionen um 45 Mio. t gegenüber dem Jahr 1998 versprochen hatte, endgültig verabschiedet hatte.

In den Medienberichten zum Verhandlungskompromiss wurde es als ein Erfolg von Umweltminister Trittin beschrieben, dass für den Zeitraum bis 2012 überhaupt Minderungsziele definiert wurden. Positive Erwähnung fand auch die Einführung einer Regelung, die es den Kraftwerksbetreibern attraktiv machen soll, ineffiziente und alte Kraftwerke durch moderne und klimafreundliche Anlagen zu ersetzen (z.B. GuD-Kraftwerke). Findet eine solche Substitution statt, greift die sog. „Übertragungsregelung", nach der die für eine Altanlage jährlich zugeteilten Emissionsberechtigungen für eine Dauer von vier Jahren auf die Neuanlage übertragen werden können. Anschließend erfolgt für die Neuanlage vierzehn Jahre eine Zuteilung mit einem Erfüllungsfaktor von eins. Umweltminister Trittin konnte in den Verhandlungen außerdem eine Malus-Regelung für Kohlekraftwerke durchsetzen, die älter als 30 Jahre sind und einen Wirkungsgrad unter 31 Prozent bei Braunkohle bzw. 36 Prozent bei Steinkohle haben. Für diese Kraftwerke sollte es eine um 15 Prozent verringerte Zuteilung von Emissionszertifikaten geben. Bei Neuerrichtungen sollten effiziente GuD-Kraftwerke je produzierter kWh mit mehr als doppelt so vielen Emissionsrechten ausgestattet werden wie moderne Steinkohlekraftwerke (Strombenchmark von 365 g/CO_2 bei GuD und von 765 g/CO_2 bei Steinkohle). Für die Stilllegung der ersten beiden Kernkraftwerke Stade und Obrigheim war zusätzlich vorgesehen, die Betreiber mit einer Kompensationsmenge von jährlich 1,5 Mio. Zertifikaten (je emittierter t) auszustatten. Auch hier konnten sich die Energieversorger gegen das BMU durchsetzen, das sich speziell im Fall des AKW Stade zunächst geweigert hatte, den Anlagenbetreiber E.ON mit zusätzlichen Zertifikaten auszustatten, weil es das AKW allein aus wirtschaftlichen Gründen abgeschaltet habe (ZfK 2004i). Der beschriebene NAP wurde mit dem erzielten Kompromiss noch rechtzeitig nach

Brüssel versandt und Anfang Juli 2004 von der Europäischen Kommission genehmigt.[504] Die Kommission akzeptierte trotz anfänglicher wettbewerbsrechtlicher Bedenken die Bestimmungen des deutschen Plans, Verschmutzungsrechte sillgelegter Kohlekraftwerke auf umweltfreundliche neue Anlagen zu übertragen (SZ 08.07.2004r).

Besonders die Benchmarks bei der Kohleverfeuerung gerieten in den Fokus der Kritik von Umweltverbänden. Die Rahmenbedingungen für die Kohleverstromung wären zu großzügig gestaltet, so dass der Anreiz bestehen bliebe, weiterhin in Kohletechnologien statt in klimafreundliche Anlagen zu investieren. Der *WWF* kritisierte, dass mit den Benchmarks ein Strukturfehler zementiert würde, der sich nachträglich kaum korrigieren ließe. Modernisierte Anlagen würden mit maximal achtzehn Jahren (Übertragungsregelung plus vierzehn Jahre) zu lange von der Verpflichtung zu weiteren Emissionsminderungen verschont, die Stahlindustrie zu großzügig mit Emissionsrechten ausgestattet. Außerdem sei das Verfahren zur Anerkennung von frühen Klimaschutzleistungen zu kompliziert (SZ 31.03.2004l).

Ende Mai einigte sich der Vermittlungsausschuss von Bundestag und Bundesrat auf eine leicht abgeänderte Fassung des TEHG, bei der man sich in der Frage der organisatorischen Abwicklung des Emissionshandels auch auf eine bestimmte Kompetenzzuweisung zwischen Bund und Ländern einigte. Danach sollte bei bestehenden Anlagen die für die Überwachung des Emissionshandels geschaffene Emissions-Handelsstelle beim UBA für die kostenlose Zuteilung der Emissionszertifikate zuständig sein, während die Zuständigkeit bei Neuanlagen auf die Bundesländer übertragen werden sollte. Gleichzeitig nahm der Bundestag in Dritter Lesung das Gesetz über die Zuteilung der Emissionsrechte an (SZ 29.-31.05.2004p). Mitte Juni 2004 billigte schließlich der Bundesrat das TEHG.

Vorerst scheint mit dem deutschen Emissionsrechtekompromiss die Chance vertan, die Investitionsbedingungen zugunsten effizienter und sauberer GuD-Kraftwerke gegenüber Braun- und Steinkohlekraftwerken entscheidend zu verbessern. Dieser Umstand spiegelte sich in den umfangreichen Investitionsentscheidungen zur Errichtung von weiteren Braun- und Steinkohlekraftwerken wider, die unmittelbar nach dem Emissionshandelskompromiss durch wichtige deutsche Verbundunternehmen bekannt gegeben wurden (s.S. 528ff.). Aufgrund der engen personellen Verflechtungen mit den Interessen der Braun- und Steinkohlelobby in Nordrhein-Westfalen vermochte das BMWA substantielle Regelungen zugunsten eines weitreichenden Strukturwandels in der deutschen Energieerzeugung zu verhindern.

5.4.3 Die Reform des energiewirtschaftlichen Ordnungsrahmens zur Umsetzung der EU-Beschleunigungsrichtlinien: Die EnWG-Novelle 2005

Die Verabschiedung der Elt-Beschl-Rl von Ende Juni 2003 war für die Bundesrepublik Deutschland der Auslöser für die bisher umfassendste Reform des EnWG seit seinem Bestehen von 1935. Aufgrund der Reichweite dieser Reform, die grundlegende institutionelle Änderungen der Regulierung der leitungsgebundenen Elektrizitätswirtschaft bewirkte,

---

[504] Auf Europäischer Ebene wurden bereits im Mai 2004 Zweifel zur klimabezogenen Effizienz des Emissionshandels deutlich. Die Kritik entzündete sich an den eingereichten nationalen Allokationsplänen. Die EU-Kommission bemängelte in vielen EU-Ländern die großzügige Verteilung von CO$_2$-Emissionsrechten. Überdies hatte die Hälfte der 25 EU-Staaten bis Mai 2004 noch gar keinen Plan übermittelt. Darunter waren mit Frankreich, Spanien, Italien, Portugal, Belgien und Griechenland sechs Altmitglieder, gegen die Vertragsverletzungsverfahren vorbereitet wurden (FAZ 19.05.2004b).

werden auch die Rahmenbedingungen für die künftige Erneuerbaren-Energien-Politik grundlegend beeinflusst. Im Folgenden werden die wichtigsten Konfliktlinien zwischen den energiewirtschaftlichen Akteure zur Gestaltung einer wettbewerbsorientierten *und* nachhaltigen Energiewirtschaft skizziert und die Inhalte des seit Juli 2005 novellierten Ordnungsrahmens dargestellt.

5.4.3.1 Die besondere Bedeutung der föderalen Politikverflechtung bei der EnWG-Reform

Bereits vor der Verabschiedung der Elt-Beschl-Rl und noch während der vorläufigen Novellierung des EnWG (Verrechtlichung der stromwirtschaftlichen Verbändevereinbarungen) kündigte die Bundesregierung Ende März 2003 an, unter Berücksichtigung der neuen europäischen Vorgaben schnellstmöglich einen Gesetzentwurf zu erarbeiten. Mit der Entwicklung des energiewirtschaftlichen Ordnungsrahmens war im Sommer 2003 auch die Wirtschaftsministerkonferenz (WMK) befasst. Die Bundesländer formulierten von Beginn an ihre Erwartungshaltung, in den Reformprozess eingebunden zu werden.[505]

Auf den WMK wurden vor allem die folgenden, zur Umsetzung der neuen EU-Richtlinien relevanten Fragen diskutiert, und zwar ob

- die Netznutzungsbedingungen durch normative Festlegung oder durch eine „Methodengenehmigung" verbindlich geregelt werden sollen, und ob
- die Beachtung der Vorgaben für die Netznutzungsbedingungen im Einzelfall durch (repressive) behördliche Überwachung oder – zumindest für wesentliche Bedingungen (z.B. Netznutzungsentgelte) – durch präventive Kontrolle (Genehmigungspflicht) gesichert werden soll.

Die Länderminister erkannten zwar die Vorteile einer *„Methodengenehmigung"*. Danach sollten der/den zukünftigen Regulierungsbehörde(n) die Inhalte der VV zur Genehmigung vorgelegt werden. Die Behörde(n) könnten durch die Genehmigungspflicht Änderungen durchsetzen.[506] Eine Mehrheit der Bundesländer wandte sich aber gegen die Methodengenehmigung, weil man sich damit auf einen Regulierungsansatz festlegen würde, der von den Marktbeteiligten eine akzeptierte VV voraussetze, ohne dass diese Voraussetzung vom Gesetzgeber garantiert werden kann (WMK 2003, 4-5). Weil sich die Verbände des Gassektors bis zuletzt nicht auf eine VV zur Öffnung der Gasnetze geeinigt hatten und über wesentliche Elemente der VV II plus für den Elektrizitätssektor zwischen den beteiligten

---

[505] Zur Erarbeitung einer eigenen Position zur Ausgestaltung des energiepolitischen Ordnungsrahmens hatten die Bundesländer zuvor eine eigene Arbeitsgruppe gegründet, die aus Vertretern der Energiekartellbehörden und der Energieaufsicht auf Länderebene bestand. Diese Arbeitsgruppe tagte dreimal unter der Leitung Brandenburgs, wobei die wichtigsten Beiträge zur Ausgestaltung des Ordnungsrahmens aus den Ländern Bayern, Nordrhein-Westfalen, Saarland und Thüringen stammten (Spreer 2003, 191).

[506] Für ein Aufgreifen des Modells der Methodengenehmigung würden vor allem die Sachnähe der Beteiligten und die Flexibilität bei der inhaltlichen Fortentwicklung von Verbändevereinbarungen sprechen. Außerdem zeichne sich dieser Ansatz durch einen vergleichsweise geringen staatlichen Regulierungsaufwand aus.

Verbänden und Unternehmen kein Einvernehmen mehr bestand, plädierten einige Länder-vertreter deshalb für eine normative Festlegung der Netznutzungsbedingungen.[507]

Damit deutete sich eine Unterstützung verschiedener Bundesländer für eine normative Festlegung der Netznutzungsbedingungen per Gesetz und/oder Rechtsverordnung an. Auf ein abschließendes Urteil darüber, ob für eine effektive Kontrolle der Netznutzungsbedin-gungen ein repressives Aufsichtssystem einem stärker präventiv (ex-ante-)orientierten Ge-nehmigungssystem vorzuziehen sei, konnten sich die Bundesländer aber noch nicht einigen. Für die Vorab-Genehmigung konkreter Netznutzungsentgelte einzelner Netzbetreiber oder von Gruppen von Netzbetreibern sprachen sich dezidiert nur das Saarland und Sachsen aus. Prinzipielle Offenheit für dieses Regulierungsmodell deuteten ferner die Länder Baden-Württemberg, Brandenburg, Nordrhein-Westfalen und Thüringen an. Zwischen den Bun-desländern bestand für ein solches Netzregulierungmodell damit noch keine Mehrheit. Die Mehrheit der Länder setzte sich aber bereits für eine die Kostenorientierung korrigierende Anreizregulierung (Benchmarking) ein (Spreer 2003, 191).

Die WMK diskutierte auch die Anwendung unterschiedlicher inhaltlicher Prinzipien der Entgeltfindung bei der Netznutzung noch auf relativ allgemeinem Niveau (WMK 2003, 8-14). Als Konsens stand lediglich fest, dass den Netzbetreibern eine Rendite in Höhe der Aufzehrung der Eigenkapitalsubstanz gesichert werden sollte, um die notwendigen Anla-gen-Reinvestitionen sicherzustellen. Hierbei betonten die Länder die schwierige Ausgangs-situation der Netzentgeltregulierung aufgrund der großen Zahl von mehr als 900 Strom- und etwa 750 Gasnetzbetreibern. Die Bundesländer kritisierten, dass es im Rahmen der VV II plus bisher nicht gelungen sei, hinreichende Anreize für eine elektrizitätswirtschaftlich rationelle Betriebsführung zu setzen.[508] Wegen der großen Zahl der Netzbetreiber bestünde für eine einzusetzende Regulierungsbehörde das besondere Problem der Informationsa-symmetrie (Principal-Agent-Problem). Daher verwunderte es nicht, dass die Bundesländer im Gegensatz zur Kostenregulierung ihre Präferenz für eine Anreizregulierung deutlich machten. Die betreffende Forderung wurde aber noch vergleichsweise verhalten artikuliert:

> „Die Länder sind der Auffassung, dass die unternehmensindividuellen Kostenstrukturen ein we-sentlicher Ansatzpunkt des künftigen Regulierungsregimes sein sollten. Die Länder sprechen sich dabei allerdings für eine im Vergleich zum status quo stärkere Berücksichtigung der An-reizregulierung unter Beachtung branchenüblicher Benchmarks aus" (WMK 2003, 14).

Hierbei verwiesen die Länder auch auf die aus der anglo-amerikanischen Regulierungstra-dition bekannten Prinzipien der *Price Cap Regulation und Yardstick Competition*.

In der Frage einer effektiven Netzregulierung war eine weitere Konfliktlinie, ob eine alleinige Reform der ex-post-orientierten Kartellaufsicht ausreichend oder eine eigene Re-gulierungsbehörde mit umfassenden Ex-Ante-Regulierungsbefugnissen erforderlich wäre. Die Mehrheit der Länderminister stimmte darin überein, dass für die Regulierung einer diskriminierungsfreien Netznutzung die bloße Anwendung des ex-post-orientierten GWB nicht ausreicht. Vielmehr müsste auf die betreffenden Verträge inhaltlich Einfluss genom-

---

[507] Im Fall einer Nichteinigung der Beteiligten müsste der Staat unter großem politischem Zeitdruck ein neues Netzzugangskonzept erarbeiten, was einer sachgerechten Lösung nicht dienlich wäre (WMK 2003, 5).
[508] Ein deutliches Indiz hierfür bestünde in der Aufnahme des Kriteriums der „neuen Länder" (West/Ost) in den Strukturkriterienkatalog der VV II plus. Damit würden in dieser Region höhere Entgelte gerechtfertigt und kaum Anreize gesetzt, vorhandene Infrastruktur- und Wettbewerbsdefizite in angemessener Zeit zu beseitigen.

men werden und evtl. sogar eine Anordnung von Vertragskonditionen möglich sein. Eine derartige inhaltliche Beeinflussung bliebe bei einer Fortsetzung eines kartellrechtlichen Regulierungsansatzes aber ausgeschlossen. Organisatorisch müsste daher eine Trennung der Kompetenzen zwischen einer zuständigen Regulierungsbehörde für die Netze und den Kartellämtern in Erwägung gezogen werden. Die Bundesländer legten eine Übertragung der betreffenden Kompetenzen an die bestehende Regulierungsbehörde für Telekommunikation und Post (RegTP, künftig REGTP) nahe. Allerdings war die Ländermeinung zum damaligen Zeitpunkt nicht einheitlich.

Die besonderen Schwierigkeiten für eine Reform des energiewirtschaftlichen Ordnungsrahmens in der föderal strukturierten Bundesrepublik deuteten sich schließlich mit der Diskussion um eine Aufteilung der Regulierungskompetenzen zwischen Bundes- und Landesbehörden an. In dieser Frage befürwortete die WMK eine Kompetenzaufteilung zwischen dem Bund und den Ländern unabhängig davon, ob sich der Gesetzgeber für ein energierechtliches (sektorspezifisches) oder kartellrechtliches Regulierungsmodell der energiebezogenen Netzinfrastruktur entscheide.[509] Für eine Aufteilung der Regulierungskompetenzen sprächen folgende Gründe:

- „Die Konzentration der Regulierungszuständigkeiten auf eine Bundesbehörde wäre nur nach Maßgabe des Art. 83 Abs. 3 GG möglich. Das setzt – bei Schaffung eines mehrstufigen Verwaltungsaufbaus – das Vorliegen eines dringenden Bedürfnisses voraus. Der Bund hat zur Zeit keinerlei Verwaltungszuständigkeit im Energiebereich, sie liegt allein bei den Ländern.

- Anders als die bundesrechtlich bereits regulierten Netzinfrastrukturen Telekommunikation und Bahn weisen der Elektrizitäts- und Gasbereich eine extrem dezentrale Netzstruktur auf. Diese dezentrale Netzstruktur spricht für dezentrale Kontrollstrukturen. Dabei ist eine orts- bzw. regionsnahe Kontrolle durch Landesbehörden nicht zuletzt wegen der Synergien mit anderen landesbehördlichen Vollzugsaufgaben sinnvoll. Von besonderer Bedeutung wäre ein ortsnaher Vollzug, wenn die Netzentgelte in Zukunft zumindest auch kostenorientiert, also unter Berücksichtigung unternehmensindividueller Faktoren ermittelt würden. Entsprechende Aufsichtsstrukturen sind bei den Ländern bereits vorhanden. Die Länder haben bereits, anders als der Bund, umfassende Kenntnisse über die Kostensituation der örtlichen und regionalen Versorgungsunternehmen" (Spreer 2003, 194).

Auf einer weiteren WMK betonten die Länder Ende des Jahres 2003 nochmals ihr Interesse an einer Beteiligung beim Aufbau des Regulierungssystems für den Strom- und Gassektor. Nur die Stadtstaaten Berlin und Hamburg, sowie Mecklenburg-Vorpommern, Niedersachsen und Sachsen traten für eine ausschließlich zentrale Wahrnehmung der Regulierungsaufgaben ein. Die Mehrheit der Wirtschaftsminister betonte aber, dass eine föderale Vertei-

---

[509] In der Frage der Kompetenzaufteilung plädierte z.B. das Saarland dafür, sich an den Spannungs- bzw. Druckstufen der Versorgungsnetze zu orientieren. Die Bundesbehörde sollte die Verbundnetzebene und die Gashochdrucknetze ebenso regulieren wie Netze, die räumlich mehr als ein Bundesland umfassen. Ansonsten sollte – wie auch bei der bisherigen Tarifgenehmigungspraxis – das Sitzlandprinzip Anwendung finden. Sofern bei Genehmigungsverfahren zwei Länder betroffen wären, sollten die beiden zuständigen Landesbehörden Einvernehmen erzielen. Unlösbare Konflikte sollten durch die neue Bundesbehörde entschieden werden. Die Bundesbehörde sollte ferner für die Koordination der Länderbehörden zuständig sein (Spreer 2003, 195).

lung der Regulierungsaufgaben einen nachhaltigen Beitrag zum Aufbau eines effektiven Regulierungssystems leisten würde. In der Frage der Netzregulierung setzte sich in Anlehnung an die Auffassung des BMWA zunehmend eine konservative Sicht durch, nach der in der Anfangsphase des neuen Regulierungsregimes die staatlich definierten Methoden der Netznutzung durch die Kartellbehörden lediglich ex-post kontrollieren werden sollten (ZfK 10.01.2004a).

5.4.3.2   Die ersten beiden Gesetzesentwürfe der Bundesregierung für ein neues EnWG und die Kritik aus Sicht eines Ausbaus erneuerbarer Energien

Zur Umsetzung der Elt-Beschl-Rl legte das BMWA Ende Februar 2004 einen ersten Referentenentwurf für eine EnWG-Reform vor (*EnWG-E 02/04*). Gegenüber dem bisherigen EnWG, das mit nur neunzehn Paragrafen den Ordnungsrahmen der Energiewirtschaft absteckte, enthielt der als Artikelgesetz ausformulierte erste Entwurf 106 Paragrafen. Es fehlten aber noch die entscheidenden Detailregelungen, wie z.B. die Ausgestaltung der Netzentgeltregulierung, die in einer eigenen Rechtsverordnung bzw. durch die einzurichtende Regulierungsbehörde bestimmt werden sollte. Bis zum Juli 2004 überarbeitete das BMWA aufgrund der geäußerten Kritik von Verbänden den Referentenentwurf. Ende Juli 2004 wurde vom Bundeskabinett eine überarbeitete Fassung verabschiedet (*EnWG-E 07/04*). Das überarbeitete Regelwerk, hatte gegenüber der Fassung vom Winter 2004 nochmals an Umfang gewonnen und umfasste 118 Paragrafen. Es ist vorwegzunehmen, dass auch der zweite Referentenentwurf *keine konkreten Vorschläge zu Rechtsverordnungen oder gesetzlichen Regelungen zur Organisation des Netzzugangs sowie zur Ermittlung der Netzentgelte enthielt*. Auf eine genauere Darstellung der vorläufigen Gesetzentwürfe wird verzichtet, weil in einem späteren Kapitel die strittigsten Regelungen im Gesetzgebungsverfahren zum EnWG genauer erläutert werden. An dieser Stelle sollen lediglich die wichtigsten Kritikpunkte an den beiden frühen Gesetzentwürfen aus der Sicht eines Ausbaus erneuerbarer Energien skizziert werden.

Im Vergleich zum Gesetzentwurf vom Winter war im Sommerentwurf der Grundsatz der Kostenorientierung bei der Kalkulation der Netzentgelte nicht mehr so stringent ausformuliert. Die Netzentgeltkalkulation sollte auf der Grundlage der Kosten einer energiewirtschaftlich rationellen Betriebsführung erfolgen und strukturell vergleichbaren Betreibern entsprechen (*§ 21 Abs. 2* EnWG-E 07/04). Zur Kalkulation sollte sowohl das Prinzip der NSE angewandt (anerkanntes Kostenprinzip der VV II plus) *als auch* Anreize für eine kosteneffiziente Leistungserbringung unter angemessener Verzinsung des eingesetzten Kapitals gesetzt werden. Mit seinem Entwurf lavierte das BMWA zwischen den unterschiedlichen und bisweilen inkompatiblen Forderungen, die von der Umsetzung einer *„normierten Methodenregulierung"* bis zu einer innovativen Anreizregulierung reichten. Die Berücksichtigung von Elementen einer innovativen Anreizregulierung war u.a. auf den politischen Druck des BMU zurückzuführen. In diesem Zusammenhang war im Vorfeld des Kabinettsbeschlusses zum EnWG-E 07/04 der Versuch des BMU gescheitert, bei der Genehmigung von Energieanlagen erweiterte Zuständigkeiten zu erhalten. Die von den Grünen geführten Ministerien für Umwelt- und Verbraucherschutz vermochten aber ihre Interessen insoweit durchzusetzen, als für den Erlass vieler Verordnungen des zukünftigen EnWG eine Abstimmung mit den genannten Ministerien erforderlich wurde (ZfK

01.08.2004n). Das Verbraucher- und Umweltressort konnten gegenüber dem BMWA damit an Einfluss gewinnen.[510]

Der *BWE* stellte in einem Positionspapier seine Kritikpunkte aus der Sicht der erneuerbaren Energien zusammen (BWE 2004b). Zur Umsetzung der europarechtlichen Vorgaben aus der Elt-Beschl-Rl forderte der Verband, dass bei der Bestimmung der vermiedenen Netzentgelte auf „die langfristig durch dezentrale Elektrizitätserzeugung und Nachfragesteuerung vermiedenen Netzgrenzkosten" (*Erwägungsgrund 18* der Elt-Beschl-Rl) abzuzielen sei. Ferner sollte eine Verpflichtung der Netzbetreiber formuliert werden, die zur Berechnung der vermiedenen Netzentgelte relevanten Eckdaten der Netze zu veröffentlichen (BWE 2004b). Wichtige weitere Forderungen betrafen die *Beschaffung von Regelenergie (§ 22 EnWG-E 07/04)*. Zum einen wurde die *Einrichtung eines einzelnen, regelzonenübergreifenden Ausschreibungsverfahrens für Regelenergie* gefordert, für das die Teilnahme einer größtmöglichen Zahl von Anbietern vorzuschreiben sei.[511] Durch die Ablösung der bisher praktizierten regelzonenabhängigen und getrennten Ausschreibungsverfahren sollte der allgemeine Bedarf an Regelenergie reduziert werden. Der BWE verlangte zusätzlich, dass für Betreiber dezentraler Anlagen der Zugang zu den Spot- und Regelenergiemärkten ermöglicht werden müsse und unnötige technische Auflagen und damit verbundene Transaktionskosten zu vermeiden wären. Die bisherigen gesetzlichen Vorschläge zur Minimierung des Regelenergieaufwandes wären zu unkonkret und mit zahlreichen Vorbehalten ausgefallen. Überhaupt fehlten konkrete Verpflichtungen mit zeitlichen Fristen (BWE 2004b).

Zusätzliche Änderungen wurden bei der geplanten Bestimmung der Entgelte zur Bereitstellung von Regelenergie gefordert (*§ 23 EnWG-E 07/04*). Statt auf die Prinzipien einer „energiewirtschaftlich rationellen Betriebsführung" abzuheben, wurde eine „effizienzorientierte", also über eine kostenorientierte Kalkulation hinausgehende Leistungsbereitstellung gefordert. Der Änderungsvorschlag wurde damit begründet, dass die Betreiber der Regelkraftwerke – die nicht der Regulierungsaufsicht unterlägen, aber fast ausschließlich Konzernschwestern der ÜNB sind – die Preise für den Regelenergieabruf bisher fast willkürlich festsetzen könnten. Darüber hinaus wurde eine Verschärfung der *Regelungen zu den Netzzugangsbedingungen, den Entgelten für den Netzzugang sowie zur Erbringung und Beschaffung von Regelenergie* gefordert (*§ 24 EnWG-E 07/04*). Spätestens sechs Monate nach Inkrafttreten des EnWG sollte nach den Vorstellungen des BWE die REGTP dazu verpflichtet werden, die erforderlichen Rechtsverordnungen zu den genannten Themenkomplexen zu erlassen, um baldmöglichst für verbesserte Rechtssicherheit und stabile Rahmenbedingungen zu sorgen. Außerdem bemängelte der BWE, dass die bisher vorgesehene Kann-Regelung für die „Erstattung eingesparter Netzentgelte für Einspeisungen von Elektrizität aus dezentralen Erzeugungsanlagen" den *§§ 1 Abs. 2, 11 Abs. 1 und 21 Abs. 1*

---

[510] Bereits mit der Gründung des BMWA hatte das Wirtschaftsressort spürbar an energiepolitischer Steuerungsfähigkeit verloren. Diese Entwicklung spiegelte sich in nachhaltigkeitsbezogenen energiepolitischen Forderungen wider, die nicht den aktuellen wissenschaftlichen Forschungsstand und hierzu bestehende politische Planungen auf internationaler Ebene berücksichtigten. Hierfür steht beispielhaft die wiederholte BMWA-Forderung, dass EEG durch Einführung eines Ausschreibungssystems zu substituieren. Die Europäische Kommission hatte aber schon Ende der 1990er Jahre ihre Präferenz für einen europaweiten Zertifikatehandel kundgetan und entsprechende Pilotprojekte (RECS-Initiative) gestartet (s.S. 375ff.). Die internationalen Erfahrungen mit Ausschreibungssystemen hatten darüber hinaus längst die Erfolglosigkeit dieser Förderstrategie gezeigt.

[511] Diese Forderung war etwa zeitgleich von der MK erhoben worden (Monopolkommission 2004).

EnWG-E 07/04 widerspreche und in eine *Verpflichtungsregelung* umgewandelt werden müsse. Vermiedene Netzentgelte für dezentrale Einspeisungen müssten rechnerisch genauso wie Netzentgelte für Ausspeisungen in Ansatz zu bringen sein. Würden die durch eine dezentrale Einspeisung vermiedenen Netzentgelte auf den vorgelagerten Netzebenen nicht angerechnet, „fehlt jeder Anreiz für die volkswirtschaftlich sinnvolle verbrauchernahe Erzeugung und Vermeidung von unnötigen Erst- und Ersatzinvestitionen im Hoch- und Höchstspannungsnetz (BWE 2004b, 5).

Der BWE vermisste im bisherigen EnWG-Entwurf außerdem eine explizite Verankerung einer Verpflichtung der Netzbetreiber zur energiewirtschaftlichen Zusammenarbeit mit allen Einspeisern und Abnehmern. Ziel müsse die dauerhafte Vermeidung von Bezugsspitzen und die Minimierung des Bedarfs an Netz- und Kraftwerkskapazitäten sein. Die Netzbetreiber müssten gegenüber allen Marktteilnehmern noch stärker verpflichtet werden, alle hierfür erforderlichen Informationen diskriminierungsfrei zur Verfügung zu stellen. Hierzu gehöre auch eine Verpflichtung zur zeitgleichen Veröffentlichung aller relevanten und preisbeeinflussenden Marktdaten im Internet, um eine kostenoptimale Einbindung der erneuerbaren Energien zu ermöglichen. An folgende Marktdaten müsse in erster Linie gedacht werden:

- Prognose- und Ist-Daten der Windeinspeisung in allen Regelzonen für verschiedene Zeiträume (z.B. day-ahead, 24h, 12h, 4h);
- Kontrahierte Kraftwerkskapazitäten der Speicherkraftwerke im In- und Ausland;
- Prognose- und Ist-Daten der Last in allen Regelzonen für verschiedene Zeiträume (z.B. day-ahead, 24h, 12h, 4h);
- Verfügbarkeiten von Kraftwerken und Kuppelkapazitäten (BWE 2004b, 2-3).

Die genauen Regeln zur Veröffentlichung von relevanten Marktdaten sollten in einer eigenen Rechtsverordnung festgelegt werden.

Schließlich forderte der BWE, dass die Regulierungsbehörde Entscheidungen generell mit Sofortvollzug anordnen können sollte. Die Behördenkompetenzen sollten sich nicht nur auf den Netzbetrieb im engen Sinne, sondern auch auf die Regulierung des Regelenergiemarktes und des Stromhandels erstrecken. Damit plädierte der Verband für ein *extensives Aufgabenverständnis der zukünftigen Regulierungsbehörde*. Sehr weit ging dabei die Forderung, die Regulierungsbehörde wegen der zahlreichen Regelungsbefugnisse, welche die Umsetzung des EEG betreffen würden, direkt der Fachaufsicht des BMU zu unterstellen.[512] In diesem Kontext war für den BWE im bisherigen Artikel 2, dem Gesetz über die REGTP, auch der Bezug zum konkreten Regulierungsbedarf, der aus dem EEG rührt, noch nicht hinreichend geregelt.

---

[512] Im Regelungsbereich des EEG hätte die Regulierungsbehörde folgende Regelungsbefugnisse: § 4 EEG zum Erzeugungsmanagement (Regulierungsbedarf zu Entschädigungs- und Transparenzfragen); § 5 Abs. 2 EEG zu vermiedenen Netznutzungsentgelten (Regulierungsbedarf: Vorschriften); § 13 EEG zu Netzkosten; § 14 EEG zum bundesweiten Ausgleich; § 15 EEG zur Transparenz; § 16 EEG zur Besonderen Ausgleichsregelung; § 18 EEG zur Doppelvermarktung (§§ 13 bis 16 u. 18 EEG jeweils Aufsichtskompetenz der REGTP) und zu § 19 EEG über die Clearingstelle.

5.4.3.3 Die deutschen Bundesländer als innovationsorientierte Akteure der Netzregulierung: Von Politikverflechtung und Reformblockade zur Innovation bei der Netzregulierung?

Über die WMK haben sich die Bundesländer frühzeitig in das Gesetzgebungsverfahren des EnWG eingebracht. Hierzu ist anzumerken, dass bereits im Jahr 1998 die damaligen SPD-dominierten Bundesländer Schleswig-Holstein, Berlin, Brandenburg, Bremen, Hessen und Saarland über eine Gesetzesinitiative differenzierte Bestimmungen zur Netzregulierung (Strom und Gas) forderten (s.S. 285ff.). Die Initiative war weniger auf parteipolitische Interessen gegründet, sondern auf den Impuls progressiv orientierter Fachbeamter in den Landes-Wirtschaftsressorts zurückzuführen. Für eine erfolgreiche Liberalisierung der leitungsgebundenen Stromwirtschaft hatten die Fachverwaltungen das Erfordernis eines differenzierten Regulierungsregimes für die Netze frühzeitig erkannt. Es ist daher kein Zufall, dass mit der bundespolitischen Hängepartie zur Reform des energierechtlichen Ordnungsrahmens die horizontalen Verflechtungsbeziehungen zwischen den Wirtschaftsministerien der Länder, die sich bereits früher für innovative Netzregulierungskonzepte eingesetzt hatten, im Verlauf der Reformdiskussionen des Jahres 2004 erneut aktiviert wurden. Schließlich war mit der EnWG-Reform die Zustimmungspflichtigkeit des Bundesrates verbunden. Die weitere Analyse der Policyentwicklung des EnWG wird zeigen, dass die föderalistische Entscheidungsstruktur die Verabschiedung innovativer Ansätze zur Regulierung des natürlichen Netzmonopols im Bereich der leitungsgebundenen Stromwirtschaft befördert hat.

Nachdem das Bundeskabinett am 28. Juli 2004 einen zweiten EnWG-Entwurf 07/04 beschlossen hatte (SZ 29.07.2004t), wurde dieser in den darauf folgenden Wochen im Bundesrat diskutiert. Während des Monats August offenbarten sich besonders zwischen den unionsregierten Bundesländern Meinungsverschiedenheiten. Bereits Anfang August 2004 setzten sich zwei unionsregierte Bundesländer – und zwar erneut Hessen und Saarland – für weiterreichende Regelungen der Wettbewerbsaufsicht im Strom- und Gassektor ein.[513] Diese beiden Länder forderten von Beginn an eine Ex-Ante-Genehmigungspflicht der Netzentgelte und schlossen sich damit den substantiellen Regulierungsforderungen der Verbände der unabhängigen Energiewirtschaft, der Erneuerbaren-Energien-Verbände, der Umweltverbände sowie Teilen von Bündnis90/Die Grünen an. Außerdem war zu diesem Zeitpunkt vor allem die CSU noch gegen zentrale, von der Regulierungsbehörde bzw. dem Bund gesteuerte Preisvorgaben auf dem Energiesektor (SZ 09.08.2004u). Am 02. September 2004 befasste sich erstmals der Wirtschaftsausschuss des Bundesrats mit dem überarbeiteten EnWG-Entwurf.

Dabei brachte das Bundesland Hessen einen Änderungsantrag ein, mit dem eine Ex-Ante-Regulierung der Netzentgelte gefordert wurde. Diesem Antrag wurde in der Länderkammer mit breiter Mehrheit zugestimmt. Gleichzeitig zeichnete sich ab, dass auch die CSU als bisheriger gewichtiger Gegner gegen schärfere Wettbewerbsregeln seine Position überdachte und auf die Seite der Befürworter einer Ex-Ante-Genehmigung der Netzentgelte wechselte (SZ 07.09.2004x). In jenem Zeitraum wurden die Ländervertreter in ihren Reformplänen vor allem durch die Medienberichterstattung über substantielle Strom- und

---

[513] Die Tatsache, dass ausgerechnet Hessen und Saarland als erste unionsgeführte Länder auf einen härteren Regulierungskurs umschwenkten, verdeutlicht die Bedeutung der dahinterstehenden Fachverwaltungen.

Gaspreiserhöhungen der großen Stromkonzerne beeinflusst (s.S. 318ff.).[514] Mitte September 2004 erwog Bundeskanzler Schröder wegen der Preispolitik der heimischen Stromkonzerne die Veranstatung eines erneuten Energiegipfels mit Vertretern der Energiewirtschaft (SZ 09.09.2004y). Zwischenzeitlich hatte auch das Bundesland Bayern die regulierungspolitischen Fronten gewechselt und eine eigene Gesetzesinitiative zur Einführung einer Ex-Ante-Regulierung bei den Netzentgelten angekündigt (KStA 20.09.2004). Der baden-württembergische Wirtschaftsminister Pfister räumte ein, dass die frühere Ländermehrheit für ein Modell der normativen Methodenregulierung nicht mehr bestünde. In den meisten Ländern hätten die preispolitischen Entwicklungen der letzten Monate die Auffassung bestärkt, dass ein strikteres Vorgehen erforderlich ist. Es wäre anzunehmen, dass die Kalkulationsmethoden der VV II plus in überhöhten Netzentgelten resultierten und daher nicht in die Regulierungspraxis übernommen werden sollten (ZfK 02.10.2004t). Demgegenüber verteidigte Bundeswirtschaftsminister Clement den bestehenden Regierungsentwurf und bezweifelte, ob sich mit einer Ex-Ante-Regulierung kurzfristig sinkende Netzentgelte realisieren ließen. Die Tarifgenehmigungspraxis in den Bundesländern – die faktisch auch eine Ex-Ante-Regulierung sei – wäre nicht gerade eine Erfolgsgeschichte gewesen (ZfK 02.10.2004t).

Die Beratungen des Bundesrats zum EnWG-E 07/04 resultierten Ende September 2004 in einer Stellungnahme (Bundesrat 2004). Angesichts der Bedeutung und Schwierigkeit der Rechtsmaterie kritisierte der Bundesrat zunächst eine unzureichende informelle Einbeziehung der Bundesländer in den Gesetzgebungsprozess. Die Einbringung des Gesetzentwurfs ohne die gleichzeitige Vorlage der konkretisierenden Rechtsverordnungen wäre „nicht akzeptabel" (Bundesrat 2004, 1). Formal und inhaltlich müsse der Entwurf überarbeitet werden und wäre „im Interesse allgemeiner Deregulierung ohne Einbuße an Rechtsklarheit stark reduzierbar" (Bundesrat 2004, 2). Aus der Perspektive der Regulierungsziele einer wettbewerbs- und nachhaltigkeitsorientierten Elektrizitätsversorgung bestanden die wichtigsten Änderungsvorschläge zunächst in den folgenden Punkten:

- Einfügung eines Begriffs für die „Grundversorgung" als neues Regulierungskonzept des EnWG (§ 3 Nr. 21 a EnWG (neu));[515]
- Verschärfung der Anzeigepflicht der Energieversorgungsunternehmen bei der Regulierungsbehörde, die Haushaltskunden mit Energie beliefern (§ 5 EnWG-E (neu)); Forderung nach Aufnahme einer Verpflichtung der Regulierungsbehörde, eine Liste der angezeigten Unternehmen laufend im Internet vorzuhalten (§ 5 S. 2 EnWG (neu));
- Vereinfachung und Entschärfung der Vorschriften zum organisatorischen Unbundling (§ 8 Abs. 2 EnWG-E 07/04); Danach waren in der bisherigen Regelung verschiedene

---

[514] Zu jener Zeit scherte auch die EnBW als erstes Verbundunternehmen aus der Front der Befürworter einer bloßen Ex-Post-Regulierung der Netzentgelte aus und schloss sich den Forderungen einer Ex-Ante-Regulierung an. Um den Wettbewerb zu forcieren, forderte die EnBW, die mit ihrer Billigstrom-Vertriebstochter Yello Marktanteile im Endkundensegment gewinnen wollte, die Einführung eines Price- bzw. Revenue-Cap- Modells bei der Netzregulierung (SZ 13.09.2004ac).

[515] Als Grundversorgung sollte definiert werden: „Das garantierte Angebot von Energie in Niederspannung oder Niederdruck an jeden Haushaltskunden und schutzwürdigen Kleinkunden, der an das örtliche Energieversorgungsnetz der allgemeinen Versorgung angeschlossen ist, zu allgemeinen und veröffentlichten Bedingungen und Preisen" (Bundesrat 2004, 5). Es ist vorwegzunehmen, dass eine explizite Definition der Grundversorgung keinen Eingang in die abschließende Fassung des EnWG fand.

Vorgaben für unterschiedliche Personenkategorien genannt, die über die Entflechtungsvorschriften der Elt-Beschl hinausgingen;

- Streichung einer Berücksichtigung des Vorrangs erneuerbarer Energien bei netzbezogenen Maßnahmen der ÜNB zur Beseitigung einer Gefährdung oder Störung des Elektrizitätsversorgungssystems (§ 13 Abs. 1 S. 2 EnWG 07/04).[516]

Ein Kernpunkt der Kritik des Bundesrates war die Ausgestaltung der Regelungen zu den „Bedingungen und Entgelten für den Netzzugang" (§ 21 EnWG-E 07/04). Der Bundesrat war der Auffassung, dass die drei zentralen Elemente der Netzentgeltregulierung, nämlich „Kostenkalkulation", „Vergleich der Netzbetreiber" und „Anreizregulierung" im vorliegenden Entwurf nicht hinreichend differenziert ausgearbeitet waren:

> „Die Aufzählung verschiedener, sich zum Teil widersprechender Kalkulationsansätze in § 21 Abs. 2 EnWG-E [bleibt] in Zusammenhang mit der Kostenkalkulation unklar und missverständlich. Die Vorschrift ist als Grundlage von Verwaltungsakten der Regulierungsbehörden ungeeignet [...]. Insbesondere müssen die Anreizregulierung in einem eigenen Absatz des § 21 EnWG-E aufgeführt und die Verordnungsermächtigung in § 24 S. 2 Nr. 8 EnWG-E [zur Anreizregulierung, Verfasser] klarer gefasst werden. Dabei ist der Begriff der Anreizregulierung im Gesetz zu definieren und dabei auf die Entwicklung der Entgelte des Netzbetreibers für den Netzzugang in einer Regulierungsperiode und die inflationsbereinigte gesamtwirtschaftliche Produktivitätsentwicklung Bezug zu nehmen" (Bundesrat 2004, 15).

Unter Hinweis auf die Restriktionen für die Regulierungsbehörden, durch die Kostenkontrolle einer rationellen Betriebsführung und der Anwendung eines Vergleichsmarktverfahrens bei den mehr als 1.800 Netzbetreiber (Strom und Gas) mehr Wettbewerb zu induzieren, forderte der Bundesrat als dritte Komponente dringend die Einführung einer Anreizregulierung. Statt alleine die „Kosten der energiewirtschaftlich rationellen Betriebsführung" als zentralen Maßstab für die Angemessenheit der Netzzugangsentgelte zugrundezulegen, sollte die Berechnung deshalb vielmehr unter Berücksichtigung der „Kosten einer effizienten Leistungsbereitstellung" erfolgen.[517] Bei einer Anwendung des Vergleichsmarktkonzepts müssten die Entgelte der effizientesten Anbieter den Maßstab bilden. Im Hinblick auf die Kalkulationsmethode der Netzzugangsentgelte war ein weiterer zentraler Kritikpunkt das Festhalten am Prinzip der NSE, bei der es sich um eine vergleichsweise komplizierte Methode der Kostenartenrechnung handele (§ 21 Abs. 12 S. 1 EnWG-E 07/04). Das im Rahmen der VV II plus angewandte Prinzip der NSE ist durch Tagesneuwertabschreibungen auf den eigenfinanzierten Teil der Anlagengüter und die inflationsbereinigte Realver-

---

[516] Nach der Mehrheitsmeinung des Bundesrates bestünde keine Rechtfertigung, bei netzbezogenen Maßnahmen der ÜNB bestimmte Netzinanspruchnahmen, z.B. für Elektrizität aus erneuerbaren Energien, zu privilegieren. Mit der Streichung dieser Vorschrift würde den Verbundunternehmen ein erweiterter Diskriminierungsspielraum gegenüber der dezentralen Stromerzeugung eröffnet. In der letztlich verabschiedeten EnWG-Fassung wurde die Privilegierungsregel aber sogar auf die klimafreundliche Kraft-Wärme-Kopplung ausgeweitet und die Abwägung bei der Möglichkeit einer Privilegierung differenziert: „Bei netzbezogenen Maßnahmen [...] sind die Verpflichtungen nach § 4 Abs. 1 EEG („Vorrangregelung für erneuerbare Energien") und nach § 4 Abs. 1 KWK-G zu berücksichtigen" (§ 13 Abs. 1 S. 2 EnWG). Danach „ist nach sachlich-energiewirtschaftlichen Grundsätzen im Sinne des § 1 EnWG vorzugehen" (§ 13 Abs. 1 S. 3 EnWG).

[517] Damit würde auch Art. 4 Abs. 1 der EU-Verordnung über den grenzüberschreitenden Stromhandel (EU-VO 1228/2003) besser Rechnung getragen, der den Grundsatz der effizienten Leistungsbereitstellung vorschreibt.

zinsung von Tagesneuwerten gekennzeichnet. Als alternatives Kalkulationsverfahren besteht die Methode der Realkapitalerhaltung (RKE), die durch eine marktgerechte Verzinsung des nominal eingesetzten Kapitals gekennzeichnet ist. Der Bundesrat befürwortete zur Kalkulation der Netznutzungsentgelte die Methode der RKE:

> „Während die Methode der RKE den dem Kapitalgeber zugebilligten Ertrag offen als Marktzins ausweist, werden nach der Methode der NSE Ertragsbestandteile als Kosten verbucht. Dadurch wird die Transparenz der Kalkulation verschlechtert. Die Notwendigkeit, Tagesneuwerte zu ermitteln und fortzuschreiben, erschwert die Erstellung und Prüfung der Kalkulation. Letztlich führt die Tagesneuwertorientierung der Abschreibung und Verzinsung dazu, dass ältere Anlagen zur Verrechnung vergleichsweise hoher Kosten führen, während in der ersten Phase von Investitionen in moderne Technik – wegen Anwendung des niedrigen Realzinses – der Mittelrückfluss für die Eigenkapitalgeber vergleichsweise gering ist. Dies kann die Finanzierung von Netzausbau und - unterhaltung gefährden. Eine gesetzliche Festlegung auf dieses Kalkulationsprinzip ist vor diesem Hintergrund nicht sachgerecht. Es genügt, den Anspruch der Kapitalgeber auf angemessene Verzinsung des eingesetzten Kapitals gesetzlich zu normieren. Detailregelungen zu den Kalkulationsprinzipien sollten den Netzentgeltverordnungen vorbehalten bleiben" (Bundesrat 2004, 18).

Damit fand sich im Bundesrat eine Mehrheit gegen die bestehenden Preisfindungsprinzipien auf der Basis der VV II plus. Der Bundesrat lehnte eine Festlegung auf das Prinzip der NSE zur Sicherung der Investitionsfähigkeit in die Netze ausdrücklich ab.

Ein weiterer erheblicher Änderungsvorschlag betraf die Einführung einer neuen Vorschrift, nach der die Entgelte für den Netzzugang und zur Erbringung von Ausgleichsleistungen durch die Regulierungsbehörde vorab (ex-ante) genehmigt werden sollten (§ 23 a EnWG-E (neu)). Der Bundesrat erhob damit erheblichen Widerspruch gegen die von der Bundesregierung bislang vorgeschlagene Ex-post-Kontrolle der Netznutzungsentgelte, durch die eine beträchtliche Rechtsunsicherheit geschaffen würde.

> „Netzbetreiber müssten stets damit rechnen, auch innerhalb von Wirtschaftsperioden durch Verfügungen nach § 39 EnWG-E zur Änderung ihrer Entgelte gezwungen zu sein und sogar rückwirkende Erlöskorrekturen durch Vorteilsabschöpfung nach § 33 EnWG-E hinnehmen zu müssen. Die Investitionsbereitschaft der Netzbetreiber würde dadurch beträchtlich gefährdet. Im System der Ex-post-Kontrolle gelten Netzentgelte stets nur vorläufig; auch den Netznutzern fehlt […] die erforderliche Kalkulationssicherheit. Genehmigte Entgelte schaffen dagegen Rechtssicherheit, die Voraussetzung funktionierenden Wettbewerbs ist" (Bundesrat 2004, 20).[518]

Mit der Einführung einer Ex-Ante-Genehmigungspflicht wandte sich der Bundesrat somit gegen den bisher vorgesehenen Weg, lediglich für die Methoden zur Berechnung der Entgelte eine Genehmigung vorzusehen. Die geplante Möglichkeit für die Regulierungsbehörde, Netznutzungsentgelte als missbräuchlich zu untersagen, wurde als nicht ausreichend erachtet, da bis zum rechtskräftigen Abschluss eines Missbrauchsverfahrens Wettbewerb

---

[518] Darüber hinaus verwies der Bundesrat auf den im Verhältnis zu ex-post-orientierten Missbrauchsverfahren als geringer zu veranschlagenden Verwaltungsaufwand, der auf die ungleich höhere Mitwirkungsbereitschaft der regulierten Unternehmen zurückzuführen sei: Die Energiewirtschaft hätte ein eigenes Interesse an der zügigen und vollständigen Abwicklung der betreffenden Verfahren (Bundesrat 2004, 20).

verhindert würde (Bundesrat 2004, 21). Weiterhin verlangte der Bundesrat, dass in der gesetzlichen Ermächtigungsgrundlage für den Erlass einer Netzentgeltverordnung (*§ 24 S. 2 Nr. 4* EnWG-E 07/04) die wichtigsten inhaltlichen Vorgaben bereits im Gesetz normiert werden sollten. Hierunter würden z.B. Vorgaben zur Begrenzung des Grundsatzes der kostenorientierten Entgeltermittlung durch das Erfordernis einer energiewirtschaftlich rationellen Betriebsführung, zur Gewährleistung der erforderlichen Investitionen zur Sicherheit und Zuverlässigkeit der Netze und zur betriebswirtschaftlichen Optimierung des Netzbetriebs durch Effizienzanreize zählen.

Aus Sicht einer nachhaltigen Elektrizitätserzeugung war außerdem ein Änderungsvorschlag des Bundesrates zur Anrechnung der vermiedenen Netzentgelte als sehr positiv zu bewerten. Der Bundesrat plädierte für eine schärfere Regelung zugunsten einer Anrechnung der vermiedenen Netzentgelte durch die dezentrale Erzeugung, die durch Einfügung der folgenden Vorschrift erfolgen sollte (*§ 24 S. 6* EnWG-E (neu)):

„Bei Einspeisungen von Elektrizität aus dezentralen Erzeugungsanlagen ist eine Erstattung eingesparter Entgelte für den Netzzugang in den vorgelagerten Netzebenen vorzusehen.“[519]

Es ist vorwegzunehmen, dass die Bundesratsforderung nach einer kostengerechten Berücksichtigung der vermiedenen Netzentgelte letztlich Eingang in das novellierte EnWG fand (s.S. 500ff.).

Der Bundesrat forderte schließlich folgende weitere Änderungen des EnWG-E 07/04:

- Reduzierung der Verbraucherschutzinteressen durch Änderung der Vorschriften zu „Unterlassungsanspruch, Schadensersatzpflicht“ (§ 32 EnWG-E 07/04) und Streichung der Möglichkeit einer Vorteilsabschöpfung durch Verbände und Einrichtungen (§ 34 EnWG-E 07/04);[520] Streichung von § 38 Abs. 1 S. 2 EnWG-E 07/04, nach dem die Preise der Haushaltskunden im Fall der Ersatzversorgung mit Energie nicht die Allgemeinen Preise der Grundversorgung (§ 36 Abs. 1 EnWG-E 07/04) überschreiten dürfen;
- Feststellung des Grundversorgers als Hoheitsakt entweder durch die Gemeinde (bei Identität von Versorgungs- und Gemeindegebiet) oder die nach Landesrecht zuständige Behörde (Änderung von § 36 Abs. 2 EnWG-E 07/04);
- Änderung der Vorschriften zur besonderen Missbrauchsaufsicht der nach Landesrecht zuständigen Behörde bei den Allgemeinen Preisen für die Belieferung mit Elektrizität (§ 40 EnWG-E 07/04), unter anderem: Einfügung einer Offenlegungspflicht des Grundversorgers seiner gesamten Kosten- und Erlöslage sowie deren Zuordnung zum Grundversorgungsbereich gegenüber der nach Landesrecht zuständigen Behörde; Ermächtigung der Behörde, Jahresabschlüsse und Wirtschaftsprüfungsberichte einzufor-

---

[519] Damit würde die bisher geplante Kann- in eine Pflichtregelung geändert. Die Änderung wurde vom Bundesrat wie folgt begründet: „Durch die dezentrale Energieerzeugung werden in der Regel Kosten in den vorgelagerten Netzebenen gespart. Dem trug die Vergütungsregelung der VV II plus Rechnung. Um „stranded investments“ insbesondere bei den kommunalen Unternehmen zu verhindern und Anreize für die dezentrale Erzeugung zu erhalten, sollten die vermiedenen Netznutzungskosten weiterhin angerechnet werden“ (Bundesrat 2004, 23).

[520] Nach den bisherigen Vorschlägen sollten Verbände und sonstige Einrichtungen bei einem vorsätzlichen Verstoß eines EltVU, die diesem einen wirtschaftlichen Vorteil zu Lasten einer Vielzahl von Abnehmern erbringt, einen Rechtsanspruch auf Herausgabe dieses wirtschaftlichen Vorteils zugestanden werden (§ 34 EnWG-E 07/04).

dern; Einfügung einer Pflicht des Grundversorgers, die Allgemeinen Tarife für die Belieferung mit Elektrizität mindestens vier Wochen vor dem Inkrafttreten gegenüber der zuständigen Behörde anzuzeigen; Verlängerung der präventiven Strompreisaufsicht bei den Tarifen der Allgemeinen Versorgung bis zum 31.12.2007, hierzu Übernahme entsprechender Bestimmungen zum Genehmigungsverfahren der Preise für die Haushaltskunden aus der BTOElt von 1989 und Verlängerung der Aufsichtsbefugnisse der Länder (Ergänzung von § 118 EnWG-E 07/04);

- Reduzierung der Stromkennzeichnungs- und Informationspflichten der Elektrizitätsversorger (§ 42 EnWG-E 07/04) im Sinne eines möglichst geringen Regulierungsniveaus (keine über Art. 3 Abs. 6 Elt-Beschl-Rl hinausgehenden Regelungen); Unter anderem wurden folgende Änderungen vorgeschlagen: Beschränkung der Informationspflicht des EltVU bezogen auf das vorangegangene Jahr (§ 42 Abs. 1 Nr. 1 EnWG-E (neu)), Verzicht auf Nennung der Durchschnittswerte der Stromerzeugung in Deutschland hinsichtlich des Energieträgermixes und der Umweltauswirkungen (Streichung § 42 Abs. 2 EnWG-E 07/04), Streichung einer Verordnungsermächtigung für die Bundesregierung, die Details der Stromkennzeichnungs- und Transparenzpflichten näher zu regeln (Streichung § 42 Abs. 7 EnWG-E 07/04);

- Änderung des Wegenutzungsrechts (§ 46 Abs. 3 EnWG-E 07/04): Einfügung einer Vorschrift für Gemeinden, bei beabsichtigter Verlängerung von Konzessionsverträgen vor Ablauf ihrer Vertragszeit diese zu beenden und die Beendigung bekannt zu machen; Neue Vertragsabschlüsse sollten frühestens drei Monate nach Bekanntgabe der vorzeitigen Beendigung erfolgen; Hierdurch sollte gewährleistet werden, „dass auch im Falle einer vorzeitigen Änderung von Wegenutzungsverträgen interessierte Energieversorgungsunternehmen von der Öffnung des Wettbewerbs um das Wegenutzungsrecht Kenntnis erlangen und ihre Interessen gegenüber der Gemeinde bekunden können" (Bundesrat 2004, 35);

- Erweiterung der Meldepflichten von Versorgungsnetzbetreibern bei Versorgungsstörungen auf die nach Landesrecht zuständigen Behörden (§ 52 EnWG-E 07/04).

Weitreichende Änderungen verfolgte der Bunderat mit seinen Vorschlägen zur „Allgemeinen Zuständigkeit" für den EnWG-Vollzug (*§ 54* EnWG-E 07/04). Der bisherige Entwurf sah vor, alleine der Bundesregulierungbehörde für Elektrizität, Gas, Telekommunikation und Post die Zuständigkeit für den Gesetzesvollzug zu übertragen. Demgegenüber schlug der Bundesrat für eine Föderalisierung der Zuständigkeiten folgende Norm vor:

„(1) Regulierungsbehörden sind die Bundesregulierungbehörde für Elektrizität, Gas, Telekommunikation und Post *sowie die Landesregulierungbehörden.*
(2) Die Landesregulierungsbehörden nehmen die in diesem Gesetz den Regulierungsbehörden übertragenen Aufgaben wahr
1.   für den Betrieb von Verteilernetzen, die nicht über das Gebiet eines Landes hinausreichen sowie
2.   in den Fällen, in denen Aufgaben durch eine Vorschrift dieses Gesetzes den Landesregulierungsbehörden zugewiesen sind.
Soweit Entgelte für die vorgelagerten Netzebenen im Netzentgelt des Verteilernetzbetreibers enthalten sind, sind diese von den Landesregulierungsbehörden zu Grunde zu legen, soweit nicht etwas anderes durch eine sofort vollziehbare oder bestandskräftige Entscheidung der Bundesregulierungsbehörde oder ein rechtskräftiges Urteil festgestellt worden ist.

(3) In allen übrigen Fällen nimmt die in diesem Gesetz den Regulierungsbehörden übertragenen Aufgaben die Bundesregulierungsbehörde für Elektrizität, Gas Telekommunikation und Post wahr" (Bundesrat 2004, 37).

Als Folgeänderung der föderalisierten Zuständigkeiten war außerdem eine Informationspflicht der Bundesregulierungsbehörde gegenüber der jeweils zuständigen Landesregulierungsbehörde vorzusehen, wenn die Bundesbehörde gegen ein Unternehmen in dem Zuständigkeitsgebiet der Landesregulierungsbehörde Ermittlungen durchführt oder ein Verfahren abschliesst (*§ 55 Abs. 1* EnWG-E (neu)). Eine analoge Informationspflicht der Landesregulierungsbehörde gegenüber der Bundesregulierungsbehörde sollte ebenfalls eingefügt werden (*§ 55 Abs. 2 S. 2* EnWG-E (neu)). Darüber hinaus verlangte der Bundesrat eine Normierung der Zusammenarbeit zwischen den Regulierungsbehörden (*§ 64 a* EnWG-E (neu)).[521] Mit den genannten Änderungsvorschlägen zielte der Bundesrat darauf, den Bundesländern die Zuständigkeit für die Verteilnetze zu übertragen. Als Begründung wurden die Vorteile eines ortsnahen Vollzugs, die langjährigen Erfahrungen der Landesbehörden und die Hebung von Synergieeffekten durch verwandte Aufgaben dieser Behörden genannt. Damit plädierte die Länderkammer für die Fortexistenz einer föderalen Zuständigkeitsverteilung, die sich mit den energierechtlichen Kompetenzen der Länderwirtschaftsministerien bereits im allgemeinen Kartellrecht bewährt habe. Die Bundesregulierungsbehörde sollte sich demgegenüber auf die Regulierungsaufgaben zur Entflechtung (Teil 2) und des Netzbetriebs (Teil 3) der ÜNB und der länderübergreifenden VNB konzentrieren. Zusätzlich schlug der Bundesrat vor, dass diejenigen Länder, die nur für eine geringe Zahl von Netzbetreibern zuständig sind, über den Abschluss einer Verwaltungsvereinbarung die gemeinsame Errichtung einer Regulierungsbehörde beschließen können. Über Verwaltungsvereinbarungen könnte auch beschlossen werden, die Regulierungsaufgaben durch die Regulierungsbehörde eines anderen Landes vollziehen zu lassen (Bundesrat 2004, 38).

Ein wichtiger verfahrensrechtlicher Änderungsvorschlag betraf das Beschwerdeverfahren gegen Entscheidungen der Regulierungsbehörde (*§ 75* EnWG-E 07/04). Bisher war vorgesehen, dass die gerichtlichen Entscheidungen des für den Sitz der künftigen Regulierungsbehörde zuständigen OLG (Düsseldorf) auf Marktregulierungsfragen beschränkt werden könne (*§ 75 Abs. 4 S. 1* EnWG-E 07/04). Mittelbar ergäbe sich aus der zitierten Bestimmung eine umfassende Zuständigkeit der Oberlandesgerichte bei Beschwerden gegen Entscheidungen der landesrechtlich zuständigen Regulierungsbehörde. Deshalb wurde eine Überlastung der ordentlichen Gerichte befürchtet.[522] Stattdessen plädierte der Bundesrat dafür, die Rechtswegeregelung aus dem Telekommunikationsrecht zu übernehmen und es

---

[521] Hierfür wurde folgender Wortlaut vorgeschlagen: „Die Landesregulierungsbehörden unterstützen die Bundesregulierungsbehörde bei der Wahrnehmung der dieser nach den § 35 (Monitoring), § 60 (Beratung der Bundesregulierungsbehörde durch den Beirat), § 63 (Allgemeiner Tätigkeitsbericht der Bundesregulierungsbehörde, Bericht über Monitoring-Tätigkeiten, Bericht über die Marktbeherrschung, Verdrängungspraktiken und wettbewerbsfeindliches Verhalten) und § 64 (Wissenschaftliche Beratung der Regulierungsbehörde) obliegenden Aufgaben. Soweit Aufgaben der Landesregulierungsbehörden berührt sind, gibt die Bundesregulierungsbehörde den Landesregulierungsbehörden auf geeignete Weise Gelegenheit zur Mitwirkung" (Bundesrat 2004, 38).

[522] Nach den geplanten Bestimmungen würde der Beschwerdeweg über die OLG demnach auch in den folgenden Fällen ermöglicht: Genehmigungserteilungen (§ 4 Abs. 1 EnWG-E 07/04), Untersagungsverfügungen nach vorangegangener Anzeige (§ 5 Abs. 3 EnWG-E 07/04), bei Maßnahmen zur Gewährleistung der technischen Anlagensicherheit sowie zur Versorgungsicherheit, bei Entscheidungen über die Erhebung von Gebühren und Auslagen (§ 91 EnWG-E 07/04) und bei Beitragserhebungen (§ 92 EnWG-E 07/04).

in den Fällen, in denen keine direkten Marktregulierungsfragen zu klären wären, bei der Zuständigkeit der Verwaltungsgerichte zu belassen (Bundesrat 2004, 41-42).

Ferner erhob der Bundesrat erhebliche ordnungspolitische und rechtsstaatliche Bedenken gegen eine Finanzierung der Tätigkeit der Bundesregulierungsbehörde aus Beiträgen der Energieversorgungsunternehmen (§ 92 EnWG 07/04), weil mit der Beitragsleistung kein bestimmtes Handeln der Regulierungsbehörde ausgelöst würde und es sich um eine Leistung ohne Gegenleistung handele. Außerdem wäre die Unabhängigkeit der Regulierungsbehörde in Frage gestellt, weil sie von Zahlungen derjenigen Versorgungsunternehmen abhängig würde, die sie beaufsichtigen soll. Die Finanzierung solle deshalb aus allgemeinen Haushaltsmitteln erfolgen (Bundesrat 2004, 43).

Die verschärfte Gangart des Bundesrates stieß bei den Verbänden der konventionellen Energiewirtschaft, also vor allem beim VDEW und dem VKU, auf große Kritik. Der VKU sah in den Bundesratsvorschlägen bei der Kalkulation der Netznutzungsentgelte eine drohende Abwendung vom Prinzip der Kostenorientierung. Eine kostenbasierte Entgeltkalkulation auf Basis der NSE wäre die dringende Grundlage für den Erhalt und die Modernisierung der Netze. Von diesem Prinzip dürfe nicht abgewichen werden, indem etwa ohne Berücksichtigung der unterschiedlichen örtlichen Bedingungen einfach der bundesweit preisgünstigste Netzbetreiber den Orientierungsmaßstab bilde. Der VKU unterstützte sonst die Forderung nach einer Zuständigkeit der Bundesländer bei der Regulierung des Netzzugangs. In den Länderwirtschaftsministerien wäre die erforderliche fachliche Kompetenz vorhanden. Außerdem würde mit einer Föderalisierung des Regulierungsregimes der Forderung nach einer effizienten Regulierung entsprochen (ZfK 2004v).

In der zweiten Oktoberhälfte 2004 beeinflusste der designierte Leiter der zukünftigen Regulierungsbehörde Kurth die laufende Debatte zu einer Aufteilung der Kompetenzen zwischen Bund und Ländern. In einem Zeitungsinterview warnte er den Gesetzgeber vor einer „Föderalisierung" zentraler Regulierungskompetenzen in Netzzugangsfragen. Dem Druck aus den Reihen der großen Bundesländer (Nordrhein-Westfalen, Bayern) dürfe nicht nachgegeben werden. Eine Kompetenzzersplitterung im Netzbereich schwäche die Regulierungsbehörde und erhöhe künstlich die Regulierungskosten. Außerdem wäre es absurd, während der Diskussionen über die künftige Ausgestaltung des Föderalismus und der angestrebten Aufgabenentflechtung zwischen den Gebietskörperschaften neue Mischzuständigkeiten zu schaffen. Mit dem bestehenden EnWG-Entwurf 07/04 wären die Grundlagen für eine effektive Regulierung gelegt und eine zu skeptische Sicht – wie von den Bundesländern an den Tag gelegt – nicht gerechtfertigt (SZ 25.20.2004ae).[523]

Anfang Oktober 2004 scheiterte der Versuch von Bundeskanzler Schröder, einen Energiegipfel mit den Vorstandsvorsitzenden aus den Verbundunternehmen sowie den Vertretern der deutschen Spitzenverbände zu veranstalten. Eine Ursache hierfür war, dass zwischen den wichtigsten Verbundunternehmen keine einheitliche Linie zu den inhaltlichen Fragen eines solchen Energiegipfels bestand (z.B. Rechtfertigung der Preispolitik). Die Vorstandsvorsitzenden von Vattenfall und RWE betonten vielmehr, an ihrer angekündigten Preispolitik festhalten zu wollen (SZ 02./03.10.2004ad). Nicht zuletzt wegen der unnach-

---

[523] Hervorgehoben wurde die im EnWG-Entwurf verankerte Beweislastumkehr, nach der bei einem Missbrauchsverdacht künftig nicht mehr die Aufsichtsbehörde, sondern das Unternehmen den Nachweis zur Widerlegung des Vorwurfs zu erbringen hätte. Über die vorgesehenen Entflechtungsvorschriften würde es integrierten EltVU in Zukunft außerdem erschwert, durch Quersubventionen kompetitive Vorteile zu realisieren.

giebigen Haltung der Stromkonzerne lenkte die Bundesregierung bis Ende Oktober 2004 allmählich ein. Während kurz vor der ersten Lesung des EnWG im Bundestag zunächst noch eine zurückhaltende Gegenäußerung zur Stellungnahme des Bundesrates (Deutscher Bundestag 2004b) erfolgte, verschärfte die Bundesregierung mit ihrem überarbeiteten EnWG-Entwurf vom 14.10.2004 geplante inhaltliche Regelungen. Die Mehrheit der vom Bundesrat vorgelegten Änderungsvorschläge wurde jedoch abgelehnt. Lediglich in den folgenden Punkten stimmte die Bundesregierung den Vorschlägen zu oder kündigte zumindest eine Prüfung an:

- Verschärfung der Anzeigepflicht für die Regulierungsbehörde, eine Liste der im Haushaltskundenmarkt tätigen Unternehmen fortwährend im Internet zu veröffentlichen (§ 5 EnWG-E 07/04);
- Änderung des Wegenutzungsrechts durch Einfügung einer Vorschrift für Gemeinden, bei beabsichtigter Verlängerung von Konzessionsverträgen vor Ablauf ihrer Vertragszeit diese zu beenden und die Beendigung bekannt zu machen (§ 46 Abs. 3 EnWG-E 07/04).

Die Bundesregierung widersprach zunächst auch den Forderungen des Bundesrates, welche die Regelung der dezentralen Energien im neuen Regulierungsregime maßgeblich betrafen (Wahrung des Vorrangs erneuerbarer Energien bei netzbezogenen Maßnahmen, *§ 13 Abs.1 S. 2* EnWG-E 07/04; Reduzierung der Stromkennzeichnungs- und Informationspflichten der Elektrizitätsversorger, *§ 42* EnWG-E 07/04). Auch die geforderte Anrechnung der vermiedenen Netzentgelte über eine Erstattungsverpflichtung (§ 24 S. 6 EnWG-E (neu)) wurde verworfen, weil laut Bundesregierung eine sachgerechte Regelung bereits über die geplante Verordnungsermächtigung möglich wäre (*§ 24* EnWG-E 07/04).

Die einsetzende regulierungspolitische Wende der Bundesregierung kam aber bereits in der Ablehnungsbegründung der Änderungsvorschläge des Bundesrats zum Netzzugang (*§§ 20 bis 24* EnWG-E 07/04) zum Ausdruck. Die Bundesregierung behauptete zwar, die Verordnungsermächtigungen enthielten eine ausreichende Rechtsgrundlage zur Umsetzung eines effizienzorientierten und diskriminierungsfreien Netzzugangs. Die vom Bundesrat geforderte gesetzliche Festschreibung der Einführung einer Anreizregulierung wäre nicht erforderlich, sondern vom Verordnungsgeber zu konkretisieren. Gleichzeitig bestätigte die Bundesregierung in ihrer Ablehnungsbegründung aber größtenteils die vom Bundesrat geforderten Elemente einer Netzregulierung.[524] Die Bundesregierung widersprach jedoch der Einschätzung des Bundesrates, die geplanten Kalkulationsverfahren für die Netzentgelte enthielten unklare Regelungen (*§ 21 Abs. 2* EnWG-E 07/04). Damit hielt die Bundesregierung weiterhin am Prinzip der NSE als Kalkulationsmaßstab der Entgeltregulierung fest. Ferner lehnte die Bundesregierung eine allgemeine Ex-Ante-Regulierung der Netzzugangs-

---

[524] Bei der Einführung einer Anreizregulierung wären folgende Elemente zu berücksichtigen: Definition von Anreizen für eine kosteneffiziente Leistungserbringung unter Beibehaltung hochwertiger Qualitätsstandards, Vorgabe von Obergrenzen für Netzzugangsentgelte bzw. Erlösobergrenzen bei den Umsätzen des Netzbetriebs über einen Zeitraum von maximal fünf Jahren (noch keine Festlegung auf eine genaue Methode), Vorgabe von effizienzbezogenen „Entwicklungspfaden" unter Berücksichtigung der gesamtwirtschatlichen inflationsbereinigten Produktivitätsentwicklung, Definition der Netzentgeltobergrenzen bzw. Erlösobergrenzen nach verschiedenen Verfahren (z.B. Vergleichsmarktverfahren), Einführung einer Anreizregulierung spätestens zwei Jahre nach Inkrafttreten des EnWG (Deutscher Bundestag 2004b, 4-5).

entgelte und der Entgelte für Ausgleichsleistungen ab (Einfügung eines § 23 a EnWG-E (neu)), die nicht allein auf die Erhöhung der Entgelte begrenzt wäre. Angesichts von mehr als 1.700 privatwirtschaftlich organisierten Netzbetreibern würde eine solche Regelung zu kaum überwindbaren Schwierigkeiten führen. Der bürokratische Aufwand wäre erheblich. Angesichts der Ankündigungen der Energiewirtschaft, die Netzentgelte kurzfristig anzuheben, sprach sich die Bundesregierung schließlich dafür aus, die Kontrollkompetenzen der Regulierungsbehörde zu verschärfen.

Ende Oktober 2004 plädierte die Bundesregierung dann aber dafür, dass die nach dem 01. August 2004 vorgenommenen Netzentgelterhöhungen von der Regulierungsbehörde nachträglich überprüft werden müssen. Mit dem Inkrafttreten des neuen EnWG sollte eine allgemeine Pflicht für die Netzbetreiber eingeführt werden, die Preisbestandteile zur Erhöhung der Netzentgelte durch die Behörde ex-ante genehmigen zu lassen. Der endgültige regulierungspolitische Wechsel offenbarte sich in diesem Kontext in der Ankündigung eines gesetzlich verbindlichen „Fahrplans" für die Einführung einer Anreizregulierung der Netze (BMWA 2004b). Mehr als sechs Jahre nach der Liberalisierung des deutschen Energiesektors und ein Viertel Jahr nach Ablauf der eigentlichen Umsetzungsfrist für die Elt-Beschl-Rl zeichnete sich somit die endgültige Abkehr vom verhandelten Netzzugang ab. Im parlamentarischen Gesetzgebungsverfahren schwenkte die Bundesregierung auf den Kurs einer weitreichenden Regulierung des natürlichen Monopols der Netze ein.

5.4.3.4 Die Fortentwicklung des EnWG zum Abstimmungsentwurf für den Vermittlungsausschuss im Frühjahr 2005

Am 28. Oktober 2004 beriet der Bundestag das EnWG vor einem fast leeren Plenum in erster Lesung. Dabei zeigte sich, dass sich Koalition und Opposition über die Einführung einer Ex-Ante-Regulierung weitgehend einig waren. Strittig blieb die Reichweite der Länderkompetenzen im neuen Regulierungsregime. Weil besonders in der Frage der Regulierungszuständigkeiten zwischen der Bundes- und Länderebene erheblicher Abstimmungsbedarf bestand, zeichnete sich ab, dass sich die weitere Reform des EnWG noch bis mindestens zum Frühjahr/Sommer 2005 hinziehen würde. Ende November 2004 war eine große öffentliche Anhörung angesetzt. Bei einem Treffen mit den Vorstandvorsitzenden der deutschen Verbundunternehmen erklärte sich Bundeswirtschaftsminister Clement Anfang November 2004 außerdem dazu bereit, einen Teil der von ihnen geäußerten Kritik in den weiteren Gesetzesberatungen zu berücksichtigen (FAZ 2004d).

Die öffentliche Anhörung des EnWG-Entwurfs im Deutschen Bundestag vom 29. November 2004

Am 29. November 2004 fand im Deutschen Bundestag eine große Anhörung zum EnWG-E 07/04 statt. Hierbei wurden Vertreter von zwölf Verbänden,[525] des BkartA und der Regulierungsbehörde für Telekommunikation und Post sowie acht Einzelsachverständige vor dem federführenden Ausschusses für Wirtschaft und Arbeit und weiteren betroffenen Bundes-

---

[525] Die Vertreter der folgenden Verbände wurden angehört: VDEW, VKU, Bundesverband der Deutschen Gas- und Wasserwirtschaft, bne, VIK, Verband der Chemischen Industrie, DIHK, DGB, vzbv, EFET Deutschland e.V., BEE und Greenpeace.

tagsausschüssen gehört. Im folgenden Abschnitt werden die wichtigsten Kritikpunkte der beratenden Verbände am bestehenden EnWG-E 07/04 anhand ihrer schriftlichen Stellungnahmen zusammengefasst (Deutscher Bundestag 2004c). Der Übersichtlichkeit wegen konzentriert sich die Analyse auf die Aussagen der folgenden Verbände: VDEW, VKU, bne, VIK, BEE und Greenpeace. Außerdem wird die Stellungnahme des BkartA berücksichtigt.

VDEW und VKU

Aufgrund erheblicher inhaltlicher Übereinstimmungen werden die wichtigsten Forderungen der im Mittelpunkt der Anhörung stehenden energiewirtschaftlichen Fachverbände VDEW und VKU zusammengefasst.

In der Frage der *Kompetenzzuweisung* sprachen sich beide Verbände für ein föderales Regulierungsregimes mit geteilten Zuständigkeiten zwischen dem Bund und den Bundesländern aus. Weil beim Netzzugangsmodell am entfernungsunabhängigen Punktmodell festgehalten werden sollte, bei dem die Kosten der Netznutzung in der Regel über verschiedene Netzebenen länderübergreifend gewälzt würden, hielt der VDEW eine Zuordnung der Kontrollkompetenzen für die Netznutzungsentgelte auf Bundesebene als sachgerecht. Ein Großteil der Vollzugszuständigkeiten sollte dagegen bei den Bundesländern verbleiben.[526] Im Vergleich zum VDEW forderte der VKU eine differenzierte Verankerung der föderalen Zuständigkeiten (*§ 54 EnWG-E 07/04*). Die Regulierungsbehörden der Länder sollten im Gesetz explizit genannt werden (*§ 54 Abs. 1 EnWG-E*). Zusätzlich sollte erwähnt werden, dass sich ihre Zuständigkeit nach Landesrecht richtet (*§ 54 Abs. 1 S. 2 EnWG-E (neu)*). Die folgenden beiden Absätze sollten in der zitierten Norm ergänzt werden:

„Die Regulierungsbehörden der Länder sind zuständig, soweit nicht dieses Gesetz die Zuständigkeit der Regulierungsbehörde für Elektrizität, Gas, Telekommunikation und Post zuweist" (§ 54 Abs. 2 (neu)).
„Die Regulierungsbehörde für Elektrizität, Gas, Telekommunikation und Post ist zuständig für die Durchführung der §§ 6–29 hinsichtlich der Übertragungsnetze, der Fernleitungsnetze nebst LNG-Anlagen und sonstigen Anlagen, die der Fernleitung dienen und für die Fernleitung erforderlich sind, und der vorgelagerten Rohrleistungsnetze" (§ 54 Abs. 3 (neu)).

Nach den Vorstellungen des VKU sollten die Regulierungsbehörden der Länder demnach besonders für die Entflechtung (§§ 6-10) und die Regulierung des Netzbetriebs (§§ 20-28) zuständig sein, soweit die Verteilernetze für Elektrizität und Gas betroffen wären.

Einer der Hauptstreitpunkte des Gesetzesvorhabens blieben die *Bedingungen und Entgelte für den Netzzugang* (*§ 21 EnWG-E 07/04*) sowie der hierzu von der Bundesregierung zwischenzeitlich vorgelegte Erstentwurf einer Netzentgeltverordnung Strom (StromNEV). Der VDEW argumentierte in dieser Frage anders als der VKU. Der VKU forderte nämlich für die zitierte Norm in Absatz 1 die Einfügung eines weiteren Satzes 2:

---

[526] Den Bundesländern sollten v.a. in den folgenden Bereichen Vollzugsaufgaben verbleiben: Betriebsaufnahmegenehmigung im Netzbereich (§ 4 EnWG-E 07/04); Betriebsuntersagung (§ 5 EnWG-E 07/04); Netzanschlussfragen, wenn das Netz keine Landesgrenzen überschreitet (§§ 17ff. EnWG-E 07/04), Preisaufsicht bei der Grundversorgung (§ 40 EnWG-E 07/04), Anforderungen an Energieanlagen (§ 49 EnWG-E 07/04), Berichtspflichten zur Versorgungssicherheit (§ 51 EnWG-E 07/04).

„Jeder Netzbetreiber ist ausschließlich für die Entgeltbestandteile verantwortlich, die auf seine Netzebene entfallen" (*§ 21 Abs. 1 S. 2* (neu)).

Mit dieser Ergänzung wollte der VKU klarstellen, dass die kommunalen Unternehmen im Strombereich aufgrund des transaktionsunabhängigen Handelspunktkonzeptes und der damit verbundenen Kostenwälzung bestimmte Bestandteile der Netzentgelte als objektive Umstände hinnehmen müssen und nicht beeinflussen können. Jeder Netzbetreiber sollte nur für die Entgeltbestandteile in seinem Netz die Verantwortung tragen. Außerdem wollte der VKU verhindern, dass sich die Kostenermittlung der Netzentgelte außer an den Kriterien einer energiewirtschaftlich rationellen Betriebsführung an den Daten „eines effizienten und strukturell vergleichbaren Netzbetreibers" orientiert (*§ 21 Abs. 2* EnWG-E 07/04). Auch die im bisherigen Gesetzentwurf geforderten „Anreize für eine kosteneffiziente Leistungserbringung" sollten bei der Entgeltbestimmung keine Rolle mehr spielen und gestrichen werden.[527] Darüber hinaus forderte der VKU eine ersatzlose Streichung der Absätze 3 und 4, mit denen das Vergleichsverfahren als zusätzliches Element einer kostenorientierten Entgeltbildung eingeführt werden sollte.[528] Sowohl vom VKU als auch vom VDEW wurde bei der geplanten Einführung eines Vergleichsmarktverfahrens kritisiert, dass damit eine Beweislastumkehr zu Ungunsten der Energieversorgungsunternehmen erfolge (*§ 21 Abs. 4* EnWG-E 07/04). Weil eine Verwendung der Ergebnisse des Vergleichsverfahrens zwingend vorgeschrieben wird, müsse, wer mit seinen Entgelten, Erlösen oder Kosten über dem Durchschnitt liegt, die Vermutung entkräften, seinen Betrieb nicht energiewirtschaftlich rationell zu führen (Deutscher Bundestag 2004c, 13).[529] Beide energiewirtschaftlichen Spitzenverbände kritisierten, dass für die Durchführung des Vergleichsmarktkonzepts zu berücksichtigende strukturelle Vergleichselemente der unterschiedlichen Netzbetreiber bisher nicht definiert wären. Ein solches Konzept müsste die regionalen Gegebenheiten der einzelnen Netzbetreiber (z.B. Personalkosten, Auslastung, Versorgungsqualität, Marktstruktur, Absatzdichte auf den einzelnen Spannungsebenen) adequat berücksichtigen.

In diesem Kontext blieben auch die in der künftigen StromNEV festzuschreibenden Kalkulationsverfahren für die Entgeltbildung umstritten. Der VDEW und der VKU forderten weiterhin eine klare gesetzliche Verankerung des Prinzips der NSE und begründeten ausführlich ihre Ablehnung gegenüber einer Einführung der Methode der RKE. Die Bundesregierung hatte in ihrem bisherigen StromNEV-E zwar eine gesetzliche Verankerung des Prinzips der NSE vorgesehen. Besonders durch landespolitischen Druck drohte aber eine zunehmende Aufnahme wettbewerbsbezogener Kalkulationselemente. Ferner hatte die

---

[527] Zu dieser Forderung merkte der VKU an: „Was unter „Anreizen für eine kosteneffiziente Leistungserbringung" zu verstehen ist, lassen Gesetzestext und Begründung offen. Diese neu in das EnWG eingebrachte Terminologie entbehrt jeglicher methodischer und betriebswirtschaftlicher Grundlage. Zu befürchten ist, dass „Anreize für eine kosteneffiziente Leistungserbringung" eben nicht die effiziente Mittelverwendung in den Fokus stellen, sondern zu einer Entkopplung der Entgeltbildung von den realen Kosten der Netzbetreiber führen sollen" (Deutscher Bundestag 2004c, 13). Hierdurch würde die Versorgungqualität langfristig gefährdet.

[528] Gleichwohl betonte der VKU in der angefügten Erläuterung seiner Änderungsvorschläge, sich einem Vergleich von Netzbetreibern nicht verschließen zu wollen.

[529] Der VDEW merkte an, dass beim Vergleich der Daten verschiedener Netzbetreiber wie im Kartellrecht der Amtsermittlungsgrundsatz gelten müsse. Die Regulierungsbehörden müssten sicherstellen, dass bei einer Durchführung von Vergleichsverfahren die Genehmigungsverfahren in angemessener Frist abgeschlossen werden könnten. Bisher fehlten im EnWG-E aber jegliche Fristdefinitionen.

CDU im parlamentarischen Verfahren gefordert, sich nicht a priori auf eine bestimmte Kalkulationsmethodik festzulegen, sondern den Kapitalgebern lediglich einen Anspruch auf eine risiko- und kapitalmarktorientierte Verzinsung des eingesetzten Kapitals zu garantieren. Als Maßstab für die Angemessenheit der Netzentgelte sollten die „Kosten einer angemessenen Leistungsbereitstellung" (KEL-Ansatz) angesetzt werden. Der VKU argumentierte hier aber gegen eine Anwendung dieses, aus dem Telekommunikationsrecht zu übernehmenden Maßstabs für die Bestimmung kostengerechter Entgelte.[530] Der VDEW und der VKU sahen aufgrund folgender Elemente der bisherigen StromNEV-E das Prinzip der NSE als zunehmend ausgehöhlt:

- Möglichkeit einer Saldierung von kalkulatorischen Abschreibungen mit Reinvestitionen (*§ 6 Abs. 5* StromNEV-E) widerspricht dem geforderten Effizienzgedanken (Verhinderung von Rationalisierungen) und kann zu einer Enteignung des Investors und hohen bürokratischen Regulierungsaufwand führen;
- Verringerung der garantierten Eigenkapitalverzinsung von einem 40-jährigen Durchschnitt festverzinslicher Wertpapiere auf einen Basiszinssatz von nur noch zehn Jahren (*§ 7 Abs. 3* StromNEV-E);
- Kein Ansatz der Körperschaftssteuer bei der Eigenkapitalverzinsung, Körperschaftssteuer wird im europäischen Regulierungsumfeld jedoch als kalkulationsrelevant erachtet (*§ 8* StromNEV-E); Der VDEW sah durch diese Regelung die Konkurrenzfähigkeit deutscher Unternehmen bei der Akquisition und Erhaltung von Eigenkapital auf den internationalen Kapitalmärkten in unzulässiger Weise gefährdet;
- Abzug von Zins- und Beteiligungserträgen, die notwendig sind, um die NSE zu gewährleisten (Deutscher Bundestag 2004c, 27 u. 39-40).

Zur *Einführung einer Anreizregulierung* legte der VDEW in Zusammenarbeit mit dem VDN ein Positionspapier vor (Deutscher Bundestag 2004c, 41-42). Zunächst wiesen beide Verbände darauf hin, dass die bisherigen, im EnWG-E und dem StromNEV-E enthaltenen Regelungen zum Vergleichsverfahren mit jeglicher Anreizregulierung inkompatibel wären, weil sie das Gleiche wie die künftige Anreizregulierung zu regeln versuchten. In der künftigen StromNEV sollten die Details einer Anreizregulierung enthalten sein. Als Elemente zur Entwicklung der Anreizregulierung wurde ein Stufenmodell vorgeschlagen.[531] In einer Vorbereitungsphase sollte der Gesetzgeber zunächst die heterogene Struktur der deutschen Netzbetreiber durch die Bildung von Strukturklassen vorsortieren. Zwischen den strukturell vergleichbaren Netzbetreibern einer Klasse sollten später die eigentlichen Benchmarkingverfahren durchgeführt werden. Die Ableitung von Effizienz- und Qualitätszielen sollte anhand der einzelnen Strukturklassen erfolgen. Erst in einem nächsten Schritt sollte der Einstieg in die Anreizregulierung vollzogen werden. In der darauf folgenden Einstiegsphase sollte von den Benchmarkingverfahren nur zurückhaltend Gebrauch gemacht werden (z.B.

---

[530] Weil der KEL-Ansatz auf die Regulierung nur weniger Unternehmen einer Branche ausgerichtet ist und es sich dabei um ein dialogorientiertes und sehr diskussionsintensives Verfahren zur Bestimmung kostengerechter Entgelte handele, wäre dieses auf die deutsche Energiewirtschaft nicht anwendbar (Deutscher Bundestag 2004c, 26).

[531] Der VDEW und der VDN wandten sich explizit gegen eine ad hoc vollzogene Einführung einer Anreizregulierung, wie sie nach dem Prinzip des "trial and error" in Großbritannien und den Niederlanden erfolgt ist. Stattdessen sollte unter „aktiver Einbeziehung" der Energiewirtschaft die Anreizregulierung über mehrere Jahre und stufenweise eingeführt werden.

zur Identifizierung „schwarzer Schafe"). Erst nach Ablauf einer ersten fünfjährigen Regu-lierungsperiode und nach der Auswertung umfassender Effizienvergleiche sowie der Spezi-fizierung der Qualitätsziele könne der Einstieg in einen rythmischen Regulierungsprozess erfolgen. Hierzu wäre ein dynamisches Anreizintegral zu definieren, das wesentliche Steue-rungsgrößen wie allgemeine und individuelle Effizienzziele, Inflation, Qualität und Nach-fragemenge in die Regulierung einbezieht (Deutscher Bundestag 2004c, 41-42).

Ein weiterer schwerwiegender Kritikpunkt der beiden Verbände betraf die Reichweite der *Transparenz-, Auskunfts- und Berichtspflichten*. Weil die Pflichten erhebliche Verwal-tungskosten verursachen würden, wurde eine deutliche Rücknahme der Vorschriften gefor-dert.[532] Außerdem lehnten sie eine geplante *Liberalisierung des Mess- und Zählwesens* ab. Zum einen wurde begründet, dass aufgrund der Vermehrung von Anbietern die zuständigen Eichaufsichtsbehörden der Länder bei der eichrechtlichen Überwachung der Zählgeräte vor einen erheblichen administrativen Mehraufwand gestellt würden. Befände sich der Zähler nicht im Eigentum des Netzbetreibers, würde bei einem Lieferanten-, Kunden- oder Dienstleisterwechsel sowie bei Umzügen ein kostenaufwändiger Zählertausch erforderlich. Durch die Auslagerung des Kundendatenmanagements auf einen externen Messdienstleister wären insgesamt weitere Fixkosten zu befürchten. Die Liberalisierung des Messwesens würde zu höheren Kosten führen, die über die Abrechnungspreise bzw. Netznutzungsent-gelte auf alle Endkunden umgelegt würden (Deutscher Bundestag 2004c, 44).

Weitere Änderungsvorschläge betrafen die *Entflechtungsvorgaben (§§ 6-10 EnWG-E 07/04)*. Der VKU forderte eine Ausdehnung der garantierten Ertrags- und Grunderwerbs-steuerneutralität auf freiwillige gesellschaftsrechtliche und operationelle Entflechtungs-maßnahmen (*§ 6 Abs. 2 EnWG-E 07/04*). Die Steuerneutralität von Entflechtungsmaßnah-men sollte auch für kleinere Versorgungsunternehmen gewährleistet sein, obwohl diese Akteure gesetzlich nicht zu einer Entflechtung verpflichtet würden. Weil für die Stadtwerke andernfalls die Gefahr der Zerschlagung von Synergien drohe, sollten andere Sparten des kommunalen Querverbunds (z.B. Wasser- und Fernwärmenetze) in die auszugründende Netzgesellschaft einbezogen werden können. Der VDEW kritisierte ebenfalls die zitierte Regelung, weil die bisherige Gesetzesformulierung die Entflechtungsmaßnahme als einen zeitlich einheitlichen Organisationsakt bestimme (*§ 6 Abs. 2 S. 2 u. 3 EnWG-E 07/04*). Weil die rechtliche Entflechtung in der Praxis aber in mehreren Schritten vollzogen würde, sollte den Unternehmen die Möglichkeit zugestanden werden, betriebswirtschaftlich sinn-volle Vermögensübertragungen zu einem späteren Zeitpunkt steuerneutral vorzunehmen. Die bisherige Regelung bedinge große Unsicherheiten mit der Folge, dass für jeden Einzel-fall bei den Finanzbehörden Auskünfte eingeholt werden müssten (Deutscher Bundestag 2004c, 25 u. 44-45).

Der VDEW kritisierte ferner die über EU-rechtliche Vorgaben hinausgehenden Pflich-ten zur rechnungsmäßigen Entflechtung (*§ 10 EnWG-E 07/04*). Bemängelt wurde vor al-lem, dass die Entflechtungsmaßnahmen an die handelsrechtlichen Bilanzierungs- und Be-wertungsvorschriften gebunden werden sollten (*§ 10 Abs. 1 EnWG-E 07/04*). Die vorgese-

---

[532] Beide Verbände forderten eine Streichung von Vorschriften bei den Stromkennzeichnungspflichten (§ 42 Abs. 2, 3 und 6 EnWG-E 07/04, z.B. Ergänzung der Informationen zum Energieträgermix und ihren Umweltauswir-kungen, getrennte Ausweisung der Netzzugangsentgelte auf Kundenrechnungen), der Meldepflichten bei Versor-gungsstörungen (§ 52 EnWG-E 07/04) und der Auskunftsrechte der Regulierungsbehörde bei den Verbänden (besonders § 69 Abs. 2 EnWG-E 07/04).

hene separate Darstellung der vermögensverwaltenden Tätigkeit gehe über die Anforderungen der EU-Richtlinie hinaus (*§ 10 Abs. 3 S. 2* EnWG-E 07/04), die lediglich den gesonderten Ausweis der Einnahmen aus dem Eigentum am Übertragungs- und Verteilernetz vorsehe. Der Absatz 5 der zitierten Vorschrift wäre wegen fehlender Vorgaben der Elt-Beschl-Rl gänzlich abzulehnen.[533] Die rechnungsmäßigen Entflechtungs- und Informationspflichten würden besonders für kleine und mittlere Unternehmen einen massiven bürokratischen Aufwand bedeuten, der letztlich auf die Regulierungsbehörde zurückfalle. Der VKU bemängelte ebenfalls die über EU-Recht hinausgehenden Pflichten bei der operationellen Entflechtung (Ausweitung des personellen Leitungskreises der zu entflechtenden Mitarbeiter, *§ 8 Abs. 2* EnWG-E 07/04) und die Anforderungen an die Datentrennung bei Entflechtungsmaßnahmen (*§ 9* EnWG-E 07/04).

Zu den Vorschriften über die Systemverantwortung der Betreiber von Übertragungsnetzen (*§ 13* EnWG-E 07/04) erhob der VKU eine interessante wettbewerbsrelevante Kritik. Der bisherige Gesetzentwurf würde den Fokus zu sehr auf die Sicherung des Netzzugangs- und auf Durchleitungsfragen beschränken, während die Bedeutung des Stromhandels unterschätzt werde. Hier müssten weitere Veröffentlichungspflichten der ÜNB in einem zusätzlichen Absatz verankert werden. Die ÜNB sollten verpflichtet werden, „eine ausreichende Informationstransparenz zur Sicherung und Weiterentwicklung des Stromhandelsmarktes zu gewährleisten" (Deutscher Bundestag 2004c, 27).[534]

Grundlegende Kritik übten die Verbände an den beabsichtigten Regelungen zum Netzzugang (*§ 17* EnWG-E 07/04). Der VKU und der VDEW forderten zunächst eine ergänzende Bestimmung, aus der eindeutig hervorgeht, dass dem Netzbetreiber die Letztentscheidung über den kostengünstigsten Anschlusspunkt obliegt (*§ 17 Abs. 2 S. 2* (neu)). Damit sollte die aus der Praxis der VV II plus bewährte Konsenslösung übernommen werden. Mit der geforderten Bestimmung war insbesondere die Problematik der Arealnetze betroffen (*§ 110* EnWG-E 07/04). Sowohl der VDEW als auch der VKU befürchteten, dass aus der bisherigen Fassung der Vorschrift eine allgemeine Pflicht zum Netzanschluss resultiere. Eine solche Verpflichtung könne in einer uneingeschränkten Zulassung von Arealnetzen als zusätzlicher Verbindung zwischen lokalem Verteilernetz und Endkunden resultieren. Weil der Anschluss von Arealnetzen als günstig strukturiertem Teil eines Netzes (z.B. Gewerbe- und Industriegebiete) der allgemeinen Versorgung jedoch zu einem „Rosinenpicken" führe, drohe bei ihrem vermehrten Anschluss die Gefahr, dass sich dadurch die Netznutzungsentgelte für diejenigen Endkunden erhöhen, die auf einen Anschluss an das allgemeine Versorgungsnetz angewiesen bleiben. Damit drohe eine Gefährdung des Prinzips der Gleichpreisigkeit und Preisgünstigkeit der Netznutzungsentgelte für alle Letztverbraucher. Weil ein grundsätzlicher Anspruch auf Anschluss von Arealnetzen an vorgelagerte Netze

---

[533] Die kritisierte Norm sah folgende rechnungsmäßige Verpflichtung vor: „Der Auftraggeber der Prüfung des Jahresabschlusses hat der Regulierungsbehörde unverzüglich eine Ausfertigung des geprüften Jahresabschlusses einschließlich des Bestätigungsvermerks oder des Vermerks über seine Versagung zu übersenden. Die Bilanzen und Gewinn- und Verlustrechnungen für die einzelnen Tätigkeitsbereiche sind beizufügen [...]" (§ 10 Abs. 5 S.1-2 EnWG-E 07/04).

[534] Folgende Daten sollten durch die ÜNB zeitnah und ggf. aggregiert bzw. anonymisiert veröffentlicht werden: Daten über Verfügbarkeit und Auslastung der grenzüberschreitenden Kuppelkapazitäten, Altverträge und Reserve, technische Verfügbarkeit der Netzkapazitäten, Ergebnisse der Auktionen von Übertragungskapazitäten, erwartete und tatsächliche Lastflüsse, Windeinspeisungen, sonstige Kraftwerksdaten (Kapazitäten, Zu- und Abbauten, Ausfälle, etc.).

vom VKU abgelehnt wurde, forderte der Verband die Einfügung einer zusätzlichen Vorschrift, nach der die VNB einen Netzanschluss verweigern können, wenn über diesen Netzanschluss weitere Letztverbraucher versorgt werden sollen (*§ 18 Abs. 3* EnWG 07/04 (neu)). Der VKU bemängelte darüber hinaus eine unzureichende gesetzliche Bestimmung der Grundzüge des Netzgangsmodells (*§ 20* EnWG-E 07/04).

> „Wegen der weit reichenden Grundrechtseingriffe durch die Kumulation vertraglicher Risiken gebietet die Wesentlichkeitsrechtsprechung des BVerfG, dass die Grundzüge des Netzzugangsmodells für den Strom- und Gasbereich schon im Parlamentsgesetz vorgegeben werden. Es darf in keinem Fall im Grundsatz offen bleiben, in welcher Weise und in welchem Umfang die Zusammenarbeit zwischen den Netzbetreibern erfolgen soll und nach welchem Netzzugangsmodell der Netzzugang gewährt wird" (Deutscher Bundestag 2004c, 12-13).

Aufgrund der Betroffenheit seiner Mitgliedsunternehmen brachte der VKU auch erhebliche Änderungswünsche zu den geplanten Vorschriften der *Grundversorgung* (*§§ 36-39* EnWG-E 07/04) vor. Nach dem bisherigen Entwurf sollte die Bestimmung des Grundversorgers durch den Betreiber der Energieversorgungsnetze der allgemeinen Versorgung erfolgen (*§ 36 Abs. 2* EnWG-E 07/04). Hier forderte der VKU die Bestimmung des Grundversorgers durch diejenige Gemeinde, mit der für das Netzgebiet der allgemeinen Versorgung ein Wegenutzungsvertrag besteht. Nach den Vorgaben der Elt-Beschl-Rl wäre eine Delegation des Bestimmungsverfahrens auf den VNB nicht zulässig. Vielmehr handele es sich um eine unmittelbare Aufgabe des Mitgliedstaates.[535] Eine einheitliche Meinung vertraten der VDEW und der VKU demgegenüber im Hinblick auf die vorgesehene Verpflichtung des Grundversorgers, dass die Preise der Ersatzversorgung von Kunden mit Energie die Preise der Grundversorgung nicht übersteigen dürfen (*§ 38 Abs. 1 S. 2* EnWG-E 07/04). Eine solche Vorschrift wurde mit dem Hinweis abgelehnt, dass damit dem Grundsatz der kostenverursachungsgerechten Preisbildung nicht entsprochen würde, dem gerade bei der verhältnismäßig teuren Ersatzversorgung Bedeutung zukommt. Bei der Ersatzversorgung traten Differenzen zwischen dem VKU und dem VDEW gleichwohl durch die VKU-Forderung nach Einfügung eines neuen Satzes 3 zutage:

> „Tritt die Ersatzversorgung durch die Kündigung eines Bilanzkreisvertrages durch einen ÜNB ein, so hat der ÜNB die hiervon betroffenen VNB und Grundversorger spätestens zwei Börsentage vor Eintritt der Ersatzversorgung zu unterrichten" (*§ 38 Abs. 1 S. 3* EnWG-E).

Die geforderte Vorlauffrist wurde vom VKU damit begründet, dass der Versorger die zur Ersatzversorgung erforderliche Energie zu möglichst günstigen Einkaufspreisen an der Strombörse beziehen können muss. Ohne die Fristsetzung ginge die Ersatzversorgungspflicht mit erheblichen wirtschaftlichen Nachteilen einher, weil extrem hohe Einkaufspreise nicht an ersatzversorgte Kunden weitergegeben werden könnten (Deutscher Bundestag 2004c, 18).

Als überflüssige Norm identifizierten die energiewirtschaftlichen Spitzenverbände darüber hinaus die Vorschriften zur *Besonderen Missbrauchsaufsicht der nach Landesrecht*

---

[535] Der VKU argumentierte ferner, dass die Grundversorgung ein wesentlicher Teil der durch die Gemeinden zu gewährleistenden Daseinsvorsorge für ihre Einwohner ist. Deshalb müsse allein den Gemeinden die Entscheidungshoheit über die Feststellung des Grundversorgers vorbehalten bleiben (Deutscher Bundestag 2004c, 17).

zuständigen Behörden (§ 40 EnWG-E 07/04). Danach sollten die zuständigen Landesbehörden bei den Allgemeinen Preisen der Grund- und Ersatzversorgung die Möglichkeit erhalten, Missbräuche abzustellen und Verträge zu ändern, Vertragsbedingungen selbst festzulegen bzw. über ihre Geltung zu entscheiden und diese gegebenenfalls für unwirksam zu erklären (§ 40 Abs. 1 EnWG-E 07/04). Eine solche Änderungs- und Regelungsbefugnis der zuständigen Landesbehörden beschrieb der VDEW als nicht sachgerecht. Weil sich der Inhalt der Verträge im Grundversorgungsverhältnis ohnehin zwingend nach den Vorgaben der auf Grundlage von § 39 zu erlassenden Rechtsverordnung zu richten hätte, wäre eine zusätzliche Regelungs- und Eingriffsbefugnis der Landesbehörden überflüssig. Außerdem sähen die EU-Richtlinien eine derartige Aufsicht nicht vor.[536] Nach Aussagen des VKU wären auch die dem Kartellrecht entlehnten Regelbeispiele für einen Preismissbrauch des Grundversorgers überflüssig (§ 40 Abs. 2 EnWG-E 07/04),[537] weil der nach Landesrecht zuständigen Behörde bereits weitgehende Kompetenzen zur Durchsetzung eingeräumt würden. Besonders die in Abs. 2 S. 1 Nr. 1 definierte Beweislastumkehr des Grundversorgers für missbräuchliches Verhalten wurden sowohl vom VKU als auch vom VDEW als verfehlt bezeichnet (s. Fußnote 537). Die aus dem alten GWB abgeleitete strengere Missbrauchsaufsicht, so der VKU, rühre noch aus den Zeiten der Gebietsmonopole, wäre aber in einem liberalisierten Markt nicht mehr zu rechtfertigen (Deutscher Bundestag 2004c, 47).

Weitere Änderungsvorschläge der energiewirtschaftlichen Spitzenverbände betrafen ganz maßgeblich die Rahmenbedingungen für den Ausbau einer dezentralen Energieerzeugung und damit mittelbar auch der erneuerbaren Energien. Eine erste strittige Vorschrift betraf die Norm zur *Erbringung von Ausgleichsleistungen* (§ 22 EnWG-E 07/04). Sowohl der VKU als auch der VDEW bemängelten, dass bei der Beschaffung von Regelenergie zum Ziel einer möglichst preisgünstigen Energieversorgung verstärkt die untertägliche Beschaffung über Ausschreibungen berücksichtigt werden sollte (§ 22 Abs. 1 EnWG-E 07/04). Für die Netzbetreiber würde die untertägige Ausschreibung von Regelenergie einen erheblichen Aufwand bedeuten. Im Fall der kurzfristig erforderlichen Beschaffung von Verlustenergie bestünde für die Netzbetreiber laut VKU ein zusätzliches Preisrisiko, weil im Gegensatz zur Regelenergie die Verlustdeckung den Netznutzern nicht direkt in Rechnung gestellt werden kann. Der VDEW prognostizierte, dass sich die Netzbetreiber bei einer untertäglichen Ausschreibung von Ausgleichsenergie mit zusätzlichen Leistungsoptionen separat absichern würden. Im Endeffekt würde die Ausschreibung kostenerhöhend wirken und den erwünschten Effekt verfehlen. In diesem Zusammenhang kritisierte der VDEW nochmals das Ziel einer Zusammenfassung der vier Regelzonen zu einer einheitlichen Regelzone, mit der nach seiner Ansicht keine Reduzierung des Regelleistungsbedarfs erzielt werden könne (Deutscher Bundestag 2004c, 14 u. 48).

Ein weiterer wichtiger Streitpunkt zielte auf die *vermiedenen Netznutzungsentgelte* durch eine dezentrale Energieerzeugung. Im bisherigen EnWG-E waren die positiven Ef-

---

[536] Überdies wäre zu berücksichtigen, dass sich die Regulierung auf das natürliche Netzmonopol beschränken solle. Außerdem verfügten die Landesbehörden bereits über die erforderlichen kartellrechtlichen Mittel, um Vertragsbestandteile zu untersagen, die über die Regelungen der Rechtsverordnungen zu den allgemeinen Vertragsbedingungen hinausgehen und den Wettbewerb beeinträchtigen können (§§ 19, 20 und 32 GWB).

[537] Der § 40 Abs. 2 EnWG-E 07/04 definierte in Satz 1 als Missbrauch, „wenn ein Grundversorger ungünstigere Preise fordert als (1) andere Grundversorger, sofern er nicht nachweist, dass der Unterschied nicht auf abweichenden Umständen beruht, die ihm nicht zurechenbar sind, oder (2) in Anbetracht der Kosten- und Erlöslage in der Grundversorgung bei elektrizitätswirtschaftlich rationeller Betriebsführung erforderlich ist".

fekte einer dezentralen Energieerzeugung rechtlich noch nicht hinreichend in Ansatz gebracht worden. Aufgrund der CO_2-freundlicheren und damit klimapolitisch günstigeren Stromerzeugung in dezentralen Anlagen war mit dieser Frage die Wettbewerbsfähigkeit einer alternativen Erzeugungsstruktur unmittelbar betroffen. Besonders der VKU setzte sich für eine Verbesserung der bestehenden Regelungen ein und forderte bei den Vorschriften zu den „Bedingungen und Entgelten für den Netzzugang" die Einfügung eines neuen Absatzes 3:

> „Betreiber von dezentralen Erzeugungsanlagen erhalten vom Verteilernetzbetreiber, an dessen Netz die Anlagen angeschlossen sind, ein nach guter fachlicher Praxis ermitteltes Entgelt für eingesparte Netznutzung. Die Einhaltung der guten fachlichen Praxis wird vermutet, wenn die Bestimmungen der Anlage 6 der Verbändevereinbarung über Kriterien zur Bestimmung von Netznutzungsentgelten für elektrische Energie und über Prinzipien der Netznutzung vom 13.12.2001 eingehalten werden (*§ 21 Abs. 3* (neu))."

Der VKU forderte zusätzlich die Einfügung einer Verordnungsermächtigung, um die Bestimmung des Ausgleichs für vermiedene Netznutzungsentgelte detailliert zu regeln (*§ 24 Abs. 6* EnWG-E (neu)). Eine rechtliche Verankerung der genannten Regelung wäre aufgrund der Einführung des transaktionsunabhängigen Handelspunktkonzeptes durch die VV II erforderlich. Bis zur Einführung dieses Konzeptes konnte die dezentrale Erzeugung ihre höheren Stromgestehungskosten durch geringere Transportkosten kompensieren und wurde dadurch erst wettbewerbsfähig. Bestünde keine Möglichkeit, die Zahlung von vermiedenen Netznutzungsentgelten an dezentrale Erzeuger zu sichern, würden die Konzentrationstendenzen im deutschen Erzeugermarkt nochmals verstärkt und das Ziel eines Ausbaus einer dezentralen und umweltfreundlichen Erzeugungsstruktur konterkariert. Der VKU betonte hierbei, dass z.B. die gesetzlichen Regelungen zur Förderung der Kraft-Wärme-Kopplung im KWK-G explizit bestimmten, dass die KWK-Zuschläge keinen Ausgleich für vermiedene Netzentgelte enthielten. Besonders für die Kraft-Wärme-Kopplung befürchtete der VKU bei einer fehlenden Anrechnung der vermiedenen Netzentgelte gravierende Nachteile:

- „Der bestehende, volkswirtschaftlich sinnvolle Lenkungsmechanismus zur Netzkostenvermeidung durch lastnahe Einspeisung würde verworfen, als Folge wären steigende Netzkosten zu erwarten.
- Dezentrale lastnahe Kraftwerke würden als Marktteilnehmer einseitig wirtschaftlich benachteiligt, ohne dass dies für die Realisierung eines funktionsfähigen Wettbewerbs notwendig wäre und zu niedrigeren Kosten für Netznutzer führen würde" (Deutscher Bundestag 2004c, 28).

Der VKU forderte deshalb nachdrücklich, dass die bisherige „Kann-Vorschrift" zur Vergütung dezentraler Einspeisung in eine „Muss-Vorschrift" umzuwandeln ist (*§ 24* EnWG-E 07/04). Mit dieser Forderung schloß sich der VKU Änderungsanträgen des Bundesrats und auch der Umweltverbände an (s.u.).

Im Gegensatz hierzu verwies der VDEW darauf, dass die Frage vermiedener Netzentgelte im KWK-G bereits hinreichend geregelt wäre (*§ 4 Abs. 3 S. 2* KWK-G). Mit der Substitution der Verbändevereinbarung durch normative Regelungen müsse für eine Preisbestimmung der vermiedenen Netzentgelte ebenfalls eine Rechtspflicht begründet werden, weshalb der VDEW die Einführung der folgenden Regelung vorschlug:

„Regelungen nach Satz 2 Nr. 4 und 5 haben vorzusehen, dass bei Einspeisungen von Elektrizität aus dezentralen Erzeugungsanlagen auch eine Erstattung eingesparter Entgelte für den Netzzugang zu erfolgen hat, soweit die Einspeisungen nicht nach dem EEG vergütet werden. Für die Ermittlung der zu erstattenden Beträge sind die Bestimmungen der Anlage 6 der Verbändevereinbarung über Kriterien zur Bestimmung von Netznutzungsentgelten für elektrische Energie und über Prinzipien zur Netznutzung [...] zugrunde zu legen (§ 24 EnWG-E (neu))".

Damit forderte auch der VDEW zur Erstattung vermiedener Netznutzungsentgelte eine Änderung der bisherigen „Kann-Vorschrift" in eine verbindliche Regelung. Explizit ausgeschlossen werden sollten mit der Vorschrift Anlagen, die nach dem EEG vergütet werden, „weil die Einspeisungsvergütungen dieses Gesetzes ohnehin einen kostendeckenden Betrieb der Anlage sicherstellen sollen" (Deutscher Bundestag 2004c, 49).

Beide Spitzenverbände erhoben auch grundlegende Bedenken gegen die vorgesehenen umfassenden Verbandsklagerechte (§ 32 Abs. 2 u. § 34 EnWG-E 07/04) und die geplanten Regelungen zur Vorteilsabschöpfung (§ 33 EnEG-E 07/04). Als völlig unverhältnismäßig bezeichnete der VDEW die vorgesehenen Sanktionsmöglichkeiten der Regulierungsbehörde über Bußgeldandrohungen für den Fall, dass die Netzzugangsbedingungen nicht im Einklang mit dem Gesetz stünden (§ 95 Abs. 1 EnWG-E 07/04). Angesichts der zahlreichen unbestimmten Rechtsbegriffe im Gesetz und in den geplanten Verordnungen wäre eine vorherige konkretisierende Untersagungsverfügung unverzichtbar. Sowohl der vorgesehene Bußgeldrahmen von bis zu 1 Mio. Euro als auch das Zwangsgeld von bis zu 10 Mio. Euro (§ 94 EnWG-E 07/04) wären „völlig unverhältnismäßig" (Deutscher Bundestag 2004c, 35).

Die Lobbyingaktivitäten der beiden energiewirtschaftlichen Spitzenverbände zielten ferner auf einen größeren Schutz vor der Preisgabe sensibler Unternehmensdaten gegenüber den Kartellbehörden und der künftigen Regulierungsbehörde. Der VKU forderte beispielsweise für die Zusammenarbeit der Kartellbehörden mit der Regulierungsbehörde (§ 58 EnWG-E 07/04), dass vertrauliche Angaben einschließlich Betriebs- und Geschäftsgeheimnissen „nur mit Zustimmung des Unternehmens übermittelt werden [dürfen...]" (§ 58 Abs. 4 S. 2 EnWG-E (neu)). Weiterer Änderungsbedarf wurde im Hinblick auf die geplanten Vorschriften zum Auskunftsverlangen und Betretungsrecht artikuliert (§ 69 EnWG-E 07/04). Die bis dato vorgesehenen Regelungen des Auskunftsrechts für die Behörden, das bis in die Verbände hineinreichen sollte, wäre unverhältnismäßig und sachlich nicht geboten. Der VKU befürchtete mit der Ausweitung der Auskunftsmöglichkeiten einen vollständigen Zugriff auf die gesamte Verbandstätigkeit (Deutscher Bundestag 2004c, 19).[538]

Der VDEW und der VKU kritisierten schließlich auch die vorgesehene *Finanzierung der Tätigkeit der Regulierungsbehörde* über eine Beitragserhebung bei den Netzbetreibern (§ 92 EnWG-E 07/04). Der geplante Finanzbeitrag wurde als verfassungsrechtlich unzulässige Sonderabgabe gewertet. Unter Hinweis auf die analoge Argumentation des Bundesrates wurden eine Streichung der Vorschrift und die Finanzierung der Behörde aus Steuereinnahmen gefordert.

---

[538] Weil gleichzeitig die Rechtsberatung als satzungsgemäße Aufgabe der Verbände eine ganz neue Bedeutung erfahre, die zwischen den Unternehmen und den Verbänden ein grundlegendes Vertrauensverhältnis erfordert, müssten die umfassenden Auskunftspflichten der Verbände gestrichen werden, zumal die Normadressaten der materiellen Anforderungen des EnWG die Unternehmen und nicht die Verbände wären (Deutscher Bundestag 2004c, 19 u. 35).

bne und VIK

Im folgenden Abschnitt werden die weitgehend übereinstimmenden Stellungnahmen des bne und des VIK gemeinsam dargestellt. Als Lobby der Industrie betonten beide Verbände, dass das Energiepreisniveau in Deutschland im internationalen Vergleich zu hoch wäre. Die Bundesregierung müsse mit der Gestaltung des EnWG die Chance nutzen, zu einem funktionierenden Wettbewerb mit wettbewerbsgemäßen Preisen zu gelangen. Der bne bemängelte, dass die Bundesregierung die Liberalisierung bisher kaum als ordnungspolitische Aufgabe begriffen habe (Deutscher Bundestag 2004c, 63, 72).

Beide Verbände kritisierten zunächst die Orientierung am Konzept der „normierenden Regulierung", die der Regulierungsbehörde kaum Ex-Ante-Befugnisse zur Entwicklung und Umsetzung von Netzregulierungskonzepten zugestand. Um auf sich ändernde Anforderungen in den dynamischen Energiemärkten flexibel reagieren zu können, wurde das Erfordernis einer „lernenden Regulierung" hervorgehoben. Der Bundesregulierungsbehörde sollten deshalb hinreichende Kompetenzen zur Konkretisierung der Netzzugangsbedingungen im Rahmen der Verordnungen übertragen werden (Deutscher Bundestag 2004c, 66, 73).[539] In der Frage der Verteilung der Regulierungskompetenzen zwischen Bund und Ländern folgte der VIK der Auffassung, dass die Normen des EnWG und der zugehörigen Verordnungen zwar einheitlich umzusetzen wären, dabei aber auf bestehende föderale Kompetenzen und Strukturen zurückgegriffen werden sollte (§ 54 EnWG-E 07/04). Der VIK betonte das Erfordernis einer vollkommen unabhängigen Regulierungsbehörde.

Beide Verbände verlangten außerdem eine Ausweitung der Entflechtungsverpflichtungen auf Versorgungsunternehmen mit mehr als 25.000 angeschlossenen Kunden (§ 7 Abs. 2 EnWG-E 07/04). Auch die geplante Freistellung von Unternehmen mit weniger als 100.000 Kunden von der Aufstellung eines Gleichbehandlungsprogramms (§ 8 Abs. 6 EnWG-E 07/04) wurde vom bne kritisiert (Deutscher Bundestag 2004c, 77).

Der VIK forderte besonders gegenüber den ÜNB eine Verschärfung der Transparenzpflichten. Wegen der besorgniserregenden Preisentwicklung auf den Stromgroßhandelsmärkten im Zeitraum 2003/2004 wäre eine erheblich verbesserte Transparenz über netz- und handelsrelevante Daten erforderlich. Die diesbezügliche Forderungsliste stimmte mit der des VKU nahezu überein.[540] Zudem verlangte der VIK die Einführung einer strengen finanz- und kartellrechtlichen Aufsicht des Stromgroßhandels. Außerdem fehlten bisher Bestimmungen zum Umgang mit Netzengpässen. Eine diskriminierungsfreie und marktbasierte Bewirtschaftung von Engpässen wäre eine wesentliche Voraussetzung zur Erleichterung des nationalen und internationalen Stromhandels (Deutscher Bundestag 2004c, 79).

In der Frage des Netzanschlusses vertraten beide Verbände einen sehr liberalen Regulierungsansatz. Der bne verlangte, dass sowohl den Betreibern von neuen Kraftwerken als

---

[539] Dieses Erfordernis gelte besonders im Hinblick auf die Entwicklung eines Vergleichsmarktkonzeptes, eines Anreizregulierungssystems und eines Entry-Exit-Modells für die Gaswirtschaft.

[540] Mehr Transparenz wäre in folgenden Bereichen erforderlich: Prognosen zur physikalischen Auslastung der Kuppelstellenkapazitäten und ihrer tatsächlichen Auslastung, angemeldete Fahrpläne an den Kuppelstellen, Daten zur Belegung der Kuppelstellen durch Altverträge und Reserveleistung, revisions- und ausfallbedingte Kapazitätsbeschränkungen einschließlich ihrer Dauer, durch Auktionen vergebene Mengen einschließlich ihrer Zeiträume und Zuschlagspreise, voraussichtliche Windeinspeisung und tatsächliche Windenergieeinspeisung, stündlich eingesetzte Kraftwerkskapazität aggregiert nach Kraftwerkstechnologie, ausgeschriebene und angebotene sowie eingesetzte Regelenergie (Deutscher Bundestag 2004c, 77).

auch von Werksnetzen die Wahlfreiheit der Anschlussbedingungen (z.B. Spannungsebene) überlassen bleiben muss. Der VIK lobte, dass die besondere Bedeutung der „Werksnetze" anerkannt worden sei (§ 110 EnWG-E 07/04). Für die industriellen Arealnetze wären aber besondere Regelungen erforderlich, so dass das EnWG anzupassen sei (Deutscher Bundestag 2004c, 67, 74). Für einen erleichterten Netzzugang forderte der bne, dass die Bedingungen und Entgelte „als umfassendes Standardangebot im Internet in der Weise zu veröffentlichen sind, dass sie ohne weitere Verhandlungen von Netznutzern angenommen werden können" (§ 20 Abs. 1 S. 1 EnWG-E neu). Als Netzzugangsmodell sollte das transaktionsabhängige Punktmodell bereits im Gesetz verankert werden (Deutscher Bundestag 2004c, 66).

Vergleichbare Ansichten bestanden bei beiden Verbänden auch zur Regulierung der Netznutzungsentgelte. Während der bne sehr ausführlich begründete, weshalb als Abschreibungsmethode bei den Kalkulationsverfahren die Methode der Realkapitalerhöhung verwendet werden sollte,[541] formulierte der VIK zur Einführung eines Netzregulierungsregimes ein umfassenderes Szenario. Als Ausgangsforderung postulierte der Verband, dass zur Verwirklichung von mehr Wettbewerb in den deutschen Energienetzen drei Bausteine zu verwirklichen wären:

- Einführung einer Ex-Ante-Entgeltgenehmigung,
- zügige und effektive Umsetzung eines Vergleichsmarktkonzepts und
- Umsetzung eines dynamischen Anreizregulierungssystems als Korrektive zur Kostenorientierung.

Beide Verbände waren sich einig, dass bei der Netzentgeltregulierung das kostenorientierte Prinzip einer „energiewirtschaftlich rationellen Betriebsführung" mit seiner Abschreibungsmethode der NSE überwunden werden müsse.[542] An der bisherigen rechtlichen Verankerung des Vergleichsmarktverfahrens (§ 21 Abs. 4 EnWG-E 07/04) kritisierte der VIK beim Effizienzvergleich die bisherige Orientierung am Durchschnitt vergleichbarer Netzbetreiber. Weil die Netzentgelte immer noch unter monopolähnlichen Bedingungen errechnet würden, müsse ein größerer Effizienzdruck ausgeübt werden. Deshalb sollten sich die Benchmarks am effizientesten Netzbetreiber orientieren. Der VIK lehnte für das Vergleichsmarktkonzept schließlich das Strukturklassenmodell der VV II plus als zu oberfläch-

---

[541] Das Prinzip der NSE wurde als zentrale Ursache für die hohen Netznutzungsentgelte identifiziert (VV II). Bei der NSE wäre die Ermittlung der Tagesneuwerte der eigentliche Kern des Problems, weil damit erhebliche Gestaltungsspielräume für die Netzbetreiber bestünden, um Sondererträge zu erwirtschaften und Gewinne in den Kosten zu verdecken. Die Restwertabschreibung für das eigenkapitalfinanzierte Anlagenvermögen orientiere sich nicht an den tatsächlichen Anlagen- und Herstellungskosten – wie beim Prinzip der RKE –, sondern an dem jeweils angenommenen fiktiven Wiederbeschaffungswert. Die Abschreibung erfolgt damit unabhängig davon, ob eine Wiederbeschaffung des abgeschriebenen Anlagengutes überhaupt erfolgt. Wird die Investition nur in kleinerem Umfang oder auch nicht getätigt (z.B. "stranded investment", Rückbau aufgrund von Überkapazitäten), kann die Differenz zwischen abgeschriebenen Tagesneuwerten und den tatsächlichen Anschaffungs-/Herstellungskosten als Gewinn ausgeschüttet werden (Deutscher Bundestag 2004c, 64-66).
[542] Der bne stellte in seiner Stellungnahme dar, dass die Prüfung der Erforderlichkeit von Kosten und Investitionen im Rahmen des Konzepts der effizienten Leistungsbereitstellung nur für einen Übergangszeitraum ein Korrektiv darstellen soll. Die Angemessenheit von Netznutzungsentgelten sollte so zügig als möglich über eine dynamische Anreizregulierung sichergestellt werden, für die im Gesetz ein Entwicklungsauftrag zu verankern sei. Der bisherige kurze Verweis auf eine „Berücksichtigung von Anreizen für eine kosteneffiziente Leistungserbringung" (§ 21 Abs. 2 EnWG-E 07/04) wäre nicht ausreichend. Vielmehr sollte die Bundesregierung nach Vorstellungen des VIK innerhalb der nächsten zwölf Monate ein Konzept zur Anreizregulierung erarbeiten.

lich ab und forderte eine Einführung der auch in anderen europäischen Ländern erprobten Data-Envelopment-Analysis-Methode. Der Verband begrüßte ferner, dass bis zur Umsetzung einer Anreizregulierung Netzentgelterhöhungen einem Genehmigungsvorbehalt der Regulierungsbehörde unterliegen sollten (Deutscher Bundestag 2004c, 75-76).

Der bne und der VIK monierten darüber hinaus die Situation auf den Regelenergiemärkten. Beide Verbände forderten auch hier eine intensivierte Regulierung. Es wurde beanstandet, dass der Regelenergiemarkt hauptsächlich durch die vier Verbundunternehmen (EnBW, E.ON, RWE und Vattenfall Europe) beherrscht würde. Dringendstes Gebot wäre eine Erhöhung der Liquidität und Transparenz auf diesen Märkten. Hierzu schlugen die Verbände die Bildung einer bundesweit einheitlichen Regelzone vor, in der alle Regelenergieprodukte im Rahmen eines allgemeinen regelzonenübergreifenden Ausschreibungsverfahrens beschafft werden müssen.[543] Zur genaueren Ausgestaltung des Verfahrens sollten in weiterer Verordnungen detaillierte Mindestanforderungen definiert werden, wobei der Regulierungsbehörde weitreichende Gestaltungsmöglichkeiten einzuräumen wären. Beide Verbände begrüßten zwar die vorgesehene Einrichtung einer gemeinsamen Beschaffungsplattform für Regelenergie durch die Verbundunternehmen (§ 22 EnWG-E 07/04). Allerdings wäre die bisher im Gesetz verankerte Anzeigenpflicht zur Ausgestaltung des gemeinsamen Ausschreibungsverfahrens und der Internetplattform nicht ausreichend (§ 22 Abs. 2 EnWG-E 07/04), weil für beide Elemente eine Genehmigungspflicht durch die Regulierungsbehörde nicht vorgesehen war. Der VIK kritisierte schließlich, dass die jüngsten Verordnungsentwürfe zur Ausgestaltung des gemeinsamen Ausschreibungsverfahrens und zur Festlegung von Mindestangeboten bei der Regelenergie auf Druck der Verbundunternehmen weit hinter den vom BMWA im September 2004 veröffentlichten Referentenentwürfen zurückgeblieben wären. Bereits in der Verordnung sollten Höchstgrenzen für die einzelnen Regelenergieprodukte festgelegt werden. Eine aus Sicht des Ausbaus erneuerbarer Energien wichtige Forderung des VIK betraf den Hinweis, dass alle eingesetzten Regelenergieprodukte marktbasiert und transparent beschafft werden sollten. Neben den bekannten Produkten Primär- und Sekundärregelung sowie Minutenreserve gelte dies „auch für Regelleistungsprodukte, die mit längerer Aufrufzeit insbesondere zum Ausgleich schwankender Windeinspeisungen eingesetzt werden" (Deutscher Bundestag 2004c, 79-80).

In Bezug auf die dezentrale Erzeugung forderten beide Verbände auch eine Verankerung der Verpflichtung zur Erstattung vermiedener Netzentgelte (Deutscher Bundestag 2004c, 68, 80). Der VIK hob ferner die aus seiner Sicht bestehende rechtliche Benachteiligung von KWK-Anlagen gegenüber Anlagen hervor, die nach dem EEG vergütet werden. Seit der jüngsten EEG-Novellierung würde Strom aus Anlagen der industriellen Eigenerzeugung, der innerhalb industrieller Arealnetze erzeugt, geliefert und in der Produktion eingesetzt wird, im Rahmen der bundesweiten Ausgleichsregelung in das Umlageverfahren einbezogen und mit etwa fünf Euro/MWh belastet. Weil dieser ökologisch vorteilhafte KWK-Strom nach dem KWK-G nicht förderfähig ist, wenn er nicht in das Netz der allgemeinen Versorgung eingespeist wird, sollten derartige Kraftwerksprojekte, die häufig im Wege des Contracting realisiert oder ausgelagert würden, im EnWG der Eigenversorgung gleichgestellt werden. Außerdem sollte eine klarstellende Regelung getroffen werden, dass

---

[543] Mit der Bildung einer einheitlichen Regelzone könnte der Regelenergiebedarf deutlich reduziert werden, weil in einer größeren Regelenergiezone Lastschwankungen besser ausgeglichen werden könnten. Die Einsparpotentiale lägen bei 40 Prozent bzw. ca. 400 Mio. Euro pro Jahr (Deutscher Bundestag 2004c, 67).

in Arealnetzen erzeugter Strom nicht mit der EEG-Umlage belastet wird. Hierzu könnte eine zielführende Anpassung des § 110 EnWG-07/04 in Verbindung mit einem entsprechenden Verweis auf § 14 EEG vorgenommen werden. In jedem Fall müsse die rechtliche Benachteiligung ökologisch sinnvoller KWK-Alagen in industriellen Arealnetzen beseitigt werden (Deutscher Bundestag 2004c, 80-81).

Als weiteres Konfliktfeld zwischen KWK- und EEG-Anlagen thematisierte der VIK die gesetzlich bestimmte Vorrangregelung des EEG, durch die KWK-Einspeiser im Zweifelsfall zurücktreten müssten. Der VIK verlangte deshalb, dass KWK- und EEG-Strom bei der Netzeinspeisung gleichgestellt werden müssten. Hierzu müsse der Regulierungsbehörde die Kompetenz zugewiesen werden, „in Streitfällen bei der Verweigerung der Einspeisung von KWK-Strom unter Abwägung der netztechnischen Belange und der wirtschaftlichen Interessen der Beteiligten zu entscheiden" (Deutscher Bundestag 2004c, 81). Weil außerdem eine transparente Abwicklung des EEG-Belastungsausgleichs bisher nicht stattfände,[544] unterstützte der VIK die Absicht des Gesetzgebers,

> „der Regulierungsbehörde im Rahmen des Gesetzes zur Änderung des EEG (BT-Drs. 15/3923) die Befugnis zu übertragen, die Einhaltung der Pflichten im Bereich der Netzausbaukosten (§ 13) sowie bei einem Teil des bundesweiten Belastungsausgleichs , nämlich zwischen VNB und ÜNB zu übertragen. Die weiteren Stufen des Belastungsausgleichs, d.h. der horizontale Ausgleich zwischen den ÜNB sowie die Weiterwälzung zwischen ÜNB und EltVU, müssen allerdings ebenfalls der Aufsicht der Regulierungsbehörde unterstehen" (Deutscher Bundestag 2004c, 81).

Der VIK verlangte im Zusammenhang mit der Umsetzung des EEG schließlich, dass die Klärung von Streitfragen zum EEG-Umlageverfahren und Belastungsausgleich, die nicht gesetzlich geregelt sind, von der Bundesregulierungsbehörde einheitlich übernommen werden sollten. Die Fachaufsicht zu netzrelevanten Vorschriften des EEG sollte das BMWA übernehmen, eine geteilte Fachaufsicht zwischen BMWA und BMU wäre nicht zielführend. Ein weiterer Kritikpunkt, in dem der VIK interessanter Weise mit dem BEE übereinstimmte (s.u.), betraf ferner die unzureichenden Vorschriften zum Monitoring der Versorgungssicherheit (§ 51 EnWG-E 07/04). Hier fehle es bisher an Minimal- und Maximalstandards für die Qualität und Sicherheit der Energieversorgung (Deutscher Bundestag 2004c, 76).

Beide Verbände haben sich schließlich für eine Liberalisierung des Mess- und Zählwesens ausgesprochen (Deutscher Bundestag 2004c, 67, 77). Der VIK opponierte zu guter Letzt auch gegen die vorgesehene Option, dass bei der Ersatzversorgung höhere Preise als in der Grundversorgung erhoben werden können. Höhere Preise sollten nur bei einem Nachweis entsprechend höherer Kostenbestandteile verlangt werden können (Deutscher Bundestag 2004c, 79).

---

[544] Die Kritik an der Transparenz des Ausgleichsverfahrens nach § 14 EEG fasste der VIK im folgenden Satz zusammen: „Insgesamt ist die Transparenz über die vom Kunden aufgebrachten, aber von den Netzbetreibern verwalteten Finanzströme völlig unzulänglich und muss im Sinne des Rechts der Kunden auf Information über Verwaltung und Verbleib ihrer Gelder dringend verbessert werden" (Deutscher Bundestag 2004c, 81).

BEE und Greenpeace

Der BEE krisitierte am EnWG-E 07/04 hauptsächlich drei Elemente, die mit den rechtlichen Diskriminierungspotentialen einer dezentralen Energieerzeugung in Verbindung standen. Die Diskriminierung zeige sich vor allem in den Vorschriften zum Netzanschluss und -zugang (§§ 17, 20 EnWG-E 07/04) und der Grundversorgung (§ 37 EnWG-E 07/04). Darüber hinaus wurden die bisherigen Regelungen zur Gewährleistung der nationalen Versorgungsicherheit als unzureichend bemängelt. In diesem Punkt forderte der BEE vor allem Änderungen zu den Vorschriften des Monitorings durch die künftige Regulierungsbehörde (§ 51 EnWG-E 07/04) und zu den Ausschreibungen neuer Erzeugungskapazitäten (§ 53 EnWG-E 07/04). Generelle Kritik gab es an der Detailliertheit und dem Umfang des Gesetzentwurfs, so dass die notwendige Klarheit und Übersichtlichkeit verloren gegangen wäre. Das Gesetz widerspräche dem Ziel eines schlanken und unbürokratischen energiewirtschaftlichen Ordnungsrahmens.

Zuvorderst bemängelte der BEE die durchgängige Benachteiligung der Kraft-Wärme-Kopplung. Dieser Umstand äußere sich bereits bei den Aufgaben der Energieversorgungsunternehmen, weil nicht explizit verankert worden sei, dass neben dem EEG auch die Verpflichtungen aus dem KWK-G vorbehaltlich der Vorschriften zur Systemverantwortung der ÜNB von den Bestimmungen des EnWG-E unberührt blieben (§ 2 Abs. 2 EnWG-E 07/04).[545] Außerdem forderte der BEE bei den Begriffsbestimmungen eine präzisere Berücksichtigung der dezentralen Energieerzeugung (§ 3 EnWG-E 07/04).[546] Um die Wettbewerbsintensität in der Energiewirtschaft durch neue Anbieter zu erhöhen, verlangte der BEE auch eine Freistellung von der Anzeigepflicht für Unternehmen, die nicht mehr als 500 Endverbraucher beliefern und deren Jahresumsatz an Endverbraucher den Betrag von 2,5 Mio. Euro nicht überschreitet.[547] Diese Anwendungsgrenze sollte auch für eine Freistellung von den Verpflichtungen aus den §§ 10 (Rechnungslegung, Buchführung), 19 (Technische Vorschriften), 26 (Missbräuchliches Verhalten) und 47 (Meldepflicht) gelten (Deutscher Bundestag 2004c, 112).

Weil der BEE die vorgesehenen Regelungen zur rechtlichen Entflechtung (§§ 6 ff. EnWG-E 07/04) als unzureichend erachtete, forderte er eine vollständige eigentumsrechtliche Entflechtung. Der Umweltverband Greenpeace forderte zudem eine Verschärfung der sog. „De-Minimis-Regelung". Danach sollte eine Befreiung von den Entflechtungsvorschriften (§§ 7 u. 8 EnWG-E 07/04) nur noch für Unternehmen mit weniger als 25.000 Kunden gelten (Deutscher Bundestag 2004c, 178). Eine präzisere Berücksichtigung der Interessen dezentraler Energieerzeugung betraf außerdem die Forderung nach einer Änderung der Aufgaben der ÜNB. Der BEE verlangte, dass die ÜNB bei der Inanspruchnahme von Erzeugungsanlagen solchen den Vorrang zu geben haben, „in denen erneuerbare Ener-

---

[545] Die Vernachlässigung der KWK setze sich bei den Vorschriften zur Stromkennzeichnung fort (§ 42 Abs. 1 EnWG-E), weil der Anteil des KWK-Stroms am Strommix nicht gesondert ausgewiesen werden müsse.

[546] Folgende Definitionen sollten in § 3 EnWG-E (neu) aufgenommen werden: „Betreiber dezentraler Erzeugungsanlagen" und „Kleinunternehmen".

[547] Die Anzeigepflicht sah vor, dass Energieversorgungsunternehmen, die Haushaltkunden beliefern wollen, die Aufnahme und Beendigung ihrer Tätigkeit sowie Änderungen der Firma unverzüglich bei der Regulierungsbehörde anzeigen müssen. Mit der Anzeige der Aufnahme der Tätigkeit muss gegenüber der Regulierungsbehörde die personelle, technische und wirtschaftliche Leistungsfähigkeit sowie Zuverlässigkeit der Geschäftsleitung dargelegt werden (§ 5 Abs. 2 EnWG-E 07/04).

gieträger oder Abfälle eingesetzt werden oder die nach dem Prinzip der Kraft-Wärme-Kopplung arbeiten" (*§ 12 Abs. 1a* (neu) EnWG-E).[548] Weitere Änderungsvorschläge galten den Vorschriften zur Systemverantwortung der ÜNB (*§ 13* EnW-E 07/04). Hier schlug der BEE vor, dass die ÜNB eine Gefährdung oder Störung der Energieversorgung verstärkt auch über vertragliche Vereinbarungen mit Betreibern von Eigenanlagen beseitigen sollten. Zuätzlich wurde gefordert, dass

"marktbezogene Maßnahmen vorrangig vor netzbezogenen Maßnahmen [bei der Beseitigung einer Gefährdung oder Störung, Verfasser] anzuwenden [sind]. Die Netzbetreiber haben durch vertragliche Vereinbarungen mit Verbrauchern und Erzeugern dafür Sorge zu tragen, dass für den Gefährdungs- oder Störfall ausreichend vertraglich gesicherte Kapazitäten für marktbezogene Maßnahmen zur Verfügung stehen" (*§ 13 Abs. 2 S. 3* (neu) EnWG-E).

Mit der genannten Forderung reagierte der BEE auch auf die Tatsache zunehmender regionaler Abschaltungen von Einspeisungen aufgrund bestehender Netzengpässe. Weil die Netzbetreiber bisher die Möglichkeit hätten, Erzeuger entschädigungslos abzuschalten, bestünden nur geringe Anreize, die bestehenden Engpässe in der Netzinfrastruktur zu beseitigen. Die Begründung ausführend, formuliert der BEE weiter:

"Da wiederholtes entschädigungsloses Abschalten vom Netz wirtschaftlich für die Erzeuger nicht hinnehmbar ist, müssen für diese Fälle vertragliche Lösungen geschaffen werden. Das EEG sieht diese Möglichkeit als Abweichung vom unbedingten Abnahmevorrang bereits vor. Im EnWG sollten Maßnahmen auf Basis vertraglicher Vereinbarungen für die Fälle Vorrang haben, in denen Gefährdungen oder Störungen der Netzsicherheit erkennbar werden".

Die rechtliche Diskriminierung dezentraler Erzeugungsanlagen sollte v.a. in den Gesetzesabschnitten zum Netzanschluss (*§§ 17 bis 19* EnWG-E 07/04) und zum Netzzugang (*§§ 20 bis 28* EnWG-E 07/04) beseitigt werden. Eine Klarstellung forderte der BEE außerdem im Hinblick auf die bisherige Regelung zur Verweigerung eines Netzanschlusses durch den Netzbetreiber (*§ 17 Abs. 2* EnWG-E 07/04). Bisher war die Möglichkeit einer Verweigerung bei einem Nachweis möglich, dass der Anschluss "aus betriebsbedingten oder sonstigen wirtschaftlichen oder technischen Gründen unter Berücksichtigung der Ziele des § 1 nicht möglich oder zumutbar ist" (*§ 17 Abs. 2 S. 1* EnWG-E 07/04). Anstelle dieser Regelung forderte der BEE eine unmittelbare Umsetzung der Ausgangsvoraussetzungen einer Netzanschlussverweigerung aus den Vorgaben der Elt-Beschl-Rl:[549]

---

[548] Damit würde *Art. 11 Abs. 1* Elt-Beschl-Rl umgesetzt, nach dem ein Mitgliedstaat einem Netzbetreiber zur Auflage machen kann, "dass er bei der Inanspruchnahme von Erzeugungsanlagen solchen den Vorrang gibt, in denen erneuerbare Energieträger oder Abfälle eingesetzt werden oder die nach dem Prinzip der Kraft-Wärme-Kopplung arbeiten". Die gleiche Forderung nach einer Vorrangregelung der Erzeugung aus erneuerbaren Energien, Abfällen und KWK wurde für die VNB gefordert (*§ 14 Abs. 1* EnWG-E i.V.m. *Art. 14 Abs. 4* Elt-Beschl-RL). Der Umweltverband Greenpeace erhob gleich gerichtete Forderungen (Deutscher Bundestag 2004c, 175).

[549] Die europäische Vorschrift hierzu lautet: "Der Betreiber eines Übertragungs- oder Verteilernetzes kann den Zugang verweigern, wenn er nicht über die nötige Kapazität verfügt. Die Verweigerung ist hinreichend substanziert zu begründen [...]. Die Mitgliedstaaten stellen gegebenenfalls sicher, dass der Übertragungs- bzw. Verteilernetzbetreiber bei einer Verweigerung des Netzzugangs aussagekräftige Informationen darüber bereitstellt, welche Maßnahmen zur Verstärkung des Netzes erforderlich wären" (*Art. 20 Abs. 2* Elt-Beschl-Rl).

„Betreiber von Energieversorgungsnetzen können einen Netzanschluss […] verweigern, wenn sie nicht über die nötige Kapazität verfügen. Die Verweigerung ist hinreichend substanziiert in Textform zu begründen; sie muss aussagekräftige Informationen darüber anthalten, welche Maßnahmen und damit verbundene Kosten zur Verstärkung des Netzes erforderlich sein würden" (*§ 17 Abs. 2 S. 1* (neu) EnWG-E).[550]

Die beiden Verbände sahen weitere Diskriminierungspotentiale für die dezentrale Erzeugung in der Norm zur Allgemeinen Anschlusspflicht (*§ 18* EnWG-E 07/04), die eine Ausnahmeregelung vorsah, „wenn der Anschluss oder die Anschlussnutzung für den Betreiber des Energieversorgungsnetzes aus wirtschaftlichen Gründen nicht zumutbar ist" (*§ 18 Abs. 1 S. 2* EnWG-E 07/04). Der BEE kritisierte die geplante Verweigerungsoption und forderte eine Klarstellung, „dass sich die Unzumutbarkeit nur auf unverhältnismäßig hohe Kosten des Anschlusses selbst gründen darf" (Deutscher Bundestag 2004c, 114).

Eine weitere Diskriminierung würde sich aus dem expliziten Ausschluss der betreffenden Anlagenbetreiber von den Rechten einer allgemeinen Anschlusspflicht (*§ 18 Abs. 2 S. 1* EnWG-E 07/04) und dem Recht auf Grundversorgung (*§ 37 Abs. 1* EnWG-E 07/04) ergeben.[551] Die Umweltorganisation Greenpeace forderte eine komplette Streichung von *§ 37* EnWG 07/04 (Deutscher Bundestag 2004c, 177). Der Ausschluss der Betreiber von Eigenanlagen von diesen Rechten, so der BEE, spiegele die traditionalistische Sichtweisen des EnWG von 1935 und einer hierzu gehörigen Durchführungsverordnung aus dem Jahr 1940 wider. Bereits damals wären Eigenanlagen von der allgemeinen Anschlusspflicht ausgeschlossen worden, um die Kraftwerke der integrierten EltVU vor Wettbewerb zu schützen.[552] Zur Entstehung innovativer Energieversorgungskonzepte wäre ein intensivierter Wettbewerb zwischen den Kraftwerken der EltVU und den Eigenanlagen aber von großer Bedeutung. Würden Eigenanlagen vom Grundversorgungsanspruch ausgeschlossen,

„werden sich beispielsweise gewerbliche oder zur Wohnungswirtschaft gehörende Betreiber von Eigenanlagen wegen der Unsicherheiten bei der Reserve- und Zusatzstromversorgung nicht für derartige Konzepte entscheiden. […] Die einzigen Unternehmen, die die skizzierten Konzepte mit dem Versprechen einer sicheren Versorgung auch bei Ausfall einer Eigenanlage ohne Mehrkosten anbieten könnten, wären Enegrieversorgungsunternehmen. Für diese Unternehmen würde also ein Wettbewerbsvorteil [bei fehlender Grundversorgungspflicht, Verfasser] gesetzlich begründet" (Deutscher Bundestag 2004c, 114).

---

[550] Eine ähnliche Änderung forderte der BEE im Hinblick auf die Regelung des Netzzugangs (*§ 20 Abs. 2* EnWG-E). Die bisherige Netzzugangsregelung, nach der „eine Gewährung des Netzzugangs aus betriebsbedingten oder sonstigen Gründen unter Berücksichtigung der Ziele des § 1" verweigert werden kann, böte dem Netzbetreiber eine hinreichende rechtliche Grundlage, Energieeinspeisungen Dritter wegen Verdrängung unternehmenseigener Erzeugungskapazitäten zu verweigern.
[551] Hierzu hieß es in den betreffenden Bestimmungen: „Wer zur Deckung des Eigenbedarfs eine Anlage zur Erzeugung von Elektrizität betreibt oder sich von einem Dritten an das Energieversorgungsnetz anschließen lässt, kann sich nicht auf die allgemeine Anschlusspflicht nach Absatz 1 Satz 1 berufen" (*§ 18 Abs. 2 S. 1* EnWG-E 07/04). Im Fall der Grundversorgung lautete die Regelung analog: „Wer zur Deckung des Eigenbedarfs eine Anlage zur Erzeugung von Elektrizität betreibt oder sich von einem Dritten versorgen lässt, hat keinen Anspruch auf eine Grundversorgung nach *§ 36 Abs. 1 S. 1* EnWG-E 07/04".
[552] Der *§ 18 Abs. 2 S. 3* EnWG-E 07/04 sollte zwar die Einschränkung der allgemeinen Anschlusspflicht in Bezug auf die Tarifabnehmer wieder aufheben. Die Einschränkung gelte jedoch weiter für sonstige, aus dem Niederspannungsnetz versorgte Kunden (kleine Unternehmen, Gewerbe, Freiberufler, etc.).

482

Neben weiteren Änderungsvorschlägen zu den technischen Vorschriften (*§ 19 Abs. 3 EnWG-E 07/04*) verlangte der BEE die bereits genannten Änderungen zu den Vorschriften über den Netzzugang (*§§ 20ff. EnWG-E 07/04*), erhob allerdings selber diskriminierungslastige Forderungen.[553] Schließlich schlossen sich der BEE und Greenpeace der VKU-Forderung nach einer gesonderten Regelung für vermiedene Netznutzungsentgelte an.

Weitere Änderungsvorschläge betrafen die Grundversorgungspflicht (*§ 36 EnWG-E 07/04*). Zum einen forderte der BEE eine gesetzliche Verpflichtung zur Veröffentlichung allgemeiner Preise und Bedingungen für die Einspeisung von Energie in das Niederspannungs- und Niederdrucknetz. Darüber hinaus sollte in der Frage der Bestimmung des Grundversorgers der Gemeinde als Selbstverwaltungskörperschaft je ein Konzessionierungsrecht für den Grundversorger und den örtlichen Netzbetreiber zugesprochen werden (*§ 36 Abs. 2 EnWG-E*).

Der BEE velangte außerdem eine Verschärfung der Stromkennzeichnungspflichten, so dass neben einer Ausweisung der externen Kosten der Stromerzeugung entsprechend dem jeweiligen Energieträgermix auch eine Darstellung der aus staatlichen Subventionen erzielten Kostenvorteile je Kilowattstunde vorzunehmen wäre. Der Umweltverband Greenpeace forderte sogar noch weiter gehende Stromkennzeichnungspflichten (*§ 42 EnWG-E 07/04*).[554] Nach den Vorstelungen des BEE sollte die Unabhängigkeit der Regulierungsbehörde über eine Neuformulierung von *§ 59 Abs. 3 EnWG-E 07/04* gestärkt werden:

> „Die Angehörigen der Bundesregulierungsbehörde und die Mitglieder der Beschlusskammern müssen von den Interessen der Wirtschaftsbereiche Elektrizität, Gas, Telekommunikation und Post vollkommen unabhängig sein. Insbesondere dürfen sie innerhalb von drei Jahren vor Tätigkeitsaufnahme in der Behörde weder ein Unternehmen der Energiewirtschaft innegehabt oder geleitet haben noch Mitglied des Vorstands oder Aufsichtsrates eines Unternehmens der Energiewirtschaft gewesen sein; des weiteren dürfen sie erst drei Jahre nach ihrem Ausscheiden aus der Behörde derartige Funktionen wahrnehmen" (§ 59 Abs. 3 EnWG-E (neu)).

Der *Art. 23* Elt-Beschl-Rl lege in diesem Zusammenhang in *S. 2* eindeutig fest, dass die Behörden von den Interessen der Elektrizitätswirtschaft „vollkommen unabhängig" sein müssen. Daher beträfe das Unabhängigkeitserfordernis nicht nur die Beschlusskammern, sondern die Behörde insgesamt (Deutscher Bundestag 2004c, 117).

Schließlich stand eine Änderung der staatlichen Monitoringpflichten zur Gewährleistung der Versorgungssicherheit am Ende der Forderungen des BEE. Der Verband prognostizierte, dass aufgrund einer im Wettbewerbsmarkt bedeutender werdenden Quartalsorien-

---

[553] Es wurde die Einfügung einer Regelung gefordert, nach der Netzbetreiber, in deren Netz ausschließlich Strom aus erneuerbaren Energien eingespeist wird, von der Pflicht befreit würden, für Strom anderer Herkunft einen Netzzugang zu gestatten (*§ 20 Abs. 1 EnWG-E*). Begründet wurde diese Forderung damit, dass Strom aus erneuerbaren Energiequellen, der Netzen entnommen würde, in die ausschließlich solcher Strom eingespeist wird, von der Stromststeuer befreit würde. Dieser Vorteil würde bei einer Durchmischung mit Strom anderer Herkunft verloren gehen (Deutscher Bundestag 2004c, 114).

[554] Die wichtigsten Forderungen waren: Standardisierung der Darstellung von Informationen zugunsten der Vergleichbarkeit zwischen den Energieversorgern; Übersichtliche Beschreibung des individuellen Strommixes nach den Kategorien Atom, Braunkohle, Steinkohle, Gas, Sonstige und erneuerbare Energien; Angaben für den Strom, dessen Herkunft erzeugungsseitig nicht nachweisbar ist; Angabe der mit dem Strommix verbundenen CO_2-Emissionen (Gramm pro kWh) und Strahlungsmenge (Becquerel pro kWh); Angaben aller Herkunftsländer des Stromeinkaufs.

tierung der Unternehmenspolitik besonders an Investitionen gespart würde, die der Reservehaltung dienen. Um bestehende Produktionskapazitäten optimal auszulasten, würde die kostenlastige Reservehaltung minimiert. Deshalb gewänne das staatliche Monitoring zur Versorgungssicherheit an Gewicht, die im bisherigen EnWG-E noch nicht hinreichend geregelt wäre. Nach Ansicht des BEE wäre es notwendig,

> „die im Gesetzentwurf enthaltenen Regelungen zum Monitoring (*§ 51*) und zur Ausschreibung neuer Erzeugungskapazitäten (*§ 53*) zu einem Instrument für die Bewältigung sich abzeichnender Erzeugungsengpässe weiterzuentwickeln und mit diesbezüglichen Vorschriften des Energiesicherungsgesetzes von 1975 zu verknüpfen. Insbesondere sind Regelungen für die Sicherstellung einer ausreichenden Reserveerzeugungskapazität notwendig. Demgegenüber stellen die Regelungen im EnWG-E nur eine Ermächtigung dar, ohne dass wenigstens in Grundzügen dargelegt ist, wie das dort vorgesehene Ausschreibungsverfahren funktionieren soll. Wegen der immensen Bedeutung einer sicheren Stromversorgung muss im Gesetz klar geregelt werden, welche staatliche Stelle handeln muss, an wen sich die Maßnahmen richten und wer für die Kosten aufkommt" (Deutscher Bundestag 2004c, 111).

Der Umweltverband Greenpeace machte über die Vorschläge des BEE hinaus folgende Änderungswünsche geltend. Zum einen forderte er die Aufnahme der Effizienzsteigerung als Gesetzesziel des EnWG. Außerdem sprach sich der Verband für eine generelle Zentralisierung der Regulierungszuständigkeiten bei der Bundesbehörde aus, weil die Marktteilnehmer im Interesse von Rechtssicherheit auf einheitliche Verfahren und Entscheidungsprinzipien angewiesen wären. Um eine „lernende Regulierung in die Praxis umzusetzen" (Deutscher Bundestag 2004c, 177), forderte Greenpeace auch eine „höchstmögliche Unabhängigkeit" der Regulierungsbehörde. Während der Verband bis zur Einführung einer Anreizregulierung auf das dringende Erfordernis der Fortsetzung einer strikten ex-post-orientierten Missbrauchsaufsicht hinwies, erachtete er die vorzeitige Einführung einer Ex-Ante-Regulierung der Netzentgelte als wenig sinnvoll. Aufgrund der großen Zahl von Netzbetreibern wäre hiermit ein immenser administrativer Aufwand verbunden und deshalb vermutlich langwierige Verfahren zu erwarten. Die diskutierte Methode der Yardstick-Competition zur Einführung einer Anreizregulierung wurde als sinnvoll erachtet. Schließlich fordert Greenpeace ausdrücklich die Liberalisierung des Mess- und Zählerwesens, weil hier von erheblichen Kostensenkungspotentialen in einer Höhe von bis zu 70 Prozent auszugehen wäre (Deutscher Bundestag 2004c, 178).

Bundeskartellamt

Von zentraler Bedeutung für den Gesetzgebungsprozess war die Stellungnahme des BkartA als wichtigster Wettbewerbsbehörde der Bundesrepublik Deutschland. Diese Behörde verfügt durch ihre Kartell- und Preisaufsicht gegenüber der Stromwirtschaft bereits seit den 1970er Jahren über umfassende Erfahrungen (s.S. 90f.). Seit 1998 war sie auch für die ex-post-bezogene Missbrauchsaufsicht der Strom- und Gasnetze zuständig und brachte deshalb sehr viel Fachexpertise in das Gesetzgebungsverfahren ein. Die Stellungnahme des BkartA wird eingehender beschrieben, besonders weil ein Abgleich der wettbewerbsbezogenen Vorschläge des BkartA mit dem am Ende tatsächlich verabschiedeten EnWG ein Hinweis für das Maß der Einflussnahme der konventionellen Stromwirtschaft auf das Gesetzgebungsverfahren ist.

Eingangs betonte das BkartA, dass sich sechs Jahre nach der Liberalisierung der leitungsgebundenen Energieversorgung noch kein lebensfähiger Wettbewerb etabliert hätte. Auf allen Ebenen der Strombelieferung (Handel, Großkunden, Kleinkunden) wären marktbeherrschende Unternehmen tätig. Überhöhte Netznutzungsentgelte und damit verbundene Quersubventionierungen zwischen dem Monopolbereich Netz und den Wertschöpfungsstufen Energieerzeugung, -handel und -vertrieb bildeten zentrale Wettbewerbshemmnisse (Deutscher Bundestag 2004c, 127).

In der Frage der Zuständigkeitsteilung zwischen Bund und Ländern bezeichnete die Wettbewerbsbehörde die getroffenen Regelungen als weitegehend sachgerecht. Im Gegensatz zur Kritik einzelner Verbände (z. B. BEE, bne) sah das BkartA die Unabhängigkeit der Behörde durch das Kammersystem „in gutem Maße" gestärkt (§ 59 EnWG-E 07/04). Die vorgesehenen Weisungsverhältnisse zwischen dem BMWA und der Regulierungsbehörde (§ 61 EnWG-E 07/04) entsprächen den Regelungen des GWB (§ 52 GWB). In der Frage der inhaltlichen Aufteilung der Regelungsgegenstände zwischen dem EnWG und seinen zugehörigen Verordnungen sollten nach Auffassung des BkartA die wesentlichen Eckpunkte im Gesetz normiert werden. Hierzu gehörten z.B. die Netzzugangsmodelle für Strom und Gas als netzübergreifende, eigentums- und entfernungsunabhängige Transportmodelle. Außerdem sollten die Eingriffsbefugnisse der Regulierungsbehörde klar im EnWG verankert werden (Deutscher Bundestag 2004c, 136).

Beim Themenblock „Entflechtung" erachtete das BkartA eine Verschärfung der Vorschriften als erforderlich. Bei der buchhalterischen Entflechtung müsse eine Pflicht zur Veröffentlichung der „Tätigkeits-Bilanzen" und „Tätigkeits-Gewinn- und Verlustrechnungen" vorgesehen werden (§ 10 Abs. 3 EnWG-E 07/04), weil die Marktteilnehmer aufgrund mangelnder Transparenz sonst die ihnen nach EU-Recht zustehenden Beschwerderechte nicht hinreichend wahrnehmen könnten. Wie die Verbände bne, Greenpeace und VIK verlangte das BkartA eine Absenkung der „De-Minimis-Regelung" bei der rechtlichen Entflechtung (§ 7 Abs. 2 EnWG-E 07/04). Die bisher vorgesehene Grenze von 100.000 Kunden wäre zu hoch, weil auch für mittelgroße Versorgungsunternehmen (z.B. Stadtwerke mit bis zu 200.000 Einwohnern) die Entflechtung zumutbar wäre. Schließlich sollte aus Sicht der Kartellbehörde auch die vorgesehene Übergangsfrist zur buchhalterischen Entflechtung gekürzt werden (§ 10 EnWG-E 07/04). Das BkartA stimmte mit dem VIK ferner darin überein, dass eine sofortige Geltung der Pflicht zur getrennten Kontoführung für die Unternehmen zumutbar wäre (Deutscher Bundestag 2004c, 135-136).

Für den Netzanschluss stellten die §§ 17 und 18 EnWG-E 07/04 eine „gute und ausgewogene Rechtsgrundlage" dar (Deutscher Bundestag 2004c, 130). Im Bereich „Netzzugang Strom" bemängelte das BkartA besonders Regelungsdefizite gegenüber den ÜNB in den Bereichen Stromhandel und Regelenergie. Die vom VIK bemängelte unzureichende Regelung des Anschlusses von Arealnetzen an vorgelagerte Netzebenen wurde vom BkartA aber nicht geteilt.[555] Zur Intensivierung von Wettbewerb hob das BkartA die Bedeutung einer umfassenderen Regulierung der Regelenergiemärkte hervor. Die bisherigen Vorgaben im EnWG-E wären nicht ausreichend. Der Anteil der Regelenergiekosten an den Übertra-

---

[555] Das BkartA vertrat die Auffassung, dass die wirtschaftliche Bedeutung von Arealnetzen von den Interessenverbänden überbewertet würde. Weil sich der Wettbewerb in diesem Bereich vorrangig auf Neu- oder Drittareale beschränkt, würde der vermehrte Anschluss von Arealnetzen auch nicht zu der von den VNB befürchteten Zersplitterung der Netze führen (Deutscher Bundestag 2004c, 130).

gungsnetzentgelten betrage für die industriellen Stromgroßverbraucher und Stadtwerke über 40 Prozent. In Bezug hierauf hätten Marktermittlungen des BkartA ergeben, dass die vier Verbundunternehmen aufgrund ihrer marktbeherrschenden Stellung beim Angebot von Regelenergie über beträchtliche Preissetzungsspielräume verfügen. Weil in erster Linie die Verbundunternehmen über regelenergiefähige Erzeugungskapazitäten verfügten, böte die Bereitstellung von Regelenergie ein erhebliches Quersubventionierungspotential. Für die ÜNB bestünden große Anreize, die Marktregeln zugunsten konzerneigener Kraftwerks- und Vertriebsgesellschaften auszugestalten.[556]

Zur Lösung des Wettbewerbsproblems auf den Regelenergiemärkten stimmte das BKartA einigen Netznutzern, Verbänden (BEE, bne, VIK) und der MK in ihrer Forderung nach Bildung einer nationalen Regelzone zu. Die im EnWG-E vorgesehene Einrichtung einer gemeinsamen Internetplattform der vier ÜNB, über die eine gemeinsame Ausschreibung von Regelenergie erfolgen soll (*§ 22 Abs. 2* EnWG-E 07/04), stelle demgegenüber nur eine „zweitbeste Lösung" dar.[557] Für den Erfolg einer regelzonenübergreifenden Ausschreibung wäre es aber dringend erforderlich, so das BkartA, das Regelenergieregime in geeigneter Form in der StromNZV zu spezifizieren und der Regulierungsbehörde genügend Spielraum zu weiteren Anpassungen an die dynamischen Rahmenbedingungen zuzugestehen („lernende Regulierung"). Hierzu musste das BkartA feststellen, dass in dem bis Ende November 2004 überarbeiteten Entwurf einer StromNZV entsprechende Vorschriften früherer Entwurfsfassungen wieder zurückgenommen worden waren. Das BkartA bemängelte, dass statt einer gemeinsamen Ausschreibung der ÜNB über eine Internetplattform im jüngsten Entwurf nurmehr vier zeitgleich getrennte Ausschreibungen in den jeweiligen Regelzonen vorgesehen waren.[558] Um das Konzept der „lernenden Regulierung" auch bei der Aufsicht der Regelenergiemärkte besser zu verankern, forderte das BkartA in Übereinstimmung mit dem bne und dem VIK, dass z.B. die Einrichtung der Internetplattform der Festlegung oder Genehmigung der Regulierungsbehörde unterliegen müsse. Die bisher vorgesehene bloße Anzeigepflicht könne nicht gewährleisten,

> „dass die ÜNB ihre gegenwärtige Praxis aufgeben, durch die Ausgestaltung des Ausschreibungsregimes die jeweils eigenen Kraftwerks- und Vertriebsgesellschaften (= Anbieter von Regelenergie) zu begünstigen" (Deutscher Bundestag 2004c, 142).

---

[556] In den Ländern mit eigentumsrechtlich unabhängigen ÜNB bestünden solche Fehlanreize nicht. Weil das EnWG aber lediglich eine gesellschaftsrechtliche Entflechtung vorsähe, bedürfe es umso dringender eines regulatorischen Rahmens für die Regelenergiemärkte (Deutscher Bundestag 2004c, 141).

[557] Durch die regelzonenübergreifende Ausschreibung über die Internetplattform erwartete das BkartA einen jährlichen Kostensenkungseffekt von 100 Mio. Euro. Dieser Betrag entspreche 10 Prozent der jährlichen Gesamtkosten für Regelenergie in einer Höhe von 1 Mrd. Euro (Deutscher Bundestag 2004c, 141-142).

[558] Diese Rücknahme früherer Vorschläge dürfte auf den Lobbyingdruck der vier Verbundunternehmen zurückzuführen sein. Hierzu stellen die beiden Journalisten Gammelin und Hamann in einem jüngeren Buch zum Lobbying in Deutschland fest, dass die deutschen Verbundunternehmen die Rechtsentwicklung des EnWG und die dazugehörigen zentralen Verordnungen (StromNZV, StromNEV) direkt beeinflusst haben: „Nachzulesen ist das im Entwurf der Verordnung über den Zugang zu Elektrizitätsversorgungsnetzen vom 20.04.2004. [...] Unter „2. Abschnitt" [behandelt die „Ausgleichsleistungen" und Bestimmungen zur Regelenergie, Verfasser] hat ein Ministeriumsmitarbeiter vermerkt: Forderungen der Netzbetreiber bisher nicht berücksichtigt. Gespräch hierzu mit dem VDN am 22.04.2004." (Gammelin/Hamann 2005, 218). Die wichtigsten Mitgliedsunternehmen des VDN sind die vier deutschen ÜNB: EnBW, E.ON, RWE, Vattenfall Europe.

Für ein wettbewerbsorientiertes Regelenergieregimes wäre zusätzlich die Festlegung bestimmter Mindestvorschriften in der StromNZV dringend erforderlich. Für eine wirkungsvolle Regulierung des Regelenergiemarktes schlug das BkartA neben der gemeinsamen regelzonenüberschreitenden Ausschreibung für die StromNZV folgende Elemente vor:

- Verpflichtung der ÜNB zur regelzonenübergreifenden Saldierung der vier Regelzonensalden, bevor Regelarbeit tatsächlich eingesetzt wird (Saldierung soll zu Kostensenkungen führen, indem eine gegenläufige Regelzonensteuerung vermieden wird),
- Regelung, dass ÜNB beim Einsatz von Regelenergie Netzrestriktionen berücksichtigen können,
- Entwicklung und Ausschreibung neuer, längerfristiger Reserveleistungsprodukte durch ÜNB, insbesondere für Windenergie (tendenziell kostengünstiger als derzeitige Regelenergieprodukte),
- Verbesserung der wettbewerbsorientierten Veröffentlichungspflichten,
- Sicherstellung einer angemessenen Abrechnung von Regelenergie durch Änderung der betreffenden Vorschrift in der StromNZV, aber auch durch § 27 EnWG-E zu den Festlegungen der Regulierungsbehörde (Deutscher Bundestag 2004c, 142).

Ein weiterer BkartA-Vorschlag zielte in diesem Zusammenhang auf eine Ergänzung der in der StromNZV geregelten Veröffentlichungspflichten. Dem BkartA fehlte z.B. die Verpflichtung zur Veröffentlichung von prognostizierten und tatsächlichen EEG-Einspeisungen und von Kraftwerksrevisionen. Um eine größere Transparenz zu den tatsächlichen Kosten der EEG-Einspeisungen und den dabei erforderlichen Systemdienstleistungen zu erhalten, regte das BkartA die Einfügung einer Verpflichtung für die Netzbetreiber an, einen Bilanzkreis der Ein- und Ausspeisungen von EEG-Lieferungen zu führen. Gleichzeitig sollte die Regulierungsbehörde weitere Entscheidungen zur Ausgestaltung der hierzu erforderlichen Elemente und Verfahren treffen können (Ergänzung eines entsprechenden Aufgabenpunktes unter § 27 Abs. 1 StromNZV „Festlegungen der Regulierungsbehörde"). In der Begründung für diese Vorschrift wies das BkartA auf die Rechtfertigung der jüngsten Preiserhöhungen durch die ÜNB hin, die mit den unsteten Windeinspeisungen und den hierdurch erforderlichen Einsatz kurzfristiger Ausgleichsinstrumente („Day-Ahead-Handel", „Intra-Day-Handel", „Minutenreserve") begründet worden war. Nach Ansicht der BkartA bedurfte dieser Bereich einer flexiblen Aufsicht durch die Regulierungsbehörde,

„um zukünftig zu gewährleisten, dass dieser Prozess von den ÜNB wettbewerbsneutral vorgenommen wird. Die gegenwärtigen Regelungen verstärken tendenziell die marktstarken Stellungen der mit den ÜNB verbundenen Kraftwerks- und Vertriebsschwestergesellschaften, da bislang nur sie in diesen Bereichen als Anbieter herangezogen werden" (Deutscher Bundestag 2004c, 140).

Der umfassende Nachbesserungsbedarf des EnWG-Entwurfs offenbarte sich für das BkartA zu guter Letzt bei der *Kalkulation der Netzentgelte*. Das Regulierungsinstrumentarium sollte um die von der Bundesregierung angekündigte Ex-Ante-Anreizregulierung und bis zu deren Inkrafttreten bei Erhöhungen der Netznutzungsentgelte um ein Ex-Ante-

Genehmigungsverfahren ergänzt werden.[559] Das BkartA beanstandete allerdings das vorgesehene Vergleichsverfahren (§ 21 Abs. 2 und 3 EnWG-E 07/04), weil durch die bisherige Formulierung vermutet wird,

> „dass Netzbetreiber keine energiewirtschaftlich rationelle Betriebsführung erzielen, wenn ein Vergleich ergibt, dass ihre Entgelte, Erlöse oder Kosten für das Netz insgesamt oder für einzelne Netz- oder Umspannebenen die durchschnittlichen Entgelte, Erlöse oder Kosten vergleichbarer Netzbetreiber überschreiten. Diese – nur ex-post durchsetzbare – Vermutung schafft eher Preiserhöhungsanreize, als individuelle Leistungssteigerungen zu initiieren. Denn die Vermutung stellt lediglich auf einen Durchschnitt der Netzbetreiber ab" (Deutscher Bundestag 2004c, 132).

Die Betreiber der Netzmonopole würden mit der bisherigen Formulierung geringeren Anforderungen unterworfen als marktbeherrschende Unternehmen in den Branchen, die dem Kartellrecht unterliegen. Erforderlich wäre deshalb eine Nachbesserung, in dem beim Vergleich auf ein „effizientes" Unternehmen abzustellen sei. Ähnlich wie die wettbewerbsorientierten Verbände bne, VIK und BEE verlangte das BkartA deshalb als Effizienzmaßstab für die Netzentgeltregulierung auch die „Kosten einer effizienten Leistungsbereitstellung" und eine Streichung des bisher enthaltenen Maßstabs der „energiewirtschaftlich rationellen Betriebsführung" (§ 21 Abs. 2 EnWG-E 07/04). In der Frage der Kalkulation der Netzentgelte plädierte das BkartA dafür, die Kalkulationsprinzipien in der StromNEV konkret zu regulieren. Im Sinne einer „lernenden Regulierung" sollte die Regulierungsbehörde „im Lichte der Praxis" weitere Konkretisierungen treffen können. Die hierzu erforderlichen Spielräume für die Behörde erschienen dem BkartA zu eng begrenzt.[560] Angesichts der großen Preiserhöhungsspielräume unter der bisherigen Kalkulationsmethode der VV II plus erschiene dies bedenklich. Deshalb setzte sich das BkartA in der Frage der geeigneten Methode zur Abschreibung der Netzinvestitionen bei den Kalkulationsverfahren ebenfalls für das Konzept der RKE und eine Streichung der NSE ein, weil sich Letzteres als intransparent und missbrauchsanfällig erwiesen habe (Deutscher Bundestag 2004c, 138).

Ein besonderes Augenmerk legte das BkartA schließlich auf eine Stärkung der Handlungsbefugnisse der Regulierungsbehörde im Bereich der Sanktionen und Bußgeldverfahren (§§ 32ff., 94-101 EnWG-E 07/04). Mit seinen Vorschlägen zielte die Behörde auf eine Verbesserung der Effektivität und Durchschlagskraft der Regulierungsbehörde, weil sich während der zeitgleichen Entwicklung der StromNZV abgezeichnet hatte, dass es mit einem zweiten Verordnungsentwurf bereits zu einer Rücknahme der Sanktionsmöglichkeiten gekommen war. Zuvorderst kritisierte das BkartA, dass erst ein Verstoß gegen eine vollziehbare Anordnung der Regulierungsbehörde – und nicht bereits der Verstoß gegen eine Norm – als Ordnungswidrigkeit eingestuft werden sollte (§ 95 Abs. 1 Nr. 3 a EnWG-E 07/04). Diese Regelung, die z.B. für die Entflechtungsvorschriften gelten sollte, würde eine wesentlich geringere Vorfeldwirkung erzielen, als die direkte Einstufung eines Verstoßes gegen eine Rechtsnorm als Ordnungswidrigkeit. Die Entflechtungsvorschriften verlören dadurch an Durchsetzungskraft. Deshalb forderte das BkartA eine Ergänzung des betref-

---

[559] Der Vorteil einer Ex-Ante-Regulierung wäre darin zu sehen, dass mit Verfahrensfristen gearbeitet werden kann und die Beweisführung für die Regulierungsbehörde erleichtert wird (Deutscher Bundestag 2004c, 132).
[560] Auch für die im Rahmen des Vergleichsmarktverfahrens zu entwickelnden Strukturklassen wurde empfohlen, der Regulierungsbehörde gemäß dem Konzept einer „lernenden Regulierung" genügend Spielraum zur Entwicklung und Anwendung geeigneter Vergleichskriterien zu geben (Deutscher Bundestag 2004c, 132).

fenden Paragrafen, mit der Verstöße gegen die Entflechtungsvorschriften (*§ 7 Abs. 1, § 8 Abs. 2 oder 5, § 10 Abs. 3* EnWG-E 07/04) als bußgeldbewährte Ordnungswidrigkeit eingestuft würden. Darüber hinaus bemängelte die Kartellbehörde, dass die Sanktionen bei Verstößen gegen die Entflechtungsvorschriften mit 100.000 Euro viel zu niedrig angesetzt wären und damit keine nennenswerte Abschreckungswirkung entfalteten (*§ 95 Abs. 2 i.V.m. § 95 Abs. 3 Nr. 3 a* EnWG 07/04). Der Bußgeldrahmen sollte auf mindestens 500.000 Euro angehoben werden. Neben der Forderung nach einer Verschärfung der Schadensersatzpflichten (*§ 32* EnWG-E 07/04) monierte das BkartA besonders, dass in dem jüngsten StromNZV-E der Ordnungswidrigkeitenkatalog des *§ 29 Abs. 2* StromNZV-E deutlich reduziert worden war. So wäre jetzt nicht mehr bußgeldbewährt, wenn ein Netzbetreiber gegen eine vollziehbare Anordnung der Regulierungsbehörde zur Bewirtschaftung eines Netzengpasses verstößt. In ähnlicher Weise war der Ordnungswidrigkeitenkatalog aus *§ 31* StromNEV-E erheblich reduziert worden. Dies sei nach Ansicht des BkartA nicht nachvollziehbar.[561] In den genannten Änderungen spiegelt sich der große Lobying-Einfluss der konventionellen Stromwirtschaft wider, über den sie versuchte, eine durchschlagskräftige Regulierung ihres Netzmonopols zu schwächen.

Die bisher klar erkennbare Linie des BkartA, das Wettbewerbsprinzip im energiewirtschaftlichen Ordnungsrahmen nachhaltig umzusetzen, offenbarte sich schließlich auch bei den zuletzt zu nennenden Themenbereichen „Grundversorgung" und „Mess- und Zählwesen." Die Grundversorgung sollte nach der Vorstellung des Kartellamts für den Wettbewerb geöffnet werden, weil sonst die Gefahr einer rechtlichen Absicherung der marktbeherrschenden Stellungen der örtlichen Versorger bei der Belieferung von Haushaltskunden bestünde. Die Grundversorgung und die hierzu gehörige Norm (*§ 36* EnWG-E 07/04) sollte demnach so ausgestaltet werden,

> „dass (a) die Grundversorgung der Haushaltskunden dauerhaft und zu angemessenen, leicht und eindeutig vergleichbaren Preisen gesichert ist, (b) sich mehrere Stromversorgungsunternehmen für bestimmte Gemeinden oder Netzgebiete als Grundversorger anmelden können und (c) die Grundversorgung allenfalls für eine Übergangszeit – [...] höchstens drei Monate – an den Inhaber der Netzinfrastruktur bzw. an ein einziges Stromversorgungsunternehmen gebunden wird" (Deutscher Bundestag 2004c, 132).

Schließlich befürwortete das BkartA auch eine *Liberalisierung des Mess- und Zählwesens.* Die bisherigen Regelungen im EnWG und den zugehörigen Verordnungen wären nicht ausreichend. Die Wettbewerbsbehörde schlug vor, ein Wahlrecht des Endkunden für die Dienstleistung des Mess- und Zählwesens direkt im EnWG zu verankern. Das BkartA habe hierzu in einem Preismissbrauchsverfahren festgestellt, dass die Preise für die Messung und Verrechnung der Netznutzung in Deutschland deutlich überhöht wären und netzfremden Lieferanten zu hohe und z.T. auch netzfremde Kosten in Rechnung gestellt würden. Außerdem habe die Liberalisierung des Messwesens im Bereich des EEG (*§ 13 Abs. 1 S. 4* EEG) bereits zu deutlichen Preissenkungen seitens der Netzbetreiber geführt (Deutscher Bundes-

---

[561] Weitere wichtige Änderungen hatten sich bei den Vorschriften über die „Allgemeinen Kooperationspflichten der Netzbetreiber" (*§ 16* StromNZV-E) und der Vorschrift über den „Datenaustausch zwischen Netzbetreibern und Netznutzern" (*§ 22* StromNZV-E) ergeben. In beiden Regelungen waren die bisher vorgesehenen Beteiligungsrechte der Netznutzer gestrichen worden. Das BkartA empfahl, die bisherigen Beteiligungsrechte wieder in die Verordnung aufzunehmen (Deutscher Bundestag 2004c, 132).

tag 2004c, 134-135). Abschließend ist zu erwähnen, dass das BkartA empfahl, bei der Einführung der besonderen Missbrauchsaufsicht der Landesbehörden über die Allgemeinen Preise für die Grund- und Ersatzversorgung (*§ 40* EnWG-E 07/04) Übergangsfristen (z.B. drei Jahre) vorzusehen (Deutscher Bundestag 2004c, 140).

Als Fazit ist damit festzuhalten, dass das BkartA in zahlreichen Detailfragen einen Nachbesserungsbedarf des EnWG-Entwurfs sah, der hauptsächlich auf eine Stärkung des Wettbewebsprinzips in den verschiedenen Teilbereichen der Energiewirtschaft zielte (z.B. Netzentgeltkalkulation, Regelenergiemarkt, Mess- und Zählwesen, Grundversorgung). Ein ganz wichtiges Ziel der Änderungsvorschläge, das für den künftigen Ausbau der erneuerbaren Energien in Deutschland von erheblicher Bedeutung ist, bestand in einer Erhöhung der Transparenz der Kosten des Netzbetriebs und einer Einführung von Wettbewerb in die Regelenergiebeschaffung. Beide Forderungen richten sich v.a. an die ÜNB. Bemerkenswert ist, dass sich in den Forderungen des BkartA zahlreiche Änderungsvorschläge der zuvor genannten Verbände wieder finden.

Die abschließende Einigung der Bundesregierung im März 2005

Auf der Grundlage der von den Verbänden, Bundesbehörden und weiteren Sachverständigen geäußerten Kritik überarbeitete das BMWA bis Anfang März 2005 den EnWG-Entwurf. Der abschließenden Einigung der Koalitionsfraktionen von SPD und Bündnis 90/Die Grünen gingen noch langwierige weitere Verhandlungen voraus, bei denen besonders die näheren Details zur Kalkulation der Netzentgelte (z.B. anrechenbare Kosten, erforderliche Renditen) die Verhandlungsknackpunkte waren. Im Folgenden wird die zwischen den Koalitionspartnern erzielte Einigung vom 10. März 2005 (EnWG-E 03/05) auf der Grundlage diesbezüglicher Zusammenfassungen des VDN und des VKU dargestellt (VDN 2005, VKU 2005). Diese Darstellung betrifft sowohl die Einigung zu den wichtigsten Inhalten des EnWG als auch zu den beiden zentralen Verordnungen für die Stromwirtschaft, der StromNZV und der StromNEV.[562]

Im Themenbereich *Entflechtung* (*§§ 6ff.* EnWG) berücksichtigte die Bundesregierung die VKU-Forderung zur Erhaltung der Steuerneutralität bei der Übertragung von Wirtschaftsgütern, wenn die Entflechtungsmaßnahmen durch die Stadtwerke auf freiwilliger Basis durchgeführt werden (rückwirkend zum 01. Januar 2005). Im Sinne einer Beibehaltung des kommunalen Querverbunds sollten Fernwärme- und Wasserversorgungsnetze in die auszugründenden Netzgesellschaften eingebracht werden können. Bei den Regelungen zur operationellen Verflechtung ergab sich eine sprachliche Änderung der Vorschrift zur personellen Entflechtung dahingehend, dass nunmehr „Personen, die mit originären Leitungsaufgaben betraut sind" [zuvor: „mit wesentlichen Tätigkeiten des Netzbetriebs", Verfasser] unabhängig von den übrigen Geschäftsbereichen sein müssen (*§ 8 Abs. 2 Nr. 2* EnWG-E 03/05). Der VKU konnte ferner erfolgreich durchsetzen, dass die von der Partei Bündnis 90/Die Grünen erhobene Forderung nach einer allgemeinen Aufstellung eines Gleichbehandlungsprogramms für Unternehmen mit weniger als 100.000 Kunden nicht umgesetzt wurde (VKU 2005). Schließlich konnte der VKU als weiteren Erfolg verbuchen, dass die Anwendung der Vorschriften zur getrennten Rechnungslegung erstmals zu Beginn des jeweils ersten vollständigen Geschäftsjahres nach Inkrafttreten des EnWG vorgeschrie-

---

[562] Die Bundesregierung legte überarbeitete Entwürfe der beiden Verordnungen bereits am 14.03.2005 vor.

ben werden sollte (*§ 114 i.V.m. § 10 EnWG-E 03/05*). Schließlich konnte auch eine Umsetzung der Forderung von Bündnis 90/Die Grünen verhindert werden, die Bilanz und die Gewinn- und Verlustrechnungen für die im Gesetz aufgeführten Tätigkeitsbereiche veröffentlichen zu müssen (*§ 10 Abs. 3 EnWG 03/05*).[563]

In Fragen des *Netzanschlusses* (*§§ 17ff.* EnWG) konnte der VKU außerdem erreichen, dass als Voraussetzung für den Anschluss von Arealnetzen das Interesse der Allgemeinheit an einer möglichst kostengünstigen Struktur der Energieversorgungsnetze berücksichtigt wird (*§ 17 Abs. 3 Nr. 3 EnWG-E 04/05*).[564] Der abschließende Regierungsentwurf schrieb schließlich auch die Grundstrukturen für die Netzzugangsmodelle der Strom und Gaswirtschaft rechtlich fest (*§ 20 Abs. 2 u. 3 EnWG 03/05*). Für die Stromwirtschaft wurden die Prinzipien der VV II plus integriert. In der wichtigen Frage einer *Regulierung der Regelenergiemärkte* konnte erreicht werden, dass die ÜNB eine gemeinsame Internetplattform zur Ausschreibung der verschiedenen Regelenergieprodukte einrichten sollten. Die Forderungen des BkartA und weiterer Verbände nach einer Genehmigungspflicht der Internetplattform, nach weitergehenden Gestaltungsmöglichkeiten des Ausschreibungsverfahrens durch die Regulierungsbehörde, nach einer regelzonenübergreifenden Saldierung der vier Regelzonensalden und der Entwicklung bzw. Ausschreibung längerfristiger und günstiger Reserveleistungsprodukte (von positiver Wirkung für den weiteren Ausbau der Windenergie) konnten nicht durchgesetzt werden. Verhindert wurde auch, dass für die Regelenergie Ausschreibungszeiten und Mindestkapazitäten festgelegt wurden. Die Forderungen nach Einführung einer Befugnis für die Regulierungsbehörde, Festlegungen zum EEG-Bilanzkreis sowie Kriterien zu missbräuchlichen Über- oder Unterspeisungen von Bilanzkreisen und ihrer Abrechnung festzulegen, fanden ebenfalls Berücksichtigung (*§ 27 StromNZV-E 03/05*).[565] Außerdem wurde den ÜNB das Recht einberäumt, sog. *„Intra-Day-Fahrplanänderungen"* (¾ Stunde Vorlauf) abzulehnen, wenn durch die Anwendung geänderter Fahrpläne ein Engpass entstehen würde. Die Ablehnung sollte jedoch begründet werden müssen (*§ 5 Abs. 2 StromNZV-E 03/05*).

Im Themenbereich zur künftigen *Kalkulation der Netzentgelte* und des *Netzregulierungsregimes* gab es zwischen den Koalitionsparteien stichpunktartig folgenden Kompromiss:

- Entgeltkalkulation auf der Grundlage der Kosten einer Betriebsführung, die denen eines effizienten und strukturell vergleichbaren Netzbetreibers entsprechen müssen, unter Beachtung der Nettosubstanzerhaltung unter Berücksichtigung von Anreizen für

---

[563] Allerdings wurde als Kompromiss vereinbart, „dass die Regulierungsbehörde auf Antrag und bei Vorliegen eines berechtigten Interesses Zugang zu den Bilanzen und den GuV gewähren kann, wobei alle unter das Geschäftsgeheimnis fallenden Informationen zuvor geschwärzt werden müssen" (VKU 2005). Hierzu sollte den Unternehmen ein Kennzeichnungsrecht rechtlich zugesichert werden (*§ 71 EnWG 03/05*).

[564] Eine weitere, aus Sicht der erneuerbaren Energien günstige Veränderung betraf die Regulierung des Gassektors. Im EnWG und der Netzzugangsverordnung Gas sollten die rechtlichen Grundlagen zur Einspeisung von Biogas gelegt werden (*§ 19 EnWG 03/05*). Vom Anlagenbetreiber sollten für einen Netzanschluss die üblichen technischen Anforderungen verlangt werden. Außerdem sollte der Anlagenbetreiber die Kosten für den Netzanschluss und die Gasaufbereitung tragen (VKU 2005).

[565] Die Bestimmung zum Bilanzkreis nach EEG lautete: „Die Betreiber von Elektrizitätsversorgungsnetzen sind verpflichtet, einen Bilanzkreis zu führen, der ausschließlich Energien nach dem EEG von Einspeisern im Netzgebiet zur Durchleitung an den Bilanzkreis für Energien nach dem EEG der Betreiber von Übertragsnetzen aufweist" (*§ 11 StromNZV-E 03/05*).

eine kosteneffiziente Leistungserbingung und einer angemessenen, wettbewerbsfähigen, risikoadjustierten Verzinsung des eingesetzten Kapitals (*§ 21 Abs. 2* EnWG-E 03/05); Der Begriff „einer effizienten Leistungsbereitstellung", der vor allem von Bündnis/Die Grünen gefordert wurde, ist somit vorerst noch nicht in das EnWG übernommen worden;

- Auftrag an die Regulierungsbehörde, zukünftige Netzentgelterhöhungen im Netzbereich bis zur Einführung einer Anreizregulierung ex ante zu genehmigen (*§ 117 a* EnWG-E 03/05);
- Beibehaltung des Kriteriums der Angemessenheit von Netznutzungsentgelten, wenn Entgelte, Erlöse oder Kosten der Netzbetreiber dem *Durchschnitt* vergleichbarer Netzbetreiber entsprechen (*§ 21 Abs. 4* EnWG-E 03/05);
- Einführung einer Anreizregulierung, wobei eine Erlösobergrenzenregulierung vorgesehen war, mit der Effizienzvorgaben nur auf den beeinflussbaren Kostenanteil des Netzbetreibers über einen Zeitraum von zwei bis fünf Jahren gemacht werden sollen (*§ 21 a Abs. 2-4* EnWG-E 03/05); Ableitung von Effizienzvorgaben durch Vergleich strukturell ähnlicher Netzbetreiber (*§ 21 a Abs. 5* EnWG-E 03/05); Außerdem sollte die Bundesregierung ermächtigt werden, die nähere Ausgestaltung der Methode zur Anreizregulierung festzulegen bzw. auf die Regulierungsbehörde zu delegieren (*§ 21 a Abs. 8* EnWG-E 03/05);
- Einführung des Prinzips der RKE als Verfahren der Abschreibung für Neuinvestitionen (*§ 6 Abs. 5* StromNEV-E 03/05);
- Bis zur Einführung einer Anreizregulierung Anwendung einer kalkulatorischen Eigenkapitalverzinsung in Höhe von 6,5 Prozent (*§ 7* StromNEV-E 03/05); Keine Anrechnung der Körperschaftssteuer als Kostenbestandteil (VDN 2005);
- Mit Einführung der Anreizregulierung Bestimmung eines neuen Zinssatzes der Eigenkapitalverzinsung durch die Regulierungsbehörde, der für den risikolosen Anteil aus dem zehnjährigen Mittel der Nettozinsen von Bundesanleihen und für den risikobehafteten Teil aus den Renditen vergleichbarer internationaler Netzbetreiber und quantifizierbarer Wagnisse berechnet wird und sich am durchschnittlichen effizienten Netzbetreiber orientiert (VDN 2005).

Der rot-grüne Entwurfskompromiss sah ferner eine erhebliche Erweiterung der Berichtspflichten der Netzbetreiber über den Netzzustand und die Netzausbauplanung vor (*§ 12 Abs. 3 a* EnWG-E 03/05).[566] Darüber hinaus war eine schrittweise Liberalisierung des Zähl- und Messwesens vorgesehen. Soweit keine andere Vereinbarung getroffen würde, sollte das Mess- und Zählwesen Aufgabe des Netzbetreibers sein (*§ 21 b Abs. 1* EnWG-E 03/05). Die Aufgaben der Messung sollten auf Wunsch des Anschlussnutzers vier Jahre nach Inkrafttreten des EnWG ab der Mittelspannungsebene und höher auf Dritte übertragen werden kön-

---

[566] Die Regulierungsbehörde sollte von den Netzbetreibern einen Bericht anfordern können, der innerhalb von drei Monaten vorzulegen wäre. Dritte sollten auf Antrag bei berechtigtem Interesse Einblick in die Berichte erhalten. Die Berichte sollten unter anderem folgende Angaben enthalten: „1. die nach Monaten aufgeschlüsselte Netzauslastung der vergangenen zwei Jahre in Abhängigkeit von Kapazität, Stromverbrauch und Netzeinspeisung, 2. die Altersstruktur der Netzelemente sowie daraus ableitbarer Erneuerungs- und Ersatzbedarf, 3. den für den Zeitraum der nächsten 15 Jahre zu erwartenden Bedarf an zu ersetzenden, zu erneuernden und zusätzlichen Übertragungskapazitäten [...]" (*§ 12 Abs. 3a S. 4* EnWG-E 03/05).

nen (*§ 21 b Abs. 3* EnWG-E 03/05). Der Einbau, der Betrieb und die Wartung von Messeinrichtungen sollten schon früher auf Externe übertragen werden können.

Eine weitere wichtige Änderung des EnWG ist darin zu sehen, dass in den Zielkanon die Energieeffizienz aufgenommen wurde.[567] Außerdem wurden die Stromkennzeichnungspflichten erheblich erweitert. Damit waren zwei wichtige Forderungen des Umweltverbandes Greenpeace größtenteils berücksichtigt worden (*§ 42* EnWG-E 03/05). Darüber hinaus fand die Forderung der Verbraucherverbände nach Etablierung eines Verbandsbeschwerderechts Berücksichtigung. Eine weitere wichtige Änderung betraf bei der Grundversorgung den Wegfall der bisher geplanten Vorschrift zur besonderen Missbrauchsaufsicht der nach Landesrecht zuständigen Behörde (*§ 40* EnWG-E 07/04). Die Forderung des VKU nach Abschaffung der besonderen Missbrauchsaufsicht wurde durch die Koalitionsfraktionen nicht aufgegriffen. Zunächst sollten für zwei weitere Jahre nach Inkrafttreten des EnWG die bisherigen Genehmigungsverfahren nach der BTOElt weitergelten.

Der Regierungsentwurf für ein neues EnWG stellte somit einen Kompromiss zwischen zahlreichen Interessen dar. Zunächst hat der VKU in Kooperation mit dem VDEW weiter reichende Entflechtungsvorgaben (drohende Ausweitung der „De-Minimis-Regel") besonders für die VNB und drohende Berichts- und Offenlegungspflichten in Bezug auf die Gewinn- und Verlustrechnungen abwehren können. Im Gegenzug dafür konnten die wettbewerbsorientierten Akteure, und hier vor allem Bündnis90/Die Grünen eine Ausweitung der Berichtspflichten zum Bereich des Netzzustands und -ausbaus erreichen. Nicht vollständig umgesetzt wurden die vorgeschlagenen Regeln für mehr Transparenz und Wettbewerb auf den Regelenergiemärkten, mit denen auch die Rahmenbedingungen für erneuerbare Energien günstiger gestaltet worden wären. Zwar sah der Gesetzentwurf vor, die ÜNB zur Errichtung einer gemeinsamen Internetplattform zur Ausschreibung von Regelenergie zu verpflichten. Wichtige konkretisierende Regulierungselemente, wie sie neben den Verbänden für erneuerbare Energien auch vom BkartA gefordert waren, fanden in dem Regierungsbeschluss allerdings keine Berücksichtigung (z.B. Genehmigungspflicht der Internetplattform durch die Regulierungsbehörde, Mindestvoraussetzungen zur Ausschreibung verschiedener Regelenergieprodukte, etc.). Durch die Aufnahme der Energieeffizienz in den Zielkanon, die erweiterten Stromkennzeichnungspflichten sowie ausgeweitete Berichtspflichten über den Netzzustand und diesbezüglichen Ausbaupläne der Netzbetreiber wurde der Gesetzentwurf aus einer umweltpolitischen Nachhaltigkeitsperspektive wiederum gestärkt.

Die gesetzlichen Vorgaben zum Regulierungsregime für die Netznutzungsentgelte waren im Gesetzentwurf widersprüchlich formuliert. Einerseits hielt der Entwurf bei der Netzentgeltkalkulation am Prinzip einer kostenorientierten Entgeltbildung fest, gleichzeitig sollten aber die Kosten eines effizienten und strukturell vergleichbaren Netzbetreibers zugrunde gelegt werden. Andererseits sollten Anreize für eine kosteneffiziente Leistungserbringung berücksichtigt werden, wobei als Maßstab für die Angemessenheit der Netznutzungsentgelte lediglich die Entgelte, Erlöse oder Kosten der durchschnittlich vergleichbaren Netzbetreiber gelten sollten. Durch die Zustimmungspflichtigkeit des Bundesrates blieben zentrale Punkte des Regierungsentwurfs allerdings strittig. Die allmähliche Diffusion

---

[567] Der Gesetzeszweck sollte in folgender Form definiert werden: „Zweck des Gesetzes ist eine möglichst sichere, preisgünstige, verbraucherfreundliche, effiziente und umweltverträgliche Versorgung der Allgemeinheit mit Elektrizität und Gas" (*§ 1 Abs. 1* EnWG-E 03/05).

einer umfassenderen Effizienzregulierung deutete sich außerdem in der StromNEV an, in der zumindest bei Neuanlagen die RKE als Abschreibungsmethode angewandt werden sollte.

Nur wenige Tage nach der Verabschiedung des EnWG-Regierungsentwurfs stellte die EU-Kommission der Bundesrepublik Deutschland und neun weiterer EU-Mitgliedstaaten ein Ultimatum, die rechtlichen Vorgaben der Elt-Beschl-Rl innerhalb der nächsten zwei Monaten umzusetzen.[568] Andernfalls würde die EU-Kommission die Bundesrepublik Deutschland vor dem EuGH verklagen. Vor dem Hintergrund der europäischen Drohung fand am 15. April 2005 die zweite und dritte Lesung des EnWG-Entwurfs vor dem Deutschen Bundestag statt. In dieser Debatte verteidigte der damalige *SPD*-Bundeswirtschaftsminister Clement den EnWG-Entwurf. Äußerst optimistisch ging der Bundesminister davon aus, dass die künftig als „Bundesnetzagentur für Elektrizität, Gas, Telekommunikation, Post und Eisenbahn" firmierende Regulierungsbehörde (BNetzA) „im Dialog mit allen Marktteilnehmern" innerhalb eines Jahres ein System der Anreizregulierung entwickeln werde, das bereits nach zwei Jahren umgesetzt werden könnte. Der Bundesminister gestand zu, dass der Bundesrat konstruktiv an der Entstehung des Gesetzestextes mitgewirkt habe. An dieser Stelle hob er die von den Bundesländern durchgesetzte expost-bezogene Überprüfung einer Erhöhung der Netzentgelte bis zur Einführung einer Anreizregulierung hervor. Auch die Anreizregulierung sei maßgeblich auf die Initiative der Bundesländer zurückzuführen. Im Hinblick auf die anstehenden Verhandlungen im Bundesrat merkte der Wirtschaftsminister an, dass er einer umfassenden Beteiligung der Bundesländer am Vollzug der energiewirtschaftlichen Regulierung prinzipiell offen gegenüberstünde (Deutscher Bundestag 2005, 15923).

Der *SPD*-Energiepolitiker Hempelmann widersprach in seiner Rede dem durch die Opposition erweckten Eindruck, die Bundesregierung habe die Verabschiedung des EnWG bewusst verzögert. Mit der Einrichtung einer Regulierungsbehörde für die Energiewirtschaft und der Einführung einer Anreizregulierung stünden die betroffenen Akteure vor einem doppelten Paradigmenwechsel. Mit der rechtlichen und organisatorischen Ausgestaltung dieser Regulierungsaufgaben betrete man in doppelter Hinsicht Neuland. Die Umsetzung des hierfür erforderlichen Rahmens benötige Zeit und müsse vor allem im Dialog mit den Marktteilnehmern geschehen. Aufgrund der engen EU-rechtlichen Umsetzungsfristen dankte der SPD-Politiker der Opposition dafür, dass sie einer Fristverkürzung im Gesetzgebungsverfahren zugestimmt hatte. In allgemeiner Weise verteidigte der SPD-Politiker noch einmal die wichtigsten Kernregelungen des Gesetzesvorhabens (Deutscher Bundestag 2005, 15930-15931).

Für die *CDU/CSU*-Opposition kritisierten die Bundestagsabgeordneten Wöhrl und Pfeiffer zahlreiche Elemente der Rechtsnovelle. Beide bemängelten, dass unter der rotgrünen Bundesregierung seit 1998 die Intensität staatlicher Interventionen in der Energiewirtschaft zugenommen habe. Über 40 Prozent des Strompreises wären durch staatliche Abgaben und Belastungen bedingt.[569] Das Ziel einer bundeseinheitlichen Regulierung wur-

---

[568] Nach Aussagen des EU-Energiekommissars Piebalgs bestand außerdem in den EU-Mitgliedstaaten Belgien, Estland, Griechenland, Irland, Lettland, Litauen, Luxemburg, Schweden und Spanien ein entsprechender Umsetzungbedarf.

[569] Der CDU-Energiepolitiker Pfeiffer behauptete, dass sich die staatlich administrierten Belastungen in der Energieversorgung zwischen den Jahren 1998 und 2004 von jährlich knapp über zwei Mrd. Euro auf deutlich mehr als zwölf Mrd. Euro versechsfacht hätten (Deutscher Bundestag 2005, 15932).

de betont, jedoch sollten auch das Know-How und die Kompetenzen in den Bundesländern sinnvoll genutzt werden. Neben der Betonung, dass CDU und CSU zuletzt entscheidende Befürworter einer Ex-Ante-Regulierung gewesen wären, wurde grundsätzlich bemängelt, dass das Gesetz in vielen Bereichen noch über das EU-Recht der Elt-Beschl-Rl hinausgehe und deshalb zu große Lasten für die energiewirtschaftlichen Akteure bedeute. Diese Kritik gelte für die zu strengen Entflechtungsvorgaben vor allem für kleine und mittlere Stadtwerke sowie die jüngst verfolgte Verschärfung der Stromkennzeichnungspflichten. Damit wurde die Rolle von CDU/CSU als Fürsprecher der kommunalen Unternehmen deutlich. Bei der Kalkulation der Netzentgelte deutete der CDU-Politiker Pfeiffer an, dass bei der Abschreibungsmethode die RKE in Erwägung gezogen werden müsse. Besonders hervorgehoben wurde von dem CDU-Politiker bestehender Nachbesserungsbedarf zur Regulierung des Regelenergiemarktes. Die bestehenden Vorschläge stellten zwar einen ersten Schritt in Richtung eines funktionierenden Marktes dar. In einigen Bereichen, wie z.B. der regelzonenübergreifenden Saldierung, der gemeinsamen Ausschreibung der vier Regelzonen und der Schaffung der Marktgängigkeit eines sog. „Stundenreservemarktes" („Intra-Day-Handel"), müssten aber noch weitere Korrekturen erfolgen. Beide Politiker waren einer Meinung, dass der EnWG-Entwurf zu viele Berichtspflichten enthalte, die für die Unternehmen einen erheblichen bürokratischen Aufwand und unnötige Kosten („Millionenkosten in dreistelliger Höhe") bedeuteten. Moniert wurden außerdem die geplante Einführung eines Verbandsklagerechts mit Vorteilsabschöpfung sowie die Finanzierung der BNetzA aus Beiträgen der Energieversorgungsunternehmen. Die Beitragsfinanzierung setze keinen Anreiz, effizient zu regulieren, so dass mittelfristig eine Aufblähung der Behörde zu befürchten sei. Schließlich wurde bemängelt, dass das Recht einer vorrangigen Einspeisung von Biogas verbindlich eingeführt werden sollte. Weil es sich beim EnWG um ein Wettbewerbsgesetz handele, bei dem der diskriminierungsfreie Netzzugang ohnehin das oberste Regulierungsziel sei, wäre nicht nachvollziehbar, warum es eine Ausnahme für bestimmte Energieträger geben soll (Deutscher Bundestag 2005, 15925).

Eine bemerkenswerte Kritik am EnWG-Regierungsentwurf übte für die CDU/CSU-Fraktion schließlich der CDU-Politiker Bietmann. Seine Kernkritik zielte auf die unheure Vielzahl unbestimmter Rechtsbegriffe im Gesetzestext, die der Interpretation der Regulierungsbehörden und der Gerichte bedürfen. Der Entwurf lebe von dem guten Glauben an die Kompetenz der Behörden, Begriffe richtig auszulegen. Der CDU-Politiker prognostizierte, dass die Gerichte zum Ersatzgesetzgeber für Wirtschaftsrecht würden. Seine Kritik veranschaulichte er am Beispiel der Umsetzung der operationellen Entflechtung (§ 8 Abs. 2 EnWG-E 03/05), nach der Personen, die Entscheidungsbefugnisse besitzen, „die für die Gewährleistung eines diskriminierungsfreien Netzzugangs wesentlich sind, den betrieblichen Einrichtungen des Netzbetreibers angehören" müssen. Die Festlegung, welche Entscheidungen als wesentlich zu definieren wäre und ob eine operationelle Entflechtung der betreffenden Personen zu erfolgen habe, werde weitere Rechtskonflikte evozieren.[570] Außerdem wurde der Verzicht auf eine normative Verankerung der geplanten Anreizregulierung in das EnWG bemängelt. Weil der Gesetzgeber die Entwicklung des Konzepts der Anreizregulierung der Regulierungsbehörde überlasse, würde sich die Politik aus der Ver-

---

[570] Darüber hinaus monierte der CDU-Politiker, dass mit der gewählten Formulierung die Elt-Beschl-Rl genauer umgesetzt werde, als es erforderlich wäre. In der europäischen Bestimmung wären eindeutig nur „Personen mit Leitungsfunktionen" von der Entflechtungsregelung betroffen.

antwortung stehlen und die betreffende Aufgabe dem behördlichen Experimentierfeld überlassen (Deutscher Bundestag 2005, 15936).

Für *Bündnis90/Die Grünen* verteidigten der damalige Umweltminister Trittin und die Energieexpertin Hustedt das Gesetzesvorhaben. Die Energieexpertin Hustedt hob in ihrer Rede hervor, dass Deutschland europaweit die höchsten Durchleitungspreise habe, während gleichzeitig die Unternehmensgewinne der Stromkonzerne explodierten. Anders als Bundeswirtschaftsminister Clement, der in seiner Rede in erster Linie die Investitionspläne der deutschen Verbundunternehmen im deutschen und europäischen Ausland hervorhob, betonte die Bündnis 90/Die Grünen-Politikerin die Bedeutung ausländischer und kleiner Investoren für den heimischen Wettbewerb. Sie strich das Ziel ihrer Partei heraus, Deutschland zu einem Schaufenster für Anlagentechnologien machen zu wollen. Die Voraussetzung für eine Vielfalt von Technologien wäre eine Vielfalt von Akteuren. Die Kritik an den umfänglichen Berichtspflichten versuchte die Politikerin mit dem Argument der erforderlichen Transparenz zu entkräften. Bisher wären die Preisaufsichtsbehörden der Bundesländer völlig überfordert, die wirtschaftlichen Daten der Stromkonzerne effektiv auszuwerten (Deutscher Bundestag 2005, 15926).

Für die *FDP* stellte der Energiepolitiker Kopp nochmals dar, dass seine Partei statt der Einrichtung einer energiewirtschaftlichen Aufsicht bei der Regulierungsbehörde für Telekommunikation und Post eine Ausweitung der Regulierungskompetenzen des BkartA präferiert hätte. In der Frage der Aufteilung der Regulierungskompetenzen habe für die FDP eine bundeseinheitliche Zuständigkeit Priorität. Mischzuständigenkeiten zwischen dem Bund und den Ländern sollten verhindert werden. Die Finanzierung der künftigen BNetzA über eine Umlage der Unternehmen wurde beanstandet. Vielmehr stimmte die FDP mit der Forderung von CDU/CSU überein, dass die Tätigkeit der künftigen BNetzA aus dem öffentlichen Haushalt finanziert werden sollte. Leider habe die Bundesregierung auch nicht den FDP-Vorschlag aufgegriffen, den Regulierungsbeitrag für die Unternehmen zu deckeln, so dass eine unnötige personelle Aufblähung der Behörde befürchtet werden müsse. In diesem Kontext erwähnte der FDP-Politiker auch den von der Regierungskoalition abgelehnten Vorschlag, Gewinnabschöpfungsmöglichkeiten bei Missbräuchen zur Finanzierung der Behördentätigkeit heranzuziehen. Die geplante Vorrangregelung zur Einspeisung von Biogas bezeichnete der FDP-Politiker als „regulierungsfremden Bestandteil", der im EnWG nicht geregelt werden sollte. Für die Regelenergiemärkte wurde eine erhebliche Verbesserung der Transparenz gefordert, ohne dass darauf eingegangen wurde, wie diese zu erreichen ist.[571] Die FDP forderte für die Entflechtungsvorschriften außerdem eine Verschärfung der „De-Minimis-Regelung". In Übereinstimmung mit den Verbänden bne, Greenpeace und VIK verlangte die FDP eine Absenkung der Freistellungsregelung von den Entflechtungsvorgaben auf Unternehmen mit bis zu 25.000 Endkunden. Während die zügige Einführung einer Anreizregulierung begrüsst wurde, plädierte auch die FDP bei der anzuwendenden Abschreibungsmethode zur Kalkulation der Netzentgelte für die RKE. Schließlich unterstützte die Partei die vorgesehenen Vorschriften zur Liberalisierung des Zähl- und Messwesens. Die Vorschläge zur Einführung eines Verbandsklagerechts wurden abgelehnt (Deutscher Bundestag 2005, 15928-15929).

---

[571] Gleichzeitig bemängelte die FDP das Übermaß an Berichtspflichten und forderte, sich auf diejenigen Berichte zu beschränken, die aufgrund der Elt-Beschl-Rl zwingend vorgeschrieben sind.

Nach der Debatte der neuen EnWG-Fassung (EnWG-Entwurf 03/05), deren wichtigste Kritikpunkte hiermit zusammengefasst wurden, wurde das Gesetz am 15. April 2005 durch den Deutschen Bundestag mehrheitlich angenommen.[572]

5.4.3.5   Die Verabschiedung des EnWG im Sommer 2005

Für die Verabschiedung des EnWG spielte der Bundesrat über seine Beteiligung am Gesetzgebungsverfahren im Vermittlungsausschuss eine entscheidende Rolle. Der Bundesrat hatte bereits im Herbst 2004 bemängelt, dass die Bundesländer nur unzureichend in das Gesetzgebungsverfahren und seinen untergesetzlichen Verordnungen (Strom- und Gasnetzzugangs- und Entgeltverordnungen) beteiligt worden waren. Die bisherigen Gesetzesentwürfe zeichneten sich durch eine überbordende Bürokratie aus. Daher war mit weiteren Änderungen des EnWG-Entwurfs zu rechnen.

Im Mai und Juni 2005 beriet der Vermittlungsausschuss das EnWG. Dabei erwies sich von großer politischer Bedeutung, dass die SPD am 22. Mai bei den Landtagswahlen in Nordrhein-Westfalen eine erhebliche Wahlniederlage erlitten hatte. Vor dem Hintergrund der damit weiter gewachsenen Mehrheit der CDU-FDP-Opposition im Bundesrat kündigte Bundeskanzler Schröder für den Herbst 2005 Bundestagsneuwahlen an.[573] Die Änderung der politischen Mehrheitsverhältnisse, die Aussicht auf zügig näher rückende Bundestagswahlen und das EU-Ultimatum zur rechtlichen Umsetzung der Elt-Beschl-Rl verstärkten den Druck zu einer zügigen Einigung.

Im folgenden Abschnitt werden die weiteren Änderungen des EnWG durch die Verhandlungen im Vermittlungsausschuss bis zur abschließenden Verabschiedung des Gesetzes dargestellt. Dabei werden auch die Inhalte der wichtigsten untergesetzlichen Verordnungen für den Elektrizitätssektor, also die Stromnetzzugangs- und die -entgeltverordnung erläutert. Abschließend erfolgt eine Bewertung der EnWG-Novelle im Hinblick auf das Ziel der Einführung von Wettbewerb und des gleichzeitigen klimapolitischen Ziels eines Ausbaus erneuerbarer Energien.

Die Änderungsanträge für das EnWG durch die oppositionellen Bundesländer im Vermittlungsausschuss des Bundesrats

Der vom Bundestag Mitte April verabschiedete EnWG-Entwurf (EnWG-E 04/05) wurde durch den Bundesrat am 29. April 2005 mit folgender Begründung an den Vermittlungsausschuss verwiesen:

> „Das vorliegende Gesetz genügt der Zielsetzung, einen funktionierenden Wettbewerb auf dem Strom- und Gasmarkt zu gewährleisten, nicht in ausreichender Weise. Zugleich enthält es eine Vielzahl bürokratischer Regeln, die insbesondere die kleineren Energieversorgungsunternehmen stark belasten, ohne für den Wettbewerb Vorteile zu bringen (Bundesrat 2005)."

---

[572] Hierbei handelte es sich um den Entwurf des Zweiten Gesetzes zur Neuregelung des Energiewirtschaftsrechts, niedergelegt in den Drucksachen 15/3917 und 15/4068.

[573] Durch die gewonnenen Wahlen in NRW konnte die Union ihre Stimmensitze im Bundesrat von 36 auf 43 ausbauen. Zu einer Zwei-Drittel-Mehrheit im Bundesrat fehlten aber immer noch vier Stimmen.

Im folgenden Abschnitt werden die wichtigsten inhaltlichen Änderungsanträge des Bundesrates gegenüber dem Regierungsentwurf zusammenfassend dargestellt (ZfK 07.05.2005a, ZfK 04.06.2005b).[574]

Konkrete Änderungsvorschläge betrafen zunächst die Verhinderung von unnötigen bürokratischen Vorschriften v.a. für die kommunalen EltVU mit weniger als 100.000 Kunden. Um unnötige Kostenbelastungen zu vermeiden, wurde eine weniger strenge Umsetzung der Unbundling-Vorschriften der Elt-Beschl-Rl und der Gas-Beschl-Rl angemahnt. So sollte die Steuerneutralität von Entflechtungsmaßnahmen auch auf Organisationsmaßnahmen ausgeweitet werden, die nicht nur rechtlich zwingend, sondern auch in wirtschaftlich engem Zusammenhang mit dem rechtlichen und operationellen Unbundling geboten sind (*§ 6 Abs. 2 EnWG-E* 04/05). Zur Vermeidung von Bürokratie wurde außerdem eine Begrenzung der Anforderungen für das operative Unbundling (*§ 8 Abs. 2* EnWG-E 04/05) und eine Freistellung der kleineren EltVU von der Aufstellung und Überwachung eines Gleichbehandlungsprogramms (*§ 8 Abs. 6* EnWG-E 04/05) gefordert. Unnötige bürokratische Vorschriften sahen die unionsregierten Bundesländer auch in den umfassenden Berichtpflichten der VNB und ÜNB (*§ 10 Abs. 3*; *§ 12 Abs. 3 a* EnWG-E 04/05). Außerdem wurde gefordert, die Einführung einer gesonderten Missbrauchsaufsicht der Kartellbehörden für die allgemeinen Preise der Grundversorgung wieder zu streichen, die über einen neuen *§ 29* „Missbrauchsaufsicht über die Grund- und Ersatzversorgung mit Elektrizität" im GWB geregelt werden sollte. Weitere Vereinfachungen wurden bei den verbraucherbezogenen Transparenz-Vorschriften zum Strommix der EltVU beim Strombezug und der Darstellung auf der Stromrechnung gefordert (*§ 42* EnWG-E 04/05).

Eine Stärkung der kommunalen Versorger im liberalisierten Energiesektor versuchte der Bundesrat v.a. über die folgenden Änderungen zu erzielen. Zunächst sollten die EltVU bei der Ersatzversorgung von Haushaltskunden einen um zehn Prozent höheren Preis als bei der allgemeinen Grundversorgung erheben dürfen (*§ 38 Abs. 1* EnWG-E 04/05). Ferner sollten die Kommunen ein Recht auf die Bestimmung des Grundversorgers erhalten. Weitere Änderungswünsche gab es zum Konzessionsabgaben- und Wegenutzungsrecht. Neben einer Klarstellung in der Konzessionsabgabenverordnung zur Sicherung des Abgabenaufkommens aus Konzessionen wurde eine Änderung zu den Wegenutzungsverträgen verlangt. Hierbei sollten die Kommunen explizit verpflichtet werden, bestehende Konzessionsverträge bei einer beabsichtigten Verlängerung vor Ablauf der Vertragslaufzeit zu beenden und die vorzeitige Beendigung sowie das Vertragsende öffentlich bekannt zu geben (*§ 46 Abs. 3* EnWG-E 04/05). Neue Vertragsabschlüsse sollten frühestens drei Monate nach der Bekanntgabe der vorzeitigen Beendigung erfolgen.

In den Fragen des Netzzugangs kritisierten die CDU-regierten Bundesländer weiterhin die als unzureichend und unverbindlich erachteten Effizienzvorgaben. Die rechtliche Grundlage zur Einführung einer Anreizregulierung müsse die Verabschiedung einer Rechtsverordnung sein, an deren Entwicklung die Bundesländer zu beteiligen wären. Die Methoden und Verfahren zur Netzentgeltbestimmung müssten durch den Verordnungsgeber unter Zustimmung des Bundesrates festgelegt werden (ZfK 07.05.2005a). In Bezug auf die Methoden zur Kalkulation der Netzentgelte bemängelten die unionsregierten Bundesländer das Festhalten am Prinzip der NSE (*§ 21 Abs. 2 S. 1* EnWG-E 04/05) und forderten,

---

[574] Die in den Änderungsanträgen des Bundesrates enthaltenen Vorschläge für den Gasmarkt werden an dieser Stelle vernachlässigt.

bei Neuinvestitionen das Prinzip der RKE anzuwenden. Nachdem sich ab Herbst 2004 abgezeichnet hatte, dass die Kostenbestandteile zur Erhöhung der Netzentgelte einer Ex-Ante-Überprüfung durch die Regulierungsbehörden unterliegen sollten, setzte sich die Mehrheit des CDU-dominierten Bundesrats auch für die Einführung einer umfänglichen Vorabkontrolle aller Netzentgelttarife ein. Eine solche Regulierungspflicht sollte sich nicht – wie die bisherigen Regelungen vorsahen – auf die alleinigen Elemente einer Erhöhung der Netzentgelte beschränken. Für Entgelterhöhungen beim Netzzugang sollte noch vor der Einführung einer Anreizregulierung eine Vorab-Genehmigungspflicht durch einen neu einzufügenden *§ 23 a* eingeführt werden. Mit dieser gesonderten Genehmigungspflicht sollten die bis zur Anwendung einer Anreizregulierung systematisch angelegten Bewertungs- und Kostenzuordnungsspielräume der Netzbetreiber minimiert werden, die durch die Ex-Post-Aufsicht der Kartellämter nicht ausgeschlossen werden konnten (ZfK 04.06.2005b). Zur Gestaltung des Regelenergiemarktes wurde schließlich eine regelzonenübergreifende Ausschreibung der Regelenergie durch die ÜNB gefordert.

Grundsätzliche Änderungen strebten die unionsgeführten Bundesländer in der Frage der Zuständigkeit des Gesetzesvollzugs an. Zur Wahrung des Grundsatzes eines bundeseinheitlichen Vollzugs sollten die Bundesländer in Form eines Optionsmodells in die Regulierung eingebunden werden. Die Bundesländer beanspruchten v.a. die Zuständigkeiten für die Verteilnetze, die nicht über das Gebiet eines Landes hinausreichen (*§ 54* EnWG-E 04/05).[575] Analog zum britischen Untersuchungsfall war damit die Frage berührt, ob es mit der Reform des energiewirtschaftlichen Ordnungsrahmens zu einer Zentralisierung der Regulierung des nationalen Stromnetzes kommen würde oder die regionalen Gebietskörperschaften weiterhin Kompetenzen ausüben würden (s.S. 536f.). Als weiterer Streitpunkt stand die künftige Finanzierung der Regulierungsbehörde zur Debatte. Die unionsgeführten Bundesländer forderten die Streichung der Umlagefinanzierung (*§ 92* EnWG-E 04/05).

Darüber hinaus setzten sich die Bundesländer für eine zügigere Liberalisierung des Messwesens ein (*§ 21 b Abs. 2* EnWG-E 04/05). Nicht nur die Kunden ab der Mittelspannungs- und Mitteldruckebene, sondern alle Kunden sollten von mehr Wettbewerb im Mess- und Zählwesen profitieren.[576] Ein weiterer Änderungsvorschlag betraf die geplante Vorschrift, dass die ÜNB bei netzbezogenen Maßnahmen zur Sicherung einer zuverlässigen Elektrizitätsversorgung vorrangig den Anschluss, die Abnahme und die Übertragung von Strom aus erneuerbaren Energien berücksichtigen müssen (*§ 13 Abs. 1 S. 2* EnWG-E 04/05 in Verbindung mit *§ 4 Abs. 1* EEG). Hier forderten die unionsregierten Länder, dass in der genannten Regelung der KWK-Strom noch vor dem EEG-Strom zu nennen sei. Weitere wichtige Forderungen der Bundesratsopposition fasst die folgende Auflistung zusammen:

- Aufnahme der Landwirtschaft in die Definition der Haushaltskunden in *§ 3 Nr. 22*, wenn ein Jahresverbrauch von 10.000 kWh nicht überschritten wird;
- Streichung der „Vorteilsabschöpfung durch Verbände und Einrichtungen" (*§ 34* EnWG-E 04/05);

---

[575] Damit sollte das GWB-Modell auch auf das EnWG angewendet werden, das in Fragen der länderüberschreitenden Netze und bei erforderlichen länderübergreifenden Handlungen der Regulierungsakteure (z.B. bei Allgemeinverfügungen an mehrere oder alle Netzbetreiber) eine Zuständigkeit des Bundes vermutet.

[576] Damit sollte auf die vierjährige Übergangszeit bis zur Liberalisierung dieses neuen Dienstleistungsmarktes verzichtet werden.

- Streichung der Mitteilungspflicht der EltVU an die Wegebaulastträger, wenn die Rechte und Pflichten aus einem Wegenutzungsvertrag übertragen wurden (*§ 47* EnWG-E 04/05);
- Aufhebung der technischen Überwachungspflicht der Länderbehörden von Energieanlagen (Umwandlung in eine Kann-Regelung, *§ 49 Abs. 5* EnWG-E 04/05);
- Entlastung der Beschlusskammern der Bundesregulierungsbehörde von einfachen Vollzugsaufgaben (*§ 59 Abs. 1* EnWG-E 04/05) und Änderungen zur Besetzung der Beschlusskammern (*§ 59 Abs. 2* EnWG-E 04/05);
- Neudefinition und Erweiterung der von der Regulierung freigestellten Netze (*§ 110* EnWG-E 04/05 „Werksnetze").

Mit diesen zentralen Forderungen gingen die Bundesländer in die Beratungen des Vermittlungsausschusses.

Der Verhandlungskompromiss zum EnWG vom 15. Juni 2005

Am 15. Juni 2005 kam es schließlich zur entscheidenden Verhandlung des Vermittlungsausschusses. Es kam eine Verhandlungslösung zustande, in der ein Großteil der vom Bundesrat geforderten Änderungspunkte übernommen wurde. Für das Verhandlungsergebnis war der Ausgang der Landtagswahl in Nordrhein-Westfalen von zentraler Bedeutung, mit dem sich die Mehrheitsverhältnisse im Bundesrat entscheidend für CDU/CSU und FDP verbessert hatten. Über die Drohung, den Gesetzentwurf im Vermittlungsausschuss scheitern zu lassen, verfügten die genannten Parteien über ein erhebliches Druckpotential.

Im folgenden Abschnitt wird das auf der Basis des Verhandlungskompromisses seit dem 13. Juli 2005 in Kraft getretene „Zweite Gesetz zur Neuregelung des Energiewirtschaftsrechts" mit seinen wichtigsten abschließenden Regelungen dargestellt. Nach den EnWG-Novellierungen der Jahre 1998 und 2003 stellte die Verabschiedung dieses Gesetzes die umfassendste Rechtsreform des deutschen Energiewirtschaftsrechts seit dem EnWG von 1935 dar. Mit der Novelle wurden die EU-rechtlichen Vorgaben zur Liberalisierung der Energiemärkte (Elt-Beschl-Rl, Gas-Beschl-Rl) umgesetzt und ein umfassendes neues Regulierungsrecht für den Energiesektor geschaffen. Die Anzahl der 24 Vorschriften im früheren EnWG wurde mit jetzt 126 Vorschriften mehr als verfünffacht. Als Artikelgesetz regelte Art. 1 die Neufassung des EnWG. Der Art. 2 enthielt die Vorschriften zur Organisation der künftigen Regulierungsbehörde und Art. 3 änderte eine Vielzahl weiterer Vorschriften, die mit der Verabschiedung des Gesetzes verbunden waren.

Die folgende Gesetzesübersicht konzentriert sich auf die wichtigsten Regelungen des Art. 1 zur inhaltlichen Neufassung des EnWG und beschränkt sich auf die wichtigsten Vorschriften für die Elektrizitätswirtschaft. Ferner werden aufgrund der Fragestellung der vorliegenden Untersuchung die Vorschriften dargestellt, die eine Regulierung erneuerbarer Energien maßgeblich betreffen. In der rechten Spalte der nachfolgenden Synopsen wird erläutert, ob es zu einer Berücksichtigung der Forderungen des Bundesrates sowie der beteiligten Verbände gekommen ist.

EnWG-Bestimmungen zu „Allgemeinen Vorschriften", „Entflechtung" und „Regulierung des Netzbetriebs" (Teile I bis III)

Der erste Abschnitt des EnWG ist in die Teile 1 bis 3 unter folgende Überschriften aufgeteilt: „Allgemeine Vorschriften", „Entflechtung" und „Regulierung des Netzbetriebs". Die genannten Teile enthalten die zentralen Bestimmungen zur Umsetzung der Elt-Beschl-Rl und einer Verstärkung des energiewirtschaftlichen Wettbewerbs. Im Überblick sind die folgenden wichtigsten Normen hervorzuheben.

Tabelle 24: Die wichtigsten EnWG-Regelungen im Überblick (Teile 1 bis 3)

Teil des Gesetzes	Regelungsinhalt	Forderung des Bundes-rats/Verbände
Teil 1	„Allgemeine Vorschriften"	
§ 1 Zweck des Gesetzes		
Abs. 1	Zweck des Gesetzes: „möglichst sichere, preisgünstige, verbraucherfreundliche, effiziente und umweltfreundliche leitungsgebundene Energieversorgung"	Umgesetzt: Forderung der „Effizienz" von Greenpeace
Abs. 2	Ziele der Regulierung: „Sicherstellung eines wirksamen und unverfälschten Wettbewerbs", „Sicherung eines langfristig angelegten leistungsfähigen und zuverlässigen Betriebs von Energieversorgungsnetzen"	
§ 2 Aufgaben der Energieversorgungsunternehmen		
Abs. 2	Aufgaben der EltVU: „Die Verpflichtungen nach dem EEG und dem KWK-G bleiben vorbehaltlich des § 13 („Systemverantwortung der ÜNB") unberührt".	
§ 3 Begriffsbestimmungen		
Nr. 22	Aufnahme der Landwirtschaft bei einem Jahresverbrauch von unter 10.000 kWh in den Kreis der Haushaltskunden	Umgesetzt: Forderung Bundesrat n. Einfügung „landwirtschaftliche" Zwecke umgesetzt

(Fortsetzung nächste Seite)

501

Tabelle 24 (Fortsetzung): Die wichtigsten EnWG-Regelungen im Überblick (Teile 1 bis 3)

Teil 2	„Entflechtung"	
§ 6 Anwendungsbereich und Ziel der Entflechtung		
Abs. 1 S. 2	Sicherstellung der Unabhängigkeit der Geschäftsbereiche des Netzbetriebs von anderen Geschäftsfeldern (Erzeugung/Vertrieb), Verhinderung von Quersubventionierung, intransparenter Kostenzurechnung)	
Abs. 2	Steuerneutralität von Entflechtungsmaßnahmen durch Beschränkung der Rückwirkung bis zum 26.03.2003	Kompromiss mit Bundesrat
§ 7 Rechtliche Entflechtung		
Abs. 1-3	Rechtliche Entflechtung des Netzbetriebs von anderen Tätigkeitsbereichen der Energieversorgung (Abs. 1), Ausnahme für EltVU ≤ 100.000 Kunden (De-Minimis-Regelung, Abs. 2), Rechtliches Entflechtungsgebot für VNB erst ab 01.07.2007 (Abs. 3)	Nicht umgesetzt: Forderungen BkartA, BEE, bne, VIK, Greenpeace
§ 8 Operationelle Entflechtung		
Abs. 1	Operationelle Entflechtung des Netzbetriebs: Beschränkung der Einflussnahme anderer Konzerngesellschaften durch organisatorische Vorgaben für den Netzbetrieb	
Abs. 2	Beschränkung der Zugehörigkeit von Personen zu anderen betrieblichen Einrichtungen, wenn diese mit Leitungsaufgaben für den Netzbetrieb betraut sind (§ 8 Abs. 2 Nr. 1); lediglich Personen, die mit Leitungsaufgaben für den Netzbetreiber betraut sind oder die Befugnis zu *Letzt*entscheidungen hinsichtlich eines diskriminierungsfreien Netzbetriebs besitzen, dürfen keine Angehörige […] des vertikal integrierten EltVU sein	Umgesetzt: VKU/VDEW-Ford. n. Begrenzung der Anforderungen durch Einfügung „Letztentscheidung"
Abs. 4	Gesellschaftsrechtliche Einflussnahme der Konzernleitung auf die Geschäftsleitung des Netzbetriebs nur im Rahmen der „Wahrnehmung berechtigter Interessen", Verbot von Weisungen im Geschäftbetrieb	
Abs. 5	Verpflichtung zur Aufstellung eines Gleichbehandlungsprogramms für Netzbetrieb	Umgesetzt: VKU-Ford. n. Freistellung von kl. Elt-VU
Abs. 6	Einschränkung von der Verpflichtung zur operationellen und rechtlichen Entflechtung für EltVU ≤ 100.000 Kunden (De-Minimis-Regelung)	Umgesetzt: Ford. CDU/CSU-Länder; Nicht umgesetzt: Ford. BkartA, bne, VIK, Greenp. n. strenger Entflechtung

(Fortsetzung nächste Seite)

502

Tabelle 24 (Fortsetzung): Die wichtigsten EnWG-Regelungen im Überblick (Teile 1 bis 3)

§ 8 Abs. 5, § 10 Abs. 5	Verfahrensrechtliche Überprüfung des Gleichbehandlungsprogramms und geprüfter Jahresabschlüsse (erstellt nach dem für Kapitalgesellschaften geltenden HGB) durch die Regulierungsbehörde	Nicht umgesetzt:VDEW-Ford. nach HGB-Berichtspflichtent
§§ 12, 14 Aufgaben der Betreiber von Übertragungsnetzen und Elektrizitätsverteilernetzen		
Abs. 1	Verpflichtung, zu einem sicheren und zuverlässigen Elektrizitätsversorgungssystem beizutragen	
§ 12 Abs. 3a, § 14 Abs. 1 u. 2	Verpflichtung, alle zwei Jahre einen Bericht über den Netzzustand und die Netzausbauplanung zu erstellen und der Regulierungsbehörde auf Verlangen vorzulegen;[577] Regulierungsbehörde kann zum Inhalt des Berichts nähere Bestimmungen treffen;[578] Bei der Planung des Verteilernetzausbaus haben die VNB die Möglichkeiten von Energieeffizienz- und Nachfragesteuerungsmaßnahmen und dezentralen Erzeugungsanlagen zu berücksichtigen; Verordnungsermächtigung der Bundesregierung , ohne Zustimmung des Bundesrates in einer Rechtsverordnung Näheres zu regeln	
Teil 3	„Regulierung des Netzbetriebs"	
§ 17 Netzanschluss		
Abs. 1	Verpflichtung der Netzbetreiber, Letztverbraucher, aber auch gleich- oder nachgelagerte Elektrizitäts- u. Gasversorgungsnetze sowie Leitungen und Erzeugungs- u. Speicheranlagen zu Bedingungen an ihr Netz anzuschliessen, die „angemessen, diskriminierungsfrei und transparent sind"	
Abs. 2	Ermöglichung der Verweigerung eines Netzanschlusses bei Nachweis, dass „die Gewährung des Netzanschlusses aus betriebsbedingten oder sonstigen wirtschaftlichen oder technischen Gründen unter Berücksichtigung der Ziele des § 1 EnWG nicht möglich oder nicht zumutbar ist"; Begründungspflicht der Entscheidung	Nicht umgesetzt: BEE-Ford. n. Verweigerung des Netzanschlusses allein aufgrund „fehlender Kapazitäten"
Abs. 3	Verordnungsermächtigung der Bundesregierung , mit Zustimmung des Bundesrates in einer Rechtsverordnung Näheres zu regeln	

(Fortsetzung nächste Seite)

---

[577] Die ÜNB sollten den Bericht erstmals zum 01. Februar 2006 vorlegen, die VNB erstmals zum 01. August 2006.
[578] Aus dem vorherigen EnWG-E 04/05 war damit der umfassende Katalog zu möglichen Berichtsangaben gestrichen worden und der Regulierungsbehörde zum Monitoring der Versorgungssicherheit statt dessen mehr Kompetenzen im Sinne einer „lernenden Regulierung" übertragen worden.

Tabelle 24 (Fortsetzung): Die wichtigsten EnWG-Regelungen im Überblick (Teile 1 bis 3)

§ 18 Allgemeine Anschlusspflicht		
Abs. 1	Verpflichtung der Netzbetreiber, bei der allgemeinen Versorgung von Letztverbrauchern allgemeine Bedingungen für den Netzanschluss zu veröffentlichen u. zu diesen Bedingungen jedermann anzuschließen und die Nutzung des Anschlusses zur Entnahme von Energie zu gestatten (S. 1); Ausnahmeregelung, wenn der Anschluss für den Netzbetreiber aus wirtschaftlichen Gründen nicht zumutbar ist (S. 2);	Nicht umgesetzt: BEE-Ford., dass sich Unzumutbarkeit nur auf unverhältnismäßig hohe Anschlusskosten gründen darf
Abs. 2	Ausschluss von dem allgemeinen Recht auf Netzanschluss bei Eigenerzeugern aus KWK und erneuerbaren Energien mit einer Anlagenleistung über 150 kW_{el}, für solche Anlagen § 17 EnWG als Rechtsgrundlage	Nicht umgesetzt: BEE-Ford. auf Streichung dieser Vorschrift
Abs. 3	Ermächtigung der Bundesregierung, mit Zustimmung des Bundesrates, die allgemeinen Bedingungen für den Netzanschluss und dessen Nutzung bei den an das Niederspannungs- und Niederdrucknetz angeschlossenen Letztverbrauchern festzusetzen	
§ 20 Zugang zu den Energieversorgungsnetzen		
Abs.1	Verpflichtung der Netzbetreiber, „jedermann nach sachlich gerechtfertigten Kriterien diskriminierungsfrei Netzzugang zu gewähren sowie die Bedingungen, einschließlich Musterverträge und Entgelte für diesen Netzzugang im Internet zu veröffentlichen" (S. 1); Verpflichtung der Zusammenarbeit der Netzbetreiber (S. 2); Netzzugangsregelung soll massengeschäftstauglich sein (S. 4)	
Abs. 1 a (Netzzugang)	Verpflichtung zum Abschluss von Verträgen zwischen Letztverbraucher bzw. Lieferanten und EltVU, „aus deren Netze die Entnahme und in deren Netze die Einspeisung von Elektrizität erfolgen soll" (S. 1); S. 2: „Werden die Netznutzungsverträge von den Lieferanten abgeschlossen, so brauchen sie sich nicht auf bestimmte Entnahmestellen zu beziehen" (Lieferantenrahmenvertrag); „Netznutzungsvertrag oder Lieferantenrahmenvertrag vermitteln den Zugang zum gesamten Elektrizitätsversorgungsnetz" (S. 3)	

(Fortsetzung nächste Seite)

504

Tabelle 24 (Fortsetzung): Die wichtigsten EnWG-Regelungen im Überblick (Teile 1 bis 3)

§ 21 Bedingungen und Entgelte für den Netzzugang[579]		
Abs. 2	Die Netzzugangsentgelte müssen „auf der Grundlage der Kosten einer Betriebsführung, die denen eines effizienten und strukturell vergleichbaren Netzbetreibers" entsprechen, sowie „unter Berücksichtigung von Anreizen für eine effiziente Leistungserbringung und einer angemessenen, wettbewerbsfähigen und risikoangepassten Verzinsung des eingesetzten Kapitals" gebildet werden	Kompr. n. Streichung d. NSE bei Neuanlagen; Nicht umgesetzt: Ford. BkartA, VIK, bne nach Orient. am effizientesten Netzbetreiberr
Abs. 3	Einfügung der Möglichkeit für die Regulierungsbehörde zu Vergleichsverfahren	
Abs. 4	Berücksichtigung der Ergebnisse des Vergleichsverfahrens bei kostenorientierter Entgeltbildung	
§ 21 a Regulierungsvorgaben für Anreize für eine effiziente Leistungserbringung		
Abs. 1	Abweichend von einer kostenorientierten Entgeltbildung (§ 21 Abs. 2 bis 4) können nach Maßgabe einer Rechtsverordnung [...] Netzzugangsentgelte „auch durch eine Methode bestimmt werden, die Anreize für eine effiziente Leistungserbringung setzt"	Umgesetzt: Ford. Bundesrat u. Verbände f. Anreizregulierung
Abs. 2	Methode der Anreizregulierung: Vorgabe von Obergrenzen für die Höhe der Netzzugangsentgelte oder von Gesamterlösen aus den Netznutzungsentgelten für eine Regulierungsperiode unter Berücksichtigung von Effizienzvorgaben[580]	
Abs. 3	Definition der zeitlichen Fristen, innerhalb derer die Erlösobergrenzen und Effizienzvorgaben unveränderbar festgelegt sind: 2-5 Jahre	
Abs. 4	Ermittlung von Obergrenzen unter Berücksichtigung der allgemeinen Geldentwicklung: Unterscheidung zw. beeinflussbaren und nicht beeinflussbaren Kostenanteilen; kostenorientierte Ermittlung des nicht beeinflussbaren Kostenanteils n. § 21 Abs. 2;[581] Ermittlung des beeinflussbaren Kostenanteils n. § 21 Abs. 2 bis 4, Effizienzvorgaben nur auf den beeinflussbaren Kostenanteil anwendbar	

(Fortsetzung nächste Seite)

---

[579] Auf untergesetzlicher Ebene wurden neben der StromNZV und der GasNZV mit den Netzentgeltverordnungen Strom und Gas (StromNEV und GasNEV) zusätzliche umfängliche Normen zur Bestimmung und der Höhe der für den Netzzugang zu zahlenden Entgelte verabschiedet (s. Abschnitt nach dieser Übersicht).

[580] Damit wird für die Anreizregulierung der Ansatz einer Erlösobergrenzenregulierung anvisiert.

[581] Hierzu zählen „insbesondere Kostenanteile, die auf nicht zurechenbaren strukturellen Unterschieden der Versorgungsgebiete, auf gesetzlichen Abnahme- und Vergütungspflichten [EEG, Verfasser], Konzessionsabgaben und Betriebssteuern beruhen" (*§ 21* a Abs. 4 S. 2).

Tabelle 24 (Fortsetzung): Die wichtigsten EnWG-Regelungen im Überblick (Teile 1 bis 3)

§ 21 a, Abs. 5	Ermittlung der unternehmensindividuellen oder gruppenspezifischen Effizienzvorgaben: Effizienzvergleich des jeweiligen Netzbetriebs, Berücksichtigung von objektiven strukturellen Unterschieden, inflationsbereinigter gesamtwirtschaftlicher Produktivitätsentwicklung u. Qualitätsvorgaben für die Versorgung	
Abs. 6	Verordnungsermächtigung der Bundesregierung unter Zustimmung des Bundesrates, um „1. zu bestimmen, ob und ab welchem Zeitpunkt Netzzugangsentgelte im Wege einer Anreizregulierung bestimmt werden, 2. die nähere Ausgestaltung der Methode einer Anreizregulierung […] zu regeln […]".	Umgesetzt: Ford. Bundesrat n. VO-Ermächtigung f. Anreizregulierung
§ 21 b Messeinrichtungen		
Abs. 2	Einbau, Betrieb und Wartung von Messeinrichtungen „kann auf Wunsch des betroffenen Anschlussnehmers von einem Dritten durchgeführt werden"; Voraussetzung: einwandfreier und den eichrechtlichen Vorschriften entsprechender Betrieb durch Dritte;	
Abs. 3	Verordnungsermächtigung der Bundesregierung, mit Zustimmung des Bundesrates die Voraussetzungen für den Einbau, die Wartung und den Betrieb von Messeinrichtungen durch Dritte zu regeln;	Kompromiss mit Bundesrat: Liberalisierung Messwesen abh. von VO
§ 22 Beschaffung von Energie zur Erbringung von Ausgleichsleistungen		
Abs. 1	Verpflichtung der Versorgungsnetzbetreiber, Regelenergie „nach transparenten, auch in Bezug auf verbundene oder assoziierte Unternehmen nichtdiskriminierenden und marktorientierten Verfahren zu beschaffen"	
Abs. 2	Bei der Beschaffung von Regelenergie ist durch ÜNB „ein diskriminierungsfreies und transparentes Ausschreibungsverfahren anzuwenden" (S. 1); Hierfür haben die ÜNB eine gemeinsame Internetplattform einzurichten, die der Regulierungsbehörde anzuzeigen ist (S. 2-3); Außerdem sind ÜNB verpflichtet, zur Senkung des Aufwands für Regelenergie […] zusammenzuarbeiten (S. 4)[582]	Nicht umgesetzt: BkartA- u. CDU-Ford. nach Genehmigungspflicht der Internetplattform durch BNetzA

(Fortsetzung nächste Seite)

---

[582] Weil der Ausbau erneuerbarer Energien durch die Stromwirtschaft mit dem Argument steigender Regelenergiekosten kritisiert wird, kommt der wettbewerbsorientierten Ausgestaltung des Regelenergiemarktes eine besondere Bedeutung zu. Näheres regeln hierzu die §§ 6 bis 9 StromNZV (s. a. Abschnitt nach dieser Übersicht).

Tabelle 24 (Fortsetzung): Die wichtigsten EnWG-Regelungen im Überblick (Teile 1 bis 3)

§ 23 a Genehmigung der Entgelte für den Netzzugang		
Abs. 1	Bis zur Einführung einer Anreizregulierung (§ 21 a Abs. 6 EnWG) bedürfen Netznutzungsentgelte, die kostenorientiert gebildet werden, einer Genehmigung	Umgesetzt: Ford. des Bundesrates
Abs. 2	Genehmigung ist zu erteilen, „soweit die Entgelte den Anforderungen dieses Gesetzes und den auf Grund des § 24 erlassenen RechtsVO entsprechen"	
Abs. 3	Formale Regelung des Genehmigungsverfahrens	
§ 24 Regelungen zu den Netzzugangsbedingungen, Entgelten für den Netzzugang sowie zur Erbringung und Beschaffung von Ausgleichsleistungen		
Umfassende Vorschrift, in der die Bundesregierung ermächtigt wird, unter Zustimmung des Bundesrates weitere Rechtsverordnungen zu den genannten Themenbereichen zu verabschieden		
S. 1 Nr. 1	Bedingungen für Netzzugang einschl. Beschaffung und Erbringung von Ausgleichsleistungen	
S. 1 Nr. 2	Voraussetzungen, unter denen die Regulierungsbehörde die Bedingungen und Methoden des Netzzugangs festlegen oder auf Antrag des Netzbetreibers genehmigen kann	
S. 1 Nr. 3	Voraussetzungen, unter denen die Regulierungsbehörde in Sonderfällen der Netznutzung und im Einzelfall individuelle Entgelte für den Netzzugang genehmigen oder untersagen kann	
S. 1 Nr. 4	Voraussetzungen zur Anwendung der Befugnisse der Regulierungsbehörde nach § 65 EnWG („Aufsichtsmaßnahmen"), z.B. Unterlassung, Anordnung	
S. 2 Nr. 2	Einheitliche Festlegung der Pflichten der Netzbetreiber zur Zusammenarbeit, dem Austausch der erforderlichen Daten und den für den Netzzugang erforderlichen Informationen	
S. 2 Nr. 3	Ausgestaltung des Netzzugangs; Ausgestaltung der Beschaffung und Erbringung von Ausgleichsleistungen einschl. der hierfür erforderlichen Verträge und Rechtsverhältnisse u. des Ausschreibungsverfahrens	
S. 2 Nr. 3 a	Vorrangregelung für Biogasanlagen beim Zugang zu örtlichen Verteilernetzen	Umgesetzt: BEE-Ford.
S. 3	Festlegung eines transaktionsunabhängigen Netzzugangsmodells	
S. 5	Berücksichtigung vermiedener Netznutzungsentgelte bei Einspeisungen von Elektrizität aus dezentralen Erzeugungsanlagen gegenüber vorgelagerten Netzebenen	Umgesetzt: Ford. BEE, bne, VIK, BkartA

Quelle: Eigene Darstellung.

Gegenüber dem EnWG-E 04/05 blieben die Regelungen zu den „Verfahren zur Festlegung und Genehmigung" durch die Regulierungsbehörde in Fragen des Netzanschlusses und -zugangs (§ 29 EnWG) weitgehend unverändert. Ebenfalls fast unverändert blieb die Norm zum „Missbräuchlichen Verhalten des Netzbetreibers" (§ 30 EnWG). Diese Norm ergänzt die Vorab-Kontrolle der Netzentgelte durch die Regulierungsbehörde über die Möglichkeiten einer Ex-post-Kontrolle.[583] Der Paragraf definiert in *Abs. 1* für den Missbrauch der Marktstellung von Netzbetreibern fünf Fälle, in denen die Regulierungsbehörde eine Einstellung der Zuwiderhandlung verlangen kann. Als Missbrauch wird beispielsweise bereits definiert, wenn ein Netzbetreiber die im EnWG und seinen Verordnungen definierten Maßstäbe und Methoden nicht einhält (§ 30 Abs. 1 S. 2 Nr. 2 EnWG). Schließlich wurde die Befugnis der Regulierungsbehörde geregelt, den Missbrauch einer Markstellung durch den Netzbetreiber durch Anordnung abzustellen (§ 30 Abs. 2 EnWG).

Die ex-post-orientierte Kontrolle des Missbrauchs einer marktbeherrschenden Stellung der Netzbetreiber wurde durch die gesetzliche Verankerung weiterer Beseitigungs- und Unterlassungsansprüche für Verbände verstärkt (§ 32 EnWG). Allerdings konnten sich die Unionsparteien und die FDP mit ihrer Forderung nach einer Begrenzung der Rechtsansprüche der Verbraucherschutzverbände durchsetzen. Gegenüber dem EnWG-E 04/05 haben nämlich nur noch rechtsfähige Verbände zur Förderung gewerblicher oder selbständiger beruflicher Interessen einen Anspruch darauf, die Unterlassung von Verstößen gegen die Vorschriften des Netzanschlusses und -zugangs einzuklagen (§ 32 Abs. 2 EnWG).[584] Beibehalten wurde für die Wirtschaftsverbände aber der Anspruch auf Schadensersatz bei vorsätzlich diskriminierendem oder fahrlässigem Verhalten der Netzbetreiber (§ 32 Abs. 3 EnWG). Gänzlich unverändert blieb auch die Vorschrift zur Vorteilsabschöpfung durch die Regulierungsbehörde (§ 33 EnWG). Auf der Grundlage dieser Norm kann die Regulierungsbehörde die durch einen Gesetzesverstoß erlangten wirtschaftlichen Vorteile abschöpfen, soweit die Betroffenen ihre Schadensersatzansprüche nicht geltend machen. Auf Druck des Bundesrates wurden aber die geplanten Regelungen zur Vorteilsabschöpfung durch sonstige Verbände und Einrichtungen vollständig gestrichen (§ 34 EnWG).

Gegenüber dem EnWG-E 04/05 sind schließlich die Vorschriften zum Monitoring unverändert geblieben (§ 35 EnWG). Der Regulierungsbehörde wurden insgesamt zwölf Themenbereiche im Zusammenhang mit dem Netzanschluss und -zugang definiert, bei denen ein Monitoring wahrgenommen werden soll. Hierbei sind vorrangig zu nennen:

- Management und Zuweisung von Verbindungskapazitäten besonders in Bezug auf den internationalen Verbund,
- Mechanismen zur Behebung von Kapazitätsengpässen,
- Dauer der Herstellung von Anschlüssen und Reparaturen, Umsetzung der Entflechtungsvorgaben,
- Bedingungen und Tarife für den Anschluss neuer Elektrizitätserzeuger unter besonderer Berücksichtigung der Kosten und Vorteile einer dezentralen Stromerzeugung aus erneuerbaren Energien und KWK,

---

[583] Die Vorschrift dient der Umsetzung der *Art. 23 Abs. 8* Elt-Beschl-Rl bzw. *Art. 25 Abs. 8* Gas-Beschl-Rl und überführt die materiellen Regelungen des GWB in das EnWG.
[584] Eine entsprechende Befugnis für die Verbraucherschutzverbände wurde auf Druck des Bundesrates aus dem EnWG gestrichen (ehemals *§ 32 Abs. 2 Nr. 2* EnWG-E 04/05).

- Ausmaß von Transparenz und Wettbewerb (*§ 35 Abs. 1* EnWG).

Die Konkretisierung des Netzzugangs- und -nutzungsregimes im Elektrizitätssektor durch die Stromnetzzugangs- (StromNZV) und die Stromnetzentgeltverordnung (StromNEV)

Für eine Beschreibung des elektrizitätswirtschaftlichen Netzzugangs- und -nutzungsregime werden im Folgenden die zwei wichtigsten Verordnungen beschrieben, die bereits verabschiedet worden sind. Die „Verordnung über den Zugang zu den Elektrizitätsversorgungsnetzen", kurz Stromnetzzugangsverordnung (StromNZV), und die „Verordnung über die Entgelte für den Zugang zu Elektrizitätsversorgungsnetzen", kurz Stromnetzentgeltverordnung (StromNEV), wurden vom BMWA parallel zum EnWG-Gesetzgebungsverfahren entwickelt.

Die abschließende Fassung der StromNZV wurde am 25. Juli 2005 verabschiedet.[585] Allgemein regelt die StromNZV die vertraglichen Beziehungen des Netzzugangsregimes, also die Bedingungen von Einspeisungen elektrischer Energie sowie ihre zeitgleiche Entnahme an räumlich entfernten Entnahmestellen (*§ 1* StromNZV). In Anlehnung an *§ 20 Abs. 1 a* EnWG setzt *§ 3 i.V.m. §§ 23 bis 26* StromNZV das transaktionsunabhängige Punktmodell über den Anschluss von Netznutzungs- (*§ 24* StromNZV), Lieferantenrahmen- (*§ 25* StromNZV) und Bilanzkreisverträgen (*§ 26* StromNZV) um.[586] Damit fanden die früheren Rechtsbeziehungen zum Netzzugang aus der VV II plus ihre rechtliche Umsetzung. Der Systemwechsel vom verhandelten zum regulierten Netzzugang wurde besonders durch *§ 28* StromNZV vollzogen, der für die Regulierungsbehörde folgende Kompetenzen zur Gestaltung des Netzzugangsregimes definiert:

- „Zur Verwirklichung eines effizienten Netzzugangs [...] kann die Regulierungsbehörde weitere Festlegungen gegenüber Betreibern von Elektrizitätsversorgungsnetzen zur Vereinheitlichung der Vertragspflichten aus den in den *§§ 23 bis 26* genannten Verträgen treffen" (*§ 28 Abs. 1 S. 1* StromNZV). Sie kann die Netzbetreiber auffordern, innerhalb einer „angemessenen Frist einen Vorschlag für Standardangebote für Verträge nach den *§§ 23 bis 26* vorzulegen" und „kann in dieser Aufforderung Vorgaben für die Ausgestaltung einzelner Bedingungen machen" (*§ 28 Abs. 1 S. 2 u. 3* StromNZV).
- „Die Regulierungsbehörde prüft die vorgelegten Standardangebote und gibt tatsächlichen oder potentiellen Nachfragern sowie Betreibern von Elektrizitätsversorgungsnetzen in geeigneter Form Gelegenheit zur Stellungnahme" (*§ 28 Abs. 2* StromNZV).
- „Sie kann unter Berücksichtigung der Stellungnahmen Änderungen der Standardangebote vornehmen, insbesondere soweit Vorgaben für einzelne Bedingungen nicht umgesetzt worden sind. Sie kann Standardangebote mit einer Mindestlaufzeit versehen" (*§ 28 Abs. 3* StromNZV).

---

[585] Die Verordnung fasst weitestgehend Regelungen zusammen, die bereits die Verbändevereinbarungen zum Netzzugang und die von den Netzbetreibern hierzu entwickelten Dokumente (Transmission Code, Distribution Code) enthielten.

[586] Innerhalb einer Frist von sieben Arbeitstagen nach Eingang der Anforderung ist der Versorgungsnetzbetreiber verpflichtet, einem Netzzugangsberechtigten ein vollständiges und bindendes Angebot zur Netznutzung zu unterbreiten (*§ 23 Abs. 1* StromNZV). Die Versorgungsnetzbetreiber sind berechtigt, die von ihnen geschlossenen Verträge aus wichtigem Grund fristlos zu kündigen (*§ 23 Abs. 2 S. 1* StromNZV).

- „Die Regulierungsbehörde macht die Festlegungsentscheidungen in ihrem Amtsblatt öffentlich bekannt und veröffentlicht sie im Internet" (*§ 28 Abs. 4, S. 1* StromNZV).

In den geschilderten rechtlichen Einfluss- und Gestaltungsmöglichkeiten der Regulierungsbehörde zum Vertragsregime des Netzzugangs (Netznutzungs-, Lieferantenrahmen- und Bilanzkreisverträgen) spiegelt sich der Wechsel zum regulierten Netzzugangsregime wider. Die Regelungen dienen dem Ziel, die Potentiale eines nicht-diskriminierenden Netzzugangs über eine Vereinheitlichung des Vertragsregimes umfänglich zu erschließen.

In Verbindung mit der untergesetzlichen Ausgestaltung des Netzzugangsregimes ist schließlich *§ 14* StromNZV von wichtiger Bedeutung, der die Pflichten der Netzbetreiber bei einem Lieferantenwechsel definiert. Danach ist der Wechsel von Entnahmestellen zu anderen Lieferanten „nur zum Ende eines Kalendermonats durch An- und Abmeldung bei dem Betreiber von Elektrizitätsversorgungsnetzen, an dessen Netz die Entnahmestelle angeschlossen ist, möglich" (*§ 14 Abs. 1* StromNZV). Weitere Vorschriften regeln die Mitteilungspflichten des bisherigen Lieferanten gegenüber dem Netzbetreiber und dem neuen Lieferanten sowie die Mitteilungspflichten des neuen Lieferanten gegenüber dem Netzbetreiber (*§ 14 Abs. 2 u. 3* StromNZV). Schließlich werden die mitzuteilenden Daten zur Entnahmestelle definiert, die bei einem Lieferantenwechsel anzugeben sind (*§ 14 Abs. 4* StromNZV: z.B. Zählpunkt, Zählernummer, Name und Adresse des Kunden, etc.). Weitere wichtige Pflichten der ÜNB werden zum Engpassmanagement (*§ 15* StromNZV), zu den allgemeinen Zusammenarbeitspflichten mit anderen Netzbetreibern (*§ 16* StromNZV) und zu den Veröffentlichungspflichten (*§ 17* StromNZV) bestimmt.

Darüber hinaus regelt die StromNZV weitere technische Fragen des Netzzugangs. Z.B. schreibt *§ 4* StromNZV die Bildung von Bilanzkreisen (BKV) durch die Netznutzer (*Abs. 1, 3 und 4*) und die Bestimmung eines BKV durch die bilanzkreisbildenden Netznutzer gegenüber dem zuständigen ÜNB vor (*Abs. 2*). Nach der Bestimmung näherer Grundsätze zur Fahrplanabwicklung und dem untertäglichen Handel (*§ 5* StromNZV) regelt die Verordnung in einem eigenen Abschnitt zu den „Ausgleichsleistungen" (*§§ 6 bis 11* StromNZV) die genauere Ausgestaltung des Regelenergiemarktes. Danach sind die ÜNB verpflichtet, „die jeweilige Regelenergieart im Rahmen einer gemeinsamen regelzonenübergreifenden anonymisierten Ausschreibung über eine Internetplattform zu beschaffen" (*§ 6 Abs. 1* StromNZV).[587] Außerdem wird es den ÜNB ermöglicht, „einen technisch notwendigen Anteil an Regelenergie aus Kraftwerken in ihrer Regelzone auszuschreiben, soweit dies zur Gewährleistung der Versorgungssicherheit in ihrer jeweiligen Regelzone [...] erforderlich ist" (*§ 6 Abs. 2* StromNZV). Zusätzlich sind die verschiedenen Regelenergiearten „entsprechend den Ausschreibungsergebnissen beginnend mit dem jeweils günstigsten Angebot" von den jeweiligen ÜNB einzusetzen (*§ 7* StromNZV). Weiter wird die Abrechnung der verschiedenen Arten von Regelenergie als eigene Systemdienstleistung definiert, die den Netznutzern in Rechnung zu stellen ist (*§ 8 Abs. 1* StromNZV). Die zeitbezogene Kalkulation der Regelenergiemengen über das Bilanzkreismanagement wird vorgeschrieben (*§ 8 Abs. 2* StromNZV).

---

[587] Mit der allgemeinen Ausschreibungspflicht von Regelenergie sind frühere Forderungen der MK umgesetzt worden (s.S. 318ff.). Die vier ÜNB EnBW Transportnetze AG, E.ON Netz GmbH, RWE Transportnetz Strom GmbH und Vattenfall Europe Transmission GmbH haben die Plattform unter der folgenden Internetadresse eingerichtet: www.regelleistung.net.

Für die Bewertung der tatsächlichen Kosten der Regelenergiebeschaffung kommt der Vorschrift zur „Transparenz der Beschaffung, Ausschreibung und Inanspruchnahme von Regelenergie" (§ 9 StromNZV) große Bedeutung zu. Die ÜNB werden dazu verpflichtet,

- „die Ausschreibungsergebnisse in einem einheitlichen Format getrennt nach Primärregelung, Sekundärregelung und Minutenreserve sowie der sonstigen Regelenergieprodukte der Regulierungsbehörde auf Anforderung unverzüglich zur Verfügung zu stellen sowie nach Ablauf von zwei Wochen auf ihrer Internetseite in anonymisierter Form zu veröffentlichen und dort für drei Jahre verfügbar zu halten. Hierbei ist insbesondere der Preis des Grenzanbieters zu veröffentlichen" (§ 9 Abs. 1 StromNZV).
- Auf einer gemeinsamen Internetplattform für jede Ausschreibung eine gemeinsame Angebotskurve zu veröffentlichen (§ 9 Abs. 2 StromNZV).

Darüber hinaus müssen die Netzbetreiber „Verlustenergie in einem marktorientierten, transparenten und diskriminierungsfreien Verfahren" beschaffen (§ 10 Abs. 1 S. 1 StromNZV). Soweit nicht wesentliche Gründe entgegenstehen, sind hierfür Ausschreibungsverfahren durchzuführen (§ 10 Abs. 1 S. 2 StromNZV).[588] Von der Ausschreibungspflicht ausgenommen sind Betreiber, an deren Verteilernetz weniger als 100.000 Kunden angeschlossen sind (§ 10 Abs. 1 S. 3 StromNZV). Zusätzlich wird den Versorgungsnetzbetreibern die Verpflichtung auferlegt, einen gesonderten Bilanzkreis zu führen, „der ausschließlich den Ausgleich von Verlustenergie umfasst" (§ 10 Abs. 2 StromNZV).[589] Die besondere Bedeutung StromNZV für den Ausbau erneuerbarer Energien spiegelt sich schließlich in der Verpflichtung der Netzbetreiber wider, „einen Bilanzkreis zu führen, der ausschließlich Energien nach dem EEG von Einspeisern im Netzgebiet zur Durchleitung an den Bilanzkreis für Energien nach dem EEG der Betreiber von Übertragungsnetzen aufweist"(§ 11 StromNZV).[590] Gegenüber der StromNZV konkretisiert die StromNEV die Vorgaben zur kostenorientierten Entgeltkalkulation der Netznutzungsentgelte (besonders §§ 4 bis 21 StromNEV). Zur Entgeltermittlung ist zwischen Alt- und Neuanlagen zu differenzieren. Als Neuanlage wird definiert, wenn diese seit dem 01. Januar 2006 in Betrieb ist (§ 6 Abs. 1 StromNEV). Bei der kostenorientierten Entgeltermittlung zur Netznutzung setzte sich die Bundesratsmehrheit mit ihrer Forderung durch, das Prinzip der NSE nur noch bei Altanlagen anzuwenden, während für Neuanlagen das Prinzip der RKE gilt. Die Bemessung einer angemessenen Verzinsung bei der Kalkulation der Netzzugangsentgelte (§ 21 Abs. 2 EnWG) wurde wie folgt konkretisiert (§ 7 Abs. 6 StromNEV): Bis zum Beginn einer Anreizregulierung wird den Netzbetreibern für Altanlagen eine Verzinsung von 6,5 Prozent und für Neuanlagen von 7,91 Prozent (jeweils vor Steuern) garantiert. Die im Gesetzgebungsverfahren von der konventionellen Energiewirtschaft verlangte Anrechnung der Körperschaftssteuer wurde nicht berücksichtigt. Mit der Einführung der Anreizregulierung wird die Regulierungsbehörde den erforderlichen Eigenkapitalzinssatz festlegen (§ 7 Abs. 6 StromNEV). Außer-

---

[588] Gemäß StromNZV liegt ein wesentlicher Grund z.B. dann vor, wenn die Kosten der Ausschreibungsverfahren in einem unangemessenen Verhältnis zu ihrem Nutzen stehen.

[589] Auch in diesem Fall gilt die „De-Minimis-Regel", so dass Verteilnetzbetreiber mit weniger 100.000 Kunden von dieser Verpflichtung ausgenommen werden (§ 10 Abs. 2 S. 2 StromNZV).

[590] Die „De-Minimis-Regelung" gilt entsprechend.

dem wird das Verfahren für einen Vergleich der Stromnetzentgelte verschiedener Versorgungsnetzbetreiber spezifiziert (*§§ 22 bis 26* StromNEV). Hierzu ist die Bildung von sechs Strukturklassen pro Spannungsebene vorgesehen, die wiederum nach der Absatzdichte der Netz- und Umspannebene und der Lage des Netzes in den alten oder neuen Bundesländern differenziert (Kühne/Brodowski 2005, 853).[591]

EnWG-Bestimmungen zu „Energielieferung an Letztverbraucher", „Planfeststellung, Wegenutzung", „Sicherheit und Zuverlässigkeit der Energieversorgung" (Teil 4 bis 6)

Der Teil 4 „Energielieferung an Letztverbraucher" der abschließenden Einigung zum EnWG betraf die im Gesetzgebungsverfahren umstrittenen Normen zur Grundversorgungspflicht (*§ 36* EnWG), zur Ersatzversorgung mit Energie (*§ 38* EnWG), zu den allgemeinen Preisen und Versorgungsbedingungen (*§ 39* EnWG) sowie zur Stromkennzeichnung und den Transparenzpflichten (*§ 42* EnWG). Weil die Vorschriften zu Teil 5 „Planfeststellung, Wegenutzung" weitgehend unstrittig waren, werden diese nur kurz beschrieben. Zum abschließenden Kompromiss bei Teil 6 „Sicherheit und Zuverlässigkeit der Energieversorgung" wird näher auf die Fragen des Monitorings der Versorgungssicherheit (*§ 51* EnWG), die Meldepflichten bei Versorgungsstörungen (*§ 52* EnWG) und die Ausschreibung neuer Erzeugungskapazitäten im Elektrizitätsbereich (*§ 53* EnWG) einzugehen sein.

Bei der Norm zur Grundversorgungspflicht wurden wesentliche Forderungen des VKU nicht umgesetzt. Neben der Verpflichtung des Grundversorgers, allgemeine Bedingungen und Preise für die Versorgung im Niederspannungs- und Niederdruckbereich öffentlich bekanntzugeben und zu diesen Bedingungen und Preisen jeden Haushaltskunden zu versorgen (§ 36 Abs. 1 EnWG), wurde die Regelung beschlossen, nach der dasjenige Versorgungsunternehmen für die Grundversorgung zuständig ist, das „die meisten Haushaltskunden in einem Netzgebiet der allgemeinen Versorgung beliefert" (*§ 36 Abs. 2* EnWG). Der Netzbetreiber der allgemeinen Versorgung muss künftig alle drei Jahre den Grundversorger mittels Kundenzählung empirisch ermitteln, das Ergebnis veröffentlichen und der Landesenergieaufsicht mitteilen (*§ 36 Abs. 2* EnWG).[592] Die durch den Ausschluss von der Grundversorgung beanstandete Diskriminierung von Anlagen zur Stromerzeugung aus erneuerbaren Energien und KWK blieb ebenfalls unverändert (*§ 37 Abs. 1* EnWG).[593] Bei der Ersatzversorgung mit Energie ist es bei der kundenfreundlichen Regelung geblieben, nach der für Haushaltskunden die Preise nicht die des Grundversorgertarifs übersteigen dürfen. Außerdem wurde die Regelung bestätigt, dass das Rechtverhältnis einer Ersatzversorgung spätestens drei Monate nach ihrer Aufnahme beendet werden muss.

Schließlich enthält das EnWG eine Ermächtigungsgrundlage für den Bundesgesetzgeber, die Strompreise und die Versorgungsbedingungen für Haushaltskunden durch Rechtsverordnungen zu regeln (*§ 39* EnWG). Hierbei können Bestimmungen über den Inhalt und den Aufbau der allgemeinen Preise und die tariflichen Rechte und Pflichten der Versorgungsunternehmen und der Kunden geregelt werden. Die bisherige BTOElt wird hierzu am 02.07.2007 außer Kraft treten (*Art. 5 Abs. 3* EnWG-Neuregelungsgesetz). Der früher vorge-

---

[591] Damit fand das unter dem Regime der Verbändevereinbarung entwickelte Strukturklassenkonzept seine rechtliche Verankerung.

[592] Der VKU befürchtet hier einen erheblichen administrativen Aufwand für kleine und mittlere VNB.

[593] Die betreffenden Forderungen von BEE und Greenpeace wurden also nicht umgesetzt.

sehene § 40 zur „Besonderen Missbrauchsaufsicht nach Landesrecht zuständigen Behörde" ist endgültig entfallen.

Umfassende Änderungen gab es beim abschließenden Kompromiss im Vermittlungsausschuss auch bei den Verpflichtungen zur Stromkennzeichnung und Transparenz auf den Stromrechnungen (§ 42 EnWG). Auch hier konnten sich CDU/CSU und FDP in Übereinstimmung mit Forderungen des VDEW und des VKU nach einer Reduzierung der Informationspflichten und somit entgegen den Forderungen von Bündnis 90/Die Grünen sowie ihnen nahe stehenden Verbänden (BEE, Greenpeace) durchsetzen. Entfallen sind die vormals vorgesehenen Verpflichtungen, die einem Energieträger nicht eindeutig zuzuordnende Erzeugungsmenge als unbestimmt auszuweisen und den Anteil des KWK-Stroms an der gesamten letztjährigen Elektrizitätsbelieferung anzugeben. Gestrichen wurde außerdem die Verpflichtung, auf den Kundenrechnungen die Stromsteuer, die Umlagen nach EEG und KWK-G sowie die Konzessionsabgaben gesondert auszuweisen (ehemaliger § 42 Abs. 6 EnWG-E 04/05). Die folgende Übersicht veranschaulicht die wichtigsten Änderungen in den Gesetzesteilen 4 bis 6.

Tabelle 25: Die wichtigsten Regelungen des EnWG im Überblick (Teil 4)

Teil 4	„Energielieferung an Letztverbraucher"	
§ 36 Grundversorgungspflicht		
Abs. 1	Verpflichtung des Grundversorgers, Allgemeine Bedingungen und Preise für die Versorgung in Niederspannung und -druck zu veröffentlichen und zu diesen Bedingungen und Preisen jeden Haushaltskunden zu versorgen	
Abs. 2	Zuständigkeit für die Grundversorgung für das Unternehmen, das die meisten Haushaltskunden in einem Netzgebiet der allgemeinen Versorgung beliefert	Nicht umgesetzt: VKU-Forderung
§37 Ausnahmen von der Grundversorgungspflicht		
Abs. 1	Ausschluss eines Anspruchs auf Grundversorgung für Eigenanlagen	Nicht umgesetzt: Forderung von BEE und Greenpeace
§ 38 Ersatzversorgung mit Energie		
Abs. 1	Preise für Ersatzversorgung von Haushaltskunden dürfen die Preise des Grundversorgertarifs nicht überschreiten	Nicht umgesetzt: Gegenteilige Forderung VDEW, VKU
Abs. 2	Beendigung des Rechtsverhältnisses einer Ersatzversorgung spätestens drei Monate nach Beginn der Ersatzenergieversorgung	Nicht umgesetzt: Forderung VDEW, VKU

(Fortsetzung nächste Seite)

Tabelle 25 (Fortsetzung): Die wichtigsten EnWG-Regelungen im Überblick (Teil 4)

§ 39 Allgemeine Preise und Versorgungsbedingungen		
Abs. 1	Verordnungsermächtigung des Bundesgesetzgebers, mit Zustimmung des Bundesrates die Gestaltung der Allgemeinen Preise des Grundversorgers zu regeln	
Abs. 2	Verordnungsermächtigung des Bundesgesetzgebers, mit Zustimmung des Bundesrates die allgemeinen Bedingungen für die Belieferung von Haushaltskunden im Niederspannungs- und Niederdruckbereich zu gestalten	
§ 42 Stromkennzeichnung, Transparenz der Stromrechnungen		
Abs. 1	Informationspflichten gegenüber Verbrauchern bei Rechnungen und Werbematerial: Anteil einzelner Energieträger am Gesamtenergiemix (Kernkraft, fossile und sonstige Energieträger, Erneuerbare Energien); Informationen über die Umweltauswirkungen zumindest in Bezug auf die CO_2-Emissionen und radioaktiven Abfall (allerdings keine Angaben zu den Mengeneinheiten)	Umgesetzt: Ford. Bundesrat, VDEW und VKU; Nicht umgesetzt Ford. BEE, Greenpeace
Abs. 6	Gesonderte Ausweisung der Entgelte für den Netzzugang	
Abs. 7	Verordnungsermächtigung der Bundesregierung, unter Zustimmung des Bundesrates Vorgaben zur Darstellung der Informationen sowie den Methoden ihrer Erhebung und die Weitergabe von Daten festzulegen	

Quelle: Eigene Darstellung.

In Teil 5 zu „Planfeststellung und Wegenutzung" gab es lediglich insoweit eine abschließende Änderung, indem die Gemeinden nunmehr verpflichtet werden, Konzessionsverträgen mit Energieversorgungsunternehmen bei ihrer vorzeitig beabsichtigten Verlängerung mit sofortiger Wirkung zu beenden und das Vertragsende öffentlich bekannt zu geben. Neue Vertragsabschlüsse dürfen frühestens drei Monate nach Bekanntgabe der vorzeitigen Beendigung erfolgen (*§ 46 Abs. 3* EnWG). Das Ziel dieser Gesetzesänderung bestand darin, den Wettbewerb um Konzessionen auf der VNB-Ebene zu intensivieren. Weitgehend unstrittig waren die Regelungen zu den Konzessionsabgaben (*§ 48* EnWG). Hervorhebenswert ist aber die Verordnungsermächtigung für die Bundesregierung, mit Zustimmung des Bundesrats die Zulässigkeit und Bemessung der Konzessionsabgaben zu regeln (*§ 48 Abs. 2* EnWG).

In Teil 6 zur „Sicherheit und Zuverlässigkeit der Energieversorgung" wurden die Anforderungen an die technische Sicherheit von Energieanlagen spezifiziert (*§ 49* EnWG). Während für konventionelle Anlagen die Einhaltung der allgemein anerkannten Regeln der Technik vermutet wird, soweit die technischen Regeln der jeweils zuständigen Verbände eingehalten werden (*§ 49 Abs. 2* EnWG),[594] wird für die erneuerbaren Energien in *Abs. 4* eine Verordnungsermächtigung für die Bundesregierung definiert, um Anforderungen an die technische Sicherheit derartiger Anlagen zu erlassen. Als Verordnungsgeber wird das

---

[594] Als zuständie Verbände sind zu nennen: Verband der Elektrotechnik, Elektronik und Informationstechnik e.V. und Deutsche Vereinigung des Gas- und Wasserfachs e. V.

Bundeswirtschaftsministerium vorgesehen, das eine solche Verordnung im Einvernehmen mit dem Bundesumweltministerium verabschieden soll. Gegenüber früheren EnWG-Entwürfen wurden auch die Aufsichtsbefugnisse der nach Landesrecht zuständigen Behörden zurückgenommen. Danach kann die zuständige Behörde „im Einzelfall die zur Sicherstellung der Anforderungen an die technische Sicherheit von Energieanlagen erforderlichen Maßnahmen treffen" (§ 49 Abs. 5 EnWG). Neben einem Auskunftsrecht für die Landesbehörden über die technischen und wirtschaftlichen Verhältnisse der Energieanlagenbetreiber (§ 49 Abs. 6 EnWG) wird außerdem ein Betretungs- und Überprüfungsrecht der nach Landesrecht zuständigen Behördenmitarbeiter definiert (§ 49 Abs. 7 EnWG).

Die zentrale Norm zur Sicherung der Energieversorgung (§ 50 EnWG) ermächtigt die Bundesregierung, unter Zustimmung des Bundesrates durch Rechtsverordnung die Energieversorger zu verpflichten, erforderliche Brennstoffe insoweit auf Vorrat zu halten, um über 30 Tage die Abgabeverpflichtungen an Elektrizität oder Gas zu decken.[595] Schließlich wird die Zuständigkeit des Bundeswirtschaftsministeriums für das Monitoring der Versorgungssicherheit im Bereich der leitungsgebundenen Versorgung mit Elektrizität und Gas geregelt (§ 51 EnWG). Darüber hinaus werden die Netzbetreiber verpflichtet, bis zum 30. Juni eines Jahres einen detaillierten Bericht über alle in ihrem Netz im letzten Kalenderjahr aufgetretenen Versorgungsunterbrechungen vorzulegen (§ 52 Abs. 1 EnWG). Unberücksichtigt blieb die Kritik des BEE zur Ausschreibung neuer Erzeugungskapazitäten im Elektrizitätsbereich im Fall einer sich abzeichnenden Gefährdung der Versorgungssicherheit (§ 53 EnWG). Außerdem hatte der Verband klarere Regelungen zu den Zuständigkeiten bei erforderlichen Notmaßnahmen gefordert. Stattdessen blieb es bei einer vage formulierten Verordnungsermächtigung der Bundesregierung, im Fall des Vorliegens einer Versorgungsgefährdung ein Ausschreibungsverfahren für neue Erzeugungskapazitäten zu regeln.

Die wichtigsten EnWG-Bestimmungen zu „Behörden", „Verfahren", „Sonstige Vorschriften" und „Evaluierung, Sonstige Vorschriften" (Teile 7 bis 10)

Abschließend sind die wichtigsten Bestimmungen zu den Teilen 7 bis 10 des EnWG („Behörden", „Verfahren" und „Sonstige Vorschriften") darzustellen. Zunächst wird in den „Allgemeinen Vorschriften" zu den „Behörden" (§§ 54 bis 58 EnWG) die allgemeine Zuständigkeit der neuen Regulierungsbehörde, die als „Bundesnetzagentur für Elektrizität, Gas, Telekommunikation, Post und Eisenbahnen (BNetzA)" bezeichnet wird (§ 54 Abs. 1 EnbWG), sowie der Landesregulierungsbehörden geregelt (§ 55 EnWG). Die genaue Organisation und Aufgabenwahrnehmung der neuen oberen Bundesbehörde wird abschließend in einem eigenen Organisationsgesetz geregelt (Art. 2 NeuregelungsG). Mit der EnWG-Verabschiedung wurde das Organisationsgesetz der bisherigen Regulierungsbehörde für Telekommunikation und Post in ein „Gesetz über die Bundesnetzagentur für Elektrizität, Gas, Telekommunikation, Post und Eisenbahnen" (BGBl. I S. 1970, 2009), kurz BNetzAG, erweitert. Genauere Ausführungen hierzu finden sich in diesem Abschnitt an späterer Stelle.

Das EnWG definiert zunächst eine Regelzuständigkeit für die Landesregulierungsbehörden, wenn an das Elektrizitäts- und Gasverteilernetz bei den zu regulierenden Energie-

---

[595] Zusätzlich wird die Bundesregierung ermächtigt, Vorschriften über die Freistellung von einer solchen Vorratspflicht und ihrer Verlängerung zu erlassen.

versorgungsunternehmen jeweils weniger als 100.000 Kunden angeschlossen sind und die betreffenden Versorgungsnetze nicht über die Landesgrenzen hinausreichen (*§ 54 Abs. 2 S. 1 und 2 EnWG*).[596] Ein Aufgabenkatalog regelt die genauen Zuständigkeiten der Landesregulierungsbehörden näher (*§ 54 Abs. 2 S. 1 EnWG*). Danach obliegen ihnen die folgenden Aufgaben:

- Entgeltgenehmigung für den Netzzugang nach *§ 23 a EnWG;*
- Genehmigung/Festlegung der Netzzugangsentgelte im Wege einer Anreizregulierung nach *§ 21 a EnWG;*
- Genehmigung/Untersagung individueller Netzzugangsentgelte (sog. „Sonderfälle") auf der Grundlage einer nach *§ 24 Satz 1 Nr. 3 EnWG* erlassenen Rechtsverordnung;
- Überwachung der Entflechtungsvorschriften nach *§ 6 Abs. 1* und *§§ 7 bis 10 EnWG;*
- Überwachung der Vorschriften zur Systemverantwortung nach *§§ 14 bis 16 a EnWG;*
- Teilweise Überwachung der Vorschriften zum Netzanschluss nach *§§ 17, 18 EnWG;*
- Überwachung der technischen Vorschriften nach *§ 19 EnWG;*
- Missbrauchsaufsicht nach *§§ 30, 31 EnWG* sowie Vorteilsabschöpfung nach *§ 33 EnWG;*
- Entscheidung zum Vorliegen von Arealnetzen nach *§ 110 Abs. 4 EnWG.*

Damit wurden die Forderungen des Bundesrates zu einer Nennung der Landesregulierungsbehörden und einer Bestimmung ihrer genauen Zuständigkeiten im EnWG umgesetzt. Gleichzeitig wurde die Gründung einer ausgeprägten zentralisierten Großbehörde abgewendet. Für die künftige Regulierung der Infrastrukturnetze in Deutschland wurde die föderale Regulierungsvariante durchgesetzt.

Die weiteren Bestimmungen zu den „Allgemeinen Vorschriften" bei den Behörden legen zum einen gegenseitige Informationspflichten zwischen der BNetzA und den Landesregulierungsbehörden fest (*§ 55 EnWG*). Zum anderen wird die Zuständigkeit für die EU-VO über den grenzüberschreitenden Stromhandel (EG-VO Nr. 1228/2003) auf die BNetzA übertragen (*§ 56 EnWG*). Neben einer Vorschrift zur Zusammenarbeit mit Regulierungsbehörden anderer Mitgliedstaaten und der Europäischen Kommission *(§ 57 EnWG)* wird schließlich die Zusammenarbeit mit den Kartellbehörden geregelt (*§ 58 EnWG*).[597] Neben konkreten Zusammenarbeitspflichten zwischen den Kartellbehörden und der BNetzA (*§ 58 Abs. 2 EnWG*) werden beide Akteure explizit „auf eine einheitliche und den Zusammenhang mit dem GWB wahrende Auslegung dieses Gesetzes [EnWG, Verfasser] hin[wirken] (*§ 58 Abs. 3 EnWG*)". Schließlich sollen die BNetzA und die Kartellbehörden „unabhängig von der jeweils gewählten Verfahrensart untereinander Informationen einschließlich perso-

---

[596] Größere, tendenziell marktbeherrschende Unternehmen werden damit der Bundesaufsicht unterworfen.

[597] Die BkartA-Kritik wurde berücksichtigt, in Fragen einer wettbewerbsrechtlichen Freistellung neuer grenzüberschreitender Verbindungsleitungen (*§ 56 EnWG i.V.m. Art. 7 Abs. 1 lit. a EU-VO Nr. 1228/2003*) und einer Abweichung vom Grundsatz der Kostenorientierung bei der Netzentgeltregulierung (*§ 24 S. 2 Nr. 5 EnWG*) ein Einvernehmen zwischen beiden Behörden vorzuschreiben. Ferner ist in bestimmten Fällen zwischen beiden Behörden ein Einvernehmen erforderlich, in denen die BNetzA die Unterlassung eines aus ihrer Sicht rechtswidrigen Verhaltens eines Netzbetreibers fordert (Rechtgrundlage *§ 65 EnWG*). Die Voraussetzung eines Einvernehmens gilt hier für die Entflechtungsbestimmungen gegenüber dem Verpflichteten (*§§ 6 bis 10 EnWG*), in Fragen der Weigerung eines Zugangs zu den Gasnetzen (*§ 25 S. 2 EnWG*) und bei der Freistellung von internationalen (Gas-)Verbindungsleitungen von den Netzzugangsbestimmungen (*§ 28 a Abs. 3 EnWG*).

nenbezogener Daten und Betriebs- und Geschäftsgeheimnisse austauschen, soweit dies zur Erfüllung ihrer jeweiligen Aufgaben erforderlich ist [...]" (*§ 58 Abs. 4* EnWG).[598]

Der Abschnitt 2 in Teil 7 des EnWG enthält die Vorschriften für die Bundesbehörden zur Regulierung der leitungsgebundenen Elektrizitäts- und Gasversorgung. Es wird zunächst festgelegt, dass innerhalb der BNetzA die relevanten Entscheidungen von Beschlusskammern getroffen werden (*§ 59 Abs. 1* EnWG). Um die Unabhängigkeit der BNetzA gegenüber wirtschaftlicher Einflussnahme zu sichern, dürfen die Mitglieder der Beschlusskammern „weder ein Unternehmen der Energiewirtschaft innehaben oder leiten noch dürfen sie Mitglied des Vorstands oder Aufsichtsrates eines Unternehmens der Energiewirtschaft sein" (*§ 59 Abs. 3* EnWG). Die Kritik des BEE nach einer schärferen Fassung der Vorschrift in Umsetzung von *Art. 23 S. 2* Elt-Beschl-Rl, nach der die Behörde von den Interessen der Elektrizitätswirtschaft „vollkommen unabhängig" sein müsse, wurde nicht umgesetzt (s.S. 480f.). Das Unabhängigkeitserfordernis bleibt mit der gewählten Gesetzesformulierung auf die Mitglieder der Beschlusskammern beschränkt.

In diesem Kontext regelt das BNetzAG über elf Paragrafen die Organisation und die Verfahren der BNetzA. Neben Vorschriften zur Rechtsform (*§ 1* BNetzAG), den Aufgaben und Tätigkeiten (*§ 2* BNetzAG) werden als wichtigste Organe der Präsident/die Präsidentin genannt genannt (*§ 3* BNetzAG). Außerdem wird bestimmt, dass die BNetzA eine selbständige Bundesoberbehörde im Geschäftsbereich des Bundesministeriums für Wirtschaft und Technologie ist.

Weitere wichtige Bestimmungen betreffen den Beirat (*§ 5* BNetzAG), der sich paritätisch aus je sechzehn Vertretern des Bundestages und des Bundesrates zusammensetzt. Der Beirat wird für die Dauer einer Legislaturperiode des Deutschen Bundestages berufen und wählt nach Maßgabe seiner Geschäftsordnung einen Vorsitzenden und ein stellvertretendes vorsitzendes Mitglied (*§ 6 Abs. 2* BNetzAG). Der Beirat soll mindestens einmal im Vierteljahr zu einer Sitzung zusammentreten, die auf Antrag der BNetzA oder mindestens von drei Mitgliedern des Beirats anberaumt wird (*§ 6 Abs. 5* BNetzAG). Die ordentlichen Sitzungen sind nicht öffentlich (*§ 6 Abs. 6* BNetzAG). Die Aufgaben des Beirats leiten sich aus *§ 60* EnWG ab (*§ 7* BNetzAG), z.B. die Beratung der BNetzA bei der Erstellung der Berichte nach *§ 63 Abs. 3 bis 5* EnWG.[599] Außerdem ist der Beirat berechtigt, gegenüber der BNetzA Auskünfte und Stellungnahmen einzuholen. Allgemein bleiben die Kompetenzen des Beirats auf das Innenverhältnis beschränkt und betreffen Beratungs-, Mitwirkungs-, Auskunfts- und Vorschlagsrechte.

Ferner regelt sowohl das EnWG als auch das BNetzAG die Aufgaben und die Einrichtung eines Länderausschusses (*§ 60 a* EnWG, *§ 8* BNetzAG). Das Organ des Länderausschusses „dient der Abstimmung zwischen der Bundesnetzagentur und den Landesregulierungsbehörden mit dem Ziel der Sicherstellung eines bundeseinheitlichen Vollzugs" (*§ 60 a*

Die Forderung von VDEW und VKU nach einer ergänzenden Regelung blieb damit unberücksichtigt, dass bei der Kooperation zwischen den Kartellbehörden und der Regulierungsbehörde vertrauliche Angaben einschließlich Betriebs- und Geschäftsgeheimnissen „nur mit Zustimmung des Unternehmens übermittelt werden [dürfen], das diese Angaben vorgelegt hat" (*§ 58 Abs. 4 S. 2* EnWG neu).

[599] Folgende Berichte sind betroffen: Zweijährlich erscheinender Bericht über die Tätigkeit der BNetzA sowie die Lage und Entwicklung in ihrem gesetzlichen Aufgabengebiet (*§ 63 Abs. 3* EnWG), jährlicher Bericht über das Ergebnis der Monitoring-Tätigkeiten der BNetzA gemäß § 35 (*§ 63 Abs. 4* EnWG), Bericht gegenüber der Europäischen Kommission über Marktbeherrschung, Verdrängungspraktiken und wettbewerbsfeindlichem Verhalten im Bereich der leitungsgebundenen Energieversorgung (*§ 63 Abs. 5* EnWG).

Abs. 1 EnWG). Dem Länderausschuss ist vor dem Erlass von Allgemeinverfügungen, besonders von Festlegungen über die Bedingungen und Methoden des Netzanschlusses und -zugangs und den sonstigen Verfügungen zur Entflechtung und Regulierung des Netzbetriebs Gelegenheit zur Stellungnahme zu geben (*§ 60 a Abs. 2* EnWG). Der Länderausschuss darf in den genannten Fragen Auskünfte und Stellungnahmen von der BNetzA einholen (*§ 60 a Abs. 3* EnWG). Im BNetzAG werden auch die Organisation und Verfahren des Länderausschusses genauer definiert. Der Länderausschuss setzt sich aus jeweils einem Vertreter der Landesregulierungsbehörden zusammen (*§ 8* BNetzAG). Wie der Beirat, gibt sich auch der Länderausschuss eine Geschäftsordnung (*§ 9 Abs. 1* BNetzAG) und wählt aus seiner Mitte ein vorsitzendes und ein stellvertretendes vorsitzendes Mitglied (*§ 9 Abs. 2* BNetzAG). Neben Vorschriften zur Beschlussfähigkeit des Länderausschusses (*§ 9 Abs. 4* BNetzAG) wird bestimmt, dass der Ausschuss mindestens einmal im Jahr zu einer Sitzung zusammentreten soll (*§ 9 Abs. 5* BNetzAG).[600]

In den Vorschriften des Abschnitts 2 zu den Behörden werden weitere Vorgaben zur wissenschaftlichen Begutachtung der Wettbewerbssituation auf dem deutschen Energiesektor gesetzlich geregelt. Zum einen wird die gutachterliche Tätigkeit der MK gesetzlich festgeschrieben (*§ 62* EnWG), zum anderen wird das Bundesministerium für Wirtschaft und die BNetzA zur Veröffentlichung weiterer Berichte verpflichtet (*§ 63* EnWG).[601] Der BNetzA wird außerdem zugesichert, dass sie „zur Vorbereitung ihrer Entscheidungen oder zur Begutachtung von Fragen der Regulierung wissenschaftliche Kommissionen einsetzen" (*§ 64 Abs. 1* EnWG) bzw. „sich bei der Erfüllung ihrer Aufgaben fortlaufend wissenschaftlicher Unterstützung bedienen" (*§ 64 Abs. 2* EnWG) kann.

In Teil 8 des Gesetzes werden die Verfahren zur Regulierung der Energiewirtschaft geregelt (*§§ 65 bis 108* EnWG). Zunächst wird für die Regulierungsbehörden die Rechtsgrundlage definiert, Unternehmen zu verpflichten, „ein Verhalten abzustellen", wenn es den gesetzlichen Bestimmungen des EnWG und den aus ihm hervorgehenden Rechtsvorschriften entgegensteht (*§ 65 Abs. 1* EnWG). Ferner werden die Einleitung von Verfahren (Einleitung eines Vefahrens „von Amts wegen oder auf Antrag") sowie die daran zu beteiligenden Akteure definiert (*§ 66* EnWG). Darüber hinaus werden die Beteiligungsrechte der Betroffenen, die Modalitäten zur Einleitung des Verfahrens und der Ablauf von mündlichen Anhörungen gesetzlich bestimmt (*§ 67* EnWG). Für die Regulierungsbehörden werden verschiedene Instrumente definiert, um bei Verdacht gegen Gesetzesverstöße vorzugehen.

---

[600] Nach der Entscheidung für ein föderal organisiertes Regulierungsregime wurde die Einrichtung des Beirats und des Länderausschusses im Umfeld der BNetzA kritisiert. Aus der paritätischen Besetzung des Beirats mit Vertretern des Bundestages und des Bundesrates entstünde ein politisches Lekungsgremium, das mit der Unabhängigkeit hoheitlicher Regulierungsarbeit nicht zu vereinbaren wäre (Schmidt 2006, 909). Die genannten Gremien evozierten einen erhöhten Abstimmungs- und damit Ressourcenbedarf und widersprächen dem Ziel des Bürokratieabbaus. Außerdem stiege die Gefahr einer von Länderinteressen geleiteten divergierenden Regulierungspraxis (Schmidt 2006, 907). Bei dieser Argumentation bleiben jedoch die Vorteile der langjährigen Aufsichtserfahrung der Länder gegenüber den Energieversorgern, welche über diese institutionalisierten Formen der Gremienarbeit in die Entwicklung des künftigen Regulierungsregimes einfliessen können, nicht berücksichtigt. Außerdem sind die Rechte der genannten Organe im EnWG relativ klar definiert. Die Gefahr einer unmittelbaren „politischen Lenkung" der Tätigkeit der BNetzA ist aus den erwähnten Rechten zur Stellungnahme sowie den Auskunfts- und Informationsrechten nicht ersichtlich.
[601] Neben den bereits in Fußnote 599 genannten Berichtspflichten sind die Berichte über das Monitoring der Versorgungssicherheit nach *§ 51* EnWG zu nennen. Das Bundesministerium für Wirtschaft ist verpflichtet, für den Bereich der Elektrizitätsversorgung alle zwei Jahre Bericht zu erstatten (*§ 63 Abs. 1* EnWG), für den Bereich der Gasversorgung muss der Bericht sogar jährlich erfolgen (*§ 63 Abs. 2* EnWG).

Hierzu gehören die Instrumente der Ermittlung (§ 68 EnWG), des Auskunftsverlangens, des Betretungsrechts (§ 69 EnWG) und der Beschlagnahme (§ 70 EnWG).[602]

Weitere wichtige Regelungen des Teils 8 („Verfahren") werden in Abschnitt 2 zur „Beschwerde", also den Rechten der gesetzlich Verpflichteten definiert. Die Entscheidungen der Regulierungsbehörde können im Wege der Beschwerde angefochten werden (§ 75 EnWG). Für die Beschwerden gegen Entscheidungen der BNetzA ist alleine das OLG Düsseldorf zuständig. Die Beschwerde hat keine aufschiebende Wirkung, soweit durch die angefochtene Entscheidung nicht die Durchsetzung der rechtlichen und operationellen Entflechtungsverpflichtungen betroffen ist (§§ 7, 8 EnWG). Auf Antrag kann das zuständige Gericht eine aufschiebende Wirkung gegenüber der Anordnung der Regulierungsbehörde ganz oder teilweise anweisen, soweit der Vollzug der Entscheidung entweder aufgrund eines zwischenzeitlich nicht mehr bestehenden öffentlichen Interesses bzw. eines überwiegenden Interesses eines Beteiligten nicht mehr gegeben ist oder ernstliche Zweifel an der Rechtmäßigkeit der angefochtenen Entscheidung bestehen (§ 77 Abs. 3 Nr. 1 und 2 EnWG). Außerdem ist die Anordnung einer aufschiebenden Wirkung möglich, wenn der Vollzug für den Betroffenen eine unbillige, nicht durch überwiegende öffentliche Interessen gebotene Härte zur Folge hätte (§ 77 Abs. 3 Nr. 3 EnWG). Weitere Normen regeln formale Aspekte des Beschwerdeverfahrens (§§ 78 bis 85 EnWG).[603]

Ferner werden im Abschnitt 3 des Teils 8 („Verfahren") Inhalt, Ablauf und Verfahren der Rechtsbeschwerde normiert (§§ 86 bis 88 EnWG), die der Regulierungsbehörde sowie den am Beschwerdeverfahren Beteiligten gegen erlassene Beschlüsse der Oberlandesgerichte offen stehen. Die Rechtsbeschwerde ist durch das zuständige OLG zuzulassen (§ 86 Abs. 1 EnWG), eine Nichtzulassung ist zu begründen (§ 86 Abs. 3 EnWG). Wird die Rechtsbeschwerde durch das zuständige OLG nicht zugelassen, besteht durch das Instrument der Nichtzulassungsbeschwerde die Option einer Anfechtung der Nichtzulassungsentscheidung, über die der BGH zu entscheiden hat (§ 87 EnWG). Weiterhin werden für die Rechtsbeschwerde formelle Regelungen zu den Beschwerdeberechtigten, den Formen und den Fristen bestimmt (§ 88 EnWG).

In Abschnitt 4 des Teils 8 („Verfahren") zu den „Gemeinsamen Bestimmungen" finden sich schließlich wichtige Vorschriften zur Finanzierung der Tätigkeit der Regulierungsbehörde. In der Norm zu den „Gebührenpflichtigen Handlungen" (§ 91 EnWG) werden umfassende Bestimmungen zur Erhebung von Gebühren und Auslagen durch die Regulierungsbehörde festgelegt. Die CDU-Mehrheit konnte im Vermittlungsausschuß erfolgreich durchsetzen, dass der durch die Netzbetreiber zu erbringende Beitragsanteil auf „höchstens 60 Prozent der nicht anderweitig durch Gebühren oder Auslagen gedeckten Kosten" gedeckt wurde (§ 92 Abs. 1 S. 4 EnWG). Im Übrigen wird die BNetzA dazu verpflichtet, einen jährlichen Überblick über ihre Verwaltungskosten und die eingenommenen Abgaben zu veröffentlichen (§ 93 EnWG).

Trotz der grundlegenden Kritik wurden letztlich auch die Normen zu den teilweise strikten Sanktionsmöglichkeiten umgesetzt (Abschnitt 5 „Sanktionen, Bußgeldverfahren", §§

---

[602] Beim Auskunftsverlangen kamen Bundesrat und Bundestag den Forderungen von VDEW/VKU nicht nach, die Rechte der Regulierungsbehörden gegenüber energiewirtschaftlichen Verbänden einzuschränken (s.S. 475).

[603] Die folgenden Details werden reglementiert: Fristen (§ 78 EnWG), Beteiligte (§ 80 EnWG), Mündliche Verhandlung (§ 81 EnWG), Untersuchungsgrundsatz (§ 82 EnWG), Beschwerdentscheidung (§ 83 EnWG), Akteneinsicht (§ 84 EnWG), Gültigkeit von Vorschriften des Gerichtsverfassungsgesetzes und der Zivilprozessordnung (§ 85 EnWG).

94 bis 101 EnWG). Demzufolge kann die BNetzA „ihre Anordnungen nach den für die Vollstreckung von Verwaltungsmaßnahmen geltenden Vorschriften durchsetzen" und ein Zwangsgeld in einer Höhe zwischen 1.000 Euro und 10 Mio. Euro verhängen (*§ 94 Zwangsgeld*). Weiter werden zu den Bußgeldvorschriften (*§ 95 EnWG*) verschiedene Tatbestände das Vorliegen eines ordnungswidrigen Handelns definiert. Beim Vorliegen eines Vorsatzes oder Fahrlässigkeit ist u.a. in den folgenden Fällen von der Möglichkeit einer bußgeldbewährten Ordnungswidrigkeit auszugehen (*§ 95 Abs. 1 EnWG*):

- Betrieb eines Energieversorgungsnetzes ohne Genehmigung (*§ 4 Abs. 1 EnWG*);
- Falsche, unvollständige oder nicht rechtzeitige Anzeige einer Energiebelieferung (*§ 5 S. 1 EnWG*);
- Zuwiderhandlung gegen vollziehbare Anordnung der BNetzA (z.B. Untersagung der Energiebelieferung (*§ 5 S. 4 EnWG*), gegen sonstige Anordnung (*§ 65 Abs. 1 u. 2 EnWG*) und gegen Anordnung des Einstellens eines missbräuchlichen Verhaltens (*§ 30 Abs. 1 und 2 EnWG*));
- Zuwiderhandlung u.a. gegen Rechtsverordnungen auf der Grundlage von *§ 17 Abs. 3 S. 1 Nr. 1* (technische und wirtschaftliche Bedingungen für einen Netzanschluss), *§ 24 S. 1 Nr. 1* (Bedingungen für den Netzzugang, einschließlich der Beschaffung und Erbringung von Ausgleichsleistungen sowie der Methoden zur Bestimmung der Netzzugangsentgelte);
- Falsche, unvollständige oder nicht rechtzeitige Vorlage des alle zweijährlich vorzulegenden Berichts über den Netzzustand und die Netzausbauplanung (*§ 12 Abs. 3 a EnWG*).

Überdies blieb die Regelung unverändert, den Missbrauch einer marktbeherrschenden Stellung eines Netzbetreibers (*§ 30 Abs. 2 EnWG*) mit einer Geldbuße bis zu einer Mio. Euro und „über diesen Betrag hinaus bis zur dreifachen Höhe des durch die Zuwiderhandlung erlangten Mehrerlöses" (*§ 95 Abs. 2 EnWG*) zu ahnden.[604] Die weiteren Vorschriften des Abschnitts regeln den formalen Vollzug des Bußgeldverfahrens (*§§ 96 bis 101 EnWG*). Im Abschnitt 6 des Teils 8 („Verfahren") werden schließlich die gerichtlichen Zuständigkeiten bei „bürgerlichen Rechtsstreitigkeiten geregelt, die sich aus dem EnWG ergeben können" (*§§ 102 bis 105 EnWG*). Der Abschnitt 7 enthält die Vorschriften über die Zuständigkeiten für die gerichtlichen Verfahren beim OLG (*§ 106 EnWG*) und beim BGH (*§ 107 EnWG*).

Im vorletzten Teil des Gesetzes, dem Teil 9 zu den „Sonstigen Vorschriften", sind die folgenden zwei Normen hervorzuheben. Zum einen wurde eine Vorschrift zu den Objektnetzen (Arealnetzen) neu in das EnWG aufgenommen, mit der die betreffenden Netze von zahlreichen EnWG-Bestimmungen ausgenommen werden (*§ 110 EnWG*). Entsprechend finden die Gesetzesteile 2 („Entflechtung", *§§ 6 bis 10 EnWG*) und 3 („Regulierung des Netzbetriebs", *§§ 11 bis 35 EnWG*) sowie *§ 4 EnWG* („Genehmigung des Netzbetriebs"), *§ 52 EnWG* („Meldepflichten bei Versorgungsstörungen") und *§ 92* („Beitrag") für Arealnetze keine Anwendung. Außerdem werden verschiedene Definitionsmerkmale für ein Objektnetz definiert (*§ 110 Abs. 1 EnWG*). Über das Vorliegen der Voraussetzungen eines Objektnetzes entscheidet die zuständige Regulierungsbehörde auf Antrag (*§ 110 Abs. 4 EnWG*).

---

[604] Die Höhe des Mehrerlöses kann durch die BNetzA geschätzt werden (*§ 95 Abs. 2 S. 2 EnWG*).

Schließlich wird das Rechtsverhältnis zwischen dem EnWG und dem GWB spezifiziert (*§ 111* EnWG). Danach finden die *§§ 19 und 20* GWB keine Anwendung, soweit durch das EnWG oder den auf seiner Grundlage erlassenen Rechtsverordnungen „ausdrücklich abschließende Regelungen getroffen werden" (*§ 111 Abs. 1* EnWG).

Abschließend werden im Gesetzesteil 10 weitere Bestimmungen zur „Evaluierung" und sonstigen „Schlussvorschriften" getroffen. Diese umfassen die Pflicht der Bundesregierung zur Vorlage eines umfassenden Evaluierungsberichts bis zum 01. Juli 2007, der vertiefende Informationen zu den Entwicklungen bei der Netzregulierung geben soll (*§ 112* EnWG).[605] Ferner wird der BNetzA die Pflicht zur Erstellung eines Berichts zur Einführung einer Anreizregulierung auferlegt (*§ 112 a* EnWG). Der Bericht war bis zum 01. Juli 2006 vorzulegen. Den gesetzlichen Vorgaben gemäß wurde der Bericht unter Beteiligung der Länder, der Wissenschaft und der betroffenen Wirtschaftskreise zwischenzeitlich erstellt und beschreibt die internationalen Erfahrungen mit Anreizregulierungssystemen (Bundesnetzagentur 2006). Zusätzlich wird die BNetzA verpflichtet, „der Bundesregierung zwei Jahre nach der erstmaligen Bestimmung von Netzzugangsentgelten im Wege einer Anreizregulierung nach § 21 a einen Bericht über die diesbezüglichen Erfahrungen vorzulegen (*§ 112 a Abs. 3* EnWG).

Eine bedeutende Regelung ist ferner, dass die Vorschriften zur Rechnungslegung und Buchführung bei der Entflechtung (*§ 10* EnWG) erstmals zum 01. Januar 2007 angewendet werden müssen (*§ 114* EnWG). Ergänzend enthält das EnWG noch Bestimmungen zur Anpassung bestehender Verträge (*§ 115* EnWG) und zur Gültigkeit bisheriger Tarifverträge (*§ 116* EnWG).[606] Das EnWG wird mit Bestimmungen zu Übergangsregelungen und der Definition einzelner Zeitpunkte, zu denen bestimmte EnWG-Vorschriften in Kraft treten sollen, abgeschlossen (*§ 118* EnWG).[607]

In der folgenden Synopse werden die wichtigsten EnWG-Regelungen der Teile 7 bis 10 im Überblick dargestellt.

---

[605] Der Bericht soll folgende Elemente enthalten: Vorschläge zu Methoden der einzuführenden Anreizregulierung; Auswirkungen des EnWG auf die Umweltverträglichkeit der Energieversorgung; Auswirkungen der Netzregulierung auf den Letztverbraucher; Prüfung zur Einführung einer Verordnungsermächtigung, um beim Verteilernetzausbau nachfragesteuernde und effizienzsteigernde Maßnahmen angemessen zu berücksichtigen; Einführung eines einheitlichen Marktgebietes bei Gasversorgungsnetzen; Prüfung des Wettbewerbs bei Gasspeichern und des Netzzugangs für Biogasanlagen. Aus der Perspektive erneuerbarer Energien ist beim Evaluierungsbericht außerdem hervorzuheben, dass dieser „die Bedingungen der Beschaffung und des Einsatzes von Ausgleichsenergie darstellen" und „gegebenenfalls Vorschläge zur Verbesserung des Beschaffungsverfahrens, insbesondere der gemeinsamen regelzonenübergreifenden Ausschreibung" machen soll.
[606] Danach sind beispielsweise alle Verträge über den Netzanschluss und –zugang, die sechs Monate nach Inkrafttreten des EnWG noch gültig sind, ab diesem Zeitpunkt an die neuen Vorschriften anzupassen, besonders die *§§ 17, 18 oder 24* EnWG (*§ 115 Abs. 1* EnWG).
[607] Danach sollen z.B. weiter reichende Vorschriften zu den Anforderungen an eine Zusammenarbeit der ÜNB bei der Beschaffung von Regelenergie und zur Verringerung des Aufwands ihrer Beschaffung erst ab dem 01. Oktober 2007 angewendet werden (§ 118 Abs. 2 EnWG). Die neuen Regelungen zur Bestimmung des Grundversorgers (§ 36 Abs. 2 EnWG) sollten außerdem erst zum 01. Januar 2007 in Kraft treten (§ 118 Abs. 3 EnWG).

Tabelle 26: Die wichtigsten Regelungen des EnWG im Überblick (Teile 7 bis 10)

Teil 7	„Behörden"	
§ 54 Allgemeine Zuständigkeit		
Abs. 1	Aufgaben der Regulierungsbehörde nehmen die BNetzA und nach Maßgabe des Abs. 2 die Landesregulierungsbehörden wahr	Ford. Bundesrat: Zuständigkeit der Landesbehörden
Abs. 2	Aufgabenkatalog der Landesregulierungsbehörden (s. o.)	
Abs. 3	Residualzuständigkeit der BNetzA, wenn Zuständigkeit im EnWG nicht eindeutig geregelt ist	
§ 58 Zusammenarbeit mit den Kartellbehörden		
Abs. 1	Einvernehmensregelung mit BkartA bei Aufsichtsmaßnahmen gem § 65 EnWG zu Entscheidungen auf der Grundlage von §§ 6 bis 10 (Entflechtung), § 25 S. 2 (Ausnahmen vom Zugang zu Gasversorgungsnetzen), § 28 a Abs. 3 S. 1 (Neue Infrastrukturen), § 56 (EG-VO Nr. 1228/2003) und § 24 Abs. 1 Nr. 2 i.V.m. S.2 Nr. 5 (Abweichung vom Grundsatz der Kostenorientierung)	Teilweise umgesetzt: Ford. BkartA
Abs. 2	Einräumung der Gelegenheit zur Stellungnahme der BNetzA bei Verfahren nach §§ 19 u. 20 GWB, Art. 82 EGV oder § 40 Abs. 2 GWB	
Abs. 3	Verpflichtung für BNetzA und BkartA, auf eine einheitliche und den Zusammenhang mit dem GWB wahrende Auslegung des EnWG hinzuwirken	
Abs. 4	Gegenseitiger Informationsaustausch zwischen BNetzA und Kartellbehörden einschl. personenbezogener Daten, Betriebs- und Geschäftsgeheimnisse	Nicht umgesetzt: Ford. VDEW, VKU
§ 59 Organisation		
Abs. 1	Entscheidungen der BNetzA durch Beschlusskammern	
Abs. 2	Beschlusskammern entscheiden in der Besetzung mit einem oder einer Vorsitzenden und zwei Beisitzenden	
Abs. 3	Mitglieder der Beschlusskammern dürfen weder ein Unternehmen der Energiewirtschaft innehaben oder leiten noch dürfen sie ein Mitglied des Vorstandes oder Aufsichtsrates eines Unternehmens sein	Nicht umgesetzt: BEE-Kritik zur Unabhängigkeit
Teil 8	„Verfahren"	
§ 65 Aufsichtsmaßnahmen		
Abs. 1	Ermächtigung der Regulierungsbehörde, ein Verhalten von Unternehmen abzustellen, wenn es den Bestimmungen des Gesetzes sowie den aus ihm ergangenen sonstigen Rechtsvorschriften entgegensteht	
Abs. 2	Ermächtigung zur Anordnung von Maßnahmen, falls Unternehmen gesetzlichen Verpflichtungen nicht nachkommt	

(Fortsetzung nächste Seite)

Tabelle 26 (Fortsetzung): Die wichtigsten EnWG-Regelungen im Überblick (Teile 7 bis 10)

§ 68 Ermittlungen		
Abs. 1	Rechtsgrundlage für Regulierungsbehörde zur Einleitung von Ermittlungen und die Erhebung von Beweisen	
§ 69 Auskunftsverlangen, Betretungsrecht		
Abs. 1	Umfassendes Auskunftsrecht der Regulierungsbehörde gegenüber Unternehmen und Vereinigungen: Herausgabe allgemeiner Marktstudien (Nr. 1), Informationen über wirtschaftliche Verhältnisse verbundener Unternehmen (Nr. 2) sowie allgemeines Betretungsrecht (Nr. 3)	Nicht umgesetzt: VDEW/VKU-Ford. n. Begrenzung des Auskunftsrechts
Abs. 2	Verpflichtung der Inhaber/Vertreter von Unternehmen, die verlangten Auskünfte zu erteilen	
Abs. 4	Durchführung von Durchsuchungen	
Abs. 6	Auskunftsverweigerungsrecht von Verpflichteten	
Abs. 9	Erstattungspflicht der Prüfungskosten für die Unternehmen, falls Verstoß gegen Anordnungen oder Entscheidungen der Regulierungsbehörde vorliegt	
Abs. 10	Rechtsgrundlage für die Regulierungsbehörde, „die Untersuchung eines bestimmten Wirtschaftszweiges oder einer bestimmten Art von Vereinbarungen oder Verhalten" durchzuführen (bei Wettbewerbsverzerrung), umfassendes Auskunftsrecht der Regulierungsbehörde	
§ 70 Beschlagnahme		
Abs. 1	Rechtsgrundlage der Beschlagnahme	
§ 75 Zulässigkeit, Zuständigkeit (Beschwerde)		
Abs. 1	Zulässigkeit der Beschwerde gegen Entscheidungen der Regulierungsbehörde	
Abs. 4	Zuständigkeit für Beschwerde beim jeweils zuständigen OLG der Regulierungsbehörde, bei Beschwerden in Fällen v. § 51 EnWG (Monitoring d. Versorgungssicherheit) beim OLG Düsseldorf	
§ 76 Aufschiebende Wirkung		
Abs. 1	Beschwerde ohne aufschiebende Wirkung, wenn Entscheidung der Regulierungsbehörde zur Durchsetzung der Verpflichtungen einer rechtlichen und operationellen Entflechtung dient (§§ 7 und 8 EnWG)	
§ 77 Anordnung der sofortigen Vollziehung und der aufschiebenden Wirkung		
Abs. 1	Möglichkeit des Sofortvollzugs „im öffentlichen Interesse oder im überwiegenden Interesse eines Beteiligten"	
Abs. 3	Möglichkeiten einer Anordnung der aufschiebenden Wirkung auf Antrag durch das zuständige Beschwerdegericht in drei Fällen (s.o.)	

(Fortsetzung nächste Seite)

Tabelle 26 (Fortsetzung): Die wichtigsten EnWG-Regelungen im Überblick (Teile 7 bis 10)

§ 86 Rechtsbeschwerdegründe		
Abs. 1	Beschwerdemöglichkeit der Regulierungsbehörde sowie der am Beschwerdeverfahren Beteiligten gegen „in der Hauptsache erlassene Beschlüsse der Oberlandesgerichte" zur Weiterleitung an den BGH	
Abs. 3	Entscheidung über Zulassung/Nichtzulassung durch das zuständige OLG; Nichtzulassung ist zu begründen	
§ 87 Nichtzulassungsbeschwerde		
Abs. 1	Nichtzulassung der Rechtsbeschwerde durch OLG kann durch Nichtzulassungsbeschwerde angefochten werden	
Abs. 2	Über Nichtzulassungsbeschwerde entscheidet BGH	
Abs. 5	Bei Nichtzulassung der Rechtsbeschwerde wird OLG-Entscheidung rechtskräftig	
§ 92 Beitrag		
Abs. 1	Zur Deckung der Kosten der BNetzA haben Netzbetreiber, „soweit sie nicht anderweitig durch Gebühren oder Auslagen nach diesem Gesetz gedeckt sind", einen Beitrag zu entrichten (S. 1); Beitragsanteil darf höchstens 60 Prozent der nicht anderweitig durch Gebühren oder Auslagen gedeckten Kosten betragen (S. 4)	Kompromiss m. Bundesrat, Nicht umgesetzt: Ford. VDEW, VKU
Abs. 2	Beitragsrelevante Kosten „werden anteilig auf die einzelnen beitragspflichtigen Unternehmen nach Maßgabe ihrer internen Umsätze" bei der Tätigkeit als Netzbetreiber umgelegt und von BNetzA als Jahresbeitrag erhoben	
Abs. 3	Verordnungsermächtigung für Bundeswirtschaftsministerium, Details der Beitragserhebung genauer zu regeln	
§ 93 Mitteilung der Bundesnetzagentur		
	BNetzA veröffentlicht jährlichen Überblick über ihre Verwaltungskosten und eingenommene Abgaben	
§ 94 Zwangsgeld		
	Durchsetzung der Anordnungen der BNetzA nach geltenden Vorschriften, Zwangsgeld zwischen 1.000 Euro und 10 Mio. Euro bzw. bis zur dreifachen Höhe des durch Zuwiderhandlung erlangten Mehrerlöses	Nicht umgesetzt: VDEW- / VKU-Ford. n. Abschwächung
§ 110 Objektnetze		
Abs. 1	Freistellung der Objektnetze von den EnWG-Vorschriften der Teile 2 („Entflechtung") und 3 („Regulierung des Netzbetriebs") sowie §§ 4 („Genehmigung Netzbetrieb"), 52 („Meldepflichten bei Versorgungsstörungen") und 92 („Beitrag"), Kriterien für Objektnetze	
Abs. 4	Regulierungsbehörde entscheidet auf Antrag, ob nach Abs. 1 die Voraussetzungen für ein Objektnetz vorliegen	

Quelle: Eigene Darstellung.

5.4.3.6   Das EnWG 2005 aus einer Nachhaltigkeits- und Wettbewerbsperspektive

Die beschriebenen Reformen des EEG und EnWG-Reform sind für die Regulierung einer nachhaltigen Energieversorgung von ähnlich großer Bedeutung. Für eine nachhaltigkeitsbezogene Bewertung der EnWG-Reform ist darauf zu verweisen, dass mit dem Gesetz ein gänzlich neuer ordnungspolitischer Rahmen geschaffen wurde. Zuvorderst ist hervorzuheben, dass mit dem Aufbau einer unabhängigen Energieabteilung innerhalb der BNetzA erstmals die organisatorischen Voraussetzungen für eine externe und objektive Begutachtung der Wettbewerbssituation in der deutschen Energiewirtschaft geschaffen wurden. Diese organisatorischen Entwicklungen zur Durchsetzung von politischen Regulierungszielen im Energiesektor sind in jedem Fall positiv zu bewerten. Die betreffende Energieabteilung befand sich auch im Jahr 2006 noch im Aufbau und hatte im März des genannten Jahres folgende Organisationsstruktur.

Abbildung 6:   Organisation der Energieabteilung der BNetzA – Referate und
Beschlusskammern

Quelle: Bundesnetzagentur 2006.

Für die Erneuerbare-Energien-Politik waren bei der EnWG-Reform außerdem folgende Regelungsfelder von großer Wichtigkeit:

- Stärkung des Wettbewerbs auf den Regelenergiemärkten und Minimierung des Regelenergieaufwandes,
- Ausbau der Netzinfrastrukturen für den Transport von Elektrizität aus erneuerbaren Energien (z. B. Offshore-Windkraft),
- Berücksichtigung vermiedener Netzkosten bei dezentraler Einspeisung von Energie.

In Bezug auf die drei Elemente finden sich im EnWG bereits rechtliche Grundlagen, die im Hinblick auf eine Marktintegration erneuerbarer Energien und den Abbau diskriminierend wirkender Marktbarrieren ebenfalls positiv zu bewerten sind.

In der wichtigen Frage der *Regulierung der Regelenergiemärkte* schreibt das EnWG für die die ÜNB die Einrichtung einer gemeinsamen regelzonenübergreifenden Internetplattform zur Ausschreibung der verschiedenen Regelenergieprodukte vor. Letztlich nicht durchgesetzt wurden die Forderungen nach einer Genehmigungspflicht der Plattform sowie weitergehender Gestaltungsmöglichkeiten des Ausschreibungsverfahrens durch die Regulierungsbehörde. Verhindert wurde zunächst auch die Festlegung von Ausschreibungszeiten und Mindestkapazitäten für die Regelenergie. Detailliertere Vorschriften in diesem Bereich wären für den weiteren Ausbau der Windenergie von postitiver Wirkung gewesen. Die Forderung nach Einführung einer Befugnis für die Regulierungsbehörde, Festlegungen zum EEG-Bilanzkreis sowie Kriterien zu missbräuchlichen Über- oder Unterspeisungen von Bilanzkreisen und ihrer Abrechnung zu treffen, fand allerdings Berücksichtigung (*§ 27 Abs. 1 Nr. 4 und 5 StromNZV*). Allerdings wurde den ÜNB das Recht einberäumt, sog. *„Intra-Day-Fahrplanänderungen"* (¾ Stunde Vorlauf) abzulehnen, wenn durch die Anwendung geänderter Fahrpläne ein Engpass entsteht. Die Ablehnung ist aber begründungspflichtig (*§ 5 Abs. 2 StromNZV*). Allerdings ist auch hier der vorläufige Charakter des Rechtsrahmens zu betonen. Die Bemühungen um eine Verbesserung der Transparenz auf den Regelenergiemärkten durch die Vorschriften der StromNZV (*§§ 6 bis 11 StromNZV*) sind positiv zu würdigen. Mit den Regelungen zur Ausschreibung von Regelenergieprodukten wurden wichtige rechtliche Grundlagen zu einer Reduzierung der Regelenergiekosten geschaffen. Zusätzlich ist auf die sich intensivierende Beobachtung und Kontrolle der Regelenergiemärkte durch die BNetzA zu verweisen, die beispielsweise in den Berichtspflichten der Bundesregierung zum Ausdruck kommt (*§ 112 Nr. 5 EnWG*). In der zitierten Vorschrift, nach der in einem Evaluierungsbericht bis zum 01. Juli 2007 „die Bedingungen der Beschaffung und des Einsatzes von Ausgleichsenergie" darzustellen und „gegebenenfalls Vorschläge zur Verbesserung des Beschaffungsverfahrens, insbesondere der gemeinsamen regelzonenübergreifenden Ausschreibung" gemacht werden sollen, wird der vorläufige Charakter der bisher definierten Vorschriften deutlich. Demnach ist es wahrscheinlich, dass weiter gehende Vorschriften zur Regulierung des Regelenergiemarktes, wie sie z.B. auch durch das BkartA vorgeschlagen worden sind (s.S. 484ff.), zu einem späteren Zeitpunkt umgesetzt werden.

Das Argument einer verbesserten Transparenz gilt auch im Hinblick auf den erforderlichen *Ausbau von Netzinfrastrukturen.* Hervorzuheben sind die umfassenden zweijährlichen Berichtspflichten der ÜNB über den Netzzustand und die Netzausbauplanung (*§ 12 Abs. 3 a EnWG*).[608] Eine weitere wichtige Regelung im Hinblick auf den Ausbau erneuerbarer Energien hat der Bundesgesetzgeber mit der Verpflichtung der VNB geschaffen, bei der Planung des Verteilernetzausbaus „die Möglichkeiten von Energieeffizienz- und Nachfragesteuerungsmaßnahmen und dezentralen Erzeugungsanlagen zu berücksichtigen" (*§ 14 Abs. 2 EnWG*). Auch hier wird von Bedeutung sein, in welcher Form die Bundesregierung von ihrer Verordnungsermächtigung Gebrauch macht, ohne Zustimmung des Bundesrates

---

[608] Auch hier sind die bisherigen Regelungen noch vorläufiger Natur, weil die Regulierungsbehörde durch Festlegung auf der Grundlage von *§ 29 Abs. 1* EnWG nähere Bestimmungen zum Inhalt des Berichts treffen kann (*§ 12 Abs. 3 a S. 4* EnWG).

allgemeine Grundsätze für die Berücksichtigung der genannten Belange bei Planungen festzulegen. Schließlich ist auf die Verordnungsermächtigung zu verweisen, in der die Bundesregierung die Anrechnung vermiedener Netznutzungsentgelte bei Einspeisungen von Elektrizität aus dezentralen Erzeugungsanlagen gegenüber den vorgelagerten Netzebenen regeln kann. Diese Vorschrift betrifft allerdings weniger den EEG- als den KWK-Strom, ist jedoch für eine nachhaltige Erzeugungsstruktur von großer Bedeutung.

Eine positive Auswirkung für den Ausbau erneuerbarer Energien kann in Zukunft jedoch noch eine weitere Verordnungsermächtigung des EnWG haben. Danach ist die Bundesregierung nämlich ermächtigt, mit Zustimmung des Bundesrates festzulegen, dass „im Rahmen der Ausgestaltung des Netzzugangs zu den Gasversorgungsnetzen für Anlagen zur Erzeugung von Biogas im Rahmen des Auswahlverfahrens bei drohenden Kapazitätsengpässen sowie beim Zugang zu örtlichen Verteilernetzen Vorrang gewährt" wird (*§ 24 S. 2 Nr. 3 a* EnWG). Damit wird zwar eine Netzzugangsfrage im Bereich der Gasversorgung geregelt – vor dem Hintergrund der bestehenden Potentiale einer Nutzung von Biogas in KWK-Anlagen ist diese Netzzugangsfrage aber auch für die Elektrizitätserzeugung aus erneuerbaren Energien von zentraler Bedeutung. Schließlich sind aus Sicht der erneuerbaren Energien auch die Regelungen zur Stromkennzeichnung (*§ 42* EnWG) positiv zu beurteilen, auch wenn nicht alle Forderungen der Umweltverbände umgesetzt werden konnten.

Letztlich wird der entscheidende Gewinn, der mit dem neuen EnWG und der damit verbundenen Einrichtung der BNetzA derzeit vollzogen wird, in einer Verbesserung der Transparenz gegenüber den Marktaktivitäten und -entwicklungen der deutschen Strom- und Gaswirtschaft liegen. Diese finden ihren Ursprung in den zugehörigen und beschriebenen Europäischen Richtlinien zur Liberalisierung der Energiewirtschaft.

Auch bei der Reform des wettbewerbsbezogenen energiewirtschaftlichen Ordnungsrahmens gingen von einzelnen Initiativen der Bundesländer wichtige Korrekturfunktionen für innovative Regulierungskonzepte der Strom- und Gasnetze aus. Die im Wesentlichen von der CDU/CSU geleitete Opposition im Bundesrat hat in der Frage der Kalkulation der Netzentgelte durchgesetzt, dass zumindest bei neuen Netzinfrastrukturen für die Netzentgeltkalkulation das transparentere und missbrauchsresistentere Abschreibungsverfahren nach dem Prinzip der RKE eingesetzt wird. Außerdem gelang erst im Vermittlungsausschuss eine Verankerung der rechtlichen Grundlagen zur späteren Einführung einer effizienzorientierten Anreizregulierung. Schließlich ist es auch auf den Druck der Opposition in Bundestag und Bundesrat zurückzuführen, dass für die Regulierung der Netzinfrastrukturen in Deutschland (besonders im Energiesektor mit der großen Zahl von Netzbetreibern) weiterhin die in den Bundesländern vorhandenen langjährigen Kompetenzen und Organisationsstrukturen genutzt werden. Mit der politischen Festlegung auf ein stärker föderalisiertes energiewirtschaftliches Regulierungsregime wurde die Gefahr abgewendet, dass es angesichts der sich nunmehr abzeichnenden zunehmenden Masse an Detailfragen in der Netzregulierung zur Bildung einer überzentralisierten und ortsfernen Regulierungszuständigkeit kommt. Mit der EnWG-Novelle konnten somit wichtige rechtliche Grundlagen zur nachhaltigkeitsbezogenen Regulierung der Energiewirtschaft gelegt werden, die auch für den Ausbau erneuerbarer Energien von zentraler Bedeutung sein werden.

5.4.4 Weitere Veränderungen der energiepolitischen Rahmenbedingungen für erneuerbare Energien

Der Ausbau erneuerbarer Energien wurde in Deutschland neben der instrumentellen Ausgestaltung ihrer Markteinführung durch weitere energiepolitische Reformen beeinflusst. Mit der Liberalisierung des deutschen Stromsektors wurden im Jahr 1998 zentrale Reformen zur Nutzung der Braun- und Steinkohle sowie der Kernenergie eingeleitet, die in der eingangs dargelegten pfadabhängigen Entwicklungsperspektive die Politik für erneuerbare Energien mittelbar beeinflussen.

5.4.4.1 Die Beendigung des EGKS-Vertrages und seine Auswirkungen auf die deutsche Kohlepolitik und den Klimaschutz

Weil am 23. Juli 2002 einer der zentralen Gründungsverträge der EU, nämlich der *Vertrag der Europäischen Gemeinschaft für Kohle und Stahl* (EGKS) auslief, musste die EU-Kommission die rechtlichen Rahmenbedingungen zur staatlichen Steinkohleförderung im Energiebinnenmarkt neu bestimmen (Sohn 2002, 455-456).[609] Auf der Grundlage des EGKS-Vertrages hatte die Europäische Kommission seit 1965 über die Verabschiedung verschiedener Beihilfekodizes die nationale Steinkohleförderung in den Ländern Deutschland, Spanien, Frankreich und Großbritannien geregelt. Innerhalb der EU-Kommission waren v.a. der Wettbewerbskommissar Monti und die Umweltkommissarin Wallström bestrebt, die Beihilfen für unrentable Steinkohlezechen zügig einzustellen und zeitlich zu befristen (FAZ 26.07.2001a). Die EU-Kommission legte Ende Juli 2001 einen ersten Rahmenplan zur zukünftigen EU-Kohlepolitik vor. Danach sollte die staatliche Förderung der Steinkohleproduktion von 2002 bis 2010 zwar grundsätzlich erhalten bleiben. Bis zum Jahresende 2007 sollten die Beihilfen zur Stilllegung unrentabler Zechen und den Ausgleich sozialer Härten aber nur noch degressiv gestaffelt werden. Außerdem sollten bis Ende 2007 alle unrentablen Zechen geschlossen und ab diesem Zeitpunkt keine Beihilfen mehr für Stilllegungen gewährt werden. Für lebensfähige Zechen sollte nach 2007 nur noch die Möglichkeit staatlicher Produktionsbeihilfen bestehen bleiben (NZZ 24.07.2001).

Ein wichtiges Element des neuen Förderrahmens sollte in der nationalen Definition eines „Versorgungssockels" bestehen, bei dem die einzelnen Mitgliedstaaten Mindestanteile von verschiedenen Energieträgern (Kohle, Atomkraft, erneuerbare Energien) definieren (*Art. 8 Abs. 4* Elt-Rl 96/92/EG). Die Einführung eines beihilferechtlich freigestellten Sockels wurde als Bestandsschutz für den deutschen Steinkohlebergbau auch vom damaligen Bundeswirtschaftsminister Müller gefordert (FAZ 26.07.2001b). Der Umfang dieses Sockels blieb zunächst offen – die Bundesregierung hatte jedoch einen Anteil von 15 Prozent der nationalen Energieerzeugung vorgeschlagen (FAZ 26.07.2001a). Nach den Vorschlägen der EU-Kommission sollten die sich reduzierenden Beihilfen für Steinkohle schrittweise auf die erneuerbaren Energien umgeschichtet werden (Handelsblatt 25.07.2001a).

---

[609] Die Subventionspolitik der deutschen Steinkohle wurde durch den Kohlekompromiss aus dem Jahr 1997 bestimmt, in dem sich die Steinkohletochter DSK des RAG-Konzerns dazu verpflichtet hatte, das Fördervolumen von zuletzt 33 auf 26 Mio. t SKE im Jahr 2005 zurückzufahren und die Zahl der Beschäftigten von 48.000 auf 36.000 zu reduzieren. Nach jüngeren Berechnungen flossen im Jahr 2001 knapp vier Mrd. Euro staatliche Subventionen in die Steinkohleförderung, von denen das Land Nordrhein-Westfalen als wichtigstes Förderland etwa 500 Mio. Euro übernahm. Bereits im Jahr 2001 wurden aber nur noch 27 Mio. t SKE gefördert.

In den beiden verbleibenden bundesdeutschen Kohleförderländern – Nordrhein-Westfalen und Saarland – stießen die EU-Vorschläge auf unterschiedliche Resonanz. Weil die CDU-geführte Landesregierung im Saarland die Bevölkerung und die Steinkohleindustrie seit längerem auf ein Ende des heimischen Steinkohlebergbaus eingestimmt hatte, fiel die Kritik dort verhalten aus. Schärfer kritisiert wurden die Vorschläge durch die SPD-Regierung in Nordrhein-Westfalen, wo besonders die IGBCE weitreichende Arbeitsplatzverluste befürchtete (FAZ 26.07.2001b).

Anfang Juni 2002 kam es zum entscheidenden Energie- und Industrieministerratstreffen in Luxemburg, auf dem die Nachfolgeregelungen des EGKS-Vertrages beschlossen wurden. Im Vorfeld des Treffens wurde deutlich, dass die deutschen Vorschläge zur Definition eines längerfristigen Energie- und Kohlesockels auf den entschiedenen Widerstand der Europäischen Kommission stießen. Weil nur noch in den Mitgliedstaaten Deutschland, Frankreich, Großbritannien und Spanien Steinkohle gefördert wurde, bestand eine Mehrheit der Mitgliedstaaten im Ministerrat auf ein Enddatum für die Kohlesubventionen (FAZ 08.06.2002k). Entgegen den deutschen Forderungen machte die spanische Energiekommissarin de Palacio deutlich, dass die EU-Kommission wegen der anstehenden EU-Osterweiterung die Steinkohlebeihilfen nur bis zu einer Zwischenprüfung im Jahr 2007 bestehen lassen wollte. Bis Juni 2004 sollten die Mitgliedstaaten einen Plan zur Subventionierung und Schließung der bis Ende 2007 stillzulegenden Zechen vorlegen. Für die Zeit danach würde die EU-Kommission Steinkohlebeihilfen nur akzeptieren, um damit den Zugang zu den Steinkohlevorräten als strategische Reserve der Energieversorgung („Versorgungssockel") aufrechtzuerhalten (FAZ 06.06.2002j).

Der abschließende Europäischen Kohlekompromiss sah vor, dass Stilllegungsbeihilfen nur noch bis Ende 2007 gewährt werden dürfen – bis zum Jahr 2010 sind dann nur noch Betriebsbeihilfen für rentable Unternehmen möglich. Die staatlichen Subventionen müssen jährlich reduziert werden. Die Bundesregierung konnte sich mit ihren Forderungen nach Einführung eines Kohlesockels nach 2010 nicht durchsetzen. Deshalb blieb offen, wie die Kohleförderung nach diesem Jahr fortgesetzt wird. Der damalige Bundeswirtschaftsminister Müller begrüßte den erzielten Kompromiss, weil damit der deutsche Kohlekompromiss, nach dem die Steinkohlesubventionen bis 2005 von bisher 3,7 auf 2,7 Mrd. Euro und die Zahl der Beschäftigten von 51.200 auf 36.000 reduziert werden sollten, gesichert wäre.

In den rot-grünen Koalitionsverhandlungen nach der Bundestagswahl vom September 2002 wurden die Steinkohlesubventionen zu einem wichtigen Verhandlungsgegenstand. Wegen des Widerstands der nordrhein-westfälischen SPD konnten sich Bündnis90/Die Grünen nicht mit ihrer Forderung nach einer Beendigung der Kohlesubventionen ab dem Jahr 2010 durchsetzen. Den Umstand, dass in die Koalitionsvereinbarung die Aufnahme eines Kohlesockels nicht erfolgt war, verbuchten Bündnis90/Die Grünen zwar als ihren Verhandlungserfolg, der letztlich aber auf die europäischen Vorgaben vom Juni 2002 zurückzuführen war (FAZ 08.06.2002k, SZ 07.06.2002m). Zur gleichen Zeit erregte auch ein gemeinsames Forschungsprojekt der E.ON AG, der Steag und der Saar-Energie öffentliche Aufmerksamkeit, in dem die drei Konzerne mit Unterstützung des Bundes und einem Finanzaufwand von 20 Mio. Euro die Entwicklung eines Steinkohlekraftwerks mit Druck-Kohlenstaub-Feuerung forcierten. Die Investitionen wurden von den Konzernen mit dem ab 2010 erwarteten europaweit hohen Ersatzbedarf von Steinkohlekraftwerken begründet. Mit dieser neuen Technologie sollte sich der Wirkungsgrad der Kohlekraftwerke weiter verbessern (erwartete Einsparung von Kohle bis zu 30 Prozent) und die CO_2-Emissionen reduziert werden. Mit einer jährlichen Förderbeteiligung von 2 Mio. Euro machte auch das BMWi klar, dass die Kohle als Primärenergieträger für die Bundesregierung kein Auslaufmodell ist. Insgesamt flössen, so ein BMWi-Mitarbeiter, jährlich 15 Mio. Euro in die technologische Förderung moderner Kohletechnologien (SZ 07.11.2002w).

In Nordrhein-Westfalen verschärften sich bis Mitte 2003 die parteipolitischen Auseinandersetzungen zur Zukunft der Steinkohlesubventionen. Die Ruhrkohle AG, das Land Nordrhein-Westfalen und die IGBCE verständigten sich zwar auf einen neuen Vorschlag, der bis 2010 eine Reduktion der jährlichen Förderung auf 22 Mio. t SKE und bis 2015 auf 20 Mio. t SKE vorsah (SZ 30.05.2003i). Wegen grundsätzlicher Interessendivergenzen über wichtige landespolitische Zukunftsfragen geriet die rot-grüne Landesregierung im Juni 2003 aber in eine tiefe Koalitionskrise. Ein Streitpunkt war die Zukunft der Steinkohlesubventionen.[610] Bis Anfang Juli 2003 konnten sich die zerstrittenen Parteien jedoch auf ein gemeinsames Strategiepapier einigen und die Koalitionskrise meistern. Dabei hatten die Grünen durchgesetzt, dass die Steinkohleförderung des Landes von 2006 bis 2012 von bisher 26 Mio. t SKE auf nur noch 18 Mio. t SKE zurückgefahren werden sollte. Hierdurch würde der Landeshaushalt um jährlich 25 Mio. Euro entlastet. Die SPD war gleichzeitig von ihrem zuvor noch geforderten Sockel in Höhe von 22 Mio. t SKE abgerückt (SZ 02.07.2003j). Die Beschlüsse zum Subventionsabbau dienten als Grundlage für die weiteren Verhandlungen mit der Bundesregierung zur Ausgestaltung der Steinkohleförderung.

Nur zwei Wochen nach dem Düsseldorfer Kompromiss verständigten sich die Bundesregierung, das Land Nordrhein-Westfalen, die RAG und die IGBCE Mitte Juli 2003 auf eine Reduzierung der Kohlesubventionen. Der Kompromiss ging allerdings noch über die Vorschläge des Landes NRW hinaus. Demnach sollten bis zum Jahr 2012 jährlich nur noch 16 Mio. t SKE gefördert werden (SZ 19./20.07.2003l). Mit dem Kompromiß ging das nordrhein-westfälische Wirtschaftsministerium davon aus, dass nur fünf bis sechs der insgesamt zehn Zechen in Nordrhein-Westfalen und dem Saarland (zwei Zechen) erhalten werden könnten. Bei einer Schließung von vier bis fünf Zechen wären zwischen 18.000 und 20.000 Arbeitsplätze bedroht. Die Gesamteinsparungen der vorgeschlagenen Förderreduzierung konnte das BMWi zunächst nicht benennen. In einer vorsichtigen Prognose ging man ab 2012 von jährlichen Subventionszahlungen zwischen 1,8 und 2 Mrd. Euro aus, wobei die genaue Aufteilung der Lasten zwischen dem Bund und dem Kohleland Nordrhein-Westfalen erst noch geregelt werden müsste (SZ 19./20.07.2003l).

Zur Erfüllung des neuen Beihilferahmens gab die DSK im September 2003 die Schließungen von zwei weiteren Kohlezechen bekannt, von denen bis 2007 mehr als 5.500 Mitarbeiter betroffen waren. Die nationale Fördermenge an Steinkohle würde sich von 26 Mio. t SKE auf die vereinbarten 22 Mio. t SKE reduzieren. Die Zahl der deutschen Steinkohlezechen würde sich bis Ende 2007 auf nur noch acht reduzieren.[611] Auf dem Steinkohletag im November 2003 gab Bundeskanzler Schröder überraschend bekannt, dass die Bundesregierung mit den Bergbauländern die Steinkohle bis zum Jahr 2012 nur noch in Höhe von fast 16 Mrd. Euro subventionieren wolle. Die jährlichen Subventionen sollten von 2006 bis

---

[610] Wegen einer zunehmenden Finanzkrise des öffentlichen Haushalts in NRW, der Einsparungen im Umfang von 1,6 Mrd. Euro erforderlich machte, wurden wichtige Prestigeprojekte, wie z.B. der Bau des Bahnprojekts Metrorapid, zu Fall gebracht. Aufgrund der Kürzungspolitik sah die SPD einen wachsenden Profilierungsbedarf gegenüber dem grünen Koalitionspartner.
[611] Bis auf eine Zeche im Saarland liegen alle übrigen in Nordrhein-Westfalen.

2012 schrittweise von 2,7 Mrd. Euro auf 1,83 Mrd. Euro sinken. Nach Angaben des RAG-Vorsitzenden Müller solle die geförderte deutsche Steinkohle im Jahr 2012 noch 10 Prozent zur deutschen Stromerzeugung beisteuern, womit der Anteil importierter Kohle zur Kohleverstromung weiter ansteigen würde.[612] Aufgrund umfassend geplanter Investitionen in moderne Steinkohlekraftwerke würde die Kohleverstromung damit auch nach 2012 einen wichtigen Anteil am nationalen Energiemix beibehalten (SZ 12.11.2003w). Im Mai 2004 einigte sich die Regierungskoalition auf weitere Eckpunkte (Auszahlungsmodi, Pensionspolitik, etc.). Auf politischen Druck der Grünen waren zwischenzeitlich die Verpflichtungsermächtigungen zur Förderung heimischer Steinkohle im Bundesetat in Höhe von über 5,7 Mrd. Euro gesperrt worden. Diese sollten erst wieder freigegeben werden, wenn die RAG bis Ende Juni 2004 einer Schließung der umweltpolitisch besonders umstrittenen Zeche im niederrheinischen Walsum/Duisburg bis Ende 2008 zustimmen würde. Die Zustimmung erfolgte schließlich auch, so dass mittlerweile die Stilllegung von drei der zehn verbliebenen deutschen Steinkohlezechen beschlossen ist (FAZ 19.05.2004a).

Von den Wettbewerbsbedingungen für die Verstromung deutscher Steinkohle ist die politische Rahmensetzung für Braunkohle zu unterscheiden. Gerade bei der Braunkohleverstromung profitieren die Verbundunternehmen Vattenfall und RWE von den langfristigen Vertragsbeziehungen zur Förderung und Verstromung der in ihren Verbundgebieten geförderten Braunkohle. Nach der erfolgten Fertigstellung der ostdeutschen Braunkohle-Kraftwerke Lippendorf und Boxberg im Jahr 2000 stieg die Braunkohleförderung im mitteldeutschen Revier im Jahr 2001 um 16,9 Prozent auf 19,2 Mio. t und in der Lausitz um 4,5 Prozent auf 57,5 Mio. t. Im selben Jahr nahm die Braunkohleproduktion in den rheinischen Braunkohlegebieten gegenüber dem Vorjahr um 3 Prozent auf 94,7 Mio. t zu. Insgesamt stieg die Braunkohleförderung in Deutschland im Jahr 2001 um knapp 5 Prozent auf 175,7 Mio. t. Die Braunkohle hat damit ihre Position als wichtigste heimische Ressource zur Stromerzeugung gefestigt. Zwar sind die in den neuen Bundesländern fertig gestellten Neukraftwerke wesentlich effizienter und emissionsärmer als frühere Kraftwerkstypen. Allerdings war mit dem vermehrten Braunkohleeinsatz im Vorjahresvergleich (2000) ein insgesamt höherer CO_2-Ausstoß verbunden. In einer Gesamtsicht relativierte sich damit trotz des beschriebenen Ausbaus erneuerbarer Energien der klimaschutzbezogene Erfolg der energiepolitischen Maßnahmen auf Bundes- und Landesebene erheblich.

Nach der Verabschiedung der EH-Rl und der Bekanntgabe des NAP im März 2004 veröffentlichte die RWE-Braunkohletochter Rheinbraun im Mai 2004 ihre Pläne zur Errichtung von zwei Kraftwerksblöcken mit jeweils 1050 MW im rheinischen Grevenbroich. Als Investitionssumme wurden bis zu zwei Mrd. Euro veranschlagt. Darüber hinaus hatte das Unternehmen bereits im September 2002 mit einer Investitionssumme von mehr als einer Milliarde Euro und einer Leistung von 965 MW eines der größten und effizientesten (43 Prozent Wirkungsgrad) Braunkohlekraftwerke im rheinischen Niederaussem ans Netz genommen (SZ 09.09.2002q). Im Juni 2004 gab auch Vattenfall weitere Investitionen zur Errichtung je eines Braun- und Steinkohlekraftwerks bekannt. Nach Angaben des VDEW waren deutschlandweit Ende 2006 insgesamt 25 Braun- und Steinkohlekraftwerke für die

---

[612] Bereits im Jahr 2003 machte der Anteil der heimischen Steinkohle nur noch knapp 44 Prozent aus (28 Mio. t von insgesamt 64 Mio. t).

Zeit bis 2020 in Planung (VDEW 2006).[613] Die Investitionspläne verdeutlichten, dass auch mit der Einführung des Emissionshandels die Verbundunternehmen an ihren Investitionen in moderne Braun- und Steinkohlekraftwerke festhalten.

Mit der europäisch induzierten Reduzierung der staatlichen Steinkohleförderung bis 2012 wird aufgrund niedriger Weltmarktpreise somit die importierte Steinkohle weiter an Bedeutung gewinnen. Die Wettbewerbsfähigkeit sowohl der Braun- als auch der Steinkohleverstromung hängt aber in maßgeblicher Weise von der künftigen Ausgestaltung des Emissionshandels ab. Die Bedeutung der Verstromung von Braunkohle, die in den vergangenen Jahren wettbewerbspolitisch privilegiert wurde (z.B. Braunkohleklausel), hat seit Anfang 2000 weiter zugenommen und im Jahr 2003 einen Anteil von 26 Prozent an der nationalen Stromerzeugung erreicht. Aufgrund der wenig ambitionierten CO_2-Reduktionsziele in der ersten Handelsperiode bis 2007 ist die viel beschworene Effektivität und Effizienz des Emissionshandels zur Verwirklichung der Kyoto-Ziele jedoch kritisch zu bewerten. Die bisherigen Handelsregeln zeigen offensichtlich kaum Effekte auf die Investitionsentscheidungen der großen Verbundunternehmen zugunsten effizienter und klimaschonender Erzeugungsanlagen. Vielmehr werden die ökonomischen Lasten des Klimaschutzes in zunehmendem Maße auf andere Akteursgruppen verlagert (z.B. gewerbliche Produktion, weniger energieintensiver Mittelstand, Privatverbraucher).

5.4.4.2 Der Konsens zum Ausstieg aus der Kernenergie zwischen der rot-grünen Bundesregierung und der deutschen Stromwirtschaft

Ein zentrales Reformprojekt der rot-grünen Bundesregierung, das im Sinne technologischer Pfadabhängigkeit auch Auswirkungen auf den Ausbau erneuerbarer Energien hat, war gemäß der Koalitionsvereinbarung von 1998 der Ausstieg aus der Kernenergie. Im Rahmen von Ausstiegsverhandlungen einigten sich Vertreter des BMU mit den Verbundunternehmen bis zum Juni 2000 auf erste Eckpunkte über Reststrommengen der deutschen Kernkraftwerke, damit verbundenen Restlaufzeiten und die Entsorgung des Nuklearmülls. Nach Abschluss einer ersten Vereinbarung sollten sämtliche deutschen AKW noch eine (Rest-)Strommenge von 2.623 TWh produzieren dürfen. Außerdem wurde festgelegt, dass in der Vereinbarung für jedes Kraftwerk aufgeschlüsselt werden soll, welche Strommenge es bis zu seiner Stilllegung produzieren darf. In bestimmtem Umfang sollten die Betreiber die Kontingente ihrer Kraftwerke untereinander verrechnen dürfen.[614]

---

[613] Von den Ende 2006 in Bau bzw. in Planung befindlichen 53 Kraftwerksprojekten mit einer geplanten installierten Gesamtleistung von knapp 31.400 MW waren sieben Projekte Braunkohlekraftwerke (geplante installierte Endleistung 4.825 MW). Die Mehrzahl der Projekte betraf mit 18 Vorhaben Steinkohlekraftwerke (geplante installierte Kapazität von 15.680 MW). Allerdings war bei zwei Projekten noch nicht entschieden, ob in die Braun- oder Steinkohletechnologie investiert wird (VDEW 2006). Die übrigen Vorhaben verteilten sich auf GuD-, Müll-, bzw. Wasserkraftwerke. Damit waren knapp die Hälfte der geplanten Investitionsprojekte in den deutschen Kraftwerkspark Kohlekraftwerke.

[614] Bereits in der ersten Vereinbarung war vorgesehen, dass das AKW Obrigheim bis spätestens 31. Dezember 2002 als erstes AKW vom Netz genommen werden sollte. Ferner wurden wichtige Regelungen zur Aufbereitung des Nuklearmülls getroffen. Die Wiederaufbereitung nuklearer Brennstäbe sollte vom 01. Juli 2005 an verboten und die AKW-Betreiber dazu verpflichtet werden, Zwischenlager in der Nähe der Kernkraftwerke zu errichten. Bis zur Festlegung standortnaher Zwischenlager sollten die zwischenzeitlich unterbrochenen Atomtransporte wieder aufgenommen werden (SZ 14.05.2001d).

Auf der Basis des ersten Konsenses erarbeitete das BMU bis Mitte Mai 2001 einen Entwurf für eine Novelle des Atomgesetzes (AtG). Anfang Juni 2001 kam es zur Unterzeichnung des Atomkonsenses. Nur wenige Tage später legte Bundesumweltminister Trittin den Entwurf für ein Atomausstiegsgesetz vor (FR 16.05.2001b). Die Atomindustrie rügte den geplanten Kernenergieausstieg zwar als „historischen Fehler", sicherte aber ihre Kooperation zu (FR 12.06.2001d). Am 04. September 2001 verabschiedete das Bundeskabinett schließlich den Entwurf für ein *„Gesetz zur geordneten Beendigung der Kernenergienutzung zur gewerblichen Erzeugung von Elektrizität"* (SZ 05.09.2001h).[615]

Am 14. Dezember 2001 beschloss der Deutsche Bundestag schließlich mit den Stimmen von SPD und Grünen das neue AtG. Die Oppositionsparteien CDU/CSU und FDP kündigten in der hitzig geführten Bundestagsdebatte an, den Kernenergieausstieg im Fall eines Machtwechsels rückgängig zu machen. Sowohl arbeits- und klimapolitisch wäre der Kernenergieausstieg der falsche Weg. Anfang Februar 2002 wurde der AtG-Entwurf wegen des Widerstands der unionsregierten Bundeländer im Bundesrat abschließend beraten. Die Bundesländer Bayern, Baden-Württemberg und Hessen scheiterten mit ihrem Antrag, zu einer weiteren Verzögerung der Gesetzesverabschiedung den Vermittlungsausschuss anzurufen (BMU 2002b). Am 26. April 2002 konnte das novellierte AtG deshalb in Kraft treten.

Der Gesetzeszweck des neuen AtG ist nicht mehr die Förderung der Kernenergienutzung zur gewerblichen Erzeugung von Elektrizität, sondern ihre geordnete Beendigung (§ 1 Nr. 1 AtG). Ferner regeln komplizierte Bestimmungen den Zeitraum für die Beendigung (§ 7 Abs. 1 a und 1 b AtG). Für jede der neunzehn Anlagen wurde eine Gesamtbetriebszeit von 32 Jahren festgelegt, aus der sich eine Gesamtstrommenge errechnet, die jedes Kraftwerk erzeugen darf. Ist diese Menge verbraucht, erlischt die Betriebsgenehmigung. Den AKW-Betreibern wurde zugestanden, Reststrommengen zwischen einzelnen AKW zu übertragen und zu handeln. Unter Berücksichtigung der Gesamtlaufzeiten und der Verteilung der restlichen Strommengen sollte der letzte deutsche Atommeiler nach etwa zwanzig Jahren vom Netz gehen. Eine wichtige neue Regelung ist ferner die Genehmigungspflicht für wesentliche Veränderungen von Anlagen oder ihres Betriebes (§ 7 Abs. 1 S. 2 AtG) und die wichtiger gewordene Stilllegung von Anlagen (§ 7 Abs. Abs. 3 AtG). Außerdem sind ab dem 01. Juli 2005 periodische Sicherheitsüberprüfungen vorgesehen, mit denen fortlaufend die Anlagensicherheit nachzuweisen und den Aufsichtsbehörden mitzuteilen ist (§ 19 a AtG). Ferner wurden die Sicherheitsauflagen der AKW-Betreiber zur Risikovorsorge verschärft. So müssen die Atomanlagen im Rahmen der periodischen Sicherheitsüberprüfungen jeweils dem „Stand der neuesten Technik" entsprechen (Burgi 2005, 248).

Außerdem wurden die Anlagenbetreiber verpflichtet, die versicherungsbezogene Deckungsvorsorge gegen mögliche Atomunfälle auf mehr als 2,5 Mrd. Euro fast zu verzehnfachen (SZ 05.09.2001g). Mit der Verabschiedung des AtG wurden für die neunzehn deutschen AKW folgende Restlaufzeiten vereinbart (Stand Dezember 2001):[616]

---

[615] Unerwartete Argumentationshilfe für den Kernenergieausstieg bekam die Regierungskoalition nur eine Woche nach Verabschiedung des AtG-Entwurfs mit den terroristischen Anschlägen vom 11. September 2001.
[616] Neben den Anteilen der jeweiligen Betreiber an den Kraftwerken wird die Leistung des betreffenden AKW sowie der Monat der geplanten AKW-Abschaltung genannt

Tabelle 27: Kernenergieausstieg in Deutschland nach den Plänen von 2001

Kernkraftwerk	Betreiber (mit Beteiligung)	Termin der geplanten Abschaltung
Biblis A	(RWE, 1.167 MW):	Febr. 2007
Biblis B	(RWE, 1.240 MW):	Jan. 2009
Brokdorf	(E.ON: 80%, HEW: 20%, 1.370 MW):	Dez. 2018
Brunsbüttel	(E.ON: 33%, HEW: 67%, 771 MW):	Febr. 2009
Emsland	(VEW: 75%, RWE: 12,5%, E.ON: 12,5%, 1.290 MW):	Juni 2020
Grafenrheinfeld	(E.ON, 1.275 MW):	Juni 2014
Grohnde	(E.ON: 50%, Gemeinschkr. Weser: 50%, 1.360 MW):	Febr. 2017
Gundremmingen B	(RWE: 75%, E.ON: 25%, 1.284 MW):	Juli 2016
Gundremmingen C	(RWE: 75%, E.ON: 25%, 1.288 MW):	Jan. 2017
Isar I	(E.ON, 850 MW):	März 2011
Isar II	(E.ON: 75%, Stadtwerke München: 25%, 1.365 MW):	Apr. 2020
Krümmel	(E.ON: 50%, HEW: 50%, 1.260 MW):	März 2016
Neckarwestheim I	(Neckarw. Stuttgart: 70%, DB: 18%, EnBW: 785 MW):	Dez. 2008
Neckarwestheim II	(Neckarw. Stuttg.: 70%, DB: 18%, EnBW: 1.269 MW):	Apr. 2021
Obrigheim	(EnBW: 63%, Neckarw. Stuttgart: 24%, etc: 340 MW):	Dez. 2002
Philippsburg I	(EnBW, 890 MW):	März 2012
Philippsburg II	(EnBW, 1.358 MW)	Apr. 2017
Stade	(E.ON, HEW, 640 MW)	Dez. 2003
Unterweser	(E.ON, 1.285 MW)	Sept. 2011

Quelle: SZ 15./16.12.2001p, SZ 23.02.2004f.

Gut zwei Wochen vor den Bundestagswahlen vom 22. September 2002 wurden Pläne des Stromversorgers EnBW öffentlich, die Laufzeit des ältesten Atommeilers Obrigheim, der als erster Reaktor Ende 2002 abgeschaltet werden sollte, durch Übertragung eines Stromkontingents des jüngeren AKW Neckarwestheim um weitere fünf Jahre bis mindestens 2007 zu verlängern. Der Versuch der EnBW, den Atomkonsens durch eine weite Auslegung der Übertragungsregelungen von Stromkontingenten belastete nach der überraschenden Wiederwahl der rot-grünen Bundesregierung ab Anfang Oktober 2002 die neuen Koalitionsverhandlungen. Dabei wog erschwerend, dass Bundeskanzler Schröder noch während der ersten rot-grünen Legislaturperiode gegenüber dem damaligen EnBW-Vorstandsvorsitzenden Goll sein informelles Versprechen gegeben hatte, die Laufzeit des AKW Obrigheim über das Jahr 2002 zu verlängern (SZ 11.10.2002u).

Mit dem Konflikt über die Laufzeit des AKW Obrigheim, der durch die Charakteristika der vertikalen Politikverflechtung in der deutschen Atomaufsicht gekennzeichnet war, drohte sogar ein Scheitern der Koalitionsverhandlungen. Am 14. Oktober 2001 konnte Bundesumweltminister Trittin aber die Verständigung auf einen Kompromiss bekannt geben, nach dem nicht vom neuesten deutschen AKW Neckarwestheim II (Inbetriebnahme 1989), sondern vom wesentlich älteren Meiler Philippsburg I Stromkontingente übertragen werden. Außerdem dürften nicht 15 TWh, sondern nur 5,5 TWh übertragen werden, so dass sich eine zusätzlichen Laufzeit von zwei Jahren ergab (SZ 15.10.2002v).

Der politische Prozess des Kernenergieausstiegs in Deutschland weist somit stark inkrementalistische Züge auf. Im Fall eines Regierungswechsels bleibt ein „Ausstieg vom Ausstieg" möglich. Entsprechende Pläne hat die CDU-Vorsitzende Merkel im Verlauf des Jahres 2003 mehrfach bekundet (SZ 01.09.2003q). Atomfreundliche Landesregierungen (z.B. Baden-Württemberg und Bayern) sind für dieses Ziel auch über den Bundesrat aktiv (SZ 08.10.2003u). Der Kernenergieausstieg bleibt – gerade vor dem Hintergrund einer sich verschärfenden Klimadebatte und der Versorgungssicherheit – damit ungewiss.[617] Außerdem wird auf europäischer Ebene die Entwicklung einer neuen Reaktortechnologie (Europäischer Druckwasserreaktor, EPR) vorangetrieben, an der verschiedene europäische Großkonzerne umfassende Investitionen tätigen.[618]

---

[617] Die klimapolitischen Effekte der Kernenergienutzung sind umstritten und von der Berücksichtigung von CO_2-Emissionen abhängig, die nicht mit der unmittelbaren Atomstromerzeugung verbunden sind (Argument der langen Ketten fossiler Stromerzeugung). Zum anderen ist das Argument einer Garantie der Versorgungssicherheit durch Atomstrom vor dem Hintergrund zu relativieren, dass der Weltmarktpreis für Uran allein im Zeitraum von Oktober 2003 bis Mai 2004 um 40 Prozent gestiegen ist (Ende 2001: 6 US-$ für ein halbes Kilogramm Uranoxid, Mai 2004: knapp 18 US-$, SZ 04.06.2004q) und das weltweite Vorkommen auf wenige Länder beschränkt ist.
[618] Der EPR wird durch das deutsch-französische Unternehmenskonsortium Framatome entwickelt, an dem der französische Atomkonzern Areva zu 66 Prozent und die deutsche Siemens AG zu 34 Prozent beteiligt sind (Rumpf 2004).

6 Zusammenfassung der Vergleichs der Erneuerbaren-Energien-Politik und ihre Entwicklung im EU-Energiebinnenmarkt

Abschließend werden die wichtigsten Forschungsergebnisse des historisch-institutionalistischen Vergleichs der Erneuerbaren-Energien-Politik zwischen Großbritannien und der Bundesrepublik Deutschland zusammengefasst. In einem ersten Schritt wird für den britischen Untersuchungsfall die allmähliche Verbesserung der institutionellen Rahmenbedingungen eines Ausbaus dieser Technologien seit der Verabschiedung des Kyoto-Protokolls und die besondere Bedeutung der Staatsreformen zugunsten einer Devolution und Regionalisierung dargestellt. Für den deutschen Untersuchungsfall wird resümierend dargelegt, welche Bedeutung der föderale Staatsaufbau und die damit einhergehende Politikverflechtung in der Energiepolitik für eine frühzeitige Diffusion von Nachhaltigkeitszielen hatten. Hierbei ist auf die Besonderheiten der deutschen Strommarktliberalisierung einzugehen, die seit 1998 mittelbar auch die Regulierungsstrategie für erneuerbare Energien beeinflusste. In einem zweiten Schritt ist die zunehmende Bedeutung der Europäischen Regulierung für die nationalen Strategien eines Ausbaus erneuerbarer Energien kritisch zu bewerten. Trotz bislang nicht definierter energiepolitischer Regulierungskompetenzen in den Europäischen Verträgen hat die Europäische Wettbewerbspolitik für die national verfolgten Strategien zur Verwirklichung von Klimaschutzzielen in den letzten Jahren stetig an Bedeutung gewonnen.

6.1 Die institutionalistische Erklärung der unterschiedlichen Erneuerbaren-Energien-Politik zwischen Großbritannien und Deutschland

Für das Politikfeld „Energie" ist zunächst in Erinnerung zu rufen, dass ein institutioneller und technologischer Wandel in Richtung einer nachhaltigen Erzeugungsindustrie aufgrund der Langlebigkeit der bestehenden Infrastrukturen nur über lange Zeiträume empirisch messbar ist. So zeitigt der seit der zweiten Hälfte der 1980er Jahre in England und Wales eingeschlagene Pfad einer Privatisierung und Liberalisierung der dortigen Energiewirtschaft bis zum gegenwärtigen Zeitpunkt Auswirkungen (z.B. ungelöste Frage einer möglichen Privatisierung der Kernenergie unter liberalisierten Marktbedingungen). Der historische Vergleich machte deutlich, dass die britische Regierung zur Einhaltung von Wettbewerbsregeln weiterhin in bestehende Strukturen und Abläufe des energiewirtschaftlichen Sektors entscheidend eingreift und damit die Kosten der Energieerzeugung zwischen den verschiedenen Technologien beeinflusst. Erschwerend kommt hinzu, dass sich neben der Realisierung von Wettbewerbszielen besonders seit Inkrafttreten des Kyoto-Protokolls im Februar 2005 die Herausforderung des Ausbaus einer nachhaltigen und klimafreundlichen Energieversorgung zunehmend auf die ökonomische Wettbewerbsregulierung auswirkt.

Die Analyse der britischen Energiepolitik der vergangenen drei Jahrzehnte hat zunächst das aus anderen institutionalistischen Untersuchungen bekannte Politikmuster bestätigt, nach dem bei einem unitarischen Staatsaufbau mit ausgeprägtem parlamentarischen Mehrheitsprinzip im Fall eines Regierungswechsels die Regulierungspolitik besonderen Veränderungsschüben unterliegt. Während die Regulierung der leitungsgebundenen Energiewirtschaft im Zeitraum der konservativen Herrschaft von 1979 bis 1997 durch ihre regulierungspolitische Ausrichtung auf wettbewerbs- und effizienzbezogene Ziele gekennzeichnet war, haben seit dem Regierungswechsel zu New Labour ab 1997 umwelt- und sozialpolitische Verteilungsfragen deutlich an Bedeutung gewonnen. Für den ersten Untersuchungszeitraum (1973-1989) wurde gezeigt, dass über die zentralisierte Steuerung der Elektrizitätswirtschaft die auf dezentrale und nachhaltige Erzeugungsstrukturen orientierten Akteure nur über schwierige Zugangsmöglichkeiten zu den parlamentarischen und administrativen Entscheidungsträgern verfügten, um ihre Interessen und politischen Ziele effektiv umzusetzen. Der traditionell hohe Grad der Zentralisierung der britischen Stromwirtschaft ist auf ihre frühe Verstaatlichung nach dem Zweiten Weltkrieg zurückzuführen. Im Vergleich zum deutschen Untersuchungsfall sind dezentral operierende energiewirtschaftliche Akteure auf der regionalen und kommunalen Ebene in Großbritannien nicht in gleicher Weise vorhanden (Regionalversorger als dezentrale Ebene). Damit war eine traditionell homogenere Akteursstruktur verbunden, die für eine zügige Privatisierung und Liberalisierung des energiewirtschaftlichen Sektors geringere Konsenserfordernisses im politischen Entscheidungsverfahren bedingte. Im britischen Regulierungsregime kam bei der Entwicklung und Implementierung der wettbewerbs- und privatisierungspolitischen Reformen etwa kommunalen Akteuren (wie den deutschen Stadtwerken) am Ende der 1980er Jahre keine Bedeutung zu.

Mit der im Jahr 1989 begonnenen Privatisierung und Liberalisierung der englisch-walisischen Stromwirtschaft lagen die Schwerpunkte der Sektorregulierung im zweiten Untersuchungszeitraum (1989-1997) vorrangig auf der effizienzorientierten Realisierung von Wettbewerb. Im Verlauf der ersten Hälfte der 1990er Jahre hat sich die für diese Regulierungsaufgabe neu institutionalisierte Regulierungsbehörde Offer in einer Experimentier- und Lernphase mit innovativen ökonomischen Instrumente (z.B. Price-Cap-Regulierung) zur Regulierung der Netzinfrastruktur vertraut machen können. Dabei wurde deutlich, dass die zuvor entwickelten Annahmen zu einer Regulierung von Wettbewerb in der Regulierungspraxis auf teilweise große Restriktionen stießen. Z.B. scheiterte eine frühzeitige Privatisierung der Kernenergie, die zu Beginn der 1990er Jahre unvorhergesehene Subventionen zur Erhaltung der nuklearen Stromerzeugung erforderte. Bis über die Mitte der 1990er Jahre hinaus blieb daher das Ziel einer nachholenden Privatisierung der Kernenergie von herausragender nationaler energiepolitischer Bedeutung. Innerhalb des DTI entstand aus der nicht antizipierten Notwendigkeit einer dauerhaften Subventionierung der britischen Nuklearstromerzeugung am Ende der 1980er Jahre auch die Idee für ein erstes Markteinführungsprogramm für erneuerbare Energien. Wegen der besonderen Wettbewerbsorientierung der damaligen ministeriellen Akteure war allerdings nur eine Förderung der kostengünstigsten Erzeugungstechnologien vorgesehen.

Demgegenüber erwiesen sich für die stromwirtschaftliche Wettbewerbspolitik und die Erneuerbare-Energien-Politik in Deutschland die historisch begründete Aufteilung der Regulierungskompetenzen zwischen Bund und Ländern sowie die gemischtwirtschaftliche Struktur des Stromsektors als maßgeblich. Bereits seit den 1980er Jahren löste sich der vormalige bundespolitische Konsens über die Strategien für eine zivile Nutzung der Kernenergie auf der horizonzalen Ebene zwischen den einzelnen Bundesländern sowie in vertikaler Richtung zwischen einzelnen Bundesländern und dem Bund zunehmend auf. Als wichtiger Mitauslöser für die ab der zweiten Hälfte der 1980er Jahre aufkommenden landespolitischen Initiativen für erneuerbare Energien wurde neben der *"critical juncture"* der Tschernobyl-Katastrophe von 1986 die Tätigkeit wissenschaftlicher Enquete-Kommissionen hervorgehoben, die sowohl auf Landes- wie auf Bundesebene die öffentliche und politische Aufmerksamkeit erstmals auf das Problem des Klimawandels lenkten. Besonders in den SPD-regierten norddeutschen Bundesländern mit einem hohen Atomstromanteil (z.B. in Niedersachsen, Schleswig-Holstein und der Hansestadt Hamburg) resultierte die energiepolitische Neuorientierung in frühen Programmen zur Förderung erneuerbarer Energien (z.B. Windenergie). Für den Bedeutungszuwachs der erneuerbaren Energien war auch der föderale Parteienwettbewerb von Bedeutung, weil sich die Sozialdemokraten gegenüber der damals aufkommenden Partei der Grünen energiepolitisch profilieren wollten. Gegen Ende der 1980er Jahre verstärkten süddeutsche Wasserkraftwerksbetreiber ihre Initiativen zur Beendigung der bis dahin gegenüber der Stromwirtschaft praktizierten kooperativ-konsensualen Regulierung für unabhängige Erzeuger. Zeitgleich mit dem historischen Prozess der Deutschen Einheit gelang schließich unter der Konzertierung von Interessenvertretern der Wasserkraft mit der noch sehr jungen Branche der Windenergie die erfolgreiche parlamentarische Verabschiedung gesetzlicher Festpreisregelungen für eine Stromeinspeisung aus erneuerbaren Energien.

Weil die ersten gesetzlichen Förderregeln aber nur recht allgemeine Kriterien für eine Vergütung der Stromeinspeisung in Höhe der vermiedenen Kosten und in Abhängigkeit von der Entwicklung der allgemeinen Strompreise garantierten, *blieb* der Ausbau der erneuerbaren Energien auch zu Beginn der 1990er Jahre von zusätzlichen Förderprogrammen des Bundes (z.B. 250 MW-Wind, 1000-Dächerprogramm) *und* der einzelnen Bundesländer abhängig. Damit bot das föderale Regierungssystem der Bundesrepublik den noch im jungen Entwicklungsstadium befindlichen Projektplanern unterschiedliche und letztlich additiv wirkende Zugangsmöglichkeiten zu finanziellen Förderprogrammen, die unter den damals noch recht unsicheren Finanzierungsbedingungen die Investitionssicherheit in entsprechende Projekte erhöhte. Gleichzeitig waren in einzelnen Bundesländern bereits in der zweiten Hälfte der 1980er Jahre wichtige organisatorische Voraussetzungen für eine erfolgreiche Begleitung zur Markteinführung erneuerbarer Energien geschaffen worden. Hervorgehoben wurde die vorrangig länderfinanzierte Gründung von wissenschaftlichen Instituten, welche ihre Forschung in erster Linie auf regional bedeutende Ressourcen zur Nutzung erneuerbarer Energien spezialisierten (z.B. Solare Forschungsinstitute: Baden-Württemberg (ZSW), Hessen (ISET); Deutsches Windenergie Institut in Niedersachsen (DEWI), Forschungsinstitute zur Biomasse in Bayern und Hessen). Nach der Verabschiedung des StromEG haben einzelne Länderregierungen dann, ausgelöst durch die Lobbyingaktivitäten der ebenfalls im Entstehen begriffenen Erneuerbaren-Energien-Verbände, frühzeitig weitere rechtliche Rahmenbedingungen für einen effektiven Ausbau einzelner Erneuerbarer-Energien-Technologien beeinflusst. Vorrangig zu nennen ist hier die Planungspolitik, bei der die Interessenverbände die zuständigen Landesverwaltungen zugunsten positiver Planungs- und Genehmigungsverfahren beeinflussen konnten.

Für den deutschen Untersuchungsfall wurde außerdem auf die wachsende Bedeutung einer Advocacy-Koalition um die Organisation Eurosolar hingewiesen, die in der Wirkungsnähe des Bundestages seit Ende der 1980er Jahre stetig für eine Verbesserung der rechtlichen und politischen Rahmenbedingungen von erneuerbaren Energien stritt. Gleichzeitig wurde im Jahr 1991 der Bundesverband Erneuerbare Energien (BEE) gegründet, der seitdem als Dachverband die Interessen der verschiedenen Erneuerbaren-Energien-Verbände mit einer Stimme nach außen vertritt. Während innerhalb des BEE mit dem zunehmenden Ausbau der Windenergie bis zur Mitte der 1990er Jahre v.a. der BWE gegenüber dem traditionell dominierenden BDW an Bedeutung gewann, verbesserte Eurosolar die parlamentarische Interessenvertretung für erneuerbare Energien in der zweiten Hälfte der 1990er Jahre weiter. Ein Ausdruck hierfür ist die sich stetig professionalisierende Rechtsberatung der Akteure von erneuerbaren Energien (z.B. ab 1997 Publikation der Zeitschrift für Neues Energierecht).

Für die Wettbewerbspolitik gegenüber der leitungsgebundenen Energiewirtschaft erwies sich in jenem Zeitraum die plötzliche Option der *Deutschen Einheit* als weitere *"critical juncture"*. Mit diesem historischen Prozess wurde in den Folgejahren die Integration der ostdeutschen Stromwirtschaft in die westdeutschen Sektorstrukturen zur dominanten politischen Frage. Bis zur zweiten Hälfte der 1990er stand neben der Klärung der kritischen Eigentumsfrage des ehemals zwangsverstaatlichten kommunalen Stromeigentums der Konflikt um eine mögliche Rekommunalisierung im Zentrum der politischen und rechtlichen Auseinandersetzungen. Wegen der Reichweite des historischen Umbruchprozesses rückte die Debatte um eine Liberalisierung des nationalen Energiesektors in den Hintergrund der politischen Aufmerksamkeit. Nur das StromEG sorgte mit der in ihm enthaltenen Verpflichtung zur Öffnung der Stromnetze für erneuerbare Energien für eine Einschränkung der bestehenden Strommonopole.

Während in Deutschland erste Initiativen zu grundlegenden wettbewerbspolitischen Reformen aus den beschriebenen Gründen in den Hintergrund politischer Reformbestrebungen gerieten, stand bei der Regulierung der britischen Stromwirtschaft die Anpassung des wettbewerbsbezogenen Regulierungsrahmens an die neuen institutionellen und aufgabenbezogenen Gegebenheiten im energiepolitischen Mittelpunkt. Im Verlauf der ersten Hälfte der 1990er Jahre zeichnete sich das Scheitern einer Realisierung der bescheidenen Ausbauziele von erneuerbaren Energien unter dem ersten Markteinführungsinstrument ab. Hierfür war zum einen die effizienzorientierte Ausgestaltung des NFFO-Instruments ursächlich. Zum anderen offenbarten sich die negativen Effekte einer erheblich zentralisierten Planungspolitik, mit der ein Ausbau dezentral operierender innovativer Erzeugungstechnologien nur ungenügend berücksichtigt wurde. Besonders die einseitige Fokussierung auf das Effizienzprinzip zur Förderung regenerativer Erzeugungstechnologien verhinderte die Entstehung von ersten Nischenmärkten und entsprechenden Industrien. Wegen der geringen Investitionsanreize konnte kein heimischer Absatzmarkt für derartige Technologien entstehen. In interessenpolitischer Perspektive war mit den britischen Entwicklungen verbunden, dass im verhältnismäßig jungen energiewirtschaftlichen Verbändesystem, das sich erst mit der Liberalisierung und Privatisierung des Sektors dynamisch entwickelte, keine einflussreichen Interessenverbände für erneuerbare Energien konstituierten. Die geringe Bedeutung, welche die konservativen Regierungen in der ersten Hälfte der 1990er Jahre den erneuerbaren Energien beimaß, offenbarte sich überdies in der geringen und weiterhin diskontinuierlichen staatlichen Forschungs- und Entwicklungsförderung.

Entsprechend schwierig gestaltete sich seit der Regierungsübernahme durch New Labour im Frühjahr 1997 die Neuausrichtung der energiewirtschaftlichen Regulierung in

Richtung einer intensiveren Realisierung von Nachhaltigkeitszielen. Entgegen den Annahmen einer Entpolitisierung der stromwirtschaftlichen Regulierung im Zuge eines erfolgreich institutionalisierrten sektoralen Wettbewerbs intensivierte sich mit dem Regierungswechsel zu Labour die staatliche Regulierung (Bauer 2005). Mit den beschriebenen Reformen des englisch-walisischen Energiehandelsmarktes (NETA), dessen Planungen von 1998 bis 2001 liefen, gab es für einen Übergangszeitraum jedoch kein direktes Förderinstrumentarium für erneuerbare Energien. Die wettbewerbsorientierten Reformen resultierten deshalb in einer Verschärfung der Probleme unabhängiger und erneuerbarer Energieerzeuger. Die Merkmale des zentralisierten britischen Regulierungsregimes, das auf den dezentralen Ebenen keine sonstigen Fördermöglichkeiten für erneuerbare Energien vorsah, blockierten einen Ausbau innovativer Technologien.

Erst mit dem Beginn der zweiten Regierungszeit von New Labour seit Frühjahr 2001 wurden die politischen Anstrengungen für einen Ausbau erneuerbarer Energien wieder verstärkt. Ein wesentlicher Impuls ist auf die prominente Rolle zurückzuführen, welche die britische Regierung der Umsetzung einer innovativen nationalen Nachhaltigkeitsstrategie zur Umsetzung des Kyoto-Protokolls beimaß. Hierbei erwies sich gegenüber dem zuständigen DTI das im Jahr 1997 neu gegründete und mächtige Superministerium DETR (und ab Mai 2002 auch das unter Vizepremier Prescott für die Devolutionsreform zuständige ODPM) als zunehmend einflussreich. Innerhalb der Zentraladministration wurde zur Markteinführung erneuerbarer Energien die RO als neues Instrument entwickelt, die ab April 2002 in Kraft trat. An der zeitlichen Förderlücke für erneuerbare Energien von vier Jahren offenbarte sich die energiepolitische Priorität einer Reform des ökonomischen Regulierungsrahmens (NETA-Handelsregeln). Wie beim ersten Markteinführungsinstrument folgte die Entwicklung der RO umfassenden Reformen des wettbewerbsrechtlichen Ordnungsrahmens der Energiewirtschaft. Bei der Policyentwicklung der RO orientierte sich das DTI u.a. am zukünftigen Erfordernis einer möglichen europäischen Harmonisierung der Förderinstrumente für erneuerbare Energien. Das neue Förderinstrument ist weiterhin durch eine besondere Effizienzorientierung gekennzeichnet. Als Quotenverpflichtung der nationalen EltVU zur Abnahme einer prozentual jährlich steigenden Menge regenerativ erzeugten Stroms weist das Instrument gegenüber dem vorherigen Markteinführungsinstrument, der NFFO, außerdem pfadabhängige Elemente auf. Das innovative Element des neuen Markteinführungsinstruments besteht jedoch in der Einführung eines Zertifikatehandels.

Die ersten Implementierungserfahrungen der RO deuteten darauf hin, dass weiterhin nur die konkurrenzfähigsten Technologien von der britischen Erneuerbaren-Energien-Politik profitieren. Während z.B. die groß dimensionierte Windkraft im Offshore-Bereich seit Anfang des neuen Jahrtausends eine bemerkenswerte Entwicklungs- und Wachstumsdynamik aufwies, blieben weniger konkurrenzfähige Technologien (z.B. FV-Solar) auf staatliche Sonderprogramme angewiesen. Während für kleine, dezentrale Projekte zur Nutzung erneuerbarer Energien die unterschiedlichen Restriktionen für eine erfolgreiche Implementierung im britischen Regulierungsregime herausgearbeitet wurden (z.B. zentralisierte Planungspolitik, Reform des Handelsmarktes für Elektrizität), profitierte die Realisierung von Windenergie-Großprojekten von der besonderen technologischen Schwerpunktsetzung der New-Labour-Regierung. Beispielsweise hat die britische Regierung die Planungs- und Genehmigungsverfahren relativ problemlos zugunsten eines zügigen Genehmigungsverfahrens reformiert. Bei den Reformen profitierte die britische Regierung von dem Umstand, dass die Planungshoheit zur Genehmigung von Offshore-Projekten bei der Britischen Krone liegt. Die erforderlichen Reformen konnten deshalb zügig in direkten Verhandlungen mit der Krone umgesetzt werden. Wegen der Fördersystematik der RO wird aber befürchtet, dass vom neuen Förderregime hauptsächlich die Großkonzerne profitieren werden. Zum einen verfügen nur diese Akteure über die Finanzkraft zur Realisierung von Großprojekten (z.B. Offshore-Windparks). Zum anderen sind sie die einzigen Akteure, die unter den reformierten Handelsregeln (NETA) regenerativ erzeugten Strom erfolgreich vertreiben können.

Die jüngsten Reformen in der britischen Energiewirtschaft belegen damit zum einen die aus institutionalistischer Perspektive postulierte große Handlungskapazität unitarischer organisierter Staaten. Die gesetzliche Verpflichtung der Regionalversorger zur Abnahme eines progressiv ansteigenden Anteils erneuerbarer Energien an der nationalen Stromerzeugung (15,4 Prozent bis 2015) zeugt von der Durchsetzungskraft der britischen Regierung, die im britischen Klimaschutzprogramm definierten Ausbauziele für erneuerbare Energien zu erreichen. Die zu befürchtende einseitige Begünstigung von Großerzeugern beim Ausbau erneuerbarer Energien weist jedoch auf die wesentlichen Restriktionen der neuen Policy hin: Letztlich setzt dieses Instrument einer *„gesellschaftlichen Dezentralisierung der Energieversorgung"* enge Grenzen, mit der auch kommunale und private Akteure in die Umsetzung einer nachhaltigen Energieversorgungsstrategie eingebunden würden. Dabei ist zu vermuten, dass die direkte gesellschaftliche Partizipation an dezentralen Energieprojekten die gesellschaftliche Legitimation von erneuerbaren Energien angesichts fortgesetzter Akzeptanzprobleme besonders auf lokaler Ebene (z.B. Landschaftsverschandelung, „-verspargelung" durch Windkraft) erhöhen würde.

In diesem Zusammenhang wurden die Auswirkungen einer anderen grundlegenden Reform auf die Erneuerbare-Energien-Politik untersucht. Es handelt es sich um die von der Labourregierung seit 1997 in Angriff genommene Devolution des britischen Königreichs, also der sich abzeichnenden Regionalisierung und Dezentralisierung der britischen Staatsstruktur. Zwar wirkte sich bei der Erneuerbaren-Energien-Politik die Devolution nur im Bereich administrativer Zuständigkeiten aus.[619] An den Beispielen der Regionen England und Schottland konnte aber gezeigt werden, dass sich aufgrund des eingangs beschriebenen ressortübergreifenden Querschnittscharakters dieser Technologien bereits die Dezentralisierung administrativer Kompetenzen in die britischen Regionen auf den Ausbau erneuerbarer Energien positiv auswirken kann.

In diesem Zusammenhang wurde die aus der ökonomischen Föderalismustheorie abgeleitete Hypothese bestätigt, dass zur erfolgreichen Regulierung eines öffentlichen Gutes die räumliche Reichweite der institutionellen Regulierungsstrukturen und -mechanismen mit der Reichweite der auftretenden Externalitäten bei der Regulierung des betreffenden Gutes in größtmögliche Übereinstimmung zu bringen sind. Weil die Stromerzeugung aus erneuerbaren Energien im Vergleich zur konventionellen Stromerzeugung aus Großkraftwerken (z.B. Kern- und Kohlekraftwerke) in vergleichsweise dezentralen Strukturen stattfindet, erfordert ihr erfolgreicher Ausbau auf der administrativen Seite die Existenz dezentraler und regionaler Steuerungskapazitäten. In Bezug hierauf gingen von der durch New Labour

---

[619] Die gesetzlichen Kompetenzen zur Ausgestaltung des Markteinführungsinstruments für erneuerbare Energien liegen immer noch in London, so dass bestimmte Aspekte der Energiepolitik nicht dem Bereich der legislativen Devolution zuzurechnen sind.

eingeleiteten Staatsreform zur Devolution des Vereinigten Königreichs positive Effekte für eine nachhaltigkeitsbezogene Energiepolitik aus.

In *Schottland* hat die Devolution seit 1998 zur Übertragung umfangreicher administrativer Kompetenzen auf die neue Schottische Exekutive geführt, durch welche die regulativen Rahmenbedingungen für einen Ausbau erneuerbarer Energien zielgenauer gesteuert werden konnten. Hierzu zählt neben der Definition eigener regionenspezifischer Ausbauziele für erneuerbare Energien (z.B. Schottisches Klimaschutzprogramm) vorrangig die Erweiterung kommunalpolitischer Kompetenzen, über die z.B. planungsrechtliche Genehmigungsverfahren (z.B. zur Nutzung der Windenergie) vereinfacht wurden. Mit den neuen kommunalpolitischen Kompetenzen lässt sich in Schottland auch die äußerst erfolgreich Einführung eines flächendeckenden Beratungsnetzes zur Nutzung erneuerbarer Energien für private Haushalte erklären. Weiterhin wurde mit der Devolution die Definition eigener forschungspolitischer Schwerpunktsetzungen im Rahmen der regionalpolitischen Strukturplanung erleichtert.

Für das außerordentlich hohe schottische Aktivitätsniveau im Bereich erneuerbarer Energien spielen aber auch historische Gründe eine Rolle: Bisher blieb eine vertikalintegrierte Stromwirtschaft erhalten, so dass im Gegensatz zur englisch-walisischen Elektrizitätswirtschaft die Gewährung von Quersubventionen für erneuerbare Energien bestehen blieb. Von großer Bedeutung erwies sich überdies die außerordentlich große schottische Abhängigkeit von der Stromerzeugung aus Kernenergie. Aufgrund der jüngsten britischen Strommarktreformen (NETA), mit denen auch eine Ausweitung der wettbewerbsorientierten Handelsregeln auf den schottischen Stromsektor angestrebt wurde (BETTA), lässt sich für Schottland ein strategisches Interesse ableiten, die Abhängigkeit von der Kernenergienutzung zu verringern. Dies gilt besonders deshalb, weil sich besonders mit der NETA-Reform seit 2001 die Atomstromerzeugung als weiterhin nicht wettbewerbsfähig erwies. Wegen der Ausweitung der Handelsregeln auf den schottischen Stromsektor lässt sich somit ein regionalstrategisches Interesse ableiten, durch eine aktive Gestaltung der politischen und rechtlichen Rahmenbedingungen die einseitige Abhängigkeit von der Kernenergienutzung zu reduzieren und über den Ausbau erneuerbarer Energien gleichzeitig positive regional- und strukturpolitische Synergien zu heben. Damit hat sich ein regionaler Wettbewerb um eine nachhaltige und wettbewerbsfähige Stromerzeugung für die Innovationsbereitschaft der schottischen Exekutive als ursächlich erwiesen.

Demgegenüber ist der Versuch einer Regionalisierung *Englands* als wichtige Strategie der Londoner Zentralregierung zu erachten, kommunale und regionale Aktivitäten und Instrumente für eine nachhaltigkeitsbezogene Energiepolitik zu motivieren. Zentral für die Fragestellung dieser Untersuchung war, dass die englische Regionalisierung zunächst noch nicht mit einer politischen Regionalisierung und die damit verbundene Gründung regional gewählter Parlamente gleichzusetzen ist. Die Regionalisierung Englands bedeutete v.a. eine Stärkung der regionalen Strukturpolitik, deren deutlichster Ausdruck im Jahr 1999 die Gründung sog. *"Regional Development Agencies"* (RDA) war. Zusammen mit den bereits bestehenden *"Government Offices for the Regions"* fungierten diese als entscheidende Akteure einer Umsetzung der zentralstaatlich initiierten Reformen der Regionalplanung, durch die auch die Interessen erneuerbarer Energien eine günstigere Berücksichtigung in den Struktur- und Raumverfahren der neu geschaffenen englischen Regionen erfahren sollten. Deutlichster Ausdruck hierfür waren die seit 2001 durch die RDA in einzelnen englischen Regionen (East of England, North West, South West) verfolgten Gründungen eigener

Erneuerbarer-Energien-Agenturen zur Realisierung regionaler und nationaler Ausbaupotentiale für erneuerbare Energien. Die regionalen Agenturen trugen im Handlungsfeld der erneuerbaren Energien entscheidend zu einer Verbesserung der kommunalen und regionalen Kooperation in der Wirtschafts- und Forschungspolitik bei. Allerdings zeigte sich bisher, dass in den englischen Regionen – im Gegensatz zu Schottland – die Reformen zur Bestimmung eigener regionaler Ausbauziele für erneerbare Energien vergleichsweise zögerlicher vorankommen. Trotz intensiver staatlicher Förderung gelang außerdem bis zum Jahr 2005 kein flächendeckender Aufbau eines Beratungsnetzes zur Nutzung erneuerbarer Energien für private Haushalte, weil dieser an der kommunalen Kofinanzierung scheiterte. Insgesamt weist England eine geringere Dynamik zur Verbesserung der politischen und rechtlichen Rahmenbedingungen eines Ausbaus erneuerbarer Energien auf, die dem geringeren Regionalisierungsgrad zu entsprechen scheint.

Im Vergleich zur deutschen Klimaschutzpolitik zielte schließlich das im Jahr 2001 verabschiedete britische Klimaschutzprogramm auf eine vergleichsweise frühe Umsetzung der Kyoto-Mechanismen. Unabhängig von den gleichzeitigen Verhandlungen für ein Europäisches Emissionshandelssystem entwickelte die britische Regierung einen eigenen Ansatz. Neben einem Emissionshandel wurde außerdem die „weiche" Form einer ökologischen Steuer, der *Climate Change Levy*, verabschiedet, die im Vergleich zum Einstieg in eine ÖSR in Deutschland wesentlich stärker auf dem Prinzip der Freiwilligkeit beruhte sowie zahlreiche gesellschaftliche und industrielle Akteursgruppen von der Steuererhebung ausnahm. Hieran spiegelte sich die fortwährende Dominanz des nationalen Ziels einer möglichst günstigen Energieversorgung für private und industrielle Verbraucher wider, das die britische Energiemarktregulierung seit dem Ende der 1980er Jahre prägt.

Während das ausgeprägte Mehrheitsprinzip im britischen Regierungssystem mit der langjährigen Herrschaft der konservativen Partei eine Diffusion von Nachhaltigkeitsideen in die sektorpolitische Regulierung lange Zeit verhinderte, bildeten die seit 1997 veränderten politischen Mehrheitsverhältnisse somit zunehmend günstige Voraussetzungen zur Realisierung einer umfassenden Klimaschutzstrategie. Besonders in den Regionen hat die Devolution neue energiepolitische Handlungsspielräume für einen Ausbau der erneuerbaren Energien eröffnet. Wegen der instrumentellen Ausgestaltung der Markteinführungspolicy für erneuerbare Energien ist aber kritisch zu bewerten, ob mit den bestehenden gesetzlichen Regelungen eine weitreichende Dezentralisierung der Energieversorgung erreichbar ist. Berücksichtigt man die ehrgeizigen Ausbauziele der britischen Regierung bis zum Jahr 2010 (10,4 Prozent an der nationalen Stromversorgung), bleibt fraglich, ob die erforderlichen Wachstumsraten ohne verbesserte ökonomische Anreize erreicht werden können.

Ebenso wie in Großbritannien bedeutete der Regierungswechsel zu einer sozialdemokratisch-grünen Regierungskoalition in Deutschland im Herbst 1998 einen neuen Schub für die Erneuerbare-Energien-Politik. Während die damalige rot-grüne Bundesregierung bei der stromwirtschaftlichen Wettbewerbsregulierung zunächst am kooperativ-konsensualen Ansatz zur Regulierung der Netzzugangs- und -nutzungsbedingungen festhielt, nutzte sie ihre neuen Gestaltungsmöglichkeiten für eine intensivierte Fortentwicklung der nachhaltigkeitsorientierten Energiepolitik. Neben der Einleitung eines grundlegenden Reformprozesses für das Einspeisegesetz von erneuerbaren Energien, das im April 2000 zum Erneuerbaren-Energien-Gesetz (EEG) mit differenzierten Vergütungssätzen für einzelne Technologien führte, wurden mit dem Einstieg in eine ÖSR wichtige finanz- und steuerpolitische Reformen eingeleitet.

In Verbindung mit der Reform zum EEG ist auf die seit Mitte der 1990er Jahre gewachsene Bedeutung der Europäischen Wettbewerbspolitik verwiesen worden. Nachdem die konventionelle Stromwirtschaft seit 1995 mit mehreren Versuchen gescheitert war, die deutschen Festpreisregelungen vor dem BVerfG zu Fall zu bringen, versuchten der VDEW und führende deutsche Verbundunternehmen die GD Wettbewerb für ein wettbewerbsrechtliches Eingreifen gegenüber dem deutschen Gesetz für erneuerbare Energien zu gewinnen. Weil die Europäische Kommission aber über keine energiepolitischen Gemeinschaftskompetenzen verfügte und die Bundesregierung nach einer Reform des StromEG im Jahr 1998 das Vorliegen eines europäisch relevanten beihilferechtlichen Tatbestandes negierte, trat die GD Wettbewerb einem gerichtlichen Verfahren vor dem EuGH bei, in dem das damalige Verbundunternehmen PreussenElektra gegen das StromEG klagte. In dem Verfahren wollte das deutsche Verbundunternehmen – über die bisherige Europäische Rechtsprechung hinausgehend – eine inhaltliche Ausweitung des Beihilfebegriffs erzielen, um hierdurch die deutschen Festpreisregelungen auszuhebeln. Eine inhaltliche Ausweitung des Beihilfebegriffs durch die Rechtsprechung des EuGH hätte eine erhebliche Erweiterung der europäischen Eingriffskompetenzen im Bereich des Wettbewerbsrechts zur Folge gehabt.

In seinem abschließenden Urteil vom März 2001 weigerte sich der EuGH mit Begründung auf die bisher relativ erfolglose Europäischen Strommarktliberalisierung und der relativ geringen Bedeutung eines Europäischen Binnenmarktes für Energie jedoch, die Festpreisregelunen des StromEG als staatliche Beihilfen einzustufen. Zwar läge mit dem StromEG zweifelsohne ein Eingriff in den freien Wettbewerb (z.B. der Warenverkehrsfreiheit) vor, der als schwerwiegender einzustufen als die positiven Umweltwirkungen des Gesetzes. Gleichzeitig hob das Gericht in seiner Urteilsbegründung aber in bisher beispielloser Weise die gewachsene Bedeutung der Kyoto-Klimaschutzziele hervor, mit der die bestehenden binnenmarktrelevanten Eingriffe gerechtfertigt werden könnten. Mit der Zurückverweisung der Entscheidung an das nationale Gericht stärkte der EuGH nach früheren Entscheidungen (z.B. Corbeau 1993, Almelo 1994) ein weiteres Mal die nationalen energiepolitischen Kompetenzen und definierte enge Grenzen für eine umfassende Interpretation des Europäischen Wettbewerbsrechts. Mit dem EuGH-Urteil wurde gleichzeitig die umfassende Reform des StromEG zum EEG vom April 2000 europarechtlich bestätigt. Mit dem EEG wurden die einzelnen Festpreisregelungen zur Förderung der erneuerbaren Energien technologisch weiter differenziert. Mit der Einführung von zeitlich degressiv gestalteten Vergütungsregelungen spiegelte sich im EEG gleichzeitig eine zunehmende Effizienzorientierung wider, die durch den wachsenden Druck des Europäischen Wettbewerbsrechts induziert wurde (z.B. Gemeinschaftsrahmen für Umweltbeihilfen). Die Förderung der einzelnen Technologien gestaltete sich seit der Reform zum EEG zunehmend komplex: So wurden seit Mitte des Jahres 2001 die Regelungen zur Förderung der Biomasse durch eine eigene Rechtsverordnung (Biomasseverordnung) weiter konkretisiert. Und bevor mit einer ersten Novelle des EEG im Juli 2004 die Vergütungssätze der verschiedenen erneuerbaren Energien erneut an vorhandene Entwicklungspotentiale und jüngste Kostenentwicklungen angepasst wurden, war es bereits Ende 2003 zu einer Reform der Förderkonditionen für Fotovoltaik (FV-G) gekommen.

Im Vergleich zu einem technologieunabhängigen Quotenmodell mit Zertifikatehandel scheint der Prozess der Preisanpassung der Vergütungstarife an den aktuellen Stand der technologischen Entwicklung einen bürokratisch aufwändigeren Förderansatz darzustellen. Dieser Förderansatz bietet allerdings die erheblichen Vorteile einer besseren regionalen

Erschließung und dezentralen Mobilisierung bestehender erneuerbarer Energieressourcen aufgrund zielgenau angepasster Vergütungsregelungen. Gleichzeitig konfrontierten die zunehmend differenzierten Förderregelungen des EEG die Netzbetreiber mit einem wachsenden administrativen Aufwand und damit zunehmenden Kosten. Es ist von *einem Trade-Off zwischen den administrativen Kosten einer Überwachung der Kostenentwicklung bei den einzelnen erneuerbaren Energien bzw. ihrer jeweiligen Anpassung auf der einen und einer adäquaten Erschließung der regionalen Energiepotentiale auf der anderen Seite auszugehen.* Der britische Untersuchungsfall hat hierbei gezeigt, dass von der Einführung des Zertifikatemodells bisher nur die wettbewerbsfähigsten erneuerbaren Energien profitieren. Die zukünftige Entwicklung der Umwelteffektivität des Zertifikatemodells bleibt ungewiss, weil die erzielbaren Preise der RO-Zertifikate nur schwer vorhersehbar sind. So existieren Prognosen, dass mit der Inbetriebnahme einer wachsenden Zahl von neuen Anlagen zur Nutzung erneuerbarer Energien in den Jahren 2006/2007 die Zertifikatepreise um bis zu einem Drittel zurückgehen könnten und damit weitere Zukunftsinvestitionen gefährden, die zur Erreichung des britischen Ausbauziels dringend erforderlich sind (s.S. 250ff.).

Im Hinblick auf die Regulierung von Wettbewerb in die deutsche Stromwirtschaft, welche die Erneuerbare-Energien-Politik mittelbar beeinflusste, war seit 1998 das *System der Verbändevereinbarungen* in die Kritik der unabhängigen Stromerzeugung und -händler geraten. Weil bereits mit der ersten Verbändevereinbarung ein grundsätzlicher Dissens zwischen den konventionellen Netzbetreibern und den Netznutzungspetenten über die Auslegung der Kriterien des VV-Regimes bestanden, mussten die Vereinbarungen in zähen Verhandlungen immer wieder nachgebessert werden. Bis zur letzten Verbändevereinbarung (VV II plus) bestand zwischen den beteiligten Akteuren über wesentliche Grundsätze einer Öffnung der Netzmonopole für Wettbewerb allerdings keine Einigkeit. Dabei schränkte die Bundesregierung mit einer Verrechtlichung der Preisfindungsprinzipien der damaligen VV II plus, die mit der Verabschiedung einer EnWG-Novelle im März 2003 umgesetzt wurde, die Möglichkeiten der kartellrechtlichen Missbrauchsaufsicht noch zusätzlich ein. Das Scheitern des Verbänderegimes zur Herstellung diskriminierungsfreien Wettbewerbs in der leitungsgebundenen Stromwirtschaft und die damit verbundenen negativen Konsequenzen wurden im Sommer des Jahres 2004 offenbar, als wichtige deutsche Verbundunternehmen eine Erhöhung ihrer Netznutzungsentgelte um bis zu 28 Prozent mit dem Argument gestiegener Regelenergiekosten verkündeten. Der enge Zusammenhang von wettbewerbs- und klimaschutzpolitischen Herausforderungen bei der Regulierung der leitungsgebundenen Stromwirtschaft wurde an der Begründung der einzelnen Verbundnetzbetreiber für die Erhöhung der Netznutzungsentgelte deutlich. Diese wurden u.a. mit gestiegenen Regelenergiekosten gerechtfertigt, die angeblich auf den Ausbau der Windenergie zurückzuführen waren.[620]

---

[620] Der E.ON-Konzern ließ in einem Gutachten berechnen, dass ihm bei einem fortgesetzten Ausbau der erneuerbaren Energien bis zum Jahr 2016 jährlich rund 850 Mio. Euro an Regelenergiekosten entstünden. Weil bis dato keine unabhängige Regulierungsbehörde für die deutsche Energiewirtschaft bestand, kritisierte die DENA an den Zahlen, dass bei der Prognosefähigkeit der Windenergieeinspeisung noch große Verbesserungspotentiale bestünden, die kostensenkend wirken würden und in die Kalkulation nicht eingeflossen seien. Die Studie hätte außerdem den bevorstehenden Umbruch in der deutschen Kraftwerksstruktur nur unzureichend berücksichtigt, bei dem aufgrund der geänderten Umweltgesetzgebung mit einem zunehmenden Anteil flexibler Gas- und Turbinenkraftwerke zu rechnen wäre (Köpke 2003).

Als Eigentümer der Verbundnetze und über ihre vertikale Integration in die Verteil-netzebenen verfügten die Verbundunternehmen bei der Kostensituation der Netznutzung bislang über ein erhebliches Informationsmonopol. Gerade auf den Regelenergiemärkten bestanden fundierte Verdachtsmomente der Preistreiberei, womit sich ein wichtiges Betätigungsfeld für die neue Regulierungsbehörde eröffnete. Das große Ausmaß der *Intransparenz auf den deutschen Regelenergiemärkten* fand z.B. darin seinen Ausdruck, dass die großen Verbundunternehmen diese Energie vornehmlich innerhalb der eigenen Konzernstrukturen einkaufen. Von Vertretern der Erneuerbaren-Energien-Lobby wurde kritisiert, dass es an einem offenen und transparenten Regelenergiemarkt fehle, der zu wettbewerbsorientierten Preisen führe. Besonders die neuen Energieanbieter von Ökostrom beklagten, dass sich seit der Einführung von Ausschreibungsverfahren für Regelenergie, die durch das BkartA zu Anfang des Jahres 2000 erzwungen wurde, deren Preise verdoppelt bis verdreifacht hätten – und das, obwohl sich die nachgefragten Regelenergiemengen und die relevanten Brennstoffkosten für Kraftwerke nur unwesentlich verändert hätten (Köpke 2003).

Vor diesem Hintergrund wurden die günstigen Auswirkungen der EnWG-Novelle vom Juli 2005 auf den Ausbau der erneuerbaren Energien und eine effizienzorientierte Regulierung der Netze herausgearbeitet. Damit wirkten sich die jüngsten Liberalisierungsinitiativen der Europäischen Kommission (Elt-Beschl-Rl vom Juni 2003) aus, mit denen die Deutsche Bundesregierung endgültig zur Einrichtung einer nationalen Regulierungsbehörde verpflichtet wurde. Mit der derzeitigen Ausgestaltung des ordnungsrechtlichen Regulierungsrahmens, der zu einer effizienzorientierten Netzregulierung und damit zu einer Verbesserung der Kostentransparenz gegenüber den Stromkonzernen beitragen muss, werden die Gestaltungsspielräume in der Klimaschutzpolitik entscheidend mitbestimmt. Hier wird die BNetzA, deren Einrichtung aus klimaschutzpolitischer Perspektive positiv zu bewerten ist, zentrale Aufgaben zum Vollzug des EnWG übernehmen.

Die zentralen Funktionen der Behörde liegen in einer Verbesserung der Kostentransparenz in Fragen des Netzzugangs und der -nutzung sowie der Preisaufsicht in den Regelenergiemärkten. Eine weitere wichtige Regulierungsaufgabe besteht in einer angemessenen Berücksichtigung vermiedener Netznutzungsentgelte bei der dezentralen Stromerzeugung. Schließlich ist als Betätigungsfeld die energiewirtschaftliche Aufsicht über die Wechselwirkungen der umzusetzenden Kyoto-Mechanismen – z.B. des Emissionshandels – auf den stromwirtschaftlichen Wettbewerb (z.B. die Verteuerung der Strompreise durch die Kosten des Emissionshandels, Transparenz zu den genauen EEG-Kosten) zu nennen.

Die große Herausforderung für eine effektive Netzregulierung wird in dem Austarieren der richtigen Balance zwischen einer effizienzorientierten Regulierung, die zwischen den Spezifika der einzelnen Netzebenen und Unternehmensstrukturen hinreichend differenziert, und der Gewährleistung ausreichender Renditen für die Netzbetreiber liegen, um ihnen die erforderlichen Investitionen in die Netzinfrastruktur zu ermöglichen. Der Ausbau der Netzinfrastruktur ist besonders zur Realisierung der Investitionen in die Offshore-Windkraft zentrale Voraussetzung.[621] Von der Bereitschaft der Verbundunternehmen zu

---

[621] Der erforderliche Neubau von rund 1.000 km an Leitungstrassen gilt als sehr kostenintensiv. Gleichzeitig gibt es Initiativen der Verbundunternehmen, Elektrizität aus der Windkraft unter Hinweis auf begrenzte Netznutzungskapazitäten zu diskriminieren (z.B. in Schleswig-Holstein). Unter dem Druck der VNB sollen WEA-Betreiber das Lastmanagement sicherstellen und ihre Anlagen auf eigene Kosten mit erforderlichen Regeleinheiten ausstatten (Lönker 2003).

den erforderlichen Investitionen in die Netzinfrastruktur wird im liberalisierten deutschen Strommarkt die weitere Erschließung des Windenergiepotentials in Norddeutschland maßgeblich abhängen.[622]

Weil die zukünftigen Regulierungsaufgaben neben der wettbewerbsrechtlichen Regulierung des natürlichen Monopols der Netze damit Fragen der klimaschutzpolitischen Regulierung betreffen (ähnliche Entwicklungen wurden für den britischen Regulierer OFGEM beschrieben), konnte das verwaltungsorganisatorische Ziel – v.a. auch aufgrund der dezentralen Netzstruktur in Deutschland – nicht alleine im Aufbau einer möglichst schlanken Regulierungsbehörde liegen. Vielmehr ist aufgrund der großen Zahl von Netzbetreibern eine effektive Überprüfung und Sanktionierung der zu entwickelnden wettbewerbsrechtlichen Normen nur mit gut ausgebauten Regulierungsbehörden zu gewährleisten. Die Bundesländer haben im EnWG-Novellierungsverfahren deshalb zu Recht auf die in den Landeskartellbehörden bestehenden Erfahrungen bei der energiewirtschaftlichen Preisaufsicht verwiesen. Trotz der Reformdiskussion zum Föderalismus in Deutschland, bei der in zentralen Politikfeldern eine Entflechtung der Entscheidungskompetenzen zwischen dem Bund und den Ländern zugunsten einer Verbesserung der politischen Handlungs- und Reformfähigkeit gefordert wurde, ist zu betonen, dass für eine effektive Regulierung der leitungsgebundenen Stromwirtschaft den Bundesländern weiterhin wichtige Aufsichtszuständigkeiten – in Kooperation und Abstimmung mit der Regulierungsbehörde – zukommen werden. Für eine nicht nur kosten-, sondern auch effizienzorientierte Preisregulierung der mehr als 1.600 Netzbetreiber war eine Arbeitsteilung zwischen BNetzA und den Aufsichtsbehörden der Länder, wie sie mit der EnWG-Novelle 2005 beschlossen wurde, sinnvoll.

Für die Entstehung des neuen ordnungsrechtlichen Rahmens der Energiewirtschaft ist – ebenso wie für die Entwicklung des Rechts für erneuerbare Energien – auf die positiven Effekte der föderalistischen Staatsstruktur in Deutschland zu verweisen. Seit Anfang 2003 haben die Bundesländer frühzeitig für eine umfassende Beteiligung an der Entwicklung des EnWG plädiert. Im Gegensatz zum federführenden BMWA gehörte ein Großteil der Bundesländer zur derjenigen Akteursgruppe, die sich für innovative Reformen der Netzregulierung (z.B. Price-Cap/Revenue-Modell, effizienzorientiertes Vergleichsmarktverfahren unter Berücksichtigung von Benchmarks) eingesetzt hat.[623] Je mehr die Bedeutung der *„Netzregulierung als Entdeckungsverfahren"* betont wird, desto sinnvoller erscheint eine Einbeziehung der Regulierungserfahrungen auf Länderebene, wie sie mit dem neuen EnWG auch verfolgt wird (Leprich 2004, 92). Weitere wichtige Aufgabengebiete, die mit dem EnWG der BNetzA zugeordnet wurden, betreffen das Monitoring der Versorgungssicherheit, eine Verbesserung des internationalen Stromhandels an den Kuppelstellen, eine Fortentwicklung

---

[622] Erst im September 2003 gab die DENA eine energiewirtschaftliche Studie zur Integration von Offshore-Windkraftwerken in das Verbundsystem in Auftrag, an der sich die betroffenen ÜNB (E.ON Netz GmbH, RWE NetAG, Vattenfall Europe Transmission GmbH), verschiedene Betreiberunternehmen von künftigen Offshore-Windparks und die wichtigsten energiewirtschaftlichen Verbände beteiligt haben (Deutsche Energie-Agentur GmbH 2003). Der Abschluss der Studie verzögerte sich aufgrund ungeklärter Diskussionspunkte bis über das Jahr 2004 hinaus (ZfK 04.09.2004r).

[623] In einer Gemeinwohl- und Öffentlichen-Guts-Perspektive (z.B. unter Berücksichtigung von Umwelt- und Klimaschutzeffekten) wurde die einfache Price-Cap-Regulierung aufgrund ihrer undifferenzierten Anreizwirkung kritisiert. Deshalb sollten ausgefeiltere Formen der Netzregulierung, wie z.B. der *Revenue-Cap-Regulierung*, zum Einsatz gelangen. Mit dieser Form der Netzregulierung, die jedoch einen größeren verwaltungsbezogenen Aufwand bedeutet, werden die wichtigen Kostentreiber für die Netze genauer erfasst und für dezentrale Formen der Energieerzeugung günstigere Anreize gesetzt (Leprich 2004, 89).

der Vergleichsmarktverfahren unter Modifikation der gegebenen Strukturklassen und die Zusammenarbeit mit anderen Europäischen Regulierungsbehörden.

Die unklaren Kriterien zur Kalkulation der Netznutzungsentgelte und Regelenergie sowie das umfassende Vertragsregime für die Netznutzung haben die Notwendigkeit einer effektiven Regulierung des natürlichen Netzmonopols verdeutlicht. Gerade wegen des abnehmenden stromwirtschaftlichen Wettbewerbs wurde eine objektive Klärung der Ursachen für die seit dem Jahr 2001 steigenden Strompreise dringend. Dabei haben die Verbundunternehmen im Zuge der ersten EEG-Novellierung im Jahr 2004 immer deutlicher auf den wachsenden staatlichen Kostenanteil an den Strompreisen hingewiesen, der v.a. durch umwelt- und klimaschutzpolitische Regulierungsvorgaben entstünde. Hinter den Vorwürfen war die Strategie zu vermuten, die bestehenden Förderregelungen für erneuerbare Energien mit wirtschaftlichen Argumenten auszuhebeln. Wegen des Fehlens einer durchsetzungsfähigen staatlichen Regulierungsinstanz bei einer sich gleichzeitig oligopolisierenden Elektrizitätswirtschaft wurde eine objektive Bewertung der volkswirtschaftlichen Kosten eines Ausbaus erneuerbarer Energien eine immer schwierigere Aufgabe.

Im Hinblick auf die fehlende Regulierungsbehörde wurde die Entwicklung der Wettbewerbsstruktur in der deutschen Elektrizitätswirtschaft kritisch analysiert. Unter Beibehaltung des kooperativ-konsensualen Ansatzes zur Regulierung des natürlichen Netzmonopols vollzog sich auf der Verbundebene bis Ende 2002 ein bislang beispielloser Konzentrationsprozess, mit dem die Zahl der Unternehmen auf lediglich vier zusammenschmolz.[624] Mit der Konzentration ging eine zunehmende vertikale Integration der stromwirtschaftlichen Großkonzerne auf die Ebene der Kommunal- und Regionalversorger einher. Die direkten Unternehmensbeteiligungen der Verbundunternehmen an den untergeordneten Verteilerunternehmen substituierten die früheren langfristigen Strombezugsverträge und zementierten neue Abhängigkeiten. Seit der Jahrtausendwende wurde ein Rückgang der Wettbewerbsintensität deutlich, der sich in konstant niedrigen Zahlen von Kundenwechseln bei den Privathaushalten, abnehmenden Zahlen beim Stromversorgerwechsel von Industriekunden und steigenden Strompreisen widerspiegelte. Unter Verweis auf eine zunehmend globalisierte Energiewirtschaft und die räumlich begrenzte Wirkung des GWB wurden die Konzentrationstendenzen durch die Bundesregierung besonders im Fall der E.ON-Ruhrgas-Entscheidung entgegen den wettbewerbsrechtlichen Expertisen des BkartA und der MK durchgesetzt. Das Ziel bundespolitischer Energiepolitk war die Bildung sog. *"Global Player"*, welche die Energieversorgungssicherheit vorrangig über eine Kooperation mit der osteuropäischen Energiewirtschaft (z.B. „Energiepartnerschaft mit Russland") sichern sollen. Die erheblichen institutionellen Restriktionen für die Regulierung der Energiewirtschaft wurden an dem Umstand deutlich, dass z.B. die entscheidenden Konflikte im Schnittbereich Klimaschutz und Wettbewerb (z.B. Konflikt um EEG, Emissionshandel) nur unter Vermittlung des Bundeskanzleramtes entschieden werden konnten und durch die föderale Konfliktlinie zusätzlich intensiviert wurden. Umso wichtiger erschien die mit der EnWG-Reform vom Juli 2005 zumindest zur Regulierung des energiewirtschaftlichen Netzmonopols erreichte verspätete Einrichtung einer nationalen Regulierungsbehörde.

---

[624] Außerdem war diese Phase vom Einstieg zweier europäischer Stromkonzerne (Vattenfall Europe, EdF) in die deutsche Elektrizitätswirtschaft gekennzeichnet. Gleichzeitig übernahmen die beiden größten deutschen Verbundunternehmen E.ON und RWE die beiden wichtigsten englischen Stromerzeuger Innogy und PowerGen.

Durch die europäisch induzierte Reform des energiewirtschaftlichen Ordnungsrahmens sind somit positive Effekte für den nationalen Ausbau erneuerbarer Energien zu vermuten.

Schließlich konnte die aus der ökonomischen Föderalismustheorie abgeleitete Hypothese hinreichend belegt werden, dass die Existenz regionaler Steuerungsstrukturen für den Ausbau einer nachhaltigen Energiewirtschaft mit erneuerbaren Energien von immanent wichtiger Bedeutung ist. Hierfür hat besonders die Devolution in Großbritannien hinreichendes Anschauungsmaterial geboten. In diesem Sinne werden die zugrunde gelegten Hypothesen nochmals in dem folgenden Zitat des SPD-Politiker Scheer zusammengefasst:

> „Die atomar-fossile Energiemacht, überall mit staatlicher Hilfe ausgebaut, ist dort am meisten bis in die Parteien hinein verankert, wo es besonders ausgeprägte zentralstaatliche Strukturen gibt – was immer gleichbedeutend ist mit einem ausgeprägten Willensbildungsmechanismus in den Parteien von oben nach unten. […] Wo es dagegen eine föderalistische Struktur einschließlich starker kommunaler Sebstverwaltung gibt […], ist auch das Parteiensystem weniger hierarchisch, weniger hermetisch, damit offener für Anregungen von außen. Insbesondere dann, wenn es ein Verhältniswahlrecht gibt, das beispielsweise ermöglichte, dass grüne Parteien in die Parlamente kamen." (Amery/Scheer 2004, 116).

Mögen die komplexen Verflechtungsstrukturen des deutschen Föderalismus oft als umsetzungsverzögernde Blockade für innovationsorientierte Reformen wirken, so sind besonders in einer längerfristigen Perspektive die positiven Effekte dieser Strukturen für dezentrale Akteure zur Durchsetzung ihrer nachhaltigkeitsorientierten und innovativen Reformideen hervorzuheben.

6.2 Bewertung der Europäischen Ebene für die Erneuerbare-Energien-Politik in den beiden Untersuchungsländern

Die Europäische Kommission hat es bisher nicht vermocht, gegenüber den mitgliedstaatlichen Interessen im Rat eine grundlegende Harmonisierung der Förderregelungen für erneuerbare Energien durchzusetzen. In der Zeit von 1998 bis 2001 scheiterte die GD Wettbewerb, die deutschen Festpreisregelungen vor dem EuGH unter beihilferechtlichen Gesichtspunkten und dem Aspekt des freien Warenverkehrs zu kippen. Vielmehr stärkte der EuGH durch seine Rechtsprechung die mitgliedstaatlichen Interessen zugunsten nationaler Regulierungslösungen (s.S. 386ff.). Zum anderen offenbarte die zeitgleiche Entwicklung einer Europäischen Richtlinie zur Förderung erneuerbarer Energien, dass die Mitgliedstaaten in Vertretung des Rates nicht gewillt waren, in dieser Frage vermehrte Kompetenzen an die Europäische Kommission zu übertragen. Stattdessen wurde mit der Verabschiedung der EE-Rl vom Juni 2001 eine Bestandsgarantie für die verschiedenen nationalen Förderregelungen durchgesetzt (s.S. 396ff.). Bei der inhaltlichen Gestaltung eines Gemeinschaftlichen Rahmens zur Förderung erneuerbarer Energien in den Jahren 2000 und 2001 erwiesen sich auf europäischer Ebene die nationalen Interessengegensätz als unüberwindlich. Weil der EuGH die positiven Umweltschutzeffekte von Festpreisregelungen gegenüber möglichen Verstößen gegen das Binnenmarkt-Prinzip des freien Warenverkehrs als rechtlich schwerwiegender einstufte, musste mit der anschließenden Richtlinenentwicklung für erneuerbare Energien der „Weg des kleinsten gemeinsamen Nenners" beschritten werden. Auf diesem Weg bleibt den einzelnen Mitgliedstaaten bis über das Jahr 2010 hinaus die Umsetzung eigener Regulierungsansätze zum Ausbau erneuerbarer Energien offen.

Mit dem Inkrafttreten der EE-Rl wurde der EU-Kommission aber die Aufgabe übertragen, die Implementierung der unterschiedlichen nationalen Regelungen zu beobachten und ihren Erfolg zu bewerten. Hierbei ist bedeutend, dass während der Entwicklung der EE-Rl besonders das EP für die Bewertung der Fördersysteme auf eine hinreichende Berücksichtigung von Kriterien der umweltpolitischen Effektivität drängte (s.S. 381ff.). Der lettische Energiekommisar Piebalgs, der im November 2004 die Nachfolge der spanischen Energiekommissarin De Palacio antrat, gab im März 2005 bekannt, dass die EU-Kommission bis auf Weiteres keine Vorschläge für einen Europäischen Gemeinschaftsrahmen zur Förderung der erneuerbaren Energien plane. Obwohl die EU-Kommission (vor allem GD Wettbewerb) ihre Präferenz für Quotenmodelle mit Zertifikatehandel deutlich gemacht und inhaltlich unterstützt hatte, bleibt ungewiss, zu welchem Zeitpunkt, in welcher Weise und ob überhaupt eine Harmonisierung erfolgen wird. Die Entscheidung über europaweit harmonisierte Regelungen wird sich als weitere Nagelprobe für das erreichte Ausmaß der Europäischen Integration erweisen. Letztlich werden die politischen Akteure in dieser Entscheidung an einer wettbewerbspolitischen und klimaschutzbezogenen Bewertung der energiebezogenen Nutzung konkurrierender Energieträger (z.B. Kernenergie, Kohle) nicht vorbei kommen. Gleichzeitig berühren diese Fragen aber auch grundlegende geo- und sicherheitspolitische Interessen der Mitgliedstaaten. Bei der Gestaltung des Europäischen Binnenmarktes für Energie ist in der Frage des zukünftigen gemeinschaftsweiten Energiemixes aber keine gesamteuropäische Strategie in Sicht. Weil die großen Stromerzeuger in der Europäischen Union in zunehmendem Maß miteinander verflochten sind, bietet sich für die deutschen Unternehmen (z.B. EnBW aufgrund der Minderheitsbeteiligung durch die EdF) trotz des nationalen Atomausstiegs zudem die Option, indirekt an der Entwicklung und Umsetzung neuer Reaktortechnologien zu partizipieren. Im Hinblick hierauf sind die Aussichten für Kernenergieausstieg in Deutschland nüchtern zu bewerten. Wegen bislang fehlender wettbewerbspolitischer Kontroll- und Regulierungsrechte der EU-Kommission gegenüber den nationalen atomwirtschaftlichen Sektoren ist nicht abzusehen, dass die Nutzung der Kernenergie in absehbarer Zeit einer kritischen wettbewerbspolitischen Prüfung unterzogen wird, zumal mit dem Entwurf für eine erstmalige Europäische Verfassung am Bestehen des EAGV festgehalten wird.

Von grundlegender Bedeutung erweist sich in diesem Zusammenhang die Frage der künftigen *Ausgestaltung der Europäischen Verfassung*, mit der nach dem Europäische Rat von Laeken im Dezember 2001 ein eigener Verfassungskonvent beauftragt wurde. Mit der Reform zur Verabschiedung einer Europäischen Verfassung ist die Entscheidung über die Zukunft des EAGV (Euratom) verbunden, der die Entwicklung der Kernenergie in der Europäischen Union bisher wettbewerbspolitisch privilegiert hat. Die Ausgestaltung des Verhältnisses zwischen der Verfassung und dem EAGV wird sich entscheidend auf die energiepolitischen Rahmenbedingungen einer Nutzung nuklearer Technologien und in technologisch pfadabhängiger Perspektive auch auf die erneuerbaren Energien auswirken. In einem im Jahr 2003 diskutierten Verfassungsentwurf sollte das Politikfeld Energie in den Bereich der geteilten Zuständigkeiten fallen (Art. I-13 Abs. 2), so dass sowohl die Union wie auch die Mitgliedstaaten tätig werden dürfen. Eine Kompetenzzuständigkeit für die Mitgliedstaaten sollte nur bestehen, wenn die Union ihre Zuständigkeit nicht ausüben würde oder entscheiden würde, diese nicht mehr auszuüben (Art. I-11 Abs. 2). Demnach war eine *energiepolitische Zuständigkeit der Union nur* vorgesehen, soweit die Verfassung ihr eine solche Kompetenz in Teil III zuwies. In dem zitierten Teil wurden die energiepolitischen Kompetenzen der EU in Art. III-157 zunächst wie folgt definiert: Im Rahmen der Verwirklichung des Binnenmarktes und unter Berücksichtigung der Erhaltung bzw. Verbesserung der Umwelt sollte die Union *durch Gesetze* die erforderlichen Maßnahmen festlegen. Die *energiepolitischen Ziele* sollten die *Sicherstellung des Funktionierens des Energiemarktes*, die *Gewährleistung der Energieversorgungssicherheit* und die *Förderung der Energieeffizienz* sowie die *Entwicklung der erneuerbaren Energien* sein (Jasper 2003). In der Frage der künftigen Integration des EAGV in die Europäische Verfassung schlug der Europäische Konvent vor, diesen Vertrag durch ein der Verfassung beigefügtes Protokoll an die neuen Verfassungsbestimmungen anzugleichen. Zu einer Änderung des EAGV in seiner Substanz fühlte sich der Konvent in Anbetracht seines Mandats und des sehr knapp bemessenen Zeitplans des Verfassungsprozesses nicht veranlasst.[625]

Gegen Ende September 2003 schaltete sich schließlich das EP mit einer parlamentarischen Entschließung in die Debatte um die zukünftige Rolle des EAGV innerhalb der künftigen Europäischen Verfassungsordnung ein. Das EU-Parlament beschloss mit großer Mehrheit die Forderung nach einer Revision des EAGV. Die inhaltliche Gestaltung des Vertrages sollte zum Gegenstand weiterer europäischer Ratsverhandlungen gemacht werden. Während v.a. das EP das Verhältnis zwischen einer Europäischen Verfassung und dem EAGV kritisch diskutierte, bemängelten ab der zweiten Hälfte des Jahres 2003 einzelne Mitgliedstaaten das bisherige Energiekapitel in Art. III-157. Vor allem die britische Regierung setzte durch, dass zur Verwirklichung der drei energiepolitischen Verfassungziele (Funktionieren des Energiemarktes, Gewährleistung der Versorgungssicherheit, umweltpolitische Ziele der Energieeffizienz und der erneuerbaren Energien) *nicht* – wie zunächst vorgesehen – *Europäische Gesetze oder Rahmengesetze als zentrale Instrumente einer Europäischen Energiepolitik* eingesetzt würden, *sondern* hierfür nur die Verabschiedung von „*Maßnahmen*" vorzusehen war. Hierunter würden letztlich auch bloße Empfehlungen fallen. Außerdem war unter Druck der deutschen Bundesregierung in Abs. 2 ein weiterer Satz angefügt worden, mit dem den Mitgliedstaaten die Wahl zwischen verschiedenen Energiequellen und Entscheidungen über die allgemeine Struktur ihrer Energieversorgung von den Europäischen Rechtsvorgaben freigestellt würde. Schließlich setzte die britische Regierung durch, dass in einem weiteren Absatz 3 die Einführung von Energiesteuern vom Rat einstimmig beschlossen werden muss.

Die mit dem ersten Verfassungsentwurf vorgesehenen allgemeinen und weitreichenden energiepolitischen Kompetenzen der Europäischen Union wurden durch den Widerstand einzelner Mitgliedstaaten zunehmend eingeschränkt. Im April 2004 kritisierte deshalb der amtierende Kommissionspräsident Prodi die geplanten Abschwächungen des Energiekapitels. Zwischenzeitlich wurde sogar davon ausgegangen, dass ein solches Kapitel in der Verfassung nicht umgesetzt werden könnte. Der Rat der Staats- und Regierungschefs einig-

---

[625] Im August 2003 bestätigte die Bundesregierung auf eine Kleine Anfrage der FDP-Koalition, dass sie sich gegenüber der Europäischen Gemeinschaft dafür eingesetzt habe, den EAGV im Rahmen der laufenden Verfassungsdiskussionen grundlegend zu überarbeiten. Aufgrund stark divergierender Auffassungen unter den EU-Mitgliedstaaten und den Beitrittsländern über die friedliche Nutzung der Kernenergie wäre in den Regierungskonferenzen kein Konsens über eine inhaltliche Änderung des Vertrages erzielbar gewesen. Deshalb würde der EAGV vorerst nicht Teil der künftigen Europäischen Verfassung, sondern als eigenständiger Vertrag bestehen bleiben. Damit bliebe die Europäische Atomgemeinschaft als eigenständige Rechtspersönlichkeit bestehen. Die vorläufige Nicht-Berücksichtigung des EAGV in der Europäischen Verfassung biete die Möglichkeit zu einer späteren inhaltlichen Überprüfung des Vertrages.

te sich am 17./18. Juni 2004 in Brüssel aber doch noch auf eine abschließende Fassung für ein Energiekapitel mit folgendem Wortlaut:

„(1) Die Energiepolitik der Union hat im Rahmen der Verwirklichung des Binnenmarktes und unter Berücksichtigung der Erfordernisse der Erhaltung und Verbesserung der Umwelt folgende Ziele:
- Sicherstellen des Funktionierens des Energiemarktes,
- Gewährleistung der Energieversorgungssicherheit in der Union und
- Förderung der Energieeffizienz und von Energieeinsparungen sowie Entwicklung neuer und erneuerbarer Energiequellen.
(2) Unbeschadet der Anwendung anderer Bestimmungen der Verfassung werden die in Absatz 1 genannten Ziele durch Maßnahmen verwirklicht, die durch Europäische Gesetze oder Rahmengesetze erlassen werden. Diese Gesetze oder Rahmengesetze werden nach Anhörung des Ausschusses der Regionen sowie des Wirtschafts- und Sozialausschusses erlassen. Diese Gesetze oder Rahmengesetze berühren unbeschadet des Artikels III 130 Absatz 2 Buchstabe c nicht das Recht eines Mitgliedstaates, die Bedingungen für die Nutzung seiner Energieressourcen, seine Wahl zwischen verschiedenen Energiequellen und die allgemeine Struktur seiner Energieversorgung zu bestimmen.
(3) Abweichend von Absatz 2 werden die darin genannten Maßnahmen durch Europäische Gesetze oder Rahmengesetze des Rates festgelegt, wenn sie überwiegend steuerlicher Art sind. Der Rat beschließt einstimmig nach Anhörung des Europäischen Parlaments".

Über Abs. 2 Satz 3 sowie Abs. 3 bleiben somit die anfangs geplanten energiepolitischen Kompetenzen der Europäischen Kommission klar eingegrenzt. Die zentralen energiepolitischen Streitpunkte zwischen den Mitgliedstaaten wurden zugunsten eines erfolgreichen Abschlusses der Verfassungsverhandlungen ausgeblendet (z.B. Stellung der Atomkraft im Europäischen Binnenmarkt, zukünftige Struktur der Energieversorgung, etc.). In der Konsequenz wurde der EAGV als möglicher Verhandlungsgegenstand im Europäischen Konvent deshalb auch nicht angetastet.[626] Aber auch im Rat ist es trotz der Initiative des EP nicht zu einer umfassenderen Diskussion des Verhältnisses dieses Vertrages zu einer künftigen Europäischen Verfassung gekommen. In dieser Hinsicht kritisierte z.B. der SPE-Abgeordnete des EP Linkohr, dass die Vertreter der Europäischen Kommission und der nationalstaatlichen Regierungen nicht wahrnehmen wollten, dass mit der Fortexistenz des derzeitigen EAGV das EP von jeglicher Mitsprache in Fragen der Europäischen Kernenergiepolitik ausgeschlossen würde und dieser Vertrag damit weiterhin „ein Stück aus der vorparlamentarischeren Zeit" verkörpere. Insbesondere bliebe unklar,

„in welchem Verhältnis der EURATOM-Vertrag [EAGV, Verfasser] zur Verfassung steht. Kann man aus ihm austreten [z.B. im Fall des national beschlossenen Kernenergieausstiegs in Deutschland, Verfasser], ohne die Verfassung zu verletzen? Und muss ein Neumitglied zwangsläufig dem EURATOM-Vertrag beitreten, selbst wenn es der Kernenergie ablehnend gegenüber steht?" (Linkohr 2004, 5).

---

[626] Die Nicht-Thematisierung ist zu einem ganz erheblichen Anteil auf das Interesse der französischen Regierung an einer Beibehaltung des Status Quo zurückzuführen. Wettbewerbsrechtliche Änderungen der staatlichen Beihilfen für die nukleare Stromerzeugung würden besonders die Wettbewerbsfähigkeit der EdF schwächen, deren Atomstromanteil bei der nationalen Elektrizitätserzeugung bei 82 Prozent liegt.

Das Ausklammern derart zentraler Fragen ist für den weiteren Integrationsprozess in der Europäischen Union als äußerst kritisch zu erachten. Aufgrund ihrer Nicht-Thematisierung ist berechtigter Weise zu vermuten,

> „dass auch in Zukunft die energiepolitische Integration Europas eher durch Krisen, etwa Versorgungs- und Preiskrisen, beschleunigt wird und nicht durch die Verfassung" (Linkohr 2004, 5).

Mit dem Verfassungsentwurf wurde deutlich, dass den Europäischen Institutionen weiterhin keine umfassenden energiepolitischen Kompetenzen zugewiesen werden sollen. Eine einheitlichere Energiepolitik im Sinne einer verbesserten Integration von klimaschutz- mit wettbewerbspolitischen Zielen in Verbindung mit einer versorgungspolitischen Gesamtstrategie zum Einsatz bestimmter Ressourcenträger bleibt auf europäischer Ebene damit in weiter Ferne. Aufgrund ihres intergouvernementalistischen Charakters dürfte die Europäische Energiepolitik weiterhin stark inkrementalistische Züge tragen, wie sie in der vorliegenden Untersuchung für die Klimaschutzpolitik herausgearbeitet wurden.

Für eine Bewertung der jüngeren Europäischen Klimaschutzpolitik ist in diesem Zusammenhang darauf zu verweisen, dass sich für den Ausbau erneuerbarer Energien die unklare Gewichtung negativ auswirkt, welche die Europäische Kommission den verschiedenen Klimaschutzinstrumenten zur Umsetzung der Kyotoziele beimisst. Zur Umsetzung der EH-Rl mussten die EU-Mitgliedstaaten bereits bis zum Februar 2004 nationale Allokationspläne für die zulässigen Emissionen im ersten Handelszeitraum (2005-2007) einreichen. Die damit verbundenen ökonomischen Belastungen für die emissionsstarken Industrien (v.a. kohleverstromende Energiewirtschaft) wirkte sich besonders in Deutschland auf die Weiterentwicklung des Förderrahmens für erneuerbare Energien (EEG) kritisch aus, weil der politische Druck auf die bestehenden Festpreisregelungen stieg (s.S. 422ff.). Die Einführung des Emissionshandels wurde als Argument missbraucht, den Ausbau erneuerbarer Energien durch Festpreisregelungen aus volkswirtschaftlichen Effizienzerwägungen grundsätzlich in Frage zu stellen. Dabei wurde auf die theoretische Annahme verwiesen, dass mit einem funktionierenden Emissionshandel zwischen den EU-Mitgliedstaaten die Kyotoziele kosteneffizienter erreichbar wären als über einen fortgesetzten Ausbau erneuerbarer Energien. Die bisherige Umsetzung des Emissionshandels in Deutschland zeigte jedoch, dass die Energiewirtschaft bereits im frühen Implementierungsstadium umfangreiche Sonderregelungen durchsetzen konnte, so dass sich die umweltpolitische Effektivität dieses Instruments erst noch beweisen muss. Eine einseitige Fokussierung auf den Emissionshandel impliziert außerdem ein Übergehen von wichtigen weiteren Argumenten für einen Ausbau erneuerbarer Energien. Dies betrifft zum einen ihren Beitrag zur Sicherstellung der zukünftigen Energieversorgungssicherheit durch eine Verringerung der Abhängigkeit von fossilen Energieimporten. Zum anderen ist auf die positiven arbeits- und strukturpolitischen Effekten hinzuweisen, die besonders für diejenigen EU-Mitgliedstaaten bedeutend sind, die in großer Abhängigkeit von fossilen Energieimporten stehen. Weil sich die Europäische Kommission mit ihren weitreichenden Harmonisierungsvorschlägen zur Förderung erneuerbarer Energien gegenüber den Mitgliedstaaten aber nicht durchsetzen konnte, blieb in erster Linie die Entwicklung eines europäischen Emissionshandels ihr Ziel.

Vor dem Hintergrund des Fehlens konkreter energiepolitischer Gestaltungskompetenzen im EGV bestätigte sich somit der *intergouvernementalistische Charakter* in diesem Politikfeld. Mit dem bisherigen Entwurf eines Energiekapitels in einer künftigen Europäischen Verfassung scheint sich zudem zu bestätigen, dass weiterhin keine Übertragung umfassender Kompetenzen auf die Europäische Ebene möglich erscheint. In der Gesamtbewertung weist die EE-Rl daher auch die Merkmale der auf dem Europäischen Rat von Lissabon im März 2000 diskutierten und verabschiedeten *„Offenen Methode der Koordinierung"* (OMK) auf. Mit der OMK wurde der im Europäischen Integrationsprozess feststellbaren Tendenz entsprochen, dass verstärkt der Europäische Rat und nicht die Europäische Kommission in zentralen wirtschafts-, sozial- und arbeitspolitischen Politikfeldern die Inhalte und Geschwindigkeit des weiteren Integrationsprozesses bestimmen sollte. Dabei ging es besonders um Gestaltungskriterien für eine europäische Koordinierung in denjenigen Politikbereichen, in denen auf nationaler Ebene die *Harmonisierung von Regelungen* aufgrund der damit implizierten allokativen und redistributiven Effekte auf unüberwindbaren Widerstand stieß. Als wichtige Gestaltungskriterien der OMK für eine erfolgreiche Fortsetzung des Europäischen Einheitsprozesses wurden deshalb definiert:

"[The Open Method of Co-ordination, Verfasser] is to be a decentred participatory process, in which national governments are no longer controlled and commanded by the imperatives of EC law, but rather commit themselves to review each other's programmes in the light of a series of mutually agreed standards and of domestic and trans-national participatory processes" (Chalmers/Lodge 2003).

Zur Umsetzung der OMK sollen folgende Gestaltungselemente eingeführt werden, die sich bereits in der EE-Rl, aber auch in der Elt-Beschl-Rl wieder finden:

- Definition gemeinschaftlicher Richtwerte und Zielsetzungen mit genauen zeitlichen Vorgaben,
- Entwicklung nationaler Aktionspläne auf der Basis der Richtwerte,
- Regelmäßiges Benchmarking und Durchführung von Peer-Review-Verfahren,
- Stärkung der Partizipation dezentraler Regierungsebenen sowie zivilgesellschaftlicher und sozialpartnerschaftlicher Akteure bei der Entwicklung und Überprüfung der nationalen Aktionspläne,
- Bewertung von „Best-Practise-Verfahren" durch die Europäische Kommission sowie
- Förderung von „Public-Private-Partnerships" zur Umsetzung solcher Verfahren (Chalmers/Lodge 2003).

Damit gewannen innerhalb des Europäischen Integrationsprozesses „weiche" Formen der politischen Steuerung gegenüber einer „harten" Harmonisierungspolitik an Gewicht (Héritier 2002). Auf der Basis welcher Kriterien letztlich die „Best-Practise-Verfahren" für einen Ausbau erneuerbarer Energien harmonisiert werden, bleibt die eigentlich spannende Frage der Zukunft. Während unter Zugrundelegung der Kriterien umweltpolitischer Effektivität das Festpreismodell gegenüber dem Quotenmodell mit Zertifikatehandel besonders für die Erschließung regionaler Ausbaupotentiale Vorteile aufweist, scheinen die Vorzüge eines Zertifikatehandels in der marktbasierten Koordinierung regenerativer Stromerzeugung zu liegen, die besonders bei den wettbewerbsfähigen erneuerbaren Energien einen effizienzorientierten Ausbau ermöglichen. Vor diesem Hintergrund erscheint eine künftige Harmonisierung über die Einführung eines Zertifikatemodells besonders bei den wettbewerbsfähigen erneuerbaren Energien als möglich (z.B. Windenergie, große Wasserkraft), während die weniger wettbewerbsfähigen Energieträger über Festpreisregelungen im Europäischen Elektrizitätsmarkt etabliert werden könnten.

Während die Effekte der Europäischen Klimapolitik mit der Prioritätensetzung auf den Emissionshandel aus Sicht eines Ausbaus erneuerbarer Energien insgesamt kritisch bewertet wurden, gehen von der Europäischen Wettbewerbspolitik aber auch positive Effekte auf die politischen Rahmenbedingungen für einen Ausbau erneuerbarer Energien aus. Mit der Richtlinie zur Beschleunigung der Liberalisierung des Europäischen Strommarktes (Elt-Beschl-Rl) war die deutsche Bundesregierung seit Juni 2003 verpflichtet, eine nationale Regulierungsbehörde für die leitungsgebundene Energiewirtschaft einzurichten, die für mehr Transparenz bei der Elektrizitätsübertragung sorgen soll. Mit der hierzu erforderlichen EnWG-Reform wurden die rechtlichen Grundlagen gelegt, die wettbewerbspolitischen Interessen der erneuerbaren Energien effektiver in den energierechtlichen Ordnungsrahmen zu integrieren (z.B. Herstellung von Transparenz auf den Regelenergiemärkten, Gewährleistung diskriminierungsfreier Netznutzungsbedingungen, Netzinfrastrukturausbau, Berücksichtigung vermiedener Netznutzungsentgelte dezentraler Stromerzeugung).

Ob sich mit der europaweiten Einrichtung nationaler Regulierungsbehörden die Europäische Kommission auch mit ihren Vorstellungen zur Einführung eines Europäischen Zertifikatehandels für Strom aus erneuerbaren Energien besser durchsetzen kann, muss im Bereich der Spekulation verbleiben. Aufgrund der wachsenden Widerstände der konventionellen stromwirtschaftlichen Akteure in den Mitgliedstaaten mit Festpreisregelungen erscheint ihre spätere Abschaffung zugunsten stärker harmonisierter Förderregelungen durchaus wahrscheinlich. Die entscheidende Voraussetzung hierfür bleibt aber die erfolgreiche Liberalisierung der nationalen Elektrizitätssektoren und der damit verbundene Bedeutungszuwachs eines gesamteuropäischen Stromhandels.

Bisher weist die Liberalisierung der Europäischen Energiesektoren jedoch nur äußerst geringe Fortschritte auf. In Deutschland ist es in den vergangenen Jahren z.B. zu keiner nennenswerten Steigerung internationaler Stromimporte gekommen. Vielmehr hat in vielen europäischen Mitgliedstaaten die Bedeutung „nationaler Champions" weiter zugenommen (Deutschland: E.ON, Frankreich: EdF, Schweden: Vattenfall), während der britische Elektrizitätsmarkt aufgrund seiner frühzeitigen Liberalisierung größtenteils in das Management ausländischer Energiekonzerne übergegangen ist (mit der Ausnahme Schottlands). Vor diesem Hintergrund dürfte es auf absehbare Zeit zu keiner substantiellen Ausweitung der binnenmarktrechtlichen Anwendungsmöglichkeiten des Prinzips der Warenverkehrsfreiheit gegen bestehende Festpreisregelungen zur Förderung erneuerbarer Energien kommen. Ein eindeutiger Beleg für diese Annahme ist die geschilderte Diskussion zur Ausgestaltung des Energiekapitels in einer künftigen Europäischen Verfassung und die weiterhin ungeklärte Rolle des EAGV innerhalb der Europäischen Energiepolitik. Diese Auseinandersetzungen verdeutlichen den dominierenden intergouvermentalistischen Charakter eines vermeintlichen Integrationsprozesses im Politikfeld „Energie". Energiepolitisch muss bisher bedenklich stimmen, dass die nationalen Regierungen die Frage einer wettbewerbspolitisch objektiven Bewertung der Nuklearenergie und ihre hierfür erforderliche Unterstellung unter die regulären Binnenmarktprinzipien zugunsten einer „ungetrübten" Fortsetzung des Europäischen Integrationsprozesses komplett ausblenden. Der „kleinste symbolische Nenner" einer Gemeinschaftlichen Energiepolitik der EU-Kommission scheint vielmehr in der Stärkung einer strategischen Energiepartnerschaft zu osteuropäischen Ländern und besonders zu Russland zu liegen.

Literaturverzeichnis
Monographien, Bücher- und Zeitschriftenartikel, Öffentliche Dokumente

Ainslie, John, 1999: Planning for partnership – wind energy in the new millennium, in: Peter Hinson (eds.), BWEA's Wind Energy 1999 – Wind Power Comes of Age. Proceedings of the 21st British Wind Energy Association Conference, Homerton College, Cambridge, UK, 1-3 September 1999, Bury St Edmunds and London: Professional Engineering Publishing, 23-28.

Ainslie, John, 2000: Regional planning for wind power, in: David Still (eds.), BWEA's Wind Energy 2000 – Building 10%. Proceedings of the 22nd British Wind Energy Association Conference, Durham University, Durham UK 6-8 September 2000, Bury St Edmunds and London: Professional Engineering Publishing, 97-102.

Albrecht, Johan (ed.), 2002: Instruments for Climate Policy – Limited Versus Unlimited Flexibility. Cheltenham: Edward Elgar.

Allnoch, Norbert, 1998: Zur Lage der Wind- und Solarenergienutzung in Deutschland, Herbstgutachten 1997/98, in: Energiewirtschaftliche Tagesfragen, 47. Jahrgang, Heft 10, 612-617.

Almond, Gabriel A., 1988: The Return to the State, in: American Political Science Review, 82, 3, 853-874.

Ambrosius, Gerold, 2000: Services Publics, Leistungen der Daseinsvorsorge oder Universaldienste? Zur historischen Dimension eines zukünftigen Elements europäischer Gesellschaftspolitik; in: Helmut Cox (Hrsg.), Daseinsvorsorge und öffentliche Dienstleistungen in der Europäischen Union. Zum Widerstreit zwischen freiem Wettbewerb und Allgemeininteresse, Baden-Baden: Nomos Verlagsgesellschaft, 15-56.

AME u.a., 2004: Stellungnahme zur Neufassung des Energiewirtschaftsrechts (EnWG-Novelle) vom 26.02.2004, 15.03.2004.

Amery, Carl/Scheer, Hermann, 2001: Klimawechsel – Von der fossilen zur solaren Kultur. München: Verlag Antje Kunstmann.

Arbeitskreis Energiepolitik der WMK, 1998: Energiepolitische Beschlüsse der WMK 1979-1998: 33. Entwicklungen im Energiebereich in der DDR, Wirtschaftsministerkonferenz: 18./19.09.1990.

Arbeitskreis Energiepolitik der WMK, 2002: Zur weiteren Anpassung des Energierechts an die Wettbewerbsentwicklung, Wirtschaftsministerkonferenz: 25.03.2002.

ARE e.V., 2002: Regionale Energieversorgung 2000-2001, Tätigkeitsbericht der Arbeitsgemeinschaft regionaler Energieversorgungs-Unternehmen – ARE e.V., Hannover.

Arthur, W. Brian, 1988: Self-Reinforcing Mechanisms in Economics, in: Philip W. Anderson/Kenneth J. Arrow/David Pines (eds.): The Economy as an Evolving Complex System: The Proceeding of the Evolutionary Paths of the Global Economy Workshop, Santa Fe (1987), Reading, MA.: Addison-Wesley, 9-31.

Attig, Dieter/Hemmers, Rosa/Wußing, Eva, 2002: Kommunales Netzwerk versus Anteilsverkauf von Stadtwerken, in: Zeitschrift für neues Energierecht, 7.Jahrgang, Heft 1, 10-14.

Auge, Johannes/Brink, Meinhard, 1996: Windkraftnutzung in den Bundesländern. Bundesweite Übersicht über die Regelwerke der Länder nach Privilegierung der Windkraft, in: UVP-report, 1, 234-239.

Baentsch, Florian, 1997: Umweltschutz im britischen Stromexperiment: Die umweltpolitischen Wirkungen der Strukturreform der britischen Elektrizitätswirtschaft hinsichtlich Schadstoffemissionen, Energieträgereinsatz und Energieeffizienz. Münster: Lit Verlag.

Baldwin, Robert/Cave, Martin, 1999: Understanding Regulation – Theory, Strategy, and Practice. New York: Oxford University Press.

Bardeleben, Miriam v., 2004: 800 Megawatt Windenergie-Leistung für Winkra und Amrumbank West. BSH genehmigt zwei weitere Offshore-Windparks, in: Erneuerbare Energien, Juli 2004, 7, 16.

Bartelt, Heinrich, 2001: Stellungnahme zum EU-Grünbuch „Energieversorgungssicherheit" vom 29.11.2000. Regenerative EU-Perspektive übersehen?, BWE: 19.02.2001, www.europa.eu.int/comm/energy_transport/livrevert/contributions/05/2001-05-14-gruenbuchstellungnahme.pdf.

Bauer, Michael W., 2005: Administrative Costs of Reforming Utilities, in: Adrienne Héritier/David Coen (eds.), Refining Regulatory Regimes. Utilities in Europe. Cheltenham: Edward Elgar, 53-88.

Bauknecht, Dierk/Dendy, Scott/Doyle, Guy, 2002: NETA statt Pool: Was bringt der neue englische Strommarkt?, in: Marktplatz Energie, xxx.

BDI u.a., 2002: Statement of the German Business on the Proposal for Directive Establishing a Framework for Greenhouse Gas Emissions Trading within the European Community (COM (2002) 581: 23 October 2001), BDI, VDEW, BGW, VIK, 21 January 2002.

Bechberger, Michael, 2000: Das Erneuerbare-Energien-Gesetz (EEG): Eine Analyse des Politikformulierungsprozesses, Freie Universität Berlin: FFU-report 00-06.

Becker, Peter, 1990: Rechtsgutachten über die Ansprüche der Gemeinden, Städte und Landkreise in den neuen Bundesländern gegen die Treuhandanstalt auf Übertragung der Betriebe und Anlagen zur kommunalen Versorgung mit Energie und Wasser, Dezember 1990.

Becker, Peter, 2000: Rechtlicher Regelungsbedarf beim Netzzugang, in: Zeitschrift für Neues Energierecht, 4.Jahrgang, Heft 2, 114-118.

Becker, Peter, 2001: Zur Lage der Stadtwerke im vierten Jahr der Marktöffnung/Regulierung Ja oder Nein?, in: Zeitschrift für Neues Energierecht, 5.Jahrgang, Heft 3, 122-129.

Becker, Peter, 2004: Zum Rechtsweg gegen die Entscheidungen der REGTP: Ab ins Desaster?, in: Zeitschrift für Neues Energierecht, 8.Jahrgang, Heft 2, 130-133.

Bedford, L. A. W./Halliday, Jim/Millborrow, David, 1986: A review of wind energy in the United Kingdom, in: M. B. Anderson/S.J.R. Powles/Sir Robert McAlpine and Sons Ltd. (eds.), Proceedings of the 8th British Wind Energy Association Conference, Cambridge, UK 19-21 March 1986, London: Mechanical Engineering Publications Ltd., 1-8.

BEE, 2003: Industrieverbände wollen Ökostrom-Gesetz aushebeln. Energieintensive Unternehmen sollen von Ökostromumlage befreit werden, BEE: 19.Februar 2003.

Beesley, Michael/Littlechild, Stephen, 1996: Privatization: Principles, Problems, and Priorities, in: Matthew Bishop/ John Kay/Colin M Colin Mayer, (eds.), Privatization and Economic Performance, Oxford: Oxford University Press, 15-31.

Benz, Arthur, 1985: Föderalismus als dynamisches System. Zentralisierung und Dezentralisierung im föderativen Staat. Beiträge zur sozialwissenschaftlichen Forschung, Bd. 73. Opladen: Westdeutscher Verlag.

Benz, Arthur, 1999: Rediscovering Regional Economic Policy: New Opportunities for the Länder in the 1990s; in: Charlie Jeffery (ed.): Recasting German federalism: the legacies of unification, London: Biddles Ltd, 177-196.

Benz, Arthur, 2001: Themen, Probleme und Perspektiven der vergleichenden Föderalismusforschung, in: Arthur Benz/Gerhard Lehmbruch (Hrsg.), Föderalismus. Analysen in entwicklungsgeschichtlicher und vergleichender Perspektive, Wiesbaden: Westdeutscher Verlag, 9-50.

Benz, Arthur, 2003: Regional Governance, FernUniversität in Hagen, Institut für Politikwissenschaft (Polis-Papiere), Hagen.

Bergman, Lars/Brunekreeft, Gerd/Doyle, Chris/von der Fehr, Nils Hendrik M./Newbery, David M./Pollitt, Michael/Régibeau, Pierre (eds.), 1999: A European Market for Electricity. Monitoring European Deregulation. London: Centre for Economic Policy Research.

Berkhout, Frans, 2002: Technological regimes, path dependency and the environment, in: Global Environmental Change, 12, 1-4.

Binswanger, Hans-Christoph/Geissberger, Werner/Ginsburg, Theo, 1979: Wege aus der Wohlstandsfalle – der NAWU-Report: Strategien gegen Arbeitslosigkeit und Umweltzerstörung. Frankfurt/Main: Fischer-Taschenbuch-Verlag.

Bishop, Matthew/Kay, John/Mayer, Colin (eds.), 1996: Privatization and Economic Performance, Oxford: Oxford University Press.

Blair, Tony, 1998: The Third Way. New Politics for the New Century, London: The Fabian Society.

Blancke, Susanne, 2003: Die Diffusion von Innovationen im deutschen Föderalismus, in: Europäisches Zentrum für Föderalismus-Forschung: Jahrbuch des Föderalismus, Baden-Baden: Nomos Verlagsgesellschaft, 31-48.

BMFT, 1976: Nutzung der solaren Strahlungsenergie. Frankfurt/Main: Umschau-Verlag.

BMU, 2000: Nationales Klimaschutzprogramm, in: Umwelt, Nr. 11/2000, Berlin: Bundesministerium für Umwelt, Naturschutz und Reaktorsicherheit.

BMU, 2001: Windenergienutzung auf See. Positionspapier des Bundesministeriums für Umwelt, Naturschutz und Reaktorsicherheit zur Windenergienutzung im Offshore-Bereich, Berlin: Bundesministerium für Umwelt, Naturschutz und Reaktorsicherheit, 25.05.2001.

BMU, 2002a: Was bringt die Ökosteuer für die Umwelt? Fragen und Antworten, Berlin: Bundesministerium für Umwelt, Naturschutz und Reaktorsicherheit, März 2002.

BMU, 2002b: Atomausstiegsgesetz nimmt letzte Hürde. Bundestag schließt Beratungen ab – Weg für Energiewende frei (Pressemitteilung), Berlin: Bundesministerium für Umwelt, Naturschutz und Reaktorsicherheit, 01.02.2002.

BMU, 2003a: Förderung erneuerbarer Energien wird verbessert. Neue Konditionen für das Marktanreizprogramm 2004 (Pressemitteilung), Berlin: Bundesministerium für Umwelt, Naturschutz und Reaktorsicherheit, 12.12.2003b.

BMU, 2003b: Bericht des Bundesminister für Umwelt, Naturschutz und Reaktorsicherheit zur Umsetzung der geplanten Richtlinie über ein System für den Handel mit Treibhausgasemissionszertifikaten in der Gemeinschaft und zur Schaffung der Datenbasis für den ersten nationalen Allokationsplan, Berlin: Bundesministerium für Umwelt, Naturschutz und Reaktorsicherheit, 15.05.2003.

BMU, 2004a: Klimaschutz: Motor für Innovation und Wachstum. Abzockerei beim Strompreis beenden, Berlin: Bundesministerium für Umwelt, Naturschutz und Reaktorsicherheit, 16.01.2004.

BMU, 2004b: Die Ökologische Steuerreform: Einstieg, Fortführung und Fortentwicklung zur Ökologischen Finanzreform, Berlin: Bundesministerium für Umwelt, Naturschutz und Reaktorsicherheit, Februar 2004.

BMU, 2004c: Anteil der Erneuerbaren Energien klettert auf zehn Prozent am Bruttostromverbrauch (Pressemitteilung Nr. 243/04 vom 16.08.2004), Berlin: Bundesministerium für Umwelt, Naturschutz und Reaktorsicherheit.

BMWA, 2003: Bericht des Bundesministeriums für Wirtschaft und Arbeit an den Deutschen Bundestag über die energiewirtschaftlichen und wettbewerblichen Wirkungen der Verbändevereinbarungen (Monitoring-Bericht), Berlin: Bundesministerium für Wirtschaft und Arbeit, 31.08.2003.

BMWA, 2004a: Zur Förderung erneuerbarer Energien, Berlin: Bundesministerium für Wirtschaft und Arbeit, Januar 2004.

BMWA, 2004b: Neues Energiewirtschaftsrecht – Kabinett beschließt Gegenäußerung zu Stellungnahme des Bundesrates (Pressemitteilung), Berlin: Bundesministerium für Wirtschaft und Arbeit, 27.10.2004b.

BMWi, 1991: Das energiepolitische Gesamtkonzept der Bundesregierung. Energiepolitik für das vereinte Deutschland, BTDrs. 12/1799, Bonn: Bundesministerium für Wirtschaft, 11.12.1991.

BMWi, 1997: Gesetz zur Neuregelung des Energiewirtschaftsrechts, Referentenentwurf vom 16.September 1996 (AZ III B 1 105108), verabschiedet am 23.Oktober 1996. Anlage 1 der Bundestagsdrucksache 13/7274 vom 23.März 1997. Berlin: Bundesministerium für Wirtschaft.

BMWi, 2002: Erster Erfahrungsbericht des Bundeswirtschaftsministeriums zum EEG, Berlin: Bundesministerium für Wirtschaft, 28.Juni 2002.

Böge, Ulf, 2001: Liberalization of Energy Markets: The German Way, in: Claude Henry/Michel Matheu/Alain Jeunemaître (eds.): Regulation of Network Utilities. The European Experience, Oxford: Oxford University Press, 253-258.

Böllhoff, Dominik, 2005: Developments in Regulatory Regimes – Comparison of Telecommunications, Energy and Rail, in: Adrienne Héritier/David Coen (eds.) Refining Regulatory Regimes. Utilities in Europe. Cheltenham: Edward Elgar, 15-52.

Boyle, Stewart, 2002: Scotland – the renewables power house of Europe, in: Renewable Energy World, http://www.jxj.com/magsandj/rew/2002_05/scotland.html.

Bradbury, Jonathan/Mawson, John, 1997: British Regionalism and Devolution – The Challenges of State Reform and European Integration. London/New York: Routledge.

Braun, Dietmar, 2000 (ed.): Public Policy and Federalism. Aldershot: Ashgate.

Braun, Dietmar, 2000a: Territorial Division of Power and Public Policy-Making: An Overview; in: Dietmar Braun (ed.): Public Policy and Federalism. Aldershot: Ashgate, 27-56.

Breton, Albert, 1965: A Theory of Government Grants, in: Canadian Journal of Economics and Political Science, 31, 2, 175-187.

Breton, Albert, 1996: Competitive Governments: an economic theory of politics and public finance. Cambridge: Cambridge University Press.

Breton, Albert/Scott, Anthony, 1978: The Economic Constitution of Federal States. Toronto: University of Toronto Press.

Brundtlandt, Gro Harlem, 1987: Our Common Future. The World Commission on Environment&Development. Oxford: Oxford University Press.

Bulmer, Simon/Burch, Martin/Carter, Caitríona/Hogwood, Patricia/Scott, Andrew, 2002: British Devolution and European Policy-Making – Transforming Britain into Multi-Level Governance. Houndmills, Basingstoke: Macmillan.

Bulmer, Simon J., 1998: New Institutionalism and the Governance of the Single European Market, in: Journal of European Public Policy, 5, 3, 365-386.

Bulpitt, Jim, 1983: Territory and Power in the United Kingdom. Manchester: Manchester University Press.

Bundeskartellamt, 2001: Bericht der Arbeitsgruppe Netznutzung Strom der Kartellbehörden des Bundes und der Länder, Arbeitsgruppe Netznutzung Strom des Bundes und der Länder, Bonn, 19.04.2001.

Bundesministerium für Wirtschaft, 1996: Mitteilung des Bundesministeriums für Wirtschaft über die Höhe der Vergütungen nach dem Stromeinspeisungsgesetz und die Grenzpreise für die Konzessionsabgabenverordnung für Strom für das Jahr 1997. Bonn: Tagesnachrichten (Nr. 10527).

Bundesnetzagentur, 2006: Bericht der Bundesnetzagentur nach § 112 a EnWG zur Einführung der Anreizregulierung nach § 21 a EnWG, Bonn, 30.06.2006.

Bundesrat 2004: Stellungnahme des Bundesrates. Entwurf eines Zweiten Gesetzes zur Neuregelung des Energiewirtschaftsrechts, Drucksache 613/04, 24.09.2004.

Bundesrat, 2005: Anrufung des Vermittlungsausschusses durch den Bundesrat: Zweites Gesetz zur Neuregelung des Energiewirtschaftsgesetzes (Drucksache 248/05), Bonn: Bundesanzeiger Verlagsgesellschaft mbH.

Bundestagsausschuss für Wirtschaft und Technologie, 2000: Das Erneuerbare-Energien-Gesetz: Bericht des Bundestagsausschusses für Wirtschaft und Technologie an den Bundestag, in: Zeitschrift für Neues Energierecht, 2000, 4.Jahrgang, Heft 1, 22-23.

Bündnis90/Die Grünen, 2002: Vierjahresprogramm 2002-2006, Berlin, 04./05.Mai 2002.

Bündnis90/Die Grünen, 2003: Europäisches Parlament macht den Weg frei für den Emissionshandel (Pressemitteilung), Berlin, 02.07.2003.

Bürgerschaft der Freien und Hansestadt Hamburg, 1979: Mitteilung des Senats an die Bürgerschaft vom 30.10.1979: Hamburgisches Programm zur Einsparung von Energie (Drucksache 9/1404). Hamburg: Bürgerschaft der Freien und Hansestadt Hamburg.

Bürgerschaft der Freien und Hansestadt Hamburg, 1989: Mitteilung des Senats an die Bürgerschaft vom 31.10.1989: Folgerungen aus dem DIW-Gutachten für die weitere Nutzung der Kernenergie (Drucksache 13/4700). Hamburg: Bürgerschaft der Freien und Hansestadt Hamburg.

Bürgerschaft der Freien und Hansestadt Hamburg, 1990a: Mitteilung des Senats an die Bürgerschaft: Stellungnahme des Senats zu dem Ersuchen der Bürgerschaft vom 6. und 7. September 1989 – Drucksache Nummer 13/3718 – „Nutzung regenerativer Energien" (Drucksache 13/5340). Hamburg: Bürgerschaft der Freien und Hansestadt Hamburg.

Bürgerschaft der Freien und Hansestadt Hamburg, 1990b: Mitteilung des Senats an die Bürgerschaft: Hamburgs Beitrag zur Verminderung der Klimagefahren (Drucksache 13/6944), Hamburg: Bürgerschaft der Freien und Hansestadt Hamburg.

Bürgerschaft der Freien und Hansestadt Hamburg, 1994: Mitteilung des Senats an die Bürgerschaft: Vereinbarung energiepolitischer Leitlinien in einem Kooperationsvertrag mit der HEW (Drucksache 15/2386), Hamburg: Bürgerschaft der Freien und Hansestadt Hamburg.

Bürgerschaft der Freien und Hansestadt Hamburg, 1997: Schriftliche Anfrage des Abgeordneten Langsdorff (CDU) vom 25.03.1997 und Antwort des Senats, Betrf.: Windkraftanlagen in Hamburg (Drucksache 15/7197), Hamburg: Bürgerschaft der Freien und Hansestadt Hamburg.

Bürgerschaft der Freien und Hansestadt Hamburg, 1999a: Mitteilung des Senats an die Bürgerschaft: Stellungnahme des Senats zu dem Ersuchen der Bürgerschaft vom 01./02.Juli 1998 (Drucksache 16/1053) – Deutliche Steigerung des Einsatzes erneuerbarer Energien (Drucksache 16/2840), Hamburg: Bürgerschaft der Freien und Hansestadt Hamburg.

Bürgerschaft der Freien und Hansestadt Hamburg, 1999b: Große Anfrage der Abg. Walter Zuckerer, Jens Rocksien, Dr. Monika Schaal, Michael Dose, Wolf-Dieter Scheurell, Dr. Silke Urbanski, Renate Vogel (SPD) und Fraktion vom 26.01.1999 und Antwort des Senats. Betr.: Energiebilanz für den Bereich Heizenergie und Strom (Drucksache 16/2022), Hamburg: Bürgerschaft der Freien und Hansestadt Hamburg.

Burgi, M., 2005: Die Überführung der Atomaufsicht in die Bundeseigenverwaltung aus verfassungsrechtlicher Sicht, in: Neue Zeitschrift für Verwaltungsrecht, Heft 3, 247-253.

Burgi, N., 1985: Neo-corporatist Strategies in the British Energy Sector; in: Philippe Schmitter/Wolfgang Streeck (eds.), Organized Interests and the State. London: Sage, pp. 125-44.

Busch, Per-Olof, 2003: Die Diffusion von Einspeisevergütungen und Quotenmodellen: Konkurrenz der Modelle in Europa, Forschungsstelle für Umweltpolitik, Freie Universität Berlin: FFU-report 03-2003.

BWE, 2004a: Ahmels kündigt Beschwerde bei Stromaufsicht an (Pressemitteilung), BWE, Januar 2004.

BWE, 2004b: Position des Bundesverband WindEnergie zur Novelle des Energiewirtschaftsgesetzes, BWE, 07.09.2004.

BWEA, 2002: Renewable industry representation issues. London: BWEA.

Cameron, Peter D., 2001a: The Kyoto Process: Past, Present and Future, in: Peter D. Cameron/Donald Zillman (eds.), Kyoto: From Principles to Practice, The Hague/London/New York: Kluwer Law International, 3-23.

Cameron, Peter D./Zillman, Donald, 2001 (eds.): Kyoto: From Principles to Practice. International Environmental Law and Policy Series. The Hague/London/New York: Kluwer Law International.

Carporaso, James, 1988: Introduction to a special issue on the state in comparative and international perspective, in: Comparative Political Studies, 21, 3-12.

CDU/CSU, 2002: Leistung und Sicherheit – Zeit für Taten, CDU/CSU: 06.Mai 2002.

Chalmers, Damian/Lodge, Martin, 2003: The Open Method of Co-ordination and the European Welfare State, Economic & Social Research Council, Centre for Analysis of Risk and Regulation, London School of Economics, Discussion Paper No. 11: June 2003.

Chesshire, John H., 1996: UK Electricity Supply under Public Ownership; in: John Surrey (ed.), The British Electricity Experiment – Privatization: the Record, the Issues, the Lessons, London: Earthscan Publications Ltd.

Cleirigh, Byrne O., 2001: Evaluation of DTI Support for New and Renewable Energy under NFFO and the Supporting Programme, DTI/Frontier Economics: December 2001.

Coen, David/Héritier, Adrienne, 2000: Business Perspectives on German and British Regulation: Telecoms, Energy and Rail, in: Business Strategy Review, 11, 4, 29-37.

Coen, David/Thatcher, Mark, 2000: Introduction: The Reform of Utilities Regulation in the EU, in: Current Politics and Economics of Europe, 9, 3, 377-385.

Collier, Ruth Berins/Collier, David, 1991: Shaping the Political Arena. Princeton, New Jersey: Princeton University Press.

Collier, Ute, 1994: Energy and Environment in the European Union – The challenge of integration. Aldershot: Avebury.

Cooper, Richard N., 2001: The Kyoto Protocol: A Flawed Concept, Milano: Fondazione Eni Enrico Mattei, Nota Di Lavoro, July 2001.

Corino, Carsten/Jones, Brian/Hawkes, Peter, 2002: Der Handel mit Treibhausgas-Emissionsrechten – Das Kyoto-Protokoll. Die geplante EG-Richtlinie und das Handelssystem in Großbritannien, in: Europäische Zeitschrift für Wirtschaftsrecht, 06, 165-169.

Council of the European Communities, 1975: Council Directive of 13 February 1975 on the restriction of the use of natural gas in power stations (75/404/EEC), Council of the European Communities: Brussels, July.

Cram, Laura, 2001: Integration theory and the study of the European policy process. Towards a synthesis of approaches, in: Jeremy Richardson (ed.), European Union. Power and policy-making, London: Routledge, 51-73.

CREA, 2000: Response To The Renewables Obligation Preliminary Consultation, CREA: London.

Cross, Eugene D., 1996: Electricity Utility Regulation in the European Union. A Country by Country Guide. New York: Wiley.

Currie, David, 1997: The Labour Party's Approach to Utility Regulation: An Appraisal; in: Beesley, Michael E. (ed.), Regulating the Utilities: Broadening the Debate, Pennsylvenia: Coronet Books.

Czada, Roland, 1992: Administrative Interessenvermittlung am Beispiel der kerntechnischen Sicherheitsregulierung in den Vereinigten Staaten und der Bundesrepublik Deutschland. Habilitationsschrift, Universität Konstanz.

Czada, Roland, 2001: Legitimation durch Risiko – Gefahrenvorsorge und Katastrophenschutz als Staatsaufgaben; in: Simonis, Georg/Martinsen, Renate/Saretzki, Thomas (Hrsg.), Politik und Technik (PVS-Sonderheft 31/2000), Opladen: Westdeutscher Verlag, 319-345.

Daniels, Wolfgang, 2004: Interfraktioneller Erfolg bei den Stromeinspeisevergütungen, in: Solarzeitalter, Heft 1, 14.

David, Paul, 1985: Clio and the Economics of QWERTY, in: American Economic Review, 75, 332-337.

Davies, Peter G. G., 2001: Climate Change and the European Community, in: Peter Cameron/Donald Zillman (eds.), Kyoto: From Principles To Practice, The Hague: Kluwer Law International, 27-38.

DEn, 1974: United Kingdom Offshore Oil and Gas Policy, London: Department of Energy.

DEn, 1976: Energy Research and Development in the United Kingdom, London: HMSO.

DEn, 1977a: Energy Policy Review, London: HMSO.

DEn, 1977b: Working Document on Energy Policy, London: HMSO.

DEn, 1978a: Energy Policy: A Consultative Document, London: HMSO.

DEn, 1978b: White Paper on Alternative Sources, Reply to the Third and Fourth Reports from the Select Committee on Science and Technology, London: HMSO.

DEn, 1978c: Wave Energy, London: HMSO.

DEn, 1988: Privatising Electricity: The Government's Proposals for the Privatisation of the Electricity Supply Industry in England and Wales, London: HMSO.

DEn, 1991: The Department of Energy's R&D Programme: A Consultation Document, London: HMSO.

Department of State and Official Bodies/Ministry of Power, 1964: The Second Nuclear Programme, London: HMSO.

Der Hessische Minister für Wirtschaft und Technik, 1985: Energiebericht 1985. Energiepolitik und energiewirtschaftliche Entwicklung in Hessen, Der Hessische Minister für Wirtschaft und Technik: Oktober 1985.

Der Minister für Finanzen und Energie des Landes Schleswig-Holstein, 1995: Energiebericht Schleswig-Holstein 1995. Situation, Schwerpunkte, Beispiele, Kiel: Der Minister für Finanzen und Energie des Landes Schleswig Holstein, September 1995.

Deregulierungskommission, 1991: Marktöffnung und Wettbewerb. Zweiter Bericht, Bonn: Deregulierungskommission.

DETR, 1998: Planning for Sustainable Development: Towards Better Practice, London: Department of the Environment, Transport and the Regions.

DETR, 1999: A better quality of life: a strategy for sustainable development for the UK (Cm 4345), London: The Stationery Office.

DETR, 2000a: Guidance on Preparing Regional Sustainable Development Frameworks, London: The Stationery Office, February 2000.

DETR, 2000b: Climate Change: Draft UK Programme, London: Department of the Environment, Transport and the Regions, March 2000.

DETR, 2000c: Climate Change – The UK Programme, London: Department of the Environment, Transport and the Regions, November 2000.

Deutsche Energie-Agentur GmbH, 2003: Deutsche Energie-Agentur startet energiewirtschaftliche Studie zur Integration von Windkraftwerken in das Verbundsystem, Berlin: 08.09.2003.

Deutscher Bundestag, 1997: Wortprotokoll der öffentlichen Anhörung zum Thema „Novellierung des Energiewirtschaftsgesetzes" des Ausschusses für Wirtschaft (9.Ausschuss/58.Sitzung) vom 02.Juni 1997, 13.Wahlperiode, Bonn.

Deutscher Bundestag, 2002: Abschlussbericht der Enquete-Kommission „Nachhaltige Energieversorgung unter den Bedingungen der Globalisierung und Liberalisierung" (Drucksache 14/9400), Berlin: 28. Juni 2002.

Deutscher Bundestag, 2004a: Öffentliche Anhörung zu dem Gesetzentwurf der Fraktionen SPD und Bündnis90/Die Grünen. Entwurf eines Gesetzes zur Neuregelung des Rechts der Erneuerbaren Energien im Strombereich (Drucksache 15/2327), Ausschuss für Umwelt, Naturschutz und Reaktorsicherheit, 08. März 2004.

Deutscher Bundestag 2004b: Unterrichtung durch die Bundesregierung. Entwurf eines zweiten Gesetzes zur Neuregelung des Energiewirtschaftsrechts – Drucksache 15/3917 – Gegenäußerung der Bundesregierung zu der Stellungnahme des Bundesrates (Drucksache 15/4068), 28. Oktober 2004.

Deutscher Bundestag 2004c: Materialien zur öffentlichen Anhörung in Berlin am 29. Novemver 2004, Gesetzentwurf der Bundesregierung „Entwurf eines Zweiten Gesetzes zur Neuregelung des Energiewirtschaftsrechts (BT-Drucksache 15/3917)", Ausschuss für Wirtschaft und Arbeit, Ausschussdrucksache 15(9)1511, Zusammenstellung der schriftlichen Stellungnahmen, 26. November 2004.

Deutscher Bundestag 2005: Stenografischer Bericht, 170. Sitzung, Tagesordnungspunkt 19: Zweite und dritte Beratung des von der Bundesregierung eingebrachten Entwurfs eines Zweiten Gesetzes zur Neuregelung des Energiewirtschaftsrechts, Plenarprotokoll 15/170, 15. April 2005.

DEWI, 1999: Studie zur aktuellen Kostensituation der Windenergienutzung in Deutschland, Wilhelmshaven.

DoE, 1995: Review of Radioactive Waste Management Policy – Final Conclusions, London: HMSO, July 1995.

DoE/DTI, 1994: New and Renewable Energy – Future Prospects in the UK, London: HMSO.

DoI, 1983: Regulation of British Telecommunications, London: HMSO.

DTI, 1993: Prospects for Coal: Conclusions of the Government's Coal Review (Cmnd 2235), London: HMSO.

DTI, 1995: The Prospects for Nuclear Power in the UK: Conclusions of the Government's Nuclear Review (Cmnd 2860), London: HMSO.

DTI, 1997: Digest of United Kingdom Energy Statistics, London: HMSO.

DTI, 1998a: A Fair Deal for Consumers. Modernising the Framework for Utility Regulation, London: Department of Trade and Industry, March.

DTI, 1998b: Digest of United Kingdom Energy Statistics, London: HMSO.

DTI, 1999: New & Renewable Energy – Prospects for the 21st Century, London: Department of Trade and Industry.

DTI, 2000a: A White Paper on Enterprise, Skills and Innovation – Opportunity for all in a world of change, London: Department of Trade and Industry.

DTI, 2000b: Digest of United Kingdom Energy Statistics, London: The Stationery Office.

DTI, 2001a: Draft Social and Environmental Guidance to the Gas and Electricity Markets Authority, London: Department of Trade and Industry, May 2001.

DTI, 2001b: Social, Environmental and Security of Supply Policies in a Competitive Energy Market, A Review of Delivery Mechanisms in the United Kingdom, London: Department of Trade and Industry, London: Department of Trade and Industry, May 2001.

DTI, 2001c: Government Response to OFGEM's Reports 'The New Electricity Trading Arrangements – Review of the first three months' and 'Report to the DTI on the Review of the initial impact of NETA on smaller generators', London: Department of Trade and Industry, November 2001.

DTI, 2001d: New & Renewable Energy – Prospects for the 21st Century. The Renewables Obligation. Statutory Consultation, London: Department of Trade and Industry.

DTI, 2002: Future Offshore. A Strategic Framework for the Offshore Wind Industry, London: Department of Trade and Industry, November.

DTI, 2003: Digest of United Kingdom Energy Statistics, London: The Stationery Office.

DTI, 2004: Digest of United Kingdom Energy Statistics, London: The Stationery Office, July 2004.

DTI/Renewables UK, 2002: Renewables Funding, Aberdeen.

DTLGR, 2002: Planning Green Paper: Planning – Delivering a Fundamental Change, London: Department for Transport, Local Government and the Regions, March 2002.

Eberlein, Burkard, 2000: Configurations of Economic Regulation in the European Union: The Case of Electricity in Comparative Perspective, in: Current Politics and Economics of Europe, 9, Number 3, 407-425.

ECOPOP – Vereinigung Umwelt und Bevölkerung, 2004: Nachhaltige Energiewirtschaft, Bulletin ECOPOP Nr. 43, Flach: ECOPOP, September 2004.

Edmonds, Daniel, 2001: The Renewables Obligation: Developing a Cost-Effective Procurement Strategy, in: Utilities Law Review, 12, 2, 46-48.

Edwards, Rod/Leaney, Vicky C./Stevenson, Ruth/Heslop, Annette, 1999: Overcoming barriers to greater active community and local involvement in wind farms in the UK, in: Peter Hinson (ed.), BWEA's Wind Energy 1999 – Wind Power Comes of Age. Proceedings of the 21st British Wind Energy Association Conference, Homerton College, Cambridge, UK, 1-3 September 1999, Bury St Edmunds and London: Professional Engineering Publishing, 81-87.

EEDA, 2003: East of England Development Agency. Making a difference in the UK's ideas region. Annual Report an Accounts 2003/2004, Cambridge.

EEDA, 2004: Renewable Energy Operational Plan/Renewable East 2004/05 Business Plan, Cambridge: East of England Development Agency, 22 April 2004.

Eisenbeiß, G./Pflüger, A./Windheim, R., 1989: Government Support for the Development of Wind Energy Utilization in the Federal Republic of Germany, in: Conference Publication, Part One, EWEC '89 (European Wind Energy Conference and Exhibition), Glasgow, 1, 22-25.

Eising, Rainer, 2000: Liberalisierung und Europäisierung – Die regulative Reform der E-lektrizitätsversorgung in Großbritannien, der Europäischen Gemeinschaft und der Bundesrepublik Deutschland. Leske + Budrich, Opladen.

Eising, Rainer, 2001: Strategic action and policy learning in embedded negotiations: the liberalization of the EU electricity supply industry, in: Arbeitspapiere aus der FernUniversität Hagen, polis Nr. 50/2001, 2-32.

Elcock, Howard/Keating, Michael, 1998: Remaking the Union. Devolution and British Politics in the 1990s. London: Frank Cass Publishers.

Electricity Association, 1999: The UK Electricity System. London: Electricity Association.

Electricity Association, 2000: Environmental Briefing. Renewable Electricity in the United Kingdom, EA: London, August 2000.

Electricity Association, 2001: Electricity Industry Review 5, London: Electricity Association.

Elliott, David, 1994: UK renewable energy strategy – The need for longer-term support, in: Energy Policy, 20, 3, 1067-1074.

Elliott, David, 1997: Renewables Past, Present and Future, Energy and Environment Research Unit, Milton Keynes: Open University.

Elliott, David, 1998: UK Energy Policy; in: Cunningham, Paul (ed.), Science and Technology in the United Kingdom, London: Cartermill International, 297-330.

Emmerich, Volker, 1978: Ist der kartellrechtliche Ausnahmebereich für die leitungsgebundene Versorgungswirtschaft wettbewerbspolitisch gerechtfertigt?, Hannover.

Emmerich, Volker, 1991: Kartellrecht. München: Verlag C.H. Beck.

Ende, Lothar/Kaiser, Jan, 2003: Die Verbändevereinbarung Strom II im Spannungsfeld zwischen dem TEAG-Beschluss des Bundeskartellamtes und der EnWG-Novelle, in: Zeitschrift für Neues Energierecht, 7.Jahrgang, Heft 2, 118-123.

ENDS, 2002: Hot Air Blows Gaping Hole in Emissions Trading Scheme, Environmental Data Services: March 2002.

Energy Committee of the House of Commons, 1990: The Cost of Nuclear Power, fourth report, session 1989/90, in: Energy Focus, 7.

Energy Committee of the House of Commons, 1992: Consequences of Electricity Privatisation, London: HMSO.

Engelsing, Felix, 2003: Konzepte der Preismissbrauchsaufsicht im Energiesektor, in: Zeitschrift für Neues Energierecht, 2003, Heft 2, 111-118.

Epp, Bärbel, 2001: Biogas-Geschichte. „Gegen Kost und Logis die Anlagen gebaut", in: Sonne, Wind & Wärme, Heft 10/11, 144-151.

Espey, Simone, 2001: Internationaler Vergleich energiepolitischer Instrumente zur Förderung von regenerativen Energien in ausgewählten Industrieländern. Bremen: Bremer Energie Institut.

ET, 2002: Nationale Energie- und Umweltpolitik, in: Energiewirtschaftliche Tagesfragen, 52. Jahrgang (2002), Heft 7, 448-454.

ET, 2003: „Die Förderung stärker nach Effizienzpunkten ausrichten", Interview mit Rolf Hempelmann, MdB, Vorsitzender der Arbeitsgruppe Energie der SPD-Bundestagsfraktion, Berlin, in: Energiewirtschaftliche Tagesfragen, 53.Jahrgang (2003), Heft 10, 622-625.

ETSU, 1982a: Strategic Review of Renewable Energy Technologies, Harwell: ETSU.

ETSU, 1982b: Contribution of Renewable Energy Technologies to Future Energy Requirements, Harwell: ETSU.

ETSU, 1985: Perspectives for the Exploration of Renewable Energy Technologies in the United Kingdom, Harwell: ETSU.

ETSU/Norweb, 1989: The prospects for renewable energy in the Norweb area, Harwell: ETSU.

EuGH, 2000: Schlussanträge des Generalanwalts in der Rechtssache PreussenElektra/ Schleswag AG (Rechtssache C 379/98), Den Haag, Oktober 2000.

Euler, Hartmut, 1998: Erneuerbare Energien in Schleswig-Holstein; in: Irm Pontenagel (Hrsg.), Erneuerung von Gemeinden und Regionen durch Erneuerbare Energie, Bochum: Eurosolar Verlag, 225-228.

Europäische Kommission, 1988a: Arbeitsdokument der Kommission: Der Binnenmarkt für Energie, Brüssel: Europäische Kommission.

Europäische Kommission, 1988b: Der Treibhauseffekt und die Gemeinschaft. Mitteilung an den Rat betreffend das Arbeitsprogramm der Kommission zur Beurteilung der politischen Optionen zur Verringerung der mit dem Treibhauseffekt verbundenen Risiken und Entwurf einer Entschließung des Rates über den Treibhauseffekt und die Gemeinschaft (KOM (88) 656), Brüssel: Europäische Kommission, November 1988.

Europäische Kommission, 1991a: Vorschlag für eine Richtlinie des Rates betreffend gemeinsame Vorschriften für den Elektrizitätsbinnenmarkt, Brüssel: Europäische Kommission.

Europäische Kommission, 1996: Energie für die Zukunft: Erneuerbare Energiequellen (Grünbuch), Brüssel: Europäische Kommission.

Europäische Kommission, 1997: Energie für die Zukunft: Erneuerbare Energieträger. Weißbuch für eine Gemeinschaftsstrategie und Aktionsplan, Brüssel: Europäische Kommission.

Europäische Kommission, 1998: Klimaänderungen – Zu einer EU-Strategie nach Kyoto (COM (98) 353), Brüssel: Europäische Kommission.

Europäische Kommission, 1999: Entscheidung der Kommission vom 08.Juli 1999 über den Antrag Deutschlands auf eine Übergangsregelung gemäß Art. 24 der Richtlinie 96/92/EG des Europäischen Parlaments und des Rats betreffend gemeinsame Vorschriften für den Elektrizitätsbinnenmarkt (Az. K (1999) 1551/4), 1999/794/EG, Brüssel: Europäische Kommission, Juli 1999.

Europäische Kommission, 2000a: Mitteilung der Europäischen Kommission an den Rat und an das Europäische Parlament. Politische Konzepte und Maßnahmen der EU zur Verringerung der Treibhausgasemissionen: zu einem europäischen Programm zur Klimaänderung (ECCP) (KOM (2000) 88 endgültig), Brüssel: Europäische Kommission, März 2000.

Europäische Kommission, 2000b: Grünbuch der Kommission vom 29.11.2000 „Hin zu einer europäischen Strategie für Energieversorgungssicherheit" (KOM (2000) 769), Brüssel: Europäische Kommission, November 2000.

Europäische Kommission, 2000c: Geänderter Vorschlag für eine Richtlinie des Europäischen Parlamentes und des Rates zur Förderung der Stromerzeugung aus erneuerbaren Energiequellen im Elektrizitätsbinnenmarkt (2001/C 154 E/05), Brüssel: Europäische Kommission, Dezember 2000.

Europäische Kommission, 2001a: Gemeinschaftsrahmen für staatliche Umweltschutzbeihilfen (ABlEG Nr. C 37 v. 13.02.2001), Brüssel: Europäische Kommission, Februar 2001.

Europäische Kommission, 2001b: Vorschlag für eine Richtlinie über ein System für den Handel mit Treibhausgasemissionsberechtigungen in der Gemeinschaft (KOM (2001) 581), Brüssel: Europäische Kommission, Oktober 2001.

Europäische Kommission, 2001c: Erster Bericht über die Umsetzung der Elektrizitätsrichtlinie und der Erdgasrichtlinie, Brüssel: Europäische Kommission, Dezember 2001.

Europäische Kommission, 2003a: Sechstes Forschungsrahmenprogramm – Vorrangiger Teilbereich 6.1. Nachhaltige Energiesysteme. Arbeitsprogramm, Brüssel: Europäische Kommission.

Europäische Kommission, 2003b: Grünbuch zu Dienstleistungen von Allgemeinem Interesse, Brüssel: Europäische Kommission, Mai 2003.

Europäisches Parlament, 1996: Aktionsplan der Europäischen Union für Erneuerbare Energien, Straßburg: Europäisches Parlament.

Europäisches Parlament, 1997: Entschließung zur Mitteilung der Kommission über Energie für die Zukunft: Erneuerbare Energiequellen – Grünbuch für eine Gemeinschaftsstrategie, Straßburg: Europäisches Parlament.

Europäisches Parlament, 1998: Bericht über den Zugang erneuerbarer Energien zum Stromnetz – Schaffung einer europäischen Richtlinie über die Einspeisung von Elektrizität aus erneuerbaren Energiequellen in der Europäischen Union, Straßburg: Europäisches Parlament, Ausschuß für Forschung, technologische Entwicklung und Energie, Mai 1998.

Europäisches Parlament, 2000: Standpunkt des Europäischen Parlaments festgelegt in erster Lesung am 16. November 2000 im Hinblick auf den Erlass der Richtlinie 2000/.../EG des Europäischen Parlaments und des Rates zur Förderung der Stromerzeugung aus erneuerbaren Energiequellen im Elektrizitätsbinnenmarkt (2000/0116(COD) - PE1), Straßburg: Europäisches Parlament, November 2000.

Europäisches Parlament, 2001a: Änderungsanträge 18-48, Entwurf einer Empfehlung für die zweite Lesung von Mechthild Rothe, Förderung der Stromerzeugung aus erneuerbaren Energiequellen im Elektrizitätsbinnenmarkt, Straßburg: Europäisches Parlament, Ausschuss für Industrie, Außenhandel, Forschung und Energie, Mai 2001.

Europäisches Parlament, 2001b: Legislative Entschließung des Europäischen Parlaments zu dem Gemeinsamen Standpunkt des Rates im Hinblick auf den Erlass der Richtlinie des Europäischen Parlaments und des Rates zur Förderung der Stromerzeugung aus erneuerbaren Energiequellen im Elektrizitätsbinnenmarkt (A5-0227/2001), Straßburg: Europäisches Parlament, Juli 2001.

Europäisches Parlament/Europäischer Rat, 2001: Richtlinie zur Förderung der Stromerzeugung aus erneuerbaren Energiequellen im Europäischen Energiebinnenmarkt (Direktive 2001/77/EC), Brüssel: Europäisches Parlament/Europäischer Rat, Oktober 2001.

Europäisches Parlament/Europäischer Rat, 2003a: Richtlinie 2003/54/EG des Europäischen Parlaments und des Rates vom 26. Juni 2003 über gemeinsame Vorschriften für den Elektrizitätsbinnenmarkt und zur Aufhebung der Richtlinie 96/92/EG, Brüssel: Europäisches Parlament/Europäischer Rat, Juni 2003.

Europäisches Parlament/Europäischer Rat, 2003b: Richtlinie 2003/87/EG des Europäischen Parlaments und des Rates vom 13. Oktober 2003 über ein System für den Handel mit Treibhausgasemissionszertifikaten in der Gemeinschaft und zur Änderung der Richtlinie 96/61/EG des Rates, Brüssel: Europäisches Parlament/Europäischer Rat, Oktober 2003.

Europäisches Parlament/Europäischer Rat, 1996: Richtlinie 96/92/EG des Europäischen Parlaments und des Rates vom 19. Dezember 1996 betreffend gemeinsame Vorschriften für den Elektrizitätsbinnenmarkt (Amtsblatt Nr. L 027 vom 30/01/1997), Brüssel: Europäisches Parlament/Europäischer Rat, Dezember 1996.

European Commission, 1992a: Specific Actions for Greater Penetration for Renewable Energy Sources (ALTENER), COM (92) 180/fin, Brussels: European Commission.

European Commission, 1992b: Proposal for a council directive to limit carbon dioxide emissions by improving energy efficiency (SAVE programme), COM (92) 182 fin, European Commission: Brussels.

European Commission, 1992c: Proposal for a council directive introducing a tax on carbon dioxide emissions and energy (COM (92) 226/fin), Brussels: European Commission.

European Commission, 1998a: Report to The Council and the European Parliament on Harmonization Requirements: Directive 96/92/EC Concerning Common Rules for the Internal Market Concerning Electricity (COM (1998) 167 final), Brussels: European Commission, March.

European Commission, 1998b: Electricity from renewable energy sources and the internal electricity market, Brussels: European Commission.

European Commission, 1999: Opening Up To Choice – The single electricity market, Brussels: European Commission, DG Transport and Energy.

European Commission, 2000a: Greenhouse Gas Emissions Trading within the European Union. Green Paper (COM (2000) 87), Brussels: European Commission, March 2000.

European Commission, 2000b: Proposal for a European Parliament and Council directive on the promotion of electricity from renewable energy sources in the internal electricity market (COM (2000) 279), Brussels: European Commission, May 2000.

European Commission, 2001: European Climate Change Programme. Report – June 2001, Brussels: European Commission, June 2001.

European Parliament, 2000: Report on the proposal for a European Parliament and Council directive on the promotion of electricity from renewable energy sources in the internal electricity market (COM (2000) 279 - C5-0281/2000 - 2000/0116(COD)), Strasbourg: European Parliament, Committee on Industry, External Trade, Research and Energy, 30 October 2000.

Eurosolar, 1992: Ergebnisse der Eurosolar-Mitgliederversammlung, in: Solarzeitalter, Heft 1, 2-27.

Eurosolar, 1993: Deutschland: Ökologische Energie-Initiativen in den Bundesländern, in: Solarzeitalter, Heft 4, 32-36.

Eurosolar, 1994: 100.000-Dächerprogramm für die Europäische Union. Eurosolar-Studien zum Vergleich der Fotovoltaik-Entwicklung in Japan, den USA und der Europäischen Union, in: Solarzeitalter, Heft 1, 4-5.

Eurosolar, 1995a: Die Selbstjustiz von Energieversorgungsunternehmen gegen das Stromeinspeisungsgesetz für erneuerbare Energie, in: Solarzeitalter, Heft 2, 2-27.

Eurosolar, 1995b: Eurosolar-Stellungnahme für den Erfahrungsbericht des Bundeswirtschaftsministeriums zum Stromeinspeisungsgesetz, in: Solarzeitalter, Heft 3, 5-13.

Eurosolar, 1996a: Notizen aus Bund und Ländern. Gesetz für 100.000 Dächer, in: Solarzeitalter, Heft 1, 43.

Eurosolar, 1996b: Stromeinspeisungsgesetz verfassungsgemäß, in: Solarzeitalter, Heft 2, 30-33.

Eurosolar, 1996c: Haltlose Einwände des EU-Wettbewerbskommissars zum deutschen Stromeinspeisegesetz, in: Solarzeitalter, Heft 4, 16-18.

Eurosolar, 1997: Eurosolar-Memorandum zum Green Paper der EU-Kommission "Energy for the future: Renewable Sources of Energy", in: Solarzeitalter, Heft 1, 3-7.

Eurosolar, 1998a: Notizen aus Bund und Ländern. Kürzung der Fördermittel für Erneuerbare Energien in Baden-Württemberg, in: Solarzeitalter, Heft 1, 38.

Eurosolar, 1998b: Dritte Verfassungsklage zum Energiewirtschaftsgesetz: VEAG klagt gegen das Stromeinspeisegesetz, in: Solarzeitalter, Heft 3, 55.

Evans, Peter B./Rueschemeyer, Dietrich/Skocpol, Theda, 1997 (eds.): Bringing the state back in. Cambridge: Cambridge University Press.

Evers, Hans-Ulrich, 1983: Das Recht der Energieversorgung. Baden-Baden: Nomos Verlagsgesellschaft.

Fachverband Biogas, 2001: Entwurf eines Gaseinspeisegesetzes durch den Fachverband Biogas e.V. Freising, Freising: Fachverband Biogas e.V., 04.04.2001.

Fairley, Ross/Ng, Karina, 2002: Green Energy in the NETA World, in: Utilities Law Review, 12, 3, 57-60.

FDP, 2002: Bürgerprogramm 2002, Mannheim: 12.Mai 2002.

Fell, Hans-Josef, 2002: Bundestag fordert Abschaffung des EURATOM-Vertrages, in: Solarzeitalter, Heft 2, 36-37.

Fischedick, Manfred/Langniß, Ole/Nitsch, Joachim, 2000: Nach dem Ausstieg. Zukunftskurs Erneuerbare Energien. Stuttgart: Hirzel.

Flatters, Frank R./Henderson, J. Vernon/Mieszkowski, Peter M., 1974: Public Goods, Efficiency, and Regional Fiscal Equalization, in: Journal of Public Economics, 3, 2, 99-112.

Flick, Uwe, 1998: Qualitative Forschung. Theorie, Methode, Anwendung in der Psychologie und Sozialwissenschaften. Hamburg: Rowohlt.

Forsthoff, Ernst, 1959: Rechtsfragen der leistenden Verwaltung. Stuttgart: Kohlhammer Verlag.

Foster, Christopher D., 1992: Privatisation, Public Ownership and the Regulation of Natural Monopoly. London: Blackwell.

Fouquet, Dörte, 2000: Beihilfeprüfung der EU-Kommission: Ein Ermessensmissbrauch, in: Solarzeitalter, Heft 2, 3-8.

Fouquet, Dörte, 2003: Die Kleinwasserkraftregelung in der EEG-Novelle des BMU ist nicht rechtmäßig. Zusammenfassung eines Gutachtens für Eurosolar, in: Solarzeitalter, Heft 3, 6-7.

Friends of the Earth, 1998: Green Concerns Over U.S. Takeover of Energy Group, Friends of the Earth: 30 April 1998.

Froning, Sabine, 2002: Emissionshandel – Fluch oder Segen?, in: Energiewirtschaftliche Tagesfragen, 52.Jahrgang, Heft 6, 373.

Froning, Sabine, 2003a: Europäischer Emissionshandel nimmt Gestalt an, in: Energiewirtschaftliche Tagesfragen, 53. Jahrgang, Heft 1/2, 6.

Froning, Sabine, 2003b: Erneuerbare Energien im Trend, in: Energiewirtschaftliche Tagesfragen, 53.Jahrgang, Heft 4, 205.

Froning, Sabine, 2003c: Energiereiche Debatten in den europäischen Institutionen, in: Energiewirtschaftliche Tagesfragen, 53.Jahrgang, Heft 6, 357.

Froning, Sabine, 2003d: Meilensteine vor der Sommerpause, in: Energiewirtschaftliche Tagesfragen, 53.Jahrgang, Heft 8, 502.

Froning, Sabine, 2003e: Kommission formalisiert Regulierungs-Zusammenarbeit, in: Energiewirtschaftliche Tagesfragen, 53.Jahrgang, Heft 12, 779.

Gammelin Cerstin/Hamann, Götz, 2005: Die Strippenzieher. Manager, Minister, Medien – Wie Deutschland regiert wird. Berlin: Econ Verlag.

Ganghof, Jörg, 1999: Die Einführung von CO2-/Energiesteuern auf EU-Ebene. Münster: Lit Verlag.

Ganseforth, Monika, 1996: Politische Umsetzung der Empfehlungen der beiden Klima-Enquete-Kommissionen (1987-1994) – eine Bewertung; in: Brauch, Hans Günter (Hrsg.): Klimapolitik. Naturwissenschaftliche Grundlagen, internationale Regimebildung und Konflikte, ökonomische Analysen sowie nationale Problemerkennung und Politikumsetzung, Berlin: Springer Verlag, 215-224.

Gebauer, Jochen/Wollenteit, Ulrich/Hack, Martin, 2001: Der EuGH und das Stromeinspeisungsgesetz – Ein neues Paradigma zum Verhältnis von Grundfreiheiten und Umweltschutz?, in: Zeitschrift für Neues Energierecht, 5.Jahrgang, Heft 1, 12-17.

Genten, Alexandra/Rossel, Mirjam, 2003: Das Schicksal des Doppelvertragsmodells nach der VV II plus, in: Energiewirtschaftliche Tagesfragen, 53.Jahrgang, Heft 6, 419-423.

Giesberts, Ludger/Hilf, Juliane, 2002: Handel mit Emissionszertifikaten – Regelungsrahmen für einen künftigen Markt. Köln: Heymanns.

Glachant, Jean-Michel, 2003: The making of competitive electricity markets in Europe: no single way and no 'single market'; in: Jean-Michel Glachant/Dominque Finon (eds.), Competition in European Electricity Markets. A Cross-country Comparison, Cheltenham: Edward Elgar, 7-38.

Goerke, Ute/Epp, Bärbel, 2001: Solar-Historie. Gründerzeit zwischen Ölkrise und Tschernobyl, in: Sonne, Wind & Wärme, Heft 10/11, 16-26.

Golding, Edward. W., 1955: The Generation of Electricity by Wind Power. London: E. & F.N. Spon Ltd.

Gowing, Margaret, 1974: Independence and Deterrence: Britain and Atomic Energy, 1945-52. London: Macmillan.

Graham, Cosmo, 2000: The Utilities Bill, in: Utility Law Review, 11 (3), May-June 2000, 92-103.

Grande, Edgar, 2001: Parteiensystem und Föderalismus. Institutionelle Strukturmuster und politische Dynamiken im internationalen Vergleich; in: Arthur Benz/Gerhard Lehmbruch (Hrsg.), Föderalismus. Analysen in entwicklungsgeschichtlicher und vergleichender Perspektive, Opladen: Westdeutscher Verlag, 179-212.

Grant, Wyn, 1993: Business and Politics in Britain. Houndmills, Basingstoke: Macmillan.

Grawe, Joachim/Nitzschke, Joachim/Wagner, Eberhard, 1989: Nutzung erneuerbarer Energien durch die Elektrizitätswirtschaft, Stand 1988/89, in: Energiewirtschaftliche Tagesfragen, 88, 1696-1698.

Greenpeace, 1994: No Case for a Special Case, Press Release, London, 07.09.1994.

Greenpeace, 2000: Zwei Jahre liberalisierter Strommarkt ohne verläßliche Regeln, Pressemitteilung, Berlin, Januar 2000.

Gröner, Helmut, 1975: Die Ordnung der Elektrizitätswirtschaft. Baden-Baden: Nomos Verlagsgesellschaft.

Gutermuth, Paul-Georg, 1997: Verbesserte Rahmenbedingungen für den Einsatz erneuerbarer Energien; in: Hans Günter Brauch (Hrsg.), Energiepolitik – Technische Entwicklung, politische Strategien, Handlungskonzepte zu erneuerbaren Energien und zur rationellen Energienutzung, Berlin: Springer, 273-292.

Hague, Rod/Harrop, Martin/Breslin, Shaun, 1998: Comparative Government and Politics. An Introduction. Houndmills, Basingstoke: Macmillan Press Ltd.

Hall, Peter A., 1992: The Movement from Keynesianism to Monetarism: Institutional Analysis and British Economic Policy in the 1970s; in: Steven Steinmo/Kathleen Thelen (eds.), Structuring Politics, Historical Institutionalism in Comparative Analysis, Cambridge: Cambridge University Press, 90-113.

Hall, Tony, 1986: Nuclear Politics: The History of Nuclear Power in Britain. London: Pinguin.

Hammond, Elizabeth M., 1986: Competition in Electricity Supply: Has the Energy Act Failed?, in: Fiscal Studies, 7, 11, 11-33.

Hartnell, Gaynor, 2001: Planning and renewables: implications for meeting the targets. Paper presented at CREA conference "Regional Planning Targets: rationale, progress and practical implementation", London, 22nd March 2001.

Hau, Erich/Köhler, Martin/Lehmann, Harry/Schulte-Tigges, Gotthard, 1994: 50%-Anteil erneuerbarer Energien bis zum Jahr 2020?, in: Solarzeitalter, Heft 1, 12-22.

Heald, David, 2001: Financing UK Devolution in Practice, Aberdeen Papers in Accountancy, Finance & Management, Working Paper 01-8, Aberdeen: University of Aberdeen.

Heald, David/McLeod, Alasdair, 2002: Beyond Barnett? Financing Devolution; in: John Adams/Peter Robinson (eds.), Devolution in Practice: Public Policy Differences within the UK, London: Institute for Public Policy Research, 147-175.

Heinemann, Friedrich, 1996: Die ökonomische Föderalismustheorie und ihre Botschaft für die Kompetenzaufteilung im Mehrebenensystem der Europäischen Union; in: Thomas König/Elmar Rieger/Hermann Schmitt (Hrsg.), Das Europäische Mehrebenensystem, Frankfurt a.M.: Campus, 117-132.

Helm, Dieter, 2002: A critique of renewables policy in the UK, in: Energy Policy, 30, 185-188.

Helm, Dieter, 2003: Energy, the State, and the Market. British Energy Policy since 1979. Oxford: Oxford University Press.

Helm, Dieter/Powell, Andrew, 1992: Pool Prices, Contracts and Regulation in the British Electricity Supply Industry, in: Fiscal Studies, 15, 2, 74-94.

Hemmelskamp, Jens, 1999: Umweltpolitik und technischer Fortschritt – Eine theoretische und empirische Untersuchung der Determinanten von Umweltinnovationen. Heidelberg: Physica Verlag.

Henig, Stanley, 2002 (ed.): Modernising Britain – Central, Devolved, Federal? London: The Federal Trust/Kogan Page.

Henney, Alex, 1987: Privatise Power: Restructuring the Electricity Supply Industry, CPS Policy Study No. 83, London: Centre for Policy Studies.

Héritier, Adrienne, 1993: Policy-Analyse. Kritik und Neuorientierung. Politische Vierteljahresschrift 24, Sonderheft 24, Opladen: Westdeutscher Verlag.

Héritier, Adrienne, 2000: After Liberalization: Public-Interest Services in the Utilities, in: Fritz. W. Scharpf/Vivienne Schmidt (eds.), Welfare and Work in the Open Economy: Volume II, Diverse Responses to Common Challenges, Oxford: Oxford University Press, 554-596.

Héritier, Adrienne, 2002: New Modes of Governance in Europe: Policy-Making without Legislating?, in: Adrienne Héritier (ed.), Common Goods: Reinventing European and International Governance, Lanham: Rowman&Littlefield, 185-206.

Héritier, Adrienne/Knill, Christoph, 2001: Differential Responses to European Policies: A Comparison, in: Adrienne Héritier/Dieter Kerwer/Christoph Knill/Dirk Lehmkuhl/ Michael Teutsch (eds.), Differential Europe. The European Impact on National Policymaking, Lanham: Rowman&Littlefield, 257-294.

Hermes, Georg/Wieland, Joachim, 2002a: Die Ministererlaubnis nach § 42 GWB – Europarechtliche Fragen und Probleme der gerichtlichen Kontrolle, in: Zeitschrift für Neues Energierecht, 6.Jahrgang, Heft 3, 158-170.

Hermes, Georg/Wieland, Joachim, 2002b: Die Ministererlaubnis nach § 42 GWB als persönlich zu verantwortende Entscheidung, in: Zeitschrift für Neues Energierecht, 6.Jahrgang, Heft 4, 267-275.

Hessisches Ministerium für Umwelt, Energie, Jugend, Familie und Gesundheit, 1996: Energiebericht 1996, Wiesbaden: Hessisches Ministerium für Umwelt, Energie, Jugend, Familie und Gesundheit.

Hessisches Ministerium für Umwelt, Energie und Bundesangelegenheiten, 1994: Hessische Energiepolitik und Klimaschutz, Wiesbaden: Hessisches Ministerium für Umwelt, Energie und Bundesangelegenheiten, November 1994.

Hessisches Ministerium für Umwelt, Landwirtschaft und Forsten, 1999: Energiebericht 1998, Wiesbaden: Hessisches Ministerium für Umwelt, Landwirtschaft und Forsten, Oktober 1999.

Hessisches Ministerium für Umwelt und Energie, 1986: Energiebericht 1986, Wiesbaden: Der Hessische Minister für Umwelt und Energie.

Hessisches Ministerium für Wirtschaft und Technik, 1990: Energiebericht 1990, Wiesbaden: Hessisches Ministerium für Wirtschaft und Technik, Oktober 1990.

Heymann, Matthias, 1995: Die Geschichte der Windenergienutzung. Frankfurt/Main: Campus Verlag.

Hinsch, Christian, 1999a: "Entscheidung im Januar? Schlitterpartie um die neue europäische Einspeiserichtlinie", in: Neue Energie, Januar, 8-9.

Hinsch, Christian, 1999b: „Aufgeschoben ist nicht aufgehoben. Europäische Einspeiserichtlinie wird hinter den Kulissen weiter diskutiert", in: Neue Energie, März, 56-59.

Hinsch, Christian, 2000a: „Weltweit einzigartig – doch in Europa verkannt? Die Zukunft des EEG hängt auch von Brüsseler Entscheidungen ab", in: Neue Energie, April, 10-13.

Hinsch, Christian, 2000b: „Brüssel bewegt sich. EU-Kommission verabschiedet Vorschlag für eine Richtlinie zur Förderung von erneuerbaren Energien", in: Neue Energie, Juni, 10-14.

Hinsch, Christian, 2000c: „Richtlinienentwurf weiter in der Diskussion. Bundesverband Erneuerbare Energien fordert personelle Konsequenzen in Brüssel", in: Neue Energie, Juli, 12-15.

HMSO, 1994: Sustainable Development: The UK Strategy, London: HMSO.

HMSO, 1997: Building Partnerships for Prosperity – Sustainable Growth, Competitiveness, and Employment in the English Regions (Cmnd. 3814), London: HMSO, December 1997.

HMSO, 1998: Shaping Our Future. Towards a Strategy for the Development of the Region. Draft Regional Strategic Framework, Department of the Environment (NI), London: HMSO, December 1998.

Hoffmann-Riem, Wolfgang/Schneider, Jens-Peter, 1995: Wettbewerbs- und umweltorientierte Re-Regulierung im Großhandels-Strommarkt, in: Wolfgang Hoffmann-Riem/Jens-Peter Schneider (Hrsg.), Umweltpolitische Steuerung in einem liberalisierten Strommarkt, Baden-Baden: Nomos Verlagsgesellschaft, 13-94.

Hohmeyer, Olav/Rennings, Klaus, 1998: Man-Made Climate Change. Economic Aspects and Policy Options. Heidelberg, New York: Physica-Verlag.

Holland, Kenneth M./Morton, Frederick L./Galligan, Brian, 1996: Federalism and the Environment. Environmental Policymaking in Australia, Canada and the United States. Westport, Connecticut: Greenwood Press.

Holzinger, Katharina, 2001: Optimale Regulierungsräume für Europa. Flexible Kooperation territorialer und funktionaler Jurisdiktionen, in: Christine Landfried (Hrsg.), Politik in einer entgrenzten Welt, Kongreßband zum DVPW-Kongreß in Halle, Köln: Verlag Wissenschaft und Politik, 153-180.

Hoppe-Kilpper, Martin, 2003: Entwicklung der Windenergietechnik in Deutschland und der Einfluss staatlicher Förderpolitik – Technikentwicklung in den 1990er Jahren zwischen Markt und Forschungsförderung, Fachbereich Elektrotechnik, Kassel: Gesamthochschule Kassel.

House of Commons Energy Committee, 1989: British Nuclear Fuels plc: Report and Accounts 1987-88, London: HMSO.

House of Commons Energy Committee, 1990: The Cost of Nuclear Power, 4th Report, London: HMSO, 27 June 1990.

House of Commons Select Committee on Energy, 1981a: The Government's Statement on the New Nuclear Power Programme, London: HMSO.

House of Commons Select Committee on Energy, 1984: Energy Research, Development and Demonstration in the UK, London: HMSO.

House of Commons Select Committee on Science and Technology, 1977: Report, Evidence and Appendices. The Development of Alternative Sources of Energy for the United Kingdom, London: HMSO.

House of Commons Trade and Industry Committee, 1997: First Report. Energy Regulation. Report together with the Proceedings of the Committee, Volume 1, London: HMSO.

Hutchcroft, Paul D., 2001: Centralization and Decentralization in Administration and Politics: Assessing Territorial Dimensions of Authority and Power, in: Governance, 14, 1, 23-53.

IEU, 2003: Endbericht. Monitoring zur Wirkung der Biomasseverordnung aus Basis des Erneuerbare-Energien-Gesetzes (EEG), Leipzig: Institut für Energetik und Umwelt GmbH, 17.12.2003.

Immergut, Ellen M., 1992: Health Politics. Interests and Institutions in Western Europe. Cambridge: Cambridge University Press.

Ince, Martin, 1986: The Politics of British Science. Brighton: Wheatsheaf.

Industry Department for Scotland, 1988: Privatisation of the Scottish Electricity Industry, London: HMSO.

Initiative pro Wettbewerb, 2001: Wettbewerb im Strommarkt vor dem Infarkt! Forderungskatalog zur Mogel-Liberalisierung im deutschen Strommarkt (Pressemitteilung), Initiative pro Wettbewerb, 14.03.2001.

Innovation & Energie, 2000: Eine Erfolgsstory: Windenergie in NRW, in: Innovation & Energie. Das Magazin der Landesinitiative Zukunftsenergien, 3/2000, 3-5.

Innovation & Energie, 2001: Innovation – Von der Forschung zum Markt, in: Innovation&Energie – Das Magazin der Landesinitiative Zukunftsenergien, 4/01, 3-5.

IPA Energy Consulting, 2002: The UK Renewable Energy Industry, IPA Briefing Paper, March 2002, Issue No. 4, Edinburgh: IPA Energy Consulting, http://www.ipaenergy. co.uk/.

IPA Energy Consulting, 2002: The Overcapacity of the Generation Markt in Great Britain, IPA Briefing Paper, September 2002, Edinburgh: IPA Energy Consulting, IPA Briefing Paper, March 2002.

IWR, 2004a: EEG-Novellierung: Rückenwind für Erneuerbare Energien (Pressemitteilung), IWR, 31.03.2004.

IWR, 2004b: Geplante Offshore-Windparks in Deutschland (Pressemitteilung), IWR, 19.08.2004.

Jachtenfuchs, Markus, 1996: International Policy-Making as a Learning Process? The European Union and the Greenhouse Effect. Aldershot: Ashgate.

Jasinski, Piotr/Pfaffenberger, Wolfgang, 2000: Energy and Environment: Multiregulation in Europe. Ashgate studies in environmental policy and practice. Burlington: Ashgate.

Jasper, Maren, 2003: Der Verfassungsentwurf des Europäischen Konvents und mögliche Konsequenzen für das Energie- bzw. Atomrecht, in: Zeitschrift für Neues Energierecht, 7.Jahrgang, Heft 3, 210-213.

Jefferey, Charlie/Palmer, Rosanne, 2002: Das Vereinigte Königreich – Devolution und Verfassungsreform, in: Europäisches Zentrum für Föderalismus-Forschung, Jahrbuch des Föderalismus, Baden-Baden: Nomos Verlagsgesellschaft, 321-339.

Jochimsen, Reimut, 1987: Plädoyer für eine wirtschaftlich, ökologisch und technologisch verantwortbare nationale Energiepolitik, in: Der Minister für Wirtschaft, Mittelstand und Technologie des Landes Nordrhein-Westfalen: Rationale Energiepolitik für eine rationelle Energieverwendung, I-XIV. Düsseldorf: Ministerium für Wirtschaft, Mittelstand und Technologie des Landes Nordrhein-Westfalen.

Jones, Alan, 2000: Privatized Utilities and the 'Third Way', in: Public Money & Management, 20, 3, 27-34.

Jones, Jackie, 2004: Wind shifts in the UK. News feature, in: Renewable Energy World, 7, 1, 31-33.

Joppke, Christian, 1992: Models of Statehood in the German Nuclear Energy Debate, in: Comparative Political Studies, 25, 2, 251-280.

Kaiser, Heiko, 2003: Feature Story: RECS erleichtert den Stromhandel. Fachredaktion energie.de, 26.05.2003, www.energie.de.

Keating, Michael, 1997: The Political Economy of Regionalism; in: Michael Keating/John Loughlin (eds.), The Political Economy of Regionalism, London: Frank Cass, 17-40.

Keck, Otto, 1993: Information, Macht und gesellschaftliche Rationalität: Das Dilemma rationalen kommunikativen Handelns, dargestellt am Beispiel eines internationalen Vergleichs der Kernenergiepolitik. Baden-Baden: Nomos Verlagsgesellschaft.

Kissel, Johannes M./Oeliger, Dietmar, 2004: Ein dreistes Schelmenstück. Das Stromeinspeisegesetz als Einfallstor für die Markteinführung von Erneuerbaren Energien, in: Solarzeitalter, Heft 1, 12-19.

Kitschelt, Herbert, 1983: Politik und Energie. Energie-Technologiepolitiken in den USA, der Bundesrepublik Deutschland, Frankreich und Schweden. Frankfurt/Main, New York: Campus Verlag.

Klaue, Siegfried, 1998: Einige Bemerkungen zur Verbändevereinbarung über Durchleitungsentgelte für Strom, in: Zeitschrift für Neues Energierecht, 2.Jahrgang, Heft 1, 22-26.

Klein, Lothar, 2002: Bericht aus Berlin – Neuaufstellung bei Energie und Umwelt, in: Energiewirtschaftliche Tagesfragen, 52. Jahrgang, Heft 11, 732.

Knaupp, Werner, 2001: Der Sonne auf den Grund gehen, in: Sonne, Wind & Wärme, Heft 10/11, 54-64.

Knutsson, Niklas, 2002: Dynamics of an EU-System for Tradable Green Certificates, Master Thesis, 07 June 2002, Norrköping: Linköpings Universiteit.

König, Klaus/Benz, Angelika, 1997: Privatisierung und staatliche Regulierung. Baden-Baden: Nomos Verlagsgesellschaft.

Köpke, Ralf, 2003: In der Regel überteuert. Mit einem Gutachten versuchen die Stromkonzerne zu belegen, dass erneuerbare Energien hohe Kosten im Versorgungsnetz verursachen – ein Versuch, der misslingt, in: Neue Energie, Februar, 24-27.

Kords, Udo, 1996: Tätigkeit und Handlungsempfehlungen der beiden Klima-Enquete-Kommissionen des Deutschen Bundestages (1987-1994), in: Hans Günter Brauch (Hrsg.), Klimapolitik. Naturwissenschaftliche Grundlagen, internationale Regimebildung und Konflikte, ökonomische Analysen sowie nationale Problemerkennung und Politikumsetzung, Berlin: Springer Verlag, 203-214.

Kronberger, Hans, 2002: EU-Parlament setzt Akzent für Erneuerbare Energien. Elektrizitäts- und Erdgasbinnenmarktrichtlinie erhalten neue Form, in: Solarzeitalter, Heft 1, 11-12.

Kuhbier, Jörg, 2001: Wie die Lösung zum Problem wurde – das Spannungsfeld Atomenergie, in: Peter Becker/Christian Held/Martin Riedel/Christian Theobald (Hrsg.), Energiewirtschaft im Aufbruch: Analysen – Szenarien – Strategien, Köln: Fachverlag Deutscher Wirtschaftsdienst, 427-440.

Kumkar, Lars, 1998: Die deutsche Energierechtsnovelle aus ökonomischer Sicht, in: Zeitschrift für Neues Energierecht, 2.Jahrgang, Heft 1, 26-39.

Kusche, Hans-Christian, 1998: Gesetzgebungs- und Verwaltungskompetenzen der Bundesländer für die Umsetzung einer klimaschutzorientierten Energiepolitik, Heidelberg: von Decker.

Kushler, Martin/Witte, Patti, 2001: Can We Just "Rely on the Market" to Provide Energy Efficiency? An Examination of the Role of Private Market Actors in an Era of Electricity Utility Restructuring, American Council for an Energy-Efficient Economy, October 2001, http://www.aceee.org/pubs/u011.htm.

Labour Party, 1994: In Trust for Tomorrow, London.

Lamprecht, Franz, 2002: Kein Stillstand in Johannesburg. Weltgipfel für nachhaltige Entwicklung: Ergebnisse, Partnerschaften und Initiativen, in: Energiewirtschaftliche Tagesfragen, 52.Jahrgang, Heft 11, 734-737.

Lancaster, Thomas D./Hicks, Alexander M., 2000: The impact of federalism and neocorporatism on economic performance: An analysis of eighteen OECD countries, in: Ute Wachendorfer-Schmidt, Federalism and Political Performance, London, New York: Routledge, 228-242.

Landman, Todd, 2000: Issues and Methods in Comparative Politics. An Introduction. London: Routledge.

Lang, Volker, 1999: Die Regulierung der deutschen Stromwirtschaft: eine föderalismustheoretische Analyse. Frankfurt/Main: Lang.

Lecheler, Helmut/Gundel, Jörg, 2003: Ein weiterer Schritt zur Vollendung des Energie-Binnenmarktes: Die Beschleunigungs-Rechtsakte für den Binnenmarkt für Strom und Gas, in: Europäische Zeitschrift für Wirtschaftsrecht, 20, 621-628.

Ledger, Frank/Sallis, Howard, 1995: Crisis Management in the Power Industry. An Inside Story. London and New York: Routledge.

Lehmbruch, Gerhard, 2002: Der unitarische Bundesstaat in Deutschland: Pfadabhängigkeit und Wandel; in: Arthur Benz/Gerhard Lehmbruch (Hrsg.), Föderalismus. Analysen in entwicklungsgeschichtlicher und vergleichender Perspektive, Opladen: Westdeutscher Verlag, 53-110.

Lenschow, Andrea, 1996: Der umweltpolitische Entscheidungsprozeß in der Europäischen Union am Beispiel der Klimapolitik, in: Hans Günter Brauch (Hrsg.), Klimapolitik.

Naturwissenschaftliche Grundlagen, internationale Regimebildung und Konflikte, ökonomische Analysen sowie nationale Problemerkennung und Politikumsetzung, Berlin: Springer-Verlag, 89-104.

Leonhardt, Willy, 1996: Energierechtsreformentwurf der Bundesregierung: Barriere gegenüber Erneuerbaren Energien und Kommunen. Vergleich der Entwürfe zur europäischen und nationalen Energierechtsreform, in: Solarzeitalter, Heft 4, 37-41.

Leprich, Uwe, 2004: Mit dynamischer Strommarktregulierung zu mehr Wettbewerb; in: Uwe Leprich/Hanspeter Georgi/Elfried Elvers (Hrsg.), Strommarktliberalisierung durch Netzregulierung, Berlin: Berliner Wissenschafts-Verlag, 81-97.

Leuschner, Udo, 1994: Treuhand verkauft VEAG und Laubag an deutsche Stromversorger, in: Energie-Chronik: Eine monatliche Übersicht der wichtigsten Ereignisse in Energiewirtschaft und -politik, September 1994, www.udo-leuschner.de.

Leuschner, Udo, 1995a: Keine VEAG-Beteiligungen für Brandenburg, Sachsen und Thüringen, in: Energie-Chronik: Eine monatliche Übersicht der wichtigsten Ereignisse in Energiewirtschaft und -politik, August 1995, www.udo-leuschner.de.

Leuschner, Udo, 1995b: Thüringen und Sachsen beharren auf Beteiligung an der VEAG, in: Energie-Chronik: Eine monatliche Übersicht der wichtigsten Ereignisse in Energiewirtschaft und -politik, September 1995, www.udo-leuschner.de.

Leuschner, Udo, 1995c: VEAG-Anteile endlich übertragen, in: Energie-Chronik: Eine monatliche Übersicht der wichtigsten Ereignisse in Energiewirtschaft und -politik, Oktober 1995, www.udo-leuschner.de.

Leuschner, Udo, 1997: Brandenburg, Sachsen und Thüringen haben keinen Anspruch auf VEAG-Anteile, in: Energie-Chronik: Eine monatliche Übersicht der wichtigsten Ereignisse in Energiewirtschaft und -politik, April 1997, www.udo-leuschner.de.

Leuschner, Udo, 2000a: Kartellbehörden befürchten Duopol infolge der geplanten Großfusionen, in: Energie-Chronik: Eine monatliche Übersicht der wichtigsten Ereignisse in Energiewirtschaft und -politik, April 2000, www.udo-leuschner.de.

Leuschner, Udo, 2000b: Brüssel genehmigt Fusion Veba/Viag mit den erwarteten Auflagen, in: Energie-Chronik: Eine monatliche Übersicht der wichtigsten Ereignisse in Energiewirtschaft und -politik, Juni 2000, www.udo-leuschner.de.

Leuschner, Udo, 2003: Clement löst „Task Force Netzzugang" auf, in: Energie-Chronik: Eine monatliche Übersicht der wichtigsten Ereignisse in Energiewirtschaft und -politik, September 2003, www.udo.leuschner.de.

Lijphart, Arend, 1999: Patterns of Democracy: Government Forms and Performance in Thirty-Six Countries. New Haven and London: Yale University Press.

Lindenberger, Dietmar/Schulz, Walter, 2003: Entwicklung der Kosten des Erneuerbaren-Energien-Gesetzes, Köln: Energiewirtschaftliches Institut an der Universität zu Köln, 10.Januar 2003.

Linkohr, Rolf, 2004: Der Preis bestimmt, nicht das Parlament. Der Energieartikel im Europäischen Verfassungsvertrag schwächt die Europäische Energiepolitik, in: Wuppertal Bulletin zu Instrumenten des Umwelt- und Klimaschutzes, Jahrgang 7, 2, 2-5.

London Economics, 1987: Electricity Privatisation and the Area Boards: The Case for 12. Report Commissioned by the 12 Area Boards of England and Wales, London.

Lönker, Oliver, 2003: Umstrittener Zugriff auf die Steuerung: Die E.ON Netz GmbH will künftig bei Netzüberlastung automatisch die Windkrafteinspeisung in Schleswig-Holstein drosseln, in: Neue Energie, Februar, 24-27.

Lord Marshall, 1998: Economic Instruments and the Business Use of Energy, London, November 1998, in: archive.treasury.gov.uk/pub/html/prebudgetNOV98/marshall.pdf.

Lovins, Amory/Hennicke, Peter, 1999: Voller Energie. Vision: Die globale Faktor Vier-Strategie für Klimaschutz und Atomausstieg. Frankfurt/M., New York: Campus Verlag.

Lücking, Gero, 2004: Netzzugang aus Sicht der Energiehändler; in: Uwe Leprich/Hanspeter Georgi/Elfried Evers (Hrsg.), Strommarktliberalisierung durch Netzregulierung, Berlin: Berliner Wissenschafts-Verlag GmbH, 111-120.

Lüttke, Manfred, 2004: Wie kam es zur Verabschiedung des Stromeinspeisungsgesetzes?, in: Solarzeitalter, Heft 1, 14-15.

MacKerron, Gordon, 1993: Implications of the Attempted Privatisation of Nuclear Power in Britain for Nuclear Costs. Toronto: Ontario Environmental Assessment Board.

Mac Kerron, Gordon, 1996: Nuclear Power Under Review; in: John Surrey (ed.), The British electricity experiment. Privatization: the record, the issues, the lessons, London: Earthscan, 138-163.

Mac Kerron, Gordon, 2003: Electricity in England and Wales: efficiency and equity; in: Jean-Michel Glachant/Dominique Finon (eds.), Competition in European Electricity Markets. A Cross-country Comparison, Cheltenham: Edward Elgar, 41-56.

MacKerron, Gordon/Boira-Segarra, Isabel, 1996: Regulation, in: John Surrey (ed.), The British Electricity Experiment: The Record, the Issues, the Lessons, London: Earthscan Publications Ltd, 95-119.

MacKerron, Gordon/Pearson, Peter (eds.), 2000: The International Energy Experiment – Markets, Regulation and the Environment, London: Imperial College Press.

Majone, Giandomenico, 1994: The Rise of the Regulatory State in Europe, in: West European Politics, 17, 3, 77-101.

Matláry, Janne Haaland, 1997: Energy Policy in the European Union. Macmillan: London.

Matthes, Felix Christian, 1999: Stromwirtschaft und deutsche Einheit – Eine Fallstudie zur Transformation der Elektrizitätswirtschaft in Ost-Deutschland. Berlin: edition energie + umwelt.

Mayntz, Renate, 1998: New Challenges to Governance Theory. European University Institute: Jean Monnet Chair Paper, RSC No. 98/50, Florence.

Mayntz, Renate, 2000: Triebkräfte der Technikentwicklung und die Rolle des Staates, in: Georg Simonis/Renate Martinsen/Thomas Saretzki (Hrsg.), Politik und Technik – Analysen zum Verhältnis von technologischem, politischem und staatlichem Wandel am Anfang des 21.Jahrhunderts, Opladen: Westdeutscher Verlag, 3-18.

Mayntz, Renate/Scharpf, Fritz W., 1995: Steuerung und Selbstorganisation in staatsnahen Sektoren, in: Renate Mayntz/Fritz W. Scharpf (Hrsg.), Gesellschaftliche Selbstregelung und politische Steuerung, Frankfurt/Main, New York: Campus Verlag, 9-38.

Mazey, Sonia, 2001: European integration: unfinished journey or journey without end?, in: Jeremy Richardson (ed.), European Union Power and policy-making, London: Routledge, 27-48.

Mc Ateer, Mark/Bennett, Michael, 1999: The role of local government; in: Gerry Hassan, A Guide to the Scottish Parliament – The Shape of Things to Come, London: The Stationery Office, 109-117.

McGowan, Francis, 1996a: European Energy Policies in a Changing Environment, Heidelberg: Physica-Verlag.

McGowan, Francis, 1996b: What is the Alternative? Ownership, Regulation and the Labour Party; in: Matthew Bishop/John Kay/Colin Mayer (eds.), Privatization and Economic Performance, Oxford: Oxford University Press, 265-289.

Mengers, Heino, 1998: Novellierungs- bzw. Anpassungsmöglichkeiten des Stromeinspeisungsgesetzes (StrEG), in: Zeitschrift für Neues Energierecht, 2.Jahrgang Heft 4, 29-35.

Menold/Herrlinger, 2000: Stadtwerke im liberalisierten Energieversorgungsmarkt. Baden-Baden: Nomos Verlagsgesellschaft.

Mertens, Angelika, 2001: Windnutzung in der Ausschließlichen Wirtschaftszone (ABZ) im Kontext von Seerecht und verschiedenen Nutzungsinteressen, in: BMU (Hrsg.), Tagungsband Kongress: „Offshore-Windenergienutzung und Umweltschutz-Integration von Klimaschutz, Naturschutz, Meeresschutz und zukunftsfähiger Energieversorgung", 14./15.06.2001, Berlin: I 3-5.

Methling, Wolfgang, 2001: Offshore-Windkraftnutzung aus der Sicht Mecklenburg-Vorpommerns, in: BMU (Hrsg.), Tagungsband Kongress: „Offshore-Windenergienutzung und Umweltschutz-Integration von Klimaschutz, Naturschutz, Meeresschutz und zukunftsfähiger Energieversorgung", 14./15.06.2001, Berlin: II 9-10.

Meyer-Krahmer, Frieder, 1989: Der Einfluß staatlicher Technologiepolitik auf industrielle Innovationen. Baden-Baden: Nomos Verlagsgesellschaft.

Mez, Lutz, 1997: Energiekonsens in Deutschland? Eine politikwissenschaftliche Analyse der Konsensgespräche – Voraussetzungen, Vorgeschichte, Verlauf und Nachgeplänkel, in: Hans Günter Brauch (Hrsg.), Energiepolitik – Technische Entwicklung, politische Strategien, Handlungskonzepte zu erneuerbaren Energien und zur rationellen Energienutzung, Berlin: Springer Verlag, 433-448.

Mez, Lutz/Osnowski, Rainer, 1996: RWE. Ein Riese mit Ausstrahlung. Köln: Kiepenheuer & Witsch.

Midttun, Atle, 1997: Electricity Policy Within the European Union: One Step Forward, Two Steps Back, in: Atle Midttun (ed.), European Electricity Systems in Transition, A Comparative Analysis of Policy and Regulation in Western Europe, Oxford: Elsevier Sciences Ltd, 255-278.

Ministry of Fuel and Power, 1965: Fuel Policy, London: HMSO.

Mitchell, Catherine, 1995: The renewables NFFO – A review, in: Energy Policy, 23, 12, 1077-1091.

Mitchell, Catherine, 1996: Renewable Generation – Success Story?; in: John Surrey (ed.), The British Electricity Experiment – Privatization: the Record, the Issues, the Lessons, London: Earthscan Publications Ltd., 164-184.

Mitchell, Catherine, 2000a: Renewables in the UK – how are we doing?, in: Gordon Mac Kerron/Peter Pearson (eds.): The International Energy Experience – Markets, Regulation and the Environment, London: Imperial College Press, 205-217.

Mitchell, Catherine, 2000b: The England and Wales Non-Fossil Fuel Obligation, in: Annual Review Energy Environment, 25, 285-312.

Mitchell, Catherine/Bauknecht, Dierk/Connor, Peter M., 2004: Effectiveness through Risk Reduction: A Comparison of the Renewable Obligation in England and Wales and the Feed-In System in Germany, in: Energy Policy, forthcoming.

MMC, 1981: Central Electricity Generating Board: a Report on the Operation by the Board of its System for the Generation and Supply of Electricity in Bulk, London: HMSO, May 1981.

MMC, 1983a: London Electricity Board: a Report on the Direction and Management by the London Electricity Board of its Business of Retailing Domestic Electrical Goods, Spare Parts and Ancillary Gods, London: HMSO.

MMC, 1983b: National Coal Board: a Report on the Efficiency and Costs in the Development, Production and Supply of Coal by the NCB, London: HMSO.

MMC, 1983c: Yorkshire Electricity Board: a Report on the Efficiency and Costs of the Board, London: HMSO, August 1983.

MMC, 1984: South Wales Electricity Board: a Report on the Efficiency and Costs of the Board, London: HMSO, February 1984.

MMC, 1985a: The Revenue Collection Systems of Four Area Electricity Boards: a Report on the Efficiency and Costs of the Services Provided by the East Midlands, South Eastern, North Eastern and South Western Area Electricity Boards in Relation to their Systems for the Collection of Revenue from the Supply of Energy, London: HMSO, January 1985.

MMC, 1985b: North of Scotland Hydro-Electric Board: a Report on the Efficiency and Costs of the Board, London: HMSO, October 1985.

MMC, 1986: South of Scotland Electricity Board: a Report on the Efficiency and Costs of the Board, London: HMSO, August 1986.

MMC, 1995: Scottish Hydro Electric plc: A Report on a Reference under Section 12 of the Electricity Act 1989, London: HMSO.

MMC, 1996a: National Power plc and Southern Electric plc: A Report on the Proposed Merger, London: HMSO, April 1996.

MMC, 1996b: PowerGen plc and Midlands Electricity plc: A Report on the Proposed Merger, London: HMSO, April 1996.

Mock, Thomas, 2003: Belastungen für die energieintensive Industrie durch neue fiskalische Instrumente. Erfahrungen aus der Aluminiumbranche, in: Energiewirtschaftliche Tagesfragen, 53.Jahrgang, Heft 5, 302-306.

Möller, Christel, 2001: Aufgaben und Instrumente der Energieaufsicht im freien Markt, in: Energiewirtschaftliche Tagesfragen, 51. Jahrgang, Heft 11, 674-677.

Molly, Jens Peter, 1995: 5 Jahre Deutsches Windenergie-Institut, in: DEWI Magazin, Nr. 7, 88-90.

Monopolkommission, 1976: Mehr Wettbewerb ist möglich. Erstes Hauptgutachten 1973/1975, Bonn: Monopolkommission.

Monopolkommission, 1994: Mehr Wettbewerb auf allen Märkten. Zehntes Hauptgutachten 1992/1993, Bonn: Monopolkommission.

Monopolkommission, 1998: Marktöffnung umfassend verwirklichen. Zwölftes Hauptgutachten 1996/1997 (BT-Drucks. 13/11291), Bonn: Monopolkommission, 17.Juli 1998.

Monopolkommission, 2002a: Zusammenschlussvorhaben der E.ON AG mit der Gelsenberg AG und der E.ON AG mit der Bergemann GmbH. Sondergutachten der Monopolkommission gem. § 42 Abs. 4 Satz 2 GWB, Bonn: Monopolkommission, Mai 2002.

Monopolkommission, 2002b: Zusammenschlussvorhaben der E.ON AG mit der Gelsenberg AG und der E.ON AG mit der Bergemann GmbH. Ergänzendes Sondergutachten der Monopolkommission gem. § 44 Abs. 1 Satz 4 GWB, Bonn: Monopolkommission, 09.09.2002.

Monopolkommision, 2002c: Netzwettbewerb durch Regulierung. Vierzehntes Hauptgutachten der Monopolkommission gemäß § 44 Abs. 1 Satz 1 GWB – 2000/2001 – Kurzfassung, Bonn: Monopolkommission, 08.07.2002c.

Monopolkommission, 2004: Wettbewerbspolitik im Schatten „Nationaler Champions". Fünfzehntes Hauptgutachten der Monopolkommission, Bonn: Monopolkommission, 09.07.2004.

Moravcsik, Andrew, 1993: Preferences and Power in the European Community: A Liberal Intergovernmentalist Approach, in: Journal of Common Market Studies, 33, 4, 473-524.

Müller, Klaus, 2001: Offshore-Windkraftnutzung aus der Sicht Schleswig-Holsteins; in: BMU (Hrsg.), Tagungsband Kongress: „Offshore-Windenergienutzung und Umweltschutz – Integration von Klimaschutz, Naturschutz, Meeresschutz und zukunftsfähiger Energieversorgung", 14./15.06.2001, Berlin: II 3-5.

Müller, Wolfgang D., 1990: Geschichte der Kernenergie in der Bundesrepublik Deutschland, Stuttgart: Schäffer Verlag.

Müller-Brandeck-Bocquet, Gisela, 1996: Die institutionelle Dimension der Umweltpolitik: Eine vergleichende Untersuchung zu Frankreich, Deutschland und der Europäischen Union, Baden-Baden: Nomos Verlagsgesellschaft.

Murphy, Phil/Caborn, Richard, 1996: Regional government – an economic imperative; in: Tindale, Stephen (ed.), The State and the Nations: The Politics of Devolution, London: Institute for Public Policy Research, 184-222.

Musgrove, Peter, 1988: BWEA: Retrospect and Prospect, 1978-1988-1998, in: David J. Milborrow (ed.), Proceedings of the 10th British Wind Energy Association Conference, London, 22-24 March 1988, London: Mechanical Engineering Publications Ltd, 1-4.

Musgrove, Peter, 1998: Looking back and looking forward: 1978-1998-2018, in: Simon Powles (ed.), Proceedings of the 20th British Wind Energy Association Conference, Cardiff Unversity of Wales, 2-4 September 1998, Bury St Edmunds and London: Professional Engineering Publishing, 19-24.

MWMT des Landes Nordrhein-Westfalen, 1987: Rationale Energiepolitik für eine rationelle Energieverwendung, Düsseldorf: Ministerium für Wirtschaft, Mittelstand und Technologie des Landes Nordrhein-Westfalen.

MWMT des Landes Nordrhein-Westfalen, 1992: Klimabericht Nordrhein-Westfalen – Der Beitrag des Landes Nordrhein-Westfalen zum Schutz der Erdatmosphäre, Düsseldorf:

Ministerium für Wirtschaft, Mittelstand und Technologie des Landes Nordrhein-Westfalen, Januar 1992.

MWMTV des Landes Nordrhein-Westfalen, 1999: Umsetzungsbericht 1999 zum Klimabericht Nordrhein-Westfalen, Düsseldorf: Ministerium für Wirtschaft, Mittelstand, Technologie und Verkehr des Landes Nordrhein-Westfalen.

MWMV des Landes Nordrhein-Westfalen, 1984: Energiepolitik in Nordrhein-Westfalen – Positionen und Perspektiven, Düsseldorf: Minister für Wirtschaft, Mittelstand und Verkehr des Landes Nordrhein-Westfalen, Dezember 1984.

Nacfaire, H. N./Diamantaras, Kominos, 1989: The European Community Demonstration Programme for Wind Energy and Community Energy Policy, in: Conference Publication, Part One, EWEC '89 (European Wind Energy Conference and Exhibition), Glasgow, 1, 1-5.

Nagel, Bernhard, 2000: EU-Gemeinschaftsrecht und nationales Gestaltungsrecht – Entspricht das EEG den Vorgaben des Gemeinschaftsrechts?, in: Zeitschrift für neues Energierecht, 4.Jahrgang, Heft 1, 3-6.

Nagel, Bernhard, 2001: Europäischer Gerichtshof gibt Grünes Licht für den Vorrang Erneuerbarer Energien, in: Solarzeitalter, Heft 1, 3-6.

NAO, 1992a: Report by the Comptroller and Auditor General: The Sale of National Power and PowerGen, London: HMSO.

NAO, 1992b: Report by the Comptroller and Auditor General: The Sale of Scottish Power and Hydro-Electric, London: HMSO.

NAO, 1992c: Report by the Comptroller and Auditor General: The Sale of the Twelve Regional Electricity Companies, London: HMSO, May 1992.

NAO, 1994: The Renewable Energy Research, Development and Demonstration Programme, London: HMSO.

NAO, 1996: Report by the Comptroller and Auditor General: The Sale of the Mining Operations of the British Coal Operation, London: HMSO, May 1996.

Neveling, Stefanie/Theobald, Christian, 2001: Der Gesetzentwurf der Bundesregierung zur Änderung des EnWG – Eine erste kritische Bewertung der gaswirtschaftlichen Regelungen, in: Zeitschrift für Neues Energierecht, 5.Jahrgang, Heft 2, 64-70.

Neveling, Stefanie/Theobald, Christian, 2002: Aktuelle Entwicklungen des europäischen Energiehandels: Die Vorschläge der EG-Kommission zur Anpassung der Strom- und Gasrichtlinien, in: Europäische Zeitschrift für Wirtschaftsrecht, 4, 106-112.

New Labour, 1997: Because Britain deserves better, London: Labour Party.

Niedersächsisches Umweltministerium, 2002: Niedersächsisches Aktionsprogramm zur Planung von Windenergiestandorten im Offshore-Bereich, Hannover: Niedersächsisches Umweltministerium, 13.05.2002.

Nill-Theobald, Christiane/Theobald, Christian, 2001: Grundzüge des Energiewirtschaftsrechts. Die Liberalisierung der Strom- und Gaswirtschaft. München: Verlag C.H. Beck.

Nitsch, Joachim/Staiß, Frithjof, 2002: Handlungsempfehlungen zur Verdopplung des Anteils regenerativer Energien an der Energieversorgung Baden-Württembergs bis zum Jahr 2010. Gutachten für das Wirtschaftsministerium Baden-Württemberg, Stuttgart:

Deutsches Zentrum für Luft- und Raumfahrt, Zentrum für Sonnenergie und Wasserstoff-Forschung Baden-Württemberg.

North, Douglas C., 1990: Institutions, Institutional Change and Economic Performance. Cambridge: Cambridge University Press.

Nuclear Electric, 1994: The Government's Review of Nuclear Energy. Submission from Nuclear Electric plc., published in four volumes.

Nuclear Utilities Chairmens Group, 1994: The Future Role of Nuclear Power in the UK. A Background Paper to the Nuclear Review. Prepared by Nuclear Electric, Scottish Nuclear, UKAEA and BNFL, NUCG.

Oates, Walace E., 1972: Fiscal Federalism. New York: Harcourt Brace Jovanovich.

Oberthür, Sebastian/Ott, Hermann E., 1999: The Kyoto Protocol. International Climate Policy for the 21st Century. Berlin: Springer-Verlag.

Obwexer, Walter, 2002: Das Ende der Europäischen Gemeinschaft für Kohle und Stahl, in: Europäische Zeitschrift für Wirtschaftsrecht, Heft 17, 517-524.

Offer, 1991: Report on Pool Price Inquiry, Birmingham: Office of Electricity Regulation, December 1991.

Offer, 1992a: Report on Constrained-on Plant, Birmingham: Office of Electricity Regulation, October 1992.

Offer, 1992b: The Supply Price Control Review: Consultation Paper, Birmingham: Office of Electricity Regulation, October 1992.

Offer, 1992c: Review of Pool Prices, Birmingham: Office of Electricity Regulation, December 1992.

Offer, 1992d: Review of Economic Purchasing, Birmingham: Office of Electricity Regulation, December 1992.

Offer, 1993a: Review of Economic Purchasing: Further Statement, Birmingham: Office of Electricity Regulation, February 1993.

Offer, 1993b: Pool Price Statement, Birmingham: Office of Electricity Regulation, July 1993.

Offer, 1994a: The Distribution Price Control: Proposals, Birmingham: Office of Electricity Regulation, August 1994.

Offer, 1994b: The Scottish Distribution and Supply Price Controls: Proposals, Birmingham: Office of Electricity Regulation, September 1994.

Offer, 1994c: Report on Trading outside the Pool, Birmingham: Office of Electricity Regulation, July 1994.

Offer, 1995a: Annual Report 1994, Birmingham: Office of Electricity Regulation, June 1995.

Offer, 1995b: The Distribution Price Control: Revised Proposals, Birmingham: Office of Electricity Regulation, July 1995.

Offer, 1997: Review of Electricity Trading Arrangements – A Consultation Paper, Birmingham: Office of Electricity Regulation, June 1997.

Offer, 1998a: Review of Electricity Trading Arrangements – Interim Consultations, London: Office of Electricity Regulation.

Offer, 1998b: Review of Electricity Trading Arrangements – Report on Consultation on terms of reference, London: Office of Electricity Regulation.

OFGEM, 1999: The New Electricity Trading Arrangements. Volume 1, London: Office of Gas and Electricity Markets, July 1999.

OFGEM, 2000a: Environmental Action Plan – A Discussion Paper, London: Office of Gas and Electricity Markets.

OFGEM, 2000b: Interim Proposals for the Reform of Scottish Trading Arrangements: British Electricity Trading and Transmission Arrangements, London: Office of Gas and Electricity Markets, August 2000.

OFGEM, 2001a: Report to the DTI on the Review of the Initial Impact of NETA on Smaller Generators, London: Office of Gas and Electricity Markets, August 2001.

OFGEM, 2001b: The New Electricity Trading Arrangements – A review of the first three months, London: Office of Gas and Electricity Markets, August 2001.

OFGEM, 2001c: Report Into Network Issues – Volume 1: Main Report and Appendices, London: Department of Trade and Industry, January 2001.

OFGEM, 2001d: The Renewables Obligation – OFGEM's Procedures. A Consultation Paper, London: Office of Gas and Electricity Markets, August 2001.

OFGEM, 2002a: Report to the DTI of the Consolidation Working Group, London: Office of Gas and Electricity Markets, February 2002.

OFGEM, 2002b: The Development of British Electricity Trading and Transmission Arrangements (BETTA), London: Office of Gas and Electricity Markets, May 2002.

OFGEM, 2003: RE:SOURCE. Renewables Update (Issue 3), London: Office of Gas and Electricity Markets, October 2003.

OFGEM, 2004a: The Renewables Obligation. Ofgem's first annual report, London: Office of Gas and Electricity Markets, February 2004.

OFGEM, 2004b: RE:SOURCE. Renewables Update (Issue 5), London: Office of Gas and Electricity Markets, August 2004.

OFGEM, 2005: The Renewables Obligation. Ofgem's second annual report, London: Office of Gas and Electricity Markets, February 2005.

Ogus, Anthony I., 1994: Regulation: Legal Form and Economic Theory. Oxford: Clarendon.

Olson, Mancur, 1969: The Principal of "Fiscal Equivalence": The Division of Responsibilities Among Different Levels of Government, in: American Economic Review, 59, 479-487.

Olson, Mancur, 1982: The Rise and Decline of Nations. Economic Growth, Stagflation, and Social Rigidities. New Haven: Yale University Press.

O'Riordan, Tim/Jordan, Andrew, 1996: Social Institutions and Climate Change; in: Tim O'Riordan/Jill Jäger (eds.), Politics of Climate Change – A European Perspective, London and New York: Routledge, 65-105.

O'Riordan, Tim/Jäger Jill, 1996 (eds.): Politics of Climate Change – A European Perspective. London and New York: Routledge.

O'Riordan, Tim/Kemp, Ray/Purdue, Michael, 1988: Sizewell B – An Anatomy of the Inquiry. London: Macmillan.

Ortwein, Edmund, 1996: Die Ordnung der deutschen Elektrizitätswirtschaft; in: Roland Sturm/Stephen Wilks (eds), Wettbewerbspolitik und die Ordnung der Elektrizitätswirtschaft in Deutschland und Großbritannien, Baden-Baden: Nomos Verlagsgesellschaft, 77-131.

Oschmann, Volker, 2000a: Gesetz für den Vorrang erneuerbarer Energien (Erneuerbare-Energien-Gesetz- EEG). Synoptische Gegenüberstellung des Stromeinspeisungsgesetzes 1998, des Gesetzentwurf vom Dezember 1999 und des endgültigen Gesetzestextes, in: Zeitschrift für Neues Energierecht, 4.Jahrgang, Heft 1, 7-15.

Oschmann, Volker, 2000b: Das Erneuerbare-Energien-Gesetz im Gesetzgebungsprozeß – Die Veränderungen im Erneuerbare-Energien-Gesetz gegenüber dem Gesetzentwurf vom Dezember 1999 und die Beweggründe des Gesetzgebers, in: Zeitschrift für neues Energierecht, 4.Jahrgang, Heft 1, 24-29.

Oschmann, Volker, 2002: Vergütung von Solarstrom nach dem EEG – aktuelle Rechtsfragen aus der Praxis, in: Zeitschrift für Neues Energierecht, 6.Jahrgang, Heft 3, 201-204.

Oschmann, Volker/Müller, Thorsten, 2004: Neues Recht für Erneuerbare Energien – Grundzüge der EEG-Novelle, in: Zeitschrift für Neues Energierecht, 8.Jahrgang, Heft 1, 24-30.

Ott, Hermann E., 1996: Völkerrechtliche Aspekte der Klimarahmenkonvention; in: Hans Günter Brauch (Hrsg.), Klimapolitik. Naturwissenschaftliche Grundlagen, internationale Regimebildung und Konflikte, ökonomische Analysen sowie nationale Problemerkennung und Politikumsetzung, Berlin: Springer Verlag, 61-74.

Oxera Environmental, 2002: Regional Renewable Energy Assessments, Final Report, Oxera Consulting Ltd., London: ARUP Economics & Planning, February 2002.

Page, D. I./Bedford, L.A.W./Surman, P.L./Milborrow, D. J./Stevenson, W.J., 1989: Large Scale Wind Energy Systems in the United Kingdom, in: Conference Publication, Part One, EWEC '89 (European Wind Energy Conference and Exhibition), Glasgow, 1, 12-16.

Palinkas, Peter, 1996: Der europäische Binnenmarkt für Energie: Richtlinienvorschläge in den Bereichen Energie und Gas; in: Roland Sturm/Stephen Wilks (Hrsg.), Wettbewerbspolitik und die Ordnung der Elektrizitätswirtschaft in Deutschland und Großbritanien, Baden-Baden: Nomos Verlagsgesellschaft, 161-170.

Palinkas, Peter/Maurer, Andreas, 1997: Erneuerbare Energien als Teil der Energiestrategie der Europäischen Gemeinschaft, Stand und Perspektiven; in: Hans Günter Brauch (Hrsg.), Energiepolitik. Technische Entwicklung, politische Strategien, Handlungskonzepte zur Entwicklung erneuerbarer Energien und zur rationellen Energienutzung, Berlin: Springer Verlag, 197-220.

Palz, Wolfgang, 1990: Erneuerbare Energien in Europa, in: Solarzeitalter, Heft 3, 13-27.

Palz, Wolfgang, 1994: The need and prospects of photovoltaic system technology – a European perspective, in: International Journal on Solar Energy, 16, 41-47.

Parker, Mike, 1994: The Politics of Coal's Decline. The Industry in Western Europe. London: Earthscan Publications.

Parker, Mike/Surrey, John, 1992: Unequal Treatment – British Policies for Coal and Nuclear Power 1979-92, Science Policy Research Unit, Brighton: University of Sussex.

Parkinson, Cecil, 1992: Right at the Centre. London: Weidenfield and Nicholson.

Patterson, Walter C., 1985: Going Critical. An Unofficial History of British Nuclear Power. London: Paladin Books.

Paul, Nicole, 2001: Die Windenergie-Pioniere, in: Sonne, Wind & Wärme, Heft 10-11, 112-132.

PDS, 2002: Es geht auch anders: Nur Gerechtigkeit sichert Zukunft, Programm der PDS zur Bundestagswahl 2002, Rostock: 17.März 2002.

Pearson, Lynn F., 1981: The organization of the energy industry. London: Macmillan.

Pechstein, Matthias, 2001: Elektrizitätsbinnenmarkt und Beihilfenkontrolle im Anwendungsbereich des Euratom-Vertrags, in: Europäische Zeitschrift für Wirtschaftsrecht, Heft 10, 307-311.

Peters, Guy, 1993: Alternative Modelle des Policy-Prozesses: Die Sicht „von unten" und die Sicht „von oben"; in: Adrienne Héritier (Hrsg.), Policy-Analyse. Kritik und Neuorientierung, Opladen: Westdeutscher Verlag, 289-303.

Peters, Guy, 1998: Comparative Politics. Theory and Methods, Houndmills, Basingstoke: Macmillan Press Ltd.

Peterson, J./Bomberg, E., 1999: Decision-Making in the European Union. Houndmills: Macmillan Press Ltd.

Peterson, Paul E., 1995: The Price of Federalism. Washington D.C.: Brookings.

Photon. Das Solarstrom-Magazin, 2000: „Europa gegen Deutschland. Im Hin und Her zwischen Förderung erneuerbarer Energien und Richtlinien für staatliche Umweltbeihilfen hat die Europäische Kommission ein Verfahren gegen das deutsche Erneuerbare-Energien-Gesetz (EEG) eingeleitet", http://www.photon.de/news/new_pol...00-07_europa_gegen_deutschland.htm, Juli 2000.

Pierson, Paul, 1995: Fragmented Welfare States: Federal Institutions and the Development of Social Policy, in: Governance: An International Journal of Policy and Administration, 8 (4), 449-478.

Pierson, Paul, 2000: Increasing Returns, Path Dependence, and the Study of Politics, in: American Political Science Review, 94, 251-167, 251-266.

Pilkington, Colin, 2002: Devolution in Britain Today, Manchester: Manchester University Press.

PIU, 2002: The Energy Review, Performance and Innovation Unit, London: Cabinet Office.

Platts, 2004: Renewables Obligation Certificate Prices to Crash by 2007, in: Power UK, 2, February 2004.

Pocklington, David, 2001: The UK Climate Change Levy – Innovative, but Flawed, in: European Environmental Law Review, 220-227.

Pocklington, David, 2002: European emissions trading – the business perspective, in: European Environmental Law Review, 209-218.

Pohlmann, Mario/Cambas, Francesca D., 2003: Kartellrechtliche Überprüfbarkeit von Netznutzungsentgelten am Beispiel der TEAG-Entscheidung, in: Energiewirtschaftliche Tagesfragen, 53.Jahrgang, Heft 8 (Special), 7-9.

Pollitt, Michael G., 1999: Issues in Electricity Market Integration and Liberalization, in: Lars Bergman/Gerd Brunekreeft/Chris Doyle/Nils H. M. von der Fehr/David M. Newbery/Michael Pollitt/Pierre Régibeau (eds.), A European Market for Electricity. Monitoring European Deregulation. London: Centre for Economic Policy Research, 27-86.

Pontenagel, Irm, 2000: Ein neues Kapitel für Erneuerbare Energien. Das EEG verändert den Handlungsrahmen, in: Solarzeitalter, Heft 1, 15-16.

Pontenagel, Irm, 2003: Noch viel zu tun. Die EEG-Novelle nach dem Photovoltaik-Vorschaltgesetz, in: Solarzeitalter, Heft 4, 5-6.

Prognos AG, 1987: Rationelle Energieverwendung und -erzeugung ohne Kernenergienutzung: Möglichkeiten sowie energetische, ökologische und wirtschaftliche Auswirkungen, Basel: Prognos – Europäisches Zentrum für Angewandte Wirtschaftsforschung, September 1987.

Prokon Nord, 2004: Offshore Windpark „Borkum West", Info-Broschüre, http://www.prokonnord.de/ pages/projekte/index_projekte.html, Prokon Nord: Leer.

Prosser, Tony, 1999: Theorising Utility Regulation, in: Modern Law Review, 62, 196-217.

Pryke, Richard, 1981: The Nationalised Industries. Policies and Performances since 1968. Oxford: Martin Robertson.

Püttner, Günter, 2000: Daseinsvorsorge und service public im Vergleich, in: Helmut Cox (Hrsg.): Daseinsvorsorge und öffentliche Dienstleistungen in Europa. Zum Widerstreit zwischen freiem Wettbewerb und Allgemeininteresse, Baden-Baden: Nomos Verlagsgesellschaft, 45-56.

Radkau, Joachim, 1983: Aufstieg und Krise der deutschen Atomwirtschaft. Rowohlt Taschenbuch-Verlag.

Ragin, Charles C., 1994: Introduction to Qualitative Comparative Analysis, in: Thomas Janoski/Alexander M. Hicks (eds.), The Comparative Political Economy of the Welfare State, Cambridge: Cambridge University Press, 299-320.

Royal Commission on Environmental Pollution, 2000: Energy – The Changing Climate (22nd report), London: Stationery Office.

Regen SW, 2003: Regional Renewable Energy Strategy for the South West of England 2003-2010, Exeter: Regen SW, April 2003.

Régibeau, Pierre, 1999: France: If it ain't broke?, in: Lars Bergman/Gerd Brunekreeft/Chris Doyle/Nils H. M. von der Fehr/David M. Newbery/Michael Pollitt/Pierre Régibeau (eds.), A European Market for Electricity. Monitoring European Deregulation. London: Centre for Economic Policy Research, 182-195.

Renew On Line, 1999: The DTI Review – and a Green Budget, in: NATTA (Network for Alternative Technology and Technology Assessment) – Renew On Line, May/June 1999, Energy and Environment Research Unit, Milton Keynes: Open University, http://technology.open.ac.uk/ eeru/natta/rol20.html#1.

Renew On Line, 2001: Renewables benefit from a 250m Pound Pre-Election Spending Boom, in: NATTA (Network for Alternative Technology and Technology Assessment) – Renew On Line, May/June 2001, Energy and Environment Research Unit, Milton Keynes: Open University, http://technology.open.ac.uk/eeru/natta/renewonline/rol31/1.html.

Renew On Line, 2004: Nuclear News, De-nuke the UK – a way still to go, in: NATTA (Network for Alternative Technology and Technology Assessment) – Renew On Line, March/April 2004, Energy and Environment Research Unit, Milton Keynes: Open University, http://technology.open.ac.uk/ eeru/natta/renewonline/rol48/12.htm.

Renz, Thomas, 2001: Vom Monopol zum Wettbewerb – Die Liberalisierung der deutschen Stromwirtschaft. Opladen: Leske+Budrich.

Richardson, Benjamin J./Chanwai, Kiri L., 2003: The UK's Climate Change Levy: Is it working?, in: Journal of Environmental Law, 15, 1, 39-58.

Riechmann, Christoph, 2004: Strommarktregulierung in Großbritannien, in: Uwe Leprich/Hanspeter Georgi/Elfried Evers (Hrsg.), Strommarktliberalisierung durch Netzregulierung, Berlin: Berliner Wissenschafts-Verlag, 157-170.

Risk Management Solutions, 2000: UK Floods November 2000 – Preliminary Report of UK Flood Damage From Increased Rainfall in November 2000, London: RMS.

Rockman, Bert A., 1990: Issues in the comparative conceptualization of the state, in: Comparative Political Studies, 23, 25-55.

Roeser, Frauke/Jackson, Tim, 2002: Early Experiences with Emissions Trading in the UK, in: Greener Management International, 39, Autumn 2002, 43-54.

Ross, David, 1995: Power from the Waves. Oxford, New York, Tokyo: Oxford University Press.

Rumpf, Mirja, 2004: AKW-Neubau lässt Finnen kalt, in: www.tagesschau.de, 29.06.2004.

Rydin, Yvonne, 1998: Urban and Environmental Planning in the UK. Houndmills, Basingstoke: Macmillan.

Sabatier, Paul A., 1993: Advocacy-Koalitionen, Policy-Wandel und Policy-Lernen – Eine Alternative zur Phasenheuristik, in: Adrienne Héritier (Hrsg.): Policy-Analyse. Kritik und Neuorientierung, Opladen: Westdeutscher Verlag GmbH, 116-148.

Säcker, Franz-Jürgen/Boesche, Katharina Vera, 2002: Der Gesetzesbeschluss des Deutschen Bundestages zum Energiewirtschaftsgesetz vom 28.Juni 2002 – ein Beitrag zur „Verhexung durch die Mittel unserer Sprache?", in: Zeitschrift für Neues Energierecht, Heft 3, 183-193.

Salje, Peter, 2000: Vorrang für Erneuerbare Energien – Das neue Recht der Stromeinspeisung, in: Recht der Energiewirtschaft, Heft 4, 125-132.

Sánchez Rydelski, Michael, 2001: Umweltschutzbeihilfen, in: Europäische Zeitschrift für Wirtschaftsrecht, 15, 458-463.

Sandford, Mark, 2001: Further Steps for Regional Chambers. The Constitution Unit, London: University College London, http://www.ucl.ac.uk/constitution-unit/publications/detail.php?category= Downloads#083.

Sandholtz, Wayne/Zysman, John, 1989: 1992: Recasting the European Bargain, in: World Politics, 42, 1, 95-128.

Sandtner, Walter/Geipel, Helmut/Lawitzka, Helmut, 1997: Forschungsschwerpunkte der Bundesregierung in den Bereichen Erneuerbare Energien und rationeller Energienutzung, in: Hans Günter Brauch (Hrsg.), Energiepolitik. Technische Entwicklung, politische Strategien, Handlungskonzepte zur Entwicklung erneuerbarer Energien und zur rationellen Energienutzung, Berlin: Springer Verlag, 255-272.

Sangenstedt, Christof, 2001: Umweltrecht und Windnutzung in der AWZ, in: BMU (Hrsg.), Tagungsband Kongress: „Offshore-Windenergienutzung und Umweltschutz – Integration von Klimaschutz, Naturschutz, Meeresschutz und zukunftsfähiger Energieversorgung", 14./15.06.2001, Berlin: V 5-7.

Schafhausen, Franzjosef, 1996: Klimavorsorgepolitik der Bundesregierung, in: Hans Günter Brauch (Hrsg.), Klimapolitik. Naturwissenschaftliche Grundlagen, internationale Regimebildung und Konflikte, ökonomische Analysen sowie nationale Problemerkennung und Politikumsetzung, Berlin: Springer Verlag, 237-249.

Schafhausen, Franzjosef, 2002: Rio de Janeiro und kein Ende! Johannesburg: Hintergründe und Zusammenhänge, Energiekapital, in: Energiewirtschaftliche Tagesfragen, 52. Jahrgang, Heft 11, 738-743.

Scharpf, Fritz W., 1992: Die Handlungsfähigkeit des Staates am Ende des zwanzigsten Jahrhunderts, in: Kohler-Koch, Beate (Hrsg.), Staat und Demokratie in Europa, Opladen: Leske und Budrich, 93-115.

Scharpf, Fritz W., 1997: Games Real Actors Play. Actor-Centered Institutionalism in Policy Research. Boulder: Westview Press.

Scharpf, Fritz W., 2000: Institutions in Comparative Policy Research, in: Comparative Political Studies, 33, 6-7, 762-790.

Scharpf, Fritz W./Reissert, Bernd/Schnabel, Fritz, 1976: Politikverflechtung: Theorie und Empirie des kooperativen Föderalismus in der Bundesrepublik. Monographien – Ergebnisse der Sozialwissenschaften. Kronberg: Scriptor Verlag.

Scheer, Hermann, 1994: Erneuerbare Energien: Valium für das Volk? Welche Zukunftsenergie sich die Wirtschaft vorstellt, in: Solarzeitalter, Heft 1, 1-2.

Scheer, Hermann, 1998a: Der Ökostrommarkt als neue Offensivstrategie zur Entfaltung Erneuerbarer Energien. Exklusive Strombezugsverträge zwischen unabhängigen Anbietern und Kunden grünen Stroms, in: Solarzeitalter, Heft 1, 1-3.

Scheer, Hermann, 1998b: Das deutsche 100.000-Dächer-Photovoltaik-Programm. Das weltweit bisher größte Einführungsprogramm für photovoltaische Sonnenenergie startet am 1. Januar mit marktorientiertem Förderansatz, in: Solarzeitalter, Heft 4, 1-5.

Scheer, Hermann, 1998c: Laßt die Pfoten von den Quoten! Konflikt um eine Europäische Einspeiserichtlinie über Erneuerbare Energien, in: Solarzeitalter, Heft 4, 11-14.

Scheer, Hermann, 2000a: Solare Weltwirtschaft – Strategie für die ökologische Moderne. München: Kunstmann.

Scheer, Hermann, 2000b: Solarbewegung zwischen ethischer Verantwortung und Kommerzialisierung. Plädoyer für einen zielgerechten Umgang mit dem EEG, in: Solarzeitalter, Heft 1, 1-3.

Scheer, Hermann, 2001: Klimaschutz durch Konferenzserien: eine Fata Morgana, in: Blätter für deutsche und internationale Politik, 09, 2001, 1066-1073.

Scheer, Hermann, 2002a: Editorial, in: Zeitschrift für neues Energierecht, 2002, 2, 69.

Scheer, Hermann, 2002b: Altenergie-Partei FDP. Unter welchen Regierungsoptionen nach der Bundestagswahl droht ein Fadenriss bei Erneuerbaren Energien?, in: Solarzeitalter, Heft 2, 4-6.

Scheer, Hermann, 2003: Droht ein Fadenriss? Ein Vorschaltgesetz für die Photovoltaik wird unausweichlich, in: Solarzeitalter, Heft 3, 4-5.

Scheer, Hermann, 2004: Über die parlamentarische Bande gespielt, in: Solarzeitalter, Heft 1, 15-16.

Schmidt, Eberhard/Spelthahn, Sabine, 1994: Umweltpolitik in der Defensive. Umweltschutz trotz Wirtschaftskrise. Frankfurt/Main: Fischer Taschenbuch Verlag.

Schmidt, Susanne K., 1998a: Liberalisierung in Europa. Die Rolle der Europäischen Kommission. Frankfurt/New York: Campus Verlag.

Schmidt, Susanne K., 1998b: Commission Activism: Subsuming telecommunications and electricity under European competition law, in: Journal of European Public Policy, 5, 169-184.

Schmidt, Christian, 2006: Neustrukturierung der Bundesnetzagentur – Verfassungs- und verwaltungsrechtliche Probleme, in: Neue Zeitschrift für Verwaltungsrecht, 8, 907-909.

Schneider, Jens-Peter, 1997: Landesenergierecht und Grundgesetz. Baden-Baden: Nomos Verlagsgesellschaft.

Schneider, Jens-Peter, 1999: Liberalisierung der Stromwirtschaft durch regulative Marktorganisation – Eine vergleichende Untersuchung zur Reform des britischen, US-amerikanischen, europäischen und deutschen Energierechts. Baden-Baden: Nomos Verlagsgesellschaft.

Schultz, Klaus-Peter, 2002: Die Task Force Netzzugang, in: Energiewirtschaftliche Tagesfragen, 52.Jahrgang, Heft 4, 216-219.

Schumpeter, Joseph, 1943: Capitalism, Socialism and Democracy. London: Georg Allen and Unwin.

Schumpeter, Joseph, 1964: Theorie der wirtschaftlichen Entwicklung. Berlin: Duncker&Humblodt.

Schuppert, Gunnar Folke, 2001: Der moderne Staat als Gewährleistungsstaat, in: Eckart Schröter (Hrsg.), Empirische Policy- und Verwaltungsforschung, Opladen: Leske+Budrich, 399-414.

Schwab, Andreas, 2002: Devolution – Die asymmetrische Staatsordnung des Vereinigten Königreichs. Baden-Baden: Nomos Verlagsgesellschaft.

Schwintowski, Hans-Peter, 2000: Grundlinien eines zukünftigen europäischen Energierechts, in: Zeitschrift für Neues Energierecht, 4.Jahrgang, Heft 2, 93-100.

Scottish Executive, 2000a: Scottish Climate Change Programme Consultation, Edinburgh: Scottish Executive.

Scottish Executive, 2000b: Scottish Climate Change Programme, Edinburgh: Scottish Executive.

Scottish Executive, 2000c: National Planning Policy Guidance (NPPG) 6. Renewable Energy Developments (Revised), Edinburgh: Scottish Executive.

Scottish Executive, 2003a: Scottish Executive Response to Energy – The Changing Climate, Edinburgh: Scottish Executive, March 2003.

Scottish Executive, 2003b: Securing a Renewable Future: Scotland's Renewable Energy, Edinburgh: Scottish Executive.

Scottish Nuclear, 1994: Securing Our Energy Future, July 1994.

Secretary of State for Scotland, 1997: White Paper: Scotland's Parliament, London: HMSO.

Secretary of State for Wales, 1997: A Voice for Wales, London: HMSO.

Sedgemore, Brian, 1980: The Secret Constitution – An Analysis of the Political Establishment. London: Hodder & Stoughton.

Siemer, Jochen, 2004: „Das ist Polemik". Wirtschaftsministerium lanciert Gutachten gegen erneuerbare Energien, in: Photon. Das Solarstrom-Magazin, 2004, Heft 4, 14.

Smith, Adrian/Watson, Jim, 2002: The Renewables Obligation: Can it Deliver?, Tyndall Centre for Climate Change Research: University of Sussex, April 2002.

Sohn, Gerhard, 2002: Der neue Beihilfenkodex der Europäischen Union für die Steinkohle, in: Energiewirtschaftliche Tagesfragen, 52. Jahrgang, 7, 455-457.

Solarboulevard, 2004: Die Sonnenkönige, in: Solarboulevard, März 2004, Heft 1, 6.

Solarenergie-Förderverein Aachen, 1996: Die kostendeckende Vergütung (KV) – Weltweit modernstes Markteinführungsprogramm. Historische Entwicklung, Fortschritte in der praktischen Umsetzung, in: Solarenergie-Förderverein-Briefe, 01.09.1996, http://www.sfv.de/briefe/brief96_3/sob96302. htm.

Solarenergie-Förderverein Aachen, 1992: Kostengerechte Vergütung für Solarstrom – ohne Belastung der Staatskasse, in: Das Solarzeitalter, Heft 3, 11-13.

Solarthemen, 2002: Baden-Württemberg. Große Wasserkraft ins EEG, in: Solarthemen, 2002, Ausgabe 146, 3.

Solarzeitalter, 1998: Solare Prüfsteine zu den Wahlprogrammen der Parteien. Synopse der Wahlprogramme der Parteien zur Energiepolitik und ihre Bewertung, in: Solarzeitalter, Heft 2, 7-10.

Solarzeitalter, 1999a: Novellierung des Stromeinspeisungsgesetzes noch in diesem Jahr, in: Solarzeitalter, Heft 3, 52-53.

Solarzeitalter, 1999b: Solarzellenfabrik in Gelsenkirchen eröffnet - Shell will bundesweiter Anbieter von Ökostrom werden, in: Solarzeitalter, Heft 4, 55.

Solarzeitalter, 2001a: 100.000-Dächer-Programm: Voraussetzungen für zügige Bearbeitung aller Kreditanträge, in: Solarzeitalter, Heft 1, 46.

Solarzeitalter, 2001b: EU verabschiedet Beilhilfeleitlinien, in: Solarzeitalter, Heft 1, 48-49.

Solarzeitalter, 2002a: Solare Prüfsteine zu den Wahlprogrammen der Parteien. Synopse der Wahlprogramme der Parteien zur Energiepolitik und ihre Bewertung, in: Solarzeitalter, Heft 2, 7-10.

Solarzeitalter, 2002b: Erster Erfahrungsbericht zum EEG. Im laufenden Jahr 21 Mrd. kWh Strom nach dem EEG erwartet, in: Solarzeitalter, Heft 3, 42.

Solarzeitalter, 2002c: Europas größte Solarzellenfabrik entsteht in Alzenau, in: Solarzeitalter, Heft 2, 52.

Solarzeitalter, 2003a: Rückstellungen für atomare Entsorgung sind eine wettbewerbsverzerrende Beihilfe, in: Solarzeitalter, Heft 1, 41.

Solarzeitalter, 2003b: Deutsche Energie-Agentur legt Kurs für 2003 fest, in: Solarzeitalter, Heft 1, 58.

Solarzeitalter, 2003c: Photovoltaik-Vorschaltgesetz tritt am 1.1.2004 in Kraft, in: Solarzeitalter, Heft 4, 49-50.

Solarzeitalter, 2003d: Auswertung des 100.000-Dächer-Programms, in: Solarzeitalter, Heft 3, 41-42.

Solarzeitalter, 2003e: Eckpunkte der EEG-Novelle, in: Solarzeitalter, Heft 1, 45.

Solarzeitalter, 2003f: RWE-Vorstand distanziert sich von konzerneigenen Solaraktivitäten, in: Solarzeitalter, Heft 3, 53.

SPD, 1998: Aufbruch und Erneuerung – Deutschlands Weg ins 21. Jahrhundert. Koalitionsvereinbarung zwischen der SPD und Bündnis90/Die Grünen, SPD-Vorstand: Bonn.

SPD, 2002: Erneuerung und Zusammenhalt – Wir in Deutschland, Regierungsprogramm 2002-2006, Berlin: 02.Juni 2002.

SPD/Bündnis90/Die Grünen, 2003: EEG-Härtefallregelung kommt – Wettbewerb und Verbraucherschutz werden gestärkt, SPD-Bundestagsfraktion: 25.März 2003.

Spreer, Frithjof, 2003: Regulierung des Netzzugangs bei Strom und Gas: Die Ländersicht, in: Zeitschrift für Neues Energierecht, 7.Jahrgang, Heft 3, 190-195.

Staatliche Pressestelle der Freien und Hansestadt Hamburg, 1986: Energieeinsparung und rationelle Energieverwendung – Eine Bilanz Hamburger Energiepolitik, Staatliche Pressestelle der Freien und Hansestadt Hamburg: 7. Februar 1986.

Staiß, Frithjof, 2000: Jahrbuch Erneuerbare Energien 2000. Stiftung Energieforschung Baden-Württemberg, Radebeul: Bieberstein-Verlag.

Staiß, Frithjof, 2001: Jahrbuch Erneuerbare Energien 2001. Stiftung Energieforschung Baden-Württemberg, Radebeul: Bieberstein-Verlag.

Staiß, Frithjof, 2003: Jahrbuch Erneuerbare Energien 2002/2003. Stiftung Energieforschung Baden-Württemberg, Radebeul: Bieberstein-Verlag.

Steen, Nicola/Vrolijk, Christiaan, 2002: United Kingdom: power markets and market policies, in: Christiaan Vrolijk (ed.): Climate Change and Power. Economic Instruments for European Policy, London: Earthscan Publications Ltd., 224-256.

Stone, Clarence, 1989: Regime Politics. Governing Atlanta, 1946-1988, Lawrence: University Press of Kansas.

Sturm, Roland, 2003: Das politische System Großbritanniens, in: Ismayr, Wolfgang (Hrsg.): Die politischen Systeme Westeuropas, Opladen: Leske+Budrich, 225-262.

Sturm, Roland/Wilks, Stephen, 1996: Wettbewerbspolitik und die Ordnung der Elektrizitätswirtschaft in Deutschland und Großbritannien. Baden-Baden: Nomos Verlagsgesellschaft.

Surrey, John, 1996: From Public to Private Ownership – Introduction, in: John Surrey (ed.), The British electricity experiment – privatization: the record, the issues, the lessons. London: Earthscan Publications Ltd., 3-13.

Taylor, Andrew, 1992: Issue Networks and the Restructuring of the British and West German Coal Industries in the 1980s, in: Public Administration, 70 (1), 47-65.

Taylor, Andrew, 1996: The Politics of Energy Policy in the United Kingdom, in: Politics, 16 (3), 133-141.

Thatcher, Mark, 1998: Institutions, Regulation, and Change: New Regulatory Agencies in the British Privatised Utilities, in: West European Politics, 21, 120-147.

Thatcher, Mark, 2000: The National Politics of European Regulation: Institutional Reform in Telecommunications, in: Current Politics and Economics in Europe, 9, 3, 387-405.

The Royal Society, 1999: Nuclear energy – the future climate, London: June 1999.

The Scottish Office, 1999: Down to Earth: A Scottish Perspective on Sustainable Development, Edinburgh: The Scottish Office.

The Scottish Parliament, 2000: The Scottish Renewables Obligation, Edinbirgh: The Scottish Parliament – The Information Centre, 20 April 2000.

The UK Parliament, 2002: Wave and Tidal Energy. Science and Technology Committee. London: The UK Parliament.

Thelen, Kathleen, 1999: Historical Institutionalism in Comparative Politics, in: Annual Review of Political Science, 2, 369-404.

Thelen, Kathleen/Steinmo, Sven, 1992: Historical institutionalism in comparative politics, in: Sven Steinmo/Kathleen Thelen/Frank Longstreth (eds.), Structuring politics – Historical institutionalism in comparative analysis, Cambridge: Cambridge University Press, 1-32.

Theobald, Christian, 1997: Rechtliche Steuerung von Wettbewerb und Umweltverträglichkeit in der Elektrizitätswirtschaft, in: Archiv für Öffentliches Recht, 122, 372-403.

Theobald, Christian/Zenke, Ines, 2001: Grundlagen der Strom- und Gasdurchleitung: die aktuellen Rechtsprobleme. München: Verlag C.H. Beck.

Thomas, Steve, 1996a: The Privatization of the Electricity Supply Industry; in: John Surrey (ed.): The British Electricity Experiment – Privatization: the record, the issues, the lessons, London: Earthscan Publications Ltd, 40-63.

Thomas, Steve, 1996b: The Development of Competition, in: John Surrey (ed.): The British Electricity Experiment. Privatization: The Record, the Issues, the Lessons, London: Earthscan Publications Ltd, 67-94.

Thomas, Steve, 1997: The British Market Reform: a Centralistic Capitalist Approach, in: Atle Midttun (ed.): European Electricity Systems in Transition, Oxford: Elsevier Science Ltd., 41-87.

Thomson, Sarah, 2001: The Impacts of Climate Change: Implications for DETR, Final Report – In House Policy Consultancy, London: DETR.

Tietenberg, Tom H., 1998: Tradable Permits and the Control of Air Pollution – Lessons from the United States, in: Zeitschrift für angewandte Umweltforschung (ZfU), Sonderheft 9/1998, 11-31.

Töller, Annette Elisabeth, 2002: Umweltpolitische Steuerung durch kooperatives Staatshandeln. Das politische Entscheidungsverfahren zur Vereinbarung zwischen der deutschen Energiewirtschaft und der Bundesregierung zur Minderung der CO_2-Emissionen und zur Förderung der Kraft-Wärme-Kopplung vom Juni 2001. Tagung „Energie-, Umwelt- und Technologiepolitik: Möglichkeiten und Grenzen einer ökologischen Modernisierung", Lüneburg: 27./28.09.2002.

Tomaney, John, 2002: The Federal Constitution of England?, in: Stenley Henig (ed.), Modernising Britain. Central, Devolved, Federal?, London: The Federal Trust, 91-102.

Traube, Klaus, 1999: Vorschlag für eine mittelfristig angelegte Strategie zur Förderung regenerative Energien, in: Solarzeitalter, Heft 1, 3-6.

Traube, Klaus, 2000: Die Kraft-Wärme-Kopplung - ein deutsches Trauerspiel, http://www.energiedialog2000.de/Kwktra1.html: 07.02.2001.

Troge, Andreas, 2005: Vorsorge statt teure Reparaturen, in: Berliner Republik, Heft 5, 74-77.

Tsebelis, George, 1995: Decision-making in Political Systems: Veto Players in Presidentialism, Parliamentarism, Multicameralism and Multipartyism, in: British Journal of Political Science, 25 (3), 289-325.

Tsebelis, George, 2002: Veto players: how political institutions work. Woodstock: Princeton University Press.

UBA, 1999: Klimaschutz durch Nutzung erneuerbarer Energien – Kurzfassung (Forschungsbericht 298 97 340, UBA-FB 99-126), Berlin: Umweltbundesamt.

UBA, 2000: Klimaschutz durch Nutzung erneuerbarer Energien (Forschungsbericht 298 97 340, UBA-FB 99-126), Berlin: Umweltbundesamt.

UK Government, 1990: This Common Inheritance – Britain's Environmental Strategy (Cm 1200). London: HMSO, September 1999.

UNICE, 2002: Comments on the Proposal for a Framework for EU Emissions Trading, Commission Proposal COM (2001) 581 of 23 October 2001, Brussels: UNICE, 25 February 2002.

UNISON Scotland, 2002: Scottish Energy Strategy. UNISON Scotland's contribution to the Energy Review, Glasgow: UNISON Scotland, March 2002.

Vanberg, Viktor/Kerber, Wolfgang, 1994: Institutional Competition Among Jurisdictions: An Evolutionary Approach, in: Constitutional Political Economy, 5, 193-219.

VDEW, 2003: Emissionszertifikatehandel. Eckpunkte zur Allokation, VDEW: 18.09.2003.

VDEW, 2006: Kraftwerksprojekte 2006 – Stromwirtschaft investiert in Versorgungssicherheit, Berlin: VDEW, Pressemitteilung vom 09.10.2006.

VDN, 2005: EnWG-Novelle. Zusammenfassung der wichtigsten Änderungen im Gesetz und den Verordnungen, Berlin: Verband der Netzbetreiber VDN e. V. beim VDEW, 11.03.2005.

VEA, 2001: Aktueller Netznutzungsentgeltvergleich (Strom). VEA verfügt über umfangreichste Datenbank, Hannover: VEA, 29.06.2001.

Verband der Netzbetreiber, 2002: Jahresabrechnung 2000 für Erneuerbare-Energien-Gesetz (EEG) und Kraft-Wärme-Kopplungsgesetz (KWKG), Berlin: VDN, 18.02.2002.

VKU, 1993: Keine Gefährdung der ostdeutschen Braunkohle durch Stadtwerke. VKU-Nachrichtendienst Nr. 540. Köln: Verband kommunaler Unternehmen.

VKU, 1994a: Probleme bei der Umsetzung des Stromvergleichs, Köln: Verband kommunaler Unternehmen..

VKU, 1994b: Stromstreit in den neuen Ländern: VKU legt „Sündenregister" vor. VKU-Nachrichtendienst Nr. 549. Köln.

VKU, 1995: Kommunale Versorgungswirtschaft, Köln: Verband kommunaler Unternehmen.

VKU, 2005: Aktueller Stand Koalitionsberatungen EnWG-E, Köln: Verband kommunaler Unternehmen, 11.03.2005.

Vrolijk, Christiaan, 2002 (ed.): Climate Change and Power. Economic Instruments for European Electricity, London: Earthscan Publications Ltd.

Vrolijk, Christiaan, 2002a: Climate Change and Economic Policy Instruments, in: Vrolijk, C. (ed.), Climate Change and Power. Economic Instruments for European Electricity, London: Earthscan Publications Ltd., 3-107.

Wachendorfer-Schmidt, Ute, 2003: Politikverflechtung im vereinigten Deutschland. Wiesbaden: Westdeutscher Verlag.

Walker, Peter, 1991: Staying Power: An Autobiography. London: Bloomsbury.

Walker, William, 2000: Entrapment in large technology systems: institutional commitment and power relations, in: Research Policy, 29, 833-846.

Wälti, Sonja, 2001: The Impact of Federalism and Other Patterns of Institutional Fragmentation on Environmental Policy. Paper prepared for presentation at the 2001 Annual Meeting of the American Political Science Association, San Francisco, 30 August - 2 September 2001, Washington: Georgetown Public Policy Institute.

Weber, Karl Matthias, 1999: Innovation Diffusion and Political Control of Energy Technologies. A Comparison of Combined Heat and Power Generation in the UK and Germany. Heidelberg, New York: Physica-Verlag.

Weir, Margaret/Skocpol, Theda, 1997: State Structures and the Possibilities for "Keynesian" Responses to the Great Depression in Sweden, Britain, and the United States, in: Peter B. Evans/Dietrich Rueschemeyer/Theda Skocpol (eds.), Bringing the State Back In, Cambridge: Cambridge University Press, 107-163.

Weizsäcker, Ernst Ulrich von, 2001: Die Vision von 1990, in: Wuppertal Institut für Klima, Umwelt, Energie GmbH: 10 Jahre Wuppertal Institut – Aufbruch in das Jahrhundert der Umwelt, Wuppertal: Wuppertal Institut für Klima, Umwelt, Energie GmbH, 4-5.

Weizsäcker, Ernst Ulrich von/Lovins, Amory B./Lovins, L. Hunter, 1997: Faktor vier: doppelter Wohlstand, halbierter (Natur-) Verbrauch. München: Droemer Knauer.

Wheare, Kenneth C., 1943: What federal government is, in: Patrick Ransome (ed.): Studies in Federal Planning, London: Macmillan.

Wieberneit, Bernd, 1997: Europarechtlicher Ordnungsrahmen für Umweltsubventionen. Grundlagen, Bestand und Perspektiven, Berlin: Duncker & Humblot.

Wieland, Joachim, 1998: Der Normenkontrollantrag der SPD-Bundestagsfraktion und der Bundesländer Hamburg, Hessen und Saarland gegen die Energierechtsnovelle, in: Zeitschrift für Neues Energierecht, Heft 2, 35-38.

Witt, Andreas, 2002: Rot-grün schafft Handlungsdruck, in: Solarthemen, 2002, Ausgabe 146, 1-2.

Witte, Friederike, 2001: Offshore-Windkraftnutzung aus der Sicht Niedersachsens; in: BMU (Hrsg.), Tagungsband Kongress: „Offshore-Windenergienutzung und Umweltschutz-Integration von Klimaschutz, Naturschutz, Meeresschutz und zukunftsfähiger Energieversorgung", 14./15.06.2001, Berlin: II 6-8.

Witthohn, Alexander/Smeddinck, Ulrich, 2001: Die EuGH-Rechtsprechung zum Stromeinspeisungsgesetz – ein Beitrag zum Umweltschutz?, in: Energiewirtschaftliche Tagesfragen, 51. Jahrgang, Heft 7, 466-470.

WMK, 2003: Position der Länder zur Regulierung im Elektrizitäts- und Gasbereich, WMK: 14.08.2003.

Wuppertal Institut für Klima, Umwelt und Energie GmbH, 2001: Rückstellungen im Kernenergiebereich. Konflikt zwischen fiskalischen Interessen und Schutzmandat des Staates?, in: Wuppertal Bulletin zu Instrumenten des Klima- und Umweltschutzes, Jahrgang 4, Nr. 1, 2-4.

Wuppertal Institut für Klima, Umwelt und Energie GmbH, 2003: Ein robustes Policy Mix für ein nachhaltiges Energiesystem? Zum Abschlussbericht der Energie-Enquete Kommission, in: Wuppertal Bulletin zu Instrumenten des Klima- und Umweltschutzes, Jahrgang 6, Nr. 1, 5-9.

Young, Alison, 2001: The Politics of Regulation – Privatized Utilities in Britain. Warwick: Palgrave.

Ziegler, Fritz, 1995: Das Ruhrgebiet als Zentrum der Energiewirtschaft, in: Nordrhein-Westfälische Verwaltungsblätter, 321-324.

Zybell, Günther, 1989: Höhere Vergütungen für Stromeinspeisungen aus regenerativen Energien und Kraft-Wärme-Kopplung, in: Energiewirtschaftliche Tagesfragen, 39. Jahrgang, 88, 573-576.

Presseartikel

Die Welt online, 08.02.2001: „Stromkonzerne wehren sich gegen Regulierer. EU will Marktaufsicht durchsetzen – Energiewirtschaft warnt Bundeskanzler vor Konsequenzen".

Die Zeit, 14.08.2003: „Kohle für den Ökostrom. Umweltminister Trittin will die Nutzung alternativer Energien ausbauen. Vor allem Windparks im Meer und riesige Solaranlagen sollen gefördert werden". Von Gammelin, C., 21.

Die Zeit, 20/2004a: „Ungeheuer windig. Das Meer ist die Rettung für die Windenergie – oder ihr Untergang". Von Asendorpf, D./Rauner, M., 8.

FAZ, 26.07.2001a: „Brüssel besteht auf der Verringerung der Kohlesubventionen. Bis 2007 müssen alle unrentablen Zechen geschlossen werden/Berlin möchte einen möglichst langen Schutz", 14.

FAZ, 26.07.2001b: „Ruhrkohle fordert Planungssicherheit. Starzacher: Beihilfen in nationalem Versorgungssockel fortführen", 14.

FAZ, 19./20.01.2002a: „Eon braucht Regierung für Ruhrgas-Übernahme. Kartellamt wird Zusammenschluß verbieten/Ministererlaubnis erforderlich/Müller gilt als befangen", 10.

FAZ, 21.01.2002b: „Eon setzt bei Ruhrgas-Übernahme auf Ministererlaubnis. Kartellamt untersagt wie erwartet den geplanten Kauf/Regierung: Keine Zusage geben", 17.

FAZ, 22.01.2002c: „Wirtschaftsminister prüft Eon-Antrag. Politik begrüßt Gas-Beteiligungs-Verbot/Deutscher Markt entscheidend", 13.

FAZ, 20.02.2002d: „Freie Bahn für den drittgrößten deutschen Stromkonzern. Integration zu Vattenfall Europe läuft schneller als geplant/BvS weist Beihilfe-Verdacht zurück", 19.

FAZ, 27.03.2002f: „Die Energiemärkte werden in den Dirigismus gestoßen. Die Reglementierungspläne der Europäischen Kommission". Von Schmidt-Preuß, M., 27.

FAZ, 25.04.2002g: „200 Verfahren wegen zu hoher Netzpreise. Stromnetzbetreiber wehren sich gegen Kostenüberprüfungen des Kartellamtes", 16.

FAZ, 21.05.2002h: „Eon-Aktionäre wünschen sich Ministererlaubnis für Ruhrgas. Veba Oel wird zum 1.Juli vollständig an BP übergeben/Hauptversammlung", 21.

FAZ, 22.05.2002i: „Monopolkommission gegen Fusion Eon-Ruhrgas. Fachleute schicken EU-Kommission vor/Besonders schwerwiegende Wettbewerbsbeeinträchtigungen", 15.

FAZ, 06.06.2002j: „EU blockiert dauerhafte Kohlesubventionen. Deutsche Wünsche stoßen auf Widerspruch/Gespräch mit Energiekommissarin Loyola de Palacio", 13.

FAZ, 05.07.2002k: „Eon darf Ruhrgas übernehmen. Die Ministererlaubnis wird heute erwartet/Eon verkauft restliche Aktien von Exxon, Shell und TUI" von FAZ, 11.

FAZ, 01.07.2002l: „Der Stromwettbewerb hat seinen Preis". Von Bonde, B., 13.

FAZ, 17./18.08.2002n: „Eon begrüßt erneute Verhandlung", 14.

FAZ, 28.08.2002o: „Regierung will British Energy retten. Staatliche Hilfen sollen Stromerzeuger vor dem Untergang bewahren", 18.

FAZ, 10.09.2002p: „Regierung hält British Energy für drei Wochen über Wasser", 17.

FAZ, 15.10.2002q: „Großbritanniens Strommarkt vor der Auslese", 18.

FAZ, 18.12.2002r: „Die Fusion Eon-Ruhrgas kommt vorerst nicht voran. Das OLG Düsseldorf bleibt bei einstweiliger Anordnung/RAG-Degussa-Deal so gut wie geplatzt", 11.

FAZ, 19.12.2002s: „Der Vollzug der Eon-Ruhrgas-Fusion rückt in weite Ferne. Düsseldorfer Richter haben auch inhaltliche Bedenken gegen die Ministererlaubnis", 11.

FAZ, 15.08.2003c: „Förderung erneuerbarer Energien. Mit dem Gesetz steigt die Belastung der Verbraucher geringfügig", 13.

FAZ, 19.05.2004a: „Weniger Subventionen für die Kohle. 1,83 statt 2,71 Milliarden Euro im Jahr/Fördermenge sinkt/Tauziehen um die Zechen", 13.

FAZ, 19.05.2004b: „EU fordert weniger Emissionsrechte. Kommissarin Wallström: Nationale Pläne unterlaufen den Klimaschutz", 13.

FAZ, 06.11.2004c: „Eklat um Ministererlaubnis. Monopolkommission attackiert Verhalten der Regierung: Wie in einer Bananenrepublik", 13.

FR, 05.05.2001a: „Karten auf deutschem Strommarkt sind neu verteilt. HEW lässt sich Veag-Mehrheit knapp drei Milliarden Mark kosten/Müller: Gute Nachricht für Braunkohlekumpel", 10.

FR, 16.05.2001b: „Atomforum sagt Unterschrift zu. Ausstiegskonsens könnte bis Anfang Juni besiegelt sein". von Gaserow, V., 4.

FR, 07.06.2001c: „Aufbau des neuen Stromriesen beginnt. Gruppe aus HEW, Laubag, Veag und Bewag soll 2003 stehen/Höherer Stellenabbau geplant", 2.

FR, 12.06.2001d: „Atomausstieg bleibt umstritten. Kanzler: Konsens legt klares Ende fest/Union will Vereinbarung kippen". Von Gaserow, V./Maron, T., 1.

FR, 20.06.2001e: „Brüssel nimmt Expansionsdrang von EdF ins Visier. Kommission über Politik des französischen Energieriesen noch nicht einig/Heute Grundsatzdebatte", 9.

FR, 06.11.2003: „Einspeisevergütung bleibt garantiert. Rot-Grün hält an Förderinstrument für Erneuerbare Energien fest/Subventionen laufen allerdings schneller aus". Von Gaserow, V., 11.

FT, 30.01.2001a: "EU to speed energy market shake-up". Von Buchanan, D., 2.

FT, 04.05.2001b: "Tough decisions for Vattenfall as it lifts German power stake. Green problems surface as utility expands". Von Brown-Humes, C., 20.

FT, 24.07.2001c: "Attack on 'unfair' French energy market". Von Groom, B., 8.

FT, 14.03.2002a: "Backing for energy reform measures". Von Dombey, D., 2.

FT, 06.05.2002b: "British Energy casts eye over BNFL Magnox reactors". Von Buchanan, D., 16.

FT, 12.08.2002c: "British Energy questions high nuclear power rates". Von Jones, M., 17.

FT, 07./08.09.2002d: "A privatisation too far". Von Jackson, T., 22.

FTD, 04.04.2001: „Brüssel bleibt beim Zeitplan für Energiemärkte. Kommissarin gibt Zieldatum 2005 vorerst nicht auf". Von Roth, U., 11.

FTD, 01.09.2003: „Clement will Festpreise für Windstrom kippen". Von Krägenow, T.: FTD, 12.

Handelsblatt, 25.07.2001a: „Staatliche Beihilfe zum Aufbau von Energiesockel bis 2010. Brüssel will Kohle-Stilllegungsbeihilfen 2007 abschaffen", 5.

Handelsblatt, 26.09.2001b: „Verdacht überhöhter Netznutzungsentgelte. Kartell-Untersuchungen gegen Stromnetz-Betreiber", 7.

Handelsblatt, 30.10.2001c: „Kartellamt leitet Verfahren gegen Stromnetzbetreiber ein", 8.

Handelsblatt, 29.01.2002a: „Kartellamt leitet Verfahren gegen Energieversorger ein", 8.

Handelsblatt, 24.02.2002b: „Berlin dringt auf Öffnung des Strommarktes bis 2004". Von Rinke, A./Berschens, R., 3.

Handelsblatt, 02.05.2002c: „Gericht bestätigt Vorgehen gegen überhöhte Netznutzungsentgelte. Kartellamt darf Kalkulation von Stromversorgern verlangen", 9.

Handelsblatt, 19.12.2002e: „Bei Fusionsverbot keine vollständige Trennung von Ruhrgas. Eon führt Sondierungsgespräche mit Klägern", 4.

KStA, 20.09.2004: „Heftiger Streit um die Strompreise. Grüne für Verschärfung des Gesetzes: Vorabgenehmigung der Netzentgelte", 11.

NZZ, 24.07.2001: „Deutsche Sorgen um die Steinkohle. Alte und neue Probleme mit der EU-Kommission", 5.

SZ, 14.03.2001a: „EU-Recht erlaubt Förderung von Ökostrom. EuGH: Abnahmepflicht und Mindestpreise für Strom aus erneuerbaren Energien sind keine Beihilfe". Von Reicherzer, J., 25.

SZ, 23.03.2001b: „Schröder ist umgefallen". Von Maier-Mannhart, H., 25.

SZ, 25.04.2001c: „Kartellämter wollen Druck ausüben. Flächendeckende Überprüfung der Stromnetzbetreiber nicht möglich/Musterverfahren geplant", 29.

SZ, 14.05.2001d: „Die Kernpunkte des Atomkonsenses", 6.

SZ, 15.06.2001e: „Berlin droht Paris mit Stromimport-Verbot", 26.

SZ, 05.09.2001g: „Kernenergie. In 20 Jahren geht der letzte Atommeiler vom Netz". Von Grassmann, P., 3.

SZ, 05.09.2001h: „Atomausstieg. Die Kernpunkte des neuen Gesetzes", 3.

SZ, 07.09.2001i: „Verdacht zu hoher Entgelte. Bayerns Landeskartellbehörde untersucht zwanzig Netzbetreiber", 25.

SZ, 11.09.2001j: „Fusion von Bewag und HEW auf der Kippe. Vattenfall und Mirant kommen beim Aufbau des neuen Stromkonzerns nicht voran". Von Brychcy, U., 27.

SZ, 27.09.2001k: „Deutscher Strommarkt in Aufruhr. „Vierte Kraft" droht zu scheitern", 27.

SZ, 28.09.2001l: „Überhöhte Strompreise in Deutschland. Kartellamt untersucht 22 Energieversorger". Von Maier-Mannhart, H., 23.

SZ, 23.11.2001n: „Stadtwerke rufen nach dem Regulierer. Kehrtwende der kommunalen Versorger bei der Stromdurchleitung gefährdet das deutsche Liberalisierungsmodell". Von Bein, H.-W., 24.

SZ, 04.12.2001o: „Stromriese „Neue Kraft" wird zügig aufgebaut. Freie Hand für Vattenfall", 24.

SZ, 15./16.12.2001p: „Mit den Stimmen von SPD und Grünen. Bundestag beschließt Atomausstieg". Von Grassmann, P., 8.

SZ, 19./20.01.2002a: „Kritik an der rot-grünen Wettbewerbspolitik. Streit um Eon-Einstieg bei Ruhrgas". Von Bein, H.-W./Hagelüken, A./Kramer, W., 21.

SZ, 26.01.2002b: „Meereswind in der Steckdose". Von Pürtul, G., 2.

SZ, 12.02.2002c: „Windstille im Park", 22.

SZ, 20.02.2002d: „Eon setzt bei Ruhrgas-Übernahme auf die Politik. Unternehmen beantragt nach dem Veto des Kartellamts eine Ministererlaubnis/Wirtschaftsminister Müller will im Juli entscheiden". Von Bein, H.-W., 21.

SZ, 20.02.2002e: „Neuer Stromriese in Ostdeutschland. Vattenfall baut weitere Arbeitsplätze ab", 22.

SZ, 25.02.2002f: „Kritik an EU-Beihilfen für den Umweltschutz". Von Grassmann, P., 8.

SZ, 25.02.2002g: „Monti warnt vor Eon/Ruhrgas. Wirtschaftsminister delegiert Entscheidung an Staatssekretär", 23.

SZ, 13.03.2002h: „Monti akzeptiert Ministererlaubnis. Keine grundlegenden Einwände gegen Kartellrechts-Instrument", 29.

SZ, 26.03.2002i: „Schott und RWE bündeln Solartechnik", 28.

SZ, 02.04.2002j: „England handelt mit der Umwelt. Schadstoffzertifikate sollen den Ausstoß von Kohlendioxid reduzieren – Firmen sind skeptisch". Von Zitzelsberger, G., 18.

SZ, 06.06.2002l: „Stromwirtschaft beklagt Abgaben. Verband steht zum Atomausstieg / Ökosteuer bleibt belastend", 26.

SZ, 07.06.2002m: „Kohlehilfen verlängert. Energieminister der EU verabschieden neuen Beihilferahmen bis 2010", 23.

SZ, 06./07.07.2002n: „Streit um Ruhrgas-Übernahme. Grüne kritisieren Ministererlaubnis". Von Brychcy, U./Hoffmann, A., 23.

SZ, 05.08.2002o: „Eon und Ruhrgas kämpfen für die Fusion. Neue Blockade durch Kartellgericht/Neue Auflage des Verfahrens um Ministererlaubnis im Gespräch/Rechtsweg wird ausgeschöpft". Von Bein, H.-W., 17.

SZ, 09.09.2002q: „Modernstes Braunkohlekraftwerk geht ans Netz. Mehr Strom – weniger Abgase". Von Kramer, W., 42.

SZ, 17.09.2002r: „Tacke entschärft die Auflagen für Eon und Ruhrgas. Essener Konzern muss pro Jahr weniger Gas aus seinen festen Einkaufsverträgen frei verkaufen/Geringer Preisabschlag". Von Bein, H.-W., 19.

SZ, 20.09.2002s: „Nach neuer Ministererlaubnis sind jetzt wieder die Richter an der Reihe. Fusion von Eon und Ruhrgas bleibt blockiert". Von Bein, H.-W./Brychcy, U., 19.

SZ, 11.10.2002u: „Aus Alt mach Neu. Rot-Grün in der Bredouille: Der Streit um den betagtesten Reaktor diskreditiert den Atomkonsens". Von Roth, W., 2.

SZ, 15.10.2002v: „Rot-Grün einigt sich über Zukunft des ältesten deutschen Atommeilers. Obrigheim bleibt zwei Jahre länger am Netz", 6.

SZ, 07.11.2002w: „Klimafreundliche Kohlekraftwerke. Bund und Land fördern neue Konzepte für alten Energieträger". Von Kramer, W., 40.

SZ, 30.11./01.12.2002x: „Rettungskonzept für British Energy", 22.

SZ, 13.12.2002y: „British Energy mit hohem Verlust. Konzern verweist auf die fallenden Strompreise", 22.

SZ, 29.01.2003a: „Erneuerbare Energie. Trittin setzt neue Akzente. Windräder vor der Küste werden stärker gefördert". Von Grassmann, P., 5.

SZ, 29.01.2003b: „Gespräche über eine außergerichtliche Einigung laufen auf Hochtouren. Eon macht Klägern Zugeständnisse". Von Bein, H.-W./Kramer, W., 21.

SZ, 01./02.02.2003c: „Förderung erneuerbarer Energien. Hilfen für Solar- und Windkraft. Union signalisiert Zustimmung zu Plänen Trittins". Von Grassmann, P., 8.

SZ, 06.03.2003d: „Strom-Poker am Kabinettstisch. Über das Erneuerbare-Energien-Gesetz kommt plötzlich der Regulator wieder in die Diskussion". Von Bauchmüller, M., 20.

SZ, 26.03.2003e: „Energiepolitik engt Firmen ein. Wirtschaftsvereinigung Metalle sieht Betriebe unter Kostendruck". Von Uhlmann, S., 24.

SZ, 05./06.04.2003f: „Rheinischer Kapitalismus. Die Berufung von Ex-Wirtschaftsminister Werner Müller zum RAG-Chef sieht nach Küngelei aus". Büschemann, K.-H., 4.

SZ, 05./06.04.2003g: „Empörung über Berufung Müllers. Ex-Wirtschaftsminister soll RAG-Chef werden / Felcht rückt auf", 23.

SZ, 28./29.05.2003h: „Kritik an Hilfen für Solar- und Windanlagen. Grüne verteidigen Subventionen. Expertin Hustedt: Förderung gefährdet nicht den Wettbewerb". Von Grassmann, P., 5.

SZ, 30.05.2003i: „Neue Kohle braucht der Pott. Als RAG-Chef steht Werner Müller vor schweren Verhandlungen". Bein, H.-W., 21.

SZ, 02.07.2003j: „Ein tragfähiges Drehbuch. Die wichtigsten Punkte der Düsseldorfer Vereinbarung". Von Heims, H.-J., 5.

SZ, 11.07.2003k: „SZ-Interview mit Börsenexpertin Claudia Volk. Der Klimawandel trifft auch den Aktienmarkt", 22.

SZ, 19./20.07.2003l: „Clement will Kündigungen in Bergwerken verhindern. Kosten der Arbeitslosigkeit höher als Subventionen / Teil der Zahlungen soll auch nach 2012 noch aufrechterhalten werden". Von Bein, H.-W., 22.

SZ, 24.07.2003m: „Union streitet über Windkraft. Umweltpolitiker gegen Streichung von Subventionen". Von Grassmann, P., 6.

SZ, 24.07.2003n: „Neue Vorschläge zum Emissionshandel. EU verlagert Klimaschutz ins Ausland". Von Wernicke, C., 7.

SZ, 14./15.08.2003o: „Höhere Vergütungen für Windparks auf See. Trittin will Förderung der erneuerbaren Energien stärker differenzieren. Große Wasserkraftwerke begünstigt". Grassmann, P., 6.

SZ, 01.09.2003q: „Merkel will Atomausstieg rückgängig machen", 5.

SZ, 04.09.2003r: „Niederlage für Clement. SPD-Fraktion gegen Kürzung bei erneuerbaren Energien", 7.

SZ, 08.09.2003s: „Streit um Förderung von Windkraft dauert an. „Eitelkeiten der Minister". Fraktionen von SPD und Grünen wollen den Konflikt zwischen Clement und Trittin mit eigenem Gesetzentwurf lösen". Von Jacobi, R., 1.

SZ, 19.09.2003t: „Gesetzentwurf zum Emissionshandel. Strenge Auflagen für Umweltsünder". Von Jacobi, R., 19.

SZ, 08.10.2003u: „Stuttgart fordert Verzicht auf Atomausstieg", 5.

SZ, 06.11.2003v: „Bundesregierung einigt sich nach langem Streit. Weniger Geld vom Staat für die Windkraft. Förderung nimmt stärker ab als von Umweltminister Trittin gewünscht/Mehr Unterstützung von Solarenergie". Von Grassmann, P., 8.

SZ, 12.11.2003w: „Bundesregierung steckt Subventionsrahmen bis 2012 ab. 17 Milliarden Euro für die Steinkohle". Von Bein, H.-W./Kramer, W., 19.

SZ, 13.11.2003x: „Erdwärme am Netz. Geothermie-Kraftwerk eröffnet", 10.

SZ, 18.12.2003y: „Neue Regeln für Ökostrom. Regierung beschließt ferner Vorlage über Emissionsrechte". Von Grassmann, P., 6.

SZ, 27./28.12.2003z: „Gesetzesnovelle der Bundesregierung. Neuer Streit um die Energiepolitik. Abgeordnete von SPD und Grünen wollen Förderpläne von Trittin und Clement stark verändern". Von Jacobi, R., 17.

SZ, 29.01.2004a: „Abgas-Handel. Regierung und Industrie ringen um Kohlendioxid-Lizenzen". Von Roth, W., 1.

SZ, 31.01./01.02.2004b: „Trittin legt Zahlen zu Emissionshandel vor. Kohlendioxid-Ausstoß muss bis 2007 um 7,5 Prozent sinken / Industrie reagiert empört", 20.

SZ, 11.02.2004c: „Industrie stellt Bedingungen für Klimaschutz-Runde. Ohne Regierungsentwurf sind weitere Verhandlungen sinnlos / Umweltministerium verweist auf Selbstverpflichtung", 17.

SZ, 13.02.2004d: „Trittin legt Zahlen vor. Industrie stößt mehr Klimagase aus". Von Grassmann, P., 17.

SZ, 21./22.02.2004e: „Kanzler greift in Energiestreit ein. Gespräch zum Emissionshandel. Clement legt Stromgesetz vor", 43.

SZ, 23.02.2004f: „Studie der Gesellschaft für Reaktorsicherheit. Strahlenschutz-Amt fordert Schließung von fünf Atommeilern", 5.

SZ, 26.02.2004g: „Programmierte Zwietracht. Der Handel mit Emissionsrechten begünstigt wenige Unternehmen und belastet andere umso mehr – deshalb kämpft in der Industrie nun jeder gegen jeden". Von Bauchmüller, M., 2.

SZ, 20./21.03.2004h: „Streit über Emissionshandel. Minister streben Einigung an. Clement pocht aber auf Zugeständnisse an die Industrie". Von Grassmann, P., 11.

SZ, 22.03.2004i: „Streit um den Emissionshandel. Grüne entsetzt über Clements Energiepolitik". Von Jacobi, R., 19.

SZ, 30.03.2004k: „Gipfeltreffen im Kanzleramt. Schröder als Schlichter im Abgas-Handel". Von Grassmann, P./Schäfer, U., 5.

SZ, 31.03.2004l: „Kritik an "Kohle-Clement". Umweltschützer enttäuscht, Industrievertreter erleichtert". Von Bauchmüller, M./Heims, H.-J., 5.

SZ, 31.03.2004m: „Für Klimaschutz und Koalitionsfrieden. Die Verhandlungen über Emissionsrechte standen bis tief in der Nacht auf der Kippe". Von Grassmann, P., 5.

SZ, 03./04.04.2004n: „Bundestag beschließt neues Energie-Gesetz". Von Grassmann, P., 1.

SZ, 21.05.2004o: „Zunehmende Schäden durch Naturkatastrophen erwartet. Klimawandel beunruhigt Versicherer". Von Reim, M., 19.

SZ, 29.-31.05.2004p: „Freie Bahn für Emissionshandel", 22.

SZ, 04.06.2004q: „Russland schränkt Importe ein. Uran wird zur Mangelware. Preis auf höchstem Stand seit 20 Jahren/Hohe Anlaufkosten bei neuen Minen". Von Calonego, B., 29.

SZ, 08.07.2004r: „Brüssel genehmigt deutschen Emissionshandel. Verwirrung um Auflagen/EU leitet Verfahren gegen Italien und Griechenland ein, die keine Pläne vorgelegt haben", 17.

SZ, 13.07.2004s: „Vattenfall versucht abzukassieren bevor der Regulierer kommt". Von Bein, H.-W., 10.

SZ, 29.07.2004t: „Clement erwartet sinkende Strompreise. Regulierungsbehörde kontrolliert von Januar an den Energiemarkt", 19.

SZ, 09.08.2004u: „Unionsländer uneinig über Stromregulierung", 19.

SZ, 10.08.2004v: „RWE will Netzentgelte kräftig anheben", 19.

SZ, 01.09.2004w: „Die große Anpassung. Stromkonzerne erhöhen die Preise, ehe der Regulierer kommt". Von Bauchmüller, M., 17.

SZ, 07.09.2004x: „Streit um Rolle des Regulierers. Energiepreise sollen besser überwacht werden". Von Bovensiepen, N./Bauchmüller, M., 21.

SZ, 09.09.2004y: „Schröder will Energiekonzerne einbestellen. Clement nennt Verhalten der Stromversorger „inakzeptabel"/Bayern verschärft Gesetz/Versorger EnBW ändert Strategie", 19.

SZ, 10.09.2004z: „"Ehrenhaft und zurückhaltend". Verhaltenskodex gefordert", 2.

SZ, 10.09.2004aa: „Verflechtung von Politik und Industrie. Sinneswandel über Nacht – Die Empörung der Union über den Berufswechsel des Staatssekretärs Tacke löst sich in Luft auf". Von Bovensiepen, N./Schäfer, U., 2.

SZ, 13.09.2004ac: „"Vom Wettbewerb profitieren alle". EnBW-Chef misst Energiegipfel "Gestaltungsperspektive" zu/Versorger prüft Preiserhöhungen". Von Deckstein, D., 22.

SZ, 02./03.10.2004ad: „Konflikt zwischen Regierung und Stromkonzernen. Energiegipfel ist geplatzt". Von Brychy, U./Kramer, W., 24.

SZ, 25.20.2004ae: „Regulierung bei Strom und Gas. Alle Macht dem Bund. Behördenchef Matthias Kurth gegen eine Beteiligung der Länder beim Netzzugang". Von Hennemann, G., 22.

ZfK, 10.01.2004a: „Regulierung: Länder wollen mitwirken. Wirtschaftsministerkonferenz plädiert nochmals für föderative Aufgabenverteilung", 2.

ZfK, 10.01.2004b: „EEG-Novelle bleibt umstritten. E-Wirtschaft bezweifelt bessere Fördereffizienz – Geothermie-Perspektiven aufgearbeitet", 2.

ZfK, 07.02.2004c: „Kohlestrom in Gefahr? Ministerien über nationalen Allokationsplan zerstritten – Industrie steht zum Emissionshandel", 2.

ZfK, 07.02.2004d: „Ökostrom keine Jobmaschine. Studie weist auf mögliche Vernichtung von Arbeitsplätzen hin", 4.

ZfK, 07.02.2004e: „Spitze an Land – und auf See? Warum hiesige Windprojekte mehr Zeit benötigen als anderswo". Von Berner, J., 14.

ZfK, 07.02.2004f: „Dem Zertifikat ins Auge blicken. Der Stand der Dinge beim Emissionshandel und auf was sich EVU einstellen müssen". Von Dienhart, M., 21.

ZfK, 03.04.2004j: „KWK-Beitrag zum Umweltschutz. NAP: Umweltfreundliche Energieerzeugung benachteiligt?", 2.

ZfK, 03.04.2004k: „BEE attackiert Bremer Job-Studie. Kritik an Inhalt und Lancierungszeitpunkt des Gutachtens – Prof. Pfaffenberger antwortet", 4.

ZfK, 03.04.2004l: „EEG-Erfolg zu teuer bezahlt? BMWA-Beirat vermißt ökonomische Rationalität beim Klimaschutz", 17.

ZfK, 08.05.2004m: „EEG-Novelle belastet Netzbetreiber. Anzahl der Vergütungssätze wächst und beschert eine erheblich höhere Arbeitsbelastung". Von Jahn, S., 19.

ZfK, 01.08.2004n: „Energiewirtschaftsgesetz (I). Neues Energierecht bleibt strittig. Einige Länder wollen weiter Vorab-Genehmigung für Netzgebühren", 2.

ZfK, 01.08.2004p: „Kompromiss verabschiedet. Bundesrat billigt EEG-Novelle", 11.

ZfK, 04.09.2004r: „Wind-Gutachten verspätet. 'Komplexe Thematik' verlangt mehr Zeit für Studie zur Netzintegration", 1.

ZfK, 02.10.2004t: „Energiewirtschaftsgesetz. Wann und wie wird reguliert? Bundesrat kippt Prinzip der Nettosubstanzerhaltung", 2.

ZfK, 02.10.2004v: „Energiewirtschaftsgesetz. Sicherheit nicht beim Discounter: Ohne Kostenorientierung nehmen die Netze Schaden", 1-2.

ZfK, 06.11.2004w: „Offshore-Windparks. Deutschland vor Großbritannien", 15.

ZfK, 07.05.2005a: „Energiewirtschaftsgesetz. Ziel: Fester Rahmen bis August. Konstruktives Mühen um eine große Koalition", 1.

ZfK, 04.06.2005b: „Novelle zum Energiewirtschaftsgesetz. Unter Termindurck noch ans Ziel? Opposition will Anreizregulierung auf Rechtsverordnung stützen", 2.

ZfK-Tagesticker, 30.01.2003a: „E.ON/Ruhrgas-Deal (II): Einigung kostet 90 Mio. €".

ZfK-Tagesticker, 31.01.2003b: „E.ON/Ruhrgas-Deal (VII): Monopoly in Skandinavien".

ZfK-Tagesticker, 31.01.2003c: „E.ON/Ruhrgas-Deal (IV): Trianel betont besseren Netzzugang".

Interviewliste

Deutschland
Bundesministerium für Wirtschaft, Berlin, März 2001
Eurosolar, Bonn, Juli 2001
Eurosolar, Bonn, Juli 2001
Plambeck, Cuxhaven, Oktober 2001
Bundesverband für Windenergie, Osnabrück, Oktober 2001
Clearingstelle Bundesministerium für Wirtschaft, September 2001
Kreditanstalt für Wiederaufbau, Bonn, Oktober 2001
Bundesministerium für Wirtschaft, Berlin, Oktober 2001
Landesministerium für Wirtschaft Nordrhein-Westfalen, Düsseldorf, Juni 2002
Landesinitiative Zukunftsenergien, Wuppertal, Juli 2002
Deutsches Windenergie-Institut, Wilhelmshaven, September 2002
Ehemaliger Mitarbeiter des Landesministeriums für Wirtschaft NRW, Oktober 2002
Arbeitsgemeinschaft für sparsame Energie- und Wasserverwendung im VKU, Köln, November 2002
Bundesverband Erneuerbare Energien, Paderborn, März 2003
Ministerium für Wirtschaft des Saarlandes, Saarbrücken, April 2003
Bundesverband Deutscher Wasserkraftwerke, München, Januar 2004
Bundesministerium für Umwelt, Berlin, Februar 2004
EnBW, Essen, März 2004

Großbritannien
British Electricity Association, Brüssel, April 2001
British Energy, Brüssel, April 2001
Europäische Kommission, Generaldirektion Transport und Energie, Abteilung Energie, Brüssel, April 2001
OFGEM, London, November 2001
OFGEM, London, November 2001
OFGEM, London, November 2001
Department of Trade and Industry, Sustainable Energy Unit, London, November 2001
British Wind Energy Association, London, November 2001
DTI, Sustainable Energy Policy Unit, November 2001
Renewable Power Association, London, November 2001
University of Warwick, März 2003
Country Land and Business Asssociation, London, März 2003
Energy Saving Trust, London, März 2003
National Wind Power, Bourne End, März 2003
Business Council for Sustainable Energy UK, London, März 2003

Neu im Programm
Politikwissenschaft

Thomas Jäger / Alexander Höse /
Kai Oppermann (Hrsg.)

Deutsche Außenpolitik

2007. 638 S. Br. EUR 34,90
ISBN 978-3-531-14982-0

Dieser als Textbook konzipierte Band bietet eine umfassende Bestandsaufnahme der wichtigsten Handlungsfelder der deutschen Außenpolitik. Die Systematik folgt der in der Politikwissenschaft etablierten Dreiteilung der Politik in die Sachbereiche Sicherheit, Wohlfahrt und Herrschaft (hier konzipiert als Legitimation und Normen) und erlaubt dadurch einen methodisch klaren und didaktisch aufbereiteten Zugang zum Thema. Der Band eignet sich als alleinige Textgrundlage für Kurse und Seminare, in denen jeweils zwei Texte à 15 Seiten pro wöchentlicher Lehreinheit behandelt werden. Somit unterscheidet er sich von anderen Büchern zur deutschen Außenpolitik, die entweder rein historisch oder institutionenkundlich orientiert sind oder als Nachschlagewerke dienen.

Siegmar Schmidt / Gunther Hellmann /
Reinhard Wolf (Hrsg.)

**Handbuch zur
deutschen Außenpolitik**

2007. 970 S. Geb. EUR 59,90
ISBN 978-3-531-13652-3

Mit dem Zusammenbruch des Kommunismus hat sich die weltpolitische Lage grundlegend verändert und ist auch für die Außenpolitik der Bundesrepublik Deutschland eine vollkommen veränderte Situation entstanden. In diesem Handbuch wird erstmals wieder eine Gesamtschau der deutschen Außenpolitik vorgelegt. Dabei werden die Kontinuitäten und Brüche seit 1989 sowohl für den Wissenschaftler als auch den politisch interessierten Leser umfassend dargestellt.

Oliver Schöller / Weert Canzler /
Andreas Knie (Hrsg.)

Handbuch Verkehrspolitik

2007. 963 S. Geb. EUR 69,90
ISBN 978-3-531-14548-8

In 38 Beiträgen geben renommierte WissenschaftlerInnen einen Überblick über den Stand der Diskussion zu wesentlichen Themen der Verkehrspolitik. Die Beiträge konzentrieren sich in erster Linie auf Deutschland, sie entstammen einer Reihe von unterschiedlichen Disziplinen und sind auch in ihren Schlussfolgerungen ebenso vielfältig wie das Politikfeld der Verkehrspolitik selbst.

Neu im Programm
Politikwissenschaft

The manufacturer's authorised representative in the EU is Springer
Nature Customer Service Centre GmbH, Europaplatz 3, 69115 Heidelberg,
Germany. If you have any concerns regarding our products, please
contact ProductSafety@springernature.com

Printed and bound by CPI Group (UK) Ltd, Croydon, CR0 4YY

27/04/2026

02097647-0005